Handbuch der Werkstoffprüfung

Herausgegeben
unter besonderer Mitwirkung
der Staatlichen Materialprüfungsanstalten Deutschlands
der zuständigen Forschungsanstalten der Hochschulen
der Kaiser-Wilhelm-Gesellschaft und der Industrie
sowie der Eidgenössischen Materialprüfungsanstalt Zürich

Von

Erich Siebel

Zweiter Band:

Die Prüfung der metallischen Werkstoffe

Berlin
Verlag von Julius Springer
1939

Die Prüfung der metallischen Werkstoffe

Bearbeitet von

K. Bungardt, Essen · E. Damerow, Berlin · U. Dehlinger
Stuttgart · R. Fricke, Stuttgart · A. Fry, Berlin · P. de Haller
Zürich · W. Hengemühle, Essen · R. Hinzmann, Berlin
F. Körber, Düsseldorf · A. Krisch, Düsseldorf · W. Kuntze
Berlin · R. Mailänder, Essen · A. Pomp, Düsseldorf
J. Schramm, Stuttgart · Fr. Schwerd, Hannover · W. Seith
Münster i. W. · E. Siebel, Stuttgart · W. Steurer, Stuttgart
A. Thum, Darmstadt · F. Wever, Düsseldorf

Herausgegeben von

Professor Dr.-Ing. E. Siebel

Vorstand der Materialprüfungsanstalt
an der Technischen Hochschule Stuttgart

Mit 880 Textabbildungen

Berlin

Verlag von Julius Springer

1939

ISBN-13:978-3-642-89132-8   e-ISBN-13:978-3-642-90988-7
DOI: 10.1007/978-3-642-90988-7

Vorwort zum ersten und zweiten Band.

Die schnelle Entwicklung, welche das Werkstoffprüfwesen in den letzten Jahrzehnten genommen hat, ließen den Wunsch nach einer umfassenden Darstellung des augenblicklichen Standes in Erscheinung treten. Der Zeitpunkt erscheint für ein derartiges Unternehmen insofern günstig, als die Entwicklung auf einigen Gebieten, wie z. B. bei den Prüfeinrichtungen und Prüfverfahren bei ruhender Beanspruchung, den technologischen Prüfverfahren, den Meßverfahren, den metallographischen Untersuchungsverfahren usw. zu einem gewissen Abschluß gekommen ist. Auf anderen Gebieten, ich nenne hier nur die Untersuchungen über das Festigkeitsverhalten in der Wärme, die Verfahren zur zerstörungsfreien Prüfung u. a., bringt jeder Tag noch neue Fortschritte. Aber auch hier dürfte die Schilderung des bisher Erreichten als Grundlage für die weitere Entwicklung wertvoll sein. Der Hauptzweck eines derartigen Handbuches aber wird der bleiben, dem Werkstoffprüfer über die Grenzen seines Sondergebietes hinaus die schnelle und gründliche Orientierung über alle Fragen des Werkstoffprüfwesens zu ermöglichen.

Eine Schwierigkeit bei der Bearbeitung ergab sich dadurch, daß das Werkstoffprüfwesen und die allgemeine Werkstofforschung äußerst eng miteinander verbunden sind, so daß es nicht einfach ist, immer die richtigen Grenzen zu ziehen. Das Handbuch beschränkt sich bewußt auf die Schilderung der Prüfeinrichtungen und Prüfverfahren, wobei die Forschungsarbeiten nur soweit angeführt sind, als sie der Entwicklung der Einrichtungen und Prüfverfahren dienen.

Die Gliederung des Handbuches ist so erfolgt, daß im ersten Band die Prüfmaschinen und Sondereinrichtungen sowie die Meßverfahren und -einrichtungen geschildert sind, während der zweite Band die Prüfung der metallischen Werkstoffe umfaßt. Ein dritter Band über die Prüfung der Baustoffe ist in Bearbeitung. Weitere Bände über die Prüfung der Textilien, Kunststoffe usw. sind in Aussicht genommen. Die Trennung nach maschinellen Einrichtungen und Prüfverfahren ist natürlich nur mit gewissen Einschränkungen möglich, hat sich aber ohne besondere Schwierigkeiten durchführen lassen. Sie erlaubt es, im ersten Band die maschinellen Einrichtungen und die Meßverfahren in dem Umfang zu behandeln, der der Wichtigkeit dieses Gebietes entspricht. Sie hat sich auch aus dem Grunde als zweckmäßig ergeben, weil diese Einrichtungen und Meßverfahren ja auch bei den in den weiteren Bänden behandelten Prüfverfahren Verwendung finden. Hingegen erwies es sich als notwendig, die Schilderung der Sondereinrichtungen für Versuche in der Wärme und in der Kälte sowie für metallographische und spektrographische Untersuchungen bei den entsprechenden Abschnitten des zweiten Bandes zu belassen.

Die Herausgabe des Handbuches war dadurch möglich, daß aus dem Kreise der Staatlichen Materialprüfungsanstalten, der Hochschulen, der Kaiser-Wilhelm-Institute, der Industrie und der Eidgenössischen Materialprüfungsanstalt Zürich die Mitarbeiter für die Bearbeitung der einzelnen Unterabschnitte gewonnen werden konnten.

Stuttgart, im November 1939.

E. SIEBEL.

Inhaltsverzeichnis.

II. Festigkeitsprüfung bei schlagartiger Beanspruchung.

Von Dr.-Ing. **R. Mailänder**, Fried. Krupp A.-G., Versuchsanstalt, Essen.

III. Festigkeitsprüfung bei schwingender Beanspruchung.

Von Professor Dr. **A. THUM**, Materialprüfungsanstalt an der Technischen
Hochschule Darmstadt.

IV. Festigkeit bei hohen und tiefen Temperaturen.

Seite

A. Zugversuche bei hohen Temperaturen.

Von Professor Dr.-Ing. **A. POMP**, Kaiser-Wilhelm-Institut für Eisenforschung, Düsseldorf.

B. Festigkeitsuntersuchung bei tiefen Temperaturen.

Von Dr.-Ing. **KARL BUNGARDT**, Essen.

V. Härteprüfung.

Von Dipl.-Ing. **WALTER HENGEMÜHLE**, Fried. Krupp A.-G., Probieranstalt, Essen.

VI. Technologische Prüfungen.

Von Dr. phil. E. DAMEROW, Berlin, und Dipl.-Ing. W. STEURER, Stuttgart.

VII. Prüfungen verschiedener Art.

A. Verschleißprüfung.

Von Professor Dr.-Ing. **E. SIEBEL**, Materialprüfungsanstalt an der Technischen Hochschule Stuttgart.

Inhaltsverzeichnis.   XIII

Seite

VIII. Physikalische Prüfungen.

Von Professor Dr. phil. **F. WEVER**, Kaiser-Wilhelm-Institut für Eisenforschung,
Düsseldorf.

IX. Metallographische Prüfung.

Von Dr.-Ing. **J. SCHRAMM**, Kaiser-Wilhelm-Institut für
Metallforschung, Stuttgart.

X. Grundsätzliches über die chemische Untersuchung der Metalle und ihrer Legierungen.

Von Professor Dr. R. FRICKE, Institut für anorganische Chemie
an der Technischen Hochschule Stuttgart.

XI. Spektralanalyse.

Von Professor Dr. **W. Seith**, Chemisches Institut der Westfälischen
Wilhelms-Universität Münster.

XII. Festigkeitstheoretische Untersuchungen.

Von Professor Dr.-Ing. **W. Kuntze**, Staatliches Materialprüfungsamt,
Berlin-Dahlem.

Physikalische Grundlagen des metallischen Zustands.

Von **U. Dehlinger**, Stuttgart.

Durch die Arbeit der letzten 40 Jahre sind die Erkenntnisse vom Aufbau der Stoffe aus Atomen und Elektronen so gefestigt worden, daß der heutige Physiker ganz selbstverständlich atomistisch denkt. Auch für die hier gestellte Aufgabe, dem Materialprüfer die grundsätzlichen physikalischen Ursachen der für ihn wichtigen Eigenschaften der Metalle und Legierungen zusammenfassend darzustellen, wird von der atomistischen Beschreibung als der anschaulichsten und umfassendsten auszugehen sein. Stellen wir uns aber vor, wir hätten ein Mikroskop, mit dem wir jedes einzelne der 10^{23} in einem Kubikzentimeter Eisen befindlichen Atome mit seiner Elektronenwolke sehen könnten, so würden wir zunächst die Dynamik der Zusammenhänge ebensowenig erkennen können, wie ein Laie, der ohne Erklärung in das Innere einer komplizierten Maschine gestellt wird. Um Ursachen und Wirkungen sehen zu können, müssen wir an Hand verschiedener, ganz bestimmter Fragestellungen, die von der Physik und physikalischen Chemie zum Teil lange vor der Atomistik ausgearbeitet wurden, nach räumlichen und zeitlichen Regelmäßigkeiten in der Atomgruppierung suchen. Die für die Technologie der Metalle wichtigsten von diesen Fragen sind in Abschn. B, C und D erörtert, nachdem in A der durch die Röntgeninterferenzen fast unmittelbar sichtbar zu machende Kristallgitterbau beschrieben wurde.

Für die Materialprüfung werden diese verschiedenen Gesichtspunkte, unter welchen der Zustand der festen Körper anzusehen ist, deshalb wichtig sein, weil jeder von ihnen eine besondere Mannigfaltigkeit für den Werkstoff bedeutet, eine neue Variable, die unabhängig von den andern im Einzelfall verändert sein und dadurch zu ganz neuen Werkstoffeigenschaften führen kann[1].

A. Atome und Elektronen in den Kristallgittern der Metalle.

1. Das ideale Gitter.

Wenn wir eine Röntgeninterferenzaufnahme[2] nach Laue, Bragg oder Debye und Scherrer von einem Metall machen, stellen wir damit folgende Frage: Mit welcher Genauigkeit sind die Atome in regelmäßig wiederkehrenden

---

[1] Über die klassischen, für alles folgende grundlegenden Untersuchungsmethoden siehe die Lehrbücher der Metallkunde von G. Tammann, 4. Aufl. Leipzig 1932; P. Goerens, Halle 1932; F. Sauerwald, Berlin 1929; C. Desch, 4. Aufl., London-New York-Toronto 1937.

[2] Ausführliches über Methoden und Ergebnisse der Strukturbestimmung: Dehlinger, U.: Handbuch der Metallphysik, Bd. I, 1. Leipzig 1935. — Glocker, R.: Materialprüfung mit Röntgenstrahlen, 2. Aufl. Berlin 1936. — Halla, F. u. H. Mark: Röntgenographische Untersuchung von Kristallen. Leipzig 1937. — Bragg, W. H. u. W. L.: The cristalline state. London 1933.

Abständen angeordnet? Bekanntlich erhält man bei solchen Aufnahmen von Metallen und Legierungen im festen Zustand stets nahezu scharfe Punkte oder Linien; daraus folgt, wie sich mathematisch streng zeigen läßt, daß der größte Teil der Atome ein nahezu vollkommenes Raumgitter mit einer immer wiederkehrenden Gitterkonstanten bildet. Demgegenüber erhält man bei flüssigen Stoffen unscharfe Interferenzen, welche auf einen nur geringen Grad von Regelmäßigkeit schließen lassen.

Die mathematische Auswertung der Röntgenaufnahmen ergibt dann die in dem idealen Kristallgitter anzunehmenden Abstände und Winkel mit großer Genauigkeit; diese Größen sind als Mittel über die in dem wirklichen, mit dem idealen nur angenähert übereinstimmenden Kristallgitter mehr oder weniger schwankenden Werte aufzufassen. Die Röntgenaufnahmen geben auch Aufschluß über den Grad der Abweichung des Gitters von der mathematischen Vollkommenheit; dagegen erlauben sie nicht, Einzelheiten über die Art dieser Abweichungen auszusagen. Die dazu führenden Untersuchungsmethoden werden in den folgenden Kapiteln behandelt; hier sollen die den einzelnen Elementen und Legierungen zukommenden idealen Kristallgitterstrukturen betrachtet werden.

Man kann nach Abb. 1 das ideale Kristallgitter dadurch aufbauen, daß man eine nur wenige Atome umfassende „Grundzelle" immer wieder um die drei „Grundtranslationen" parallel mit sich verschiebt. Kennt man diese und ihre gegenseitigen Winkel, somit die Abmessungen der Grundzelle, außerdem die Koordinaten der in einer Grundzelle liegenden Atome (die sog. Basis des Gitters), so kennt man das ganze ideale Gitter. Daher wird in Tabellenwerken meist nur die Grundzelle und Basis zur Charakterisierung der Gitter angegeben. Es ist aber zu betonen, daß ein und dasselbe Gitter durch viele verschiedene Grundzellen beschrieben werden kann, von welchen im allgemeinen die mathematisch einfachste ausgewählt wird; physikalisch bedeutungsvoller sind häufig andere Kenngrößen, z. B. die Koordinationszahl des Gitters (s. a. Abschn. A 3).

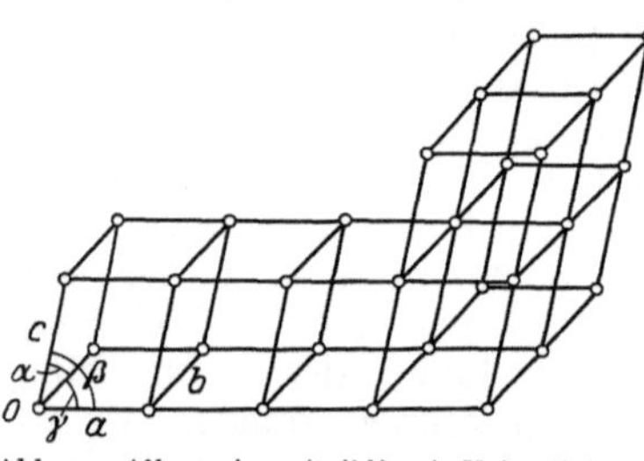

Abb. 1. Allgemeines (triklines) Kristallgitter mit einfacher Basis. Die Grundzelle hat die Kantenlängen a, b und c, die Kanten schließen die Winkel α, β und γ ein. a, b und c sind gleichzeitig die Längen der Grundtranslationen. (Nach R. Glocker: Materialprüfung mit Röntgenstrahlen. Berlin 1936.)

Die Grundzellen werden von der Kristallographie nach ihrer Symmetrie geordnet: Die höchste Symmetrie hat die kubische (würfelförmige), dann kommt die tetragonale und hexagonale, sowie die rhomboedrische, schließlich die rhombische, die monokline und die trikline Gestalt. Die Verteilung der Atome in der Grundzelle gehorcht erfahrungsgemäß der Grundzellensymmetrie, daher kann man das ganze Gitter als kubisch, tetragonal usw. bezeichnen. Es ist aber auch hier zu betonen, daß die Symmetrie meist kein sehr tiefes physikalisches und chemisches Kennzeichen eines Gitters ist. Zum Beispiel kann in einem kubischen und einem tetragonalen Gitter die Koordination, d. h. die Art, wie die Atome von ihren Nachbaratomen umgeben sind, viel ähnlicher sein als in zwei kubischen, etwa einem flächenzentrierten und einem innenzentrierten Gitter.

2. Die Kristallgitter der wichtigsten Elemente.

Die Mehrzahl der metallischen Elemente kristallisiert in dem sog. flächenzentriert kubischen Gitter, dessen Grundzelle in Abb. 2a dargestellt ist. Sie ist dadurch gekennzeichnet, daß nicht nur (wie beim „einfach kubischen Gitter") in den Ecken, sondern auch in den Mitten der Seitenflächen der würfelförmigen Grundzelle Atome sich befinden. Man sieht leicht (wenn man nicht nur eine einzelne Grundzelle, sondern auch die anschließenden betrachtet), daß jedes Atom des Gitters 12 Nachbarn in gleichem Abstand hat; man nennt diese Zahl die Koordinationszahl. Weiter sieht man bei näherer Betrachtung (nämlich dadurch, daß man von den in einer die Würfelecken abschneidenden sog. Oktaederebene liegenden Atomen ausgeht), daß die Atome eine dichteste Kugelpackung bilden, d. h. dieselben Lagen einnehmen, welche die Mittelpunkte von aufeinandergeschichteten, untereinander gleichen Kugeln haben würden. Flächenzentriert kubische Gitter haben u. a. die Elemente Al, Cu, Ag, Au, Ni, Pd, Pt, Rh, Ir, Pb, sowie die Modifikationen γ von Fe, β von Co und Tl und α von Ca.

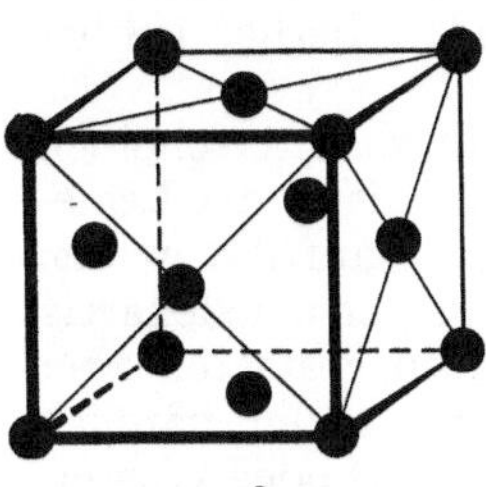
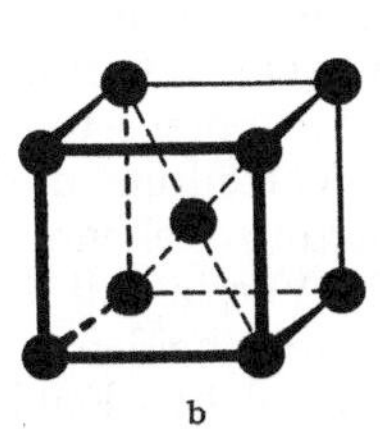
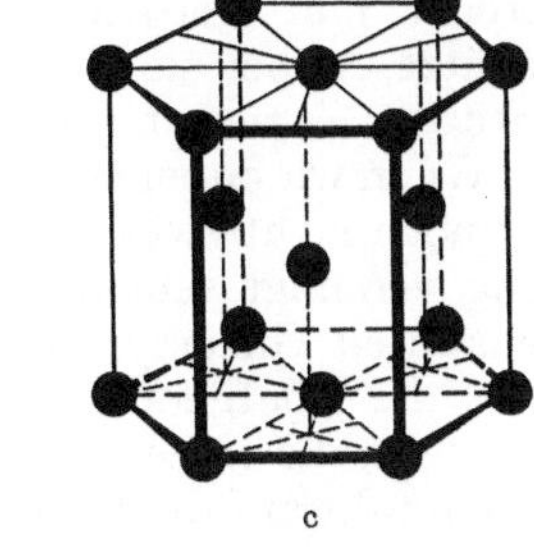

a   b   c

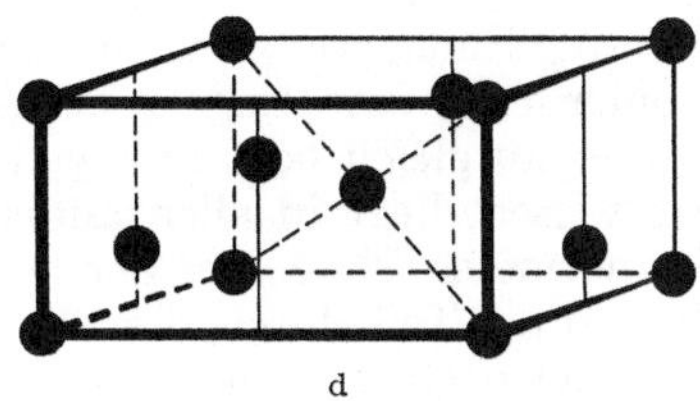

d

Abb. 2a bis d. Gitterbau des kubisch flächenzentrierten Gitters (a), des kubisch raumzentrierten Gitters (b), der hexagonalen dichtesten Kugelpackung (c) und der Struktur des weißen Zinns (d). Im Fall a, b und d ist gerade eine Grundzelle gezeichnet, im Fall der hexagonalen Kugelpackung baut sich aber die wahre Grundzelle nicht auf dem ganzen Sechseck, sondern nur auf einem der 3 eingezeichneten Rhomben als Grundfläche auf. Wie man sieht, gehören die eingezeichneten Atome stets gleichzeitig zu mehreren benachbarten Grundzellen; auf eine Grundzelle fallen im flächenzentrierten Gitter 4, im innenzentrierten 2, in der hexagonalen Kugelpackung 2, in der Zinnstruktur 4 Atome. (Aus E. SCHMID u. W. BOAS: Kristallplastizität. Berlin 1935.)

Die Struktur der hexagonalen dichtesten Kugelpackung hat trotz der verschiedenen Gesamtsymmetrie große innere Ähnlichkeit mit der vorhergehenden. Auch sie ist eine dichteste Kugelpackung mit der Koordinationszahl 12 und die geometrische Beziehung zwischen je zwei aufeinanderfolgenden Kugelschichten ist genau dieselbe wie dort; nur zwischen der ersten und dritten Schicht ist sie etwas anders. Hexagonale dichteste Kugelpackung haben Be, Mg, Ru, Os, Ti, Zr, Hf, sowie die α-Modifikation von Co und Tl, außerdem, aber in einer längs der hexagonalen Achse stark gestreckten Abart, Zn und Cd.

Die Grundzelle des innenzentriert (auch raumzentriert genannten) kubischen Gitters ist ein Würfel, an dessen Ecken und in dessen Mitte Atome liegen. Die Koordinationszahl ist demgemäß 8. Diese Struktur besitzen Cr, Mo, W, V, Nb, Ta, sowie die Alkalimetalle, außerdem das α-, β- und δ-Eisen.

Nur wenige Metalle besitzen kompliziertere Strukturen. Technisch am wichtigsten von ihnen ist das Zinn, welches in seiner metallischen Form als weißes Zinn eine noch verhältnismäßig einfache tetragonale Struktur mit der Koordinationszahl 6 hat, während es als graues Zinn ebenso wie Si und Ge Diamantstruktur mit der Koordinationszahl 4 hat. Demgegenüber kristallisiert Mn, ebenso As, Sb, Bi wesentlich komplizierter.

Die letztgenannten Elemente werden technisch deshalb nicht in reinem Zustand, sondern nur als Legierungszusätze, verwendet, weil sie — offenbar infolge ihres komplizierten Gitters — außerordentlich spröde sind. Bei den hexagonalen und tetragonalen Metallen hat die bevorzugte Symmetrieachse aus geometrischen Gründen technologische Besonderheiten zur Folge, die in Abschn. C näher besprochen werden. Weitere Unterschiede in den physikalischen Eigenschaften[1], die ausschließlich auf die Gitterstruktur als solche und nicht auf die chemische Natur der eingebauten Atome oder auf Umwandlungen usw. zurückzuführen wären, haben sich für die drei erstgenannten einfacheren Gitter trotz mancher Versuche nicht finden lassen[2].

3. Die Gitter der technischen Legierungen.

Auch die Legierungen, soweit sie technisch verwandt werden, haben in den meisten Fällen kubisch innen- oder flächenzentrierte Gitter oder eine hexagonale dichteste Kugelpackung. Auch hier sind die komplizierten Gitter wesentlich spröder und werden daher nur in Ausnahmefällen, z. B. bei Lagermetallen, benützt, wobei sie in weichere Bestandteile eingebettet sind. Hierher gehört auch der Zementit (Fe_3C) als Bestandteil des Stahls.

Wenn wir dabei von flächenzentriertem Gitter usw. sprechen, so unterscheiden wir noch nicht zwischen den verschiedenen Atomsorten, die im Gitter der Legierung vereinigt sein können. Die Verteilung dieser Atomsorten auf die in den genannten Gittertypen zur Verfügung stehenden Plätze kann verschiedenartig sein; die Röntgeninterferenzen im Verein mit Dichtemessungen gestatten aber meistens, die einzelnen Fälle zu unterscheiden. Verhältnismäßig selten, nämlich beschränkt auf die Legierungen, in welchen Kohlenstoff, Stickstoff oder Wasserstoff[3] in nicht zu großen Konzentrationen enthalten ist (z. B. Austenit), sind die sog. Einlagerungsmischkristalle. Bei ihnen befinden sich die Atome des Kohlenstoffs usw. eingesprengt in die Lücken eines vollbesetzten Metallgitters, das genau gleich oder nur wenig anders ist wie das des reinen Metalls. Soweit wir wissen, liegt in allen andern Fällen Substitution vor, bei welcher ein Teil der normalen Plätze der obengenannten Gittertypen durch die Atome der einen, der übrige Teil durch die der andern Sorte besetzt ist. Werden in jeder von den vielen Grundzellen des Gitters die gleichen Plätze von den Atomen einer Sorte besetzt, so spricht man von einer regelmäßigen Verteilung, andernfalls von einer statistisch ganz oder teilweise regellosen[4]. Die regelmäßige Verteilung macht sich u. a. durch zusätzliche Röntgenlinien bemerkbar, man spricht daher auch von Überstruktur und nennt die Linien Überstrukturlinien. Selbstverständlich ist eine streng regelmäßige Verteilung nur dann möglich, wenn die Legierung in bestimmten einfachen stöchiometrischen Verhältnissen zusammengesetzt ist; meist sind diese Verhältnisse 1:1 oder 1:3. So treten bei AuCu und $AuCu_3$ Überstrukturen innerhalb des flächenzentrierten, bei FeAl und Fe_3Al innerhalb des innenzentrierten Mischkristalls auf. Bei danebenliegenden Zusammensetzungen sind die Verteilungen dann nur teilweise regelmäßig. Es ist aber zu betonen, daß nicht immer bei solchen stöchiometrischen Zusammensetzungen eine regelmäßige Verteilung vorhanden ist, auch nicht bei allen intermediären Phasen [intermetallischen Verbindungen (s. Abschn. A 2)], während ja bei klassischen chemischen Verbindungen die regelmäßige Verteilung selbstverständlich ist. Insbesondere bei höheren Temperaturen sind die Verteilungen vielfach ganz oder teilweise regellos. Und zwar nimmt die teilweise Regellosigkeit mit

---

[1] Übersicht über die physikalischen Eigenschaften der Metalle: Borelius, W.: Handbuch der Metallphysik, Bd. I, 2. Leipzig 1935.

[2] Man kann also nicht etwa sagen, alle innenzentrierten Elemente seien härter als die flächenzentrierten oder neigen mehr zum Ferromagnetismus usw.

[3] Das sind die Elemente, deren „Atomradius" wesentlich kleiner ist als der der Metalle.

[4] Siehe das Sonderheft: Übergänge zwischen Ordnung und Unordnung in festen und flüssigen Phasen. Z. Elektrochem. Bd. 45 (1939) H. 1. Außerdem Ch. S. Barrett: Metals and Aloys, Sept. 1937.

steigender Temperatur allmählich zu, um dann im allgemeinen bei einer bestimmten Temperatur nahezu vollständig regellos zu werden. Zwischen der teilweise und der vollständig regellosen Verteilung kann — muß aber nicht — im Gleichgewichtsschaubild ein zweiphasiges Gebiet aus beiden Zuständen liegen. Dies ist z. B. bei Fe-Ni-Al wichtig geworden[1].

Wenn die chemischen Ordnungszahlen der verschiedenen, in einem Gitter regelmäßig verteilten Atomarten nahezu gleich sind, werden die Überstrukturlinien sehr schwach und meist nicht mehr feststellbar. Dann kann man die Anwesenheit einer regelmäßigen Verteilung nur indirekt erkennen, z. B. daran, daß der elektrische Widerstand des Mischkristalls, als Funktion der Konzentration aufgetragen, bei einer bestimmten Zusammensetzung ein Minimum hat, oder daran, daß der Widerstand einer von hohen Temperaturen abgeschreckten Probe wesentlich größer ist als der einer bei tieferen Temperaturen angelassenen Probe. Da häufig, z. B. bei Fe-Ni-Al und bei den HEUSLERschen Legierungen, der Ferromagnetismus an das Bestehen einer regelmäßigen Verteilung geknüpft ist, können auch ferromagnetische Vergleiche von abgeschreckten und von angelassenen Proben zum Nachweis einer regelmäßigen Verteilung dienen. Zu beachten ist, daß in verformtem Material die regelmäßigen Verteilungen häufig nicht mehr existenzfähig sind, also beim Verformen verschwinden, beim Rekristallisieren aber wiederkehren.

Durch die Regellosigkeit der Atomverteilung wird stets die Härte und der elektrische Widerstand des Gitters erhöht (während der Temperaturkoeffizient des Widerstands sinkt); wird die Verteilung regelmäßig, so sinken beide wieder, wenn auch nicht ganz bis auf die Werte der reinen Metalle.

So sind z. B. Zink und Kupfer im flächenzentriert kubischen Gitter des α-Messings regellos verteilt und deshalb ist diese Legierung härter als das reine Kupfer. Bei höheren Zinkgehalten bildet sich entsprechend dem Zustandsdiagramm außerdem noch die intermediäre Phase β-Messing, welche ein innenzentriert kubisches Gitter mit teilweise regelmäßiger Verteilung hat.

Will man für elektrische Leitungen ein Metall von möglichst kleinem Widerstand, so muß man entweder ein sehr reines Element ohne Zusatz oder aber einen Zusatz wählen, der nicht in das Gitter eintritt, sondern als zweite Phase bestehen bleibt.

4. Die Elektronen in den Metallen.

Bekanntlich enthält jedes Atom in neutralem Zustand einen positiven Kern und ebenso viele Elektronen, als seine Ordnungszahl im periodischen System beträgt. Die Elektronen sind zu einzelnen Schalen zusammengefaßt, wobei jede Schale eine bestimmte Höchstzahl von Elektronen aufnehmen kann. Die Elektronen der äußersten, außer bei den Edelgasen nicht voll besetzten Schale nennt man Valenzelektronen. Zum Beispiel enthält jedes Atom Na, K usw. ein Valenzelektron; dieses ist locker gebunden und kann daher u. a. an ein Chloratom übergehen, wo es die Valenzelektronen zu einer abgeschlossenen „Edelgas-Schale" ergänzt. So entsteht einerseits ein positiv geladenes „Natriumion", andererseits ein negatives „Chlorion" und diese entgegengesetzt geladenen Körper ziehen sich nach den Gesetzen der Elektrostatik an. Kommen sie sich dabei so nahe, daß ihre Elektronenschalen sich zu durchdringen beginnen, so tritt eine Abstoßung dazu; im mechanischen Gleichgewicht wird durch Anziehung und Abstoßung ein bestimmter Abstand gegeben, in welchem sich beide aufheben. Ganz ähnlich ist es, wenn sehr viele positive und negative Ionen gleicher

---

[1] BRADLEY, A. J. u. A. TAYLOR: Proc. roy. Soc., Lond. A Bd. 166 (1938) S. 353. — BUMM, G. u. H. G. MÜLLER: Wiss. Mitt. Siemenskonz. Bd. 17 (1938) S. 425.

Ladung zusammengebracht werden; dann stellt sich ein bestimmtes Raumgitter mit ganz bestimmten Abständen ein und man kann zahlenmäßig beweisen, daß bei den für Na-Cl in Frage kommenden Kräften das Steinsalzgitter und kein anderes am stabilsten ist. Dies ist der einfachste Fall einer „Kristallbindung"[1].

Die Bindung im metallischen Gitter ist schwieriger zu verstehen[2]. In den normalen Metallen und Legierungen hat man es nur mit den positiv geladenen Atomen zu tun, die häufig auch Atomrümpfe genannt werden, und von welchen sie die Valenzelektronen mehr oder weniger losgelöst haben. [Auch in Legierungen kommt ein vollständiger Übergang mit Bildung entgegengesetzt geladener Ionen nur in ganz wenigen Fällen (z. B. bei Mg_3Bi_2, SnSb, $AuAl_2$) in Frage.] Das „Elektronengas" dieser „freien Elektronen" verursacht die hohe elektrische und thermische Leitfähigkeit, damit auch den optischen Glanz der Metalle (während z. B. der Magnetismus, insbesondere der Ferromagnetismus, mehr an den — in diesem Fall nicht edelgasartigen — Atomrümpfen hängt), es besorgt aber auch als „Zement", der zwischen die Atomrümpfe als Bausteine gefügt ist, die Bindung im Metallgitter. Es sei noch bemerkt, daß der Vorstellung vom Elektronengas jahrzehntelang ein starkes Bedenken entgegenstand: die spezifische Wärme, die einem solchen Gas zukommen müßte und die eine anomal hohe spezifische Wärme aller Metalle zur Folge haben müßte, ist nämlich experimentell sicher nicht vorhanden, die Metalle haben keine höhere spezifische Wärme als die andern festen Körper. Erst die Quantenmechanik hat, hauptsächlich durch Sommerfeld, gezeigt, daß nach ganz allgemeinen Prinzipien jedes Gas diese „Entartung" bei sehr tiefen Temperaturen zeigen muß, während sie bei den Elektronen mit ihrer sehr kleinen Masse bis zu etwa 10000° geht. Erst bei dieser Temperatur würde die spezifische Wärme des Elektronengases die normale Größe von einigen Kalorien je Mol und Grad erreichen.

Um die gegenseitige Bindung der Atomrümpfe durch das Elektronengas zu verstehen, muß man zunächst bedenken, daß dieses elektrisch negative Gas durch die positiven Rümpfe elektrostatisch stets angezogen wird. Wie Rechnungen von Bloch, Wigner und Seitz, Fröhlich u. a. gezeigt haben, ist die von dieser Anziehung herrührende potentielle Energie des Gesamtsystems um so höher, je näher die Atomrümpfe zusammengerückt sind; andererseits wird die kinetische Energie des Elektronengases bei stärkerer Annäherung der Rümpfe aneinander infolge der Kompression kleiner. So kommt es, daß bei einer ganz bestimmten Gitterkonstanten ein Minimum der Gesamtenergie vorhanden ist; dieser Wert stellt sich im mechanischen Gleichgewicht ein. Die Krümmung der Energieabstandsfunktion in der Nähe des Minimums bestimmt die Kompressibilität, sowie die Elastizitätsmoduln des Stoffs. Zahlenmäßige Berechnungen für einzelne Fälle liegen noch wenig vor; allgemein läßt sich sagen, daß die Kompressibilität um so kleiner ist, je mehr Valenzelektronen je Atom vorhanden sind. Zum Beispiel ist sie bei Na mit einem Valenzelektron $15{,}6 \cdot 10^{-6}$ cm²/kg, bei Mg mit 2 solchen 2,95 und bei Al mit 3 Elektronen 1,34. Bei Cr, Mo, W mit 6 Valenzelektronen ist sie 0,61 bzw. 0,36 und $0{,}32 \cdot 10^{-6}$ cm²/kg; kleiner ist sie nur noch bei dem in der Nähe von W im periodischen System stehenden Ir mit $0{,}27 \cdot 10^{-6}$ cm²/kg.

Für das Verständnis der Gittertypen der Metalle wichtig ist die Feststellung, daß die metallische Bindung zunächst keine Absättigung ergibt. Das heißt, daß an ein Atom beliebig viele Nachbarn mit gleicher Festigkeit gebunden werden können, wenn sie nur Platz haben. Man sieht, daß eine solche Bindung bei Atomen von gleicher Größe immer zu dichtesten Kugelpackungen führt,

---

[1] Näheres bei A. Grimm: Handbuch der Physik, 2. Aufl., Bd. 24, 2. Berlin 1936.
[2] Fröhlich, G.: Elektronentheorie der Metalle. Berlin 1936. — Mott, N. F. u. H. Jones: The Theory of the Properties of Metals and Alloys. Oxford 1936.

wie sie nach Abschn. 3 in der Tat auch sehr häufig sind. Demgegenüber müssen bei der heteropolaren Bindung des NaCl wegen der entgegengesetzten Ladungen genau gleich viele Na- und Cl-Atome vorhanden sein, was hohe Koordinationszahlen verhindert, während bei der „Valenzstrichbindung", wie sie z. B. im Diamant und in den meisten organischen Stoffen vorliegt, jedes Atom nur so viele unmittelbare Nachbarn haben kann, als seine Wertigkeit beträgt, z. B. beim Kohlenstoff: 4.

Auch die gegenüber der Kugelpackung kleinere Koordinationszahl der innenzentrierten Metallgitter wird durch eine, allerdings schwächere, Absättigung bedingt[1]. Jedes Valenzelektron besitzt nämlich ein magnetisches Moment und bei nichtferromagnetischen Stoffen müssen sich diese Momente gegenseitig aufheben; wie sich zeigt, ist dies nur möglich, wenn bei einem Valenzelektron je Atom nicht mehr als 8 Nachbarn vorhanden sind. Die innenzentrierte Struktur des α-Eisens ist ein besonderer Ausnahmefall; sie hängt mit dem außergewöhnlich starken Ferromagnetismus zusammen und kommt von der Wechselwirkung der Atomrümpfe. Auch die Allotropie des Eisens, Kobalts usw. kann auf Eigenschaften des Elektronensystems zurückgeführt werden.

Bei Legierungsbildung ändert sich der Zustand des Elektronengases und damit die Bindung meist stark; daher hängt die Fähigkeit zur Legierungsbildung wesentlich von dem Elektronenbau der Atome ab. Ebenso werden vielfach die Gitter der Legierungen durch den Valenzelektronenzustand bestimmt; z. B. rührt das innenzentrierte Gitter des β-Messings mit der ungefähren Zusammensetzung CuZn entsprechend der „HUME-ROTHERYschen Regel" davon her, daß im Durchschnitt 1,5 Valenzelektronen, also eine nichtganze Zahl, je Atom vorhanden sind. Dasselbe Gitter tritt dementsprechend auch auf bei AgZn, AuZn, CuBe, Cu_5Sn, Cu_3Al. Da Cu, Ag, Au je ein, Zn, Be je zwei, Al drei, Sn vier Valenzelektronen besitzen, ist hier überall das Valenzelektronenverhältnis 1,5 vorhanden. Ein komplizierteres kubisches Gitter, dessen Grundzelle 52 Atome enthält, tritt in der Nähe der Zusammensetzungen Cu_5Zn_8, Cu_5Cd_8, Cu_9Al_4, $Cu_{31}Sn_8$ auf, also wenn das Valenzelektronenverhältnis $^{21}/_{31}$ vorhanden ist. Dieselbe Struktur (wenn auch oft nicht mehr ganz kubisch) zeigt sich auch bei Fe_5Zn_{21}, Co_5Zn_{21}, Ni_5Zn_{21}, Pt_5Zn_{21}, Pd_5Zn_{21}, was darauf hinweist, daß man in diesen Legierungen dem Fe, Co, Ni, Pd, Pt den Beitrag von null Valenzelektronen zuschreiben muß.

Es sei noch betont, daß zwar die obenerwähnten, eigentlich physikalischen Eigenschaften grundlegend durch die Einzelheiten im Zustand des Elektronengases bedingt sind, nicht aber die im folgenden besprochenen, technologisch wichtigeren Dinge, wie Umwandlungs- und Ausscheidungszustände, Gitterstörungen und Plastizität. Diese hängen im allgemeinen nur von den Gitterformen ab, und wenn man die Gittertypen und ihre Zustandsdiagramme als gegeben hinnimmt, so braucht man sich um die Elektronen nur noch selten zu kümmern.

B. Gleichgewichts- und Nichtgleichgewichts-
zustände.

1. Grundgesetze.

Ein Metallstück im festen Zustand scheint zunächst etwas sehr unveränderliches zu sein, mit feineren experimentellen und theoretischen Untersuchungsmitteln sieht man aber, daß schon bei Zimmertemperatur, noch mehr aber bei höheren Temperaturen, einzelne wenige, an beliebigen Stellen befindliche Atome

---

[1] Siehe darüber U. DEHLINGER: Chemische Physik der Metalle und Legierungen. Leipzig 1939.

des Gitters ihre Plätze verlassen, wobei sie sie meist mit andern vertauschen. Man nennt dies häufig die allgemeine Selbstdiffusion. Die theoretische Statistik im Verein mit der Erfahrung bei Diffusion u. ä. zeigt, daß die Wahrscheinlichkeit dafür, daß bei der absoluten Temperatur T ein bestimmtes Atom innerhalb eines Tages seinen Platz verläßt, gleich

$$w = A\,e^{-B/RT}$$

ist, wo R die universelle Gaskonstante von der Größe 2 Kalorien je Mol und B die Höhe der Energieschwelle ist, welche das Atom überwinden muß, um von seiner Bindung im Gitter freizukommen. Bei Platzaustauschvorgängen[1] liegt B erfahrungsgemäß zwischen 16000 und 40000 Kalorien je Mol, während A in der Größenordnung 10^{10} je Tag ist; wenn dagegen das Atom einen bis dahin freien Platz besetzen soll, liegt B zwischen 3000 und 8000 Kalorien je Mol. Man nennt B auch Aktivierungswärme.

Es sind nun zwei Möglichkeiten streng zu unterscheiden. Entweder: Es gibt in der Zeiteinheit ebenso viele von den beschriebenen Atomsprüngen, die in einer bestimmten Richtung, wie solche, die in der entgegengesetzten gehen. Dann bleibt der „thermodynamische Zustand", der bestimmt ist durch Temperatur, Druck und Konzentration der einzelnen Bestandteile des Systems, bei dem aber über Ungleichmäßigkeiten in atomaren Dimensionen hinweggemittelt wird, im Laufe der Zeit unverändert. Man nennt dies „thermodynamisches Gleichgewicht" und die Thermodynamik sagt auf Grund ihres ersten und zweiten Hauptsatzes aus, daß jedes System, d. h. jede Mischung beliebiger Elemente, bei gegebener Temperatur und gegebenem Druck *einen* thermodynamischen Gleichgewichtszustand besitzt, während es bekanntlich viele verschiedene mechanische Gleichgewichtszustände geben kann. Über die Art der Gleichgewichtszustände kann die Thermodynamik zahlreiche einzelne Aussagen machen[2], vor allem die, daß ein System im Gleichgewicht entweder als Ganzes homogen ist oder aus einzelnen, in sich homogenen Bestandteilen, „Phasen", besteht; weiterhin die „Phasenregel", daß die Zahl dieser Phasen mit der Zahl der anwesenden Elemente in bestimmter Beziehung steht. Das „Zustandsdiagramm" eines Systems sagt dann aus, wie viele und welche Phasen bei gegebener Temperatur und gegebener Gesamtzusammensetzung im Gleichgewicht vorhanden sind; im festen Zustand entspricht jeder Phase ein besonderes Gitter.

Oder: Es kompensieren sich die Atomsprünge nicht gegenseitig, dann ändert das System im Laufe der Zeit seinen Zustand. Die Thermodynamik macht auch hierüber eine Aussage, nämlich daß die Änderung stets in der Richtung auf den Gleichgewichtszustand hingeht. Dagegen sagt sie über die Geschwindigkeit der Veränderung gar nichts aus; diese ist bestimmt durch die absolute Größe der verschiedenen mitwirkenden Wahrscheinlichkeiten w, während die Thermodynamik nur deren Differenzen erfaßt. So kann es kommen, daß auch ein Nichtgleichgewichtssystem sich nur unmerklich langsam verändert und damit auch technisch als Werkstoff verwendet werden kann. In der Tat sind so gut wie alle technisch verwendeten Legierungen nicht ganz im thermodynamischen Gleichgewicht, einige von ihnen, z. B. die gehärteten Stähle, das ausgehärtete Duralumin, sogar sehr weit davon entfernt. Dann können geringe Temperaturveränderungen, Unterschiede in der Zusammensetzung oder auch Verformungen plötzlich die Geschwindigkeit der Änderung des Zustands und damit auch der physikalischen und technologischen Eigenschaften, die zunächst unmerkbar

---

[1] Insbesondere bei der Diffusion in Substitutionsmischkristallen siehe W. Jost: Diffusion und chemische Reaktion in festen Stoffen. Dresden und Leipzig 1937.

[2] Ausführliche Darstellung z. B. bei W. Schottky, G. Ulich u. C. Wagner: Thermodynamik. Berlin 1929.

klein war, so stark erhöhen, daß das Material technisch unbrauchbar wird. Demgegenüber ändern Legierungen, die im Gleichgewicht sind, ihren Zustand im wesentlichen nur dann, wenn man in ein anderes Feld des Zustandsdiagramms kommt, wozu im allgemeinen die Temperatur- und Zusammensetzungsvariation groß sein muß.

2. Das Zustandsdiagramm.

Das Zustandsdiagramm zeichnet nur Gleichgewichtszustände auf; man erhält diese, wenn man eine durch Zusammenschmelzen oder Sintern hergestellte innige Mischung genügend lange bei Temperaturen glüht, bei welchen schon eine genügende Platzwechselgeschwindigkeit vorhanden ist. Oft, z. B. bei Fe-Ni mit 10—30% Ni unterhalb Zimmertemperatur, kann man einen auch nur angenäherten Gleichgewichtszustand nicht herstellen und kennt daher das Zustandsdiagramm in diesem Gebiet nicht. Wenn ausnahmsweise ein gleichgewichtsbildender Vorgang viel langsamer ist als alle andern Vorgänge im System, wie es z. B. der Zerfall des Fe_3C in Fe und C ist, so ist der Nichtgleichgewichtszustand, der sich ohne Mitwirkung dieses Vorgangs einstellt, verhältnismäßig beständig und kann dann in einem sog. metastabilen Zustandsdiagramm beschrieben werden.

Die Phasenregel bildet das Rahmengesetz für die Zustandsdiagramme; ihre Einzelheiten müssen für jedes System empirisch festgelegt werden[1]. In letzter Zeit ist es aber gelungen, Regeln zu finden, nach welchen an Hand der Stellung im periodischen System und der Gittertypen der Komponenten der grundsätzliche Charakter des Zustandsdiagramms vorausgesagt werden kann. So bilden z. B. nur Gitter von gleichem Gittertyp im festen Zustand lückenlos Mischkristalle miteinander und auch nur dann, wenn ihre Gitterkonstante nicht zu stark (etwa um mehr als 10%) verschieden ist und wenn die Komponenten nicht, wie z. B. Aluminium und Silber, im periodischen System zu weit entfernt sind. Sonst treten entweder zweiphasige Gebiete oder intermediäre Phasen (Verbindungen) mit ganz anderem Gitter auf. Auf die HUME-ROTHERYsche Regel, durch die die Ausbildung der intermediären Phasen in den bronzeartigen Legierungen bestimmt wird, wurde schon in Abschn. A 4 hingewiesen. Die nach dieser Regel entstehenden innenzentrierten Gitter bilden mit andern innenzentrierten vielfach lückenlose Mischkristalle, so z. B. NiAl, das hierher gehört, mit α-Eisen. Nach einer von WEVER aufgestellten Regel läßt sich auch überblicken, ob das α-Gebiet oder das γ-Gebiet des Eisens durch ein Zusatzelement vergrößert wird[2].

3. Zwischenzustände von Umwandlungen.

Nichtgleichgewichtszustände können wir außer durch beliebiges Mischen auch noch auf eine andere Weise herstellen: Wir stellen einen Gleichgewichtszustand her und bringen ihn durch schnelle Temperaturänderung, d. h. meist Abschrecken, in ein Gebiet des Zustandsdiagramms, in dem er nicht mehr im Gleichgewicht ist. Dieser Nichtgleichgewichtszustand, den wir Anfangszustand nennen, unterscheidet sich von dem durch beliebiges Mischen hergestellten dadurch, daß seine einzelnen Phasen noch homogen sind. Wir können ihn durch einen über eine Grenzlinie hinwegführenden Pfeil im Zustandsdiagramm darstellen (s. Abb. 4). (Hierher gehört z. B. der technisch verwendete

---

[1] Zusammenstellung aller binären Diagramme: HANSEN, M.: Der Aufbau der Zweistofflegierungen. Berlin 1936. — Ternäre Diagramme: MASING, G.: Ternäre Systeme. Leipzig 1933. — Allgemeines: VOGEL, R.: Handbuch der Metallphysik, Bd. II. Leipzig 1937.

[2] Näheres über diese Regeln: HUME-ROTHERY, W.: The Structure of Metals and Alloys. London 1936. — DEHLINGER, U.: Chemische Physik der Metalle und Legierungen. Leipzig 1939. — WEVER, F.: Mitt. K.-Wilh.-Inst. Eisenforschg. Bd. 13 (1931) S. 183.

austenitische Zustand der V2A-Stähle, der im Gleichgewicht zum Teil in Martensit übergehen müßte.) In ihren physikalischen Eigenschaften unterscheiden sich diese Zustände zunächst noch nicht von den Gleichgewichtszuständen, aber sie gehen im Laufe der Zeit mehr oder weniger schnell in den nach dem Zustandsdiagramm bei der betreffenden Temperatur anzunehmenden Gleichgewichtszustand über, den wir dann auch Endzustand nennen. Die bei solchen Übergängen durchlaufenen Zwischenzustände haben häufig ganze andere physikalische und technologische Eigenschaften als die Anfangs- und Endzustände, insbesondere sind sie häufig inhomogen, und deshalb härter als diese. So kann man durch reine Wärmebehandlung ohne Verformen Legierungen härten. Die Erforschung dieser technisch sehr wichtigen Zwischenzustände ist also eine Frage der Reaktionskinetik[1].

Als eigentliche Umwandlungsvorgänge bezeichnen wir diejenigen Vorgänge, bei welchen ein einphasiger Anfangszustand in einen ebenfalls einphasigen Endzustand übergeht. Sie sind im allgemeinen nur bei reinen Elementen zu verwirklichen; sie gehen dann entweder sehr langsam, wie z. B. die Umwandlung des weißen in graues Zinn (Zinnpest) oder sehr schnell und vollständig, wie z. B. die Umwandlung α—β-Kobalt, vor sich, so daß ihre Zwischenzustände technisch kaum gebraucht werden können.

Der wichtige Fall der Stahlhärtung ist dagegen etwas verwickelter; hier geht ein einphasiger Anfangszustand (Austenit) in einen zweiphasigen Endzustand (Perlit) über, jedoch wird dabei ein noch nahezu einphasiger Zwischenzustand (Martensit) durchlaufen, so daß der technisch wichtige Teil des Vorgangs sich nur wenig von einer eigentlichen Umwandlung unterscheidet.

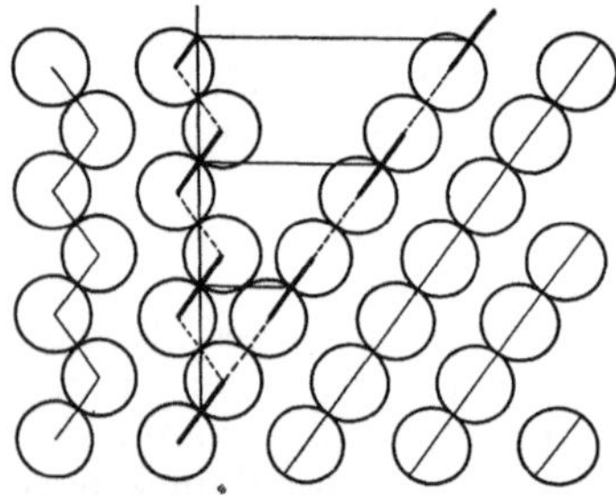

Abb. 3. Kristallographie der Umwandlung hexagonal-kubisch oder umgekehrt von Kobalt. Links ist die Anordnung der Atome entlang der hexagonalen Achse einer hexagonalen dichtesten Kugelpackung dargestellt. Beim Gleiten verschieben sich die Atompaare entlang der waagerechten Linien und kommen dadurch in eine Anordnung, die im flächenzentriert kubischen Gitter vorhanden ist. Die schrägen Atomreihen sind dann Würfeldiagonalen dieses Gitters; die Ebene der Zeichnung ist die Rhombendodekaederebene (110) des kubischen Gitters, die Gleitebene steht senkrecht dazu, es ist eine Oktaederebene (111) dieses Gitters. [Nach G. Wassermann: Metallwirtsch. Bd. 11 (1932) S. 61.]

Im Austenit besetzt das Eisen ein flächenzentriert kubisches Gitter, in dessen Lücken einzelne Kohlenstoffatome eingelagert sind. Der Martensit hat dagegen ein (noch schwach tetragonales) innenzentriertes Gitter und enthält ebenfalls noch den Kohlenstoff gelöst; erst bei weiterem Anlassen tritt dieser als Zementit Fe_3C aus. Wie die Umwandlung α—β-Kobalt geht auch der Übergang Austenit-Martensit sehr schnell vor sich; man bezeichnet derartige Umwandlungen nach E. Scheil als allotrope Umklappvorgänge. Nach röntgenographischen Orientierungsbestimmungen an Einkristallen[2] entsteht dabei die Gitteränderung dadurch, daß bestimmte kristallographische Ebenen mit den sie besetzenden Atomen in einer ganz bestimmten Richtung um ein ganz bestimmtes Stück aufeinander abgleiten, ähnlich wie die Karten eines Kartenspiels (Abb. 3). Jedes dieser Atome muß dabei einen der in B 1 beschriebenen Sprünge ausführen; wie aber besondere dynamische Untersuchungen[3] gezeigt haben, geht diese Umwandlungsart deshalb so schnell vor sich, weil der Sprung eines Atoms einer Ebene zwangläufig die aller anderen Atome derselben Ebene mit sich führt. Es ist also jetzt die Wahrscheinlichkeit dafür, daß ein Atom einen Sprung macht,

[1] Ausführliche Darstellung bei U. Dehlinger: Chemische Physik der Metalle und Legierungen. Leipzig 1939.
[2] Zuerst: Kurdjumow, G. u. G. Sachs: Z. Phys. Bd. 64 (1930) S. 325.
[3] Dehlinger, U.: Z. Phys. Bd. 105 (1937) S. 21.

gleich $N \cdot w$, wo N die Zahl der Atome der Netzebene ist und etwa 10^{15} sein kann. Daher gehen diese Umklappvorgänge bei gleicher Schwellenenergie N-mal schneller vor sich als die „Umwandlungen durch Einzelsprünge der Atome". Außerdem behindern sich bei den gemeinsamen Sprüngen der ganzen Ebenen die Atome gegenseitig weniger als bei den Einzelsprüngen. Daher sind die letzteren vorzugsweise an Grenzflächen des Gitters, Gitterstörungen oder aber an die Grenze zwischen schon umgewandeltem und noch nicht erfaßtem Gitter gebunden, wo schon Lücken vorhanden sind; man bezeichnet dies als Keimwirkung[1].

Ein experimenteller und theoretischer Vergleich zwischen dem Umklappen des kohlenstoffhaltigen Stahls[2] und dem des reinen Eisen-Nickels[3] lehrt nun, daß der in die Lücken des Eisengitters eingelagerten Kohlenstoff die Richtung der Gleitung an einzelnen Stellen ablenkt. Dabei entstehen außergewöhnliche Gitterverzerrungen, welche zur Folge haben, daß der Kohlenstoffmartensit wesentlich härter ist als der reine Eisen-Nickel-Martensit, weiterhin daß die Temperatur, bei welcher das Umklappen einsetzen kann, die sog. Martensittemperatur, um etwa 500° unterhalb der Grenztemperatur im Zustandsdiagramm (Perlitpunkt) liegt, bei der nach der rein thermodynamischen Gleichgewichtsrechnung die Umwandlung einsetzen könnte (sog. Temperaturhysterese), schließlich daß das Umklappen nicht vollständig vor sich geht, sondern immer noch Austenit übrigbleibt. Erst bei sehr tiefen Temperaturen wird das thermodynamische Umwandlungsbestreben des Austenits (der freie Energieunterschied zwischen Austenit und Martensit) so groß, daß es alle Verzerrungen überwindet und auch den letzten Rest von Austenit in Martensit überführt.

In dem Temperaturgebiet zwischen Perlitpunkt und Martensittemperatur ist der Austenit nach dem Zustandsdiagramm ebenfalls nicht im Gleichgewicht und kann zwar nicht in Martensit, aber dafür unmittelbar in Perlit übergehen. Dieses Material kann dann selbstverständlich nicht mehr Martensit bilden. Die Perlitbildung geht wesentlich langsamer vor sich als der Umklappvorgang der Martensitbildung, außerdem führt er zu einem nicht so harten Zustand; daher wird er bei der Stahlhärtung durch Abschrecken unterdrückt, während das für die Martensitbildung infolge ihrer großen Schnelligkeit nicht möglich ist. Durch Zulegieren von Nickel, Chrom usw. zum Kohlenstoffstahl wird diese unmittelbare Perlitbildung noch mehr verlangsamt; man erhält dann die „lufthärtenden Stähle", die auch nach langsamerem Abkühlen noch martensitisch sind[4].

Die rostfreien Stähle enthalten noch größere Mengen Nickel und Chrom. Ihre Zusammensetzung fällt bei Zimmertemperatur in das zweiphasige Gebiet des Zustandsdiagramms, in welchem Austenit und Martensit, d. h. flächen- und innenzentriertes Gitter, mit verschiedener Konzentration nebeneinander im Gleichgewicht sind. Kühlt man den aus der Schmelze gebildeten Austenit in dieses Gebiet hinein ab, so muß daher das Umklappen aus thermodynamischen Gründen mit einer Entmischung verbunden sein, die ein langsamer Vorgang ist und somit die Umwandlung im allgemeinen sehr stark abbremst. Daher sind die rostfreien Stähle im austenitischen Zustand zwar nicht im thermodynamischen Gleichgewicht, aber doch praktisch gut beständig. Es sei noch bemerkt, daß der Austenit unmagnetisch, der Martensit dagegen ferromagnetisch ist.

---

[1] Diese ist besonders deutlich bei der Zinnumwandlung, siehe G. TAMMANN u. K. L. DREYER: Z. anorg. allg. Chem. Bd. 199 (1931) S. 97.

[2] Siehe die zahlreichen Untersuchungen von WEVER, ENGEL, LANGE und WASSERMANN in Mitt. K.-Wilh.-Inst. Eisenforsch. 1930—1937.

[3] BUMM, H. u. U. DEHLINGER: Z. Metallkde. Bd. 26 (1934) S. 112; Bd. 29 (1937) S. 29.

[4] Näheres über den Einfluß von Legierungszusätzen auf die Eigenschaften der Stähle siehe E. HOUDREMONT: Einführung in die Sonderstahlkunde. Berlin 1935. — RAPATZ, F. u. R. DAEVES: Werkstoffhandbuch Stahl und Eisen. Düsseldorf 1937.

Auch die Invarstähle sind austenitisch; infolge ihres hohen Nickelgehaltes, der 36 bis 42% beträgt, sind sie aber wieder ferromagnetisch. Jedoch liegt der Curiepunkt tief, nämlich in der Nähe von 200° C. Ihre Invareigenschaft beruht darauf, daß bei der unterhalb des Curiepunktes mit steigender Temperatur allmählich eintretenden Abnahme der Sättigungsmagnetisierung sich stets das Volumen verkleinert; man kann zeigen, daß dieser Effekt bei Eisen mit flächenzentriertem Gitter besonders groß sein muß, so daß er die normale, bei allen Körpern nahezu gleiche Zunahme des Volumens mit steigender Temperatur, die von der Zunahme der Wärmeschwingungen herrührt, nahezu kompensiert.

Bei den zahlreichen, für magnetische Sonderzwecke gebrauchten Eisenlegierungen (Dauermagnetstähle, Permalloy usw.) kommt es auf den Betrag von Remanenz, Koerzitivkraft, magnetischer Hysterese und sonstige in der „technischen Magnetisierungskurve" enthaltenen Größen an. Im Gegensatz zur Sättigungsmagnetisierung sind diese aber ganz wesentlich abhängig von den inneren Spannungen, also von der Vorbehandlung des Gitters. Vielfach spielen dabei allotrope Umwandlungen, aber auch die im folgenden zu besprechenden Aushärtungsvorgänge eine wichtige Rolle.

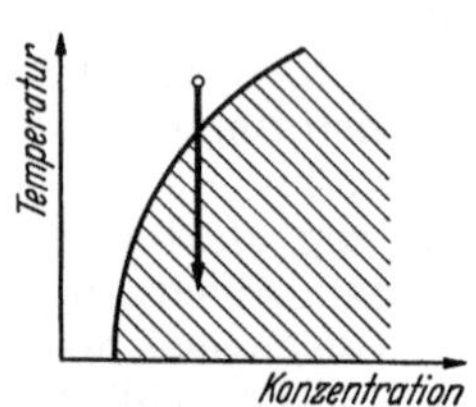

Abb. 4. Zustandsdiagramm eines aushärtungsfähigen Systems. Schraffiert das im Gleichgewicht zweiphasige Zustandsgebiet. Die dieses Gebiet begrenzende Kurve gibt an, welche Konzentrationen im Mischkristall bei den verschiedenen Temperaturen im Gleichgewicht maximal noch gelöst sein können. Ist die Konzentration im Mischkristall höher, so spricht man von Übersättigung. Die wesentliche Bedingung für die Aushärtbarkeit ist das Vorhandensein einer mit steigender Temperatur zunehmenden Löslichkeit; durch rasche Abkühlung entlang dem eingezeichneten Pfeil kann man dann einen übersättigten und daher ausscheidungsbereiten Mischkristall herstellen.

4. Aushärtungszustände.

Die Aushärtung des Duralumins usw. ist nach Merica an die Zwischenzustände von Ausscheidungen geknüpft. Von Ausscheidungsvorgängen sprechen wir dann, wenn ein einphasiger Anfangszustand in einen zweiphasigen Endzustand übergeht, wobei aber das Gitter von einer dieser beiden Phasen sich nur wenig von dem des Anfangszustandes, dem „Grundgitter" unterscheidet; das Zustandsdiagramm hat demnach die Form der Abb. 4. Die zweite entstehende Phase nennen wir auch das „neue Gitter".

Langjährige technologische Untersuchungen, sowie Röntgenpräzisionsmessungen der allmählichen Änderung der Gitterkonstanten des Grundgitters bei der Ausscheidung[1] haben nun gezeigt, daß es — in Analogie zu den zwei oben beschriebenen verschiedenen Arten des Übergangs Austenit—Perlit — drei verschiedene Arten der Ausscheidung gibt, die sich häufig überlagern, aber auch in besonderen Fällen und bei besonderer Vorbehandlung einzeln auftreten können.

Die erste Art ergibt die sog. Kaltaushärtung, welche bei Duralumin bei Zimmertemperatur und bis zu etwa 100° allein vorhanden ist und daher dort auch besonders gut studiert werden konnte. Bei ihr ändert sich die Gitterkonstante des Grundgitters nicht, d. h. die gelösten Atome haben das Grundgitter noch nicht verlassen, die Kaltaushärtung ist allein auf Umordnungen der Atome innerhalb des Gitters zurückzuführen. Dabei nimmt die Härte zunächst zu und bleibt dann konstant, ebenso wächst der Widerstand zunächst, fällt dann aber häufig wieder ab.

Zahlreiche „Tauchversuche" haben ergeben, daß der Kaltaushärtungszustand sehr schnell wieder in den Anfangszustand zurückgeht, wenn man ihn über eine bestimmte, noch weit unterhalb der Grenzlinie des Zustandsdiagramms liegende

---

[1] Von Fränkel, Scheuer, K. W. Meissner, Gayler, Preston, Dahl bzw. E. Schmid, Wassermann, Sachs, v. Göler, Hengstenberg, Mark, Stenzel und Weerts; siehe U. Dehlinger: Z. Metallkde. Bd. 29 (1931) S. 401.

Temperatur (bei Duralumin etwa 150° C) erhitzt[1]. Diese Versuche ließen sich thermodynamisch mit der auch durch genaue Röntgenintensitätsmessungen gestützten Auffassung erklären, daß die erwähnten Umordnungen in einer „Komplexbildung" der gelösten Atome bestehen, d. h. daß an einzelnen, regellos verstreuten Stellen im Mischkristallgitter sich die Konzentration der gelösten Atome anhäuft oder auch, daß die statistischen Schwankungen (die „Wolkigkeit") im ausgehärteten Zustand größer sind als im normalen homogenen Mischkristall. Natürlich werden dabei die statistischen Schwankungen der Gitterkonstanten größer; die dadurch hervorgerufenen „Spannungen" in atomaren Dimensionen verursachen den Anstieg der Härte und des Widerstands.

Die physikalische Ursache für die Komplexbildung ist im Grund die gleiche wie für das Auftreten der Entmischungslinie im Zustandsdiagramm überhaupt: Die im Mischkristall nebeneinander eingebauten verschiedenartigen Atome stören sich gegenseitig, hauptsächlich infolge ihres verschiedenen Raumbedarfs. Bei tieferen Temperaturen wird diese Störung nicht mehr durch den (mit der absoluten Temperatur proportionalen) osmotischen Druck überwunden, daher ist jetzt eine Anordnung stabiler, in welcher die gleichartigen Atome durchschnittlich häufiger benachbart sind als die ungleichartigen. So ist die Komplexbildung physikalisch genau dasselbe wie die Tröpfchenbildung in mit Wasserdampf übersättigter Luft; und ebenso wie dort die Tröpfchenbildung spontan erst oberhalb einer bestimmten Übersättigung eintritt, während sie bei kleinerer Übersättigung durch äußere Eingriffe, wie Staub usw. erzwungen werden muß, tritt auch die Komplexbildung erst dann ein, wenn die Temperaturdifferenz gegenüber der Gleichgewichtskurve des Zustandsdiagramms (die ja der Übersättigung proportional ist) einen bestimmten Wert überschreitet, also erst unterhalb der obenerwähnten Temperaturgrenze.

Die Warmaushärtung unterscheidet sich von der Kaltaushärtung dadurch, daß jetzt die Gitterkonstante des Grundgitters sich im Laufe der Zeit ändert; die Warmaushärtung beruht also auf einer wirklichen Ausscheidung, während der Kaltaushärtungszustand (wenn er rein vorliegt) nach den bisherigen Erfahrungen auch nach sehr langer Zeit nicht in den Gleichgewichtszustand, den eine wirkliche Ausscheidung darstellen würde, übergeht. Dem entspricht die auf Grund zahlreicher anderer Erfahrungen gewonnene Auffassung, daß die wirkliche Ausscheidung überhaupt nicht im Innern des Gitters vor sich gehen kann, sondern an die Korngrenzen oder die in Abschn. C zu besprechenden, im Innern der Körner liegenden Mosaikblockgrenzen gebunden ist, wo sich die erforderlichen Keime eines ganz neuen Gitters aus räumlichen Gründen leichter bilden können. Ebenso wie die obenerwähnte Tröpfchenbildung durch Staub kann daher auch diese wirkliche Ausscheidung schon bei viel kleineren Übersättigungen beginnen als die Kaltaushärtung; in der Tat findet man, daß sie zwar nicht genau bei der Temperatur der Grenzlinie des Zustandsdiagramms aber doch nur wenig unter dieser beginnt. (Die Differenz rührt her von der Oberflächenspannung der Keime.) Andererseits sind die Wege, welche die Atome zu den Grenzflächen zurückzulegen haben, wesentlich länger als die zu den Komplexen. Daher geht die Kaltaushärtung, wenn sie einmal einsetzen kann, wesentlich schneller als die Warmaushärtung vor sich, so daß die letztere meist erst bei höheren Temperaturen merkbar wird.

---

[1] Zur Feststellung des Aushärtungsgrades wurden dabei außer Messungen der Brinellhärte solche des elektrischen Widerstands, der Thermokraft [A. DURER u. W. KÖSTER: Z. Metallkde Bd. 30 (1938) S. 306 u. 311] magnetischer Größen [s. H. AUER: Z. Metallkde. Bd. 30 (1938) S. 48] sowie der Wärmetönung [N. SWINDELLS u. C. SYKES: Proc. roy. Soc., Lond. A Bd. 168 (1938) S. 158] benutzt.

Die Mosaikblöcke sind so klein, daß sie vom Mikroskop nicht mehr aufgelöst werden. Wenn sich daher das neue Gitter an den Grenzen dieser Blöcke im Grundgitter bildet, so werden die Abmessungen seiner Teilchen ebenfalls von dieser Größenordnung sein müssen. So wird sich bei der wirklichen Ausscheidung zunächst ein hochdisperses, mikroskopisch nicht auflösbares Gemenge aus den beiden Phasen des Endzustands bilden. In der Tat entspricht das der Erfahrung; oft ist von der durch Röntgenpräzisionsmessungen festgestellten wirklichen Ausscheidung mikroskopisch zunächst gar nichts zu sehen, in anderen Fällen bemerkt man ein allgemeines Dunklerwerden des Schliffs, dem dann auch eine stärkere Korrodierbarkeit des Zustands entspricht. Erst nach längerem Glühen ballen sich die hochdispersen Teilchen zu größeren, mikroskopisch sichtbar werdenden rundlichen oder plattenförmigen Gebilden zusammen (Koagulation). Die feine Verteilung hat ähnliche Härtungseffekte wie bei der Kaltaushärtung zur Folge, bei der Koagulation gehen sie wieder zurück. Es ist aber bemerkenswert, daß bei der Kaltaushärtung des Duralumins der Härte- und Festigkeitsanstieg von einer geringeren Dehnungsabnahme begleitet ist als bei der Warmaushärtung desselben Werkstoffs[1]; die erstere ist also hier technologisch unter Umständen wertvoller.

Im einzelnen können bei der wirklichen Ausscheidung selbst wieder zwei Arten des Ablaufs unterschieden werden. Bei der einen Art, der sog. mikroskopisch homogenen wirklichen Ausscheidung, geht der Vorgang an allen Mosaikgrenzen mit ungefähr[2] gleicher Geschwindigkeit vor sich. Bei der „mikroskopisch inhomogenen" dagegen beginnt die Ausscheidung an den Korngrenzen und geht weiterhin nur an denjenigen Mosaikgrenzen von statten, die an der Grenze des Gebiets liegen, in welchem die (hochdisperse) Ausscheidung schon beendet ist. Dieses Gebiet schreitet also im Laufe der Zeit von den Korngrenzen aus ins Innere der Körner hinein fort; man hat also im Präparat nebeneinander zwei Arten von Gebieten, im einen liegt schon das fertige hochdisperse (gelegentlich auch schon etwas koagulierte) Gemenge vor, im andern, das allmählich aufgezehrt wird, hat man noch den unveränderten Anfangszustand. Da das Gemenge chemisch wesentlich unedler ist als der unzerteilte Anfangszustand, bilden sich bei Korrosionsangriff oder Ätzen zwischen den beiden Gebieten Lokalelemente, wobei das Gemenge wesentlich stärker angegriffen wird und dann schwarz erscheint. Wir beobachten also bei dieser Ausscheidungsart im Mikroskop von den Korngrenzen aus fortschreitende schwarze Zonen. Ihr Auftreten ist ein Zeichen dafür, daß das Material in einem besonders korrosionsempfindlichen Zustand ist, der meist durch Herstellen der Koagulation beseitigt wird. Bei Temperaturerhöhung wird die inhomogene vor der homogenen Ausscheidung bevorzugt. Durch kleine Zusätze wird die Aushärtungsgeschwindigkeit oft stark verändert, z. B. wird die Ausscheidung von Cu aus Al, auf der die Aushärtung des Duraluminiums beruht, durch das stets beigefügte Mg beschleunigt.

Durch eine Verformung wird die wirkliche Ausscheidung stark beschleunigt, so daß dann z. B. bei Duralumin auch im ursprünglichen Kaltaushärtungsgebiet eine wirkliche Ausscheidung an den stärkst verformten Stellen beobachtet werden kann. Auch das Altern der Stähle ist jedenfalls teilweise auf eine solche

---

[1] Stenzel, W. u. J. Weerts: Metallwirtsch. Bd. 12 (1933) S. 353. Vgl. auch P. Brenner: Z. Metallkde. Bd. 30 (1938) S. 269.

[2] Mit feineren, z. B. magnetischen Untersuchungsmethoden kann man oft gewisse Ungleichmäßigkeiten feststellen, siehe W. Gerlach: Z. Metallkde. Bd. 28 (1936) S. 80; Bd. 29 (1937) S. 124. Zum Teil wird dies durch örtliche Verformung hervorgerufen, was dann auch mikroskopisch sichtbar wird. Vgl. L. Graf: Z. Metallkde. Bd. 30 (1938) S. 59. — Wassermann, G.: Z. Metallkde. Bd. 30 (1938) S. 62.

beschleunigte, mikroskopisch inhomogene Ausscheidung zurückzuführen. Besonders merkwürdig ist, daß der Einfluß einer Verformung auch nach Rekristallisieren noch zu bemerken ist, offenbar weil die Mosaikblöcke immer noch kleiner sind als im niemals verformten Gußzustand.

C. Einkristalle und Vielkristalle.

1. Allgemeines über metallische Einkristalle.

Unter Kristall stellt man sich zunächst einen von ebenen Flächen und scharfen Kanten begrenzten Körper vor; in dieser Form treten die Metalle nur selten auf. Die Kristallographie nennt einen Körper dann einen Kristall, wenn seine physikalischen Eigenschaften von der Richtung abhängen, unter der sie gemessen werden und man weiß, daß dies nur dann eintritt, wenn die Atome ein regelmäßiges Raumgitter bilden. Die Form der äußeren Begrenzungsflächen ist dabei unwesentlich. So erkennt man auch metallische Kristalle (Einkristalle) nicht an der äußeren Begrenzungsform, die meist vom Tiegel stammt, in dem sie erstarrt sind, sondern etwa daran (Abb. 5), daß nach dem Ätzen die einzelnen Stellen der zylindrischen Oberfläche das auffallende Licht verschieden stark reflektieren, so daß parallel zur Zylinderachse helle und dunkle Streifen auftreten, die ganz dem helleren oder dunkleren Aussehen der verschiedenen Kristallite eines vielkristallinen Schliffbildes entsprechen.

Um eine Metallschmelze in Form eines Einkristalls erstarren zu lassen[1], muß man gerade das Gegenteil von dem tun, was der Gießer zu tun gewohnt ist, wenn er einen möglichst feinkörnigen Guß haben will. Man muß nämlich erstens die Schmelze möglichst hoch erhitzen, um die erfahrungsgemäß in ihr vorhandenen Keime des festen Zustands zu zerstören und man muß zweitens dafür sorgen, daß während der Erstarrung nur an einer einzigen Stelle die Erstarrungstemperatur herrscht; dazu muß man

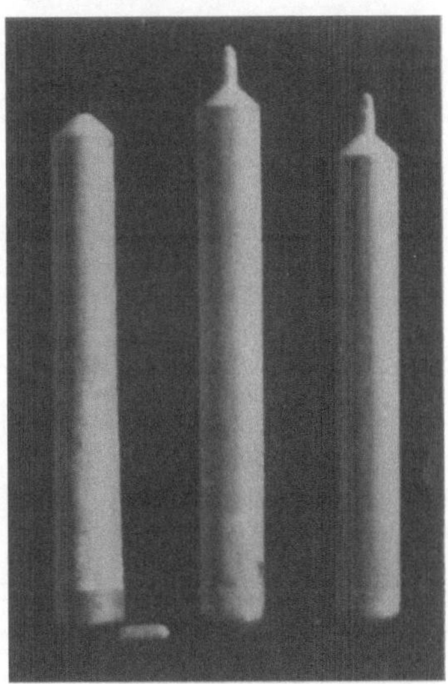

Abb. 5. Durch Erstarrenlassen im Tiegel hergestellte stabförmige Einkristalle aus Silber. An den beiden rechts stehenden Kristallen sind an der Spitze die Ansatzstellen der Keimkristalle zu sehen, die beim Schmelzen in den Tiegel eingebracht waren und die ihre kristallographische Orientierung auf den ganzen Kristall übertragen haben. [Nach L. GRAF: Z. Physik Bd. 67 (1931) S. 388.]

die Schmelze möglichst ruhig lassen, also im Tiegel erstarren lassen und die Wärme so abführen, daß das Temperaturgefälle gleichmäßig wird.

Außer diesen „Schmelzflußkristallen" kann (CARPENTER, ELAM und CZOCHRALSKI[2]) man auch „Rekristallisationskristalle" herstellen. Dazu wird ein möglichst gleichmäßiges und feinkörniges Ausgangsmaterial um einige Prozente gedehnt und dann bei hoher Temperatur stundenlang ausgeglüht; entsprechend dem Rekristallisationsschaubild entstehen so sehr große Körner, die oft das ganze Stück umfassen. In Blechen kann man nach DAHL auf eine ganz andere Art sehr große Rekristallisationskristalle herstellen: Man glüht das stark gewalzte Blech wenige Grade unterhalb des Schmelzpunktes.

---

[1] Nach Vorarbeiten von OBREIMOW und SCHUBNIKOW u. a. wurde das Verfahren besonders von K. W. HAUSSER u. P. SCHOLZ [Wiss. Veröff. Siemens-Konz. Bd. 5 (1927) S. 144] ausgebildet. Kristalle bestimmter Orientierung wurden von L. GRAF [Z. Phys. Bd. 67 (1931) S. 388] erschmolzen. Siehe auch SCHMID-BOAS: Kristallplastizität. Berlin 1935.

[2] Siehe insbesondere I. CZOCHRALSKI: Moderne Metallkunde. Berlin 1924.

Man trifft immer noch die Meinung, die Einkristalle zeichnen sich vor den Vielkristallen allgemein durch eine größere Reinheit oder durch ein ideales Gitter (s. Abschn. A 1) aus. Das erstere wird widerlegt durch die Tatsache, daß aus allen möglichen Mischkristallen (z. B. auch Austenit) Einkristalle hergestellt werden konnten, weiter daß es Einkristalle mit schichtförmig zwischengelagertem Eutektikum gibt, das ohne weiteres umwachsen wurde. Auch die zweite Behauptung ist durch den mikroskopischen Befund, durch

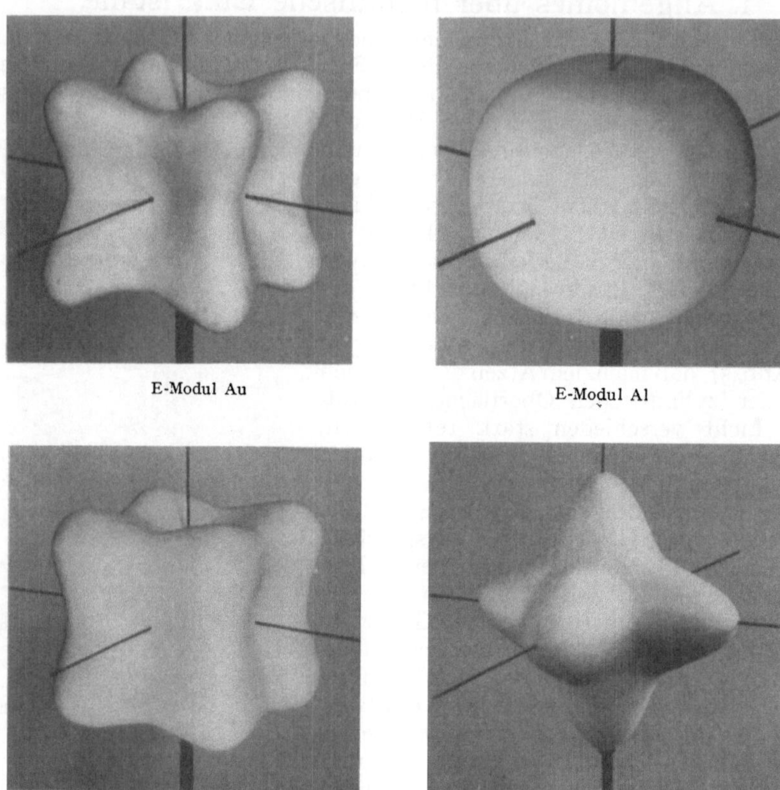

Abb. 6. Abhängigkeit des E- bzw. G-Moduls in Einkristallen von der kristallographischen Richtung. Die Stäbe geben die Richtung der kubischen Achsen an. Wie man sieht, verhält sich Al im Gegensatz zu Au und Fe nahezu isotrop, d. h. der E-Modul ist in allen Richtungen nahezu gleich groß.

Röntgenintensitätsmessungen der Mosaikstruktur (s. Abschn. C 4) sowie durch Festigkeitsmessungen widerlegt. Danach ist auch das Gitter eines Einkristalls genau so wie das jedes Korns eines Vielkristalls in einzelne Blöcke aufgeteilt und noch mehr oder weniger verzerrt. Bei Schmelzflußkristallen sind die Blöcke größer (d. h. die Mosaikstruktur ist weniger stark) als bei Rekristallisationskristallen, bei welchen sich noch die vorhergegangene Verformung geltend macht.

Ein Einkristall ist also nichts anderes als ein kristalliner Körper, in dem alle Grundzellen nahezu parallel sind und der keine Korngrenzen aufweist. Er kann somit dazu dienen, diejenigen Eigenschaften, die richtungsabhängig sind und deshalb beim vielkristallinen Körper nur über viele Richtungen gemittelt zutage treten, im einzelnen zu studieren.

So zeigt[1] Abb. 6 anschaulich die Abhängigkeit des Elastizitätsmoduls von der kristallographischen Richtung für Eisen und Aluminium nach Messung von GOENS und SCHMID, sowie RÜHL. Diese Formen hängen ganz von den in Abschn. A 4 beschriebenen Elektronen-Bindungskräften ab, sind aber im einzelnen noch nicht theoretisch berechenbar.

Etwas weniger kompliziert ist diese „Anisotropie" für den elektrischen und thermischen Widerstand, die thermische Ausdehnung, die Thermokraft und die magnetische Suszeptibilität. Wie die Theorie zeigt, ist hier der Abb. 6 entsprechende Körper für hexagonale, rhomboedrische und tetragonale Kristalle stets ein Rotationsellipsoid, für kubische Kristalle stets eine Kugel; die letzteren sind also in bezug auf die genannten Eigenschaften isotrop.

2. Der vielkristalline Werkstoff.

Für gegossenes und rekristallisiertes Material zeigt das mikroskopische Schliffbild übereinstimmend mit der Röntgeninterferenzaufnahme, daß nebeneinander verschiedene „Körner" vorhanden sind, von welchen jedes ein Einkristall mit eigener „kristallographischer Orientierung", d. h. mit besonderer Richtung der Grundzellenkanten ist. Bei stark kalt verformten Stoffen versagt das Mikroskop, dagegen zeigt die Röntgenaufnahme, daß auch hier dasselbe gilt, wenn auch die Körner, die man jetzt oft auch Gleitlamellen nennt, so klein geworden sind, daß sie vom Mikroskop nicht mehr aufgelöst werden. Bei kleinen und mittleren Verformungsgraden differieren Mikroskop und Röntgenbefund; das erstere zeigt noch mehr oder weniger große Körner, der letztere sagt aber aus, daß jedes Korn schon in viele kleine Lamellen aufgespalten ist, die sich in ihrer Orientierung noch so wenig unterscheiden, daß sie im Mikroskop wie eine zusammenhängende Einkristalloberfläche erscheinen. In letzter Zeit ist es gelungen[2], in gewalztem Material die von der Kleinheit der Teilchen herrührende Verbreiterung der Röntgenlinien von der durch Gitterverzerrungen (innere Spannungen) verursachten eindeutig zu trennen und so die Größe der Gleitwellen zu bestimmen. Sie ergab sich unabhängig vom Walzgrad zu etwa $6 \cdot 10^{-6}$ cm. In unverformtem Material ist die Teilchengröße (d. h. die Länge der in Abschn. C 4 zu besprechenden Mosaikblöcke) etwa zehnmal größer anzunehmen.

Man kann — hauptsächlich mit Hilfe von Röntgenaufnahmen — eine Statistik über die nach einer bestimmten Behandlung vorhandene Orientierung der einzelnen Körner bzw. Gleitlamellen aufnehmen; ihr Ergebnis nennt man die Textur des Werkstoffs. Feinkörniger Guß hat im allgemeinen „keine Textur", d. h. die Grundzellenkanten in den einzelnen Körnern nehmen alle möglichen Richtungen im Raum ein; häufig[3] findet sich bei Guß aber auch eine „Stengelkristallisation", d. h. senkrecht zur Wand langgestreckte Körner, in welchen nach der Röntgenaufnahme stets eine bestimmte kristallographische Richtung, meist eine Kante der würfelförmigen Grundzelle, nahezu senkrecht zur Wand steht. In kaltverformtem Material bemerkt man nach Verformungsgraden von über 30% eine zunehmende „Verformungstextur", deren Einzelheiten von der Verformungsart, wie Walzen, Ziehen durch Düsen, aber auch von der Stichzahl und vom Zwischenglühen, sowie von kleinen Beimengungen abhängen. So ist bei den meisten flächenzentrierten Metallen in einem durch Düsen gezogenen Draht in allen Körnern die Raumdiagonale der Grundzelle nahezu, d. h. bis auf eine Abweichung von 5—15°, parallel zur Drahtachse

---

[1] Nach E. SCHMID u. W. BOAS: Kristallplastizität. Berlin 1935. Dort auch Ausführliches über die folgenden Abschnitte.
[2] DEHLINGER, U. u. A. KOCHENDÖRFER: Z. Kristallogr. (im Druck).
[3] Siehe E. SCHEIL: Z. Metallkde. Bd. 29 (1937) S. 404.

(Fasertextur), in Eisen ist es statt dessen die Flächendiagonale. Meist finden sich daneben noch Körner, in welchen statt dessen die Würfelkante parallel zur Drahtachse ist. Bei gewalzten Eisenblechen ist eine Würfelkante parallel zur Walzebene und gleichzeitig eine Flächendiagonale parallel zur Walzrichtung; bei der „Walztextur" ist also, im Unterschied von der Fasertextur, die Orientierung der Körner vollständig festgelegt, selbstverständlich abgesehen von den auch hier vorhandenen Schwankungen. Es ist zu beachten, daß die Verformungstexturen in der Nähe der Oberfläche häufig etwas anders sind als im Innern, was auf die bei dem technischen Formgebungsverfahren auftretenden zusätzlichen Schiebungen in die Nähe der Oberfläche zurückzuführen ist. Bei Rekristallisieren verschwindet die Verformungstextur meist nicht; wir erhalten eine „Rekristallisationstextur"; sie ist in der Mehrzahl der Fälle identisch mit der vorhergegangenen Verformungstextur, kann aber auch von dieser verschieden sein. Bei gewalztem Kupfer, ebenso auch bei hochprozentigen Eisen-Nickel-Legierungen, ist nach Köster und Glocker die Rekristallisationstextur eine „Würfellage" und wesentlich einfacher als die Walztextur; es ist nämlich in allen Körnern je eine Würfelkante parallel zur Walzrichtung und zur Walzebene. Dabei ist die Schwankung klein, so daß diese Bleche fast dieselbe Anisotropie wie ein Einkristall besitzen, was z. B. beim Tiefziehen technisch ungünstig, für ferromagnetische Verwendung oft günstig ist[1].

Zwischen den Körnern befindet sich die „Korngrenzensubstanz", deren Verhalten für die technologischen Eigenschaften des Werkstoffs oft ebenso wichtig ist wie das der Körner selbst. Bei manchen Legierungen scheidet sich beim Erstarren entsprechend dem Zustandsdiagramm zuletzt eine zweite Phase in kleiner Menge ab; sie lagert sich in den Korngrenzen ein und in diesen Fällen hat die Korngrenzensubstanz eine andere chemische Zusammensetzung wie die Körner. So kann man z. B. bei nicht ganz reinem Eisen in den Korngrenzen das Auftreten von Zementit (Fe_3C) mikroskopisch nachweisen und vermutlich ist die Tatsache, daß das Eisen im Gegensatz zu fast allen andern Stoffen auch im gegossenen und rekristallisierten Zustand eine scharf ausgeprägte Streckgrenze besitzt, auf diese harte Zwischensubstanz zurückzuführen[2]. Gelegentlich sammeln sich auch unbeabsichtigte Verunreinigungen in dieser Weise an den Korngrenzen an.

Vielfach wird sich aber die Korngrenzensubstanz chemisch nicht merklich von dem Material der Körner unterscheiden. Es gelingt dann mit keinem Ätzmittel, eine echte „Korngrenzenätzung", d. h. eine Differenzierung der Korngrenzen gegen die Körner und nicht nur der Kornfelder untereinander, herbeizuführen. Dagegen unterscheidet sich der physikalische Zustand der Korngrenzen immer stark von dem Innern der Körner. Da hier zwei verschiedene Kristallgitter aneinanderstoßen, sind die Atome der Grenze in viel weniger regelmäßiger Weise von ihren Nachbarn umgeben als die des Innern. Daraus folgt dann, daß sie in Richtung der Grenze wesentlich leichter beweglich sind als die Atome des Innern, d. h. die in B 1 erwähnte Schwellenenergie ist für Sprünge parallel zur Grenze wesentlich kleiner als im Innern. Man kann auch sagen, die Korngrenzensubstanz ist nahezu eine zweidimensionale Flüssigkeit. Dem entspricht der experimentelle Befund, daß die Diffusionsgeschwindigkeit, die proportional ist der Größe w in B 1, in den Korngrenzen um viele Größenordnungen größer ist als im Innern der Körner. Dagegen darf man nicht annehmen, daß diese Beschaffenheit der Korngrenzen nun auch eine leichte Ver-

<hr>

[1] Über den Einfluß komplizierterer Formgebungsverfahren auf die Textur siehe G. Wassermann: Z. Metallkde. Bd. 30 (1938) S. 53.
[2] Diskussion der hierbei auftretenden Spannungsverhältnisse: Gensamer, M.: Amer. Inst. Min. Met. Eng., Techn. Publ. 894 (1938).

schieblichkeit der ganzen Körner parallel mit den Korngrenzen bedinge; die Korngrenzen sind ja keine glatten Ebenen, sondern greifen mit Zacken und Vertiefungen in die Körner ein.

Ein besonderer, technisch oft wichtiger Fall ist noch zu besprechen: Wurde in einem übersättigten Mischkristall die in B 4 beschriebene, von den Korngrenzen ausgehende mikroskopisch inhomogene Ausscheidung eingeleitet, so hat das Material in der Umgebung der Korngrenzen zwar noch die gleiche chemische Gesamtzusammensetzung wie das Innere der Körner, aber da in ihm die hochdisperse Verteilung der zwei neugebildeten Phasen besteht, ist sein physikalischer Zustand ganz anders geworden. Vor allem ist es chemisch wesentlich unedler geworden, so daß wir beim Ätzen wie auch bei der technischen Korrosion wieder eine Korngrenzenätzung erhalten, die sich von dem Fall des Gleichgewichtszustands nur dadurch unterscheidet, daß die schwarzen Korngrenzen ungewöhnlich breit sind oder im Lauf weiteren Glühens breiter werden. So erhält man z. B. bei Duralumin im abgeschreckten und im kalt ausgehärteten Zustand noch keine Korngrenzenätzung [1], sondern erst nach kurzzeitigem Anlassen auf Temperaturen oberhalb 100° C. Auch die Koagulation geht meist in der Nähe der Korngrenzen bevorzugt von statten, daher sieht man im länger angelassenen Zustand häufig in der Nähe der Korngrenzen Anhäufungen der rundlichen Teilchen der neuen Phase.

Die von der kristallographischen Orientierung abhängigen Eigenschaften der vielkristallinen Werkstoffe ergeben sich durch eine geeignete Mittelung aus den in Abschn. C 1, Abb. 6, beschriebenen Körpern der Einkristalle, bei welcher selbstverständlich eine etwaige spezielle Textur sowie das Verhalten der Korngrenzensubstanz beachtet werden muß. Da man das letztere theoretisch noch nicht im einzelnen erfassen konnte, wurde z. B. bei den Elastizitätskonstanten empirisch untersucht, welches von den in Frage kommenden Mittelungsverfahren die beim Vielkristall gemessenen Werte am besten wiedergibt; es zeigte sich nach E. Schmid, Huber und Boas [2], daß eine einfache Mittelung der Moduln selbst hierzu genügt.

3. Plastische Verformung von Einkristallen.

Die Anisotropie des plastischen Verhaltens der Metalle ist zunächst sehr kompliziert, läßt sich aber mit Hilfe anschaulicher kristallographischer Vorstellungen gut erklären.

Zunächst ist der Unterschied zwischen elastischer und plastischer Formänderung festzusetzen. Äußerlich besteht er darin, daß die erstere beim Wegnehmen der Last wieder zurückgeht, während die letztere bleibt. Die Röntgeninterferenzen zeigen, daß die elastische Formänderung letzten Endes eine Formänderung der Grundzelle des Gitters ist [3], also die Gitterkonstante ändert und somit unmittelbar die zwischen den Atomen bestehenden Kräfte beansprucht. Demgegenüber ändert sich bei der plastischen Verformung die Gitterkonstante oder Grundzelle nicht [4], sondern es verschieben sich größere Gitterteile gegeneinander so lange,

---

[1] Lay, H.: Z. Metallkde. Bd. 28 (1936) S. 376.

[2] Siehe Schmid-Boas: Kristallplastizität. Berlin 1935. Außerdem E. Schmid: Z. Metallkde. Bd. 30 (1938) S. 5.

[3] Dies wird bei der röntgenographischen Messung elastischer Spannungen unmittelbar benützt; siehe Bd. I, Abschn. VIII. Demgegenüber ist es noch nicht gelungen, ein allgemeines Verfahren zur Feststellung plastischer Verformungen zu finden.

[4] Selbstverständlich gibt es keine plastische Verformung ohne gleichzeitige elastische Anspannung.

bis sie in ein neues Minimum des nach Abb. 7 im Gitter periodischen Potentials gelangt sind, also wieder ohne äußere Kraft im mechanischen Gleichgewicht sind.

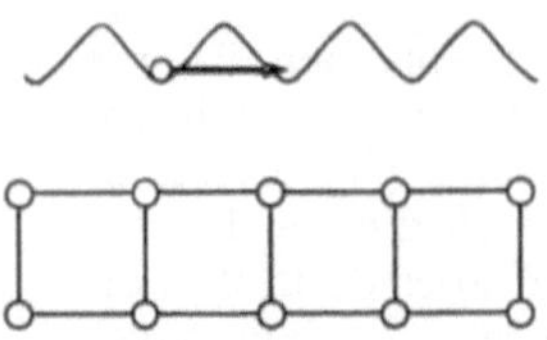

Abb. 7. Die Sinuslinie deutet das periodische Potential an, welches von den Atomen des unten liegenden Gitterteils auf ein darüber liegendes Atom ausgeübt wird. Soll ein solches Atom entlang dem Pfeil von einer Potentialmulde zur nächsten bewegt werden, so ist dazu eine durch die Amplitude der Sinuslinie bestimmte Schwellenenergie erforderlich.

Wird ein zylindrischer Stab aus einem vielkristallinen Werkstoff in der Zugmaschine plastisch gedehnt, so schnürt er sich selbstverständlich allseitig gleichmäßig ein. Dagegen nimmt ein Einkristall elliptischen Querschnitt an und die Abmessungen dieser Ellipse sind ganz unmittelbar durch die Anisotropie, d. h. durch die kristallographische Orientierung des Kristalls in bezug auf die Zugrichtung bedingt. Die Röntgenuntersuchung sowie in einzelnen Fällen die Beobachtung der äußerlich auftretenden Streifung hat bewiesen, daß dies auf eine kristallographisch gesetzmäßige Verschiebung von Gitterteilen nach Abb. 8 zurückzuführen ist [1]. Es gleiten also ganz bestimmte Ebenen des Gitters, die sog. Gleitebenen, in ganz bestimmten Richtungen, den Gleitrichtungen aufeinander ab. Bei dem in Abb. 8 zugrunde gelegten hexagonalen Kristall ist die Gleitebene eine sog. hexagonale Basisebene, d. h. die untere Begrenzungsebene der

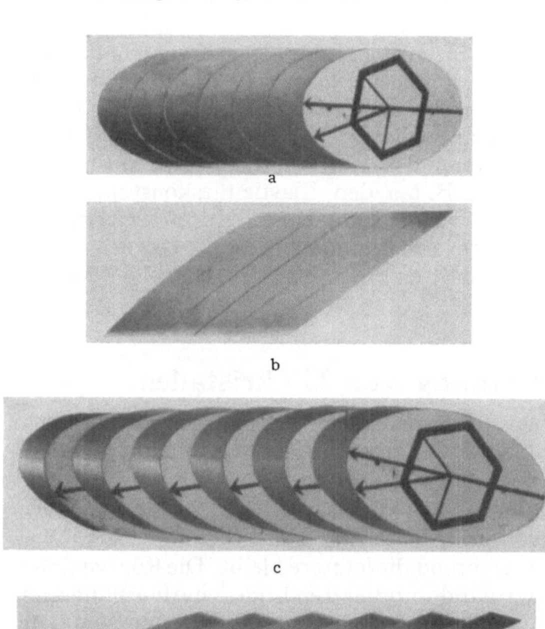

hexagonalen Grundzelle in Abb. 2c; die Gleitrichtung ist parallel einer Kante der Grundzelle. Diese „Translation" ist ganz ähnlich wie die in Abschn. B 3 beschriebene Gleitung bei allotropen Umklappvorgängen. In der Tat sind auch die Gleitebenen häufig in beiden Fällen dieselben; jedoch besteht der Unterschied, daß bei der allotropen Gleitung jede einzelne Ebene auf ihrer Nachbarebene gleiten muß, während bei der Translation der Betrag der Abgleitung für die einzelnen parallelen Ebenen verschieden groß, auch Null sein kann. So ist auch durch eine bestimmte Translation eine beliebig große Formänderung ausführbar.

Belastet man gleich vorbehandelte Einkristalle verschiedener kristallographischer Orientierung mit dem gleichen Längszug, so bemerkt man, daß sie bei ganz verschiedener Belastung zu fließen beginnen. Nach

Abb. 8a bis d. Schematische Darstellung des Gleitvorgangs für einen hexagonalen Kristall. a und b Ausgangszustand mit eingezeichneter hexagonaler Basisebene als Gleitebene. Der lange Pfeil stellt die Richtung der Ellipsenhauptachse dar, der kurze Pfeil die Gleitrichtung, längs der die Ellipsen aufeinander gleiten. c und d Endzustand der Dehnung. (Aus Schmid-Boas: Kristallplastizität. Berlin 1935.)

E. Schmid läßt sich dies in einfacher Weise deuten: Die Translation beginnt nämlich stets erst dann, wenn die in die obenerwähnte Gleitrichtung fallende

---

[1] Siehe Schmid-Boas: Kristallplastizität. Berlin 1935. C. F. Elam: Distortion of metal crystals. Oxford 1935.

Schubspannungskomponente einen ganz bestimmten, von den sonstigen Spannungskomponenten weithin unabhängigen Wert erreicht hat, den man auch die kritische Schubspannung nennt. Dieser Wert nimmt im Laufe des Abgleitens zu, es tritt also Verfestigung ein; außerdem ist er um so höher, je größer die Verformungsgeschwindigkeit ist.

In einem Metallkristall gibt es stets verschiedene Gleitrichtungen. So sind nach Abb. 8 c im hexagonalen Gitter innerhalb der Basisebene drei aus Symmetriegründen gleichberechtigte Gleitrichtungen vorhanden; dagegen gibt es hier nur eine Gleitebene. Demgegenüber sind im kubischen Gitter stets auch mehrere Gleitebenen aus Symmetriegründen gleichberechtigt; die Auswahlmöglichkeit ist dort also größer. Bei einer bestimmten Beanspruchung wird nun von den verschiedenen möglichen Gleitrichtungen diejenige betätigt, welcher die größte Schubspannungskomponente zukommt, also bei Zugbeanspruchung diejenige, welche der Richtung von 45° zur Zugrichtung am nächsten kommt.

Man sieht leicht, daß infolge der größeren Zahl von möglichen Gleitrichtungen, die nahezu gleichmäßig im Raum verteilt sind, die Variation des Fließbeginns mit der kristallographischen Orientierung bei kubischen Kristallen wesentlich kleiner sein wird als bei hexagonalen. Bei diesen kann sie aber außerordentlich ins Auge fallen; liegt die Basisebene nahezu senkrecht zur Zugrichtung, so wird die zur Einleitung der Translation nötige Zugspannung so groß, daß inzwischen die Normalspannung auf die Basisebene über die „kritische Reißspannung" hinausgewachsen ist und der Kristall in der Basisebene reißt. Dieser Kristall verhält sich also vollkommen spröde; ein anderer aus genau dem gleichen Material, dessen Basisebene etwa 45° mit der Zugrichtung bildet, läßt sich schon bei sehr kleinen Belastungen dehnen.

Bei einem vielkristallinen grobkörnigen Werkstoff mit hexagonalem Gitter, wie Mg, Zn, Cd, macht sich diese Orientierungsabhängigkeit der Plastizität ebenfalls geltend: Schon bei kleinen Kaltverformungen treten in einzelnen Körnern, die ungünstig orientiert sind, zur Zugrichtung nahezu senkrechte Risse auf, während andere Körner gut verformbar sind. Bei Magnesium kann diese technische Schwierigkeit umgangen werden; es zeigte sich nämlich, daß oberhalb etwa 210° C mehrere neue, gleichmäßiger verteilte Gleitebenen sich betätigen können. Oberhalb dieser Temperatur verhält sich also Magnesium plastisch fast wie ein kubisches Metall.

Wie man aus Abb. 8 leicht sieht, müssen sich bei Zugbeanspruchung im Laufe der Translation die Gleitlamellen so drehen, daß die Gleitrichtung allmählich in die Zugrichtung fällt (Biegegleitung). Dadurch kommt häufig eine zweite Gleitrichtung näher an die 45°-Lage heran und kann daher die erste ablösen. So kann es kommen, daß sich bei langem Ziehen eine ganz bestimmte, von der anfänglichen nahezu unabhängige, symmetrisch zu den möglichen Gleitrichtungen liegende Orientierung einstellt. Man kann auf diese Weise, abgesehen von einigen noch ungeklärten Fällen, nach KÖRBER, WEVER und W. E. SCHMID das Zustandekommen der oben beschriebenen Verformungstexturen der vielkristallinen Werkstoffe erklären[1].

Außer der Translation gibt es noch eine zweite Art der Formänderung, die Zwillingsbildung. Auch sie geht durch Gleitung der Gitterebenen übereinander vor sich; der Betrag der Abgleitung ist aber für jede parallele Ebene bestimmt und gleich, so daß nur begrenzte Formänderungen möglich sind. Da außerdem bei der Zwillingsbildung die Grundzelle zwar nicht ihre Form, aber ihre Richtung ändert, ähnelt die Zwillingsbildung den allotropen Umklappvorgängen (B 3)

---

[1] Ausführliche Diskussion bei SCHMID-BOAS: Kristallplastizität. Berlin 1935.

stark. An dem Auftreten anders orientierter, geradlinig begrenzter Bereiche innerhalb der Körner kann die Zwillingsbildung mikroskopisch leicht erkannt werden. (Hierbei ist zu bemerken, daß es nicht nur Verformungszwillinge, sondern auch Rekristallisationszwillinge gibt.) Sie ist besonders bei hexagonalen Werkstoffen deshalb wichtig, weil sie die starke Orientierungsabhängigkeit der Plastizität überbrücken kann, wenn auch wegen der begrenzten Formänderung nur zum Teil.

Das Fließen von Einkristallen unter einer über den Querschnitt hinweg sich ändernden Spannung wurde bisher nur in zwei Fällen untersucht: Roscoe[1] belastete stabförmige Cd-Kristalle so, daß die Spannung von Null an einem Rand bis auf einen Maximalwert am anderen Rand anstieg. Es zeigte sich, daß Fließen über den ganzen Querschnitt hinweg eintrat, wenn die maximale Schubspannung gleich der kritischen Schubspannung bei gleichmäßiger Beanspruchung war. Dagegen wurden von Dehlinger und Mitarbeitern[2] Zn-, Sn- und Naphthalin-Einkristalle auf reine Biegung beansprucht; es geht dann bekanntlich die Spannung linear von einem negativen Maximalwert über Null zu einem positiven Maximum. Hierbei trat eine deutlich ausgeprägte Fließgrenze auf, wenn die maximale Schubspannung gleich dem 1,6—2,0fachen des sonstigen kritischen Wertes war. Um diesen Unterschied zu erklären, muß man folgendes beachten: Eine allgemeine, örtlich ungleichmäßige Deformation kann durch Gleiten allein, bei dem es sich ja stets um eine Parallelverschiebung handelt, nicht erreicht werden, sondern das Gleiten muß dabei von einer elastischen Verzerrung begleitet sein. Die von außen angelegte Spannung wird dann nur zum Teil zum Aufrechterhalten des Fließens benützt, der übrige Teil wird zur Erzeugung der elastischen Verzerrung verbraucht. So entsteht allgemein die Überhöhung der kritischen Schubspannung über den für reine Scher- und Zugversuche gültigen Wert; wie man leicht sieht, ist ja nur bei diesen speziellen Beanspruchungen Gleiten ohne weitere elastische Deformationen möglich. Im einzelnen muß noch berücksichtigt werden, daß durch die äußere Beanspruchung eines Probekörpers der Deformationsweg häufig nicht vollständig festgelegt ist. Es wird sich dann im Gebiet des Fließens diejenige Deformationsart einstellen, deren elastische Verzerrung am kleinsten ist. So ist bei der Anordnung des Versuches von Roscoe ein Abgleiten ohne weitere Biegung möglich, daher findet man hier keine Überhöhung der Fließgrenze; anderseits ist beim Biegungsversuch, wenn nur eine Gleitebenenrichtung vorliegt, kein solches Ausweichen möglich, daher hat man in diesem Fall die Überhöhung. Bei Beanspruchung durch Druck sind dementsprechend wegen der Möglichkeit des Ausknickens andere Verhältnisse zu erwarten als bei Zugbeanspruchung.

Eine Reihe von Gründen spricht dafür, daß geometrisch-kristallographisch die Verformung vielkristalliner Werkstoffe ebenso vor sich geht wie die der Einkristalle. Jedoch wird wegen der unregelmäßigen Behinderung des Gleitens durch die umgebenden anders orientierten Teile die Größe der Abgleitung viel stärker schwanken als im freien Kristall, so daß die Körner stärker in Einzelbereiche aufgeteilt, verbogen und verzerrt werden. Für kubisches Material ist auch die Größe der zum Verformen von Vielkristallen nötigen Spannungen ungefähr gleich dem Mittelwert für verschieden orientierte Einkristalle; dagegen ist hexagonales vielkristallines Material mindestens zehnmal so hart wie das Mittel der Einkristalle, da sich hier immer einige wie oben beschrieben vollständig spröde Körner finden werden, die dann auch die übrigen beim Gleiten behindern. Eine exakte Berechnung der vielkristallinen Festigkeitswerte durch Mittelung

---

[1] Roscoe, R.: Phil. Mag. Bd. 21 (1936) S. 399.
[2] Dehlinger, U., H. Held: A. Kochendörfer, F. Lörcher: Z. Metallkde. (im Druck).

der Einkristallwerte war bisher noch nicht möglich. Wie aber SACHS[1] zeigen konnte, ergibt sich das Verhältnis von Torsions- zu Zugstreckgrenzen des vielkristallinen Werkstoffs, das nach der bekannten empirisch-formalen Gestaltänderungshypothese 0,577 sein muß, durch eine einfache Mittelung der SCHMIDschen Schubspannungsbedingung über die regellos orientierten Körner nahezu ebenso groß.

Die elastische Nachwirkung und Hysterese sowie der BAUSCHINGER-Effekt vielkristalliner Werkstoffe lassen sich nach MASING, SACHS, V. WARTENBERG, BECKER (s. a. SCHMID-BOAS) zwanglos aus dem plastischen Verhalten der Einkristalle erklären. Bei Beanspruchung in der Nähe der kritischen Schubspannung wird je nach ihrer kristallographischen Orientierung ein Teil der Körner plastisch, ein anderer Teil nur elastisch verformt werden. Durch die plastische Verformung der Umgebung werden die elastischen Spannungen auch nach Rückgang der äußeren Belastung zum Teil stabilisiert, es sind sog. Eigenspannungen[2] geworden, die aber im Mittel so gerichtet sind, daß sie der ursprünglichen äußeren Belastung entgegenwirken, also eine in umgekehrter Richtung aufgebrachte äußere Belastung unterstützen (BAUSCHINGER-Effekt). Die bei der erwähnten plastischen Verformung eintretende Verfestigung ergibt unmittelbar die Hysterese, das langsame Fließen (s. a. Abschn. D 2) unter dem Einfluß der Eigenspannungen die elastische Nachwirkung.

4. Erholung und Rekristallisation.

Der kaltverformte Zustand weicht infolge seiner stärkeren Aufteilung in Teilbereiche, seiner Gitterverbiegungen und -verzerrungen wesentlich mehr vom idealen Gitter ab als der Gußzustand; er ist daher nicht im thermodynamischen Gleichgewicht und geht im Laufe der Zeit in ein mehr ideales Gitter über, welches den vollständigen Gleichgewichtszustand darstellt.

Insbesondere rührt nach Abschn. D 2 auch die Verfestigung von einer besonderen Art starker, aber in kleinen Gebieten des Gitters lokalisierter Verzerrungen her. So kann es kommen, daß schon bei Zimmertemperatur, noch mehr aber bei etwas höheren Temperaturen, die Verfestigung allein allmählich zurückgeht, während die Aufteilung noch bleibt. Man nennt dies Erholung; mikroskopisch ist dabei noch nichts zu bemerken, dagegen werden die bei der Kaltverformung häufig verbreiterten Röntgeninterferenzlinien schärfer.

Bei höheren Temperaturen tritt dann die Rekristallisation ein: Im Mikroskop sieht man jetzt neugebildete Körner, gleichzeitig geht die Verfestigung nochmals, und zwar meist stärker, zurück. Der empirische Zusammenhang zwischen dem Verformungsgrad der vorhergegangenen Kaltverformung, der Glühtemperatur und der nach einigen Minuten Glühzeit sich einstellenden Korngröße wird durch das räumliche Rekristallisationsschaubild der Abb. 9 dargestellt. Man sieht in der Abbildung zunächst deutlich die „Rekristallisationsschwelle", d. h. die Tatsache, daß unterhalb einer bestimmten Temperatur keine neuen Körner gebildet werden. Es ist hierzu zu bemerken, daß nach sehr langen Glühzeiten diese Schwelle nicht mehr so scharf ausgeprägt ist. Weiter erkennt man in Abb. 9 in den Kurven konstanter Querschnittsverminderung ein Minimum. Dieses Minimum erscheint wahrscheinlich nur bei einzelnen Stoffen und auch bei diesen nur dann, wenn die Rekristallisationsschwelle sehr schnell überschritten wurde. Immerhin kann es nicht als anomal behandelt werden, sondern

---

[1] SACHS, G.: Z. VDI Bd. 72 (1928) S. 734.
[2] Ähnlich werden auch die Abschreckspannungen durch plastische Verformung der Randteile des Werkstücks beim Abschrecken stabilisiert, siehe z. B. U. DEHLINGER: Metallwirtsch. Bd. 16 (1937) S. 853.

zeigt an[1], daß sich allgemein zwei verschiedene Ursachen für die Ausbildung der Korngröße überlagern. Die erste nennt man Bearbeitungsrekristallisation; sie besteht darin, daß sich in dem verformten Werkstoff Keime der neuen Körner bilden, welche dann solange weiterwachsen, bis die neuen Körner zusammenstoßen. Nach der Theorie nimmt die Keimzahl mit wachsender Temperatur zu, also würde durch die Bearbeitungskristallisation allein ein Schaubild entstehen, welches bei höherer Temperatur immer kleinere Körner ergibt. Es tritt aber jetzt die „Oberflächenrekristallisation" ein, welche darin besteht, daß von den mit ihren Oberflächen zusammenstoßenden neuen Körnern ein Teil durch den übrigen wieder aufgezehrt wird; einzelne Körper werden also auf Kosten der andern vergrößert. Dies wird durch höhere Temperatur begünstigt und so kommt die Zunahme der Korngröße mit der Temperatur im Rekristallisationsschaubild zustande. Durch sehr kurze Erhitzung kann man es nach Graf in einzelnen Fällen, vor allem bei kleinen Verformungsgraden, erreichen, daß die Bearbeitungsrekristallisation fertig, die Oberflächenrekristallisation aber noch nicht eingetreten ist; dann erhält man im Widerspruch zum normalen Rekristallisationsschaubild bei hohen Temperaturen ein sehr feines Korn.

Besonders bei kleinen und mittleren Verformungsgraden hängt die beim letzten Glühen sich einstellende Korngröße oft stark von der

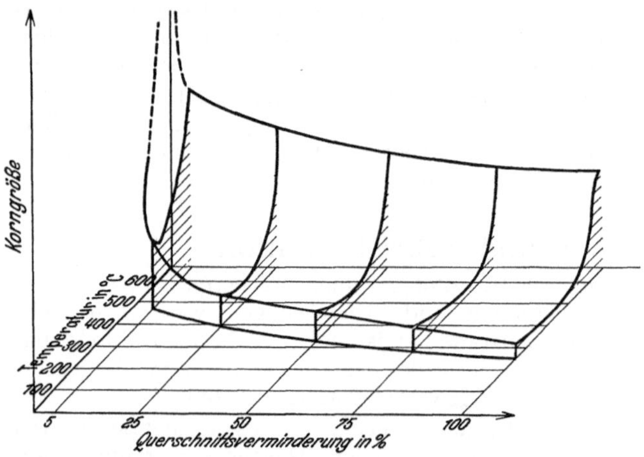

Abb. 9. Rekristallisationsschaubild von Aluminium bei rascher Erhitzung auf die angegebenen Temperaturen. (Nach V. Fuss: Metallographie des Aluminiums und seiner Legierungen. Berlin 1934.)

Stichzahl bei der Verformung und dem Zwischenglühen ab. Kleine Beimengungen setzen die Rekristallisationsgeschwindigkeit meist stark herab und erhöhen die Rekristallisationsschwelle. Es gibt aber auch Fälle, in welchen die Schwelle durch kleine, unlösliche Beimengungen herabgesetzt wird. Es sei noch bemerkt, daß man über die Geometrie der Atombewegungen während der Rekristallisation noch sehr wenig weiß; vermutlich handelt es sich um eine komplizierte Überlagerung von Einzelsprüngen und Gleitungen.

Der innere Zustand eines rekristallisierten Korns ist mit den meisten Untersuchungsverfahren, z. B. im Mikroskop, nicht von dem eines niemals verformt gewesenen „Schmelzflußkorns" zu unterscheiden. Die in B 4 erwähnte höhere Geschwindigkeit der Ausscheidung in einem verformten und dann rekristallisierten Kristall hat aber den Anlaß gegeben, nach einem solchen Unterschied mit feineren Hilfsmitteln zu suchen. Es ergab sich in der Tat[2], daß die kritische Schubfestigkeit eines durch Rekristallisation hergestellten Einkristalls aus Aluminium wesentlich größer ist als die eines aus dem Schmelzfluß gezogenen. Weiter zeigte sich, daß dies auf einen Unterschied in der Mosaikstruktur zurückzuführen ist.

---

[1] Graf, L.: Z. Metallkde. Bd. 30 (1938) S. 103.
[2] Dehlinger, U. u. F. Gisen: Phys. Z. Bd. 34 (1933) S. 836; Bd. 35 (1934) S. 862. — Z. Metallkde. Bd. 27 (1935) S. 256.

Die Mosaikstruktur ist ein Begriff, der seit langen Jahren bei den Kristall-strukturbestimmungen der BRAGGschen Schule ausgebildet wurde[1]; er stellt eine ganz bestimmte Art der Abweichung vom idealen Gitter dar. Es zerfällt nämlich das äußerlich sichtbare große Korn in zahlreiche „Mosaikblöcke" von submikroskopischer Größe, die in sich weitgehend ideal sind, sich aber in ihrer gegenseitigen kristallographischen Orientierung um ganz kleine Winkelbeträge unterscheiden. Nach der Röntgeninterferenztheorie von EWALD und DARWIN hat das Bestehen einer solchen Mosaikstruktur eine wesentliche Verstärkung der Interferenzen zur Folge. In der Tat hat sich beim Vergleich der von einem gegossenen und von einem rekristallisierten Einkristall gelieferten Röntgenintensitäten gezeigt, daß die letzteren stärker sind. Es sind also die Mosaikblöcke im gegossenen Material wesentlich größer als im rekristallisierten. Zahlenmäßig läßt sich die Größe nur abschätzen; sie beträgt etwa 10^{-4} mm, in derselben Größenordnung dürfte die Ausdehnung der Gleitlamellen im verformten Zustand sein.

Aus dem so gefundenen Einfluß der Vorgeschichte auf die Mosaikstruktur folgt, daß diese nicht im thermodynamischen Gleichgewicht ist. Die Frage, warum sie trotzdem verhältnismäßig beständig ist, bedarf noch weiterer Untersuchung.

D. Atomistische Theorie der Festigkeit.

1. Fragestellung.

Wie in Abschn. A 4 ausgeführt wurde, kennt man die zwischen zwei Atomen eines Metallgitters bestehenden Kräfte mindestens der Größenordnung nach. Will man daraus die Reißfestigkeit des Metalls berechnen, so wird man zunächst, um einfache Verhältnisse zu haben, annehmen, daß die voneinander zu trennenden Atomschichten parallel sind und während des Reißens stets parallel und in sich unverändert bleiben, also nur ihren Abstand vergrößern. Man kann bei dieser Rechnung nach POLANYI[2] die unmittelbare Einführung der Atomkräfte dadurch umgehen, daß man die gemessene, theoretisch allein von den Atomkräften abhängende Oberflächenspannung α einführt und dann in folgender Weise schließt: Da beim Reißen zwei neue Oberflächen geschaffen werden, muß von der Reißspannung Z längs des Wegen $\varDelta l$, auf dem sie sich betätigt, die Arbeit 2α geleistet werden. Es muß also sein

$$Z \varDelta l \approx 2\alpha.$$

Unter der obenerwähnten Annahme des Parallelbleibens ist der Reißvorgang beendet, wenn die beiden Schichten so weit voneinander entfernt sind, daß zwei gegenüberstehende Atome sich nicht mehr merklich anziehen; es ist also $\varDelta l$ in der Größenordnung der atomaren Wirkungssphäre, die etwa $5 \cdot 10^{-8}$ cm beträgt. Da α etwa 1000 Dyn/cm ist, folgt für Z ein Wert von etwa $4 \cdot 10^{10}$ Dyn/cm$^2 =$ 40000 kg/cm^2. Man nennt diese Größe auch die theoretische Reißfestigkeit, wobei aber hinzugefügt werden sollte, daß sie unter der willkürlichen Annahme eines „atomistisch homogenen Reißvorgangs" berechnet ist.

Experimentelle Beobachtungen der Reißfestigkeit an Einkristallen haben gezeigt, daß das Reißen wie die Translation nach ganz bestimmten kristallographischen Ebenen erfolgt, und daß wie dort die Schubspannung, so hier die Normalspannung senkrecht zur Reißebene einen bestimmten kritischen Wert

---

[1] Vgl. das Sonderheft „Ideal- und Realkristall" der Z. Kristallogr. Bd. 89 (1934); Bd. 93 (1936); außerdem U. DEHLINGER: Die Physik in regelmäßigen Berichten, Bd. 1 (1933) S. 33; Bd. 5 (1937) S. 1.

[2] POLANYI, M.: Z. Phys. Bd. 7 (1921) S. 323.

erreicht haben muß, damit das Reißen beginnt. Außerdem hat sich gezeigt, daß eine vorhergegangene plastische Verformung diesen Wert verändert (Reißverfestigung). Die gemessenen Zahlenwerte für die kritische Reißspannung liegen für nichtkubische Metalle, wie Zn, Bi, Te in der Größenordnung von 100 kg/cm²; für kubische Kristalle gibt es noch kaum Messungen, da dort die sich überlagernde plastische Verformung Meßschwierigkeiten verursacht. Für vielkristallines Material ist die Zugfestigkeit (bezogen auf den Reißquerschnitt) ein gewisses Maß für die Reißfestigkeit (näheres s. unter XII, Beitrag Kuntze); bekanntlich liegt sie in der Größenordnung von 1000 bis 10000 kg/cm². Wir können also feststellen, daß die experimentelle Reißfestigkeit um 1 bis 3 Zehnerpotenzen kleiner ist als die „theoretische Festigkeit".

Ähnlich wie die theoretische Reißfestigkeit kann man auch eine „theoretische Schubfestigkeit bei homogener Gleitung" berechnen. Wir nehmen dazu an, daß die in Abb. 7 gezeichneten aufeinander gleitenden Atomreihen während des Gleitens in sich unverändert bleiben. Es müssen dann alle Atome genau gleichzeitig die eingezeichneten Schwellen der potentiellen Energien überschreiten. Nach B 1 muß dazu eine Energie von etwa $B = 3000$ cal/mol, das ist ungefähr $3000 \cdot 6{,}5$ cm/kg je cm³, aufgebracht werden. Der Wert der Schwellenenergie hängt wie der der Oberflächenenergie ganz unmittelbar mit den Atomkräften zusammen und ist in einem Fall, bei Diamant, auch schon zahlenmäßig daraus berechnet worden. Die Arbeit B muß bei der angenommenen Art der Gleitung zum weitaus größten Teil von der äußeren Schubspannung S geleistet werden, nur für ganz wenige Atome wird sie, bei nicht unendlich langen Wartezeiten, von der Temperaturbewegung aufgebracht. Nun denken wir uns die Spannung S an den Endflächen eines Würfels von 1 cm³ Inhalt wirkend. Damit die Gleitung über jeweils eine Energieschwelle hinweg in ein neues Potentialminimum führt, muß nach Abb. 7, Abschn. C 3, eine Schiebung um ungefähr 45° stattfinden; um diese zu bekommen, muß der Angriffspunkt der Schubspannung S sich gerade um 1 cm verschieben. Die Schubspannung S leistet dabei auf den Würfel die Arbeit $S \cdot 1/2$, und diese Arbeit muß gleich B sein. Wir bekommen also für die theoretische kritische Schubspannung S den Wert $2B$, also etwa $2 \cdot 3000 \cdot 6{,}5 \approx 40000$ kg/cm².

Demgegenüber liegt die nach C 3 experimentell gemessene kritische Schubfestigkeit von Einkristallen bei Zimmertemperatur und tieferen Temperaturen in der Größenordnung von 10 bis 100 kg/cm²; infolge von Verfestigung kann sie bei kubischen Kristallen bis auf mehr als das Zehnfache steigen, und erreicht dann Werte von etwa 1000 kg/cm², also eine mit der Streckgrenze vielkristalliner Werkstoffe übereinstimmende Größenordnung, während bei nichtkubischen Kristallen etwa 200 kg/cm² erreicht werden. Durch Mischkristallbildung, weiter durch Gitterverzerrungen infolge von Umwandlungen und Ausscheidungen können die Werte nochmals um einen Faktor von etwa fünf heraufgesetzt werden, während spröde Kristalle wie z. B. Zementit schon von vornherein eine sehr große, unter Umständen über der Reißfestigkeit liegende Schubfestigkeit zeigen. Auf alle Fälle ist aber die experimentelle Schubfestigkeit oder Streckgrenze wesentlich kleiner als die oben berechnete theoretische.

Die Aufklärung dieses Widerspruchs liegt nahe: es muß von der keineswegs begründeten Annahme homogenen Reißens oder Gleitens abgegangen werden. Es müssen also während des Reißens oder Gleitens Ungleichmäßigkeiten („Lockerstellen") im Gitter vorhanden sein, die in Beziehung zu den schon von vornherein vorhandenen Abweichungen vom idealen Gitter stehen werden. Die Aufgabe der Theorie ist es also, in Anlehnung an die in den vorhergehenden Abschnitten vielfach beschriebenen Erkenntnisse über Mosaikstruktur und Gitterverzerrungen das Entstehen und die Ausbreitung der Inhomogenitäten beim Reißen und Gleiten zu beschreiben und daraus die wirklich gemessenen Festigkeitswerte samt ihrer Temperaturabhängigkeit zu erklären.

Es sei noch bemerkt, daß man diejenigen Eigenschaften der festen Körper, die wesentlich von atomistischen Inhomogenitäten des Aufbaus bedingt werden und daher durch Kaltverformung um Größenordnungen geändert werden, wozu insbesondere die Festigkeit, weiterhin auch die ferromagnetische Remanenz und Koerzitivkraft gehört, nach A. SMEKAL als „strukturempfindliche Eigenschaften" den strukturunempfindlichen, wie Widerstand, Gitterbau, Dichte usw. gegenüberstellt[1].

2. Theorie der Plastizität.

Die folgende Darstellung schließt sich an eine Arbeit von A. KOCHENDÖRFER[2] an, in welcher Ansätze von PRANDTL, BECKER, OROWAN, TAYLOR, W. L. und W. G. BURGERS zusammengefaßt und zu einem vollständigen, zahlenmäßig auswertbaren Gleichungssystem erweitert wurden.

Setzen wir einen Kristall mit Mosaikstruktur unter eine Schubspannung S, so wird diese in der Nähe der Blockgrenzen infolge der „Kerbwirkung" der dort herrschenden Unregelmäßigkeiten um einen Faktor q erhöht. Ist B die in Abschn. B 1 eingeführte Schwellenenergie, so ergibt sich die Wahrscheinlichkeit dafür, daß in der Zeiteinheit ein in der Nähe der Blockgrenze gelegenes Atom einen Einzelsprung in Richtung der Schubspannung (die mit der Gleitrichtung übereinstimmen möge) macht, zu

$$w = A\, e^{-\frac{B}{kT}\left(1 - q\,\frac{S}{S_{\mathrm{th}}}\right)^2}.$$

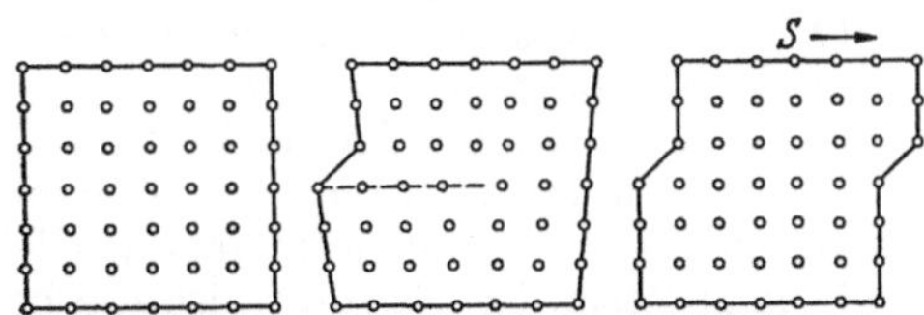

Abb. 10. Links das unversehrte Kristallgitter. Unter dem Einfluß der Schubspannung S entsteht eine Versetzung am linken Rand. In der rechts stehenden Figur ist die Versetzung durch das Kristallstück durchgewandert und hat so einen atomaren Gleitschritt gebildet. [Nach G. I. TAYLOR: Z. Krist. Bd. 89 (1934) S. 375.]

Darin ist S_{th} die in § 14 berechnete theoretische Schubspannung; aus der gemessenen Temperatur- und Geschwindigkeitsabhängigkeit der kritischen Schubspannung kann B sowie S_{th}/q einzeln zahlenmäßig bestimmt werden und ergibt sich zu etwa 50000 cal/Mol bzw. zu etwa 100 kg/cm², so daß q die Größenordnung 400 erhält. B wird wesentlich größer als der in § 14 zugrunde gelegte Wert, weil hier ein einzelnes Atom springt und daher an der Stelle, an der es auftrifft, die Nachbaratome zurückdrücken muß. Dies kann bei genügend dichtgepackten Gittertypen und dichtbelegten Richtungen dazu führen, daß auch ein Nachbaratom ohne weiteres über eine Energieschwelle gehoben wird usw.; dann wandert der durch den ersten Atomsprung geschaffene Verzerrungszustand, der nach POLANYI Versetzung, nach TAYLOR Dislokation heißt, durch das Gitter bis an den andern Mosaikblockrand (Abb. 10). Dabei sind alle Atome einer Reihe über eine Energieschwelle gelangt, es ist also innerhalb des Mosaikblocks ein atomarer Gleitschritt entstanden. Wie man sieht, bildet sich dieser Gleitschritt unter dem kombinierten Einfluß von äußerer Schubspannung, Kerbwirkung und Temperaturbewegung mit einer bestimmten Wahrscheinlichkeit schon bei sehr kleinen äußeren Schubspannungswerten.

Es sei n die Zahl der Atome in der Volumeinheit, dann erfolgen $w \cdot n$ solcher Abgleitungen in der Zeit- und Volumeinheit. Bei jeder Abgleitung werden L/a Atome so verschoben, daß diese Atomreihe eine Schiebung vom Betrag Eins

---

[1] Siehe A. SMEKAL: Handbuch der Physik, 2. Aufl., Bd. 24, 2. Berlin 1933.
[2] KOCHENDÖRFER, A.: Z. Phys. Bd. 108 (1938) S. 244. — Z. Metallkde. Bd. 30 (1938) S. 174 u. 299. — Siehe auch R. HOUWINK: Elasticity, plasticity and structure of matter. Cambridge 1937. Jetzt auch in deutscher Übersetzung. Leipzig 1938.

ausführt (L sei die Blocklänge, a die Gitterkonstante). Soll die ganze Volumeinheit diese Schiebung ausführen, so müssen alle n Atome verschoben werden. Wir können also die Größe $L/a \cdot n$ proportional dem Schiebungsbetrag setzen, welcher von einer Versetzung erzeugt wird; somit gibt $u = w \cdot n \cdot L/a \cdot n = wL/a$ die Schiebung an, welche durch die Versetzungen in der Zeiteinheit entsteht, also die Verformungsgeschwindigkeit unter dem Einfluß der in w enthaltenen Schubspannung S bei der Temperatur T.

Wie man aus den Formeln sieht, gehört zu jeder Verformungsgeschwindigkeit bei gegebener Temperatur T eine ganz bestimmte Schubspannung S, die nötig ist, um sie aufrechtzuerhalten, und für sehr langsame Verformungen braucht man nur sehr kleine Schubspannungen (Kriechen). Es gibt also keine absolute kritische Schubspannung, sondern nur eine funktionale Beziehung zwischen Schubspannung und Verformungsgeschwindigkeit. Man muß daher bei Messung der kritischen Schubspannung sorgfältig die Belastungsgeschwindigkeit beachten. Insbesondere gilt das für sehr weiche Stoffe; bei härteren zeigt sich, daß praktisch die kritische Schubspannung innerhalb des Gebiets von Belastungsgeschwindigkeiten, welches für die technischen Zugmaschinen in Frage kommt, nur noch wenig von dieser abhängt, daß also die Belastungsgeschwindigkeit nur bei sehr langsamen Versuchen beachtet werden muß.

Die beim Fortgang des Gleitens an die Mosaikgrenzen gewanderten Versetzungen verschwinden dort nicht ohne weiteres, sondern bleiben dort bestehen und die von ihnen hervorgerufenen Spannungen V wirken der äußeren Spannung S entgegen, so daß jetzt in die Gleichung für w anstatt S die Differenz $S - V$ einzusetzen ist. V mißt also die beim Gleiten entstehende Verfestigung; elastizitätstheoretische Durchrechnungen der von den Versetzungen hervorgerufenen Gitterverzerrungen haben gezeigt, daß V im allgemeinen proportional dem Quadrat der Zahl der an den Mosaikgrenzen bestehenden Versetzungen, also auch der schon stattgefundenen gesamten Verformung gesetzt werden kann. So kommt man bei der auch experimentell bei kubischen Metallen bestätigten Aussage, daß die zu weiterer Verformung nötige Schubspannung proportional der Wurzel aus dem schon vorhandenen Verformungsgrad ist. Dagegen bestätigt sich diese (sehr spezielle) Aussage der Theorie bei den hexagonalen Metallen nicht; hier ist die Schubspannung nahe proportional der ersten Potenz des Verformungsgrades, also offenbar auch V proportional der Zahl der vorhandenen Versetzungen.

Schließlich besteht noch eine Wahrscheinlichkeit w', deren Ausdruck ganz ähnlich wie w aussieht, dafür, daß die an den Mosaikblockgrenzen bestehenden Versetzungen unter dem Einfluß der Temperaturbewegung wieder aufgelöst werden und die von ihnen hervorgebrachte Verfestigung V somit wieder zurückgeht. Die gleichzeitige Berücksichtigung von w und w' ergibt die Temperatur- und Geschwindigkeitsabhängigkeit der Verfestigung. Zahlenmäßig erhält man, daß zwischen Zimmertemperatur und dem absoluten Nullpunkt die Verfestigung noch etwa um das Zehnfache ansteigt, während die kritische Schubspannung hierbei nur etwa den doppelten Wert erreicht. Nach sehr langen Zeiten geht die Verfestigung vollständig zurück, die Theorie ergibt also auch die Erholung.

Es sei bemerkt, daß experimentell und theoretisch, auch in bezug auf die Zahlenwerte, nach Kochendörfer sich die Verhältnisse bei Naphtalinkristallen, in welchen eine Molekülbindung (durch sog. van der Waalssche Kräfte) besteht, ganz ähnlich wie bei den Metallkristallen ergaben. (Dagegen ist, was technisch entscheidend ist, die Reißfestigkeit der verfestigten Naphtalinkristalle viel kleiner als die der Metallkristalle.) Die Plastizität ist also nicht von den speziellen Verhältnissen des Elektronensystems abhängig; vermutlich ist sie nur daran geknüpft, daß die Atome im Gitter möglichst allseitig eng von Nachbaratomen umgeben sind, so daß die Versetzungen durchwandern können. In der Tat zeigen die Gitter mit kleiner Koordinationszahl, wie Diamant, in welchen in der Nähe jedes Atoms Gitterlücken bestehen, keine merkliche Plastizität.

Im übrigen harrt noch eine Reihe von Fragen, die auch technisch wichtig sind, der theoretischen Behandlung. Hier ist zu nennen der Einfluß von Gitterverzerrungen, die durch Umwandlungen usw. entstanden sind, auf die Plastizität. Vermutlich wirken diese Stellen ähnlich wie die Mosaikblockgrenzen, indem sie das Durchwandern der Versetzungen hemmen. Sie ergeben also eine Verkleinerung von L, der „freien Weglänge der Versetzungen", setzen demnach die mit L proportionale Verformungsgeschwindigkeit u herab, steigern somit die Härte, wie es dem experimentellen Befund entspricht. Weiter gehört hierher die Frage, wie Schubspannungen wirken, die innerhalb von Strecken der Größenordnung L ihren Betrag stark ändern, also die Frage des Abbaues von Spannungsspitzen. Schließlich das Problem, wie Wechselspannungen wirken, durch die die Versetzungen wieder an den ersten Mosaikblockrand zurückgeführt werden; womit die Frage der Dämpfung zusammenhängt.

Neben der bisher betrachteten „Kristallplastizität" gibt es auch eine „amorphe Plastizität", die von den Korngrenzen ausgeht und bei der die Versetzungen nicht durch das Gitter wandern. Es muß dann also das Fortschreiten jedes einzelnen Atoms durch einen neuen thermischen Sprung erzwungen werden[1]. Bei Versuchen[2] über das Kriechen von Blei bei verschiedenen Temperaturen konnten die beiden Arten der Plastizität deutlich getrennt werden; bei tieferen Temperaturen überwiegt die amorphe, bei höheren die kristalline Plastizität, was auch theoretisch zu begründen ist.

3. Theorie des Reißens.

A. SMEKAL[3] hat an Steinsalzkristallen gefunden, daß bei Versuchen an genau gleichem Material die Reißfestigkeit stark schwankte und sich nach einer verhältnismäßig breiten GAUSSschen Fehlerkurve um einen Mittelwert verteilte, während bei gleichen Verhältnissen die Schubfestigkeit viel schärfer bestimmt war. Daraus ist zu schließen, daß für das Reißen nicht, wie für die Plastizität, die vielen, an den Mosaikblockgrenzen liegenden kleinen Inhomogenitäten, sondern einige größere Lockerstellen in Betracht kommen, die sich schon den äußerlich sichtbaren Rissen nähern. Auf die Bedeutung von Rissen für den Bruch hat ja bekanntlich GRIFFITH als erster hingewiesen. Über die Frage, wie diese submikroskopischen oder schon sichtbaren Risse mit der Vorgeschichte des Werkstoffs zusammenhängen, weiß man noch wenig.

Die Bruchfläche eines spröde, d. h. ohne merkliche Verformung gebrochenen Körpers zeigt zwei Teile von verschiedenem Aussehen, einen glatten, oft fast spiegelnden und einen rauhen, muscheligen Teil. Nach SMEKAL ist der erstere darauf zurückzuführen, daß ein einzelner, besonders günstig gelegener Riß unter dem Einfluß der äußeren Spannung infolge Kerbwirkung seine Ränder erweitert und sich so über einen großen Teil des Querschnitts ausbreitet; dadurch wird der tragende Querschnitt so geschwächt, daß jetzt auch eine größere Zahl weiterer Risse gleichzeitig ins Spiel treten und so den rauhen Teil der Bruchfläche erzeugen können.

---

[1] Ausführliche Versuche über die Plastizität nichtkristalliner, pechartiger Stoffe und eine eingehende, auf Ansätze von L. PRANDTL: Z. angew. Math. Mech. Bd. 8 (1928) S. 85, zurückgehende Theorie bei W. BRAUNBEK: Z. Phys. Bd. 57 (1929) S. 501.

[2] HANFFSTENGEL, K. v. u. H. HANEMANN: Z. Metallkde. Bd. 30 (1938) S. 41.

[3] SMEKAL, A.: Metallwirtsch. Bd. 11 (1932) S. 551; Bd. 16 (1937) S. 189. — Ergebn. exakt. Naturw. Bd. 15 (1936) S. 106.

Über den Mechanismus des mit Verformung verbundenen Bruchs weiß man noch wenig. Dagegen zeigen die Bruchflächen des Dauerbruchs, d. h. des durch fortwährende Wechselbelastung unterhalb der statischen Festigkeit entstandenen Bruchs, genau dasselbe Aussehen wie die des oben beschriebenen spröden Bruchs[1]. Man wird daher nach Smekal auch für den Dauerbruch die Wirksamkeit einiger weniger Risse annehmen.

Eine Reihe von Erfahrungen zeigt, daß der Dauerbruch dann eintritt, wenn durch eine hin- und hergehende, oft wiederholte plastische Verformung das Gefüge zerrüttet ist. Hierher gehört erstens die Beobachtung von E. Schmid, wonach bei Wechselbeanspruchung von Einkristallen oberhalb der Dauerfestigkeitsgrenze Fließlinien entlang den auch bei der normalen Plastizität tätigen Gleit- und Zwillingsebenen sich zeigten und auch der Bruch nach diesen Ebenen eintrat. Zweitens zeigten Härtemessungen usw. von Schmid an wechselbeanspruchten Kristallen, daß sie durch die Wechselbeanspruchung ebenso wie durch eine normale Verformung verfestigt wurden. Schließlich ergaben Röntgenuntersuchungen[4] an vielkristallinen, grobkörnigen Werkstoffen, daß bei Beanspruchung dicht oberhalb der Dauerfestigkeitsgrenze schon nach einigen tausend Wechseln die Körner ebenso wie bei einer normalen plastischen Verformung in kleinere Teile aufgespalten werden, während dies in größerem Abstand unterhalb der Dauerfestigkeitsgrenze gar nicht, dicht unterhalb derselben nur bei einigen Körnern eintritt. Über den Mechanismus, mit dem die lang dauernde hin- und hergehende plastische Verformung die den Dauerbruch einleitenden Risse schafft, weiß man noch kaum etwas.

---

[1] Siehe z. B. A. Thum u. G. Oschatz: Metallwirtsch. Bd. 13 (1934) S. 1.

[2] Gough, H. I. u. W. A. Wood: Proc. roy. Soc., Lond. Bd. 154 (1936) S. 510. — Wever, F. u. H. Möller: Naturwiss. Bd. 25 (1937) S. 449. — Möller, H. u. M. Hempel: Mitt. K.-Wilh.-Inst. Eisenforschg. Bd. 20 (1938) S. 15 u. 229.

I. Festigkeitsprüfung bei ruhender Beanspruchung.

Von **F. Körber** und **A. Krisch**, Düsseldorf.

A. Allgemeines.

Mit der Belastung eines metallischen Werkstoffes ist in jedem Fall eine Formänderung verbunden, und umgekehrt ist zu jeder Formänderung eine Kraft, sei es eine äußere oder eine innere, notwendig. Der Werkstoff setzt also seiner Verformung einen gewissen Widerstand entgegen, der durch diese Kräfte überwunden werden muß.

Bei den in diesem Abschnitt zu behandelnden Verfahren der Festigkeitsprüfung, die vielfach auch als „statische" Festigkeitsprüfungen bezeichnet werden, wird das zu untersuchende Metall in einer geeigneten Vorrichtung (Werkstoffprüfmaschine) der Wirkung einer ruhenden oder langsam anwachsenden (stoßfreien) Beanspruchung ausgesetzt, deren Größe entweder unmittelbar aus der jeweils aufgebrachten Belastung oder mittelbar mit Hilfe einer Kraftmeßvorrichtung angegeben werden kann. Die Belastung des Prüfkörpers geschieht dabei derart, daß die Formänderungen stetig und mit so kleiner Geschwindigkeit anwachsen, daß Beschleunigungskräfte nicht auftreten oder vernachlässigt werden können. Die Zuordnung der auf den Prüfkörper wirkenden äußeren Kräfte zu den entsprechenden Verformungen, die am übersichtlichsten in *Kraft-Verformungsschaubildern* dargestellt wird, und die zur Erreichung bestimmter Verformungen bzw. zur Zerstörung des Stoffzusammenhanges erforderlichen Beanspruchungen kennzeichnen das mechanisch-technologische Verhalten des Werkstoffes; ihre Bestimmung ist Gegenstand der statischen Festigkeitsprüfung. Dabei werden die Kräfte als Spannungen auf die Flächeneinheit des beanspruchten Querschnittes, die Formänderungen als spezifische Verformungen auf die Längen- oder Querschnittseinheit bezogen.

Je nach der Art der angreifenden Kräfte und den dabei auftretenden Formänderungen werden unterschieden: Zug-, Druck-, Biege-, Verdreh- und Scherversuche; bei den ersteren drei Prüfarten erzeugen die wirksamen Kräfte im beanspruchten Querschnitt Normalspannungen, bei den letzten beiden Schubspannungen.

Die unter der Wirkung dieser Kräfte auftretenden Verformungen können verschiedener Art sein: Es sind zu unterscheiden vorübergehende oder federnde (elastische) und bleibende oder bildsame (plastische) Verformungen. Die Formänderungen im elastischen Bereich, die meistens den aufgewendeten Kräften proportional ansteigen, sind verhältnismäßig klein; sie gehen nach Aufhören der Krafteinwirkung wieder vollständig zurück, so daß keine bleibende Gestaltsänderung feststellbar ist. Mit Überschreiten einer gewissen Grenzbelastung, der Elastizitätsgrenze, treten zu den elastischen auch plastische Formänderungen, die nach Aufhebung der äußeren Kraft nicht verschwinden. Diese plastische Formänderung bleibt nicht etwa wie die elastische Verformung der weiteren Belastungszunahme verhältnisgleich, sondern steigt beschleunigt an. Dieses Anwachsen zu großen, schon mit einfachen Meßgeräten oder gar schon unmittelbar wahrnehmbaren Verformungen erfolgt bei den verschiedenen Werkstoffen ganz verschieden. Während sich der Übergang bei den meisten Metallen in einem mehr oder weniger ausgedehnten Belastungsbereich, aber durchaus stetig vollzieht, erfolgt in Sonderfällen, vornehmlich bei vielen technisch wichtigen Stahlsorten, das Einsetzen der großen Formänderungen, des „Fließens" des Werkstoffes, sprunghaft bei einer als „Fließgrenze" bezeichneten Belastungsgrenze.

Im technischen Werkstoffprüfwesen ist es gebräuchlich, die den Werkstoff kennzeichnenden Festigkeitswerte in der Weise anzugeben, daß die äußeren Kräfte auf die Ausgangsabmessungen des zu prüfenden Körpers bezogen werden. Insbesondere gilt als das gebräuchlichste Maß der *Festigkeit* des Werkstoffes die auf die Ausgangsabmessungen bezogene Höchstbelastung, die je nach der Art der Beanspruchung als *Zug-, Druck-, Biege-, Verdreh-* und *Scherfestigkeit* bezeichnet wird. Von diesen sind die bei wiederholter Belastung gefundenen entsprechenden Wechselfestigkeiten zu unterscheiden. Die so berechneten „Spannungs"werte geben aber nur bei kleinen Formänderungen, etwa im

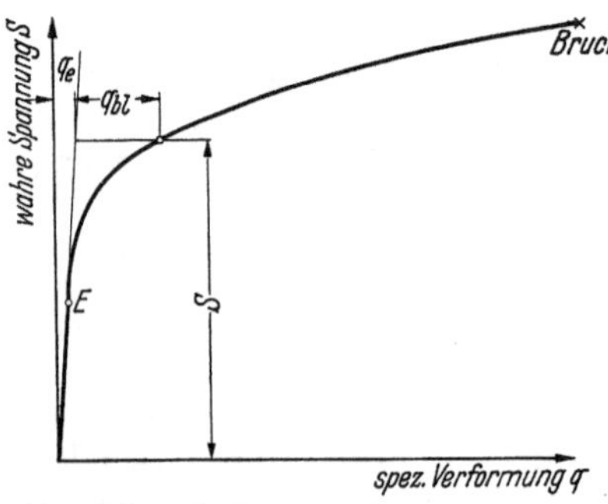

Abb. 1. Schema der Spannungs-Verformungskurve.

elastischen Bereich, ein Maß der tatsächlichen Beanspruchung des Werkstoffes, während mit wachsenden Formänderungen, insbesondere im überelastischen Bereich der die äußere Kraftwirkung aufnehmende Querschnitt von dem ursprünglichen immer stärker abweicht. Bei spröden Werkstoffen, bei denen beim Erreichen der Höchstlast der Bruch ohne vorherige bildsame Verformung erfolgt (Trennungsbruch), ist die Bedeutung des auf den Ausgangsquerschnitt bezogenen Festigkeitswertes als größte von dem Werkstoff zu tragende Spannung klar. Bei dehnbaren Werkstoffen, bei denen vor Erreichen der Höchstlast eine beträchtliche Verformung erfolgt und der Bruch häufig mit Erreichen der Höchstlast noch nicht eintritt, fehlt aber der als Quotient der Höchstlast und des Ausgangsquerschnittes berechneten Festigkeitszahl diese einfache Bedeutung. Im Bereich starker Verformungen sind tiefere Einblicke in die Beziehungen zwischen Spannung und Formänderung nur zu erwarten, wenn die im Verlauf der Prüfung sich im Werkstoff ausbildenden Spannungen als „wahre Spannungen" s auf die jeweiligen Abmessungen des beanspruchten Querschnittes bezogen werden.

Die sich dann ergebende allgemeine Form der Spannungs-Verformungskurve ist in Abb. 1 für dehnbare metallische Werkstoffe angegeben. Während bis zur Elastizitätsgrenze E die Formänderung q_e rein elastisch ist, tritt bei höherer Spannung s zu der weiterhin angenähert proportional ansteigenden elastischen Formänderung eine bleibende q_{bl}, die mit der Spannung stark beschleunigt anwächst. Dieser bei Metallen im allgemeinen festzustellende Anstieg der wahren Spannung mit der bleibenden Formänderung wird als *Verfestigung* bezeichnet. Nach Erreichen einer bestimmten plastischen Verformung unter einer bestimmten Spannung tritt dann häufig eine Trennung des Stoffzusammenhanges, der *Bruch*, ein. Bei spröden Metallen, die nicht zu einer plastischen Verformung fähig sind, bricht die Spannungs-Formänderungskurve alsbald nach Überschreiten der Elastizitätsgrenze ab, ist also im wesentlichen auf den steil ansteigenden Ast im Bereich der elastischen Formänderung beschränkt.

B. Der Zugversuch.

1. Der Zugversuch als Grundversuch der statischen Festigkeitsprüfung.

Beim Zugversuch wird der Prüfkörper in seiner Längsrichtung Zugkräften ausgesetzt, die ihn zu verlängern bzw. zu zerreißen streben. In den für die Ausführung des Zugversuches meist Verwendung findenden Werkstoffprüfmaschinen (s. Bd. I, Abschn. I) werden diese Längszugkräfte dadurch erzeugt, daß der Probekörper zwischen den Einspannköpfen der Maschine bis zum Eintreten des Bruches gedehnt wird. Dabei wird im Kraftmesser der Maschine der Verlauf der im Prüfkörper wirksamen Zugkraft verfolgt und vor allem die dabei auftretende Höchstlast ermittelt.

Zugversuche können zuweilen an fertigen Konstruktionsteilen durchgeführt werden, für die die Zugbeanspruchung in der Längsrichtung einen besonders wichtigen Fall ihrer Beanspruchung im Gebrauch darstellt; zu nennen sind Drahtseile, Ketten, Schweiß- oder Nietverbindungen und dgl. mehr, deren Tragfähigkeit für den Fall einer stoßfreien Belastung somit unmittelbar bestimmt wird. Abschnitte von Drähten, Bändern und häufig auch Metallstäben mit einfachen Querschnittsformen können ebenfalls ohne weitere Bearbeitung mit Hilfe geeigneter Einspannbacken dem Zugversuch in der Zerreißmaschine unterworfen werden. In der Regel, besonders für genauere Prüfungen, arbeitet man aber aus dem zu prüfenden Werkstoff oder Bauteil geeignet geformte Probestäbe mit einem mittleren prismatischen oder zylindrischen Teil, der Versuchslänge, heraus; die Probestabenden werden als unnachgiebige Einspannköpfe von größerem Querschnitt (s. Abschn. B 6 i) der Einspannvorrichtung der Prüfmaschine (Bd. I, Abschn. I A 4) angepaßt und haben die Aufgabe, die mittige Belastung der Probe in ihrer Längsachse zu sichern.

Bei ausreichender Versuchslänge und nicht zu schroffem Querschnittsübergang zu den Einspannköpfen kann man für den mittleren Stabteil eine gleichmäßige Verteilung der in ihm hervorgerufenen Längszugspannungen über den Querschnitt annehmen, die eine einfache und anschauliche Deutung der Versuchsergebnisse ermöglicht. Diese klar zu übersehenden Beanspruchungsverhältnisse bleiben allerdings für dehnbare Metalle im letzten Abschnitt des Zerreißversuches nicht mehr aufrechterhalten.

Der Idealfall einer homogenen Beanspruchung durch reine Normalspannungen trifft natürlich nur für die Querschnittsebenen senkrecht zur Achse des Probekörpers zu. In allen anderen zur Stabachse geneigten Ebenen wirken neben Normalkräften auch Schubkräfte, die ihren Höchstwert auf den unter 45° zur Stabachse geneigten Ebenen annehmen. Während die axialen Zugspannungen bestimmend für den Trennungswiderstand spröder Metalle sind, kommt diesen Schubspannungen eine besondere Bedeutung für den bildsamen Verformungsvorgang sowie häufig auch für den Bruchvorgang dehnbarer Metalle zu.

Ein bemerkenswertes Kennzeichen des Zugversuches, das ihm besonders bei der Prüfung dehnbarer Metalle gegenüber dem Druck- und Biegeversuch eine bevorzugte Stellung einräumt, liegt darin, daß er in jedem Fall bis zum völligen Erschöpfen der Verformbarkeit des Werkstoffes, also bis zum Bruch, getrieben werden kann und so stets die zahlenmäßige Angabe eines Festigkeitswertes gestattet. Gleichzeitig ermöglicht die Ermittlung der bis zum Bruch der Probe eingetretenen Verformungen die Angabe von Kennziffern für das Verformungsvermögen des Werkstoffes.

Die gekennzeichneten Sonderheiten und Vorzüge des Zugversuches haben ihm in Verbindung mit der einfachen versuchsmäßigen Durchführung unter allen Werkstoffprüfverfahren bis auf den heutigen Tag die Rolle des grundlegenden Festigkeitsprüfverfahrens und unter allen statischen Festigkeitsprüfungen die bei weitem häufigste Anwendung gesichert. Diese führende Rolle des Zugversuches erklärt es auch, daß man immer wieder bemüht gewesen ist, die nach anderen Prüfverfahren ermittelten Werkstoffkennziffern, z. B. die Härte, zu den im Zugversuch ermittelten Eigenschaftswerten in Beziehung zu setzen. Damit zielen diese Bemühungen gleichzeitig darauf ab, aus den grundlegenden Ergebnissen der Prüfung im Zugversuch auch Aussagen über das zu erwartende Verhalten des Werkstoffes unter den andersgearteten Beanspruchungen anderer Prüfverfahren zu machen.

2. Das Zerreißschaubild.

Das Verhalten des metallischen Werkstoffes beim Zugversuch wird am anschaulichsten gekennzeichnet durch das *Zerreißschaubild*, in dem die am Probestab wirksame Zugkraft P in Abhängigkeit von der jeweiligen Verlängerung dargestellt wird. Da an den Enden der prismatischen Versuchslänge l_v die Belastung infolge der Wirkung der benachbarten Einspannköpfe im allgemeinen nicht gleichmäßig über den Stabquerschnitt verteilt ist, wird der Messung der Verlängerung eine kürzere *Meßlänge l_0* zugrunde gelegt, die innerhalb der Versuchslänge in einem ausreichenden Abstand von dem Übergang zu den verstärkten Einspannköpfen abgegrenzt wird (vgl. Abb. 38 bis 51, S. 74 bis 79). Wird die gegebene Zugkraft P unmittelbar als Ordinate, die Verlängerung der Meßlänge $\Delta l = l - l_0$ als Abszisse aufgetragen, so erhält man das *Kraft-Verlängerungsschaubild*.

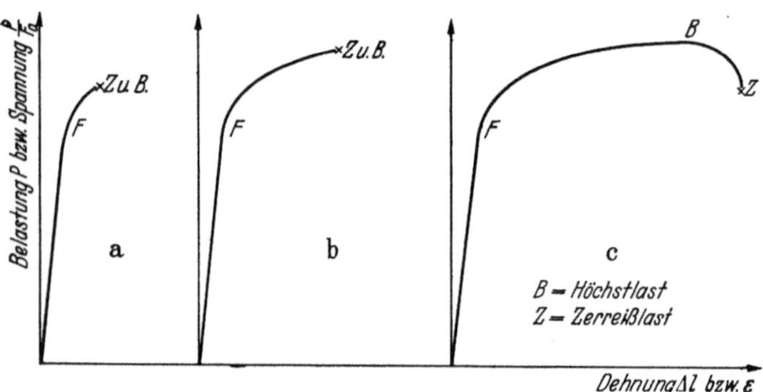

Abb. 2 a bis c. Spannungs-Dehnungsschaubilder (grundsätzlich).

Bezieht man die Kräfte auf den Ausgangsquerschnitt F_0: $\sigma = P/F_0$ und die Verlängerung auf die Meßlänge l_0: $\varepsilon = \Delta l/l_0$, so ergibt die entsprechende Auftragung das *Spannungs(σ)-Dehnungs(ε)-Schaubild*, das das Verhalten des Werkstoffes beim Zugversuch weitgehend unabhängig von den Probenabmessungen zur Darstellung bringt.

Wird das Zerreißschaubild mit Hilfe der Schreibvorrichtung der Prüfmaschine (s. Bd. I, Abschn. I) während der Durchführung des Zugversuches selbsttätig aufgezeichnet, so ist die Zuverlässigkeit der Übertragung meist nicht ausreichend, um die Belastungen und insbesondere die Verlängerungen mit größerer Genauigkeit aus dem Schaubild zu entnehmen. Man begnügt sich daher für gewöhnlich mit der Festlegung des allgemeinen Kurvenverlaufes. Hierfür ist es nicht notwendig, die Formänderung der Meßlänge des Probestabes selbst auf das Schreibgerät zu übertragen; vielmehr genügt die weit einfacher durchzuführende Übertragung der gegenseitigen Bewegung der beiden Einspannköpfe der Maschine, die außer der Verlängerung der Meßlänge die Dehnung der außerhalb derselben liegenden Stabteile, die elastischen Verformungen der Einspannvorrichtungen, sowie auch etwaige Verschiebungen der Stabköpfe in den Einspannungen einschließt.

Kennzeichnende Ausbildungsformen von Zerreißschaubildern sind in Abb. 2 zusammengestellt, und zwar entspricht das Teilbild a einem spröden Werkstoff, während sich die Teilbilder b und c auf zähe Werkstoffe beziehen.

Zu Beginn der Dehnung des Probestabes in der Maschine erfolgt durchweg ein schneller Anstieg der dadurch hervorgerufenen Zugkraft, so daß man zunächst die Dehngeschwindigkeit sehr klein wählen wird, um den Verlauf des

Spannungsanstieges verfolgen zu können. Die in diesem Bereich auftretenden Dehnungen sind so klein, daß sie nur mit sehr empfindlichen Feinmeßgeräten festgestellt werden können. Spannungen und Dehnungen ändern sich in diesem Bereich häufig verhältnisgleich (HOOKEsches Gesetz); das Verhältnis $\alpha = \varepsilon/\sigma$ wird als *Dehnzahl* bezeichnet. Mit Überschreiten des als Proportionalitätsgrenze σ_P (näheres s. Abschn. 5 und 6e) bezeichneten Spannungswertes folgt der Spannungsanstieg nicht mehr in dem gleichen Maße dem Dehnungszuwachs; es tritt ein allmählich stärker werdendes Abbiegen von der ursprünglichen HOOKEschen Geraden, eine Krümmung der Spannungs-Dehnungskurve zur Abszissenachse ein. Wird eine im Bereich des geradlinigen Spannungsanstieges gedehnte Probe wieder entlastet, so verschwindet im allgemeinen auch die Verlängerung wieder. Der Probestab nimmt also seine ursprüngliche Länge wieder an; die Dehnung war eine rein federnde (elastische). Das in diesem Bereich unveränderliche Verhältnis von Spannung zu Dehnung ist der *Elastizitätsmodul* $E = \sigma/\varepsilon$; er ist der reziproke Wert der Dehnzahl. Die Grenzspannung, nach deren Überschreiten die wieder entlastete Probe ihre Ursprungslänge nicht wieder annimmt, bei der also nach Rückgang der federnden Dehnung ein bleibender Dehnungsrest festzustellen ist, nennt man die *Elastizitätsgrenze* (*E*-Grenze; näheres s. Abschn. 6d). Oberhalb der Elastizitätsgrenze setzt sich die am belasteten Probestab gemessene Dehnung aus einem elastischen Anteil, der in ähnlichem Ausmaß wie im elastischen Bereich mit der Spannung weiter ansteigt, und einem plastischen Anteil zusammen, dessen weit schnellerer Anstieg mit steigender Spannung der Grund für die schon erwähnte Krümmung der Spannungs-Dehnungskurve nach Überschreiten der Proportionalitätsgrenze ist (Abb. 1). Mit der Verlängerung ist eine Querschnittsverminderung verbunden. Diese Querzusammenziehung ist $1/m$ der Verlängerung ($m =$ POISSONsche Konstante). Im elastischen Gebiet rufen beide eine Volumenvergrößerung hervor, während eine plastische Verformung das Volumen praktisch unverändert läßt.

Bei spröden Werkstoffen (Abb. 2a) tritt schon nach geringen Verformungen, also bald nach Überschreiten der Proportionalitätsgrenze, der Bruch ein, bevor der Probestab größere bleibende Dehnungen erfahren hat.

Bei zähen Werkstoffen (Abb. 2b und c) wird der Spannungsanstieg für gleiche Dehnungsbeträge immer kleiner; die Spannungs-Dehnungskurve krümmt sich immer stärker zur Dehnungsachse, wobei sich im allgemeinen ein starker Richtungswechsel in einem mehr oder weniger eng begrenzten Bereich vollzieht. Oberhalb des durch einen Kleinstwert des Krümmungsradius oder gar durch einen Knick ausgezeichneten Punktes der Spannungs-Dehnungsschaulinie (Abb. 2b, Punkt F) erleidet der Werkstoff bei weiterer Steigerung der Belastung starke bildsame Verformungen; die auftretenden Verlängerungen der Meßlänge nehmen ein solches Ausmaß an, daß sie unschwer mit einfachen Meßstäben oder einfachen Dehnungsmessern (s. Bd. I, Abschn. IV B 1) zu bestimmen sind. Um den Versuch in erträglicher Zeit zu Ende führen zu können, wird nach Einsetzen dieses verstärkten Dehnungsanstieges eine erhebliche Beschleunigung der Dehngeschwindigkeit der Maschine erforderlich.

Sobald mit weiter fortgesetzter Dehnung des Werkstoffes sein Verformungsvermögen erschöpft ist, reißt der Probestab. Dieser Bruch kann entweder im ansteigenden Ast der Zerreißschaulinie erfolgen, d. h. die Zugkraft steigt stetig bis zum Bruch an (Abb. 2b), oder diese erreicht einen Höchstwert, von dem sie bei weiterer Dehnung des Probestabes wieder zu kleineren Werten absinkt (Abb. 2c). Beim Erreichen dieses Höchstlastpunktes bleibt der Kraftanzeiger der Maschine über einen größeren Dehnungsbereich praktisch unverändert stehen; bei Weiterführung des Versuches mit gleicher Reckgeschwindigkeit der Maschine beginnt der Kraftanzeiger dann zunächst langsam und bald immer schneller abzufallen, bis schließlich der Bruch eintritt (Abb. 2c, Punkt Z).

Mit Überschreiten des Höchstlastpunktes tritt eine wesentliche Änderung der äußeren Gestalt des Probestabes ein. Erfuhr bis dahin die ganze Meßlänge des Probestabes eine gleichmäßige Dehnung und Querschnittsverminderung, so daß die prismatische Form erhalten blieb, so nimmt an dem weiteren Strecken nur noch ein begrenzter Teil der Meßlänge teil. An einer durch die Stabform, bei längeren Probestäben häufig aber auch durch Zufälligkeiten im Werkstoff bedingten Stelle beginnt der Stab örtlich eine Einschnürung zu zeigen (Abb. 3). Die Verlängerung der Probe bleibt bei weiterer Reckung auf dieses Einschnürgebiet beschränkt, während die von der Einschnürstelle weiter entfernt liegenden Abschnitte keine weitere Formänderung erleiden. Der Bruch erfolgt gewöhnlich im kleinsten Querschnitt des Einschnürgebietes. Der Anteil der im Einschnürgebiet erfolgenden örtlichen Dehnung an der Gesamtdehnung δ, die der Probestab während des Versuches bis zum Bruch erleidet, ist verschieden

Abb. 3. Zerrissener Probestab aus mittelhartem, einschnürendem Stahl (Moser).

für die verschiedenen metallischen Werkstoffe, hängt aber für den gleichen Werkstoff sehr stark von der Gestalt des Probestabes ab (s. Abschn. 6 f).

In Abb. 4 sind einige Zerreißschaubilder zusammengestellt, wie sie vom Schreibgerät der Prüfmaschine aufgezeichnet werden. Gußeisen ist als Beispiel eines spröden Werkstoffes angeführt; ähnliche Zerreißschaubilder ergeben gehärtete Stähle, die ebenfalls ohne nennenswerte bildsame Verformung zu Bruch gehen. Während die für Gußmessing angegebene Art des Zerreißschaubildes im wesentlichen auf diese Werkstoffgruppe und auf Bronze beschränkt ist, werden für eine große Anzahl von stark verformbaren Werkstoffen Schaubilder

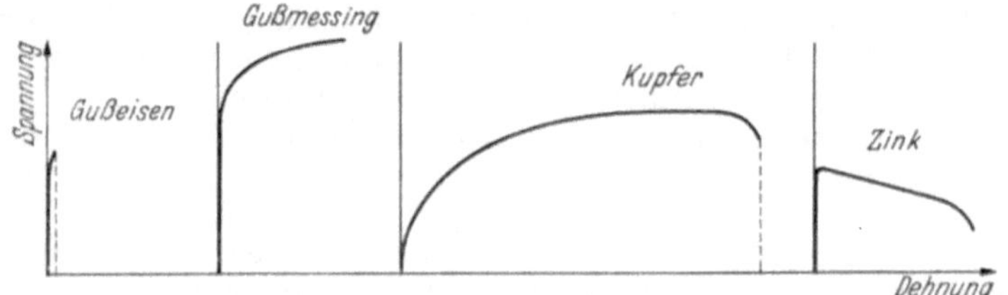

Abb. 4. Spannungs-Dehnungsschaubilder verschiedener Metalle und Legierungen.

in der für Kupfer wiedergegebenen Ausbildungsform beobachtet; zu nennen sind hier von technisch wichtigen Werkstoffen Aluminium, Blei, Stähle höherer Festigkeit, vor allem hochlegierte und vergütete Stähle. Das für Zink wiedergegebene Schaubild unterscheidet sich von dem für Kupfer dadurch, daß der Höchstlastpunkt nicht erst nach einer erheblichen bildsamen Verformung, sondern alsbald nach deren Einsatz erreicht wird; das Schaubild gibt also vornehmlich ein Bild des Verhaltens dieses Werkstoffes im Einschnürgebiet wieder. Zerreißschaubilder ähnlicher Form werden auch für stark kaltverformte Metalle beobachtet, bei denen ebenfalls die Spannung ohne nennenswerte bildsame Verformung schnell bis zum Höchstlastpunkt ansteigt. In diesem Falle ist die Dehnung im wesentlichen auf den Bereich einer örtlich begrenzten Einschnürstelle beschränkt, während sie sich beim Zink als Folge einer Kette entstehender und sich wieder ausgleichender Einschnürungen unter entsprechend unregelmäßigem Kraftverlauf über die ganze Versuchslänge verteilt.

Eine Sonderform des Zerreißschaubildes wird häufig bei Stählen, vor allem bei weicheren Stahlsorten im gewalzten oder geglühten Zustand, sowie vereinzelt auch bei Legierungen, vornehmlich bei bestimmten Bronzen beobachtet. Abweichend von dem in Abb. 2b und c sowie in den entsprechenden Schaulinien der Abb. 4 zu beobachtenden stetigen Anstieg der Last mit zunehmender Reckung der Probe tritt nach Erreichung einer bestimmten Grenzdehnung, bis zu der die Verformung der Probe im wesentlichen elastisch erfolgt, unvermittelt eine beträchtliche bildsame Verformung, ein „Fließen" des Werkstoffes, unter gleichbleibender oder gar absinkender Last ein. Erst nachdem der Stab eine beträchtliche weitere Verlängerung erlitten hat, findet mit fortschreitender Reckung ein Wiederanstieg der Belastung statt. Abb. 5 zeigt schematisch kennzeichnende Formen derartiger Zerreißschaubilder mit ausgeprägtem Fließbereich. Die Grenzspannung, bei der trotz weiter zunehmender Dehnung des Probestabes die Kraftanzeige der Prüfmaschine erstmalig unverändert bleibt (Abb. 5a) oder zurückgeht (Abb. 5b), bei der also das Fließen einsetzt, ist die *Fließgrenze* des Werkstoffes. Für den Zugversuch wird sie als *Streckgrenze* σ_F bezeichnet. Im Fall eines Lastabfalles wird sie als *obere Streckgrenze* σ_{F_o} von der *unteren Streckgrenze* σ_{F_u} unterschieden, auf die die Spannung absinkt und unter der zunächst die weitere Verformung der Probe abläuft (Näheres s. Abschn. 4).

Bei der großen technischen Bedeutung dieser Grenzspannung, bei der beim technisch wichtigsten Werkstoff, dem weichen Stahl, der Fließvorgang sprunghaft einsetzt, ist es verständlich, daß man auch für Werkstoffe, deren Zerreißschaubild keinen ausgeprägten Fließbereich, sondern einen stetigen Anstieg der Spannung mit der Dehnung zeigt, eine entsprechende Grenzspannung für das Einsetzen starker bildsamer Verformungen festgelegt hat. Da, wie bereits angegeben, der

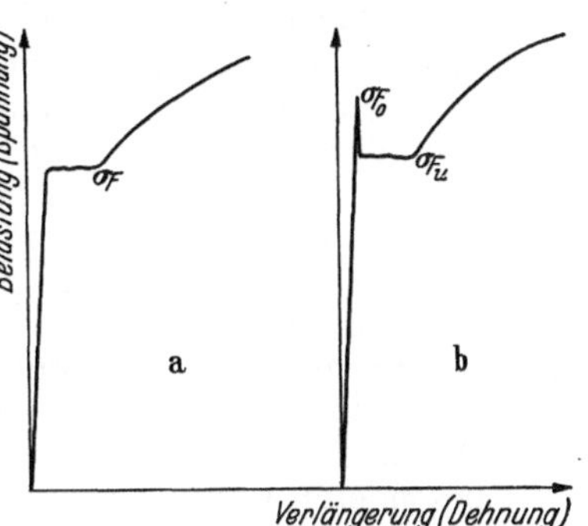

Abb. 5a und b.   Ausbildungsformen der Streckgrenze.

Übergang von dem Gebiet vorwiegend elastischer Dehnung zu dem Gebiet starker bildsamer Verformung sich für die verschiedenen Werkstoffe ganz verschieden scharf ausprägt, ist man übereingekommen, als Streckgrenze für Werkstoffe ohne Fließbereich die Spannung festzulegen, bei der die bleibende Formänderung 0,2 % erreicht; sie wird als 0,2-Grenze ($\sigma_{0,2}$) bezeichnet (vgl. Abschn. 5 u. 6c).

Bei den meisten Metallen ist die von der Maschine aufgezeichnete Kraft-Verlängerungskurve eine glatte Kurve, die keinerlei Unstetigkeiten aufweist. Eine Ausnahme hiervon macht das soeben erwähnte Verhalten der meisten Stähle beim Beginn der bleibenden Dehnungen; auf diese Erscheinungen im „Fließbereich" soll später näher eingegangen werden (s. Abschn. 4). Daneben zeichnet das Schreibgerät der Prüfmaschine in einer Reihe von Fällen Kurven, die über einen größeren Bereich der plastischen Dehnung, zuweilen über das ganze Schaubild, dicht aufeinanderfolgende Unstetigkeiten aufweisen. Die Belastung steigt also bei diesen Versuchen nicht stetig mit der Dehnung des Stabes in der Prüfmaschine an, sondern zeigt zahlreiche sprunghafte Lastabfälle. Diese sind die Folge einer plötzlichen starken Dehnung begrenzter Stabteile, die im Vergleich zur Reckgeschwindigkeit der Maschine so schnell erfolgt, daß sie zu einer teilweisen Entlastung der Probe führt, bis dieselbe durch die erneute Spannungssteigerung infolge der fortschreitenden Reckung des Stabes wieder ausgeglichen wird. Diese Unstetigkeiten in den Zerreißschaubildern treten bei einzelnen Werkstoffen in begrenzten Temperaturbereichen besonders deutlich hervor, so bei Stählen vornehmlich im Gebiet der Blauwärme, 150—300° C. Bei Raumtemperatur werden sie nur selten beobachtet, so bei Duralumin nach besonderer Wärmebehandlung. In der Regel sind die plötzlichen Laständerungen infolge der sprunghaften Dehnungen so klein, daß sie von einer Zerreißmaschine mit normaler Kraftmeßeinrichtung (z. B. Federmanometer) nicht angezeigt werden. Auf der anderen Seite sind auch Maschinen, bei denen die Belastung durch ein Pendelmanometer gemessen wird, für die Untersuchung dieser Erscheinungen nicht geeignet, da durch diese Sprünge das Pendel in Eigenschwingungen versetzt werden kann, die die am Stabe auftretenden Unstetigkeiten der Dehnung und Belastung völlig überdecken. Für solche Untersuchungen sind vielmehr besonders empfindliche und vor allem trägheitslos arbeitende Dehnungsmeßvorrichtungen erforderlich [1].

Häufig machen sich derartige Dehnungssprünge durch ein deutliches Knacken bemerkbar. Zuweilen, so bei Leichtmetallen, sind die Vorgänge im Probestab auch sichtbar, indem man bei Flachstäben sehen kann, wie eine unter etwa $45°$ gegen die Stabachse geneigte Schicht plötzlich einen kleineren Querschnitt annimmt. Diese Dickenabnahme schreitet dann in vielen kleinen Sprüngen über die ganze Stablänge fort, wobei sie manchmal von einer zweiten gekreuzt wird.

Da diese Vorgänge in den meisten Fällen nur mit Feinmeßwerkzeugen besonderer Art zu beobachten sind, liegt die Vermutung nahe, daß man es hier mit einem Vorgang zu tun hat, der bei allen Zerreißversuchen im plastischen Gebiet auftritt, daß die Unstetigkeiten aber so klein sind, daß sie sich im allgemeinen der Wahrnehmung entziehen. Die heute allgemein gültigen Vorstellungen vom Mechanismus der bildsamen Verformung als unstetige Gleitungen in den Kristallkörnern des Metalls entlang ausgezeichneten Gleitflächen sind mit der Annahme einer gleichmäßig fortschreitenden Dehnung nicht zu vereinbaren und legen die Annahme eines sprunghaften Dehnvorganges nahe. Wenn solche Sprünge bisher nur bei gewissen Gruppen von Werkstoffen unter besonderen Versuchsbedingungen beobachtet worden sind, so sind in diesen Fällen wahrscheinlich die Unstetigkeiten des Verformungsmechanismus größer als bei anderen Stoffen.

Bei weichem Flußstahl, aber auch bei legierten Stählen, kann man beobachten, daß der Anstieg der Belastung nicht ganz gleichmäßig erfolgt. Dehnt man einen Zerreißstab mit gleichbleibender geringer Geschwindigkeit, so zeigt die Kraftmeßvorrichtung oft für eine gewisse Zeit keine Änderung an, um dann plötzlich um einen kleinen Betrag anzusteigen. Offenbar hat sich in diesen Fällen eine kleine Verformungsstufe über die ganze Stablänge ausgebreitet, so daß die Überwindung eines höheren Formänderungswiderstandes erst erforderlich ist, wenn ein Stabteil weiter verformt werden soll. Diese Erscheinung ist besonders gut an Maschinen mit Laufgewichtswaage zu verfolgen.

In der technischen Werkstoffprüfung beschränkt sich die Auswertung des Zugversuches vielfach auf die Ermittlung der *Höchstlast* P_{max}, aus der sich, bezogen auf den Ausgangsquerschnitt, die *Zugfestigkeit* $\sigma_B = \dfrac{P_{max}}{F_0}$ als die für die Festigkeitseigenschaften des Werkstoffes wichtigste Kennziffer errechnet, und der *Bruchdehnung*, die aus der bleibenden Verlängerung der Meßlänge des zerrissenen Stabes bestimmt wird: $\delta = \dfrac{l - l_0}{l_0} \cdot 100$. Als weiterer, technisch bedeutsamer Festigkeitswert wird besonders in neuerer Zeit die *Streckgrenze* σ_F ermittelt, die für die Beurteilung der Tragfähigkeit eines Werkstoffes in einem statisch auf Zug beanspruchten Bauwerk wichtig ist. Schließlich wird zur Beurteilung der Verformbarkeit des Werkstoffes neben der Bruchdehnung zuweilen auch die *Bruch-Querschnittsverminderung* (Einschnürung) $\psi = \dfrac{F_0 - F}{F_0} \cdot 100$

---

[1] Enders, W. u. W. Lueg: Mitt. K.-Wilh.-Inst. Eisenforschg. Bd. 17 (1935) S. 77—88.

gemessen; F_0 bedeutet den Ausgangsquerschnitt, F den kleinsten Querschnitt der Probe an der Bruchstelle.

Zur Ermittlung dieser Kennwerte ist die Aufnahme eines vollständigen Zerreißschaubildes nicht notwendig, jedoch vermittelt dieses ein Bild von dem Verhalten des Werkstoffes im Zugversuch von solcher Übersichtlichkeit und Vollständigkeit, daß nicht nur bei der Erforschung und Prüfung neuentwickelter Werkstoffe sondern auch in der technischen Werkstoffprüfung häufig aus seiner Festlegung großer Nutzen gezogen werden kann.

Die von der Spannungs - Dehnungsschaulinie $OFBZ$ (Abb. 6) begrenzte Fläche, deren Größe durch Ausplanimetrieren zu bestimmen ist, ist ein Maß der Arbeit, die zum Recken des Probestabes bis zum Zerreißen je Raumeinheit der Meßlänge aufgewendet werden muß. Dieser spezifische Arbeitsverbrauch, gemessen in Millimeterkilogramm je Kubikmillimeter, wird als das *Arbeitsvermögen* des Werkstoffes bezeichnet. Der so zu ermittelnde Wert ist abhängig von dem Anteil der Einschnürdehnung an der gesamten Bruchdehnung, also bestimmt durch die Probenform. Zuweilen wird daher bei der

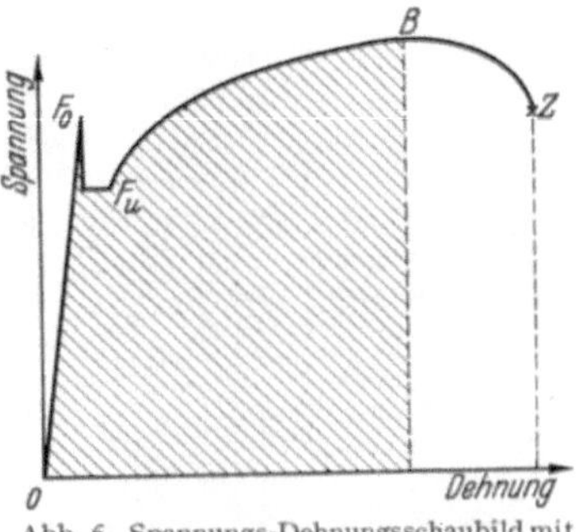

Abb. 6. Spannungs-Dehnungsschaubild mit ausgeprägter Streckgrenze (grundsätzlich).

Bestimmung des Arbeitsvermögens der im Bereich der örtlichen Einschnürung verbrauchte Arbeitsbetrag als für die Tragfähigkeit des Werkstoffes bedeutungslos ausgeschieden und nur der Arbeitsbedarf bis zur Erreichung des Höchstlastpunktes ermittelt (in Abb. 6 gestrichelt).

Die Bestimmung des Arbeitsvermögens erfolgt nur selten. Eine angenäherte Bestimmung läßt sich so vornehmen, daß statt der von der Spannungs-Dehnungs-

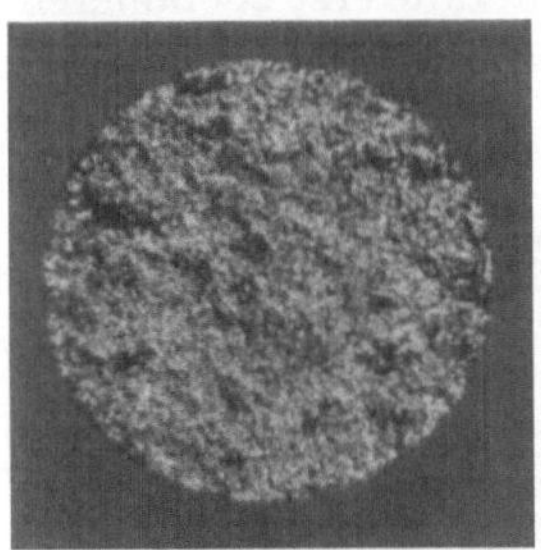

Abb. 7. Bruchfläche eines spröden Stoffes mit feinem Korn (Gußeisen) (BACH-BAUMANN).

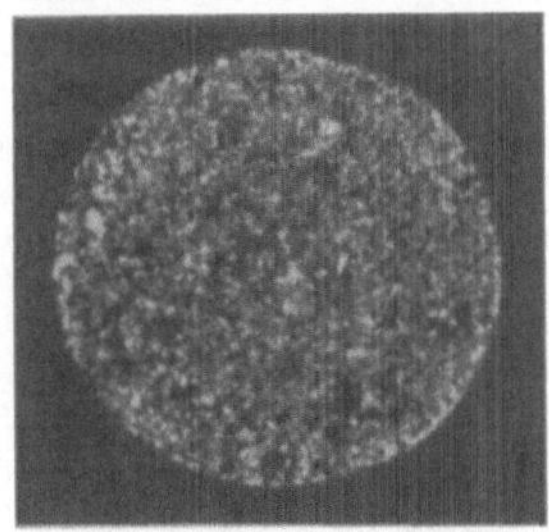

Abb. 8. Bruchfläche eines spröden Stoffes mit grobem Korn (Gußeisen) (BACH-BAUMANN).

Abb. 9. Bruchfläche von gehärtetem Stahl (SACHS-FIEK).

schaulinie umschlossenen Fläche der Flächeninhalt des umschließenden Rechteckes als Produkt aus Zugfestigkeit σ_B und Bruchdehnung δ berechnet und mit einem Faktor, dem *Völligkeitsgrad*, multipliziert wird, der sich für gleichartige Werkstoffe weitgehend unveränderlich erwiesen hat.

Form und Aussehen der Bruchfläche zeigen je nach der Art des Werkstoffes, seiner Zusammensetzung und seiner Gefügeausbildung, zuweilen auch beeinflußt durch die Versuchsdurchführung, sehr große Verschiedenheiten, so daß hier nur auf einige wenige kennzeichnende Erscheinungen hingewiesen werden kann[1]. Spröde Werkstoffe zeigen im allgemeinen eine fast ebene Bruchfläche senkrecht zur Stabachse (Abb. 7 bis 9); unter der Wirkung der gleichmäßig über den

---

[1] Näheres siehe C. BACH u. R. BAUMANN: Festigkeitseigenschaften und Gefügebilder der Konstruktionsmaterialien. Berlin 1921. — SACHS, G. u. G. FIEK: Der Zugversuch, S. 62—67. Leipzig 1926.

Querschnitt verteilten Normalspannungen wird die Kohäsion des Werkstoffes überwunden, und es erfolgt ein Trennungsbruch. Das Bruchaussehen wird dabei durch den kristallinen Gefügeaufbau und vor allem auch durch die Korngröße des Werkstoffes beeinflußt, indem bei grobkörnigem Werkstoff im allgemeinen die glatten, vielfach spiegelnden Spaltflächen der einzelnen Kristallkörner deutlich hervortreten (körniger Bruch, Abb. 8), während eine feine Gefügeausbildung, wie sie z. B. bei gehärteten Stählen vorliegt, eine glatte Bruchfläche im Gefolge hat (Abb. 9). Bei dehnbaren Metallen ist dagegen in der Bruchausbildung häufig die Wirkung der im Probestab wirksamen Schubkräfte deutlich zu erkennen (Abb. 10). In Sonderfällen wird die Bruchform allein durch deren Wirkung bestimmt, so z. B. bei dem unter einem bestimmten Reißwinkel erfolgenden Bruch flacher Metallbänder[1] (Abb. 11). Auch bei den mit ausgeprägter örtlicher Einschnürung zu Bruch gehenden Rund- oder Vierkantproben verformbarer Metalle sind diese Schubkräfte von Einfluß auf die Bruchausbildung; im Verein mit der im Einschnürgebiet sich ausbildenden inhomogenen Spannungsverteilung über den Querschnitt sind hier die mannigfaltigsten Bruchausbildungen zu beobachten, je nachdem der sich unter der Wirkung der Schubkräfte ausbildende trichterförmige Schiebungsbruch oder der infolge der Normalspannungen eintretende ebene Trennungsbruch überwiegt.

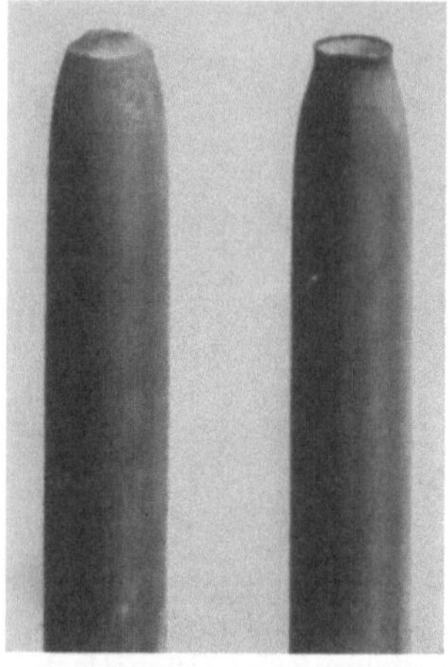

Abb. 10. Trichterförmiger Schiebungsbruch (Moser).

Bei Werkstoffen, deren Fließvermögen bei der Prüftemperatur nicht erschöpft wird, was für Blei bereits bei Raumtemperatur, für andere Metalle erst bei höheren Temperaturen zutrifft, zieht sich der Probestab je nach seinem Ausgangs-

Abb. 11. Ausbildung des Reißwinkels an dünnen Blechen (Körber-Hoff).

querschnitt zu einer Spitze oder Schneide aus (Abb. 12). Nach Ludwik ist in solchen Fällen anzunehmen, daß infolge des geringen Verfestigungsvermögens der Gleitwiderstand nicht bis zum Trennungswiderstand ansteigen kann.

Fehlstellen im Werkstoff, wie Einschlüsse, Hohlräume und dgl., sowie Verletzungen der Oberfläche, wie sie bei der Probenherstellung (Dreh- und Schleifriefen) oder durch Körnermarken, eingeritzte Teilstriche und ähnliches hervorgerufen werden, vermögen die Bruchausbildung und das Aussehen der Bruchfläche sehr stark zu beeinflussen. Besonders scharf treten diese Wirkungen auf der

[1] Körber, F. u. H. Hoff: Mitt. K.-Wilh.-Inst. Eisenforschg. Bd. 10 (1928) S. 175—187. Körber, F. u. E. Siebel: Mitt. K.-Wilh.-Inst. Eisenforschg. Bd. 10 (1928) S. 189—192.

Bruchfläche spröder Stoffe hervor, bei denen der Bruch von derartigen Fehlstellen oder Verletzungen seinen Ausgang nimmt (Kerbwirkung) und sich von diesen Ausgangspunkten vielfach strahlig durch den Querschnitt des Stabes ausbreitet (Abb. 13). Bei stark dehnbaren Metallen wird dagegen die Kerbwirkung von Fehlstellen und Verletzungen durch die an ihrem Rande frühzeitig einsetzende bildsame Verformung stark herabgesetzt. Daher beginnt bei örtlich einschnürenden Probestäben der Bruch in der Regel in der Mitte des

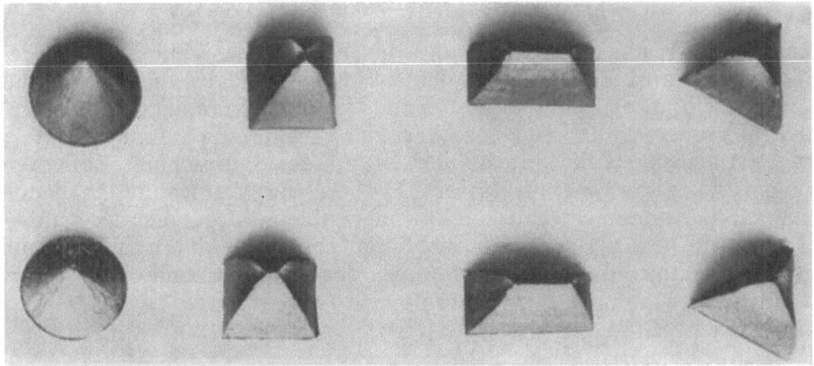

Abb. 12. Aufsicht auf Fließkegel von Bleistäben verschiedener Querschnittsform (SACHS-FIEK).

Querschnitts unabhängig von Teilmarken oder dergleichen; dies gilt besonders für Probestäbe mit gemischter Bruchform (Basis- und Trichterausbildung, s. Abb. 10). Im eingeschnürten Teil des Stabes ist die Spannung in der Mitte der Probe am größten, so daß dort der Trennwiderstand zuerst überschritten wird. Mit dem Aufreißen des Stabes an dieser Stelle kann in der dann noch allein tragenden Randzone das Verhältnis zwischen Längs- und Querspannung so geändert werden, daß dort der Bruch unter Abschiebungen (Trichterbildung) erfolgt. Die Unterscheidung, ob Besonderheiten der Bruchflächenausbildung durch Fehlstellen oder die Art des Bruchvorganges bedingt sind, ist häufig sehr schwierig und setzt große Erfahrung des Prüfers voraus.

3. Fließkurve und wahre Spannungen.

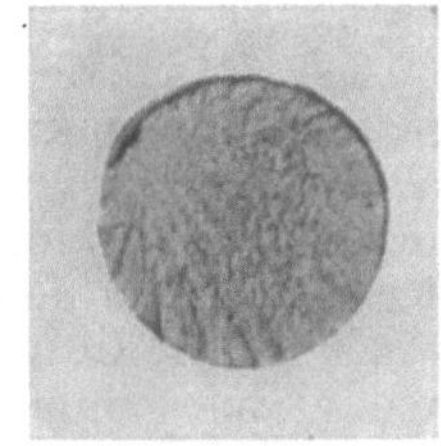

Abb. 13. Bruchfläche von Stahl mit Strahlen, die von einer Fehlstelle an der Oberfläche ausgehen (SACHS-FIEK).

Im Bereiche kleiner Verformungen, bei dehnbaren Metallen etwa bis zur Fließgrenze, bei spröden Metallen im allgemeinen bis zum Bruch, entspricht die auf den Ausgangsquerschnitt bezogene Kraft innerhalb der Fehlergrenzen der Bestimmung den im Werkstoff wirksam werdenden Spannungen. Mit dem Einsetzen größerer bleibender Dehnungen kann dagegen die unmittelbar aufgenommene Spannungs-Dehnungskurve nicht mehr als Unterlage für eine physikalische Ausdeutung der Vorgänge im Werkstoff beim Zugversuch dienen, weil auf der einen Seite die den Dehnungen ε unter Voraussetzung der Volumenkonstanz entsprechende Querschnittsverminderung $q = \dfrac{\varepsilon}{1 + \varepsilon}$ bei der Berechnung der im Werkstoff tatsächlich wirksamen Spannungen nicht vernachlässigt werden darf und auf der anderen Seite im Bereich der örtlichen Einschnürung der Dehnung eine nicht mehr einfach zu übersehende Bedeutung zukommt (vgl. Abschn. 6f).

Werden dagegen die Spannungen, wie bereits im Abschn. A angedeutet, auf den jeweils kleinsten, am stärksten verformten Querschnitt bezogen, so kommt den so berechneten Werten der „wahren Spannungen" s eine klare physikalische Bedeutung zu, solange im Gebiet gleichmäßiger Dehnung der Versuchslänge eine gleichmäßige Spannungsverteilung über den Querschnitt angenommen werden darf. Damit können auch die Bedingungen für den Eintritt weiteren Fließens als klargestellt gelten, für die bei dieser homogenen Spannungsverteilung die unter 45° zur Stabachse wirksame größte Schubspannung vom halben Wert der wahren Zugspannung bestimmend ist:

$$\tau_{\max} = \frac{s}{2}.$$

Im Bereich der örtlichen Einschnürung des Probestabes geht zwar unter der Wirkung des sich ausbildenden räumlichen Spannungsfeldes diese gleichmäßige Spannungsverteilung verloren, so daß der als mittlere Normalspannung auf den engsten Probenquerschnitt bezogene Wert der „wahren Spannung" keine vollständige Aussage über die tatsächlich in diesem Querschnitt auftretenden Spannungsverhältnisse mehr gestattet. Die für die Verformung maßgebende größte Schubspannung ist dann nicht mehr allein durch die der Stabachse parallel wirkende „wahre Spannung" s bedingt, sondern wird durch die räumliche Spannungsverteilung als halbe Differenz der größten und kleinsten dort herrschenden Zugspannung bestimmt:

$$\tau = \frac{s_1 - s_3}{2},$$

sie ist also kleiner als der halbe Wert der „wahren Spannung" s_1. Eine angenäherte Berechnung dieses Wertes der größten Schubspannung τ ist nach einem von E. Siebel [1] entwickelten Ansatz aus der „wahren Spannung" s, dem Krümmungsradius r der Mantellinie des Stabes und seinem Durchmesser d an der engsten Stelle nach folgender Gleichung möglich:

$$2\,\tau = \frac{s}{1 + \frac{1}{8}\frac{d}{r}}.$$

Die als mittlere Normalspannung berechnete „wahre Spannung" ist also gegenüber dem durch τ gemessenen jeweiligen Formänderungswiderstand des Werkstoffes im Einschnürgebiet um einen Betrag erhöht, der von der Gestalt des Probestabes im Einschnürgebiet abhängig ist (Gestaltsverfestigung). Wegen der schwierigen und nur mit einer gewissen Annäherung möglichen Bestimmung von τ sollen die weiteren Ausführungen dieses Abschnittes auf die versuchsmäßig weit einfacher zu ermittelnde „wahre Normalspannung" s beschränkt werden, deren Abhängigkeit von der Querschnittsänderung schon vertiefte Einblicke in den Zugvorgang gestattet.

Als Maßstab der Verformung soll die prozentuale Querschnittsverminderung $q = \frac{F_0 - F}{F_0} \cdot 100$ gewählt werden [2]. Die so ermittelte „wahre Zugkurve" zeigt

---

[1] Siebel, E.: Ber. Werkstoffaussch. VDEh. 71 (1925).

[2] Möllendorff, W. v. u. J. Czochralski: Z. VDI Bd. 57 (1913) S. 931—935. — Körber, F.: Mitt. K.-Wilh.-Inst. Eisenforschg. Bd. 3 II (1922) S. 1—15. — Körber, F. u. W. Rohland: Mitt. K.-Wilh.-Inst. Eisenforschg. Bd. 5 (1924) S. 55—68. — Als weitere Verformungsmaßstäbe sind vorgeschlagen worden: 1. die effektive Dehnung, die sich auch im Einschnürgebiet nach der Formel

$$\varepsilon = \frac{q}{1 - q}$$

errechnet (Considère, Ludwik), 2. die prozentuale Durchmesserabnahme (Stead), 3. die spezifische Schiebung

$$\gamma = 2 \ln (1 + \lambda) \qquad (\text{Ludwik}).$$

4. Bei technologischen Versuchen wird vielfach der Ausdruck

$$\varphi = \left(\frac{\gamma}{2} =\right) \ln \frac{F_0}{F}$$

angewandt.

einen stetigen Anstieg der Spannung mit abnehmendem Querschnitt bis zum Bruch (Abb. 14 und 15). In ihrem Verlauf prägt sich das Erreichen der Höchstlast in keiner Weise aus, jedoch ist eine mathematische Bestimmung aus dem Kurvenverlauf möglich. Da die Kraft P in jedem Augenblick gleich dem Produkt aus der wahren Spannung s und dem jeweiligen Querschnitt F ist:

$$P = s \cdot F,$$

gilt für den Höchstlastpunkt:

$$P_h = s_h \cdot F_h = \text{Max.},$$

$$dP = d\,(s \cdot F)_{\substack{s=s_h \\ F=F_h}} = s_h \cdot dF + F_h \cdot ds = 0,$$

$$\left(\frac{ds}{dF}\right)_{\substack{s=s_h \\ F=F_h}} = -\frac{s_h}{F_h}.$$

Für die Tangente der s-F- oder s-q-Kurve im Punkte $s_h; F_h$, der dem Erreichen der Höchstlast im normalen Spannungs-Dehnungsschaubild entspricht, gilt also die Gleichung

$$s - s_h = \frac{s_h}{F_h} \cdot (F_h - F).$$

Setzt man darin $F = 0$ ($q = 100\%$), so erhält man $s = 2 \cdot s_h$. Die Tangente der wahren Spannungskurve im Höchstlastpunkt schneidet also die Ordinate für $F = 0$ ($q = 100\%$) in der doppelten Höhe der wahren Spannung s_h im Höchstlastpunkt (Abb. 14). Für $s = 0$ schneidet die Tangente die Abszissenachse im Abstande F_h vom Höchstlastpunkt (Abb. 15).

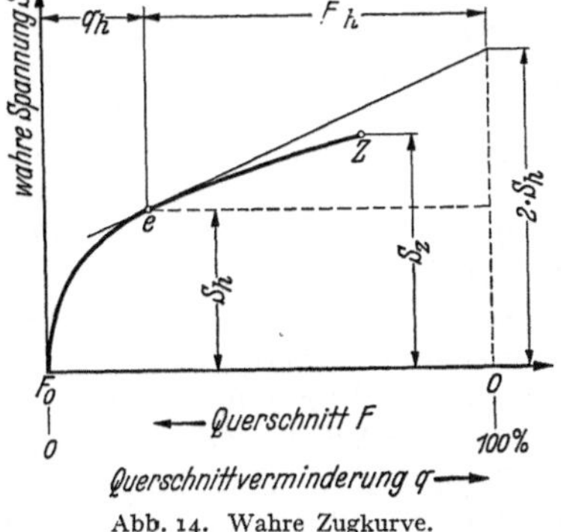

Abb. 14. Wahre Zugkurve.

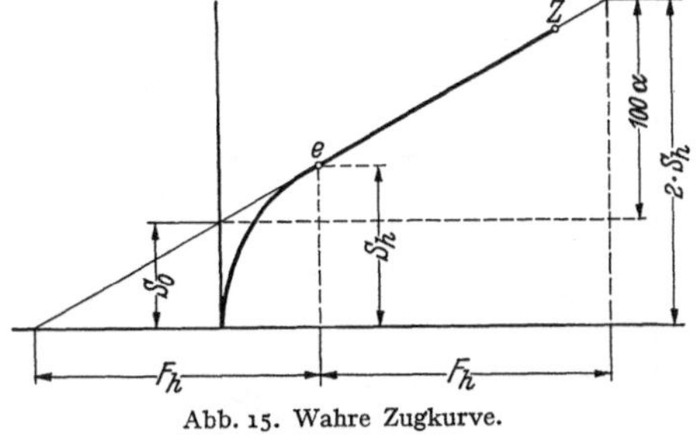

Abb. 15. Wahre Zugkurve.

Das Auftreten einer Höchstlast im Zerreißschaubild bildsamer Metalle läßt sich hiernach in folgender Weise deuten: In der Gleichung der Kraftänderung $dP = s\,dF + F \cdot ds$ ist das Glied $s \cdot dF$ wegen des mit zunehmender Dehnung ständig abnehmenden Querschnittes F stets negativ, das Glied $F \cdot ds$ wegen der mit der Verformung immer weiter steigenden *Verfestigung* des Werkstoffes dagegen positiv. Auf dem ansteigenden Ast des Zerreißschaubildes, $dP > 0$, überwiegt das 2. Glied; der Stab kann daher an der stärker verformten Stelle eine größere Last tragen als an der weniger verformten, so daß die Verformung sich von dem stärker verformten Bereich über die ganze Stablänge ausbreitet (gleichmäßige Dehnung des Stabes). Nach Erreichen der Höchstlast beginnt dagegen das 2. Glied zu überwiegen; der Querschnitt nimmt an der am stärksten verformten Stelle schneller ab, als seine Tragfähigkeit durch die weiter steigende Verfestigung zunimmt, so daß die Last sinkt ($dP < 0$). Alsdann ist eine Ausbreitung der Formänderung auf

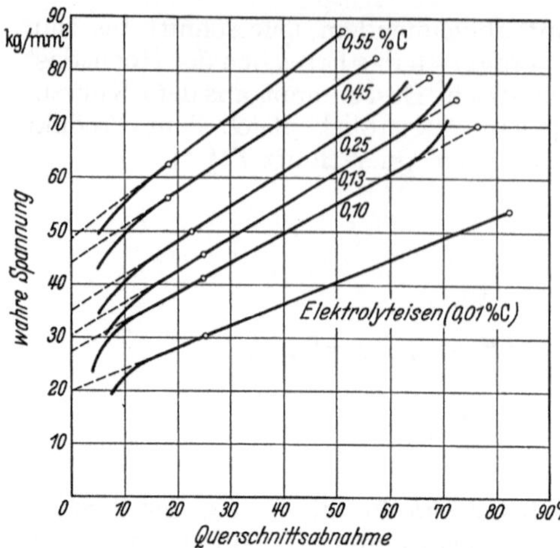

Abb. 16. Spannungs-Querschnittsverminderungskurve
(wahre Spannungen, Fließkurven) für mehrere
Kohlenstoffstähle (Körber-Rohland).

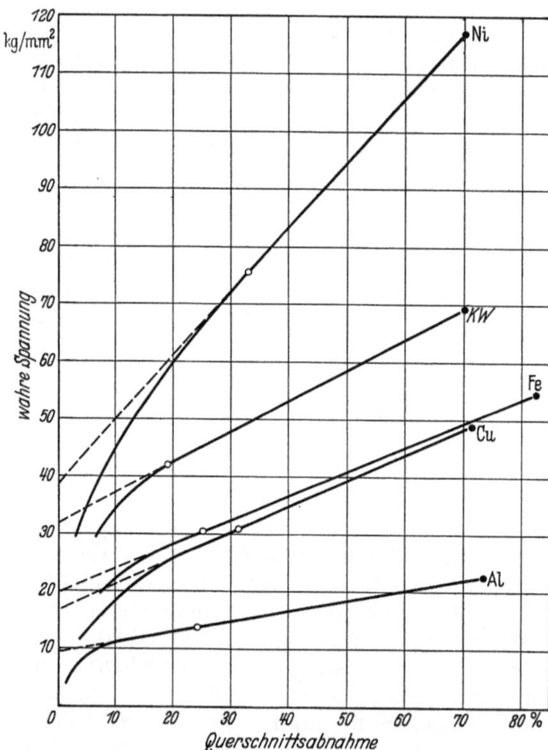

Abb. 17. Kurve der wahren Spannungen für Metalle (Körber-Rohland). Ni Nickel, KW Kruppsches Weicheisen,
Fe Elektrolyteisen, Cu Elektrolytkupfer, Al Aluminium.

benachbarte Stabteile nicht mehr möglich, und die örtliche Einschnürung wird immer stärker, bis der Bruch erfolgt. Somit deckt sich die Bedingung für das Erreichen der Höchstlast mit der für den Beginn der örtlichen Einschnürung. In Übereinstimmung damit steht die Beobachtung, daß die örtliche Einschnürung sich stets im Höchstlastbereich des Zerreißschaubildes auszubilden beginnt. Daß aber das Erreichen der Höchstlast, der Abschluß der gleichmäßigen Dehnung und der Beginn der örtlichen Einschnürung nicht vollkommen zusammenfallen, hat seinen Grund, abgesehen von den Wirkungen irgendwelcher Ungleichmäßigkeiten im Werkstoff oder im Probestab, vor allem in einem Einfluß der Verformungsgeschwindigkeit. Mit deren Erhöhung steigt in der Regel der Verformungswiderstand merklich an. Da nun mit dem Beginn der Einschnürung die Verformungsgeschwindigkeit bei unveränderter Maschinengeschwindigkeit örtlich plötzlich anzusteigen beginnt, kann infolge der damit verbundenen Erhöhung des Fließwiderstandes an dieser Stelle die Verformung wiederum auf andere Stabteile übergreifen, so daß der Vorgang der gleichmäßigen Dehnung verlängert und der Einschnürvorgang verzögert wird (vgl. hier das Auftreten mehrfacher Einschnürungen beim Schlag-Zugversuch, s. Abschn. II A 2).

Bei der versuchsmäßigen Festlegung der „wahren Zugkurven" hat sich ergeben, daß diese für viele Metalle im Einschnürgebiet fast geradlinig verlaufen (Abb. 16 und 17) [1]. In diesem Fall schneidet die geradlinige Verlängerung auf der Ordinate für $q = 100\%$ unmittelbar die doppelte Höchstlastspannung ab. Im geradlinigen Bereich gilt dann die Beziehung $s = s_0 + \alpha \cdot q$, in der die Neigung

[1] Körber, F. u. W. Rohland: Mitt. K.-Wilh.-Inst. Eisenforschg. Bd. 5 (1924) S. 55—68.

der Geraden α ein Maß der Verfestigung des Werkstoffes mit der Verformung darstellt (Verfestigungszahl). Es darf dabei aber nicht übersehen werden, daß die versuchsmäßig ermittelten Werte der wahren Spannung im Bereich der Einschnürung den bereits als Gestaltsverfestigung bezeichneten Betrag einschließen [1]; eine weitere Verschiebung der Kurven nach zu hohen Spannungswerten ist vielfach mit Annäherung an den Bruchpunkt Z festzustellen, indem sich die wahren Zugkurven deutlich nach oben krümmen.

Für Werkstoffe mit einem annähernd geradlinigen Verlauf der wahren Zugkurve im Einschnürgebiet läßt sich eine angenäherte Konstruktion der gesamten Kurve angeben, sofern die im normalen Zugversuch leicht bestimmbaren Kennziffern des Werkstoffes bekannt sind: Streckgrenze σ_F, Zugfestigkeit σ_B, Querschnittsverminderung bei der beginnenden Einschnürung q_g und Brucheinschnürung ψ. Auf diesem Wege läßt sich auch die dem Endpunkt Z der Zugkurve zugeordnete Spannung s_z berechnen [2],

$$s_z = \sigma_B \frac{1 + \psi - 2\,q_g}{(1 - q_g)^2} \, ,$$

die in der technischen Werkstoffprüfung auch als *Reißfestigkeit* Beachtung gefunden hat, deren versuchsmäßige Bestimmung aber sehr schwierig ist.

4. Die Fließgrenze als ausgeprägte Streckgrenze.

Prägt sich die Fließgrenze im Spannungs-Dehnungsschaubild durch einen Fließbereich unter unveränderter Spannung (Abb. 5a) oder durch einen Spannungsabfall (Abb. 5b) aus, so handelt es sich offensichtlich um eine im Wesen des Werkstoffes liegende Spannungsgrenze, bei deren Überschreitung der Fließvorgang spontan einsetzt. Verglichen mit dem in Abb. 2b und c dargestellten Zerreißschaubild, das beim Einsetzen plastischer Verformungen keine Unstetigkeit erkennen läßt, zeigt sich der wesentliche Unterschied darin, daß die Kurve bis zu verhältnismäßig hohen Belastungen geradlinig, in ihrer Neigung durch die Dehnzahl des Werkstoffes bestimmt, ansteigt; dabei tritt eine bleibende Dehnung nicht ein (näheres s. jedoch Abschn. 5). Der sich nach Erreichen der Streckgrenze im Fließbereich abspielende Vorgang der Dehnung unter gleichbleibender Spannung läßt den Stab gewissermaßen die bis dahin versäumte bleibende Dehnung nachholen, und zwar wird der zeitliche Verlauf dieser Dehnung unter gleichbleibender Belastung durch die Geschwindigkeit des bewegten Spannkopfes der Maschine geregelt. Im weiteren Verlauf des Zugversuches weicht dann die Zerreißkurve nicht mehr grundsätzlich von der in Abb. 2b und c wiedergegebenen Ausbildungsform ab.

Das Ausbleiben der bleibenden Dehnung bis zur Streckgrenze kann so gedeutet werden, daß bei diesen Werkstoffen mit ausgeprägtem Fließbereich, z. B. Stahl, gegenüber Kupfer und ähnlich sich verhaltenden Metallen im Gefügeaufbau bedingte zusätzliche Widerstände gegen die inner- bzw. zwischenkristallinen Verschiebungen auftreten, die erst beim Erreichen der Streckgrenze überwunden werden. Da diese Metalle in sehr grobkörnigem Gefügezustand sowie auch Einkristallproben die Erscheinung des ausgeprägten Fließbereiches meist nicht zeigen, wird die Erklärung durch Annahme einer Korngrenzensubstanz von besonderer Festigkeit im Vergleich zu den leichter verformbaren Kristallen nahegelegt. Insbesondere wird bei Stählen mit niedrigem Kohlenstoffgehalt die Bildung eines versteifenden Gerippes von hartem Perlit bzw. Zementit längs der Korngrenzen angenommen, durch das die plastische Verformung der weicheren Ferritkristalle zunächst behindert

---

[1] KÖRBER, F. u. H. MÜLLER: Mitt. K.-Wilh.-Inst. Eisenforschg. Bd. 8 (1926). S. 181—199.
[2] SACHS, G. u. G. FIEK: Der Zugversuch, S. 45—47. Leipzig 1926.

wird, bis die Spannung so hoch angestiegen ist, daß das Korngrenzengerippe zusammenbricht [1]. Allerdings lassen sich die Beobachtungen über das Auftreten einer scharf ausgeprägten Fließgrenze in Elektrolyteisenproben in Abhängigkeit von ihrer thermisch-mechanischen Behandlung [2] dieser Vorstellung nicht unterordnen.

Bemerkenswert ist, daß mit dem Überschreiten der scharf ausgeprägten Streckgrenze der Fließvorgang nur in einem beschränkten Teil der Versuchslänge, und zwar meistens an den Stabköpfen, einsetzt und sich von dort aus über die ganze Versuchslänge der Probe ausbreitet (Abb. 18). Dabei bleibt die Spannung fast unverändert, weil der Fortfall bzw. die Erniedrigung der gekennzeichneten zusätzlichen Fließwiderstände jeweils durch die örtlich eintretende Verfestigung infolge der Reckung ausgeglichen wird, bis die ganze Versuchslänge des Probestabes gleichmäßig geflossen ist.

Bei dem durch Abb. 5b veranschaulichten Verlauf der Spannungs-Dehnungsschaulinie bleibt das Fließen nicht nur bis zu der Spannung aus, unter der es ohne Belastungssteigerung fortzuschreiten vermag, wenn es nur einmal örtlich eingesetzt hat, sondern es findet eine Überhöhung der Spannung bis zur oberen Streckgrenze σ_{F_o} statt. Mit Auslösen des Fließvorganges fällt die Spannung plötzlich auf den tieferen Wert der unteren Streckgrenze σ_{F_u}. Die Ausbreitung des Fließvorganges über die ganze Versuchslänge vollzieht sich dann unter dieser im allgemeinen nur geringe Schwankungen zeigenden Spannung; die Spannungssprünge werden nur von empfindlichen Kraftanzeigern bzw. Schreibgeräten geringer Trägheit richtig angezeigt. Der plötzliche Zusammenbruch des zunächst der Beanspruchung widerstehenden Werkstoffes an der oberen Streck-

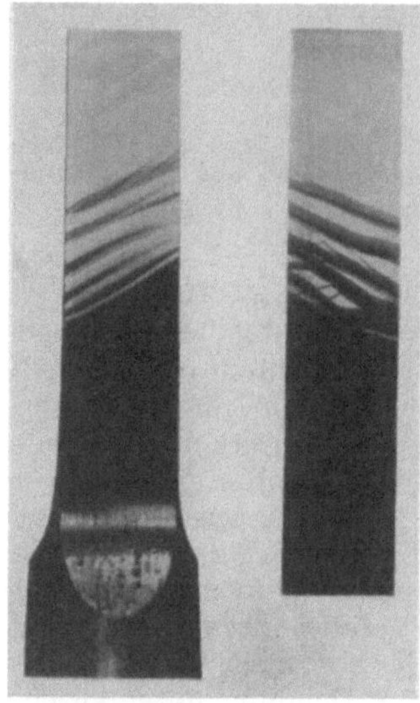
Abb. 18. Fließlinien an weichem Stahl.

grenze legt die Auffassung nahe, daß der Werkstoff beim Aufbringen der der oberen Streckgrenze entsprechenden Belastung in einen labilen Spannungszustand gelangt und im Fließvorgang in den stabilen Zustand überzugehen bestrebt ist. Die beim Erreichen der oberen Streckgrenze einsetzende Verformung erfolgt so schnell, daß bei der zunächst kleinen, dem starken Anstieg der Zugkurve im elastischen Bereich angepaßten Geschwindigkeit der Prüfmaschine die angezeigte Kraft zurückgeht, bis die plastische Verlängerung durch Rückgang der elastischen Verformungen von Stab und Maschine, dem Spannungsabfall entsprechend, ausgeglichen ist.

Das Erreichen der oberen Streckgrenze und der plötzliche Spannungsabfall zur unteren Streckgrenze tun sich auf der polierten Oberfläche des Probestabes durch das Auftreten von Streck- oder Fließfiguren (Lüderssche Linien) kund. Diese schmalen Streifen sind die Schnittspuren der unter 45° zur Stabachse geneigten Gleitschichten, in denen sich die Teile des Probestabes gegeneinander verschieben. Bei dem ersten Lastabfall von der oberen Streckgrenze erscheint nur eine oder nur eine ganz beschränkte Zahl von solchen Fließlinien, die sich mit fortschreitender Dehnung des Stabes im Fließbereich über die Stablänge

---

[1] Nádai, A.: Der bildsame Zustand der Werkstoffe, S. 63. Berlin 1927.
[2] Ludwik, P. u. R. Scheu: Ber. Werkstoffaussch. VDEh. 70 (1925).

ausbreiten (Abb. 19); zuweilen bilden sich auch ohne Zusammenhang mit den bereits bestehenden neue Gleitschichten in dem Stab aus. Es ist beobachtet worden, daß die Ausbildung einer neuen Fließlinie zeitlich mit einem Lastabfall zusammentraf, wodurch die schon erwähnten kleinen Schwankungen der Spannung im Fließbereich hervorgerufen werden. Diese Vorgänge treten bei gut polierten Flachstäben im allgemeinen schärfer hervor als bei Rundstäben. Besonders deutlich prägen sich die Fließlinien an gewalztem Stahl aus, dem noch der Walzzunder anhaftet. Die spröde Walzhaut kann die bildsame Verformung des Metalls in 'den Gleitschichten nicht mitmachen, sie platzt ab und läßt die verformten Bereiche sehr deutlich erkennen. Diese Erscheinung kann auch als Hilfsmittel bei der Streckgrenzenbestimmung nutzbar gemacht werden, besonders an verwickelt gestalteten Werkstücken. Die Stellen des ersten Fließens und

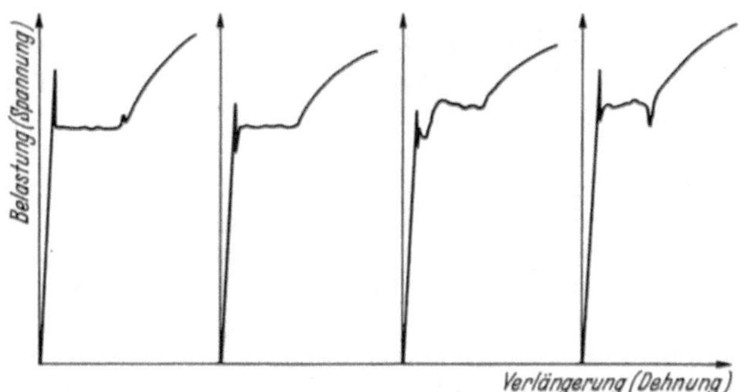

Abb. 20. Ausbildungsformen der Streckgrenze an Kesselblech (KÖRBER-POMP).

damit der höchsten Beanspruchung lassen sich auf diese Weise erkennen.

Die bleibende Verformung, die der Werkstoff beim Auftreten einer Gleitschicht örtlich erleidet, entspricht einer Reckung um den Betrag von etwa 1—2%, zuweilen noch mehr. Dementsprechend treten in diesen Gleitschichten Kalthärtungen auf, die durch Härtesteigerung im Vergleich zum nicht geflossenen Metall deutlich nachweisbar sind[1]. Da die Gesamtdehnung, die ein Probestab aus weichem Stahl im Fließbereich erfährt, aber meist wesentlich größer ist und häufig zwischen 3 und 7% beträgt, müssen mehrere Wellen von Gleitschichten den Stab durchlaufen, bis er über seine ganze Versuchslänge eine gleichmäßige Reckung um den gesamten Betrag erfahren hat. Erst dann steigt die Spannung mit fortschreitender Dehnung des Stabes längs der Zerreißkurve wieder an. Während der Reckung im Fließbereich ist also damit zu rechnen, daß der Stab sehr ungleichmäßig verformt ist, so daß es im allgemeinen nicht möglich ist, einen Stahlstab in diesem Bereich einer gleichmäßigen Dehnung durch Reckung in der Zerreißmaschine zu unterwerfen.

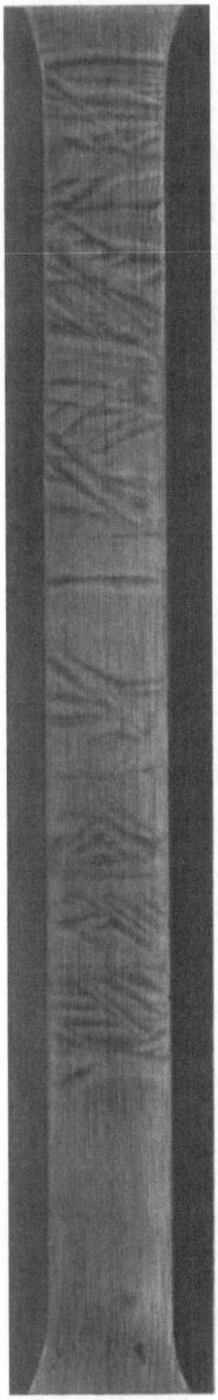

Die Unstetigkeiten des Fließvorganges im Fließbereich und die damit zusammenhängenden Spannungsschwankungen machen eine eindeutige Begriffsbestimmung für die untere Streckgrenze σ_{F_u} und damit eine Bestimmung

Abb.19. Über die Länge eines Zerreißstabes verteilte Fließlinien (OBERHOFFER-ESSER).

---

[1] MOSER, M.: Stahl u. Eisen Bd. 48 (1928) S. 1601—1606.

derselben sehr schwierig. C. Bach[1] bezeichnet als untere Streckgrenze den kleinsten Wert der Spannung, auf den die Belastung während des Streckens sinkt, oder die kleinste Spannung, unter der das Strecken vor sich geht. Die Unsicherheit dieser Begriffsbestimmung tritt deutlich durch die in Abb. 20 zusammengestellten Ausschnitte von Zugschaubildern weichen Kesselbaustahles hervor, wie sie bei gleicher Probestabform und gleichen Versuchsbedingungen zu beobachten sind (näheres s. Abschn. B 6 b).

Während es durch möglichst sorgfältige Einhaltung der Versuchsbedingungen gelingt, die Schwankungen in den Versuchsergebnissen für die untere Streckgrenze stark einzuschränken, ist dies allgemein für die Werte der oberen Streckgrenze nicht im gleichen Maß möglich. Es ist dies ein Kennzeichen für die hohe Labilität des Spannungszustandes an der oberen Streckgrenze. Diese tritt mit besonderer Deutlichkeit auch dadurch hervor, daß der Grad der labilen Spannungsüberhöhung an der oberen Streckgrenze durch Änderung der Versuchsbedingungen sehr stark beeinflußt werden kann (s. auch Abschn. B 6 b).

5. Das Gebiet kleiner Verformungen.
Feinmessungen beim Zugversuch.

Die unterhalb der Fließgrenze auftretenden Verformungen und ihre Abhängigkeit von den Spannungen lassen sich nur unter Zuhilfenahme besonderer Hilfsmittel höherer Meßgenauigkeit bestimmen. Hierzu dienen Feinmeßgeräte, in erster Linie das Martenssche Spiegelmeßgerät, dessen Wirkungsweise und Handhabung in Bd. I, Abschn. II, C 2 und IV, B 1 beschrieben ist.

Trägt man die für eine stufenweise gesteigerte Belastung eines Probestabes gemessenen Dehnungswerte in Abhängigkeit von der Belastung (Spannung) schaubildlich auf, so ergibt sich für zahlreiche metallische Werkstoffe ein geradliniger Anstieg der Spannungs-Dehnungslinie (Hookesches Gesetz). Die Neigung dieser Geraden wird gemessen durch die *Dehnzahl* $\alpha = \varepsilon/\sigma$, die Dehnung je Spannungseinheit, bzw. durch den *Elastizitätsmodul* $E = \sigma/\varepsilon$. Mit steigender Belastung geht diese Proportionalität zwischen Spannung und Dehnung verloren, die Dehnung beginnt beschleunigt gegenüber der Spannung anzusteigen. Da das Abbiegen der Schaulinie vom zunächst geradlinigen Verlauf ganz allmählich erfolgt, bleiben die Abweichungen zunächst in den Grenzen der Genauigkeit der Spannungs-Dehnungsmessung, so daß auch bei Verwendung hochempfindlicher Meßgeräte eine zuverlässige Angabe der Grenzspannung, der *Proportionalitätsgrenze* σ_P, im allgemeinen nicht möglich ist. Da somit das Meßergebnis für die Proportionalitätsgrenze von der Versuchsführung, insbesondere von der Genauigkeit des Dehnungsmeßgerätes abhängig ist, verzichtet man in der technischen Werkstoffprüfung auf eine genaue Bestimmung der wahren Proportionalitätsgrenze. Die Ermittlung erfolgt in der Regel durch graphische Interpolation aus den schaubildlich aufgetragenen Versuchswerten für Spannung und Dehnung.

Die im Bereich des geradlinigen Verlaufes der Spannungs-Dehnungslinie auftretenden Dehnungen sind im allgemeinen elastischer Art; bei der Wiederentlastung nimmt der Probestab seine ursprüngliche Länge wieder an. Die Dehnzahl α bzw. der Elastizitätsmodul E sind Kennziffern für das elastische Verhalten des Werkstoffes. Mit Überschreiten einer bestimmten Grenzspannung, der *Elastizitätsgrenze* σ_E, verschwinden die Dehnungen bei der Wiederentlastung nicht völlig. Es bleibt ein Dehnungsrest, der zunächst wiederum so klein ist, daß für seine Bestimmung die bei der Proportionalitätsgrenze gekennzeichneten Schwierigkeiten in entsprechender Weise bestehen. Man pflegt daher

---

[1] Bach, C. u. R. Baumann: Elastizität und Festigkeit, 9. Aufl., S. 10. Berlin 1924. — Z. VDI Bd. 48 (1904) S. 1040.

in der technischen Werkstoffprüfung der Bestimmung der Elastizitätsgrenze einen zuverlässig meßbaren kleinen Wert der bleibenden Dehnung zugrunde zu legen. Die Werkstoffprüfung verzichtet also auf eine Ermittlung der wahren Elastizitätsgrenze als Grenzspannung für das Auftreten der ersten bleibenden Dehnungen und beschränkt sich auf die Bestimmung der technischen Elastizitätsgrenze als *Dehngrenze*, für die das Ausmaß der zulässigen bleibenden Dehnung durch Vereinbarung festgelegt wird. Mit der Festsetzung dieser Dehnbeträge auf 0,01 % oder gar noch kleinere Werte (bis 0,003, früher auch 0,001 %) ist man bemüht, die Meßgenauigkeit des Bestimmungsverfahrens möglichst weitgehend auszunutzen.

In entsprechender Weise wird für Metalle mit einem stetigen Verlauf der Zugkurve, d. h. ohne ausgeprägten Fließbereich, als kennzeichnende Grenzspannung für das Einsetzen größerer bleibender Verformungen, der *Streckgrenze* entsprechend, ebenfalls eine Dehngrenze gewählt. Dem höheren zulässigen Dehnbetrag von 0,2 % entsprechend, wird diese als 0,2-Grenze ($\sigma_{0,2}$) bezeichnet und gilt für derartige Werkstoffe als Streckgrenze. Im Spannungsbereich der 0,2-Grenze sind elastische und plastische Formänderung von gleicher Größenordnung. Im Bereich der Elastizitätsgrenze ist die plastische Formänderung dagegen um Größenordnungen kleiner als die elastische und zwar abhängig von der für die Festlegung der Elastizitätsgrenze vereinbarten Dehngröße (s. Abschn. 6d).

Das Verhalten der metallischen Werkstoffe im Bereich der elastischen und der beginnenden bildsamen Verformungen steht in einer empfindlichen Abhängigkeit von der Vorbehandlung. Insbesondere werden die Grenzen des rein elastischen Verhaltens durch geringe Kaltreckungen der Probe leicht verschoben. Bereits BAUSCHINGER [1] hat über diese Veränderungen im Stahl ausführliche Versuche durchgeführt, so daß diese Erscheinungen als „BAUSCHINGER-Effekt" bezeichnet werden. Seine wichtigsten Beobachtungen sind im folgenden kurz zusammengefaßt [2]: Belastet man eine Probe über die Proportionalitätsgrenze, so wird diese erhöht, sie fällt dagegen ab, wenn die Belastung bis über die Streckgrenze gesteigert wird, um beim Lagern der Probe wieder anzusteigen. Der Elastizitätsmodul wird bei Beanspruchungen über die Streckgrenze ebenfalls erniedrigt und steigt beim Lagern wieder. Wiederholte Belastungen zwischen der Proportionalitäts- und der Fließgrenze erhöhen die Proportionalitätsgrenze, bei höheren Belastungen aber nicht bis zu dieser Belastung. Beanspruchungen in einer Richtung (Zug bzw. Druck) über die Proportionalitätsgrenze hinaus erniedrigen die Proportionalitätsgrenze in der entgegengesetzten Richtung; durch niedrige Wechselbeanspruchungen kann die Proportionalitätsgrenze wieder in beiden Richtungen gehoben werden. G. MASING und W. MAUKSCH [3] haben bei Versuchen an gezogenem Messing gleichartige Wirkungen schwacher Kaltverformungen beobachtet, die durch Erhitzen auf niedrige Temperaturen (225 bis 250°) wieder völlig zurückgingen.

Neben diesen Änderungen der Dehngrenzen und des Elastizitätsmoduls tritt bei gereckten Werkstoffen noch die Erscheinung der „elastischen Nachwirkung" auf. Ein vorgereckter Probestab nimmt bei seiner Entlastung nicht sofort seine endgültige Länge an, sondern erfährt über einen längeren Zeitraum eine weitere Verkürzung, die allmählich abklingt. Diese Erscheinungen finden ihre Erklärung durch die Annahme, daß in der wieder entlasteten Probe

---

[1] BAUSCHINGER, J: Mitt. mechan. Labor. Techn. Hochsch. München 1886, Heft 13. — Civiling. Bd. 27 (1881) S. 289.

[2] Vgl. A. MARTENS: Handbuch der Materialienkunde für den Maschinenbau, Bd. I, S. 207f. Berlin 1898.

[3] MASING, G. u. W. MAUKSCH: Wiss. Veröff. Siemens-Konz. Bd. 4 (1925) S. 74—90.

Spannungen zurückbleiben, die sich mit der Zeit unter Annäherung des Körpers an seine ursprüngliche Form auszugleichen bestrebt sind. H. v. Wartenberg[1] und G. Masing[2] fanden als Voraussetzung für das Auftreten derartiger Nachwirkungserscheinungen ungleichmäßige bildsame Verformungen im Werkstoff und verweisen dementsprechend diese Erscheinungen in das Gebiet der bildsamen Formänderung. In gleicher Weise sind die Versuchsergebnisse von F. Körber und W. Rohland[3] zu deuten, die die Nachwirkungserscheinungen verschiedener Stähle in Abhängigkeit vom Reckgrad eingehend untersucht haben.

Im Gegensatz zur plastischen Verformung, bei der eine Erwärmung der Probe eintritt, wird bei der elastischen Verformung infolge der Volumenvergrößerung Wärme verbraucht. Versuche, den beim Eintritt der ersten bildsamen Formänderungen zu erwartenden Wechsel in der Wärmetönung zur Bestimmung der Elastizitätsgrenze zu verwerten, haben zu höheren Werten der Elastizitätsgrenze geführt, als sie durch Dehnungsmessungen ermittelt werden[4].

6. Die im Zugversuch bestimmten Werkstoffeigenschaften.

Begriffsbestimmung; Bestimmungsverfahren;
Einfluß der Versuchsausführung und der Probenform.

Um bei der Prüfung eines Werkstoffes, auch durch verschiedene Versuchsstellen, stets eindeutige und vergleichbare Versuchsergebnisse zu erhalten, ist es notwendig, möglichst klar festzulegen, was unter den einzelnen zu bestimmenden Werkstoffkennziffern verstanden wird und wie sie gemessen werden sollen.

Dieser Festlegung dienen in Deutschland die entsprechenden Dinormen. Für die allgemeinen Begriffe der Werkstoffprüfung durch Festigkeitsversuche an metallischen Werkstoffen ist das Blatt DIN 1602, für die mechanische Prüfung der Metalle im Zugversuch bei Zimmertemperatur DIN 1605, Blatt 2, maßgebend.

Die einzelnen im Zugversuch zu ermittelnden Eigenschaften und ihre Bestimmungsverfahren sollen im folgenden vornehmlich unter Zugrundelegung der Bestimmungen dieser Normblätter und unter Erörterung der darüber hinaus bei der Versuchsausführung und Auswertung zu beachtenden Gesichtspunkte, die zum Teil schon in den vorhergehenden Abschnitten behandelt worden sind, erläutert werden. Ergänzend sind Hinweise auf abweichende Vorschriften in anderen Ländern aufgenommen worden.

Die Spannungen werden aus den Belastungen, die an der Kraftmeßvorrichtung der Prüfmaschine abgelesen werden, und den Abmessungen des ursprünglichen Querschnittes berechnet und in kg/mm² angegeben, in England und USA. in tons/sq.inch (= 1,575 kg/mm²) bzw. lbs/sq.inch (= 0,000703 kg/mm²). Sofern aus dem Zusammenhang nicht ohne weiteres hervorgeht, daß es sich um Zugspannungen handelt, ist zur Kennzeichnung der Zeiger z anzufügen: σ_z.

a) Zugfestigkeit.

Die statische Festigkeit beim Zugversuch, Zugfestigkeit genannt, wird aus der von der Probe ertragenen höchsten Belastung und dem ursprünglichen Querschnitt der Probe berechnet. Mit den üblichen Bezeichnungen ergibt sich also

$$\sigma_B = \frac{P_{max}}{F_0}.$$

Die so berechneten Werte sind auf 0,1 kg/mm² genau anzugeben.

---

[1] Wartenberg, H. von: Verh. dtsch. phys. Ges. Bd. 20 (1918) S. 113.

[2] Masing, G.: Z. Metallkde. Bd. 12 (1920) S. 33.

[3] Körber, F. u. W. Rohland: Mitt. K.-Wilh.-Inst. Eisenforschg. Bd. 5 (1924) S. 37—54.

[4] Goerens, P. u. R. Mailänder in Wien-Harms' Handbuch der Experimentalphysik, Bd. V, S. 222. Leipzig: Akademische Verlagsgesellschaft 1930.

Der prismatische Teil der Probe, der allmählich in den dickeren Stabkopf übergehen soll, kann jede Querschnittsform haben. Kleine Rohre und Profilstäbe können als Ganzes zerrissen werden und ergeben dann, Gleichmäßigkeit des Werkstoffes vorausgesetzt, die gleichen Zugfestigkeiten wie herausgearbeitete Probestäbe. Bei dehnbaren Metallen ist zur richtigen Bestimmung der Zugfestigkeit eine prismatische Probenlänge von mindestens dem Durchmesser der Probe notwendig; kürzere Proben, insbesondere gekerbte Proben, haben infolge ungleichmäßiger Spannungsverteilung und des damit verbundenen räumlichen Spannungszustandes veränderte, meist erhöhte Zugfestigkeiten [1]. Bei spröden Metallen, z. B. Gußeisen (DIN-Vornorm DVM-Prüfverfahren A 109) kann die prismatische Versuchslänge fortfallen, jedoch ist auch in diesem Fall der Übergang vom kleinsten Probenquerschnitt zum Stabkopf allmählich zu gestalten.

Namentlich bei spröden Werkstoffen ist besondere Sorgfalt auf genau mittige Beanspruchung des Probestabes zu legen, da sonst infolge zusätzlicher Biegebeanspruchung vorzeitiger Bruch eintreten kann. Ebenso kann frühzeitiger Bruch an Oberflächenverletzungen eintreten, so daß es sich bei spröden Metallen empfiehlt, die Teilmarken der Meßlänge (s. Abschn. B 6f) nicht einzuritzen, sondern durch Farbe (Tinte) aufzutragen.

Bei Stahl und zahlreichen anderen metallischen Werkstoffen ist die Abhängigkeit der Zugfestigkeit von der Verformungsgeschwindigkeit bei Raumtemperatur gering; sie steigt bei hohen Verformungsgeschwindigkeiten (z. B. Schlag-Zugversuch) an. Bei Werkstoffen, bei denen nahe der Raumtemperatur Umwandlungen oder Rekristallisationsvorgänge stattfinden, wird die Zugfestigkeit von der Verformungsgeschwindigkeit stärker beeinflußt, und es sind zur Beurteilung der statischen Tragfähigkeit des Werkstoffes Dauerstandversuche (s. Abschn. IV A 2) notwendig.

b) Fließ(Streck)grenze.

Bei scharfer Ausprägung wird die Fließ(Streck)grenze als die Spannung bezeichnet, bei der trotz zunehmender Formänderung die Kraftanzeige der Prüfmaschine erstmalig unverändert bleibt oder zurückgeht. Diese Begriffsbestimmung gilt also im wesentlichen nur für weiche Stahlsorten und für einige Aluminiumlegierungen und Sonderbronzen mit ausgeprägtem Fließbereich, während sie auf die meisten Werkstoffe nicht anwendbar ist, da diese stetig ansteigende Spannungs-Dehnungslinien haben.

Bei der mannigfaltigen Ausbildungsform der scharf ausgeprägten Fließgrenze ist eine genauere Besprechung der Begriffsbestimmung der deutschen Normen notwendig. Die Vorschrift ist offenbar auf die übliche Ausführungsart des Zerreißversuches zugeschnitten, bei der die Probe in der Prüfmaschine gedehnt und die dazu erforderliche Kraft gemessen wird. Die Erläuterung macht keinen Unterschied zwischen oberer und unterer Streckgrenze. Das „Zurückgehen" der Kraftanzeige findet nur an der oberen Streckgrenze statt, während der Ausdruck „unverändert bleibt" die Versuche betrifft, bei denen eine Überhöhung an der oberen Streckgrenze nicht eintritt und daher das Einsetzen des Fließens am Stehenbleiben des Kraftanzeigers zu erkennen ist. Als Fließgrenze gilt also in erster Linie die obere Streckgrenze; nur wenn sich eine solche nicht ausbildet, wird die Streckgrenze mit der unteren zusammenfallend bestimmt. Bei den Zufälligkeiten, denen die Spannungsüberhöhung an der oberen Streckgrenze unterliegt (s. unten), bringt diese Bestimmungsart für die Streckgrenze eine gewisse Unsicherheit; tatsächlich sind aber durch die meistens gewählten und jetzt in den Entwurf zu DIN-Vornorm DVM-Prüfverfahren A 125 aufgenommenen

---

[1] KUNTZE, W.: Arch. Eisenhüttenw. Bd. 2 (1928/29) S. 109—117. — Mitt. dtsch. Mat.-Prüf.-Anst., Sonderh. 20 (1932).

Stabformen (Abschn. 6i) mit kleinen Abrundungsradien am Übergang zum Stabkopf die Unterschiede zwischen oberer und unterer Streckgrenze nicht so groß, daß diese Vorschrift zu Unzuträglichkeiten führt. Daß nicht einheitlich die weniger streuende untere Streckgrenze gewählt worden ist, liegt in den Schwierigkeiten einer sicheren und schnellen Bestimmung begründet (vgl. Abschn. 4). Diese haben ihre Ursache vor allem darin, daß bei den verschiedenen Arten der Prüfmaschinen der Lastabfall von der oberen Streckgrenze in verschieden scharfer Ausprägung erfolgt.

Sofern man Flach- oder Rundstäbe in Beißkeilen einspannt, besteht die Möglichkeit, daß durch Rutschen der Proben in den Keilen oder der Keile in den Führungen ein Kraftabfall und eine zusätzliche Maschinenbewegung eintritt. Dieses Rutschen hat natürlich mit der Streckgrenze des Stabes nichts zu tun und ist auch für den ungeübten Beobachter leicht an dem meist damit verbundenen Knacken zu erkennen, kann aber den Anfall oder Stillstand der Kraftanzeige infolge des Erreichens der Streckgrenze vollständig überdecken, so daß eine sichere Bestimmung nicht möglich ist.

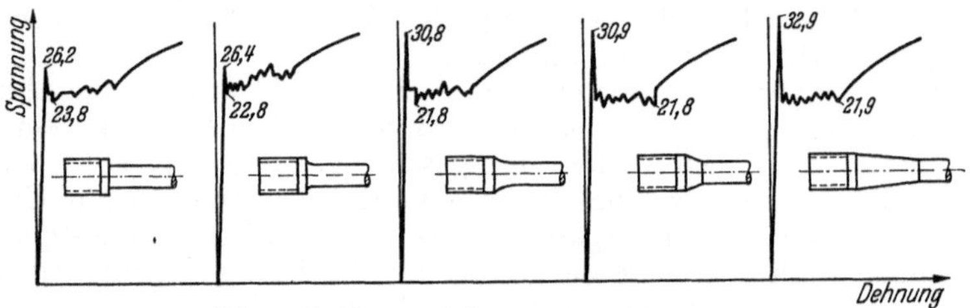

Abb. 21. Stabform und Streckgrenze bei Flußstahl.

Die Bestimmung der Streckgrenze erfordert also vom Beginn des Versuches an eine sorgfältige Beobachtung des Kraftzeigers der Maschine. Die beim Stehenbleiben oder Absinken der Kraftanzeige abgelesene Belastung der Probe ist auf den Anfangsquerschnitt zu beziehen und ergibt die Streckgrenze in kg/mm², sie soll auf 0,1 kg/mm² genau bestimmt werden.

Das bei Proben mit Walzhaut beim Überschreiten der Streckgrenze zu beobachtende Abblättern der spröden Zunderschicht und das Auftreten von Fließlinien (Lüderssche Linien) auf polierten Proben kann zu einer angenäherten Bestimmung der Streckgrenze dienen. Diese Beobachtungen gestatten die Feststellung des Ortes des ersten Fließens und eine Verfolgung des sich über die Versuchslänge ausbreitenden Fließvorganges.

Die obere Streckgrenze, die bei weichem Stahl auftreten kann, ist stärker als andere Werte des Zugversuches von den Versuchsbedingungen, z. B. von der Probenform, von der Versuchsgeschwindigkeit und auch von der gewählten Maschinenbauart abhängig.

Ein Einfluß der Probenform ergibt sich daraus, daß das mit dem Lastabfall zusammenfallende erste Strecken meistens von den Enden des prismatischen Teiles ausgeht, also von den Stellen, an denen das im mittleren Teil der Versuchslänge gleichmäßige, rein axiale Spannungsfeld durch den Übergang zum Stabkopf gestört wird. Eine gleichmäßige Spannungsverteilung begünstigt offenbar die Ausbildung einer solchen labilen Streckgrenzenüberhöhung. Dieses wird bestätigt durch die Tatsache, daß Proben, die am Übergang zum Stabkopf einen großen Abrundungsradius und deshalb in den Randzonen eine niedrigere Spannungsspitze haben als Proben mit einem kleineren Abrundungsradius, eine höhere Streckgrenze erreichen. Besonders deutlich wird dieser Unterschied, wenn zwischen Versuchslänge und Einspannkopf noch ein schlanker konischer Übergang eingefügt wird; alsdann findet man Streckgrenzenwerte, die erheblich über den

Werten für Stäbe mit Hohlkehlübergang liegen. Abb. 21 veranschaulicht diesen Einfluß des Überganges zu den Stabköpfen durch Versuchsergebnisse an weichem Flußstahl. Also gerade der Stab, den man früher als „Normalstab" bezeichnete, zeigt die labile Spannungsüberhöhung an der oberen Streckgrenze am krassesten; sie erreicht 50% des Spannungswertes an der unteren Streckgrenze, der nahezu unabhängig von der Stabform gefunden wurde.

Wenn das Maß der Überhöhung der Streckgrenze somit in enger Beziehung zu der Spannungsverteilung am Übergang zum Stabkopf steht, so erscheint es verständlich, daß ein Vierkantstab diese Erscheinung meist in geringerem Maße zeigt als ein Rundstab. Besonders wird die übliche Einspannung des Stabes an zwei Flachseiten die Spannungsverteilung an den Übergängen ungleichmäßiger gestalten, als es bei einem Rundstab der Fall ist. Der aus einem Blech oder Breiteisen ausgefräste Flachstab neigt daher viel eher als ein Rundstab dazu, die Streckgrenze nur durch ein Stehenbleiben und nicht durch ein Absinken des Kraftanzeigers anzuzeigen, d. h. die Überhöhung an der oberen Streckgrenze ganz zu unterdrücken und beim Erreichen der unteren Streckgrenze zu fließen, ohne daß besondere Unstetigkeiten in der Kraftanzeige auftreten. Noch stärker wird die labile Spannungsspitze an der oberen Streckgrenze bei Stabformen mit verwickelteren Querschnittsformen erniedrigt[1] (Abb. 22).

Bei großen Dehngeschwindigkeiten werden meistens höhere Streckgrenzenwerte erhalten als bei niedrigen Geschwindigkeiten[2], entsprechend der allgemein gültigen Tatsache, daß der Formänderungswiderstand mit der Verformungsgeschwindigkeit ansteigt (Abb. 23).

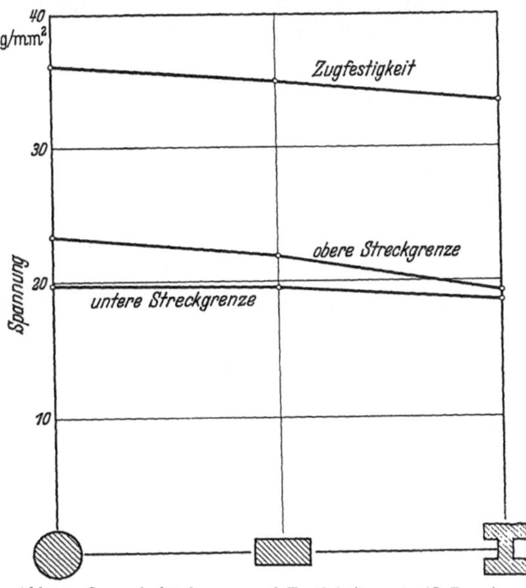

Abb. 22. Querschnittsformen und Festigkeitswerte (C. Bach).

Man läßt daher im allgemeinen keine höhere Geschwindigkeit als 1 kg/mm² s für die Belastung zu (entsprechend einer Dehngeschwindigkeit von rund 0,005%/s für Stahl). Bei Einhalten dieser Versuchsbedingung hat man die Gewähr, daß die Streckgrenze durch die Versuchsgeschwindigkeit nur wenig beeinflußt wird.

Über den Einfluß der Bauart der Zerreißmaschine auf die obere Streckgrenze läßt sich noch kein bestimmtes Urteil abgeben. Es spielen hierbei Massenkräfte in der Kraftmessung, Erschütterungsfreiheit und die Elastizität des Maschinengestells eine Rolle, die aber bis jetzt noch nicht hinreichend geklärt ist. So wurden bei vergleichenden Untersuchungen mehrerer Stellen[3] zwar erhebliche Unterschiede in den beobachteten Streckgrenzenwerten festgestellt, aber diese Streuungen ließen sich nicht eindeutig bestimmten Ursachen zuordnen, so daß wahrscheinlich der Einfluß der Bauart der Maschine für die Streckgrenzenbestimmung gegenüber dem der Probestabform im allgemeinen zurücktritt.

---

[1] Bach, C.: Z. VDI Bd. 49 (1905) S. 615.
[2] Körber, F.: Zwangl. Mitt. DVM, Nr. 8 (1926) S. 88. — E. H. Schulz: Mitt. Versuchsanst. Ver. Stahlw. Bd. 2 (1926) Heft 1.
[3] Körber, F. u. A. Pomp: Mitt. K.-Wilh.-Inst. Eisenforschg. Bd. 16 (1934) S. 179—188.

Hierher gehört auch der Einfluß einer genau mittigen Einspannung des Stabes, die namentlich bei geringen Verformungsgeschwindigkeiten wichtig ist [1]. Bereits eine Außermittigkeit von $^1/_{100}$ des Stabdurchmessers bewirkt die Überlagerung einer Biegebeanspruchung über die Zugbeanspruchung von fast 10% derselben (S. 110); bei den meisten Zerreißmaschinen dürfte das Spiel zwischen Stab- und Maschinenkopf größer als dieses Maß sein. Auch von zwischengeschalteten Kugelschalen (Bd. I Abschn. I A 4) darf man nicht allzuviel Hilfe beim Einrichten des Stabes erwarten, da die Reibung in den Kugelflächen bereits bei geringen Belastungen zu groß wird, um ein Nachstellen oder Selbsteinstellen des Stabes zu ermöglichen.

Für die *untere Streckgrenze* ist in den deutschen Normen keine Erläuterung angegeben. Nach C. Bach [2] ist als die untere Streckgrenze die niedrigste Spannung anzusehen, bei der das Fließen vor sich geht. Auf die Schwierigkeiten der Bestimmung dieses Wertes wurde schon kurz in Abschn. B 4 hingewiesen. Im

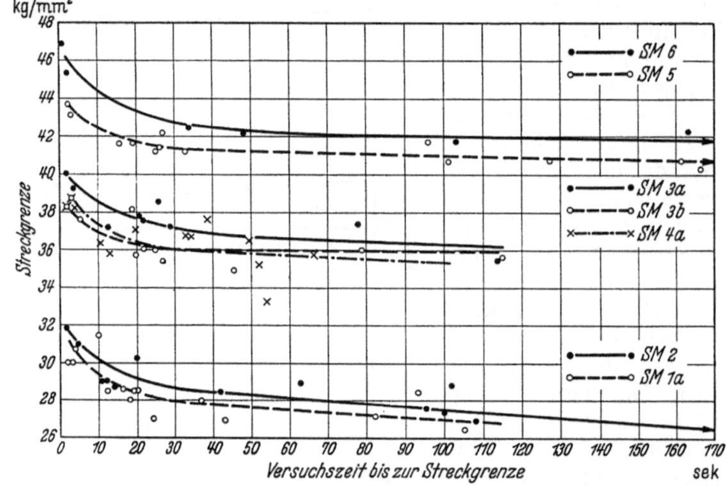

Abb. 23. Die Streckgrenze in Abhängigkeit von der Zerreißgeschwindigkeit bei Siemens-Martin-Stahl (E. H. Schulz).

Augenblick des Lastabfalles erfolgt das Fließen des Stabes unabhängig von der Antriebsgeschwindigkeit der Zerreißmaschine um einen gewissen Mindestbetrag, der sich aus der Länge des ersten Fließbereiches ergibt (s. Abschn. B 4). Das Ausmaß des damit verbundenen Lastabfalles ist von den Federungen der Probe und der Zerreißmaschine abhängig. Nehmen wir den Grenzfall an, daß die Maschine so starr gebaut ist, daß sie gegenüber dem Zerreißstab keine meßbare Federung aufweist, so läßt sich der größtmögliche Spannungsabfall aus dem Maß der sprungweise auftretenden ersten bleibenden Dehnung ε_{bl} zu $\varDelta \sigma = E \cdot \varepsilon_{bl}$ berechnen. Denkt man sich als entgegengesetzten Fall eine sehr weiche Prüfmaschine, etwa eine hydraulische Zerreißmaschine üblicher Bauart, die aber mit Preßluft statt mit einer Preßflüssigkeit getrieben wird, oder eine Maschine mit unmittelbarer Gewichtsbelastung [3], so wird man vom Lastabfall an der oberen Streckgrenze am Kraftanzeiger oder im Spannungs-Dehnungsschaubild kaum etwas merken; vielmehr wird dann die in der Maschine aufgespeicherte

---

[1] Siebel, E. u. S. Schwaigerer, A. Krisch sowie H. Esser: Arch. Eisenhüttenw. Bd. 11 (1937/38) S. 319—328. — Pomp, A. u. A. Krisch: Mitt. K.-Wilh.-Inst. Eisenforschg. Bd. 19 (1937) S. 187—198. — Uebel, F.: Arch. Eisenhüttenw. Bd. 11 (1937/38) S. 329—333. Siebel, E. u. S. Schwaigerer: Arch. Eisenhüttenw. Bd. 13 (1939/40) S. 37—51.

[2] Bach, C.: Z. VDI Bd. 48 (1904) S. 1040. — Bach, C. u. R. Baumann: Elastizität und Festigkeit, 9. Aufl., S. 10. Berlin 1924.

[3] Pomp, A. u. A. Krisch: Mitt. K.-Wilh.-Inst. Eisenforschg. Bd. 19 (1937) S. 187—198.

Arbeit ausreichen, um den Stab sofort über den ganzen Fließbereich durchzurecken, und man findet keinen Spannungsabfall bis auf die untere Streckgrenze. Die üblichen Zerreißmaschinen haben Eigenfederungen zwischen diesen Grenzfällen, nähern sich aber meistens dem ersten Fall.

Eine weitere Fehlerquelle bei der Ermittlung der unteren Streckgrenze ist die Trägheit der Kraftmessung. Bei Pendelmanometern z. B. erfährt das Pendel durch den Abfall der Kraft eine Beschleunigung, durch die es in eine Schwingung um die spätere Ruhelage kommt. Auf diese Weise ist es bei diesem recht verbreiteten Maschinentyp schwierig anzugeben, welcher Ausschlag von den Fließvorgängen im Stab und welcher von den Massenkräften hervorgerufen ist.

M. ENSSLIN [1] bestimmt die untere Streckgrenze, indem er beim Lastabfall die Maschine sofort abstellt und wartet (mindestens 5 bis 10 min), bis sich ein stabiler Zustand einstellt. Vielfach ist es üblich, nach dem Absinken der Kraft an der oberen Streckgrenze den Stab noch einmal vorsichtig zu belasten und dann die Kraft als untere Streckgrenze anzugeben, bei der das Dehnungsmeßgerät, z. B. der MARTENSsche Spiegel, ein Fortschreiten der plastischen Dehnung anzeigt. Im weiteren Verlauf des Fließens sinkt aber oft die Kraft auf einen noch tieferen Wert, so daß dieses Verfahren nicht der Begriffsbestimmung von BACH [2] zu entsprechen braucht [3].

Nur wenige Werkstoffarten, vornehmlich geglühte Stähle, besonders solche niedrigerer Festigkeit, einige Sonderbronzen und aushärtbare Leichtmetalllegierungen weisen in ihrem Spannungs-Dehnungsschaubild einen ausgeprägten Fließbereich an der Streckgrenze auf. Gemessen an der Zahl der in der Technik Verwendung findenden Werkstoffe hat somit die Bestimmung der Streckgrenze in der soeben beschriebenen Weise als Sonderfall zu gelten. Die Häufigkeit und Vielseitigkeit der Verwendung von weichem Flußstahl und die überragende Höhe seiner Erzeugung unter allen metallischen Werkstoffen sind aber der Grund, daß diesem Bestimmungsverfahren der Streckgrenze im technischen Werkstoffprüfwesen eine sehr hohe Bedeutung zukommt.

c) 0,2-Grenze.

Ist die Fließgrenze beim Zugversuch nicht scharf ausgeprägt, so sehen die Normen an deren Stelle die Bestimmung der Spannung vor, bei der die bleibende Dehnung 0,2% der ursprünglichen Meßlänge beträgt. Diese Dehngrenze wird als 0,2-Grenze bezeichnet. Ihre Bestimmung erfolgt in der Weise, daß man die Probe, von einer möglichst niedrig gewählten Vorlast ausgehend, stufenweise belastet und nach jeder Stufe unter Entlastung auf die Vorlast die bleibende Dehnung mit einem geeigneten Dehnungsmesser feststellt. Die Vorlast muß so gewählt werden, daß sie genau einzustellen ist und den Stab jederzeit gegen Verschiebungen gegenüber der Maschine sichert. Da in DIN 1605 die Angabe der Fließgrenze auf 0,1 kg/mm² gefordert wird, ist es meist notwendig, die bleibende Dehnung in Abhängigkeit von der Spannung aufzutragen und den genauen Wert der 0,2-Grenze aus der Kurve zu entnehmen, vgl. Abb. 24. In diesem Gebiet ändert sich die bleibende Dehnung bereits erheblich mit der Spannung, so daß die Anwendung von besonders genauen Meßgeräten nicht notwendig ist, da geringe Fehler bei der Dehnungsmessung sich kaum auf die Höhe der gemessenen Spannung auswirken. Als Meßgerät genügt daher das MARTENS-KENNEDY- bzw. KRUPP-KENNEDY-Gerät oder der mit einer Meßuhr arbeitende 0,2-Dehnungsmesser von AMSLER (Bd. I, Abschn. VI B 1).

---

[1] ENSSLIN, M.: Z. VDI Bd. 71 (1927) S. 1486; Bd. 72 (1928) S. 1625.

[2] BACH, C.: Z. VDI Bd. 48 (1904) S. 1040. — BACH, C. u. R. BAUMANN: Elastizität und Festigkeit, 9. Aufl., S. 10. Berlin 1924.

[3] Vgl. die Versuche von W. HOLTMANN: Arch. Eisenhüttenw. Bd. 11 (1937/38) S. 334—335.

Handelt es sich um einen Werkstoff, der im Gebiet der bleibenden Verformungen auch bei unveränderter Last noch etwas nachfließt, so erhält man bei schneller Versuchsführung, bei der man die Last jeweils nur kurze Zeit (wenige Sekunden oder noch weniger) auf den Stab wirken läßt und dann sofort entlastet, um danach die bleibende Dehnung abzulesen, eine höhere 0,2-Grenze als bei langsamer Versuchsführung. Wartet man dieses Ausfließen ab, so stellen sich größere bleibende Dehnungen ein als bei schnellem Entlasten. Besonders deutlich ist diese Erscheinung bei höheren Temperaturen (s. Abschn. IV A 1). Es empfiehlt sich daher, bei der Prüfung von Werkstoffen, die dieses Nachfließen stärker zeigen, in Anlehnung an das für die Ermittlung der Warmstreckgrenze vorgesehene Verfahren auch bei Raumtemperatur die Last jeweils eine gewisse Zeit auf der Probe zu belassen, bevor sie zur Feststellung der bleibenden Dehnung entlastet wird.

In England und Amerika wird vielfach die zu einer Gesamtdehnung von 0,5% gehörende Spannung als Fließgrenze bestimmt. Unter Berücksichtigung eines Elastizitätsmoduls von 21000 kg/mm² für Stahl würde diese Bestimmung bei Fließgrenzen unter rd. 63 kg/mm² höhere, bei solchen über 63 kg/mm² niedrigere Werte als die 0,2-Grenze nach DIN 1602 ergeben.

Neben dem absoluten Betrag der Fließgrenze bzw. 0,2-Grenze wird besonders bei vergüteten Stählen das *Streckgrenzenverhältnis*

$$\frac{\sigma_F}{\sigma_B} \quad \text{bzw.} \quad \frac{\sigma_{0,2}}{\sigma_B}$$

bewertet.

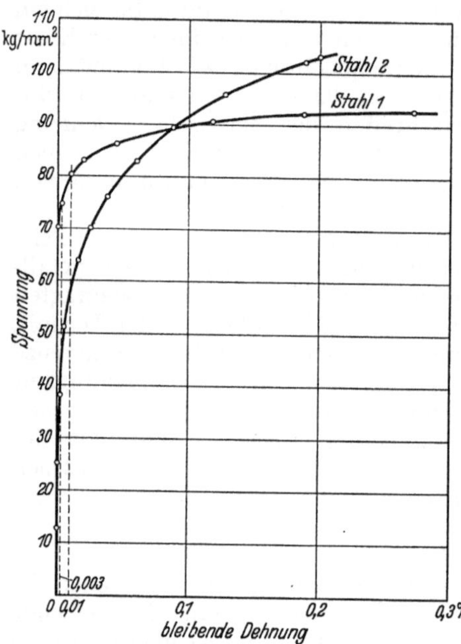

Abb. 24. Bleibende Dehnung von Werkstoffen mit im Verhältnis zur 0,2-Grenze hoher (Stahl 1) und niedriger (Stahl 2) Elastizitätsgrenze.

d) Elastizitätsgrenze.

Die Elastizitätsgrenze eines Werkstoffes ist die Spannung, bis zu der bleibende Dehnungen nicht auftreten. Unter Berücksichtigung der Schwierigkeiten der sicheren Bestimmung dieser Grenzspannung (s. Abschn. 5) ist in DIN 1602, den praktischen Bedürfnissen entsprechend, als Elastizitätsgrenze die Spannung bestimmt, bei der je nach Vereinbarung eine bleibende Dehnung von 0,003 bis 0,01% der ursprünglichen Meßlänge auftritt [1]. Hieraus ergibt sich, daß das Meßgerät zur Bestimmung dieser Grenze etwa die Genauigkeit des Martensschen Spiegelgerätes haben muß, während z. B. Meßuhren mit 0,01 mm-Teilung oder der Martens-Kennedy-Apparat nicht mehr genügen. Die Bestimmung der Elastizitätsgrenze erfolgt in der gleichen Weise wie die der 0,2-Grenze durch stufenweise Be- und Entlastung, wechselnd zwischen möglichst klein gewählter Vorlast und der stufenweise gesteigerten Prüflast.

Der Bereich von 0,003—0,01%, in dem der für die Bestimmung der Elastizitätsgrenze maßgebende Betrag der bleibenden Dehnungen vereinbart werden

---

[1] Das z. B. von O. Wawrziniok (Handbuch des Materialprüfungswesens, 2. Aufl. Berlin 1923) angegebene Maß von 0,001% (vgl. auch die Festsetzung des IVM in Kopenhagen, 1909) wurde in die Dinormen nicht aufgenommen.

kann, erscheint recht weit $(1 : 3,3)$. Vergleicht man jedoch die zu diesen Dehngrenzen gehörenden, im Versuch ermittelten Spannungen, so findet man, daß in zahlreichen Fällen alle diese Dehngrenzen recht nahe beieinander, und zwar ziemlich dicht unterhalb der Streckgrenze liegen; alsdann ist es von untergeordneter Bedeutung, welche dieser Grenzen man wählt (s. Abb. 24, Stahl 1). Treten aber schon bei Belastungen weit unterhalb der Streckgrenze bleibende Dehnungen auf, so fallen die für die verschiedenen Dehnbeträge ermittelten Dehngrenzen weit auseinander, z. B. Stahl 2 in Abb. 24. In Hundertteilen der Zugfestigkeit ausgedrückt ist

	$\sigma_{0,003}$	$\sigma_{0,01}$	$\sigma_{0,2}$
für Stahl 1	69	74	85%
für Stahl 2	29	42	75%

Beide Kurven wurden an vergüteten Stählen erhalten. Daher ist es in jedem Falle zweckmäßig, den jeweiligen Wert der Elastizitätsgrenze zu erläutern, indem man angibt, welche bleibende Dehnung ihrer Bestimmung zugrunde gelegt worden ist. Zu begrüßen wäre, wenn auch hier in den Normen eine eindeutige Festlegung z. B. einer 0,02-Grenze als grob und einer 0,002-Grenze als fein gemessenen Elastizitätsgrenze (bleibende Dehnung eine bzw. zwei Größenordnungen kleiner als bei der Streckgrenze $\sigma_{0,2}$) erfolgte.

Das frühzeitige Auftreten bleibender Dehnungen, die mit steigender Spannung ganz allmählich zunehmen, wird besonders in den Fällen beobachtet, in denen infolge von Inhomogenitäten im Gefüge unter der Wirkung der äußeren Kraft Störungen des gleichmäßigen Spannungsfeldes eintreten. Daher hat Gußeisen eine sehr niedrige Elastizitätsgrenze, während umgekehrt bei sehr reinen Stählen die Elastizitätsgrenze fast die Höhe der Streckgrenze erreicht [1].

Im Zusammenhang hiermit sei noch der Elastizitätsgrad nach C. BACH und R. BAUMANN [2]

$$\mu = \frac{\text{federnde Dehnung}}{\text{gesamte Dehnung}}$$

erwähnt. Ist der Elastizitätsmodul eines Werkstoffes bekannt, so gestattet die Angabe des Elastizitätsgrades für eine bestimmte Spannung, die bleibende Dehnung für diese Belastung zu berechnen. E. SIEBEL [3] schlägt vor, die bleibenden Dehnungen auf die elastischen zu beziehen und aus diesem Verhältnis Kennwerte für den Konstrukteur abzuleiten. In neuerer Zeit stellt W. SPÄTH [4] diese Größe der beim Schwingungsversuch gemessenen Dämpfung gegenüber.

e) Proportionalitätsgrenze.

Die Proportionalitätsgrenze eines Werkstoffes ist die Spannung, bis zu der die Dehnungen den Spannungen proportional sind. Mit Rücksicht auf ihre schwierige Bestimmung (Abschn. 5) wird sie in DIN 1602 nur mit dem Hinweis erwähnt, „daß sie in der Werkstoffprüfung nicht mehr angewendet werde". Eine Angabe über die erforderliche Meßgenauigkeit findet sich daher in den Normen nicht.

Belastet man eine Probe in kleinen Stufen und trägt die zugehörige Gesamtdehnung in Abhängigkeit von der Belastung auf, so erhält man zunächst eine geradlinige Beziehung, die HOOKEsche Gerade. Bei höheren Belastungen beobachtet man ein allmähliches Abbiegen der Spannungs-Dehnungskurve. Der Beginn dieser Richtungsänderung, den man am einfachsten durch Anlegen

[1] MOSER, M.: Ber. Werkstoffaussch. VDEh. 96 (1926).
[2] BACH, C. u. R. BAUMANN: Elastizität und Festigkeit, 9. Aufl., S. 103. Berlin: Julius Springer 1924.
[3] SIEBEL, E.: Stahl u. Eisen Bd. 57 (1937) S. 196—202.
[4] SPÄTH, W.: Physik der mechanischen Werkstoffprüfung. Berlin: Julius Springer 1938.

der Tangente an die Kurve ermittelt, ist die Proportionalitätsgrenze. Mit Rücksicht auf die unvermeidlichen Streuungen in den einzelnen Meßpunkten muß man für diese Abweichung ein gewisses Mindestmaß zugrunde legen.

A. Martens[1] kennzeichnet die Proportionalitätsgrenze als die Spannung, bei der die Dehnung aufhört, der Spannung proportional zu sein, und bemerkt hierzu, daß diese Grenze keine bestimmte sein kann, da die Zustandsänderungen im Werkstoff stetig vor sich gehen. Ihre Ermittlung hänge von der Feinheit der Meßwerkzeuge und den Anschauungen des Beobachters ab. Ähnliche Auffassungen über die Proportionalitätsgrenze äußert C. Bach[2], der auch zwischen der Proportionalitätsgrenze der federnden und der der Gesamtdehnungen unterscheidet.

Wawrziniok[3] gibt eine genaue Erklärung für die Proportionalitätsgrenze und bestimmt sie als die Spannung, bis zu der die Dehnungen für 1 kg/mm² Laststeigerung um nicht mehr als 0,0005% der Meßlänge von dem Mittel der vorausgegangenen Stufen abweichen. Den gleichen Wert nennen Goerens und Mailänder[4]. Die Proportionalitätsgrenze wird also im Gegensatz zur Elastizitätsgrenze aus den Gesamtdehnungen bestimmt. Infolgedessen läßt sich keine feste Beziehung zu dieser angeben. Bei einem Stahl nach Abb. 24, Linie 1, der bis zu verhältnismäßig hohen Belastungen der Hookeschen Geraden folgt und bei dem Elastizitäts- und 0,2-Grenzen dicht zusammen liegen, liegt die Proportionalitätsgrenze unterhalb der Elastizitätsgrenze, da z. B. die Begriffsbestimmung nach Wawrziniok in diesem Fall nahezu gleichbedeutend mit der Festsetzung einer bleibenden Dehnung von 0,0005% ist. Treten jedoch schon frühzeitig bleibende Dehnungen auf (Abb. 24, Linie 2), so kann die nach Wawrziniok bestimmte Proportionalitätsgrenze sehr wohl über der Elastizitätsgrenze liegen (vgl. auch Goerens und Mailänder[4], S. 218—220).

J. B. Johnson[5] bestimmte aus der aufgenommenen Spannungs-Dehnungslinie die Belastung, bei der die Neigung der Linie gegen die Spannungsachse den 1,5-fachen Betrag der ursprünglichen Neigung angenommen hat (Johnson-Limit), d. h. den Wert, für den $\Delta \sigma = \dfrac{E \cdot \Delta \varepsilon}{1,5}$ wird (gegenüber $\Delta \sigma \sim \dfrac{E \cdot \Delta \varepsilon}{1,1}$ [für Stahl] nach dem von Wawrziniok sowie Goerens und Mailänder genannten Wert für die Proportionalitätsgrenze).

Als „proof-stress" wird in den englischen Normen die Spannung bezeichnet, bei der die Spannungs-Dehnungslinie um 0,1% (z. B. für Aluminium, bei anderen Werkstoffen ist hierfür ein anderer Wert angegeben) von der geraden Linie abweicht[6].

Während die Vorschläge für die Internationalen Normen (ISA) vom Oktober 1937 (Blatt I FeN 52, Prüfverfahren Zugversuch) für Streckgrenze und 0,2-Grenze mit den deutschen Normen übereinstimmen, kennzeichnen sie die Proportionalitätsgrenze „als die Grenzbelastung, nach deren Überschreiten die Dehnungen aufhören, den Kräften (Belastungen) proportional zu sein". Diese Begriffsbestimmung stimmt wohl mit Vorstehendem überein, kann aber

---

[1] Martens, A.: Handbuch der Materialienkunde für den Maschinenbau, Bd. I. Berlin: Julius Springer 1898.

[2] Bach, C. u. R. Baumann: Elastizität und Festigkeit, 9. Aufl. Berlin: Julius Springer 1924.

[3] Wawrziniok, O.: Handbuch des Materialprüfungswesens, 2. Aufl. Berlin 1923.

[4] Wien-Harms: Handbuch der Experimentalphysik, Bd. V. Leipzig: Akademische Verlagsgesellschaft 1930.

[5] Johnson, J. B.: Materials of Construction, 1918 edition, S. 10. — Proc. Amer. Soc. Test. Mater. Bd. 22 (1922) I, S. 516.

[6] Vgl. R. G. Batson and J. H. Hyde: Mechanical Testing, Vol. I. London: Chapmann & Hall 1931.

nicht als ausreichend angesehen werden, da keine Angaben über Meßverfahren und Meßgenauigkeit gemacht werden. Eine Elastizitätsgrenze ist in den ISA-Normen nicht angeführt.

f) Bruchdehnung.

Als Bruchdehnung δ wird die nach erfolgtem Bruch gemessene Verlängerung einer bestimmten Meßlänge des Probestabes, bezogen auf die ursprüngliche Meßlänge l_0, bezeichnet; sie wird in Hundertteilen derselben angegeben:

$$\delta = \frac{l - l_0}{l_0} \cdot 100 \ (\text{in } \%) \, ,$$

wobei l die Meßlänge der Probe nach dem Bruch ist. Zu ihrer Bestimmung werden vor dem Versuch an den Enden der Versuchslänge zwei Marken eingeritzt oder Körnermarken eingeschlagen, deren Abstand der Meßlänge l_0 entspricht. Nach dem Bruch werden die Bruchstücke möglichst gut passend aneinander gelegt, und der Abstand l der beiden Meßmarken wird mit einem Meßlineal oder durch Abgreifen mit dem Stechzirkel bestimmt. Flachstäbe, deren Bruchhälften manchmal in der Mitte auseinanderklaffen, mißt man zweckmäßig auf den Schmalseiten aus. Die Bruchdehnung ist stark abhängig von der Meßlänge; sie setzt sich zusammen aus der *Gleichmaßdehnung*, die bis zur Höchstlast über die ganze Meßlänge erfolgt, und der *Einschnürdehnung*, die sich während der Einschnürung örtlich begrenzt ausbildet und von der Meßlänge nahezu unabhängig ist.

In Abb. 25 ist an einem Beispiel die Verteilung der Dehnung über die Meßlänge eines in 22 Abschnitte geteilten Stabes von 20 mm Dmr. wiedergegeben; gleichzeitig sind die Durchmesser dieser Teilstrecken nach dem Versuch eingetragen. Gestrichelt sind darüber die ursprünglichen Begrenzungslinien des Stabes gezeichnet. Die dem Kopf am nächsten gelegenen Abschnitte der Meßlänge haben die kleinste Dehnung und den größten Durchmesser (Dehnungsbehinderung durch den Übergang zum Kopf), es folgen dann beiderseits sieben Abschnitte der „Gleichmaßdehnung" (die aber auch bei diesem Beispiel gewisse Schwankungen zeigt). In der Mitte des Stabes weisen sechs Abschnitte infolge der örtlichen Einschnürung eine größere Dehnung bei Verminderung des Durchmessers an der dünnsten Stelle des Stabes bis auf 58 % seines ursprünglichen Wertes auf. In Abb. 26 ist die Dehnung der einzelnen Abschnitte über der Meßlänge aufgetragen. Die Kreuze bezeichnen die Dehnung der Teilstrecke bei einer Belastung von 96 % der späteren Höchstlast, also kurz vor Beginn der Einschnürung, während die Kreise die Ausmessung nach dem Bruch wiedergeben. Die weitere Dehnung hat sich also fast ganz auf den Einschnürabschnitt beschränkt, während die rechts und links davon liegenden Teile des Stabes ihre Dehnung nur wenig vergrößert haben. Die Bruchdehnung des Stabes kann man aus diesem Schaubild durch Ausplanimetrieren der über der fraglichen Meßlänge liegenden Fläche als deren mittlere Höhe ermitteln.

Nach F. Kick [1] und anderen Forschern besteht die Möglichkeit, die Bruchdehnung von Stäben verschiedenen Querschnittes

---

[1] Kick, F.: Das Gesetz der proportionalen Widerstände. Leipzig 1885.

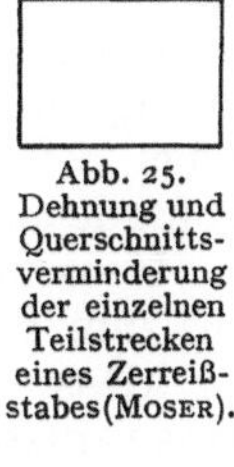

Abb. 25. Dehnung und Querschnittsverminderung der einzelnen Teilstrecken eines Zerreißstabes (Moser).

und verschiedener Querschnittsform miteinander zu vergleichen, wenn nur das Verhältnis zwischen der Meßlänge l und der Wurzel aus dem Stabquerschnitt F_0 gleich ist, obwohl die Bruchdehnung aus so ungleichen Verformungsvorgängen zusammengesetzt ist (Kicksches Ähnlichkeitsgesetz).

Die nach obigem Verfahren bestimmte Bruchdehnung ist von der Lage des Bruches innerhalb der Meßlänge abhängig. Die höchsten Zahlen erhält man, wenn der Bruch in der Mitte der Meßlänge erfolgt; diese Werte gelten als normal. In diesem Fall liegt beiderseits der Einschnürung ein etwa gleich langer Abschnitt, der um den Betrag der Gleichmaßdehnung verlängert worden ist. Liegt jedoch der

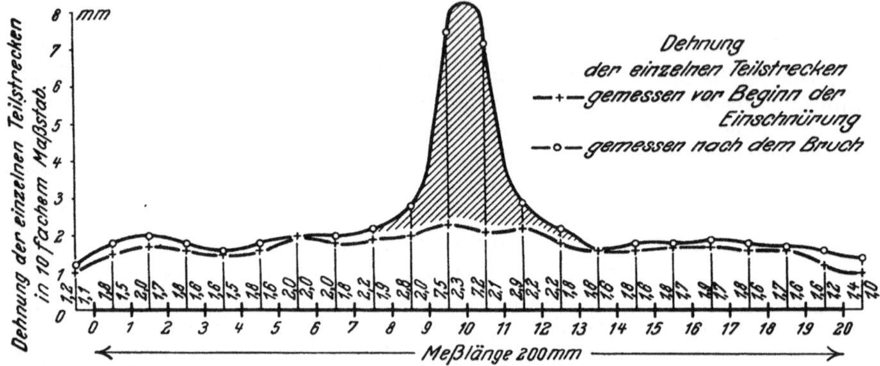

Abb. 26. Gleichmäßige und örtliche (Einschnür-) Dehnung des in Abb. 25 wiedergegebenen Zerreißstabes (Moser).

Bruch dicht am Ende der Meßlänge, an die sich ja meistens nach einem kurzen Übergangsstück der verstärkte, unverformt bleibende Einspannkopf anschließt, so kann sich die Einschnürdehnung nicht unbehindert ausbilden; nach dem angegebenen Bestimmungsverfahren würde man unter diesen Umständen niedrigere

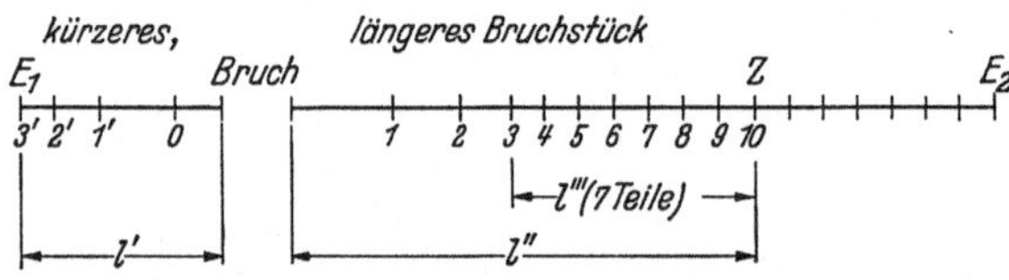

Abb. 27. Schematische Darstellung der Dehnung eines nahe dem Einspannkopf zerrissenen Stabes und ihre Ausmessung.

Werte für die Bruchdehnung erhalten. Erfahrungsgemäß beginnt dieser Einfluß sich auszuwirken, sobald der Bruch in den äußeren Dritteln der Meßlänge erfolgt. Die deutschen Normen (DIN 1605) tragen dem Rechnung, indem sie für Zwecke der Abnahme solche Versuche für ungültig erklären, falls zwar die Festigkeitswerte, aber nicht die Bruchdehnung genügen. Der Ersatzversuch gilt dann nicht als Wiederholungsversuch für eine ungenügende Probe.

Da mit der Ausbildung der Einschnürung in der Nähe der Einspannköpfe gerechnet werden muß und diese Erscheinung sich manchmal bei ganzen Reihen von gleichartigen Proben zeigt, ist zur Vermeidung des Ersatzversuches ein Verfahren für die Umrechnung auf den Normalwert der Bruchdehnung bei der Lage des Bruches in der Stabmitte vorgesehen. Hiernach wird die Meßlänge der Probe vor dem Versuch mittels einer Ratsche oder einer Teilmaschine in 10 oder 20 gleiche Teile durch Zwischenmarken geteilt und darüber zweckmäßig ein Längsriß gezogen. Die Umrechnung der infolge der einseitigen Lage der Bruchstelle bei unmittelbarer Ausmessung der Meßlänge zu niedrig gefundenen Bruchdehnung sei an dem Beispiel aus DIN 1605 erläutert (Abb. 27):

Messung 1: Am kürzeren Bruchstück wird der Abstand der Endmarke E_1 bis zum Bruch am Längsriß entlang gemessen (Länge l').

Messung 2: Am längeren Bruchstück werden zunächst die der halben Meßlänge entsprechenden Teilungen, im vorliegenden Fall 10, von Marke 0 abgezählt.

Marke o ist der auf dem kurzen Bruchstück dem Bruch zunächst liegende Teilstrich. Der Abstand vom Bruch bis zum 10. Teilstrich (Z genannt) wird am Längsriß entlang gemessen (Länge l'').

Messung 3: Nun fehlen aber dem kürzeren Bruchstück von der Marke o aus gerechnet, zur halben Meßlänge im vorliegenden Fall noch 7 Teile. Diese 7 Teile werden am langen Bruchstück von Z aus nach dem Bruch hin ausgezählt und ihre Länge gemessen, also rückwärts vom 10. bis zum 3. Teilstrich (Länge l'''). Die Verlängerung nach dem Bruch ist dann

$$\Delta l = l' + l'' + l''' - l_0 .$$

Der Abschnitt $Z \cdots E_2$ wird bei diesem Meßverfahren also nicht berücksichtigt, während der Abschnitt l''' zweimal in die Rechnung eingeht. Durch diese Umrechnung wird die Bruchstelle in die Mitte der Meßlänge verlegt, so daß sich an den Bereich der örtlichen Einschnürung zwei gleich lange Stababschnitte mit Gleichmaßdehnungen zu beiden Seiten anschließen.

Das Verfahren ergibt in vielen Fällen gute Übereinstimmung mit den Proben, die in der Mitte der Meßlänge gerissen sind. Liegt der Bruch jedoch sehr dicht am Einspannkopf, so erhält man auch bei diesem Umrechnungsverfahren immer noch zu niedrige Werte für die Bruchdehnung. Es ist jedoch nicht zulässig, den Bruch in der Mitte des Stabes durch ein Dünnerdrehen zu erzwingen, da hierdurch die Bruchdehnung infolge Verminderung der Gleichmaßdehnung zu niedrig ausfällt.

Eine bei statischen Zugprüfungen allerdings seltene Erscheinung muß hier noch erwähnt werden, die die Bestimmung der richtigen Bruchdehnung eines Werkstoffes unmöglich machen kann. Manche Zerreißstäbe zeigen in größerem oder kleinerem Abstand von der Bruchstelle eine zweite oder sogar noch mehr Einschnürungen, die aber nur eine geringere Formänderung als die Bruchstelle erfahren haben. Die Ursache ist darin zu suchen, daß der Übergang von der Gleichmaß- zur Einschnürdehnung durchaus nicht zwangläufig auf einen Punkt beschränkt zu sein braucht. Im Bereich der zweiten Einschnürung ist die Dehnung natürlich größer als die Gleichmaßdehnung, so daß solche Proben viel zu hohe Bruchdehnungen aufweisen können und deshalb zur Kennzeichnung der Werkstoffe nicht brauchbar sind. Falls an solchen Proben die Gleichmaßdehnung gemessen werden kann, kann man aus dieser und der Brucheinschnürung

Zahlentafel 1. In Deutschland genormte Zerreißstäbe (DIN 1605, Blatt 2).

Zu unterscheiden sind folgende Probestabformen		Maße in mm			Quer-schnitt F_0 mm²	Zeichen für die Bruch-dehnung
		Prismatische oder zylindrische Länge l_v (mindestens)	Meßlänge l_0	Durch-messer[1] d		
1. Langer	Normalstab	$l_0 + d$	$10\,d = 200$	20	314	δ_{10}
2. Kurzer	Normalstab	$l_0 + d$	$5\,d = 100$	20	314	δ_5
3. Langer	Proportional-stab	$l_0 + d$	$10\,d = 11{,}3 \cdot \sqrt{F_0}$	beliebig	beliebig	δ_{10}
4. Kurzer	Proportional-stab	$l_0 + d$	$5\,d = 5{,}65 \cdot \sqrt{F_0}$	beliebig	beliebig	δ_5

Für Abnahmeversuche wird auch der Langstab ($l_0 = 200$ mm, F_0 beliebig) und der Kurzstab ($l_0 = 100$ mm, F_0 beliebig) aus wirtschaftlichen Gründen verwendet. Die Zeichen für die Bruchdehnung sind dann δ_l und δ_k. Im Ausland sind vielfach Stäbe mit kleineren Meßlängenverhältnissen (bis $l_0 = 2\sqrt{F_0}$) im Gebrauch. Diese Stäbe ergeben Bruchdehnungen, die nicht ohne weiteres mit den normgerechten δ_5 und δ_{10} vergleichbar sind.

---

[1] Bei anderen als kreisförmigen Querschnitten gilt der Durchmesser des dem Stabquerschnitt flächengleichen Kreises.

Zahlentafel 2. Genormte Zerreißstäbe verschiedener Länder.

Land	Stabform	Durchmesser[1]		Meßlänge	Meßlängen-verhältnis
		Dicke	Breite		
		mm		mm	
Deutschland	Normalstab, lang	20		200	10
Deutscher Normen-ausschuß	Normalstab, kurz	20		100	5
DIN 1605, Bl. 2,	Proportionalstab, lang	beliebig		$11,3 \cdot \sqrt{F_0}$	10
Februar 1936	Proportionalstab, kurz	,,		$5,65 \cdot \sqrt{F_0}$	5
	Langstab . . .	,,		200	unbest.
	Kurzstab . . .	,,		100	,,
DIN-Vornorm	Flachstab . . .	< 0,5	10	20	> 8
DVM-Prüfverfahren	Flachstab . . .	0,5—2	15	30—60	7,9—11,4
A 114,	Flachstab . . .	2—5	20	80—100	7,9—11,2
Dezember 1935	Flachstab (Stahlblech nach DIN 1623)	0,8—3	20	50—80	8,1—11,2
Frankreich	Rundstab . . .	150 mm² (13,8)		100	7,25
L'Assoç. française	Rundstab . . .	beliebig		$7,25\,d$	7,25
de Normalisation	Rundstab . . .	75 mm² (9,8)		70	7,15
A 1—1, April 1934	Rundstab . . .	12,5 mm² (4)		30	7,50
	Flachstab . . .	3—10	30	80—140	7,25
	Flachstab . . .	11—20	25	135—185	7,25
	Flachstab . . .	21—37	20	170—220	7,25
	Flachstab . . .	38—49	15	195—220	7,25
	Flachstab . . .	50—60	12	200—220	7,25
Großbritannien	Flachstab . . .	< 1/4″	1/2″ oder 1″	2″ oder 4″	> 7,1
British	Flachstab . . .	1/4—7/8″	≦ 2″	8″	unbest.
Standards Inst.	Flachstab . . .	> 7/8″	≧ 1,5″	8″	,,
Nr. 18,	Flachstab . . .	—	3/4″	8″	,,
Dezember 1938	Rundstab . . .	beliebig		$8\,d$	8
(zugleich Australien	Rundstab . . .	,,		$4\,d$	4
und Neuseeland)	Rundstab . . .	0,564″		2″	3,54
	Rundstab . . .	beliebig		$3,54\,d$	3,54
Nr. 485, Juni 1934	Flachstab . . .	< 0,128″	1/2″	2″	> 7
Japan	Rundstab . . .	beliebig[2]		$8\,d$	8
Japanese Engineering Standards	Rundstab . . .	> 25[2]		$4\,d$	4
	Rundstab . . .	beliebig (14)		$3,55\,d$ (50)	3,55
Nr. 1 B 1,	Flachstab . . .	> 23	40	200	< 5,8
Oktober 1922	Flachstab . . .	9—23	50	200	8,3—5,2
	Flachstab . . .	< 9	60	200	> 7,6
Kanada	Flachstab . . .	beliebig	1,5″	8″	unbest.
Canadian Engineering Standards Association, nach mehreren Stahlnormen	Rundstab . . .	3/4″		8″	10,6
	Rundstab . . .	1/2″		2″	4
Niederlande	Normalstab, lang	20		100	5
Hoofdcommissie	Normalstab . .	beliebig		$5,65 \cdot \sqrt{F_0}$	5
voor de Normalisatie in Nederland	Normalstab . .	beliebig	$F_0 = 300\,\text{mm}^2$	100	5,1
N 712, November	Proportionalstab	beliebig		$11,3 \cdot \sqrt{F_0}$	10
1933	Proportionalstab	,,		$9,05 \cdot \sqrt{F_0}$	8
	Proportionalstab	,,		$8,17 \cdot \sqrt{F_0}$	7,24
	Proportionalstab	,,		$4,51 \cdot \sqrt{F_0}$	4
Vereinigte Staaten von Nordamerika	Flachstab . . .	≧ 1/4″	1,5″	8″	≦ 11,4
	Flachstab . . .	0,01—0,25″	0,5″	2″	≧ 5
Amer. Soc. for	Rundstab . . .	1/2″		2″	4
Testing Materials, Standards 1936, E 8—36	Proportionalstab	beliebig		$4\,d$	4

einen Näherungswert für die Bruchdehnung nach den Umrechnungsverfahren von W. Kuntze[1] (Abb. 32) und F. Uebel[2] (Abb. 34 und 35) ermitteln.

Die Zusammensetzung der Bruchdehnung aus der gleichmäßigen Dehnung der gesamten Meßlänge und der zusätzlichen Dehnung im Bereich der örtlichen Einschnürung bedingt eine starke Abhängigkeit der Bruchdehnung von der Meßlänge, da die Dehnung der Einschnürstelle von dieser nahezu unabhängig ist. Im Vergleich zu ihrem Durchmesser kurze Zerreißstäbe müssen eine größere Bruchdehnung aufweisen als lange Zerreißstäbe. Die Normen der einzelnen Länder für den Zugversuch befassen sich daher am ausführlichsten mit der Wahl der Meßlänge für die verschiedenen Probeformen.

Die deutschen Normen, s. Zahlentafel 1, sehen „lange" und „kurze" Proportionalstäbe vor, bei denen die Meßlänge das 10- bzw. 5fache des Durchmessers beträgt und deren Dehnung als δ_{10} bzw. δ_5 bezeichnet wird[3]. Unter diesen Probenformen wird als langer bzw. kurzer „Normalstab" ein zylindrischer Stab von 20 mm Dmr. und 200 bzw. 100 mm Meßlänge bezeichnet. Aus wirtschaftlichen Gründen, vornehmlich wegen der Werkstoffersparnis, werden in neuerer Zeit die kürzeren Probestäbe bevorzugt. Die prismatische Länge der Probe soll mindestens um ihren Durchmesser länger sein als die Meßlänge. Ist der Querschnitt der Probe nicht kreisförmig, sondern z. B. rechteckig, so ist die Meßlänge nach dem Durchmesser des flächengleichen Kreises zu wählen; die Meßlänge für δ_{10} ergibt sich daraus zu 11,3 $\sqrt{F_0}$, die für δ_5 zu 5,65 $\sqrt{F_0}$. Diese Regel findet besonders Anwendung bei der Prüfung von Blechen, aus denen man gewöhnlich Flachstäbe (Seitenverhältnis im allgemeinen nicht größer als 4:1) entnimmt, und von kleinen Profilen und Rohren, aus denen man vielfach keine Zerreißstäbe herausarbeitet, sondern die man im ganzen prüft. Besonders bei diesen muß man auf sorgfältige Ermittlung der Abmessungen achten und danach die Meßlänge berechnen.

Für Abnahmeversuche werden aus wirtschaftlichen Gründen für zahlreiche Stahlarten an Stelle der Proportionalstäbe Lang- bzw. Kurzstäbe mit einheitlicher Meßlänge von 200 bzw. 100 mm ohne Rücksicht auf den Querschnitt verwendet, für die die Bruchdehnungen mit δ_l bzw. δ_k bezeichnet werden. Daneben sind

---

[1] Kuntze, W.: Arch. Eisenhüttenw. 9 (1935/36) S. 509—515.

[2] Uebel, F.: Arch. Eisenhüttenw. 9 (1935/36) S. 515—519.

[3] In älteren Arbeiten findet man hierfür die Bezeichnungen $\delta_{11,3}$ und $\delta_{5,65}$; die Indizes 11,3 und 5,65 sind die Faktoren, mit deren Hilfe die Meßlänge aus den Wurzeln der Querschnitte zu berechnen ist: $l_{10\,d} = 11,3 \sqrt{F_0}$ und $l_{5\,d} = 5,65 \sqrt{F_0}$. In den ISA-Normen wird diese Bezeichnungsweise ($A_{11,3}$ und $A_{5,65}$) wieder aufgenommen.

Ergänzungen und Fußnoten zu Zahlentafel 2.

Die in den deutschen Normen DIN 1605 angegebenen Normal- und Proportionalstäbe haben ebenfalls eingeführt:

Das ehemalige Land *Österreich*, Österreichischer Normenausschuß für Industrie und Gewerbe, Önorm M 3030, 1. Juni 1930.

Reichsprotektorat Böhmen und Mähren, Česko-moravskà společnost Normalisačni (Bömisch-Mährische Normungsgesellschaft) ČSN 1038 (seit 1930).

Finnland, Finlands Standarderiseringskommission H. 1. 6., 23. 3. 1937.

Italien, Ente Nazionale per l'Unificazione Nell' Industria, Uni 556—557, 1. Oktober 1937.

Polen, Polskiego komitetu normalizacyinego, PN w-3, 1937.

Schweden, Sveriges Standarderisingskommission, SIS, SMS 2005, April 1937.

Schweiz, Normen des Vereins Schweizerischer Maschinenindustrieller, Vornorm VSM 10910, Februar 1936.

Ungarn, Magyar Országos Szabvány MOSz 105, Oktober 1933.

⁀ Die Normen von Finnland, Italien und Schweden sehen außerdem den deutschen Lang- und Kurzstab vor.

---

[1] In den meisten Ländern ist hierfür bei unrunden Stäben der Durchmesser des flächengleichen Kreises einzusetzen.

[2] Für runde und quadratische bzw. sechseckige Stäbe mit gleichem Seitenabstand.

in den Dinormen noch mehrfach Sonderbestimmungen vorgesehen, auf die im Abschn. B 6i „Form der Zerreißstäbe" näher eingegangen wird.

Im Ausland sind vielfach kleinere Meßlängen gebräuchlich, namentlich in England und in den Vereinigten Staaten von Nordamerika, so daß die Dehnungswerte für ausländische Werkstoffe oft günstiger scheinen als für die deutschen. In Zahlentafel 2 sind die in den Normen der wichtigsten Länder angegebenen Zerreißstäbe aufgeführt.

In der internationalen Werkstoffnormung ist die Normung des Zugversuches noch nicht abgeschlossen (ISA 1 FeN 52/1). Der Vorschlag enthält die deutschen (kurzen und langen) sowie die englischen und französischen Proportionalstäbe (mit einem Meßlängenverhältnis von 3,54 bzw. 7,25), daneben den deutschen Kurz- und Langstab. Die Dehnung soll nach Zusammenfügen der Bruchhälften zwischen den Endmarken gemessen werden. Im übrigen schließt sich das Blatt weitgehend der deutschen Norm nach DIN 1605, Blatt 2, an.

Die *Umrechnung der Bruchdehnung* von einer Meßlänge auf eine andere ist recht umständlich, so daß sie in der Praxis bisher wenig eingeführt ist.

A. Martens[1] ging von dem sehr langen Stab aus, bei dem keine Einflüsse der Einspannköpfe innerhalb der Meßlänge wirksam sind und bei dem man die Bruchdehnung δ in die Gleichmaßdehnung δ_g und die zusätzliche Dehnung der Einschnürstelle λ_e, bezogen auf die Ausgangsmeßlänge l_0, zerlegen kann:

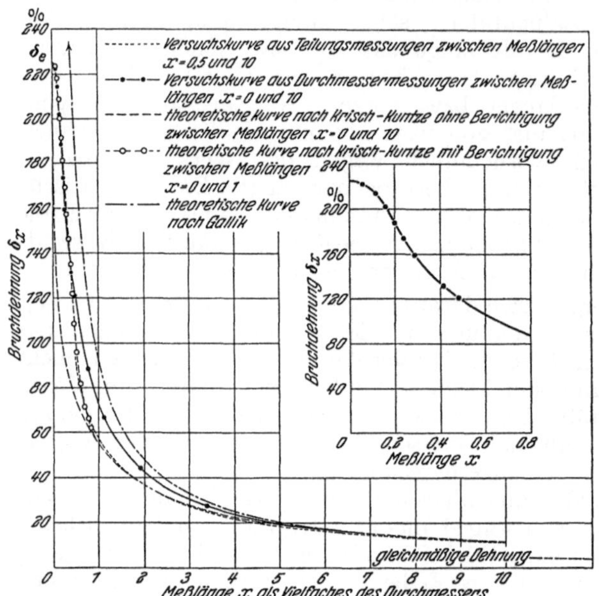

Abb. 28. Vergleich der theoretischen Meßlängen-Bruchdehnungskurven mit den versuchsmäßig ermittelten für einen Aluminiumstab (Krisch-Kuntze).

$$\delta = \delta_g + \frac{\lambda_e}{l_0} \cdot 100 \,. \tag{1}$$

Kennt man die Bruchdehnung für zwei Meßlängen, so könnte man hiernach die für eine dritte berechnen. Martens weist aber selbst darauf hin, daß bei den kurzen in der Werkstoffprüfung üblichen Stäben die Genauigkeit obiger Gleichung durch den Einfluß der Stabköpfe und durch die ungenügende Trennung zwischen den Abschnitten der Gleichmaß- und der Einschnürdehnung herabgemindert wird. C. Bach[2] gibt für die Berechnung der Bruchdehnung in Abhängigkeit von der Meßlänge l_0 die Gleichung:

$$\delta = A + \frac{B}{\sqrt{l_0}} \tag{2}$$

---

[1] Martens, A.: Handbuch der Materialienkunde für den Maschinenbau, Bd. I. Berlin: Julius Springer 1898, S. 94—95.
[2] Bach, C.: VDI-Forschungsheft 29 (1905) S. 69—74.

an; die Konstanten A und B sind von Werkstoff und Querschnittsform abhängig. Nach umfangreichen Untersuchungen von M. RUDELOFF[1] gibt die Berechnung nach MARTENS die bessere Übereinstimmung mit der Messung.

Aus Berechnungen von ST. GALLIK[2] ergibt sich für die Beziehungen zwischen Bruchdehnung δ_x, Gleichmaßdehnung δ_g, Brucheinschnürung ψ und der Meßlänge x (als Vielfaches des Probendurchmessers) die Gleichung

$$\delta_x = \delta_g + \frac{1{,}33}{x\sqrt{1+\frac{\delta_g}{100}}} \times \left[\psi\left(1+\frac{\delta_g}{100}\right)-\delta_g\right]. \quad (3)$$

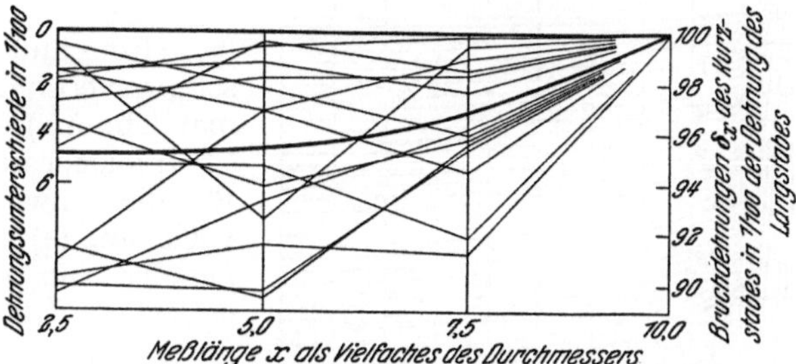

Abb. 29. Dehnungsunterschiede zwischen Lang- und Kurzstab als Folge des Kopfeinflusses bei verschiedenen Meßlängen, ausgewertet aus Versuchen von RUDELOFF (Dehnung des Langstabes gleich 100 gesetzt) (KRISCH-KUNTZE).

In neuerer Zeit sind über dieses Gebiet mehrere Arbeiten erschienen. Von A. KRISCH und W. KUNTZE[3] wurde für die Beziehungen zwischen der Bruchdehnung δ_x einer bestimmten Meßlänge vom x-fachen Durchmesser der Probe, der größten Dehnung an der Einschnürung δ_e und der Gleichmaßdehnung δ_g die Gleichung

$$\delta_x = (\delta_e - \delta_g)\, a^{x^2 n} + \delta_g \quad (4)$$

aufgestellt. Hierin ist δ_e aus der gemessenen Einschnürung ψ zu

$$\delta_e = \frac{100 \cdot \psi}{100 - \psi} \quad (5)$$

nach dem Gesetz des konstanten Volumens bei plastischer Verformung zu berechnen; a und n sind Konstanten, und zwar muß $a < 1$ sein. Für die unendlich kleine Meßlänge geht die Gleichung in die Beziehung $\delta_0 = \delta_e$, für die unendlich große Meßlänge in die Beziehung $\delta_\infty = \delta_g$ über, stimmt also in den äußersten Grenzpunkten

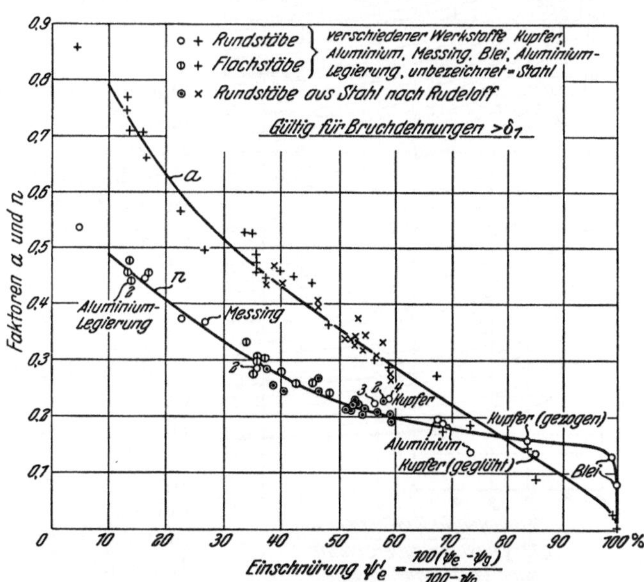

Abb. 30. Faktoren a und n als Funktion der zusätzlichen örtlichen Einschnürung ψ'_e. (Zahlen bedeuten Mittelbildung aus der angegebenen Anzahl von Prüfstäben) (KRISCH-KUNTZE).

mit der Wirklichkeit überein und schmiegt sich, wie Abb. 28 zeigt, dem tatsächlichen Verlauf der Bruchdehnung in Abhängigkeit von der Meßlänge gut

---

[1] RUDELOFF, M.: Mitt. kgl. Mat.-Prüf.-Anst. Lichterfelde Bd. 34 (1916) S. 206—257. — Stahl u. Eisen Bd. 37 (1917) S. 324—330 u. 374—381. — VDI-Forschungsheft 215 (1919).

[2] GALLIK, ST.: Vergleichende Untersuchung der Dehnungen der Eisen- und Stahlmaterialien bei Zerreißversuchen mittels Probestäben von verschiedenen Längen. Als Beitrag zu den internationalen IFeN-Stahl- und Eisennormen. Budapest 1930.

[3] KRISCH, A. u. W. KUNTZE: Arch. Eisenhüttenw. Bd. 7 (1933/34) S. 305—309.

an. Für kleine Meßlängen unter $x = 1$, z. B. für Schweißnähte, sind an Stelle der sonst konstanten Werte a und n berichtigte Zahlen einzusetzen [1]; ein Kopfeinfluß der kürzeren Stäbe ist nach Abb. 29 zu berücksichtigen. Die Faktoren a und n zeigten sich im wesentlichen nur von der zusätzlichen örtlichen Einschnürung

$$\psi_e' = \frac{100\,(\psi_e - \psi_g)}{100 - \psi_g} \tag{6}$$

($\psi_e =$ Einschnürung am Bruch, $\psi_g =$ Querschnittsverminderung im Gebiet der Gleichmaßdehnung) abhängig (Abb. 30).

Infolgedessen konnte W. Kuntze [2] die für die Anwendung recht umständliche Gleichung (4) mit Hilfe einer Größe y_x, die aus der Abb. 31 zu entnehmen ist, in die einfachere Gleichung

$$\delta_x = y_x\,(100 + \delta_e) - 100 \tag{7}$$

überführen. Ist z. B. für eine Meßlänge $x = 5$ die Bruchdehnung $\delta_5 = 26,6\%$ bei einer Einschnürung von $\psi_e = 49$ bzw. $\delta_e = 96\%$ gegeben, so errechnet sich aus Gleichung (7) die Größe y_5 zu

$$y_5 = \frac{100 + 26,6}{100 + 96} = 0,646.$$

Diesen Punkt sucht man in Abb. 31 auf und zieht durch ihn eine Parallele zur Abszisse. Für andere Meßlängen ergibt sich dann die Größe y_x aus dem Schnittpunkt dieser Parallelen mit der Kurvenschar, z. B. für die Meßlänge $x = 3,55$ die Größe $y_{3,55} = 0,663$. Diesen Wert setzt man in Gleichung (7) ein und erhält $\delta_{3,55} = 29,9\%$.

Für die Umrechnung der in Deutschland üblichen Meßlängen δ_5 und δ_{10} wurde diese allgemeine Größe y eliminiert und eine Kurvenschar aufgestellt (Abb. 32), die die Beziehungen zwischen der Querschnittsverminderung ψ, der Gleichmaßdehnung δ_g und den Bruchdehnungen δ_5 und δ_{10} zeigt. In Zahlentafel 3 ist diese Kurvenschar zahlenmäßig wiedergegeben, allerdings ohne die Gleichmaßdehnung. Nach Messungen von Kuntze liefern Abbildung und Zahlentafel gute Übereinstimmung mit Messungen an Kohlenstoffstählen. A. Krisch [3] zeichnete für den praktischen Gebrauch die Tafel von Kuntze um (Abb. 33) und überprüfte ihre Brauchbarkeit an über 800 Zerreißstäben aus legiertem Stahl.

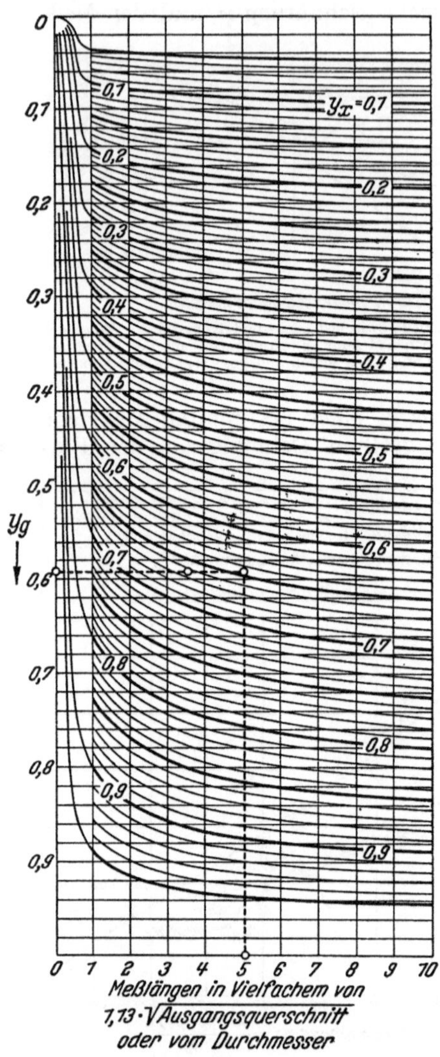

Abb. 31. Umrechnungstafel für Bruchdehnungen aller Meßlängen mit Hilfe der Größe y (Kuntze).

stählen.

---

[1] Vgl. Fußnote 3, S. 65.
[2] Kuntze, W.: Arch. Eisenhüttenw. Bd. 9 (1935/36) S. 509—515.
[3] Krisch, A.: Mitt. K.-Wilh.-Inst. Eisenforschg. Bd. 21 (1939) S. 197—200. — Arch. Eisenhüttenw. Bd. 13 (1939/40) S. 175—178.

Zahlentafel 3. Umrechnungstafel für die Bruchdehnung δ_5 und δ_{10} unter Berücksichtigung der Bruchquerschnittsverminderung[1].

δ_{10} %	δ_5 in % für eine Bruchquerschnittsverminderung ψ von											
	10	15	20	25	30	35	40	45	50	60	70	90
1	2,3	—	—	—	—	—	—	—	—	—	—	—
2	3,2	4,1	—	—	—	—	—	—	—	—	—	—
3	4,0	5,0	5,5	6,1	—	—	—	—	—	—	—	—
4	4,9	5,9	6,5	7,0	7,5	8,1	—	—	—	—	—	—
5	5,8	6,7	7,3	7,9	8,5	9,1	9,5	—	—	—	—	—
6	6,6	7,6	8,2	8,9	9,5	10,0	10,5	10,9	11,3	—	—	—
7	7,5	8,4	9,2	9,8	10,4	11,0	11,5	11,9	12,3	12,8	—	—
8	8,4	9,3	10,1	10,8	11,4	12,0	12,5	12,9	13,3	13,8	14,3	—
9	9,2	10,2	11,0	11,7	12,3	12,9	13,5	13,9	14,4	14,9	15,3	15,6
10	10,2	11,0	11,8	12,6	13,3	14,0	14,5	15,0	15,4	16,0	16,4	16,7
11	11,0	11,9	12,8	13,6	14,2	14,9	15,5	16,0	16,4	17,0	17,5	17,7
12	—	12,7	13,7	14,5	15,2	15,9	16,5	17,0	17,4	18,1	18,6	18,8
13	—	13,6	14,6	15,4	16,1	16,9	17,5	18,0	18,5	19,1	19,7	19,9
14	—	14,4	15,5	16,4	17,1	17,9	18,5	19,0	19,5	20,1	20,7	20,9
15	—	15,3	16,3	17,3	18,1	18,8	19,5	20,0	20,5	21,2	21,7	22,0
16	—	16,2	17,0	18,2	19,0	19,8	20,5	21,0	21,5	22,2	22,8	23,1
17	—	17,1	18,1	19,1	19,9	20,7	21,5	22,0	22,5	23,3	23,9	24,1
18	—	—	19,0	20,0	20,9	21,7	22,5	23,0	23,5	24,3	24,9	25,2
19	—	—	19,9	20,9	21,8	22,7	23,4	24,0	24,5	25,4	26,0	26,3
20	—	—	20,7	21,8	22,7	23,6	24,3	24,9	25,5	26,4	27,0	27,3
21	—	—	21,6	22,7	23,6	24,5	25,3	25,9	26,5	27,4	28,1	28,4
22	—	—	22,5	23,6	24,5	25,5	26,3	26,9	27,5	28,5	29,1	29,5
23	—	—	23,3	24,5	25,5	26,3	27,3	27,9	28,5	29,5	30,2	30,5
24	—	—	24,2	25,4	26,3	27,3	28,2	28,9	29,5	30,5	31,2	31,6
25	—	—	25,0	26,2	27,2	28,2	29,1	29,9	30,5	31,5	32,2	32,6
26	—	—	—	27,1	28,1	29,1	30,1	30,9	31,5	32,5	33,3	33,7
27	—	—	—	27,9	29,1	30,1	31,1	31,9	32,5	33,5	34,3	34,8
28	—	—	—	28,8	30,0	31,0	32,0	32,8	33,5	34,6	35,4	35,8
29	—	—	—	29,7	30,9	31,9	33,0	33,8	34,5	35,6	36,4	36,9
30	—	—	—	30,5	31,7	32,8	33,8	34,7	35,5	36,6	37,4	37,9
31	—	—	—	31,3	32,7	33,8	34,8	35,7	36,5	37,7	38,5	39,0
32	—	—	—	32,2	33,5	34,7	35,7	36,7	37,5	38,7	39,5	40,1
33	—	—	—	33,0	34,4	35,5	36,7	37,6	38,5	39,7	40,5	41,1
34	—	—	—	—	35,3	36,5	37,6	38,5	39,5	40,7	41,6	42,2
35	—	—	—	—	36,1	37,3	38,5	39,5	40,4	41,7	42,6	43,3
36	—	—	—	—	37,0	38,2	39,4	40,4	41,4	42,7	43,6	44,4
37	—	—	—	—	37,9	39,1	40,3	41,4	42,4	43,7	44,6	45,4
38	—	—	—	—	38,7	40,1	41,3	42,3	43,4	44,7	45,7	46,4
39	—	—	—	—	39,6	40,9	42,2	43,3	44,4	45,7	46,8	47,5
40	—	—	—	—	40,5	41,9	43,1	44,3	45,3	46,8	47,8	48,5
41	—	—	—	—	41,3	42,7	44,1	45,2	46,3	47,8	48,9	49,6
42	—	—	—	—	42,2	43,6	45,0	46,1	47,3	48,8	49,9	50,7
43	—	—	—	—	—	44,5	45,9	47,1	48,2	49,8	50,9	51,7
44	—	—	—	—	—	45,4	46,8	48,0	49,2	50,8	51,9	52,8
45	—	—	—	—	—	46,3	47,7	49,0	50,2	51,8	53,0	53,8
46	—	—	—	—	—	47,2	48,5	49,9	51,1	52,8	54,0	54,9
47	—	—	—	—	—	48,0	49,4	50,8	52,0	53,8	55,0	55,9
48	—	—	—	—	—	48,9	50,4	51,7	53,0	54,8	56,1	57,0
49	—	—	—	—	—	49,7	51,3	52,7	53,9	55,8	57,1	58,1
50	—	—	—	—	—	50,6	52,1	53,6	54,9	56,9	58,2	59,1

<hr>

[1] KUNTZE, W.: Arch. Eisenhüttenwes. Bd. 9 (1935/36) S. 509—515, Zahlentafel 2.

5*

Bei der Auswertung von über 130 Zugversuchen fand F. Uebel[1], daß in der Gallikschen Gleichung der Faktor 1,33 besser durch die Zahl 1,46 ersetzt werde, so daß dann die Gleichung

$$\delta_x = \delta_g + \frac{1{,}46}{x\sqrt{1 + \dfrac{\delta_g}{100}}}\left[\psi\left(1 + \frac{\delta_g}{100}\right) - \delta_g\right] \tag{8}$$

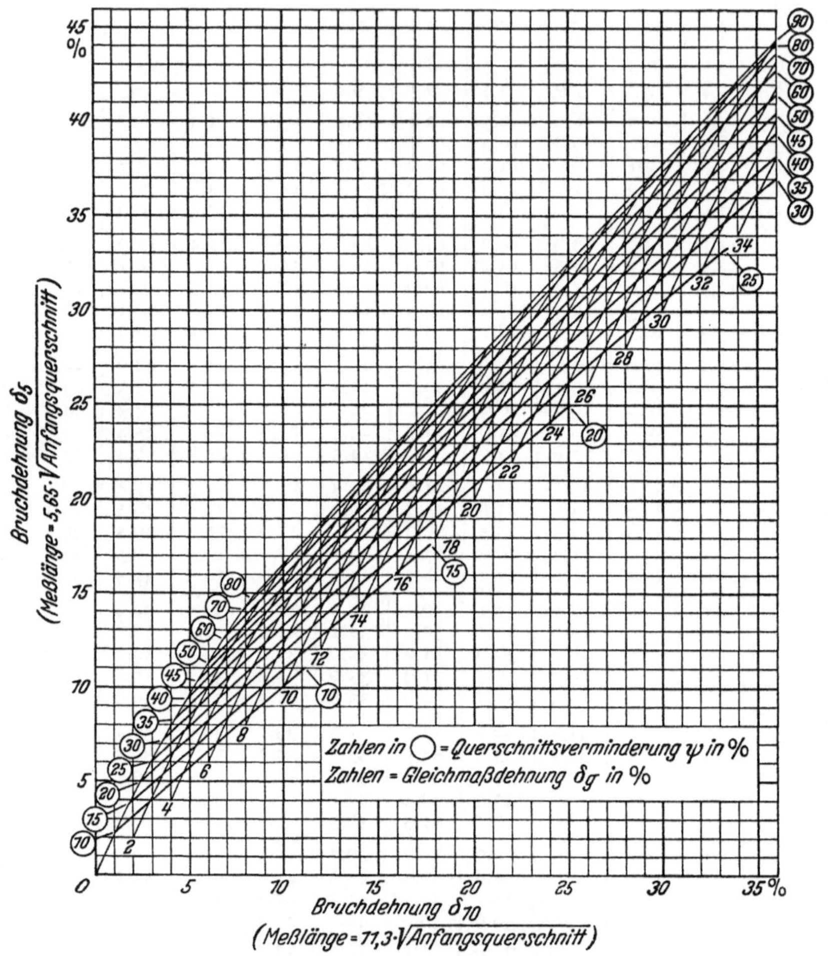

Abb. 32. Umrechnungstafel für die Bruchdehnungen δ_5 und δ_{10}, die Gleichmaßdehnung und die Querschnittsverminderung (Kuntze).

lautet, und bestätigte diesen Wert bei der Auswertung der gleichen, über 400 Stäbe, die Kuntze für seine Kurventafeln verwendet hat. Nach Gleichung (8) berechnete Uebel Kurventafeln für die Beziehungen zwischen Bruchdehnung, Gleichmaß-dehnung und Einschnürung für mehrere Bruchdehnungen (Abb. 34 und 35). Will man mit ihrer Hilfe eine Bruchdehnung δ_{x1} in eine andere δ_{x2} bei be-kannter Einschnürung ψ umrechnen, so bestimmt man zunächst nach der

---

[1] Uebel, F.: Arch. Eisenhüttenw. Bd. 9 (1935/36) S. 515—519.

zugehörigen Tafel die Gleichmaßdehnung δ_g und erhält dann die gesuchte Bruchdehnung $\delta_{x\,2}$ aus

$$\delta_{x\,2} = (\delta_{x\,1} - \delta_g)\,\frac{x_1}{x_2} + \delta_g. \tag{9}$$

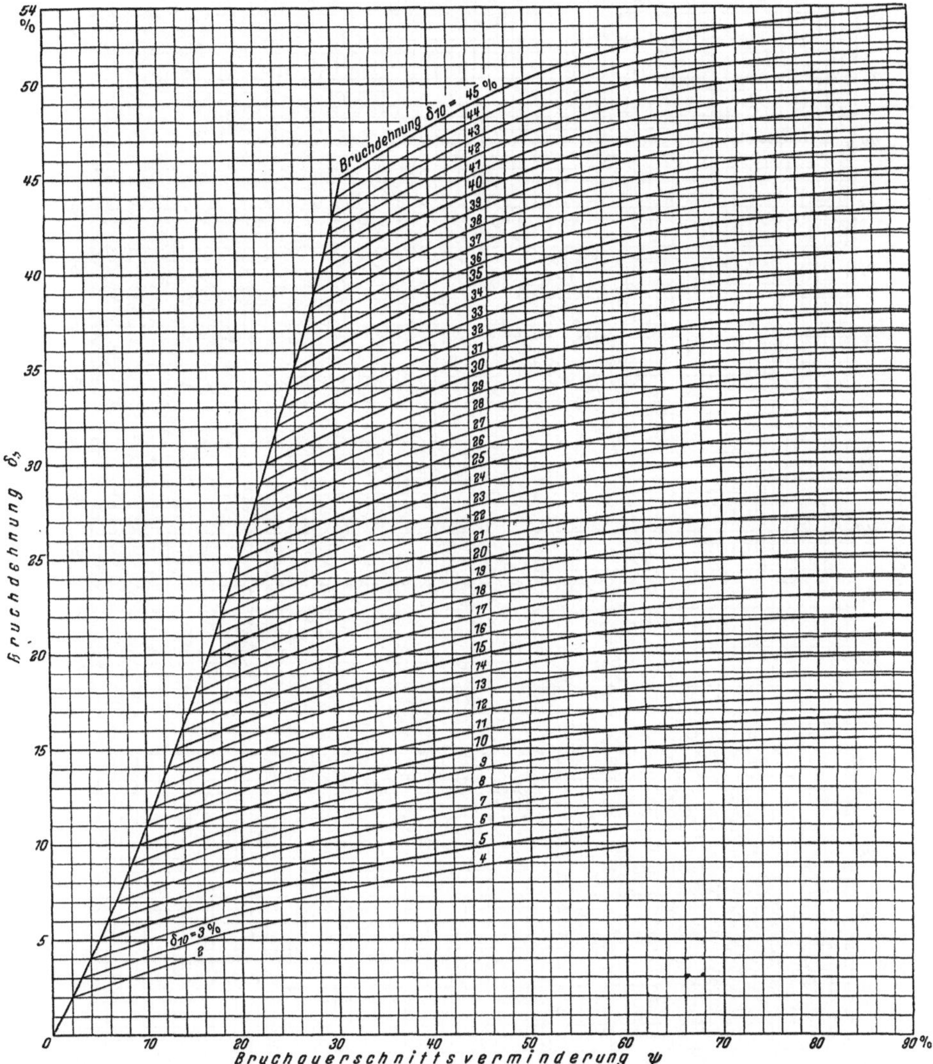

Abb. 33. Umrechnungstafel für die Bruchdehnungen δ_5, δ_{10} und die Bruchquerschnittsverminderung (KRISCH).

Bei Meßlängenverhältnissen von $x \geqq 3$ fand UEBEL für die untersuchten Kohlenstoffstähle gute Übereinstimmung zwischen Messung und Rechnung, soweit sie im Walzzustand vorlagen und nicht gereckt waren. Neuere Untersuchungen von UEBEL ergaben, daß der Faktor 1,46 vom Streckgrenzenverhältnis abhängig ist[1].

---

[1] UEBEL, F.: Arch. Eisenhüttenw. 13 (1939/40) S. 179—181.

Für die schnelle Umrechnung einer Bruchdehnung in eine andere, bei der man auf besondere Genauigkeit keinen Wert legt, ist bei der Firma Fried.

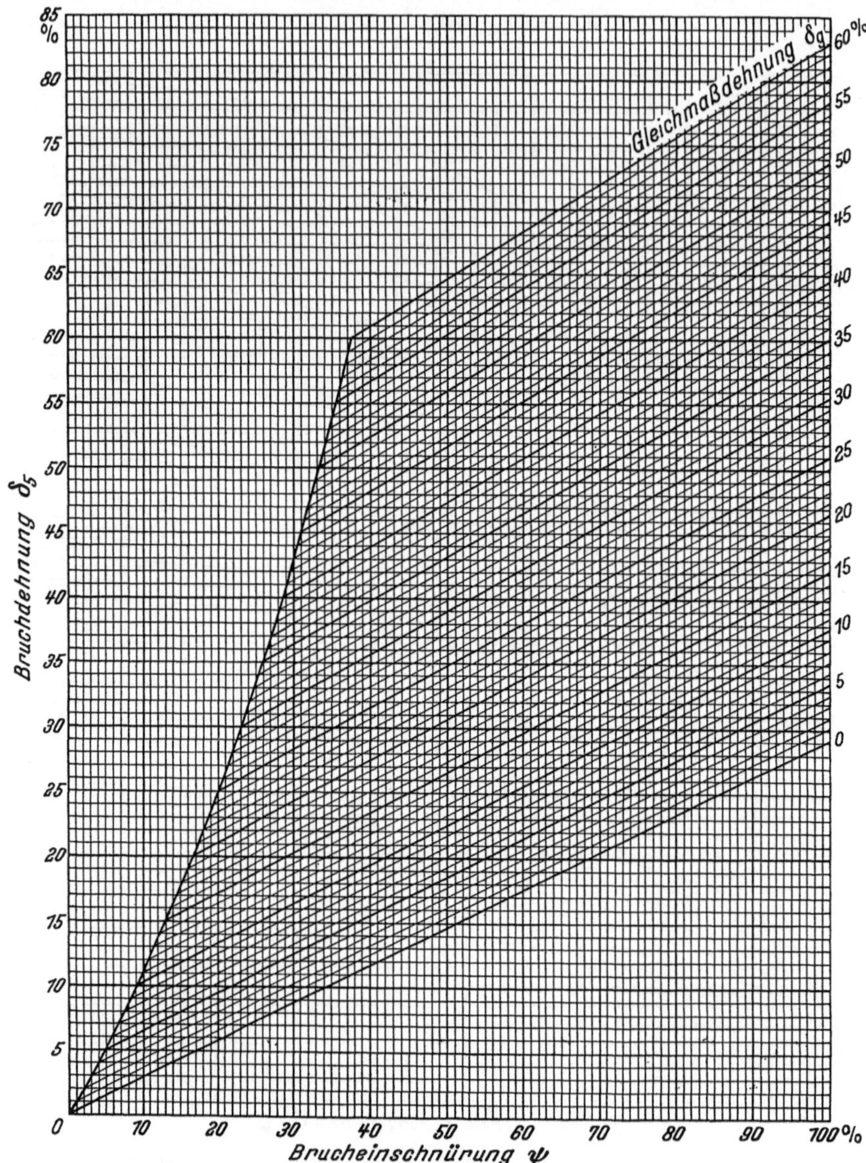

Abb. 34.   Kurventafel für die Errechnung der Gleichmaßdehnung aus der Brucheinschnürung und der Bruchdehnung bei Meßlängen vom 5fachen Probendurchmesser (Uebel). (Für Stäbe mit einem Streckgrenzenverhältnis von etwa 0,65.)

Krupp AG. eine Tafel nach Abb. 36 in Gebrauch [1]. Sie beruht auf der Rude-Loffschen Gleichung

$$\frac{\delta_5 - \delta_g}{\delta_x - \delta_g} = \frac{x}{5} \tag{10}$$

[1] Gentner, F.: Arch. Eisenhüttenw. Bd. 9 (1935/36) S. 520—523.

und erfordert die Messung der Gleichmaßdehnung im Gegensatz zu den Verfahren von KUNTZE, KRISCH und UEBEL, die außer der Bruchdehnung für eine Meßlänge die Kenntnis der Brucheinschnürung verlangen. Die Gleichmaß-

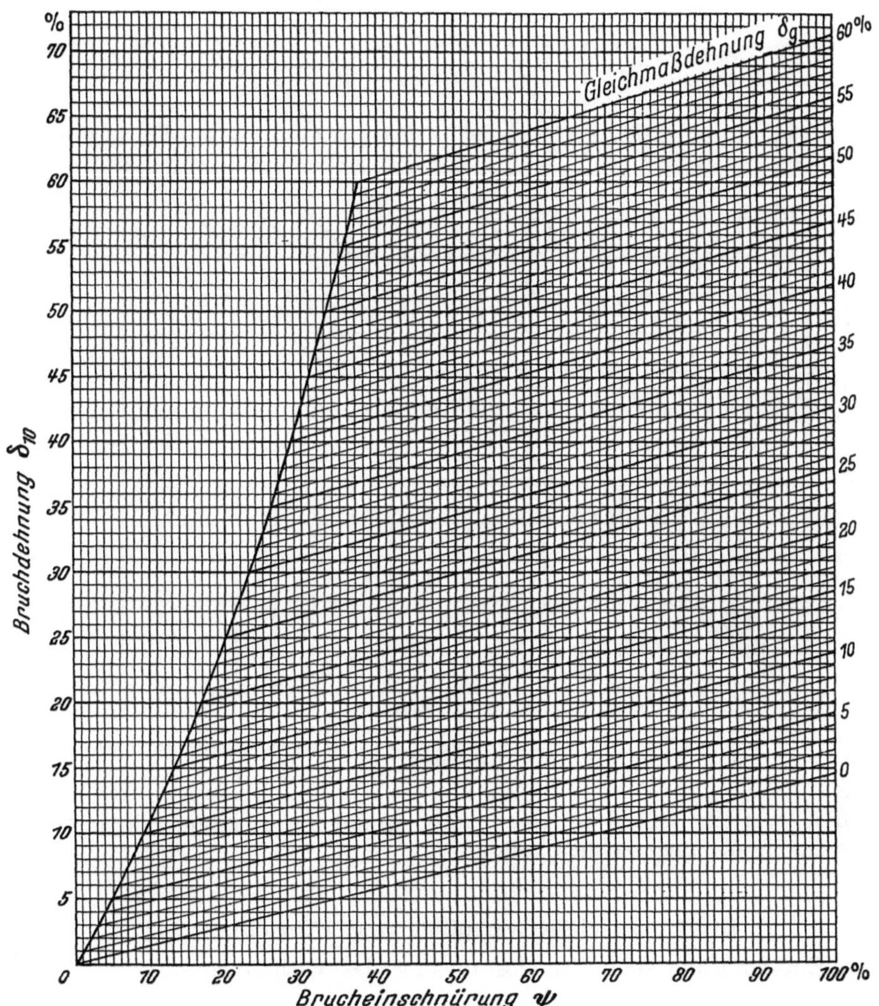

Abb. 35. Kurventafel für die Errechnung der Gleichmaßdehnung aus der Brucheinschnürung und Bruchdehnung bei Meßlängen vom 10fachen Probendurchmesser (UEBEL). (Für Stäbe mit einem Streckgrenzenverhältnis von etwa 0,65.)

dehnung δ_g wird aus einer Durchmessermessung am längeren Abschnitt eines Zerreißstabes etwa in der Mitte zwischen Meßlängenende und Bruch mit der Schieblehre ermittelt und nach der Beziehung

$$\delta_g = \left[\left(\frac{d_0}{d_g}\right)^2 - 1\right] \cdot 100 \tag{11}$$

(d_0 = Durchmesser des Stabes vor dem Versuch, d_g = Durchmesser an der Meßstelle) nach dem Gesetz des konstanten Volumens berechnet.

Zu den Umrechnungsverfahren von Kuntze, Krisch, Uebel und Gentner sei noch bemerkt, daß die Ansichten der Verfasser über die Meßgenauigkeit und die Streuungen der Gleichmaßdehnung δ_g und der Brucheinschnürung ψ auseinandergehen, und daß hierdurch die Wahl der Ausgangswerte für die Kurventafeln

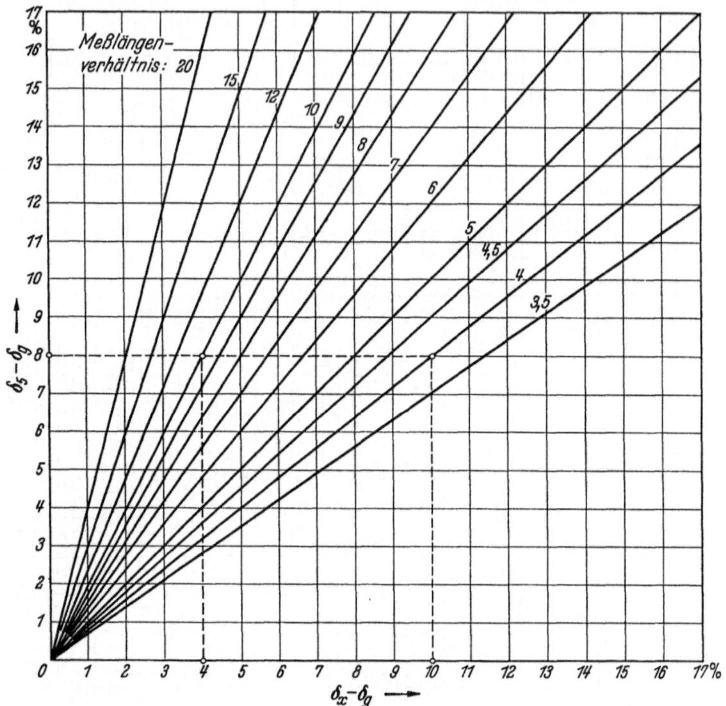

Abb. 36. Tafel zur Umrechnung der Dehnung von einer Meßlänge auf die andere mit Hilfe der Gleichmaßdehnung (Gentner).

beeinflußt worden ist. Für eine erste Annäherung kann δ_{10} mit dem Faktor 1,2 in δ_5 umgerechnet werden[1].

g) Bruchquerschnittsverminderung (Einschnürung).

Die Einschnürung eines Zerreißstabes ist das Verhältnis

$$\psi = \frac{F_0 - F}{F_0} \cdot 100 \ (\text{in } \%),$$

worin F der kleinste Querschnitt an der Bruchstelle und F_0 der Anfangsquerschnitt ist. Die Einschnürung ist ein Maß für die höchste von dem Stab im Zerreißversuch erreichte Formänderung. Sie gibt aber nicht die Grenze der Verformbarkeit an, da sie z. B. bei Herstellungs- und Prüfverfahren, die eine mehrachsige Beanspruchung mit sich bringen (Walzen, Ziehen unter Querdruck), erheblich übertroffen werden kann.

Bei *Rundstäben* bestimmt man die Einschnürung, indem man an der am stärksten eingeschnürten Stelle den Durchmesser in zwei zueinander senkrechten Rich-

---

[1] Moser, M. in Walzwerkswesen, hrsg. von J, Puppe u. G. Stauber, Bd. I, S. 493. Berlin und Düsseldorf 1929.

tungen mißt und daraus das Mittel bildet. Aus diesem Mittelwert berechnet man die Bruchquerschnittsverminderung nach der Gleichung

$$\psi = \left[1 - \left(\frac{d}{d_0}\right)^2\right] \cdot 100 \quad (\text{in } \%).$$

Bei Stäben anderer Querschnittsform erhält man meistens geringere Werte für die Einschnürung als bei runden Stäben aus dem gleichen Werkstoff. Bei Vierkant- und Flachstäben sind die Begrenzungslinien der Bruchflächen meist nicht eben, sondern hohl nach innen gekrümmt. Erfahrungsgemäß errechnen sich bei diesen Stäben die gleichen Werte wie für Rundstäbe, wenn man nicht die Bruchfläche, sondern die eingeschriebene Rechteckfläche in die Formel einsetzt, d. h. die Fläche, die man aus dem Produkt der kleinsten Dicken- und Breitenmaße errechnet (Abb. 37) [1].

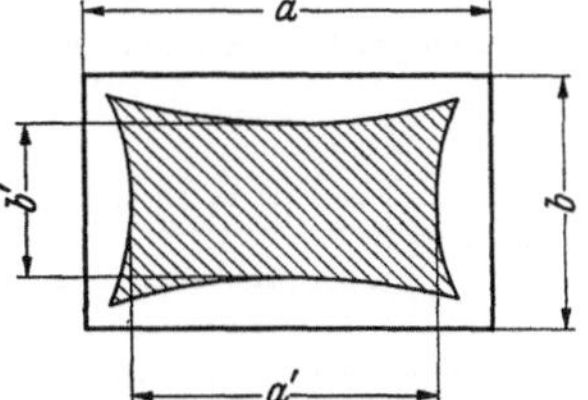

Abb. 37. Ermittlung der Einschnürung eines Vierkantstabes
$$\psi = \left(1 - \frac{a' \cdot b'}{a \cdot b}\right) \cdot 100.$$

h) Dehnzahl, Elastizitätsmodul.

Das Verhältnis der bei der Belastung auftretenden Dehnung der Probe zur Spannung ist die Dehnzahl $\alpha = \varepsilon/\sigma$. Eine praktische Bedeutung hat dieser Wert nur, solange die Dehnungen in der Hauptsache elastisch sind. In DIN 1602 sind obere Grenzen für die Dehnungen oder Spannungen, aus denen die Dehnzahl berechnet werden soll, nicht genannt; es empfiehlt sich aber stets und ist vielfach sogar notwendig, zur Erläuterung einer gemessenen Dehnzahl α auch anzugeben, aus welchen Belastungen bzw. welchen Dehnungen sie bestimmt worden ist.

Der Elastizitätsmodul $E = \sigma/\varepsilon = 1/\alpha$ gibt nach DIN 1602 im Gegensatz zur Dehnzahl α das Verhältnis der Spannung zu der zugehörigen Dehnung nur im elastischen Bereich an und darf daher nur aus Versuchen bestimmt werden, in denen lediglich elastische Dehnungen auftreten, also das HOOKEsche Gesetz Gültigkeit hat.

Üblicherweise bestimmt man den Elastizitätsmodul mit dem MARTENSschen Spiegelgerät, das in Bd. I, Abschn. II C 2 und VI B 1 näher beschrieben ist. Hierzu wird der Stab in einer Zerreißmaschine, die es gestattet, die Belastung genügend genau einzustellen und die Last über die notwendige Zeit unverändert zu halten, belastet und die zugehörige Dehnung gemessen. Sobald die Elastizitätsgrenze überschritten ist, was man daran erkennt, daß bei der Entlastung bleibende Dehnungen auftreten, muß man damit rechnen, daß der Elastizitätsmodul verändert wird [2,3], weshalb man bei der Wahl der Belastung, bis zu der man die Messung ausführen will, vorsichtig sein muß. Um sicher zu sein, daß keine bleibenden Dehnungen auftreten, prüft man den Wert noch durch mehrmaliges Be- und Entlasten nach. Der Elastizitätsmodul ergibt sich aus der Gleichung

$$E = \frac{\sigma}{\varepsilon}.$$

Bezieht man die Verlängerung $\varDelta l$ eines Rundstabes vom Durchmesser d auf eine Meßlänge l zwischen zwei Belastungen P_1 und P_2, so ist

$$E = \frac{4\,(P_1 - P_2) \cdot l}{\pi\,d^2 \cdot \varDelta l}.$$

[1] Siehe auch W. KUNTZE und G. SACHS: Stahl u. Eisen Bd. 47 (1927) S. 219—226.
[2] BAUSCHINGER, J.: Mitt. mechan. Labor. Techn. Hochsch. München 1886, Heft 13. — Civiling. Bd. 27 (1881) S. 289.
[3] KÖRBER, F. u. W. ROHLAND: Mitt. K.-Wilh.-Inst. Eisenforschg. Bd. 5 (1924) S. 37—54.

Dieses Bestimmungsverfahren gilt nur in dem Bereich der Hookeschen Geraden. Bei Werkstoffen, die eine solche lineare Beziehung zwischen Spannung und Dehnung nicht aufweisen, z. B. Gußeisen, Kupfer und Aluminium, muß zur Bestimmung des Elastizitätsmoduls die σ—ε-Kurve mittels Feinmessungen möglichst genau aufgenommen und an diese Kurve die Tangente für $\sigma = o$ gelegt werden. Aus dieser Tangente ist der Elastizitätsmodul zu berechnen.

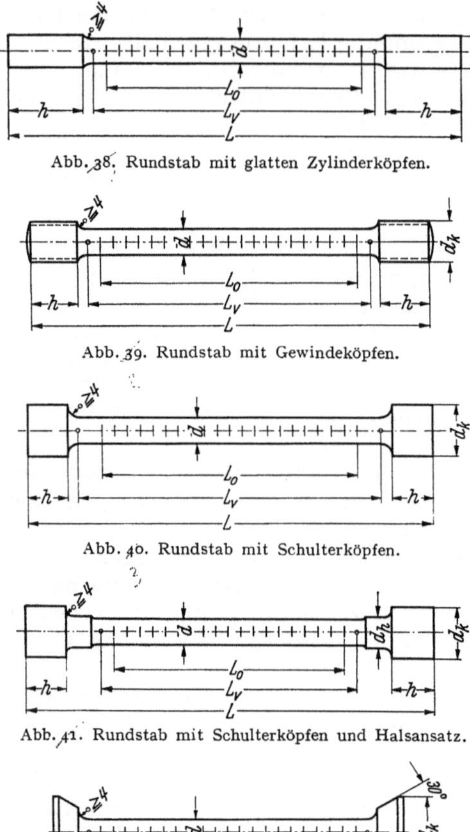

Abb. 38. Rundstab mit glatten Zylinderköpfen.

Abb. 39. Rundstab mit Gewindeköpfen.

Abb. 40. Rundstab mit Schulterköpfen.

Abb. 41. Rundstab mit Schulterköpfen und Halsansatz.

Abb. 42. Rundstab mit Kegelschulterköpfen.

Praktisch wird man die erste Belastungsstufe möglichst klein wählen und aus dem Ergebnis dieser Dehnungsmessung den Elastizitätsmodul bestimmen. Auch dieses Verfahren ergibt einen Näherungswert, da hierbei die Sehne der Kurve gemessen wird und nicht die Tangente. Man bestimmt also eigentlich eine Dehnzahl α, die im Grenzfall in den reziproken Wert des Elastizitätsmoduls $1/E$ übergehen kann. Durch die Verkleinerung der Stufe kann der Fehler soweit herabgedrückt werden, daß er für technische Zwecke bedeutungslos wird. Für genauere Bestimmungen kommen Messungen der Eigenfrequenz bei Schwingungsversuchen in Frage, bei denen die Amplituden ein Bruchteil von den bei der Martensschen Feinmessung notwendigen Verformungen der Probe sind [1].

i) Form der Zerreißstäbe.

In neuerer Zeit ist man dazu übergegangen, die Zerreißstäbe zu normen, um auf diesem Wege auch eine Vereinheitlichung im Prüfmaschinenbau, besonders eine Vereinheitlichung der Einspannteile zu bewirken. In dem Entwurf des DVM-Prüfverfahrens A 125 sind sechs verschiedene Probenformen vorgesehen, s. Abb. 38 bis 40, 42 bis 44 und Zahlentafeln 4 und 5. Bei Rundstäben mit glatten Zylinderköpfen (Abb. 38), die zur Prüfung von Rundstangen geeignet sind, können die Köpfe unbearbeitet gelassen werden, wenn die Stange von der Maschine gut zentriert wird, so daß nur die Meßlänge abgedreht zu werden braucht. Die Probe wird mit Beißkeilen in die Maschine eingespannt. Um ein gleichmäßiges Fassen der Beißkeile zu erleichtern, sollen die Einspannköpfe, namentlich bei härteren Werkstoffen, ebenso lang oder länger als die Beißkeile sein. Nachteilig ist bei dieser Einspannung, daß die Proben in den Beißkeilen oder diese in ihren Führungen rutschen können, so daß diese Stabform für genaue Versuche,

---

[1] Güttner, W.: Diss. Göttingen 1936. — Förster, F.: Z. Metallkde. Bd. 29 (1937) S. 109—115.

Zahlentafel 4. Abmessungen der Rundzerreißstäbe nach dem Entwurf
für DVM-Prüfverfahren A 125 (Abb. 38 bis 40, 42).

Stab-Dmr. d mm	Kopf- bzw. Gewinde-Dmr. d_k mm	Kopf-länge h mm	Gewinde-Kern-Dmr. mm	$L_0 = 10\,d$			$L_0 = 5\,d$		
				Gesamt-länge L mm	Versuchs-länge L_v mm	Meß-länge L_0 mm	Gesamt-länge L mm	Versuchs-länge L_v mm	Meß-länge L_0 mm
a) Rundstäbe mit glatten Zylinderköpfen (Abb. 38).									
6	9	30^1	—	134^1	66	60	104^1	36	30
8	11	30^1	—	156^1	88	80	116^1	48	40
10	13	30^1	—	176^1	110	100	128^1	60	50
12	15	50^1	—	240^1	132	120	180^1	72	60
15	18	50^1	—	273^1	165	150	198^1	90	75
16	19	50^1	—	284^1	176	160	204^1	96	80
18	21	70^1	—	346^1	198	180	256^1	108	90
20	23	70^1	—	368^1	220	200	268^1	120	100
25	28	70^1	—	423^1	275	250	298^1	150	125
b) Rundstäbe mit Gewindeköpfen (Abb. 39).									
6	M 10	12	7,92	98	66	60	68	36	30
8	M 12	14	9,57	124	88	80	84	48	40
10	M 16	19	13,22	156	110	100	106	60	50
12	M 20	24	16,53	188	132	120	128	72	60
15	M 22	26	18,53	225	165	150	150	90	75
16	M 24	29	19,83	242	176	160	162	96	80
18	M 27	32	22,83	270	198	180	180	108	90
20	M 30	36	25,14	300	220	200	200	120	100
25	M 33	40	28,14	363	275	250	238	150	125
c) Rundstäbe mit Schulterköpfen (Abb. 40).									
6	14	12	—	104	72	60	74	42	30
8	14	12	—	128	96	80	88	56	40
10	20	16	—	160	120	100	110	70	50
12	20	16	—	188	144	120	124	84	60
15	24	20	—	228	180	150	153	105	75
16	24	20	—	240	192	160	160	112	80
18	30	25	—	274	216	180	184	126	90
20	30	25	—	298	240	200	198	140	100
d) Rundstäbe mit Kegelschulterkopf (Abb. 42).									
6	20	6	—	86	66	60	56	36	30
8	24	8	—	112	88	80	72	48	40
10	28	10	—	138	110	100	88	60	50
12	32	12	—	164	132	120	104	72	60
15	38	15	—	203	165	150	128	90	75
16	40	16	—	216	176	160	136	96	80
18	44	18	—	242	198	180	152	108	90
20	48	20	—	268	220	200	168	120	100
25	58	25	—	333	275	250	208	150	125

[1] Mindestmaß.

z. B. für Feinmessungen, nicht geeignet ist. Hierfür empfehlen sich Stäbe mit
Gewindeköpfen nach Abb. 39. Da die Muttern und die anderen Einspannteile nur geringe elastische Verformungen erleiden, aber ihre Lage in der Maschine nicht verändern, hat man bei dieser Stabform die geringsten Störungen
von der Maschine zu erwarten. Man wird daher diese Form zur Bestimmung
des Elastizitätsmoduls oder der Dehngrenzen bevorzugen. Dasselbe ist von
dem Rundstab mit Schulterköpfen (Abb. 40) zu sagen. Bei diesem Stab, der
wegen seines geringen Stoffaufwandes bei der Werkstoffabnahme sehr viel verwandt wird und dabei verhältnismäßig billig ist, liegt aber ein Teil der Meßlänge innerhalb der Einspannringe, weshalb für Feinmeßgeräte und andere

Apparate oft nicht genügend Platz vorhanden ist. Kleinere Stäbe dieser Form lassen sich in manche Zerreißmaschinen nicht einbauen. Vielfach wird abweichend von dem Normvorschlag der Schulterstab noch mit einem Bund versehen, der die Zentrierung des Stabes übernimmt, während bei dem Normvorschlag der Kopf den Stab zentrieren muß, da sich ja die Versuchslänge während der Prüfung in ihrem Durchmesser ändert. Dieser Stab ist aber länger und erfordert bei gleichem Durchmesser einen dickeren Kopf (Abb. 41), also stärkeres Ausgangsmaterial und erhöhte Bearbeitungskosten, so daß der Normvorschlag für viele Zwecke geeigneter ist. Eine Sonderform des Stabes mit Schulterkopf ist die Probe mit Kegelschulterkopf (Abb. 42); sie hat den großen Vorteil, daß sie infolge der großen tragenden Fläche sicher in der Einspannbuchse des Maschinenkopfes gefaßt wird, auch wenn aus besonderen Gründen der Kegelmantel nicht vollständig ist.

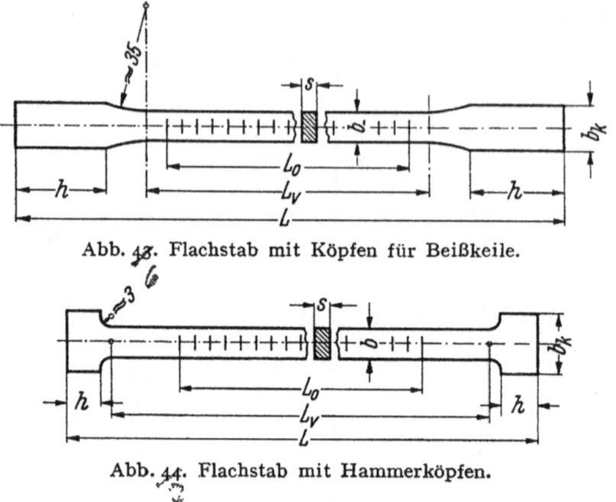

Abb. 43. Flachstab mit Köpfen für Beißkeile.

Abb. 44. Flachstab mit Hammerköpfen.

Für Flachstäbe enthält der Normvorschlag zwei Formen, eine für die Verwendung von Beißkeilen (Abb. 43) und die Form mit Hammerkopf (Abb. 44). Die Flachstäbe kommen in erster Linie für die Prüfung von Blechen in Frage.

Zahlentafel 5. Abmessungen der Flachzerreißstäbe nach dem Entwurf für DVM-Prüfverfahren A 125 (Abb. 43 und 44).

Proben-dicke s mm	Proben-breite b mm	Kopf-breite b_k mm	Kopf-länge h^1 mm	$L_0 = 11,3\sqrt{F}$ ($L_0 = 10\,d$)			$L_0 = 5,65\sqrt{F}$ ($L_0 = 5\,d$)		
				Gesamt-länge L^1 mm	Versuchs-länge L_v mm	Meß-länge L_0 mm	Gesamt-länge L^1 mm	Versuchs-länge L_v mm	Meß-länge L_0 mm
a) Flachstäbe mit Köpfen für Beißkeile (Abb. 43).									
5	10	15	30	180	90	80	140	50	40
5	16	22	30	200	110	100	150	60	50
6	20	27	50	265	135	120	205	75	60
7	22	28	50	285	155	140	215	85	70
8	25	33	50	307	175	160	227	95	80
10	25	33	70	372	200	180	282	110	90
10	31	42	70	392	220	200	292	120	100
12	26	34	70	394	220	200	294	120	100
15	30	40	70	440	265	240	320	145	120
18	30	40	70	459	285	260	329	155	130
b) Flachstäbe mit Hammerkopf (Abb. 44).									
5	10	20	12	155	125	80	90	60	40
5	16	35	20	196	150	100	116	70	50
6	20	40	24	224	170	120	134	80	60
7	22	45	26	258	200	140	153	95	70
8	25	50	36	298	220	160	176	110	80
10	25	50	30	316	250	180	196	130	90
10	31	60	37	360	280	200	230	150	100
12	26	50	30	346	280	200	216	150	100
15	30	60	36	398	320	240	238	170	120
18	30	60	36	418	340	260	263	185	130

[1] Die Maße für L und h sind Mindestmaße.

Da häufig die Walzhaut nicht abgearbeitet werden soll, so ist die Dicke des Stabes gleich der Dicke des untersuchten Bleches. Auch bei den Flachstäben muß man darauf achten, daß die Köpfe möglichst lang sind, bei harten Werkstoffen länger als die Einspannbacken. In besonderen Fällen, z. B. bei Warmzerreißversuchen und Feinmessungen, kann man auf die Einspannköpfe von Flachstäben Gewinde schneiden. Ist der tragende Gewindequerschnitt infolge geringer Blechdicke zu klein, so muß man die Köpfe durch aufgenietete Blechstücke verstärken. Der Flachstab mit Hammerkopf (Abb. 44) wird ähnlich wie ein Schulterrundstab eingespannt, er dient zur Vornahme von Warmzerreißversuchen an Blechen und Rohren, bei denen Keileinspannungen nicht verwandt werden können, da die Keile hierbei in unzulässiger Weise angelassen werden und damit ihre Härte verlieren würden.

In verschiedenen DIN-Blättern bestehen Sondervorschriften für die Wahl des Probestabes, die nachstehend kurz aufgeführt seien.

Beim *Gußeisen* (DVM-Prüfverfahren A 109) verzichtet man auf die Dehnungsmessung und läßt daher für gewöhnlich den zylindrischen Abschnitt, also die

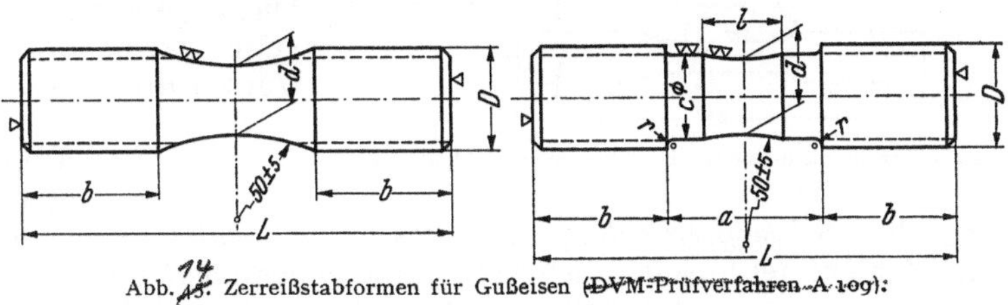

Abb. 45. Zerreißstabformen für Gußeisen (DVM-Prüfverfahren A 109).

Meßlänge, fort, um kurze Stäbe zu erhalten (Abb. 45). Der Stab besteht daher sozusagen aus zwei aneinandergesetzten Hohlkehlen. Daneben ist aber in dem Normblatt auch die Einschaltung eines zylindrischen Abschnittes von der Länge des Durchmessers zugelassen, wobei auf die notwendige gute Bearbeitung des Überganges hingewiesen wird. Die Abmessungen der Stäbe zeigt Zahlentafel 6, sie sind der Wanddicke des zu untersuchenden Stückes anzupassen.

Zahlentafel 6. Zerreißstäbe aus Gußeisen nach DVM-Prüfverfahren A 109 (Abb. 45).

| Nenn-durch-messer d | Quer-schnitt F | Durch-messer c | Gewinde[1] | | a [2] | r | b mindestens | L [2] mindestens | $l \approx$ |
| | | | Metrisch nach DIN 14 D | Whitworth nach DIN 11 D | | | | | |
mm	mm²	mm			mm	mm	mm	mm	mm
6	28,3	7	M 10	—	28	1,5	13	54	14
8	50,3	9	M 12	$^1/_2''$	31	1,5	16	63	14
10	78,5	12	M 16	$^5/_8''$	34	1,5	20	74	20
12,5	122,7	14,5	M 20	$^3/_4''$	37	1,5	24	85	20
16	201,1	18	M 24	$1''$	40	1,5	30	100	20
20	314,2	22	M 30	$1^1/_8''$	43	1,5	36	115	20
25	490,9	28	M 36	$1^3/_8''$	46	2,5	44	134	24
32	804,3	36	M 45	$1^3/_4''$	50	2,5	55	160	28
40	1256,6	44	M 56	$2^1/_4''$	54	2,5	68	190	28

[1] Das metrische Gewinde ist zu bevorzugen.
[2] Bei Stäben mit zylindrischem Mittelteil werden die Maße a und L höchstens um die Länge d vergrößert.

Das DVM-Prüfverfahren A 114 enthält die Abmessungen für Zerreißstäbe aus *dünnen Blechen*, s. Abb. 46 und Zahlentafel 7. Während aber bei dem Entwurf zu A 125 die Breite des Stabes so angegeben ist, daß die Meßlänge möglichst genau dem 10- bzw. 5fachen Stabdurchmesser entspricht, enthält dieses (ältere) Blatt nur drei Stabformen mit jeweils verschiedenen abgerundeten Meßlängen, so daß die auf diesen Stäben gemessene Dehnung, die nach dem Normblatt als δ_{10} gilt, tatsächlich zwischen $\delta_{7,9}$ und $\delta_{12,5}$ liegt. Das Blatt gilt für Bleche von 0,2 bis unter 5 mm Nenndicke, bei denen Zugfestigkeit und Dehnung, und für Bleche unter 0,2 mm Dicke, bei denen die Zugfestigkeit, aber keine Dehnung gemessen wird. Stahlblech nach DIN 1623 (Feinblech) wird nur bis herab zu 0,8 mm Dicke geprüft, für dieses gelten etwas abweichende Vorschriften, s. Zahlentafel 7.

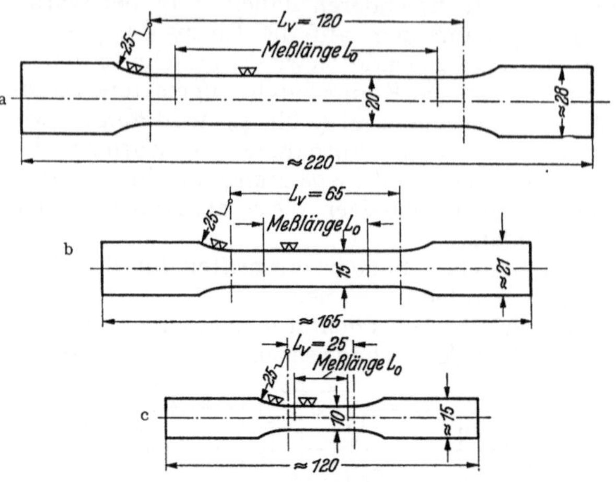

Abb. 46. Zerreißstabformen für dünne Bleche (DVM-Prüfverfahren A 114).

die Prüfung der *Schweißverbindung* und des *Schweißgutes*. Im ersten Fall (Abb. 47 und Zahlentafel 8) sollen Schweiße, Übergangszonen und Grundwerkstoff der gleichen Beanspruchung ausgesetzt werden, daher wird die Nahtwulst bis auf die Oberfläche des Stabes abgearbeitet. Soll die Schweiße selbst geprüft werden, so verwendet man einen Kerbflachstab nach Abb. 48 und Zahlentafel 9 mit abgearbeiteter Nahtwulst, bei dem aber durch die Kerbform die Zugfestigkeit bis zu 15 % zu hoch gefunden wird, oder einen Rundstab (kurzen Proportionalstab von mindestens 10 mm Dmr.), der aus dem Schweißgut einer Naht herausgearbeitet wird. Mit diesem Stab kann man Streckgrenze, Zugfestigkeit, Dehnung und Einschnürung der Schweiße selbst bestimmen. Daneben ist in der *Schweißerprüfung*, der sich nach DIN 4100 jeder Schweißer in bestimmten

Das DVM-Prüfverfahren A 120 unterscheidet

Zahlentafel 8. Zerreißstäbe aus dünnen Blechen nach DVM-Prüfverfahren A 114 (Abb. 46).

Blechdicke	Stabform	Stab-breite b	Prismatische Länge L_v	Meßlänge L_0
mm	Abb.	mm	mm	mm
unter 0,2	46c	10	25	20
0,2 bis unter 0,5				
0,5 bis unter 0,75				30
0,75 bis unter 1	46b	15	65	40
1 bis unter 1,5				50
1,5 bis unter 2				60
2 bis unter 3,5	46a	20	120	80
3,5 bis unter 5				100

Stahlblech nach DIN 1623 (Feinblech) wird nur bis herab zu 0,8 mm Dicke geprüft, hierfür gelten folgende Probestäbe:

Blechdicke	Stabform	Stab-breite b	Prismatische Länge L_v	Meßlänge L_0
mm	Abb.	mm	mm	mm
0,8 bis unter 1,5				50
1,5 bis unter 2	46a	20	120	60
2 bis unter 3				80

Abständen zu unterziehen hat, die Prüfung einer Stumpfnaht nach Abb. 49 vorgesehen, bei der die Nahtdicke gleich der Blechdicke t, die Nahtbreite gleich der Probenbreite gerechnet wird.

Zahlentafel 8.
Zerreißstäbe aus geschweißten Blechen (Prüfung der Schweißverbindung).

Dicke a Stablänge L	10 bis 25 250	über 25 bis 35 300	über 35 bis 45 350
Versuchslänge L_v	soll gleich Breite der Schweiße b_s + 5 bis 10 mm sein		
b_1	30	35	40
b_2	20	25	30
r	15	20	25

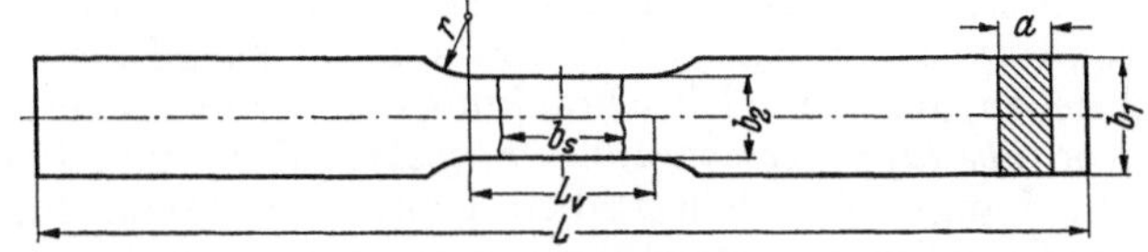

Abb. 47. Zerreißstabform zur Prüfung einer Schweißverbindung (DVM-Prüfverfahren A 120).

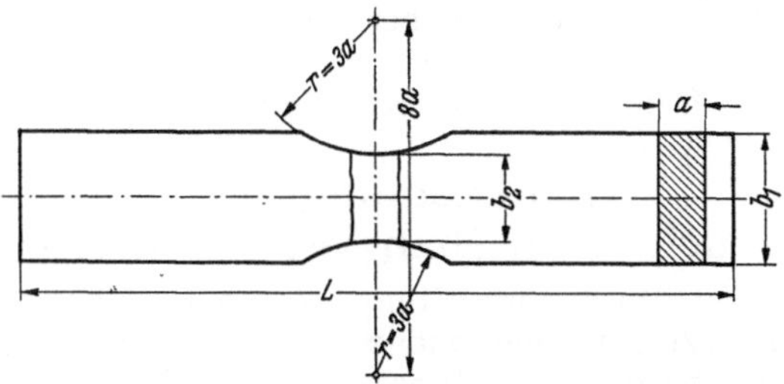

Abb. 48. Zerreißstabform zur Prüfung einer Schweißraupe (DVM-Prüfverfahren A 120).

Zahlentafel 9. Zerreißstäbe aus geschweißten Blechen
(Prüfung des Schweißgutes).

Dicke a	6	8	10	12	14	16	18	20
Stablänge L	250	250	250	250	250	250	250	250
b_1	18	24	30	36	42	48	54	60
b_2	12	16	20	24	28	32	36	40
r	18	24	30	36	42	48	54	60

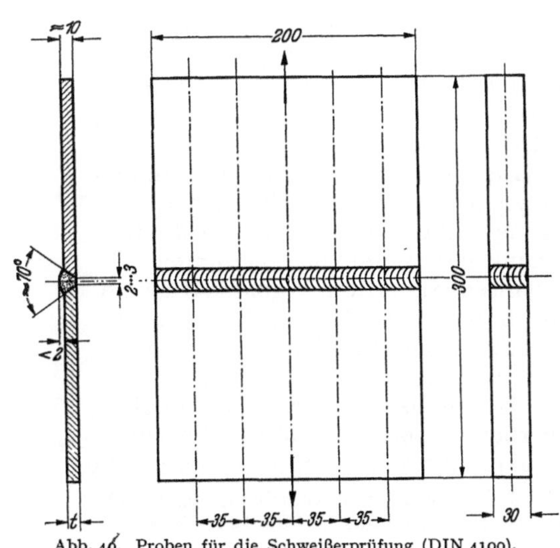

Abb. 49. Proben für die Schweißerprüfung (DIN 4100).

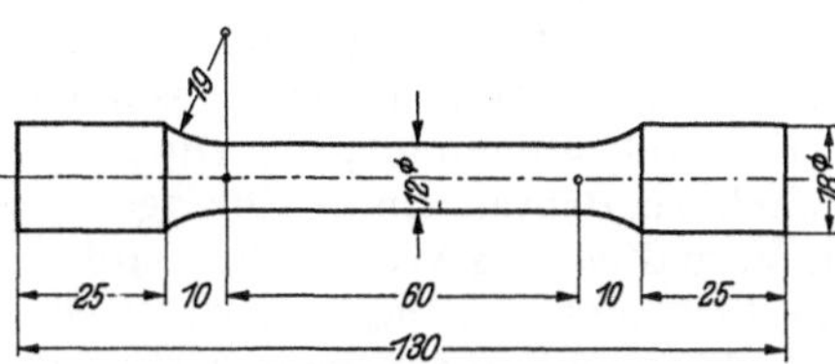

Abb. 50. Zerreißstabform für Temperguß (DIN 1692).

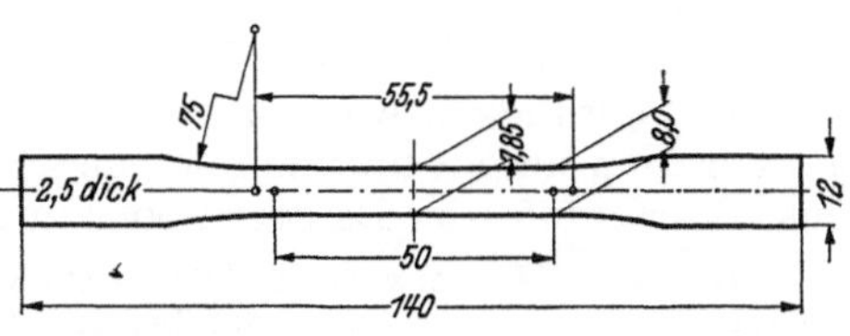

Abb. 51. Zerreißstabform für Spritzguß (DIN 1741/44).

Sondervorschriften bestehen außerdem noch für folgende Prüfungen:

Bei Prüfung von *Stahlguß* ist der kurze Proportionalstab zu wählen (DIN 1681).

Bei *Temperguß* (DIN 1692) wird ein besonders gegossener Probestab von 12 mm Dmr. und 60 mm Meßlänge geprüft (Abb. 50); da bei ihm die Meßlänge bis an die Hohlkehlen heranreicht, entspricht er nicht den Vorschriften zur Messung von δ_5 [1].

Bei *Werkstoffen für Land- und Schiffsdampfkessel* wird die Dehnung teils als δ_l (Bleche und Nieteisen), teils als δ_{10} (Stahlguß δ_5) bestimmt, wobei für die Zerreißstäbe aus Blechen (δ_l) die Breite begrenzt ist (DIN 1851/52, DIN 1853).

Für *Formstahl*, *Stabstahl* und *Breitflachstahl* (DIN 1612) und für *Schrauben-* und *Nieteisen* (DIN 1613) sind Lang- und Kurzstäbe, für *Baubleche* (DIN 1621) Langstäbe vorgeschrieben, aber ohne Einschränkung der Breite des Zerreißstabes.

Die Dehnung von *überlappt geschweißten Flußstahlrohren* und *Formstücken* (DIN 1628) wird an Lang- oder Kurzstäben geprüft, während für *nahtlose Flußstahlrohre* (DIN 1629) Proportionalstäbe vorgeschrieben sind.

Für *Blei-*, *Zinn-*, *Zink-* und *Leichtmetallspritzguß* (DIN 1741 bis 1744) ist eine besondere Prüfstabform vorgesehen, bei der die Meßlänge nicht prismatisch ist (Abb. 51).

Bei Drähten wird die Dehnung in der Regel auf eine willkürliche Meßlänge, vielfach $l = 35\,d$, bezogen.

7. Bedeutung
der im Zugversuch ermittelten Werkstoffeigenschaften.

Das Ziel jeder Art von Werkstoffprüfung ist, ein Urteil über die Güte des zu prüfenden Werkstoffes zu gewinnen, möge es sich dabei um eine Nachprüfung seiner Eignung für einen bestimmten Verwendungszweck oder um die Auswahl des für die betreffenden Zwecke bestgeeigneten Werkstoffes handeln. Dabei sollen die im Prüfversuch ermittelten Werkstoffkennziffern als Grundlage für die vergleichende Bewertung der Werkstoffe und gleichzeitig als Maßstab für die von ihnen ohne Gefährdung der Betriebssicherheit zu ertragenden Beanspruchungen dienen.

Die verschiedenen Verwendungsarten stellen verschiedene Anforderungen an den Werkstoff, oder anders ausgedrückt, die ungleichen Eigenschaften der Werkstoffe bewirken, daß sie für die verschiedenen Zwecke auch unterschiedliche Eignung besitzen. In der Praxis kann sich die Prüfung der Werkstoffe natürlich nicht auf all die mannigfaltigen und verwickelten Bedingungen erstrecken, denen sie im Betrieb ausgesetzt werden, vielmehr müssen die Prüfbedingungen vereinfacht werden. Es gilt, besonders kennzeichnende Eigenschaften zu untersuchen und zahlenmäßig festzulegen, die leicht und zuverlässig bestimmbar und einfach zu deuten sind. Solange unsere Erkenntnisse noch nicht ausreichen, das Verhalten des Werkstoffes auf seine Grundeigenschaften zurückzuführen und lückenlos aus diesen abzuleiten, und solange wir noch nicht in der Lage sind, diese echten Stoffkennwerte auf einfache und eindeutige Weise zu bestimmen, sind wir gezwungen, zur Kennzeichnung des technischen Verhaltens der Werkstoffe auf die in den Werkstoffprüfverfahren ermittelten Eigenschaftswerte zurückzugreifen. Unter diesen stehen als brauchbarer Gütemaßstab die im Zugversuch ermittelten Eigenschaften Zugfestigkeit und Bruchdehnung an erster Stelle; dazu tritt in vielen Fällen noch die Streckgrenze.

Die Zugfestigkeit wurde bis vor wenigen Jahren fast allgemein als Grundlage gewählt, um unter Hinzunahme eines Sicherheitsfaktors die zulässige Belastung eines Werkstoffes im Bauwerk oder in der Maschine anzugeben; sie diente dem

---

[1] In einem Neuentwurf zu DIN 1626 sind kürzere Stäbe mit verschiedenen Durchmessern und $l = 3\,d$ an Stelle der bisherigen vorgesehen, vgl. Masch.-Bau Betrieb Bd. 22 (1939) S. 208.

Gestalter als Berechnungsunterlage. Da aber in vielen Fällen schon eine größere bleibende Verformung das Werkstück unbrauchbar macht, wird in neuerer Zeit als Berechnungsunterlage für den Fall rein „statischer" Beanspruchung die Streckgrenze bevorzugt, wiederum unter Hinzunahme eines Sicherheitsfaktors, der aber kleiner gewählt werden kann, da der Spannungsbereich zwischen Streckgrenze und Zugfestigkeit eine zusätzliche Sicherheit gegen das Eintreten eines Bruches bietet. Bei der Beurteilung des Betriebsverhaltens der Werkstoffe auf Grund der im einfachen Zugversuch am glatten Probestab gewonnenen Prüfwerte sind aber gewisse Einschränkungen nicht außer acht zu lassen. In den meisten Maschinen und Bauteilen treten vornehmlich an Verbindungen und Querschnittsübergängen, die häufig unvermeidbar sind, mehrachsige Spannungszustände auf, unter denen für den Beginn des Fließens, für den Verlauf der Spannungs-Formänderungslinie, für die Größe der Formänderung bis zum Bruch und schließlich für die Bruchlast selbst wesentlich andere Bedingungen bestimmend sind als beim einachsigen Spannungszustand eines glatten Zerreißstabes. Daher können auch bei statischen Beanspruchungen Brüche in Bauteilen unter Umständen auftreten, die sich von den Bruchbedingungen eines glatten Stabes wesentlich unterscheiden. Namentlich ist die Formänderung bei diesen Brüchen unter mehrachsigen Spannungen oft verschwindend klein, so daß der Werkstoff wie ein spröder Stoff ohne vorherige plastische Verformung bricht, ohne daß jedoch bei einer Prüfung der Bruchstücke unter den Bedingungen des Zugversuches eine Versprödung festzustellen ist. Trotzdem ist in allen Fällen eine gute Formänderungsfähigkeit, für die Bruchdehnung und Einschnürung ein Maß bilden, erwünscht, da diese in der Regel eine gewisse Gewähr gegen eine Zerstörung des Werkstoffes durch Rißbildung bei örtlichen Beanspruchungen über die Streckgrenze bietet.

Noch viel weniger zuverlässige Aussagen gestatten die im Zugversuch ermittelten Werkstoffwerte über das Betriebsverhalten von Bau- und Maschinenteilen, die häufig wechselnden Beanspruchungen ausgesetzt sind. Die für die Haltbarkeit solcher Bauteile maßgebliche Wechselfestigkeit liegt weit unterhalb der Zugfestigkeit und besonders im Fall von Kerbwirkungen auch erheblich unterhalb der Streckgrenze (vgl. hierzu Abschn. III B 4).

Für die laufende Erzeugung ist der Zugversuch ein einfaches Mittel, um die Gleichmäßigkeit der verschiedenen Lieferungen des Werkstoffes festzustellen. Weichen die Prüfergebnisse von den für eine praktisch bewährte Werkstoffart vorliegenden Normalwerten stark nach oben oder unten ab, so ist damit zu rechnen, daß sich dieser Werkstoff namentlich unter verwickelten Betriebsbeanspruchungen anders verhält als der bekannte. Höhere Werte des Zugversuchs, sei es der Zugfestigkeit, der Streckgrenze oder der Bruchdehnung und Einschnürung, gewährleisten keineswegs immer eine größere, besonders nicht etwa eine in gleichem oder auch nur ähnlichem Ausmaß gesteigerte Ausnutzbarkeit des Werkstoffes unter den veränderten Beanspruchungsverhältnissen des Betriebes und der veränderten Gestaltung des Werkstückes.

Die besondere Eignung der Zugfestigkeit und Bruchdehnung sowie auch der Streckgrenze für eine Kennzeichnung und Nachprüfung der Werkstoffgüte ist in Verbindung mit ihrer einfachen und zuverlässigen Bestimmung und ihrer verbreiteten Anwendung im In- und Ausland der Hauptgrund dafür, daß sie in den Abnahmebedingungen und Liefervorschriften (Abschn. 8) an erster Stelle bewertet und am häufigsten vorgeschrieben werden. Diese Vorschriften können aber ihre Aufgabe, die Übergabe des Werkstoffes vom Erzeuger an den Verbraucher klar und widerspruchsfrei zu regeln, nur dann erfüllen, wenn sie in entsprechender Weise in den Normen für die Kennzeichnung der Werkstoffe und für die Durchführung der erforderlichen Prüfungen festgelegt sind.

In den deutschen Normen sind für zahlreiche Werkstoffe die Eigenschaften angegeben, die für die betreffende Stoffart kennzeichnend sind. Bei den metallischen Werkstoffen sind dies in erster Linie die Festigkeitseigenschaften neben der chemischen Zusammensetzung; diese ist freilich stets nur in gewissen Grenzen vorgeschrieben.

Die mechanischen Eigenschaften der einzelnen Werkstoffe sind meistens genauer festgelegt. Es ist dem Hersteller der Werkstoffe freigelassen, wie er diese mechanischen Eigenschaften erreicht, wobei er außer der Änderung der Zusammensetzung in den zulässigen Grenzen in manchen Fällen auch die Möglichkeit einer Beeinflussung der Eigenschaften durch eine Wärmebehandlung ausnutzen kann. Sofern aber die mechanischen Eigenschaften für eine bestimmte Wärmebehandlung angegeben sind, können gleichzeitige Vorschriften über Zusammensetzung und mechanische Eigenschaften zu Schwierigkeiten führen, da die in den Normen genannten Grenzen für beide nicht überall in Einklang zu bringen sind. In einzelnen DIN-Blättern, z. B. in DIN 1662 und 1663 sind für Nickel- und Chrom-Nickelstahl und für Chrom- und Chrom-Molybdänstahl, sowie in dem Erläuterungsblatt DIN 1606 für Einsatz- und Vergütungsstahl (DIN 1661) für diese Fälle Anweisungen gegeben.

Wenn in den einzelnen Normblättern mechanische Festigkeitswerte festgelegt sind, so wird in erster Linie und regelmäßig eine bestimmte Zugfestigkeit verlangt, wogegen Streckgrenzenwerte (auch in Hundertteilen der Zugfestigkeit) nur in einigen Fällen, in erster Linie bei Vergütungsstählen vorgeschrieben werden. Daneben sind vielfach Grenzen für die Bruchdehnung vorgesehen, die aber wenig einheitlich teils für eine Meßlänge gleich dem 10fachen, teils für eine solche gleich dem 5fachen Durchmesser gelten; zuweilen werden auch Lang- oder Kurzstäbe vorgeschrieben. In Sonderfällen werden darüber hinaus auch für andere mechanische Werkstoffeigenschaften bestimmte Werte vorgeschrieben, z. B. für Gußeisen die Biegefestigkeit und Durchbiegung (s. Abschn. E), für Vergütungsstähle die Brinellhärte (s. Abschn. V B 1), für Feinbleche Tiefungs- (s. Abschn. VI C 2) und für Drähte Biege- und Verwindungszahlen (s. Abschn. VI C 3).

8. Werkstoffabnahme.

Vielfach ist es üblich, daß das fertige Stück bzw. die gesamte Lieferung in Gegenwart von Hersteller und Verbraucher auf seine Festigkeitseigenschaften nachgeprüft wird (Abnahme der Lieferung). Hierzu sind in den deutschen Normen (DIN 1605, Blatt 1) Bestimmungen erlassen.

Als *Probe* versteht man dabei das Werkstück, das im bearbeiteten oder nicht-bearbeiteten Zustand für die Durchführung des Versuches bestimmt ist, *Probestück* ist der Teil einer Lieferung, aus dem die Probe herausgearbeitet wird, während man mit *Versuch* den Prüfvorgang selbst bezeichnet.

Wenn nichts Besonderes vereinbart ist, erfolgt die Prüfung im Lieferwerk. Die Festigkeitsangaben beziehen sich nur auf den Anlieferungszustand, d. h. den Zustand, in dem das Werk liefern soll, falls (z. B. bei vergüteten Werkstoffen) nichts Besonderes vereinbart oder in den Normen vorgesehen ist. Die Auswahl der Probestücke und der Stellen für die Probenentnahme bleibt im allgemeinen dem Abnehmer vorbehalten, doch soll dadurch die durchschnittliche Eigenschaft der Lieferung erfaßt werden. Über die Anzahl der Proben sind vielfach in den einzelnen Werkstoffnormblättern Angaben gemacht. Zur Werkstoffersparnis sollen möglichst Abfallenden oder durch Formfehler unbrauchbare Teile verwendet werden. Dagegen dürfen Proben mit sichtbaren Fehlern, die das Ergebnis beeinflussen können, nicht zu Festigkeitsversuchen gebraucht werden, ebenso sind Versuchswerte, die durch unrichtige Einspannung oder andere

Versuchsfehler beeinflußt sind, nicht zu berücksichtigen. Durch das Herausarbeiten der Proben darf eine Beeinflussung nicht erfolgen; Walzstahl ist möglichst mit der Walzhaut zu prüfen. Querproben werden nur bei besonderen Vereinbarungen entnommen.

Die Dicke der Proben für Zerreiß- und Faltversuche darf nicht mehr als 30 mm betragen, soweit nichts Besonderes vereinbart ist. Wird das Gebrauchsstück geglüht oder später heruntergeschmiedet, so ist mit dem Probestab in gleicher Weise zu verfahren.

Für die Beurteilung der gesamten Lieferung besteht der Grundsatz, daß diese als abgenommen gilt, wenn alle Versuche den Anforderungen genügen. Entspricht mehr als die Hälfte der untersuchten Proben den Anforderungen nicht und ist nichts anderes vorgeschrieben oder vereinbart, so kann die zugehörige Lieferung verworfen werden. Geschieht dies nicht oder entspricht weniger als die Hälfte der untersuchten Proben nicht den Anforderungen, so können für jede ungenügende Probe aus anderen Stücken der Lieferung bis zu zwei neue Proben entnommen werden. Genügt auch nur eine dieser Ersatzproben nicht, so kann die zugehörige Lieferung verworfen werden.

Geringe äußere Fehler, welche die Verwendbarkeit nicht beeinträchtigen, sollen kein Hindernis für die Abnahme sein. Die Beseitigung von Walzsplittern, Schalen, Schiefern und Rissen (von geringer Tiefe) ist unter Anwendung geeigneter Mittel gestattet, doch dürfen die hierdurch gebildeten Vertiefungen nicht größer sein als die zulässigen Dickenabweichungen.

9. Probenentnahme.

Für die richtige Bestimmung der mechanischen Eigenschaften eines Werkstoffes ist bereits die Probenentnahme und -herstellung wichtig. Lediglich dann, wenn das zu untersuchende Stück in seinen Festigkeitseigenschaften gleichmäßig ist, ist man in der Wahl der Probenform nur durch die äußeren Abmessungen und die Zerreißmaschine gebunden. Ist dies nicht der Fall, so muß man, um einen Gesamtwert zu erhalten, den Probenquerschnitt möglichst groß machen. Will man dagegen die Unterschiede in einem Werkstück erfassen, so muß man umgekehrt mehrere kleine Proben entnehmen und wird dann vielfach die Härteprüfung zu Hilfe nehmen, um Festigkeitsabweichungen zu finden. Im allgemeinen soll man die Proben möglichst groß wählen.

Bei der Entnahme und Bearbeitung der Proben muß darauf Rücksicht genommen werden, daß durch manche Arbeitsgänge die Eigenschaften der Probe oder kleiner Abschnitte verändert werden können. Hat man z. B. ein Blech zu prüfen, so wird man öfters als Probenform einen rechteckigen Streifen wählen, den man mit Beißkeilen einspannt und zerreißt, ohne die Meßlänge um mehrere Millimeter schmäler als die Einspannköpfe zu machen. Solch eine Probe darf man nur mit der Säge entnehmen. Schneidet man sie mit der Blechschere aus, so wird man stets die Ränder verquetschen. Dies bedeutet eine Kalthärtung von Teilen der Probe, die die Festigkeits- und Dehnungswerte verändert, besonders dann, wenn die Probe noch Zeit zur Alterung hat (vgl. Abb. 52). Nimmt man dagegen den Schneidbrenner, so können die Schnittkanten erheblich in ihrem Gefügezustand verändert werden, da örtliches Überhitzen, Normalisieren oder Abschrecken (Härten) hierbei eintreten kann. Auch auf die Möglichkeit, daß weiter von der Schnittfläche entfernte Stellen durch zufällige Berührung mit der Flamme oberflächengehärtet werden, muß hingewiesen werden. Ist man daher gezwungen, mangels anderer Hilfsmittel Blechschere oder Schneidbrenner zur Probenentnahme zu verwenden, so muß man für eine genügende Zugabe sorgen, die nachher durch Fräsen oder Hobeln entfernt werden muß. Beim

6*

Brennschneiden genügt nämlich nicht ein Glattfeilen der Schnittkante, da die erwärmte Randschicht viel weiter geht als die Unregelmäßigkeiten des Schnittes. Die Probe darf auch nicht gerichtet oder in anderer Weise kalt bearbeitet werden. Dies ist besonders wichtig, wenn mit der Probe Feinmessungen zur Bestimmung der Proportionalitäts- oder Elastizitätsgrenze beabsichtigt sind, da diese Grenzen besonders auf Vorbelastungen jeder Art ansprechen. Hat man Stäbe aus Rohren zu entnehmen, so darf man nur die Einspannköpfe flachschlagen, nicht die Meßlänge, da hierdurch größere Fehler entstehen, als durch die schwierigere Querschnittsmessung beim Rohrsegment zu erwarten sind. Bei der spanabhebenden Bearbeitung muß man darauf achten, daß die letzten Späne nur fein sein dürfen, da durch den Andruck des Werkzeuges Oberflächenkalthärtungen entstehen können. Im allgemeinen müssen die Proben geschlichtet werden, da gröbere Drehriefen als Kerben wirken und Zugfestigkeit und Bruchdehnung erheblich beeinflussen können. Das Schleifen der Zerreißstäbe ist im allgemeinen nicht

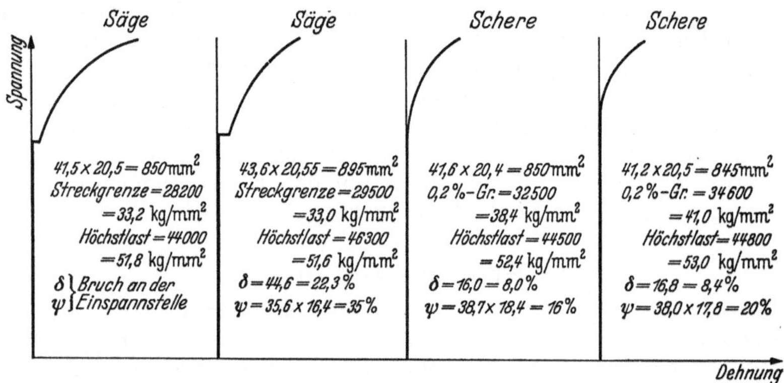

Abb. 52. Einfluß der verschiedenartigen Entnahme der Probestreifen aus einem Flußstahlblech auf den Streckvorgang (Moser).

notwendig; wo es als letzte Bearbeitungsstufe angewandt wird, muß man auf gute Kühlung achten, da sonst die Proben zu warm werden können. Namentlich bei vergütetem und kaltbearbeitetem Werkstoff muß man das Auftreten örtlicher Erwärmungen vermeiden, da diese die gleiche Wirkung wie das Anlassen und das Weichglühen haben können.

Vielfach soll bei einer Abnahmeprüfung das fertige Schmiede- oder Gußstück geprüft werden. Dann geht man so vor, daß man das Werkstück an vorher vereinbarten Stellen größer ausführt, um aus diesem überflüssigen Stück die Proben zu entnehmen. Bei der Wahl dieser Stellen muß man mit großer Umsicht vorgehen, da man einmal die später im Betrieb am höchsten beanspruchten Stellen prüfen muß, um festzustellen, welche Eigenschaften gerade hier vorhanden sind, und andererseits die Proben auch nicht an Stellen legen soll, bei denen man z. B. nur eine schwächere Verschmiedung als an anderen Stellen vornehmen kann. Bei Gußstücken (vgl. DVM-Prüfverfahren A 108) müssen die angegossenen Leisten den Abmessungen des Stückes angepaßt werden, da z. B. Gußeisen in seinen Festigkeitseigenschaften sehr wandstärkenempfindlich ist. Auch darf durch diese Leisten nicht die Gefahr einer Lunkerbildung entstehen.

Im allgemeinen wird man aus den entnommenen Probestücken Rundstäbe mit besonderen Einspannköpfen herausarbeiten, für deren Ausführung die Rücksicht auf die vorhandenen Einspannteile neben der Kostenfrage maßgebend ist (vgl. Abschn. 6i). Aus Blechen wird man dagegen meistens Flachstäbe herstellen, die man an den Einspannköpfen breiter als in der Meßlänge läßt. Das übliche Maß der Verminderung der Breite genügt oft, um den Einfluß von Schere und Schneidbrenner zu beseitigen.

Da es üblich ist, die Proben vor dem Versuch auszumessen, verlangt man von der Werkstatt nicht eine solche genaue Einhaltung der Maße, namentlich der Meßlänge, wie sie bei Bauteilen vielfach gefordert wird, sondern schreibt nur für die Einspannteile die nötigen Toleranzen vor. Dagegen ist unbedingt zu fordern, daß die Meßlänge genau prismatisch, also nicht etwa konisch ist, und daß an den Übergängen zu den Einspannköpfen kein Untermaß vorhanden ist, da hierdurch Fehler entstehen können. Früher machte man vielfach Zerreißstäbe in der Mitte etwas dünner, um einen Bruch an den Einspannköpfen zu vermeiden; hierdurch wurde die Dehnung des Stabes manchmal um mehrere Dehnungsprozente vermindert. Dieser Fehler besteht z. B. noch in den DIN-Blättern 1741 bis 1744 für Spritzguß (vgl. Abb. 51).

C. Der Druckversuch.

1. Bedeutung und Anwendung des Druckversuches.

Im Druckversuch wird das Verhalten einer Werkstoffprobe unter der Einwirkung äußerer Kräfte verfolgt, die im Gegensatz zur Verlängerung beim Zugversuch eine Verkürzung der Probe bewirken. Druckversuche werden zur Prüfung metallischer Werkstoffe selten herangezogen; ihre Anwendung ist auf Sonderfälle beschränkt. So werden Lagermetalle häufig auf Druck geprüft, ferner Werkstoffe, die z. B. in Widerlagern oder in Zwischenlagern vornehmlich Druckbeanspruchungen ausgesetzt werden. Besondere Bedeutung hat der Druckversuch, wenn für derartige Zwecke gegossene Werkstoffe Verwendung finden, da bei diesen der meist angewandte Zugversuch nicht immer Aufschluß über das Verhalten des Werkstoffs unter Druckbeanspruchung gibt. Weiterhin hat die Bestimmung von Werkstoffkennwerten im Druckversuch Vorteile, wenn es gilt, für die Berechnung von Kraft- und Arbeitsbedarf bei der Durchführung technischer Verarbeitungsverfahren durch bildsame Verformung geeignete Unterlagen zu gewinnen, da bei diesen im allgemeinen Druckkräfte auf den zu verarbeitenden Werkstoff ausgeübt werden.

Der Druckversuch ist die Umkehrung des Zugversuches, von dem er sich zunächst nur in der Richtung der auftretenden Spannungen und Verformungen unterscheidet. Im übrigen entspricht die Spannungsverteilung der des Zugversuches; in der prismatischen oder zylindrischen Probe bildet sich, wenn man von den an den Einspannstellen auftretenden Störungen absieht, ein gleichmäßiges einachsiges Spannungsfeld parallel zur Druckrichtung aus. Insbesondere treten ebenfalls in der um 45° gegen die Probenachse geneigten Ebene die größten Schubbeanspruchungen auf.

Auf den Druckversuch lassen sich daher die beim Zugversuch erörterten Begriffe und Gesetzmäßigkeiten sinngemäß übertragen. Die auf die Querschnittseinheit bezogene Druckkraft wird als Druckspannung $\sigma_d = P/F_0$ kg/mm² bezeichnet; zur Kennzeichnung der Umkehrung der Kraftrichtung wird sie häufig mit einem negativen Vorzeichen geschrieben. Mit jeder Anspannung durch Druckkräfte sind Verformungen verbunden, die eine Verkürzung der Probe in Richtung der wirkenden Kraft zur Folge haben. Diese sind wieder in elastische und plastische zu trennen, je nachdem, ob sie mit der Entlastung zurückgehen oder bleibende sind. Die auf die Ausgangshöhe der Probe h_0 bezogene Verkürzung $\Delta h = h - h_0$ wird als Stauchung bezeichnet

$$\varepsilon = \frac{\Delta h}{h_0} = \frac{h - h_0}{h_0}$$

und häufig in Hundertteilen der ursprünglichen Länge angegeben. Die Formänderung kann auch ausgedrückt werden durch die Querschnittsvergrößerung, die die Probe bei der Zusammendrückung im Gegensatz zum Zugversuch erfährt, wiederum bezogen auf den Ausgangsquerschnitt

$$q = \frac{F - F_0}{F_0} \cdot 100 \ (\text{in } \%) \, .$$

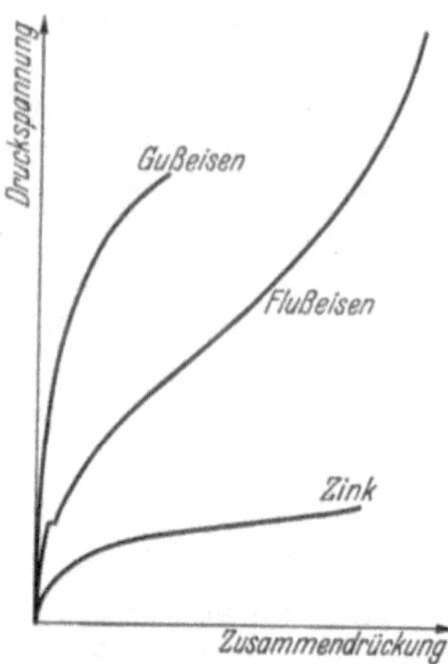

Abb. 53. Spannungs-Stauchungsschaubilder für Zink, Flußstahl und Gußeisen

Der Druckversuch wird gewöhnlich in einer besonderen Druckpresse oder in einer Universalprüfmaschine ausgeführt. Der prismatische oder zylindrische Probekörper mit Endflächen senkrecht zur Probenachse wird zwischen zwei sauber bearbeiteten möglichst genau parallel geführten Druckflächen der Maschine zusammengedrückt. Auch hierbei muß man beachten, daß in diesen Maschinen in den meisten Fällen die Beanspruchung der Probe so erfolgt, daß sie eine Zusammendrückung erfährt und der von der Probe gegen diese Stauchung geleistete Widerstand an der Kraftanzeige gemessen wird.

2. Das Spannungs-Stauchungs-Schaubild. Brucherscheinungen.

Einen anschaulichen Überblick über die Beziehungen zwischen Spannungen und Stauchungen gibt wiederum das Kraft-Verformungs- bzw. Spannungs-Stauchungs-Schaubild. Dabei ist es in der technischen Werkstoffprüfung wie beim Zugversuch gebräuchlich, die Kraft auf den Ausgangsquerschnitt der Probe zu beziehen. Abb. 53 zeigt für Gußeisen als Beispiel eines spröden Werkstoffes und für weichen Flußstahl und Zink als Beispiele gut verformbarer Metalle die vom Schreibgerät aufgezeichneten Spannungs-Stauchungs-Schaubilder.

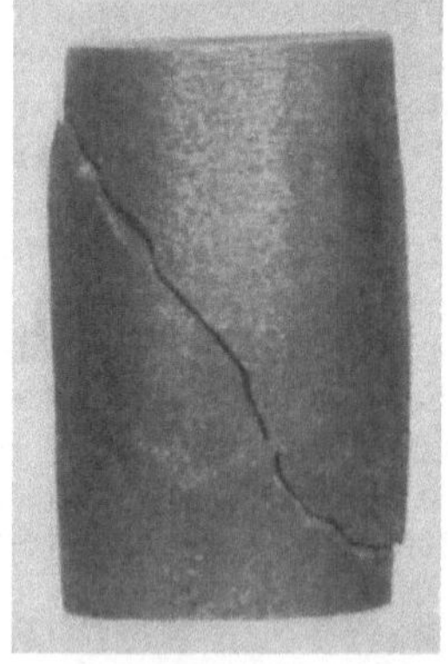

Abb. 54. Gußeisenzylinder beim Druckversuch (Moser).

Für das Gußeisen steigt die Schaulinie zunächst nahezu geradlinig, mit zunehmender Belastung sich stärker zur Verformungsachse krümmend, an, bis unter der höchsten erreichten Belastung ein Bruch der Probe erfolgt; diese Höchstlast, bezogen auf den Ausgangsquerschnitt, wird als *Druckfestigkeit* bezeichnet: $\sigma_{d\,B} = P_{\max}/F_0$. Die bleibende Verformung der Probe vor Eintreten des Bruches bleibt gering. Die Kurve hat in ihrem Verlauf große Ähnlichkeit mit dem Zerreißdiagramm des Gußeisens (s. Abb. 4, S. 36), jedoch liegt infolge der Kerbwirkung der eingelagerten Graphitblättchen die Zugfestigkeit des Gußeisens im allgemeinen beträchtlich niedriger als die Druckfestigkeit; auch sind die im Druckversuch bis zum Bruch eintretenden Verformungen bei Gußeisen meist viel größer als beim Zugversuch. Eine bei spröden Metallen häufig zu beobachtende Bruchausbildung zeigt die Abb. 54. Sie läßt die Abschiebung an einem Zylinder aus Gußeisen beim Eintritt des Bruches erkennen; die beiden Hälften schieben sich gegeneinander längs einer zur Druckrichtung geneigten Ebene ab. Wird vor dem Erreichen der Druckfestigkeit eine stärkere bleibende Verformung des Werkstoffs beobachtet, so wird die Grenzspannung, bei der diese deutlich zu erkennen ist, als *Quetschgrenze* (Fließgrenze) bezeichnet. Abb. 55a zeigt einen bis über die Quetschgrenze belasteten Gußeisenwürfel; die Abschiebungen entlang den unter 45° geneigten Ebenen größter Schubkraft, deren Verlauf in der grundsätzlichen Skizze (Abb. 55b) dargestellt ist, sind deutlich zu erkennen.

Die Stauchkurve des weichen Flußstahles zeigt zunächst einen geradlinigen Anstieg bis zur Quetschgrenze, die sich infolge des plötzlichen Einsetzens der bildsamen Verformung in einem Fließbereich unter unveränderter Belastung

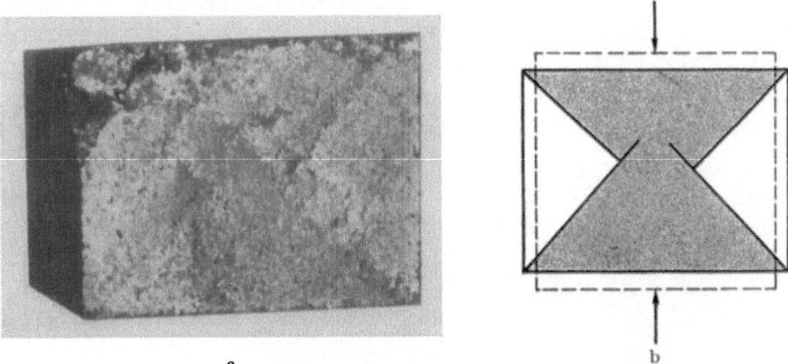

a   b

Abb. 55a und b. Gußeisenwürfel beim Druckversuch (Moser).

deutlich zu erkennen gibt. Bei sorgfältiger Versuchsführung, besonders bei genau mittiger Belastung ist zuweilen wie beim Zugversuch ein Lastabfall, also das Auftreten einer oberen Fließgrenze zu erkennen (s. Abb. 56, in der die auf den jeweiligen Querschnitt bezogene wahre Druckspannung [Abschn. C 3] als

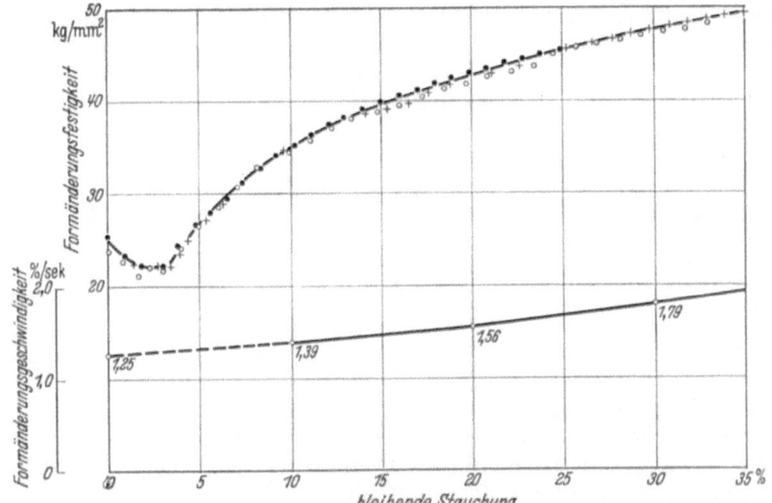

Abb. 56. Fließkurve von Weicheisen (Siebel-Pomp).

Formänderungsfestigkeit in Abhängigkeit von der bleibenden Stauchung nach Versuchen von E. Siebel und A. Pomp aufgetragen ist). Bei fortschreitender Verformung steigt die Spannung immer weiter an, wenn auch nicht so schnell wie im sich vorwiegend elastisch verformenden Bereich unterhalb der Quetschgrenze. Bei gut verformbaren Metallen, wie weichem Flußstahl, wird im allgemeinen ein Bruch der Probe (Druckfestigkeit) nicht erreicht, vielmehr steigt der Druck nach Durchschreiten eines Wendepunktes der Stauchkurve unter ständiger Vergrößerung des Probenquerschnitts immer rascher an, bis die Belastungsgrenze der Maschine erreicht ist. Die bei sehr starken Verformungen auf der Mantelfläche der sich tonnenförmig ausbauchenden Probe (Abb. 57a) eintretenden radialen Risse (Abb. 57b) machen sich im allgemeinen in der Kraftanzeige nicht bemerkbar, beeinträchtigen also die Tragfähigkeit der Probe nicht merklich; sie sind eine Folge der sich bei der Ausbauchung ausbildenden tangentialen Spannungen und können nicht als Kennzeichen für das Erreichen der Druckfestigkeit gedeutet werden. Bei weniger weit verformbaren Metallen, wie mittelharten Stählen, härteren Messingsorten u. dgl., wird die Druckfestigkeit des Werkstoffes erreicht, unter der eine Zerlegung der mehr oder weniger stark gestauchten Probe in einzelne Teile, vornehmlich durch Abschiebungen nach den Flächen größter Schubspannungen, eintritt (Abb. 58). Zeigt der Werkstoff keinen ausgeprägten Fließbereich, so geht die Stauchkurve, ähnlich wie beim Zerreißdiagramm, in stetiger Krümmung aus dem geradlinigen Anstieg für kleine Verformungen in den Bereich großer bildsamer Verformungen über, wie es die Kurve für Zink in Abb. 53 zeigt.

a   b

Abb. 57a und b. Tonnenförmige Ausbauchung und darauffolgende Tangentialrisse in einer gestauchten Probe (Wawrziniok).

Alsdann wird in Anlehnung an die Streckgrenzenbestimmung beim Zugversuch die Spannung für eine bleibende Stauchung von 0,2% als *Quetschgrenze* bestimmt.

Während die Zerreißprobe unter der Höchstlast örtlich einzuschnüren beginnt, so daß infolge der starken Querschnittsverminderung trotz Anstieges der wahren Spannung ein Weiterdehnen unter absinkender Belastung festzustellen ist, wird beim Druckversuch die Querschnittsfläche der Probe, die die Last aufnimmt, stetig größer. Infolgedessen kann sich eine Höchstlast bei der Spannungs-Stauchungs-Kurve nicht ausbilden; die Belastung kann immer weiter bis zum Eintreten des Bruches (Druckfestigkeit) oder bis zur Erschöpfung der Leistungsfähigkeit der Maschine gesteigert werden.

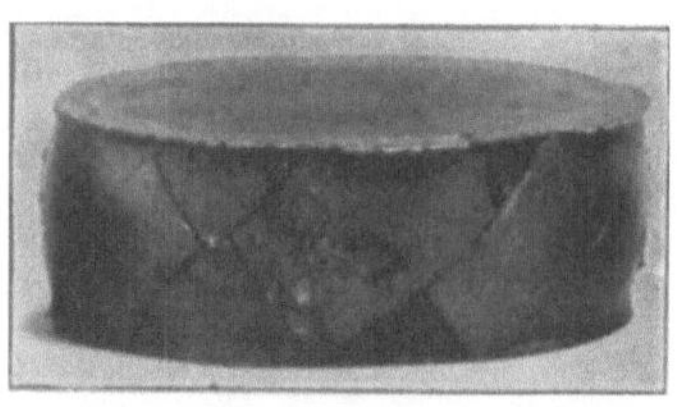

Abb. 58. Abschiebungen in den Flächen größter Schubbeanspruchung (Bach-Baumann).

Die erwähnte tonnenförmige Ausbauchung der zylindrischen Druckprobe ist verursacht durch die Behinderung der Querdehnung an den Endflächen infolge der an den Preßflächen der Maschine auftretenden Reibung. Diese Behinderung der Verformung erstreckt sich, von diesen Endflächen ausgehend, in einem kegelförmigen Bereich in das Innere der Probe hinein. Die plastische Verformung bei der Stauchung beschränkt sich infolgedessen im wesentlichen auf die außerhalb dieser kegelförmigen Bereiche liegenden Teile der Probe. Die Hauptverformung besteht infolgedessen in einem Abgleiten längs der Mantelflächen der in ihrer Verformung behinderten Kegel, die infolgedessen auch als Rutschkegel[1, 2] bezeichnet worden sind (Abb. 59). Dieser Verformungsmechanismus macht sich besonders bei längeren Zylindern bildsamer Metalle dadurch bemerkbar, daß die ersten größeren Ausbauchungen der Probe nicht in der Mitte, sondern in der Nähe der Endflächen auftreten und von hier aus mit fortschreitender Stauchung

---

[1] Blass, E.: Stahl u. Eisen Bd. 2 (1882) S. 283.
[2] Riedel, F.: VDI-Forschungsheft 141 (1913).

gegeneinander zur Probenmitte fortschreiten. Bei spröden und wenig verformbaren Werkstoffen erfolgt der Bruch beim Erreichen der Druckfestigkeit in diesen Flächen der größten Schiebungen, so daß in den Bruchstücken die sogenannten Rutschkegel mehr oder weniger deutlich zu erkennen sind. Mit einer Verminderung der Reibung, etwa durch Schmierung der Preßflächen, kann der Ausbildung dieser kegelförmigen Zonen behinderter Verformung entgegengewirkt werden; bei sehr geringem Reibungswiderstand an den Preßflächen spalten die Proben in Flächen parallel zur Druckrichtung.

3. Fließkurve und wahre Spannungen.

Beim Zugversuch wurde bereits erörtert, daß die auf den Ausgangsquerschnitt F_0 bezogenen Belastungen nicht die im Werkstoff unter der Wirkung der äußeren Kräfte auftretenden Spannungen richtig angeben, sobald eine nicht mehr zu vernachlässigende Änderung der Größe des beanspruchten Querschnitts der Probe eingetreten ist. Wegen der beim Druckversuch auftretenden Querschnittsvergrö-

a   b

Abb. 59 a und b. Kraftlinienätzung an zylindrischen Druckproben aus Flußstahl, Ausbildung von Zonen behinderter Verformung (Meyer-Nehl).

ßerung sind die auf den Ausgangsquerschnitt bezogenen Spannungswerte stets größer als die auf den jeweils vorhandenen Querschnitt bezogenen Werte der „wahren" Spannung. Die gegenseitige Lage der „wahren" Stauchkurve (*b*) gegen eine solche, für die die Spannungswerte auf den Ausgangsquerschnitt bezogen wurden (*a*), veranschaulicht Abb. 60.

Beim Zugversuch ist es möglich, durch Wahl einer genügend großen Versuchslänge und eines nicht zu schroffen Überganges zu den dickeren Stabköpfen mit großer Annäherung zu erreichen, daß der Probestab bis zur beginnenden Einschnürung im Bereich der Höchstlast seine prismatische bzw. zylindrische Form und damit einen gleichmäßigen einachsigen Spannungszustand beibehält. In diesem Bereich der Verformung der Probe ist die physikalische Bedeutung der auf den verkleinerten Querschnitt berechneten „wahren" Spannung also völlig

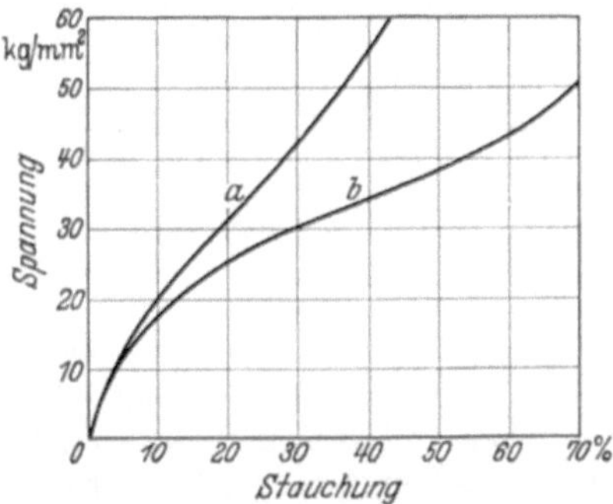

Abb. 60. Spannungs-Stauchungskurven, bezogen auf den Anfangsquerschnitt (*a*) und den jeweiligen Querschnitt (*b*) (Sachs).

klar, und erst im Bereich der örtlichen Einschnürung macht sich ein Einfluß der sich dann ausbildenden ungleichmäßigen Spannungsverteilung über den der Spannungsberechnung zugrunde gelegten kleinsten Querschnitt geltend. Beim Druckversuch ist es aber nicht möglich, die Wirkung der Auflagerflächen so weitgehend wie beim Zugversuch auszuschalten, da der Länge der Probekörper wegen der Gefahr des Ausknickens (s. Abschn. D) sehr enge Grenzen gesetzt sind. Die Erfahrung hat gelehrt, daß schon bei einer Probenhöhe von mehr als dem Dreifachen des Probendurchmessers unter den üblichen Versuchsbedingungen mit einer Störung des Versuches durch Ausknicken der Probe zu rechnen ist. Ein solches Ausknicken würde zusätzliche Biegebeanspruchungen hervorrufen und dadurch die Beziehungen zwischen Stauchung und Belastung der Probe fälschen.

Die störenden Wirkungen, die von den Druckflächen der Maschine gegen die Auflagerflächen der Probe ausgehen, sind, wie schon erwähnt wurde, eine Folge der in diesen Berührungsflächen auftretenden Reibung. Die durch die Stauchung der Probe bedingte Querschnittszunahme wird durch diese Reibung an den Probenenden gehemmt, wodurch die ursprünglich gleichmäßige Spannungsverteilung über den Querschnitt gestört wird. Infolge des nun nicht mehr einachsigen Spannungszustandes wird die Probe ungleichmäßig verformt. Innerhalb eines gewissen Bereiches wird an den Probenenden durch die in der Querrichtung zusätzlich auftretenden Druckspannungen der Verformungswiderstand der Probe in Richtung ihrer Achse gesteigert. Die Folge ist die schon erwähnte Ausbauchung im mittleren Teil der Probe, so daß sie frühzeitig Tonnenform (s. Abb. 57 a) annimmt. Nur bei besonders schlanken Proben wird unter dem schon gekennzeichneten Einfluß der Verformungsbehinderung an den Endflächen zuweilen eine tonnenförmige Ausbauchung in der Nähe jedes Probenendes beobachtet, während die Querschnittszunahme im mittleren Teil der Probe dagegen zunächst zurückbleibt; bei stärkerer Stauchung baucht aber auch in diesen Fällen die Probe am stärksten in der Mitte aus, sofern ein Ausknicken vermieden werden kann.

Infolge dieser Querschnittsunterschiede in der gestauchten Probe unterliegt die Ermittlung der auf den jeweils vorhandenen Querschnitt bezogenen „wahren“ Spannung einer gewissen Willkür. Entsprechend dem Zugversuch den kleinsten Probenquerschnitt dieser Berechnung zugrunde zu legen, verbietet sich wegen der gerade an den Probenenden wirksamen Störungen durch die Reibungskräfte gegen die Druckflächen. Man wählt daher als Bezugsquerschnitt entweder den jeweils größten Querschnitt, in dem die Verformungen am stärksten sind und am wenigsten durch die Reibungskräfte gestört werden, oder den mittleren Querschnitt, wie er sich unter der Annahme einer homogenen zylindrischen bzw. prismatischen Verformung bei Unveränderlichkeit des Volumens aus der Stauchung errechnen läßt. Die so berechnete „wahre“ Spannung

$$s = \frac{P}{F} = \frac{P}{\dfrac{F_0}{1-\varepsilon}} = \frac{P}{F_0}\,(1-\varepsilon) = \sigma \cdot (1-\varepsilon)$$

liegt zwischen der auf den kleinsten oder größten Querschnitt bezogenen und weicht von diesen im allgemeinen nur um wenige Prozent ab.

Diese Werte der „wahren“ Spannungen sind aber besonders bei Proben mit zum Durchmesser kleiner Höhe, aber auch bei schlankeren Proben im Bereich höherer Stauchgrade im Gegensatz zum Zugversuch stark von der Probengestalt abhängig (Abb. 61)[1], da sich alsdann der Einfluß der Behinderung durch die Preßflächenreibung um so stärker auswirkt, und zwar liegt die gesamte so berechnete wahre Stauchkurve umso höher, je kleiner das Verhältnis von Höhe und Durchmesser ist. Mit zunehmendem Schlankheitsgrad der Proben rücken die Stauchkurven dagegen zu immer niedrigeren Spannungswerten und streben der Grenzlage für den unendlich hohen Probekörper zu, dessen Stauchkurve die idealen Spannungsverhältnisse für einen reinen Druckversuch, ungestört durch zusätzliche Reibungskräfte an den Auflagerflächen, wiedergeben würde.

---

[1] Sachs, G.: Mechanische Technologie der Metalle. Leipzig 1925.

Nur bei geometrisch ähnlichen Proben fallen die Stauchkurven für die auf den mittleren Probenquerschnitt bezogenen s-Werte nahezu zusammen[1], woraus auf die Gültigkeit des Ähnlichkeitsgesetzes auch für den Druckversuch geschlossen werden kann, vorausgesetzt, daß die störenden Reibungseinflüsse sehr klein gehalten werden oder sich bei den Proben zu den Druckwirkungen verhältnisgleich auswirken.

Über Maßnahmen, durch die es gelingt, die Verformung der Probe im Druckversuch der idealen gleichmäßigen Verformung anzunähern, soll im folgenden berichtet werden. Da diese ungleichmäßigen Verformungen der gestauchten Probe ihre Ursache in erster Linie in den Reibungskräften zwischen Probenendfläche und Druckfläche der Maschine haben, hat man auf verschiedenen Wegen versucht, diese zu beseitigen oder in ihrer Wirkung auf den Verformungsvorgang abzuschwächen. Zunächst ist auf eine völlig ebene und äußerst saubere Bearbeitung der in gegenseitige Berührung kommenden Flächen größter Wert zu legen. Durch sorgfältige Schmierung gelingt es, die Reibung und damit die störenden Radial- und Tangentialkräfte herabzusetzen, so daß die Verformung der Probe bis zu ihren Enden hin viel gleichmäßiger wird[2]. Je besser aber die Schmierung und je gründlicher damit die Beseitigung der Reibungskräfte ist, desto größer werden andere Versuchsschwierigkeiten. Sind z. B. die Druckflächen der Maschine nicht genau parallel oder hat eine der Druckflächen seitliches

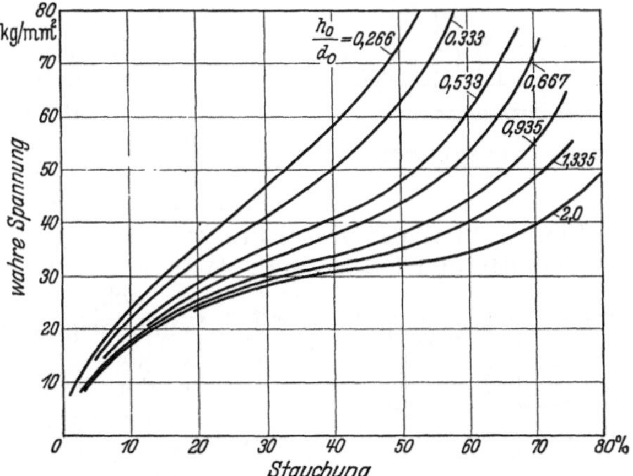

Abb. 61. Spannungs-Stauchungskurven von Kupfer für verschiedene Verhältnisse von Durchmesser zur Höhe (nach SACHS).

Spiel, so kann die Probe bei der Labilität der Anordnung infolge der fehlenden Reibungskräfte sich leicht verschieben. Die vollständige Beseitigung der Reibungskräfte durch Schmierung dürfte nicht möglich sein und ist nach vorstehendem auch nicht erwünscht, so daß eine einwandfreie einachsige Stauchung auf diesem Wege nicht zu erzielen ist.

Ein anderer Weg, die Reibungskräfte an den Endflächen der Proben auszuschalten, ist von K. RUMMEL[3] sowie H. MEYER und F. NEHL[4] angegeben worden. Da im mittleren Drittel einer Stauchprobe die Verformung im allgemeinen so gleichmäßig ist, daß die prismatische oder zylindrische Form weitgehend erhalten bleibt, setzten sie ihre Stauchproben aus drei Zylindern zusammen. Dieses Hilfsmittel ist aber nur bei kleinen Verformungen anwendbar, da bei größeren Stauchungen die zylindrische Form auch im mittleren Teilzylinder nicht erhalten bleibt. Ein weiterer Nachteil ist, daß zur Aufstellung einer genaueren Kraft-Verformungskurve Dehnungsmessungen am mittleren Probenabschnitt notwendig sind; die einfach auszuführende Messung der Bewegung der Druckplatten gegeneinander genügt nicht, da zwischen den Stauchungen

[1] SACHS, G.: Mechanische Technologie der Metalle, S. 39, Abb. 26. Leipzig 1925.
[2] HÜBERS, K.: Ber. Walzwerksaussch. VDEh. 32 (1922).
[3] RUMMEL, K.: Stahl u. Eisen Bd. 39 (1919) S. 237—243, 267—274 und 285—294.
[4] MEYER, H. u. F. NEHL: Stahl u. Eisen Bd. 45 (1925) S. 1961—1972.

des mittleren und der äußeren Teilzylinder einfache Beziehungen, die eine Umrechnung ermöglichen würden, .nicht bestehen.

Ein anderes Mittel zur Erzielung gleichmäßiger Stauchung ist das von E. Siebel und A. Pomp[1] entwickelte Kegelstauchverfahren. Bei diesem wird versucht, die Reibungskräfte durch eine Neigung der Preßflächen unter dem Reibungswinkel auszugleichen. Die Druckplatten und die Probenenden sind nicht eben, sondern als stumpfe Kegel ausgebildet (Abb. 62). Für jeden Werkstoff und für jeden Reibungszustand besteht ein bestimmter Winkel, bei dem die zylindrische Form der Probe erhalten bleibt, also die gewünschte gleichmäßige Stauchung erzielt wird. So ergab sich für weiche Flußstahlproben, die ohne Schmierung an den Endflächen gestaucht wurden, bei einem Kegelwinkel mit tg $\alpha = 0{,}2$ eine leichte Ausbauchung nach außen, bei tg $\alpha = 0{,}25$ blieb die Probe zylindrisch und bei tg $\alpha = 0{,}3$ schnürte sie sich etwas ein (Abb. 63). Eine ähnliche Wirkung wurde erzielt, wenn man die Reibung bei dem als richtig erkannten Winkel tg $\alpha = 0{,}25$ durch Schmierung oder durch zwischengefügten feinen Sand änderte.

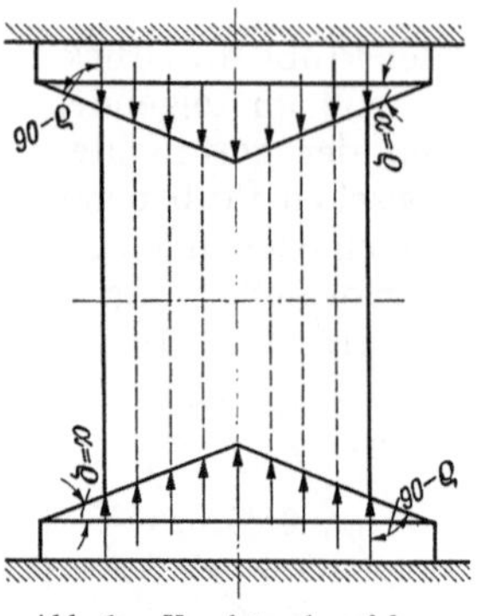
Abb. 62. Kegelstauchverfahren (Siebel-Pomp).

Ein Nachteil der Kegelstauchversuche ist die ungleiche Stauchlänge von Probenmitte und Probenrand. Wird z. B. eine Probe, die ursprünglich doppelt so hoch war wie ihr Durchmesser und eine Winkelneigung von tg $\alpha = 0{,}3$ hatte, im Mittel um 50 % gestaucht, so ist die Formänderung an der Außenzone 45 %, in der Mitte aber bereits 60 %. Um diese Ungleichmäßigkeit klein zu halten, muß man einerseits schlanke Proben wählen, andererseits versuchen, mit

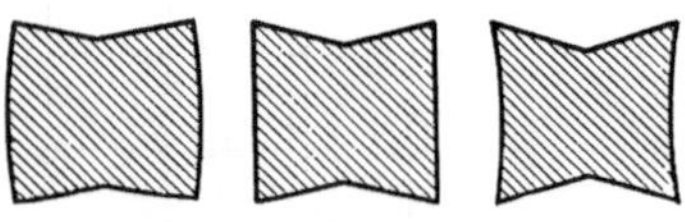
Abb. 63. Stauchversuche mit verschiedenen Kegelwinkeln (Siebel-Pomp).

kleinen Kegelwinkeln die Reibungskräfte auszuschalten. Eine genügende Schlankheit läßt sich einhalten, wenn man den Stauchvorgang bei spätestens einem Verhältnis $h:d \sim 1:2$ unterbricht, aus dem Kern der Probe eine neue schlanke Probe herstellt und diese weiterstaucht (Abb. 64).

Der für weichen Flußstahl angegebene Preßflächenwinkel $\alpha = 14°$ (tg $\alpha = 0{,}25$) läßt sich durch sauberes Schleifen der kegelförmigen Druckflächen und geeignete Schmierung noch wesentlich verkleinern. Mit einer Neigung

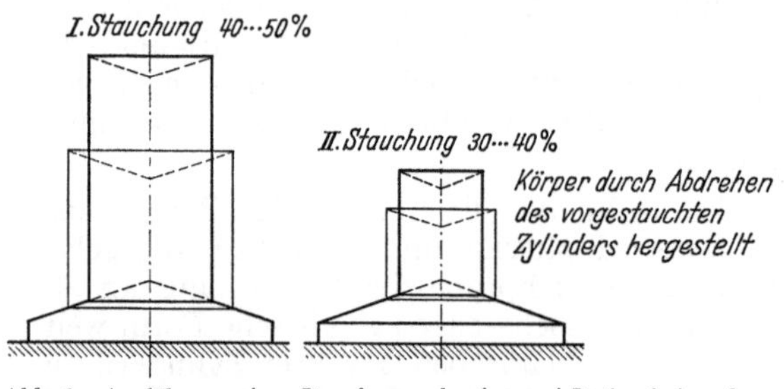

Abb. 64. Ausführung eines Stauchversuches in zwei Stufen bei großen Stauchwegen (Siebel-Pomp).

der konischen Preßfläche von etwa 3° (tg $\alpha = 0{,}05$) sind auf diese Weise gleichmäßige Stauchungen durchzuführen. Damit werden gleichzeitig die durch die Unterschiede der Probenhöhe zwischen Kern und Randzone bedingten Abweichungen so verkleinert, daß sie in die sonstigen Fehlergrenzen des Prüfverfahrens fallen. Den Neigungswinkel noch weiter herabzusetzen, empfiehlt sich nicht, da der Kegel zugleich die Zentrierung der Probe übernehmen muß und der

---

[1] Siebel, E. u. A. Pomp: Mitt. K.-Wilh.-Inst. Eisenforschg. Bd. 9 (1927) S. 157—171.

richtige Einbau der Probe dann zu schwierig und zeitraubend wird. Wegen der Gefahr einer Verschiebung der Probe bei solch kleinem Neigungswinkel der Preßflächen ist es zweckmäßig, die Kegelpreßflächen nicht unmittelbar in die oft nicht ausreichend geführten Druckstücke der Prüf-maschine einzusetzen, sondern ihnen in einer besonderen Vorrichtung eine zuverlässige Führung zu geben; in einer solchen Vorrichtung lassen sich auch Meßuhren zur Be-stimmung der Stauchung leicht anbringen (Abb. 65 und 66). Bei solchen Messungen muß man aber beachten, daß nicht nur die Probe, sondern auch die Kegeldruckplatten elastische Verformungen erfahren, die im Gebiet kleiner Stauchungen merklich ins Gewicht fallen können.

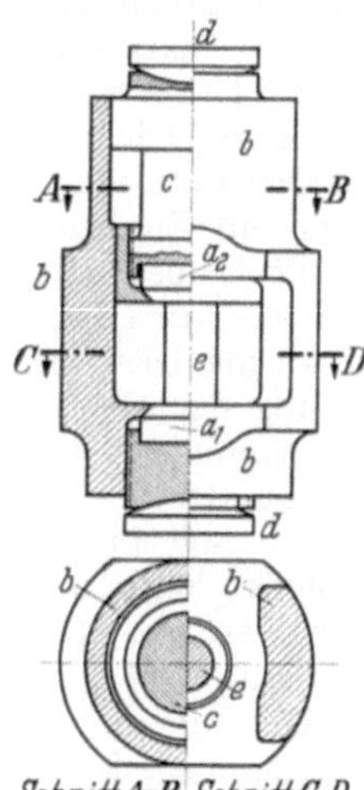

Abb. 65. Kegel-Stauchvor-richtung (Schnittzeichnung) (Siebel-Pomp).

a_1, a_2 Druckplatten,
b Führungskörper,
c oberer Druckplattenhalter,
d Kugelschalen, e Probe.

Das Kegelstauchverfahren bietet die Möglichkeit, die „wahre" Stauchkurve im Versuch zu ermitteln, und zwar im Bereich größerer Stauchungen durch einfache Dia-grammaufnahme, die durch Feinmessungen im Bereich kleiner Verformungen ergänzt werden kann. Ein Vergleich der experimentell ermittelten Stauchkurven mit den wahren Spannungskurven des Zugversuches (Fließkurven) führte bei Kupfer und Aluminium zu recht guter Über-einstimmung, während bei den untersuchten Stählen die wahren Stauchkurven im allgemeinen bei um 5 bis 10% höheren Spannungen verlaufen als die wahren Zugkurven[1].

Infolge dieser guten Übereinstimmung geben E. Siebel und A. Pomp[2] auch Verfahren an, die *Zugfestigkeit*, für die es einen entsprechenden Wert beim Druckversuch meist nicht gibt, aus der wahren *Stauchkurve* zu er-mitteln. Trägt man die im Druckversuch bestimmte wahre Spannung in Ab-hängigkeit von der Stauchung ($\Delta h/h_0$) auf, so entspricht diese Darstellung der Fließkurve des Zugversuches in Abhängigkeit von der Querschnittsverminderung (s. Abb. 14, S. 43); dement-sprechend schneidet die Tangente im (gedachten) Höchst-lastpunkt die Ordinate für die Stauchung 100% bei der doppelten wahren Spannung im Höchstlastpunkt. Wählt man andererseits als Abszisse die Querschnittsänderung ($\Delta F/F_0$) — entsprechend der Dehnung beim Zugversuch —, so trifft die Tangente an diese Kurve die Abszissenachse im Punkte —100%[3]. Aus den so bestimmten Zug-Höchst-lastpunkten kann man auch die Gleichmaßdehnung eines Zerreißstabes ermitteln und damit aus der Stauchkurve Rückschlüsse auf die Bruchdehnung ziehen.

4. Durchführung des Druckversuches.

Für die Ausführung des Druckversuches an Metallen ist vom Deutschen Verband für die Materialprüfungen der Technik ein Prüfverfahren ausgearbeitet worden (DIN-Vornorm DVM - Prüfverfahren A 106). Als Prüfmaschine kann eine mittels eines mechanischen Getriebes oder

Abb. 66. Kegelstauchvor-richtung mit Meßuhren zur Ausführung von Feinmes-sungen (Siebel-Pomp).

[1] Siebel, E. und A. Pomp: Mitt. K.-Wilh.-Inst. Eisenforschg. Bd. 9 (1927) S. 157—171.
[2] Siebel, E. u. A. Pomp: Mitt. K.-Wilh.-Inst. Eisenforschg. Bd. 10 (1928) S. 55—62.
[3] Nielsen, F.: Stahl u. Eisen Bd. 42 (1922) S. 1687. — F. Körber u. F. Nielsen: Stahl u. Eisen Bd. 43 (1923) S. 196—199.

hydraulisch angetriebene Druckpresse oder eine Universalprüfmaschine verwandt werden. Die Belastung muß stufenweise einstellbar sein. Diese letzte Bestimmung wird auch von den Maschinen erfüllt, bei denen die Probe gestaucht und die Spannung gemessen wird, da man mittels des Stauchweges eine bestimmte Belastung einstellen kann.

Die Druckplatten sollen eben poliert und härter als der zu prüfende Werkstoff sein. Die Forderung einer hohen Härte ist an sich selbstverständlich, da die Druckplatten sonst bei dem Versuch eingedrückt und unbrauchbar werden. Solch ein Eindruck würde aber eine zusätzliche Behinderung der Verformung der Probe bedeuten, also das Ergebnis des Versuches in gleicher Richtung wie eine verstärkte Reibung auf den Preßflächen beeinflussen. Außerdem würde eine zu weiche Druckplatte die Messung der Stauchung aus der gegenseitigen Bewegung der Druckplatten unmöglich machen, da man infolge der plastischen Verformung der Druckplatten eine zu große Stauchung messen würde. Eine der Druckplatten, am besten die, die zu Beginn des Versuches nicht an der Probe anliegt, soll in einer Kugelschale gelagert werden, so daß sie sich selbsttätig einstellen kann, um geringe Abweichungen der Parallelität der Probenendflächen auszugleichen. Nach Möglichkeit sollen die Druckplatten mittels einer besonderen Vorrichtung in der richtigen Lage gehalten und geführt werden. Eine Schmierung der Druckflächen ist nicht vorgesehen, freilich auch nicht untersagt. Bei einem Versuch nach dem DVM-Prüfverfahren A 106 muß man also damit rechnen, daß die Proben nicht zylindrisch gestaucht werden, sondern ausbauchen, und daß die Versuchswerte durch die Endflächenreibung beeinflußt sind.

Die Proben sollen bei metallischen Werkstoffen in der Regel zylindrisch sein. Ihr Durchmesser richtet sich nach den Abmessungen des zu prüfenden Werkstoffes und der Prüfmaschine, auf der der Versuch ausgeführt werden soll. Im allgemeinen wählt man Durchmesser von 10 bis 30 mm. Die Höhe der Probe hängt von der beabsichtigten Art der Formänderungsmessung ab. Werden nur Grobmessungen vorgesehen, so wählt man die Höhe gleich dem Durchmesser (Normalprobe). Bei Feinmessungen dagegen macht man die Höhe gleich dem 2,5- bis 3fachen des Durchmessers (Langprobe) und nimmt die Meßlänge um den halben Durchmesser kleiner als die Probenhöhe, um den Einfluß der Endflächenreibung auszuschalten. Bei noch längeren Proben besteht die Gefahr, daß sie ausknicken. Die Probe ist allseitig fein zu schlichten oder zu schleifen. Die Endflächen müssen planparallel sein und zur Probenachse möglichst genau senkrecht stehen. Feinmessungen werden in gleicher Weise ausgeführt wie beim Zugversuch; neben Sondermeßgeräten, wie sie z. B. von C. Bach entwickelt worden sind, dient vor allem der Martenssche Spiegelapparat zur genauen Messung der Zusammendrückung der Probe im Bereich kleiner, vornehmlich elastischer Verformungen. Für Messungen geringerer Genauigkeit können Meßuhren, Meßstäbe mit Nonius oder ähnliche Geräte benutzt werden.

Wie beim Zugversuch muß man darauf achten, daß die Probe mittig belastet wird. Da eine Führung in den Druckplatten, von Sonderfällen (Kegelstauchversuch) abgesehen, nicht möglich ist, muß man die Proben sorgfältig nach der Maschinenachse ausrichten. Um dies zu erleichtern, werden die Druckplatten häufig mit konzentrischen Rillen, eingeritzten Quadraten oder Achsenkreuzen versehen. Diese Einteilung auf den Druckplatten darf aber nur durch sehr schwach eingeritzte Linien erfolgen, da der Verformungsvorgang sonst durch zusätzliche Reibung auf den Preßflächen beeinflußt wird. Wenn die Maschinenachse mittig zu den Maschinensäulen liegt und diese bearbeitete Flächen haben, kann man die Probe mittels eines Fadenkreuzes nach den Säulen ausrichten; allerdings ist dies bei der bei neueren Maschinen vorherrschenden Zweisäulenbauart schwieriger als bei den älteren viersäuligen Maschinen. Für die Sicherung des mittigen Kraftangriffs parallel der Probenachse unter möglichster Ausschaltung von Biegespannungen in der Probe ist eine genaue Paralleleinstellung beider Druckplatten von gleicher Wichtigkeit wie die Ausrichtung nach der Maschinenachse bzw. der Mitte der Druckplatte. Zur Erleichterung dieser Parallelstellung dient die bereits erwähnte Lagerung einer der Druckplatten, bei stehenden Maschinen der oberen, in Kugelschalen[1]. Diese Einrichtung ist am wirksamsten für eine selbsttätige Einstellung der Druckflächen, wenn die Mittelpunkte der beiden Kugelflächen in der Mittelachse der Maschine und zwar möglichst nahe der Druckfläche liegen (Abb. 67). Wie beim Zerreißversuch darf man aber auch beim Druckversuch von der Wirkung dieser Kugellagerung zur selbsttätigen Parallelstellung der Druckflächen nicht zuviel erwarten, da die Reibung gegenüber den Richtkräften meist zu groß ist. Man muß daher darauf achten, daß zu Beginn des Versuches die Druckplatten so eingestellt werden, daß sie sich bei der Belastung von vornherein gleichmäßig auf die Probenendflächen aufsetzen. Ist keine Kugelschalenlagerung vorhanden, so müssen die Druckplatten der Maschine in genau paralleler Lage zueinander möglichst starr geführt werden.

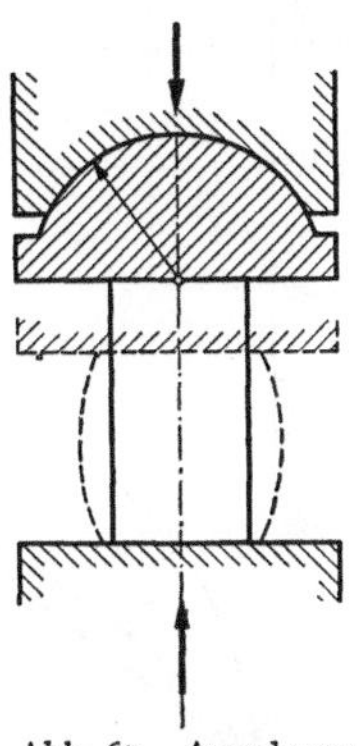

Abb. 67. Anordnung der einstellbaren Druckplatte beim Druckversuch.

Vor dem Versuch muß der Querschnitt der Probe genau ausgemessen werden, um die Spannung beim Druckversuch aus $\frac{\text{Kraft}}{\text{Querschnitt}}$ berechnen zu können. Dagegen ist es in der Regel nicht notwendig, eine Meßlänge auf der Probe anzuzeichnen, da die Probe keine verstärkten Köpfe hat und man daher — von Feinmessungen abgesehen — als Meßlänge die gesamte Probenlänge wählen kann. Infolgedessen mißt man die Stauchung meist nicht an der Probe selbst, sondern man verfolgt die Bewegung beider Druckplatten gegeneinander. Da sich besonders bei kugeliger Lagerung die Druckplatten während des Versuches schief gegeneinander stellen können, empfiehlt es sich, je ein Meßgerät (z. B. Meßuhr) zu beiden Seiten der Probe anzuordnen und die Stauchung als Mittel aus den Anzeigen beider zu ermitteln.

5. Die im Druckversuch bestimmten Werkstoffeigenschaften.

a) Druckfestigkeit.

Die statische Festigkeit beim Druckversuch, Druckfestigkeit genannt, wird berechnet aus der Belastung P_{max}, unter der der Bruch der Probe eintritt, und dem ursprünglichen Querschnitt der Probe: $\sigma_B = P_{max}/F_0$. Geht aus dem Zusammenhang nicht ohne weiteres hervor, daß es sich um Druckspannungen handelt, so ist zur Kennzeichnung der gegen den Zugversuch umgekehrten Richtung der Zeiger d anzufügen: σ_{dB}.

Als Normalprobe für die Bestimmung der Druckfestigkeit von Metallen gilt ein Zylinder, dessen Höhe gleich seinem Durchmesser gewählt wird. Mit Vergrößerung der Höhe des Probekörpers bei gleichbleibendem Querschnitt werden bei sonst gleicher Versuchsausführung niedrigere Werte der Druckfestigkeit erhalten (vgl. Abb. 61).

Die Bestimmung der Druckfestigkeit ist nur möglich, wenn unter der stetig steigenden Druckbelastung ein Bruch der Probe eintritt. Bei weitgehend verformbaren Werkstoffen tritt in der Regel ein Bruch nicht ein; zuweilen wird bei

---

[1] Beide Druckplatten in Kugelschalen zu lagern, ist meist unzweckmäßig.

diesen an Stelle der Druckfestigkeit die Spannung bestimmt, bei der Risse im Werkstoff auftreten, ohne daß dadurch die Tragfähigkeit der Probe entscheidend beeinträchtigt wird.

b) Quetschgrenze.

Die Quetschgrenze σ_{dF} ist die Fließgrenze beim Druckversuch, die durch das Eintreten größerer bleibender Stauchungen gekennzeichnet wird. Bei Werkstoffen mit ausgeprägter Fließgrenze ist sie an dem erstmaligen Fortschreiten der Stauchung unter unveränderlicher Belastung zu erkennen, wobei zuweilen auch ein Spannungsabfall von der oberen zur unteren Quetschgrenze beobachtet wird; sie kann in diesem Fall auch näherungsweise aus der mit einem Schreibgerät selbsttätig aufgezeichneten Stauchkurve als die Spannung entnommen werden, bei der die zunächst nahezu geradlinig ansteigende Schaulinie plötzlich zu größeren Verformungswerten abbiegt.

Bei Werkstoffen ohne ausgeprägte Fließgrenze, bei denen die Stauchkurve aus dem steilen Anstieg im elastischen Bereich mit stetiger Krümmung in den plastischen Bereich übergeht, wird an Stelle der Quetschgrenze die Dehngrenze für eine bleibende Stauchung von 0,2% ($\sigma_{0,2}$) ermittelt. Ihre Bestimmung erfolgt mittels Feindehnungsmessern.

Während spröde Werkstoffe in ihrem Verhalten gegen Druckbeanspruchungen durch die Druckfestigkeit gekennzeichnet werden, kommt für gut verformbare Metalle der Quetschgrenze als Gütemaßstab die höhere Bedeutung zu.

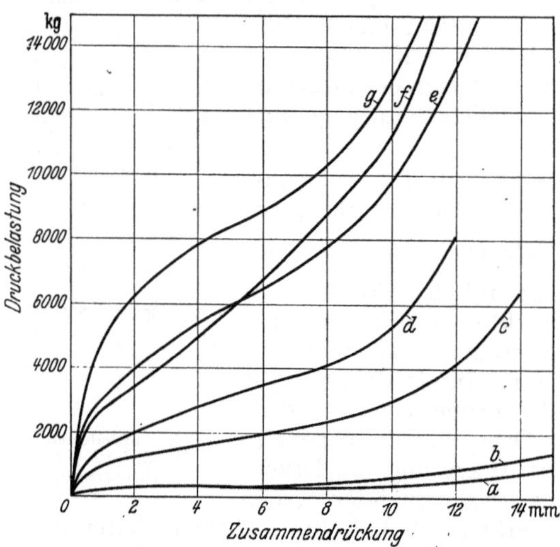

Abb. 68. Belastungs-Stauchungsschaubilder von Zylindern mit $d=10$, $h=20$ mm aus verschiedenen Metallen (Pomp). *a* Blei, *b* Blei mit 3% Sn, *c* Aluminium, *d* Kupfer, *e* Stahl mit 0,06% C, gezogen, *f* Messing mit 62% Cu, *g* Stahl mit 0,5% C.

c) Elastizitäts- und Proportionalitätsgrenze.

Ihre Bestimmung erfolgt mit Hilfe von Feindehnungsmessern in ganz entsprechender Weise wie beim Zugversuch; es kann daher auf die Ausführungen für den Zugversuch (Abschn. B, 6d und e) verwiesen werden. Infolge der Beschränkung der Probenlänge wegen der Knickungsgefahr kommen nur kurze Meßlängen in Frage.

d) Stauchkurve.

Besonders für weitgehend verformbare Werkstoffe ist zur Kennzeichnung des Werkstoffverhaltens unter Druckbeanspruchung eine Ergänzung der Bestimmung der Quetschgrenze durch die Aufnahme eines vollständigen Spannungs-Stauchungs-Schaubildes wertvoll. In Abb. 68 sind nach Versuchen von A. Pomp[1] die Stauchkurven für gleich große Zylinder aus verschiedenen Metallen wiedergegeben, die deren unterschiedliches Verhalten beim Druckversuch sehr deutlich hervortreten lassen. Bemerkenswert ist, daß der oben erwähnte Wendepunkt in diesen Kurven etwa bei gleichen Stauchgraden der Probe auftritt.

---

[1] Pomp, A.: Z. VDI Bd. 64 (1920) S. 745.

Zur Kennzeichnung des Verhaltens gut verformbarer Werkstoffe im Druckversuch kann auch die Druckspannung dienen, die einer gleich großen Stauchung (etwa 10%) entspricht. Eine solche Bestimmung kann für eine vergleichende Bewertung von Metallen, die keine ausgeprägte Quetschgrenze besitzen, als Ersatz für die umständlichere Ermittlung der 0,2-Grenze dienen.

E. Siebel und A. Pomp[1] weisen darauf hin, daß man aus der Stauchkurve auch die *Zug*festigkeit des Werkstoffes ermitteln kann (vgl. Abschn. C 3).

D. Der Knickversuch.

1. Allgemeines.

Bei der Behandlung des Druckversuches wurde bereits darauf hingewiesen, daß bei längeren Proben ($h:d$ oder $h:\sqrt{F} > 3$) die Gefahr besteht, daß sie seitlich ausknicken. Bei der Zusammendrückung einer so schlanken Probe tritt früher oder später eine seitliche Ausbiegung ein, die mit steigender Last anwächst. Dabei bleibt aber zunächst noch ein Gleichgewichtszustand erhalten, d. h. die Belastung ändert sich nicht, wenn die Zusammendrückung unverändert bleibt, und umgekehrt. Mit steigender Belastung nimmt die seitliche Ausbiegung immer mehr zu, bis schließlich kein Gleichgewicht mehr eintritt. Entweder zerbricht der Stab (z. B. bei Gußeisen) oder er knickt zusammen, falls nicht infolge der großen Formänderung eine Entlastung erfolgt. Die Belastung, unter der der Bruch oder das Ausknicken eintritt, wird als *Knicklast* bezeichnet. Die Ursache für diesen Vorgang ist, daß zu der reinen Druckbeanspruchung Biegebeanspruchungen infolge von unmittigen Belastungen oder nicht genügend genau ausgeführten Probenenden hinzukommen. Auch Ungleichmäßigkeiten im Werkstoff oder in der Probenherstellung, insbesondere jede Abweichung der Stabachse von einer vollkommenen Geraden, können diese Biegespannungen hervorrufen. Je länger die Probe ist, um so stärker kann die Probe den Biegespannungen nachgeben, bis schließlich an einer Stelle infolge Überschreitung der Fließgrenze der Stab ausknickt. Der Knickversuch ist daher in erheblichem Maß von der Spannungsverteilung und ihrer Änderung im Lauf des Versuches abhängig, so daß er im Grunde mehr in die Elastizitätslehre als in die Werkstoffprüfung gehört; er soll daher hier nur kurz behandelt werden.

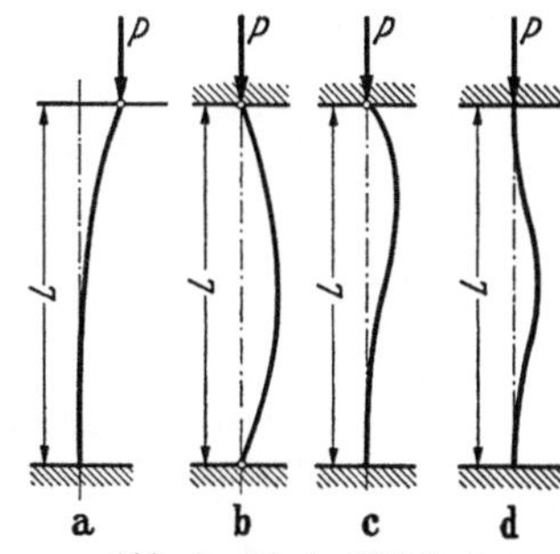

Abb. 69a bis d. Wichtigste Belastungsfälle beim Knickversuch.

Da die Knickvorgänge von der Spannungsverteilung abhängig sind, ist es verständlich, daß die Knicklast, d. h. die zu einem vollständigen Ausknicken der Probe notwendige Last, von der Art der Einspannung und von der Länge der Probe abhängig ist. Für die in Abb. 69 dargestellten Einspannungsverhältnisse hat Euler Formeln für die Berechnung der Knicklasten angegeben. Bei dem Fall a ist der Stab an einem Ende fest eingespannt, während das andere seitlich frei beweglich ist. Beim Fall b ist die Lage der Endpunkte des Stabes festgelegt, ohne daß eine Einspannung vorliegt; dieser Fall wird in den statischen Berechnungen am häufigsten angenommen, da alle Einspannungen eine gewisse Nachgiebigkeit aufweisen. Fall c ist durch feste Einspannung an einem Ende und bewegliche am anderen Ende gekennzeichnet, während Fall d eine feste Einspannung an beiden Stabenden verlangt. Bedeutet E den

---

[1] Siebel, E. u. A. Pomp: Mitt. K.-Wilh.-Inst. Eisenforschg. Bd. 10 (1928) S. 55—62.

Elastizitätsmodul des Werkstoffes, L die Länge des Stabes zwischen den Ein-spannungen und J das kleinste äquatoriale Trägheitsmoment des Querschnitts, so ist die Knicklast

$$P_k = \frac{\pi^2 \cdot E \cdot J}{L^2} \cdot c = \frac{\pi^2 \cdot E \cdot F}{\lambda^2} \cdot c .$$

Für die vier in Abb. 69 gekennzeichneten Arten der Einspannung ist die Größe $c = {}^1/_4$, 1, 2 oder 4. Die Größe $i = \sqrt{J/F}$ ($F =$ Querschnitt des Stabes) bezeichnet man als Trägheitshalbmesser der Probe und bestimmt aus $L/i = \lambda$ den Schlankheitsgrad des Stabes. In der Eulerschen Formel tritt also der Einfluß des Werkstoffes nur durch den Elastizitätsmodul, nicht aber in einer Festigkeitszahl in Erscheinung. In zahlreichen Versuchen sind die Eulerschen Formeln für Werte von $\lambda = 80$ bis 100 ($\lambda = 80$ gilt z. B. für einen Stab mit kreis-förmigem Querschnitt mit $L = 20 \cdot d$) und höhere Schlankheits-grade bestätigt worden. Bei kleineren Werten von λ zeigen sich Ab-weichungen der nach der Eulerschen Formel errechneten Knickla-sten von den Versuchs-ergebnissen, da in die-sem Gebiet die Quetsch-grenze des Werkstoffes die erreichte Knicklast beeinflußt (Abb. 70). Bei kurzen Stäben wird also im Gegensatz zu den langen das Ver-suchsergebnis von einer Festigkeitseigenschaft

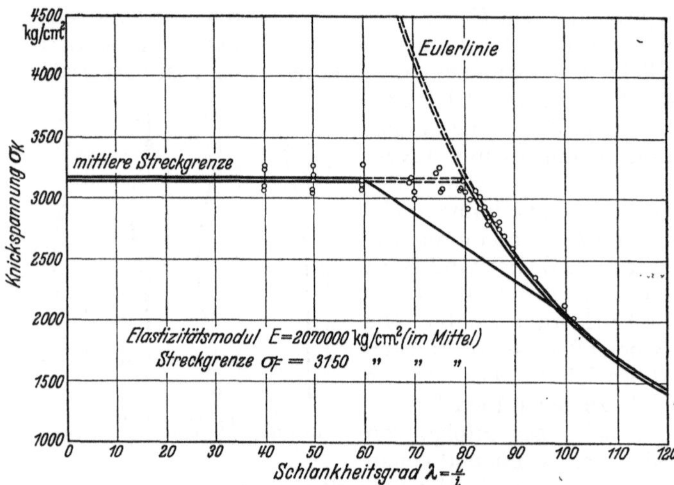

Abb. 70. Verlauf der Knickspannungslinie (Memmler).

des Werkstoffes bestimmt. So fand Tetmajer[1] als untere Grenze des Gültig-keitsbereiches der Eulerschen Formeln für

$$
\begin{aligned}
\text{Gußeisen} & \quad \lambda \gtrless 80\\
\text{Schweißeisen} & \quad \lambda \gtrless 112\\
\text{weichen Flußstahl} & \quad \lambda \gtrless 105\\
\text{harten Flußstahl} & \quad \lambda \gtrless 90\\
\text{Nickelstahl} & \quad \lambda \gtrless 86,
\end{aligned}
$$

d. h. je niedriger die Quetschgrenze des Werkstoffes ist, desto höher muß λ für die Gültigkeit der Euler-Formel sein. Für kürzere Stäbe mit einem Schlank-heitsgrad unter 80 sind mehrfach empirische Formeln aufgestellt worden[2]. So setzen F. Engesser[3] und Th. v. Kármán[4] in der Eulerschen Gleichung an die Stelle des Elastizitätsmoduls den Knickmodul, der von der Neigung $d\sigma/d\varepsilon$ der Spannungs-Dehnungslinie bei der fraglichen Spannung sowie von der Querschnittsform abhängig ist. Bei kurzen Stäben wird das Verhalten des Werkstoffes überwiegend durch die Quetschgrenze und die Druckfestigkeit bestimmt (vgl. Abschn. C).

[1] Tetmajer: Vgl. Hütte, des Ingenieurs Taschenbuch, 25. Aufl., Bd. I, S. 572, Berlin 1925.
[2] Vgl. Hütte, des Ingenieurs Taschenbuch, 26. Aufl., Bd. I, S. 654—661, Berlin 1936
[3] Engesser, F.: Eisenbau Bd. 2 (1911) S. 385.
[4] Kármán, Th. v.: VDI-Forschungsheft 81 (1910).

Da die Werkstoffeigenschaften, wie Proportionalitätsgrenze, Quetschgrenze und Druckfestigkeit, die Ergebnisse des Knickversuches mit langen Stäben im allgemeinen nicht beeinflussen, diese vielmehr durch Probenform, Art der Einspannung u. dgl. bedingt werden, wird der Knickversuch nur selten zur vergleichenden Werkstoffprüfung ausgeführt. Seine Bedeutung liegt vielmehr in erster Linie darin, daß er, auf ganze Bauteile angewandt, dem Gestalter wertvolle Unterlagen für die Beurteilung der Tragfähigkeit und der Spannungsverteilung in denselben zu geben vermag. Unter Beachtung dieses Zieles ist bei der Durchführung der Knickversuche an solchen Bauteilen Wert darauf zu legen, daß die Versuchsbedingungen möglichst den Beanspruchungsverhältnissen anzupassen sind, denen der Bauteil im fertigen Bauwerk ausgesetzt wird.

2. Einspannung.

Aus der EULERschen Gleichung ergibt sich der große Einfluß der Einspannung, die die Knickkräfte infolge der Änderung des Beiwertes c im Verhältnis 1:16 ändern kann. Bei der Ausführung eines Versuches muß man daher dieser besondere Aufmerksamkeit widmen, um den beabsichtigten Einspannungsfall während des ganzen Versuches aufrecht zu erhalten. So weist MEMMLER[1] darauf hin, daß die Lagerung der Probenenden auf Kugelschalen infolge deren Reibung keine ausreichende Beweglichkeit hat, um Beanspruchungsfälle nach Abb. 69b oder c zu gewährleisten, so daß bei höheren Belastungen der Versuch eher dem Fall d (Einspannung der Probe an beiden Enden) entspricht. Andererseits ist eine vollständig feste Einspannung schwer herzustellen, selbst bei Anwendung breiter Stützflächen, so daß meistens schon bei etwas niedrigeren Lasten, als der EULERschen Formel entsprechen, das Ausknicken eintritt. Für die Versuche nach Fall b, die am häufigsten ausgeführt werden,

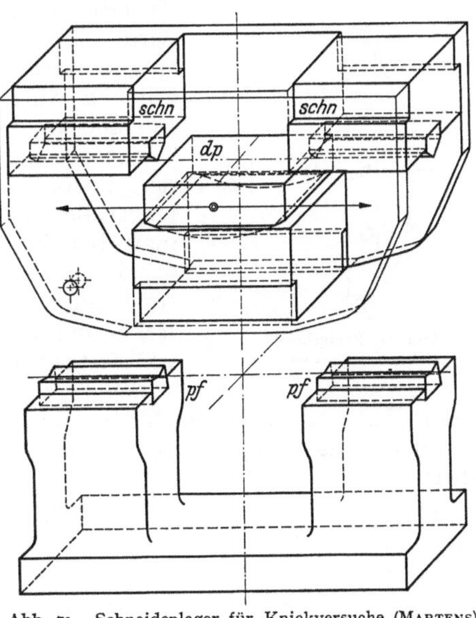

Abb. 71. Schneidenlager für Knickversuche (MARTENS).
dp = Druckplatte, pf = Pfanne, sch = Schneide.

empfiehlt sich die Lagerung der Probe auf Spitzen oder Schneiden. Da die letztgenannten aber nur nach einer Richtung beweglich sind, können sie nur bei Proben mit nach den beiden Richtungen verschiedenen Trägheitsmomenten angewandt werden und wirken für die Senkrechte zur Kipprichtung als nahezu feste Einspannung.

Da nicht genau mittige Belastung der Probe die Biegespannungen erhöht und dadurch ein vorzeitiges Ausknicken begünstigt, versieht man die kippbaren Auflagerplatten mit Schlitten, die es gestatten, den Stab in zwei Richtungen um kleine Beträge zu verschieben. Die Zwischenschaltung eines Kipplagers und eines Schlittens zur Verschiebung der Probe bewirkt, daß die Knicklänge nicht gleich der Probenlänge ist. Eine von MARTENS angegebene Abstützvorrichtung (Abb. 71) umgeht diese Schwierigkeit, da Schneiden und

---

1 MEMMLER: Materialprüfungswesen Bd. I, S. 50—57. Berlin u. Leipzig: Walter de Gruyter & Co. 1930.

Druckplatten in gleicher Höhe liegen. Bei liegenden Maschinen werden durch das Gewicht der Probe bereits störende Biegespannungen hervorgerufen, die durch Aufhängung des Stabes ausgeglichen werden müssen. Diese Aufhängung darf aber die Beweglichkeit der Probe nicht behindern.

3. Durchführung des Knickversuches.

Beim Knickversuch belastet und entlastet man die Probe abwechselnd unter Messung der Ausbiegung der Probe. Hierzu muß die seitliche Bewegung der Probenmitte gegenüber den Probenenden gemessen werden. Haben die Proben in zwei oder mehr Richtungen nahezu das gleiche Trägheitsmoment, so müssen diese Messungen in zwei zueinander senkrechten Richtungen ausgeführt werden. Als Meßinstrumente verwendet man dabei Fühlhebel oder Rollenapparate nach Bauschinger[1], in neuerer Zeit vorwiegend Meßuhren, die am bequemsten eine genaue Ablesung ermöglichen. Bei der Anordnung der Meßgeräte muß man darauf achten, daß der Andruck, der zu einem sicheren

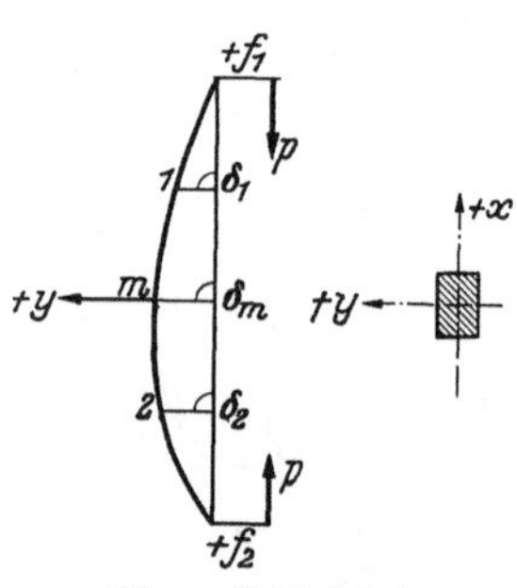

Abb. 72. Fehlerhebel
beim Knickversuch.

Arbeiten der Meßgeräte notwendig ist, ausgeglichen wird, ohne daß seitliche Kräfte auf die Probe übertragen werden, da diese zu einem frühzeitigen Ausknicken Anlaß geben können. Außerdem muß die Verbindung zwischen den Meßstellen und den Festpunkten so sein, daß die durch die Zusammendrückung der Probe entstehenden Längsverschiebungen der Meßstellen die Messung nicht beeinflussen. Beobachtet man bei diesen Vorbelastungen seitliches Ausbiegen der Probe, so muß man versuchen, dieses vorzeitige Ausbiegen durch Einrichten der Probe in die genaue Belastungsachse zu beseitigen. Das Ausgleichverfahren von Zimmermann gestattet, diese Einstellfehler (,,Fehlerhebel'') zu berechnen, wenn außer der Ausbiegung in der Mitte δ_m noch die Ausbiegung in zwei symmetrisch zur Probenmitte liegenden Punkten δ_1 und δ_2 gemessen wird (Abb. 72). Alsdann sind die Fehlerhebel:

$$f_1 = g\,\delta_1 - k\,\delta_2$$
$$f_2 = g\,\delta_2 - k\,\delta_1$$
$$\tfrac{1}{2}(f_1 + f_2) = m\,\delta_m,$$

worin g, k und m Konstanten sind, die von dem Verhältnis der eingestellten Knickbelastung zur Eulerschen Knickspannung abhängen. Bei der Beseitigung der Fehlerhebel geht man zweckmäßig so vor, daß man zunächst die Probe wiederholt bis zu einer Stufe belastet, die Ausbiegung mißt und nach der Entlastung die Probe verschiebt, bis eine untere Grenze des Fehlers erreicht ist. Hiernach erhöht man die Belastungsstufe, wobei sich wieder größere Ausbiegungen zeigen werden, und wiederholt das Ausrichten, bis man die Belastung weiter steigern kann.

Ein anderes Meßverfahren besteht darin, an Stelle der Ausbiegungen die Winkel zu messen, um die sich die Stabenden bei der Belastung drehen, indem man z. B. Spiegelmessungen ausführt. Dieses Verfahren empfiehlt sich auch im Fall d der Abb. 69 zur Überprüfung der Einspannung.

---

[1] Vgl. A. Martens: Handbuch der Materialienkunde für den Maschinenbau, Bd. I. Berlin: Julius Springer 1898.

E. Der Biegeversuch.

1. Kräfte, Spannungen und Durchbiegungen beim Biegeversuch.

Der Biegeversuch unterscheidet sich von den vorher behandelten Zug- und Druckversuchen dadurch, daß bei ihm nicht Einzelkräfte, sondern Kräftepaare wirksam sind. Betrachtet man z. B. den rechten Abschnitt des in Abb. 73 dargestellten Balkens, der an seinem linken Ende fest eingespannt ist, so muß die am freien Ende wirkende Einzelkraft A eine gleich große Gegenkraft B hervorrufen. An dem Querschnitt im Abstande x bilden beide Kräfte ein Kräftepaar mit dem Moment $M = A \cdot x$, das die ursprünglich gerade Längsachse des Stabes zu krümmen, also den Stab zu biegen bestrebt ist; diesem Moment wird von dem gleich großen Moment eines zweiten in dem Stab sich ausbildenden Kräftepaares, den Beanspruchungen in dem untersuchten Querschnitt, das Gleichgewicht gehalten. Dieses Moment ruft im oberen Teil des Querschnittes Zugkräfte, im unteren Teil Druckkräfte hervor, die mit dem Abstand x vom Angriffspunkt der äußeren Kraft A anwachsen. Beide Quer-

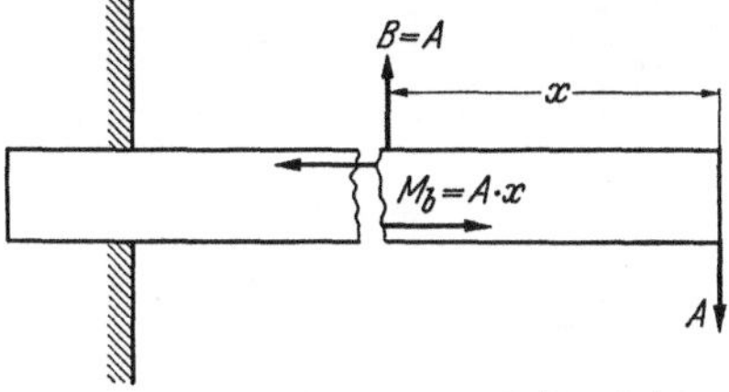

Abb. 73. Kräfte am eingespannten Balken, belastet durch Einzelkraft am freien Ende.

schnittsteile müssen senkrecht zur Kraftrichtung A durch eine Zone getrennt sein, in der weder Druck- noch Zugkräfte bestehen; es ist dies die „neutrale Faserschicht" des Biegestabes.

Der Querschnitt des Stabes ist also den verschiedensten Normalspannungen unterworfen. Der Biegeversuch ergibt somit keine gleichmäßige Beanspruchung, wie sie beim Zug- oder beim Druckversuch erwünscht ist, sondern wir haben, von Sonderfällen abgesehen, in jedem Querschnitt Zug- und Druckspannungen nebeneinander, jede für sich von Null bis zu einem Höchstwert ansteigend. Diese ungleichmäßige Spannungsverteilung erschwert die Deutung des Biegeversuches, wobei weiterhin zu beachten ist, daß in

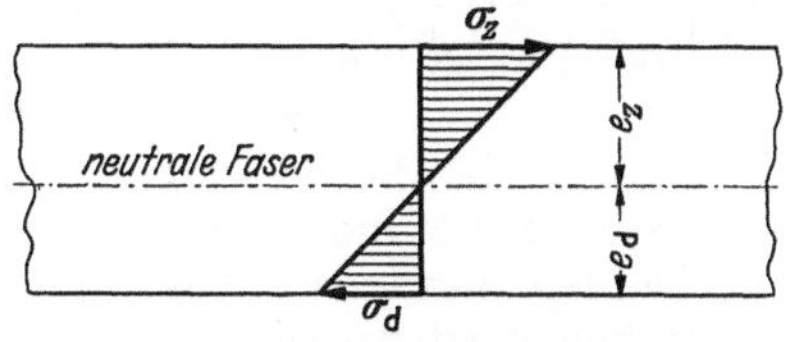

Abb. 74. Elastische Spannungsverteilung bei Biegebeanspruchung.

den meisten Belastungsfällen in den Stabquerschnitten obendrein noch Schubkräfte, den Querkräften entsprechend, zu übertragen sind.

Wie bei anderen Beanspruchungsarten sind die beim Biegeversuch auftretenden Verformungen in elastische und plastische, d. h. bei der Entlastung verschwindende und nach der Entlastung bleibende, zu unterteilen. Nur für das Gebiet der elastischen Verformungen gilt die Berechnung der beim Biegeversuch auftretenden Spannungen, die man gewöhnlich dem Spannungs-Dehnungs-Bild des Biegeversuches zugrunde legt.

Nach der Festigkeitslehre ergibt sich im elastischen Zustand für einen beliebigen, durch ein Kräftepaar auf Biegung beanspruchten Querschnitt eine lineare Spannungsverteilung nach Abb. 74. Die Normalspannung fällt von einem Höchstwert auf der Zugseite nach Null in der neutralen Faserschicht, wobei dieser Nullpunkt in der Schwerachse des Stabes liegt, und steigt dann geradlinig bis zu einem Höchstwert der Druckspannung wieder an. Für diesen Fall geradliniger Verteilung der Spannung genügt die Berechnung der höchsten

Zug- und Druckspannungen, um die Spannungen in jedem Teil des Querschnitts zu kennen. Sie ergeben sich zu

$$\sigma_z = \frac{M_b \cdot e_z}{J} \tag{1}$$

und

$$\sigma_d = \frac{M_b \cdot e_d}{J}, \tag{2}$$

wobei σ_z und σ_d die gesuchten höchsten (Rand-)Spannungen auf der Zug- und Druckseite, M_b das Biegemoment, J das äquatoriale Trägheitsmoment des Querschnitts und e_z bzw. e_d (vgl. Abb. 74) die Abstände der äußersten Faser von der neutralen Faserschicht, d. h. der Schwerebene bedeuten. Den Ausdruck J/e nennt man auch das Widerstandsmoment W, so daß die Gleichungen (1) und (2) übergehen in

$$\sigma_z = \frac{M_b}{W_z} \tag{3}$$

und

$$\sigma_d = \frac{M_b}{W_d}. \tag{4}$$

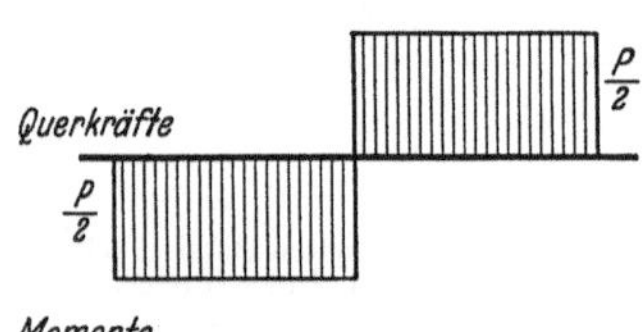
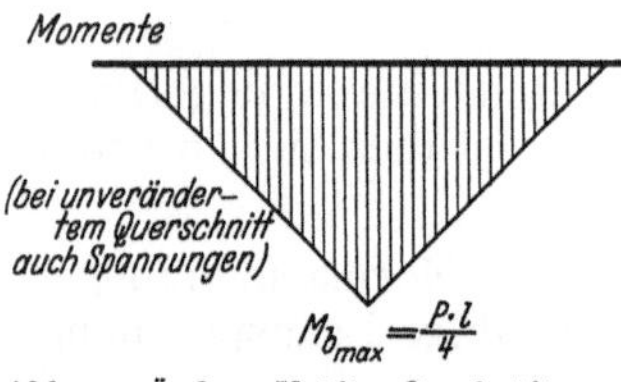

Abb. 75. Äußere Kräfte, Querkräfte und Momente am Balken auf zwei Stützen mit einer Einzelkraft in der Mitte.

Bei symmetrischen Querschnitten, z. B. dem Kreis, dem regelmäßigen Vier- oder Sechseck, sind die Entfernungen des Schwerpunktes von der Randfaser e_z und e_d gleich, so daß auch das Bild der Spannungsverteilung symmetrisch wird und die größten am Rande auftretenden Zugspannungen umgekehrt gleich den größten Druckspannungen sind. Bei unsymmetrischer Lage des Querschnitts zur neutralen Faserschicht, wie sie bei einem Dreieck oder dem technischen Beispiel eines T-Eisens, eines U-Eisens oder einer Eisenbahnschiene häufig gegeben ist, sind dagegen die Zug- und Druckspannungen nicht gleich und müssen getrennt berechnet werden.

Ebenso wie die Festigkeitslehre befaßt sich die Werkstoffprüfung beim Biegeversuch besonders mit den höchsten auftretenden Spannungen, also mit den Randspannungen. Wenn daher beim Biegeversuch von Spannungsgrenzen gesprochen wird, so sind stets diese Randspannungen gemeint.

Die beim Biegeversuch bereits im elastischen Gebiet auftretenden Durchbiegungen des Probestabes sind erheblich größer als z. B. die Verlängerungen und Verkürzungen beim Zug- oder Druckversuch. Die Beziehungen zwischen den Belastungen (d. h. den Randspannungen) und den Formänderungen lassen sich aber beim Biegeversuch nicht in entsprechend einfacher Form darstellen, da beide Größen von der Anordnung der an der Probe angreifenden Auflage- und Belastungskräfte weitgehend abhängig sind. Einzelheiten über die verschiedenen Beanspruchungsfälle, die dabei auftretenden gefährlichen Querschnitte (die Stellen der höchsten Beanspruchung), die Höhe der Beanspruchung in Abhängigkeit von den Kräften, die dabei auftretenden Verkrümmungen der Proben und die größten Durchbiegungen finden sich in den verschiedenen Handbüchern (z. B. Hütte, 26. Aufl., Bd. I, S. 612/619). Die Werkstoffprüfung begnügt sich im allgemeinen mit der Untersuchung zweier Belastungsfälle, nämlich 1. des in der Mitte durch eine Einzelkraft (Abb. 75) und 2. des durch zwei gleiche Einzelkräfte (Abb. 76) belasteten Balkens auf zwei Stützen. Während bei dem durch eine Einzelkraft belasteten Balken die über die Länge der Probe aufgetragenen Biegemomente und also auch die Randspannungen ein gleichschenkeliges Dreieck darstellen, bildet dieser Linienzug bei dem durch zwei Einzellasten belasteten Balken ein Trapez. Der zwischen den gleich großen Lasten liegende Abschnitt der Probe ist frei von Querkräften, also nur durch das Biegemoment beansprucht und daher für Untersuchungen über das Verhalten des Werkstoffes bei Biegungen besonders geeignet. Für diese beiden Fälle seien daher die Auflagerkräfte, die Randspannungen und die Durchbiegungen angegeben.

Belastungsfall 1. Bei dem in der Mitte durch die Einzelkraft P belasteten Balken auf zwei Stützen von der Länge l sind die beiden Auflagerkräfte gleich $P/2$ (Abb. 75). In dieser Höhe wirken auch über die ganze Länge des Stabes Querkräfte. Die Momentenfläche hat die Form eines Dreiecks; die größte Biegebeanspruchung tritt unter der Einzelkraft in der Mitte der Probe auf und hat das Moment

$$M_{b\,\mathrm{max}} = \frac{P \cdot l}{4}. \tag{5}$$

Im Abstand x von dem Auflager ($x < l/2$) ist das Biegemoment entsprechend kleiner und beträgt $M_b = \dfrac{P \cdot x}{2}$. Die Beanspruchung des Stabes, gekennzeichnet durch die Randzone, ist bei über der Länge konstantem Querschnitt diesem Abstand x proportional und beträgt $\sigma = \dfrac{P \cdot x}{2 \cdot W}$; sie erreicht in der Mitte der Probe ihren Höchstwert

$$\sigma_{\mathrm{max}} = \frac{P \cdot l}{4 \cdot W}, \tag{6}$$

die größte Durchbiegung entsteht im Angriffspunkt der Einzellast und beträgt

$$f = \frac{1}{48}\frac{P \cdot l^3}{E \cdot J} = \frac{1}{12}\frac{\sigma_{\mathrm{max}} \cdot l^2}{E \cdot e}. \tag{7}$$

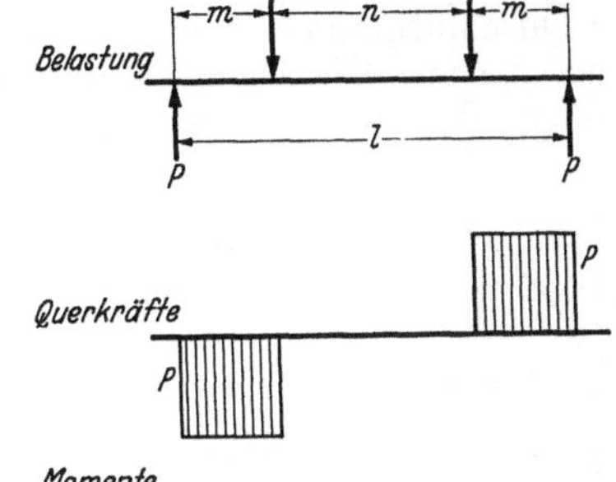

Abb. 76. Äußere Kräfte, Querkräfte und Momente am Balken auf zwei Stützen mit Belastung durch zwei symmetrische Einzelkräfte.

Auf die Stützweite l bezogen, wird dieses Maß als *Biegepfeil* $\varphi = \dfrac{f}{l} \cdot 100$ bezeichnet.

Belastungsfall 2. Bei dem Balken auf zwei Stützen von der Länge l mit zwei symmetrisch angreifenden gleichen Einzellasten P im Abstand m von den Stützen (d. h. $l > 2\,m$) sind die Auflagerkräfte gleich P. Zwischen den Auflagern und den Lastangriffsstellen treten Querkräfte von ebenfalls der Größe P auf, zwischen den Lastangriffsstellen sind dagegen die Querkräfte Null. Die Biegemomente betragen über dem ganzen Abschnitt zwischen den Einzellasten

$$M_{b\,\mathrm{max}} = P \cdot m \tag{8}$$

und fallen nach den Auflagern geradlinig auf Null ab. Dementsprechend betragen die Randspannungen zwischen den Angriffspunkten der Einzelkräfte

$$\sigma_{\mathrm{max}} = \frac{P \cdot m}{W}, \tag{9}$$

zwischen Auflager und Einzelkraft im Abstand x ($x < m$)

$$\sigma = \frac{P \cdot x}{W}. \tag{10}$$

Die neutrale Faser wird im Gebiet des konstanten Biegemomentes zu einem Kreisbogen mit dem Radius $\varrho = \dfrac{E \cdot J}{P \cdot m}$ gebogen, und die größte Durchbiegung der Mitte zwischen den Einzelkräften beträgt (gemessen gegen die Auflagepunkte):

$$f = \frac{P \cdot m}{24\,E \cdot J}\,[3\,(n + 2\,m)^2 - 4\,m^2]. \tag{11}$$

2. Durchführung des Biegeversuches.

Der Biegeversuch wird meist mit Stäben von kreisförmigem, seltener rechteckigem Querschnitt in einer Universalprüfmaschine oder in einer Biegepresse durchgeführt. Vor Beginn des Versuches muß man besonders darauf achten, daß die Auflager und Druckstempel sich in der richtigen Anordnung befinden, d. h. daß alle Hebelarme die gewünschten Maße haben, und daß sich diese während des Versuches nicht verändern können. Ebenso muß man die Geräte zur Messung der Durchbiegung auf ihre richtige Einstellung und Anbringung nachprüfen. Bei den meisten Maschinen erfolgt der Biegeversuch durch Bewegung der Auflager und Druckstempel gegeneinander unter Messung der dabei auftretenden Kräfte.

Durchbiegungen und Belastungen wachsen zunächst verhältnisgleich an, und die Durchbiegungen gehen bei der Entlastung auf Null zurück, sind also elastischer Natur. Die Durchbiegungen des Probestabes in diesem Gebiet sind meist größer als die Verlängerungen in Zugversuchen bei entsprechenden Beanspruchungen. Dies ergibt sich z. B. aus Gleichung (7) für den Balken auf zwei Stützen mit Einzellast, nach der die Durchbiegungen bei gleichen größten Spannungen das $l/12\,e$-fache der Verlängerung eines gleich langen Stabes im Zugversuch betragen. Bei einem Auflagerabstand von beispielsweise $l = 60$ cm und einem Stabdurchmesser von $2\,e = 3$ cm ist also die elastische Durchbiegung für die Biegerandspannung σ 3,3mal so groß wie die Verlängerung unter der gleichen Zugspannung σ.

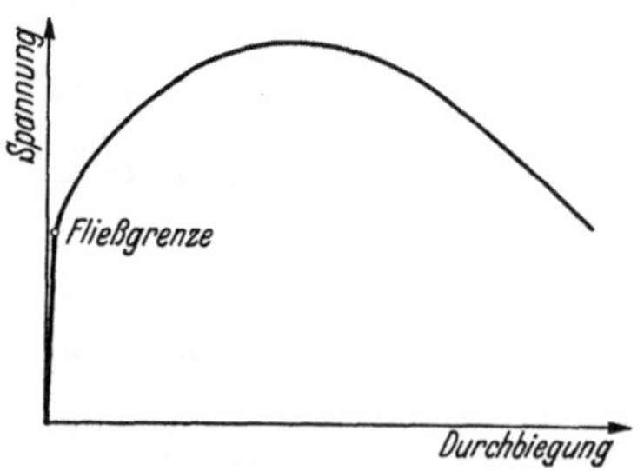

Abb. 77. Belastungs-Durchbiegungsschaubild von zähem Werkstoff.

Bei höheren Durchbiegungen wachsen die Belastungen nicht mehr so schnell wie die Durchbiegungen, es treten zuerst kleinere, dann größere bleibende Durchbiegungen auf. Die Elastizitätsgrenze des Werkstoffes ist überschritten. Mißt man außer den Durchbiegungen auch die Dehnungen und Stauchungen auf der Zug- und Druckseite der Probe mit entsprechend empfindlichen Meßgeräten, so wird man in ähnlichem Maße bleibende Verformungen finden. Treten also bleibende Durchbiegungen auf, so gehören hierzu auch bleibende Dehnungen bzw. Stauchungen in den am stärksten beanspruchten Zug- und Druckzonen. Bei der Fortsetzung des Versuches steigen mit dem Fortschreiten der Durchbiegung auch die Auflager- und Belastungskräfte an (Abb. 77). Eine ausgeprägte Streckgrenze wie beim Zugversuch wird nur selten gefunden; bei *zähen Werkstoffen* gelingt es nicht, die Probe bis zum Bruch zu bringen, da sie sich oft bis zu 180° biegen läßt, ohne einen Anriß zu bekommen. Die Ursache hierfür ist darin zu suchen, daß die Dehnungen in der äußersten Zugfaser auch bei Biegungen um kleine Dorndurchmesser kleiner bleiben als die Einschnürdehnungen beim Zerreißversuch. *Spröde Werkstoffe* brechen dagegen schon bei kleineren Biegewinkeln, so daß der Biegeversuch als technologische Probe zum Nachweis der Zähigkeit Anwendung findet (s. Abschn. VI A 1)[1].

In diesem Gebiet der überwiegend plastischen Verformung, strenggenommen bereits nach dem Einsetzen der ersten plastischen Verformungen, gelten aber

---

[1] Eine Abänderung des Biegeversuches ist die technologische Erprobung von Drähten und dünnen Blechen im Hin- und Herbiegeversuch (s. Abschn. VI C 3). E. Buschmann [Z. Metallkde. Bd. 26 (1934) S. 274—279] sowie E. Mohr [Z. Metallkde. Bd. 30 (1938) S. 30—35; Metallwirtsch. Bd. 17 (1938) S. 535—537] lagerten über diese Beanspruchung noch eine Zugbelastung und untersuchten den Verlauf von Spannung und Verformung.

nicht mehr die Gleichungen für die elastische Spannungsverteilung über den Querschnitt nach Abb. 74, sondern die Spannungsverteilung geht allmählich in die nach Abb. 78 über, wobei die Randspannung nach dem Einsetzen des Fließens in der Randfaser unverändert bleibt (Abb. 78a), oder der eintretenden Verfestigung des Werkstoffes entsprechend ansteigt (Abb. 78b). Es ist daher wohl möglich, die Auflager- und Belastungskräfte der Probe aber nicht mehr die Spannungen nach den genannten Gleichungen anzugeben.

Infolge der ungleichmäßigen Spannungsverteilung und der Verschiebung der Spannungen beim Eintritt bleibender Verformungen folgen Dehn- und Fließgrenzen beim Biegeversuch anderen Beziehungen als beim Zugversuch und liegen oft höher, wobei die Querschnitts*form* der Probe von Einfluß ist. Insbesondere hat man dabei Werkstoffe zu unterscheiden, bei denen ein Fließbereich ohne Verfestigung im Zugversuch erscheint (weicher Kohlenstoffstahl mit unterer Streckgrenze) und solche, die keine

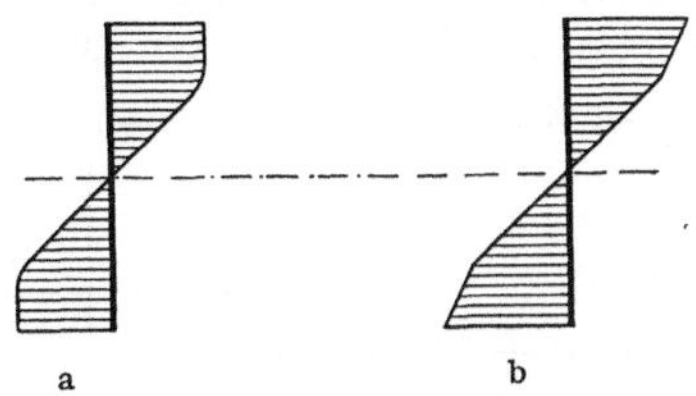

Abb. 78a und b. Spannungsverteilung bei Biegebeanspruchung unter Überschreitung der Fließgrenze, a ohne Verfestigung, b mit Verfestigung.

Naturgrenze zeigen, bei denen also auch mit der kleinsten bleibenden Verformung eine Verfestigung verbunden ist. Nach F. Rinagl[1] ergeben sich für die erste Werkstoffgruppe bei verschiedenen Querschnittsformen beim Biegeversuch Fließkurven nach Abb. 79, wobei M das jeweilige Biegemoment, M_F das Biegemoment an der Streckgrenze, aus dem Zugversuch berechnet ($M_F = W \cdot \sigma_F$), M_T der Grenzwert für die rein plastische Verformung, ε_a die Verformung der Randfaser, ε_F die zu M_F gehörende Verformung bedeuten. Aus diesen Kurven, die für Werkstoffe gelten, die wohl einen Fließbereich haben, aber keine obere Streckgrenze im Zugversuch aufweisen, berechnet Rinagl die Kurven für die Überhöhungen $k = \sigma_{F_o}/\sigma_{F_u}$ der oberen über die untere Streckgrenze (Abb. 80). Danach kann ein Abfall von einer oberen auf eine untere Biegefließgrenze nur bei einem besonders hohen Verhältnis k eintreten. Aus dem Vergleich von versuchsmäßig gefundenen Spannungs-Verformungslinien mit diesen Berechnungen folgert Rinagl, daß die beim Zugversuch gefundene obere Streckgrenze noch nicht die dem Werkstoff eigentümliche sein kann.

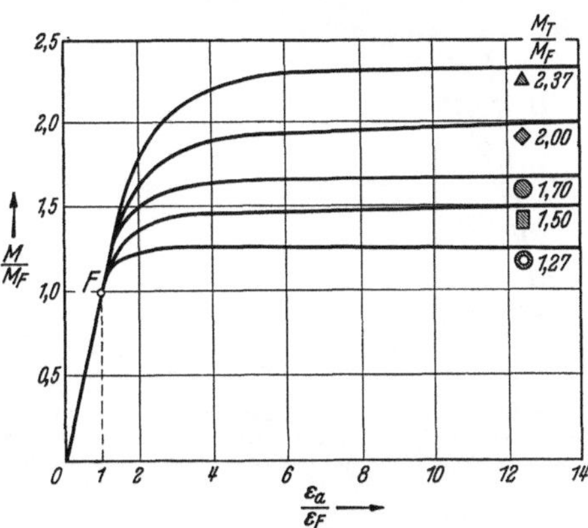

Abb. 79. Spannungs-Dehnungsschaulinien, gültig für die Randfaser, bei verschiedener Querschnittsform. Werkstoff mit Fließbereich ohne Verfestigung (Rinagl).

Von anderer Seite werden für diese Erscheinung abweichende Erklärungen gegeben. So sprechen A. Thum und F. Wunderlich[2], W. Kuntze[3], sowie E. Siebel und H. F. Vieregge[4] u. a. umgekehrt von einer Fließbehinderung seitens der näher der neutralen Faserschicht liegenden und daher niedriger belasteten Teile, wodurch die Fließgrenze der hochbelasteten Schichten gegenüber

---

[1] Rinagl, F.: Bauingenieur Bd. 17 (1936) S. 431—441; dort weiteres Schrifttum zu dieser Frage.

[2] Thum, A. u. F. Wunderlich: Forsch. Ing.-Wes. Bd. 3 (1932) S. 261.

[3] Kuntze, W.: Stahlbau Bd. 6 (1933) S. 49—52.

[4] Siebel, E. u. H. F. Vieregge: Mitt. K.-Wilh.-Inst. Eisenforschg. Bd. 16 (1934) S. 225—239.

der im Zugversuch gemessenen erhöht wird. Als Stütze für ihre Anschauungen ziehen diese Forscher ähnliche Erscheinungen an Spannungsspitzen gekerbter Stäbe heran.

Für die Werkstoffprüfung haben diese Berechnungen nur geringe Bedeutung, da Biegeversuche mit größeren plastischen Verformungen nur als technologische Biege- und Faltprobe (s. Abschn. VI A 1) zur Bestimmung der Dehnbarkeit, nicht aber der Festigkeit ausgeführt werden. Dagegen wendet man den Biegeversuch an, um die Festigkeit von spröden Werkstoffen zu bestimmen, die beim Biegeversuch nur eine geringe bleibende Durchbiegung ertragen können. Man berechnet in diesen Fällen als Biegefestigkeit die Beanspruchung der gezogenen Randfaser im Augenblick des Bruches. Für die Festigkeitsprüfung spröder Metalle hat der Biegeversuch gegenüber dem Zugversuch den Vorteil, daß es leichter ist, den gewünschten Spannungszustand — wenigstens solange die Durchbiegungen rein elastisch sind — ungestört einzuhalten. Beim Zugversuch sind spröde Werkstoffe besonders emppfindlich gegen zusätzliche Biegespannungen infolge einseitiger Zugbelastung (s. Abschn. 5), da sie nicht fähig sind, diese durch plastische Verformung auszugleichen. Sie reißen daher meist vorzeitig, so daß man beim Biegeversuch höhere Festigkeitszahlen als beim Zugversuch erhält, die der wahren Festigkeit des Werkstoffes näherkommen.

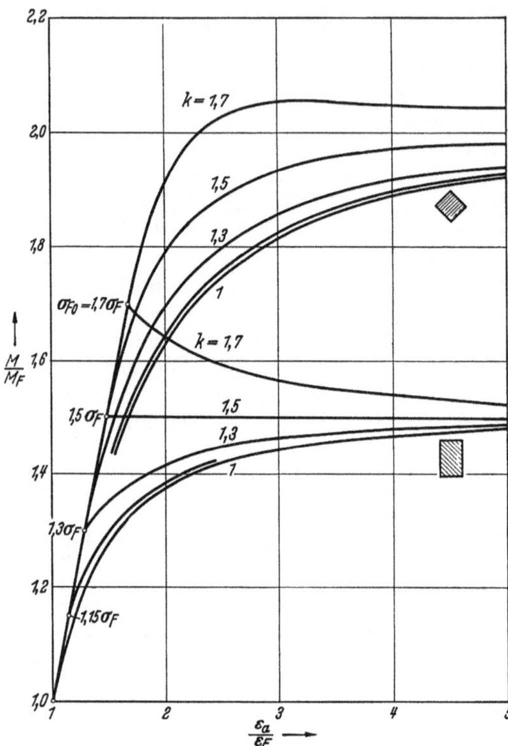

Abb. 80. Spannungs-Dehnungsschaulinien, gültig für die Randfaser, bei Rechteck- und über Eck gestelltem Quadratquerschnitt für Werkstoff mit beim Zugversuch ausgeprägter oberer Fließgrenze ($k = \sigma_{Fo}/\sigma_{Fu}$) (Rinagl).

Von besonderer Bedeutung ist der Biegeversuch für die Prüfung von Gußeisen geworden. Bei diesem Werkstoff sind die Unterschiede zwischen Zug-, Biege- und Druckfestigkeit besonders ausgeprägt. Gußeisen bricht bereits nach sehr kleinen bleibenden Verformungen, bei denen noch keine großen Abweichungen der nach der Elastizitätstheorie berechneten gegen die tatsächlich auftretenden Spannungen zu erwarten sind. Da die Druckfestigkeit des Gußeisens erheblich über seiner Zugfestigkeit zu liegen pflegt, hat man bei ihm die Erhöhung der Biegefestigkeit über die Zugfestigkeit auch mit einer Verschiebung der neutralen Faser zu erklären versucht[1].

Da die Festigkeitseigenschaften des Gußeisens von der Gießart, den Abkühlungsverhältnissen und der Wanddicke abhängig sind, sind über die Entnahme der Probe in dem Blatt DIN-Vornorm DVM-Prüfverfahren A 108 Angaben gemacht. Auch für die Ausführung des Biegeversuches sind Normen (DIN-

---

[1] Z. B.: Wawrziniok, O.: Handbuch des Materialprüfungswesens, 2. Aufl. Berlin: Julius Springer 1923, und Goerens, P. u. R. Mailänder in Wien-Harms: Handbuch der Experimentalphysik, Bd. V, S. 288. Leipzig: Akad. Verlagsgesellschaft 1930.

Vornorm DVM-Prüfverfahren A 110) aufgestellt worden: Getrennt gegossene Probestäbe sind 650 mm lang, sie haben $30 \pm 0{,}5$ mm Dmr. und werden unbearbeitet geprüft. Die Staboberfläche darf keine Gußnähte und Unebenheiten enthalten. Der Durchmesser ist in zwei zueinander senkrechten Richtungen auf 0,1 mm genau zu bestimmen; beide Maße dürfen nicht um mehr als 0,2 mm voneinander abweichen. Die aus einer angegossenen Leiste oder aus dem Gußstück herausgearbeiteten Proben sollen, wenn genügend Werkstoff zur Verfügung steht, einen Durchmesser von 10 mm und eine Länge von 220 mm haben. Der Durchmesser soll auf 0,05 mm genau gemessen werden. Die Staboberfläche soll glatt und ohne Drehriefen sein, unbearbeitete Stäbe sind auf Unrundheit zu prüfen.

Der Stab wird bei einer Stützweite gleich dem 20fachen Durchmesser, d. h. 600 mm für den 30-mm-Stab, 200 mm für den 10-mm-Stab, beiderseits auf drehbare oder feste zylindrische Auflager gelegt und durch eine Einzellast in der Mitte belastet. Die Halbmesser der Auflager und des Druckstempels sollen gleich dem Stabdurchmesser $\pm 25\%$ sein, d. h.

> für den 30-mm-Stab 22,5 bis 37,5 mm,
> für den 10-mm-Stab 7,5 bis 12,5 mm.

Die Belastung ist allmählich und stoßfrei bis zum Bruch des Stabes zu steigern, so daß die Durchbiegung in 30 s

> bei dem 30-mm-Stab höchstens 5 mm
> bei dem 10-mm-Stab höchstens 2,5 mm

erreicht. Da bei den meisten Gußeisenprüfmaschinen die Durchbiegung und nicht die Belastung vom Antrieb betätigt wird, ist diese Bedingung ohne Schwierigkeit einzuhalten.

Die Belastung beim Bruch ist beim 30-mm-Stab auf 10 kg, beim 10-mm-Stab auf 1 kg genau zu bestimmen, die Durchbiegung soll auf 0,1 bzw. 0,05 mm genau aus der Bewegung des Druckstückes ermittelt werden. Hierbei soll eine Vorlast von etwa 10 kg beim 30-mm-Stab, von etwa 1 kg beim 10-mm-Stab angewandt werden, um Fehler der Durchbiegungsmessung infolge Verschiebungen der Auflager auszuschalten.

Die Biegefestigkeit soll auf 0,5 kg/mm² genau angegeben werden. Außer der aus der Elastizitätslehre abgeleiteten Formel für die Biegefestigkeit als größte Randspannung σ_{bB} im Augenblick des Bruches

$$\sigma_{bB} = \frac{P \cdot l}{4\,W} \qquad \left(W = \frac{\pi}{32}\,d^3 \right) \tag{12}$$

($P = $ Bruchlast in kg, l Stützweite in mm, d ursprünglicher mittlerer Durchmesser des Stabes in der Mitte in mm) werden hierfür die Näherungsgleichungen

$$\sigma_{bB} = \frac{1500\,P}{d^3} \quad \text{für den 30-mm-Stab,} \tag{13}$$

$$\sigma_{bB} = \frac{500\,P}{d^3} \quad \text{für den 10-mm-Stab} \tag{14}$$

angegeben; diese ergeben gegen die Formel (12) eine Abweichung von 1,85%, die von untergeordneter Bedeutung ist.

3. Messung der Durchbiegungen.

Während die Bestimmung der Belastung beim Biegeversuch mit den üblichen Kraftmeßvorrichtungen der Prüfmaschinen ausgeführt wird, müssen für die Messung der Durchbiegung der Probe besondere Geräte zu Hilfe genommen werden. In einfachster Weise kann dies durch Messung des Weges des Belastungsstempels gegen die Auflager erfolgen, wobei die Einschaltung einer

Übersetzung zur Erhöhung der Ablesegenauigkeit zweckmäßig ist; ein Beispiel hierfür zeigt Abb. 81. Eine derartige Vorrichtung kann aber nicht bis zum Bruch der Probe benutzt werden und mißt außerdem Verquetschungen der Proben an den Auflagern und die Durchbiegung des Biegetisches mit. Die Vorrichtung nach Abb. 82 dient zur Messung der bleibenden Durchbiegung. Für fehlerfreie Messungen der Durchbiegungen empfiehlt es sich, die Meßgeräte an der neutralen Faser angreifen zu lassen und die Bewegung der Auflager und der weiteren Meßpunkte nicht gegenüber Teilen der Prüfmaschine zu bestimmen, sondern die Festpunkte an einem bestimmten Rahmen

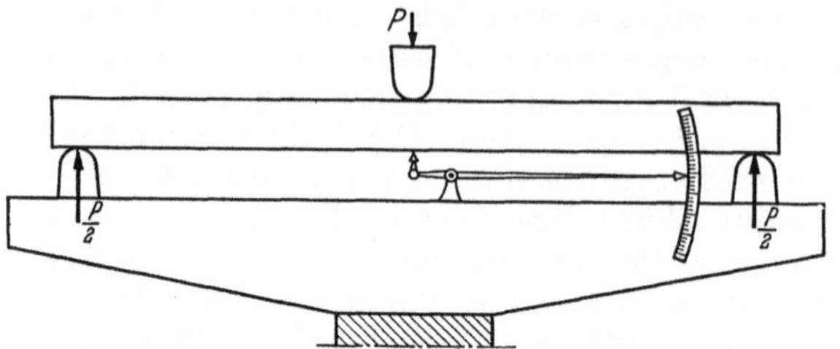

Abb. 81. Vorrichtung zur Messung der Durchbiegung.

zu wählen, den man unabhängig von der Prüfmaschine aufstellt. Abb. 83 zeigt eine Meßvorrichtung mit Bauschingerschen Rollenapparaten, bei der auch die Bewegung der Auflager gemessen wird; in neuzeitlich ausgerüsteten Laboratorien wird diese Messung genauer und einfacher mittels Meßuhren ausgeführt, die eine Ablesung in $^{1}/_{100}$ bzw. $^{1}/_{1000}$ mm gestatten. Muß man mit unerwarteten Brüchen rechnen und will man daher keine teuren Meßgeräte am Stab selbst anbringen, so kann man die Bewegung von an der Probe

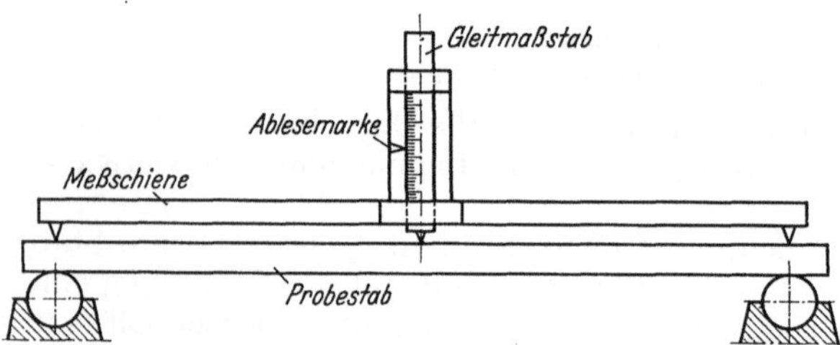

Abb. 82. Vorrichtung zur Messung der bleibenden Durchbiegung.

angebrachten Marken gegenüber dem Fußboden mit dem Kathetometer bestimmen, oder man bringt feingeteilte Maßstäbe an den Meßpunkten an und beobachtet ihre Wanderung über das Fadenkreuz eines feststehenden Fernrohres. Martenssche Spiegelmeßgeräte werden zur Messung der Durchbiegung selten angewandt, da eine so große Genauigkeit im allgemeinen nicht notwendig ist; ein Beispiel für deren Verwendung zeigt Abb. 84.

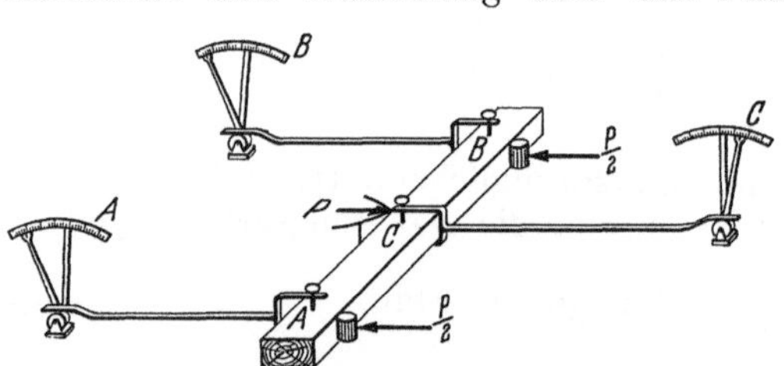

Abb. 83. Messung der Durchbiegung mit Rollenapparaten nach Bauschinger.

An Stelle der Messung der Durchbiegung kann man z. B. auch den Winkel bestimmen, um den sich die Probenenden bei der Durchbiegung des Stabes drehen. Man setzt feste Spiegel auf die Enden des Stabes auf und liest die Bewegung mittels einer Skala in einem Fernrohr ab (Abb. 85). Zur Ausschaltung räumlicher Bewegungen der Probe empfiehlt es sich, diese Messung an beiden Stabenden vorzunehmen und beide Werte zu mitteln. Um Verschiebungen des Stabes auszuschalten, bringt man die Spiegel am besten über den Auflagern in der neutralen Faserschicht des Stabes an (Abb. 86).

Nach der Elastizitätstheorie gilt für den durch eine Einzelkraft belasteten Balken auf zwei Stützen (Abb. 75), solange man die Schubspannungen vernachlässigen kann, was beim Kreis, Quadrat und ähnlichen Querschnitten zulässig ist, für den Durchbiegungswinkel β die Gleichung:

$$\operatorname{tg}\beta = \frac{P \cdot l^2}{16\,E \cdot J}. \tag{15}$$

Da die Durchbiegung in der Mitte des Stabes nach Gleichung (7)

$$f = \frac{P \cdot l^3}{48\,E \cdot J} \tag{16}$$

Abb. 84. Messung der Durchbiegung mit MARTENS-Spiegeln (WAWRZINIOK).

ist, kann man die Durchbiegung auch aus dem Winkel zu

$$f = \frac{l \cdot \operatorname{tg}\beta}{3} \tag{17}$$

berechnen. Diese Beziehungen gelten natürlich nur für den elastischen Bereich.

Die Bewertung der Durchbiegung f beim Biegeversuch an *Gußeisen* in mm ist dadurch erschwert, daß aus dieser Zahl nicht zu ersehen ist, welcher Teil

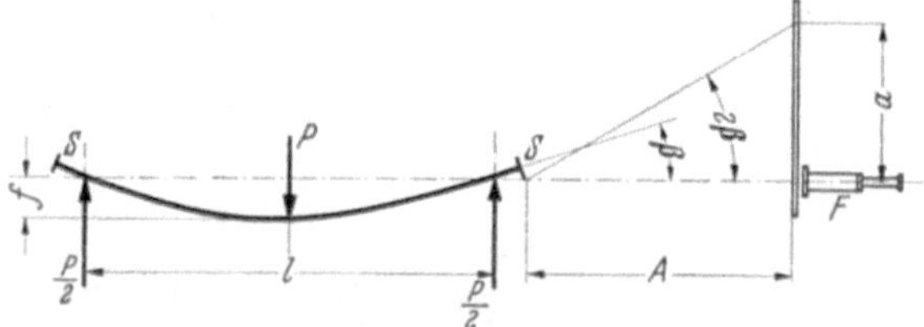

Abb. 85. Messung der Durchbiegung aus der Neigung der Stabenden (GOERENS-MAILÄNDER).

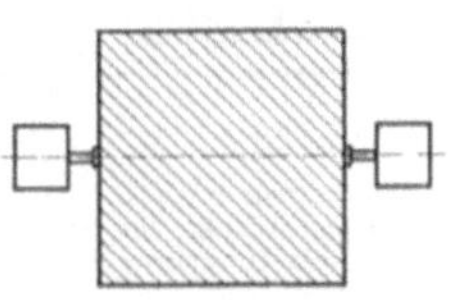

Abb. 86. Anordnung der Spiegel in der Richtung der neutralen Faser.

der Durchbiegung elastischer und welcher plastischer Natur ist. Bei den üblichen Versuchsbedingungen (600 mm Stützweite, 30 mm Dmr.) beträgt bei Annahme eines Elastizitätsmoduls von $E = 8000$ kg/mm² die elastische Durchbiegung $f = \sigma/4$, bei $E = 12000$ kg/mm² $f = \sigma/6$ (f in mm, σ in kg/mm²). Von der bei einem Gußeisen mit etwa 35 kg/mm² Biegefestigkeit häufig gefundenen Durchbiegung von rund 10 mm kann somit nur ein kleiner Anteil durch plastische Verformung bedingt sein. Zur Unterscheidung des plastischen und des elastischen Anteils der Durchbiegung bewerten A. THUM und H. UDE[1] das Verhältnis von Biegefestigkeit und Durchbiegung σ_{bB}/f, das der Dehnungszahl α umgekehrt proportional ist. Je kleiner das Verhältnis ist, desto höher ist der plastische Anteil. G. MEYERSBERG[2] sowie R. MAILÄNDER und H. JUNGBLUTH[3] schlagen

---

[1] THUM, A.: Gießerei Bd. 16 (1929) S. 1164—1173. — THUM, A. u. H. UDE: Gießerei Bd. 17 (1930) S. 105—116.

[2] MEYERSBERG, G.: Gießerei Bd. 17 (1930) S. 473—481, 587—591; Krupp. Mh. Bd. 12 (1931) S. 301—330.

[3] MAILÄNDER, R. u. H. JUNGBLUTH: Techn. Mitt. Krupp 1933 S. 83—91.

stattdessen den reziproken Wert, die Verbiegungszahl $z = f/\sigma_{bB} \cdot 100$ vor, die umgekehrt mit dem Anteil der plastischen Verformung wächst. E. Siebel und M. Pfender[1] untersuchten diese Größen auch für Stäbe kleinerer Abmessungen und fanden ihre Brauchbarkeit bestätigt.

4. Die Auflagerung der Probestäbe.

Um die Biegepressen nicht nur für eine Probenform benutzen zu können, pflegt man sie mit einem Biegetisch auszurüsten, auf den verschiebbare Auflager festgeschraubt werden können. In den meisten Fällen werden diese mit drehbaren Auflagerrollen verschiedenen Durchmessers versehen, damit die Versuche nicht durch zusätzliche Reibung der Proben auf den Auflagern beeinflußt

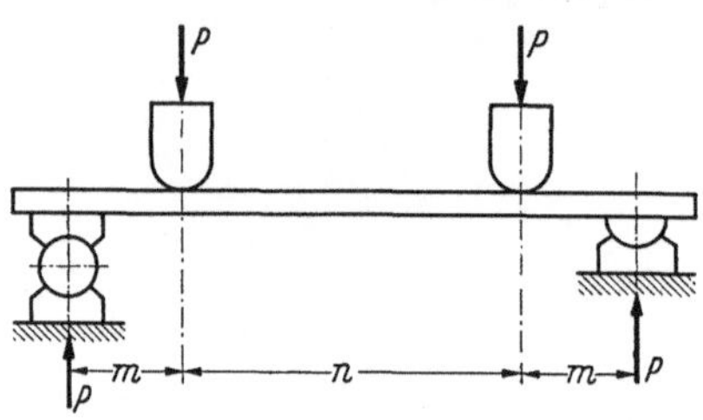

Abb. 87. Ausbildung der Druckstücke und Auflager (Goerens-Mailänder).

werden. Für gewöhnlich ist aber die Reibung der Rollen in ihren Lagern so groß, daß sie sich in belastetem Zustand nicht mitdrehen, wenigstens ist von den Verfassern ein solches Mitdrehen der Rollen noch nicht beobachtet worden[2].

Auflager und Druckstempel fertigt man zweckmäßig aus hartem Stahl an. Da die Rollen sich oft in die Proben eindrücken und dadurch das Gleiten der Probe über die Rolle erschweren, benutzt man mitunter Zwischenstücke nach Abb. 87. Bei windschiefen Proben, die nur an den Kanten statt über die ganze Breite der Flächen von den Auflagern und dem Belastungsstempel berührt werden, ist es von Vorteil, wenn sich die Auflager auch in der Richtung quer zur Stabachse einstellen können. Bei Sonderprüfungen, z. B. von Federn, wird man die Versuchsanordnung den Betriebsverhältnissen möglichst anpassen (Abschn. VI C 7).

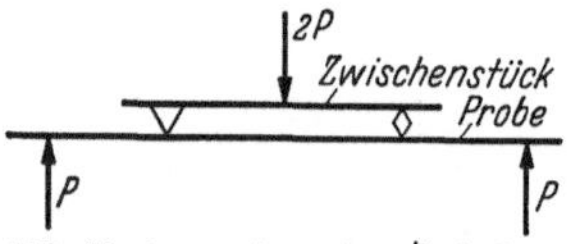

Bei genauen Versuchen, z. B. zur Messung der Spannungsverteilung oder der Elastizitätsgrenze, wird man an Stelle der Rollen die Übertragung der Auflager- und Belastungskräfte mittels Pfannen und Schneiden vorziehen, besonders bei dem Belastungsfall nach Abb. 76, um die Abstände genau einhalten zu können. Durch Anwendung eines Zwischenstückes hat man die Möglichkeit, die beiden Kräfte P_1 und P_2 genau gleich zu halten (Abb. 88), so daß man ein querkraftfreies Mittelfeld bekommt.

Abb. 88. Anwendung eines Zwischenstückes zur Erzielung von zwei gleichen Belastungskräften.

5. Biegebeanspruchung bei außermittigem Zug.

Es sei hier noch ein kurzer Abschnitt angefügt, um zu zeigen, welche Biegebeanspruchungen bei außermittigem Zug auftreten. Solch ein Zugversuch kann namentlich beim Einsetzen der bleibenden Dehnungen kennzeichnende Erscheinungen des Biegeversuches aufweisen, indem z. B. bei Flußstahl der Lastabfall an der oberen Streckgrenze unterdrückt wird, so daß die besonderen Beanspruchungen beim schiefen Zug in der Werkstoffprüfung nicht übersehen werden dürfen.

Wird ein Stab mit der Kraft P, die im Abstand c außerhalb seiner Achse angreift, gezogen, so wirkt außer der Zugkraft P auf ihn das Kräftepaar $P \cdot c$,

---

[1] Siebel, E. u. M. Pfender: Gießerei Bd. 21 (1934) S. 21—27.
[2] Vgl. auch Stahl u. Eisen Bd. 56 (1936) S. 732—734.

das ihn auf Biegung beansprucht. Der Zugbeanspruchung P/F überlagert sich also noch die Zug- bzw. Druckbeanspruchung $\dfrac{P \cdot c}{W}$, so daß auf einer Seite die Zugbeanspruchung erhöht, auf der entgegengesetzten erniedrigt wird.

Die Gesamtbeanspruchung bei außermittigem Zug ist in den Randfasern der Probe

$$\sigma = \frac{P}{F} \pm \frac{P \cdot c}{W}. \tag{18}$$

Beim Rundstab läßt sich die Gleichung umformen in

$$\sigma = \frac{4\,P\,(d \pm 8\,c)}{\pi\,d^3}, \tag{19}$$

beim Flachstab in

$$\sigma = \frac{P\,(h \pm 6\,c)}{b\,h^2}. \tag{20}$$

Bereits bei einer Exzentrizität von $c = d/8$ beim Rundstab und $c = h/6$ beim Flachstab ist also die Zugbeanspruchung der einen Faser verdoppelt, während auf der anderen Seite die Spannung Null ist. Bei noch größeren Exzentrizitäten treten sogar einseitige Druckbeanspruchungen auf, und der Versuch zeigt das für einen Biegeversuch kennzeichnende Nebeneinander von Zug- und Druckbeanspruchungen in einem Querschnitt[1].

F. Der Verdrehversuch.

1. Beanspruchungen und Verdrehungen.

Wird ein Stab an einem Ende eingespannt und an seinem freien Ende durch ein in seiner Querschnittsfläche angreifendes Kräftepaar beansprucht, so werden in jedem anderen Querschnitt des Stabes gleich große Kräftepaare auftreten, denen durch im Querschnitt liegende Spannungen, also durch Schubspannungen, das Gleichgewicht gehalten werden muß (Abb. 89). Durch das Drehmoment M_d des Kräftepaares wird eine Verdrehung des Stabes hervorgerufen.

Bei der Verdrehung eines kreiszylindrischen Stabes gehen zur Stabachse parallele Linien in Schraubenlinien über, während senkrechte zur Stabachse senkrecht bleiben.

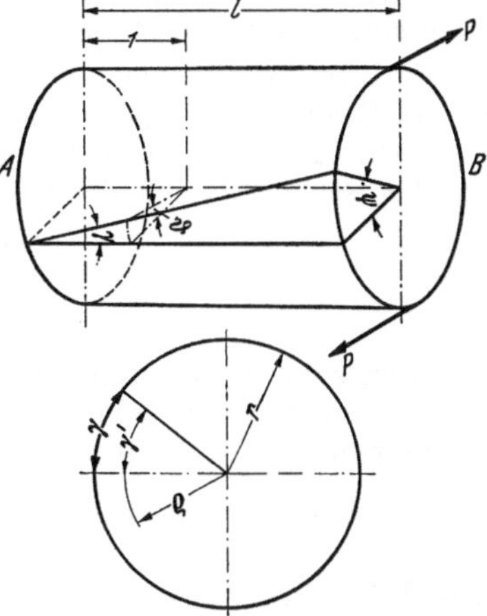

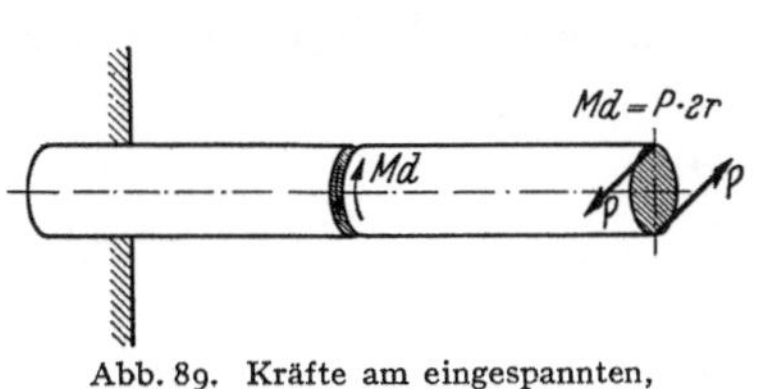

Abb. 89. Kräfte am eingespannten, verdrehten Stab.

Abb. 90. Beziehungen zwischen Schiebungen und Verdrehwinkeln an einem Zylinder.

Ursprünglich ebene Querschnitte bleiben daher eben. Die Steigung der schraubenförmig verdrehten Mantellinien bleibt, homogenen Werkstoff vorausgesetzt, über die Stablänge unverändert. Die Verdrehung zweier Querschnitte gegeneinander, die durch den Verdrehwinkel ψ in Abb. 90 gemessen wird, ist

---

[1] Vgl. F. Uebel: Arch. Eisenhüttenw. Bd. 11 (1937/38) S. 329—333, sowie H. J. Krug: Diss. Stuttgart 1938, der u. a. den Einfluß der ungleichmäßigen Beanspruchung auf die Zugfestigkeit spröder Stoffe untersuchte.

infolgedessen ihrem Abstand l proportional. Für die Längeneinheit wird die Verdrehung als die Drillung $\vartheta = \psi/l$ bezeichnet. Bei zylindrischem Querschnitt des Stabes kennzeichnet die Verdrehung der Längeneinheit der Mantellinie auf der Mantelfläche, die durch den Winkel γ in Abb. 90 gemessen wird, das Maß der Verformung des Werkstoffes, die als Schiebung bezeichnet wird. Sie ist der Entfernung von der Stabachse proportional, so daß sich verhalten

$$\frac{\gamma'}{\gamma} = \frac{\varrho}{r} .\tag{1}$$

In der Stabachse ist die Schiebung und also auch die Beanspruchung Null. Für Querschnitte, die nicht kreisförmig sind, z. B. Quadrat-, Vierkant- oder andere Formeisen, gilt dagegen die Beziehung (1) nicht, da hier die Voraussetzung, daß ebene Querschnitte eben bleiben, nicht erfüllt ist. Sie ist jedoch auf kreisringförmige Querschnitte anwendbar. Die Berechnung für andere als kreis- bzw. kreisringförmige Probenquerschnitte ist meist recht umständlich[1].

Die Schiebungen γ sind mit den Schubbeanspruchungen τ im elastischen Gebiet (ähnlich den Gesetzen für die Normalbeanspruchung) durch die Schubzahl β bzw. den Gleit- oder Schubmodul G nach den Gleichungen

$$\gamma = \beta \cdot \tau\tag{2}$$

bzw.

$$\tau = G \cdot \gamma\tag{3}$$

verknüpft; d. h. die Schiebungen sind den zugehörigen Schubspannungen proportional. Der Gleitmodul G ist mit dem Elastizitätsmodul E durch die Gleichung

$$G = \frac{E}{2} \frac{m}{(m+1)}\tag{4}$$

verbunden, worin m die Poissonsche Konstante (s. Abschn. B, S. 35) ist. Im allgemeinen ist für Metalle $G \sim 0{,}38\, E$.

Wie beim Biegeversuch ist für die Beurteilung des Spannungszustandes die höchste Beanspruchung, also die Beanspruchung der Randfaser, am wichtigsten. Für einen Stab mit kreisförmigem oder kreisringförmigem Querschnitt gilt für den elastischen Bereich die Gleichung

$$\tau = \frac{M_d \cdot \frac{d}{2}}{J_p} .\tag{5}$$

Hierin ist τ die größte Randspannung, M_d das Drehmoment, J_p das polare Trägheitsmoment des Querschnitts und $d/2$ der Radius des Stabes. Das polare Trägheitsmoment beträgt für einen Kreis

$$J_p = \frac{\pi\, d^4}{32} ,\tag{6}$$

so daß die Gleichung (5) übergeht in

$$\tau = \frac{16\, M_d}{\pi\, d^3} .\tag{7}$$

Zur Bestimmung der Schiebung mißt man am einfachsten die gegenseitige Verdrehung zweier Querschnitte. Nach Abb. 90 besteht zwischen der

---

[1] In der Konstruktionspraxis hat man daher bis vor kurzem die Verdrehbeanspruchung (außer in Wellen) möglichst vermieden und sie durch Gliederung des Bauwerks in Zug-, Druck- oder Biegebeanspruchung aufzulösen versucht. Erst in neuerer Zeit ist besonders im Leichtbau eine Änderung eingetreten.

Schiebung γ und der Verdrehung ψ zweier im Abstand l befindlichen Querschnitte die Beziehung

$$\psi = \frac{\gamma \cdot l}{\frac{d}{2}}. \qquad \qquad (8)$$

Da $\tau = G \cdot \gamma$ ist, ergibt sich hieraus die Beziehung zwischen dem Drehmoment und der im elastischen Gebiet gemessenen Verdrehung

$$\psi = \frac{32\, M_d \cdot l}{\pi\, d^4 \cdot G}, \qquad (9)$$

$$M_d = \frac{\pi\, d^4 \cdot \psi \cdot G}{32 \cdot l}. \qquad (10)$$

Für den Gleitmodul ergibt sich die Auflösung:

$$G = \frac{32\, M_d \cdot l}{\pi\, d^4\, \psi}. \qquad (11)$$

In diese Gleichungen sind alle Winkel (γ, γ', ϑ, ψ) im Bogenmaß einzusetzen. Für die Randspannung $\tau_{\max}$ gilt Gleichung (7).

Für den kreisringförmigen Querschnitt (das Rohr) mit d_1 als äußerem und d_2 als innerem Durchmesser gelten entsprechende Gleichungen. Das polare Trägheitsmoment ist

$$J_p = \frac{\pi}{32} \cdot (d_1{}^4 - d_2{}^4). \qquad (12)$$

Die Randspannung ergibt sich zu

$$\tau_{\max} = \frac{16\, M_d \cdot d_1}{(d_1{}^4 - d_2{}^4)} \qquad (13)$$

und zwischen Verdrehung und Drehmoment gilt die Beziehung

$$M_d = \frac{\pi}{32}\, (d_1{}^4 - d_2{}^4)\, \frac{\psi \cdot G}{l}. \qquad (14)$$

Für eine Anzahl anderer Querschnitte sind die entsprechenden Gleichungen unter anderem in der Hütte, 26. Aufl., Bd. I, S. 634/636 angegeben.

Wie gesagt, gelten diese Gleichungen nur für das elastische Gebiet. Sobald bleibende Verformungen auftreten, ist mit einer Verschiebung der zugrunde gelegten linearen Spannungsverteilung zu rechnen, so daß in den Beziehungen zwischen Drehmoment, größten Randspannungen und Verdrehungen Abweichungen eintreten[1].

2. Erscheinungen beim Verdrehversuch.

Verdreht man einen zylindrischen Stab in einer Verdrehmaschine (Bd. I, Abschn. I B 8) und mißt das hierdurch hervorgerufene Drehmoment, so erhält man zunächst einen schnellen Anstieg des Momentenmessers. Bei der Rückdrehung des Stabes bis zum Drehmoment Null (bzw. bis auf eine Vorlast) erhält man bei niedrigen Beanspruchungen wieder den Ausgangszustand, d. h. eine bleibende Verdrehung hat nicht stattgefunden. Bei stärkeren Verdrehungen nimmt das Drehmoment nicht mehr in gleichem Maß zu wie zu Anfang, die Elastizitätsgrenze ist überschritten, und bei der Entlastung zeigen sich bleibende Verdrehungen. Da diese bleibenden Verformungen nur in der Randzone auftreten, soweit die Elastizitätsgrenze überschritten ist, treten sie zunächst im Moment-Verdrehungs-Schaubild weniger in Erscheinung als beim Zug- oder Druckversuch.

---

[1] LUDWIK, P.: Elemente der technologischen Mechanik. Berlin: Julius Springer 1909. Vgl. auch A. NÁDAI: Der bildsame Zustand der Werkstoffe, S. 91. Berlin: Julius Springer 1927.

Dagegen zeigt sich ähnlich wie beim Zugversuch bei weichem Stahl oft eine ausgeprägte obere Streckgrenze, auf die unter Absinken der Beanspruchung auf die untere Streckgrenze ein Abschnitt des über die Länge des Stabes fortschreitenden Fließens folgt (Abb. 91).

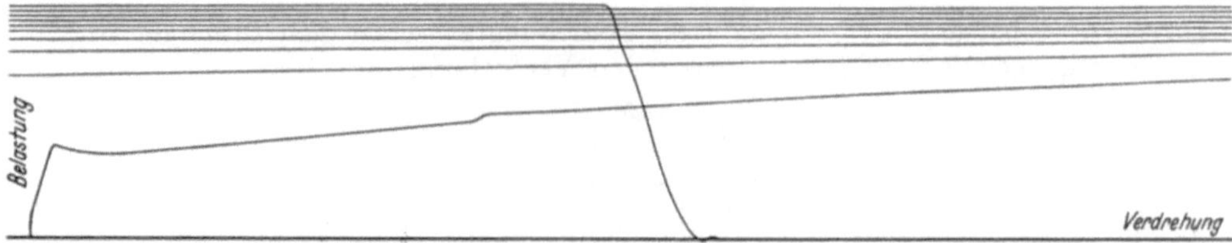

Abb. 91. Belastungs-Verdrehungs-Schaubild eines Rundstabes aus weichem Flußstahl. Der Antrieb der Schreibtrommel ist so gewählt, daß einer Verdrehung eines Probenendes um 360° die gleiche Drehung der Schreibtrommel entspricht. Da der Stab sich mehr als 8mal um sich selbst drehen ließ, zeigt das Schaubild 8 bis 9 übereinanderliegende Linien.

In dem auf den Fließbereich folgenden Abschnitt beobachtet man einen langsam fortschreitenden Anstieg des Drehmomentes. Bei gleichmäßigem Werkstoff ist die Verdrehung über die Länge des Stabes bis zum Bruch gleichmäßig, ein Abfall des Drehmomentes vor dem Bruch (entsprechend dem Einschnürvorgang beim Zugversuch) tritt nicht ein. Stellt man das Drehmoment-Verdrehungs-Schaubild dem Spannungs-Dehnungs-Bild eines Zugversuches gegenüber, so entspricht der Bruchpunkt beim Verdrehversuch nicht der Höchstlast, sondern eher dem Zerreißpunkt, und die Verdrehung bis zum Bruch ist der Brucheinschnürung bzw. der Einschnürdehnung zu vergleichen.

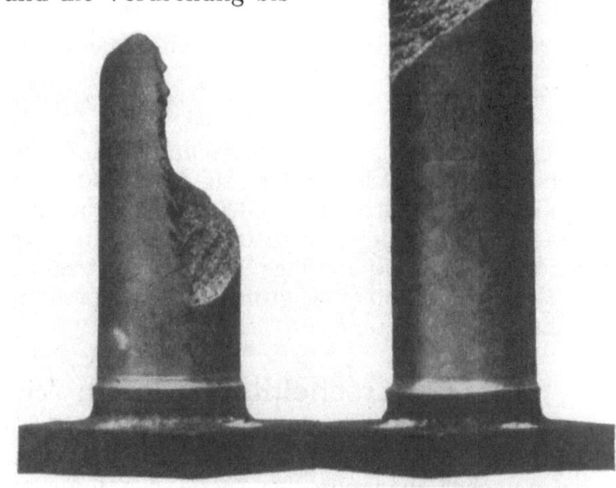

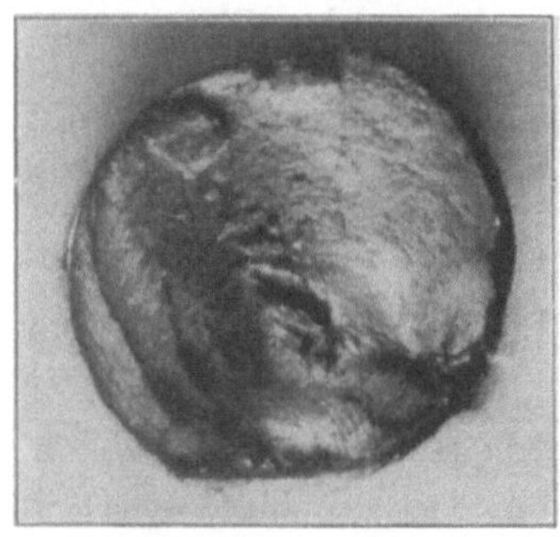

Abb. 92. Verdrehbruchfläche eines zähen Werkstoffes (Gleitbruch) (Schulze-Vollhardt).

Abb. 93. Verdrehbruchfläche eines spröden Werkstoffes (Gußeisen) (Schulze-Vollhardt).

Wie beim Zug- und Druckversuch lassen sich auch beim Verdrehversuch Dehngrenzen angeben, entsprechend der Elastizitäts- und der Fließgrenze. E. Siebel und A. Pomp[1] zeigten, daß die bleibenden Dehnungen beim Zug- bzw. Druckversuch den doppelten Schiebungen beim Verdrehversuch entsprechen, daß also $\sigma_{0,01}$ und $\sigma_{0,2}$ zu vergleichen ist mit $\tau_{0,02}$ und $\tau_{0,4}$.

---

[1] Siebel, E. u. A. Pomp: Mitt. K.-Wilh.-Inst. Eisenforschg. Bd. 12 (1930) S. 85—91.

Da die Schubspannungen an einem Element nicht nur paarweise, sondern aus Gleichgewichtsgründen stets zu viert auftreten, sind beim Verdrehversuch die Ebenen senkrecht und parallel zur Stabachse gleich hoch beansprucht. Infolgedessen treten auch bei dehnbaren Metallen Brüche in einer Querschnittsebene (Abb. 92) oder Aufspaltungen in der Längsrichtung auf, je nachdem, ob die Festigkeit des Werkstoffes in einer oder der anderen Richtung größer ist. Spröde Werkstoffe, z. B. Gußeisen, die beim Zugversuch unter der Wirkung von Normalspannungen ohne vorhergegangene größere Abschiebungen reißen, zeigen auch beim Verdrehversuch oft Brüche in der Ebene der größten Normalspannung, die um 45° gegen die Stabachse geneigt ist; der Bruch folgt dann oft einer Schraubenlinie von etwa 45° Steigung (Abb. 93).

Wenn beim Verdrehversuch beobachtet wird, daß die Probe sich nicht gleichmäßig verformt, so ist dies ein Zeichen für eine Ungleichmäßigkeit im Werkstoff. Dies ist von Bedeutung für die technologische Erprobung von Drähten durch den Verwindeversuch. Bei den großen, dabei üblichen Prüflängen kann man oft beobachten, daß die Drähte in einzelnen Abschnitten nacheinander verwunden werden, daß sich aber beim Bruch in der Regel doch eine gleichmäßige Schraubenlinie auf dem Draht abzeichnet.

Bei Zug- und Druckversuchen lassen die Verformungen sich nicht nur als Verlängerungen bzw. Verkürzungen, sondern auch als Schiebungen infolge der in zur Kraftrichtung geneigten Ebenen wirkenden Schubbeanspruchung angeben. Somit lassen sich diese Verformungen in dem gleichen Maß ausdrücken wie die Verformungen beim Verdrehversuch. Auf diese Weise hat P. LUDWIK[1] für eine Reihe metallischer Werkstoffe aus einem Zugversuch, einem Druckversuch und einem Verdrehversuch die „Fließkurven" (s. Abschn. B 3 und C 3) berechnet. Er vergleicht dabei die doppelte beim Verdrehversuch gemessene Schubspannung mit der beim Zug- bzw. Druckversuch gemessenen Normalspannung und die Schiebung γ mit der halben Streckung bzw. Stauchung λ (als Näherung für die

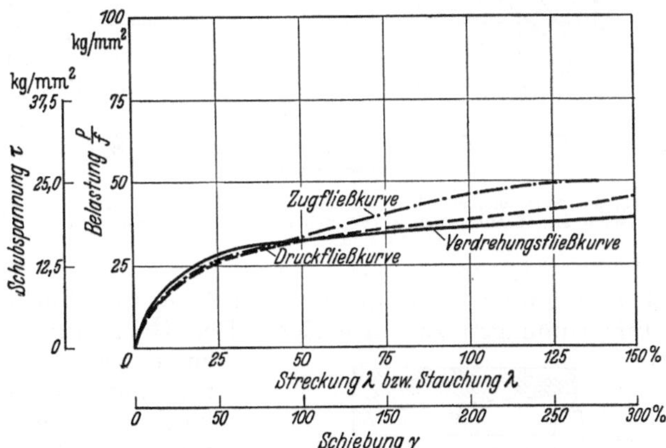

Abb. 94. Fließkurven für Zug-, Druck- und Verdrehbeanspruchung von Kupfer. (Nach LUDWIK.)

Beziehungen $\gamma = 2 \ln (1 + \lambda)$ für den Zugversuch und $\gamma = 2 \ln \dfrac{1}{1 - \lambda}$ für den Druckversuch). Die so umgerechneten Zug-, Druck- und Verdrehkurven fallen nahezu zusammen (Abb. 94). Hieraus wird gefolgert, daß grundsätzliche Unterschiede zwischen den drei Beanspruchungsarten nicht bestehen und daß daher die Eigenschaften der Werkstoffe aus jeder dieser Versuchsarten abzuleiten sind. Für die Werkstoffprüfung wird freilich aus versuchstechnischen Gründen die eine oder die andere Versuchsart vorzuziehen sein.

Aus den verschiedenen Festigkeitstheorien ergeben sich bestimmte Verhältnisse für die im Verdreh- und die im Zugversuch gemessene Fließgrenze,

[1] LUDWIK, P.: Elemente der technologischen Mechanik. Berlin: Julius Springer 1909. LUDWIK, P. u. R. SCHEU: Stahl u. Eisen Bd. 45 (1925) S. 373.

8*

und zwar $\tau_F/\sigma_F = 0{,}57$ für die Gestaltänderungsenergiehypothese, $\tau_F/\sigma_F = 0{,}50$ für die Schubspannungshypothese. Nach einem in Abb. 95 wiedergegebenen Versuch von Ludwik und Scheu bleibt auch das Verhältnis von Schubspannung und Normalspannung für gleiche Schiebung über die ganze Verformungskurve in diesen Grenzen erhalten.

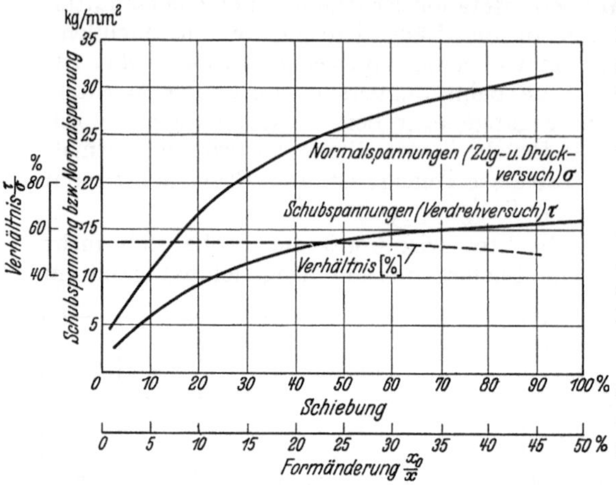

Abb. 95. Beziehung zwischen Normalspannung (Zug- und Druck-versuch) und Schubspannung (Verdrehversuch) bei Weichkupfer (Ludwik und Scheu).

3. Form der Probestäbe und Einspannung.

Zur Prüfung metallischer Werkstoffe im Verdrehversuch wählt man meistens Stäbe mit kreisförmigem Querschnitt, da bei diesem Querschnitt die Spannungsverhältnisse und demnach auch die Auswertung am einfachsten sind. Stäbe mit anderen Querschnitten bleiben Sonderversuchen vorbehalten. Noch mehr als bei den Zerreißproben empfiehlt es sich, die Einspannköpfe der Stäbe stärker auszuführen als die Versuchslänge, um Verformungen und Brüche in den Einspannungen zu vermeiden. Den Übergang zwischen Kopf und Versuchslänge versieht man mit einer mäßigen Abrundung und macht die Meßlänge etwas kürzer als die zylindrische Versuchslänge. Für die Meßlänge selbst, über die die Verdrehung gemessen wird, lassen sich keine allgemeinen Regeln angeben, da Verdrehversuche nur wenig ausgeführt werden; zweckmäßig wählt man sie zu etwa 5 bis $10 \cdot d$. Bei der technologischen Erprobung von Drähten bis zu 7 mm Dmr. (DIN-Normblatt DVM 1212) (s. Abschn. VI C 3), die man gewöhnlich ohne verstärkten Kopf in Keile

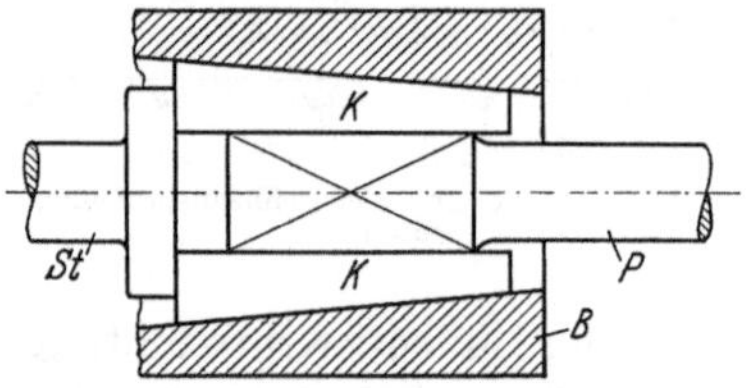

Abb. 96. Einspannung eines Stabes mit Vierkantkopf für Verdrehversuche. P = Probe; K = Keil; B = Büchse zur Übertragung des Drehmomentes unter Nachziehen der Keile; St = Stempel.

einspannt, soll die Versuchslänge im allgemeinen gleich dem 100fachen Dmr., jedoch zwischen 50 und 300 mm gewählt werde.

Die sicherste Einspannung einer Verdrehprobe ist bei rechteckigem oder quadratischem Querschnitt der Einspannköpfe gewährleistet; bei Rundstäben versieht man die Einspannköpfe mit zwei gegenüberliegenden Abflachungen. Die Proben müssen im Einspannkopf der Maschine festgespannt werden können, da die örtliche Flächenpressung zu groß werden würde, wenn die Probe nur in eine passende Vierkantöffnung eingeschoben würde. Zur Aufrechterhaltung der festen Einspannung während des Versuches verwendet man Keile, die sich mit Erhöhung des Drehmomentes fester ziehen (Abb. 96).

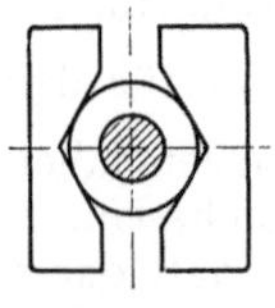

Abb. 97. Einspannung eines Rundstabes für Verdrehversuche.

Die Probe wird hierbei in einer Richtung mittig eingespannt, so daß nur noch die andere Richtung durch Beilagen gegen Verschiebungen zu sichern ist. Eine Einspannung auf mehr als zwei Seiten, z. B. auf den vier Flächen eines Vierkantes, läßt sich meistens nicht gleichmäßig anziehen, so daß das Drehmoment doch nur von zwei Flächen übertragen wird. Runde Einspannköpfe spannt man in gehärtete Beißkeile mit feinem Feilenhieb und rautenförmiger Öffnung (zur Zentrierung) ein (Abb. 97).

Bei Rundproben, deren Versuchslänge man gegenüber dem Kopf nicht schwächen will, bringt man auch schräge Abflachungen nach Abb. 98 an, deren Neigungen zur guten Verteilung der Flächenpressung dem Winkel der Spannkeile sehr genau angepaßt werden müssen. Diese Form des Einspannkopfes birgt natürlich in besonders hohem Maße die Gefahr von Brüchen in oder am Einspannkopf, so daß sie nur für elastische Versuche zu empfehlen ist. Auch die Verbindung mit Nut und Feder, die ja zwischen Nabe und Welle im Maschinenbau sehr gebräuchlich ist, wird für die Einspannung der Probe benutzt.

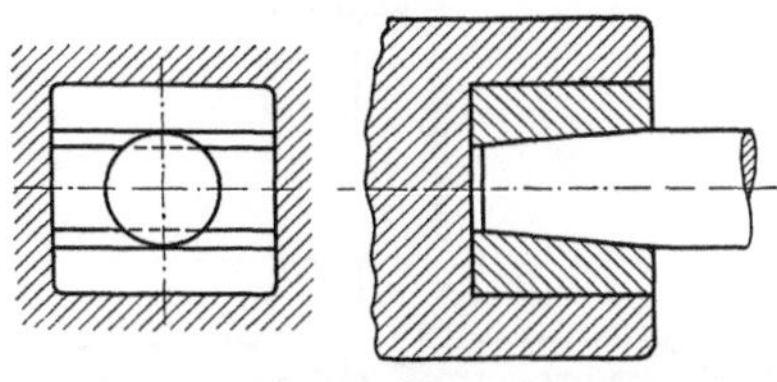

Abb. 98. Einspannung einer Rundprobe mit angefrästen Spannflächen für den Verdrehversuch.

Für alle Ausführungsformen empfiehlt es sich, Keile und Beilagen aus gehärtetem Stahl herzustellen. Ein Spannkopf der Maschine muß so ausgebildet sein, daß er Längenänderungen des Stabes und Verschiebungen der Einspannteile während des Versuches frei folgen kann.

4. Messung der Verdrehung und Schiebung.

Die einfachste Bestimmung der Verdrehung geschieht durch die Bestimmung der gegenseitigen Verdrehung beider Einspannköpfe. Diese Art kommt besonders dann in Frage, wenn die Zahl der Verdrehungen bis zum Bruch der Probe (z. B. bei technologischen Verwindeversuchen an Drähten, s. Abschn. VI C 3) bewertet werden soll. Sie schließt die Fehler ein, die durch Nachrutschen der Einspannköpfe eintreten, auch ist die Meßlänge unbestimmt, da bei Stäben mit verstärkten Köpfen die Übergänge hierzu an der Verdrehung nicht im gleichen Maße wie die Versuchslänge beteiligt sind, bei Stäben ohne besondere Einspannköpfe dagegen sich Abschnitte der eingespannten Stabenden ebenfalls verdrehen können. Ist ein Einspannkopf nicht starr mit der Maschine verbunden, sondern folgt er z. B. dem Ausschlag eines Pendelkraftmessers, so muß seine Drehbewegung von der des angetriebe-

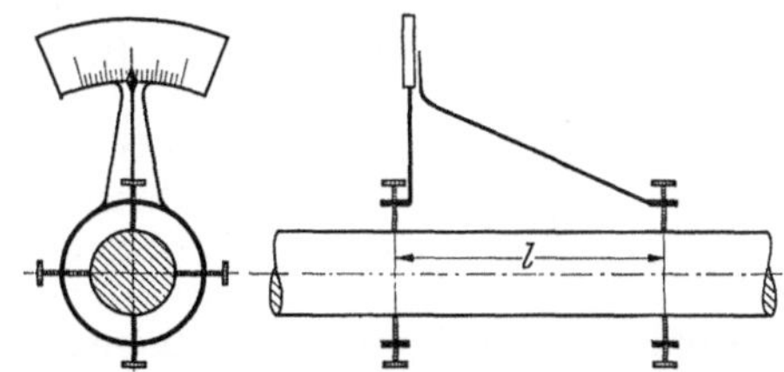

Abb. 99. Vorrichtung zur Messung des Verdrehwinkels, *l* Meßlänge.

nen Einspannkopfes abgezogen werden. Selbsttätige Schreibvorrichtungen an den Verdrehmaschinen pflegen nur die Bewegungen der Einspannköpfe aufzuzeichnen.

Für genauere Messungen muß man eine Meßlänge auf dem zylindrischen Teil der Probe abgrenzen. Will man nur die Verdrehung beim Bruch der Probe bestimmen, so genügt die Anzeichnung einer zur Probenachse parallelen Linie, deren Verdrehung nach dem Bruch unter Aneinanderfügen der Bruchhälften ausgemessen wird. Während des Versuches kann man Verdrehungen mit einer Vorrichtung nach Abb. 99 messen. Diese besteht aus zwei Ringen, die im Abstand *l* mit je vier Spitzschrauben auf der Probe festgeklemmt werden; ein Ring trägt die Skala, der andere den Zeiger. Die Vorrichtung kann zur Erhöhung der Ablesegenauigkeit auch mit Nonius ausgestattet werden (Abb. 100), wird dann aber leicht so schwer, daß sie nur für stehende Maschinen geeignet ist.

Feinmessungen zur Bestimmung des Gleitmoduls und der Elastizitätsgrenze führt man mittels Fernrohrablesung aus. BAUSCHINGER setzt Fernrohre auf Ringbügel, die an dem Probestab mit Schrauben befestigt sind, und liest damit eine Skala ab (Abb. 101). Bei kreisförmiger Skala kann man aus der Differenz beider Ablesungen den Verdrehwinkel unmittelbar angeben, bei geraden Skalen, wie sie meistens in der Werkstoffprüfung angewandt werden, ist die Ablesung bei größeren Ausschlägen nach der Tangensfunktion umzurechnen. Da eine solche Vorrichtung für dünnere Proben recht schwer wird, ist die Anwendung von Fernrohr und Spiegel in der Anordnung nach Abb. 102 gebräuchlicher. Die Genauigkeit ist infolge der Verdoppelung des Winkelausschlages bei der Spiegelung größer. Für kleine Winkel, bei denen man $\psi \approx \mathrm{tg}\, \psi$ setzen kann, ergibt sich

$$\psi = \frac{a}{2\,A}, \qquad (15)$$

bei größeren muß man die genaue Gleichung

$$\mathrm{tg}\, 2\,\psi = \frac{a}{A} \qquad (16)$$

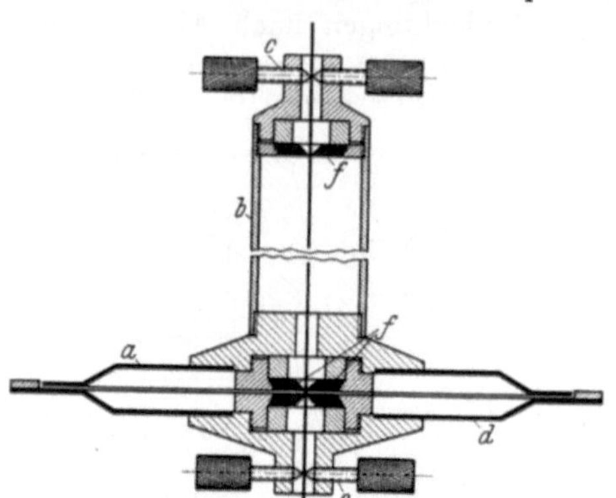

Abb. 100. Vorrichtung mit Nonius zur Messung des Verdrehwinkels von Drähten (Siebel-Pomp). *a* Teilscheibe, *b* Rohr, *c, e* Klemmschrauben, *d* Scheibe mit Nonius, *f* Führungsringe.

anwenden. Bei der Drehung des Stabes ändert sich der Abstand zwischen Skala und Spiegel, weshalb man Stab, Spiegel und Fernrohr in eine Linie bringen muß, um diesen Fehler klein zu halten. Die Aufstellung der Fernrohre und Meßskalen auf dem Fußboden, wie sie beim Zerreißversuch üblich ist, kann beim Verdrehversuch nur angewandt werden, wenn ein Einspannkopf der Maschine fest im Raum steht und die Probe nicht in der Einspannung nachrutscht. Ist dies nicht der Fall, dreht sich z. B. ein Einspannkopf mit dem Ausschlag eines Pendelkraftmessers, so können schon bei kleinen Unterschieden in den Ausschlägen beider Spiegel die Skalen aus den Fernrohren wandern. Zur Abhilfe stellt man die Fernrohre und Skalen nicht auf den Fußboden, sondern befestigt sie an einem Arm an einem der Einspannköpfe.

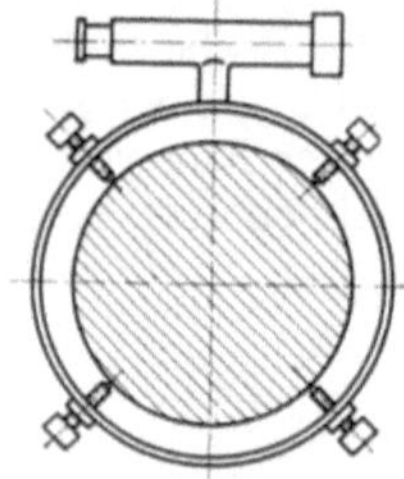

Abb. 101. Messung der Verdrehung mit Fernrohr.

Obwohl die Befestigung am waagenseitigen Einspannkopf, dessen Ausschlag stets begrenzt ist, die Anwendbarkeit der Vorrichtung für größere Verdrehungen ermöglicht, empfiehlt sich diese Anordnung nicht, da die Vorrichtung in diesem Fall genauestens für alle Stellungen ausgewogen sein muß.

Ein Gerät zur Messung der Schiebung nach Huber[1] zeigt Abb. 103. Es besteht aus zwei um den Punkt O gegeneinander verdrehbaren Hebeln m und n, die beim Ansetzen senkrecht zueinander mit den Spitzen 1 und 3 bzw. 2 und 4 auf der Probe angeklemmt werden, so daß die beiden Hebel den Winkeländerungen infolge der Schubkräfte folgen. Mittels der Martensschen Spiegelschneiden

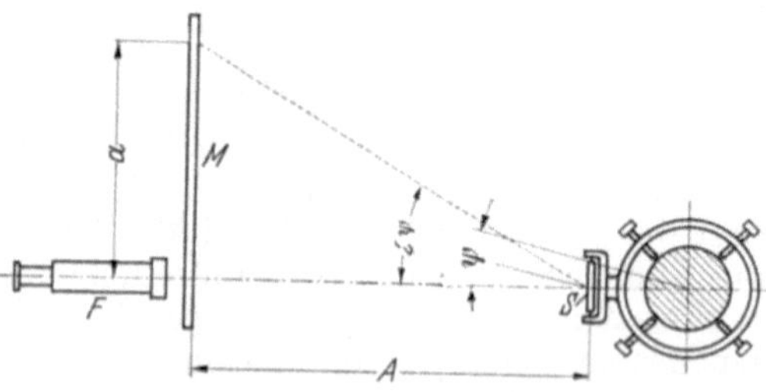

Abb. 102. Messung der Verdrehung mit Fernrohr und Spiegeln. *A* Skalenabstand, *M* Maßstab, *F* Fernrohr, *S* Spiegel, ψ Verdrehungswinkel, *a* Ausschlag.

---

[1] Huber, K.: Z. VDI Bd. 67 (1923) S. 923—926.

zwischen den beiden Hebeln m und n kann der Ausschlagwinkel der Hebel stark vergrößert gemessen werden. Die Schiebung beträgt

$$\gamma = (\varphi_1 + \varphi_2)\,\frac{h}{2\,l + h}\,, \tag{17}$$

($h =$ Schneidenbreite der MARTENSschen Spiegel, $l =$ Länge der Hebel, vgl. Abb. 103). Durch entsprechende Aufstellung von Fernrohr und Skala lassen sich die Winkel φ_1 und φ_2 und damit γ sehr genau messen.

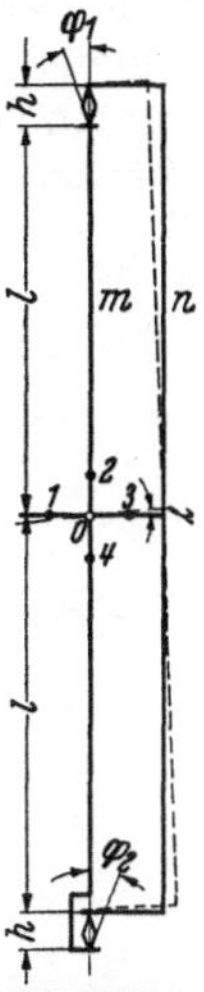

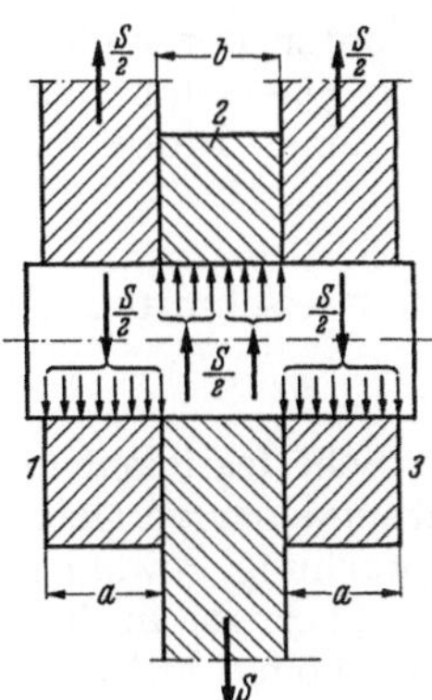
Abb. 103. Vorrichtung zur Messung der Schiebung (HUBER).

G. Scher- und Lochversuche.

1. Der Scherversuch.

In seiner idealen Ausführung soll der Scherversuch eine reine Schubbeanspruchung im Werkstoff hervorrufen, indem die Probe durch zwei gegeneinander wirkende und in der gleichen Ebene liegende Kräfte belastet wird. Dieser Zustand wäre durch zwei Messer von unendlich dünnem Querschnitt zu erreichen. Da aber die Messer eine endliche Dicke haben müssen (vgl. Abb. 104), wandern schon bei geringem Eindringen der Messer in die Probe die Resultierenden der Kräfte auseinander (Abb. 105) und bilden statt der erwünschten Gegenkräfte ein Kräftepaar mit endlichem Hebelarm a, so daß außer den Scherkräften noch Biegespannungen in dem geprüften Querschnitt auftreten.

Auch bei der gebräuchlicheren Ausführung des Scherversuches mit einer zweischnittigen Vorrichtung (Abb. 106) tritt keine reine Scherbeanspruchung auf, sondern es sind auch Biegespannungen wirksam. Beim Beginn dieses Versuches ist die Probe durch über die Länge verteilte Kräfte auf Biegung beansprucht. Mit stärker werdender Durchbiegung bleibt die Belastung in der Mitte der Ringe gegen die Schnittkanten zurück, so daß an den beiden Scherflächen Beanspruchungen nach Art der Abb. 105 entstehen; es bleiben immer noch biegende Momente erhalten, so daß eine reine Scherbeanspruchung während des ganzen

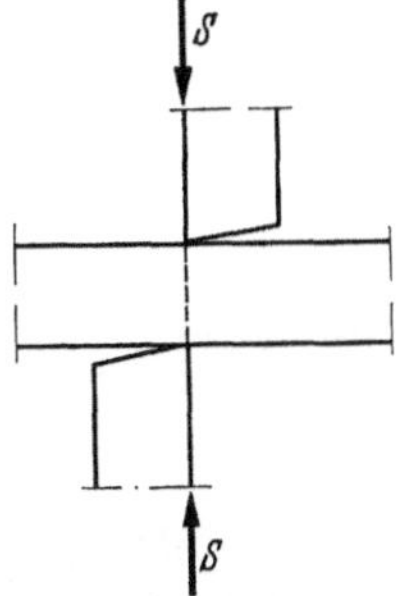
Abb. 104. Einschnittiger Scherversuch, Beanspruchung beim Ansetzen der Messer.

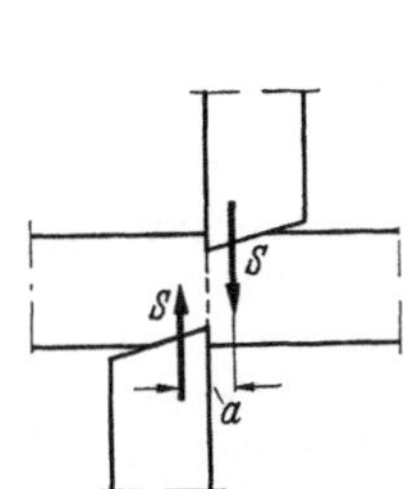
Abb. 105. Einschnittiger Scherversuch, Beanspruchung nach dem Eindringen der Messer.

Abb. 106. Zweischnittiger Scherversuch.

Versuches nicht auftritt. Abb. 107 und 108 zeigen zwei Beispiele hierfür. Bei der ersten Probe aus weichem Stahl sieht man in dem mittleren ausgescherten Teil deutlich die Verbiegung, die sie vor dem Abscheren erlitten hat, und die andere Probe aus Gußeisen ist infolge der Biegebeanspruchung schon zwischen den Messern gebrochen, bevor sie abgeschert wurde. Da beim

Scherversuch die gewünschte reine *Schub*beanspruchung also nicht erreicht wird, hat man dies auch in der Bezeichnung zum Ausdruck gebracht, indem man von der „*Scher*festigkeit" spricht. Die Beanspruchung des Werkstoffes im Scherversuch ist also nicht der Schubbeanspruchung beim Verdrehversuch gleichzusetzen.

Bei der praktischen Bestimmung der Scherfestigkeit wird diese meistens mit dem zweischnittigen Gerät ermittelt, weil es eine sichere Führung der Messer bei gleichzeitiger sicherer Probenlagerung erlaubt. Für dieses zweischnittige Gerät sind daher auch Ausführungsformen in dem Normvorschlag des DVM A 141 enthalten (s. Bd. I, Abschn. IV C 2). Die Vorrichtung kann so ausgebildet werden, daß sie entweder durch Zug oder durch Druck betätigt wird. Die Schneiden der drei Messer werden von gleichen Bohrungen gebildet, in die die Probe eingeschoben wird. Die Messer bildet man am besten als gehärtete und geschliffene

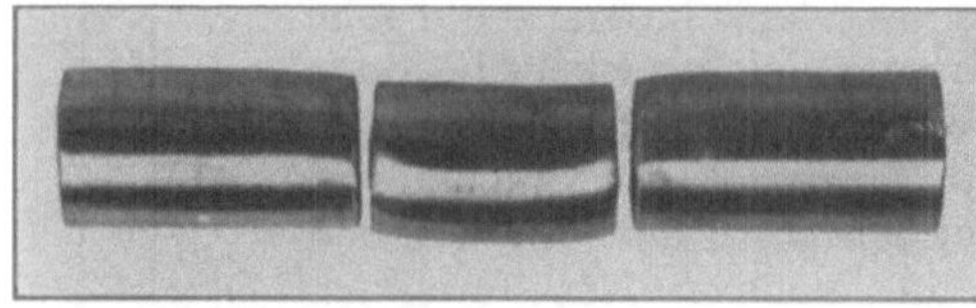

Abb. 107. Probe aus zähem Werkstoff nach dem zweischnittigen Scherversuch, in der Mitte verbogen (Wawrziniok).

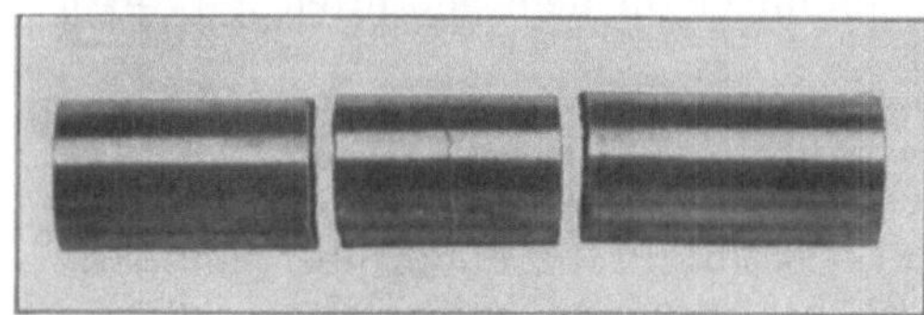

Abb. 108. Probe aus sprödem Werkstoff nach dem zweischnittigen Scherversuch, in der Mitte durchgebrochen (Wawrziniok).

auswechselbare Stahlringe aus. Der mittlere Ring muß mit möglichst wenig Spiel zwischen den beiden äußeren Ringen geführt werden und darf dabei doch nur eine geringe Reibung haben. Die Breite der Ringe wählt man meistens gleich dem Durchmesser der Bohrung, daher müssen die Proben etwa dreimal so lang wie ihr Durchmesser sein und möglichst genau in die Bohrung passen.

Mit Rücksicht auf den nicht eindeutigen Beanspruchungszustand wird beim Scherversuch nur die zum Abscheren erforderliche Höchstlast S gemessen. Aus dieser berechnet man die Scherfestigkeit τ_s unter der nicht zutreffenden Annahme, daß die Spannungsverteilung über den Querschnitt der Probe gleichmäßig sei. Für den einschnittigen Versuch an einer Probe mit dem Querschnitt F gilt die Formel

$$\tau_s = \frac{S}{F}, \tag{1}$$

für den zweischnitten Versuch

$$\tau_s = \frac{S}{2\,F}. \tag{2}$$

Der Scherfestigkeit kommt in der Werkstoffprüfung im allgemeinen nur die Bedeutung einer vergleichenden Kennzahl zu, da sie nicht aus einer eindeutigen Beanspruchung gewonnen wird. Sie ist auch von der Genauigkeit abhängig, mit der die Probe in die Bohrungen der Messerscheiben eingepaßt ist. Sie liegt meistens höher als die bei dem Verdrehversuch gefundene Schubfestigkeit. Von Bach und Baumann[1] wird als Verhältnis Scherfestigkeit/Zugfestigkeit (beim zweischnittigen Versuch) für Stahl 0,75 bis 0,8, für Gußeisen 1,1 angegeben, von E. Damerow[2] für Flußstahl 0,7 bis 0,8.

Der Scherversuch hat eine gewisse Bedeutung für die Prüfung von Nieteisen, das in ähnlicher Weise in der Konstruktion beansprucht wird. In anderen Teilen

---

[1] Bach, C. u. R. Baumann: Elastizität und Festigkeit, 9. Aufl., S. 411—412. Berlin: Julius Springer 1924.

[2] Damerow, E.: Die praktische Werkstoffabnahme in der Metallindustrie. Berlin: Julius Springer 1935.

überwiegt gewöhnlich die Biegebeanspruchung Außerdem wird der Scherversuch zur Bestimmung der Gleichmäßigkeit eines Werkstoffes ausgeführt, sowie zur richtigen Bemessung von Scheren. Für harte Werkstoffe ist er wegen der Schneidenabnutzung, die sehr beachtet werden muß, nicht geeignet. Für die Bestimmung der Scherfestigkeit von Gußeisen wurde von K. SIPP [1] eine Probe nach Abb. 109 vorgeschlagen. Der Stempel der Presse drückt den oberen Zapfen der Probe P gegen die Matrize M und schert dabei den Ring ab. Der untere Zapfen dient lediglich zur Zentrierung der Probe. Nachteilig ist hierbei, daß der Ring beim Abscheren der Probe gesprengt werden muß; dieser wurde daher von M. RUDELOFF [2] vor der Prüfung durch Sägeschnitte in drei Teile zerlegt, wodurch die Werte gleichmäßiger und außerdem von der Breite des Ringes unabhängig werden. Die Ergebnisse RUDELOFFs zeigen gute Übereinstimmung zwischen Zug-

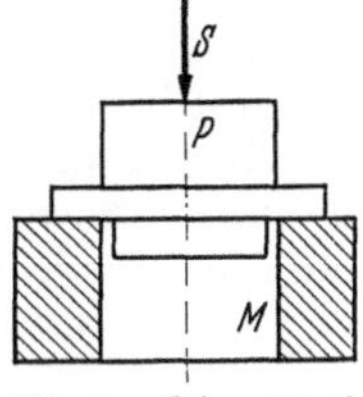

Abb. 109. Scherversuch an Gußeisen (SIPP).

festigkeit und der so bestimmten Scherfestigkeit, so daß mit verhältnismäßig kleinen Proben Güteprüfungen an Gußstücken vorgenommen werden können.

2. Der Lochversuch.

Bei Blechen läßt sich der oben beschriebene Scherversuch nicht ausführen und wird daher durch den Lochversuch ersetzt. Auch dieser Versuch sollte in idealer Ausführung eine reine Schubbeanspruchung der Probe erzeugen; aber genau wie beim Scherversuch wird dieser Schubbeanspruchung eine zusätzliche Biegebeanspruchung überlagert, so daß auch mit diesem Versuch die Schubfestigkeit nicht bestimmt werden kann.

Für die Lochversuche wird meistens eine Vorrichtung nach Abb. 110 (s. auch Bd. I, Abschn. IV) benutzt, die eigentlich eine Stanzvorrichtung für runde Teile ist. Damit die aus dem Blech ausgestanzte Ronde sich infolge ihrer elastischen Rückfederung in der Matrize nicht festklemmt, sondern glatt herausfällt, erweitert man die Bohrung der Matrize konisch nach unten; aus dem gleichen Grund wird der Stempel nach oben verjüngt. Der Stempel wird nicht in die Matrize eingepaßt, sondern man läßt zwischen beiden ein Spiel von etwa 0,5 mm. Hierüber liegen jedoch keine bindenden Vorschriften vor. Dieses für ein glattes Stanzen zweckmäßige Spiel verursacht die eingangs besprochenen Biegungsbeanspruchungen. In vielen Fällen wird die untere Fläche des Stempels nicht eben, sondern hohl ausgeführt.

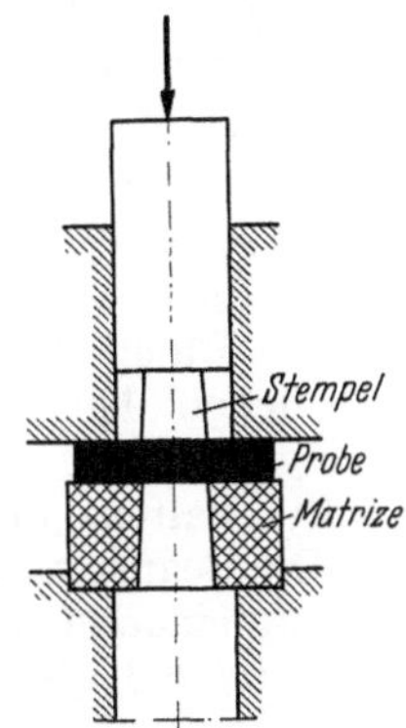

Abb. 110. Lochversuch.

Auch beim Lochversuch beschränkt man sich auf die Bestimmung der höchsten zum Ausstanzen der Ronde erforderlichen Kraft. Die Scherkraft ist außer von dem Werkstoff und seinen Abmessungen von der Ausführung des Werkzeugs (z. B. dem Spiel zwischen Stempel und Matrize und der ebenen oder hohlen Ausführung des Stempels) abhängig. Mit zwei verschiedenen Lochgeräten erhaltene Werte sind daher nicht immer vergleichbar.

Die Lochungsfestigkeit τ_L ergibt sich aus der zum Lochen erforderlichen Kraft und der Größe der Scherfläche $f = \pi \cdot d \cdot s$ ($d =$ Durchmesser der Ronde, $s =$ Blechdicke) zu

$$\tau_L = \frac{P_L}{\pi \cdot d \cdot s}. \tag{5}$$

---

[1] SIPP, K.: Stahl u. Eisen Bd. 40 (1920) S. 1697—1704.
[2] RUDELOFF, M.: Stahl u. Eisen Bd. 46 (1926) S. 97—101.

Die Lochungsfestigkeit erhöht sich bei gleichen Werkzeugen mit der Blechdicke und nimmt mit wachsendem Durchmesser des Stempels ab. Da die Lochungsfestigkeit also keine echte Werkstoffkennziffer ist, kann sie zur Kennzeichnung einer Blechsorte nicht verwandt werden. Auch kann sie zur Bestimmung der zum Stanzen erforderlichen Kräfte nur dann als Annäherung dienen, wenn das Werkzeugspiel entsprechend ausgeführt ist. Dagegen ist die Lochungsfestigkeit zur Untersuchung der Gleichartigkeit von verschiedenen Werkstofflieferungen gut geeignet.

Neben dem beschriebenen *Lochversuch* kennt man noch die *Lochprobe als Schmiedeversuch*, die aber eine technologische Probe ist und mit der hier behandelten Lochprobe nichts zu tun hat (s. Abschn. VI A 2).

H. Prüfung der Werkstoffe unter mehrachsiger Beanspruchung.

1. Allgemeines.

Bei den vorstehend behandelten Prüfverfahren greifen an dem Probestab die äußeren Kräfte so an, daß er Beanspruchungen in nur einer Richtung ausgesetzt ist. Auch beim Biegeversuch herrscht im Prüfkörper eine solche einachsige Spannungsverteilung, da die auf Zug beanspruchten Felder des Querschnittes von den auf Druck beanspruchten durch die neutrale Faserschicht getrennt sind. Neben

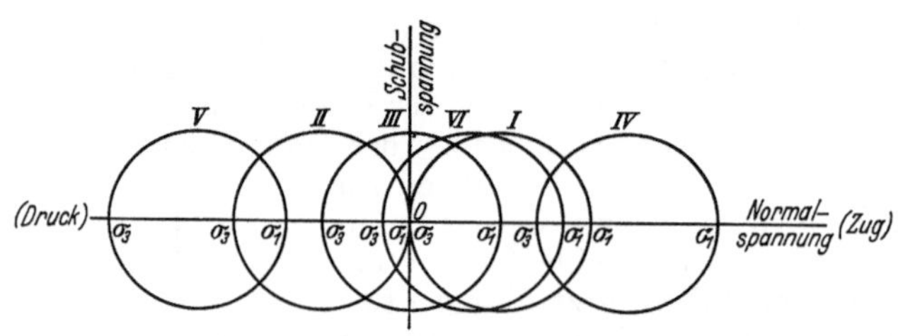

Abb. 111. Mohrsche Spannungskreise (1. und 3. Hauptspannung).

diesen Fällen der *einachsigen* Beanspruchung haben auch die Belastungsfälle, bei denen der Werkstoff *mehrachsig* beansprucht wird, Bedeutung, allerdings weniger für die technische Werkstoffprüfung als für die Beurteilung des Werkstoffverhaltens unter den Bedingungen des Betriebes.

Die Beanspruchung eines Körperelementes ist vollständig bestimmt durch die drei aufeinander senkrecht stehenden Hauptspannungen, nämlich die größte, die mittlere und die kleinste Normalspannung σ_1, σ_2 und σ_3 dieses Elementes, aus denen sich die Hauptschubspannungen

$$\tau_{1,3} = \frac{\sigma_1 - \sigma_3}{2}, \qquad \tau_{1,2} = \frac{\sigma_1 - \sigma_2}{2}, \qquad \tau_{2,3} = \frac{\sigma_2 - \sigma_3}{2}$$

ergeben (Normal-Zugspannungen sind darin positiv, Normal-Druckspannungen negativ einzusetzen). Die verschiedenartigen Beanspruchungsfälle lassen sich durch die Mohrschen Spannungskreise[1] anschaulich darstellen (Abb. 111). In dieser Darstellung werden auf der Abszissenachse die Normalspannungen, auf der Ordinatenachse die Schubspannungen aufgetragen. Bei dem mit *I* bezeichneten Kreis ist σ_1 positiv, $\sigma_3 = 0$; es handelt sich um den beim Zugversuch im mittleren prismatischen Teil des Probestabes verwirklichten Spannungszustand. Umgekehrt ist bei dem Druckversuch, Kreis *II*, $\sigma_1 = 0$, σ_3 negativ. Reine Schubbeanspruchung, z. B. den Verdrehversuch, kennzeichnet der Kreis *III*, bei dem $\sigma_1 = -\sigma_3$ ist. Mehrachsiger Zug wird dagegen durch Kreis *IV*, $\sigma_1 > \sigma_3 > 0$, mehr-

---

[1] Mohr, O.: Abhandlungen auf dem Gebiete der technischen Mechanik. Berlin: Wilhelm Ernst 1928.

achsiger Druck durch Kreis V, $0 > \sigma_1 > \sigma_3$, dargestellt. Dem Fall einer Zugspannung in einer Richtung, Druckspannung in der anderen Richtung entspricht Kreis VI, $\sigma_1 > 0 > \sigma_3$.

Die mittlere Hauptspannung σ_2 ist in dieses Bild der Übersicht halber nicht aufgenommen, sie liegt jeweils zwischen σ_1 und σ_3, wie es z. B. für den Kreis IV (allseitiger Zug) in Abb. 112 gezeigt wird; sie kann in Sonderfällen mit σ_1 oder σ_3 zusammenfallen. Die Hauptschubspannungen sind bei dieser Darstellung in allen Fällen gleich den Radien der entsprechenden Kreise. Es sei noch darauf hingewiesen, daß in den Fällen, in denen zwei oder drei Hauptspannungen gleich sind, die ent-

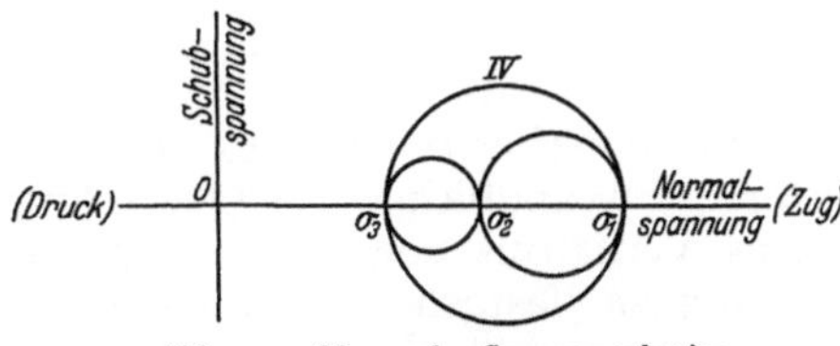

Abb. 112. Mohrsche Spannungskreise (1., 2. und 3. Hauptspannung).

sprechenden Kreise zu Punkten zusammenschrumpfen, d. h. Schubspannungen treten in diesem Fall nicht auf.

Die verschiedenen Beanspruchungsfälle sind Gegenstand einer großen Anzahl von Arbeiten geworden, deren Ziel in erster Linie eine Prüfung der verschiedenen Festigkeitstheorien[1] (Fließbedingungen) ist. Auf deren Behandlung soll hier verzichtet werden, vielmehr soll nur ein kurzer Überblick über die versuchsmäßige Durchführung gegeben werden.

2. Versuche unter mehrseitigem Zug oder Druck.

Als Hilfsmittel zur Erzeugung einer mehrachsigen Beanspruchung findet in erster Linie der hydraulische Druck Anwendung. Zur Erzeugung von Druckspannungen wird die Probe unter Außendruck gesetzt, zur Erzeugung von Zugspannungen wird sie als Rohr ausgebildet und eine Flüssigkeit hineingepreßt. Hierdurch werden Radial- und Tangentialspannungen σ_r und σ_t erzeugt; der diesem Spannungszustand entsprechenden Längsspannung, die gleich der halben Tangentialspannung σ_t ist, kann mit Hilfe der üblichen Prüfmaschinen eine weitere Längsspannung überlagert werden (vgl. Abb. 113).

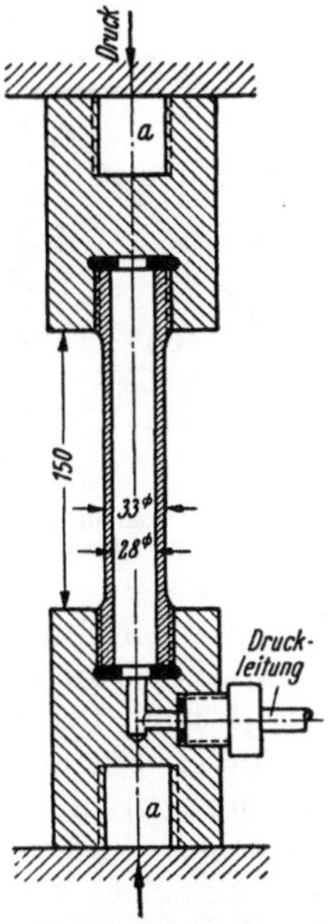

Es sei hier eingeschaltet, daß in der Werkstoffabnahme Rohre auf Dichtheit geprüft werden, indem man sie einem bestimmten Innendruck aussetzt (DIN 1629), sie also einem mehrachsigen Spannungszustand unterwirft (s. Abschn. IV C 1).

Abb. 113. Probekörper und Einspannköpfe für Untersuchungen unter Innendruck und Längsbelastung. Beim Zugversuch werden Zugbolzen in die Gewindelöcher a eingeschraubt (Siebel-Maier).

---

[1] Nach den verschiedenen Festigkeitstheorien ist für den Beginn des Fließens maßgebend: a) die größte Normalspannung (bereits bei Galilei, Leibniz und Navier), b) die größte Dehnung (Navier, St. Venant), c) die größte Schubspannung (Coulomb); O. Mohr (Abhandlungen auf dem Gebiete der technischen Mechanik, Berlin 1928) setzt diese in Beziehung zur Normalspannung (Mohrsche Hüllkurve), d) die größte Gleitung in Beziehung zur positiven Volumenänderung (Sandel: Diss. T. H. Stuttgart 1919), e) die größte elastische Formänderungsarbeit (Beltrami: Opera matematiche, IV. t. 1920, Abh. 81 vom Jahre 1885), f) die größte Gestaltänderungsarbeit (Huber, M. T.: Czasopisme technize. Lemberg 1904), in etwas anderer Formulierung bei R. v. Mises (Göttinger Nachrichten, Math.-phys. Kl. 1913, S. 582—592) und bei H. Hencky [Z. angew. Math. Mech. Bd. 4 (1924) S. 323—334; Bd. 5 (1925) S. 115—124], g) die größte Formänderungsarbeit in Beziehung zur Volumendehnung [Schleicher, F.: Z. angew. Math. Mech. Bd. 6 (1926) S. 199—216].

Die Beanspruchung des dünnwandigen Rohres ist hierbei angenähert:

$$\sigma_l = \frac{1}{4}\frac{d}{s}\,p_i + \frac{P}{F}\,,$$

$$\sigma_t = \frac{1}{2}\frac{d}{s}\,p_i\,,$$

$$\sigma_r = -\frac{1}{2}\,p_i \quad \text{(für die Mitte der Rohrwandung)}$$

(p_i = hydraulischer Innendruck, P = äußere Längskraft, d = innerer Rohrdurchmesser, s = Wanddicke, F = Querschnitt der Rohrwandung).

Das Verhältnis von Tangential- und Radialspannung ist durch die Rohrabmessungen festgelegt; bei einem Rohr, dessen Wanddicke z. B. $s = 0{,}1\,d$ ist, ist $\sigma_r = -0{,}1\,\sigma_t$, so daß man bei dünnwandigen Rohren für σ_r näherungsweise Null setzen kann. Das Verhältnis der zwei übrigen Hauptspannungen ergibt

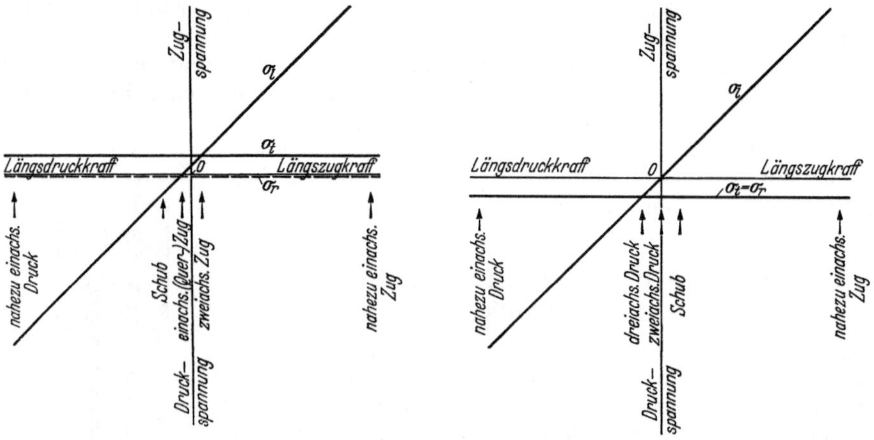

Abb. 114. Spannungszustand in einem Rohr unter
Innendruck und Längsbelastung.

Abb. 115. Spannungszustand eines Stabes unter
Außendruck und Längsbelastung.

sich aus dem Innendruck und der Längskraft. Hält man den Innendruck und damit auch Tangential- und Radialspannung unverändert (Abb. 114), so ergeben sich je nach der Größe der Längskraft verschiedene mehrachsige Spannungszustände. Für eine große Zugspannung (im Verhältnis zu σ_t, also für niedrigen Innendruck) nähert sich der Spannungszustand dem einachsigen des Zugversuches. Sind σ_l und σ_t von gleicher Größenordnung (d. h. $P/F \sim \sigma_t/2$), so liegt ein zweiachsiger Zug vor. Wir haben somit Verhältnisse, die gegenüber einem einachsigen Zugversuch den Einfluß der mittleren Hauptspannung deutlich hervortreten lassen. Solange P/F dabei größer ist als $\sigma_t/2$, ist die Längsspannung die größte Hauptspannung, andernfalls ist dies die Tangentialspannung. Für $P/F = 0$, d. h. für das Rohr, das nur einem Innendruck ausgesetzt ist, ist $\sigma_l = \sigma_t/2$. Wird das Rohr gestaucht, so ist für $P/F = -\sigma_t/2$ die Längsspannung $\sigma_l = 0$ und die Beanspruchung des Rohres wieder fast einachsig, nur daß jetzt die Tangentialbeanspruchung wirksam ist. Ein weiterer Sonderfall liegt vor, sobald $\sigma_l = -\sigma_t$ oder $P/F = -1{,}5\,\sigma_t$ ist. Zugbeanspruchung in einer und Druckbeanspruchung in der anderen Richtung sind dann gleich, d. h. das Rohr wird auf reinen Schub beansprucht. Wächst die Druckbelastung P/F weiter, so nähert sich die Beanspruchung dem reinen Druck, also wieder einem einachsigen Zustand.

Wählt man an Stelle eines Rohres einen Vollstab, den man unter Außendruck setzt, wobei man in einer Richtung eine Längskraft hinzufügt, so kann man die Spannungszustände weiter verändern. Jetzt sind aber stets zwei Hauptspannungen σ_t und σ_r einander gleich, und zwar sind beide Druckspannungen. In Abb. 115 sind die Spannungsverteilungen schematisch dargestellt, wobei die einander gleichen Druckspannungen unverändert gehalten werden und die zusätzliche Längskraft von hohen positiven zu negativen Werten geändert wird. Mit der Abnahme der Längskraft im Verhältnis zum hydraulischen Druck findet wieder ein stetiger Übergang vom angenähert einachsigen Zug (σ_l positiv und sehr groß gegenüber $\sigma_t = \sigma_r$) über die Schubbeanspruchung ($\sigma_l = -\sigma_t = -\sigma_r$) zum zweiachsigen Druck ($\sigma_l = 0$) statt. Es folgt der allseitige Druck (σ_l negativ), wobei zunächst die beiden gleichen Hauptspannungen ohne Berücksichtigung des Vorzeichens größer, dann gleich (dreiachsig gleicher Druck) und schließlich kleiner als die dritte Hauptspannung sind. Bei weiterem Anstieg der zusätzlichen Druckspannung nähert sich der Spannungszustand wie beim Rohr dem einachsigen Druck.

Außer diesen Zug- und Druckversuchen mit zusätzlichem hydraulischen Druck sind auch Verdrehversuche mit gleichzeitigem hydraulischen Druck, zum Teil auch noch mit überlagertem Zug und Druck ausgeführt worden. Dadurch wird über die soeben behandelten Spannungszustände eine Schubbeanspruchung gelagert; da die Verdrehbeanspruchung für sich Hauptspannungen unter 45° zur Achse hervorruft, werden die Hauptspannungsrichtungen gegen die Stabachse gedreht, ohne daß aber grundsätzlich andere Spannungszustände entstehen. Das gleiche gilt für Zug- oder Druckversuche mit gleichzeitiger Verdrehung.

Die ausgeführten Versuche befassen sich hauptsächlich mit der Bestimmung des Spannungszustandes beim Fließbeginn in der Absicht, Unterlagen für die Gültigkeit der den verschiedenen Festigkeitstheorien entsprechenden Fließbedingungen zu schaffen. Die folgenden Angaben sollen nur einen kleinen Ausschnitt aus dem umfangreichen Schrifttum wiedergeben.

Von älteren Arbeiten seien die Versuche von A. Föppl[1] genannt, der Versuche an Steinen und Zementkörpern unter allseitigem Druck ausführte. J. J. Guest[2] prüfte dünnwandige Rohre aus Eisen, Kupfer und Messing auf Längszug, Innendruck und Verdrehung, ebenso wurden von L. B. Turner[3] Eisenrohre untersucht. W. Mason[4] sowie A. J. Becker[5] prüften dünnwandige Eisenrohre auf Zug, Druck und Innendruck, während G. Cook und A. Robertson[6] dickwandige Rohre auf Innendruck prüften. Besondere Beachtung haben die an Marmor und Sandstein vorgenommenen Versuche unter allseitigem Druck von Th. v. Kármán[7] und R. Böker[8] gefunden. Böker führte außerdem solche Versuche an Zink aus. W. Lode[9] untersuchte Flußeisen-, Kupfer- und Nickelrohre auf Längszug und Innendruck unter besonderer Berücksichtigung der mittleren Hauptspannung. Die Versuche von M. Roš und A. Eichinger[10] auf Zug, Druck und Verdrehung unter gleichzeitigem Innen- bzw. Außendruck zeichnen sich durch die große Zahl der untersuchten Werkstoffe aus. R. Schmidt[11] führte

[1] Föppl, A.: Mitt. mech.-techn. Labor. München Bd. 27 (1900); Bd. 28 (1902); Bd. 29 (1904).

[2] Guest, J. J.: Phil. Mag. (5) Bd. 50 (1900) S. 69—132.

[3] Turner, L. B.: Engineering Bd. 87 (1909) S. 169—170, 203—205; Bd. 92 (1911) S. 115—117, 183—185, 246—250, 305—307.

[4] Mason, W.: Proc. Inst. mech. Engrs., Lond. Bd. 4 (1909) S. 1205—1236.

[5] Becker, A. J.: Univ. Illinois Bull. Engng. Exp. Station Bd. 85.

[6] Cook, G. u. A. Robertson: Engineering Bd. 92 (1911) S. 786—789.

[7] Kármán, Th. v.: VDI-Forschungsheft 118 (1912) S. 37—68.

[8] Böker, R.: VDI-Forschungsheft 175—176 (1915).

[9] Lode, W.: VDI-Forschungsheft 303 (1928).

[10] Roš, M. u. A. Eichinger: Eidgen. Mat. Prüf.-Anst. Zürich, Disk.-Ber. 34 (1929).

[11] Schmidt, R.: Diss. Göttingen 1932.

Zug-Verdrehversuche an Rohren aus Flußeisen durch. Abweichend von den meisten dieser Arbeiten untersuchten E. Siebel und A. Maier[1] die Formänderung von Stählen und Messing im mehrachsigen Spannungszustand bis zum Bruch, und zwar an Rohren unter Innendruck und Längsbeanspruchung sowie an Vollstäben unter Außendruck.

3. Mehrachsige Spannungen durch Kerbwirkung.

Der Spannungszustand eines glatten Zerreißstabes ist in genügender Entfernung von den Einspannköpfen einachsig. Ist jedoch dieser prismatische Abschnitt durch eine Kerbe unterbrochen, so wird infolge der Verformungsbehinderung durch die niedriger beanspruchten überstehenden Teile die gleichmäßige Spannungsverteilung gestört und in eine ungleichmäßige überführt, wobei Spannungsspitzen auftreten, die ein Mehrfaches der für eine gleichmäßige Verteilung berechneten Spannungen betragen können. Diese ungleichmäßige Spannungsverteilung erzeugt auch dann, wenn die Beanspruchung in den zylindrischen Teilen des Stabes einachsig ist, zusätzliche Querspannungen, so daß sich in den Querschnittsübergängen Gebiete mit mehrachsigen Spannungszuständen einstellen. Diese Spannungsverteilungen und -zustände lassen sich für einfache Fälle berechnen, daneben sind besonders an gekerbten Flachstäben eine große Anzahl von örtlichen Dehnungsmessungen bei elastischer Beanspruchung unter Zugrundelegung besonders kleiner Meßlängen ausgeführt worden, aus denen die zugehörigen Spannungen berechnet wurden. Es sei nur auf die Arbeiten von E. Preuss, besonders die Untersuchungen an Lochstäben[2] verwiesen. Zusammenfassende Arbeiten aus neuerer Zeit sind die von E. Lehr[3] und H. Neuber[4].

Bei gekerbten *Flach*stäben ist die Hauptspannung senkrecht zur Stabebene nahezu Null, so daß die Beanspruchung dieser Stäbe zweiachsig ist. Zerreißversuche an gekerbten Flachstäben geben keine sehr großen Abweichungen der Fließ- und Dehngrenzen oder auch der Zugfestigkeit gegenüber den am prismatischen Stab gemessenen; dies steht im Einklang mit anderen Untersuchungen über den zweiachsigen Spannungszustand[5]. Offenbar geht der aus den elastischen Messungen bekannte Spannungszustand im Fließ-, Verfestigungs- und Einschnürgebiet allmählich in einen dreiachsigen Zustand über, ähnlich dem, der sich auch im Einschnürgebiet eines prismatischen Stabes[6] ausbildet.

Bei engen und tiefen Kerben in *Rund*stäben ist jedoch der Spannungszustand vom einachsigen so weit zum mehrachsigen verschoben[7] und bleibt offenbar auch bis zum Bruch mehrachsig, daß die Spannungs-Verformungskurve erheblich über die des glatten Zerreißstabes ansteigt und somit auch die Zugfestigkeit im Sinne des Werkstoffprüfers, d. h. die auf den Ausgangsquerschnitt bezogene Höchstlast, größer wird. Auch die anderen Kennziffern des Zugversuches werden beträchtlich verändert. Beispiele hierfür bringen Martens und Heyn[8], P. Ludwik und R. Scheu[9] und besonders

---

[1] Siebel, E. u. A. Maier: Z. VDI Bd. 77 (1933) S. 1345—1349.

[2] Preuss, E.: VDI-Forschungsheft 126 (1912) S. 47—57.

[3] Lehr, E.: Spannungsverteilung in Konstruktionselementen. Berlin: VDI-Verlag 1934.

[4] Neuber, H.: Kerbspannungslehre. Berlin: Julius Springer 1937.

[5] Lode, W.: VDI-Forschungsheft 303 (1928).

[6] Siebel, E.: Ber. Werkstoffaussch. VDEh. 71. (1925).

[7] Krisch, A.: Diss. T. H. Berlin 1935. — Neuber, H.: Kerbspannungslehre. Berlin: Julius Springer 1937.

[8] Martens, A. und E. Heyn: Handbuch der Materialienkunde für den Maschinenbau II, Teil A, S. 373. Berlin: Julius Springer 1912.

[9] Ludwik, P. u. R. Scheu: Stahl u. Eisen Bd. 43 (1923) S. 999—1001.

W. KUNTZE[1]. Von KUNTZE sowie von M. PFEN-
DER[2] liegen auch ausführliche Messungen über
die Verformungen bis zum Bruch vor.

4. Prüfung von Konstruktionen bzw. Konstruktionsteilen.

Bei der Beanspruchung von Konstruktionen
bzw. Konstruktionsteilen bilden sich oft an
mehreren Stellen infolge ihrer Gestaltung mehrachsige Spannungszustände aus, die häufig so
unübersichtlich sind, daß nicht ohne weiteres
angegeben werden kann, welches bei dem beabsichtigten Gebrauch der gefährlichste Querschnitt ist, bzw. wie hoch dieser belastet
werden kann. Über die Höhe der zulässigen
Beanspruchung gibt die Prüfung des Werkstoffes im einachsigen Spannungszustand, z. B.
durch den Zerreißversuch, nur ein ungenügen-
des Bild. Mitunter kann die Untersuchung eines
gekerbten Zerreißstabes als einfaches Modell
eines Konstruktionsteiles bereits aufschluß-
reiche Unterlagen für das Verhalten des Werkstoffes unter der mehrachsigen Beanspruchung
erbringen, doch wird man oft auf die Prüfung
des ganzen Teiles nicht verzichten können.

In vielen Fällen ist die Erprobung des fertigen Bauwerkes bzw. der ganzen Maschine
üblich. So werden z. B. Brücken durch besonders schwere Fahrzeuge, Eisenbahnbrücken
durch mehrere Lokomotiven unter Ausführung
von Verformungsmessungen vor der Inbetriebnahme belastet. Bei Dampfkesseln und -fässern
ist eine Probebelastung mit einem Mehrfachen
des Betriebsdruckes gesetzlich vorgeschrieben.
Aber auch jeder Abnahmeversuch an einer
Maschine, bei dem in erster Linie Leistungs-
und Verbrauchsmessungen ausgeführt werden,
stellt eine Werkstoffprüfung im übertragenen
Sinne dar, da man bei dem bis zur vollen
Belastung durchgeführten Versuch eine Bewährung des Werkstoffes als selbstverständlich
voraussetzt.

Darüber hinaus werden aber oft Konstruktionen bzw. Konstruktionsteile in der Werkstoffprüfmaschine bis zum Unbrauchbarwerden
belastet, um die schwachen Stellen aufzu-
decken. Besonders ist hierbei die richtige
Anordnung der Belastung zu beachten. Die
Teile sind in der Prüfmaschine möglichst so

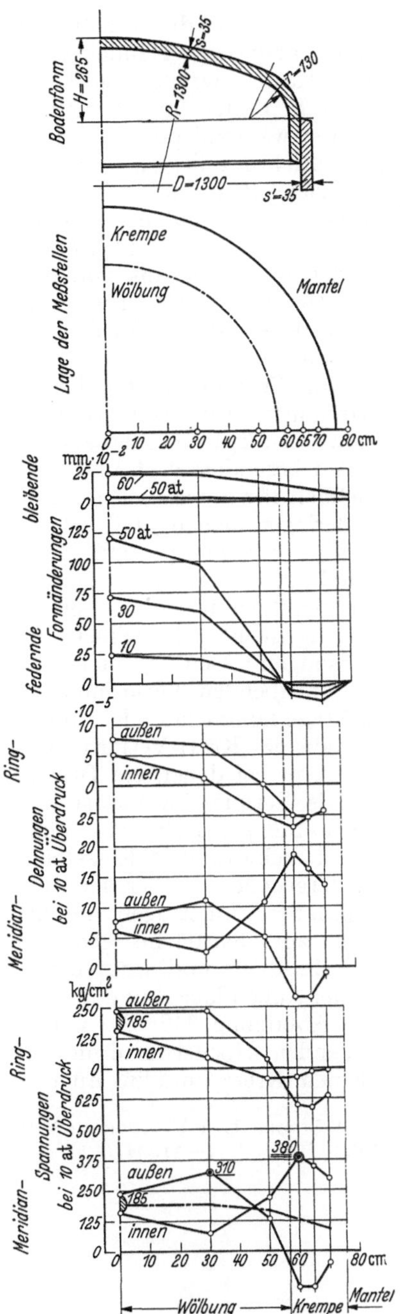

Abb. 116. Verlauf der Formänderungen, der
Dehnungen und der Spannungen an einem
Kesselboden unter Innendruck
(SIEBEL-KÖRBER).

---

[1] KUNTZE, W.: Arch. Eisenhüttenw. Bd. 2 (1928/29) S. 109—117; Mitt. dtsch. Mat.-
Prüf.-Anst., Sonderh. 20 (1932).
[2] PFENDER, M.: Arch. Eisenhüttenw. Bd. 11 (1937/38) S. 595—606.

einzubauen, daß die Belastung dem ungünstigsten Fall, der tatsächlich auftreten kann, entspricht. Handelt es sich dabei um nur zwei Gegenkräfte, die z. B. an einer Kette angreifen, so ist dieses Problem einfach zu lösen. Schwieriger ist schon die Einhaltung des richtigen Verhältnisses zwischen drei oder mehr Einzelkräften während des ganzen Versuches, namentlich dann, wenn diese nicht in einer Richtung liegen, und sobald größere Verformungen auftreten. Hier kann man sich oft durch die Einschaltung von Zwischenhebeln helfen. Auch die Aufbringung einer auf eine größere Fläche verteilten Last kann Schwierigkeiten bringen; hierbei spricht die Steifigkeit der Lastverteilungs- und Übertragungsglieder im Verhältnis zur Formänderung des Prüfkörpers eine große Rolle. Ein Ausweg ist, die Prüflast mit Hilfe von Sandsäcken oder ähnlichen Mitteln zu verteilen oder sie in eine große Zahl parallel angreifender Einzellasten aufzulösen.

Zur Prüfung ganzer Konstruktionsteile sind die üblichen Werkstoffprüfmaschinen zwar oft stark genug, bieten aber nicht den notwendigen Raum. Es werden dann Sonderbauarten notwendig, bei denen der Abstand der Hauptsäulen besonders groß und die Querhäupter entsprechend stark bemessen sind. Vielfach löst man auch die Maschine in verstellbare feste Rahmen auf, die als Widerlager dienen, und setzt in diese als Kraftquellen einzelne hydraulische Pressen mit Pumpe und Manometer zur Krafterzeugung und -messung. Die Durchführung des Versuches ist damit natürlich weit schwieriger als in einer Werkstoffprüfmaschine, bei der die Kraft nur an einer Stelle erzeugt wird.

Allgemeine Richtlinien für die an Konstruktionsteilen auszuführenden Messungen lassen sich nicht geben; diese werden sich meistens auf die gesamten oder bleibenden Verformungen an bestimmten Abschnitten bei den praktisch in Frage kommenden Kräften, d. h. die Aufnahme von von Punkt zu Punkt verschiedenen Kraft-Verformungsbildern, und auf die Kräfte und Stellen erstrecken, bei denen ein Bruch oder unzulässige Verformungen auftreten.

Als Beispiel hierfür ist in Abb. 116 das Ergebnis einer Versuchsreihe zur Bestimmung der Formänderungen und der daraus berechneten Spannungen an einem dickwandigen Kesselboden bei der Beanspruchung durch inneren Druck wiedergegeben[1]. Über der Abwicklung des Meridians des Kesselbodens sind als Ordinaten aufgetragen die bleibenden und federnden Formänderungen senkrecht zur Oberfläche (gemessen mit Meßuhren), die Dehnungen in Richtung des Meridians und senkrecht dazu (gemessen mit Hilfe von Dehnungsmessern an der Außenfläche) und die daraus berechneten Ring- und Meridianspannungen. Die Abbildung läßt die auf der Innenseite im Bereich der Krempe sich ausbildenden Höchstwerte der Meridianspannung erkennen, die besonders bei kleinem Krempenradius Anlaß zu den gefährlichen Krempenrissen geben können.

---

[1] Siebel, E. u. F. Körber: Mitt. K.-Wilh.-Inst. Eisenforschg. Bd. 7 (1925) S. 113—177; Bd. 8 (1926) S. 1—51.

II. Festigkeitsprüfung bei schlagartiger Beanspruchung.

Von **R. Mailänder**, Essen.

A. Festigkeitsprüfung bei einmaliger Stoßbeanspruchung.

1. Allgemeines.

a) Einleitung. Anwendungsbereich.

Den ersten Anlaß zur Ausführung von Schlagversuchen gaben wohl die besonders in kalten Wintern an Stahl auftretenden spröden, d. h. verformungslosen Brüche, die vor allem auf stoßweise Beanspruchung zurückgeführt wurden. Wenn auch heute erkannt ist, daß derartige Brüche auch bei statischer Beanspruchung auftreten können, so wird die Neigung des Werkstoffes zu solchen Trennungsbrüchen (vgl. Abschn. A 1, c) doch fast ausschließlich durch Schlagversuche geprüft[1]. Diese Versuche, die heute das wichtigste Anwendungsgebiet der Schlagversuche sind, haben, wie noch näher ausgeführt wird, auch Bedeutung, wenn die aus den untersuchten Werkstoffen hergestellten Teile bei ihrer Verwendung nicht stoßweise beansprucht sind.

Die Untersuchung von Werkstoffen für Konstruktionsteile, die im Betrieb Stöße auszuhalten haben, kann in 3 Gruppen eingeteilt werden. Die Prüfung ganzer Konstruktionsteile durch Schlagversuche wird hauptsächlich an Eisenbahnmaterial, an Ketten, Panzerbolzen u. a. ausgeführt. Die Untersuchung des Werkstoffes an herausgearbeiteten kleinen Proben erfolgt durch Versuche mit einem Schlag oder wenigen Schlägen bis zum Bruch, wenn das Verhalten gegen einmalige oder seltene, aber starke Stöße untersucht werden soll, oder durch Dauerschlagversuche, wenn das Verhalten gegen schwächere, aber sehr häufig wiederholte Stöße in Frage kommt.

Während bei den vorstehend erwähnten Versuchen im wesentlichen die Widerstandsfähigkeit gegen Bruch geprüft wird, bezweckt eine letzte Gruppe von Schlagversuchen die Ermittlung des Formänderungswiderstandes bei größerer Verformungsgeschwindigkeit als Unterlage für das Verhalten der Werkstoffe beim Schmieden und ähnlichen Beanspruchungen bei der Verarbeitung. Diese Versuche werden meist bei (im Verhältnis zur Schmelz- oder Rekristallisationstemperatur des Werkstoffes) höheren Temperaturen durchgeführt, da hier infolge des Wechselspieles zwischen Verfestigung und Erweichung ein erheblicher Einfluß der Verformungsgeschwindigkeit besteht. Die Erzeugung von Brüchen ist bei diesen Versuchen im allgemeinen nicht beabsichtigt; das Auftreten von Rissen oder Brüchen ist indessen als Maß der Verformbarkeit von Bedeutung.

Schlagversuche werden mit Zug-, Druck-, Biege- und Verdrehungsbeanspruchung ausgeführt. Bei allen diesen Versuchsarten kommen bestimmte Einflüsse und Erscheinungen in gleicher oder ähnlicher Weise zur Geltung;

---

[1] Erst in neuerer Zeit spielen verformungslose, meist interkristallin verlaufende Brüche an Stahl, die bei höherer Temperatur unter ruhender Last auftreten und deren Wesen mit entsprechenden Versuchsbedingungen erforscht werden muß, eine größere Rolle.

diese gemeinsamen Grundzüge sollen deshalb im folgenden vor der Behandlung der einzelnen Versuchsarten besprochen werden[1]. Die Ausführungen gelten hauptsächlich für Stahl, den am meisten untersuchten Werkstoff. Die hier durch Auftreten von Kaltsprödigkeit und Altern hervorgerufenen Erscheinungen und Verhältnisse können nicht allgemein auf andere Metalle übertragen werden.

b) Ein- oder Mehrschlagversuche.

Sieht man von den Dauerschlagversuchen ab, so erfolgt die Prüfung entweder mit einem einzigen Schlag oder mit einer kleinen Anzahl von Schlägen, die manchmal auch verschieden stark sind. Hierbei ist zu beachten, daß während jedes Schlages, bei dem die Probe nicht bricht, die Versuchsgeschwindigkeit bis auf Null absinkt; bricht die Probe, so nimmt die Versuchsgeschwindigkeit um so stärker ab, je kleiner die überschüssige Schlagarbeit ist[2]. Bei Mehrschlagversuchen wird die durch Verformung erzeugte Wärme zwischen den einzelnen Schlägen durch Ausstrahlung und Ableitung zum großen Teil abgeführt. Beim Einschlagversuch ist hierzu nicht genügend Zeit vorhanden; die Probe erwärmt sich also wesentlich stärker, was in manchen Fällen von Einfluß ist.

Bei allen Schlagversuchen treten Arbeitsverluste durch elastische Verformung und Schwingungen der Prüfvorrichtung, durch nicht beabsichtigte bleibende Verformung der Probe an Auflage- und Schlagstellen, durch Reibungs- und Luftwiderstände, durch kinetische Energie der wegfliegenden Bruchstücke u. a. ein, die je nach Prüfvorrichtung und Versuchsanordnung erhebliche Beträge[3] erreichen und bei spröden Werkstoffen gleiche Größenordnung wie die eigentliche Brucharbeit haben können (vgl. Abschn. A 6, d). Auch bei Schlagwerken nach Art des ballistischen Pendels[4-6] treten noch Arbeitsverluste ein. Die zur elastischen Verformung der Probe selbst aufgewendete Arbeit kann beim Einschlagversuch nicht als Arbeitsverlust angesehen werden, beim Mehrschlagversuch muß sie aber bei jedem Schlag von neuem, und zwar (infolge der Verfestigung der Probe) in wachsender Stärke geleistet werden. Die Summe der Arbeiten der einzelnen Schläge beim Mehrschlagversuch ist also noch mehr als die Arbeit beim Einschlagversuch nur ein Vergleichsmaß. Das Ergebnis, besonders des Mehrschlagversuches, kann wesentlich verbessert werden, wenn die im Rücksprung des Fallbären wieder zum Vorschein kommende elastische Verformungsarbeit (von Probe und Schlagwerk) gemessen und von der aufgewendeten Arbeit abgezogen wird. Aus dem Gesagten ergibt sich, daß ein wuchtiger Schlag eine stärkere Wirkung hat als mehrere leichte Schläge mit gleicher Gesamtarbeit. Treten in dem Werkstoff zeitabhängige Vorgänge (Rekristallisation, Altern) ein, so kommen diese natürlich beim Mehrschlagversuch stärker zur Geltung (vgl. z. B. Abschnitt A 3, f).

---

[1] Eine Zusammenstellung des Schrifttums über Schlagversuche bis einschließlich 1921 gibt H. L. Whittemore: Proc. Amer. Soc. Test. Mater. Bd. 22 (1922) II, S. 9. Über betriebsmäßige, ungenormte Schlagversuche berichtete S. Tour: Proc. Amer. Soc. Test. Mater. Bd. 38 (1938) II, S. 25; vgl. Stahl u. Eisen Bd. 58 (1938) S. 1350.

[2] Die Verformungsgeschwindigkeit kann dagegen örtlich, z. B. in der Einschnürstelle von Zugproben, ansteigen.

[3] Dubois F. (Machines 1935, Juli bis Okt., auch Beitrag zur Denkschrift anläßlich des 50jährigen Bestehens der Eidgenössischen Materialprüfungsanstalt an der Eidgen. Techn. Hochschule. Zürich, November 1930) fand z. B. für ein Pendelschlagwerk Verluste bis zu 22% der Schlagarbeit.

[4] Rogers, F.: Proc. phys. Soc. Lond. Bd. 23 (1910) I.

[5] Stanton, T. E. u. R. G. C. Batson: Min. Proc. Instn. civ. Engrs. Bd. 211 (1920/21) S. 67.

[6] Engineering Bd. 140 (1935) S. 54.

Nach verschiedenen Beobachtungen[1,2] hat ein Schlag mit schwerem Bär aus kleiner Fallhöhe eine stärkere Wirkung als ein Schlag gleicher Stärke mit leichtem Bär aus größerer Fallhöhe.

c) Trennungs- und Verformungsbruch.

Nach den insbesondere beim Kerbschlagbiegeversuch an Stahl gewonnenen Erfahrungen muß man zwischen dem *Verformungswiderstand* (Gleitwiderstand, innere Reibung) und der *Trennfestigkeit* des Werkstoffes unterscheiden. Erreicht in einem Körper die größte Zugspannung die Trennfestigkeit, ehe die größte Schubspannung den Gleitwiderstand, d. h. Widerstand gegen den Beginn bleibender Verformung, überschreitet, so erfolgt der Bruch plötzlich ohne vorhergehende bleibende Verformung. Der Körper verhält sich spröde, die zum Bruch verbrauchte Arbeit ist gering. Der Bruch hat körniges, kristallines Aussehen und wird als *Trennungsbruch* bezeichnet. Erreicht dagegen die Schubspannung den Gleitwiderstand früher als die Zugspannung die Trennfestigkeit, so verformt sich die Probe bleibend. Durch die Verformung wächst erfahrungsgemäß der Gleitwiderstand gegen weitere Verformung stärker als die Trennfestigkeit (vgl. Abb. 1), so daß die Zugspannung schließlich die Trennfestigkeit des (verfestigten) Werkstoffes erreichen kann. Liegt die Trennfestigkeit sehr hoch, so erfolgt der Bruch nach Erschöpfen des Formänderungsvermögens des Werkstoffes durch Abschiebung. Dieser *Verformungsbruch* (Verfestigungsbruch) hat sehniges Aussehen, die zum Bruch erforderliche Arbeit ist im allgemeinen erheblich. Außer dem reinen Trennungsbruch und dem Verformungsbruch erhält man oft *Mischbruch*, in dem die beiden Brucharten nebeneinander auftreten[3-8].

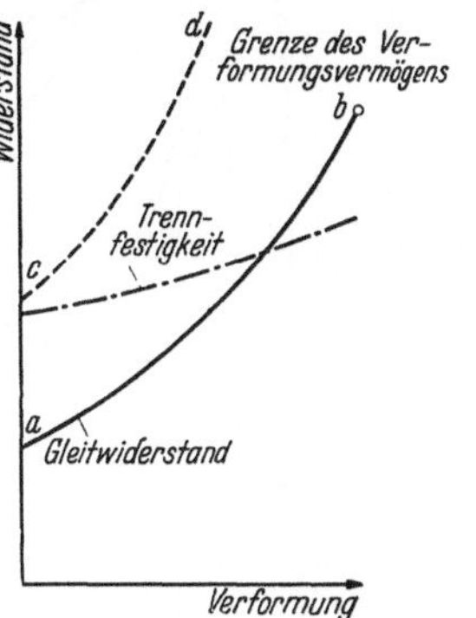

Abb. 1. Änderung von Gleitwiderstand und Trennfestigkeit mit wachsender Verformung (schematisch).

Ob ein Trennungs- oder ein Verformungsbruch eintritt, hängt hiernach ab

1. vom Verhältnis zwischen Trennfestigkeit und Gleitwiderstand, d. h. vom Zustand des Werkstoffes bei der Versuchstemperatur und seiner Änderung mit fortschreitender Verformung[9].

2. vom Verhältnis zwischen den in der Probe auftretenden größten Schub- und Zugspannungen, d. h. von der Art der Beanspruchung.

Hieraus ergibt sich folgender

d) Einfluß der Versuchsbedingungen auf den Eintritt des Trennungsbruches.

Mit sinkender *Versuchstemperatur* wächst nach unseren Erfahrungen an Stahl der Gleitwiderstand stärker als die Trennfestigkeit; die Neigung zum Trennungsbruch nimmt zu. Dieser Einfluß ist derart ausgeprägt, daß das

[1] FRÉMONT, CH.: C. r. Acad. Sci., Paris Bd. 176 (1923) S. 78.

[2] BERG, S.: Forsch.-Arb. VDI, Heft 331 (1930).

[3] RUDELOFF, M.: Stahl u. Eisen Bd. 22 (1902) S. 374, 425.

[4] MESNAGER, A.: Contribut. à l'étude de la fragilité des fers et aciers. Paris 1904.

[5] LUDWIK, P.: Stahl u. Eisen Bd. 43 (1923) S. 1427. — Z. Metallkde. Bd. 14 (1922) S. 101; Bd. 16 (1924) S. 207. — Z. VDI Bd. 68 (1924) S. 212; Bd. 70 (1926) S. 379; Bd. 71 (1927) S. 1532.

[6] MAILÄNDER, R.: Zur Frage der Blausprödigkeit des Eisens. Dr.-Ing.-Diss. Aachen 1925. — MAURER, E. u. R. MAILÄNDER: Stahl u. Eisen Bd. 45 (1925) S. 409.

[7] SCHWINNING, W.: Z. VDI Bd. 73 (1929) S. 321.

[8] HAIGH, B. P.: Engineering Bd. 130 (1930) S. 685, 717, 752.

[9] Außer an Stahl ist ein Übergang vom Verformungs- zum Trennungsbruch bei niedrigen Temperaturen mit Sicherheit anscheinend nur noch an Zink beobachtet worden (s. Fußnote 6, S. 131).

Auftreten des Trennungsbruches häufig als *Kaltsprödigkeit* bezeichnet wird, obgleich Trennungsbrüche auch oberhalb der Raumtemperatur auftreten.

Mit steigender *Verformungsgeschwindigkeit* wächst bei Metallen der Gleitwiderstand wesentlich stärker als die Trennfestigkeit [1-5]. Die Möglichkeit eines Trennungsbruches ist also beim Schlagversuch größer als beim statischen Versuch; es ist aber grundsätzlich festzuhalten, daß Trennungsbrüche auch bei statischer Beanspruchung auftreten können.

Die *Art der Beanspruchung* spielt eine maßgebende Rolle. Bei einachsigem Zug ist die größte Schubspannung nur halb so groß wie die Zugspannung, bei reiner Verdrehung sind beide gleich. Für Verdrehung gibt also Abb. 1 die Verhältnisse richtig wieder, wenn Gleitwiderstand und Trennfestigkeit in gleichem Maßstab aufgetragen sind; für reinen Zug müßte dagegen der Gleitwiderstand in doppelt so großem Maßstab (vgl. die gestrichelte Kurve *c d*) aufgetragen werden wie die Trennfestigkeit. Die Gefahr eines Trennungsbruches ist also bei Verdrehbeanspruchung geringer als bei Zugbeanspruchung. Je mehr man sich dagegen einem Spannungszustand nähert, bei dem die 3 Hauptspannungen gleich groß und Zugspannungen sind, desto leichter tritt der verformungslose Trennungsbruch ein.

Ein *Kerb* hat mehrfache Wirkung. Außer der örtlichen Spannungserhöhung im Kerbgrund wird durch Behinderung der Querzusammenziehung ein räumlicher Spannungszustand mit Querzugspannungen hervorgerufen, dessen Wirkung oben dargelegt ist[6]. Das Ver

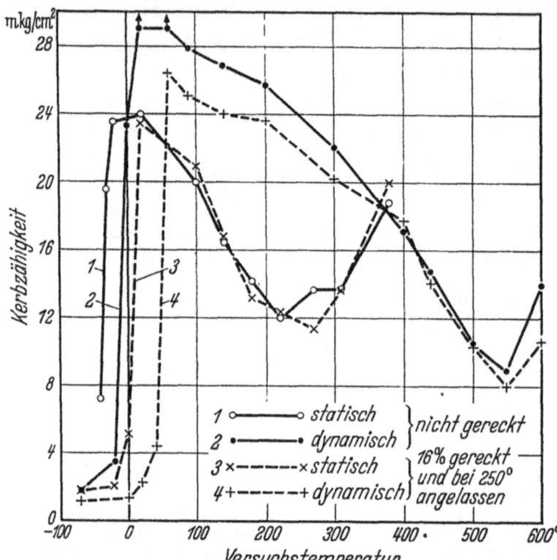

Abb. 2. Abhängigkeit der Brucharbeit eines weichen Stahles von der Versuchstemperatur bei statischen und dynamischen Kerbbiegeversuchen. (Nach E. Maurer und R. Mailänder.) Probenform: 20 · 30 · 160 mm, Scharfkerb von 45°, 5 mm tief, Bruchquerschnitt 15 · 30 mm.

hältnis zwischen Quer- und Längsspannungen wächst mit steigender Schärfe und Tiefe des Kerbes bis zu einem gewissen Grade. Durch den Kerb wird ferner die Verformung auf ein kleines Volumen beschränkt; bei gleicher Versuchsgeschwindigkeit wird die örtliche Verformungsgeschwindigkeit im Kerbgrund um so mehr erhöht, je schärfer der Kerb ist. Daß ein Kerb ein sehr wirksames Mittel zur Erzielung eines Trennungsbruches ist, hat die Erfahrung schon sehr früh gezeigt.

Durch Verschärfung der Versuchsbedingungen kann man bei perlitischem Stahl[7] den Übergang vom Verformungs- zum Trennungsbruch herbeiführen.

[1] Plank, R.: Z. VDI Bd. 56 (1912) S. 17, 46. — Forsch.-Arb. VDI, Heft 133 (1913).
[2] Körber, F. u. A. H. v. Storp: Mitt. K.-Wilh.-Inst. Eisenforschg. Bd. 7 (1925) S. 81.
[3] Ludwik, P.: Phys. Z. Bd. 10 (1909) S. 411.
[4] Le Chatelier, A.: Baumat.-Kde. Bd. 6 (1901) S. 180.
[5] Deutler, H.: Phys. Z. Bd. 33 (1932) S. 247.
Die starke Abhängigkeit des Gleitwiderstandes von der Verformungsgeschwindigkeit ist bekannt beim Pech; auch Zink verhält sich bei Raumtemperatur ähnlich.
[6] Die Unterscheidung zwischen „wahrer Sprödigkeit" und „Kerbsprödigkeit", je nachdem ob der Trennungsbruch ohne Kerb oder nur mit Kerb eintritt, bleibt letzten Endes nur eine Trennung nach dem Grade der Sprödigkeit und hängt von den übrigen Versuchsbedingungen ab; vgl. auch Abschn. 2, h.
[7] Bei austenitischen Stählen wurde auch bis herab zur Temperatur der flüssigen Luft kein Auftreten des Trennungsbruches beobachtet.

Abb. 2 zeigt als Beispiel die Abhängigkeit der Brucharbeit bei statischen und dynamischen Kerbbiegeversuchen von der *Versuchstemperatur*. Der Abfall von der Hoch- zur Tieflage der Brucharbeit erfolgt hier für den nicht gealterten Stahl beim statischen Versuch bei etwa — 40° (Kurve 1), beim Schlagversuch bei etwa — 10° (Kurve 2). Eine ähnliche Verschiebung des Überganges vom Verformungs- zum Trennungsbruch nach höheren Temperaturen hin, wie sie hier durch Erhöhung der Versuchsgeschwindigkeit eintrat, läßt sich auch durch Verschärfung der anderen, obenerwähnten Versuchsbedingungen erzielen.

e) Einfluß des Werkstoffzustandes auf das Eintreten des Trennungsbruches.

Außer durch Änderung der Versuchsbedingungen verlagert sich nun die Temperatur des Überganges zum Trennungsbruch auch bei einer Änderung der Werkstoffeigenschaften durch andere Vorbehandlung; sie wird z. B. erhöht durch Überhitzen, erniedrigt durch Vergüten des Stahles. Die Abb. 2 zeigt, daß durch Altern des Stahles die Temperatur des Abfalles der Brucharbeit beim statischen Versuch von — 40° auf etwa + 10° (Kurve 3), beim Schlagversuch von — 10° auf etwa + 50° (Kurve 4) anstieg, daß durch diese Behandlung also die Neigung des Stahles zum Trennungsbruch erhöht, der Stahl verschlechtert wurde.

Die hier an Hand der Abb. 2 aufgezeigten Abhängigkeiten gelten bei Stahl nun grundsätzlich für alle Versuchsarten (Biegung, Zug, Verdrehung).

f) Bruchart und Verformung.

Der Abfall der Brucharbeit (statisch oder dynamisch) beim Übergang zum Trennungsbruch kann entweder fast plötzlich (unstetig) in einem sehr engen Bereich, d. h. durch geringe Änderung einer Versuchsbedingung (wie z. B. der Temperatur, vgl. Abb. 2), erfolgen oder allmählich innerhalb eines breiteren Bereiches. In dem Übergangsgebiet erhält man Mischbrüche; aus dem Verhältnis des sehnigen und körnigen Anteils in der Bruchfläche läßt sich entnehmen, ob man sich an der oberen oder unteren Grenze des Übergangsgebietes bewegt. Zur Vervollständigung der Versuchsergebnisse sollten deshalb stets Angaben über das Bruchaussehen beigefügt werden. Ebenso beachtens- und wünschenswert sind Angaben über die Formänderung der Proben (vgl. Abschn. A1, 1). Die Bruch-

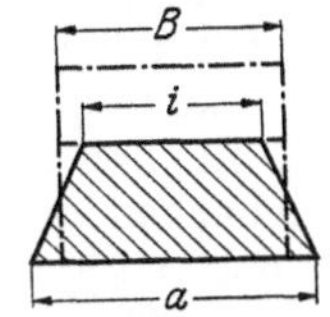

Abb. 3.
Querschnittsverzerrung
einer Kerbbiegeprobe
(schematisch).

arbeit ist durch die Verformung der Proben bedingt; beide gehen stets parallel miteinander und es ist mit den vorliegenden Erfahrungen nicht vereinbar, daß beim gleichen Werkstoff trotz gleich bleibender oder gar zunehmender Verformung die Brucharbeit mit wachsender Geschwindigkeit auf Null absinken kann, wie es schon behauptet worden ist[1].

Bei Kerbbiegeproben z. B. ändert sich in gleichem Maße wie die Brucharbeit auch der Biegewinkel und die Querschnittsform. Der als „Querschnittsverzerrung"[2] bezeichnete Wert $\dfrac{a-i}{2}$ (vgl. Abb. 3) nimmt, wie Versuche gezeigt haben, proportional mit der Brucharbeit ab. Bemerkenswert ist, daß selbst bei ganz körnig erscheinendem Bruch noch eine merkliche Querschnittsverzerrung — verbunden mit entsprechenden Werten des Biegewinkels und der Brucharbeit — auftreten kann.

---

[1] MANN, C.: Proc. Amer. Soc. Test. Mater. Bd. 35 (1935) II, S. 323; Bd. 36 (1936) II, S. 85.

[2] STRIBECK, R.: Z. VDI Bd. 50 (1915) S. 57. — Stahl u. Eisen Bd. 35 (1915) S. 392.

Beim Schlagzerreißversuch geben Dehnung und Einschnürung (letztere auch bei gekerbten Proben) ein Maß der Bruchverformung[1].

g) Spannungs-Verformungs-Schaubild.

Während man bei statischen Versuchen Verformungswiderstand und Verformungsgröße getrennt ermittelt und aus ihrer Abhängigkeit voneinander Einblick in das Verhalten des Werkstoffes gewinnt, erhält man beim üblichen Schlagversuch nur die Arbeit. Zwar kann man aus Arbeit und Verformung einen mittleren Wert des Verformungswiderstandes errechnen; man erfährt jedoch nichts über die Änderung des Widerstandes während des Versuches. Die Ermittlung von Spannungs-Verformungs-Kurven bei Schlagversuchen ist schon verschiedentlich durchgeführt worden[2, 3--10], sie bietet jedoch erhebliche Schwierig-

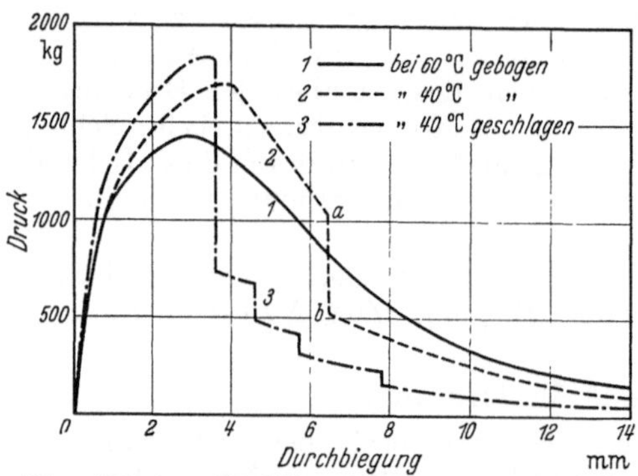

Abb. 4. Belastungs-Durchbiegungs-Kurven von gekerbten Proben aus Stahl mit 0,5% C. (Nach W. Schwinning.)

keiten, so daß sie selbst für reine Forschungsarbeiten nur selten ausgeführt wird[11]. Dieser Nachteil hat an Bedeutung verloren, nachdem die bisherigen Vergleichsversuche gezeigt haben, daß die Vorgänge bei statischer und dynamischer Beanspruchung bei gleicher Bruchart wesensgleich und nur dem Grade nach verschieden sind. Der Unterschied in dem Verhalten liegt im wesentlichen darin, daß beim Schlagversuch die Fließgrenze merklich, die Höchstbeanspruchung nur wenig höher ist als beim statischen Versuch, und daß Vorgänge, die zeit- und temperaturabhängig sind, beim Schlagversuch sich in gleicher Stärke erst bei höheren Temperaturen bemerkbar machen als beim statischen Versuch.

So kann aus den bei statischen Versuchen leicht zu erhaltenden Schaubildern auch für den Schlagversuch entnommen werden, womit z. B. die Änderung der Brucharbeit mit der Temperatur (Abb. 2) zusammenhängt. In Abb. 4 zeigt die Kurve 1 das Last-Durchbiegungs-Schaubild für eine bei 60° statisch geprüfte, zäh gebrochene Probe; die unter der Kurve liegende Fläche entspricht der zum Bruch verbrauchten Arbeit. Bei 40° ergab sich die Kurve 2; der Verformungswiderstand ist hier höher als bei 60°. Der Bruch beginnt in beiden Fällen mit Erreichung der Höchstlast oder etwas früher. Der senkrechte Abfall a—b in Kurve 2 nach vorhergehender teilweiser Verformung entspricht aber einem Trennungsbruch, dem wieder ein Verformungsbruch folgt; die bei 40° gebrochene Probe weist also einen Mischbruch auf, während die bei 60° gebogene Probe

---

[1] Pfender, M.: Arch. Eisenhüttenw. Bd. 11 (1937/38) S. 595.

[2] Vgl. Fußnote 2, S. 132.

[3] Matthaes, K.: Die Kerbschlagprobe und die dabei auftretenden Erscheinungen. Dr.-Ing.-Diss. Dresden 1927.

[4] Docherty, J. G.: Engineering Bd. 126 (1928) S. 597.

[5] Yamada, R.: Sci. Rep. Tôhoku Univ. Bd. 17 (1928) S. 1179.

[6] Kawai, T.: Sci. Rep. Tôhoku Univ. Bd. 19 (1930) Nr. 6, S. 727.

[7] Asano, T.: Mem. Ryojun Coll. Engng. Bd. 3 (1930) Nr. 2.

[8] Itihara, M.: Technol. Rep. Tôhoku Univ. Bd. 9 (1933) S. 16; Bd. 11 (1935) S. 489, 512, 528; Bd. 12 (1936) S. 105.

[9] Weibull, W.: Jernkont. Ann. 1936, S. 167.

[10] Fischer, E.: Verhalten von Werkstoffen gegen schnell verlaufende Verdrehungsbeanspruchung. Dr.-Ing.-Diss. Dresden 1936.

[11] Über die Vorrichtungen hierfür vgl. Bd. I, Abschn. III.

einen sehnigen Verformungsbruch aufweist. Kurve 3 zeigt den Verlauf beim Schlagversuch[1] bei 40°; der Bruch setzt hier schon gleich zu Beginn als Trennungsbruch ein, ihm folgen abwechselnd Verformungs- und Trennungsbrüche[2]. Bei weiterer Temperaturerniedrigung erfolgt schließlich der Trennungsbruch in einem einzigen Sprung über den ganzen Querschnitt. Die Verminderung der Arbeit bei auftretender Kaltsprödigkeit beruht also darauf, daß die bei zähem Bruch zum allmählichen Weiterreißen über den Querschnitt erforderliche Arbeit wegfällt und daß der Bruch oft schon früher beginnt.

Im Gegensatz hierzu beruht die Verminderung der Brucharbeit bei höheren Temperaturen (Warmsprödigkeit), die in Abb. 2 bei 550° (Schlagversuch) bzw. 250° (statischer Versuch) ihr Höchstmaß erreicht, bei Stahl[3] darauf, daß zwar das Verformungsvermögen an der Bruchstelle erschöpft wird, daß dieses Vermögen aber geringer ist, was z. B. beim Zugversuch in einer verminderten Dehnung und Einschnürung zum Ausdruck kommt. Das Last-Durchbiegungs-Schaubild hat also bei diesen Temperaturen das gleiche Aussehen wie Kurve 1

in Abb. 4, es ist aber in Richtung der Durchbiegungsachse zusammengedrängt.

h) Versuche bei höheren Temperaturen.

Wenn man von Metallen mit ganz niedrigem Schmelzpunkt (wie Blei) absieht, so tritt durch Verformung bei Raumtemperatur eine Verfestigung ein, d. h. mit wachsender Verfor-

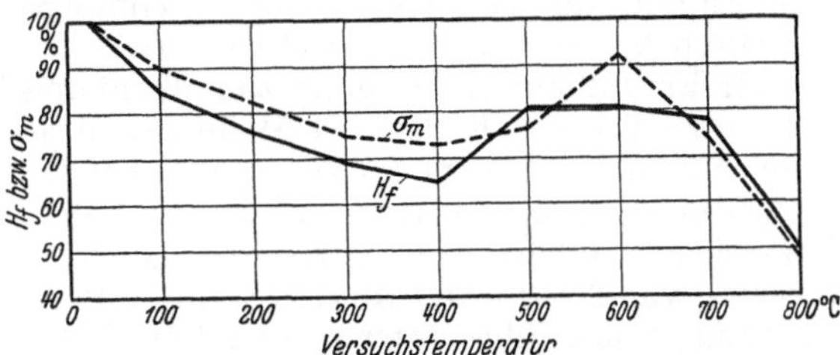

Abb. 5. Mittlere Zugspannung σ_m beim Schlagzerreißversuch und Fallhärte H_f eines weichen Stahles in Abhängigkeit von der Versuchstemperatur. (Nach F. Körber und B. Simonsen.) Werte bei 20° gleich 100 gesetzt.

mung steigt der Widerstand gegen weitere Verformung immer weiter an bis zum Bruch. Bei höheren Temperaturen wird die Verfestigung durch Ausglühwirkung (Rekristallisation) wieder aufgehoben. Da diese Wirkung Zeit braucht und um so rascher erfolgt, je höher die Versuchstemperatur ist, so tritt ein deutlicher Einfluß der Versuchsgeschwindigkeit zutage. Die Entfestigung wird beim Schlagversuch erst bei höheren Temperaturen ebenso wirksam wie beim statischen Versuch bei niedrigeren Temperaturen; der als Regel erfolgende Abfall von Verformungswiderstand und Festigkeit mit steigender Versuchstemperatur tritt also beim Schlagversuch erst bei höheren Temperaturen ein als beim statischen Versuch.

Im gleichen Sinne macht sich die Versuchsgeschwindigkeit bei den an Stahl zu beobachtenden Alterungserscheinungen geltend. Während z. B. Kohlenstoffstähle beim statischen Zugversuch einen Mindestwert der Zugfestigkeit bei 100 bis 150° und einen Höchstwert bei 250—350° aufweisen, zeigt beim Schlagzerreißversuch die aus Arbeit und Dehnung errechnete mittlere Zugspannung[4] (vgl. Abschn. 2, d) ihren Kleinstwert bei etwa 400°, ihren Größtwert bei etwa 600°. Die Fallhärte verläuft in Abhängigkeit von der Versuchstemperatur ganz ähnlich wie die mittlere Zugspannung beim Schlagversuch (vgl. Abb. 5); im

---

[1] Vgl. Fußnote 3, S. 134.

[2] Derartige in der Bruchfläche aufeinanderfolgende verschiedenartige Brüche werden auf wechselnde Verformungsgeschwindigkeit (Schwingungen, vorübergehende Entlastung infolge des plötzlichen Trennungsbruches) zurückgeführt und als Schwingungsstreifen bezeichnet.

[3] Messing zeigt zwischen 300 und 500° ebenfalls eine ausgeprägte Warmsprödigkeit (vgl. Abschn. 6, e); es ergibt jedoch in diesem Temperaturbereich Trennungsbrüche (nach Korngrenzen und Spaltflächen), während bei höheren und tieferen Temperaturen Verformungsbrüche eintreten (vgl. auch Fußnote 1, S. 129).

[4] Körber, F. u. J. B. Simonsen: Mitt. K.-Wilh.-Inst. Eisenforschg. Bd. 5 (1923) S. 21.

Gegensatz hierzu zeigt die mit ruhender Last ermittelte Brinellhärte die gleiche Lage des Größt- und Kleinstwertes wie die statische Zugfestigkeit. Die Kurven, welche die Abhängigkeit des Verformungswiderstandes oder der Verformungsfähigkeit von der Versuchstemperatur darstellen, verschieben sich also mit steigender Versuchsgeschwindigkeit nach höheren Temperaturen hin. Diese Gesetzmäßigkeit, die zuerst von A. Le Chatelier[1] angegeben wurde, findet sich bei allen Versuchsarten bestätigt; sie tritt z. B. auch bei der Brucharbeit beim Kerbbiegeversuch in Erscheinung (vgl. Abb. 2). Die Verschiebung wird besonders deutlich beim Übergang vom statischen zum dynamischen Versuch; Änderungen der Versuchsgeschwindigkeit in den bei den üblichen Prüfmaschinen möglichen Grenzen haben dagegen nur geringen Einfluß.

i) Wahl der Versuchsbedingungen.

Will man den Einfluß einer Versuchsbedingung oder einer Änderung des Werkstoffzustandes untersuchen, so muß man bei Stahl unterscheiden zwischen dem Einfluß auf die Neigung zum Trennungsbruch und dem Einfluß auf das Verhalten bei gleichbleibender Bruchart.

Der Einfluß auf die Neigung zum Trennungsbruch läßt sich nur nachweisen, wenn man sich durch passende Wahl der übrigen Versuchsbedingungen in dem Bereich befindet, in dem der zu untersuchende Einfluß den Übergang verschiebt (vgl. Abschn. 1, d). So würde in dem in Abb. 2 dargestellten Fall bei statischen Versuchen oberhalb von $+ 20°$ der gealterte Stahl die gleiche Brucharbeit ergeben wie der nichtgealterte Stahl, während bei $— 20°$ die Alterung zum Trennungsbruch führt unter starker Verminderung der Brucharbeit. Ebenso ist bei dem nichtgealterten Stahl der Einfluß der Versuchsgeschwindigkeit (statisch zu dynamisch) auf die Bruchart nur in dem engen Bereich zwischen etwa 0 und $— 40°$ festzustellen. Es geht hieraus hervor, daß es für den vorliegenden Zweck keine allgemein brauchbare Probenform usw. gibt, daß die Versuchsbedingungen von Fall zu Fall geändert werden müßten. Die Unterschiede in den Brucharbeiten, die sich durch Änderung einer Versuchsbedingung oder des Werkstoffzustandes ergeben, werden in den geeigneten Bereichen um so größer, je plötzlicher der Übergang von der Hoch- zur Tieflage erfolgt.

Für spröde Werkstoffe, oder wenn z. B. das Verhalten bei sehr niedrigen Temperaturen verglichen werden soll, werden deshalb zweckmäßig Proben ohne Kerb oder mit stark ausgerundetem Kerb verwendet; es können so noch Unterschiede festgestellt werden, die bei schärferen Versuchsbedingungen verschwinden. Grundsätzlich ist zur Erzielung eines Trennungsbruches weder stoßweise Beanspruchung noch ein Kerb nötig (vgl. auch Abschn. A 2, h); eine Verschärfung der Prüfbedingungen hat jedoch die Wirkung, den Übergang nach höheren Temperaturen zu verschieben, was die Versuchsdurchführung meist wesentlich erleichtert. Die Anwendung eines Kerbes hat ferner den Vorteil, daß geringere Schlagarbeiten nötig werden, und daß meist ein Bruch herbeigeführt werden kann, was bei einer nicht gekerbten Probe aus zähem Stahl gewöhnlich nicht möglich ist. Für die praktische Bewertung der Ergebnisse muß jedoch stets im Auge behalten werden, ob eine solche Verschärfung der Versuchsbedingungen nicht weit über das hinausgeht, was die Beanspruchung im Betrieb im betreffenden Fall erfordert.

Was die verschiedenen Beanspruchungsarten betrifft, so wurde schon erwähnt, daß Verdrehung den Trennungsbruch weniger begünstigt als Zug- oder Biegebeanspruchung, also zur Prüfung spröder Werkstoffe besser geeignet ist (vgl. Abschnitt A 4). Biegeversuche scheinen eine etwas schärfere Prüfung darzustellen als Zugversuche; ein sicherer Vergleich ist aber nicht möglich. Der Zugversuch

---

[1] Le Chatelier, A.: Baumat.-Kde. Bd. 7 (1902) S. 152. — Rev. Métall. Bd. 6 (1909) S. 914.

hat den Vorteil, daß ein Bruch stets herbeigeführt werden kann, während dies beim Biegeversuch nicht immer möglich ist.

Will man an Stahl irgendeinen Einfluß, z. B. den der Kerbform, für sich (nicht in seiner Wirkung auf die Herbeiführung des Trennungsbruches) untersuchen, so muß man die übrigen Versuchsbedingungen so wählen — oder den Versuchsbereich so weit einschränken —, daß durch die zu untersuchende Änderung von Kerbform o. a. keine Änderung der Bruchart eintritt. Wird der Einfluß der Versuchsgeschwindigkeit untersucht, so ist besonders zu beachten, ob zeitabhängige Vorgänge (Altern, Erweichen bei höheren Temperaturen) mit hereinspielen. Zu welchen Widersprüchen die Nichtbeachtung des Vorstehenden führen kann, wird im nächsten Abschnitt am Beispiel des häufig durchgeführten Vergleiches zwischen statischen und dynamischen Versuchen gezeigt (vgl. Abschn. A 6, d).

k) Vergleich zwischen statischem und dynamischem Versuch.

Abb. 2 zeigt, wie sich bei Stahl die Kurve der Brucharbeit in Abhängigkeit von der Temperatur beim Wechsel vom statischen zum dynamischen Versuch verschiebt. Durch die Überschneidung der Kurven ergibt sich, daß das Verhältnis zwischen dynamischer und statischer Brucharbeit je nach der Versuchstemperatur größer oder kleiner als 1 ausfallen kann. Von Bedeutung ist nun, daß sich bei Stahl der Übergangsbereich vom Verformungs- zum Trennungsbruch je nach den Versuchsbedingungen und dem Werkstoffzustand erheblich verschieben, und daß er sowohl unter- als auch oberhalb der Raumtemperatur liegen kann. Versuche über den Einfluß einer Versuchsbedingung (z. B. der Geschwindigkeit), die gewöhnlich bei Raumtemperatur ausgeführt worden sind, können also bei Stahl je nach den sonstigen Bedingungen eine Erhöhung oder Verminderung von Brucharbeit und Verformung ergeben. Derartige anscheinende Widersprüche liegen im Schrifttum vielfach vor.

l) Sprödigkeit.

Wie Abb. 4 zeigt, stellt die Brucharbeit das Integral des Produktes aus Verformungsweg und Verformungswiderstand über den Bruchvorgang dar. Trotz großer Verformung kann also der Arbeitsverbrauch gering sein, wenn der Verformungswiderstand klein ist. Ein derartiger Werkstoff kann aber nicht als spröde angesehen werden. Eine geringe Brucharbeit ist also an sich noch kein Zeichen für Sprödigkeit. Als spröde bezeichnet man vielmehr Stoffe, die mit geringer Verformung brechen; dabei braucht bei hohem Verformungswiderstand die Brucharbeit durchaus nicht immer sehr niedrig zu sein.

Von diesem Gesichtspunkt aus ist es nicht gerechtfertigt, wenn bei Schlagversuchen die Ermittlung der Bruchverformung gewöhnlich vernachlässigt und der Hauptwert auf die Angabe der Brucharbeit gelegt wird, um so mehr als letztere durch Arbeitsverluste um so stärker gefälscht wird, je kleiner die wirkliche Brucharbeit ist (vgl. Abschn. A 6, d). Gerade für sprödere Werkstoffe — oder bei verschärften Versuchsbedingungen[1] — würde die Bruchverformung, deren Ermittlung allerdings manchmal etwas schwierig ist, eine bessere Kennzeichnung und Bewertung ergeben als die Schlagarbeit.

2. Schlagzerreißversuche.

a) Anwendung.

Die ältesten Schlagzerreißversuche scheinen an Konstruktionsteilen ausgeführt worden zu sein, die in ihrer Verwendung ausgesprochen stoßweise Beanspruchung erfahren (Panzerbolzen, Ankerketten, Zughaken u. a.). Wegen der

---

[1] Vgl. Fußnote 1, S. 134.

hierzu erforderlichen starken Schlagwerke und sonstigen besonderen Einrichtungen werden derartige Versuche verhältnismäßig selten vorgenommen.

Versuche an besonderen Probestäben wurden meist ausgeführt, um die Neigung des Stahles zum Trennungsbruch zu untersuchen. Dabei wurde davon ausgegangen, daß die Art der Beanspruchung beim Zugversuch klarer und ihre Verteilung gleichmäßiger ist als beim Kerbschlagbiegeversuch. Trotzdem die sich beim Zerreißversuch ergebenden Werte der Dehnung und Einschnürung mehr Aufschluß über den Werkstoff versprechen als der (im übrigen nur selten bestimmte) Biegewinkel beim Kerbbiegeversuch, und obgleich beim Zugversuch am nichtgekerbten Stab das verformte Volumen ziemlich genau festliegt, hat der Schlagzerreißversuch den Kerbschlagbiegeversuch bisher nicht verdrängen können. Hierfür sind mehrere Gründe vorhanden.

Zunächst ist der Schlagzerreißversuch umständlicher durchzuführen als der Schlagbiegeversuch, mindestens bei Temperaturen, die von der Raumtemperatur abweichen; außerdem scheinen die Arbeitsverluste beim Zugversuch merklich höher zu sein als beim Biegeversuch. Wie in Abschn. A 2, g und h, gezeigt wird, läßt sich auch beim Schlagzerreißversuch der Übergang zum Trennungsbruch herbeiführen, so daß auch er zur Beurteilung des Werkstoffzustandes usw. (vgl. Abschn. A 1, e) dienen kann; es sind aber beim Zerreißversuch zu diesem Zweck anscheinend schärfere Prüfbedingungen nötig als beim Biegeversuch. Wird aber der Schlagzugversuch an gekerbten Proben ausgeführt, so gehen die oben angeführten Vorzüge gegenüber dem Kerbschlagbiegeversuch zum Teil verloren. Die Einschnürung als Maß des Verformungsvermögens ist schwierig genau zu ermitteln[1].

Das Fehlen genügend scharfer Versuchsbedingungen bei älteren Versuchen führte dazu, daß Stähle, die beim Kerbschlagbiegeversuch sehr verschiedene Bruchschlagarbeiten ergaben, durch den Schlagzerreißversuch keine andere Bewertung erfuhren als durch den statischen Zerreißversuch. So fand z. B. Charpy[2] bei Schlagzerreißversuchen nach Anordnung II in Abb. 6 mit 20 m/s Schlaggeschwindigkeit folgende Ergebnisse.

Die Zugversuche wurden an Proben mit 13,8 mm Dmr. und 100 mm Meßlänge ausgeführt; der Kerb war ein umlaufender Scharfkerb. Die Kerbbiegeproben waren 30 × 30 × 160 mm groß mit einem Rundkerb von 6 mm Dmr. und 15 mm Tiefe. In der Zahlentafel gibt α den Biegewinkel beim Bruch an. Nach diesen Ergebnissen ist selbst der statisch durchgeführte Kerbbiegeversuch dem Schlagzugversuch (auch an gekerbten Proben) hinsichtlich der Unterscheidungsfähigkeit überlegen. Derartige Ergebnisse boten natürlich keine Veranlassung, den Kerbbiegeversuch durch den Schlagzugversuch zu ersetzen.

Neuere Versuche[1, 3, 4] haben im übrigen ergeben, daß die Einflüsse des Werkstoffzustandes und der Versuchsbedingungen beim Schlagzerreißversuch durch-

Zahlentafel 1.

Stahl	Statischer Zugversuch (ungekerbt)					Schlagzugversuch				Kerbbiegeversuch			
	Streck-grenze	Zug-fest.	Dehng.	Einsch.	Bruch-arbeit	ungekerbt			gekerbt	dynamisch		statisch	
						Dehng.	Einsch.	Arbeit	Arbeit	Arbeit		Arbeit	
	kg/mm²		%	%	mkg	%	%	mkg	mkg	mkg	α	mkg	α
A	30	42	32	67	180	40	34	70 64 215 195	84	200	>120	145	>120
B	30	44	31,5	66	185	40	36	69 66 200 190	78	13	5	55	40

[1] Vgl. Fußnote 1, S. 134.

[2] Charpy, G.: Rev. Métall. Bd. 6 (1909) S. 1229.

[3] Flössner, H.: Über die Festigkeitseigenschaften gekerbter Stäbe. Dr.-Ing.-Diss. Dresden 1927.

[4] Davidenkov, N. u. F. Wittmann: Techn. Phys. USSR. Bd. 4 (1937) S. 308.

aus wesensgleich sind mit denen beim Schlagbiegeversuch und daß sie nur dem Grade nach anders zum Ausdruck kommen. Die Beziehungen zwischen Versuchsergebnissen und Bewährung der Werkstoffe im Betrieb sind infolgedessen für den Schlagzugversuch grundsätzlich die gleichen wie für den Schlagbiegeversuch, bei dessen Behandlung hierauf näher eingegangen wird.

b) Versuchsanordnungen.

Die verschiedenen Verfahren zur Ausführung von Schlagzerreißversuchen sind in Abb. 6 schematisch dargestellt. Bei Anordnung I (vgl. Bd. I, Abschn. III B 1 c) fällt der Bär B auf einen Teller T und überträgt seine Energie durch die Führungsstange F auf die Probe P[1—3]. Bei Anordnung II (vgl. Bd. I, Abschn. III B 1 c) ist der Bär B durch die Probe P mit einem Querstück Q verbunden; alle 3 Teile fallen zusammen herab, B geht zwischen den Widerlagern A durch, während Q von ihnen aufgehalten wird[4]. Die von MARTENS[5]

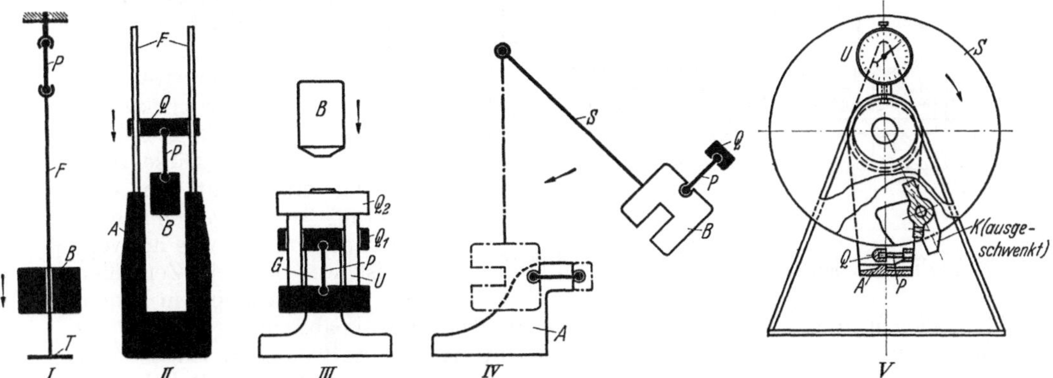

Abb. 6. Versuchsanordnungen für Schlagzerreißversuche (schematisch).

angegebene Vorrichtung III wird unter ein Fallwerk gesetzt; der Schlag des Bären wird durch den Rahmen U auf die Probe P übertragen. Wesensgleich mit der Anordnung II ist die heute fast ausschließlich benutzte Anordnung IV (vgl. Bd. I, Abschn. III B 2 c). Anordnung V (vgl. Bd. I, Abschn. III B 3 b) ist neuerdings von MANN[6] für Versuche mit sehr hohen Schlaggeschwindigkeiten ausgeführt worden; die Energie von zwei der Schwungscheiben S wird durch ausschwenkbare Knaggen K auf ein Querstück Q übertragen; die Probe P ist in dem pendelnd aufgehängten Rahmen A befestigt, sie trägt am anderen Ende das Querstück Q.

Um bei den Anordnungen I bis III die zum Bruch der Probe durch einen einzigen Schlag erforderliche Arbeit zu finden, kann man mehrere gleichartige Proben mit verschieden starken Schlägen prüfen[7]; dies erfordert aber eine größere Zahl von Proben, auch nimmt bei der gesuchten Schlagstärke die Schlaggeschwindigkeit bis auf Null ab. Meist wurde deshalb der Schlag reichlich stark bemessen und die nach dem Bruch noch vorhandene überschüssige Arbeit

---

[1] CONSIDÈRE: Contribut. à l'étude de la fragilité, S. 1. Paris 1904.
[2] WELTER, G.: Z. Metallkde. Bd. 16 (1924) S. 213.
[3] REGNAULD, P.: Rev. Métall. Bd. 25 (1928) S. 262.
[4] BLOUNT, B., W. G. KIRKALDY u. H. R. SANKEY: Engineering Bd. 89 (1910) S. 725.
[5] MARTENS, A.: Mitt. kgl. Techn. Vers.-Anst. Berlin Bd. 9 (1891) S. 1. — Z. VDI Bd. 35 (1891) S. 1286, 1347.
[6] Vgl. Fußnote 1, S. 133.
[7] MAILÄNDER, R.: Krupp. Mh. Bd. 4 (1923) S. 39.

ermittelt, indem der Bär (zusammen mit den am abgerissenen Probenende hängenden Teilen) auf Federn oder Stauchkörpern aufgefangen wurde. Aus der Zusammendrückung von Feder oder Stauchkörper oder aus der Rücksprunghöhe des Bären von der Feder ergab sich die überschüssige Arbeit mit Hilfe von Eichkurven[1]. Ein weiteres, insbesondere bei Anordnung *II* verwendetes Verfahren besteht darin, den Weg des Fallbären in Abhängigkeit von der Zeit auf einer umlaufenden Trommel aufzuschreiben (vgl. Bd. I, Abschn. III B 5 c); aus der Bärgeschwindigkeit sofort nach dem Bruch ergibt sich die überschüssige Arbeit[2—4]. Bei Anordnung *V* soll sich die verbrauchte Arbeit aus der von *U* angezeigten Auslenkung des Ambosses *A* ergeben[5].

Am einfachsten wird die verbrauchte Arbeit bei bei der Anordnung IV gemessen (vgl. Abschn. A 2, d). Diese Anordnung wird deshalb heute fast ausschließlich benutzt. Die Probe kann dabei nach Abb. 6, IV einfach mit Gewinde in der Rückseite des Hammers befestigt werden. Besser ist die Anordnung

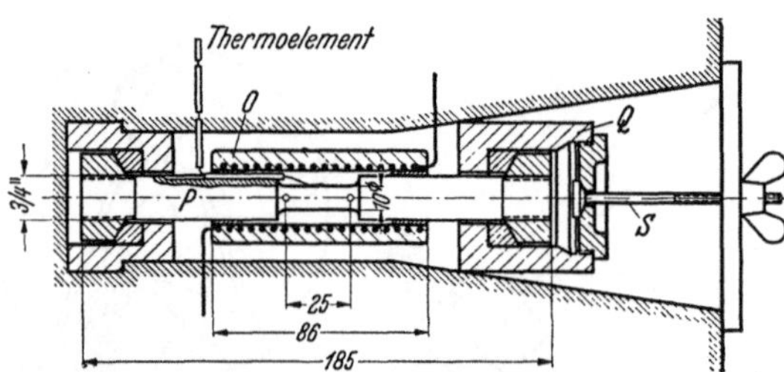

Abb. 7. Einspannung (und Heizvorrichtung) für Schlagzerreißversuche im Pendelhammer. (Nach F. Körber und B. Simonsen.)

nach Abb. 7, wobei der Hammer — entgegen der Anordnung beim Schlagbiegeversuch — mit dem (entsprechend ausgearbeiteten) Schlitz nach rückwärts (entgegen der Schlagrichtung) eingebaut wird[6]. Diese Ausführung ermöglicht die Verwendung von Kugelschalen in der Einspannung, was notwendig ist, weil sich beim Zerreißen der eine Stabkopf in einem Kreisbogen vom anderen Kopf wegbewegt. Da die so beabsichtigte Einstellung der Stabachse in die sich ändernde Richtung des auftretenden Zuges aber fraglich bleibt, so empfiehlt sich eine kurze Stablänge. Die Kugelschalen ermöglichen es auch, das Querstück *Q* so einzustellen, daß es auf beide Widerlager *A* genau gleichzeitig und senkrecht auftrifft, was sehr wesentlich ist. Um *Q* in der richtigen Stellung zu halten und das Spiel in den Einspannungen zu beseitigen, erhält der Probestab durch geeignete Mittel eine schwache Vorspannung; beim Einbau nach Abb. 7 geschieht dies durch die Schraube *S*. Abb. 7 zeigt gleichzeitig die Anbringung eines Ofens *O* um die Probe *P* für Versuche bei höheren Temperaturen. Für Versuche bei tiefen Temperaturen wird ein Stück Rohr über die Probe gesteckt und einerseits auf der Probe befestigt; das andere Rohrende wird gegen das Querstück *Q* so abgedichtet, daß beim Bruch der Probe hier eine Trennung ohne Widerstand möglich ist[7]. Die Kühlflüssigkeit wird am einen Rohrende zugeleitet, am anderen Ende abgeführt; die Verbindungen werden kurz vor dem Schlag gelöst.

c) Probenform.

Die Proben für Schlagzerreißversuche sind im allgemeinen zylindrisch mit Gewindeköpfen oder Schultern für die Einspannung; sie können mit ringsum laufendem Kerb versehen werden. Da die zum Bruch erforderliche Arbeit vom

---

[1] Vgl. Fußnote 1, S. 131.   [2] Vgl. Fußnote 1, S. 132.
[3] Hatt, W. K. u. W. P. Turner: Engng. News Bd. 45 (1901) I, S. 3.
[4] Fuchs, O.: Z. VDI Bd. 64 (1920) S. 273.   [5] Vgl. Fußnote 1, S. 133.
[6] Körber, F. u. R. H. Sack: Mitt. K.-Wilh.-Inst. Eisenforschg. Bd. 4 (1922) S. 11. Die Arbeit enthält auch eine Übersicht über älteres Schrifttum.
[7] Yamada, R.: Sci. Rep. Tôhoku Univ. Bd. 15 (1926) S. 631.

verformten Volumen abhängt und auch bei nichtgekerbten Proben die auf das Volumen bezogene Arbeit sich — wie die Dehnung — mit dem Verhältnis zwischen Durchmesser und Prüflänge des Stabes ändert, so ist für einwandfreie Vergleichsversuche die Einhaltung gleicher Probenabmessungen erforderlich. Das zur Verformung kommende Volum muß möglichst sicher abgegrenzt sein: konische Übergänge zum Stabkopf sind deshalb nicht brauchbar. Der Querschnitt der Einspannenden muß im Verhältnis zum Querschnitt der Prüflänge genügend groß sein, damit sich die Einspannenden nicht mit verformen (Entsprechendes gilt sinngemäß für gekerbte Proben).

Um während des Zerreißens keine zu große Geschwindigkeitsabnahme zu erhalten, soll die Leistung des Schlagwerkes wesentlich größer sein als die zum Bruch erforderliche Arbeit. Aus diesem und anderen weiter unten folgenden Gründen werden die Proben kurz gehalten; es empfiehlt sich jedoch nicht, bei ungekerbten Proben das Verhältnis Prüflänge zu Durchmesser kleiner als 3 bis 5 zu machen. Eine Probenform für Versuche bei hohen und tiefen Temperaturen zeigt Abb. 7.

d) Auswertung des Versuches.

Bei allen beschriebenen Anordnungen sind zur Übertragung des Schlages auf die Probe Zwischenstücke nötig, die sowohl durch Massenwirkung als auch durch ihre Verformung erhebliche Arbeitsverluste bedingen[1-3]. Dazu kommen Arbeitsverluste durch Reibung und Luftwiderstand.

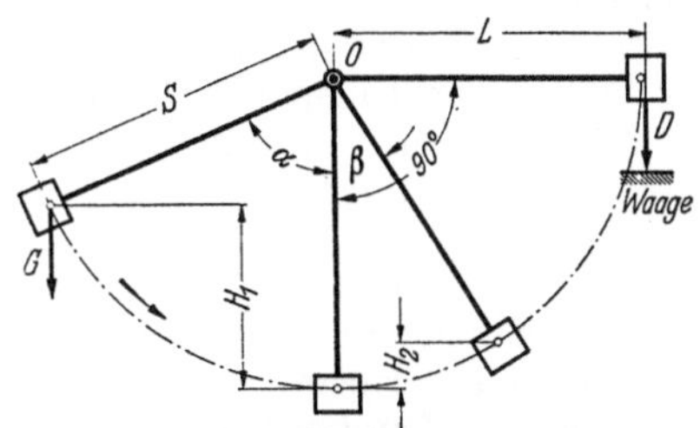

Abb. 8. Schema zur Ermittlung der verbrauchten Arbeit beim Pendelhammer.

Liegen bei der Anordnung nach Abb. 7 die Teile in den Einspannungen nicht satt, mit etwas Vorspannung, an oder trifft das Querstück Q nicht gleichzeitig gegen beide Widerlager A, so entstehen weitere Verluste, die vermieden werden müssen. Der Schlag soll eigentlich in dem Augenblick beginnen, in dem das Pendel durch seine tiefste Lage durchschwingt; aber selbst wenn der Schlag etwas später einsetzt, ist der dadurch bedingte Fehler gegenüber den sonstigen Arbeitsverlusten zu vernachlässigen. Wichtiger ist, daß Probenlänge usw. derart abgepaßt sind, daß beim Schlagbeginn die Probenachse mit der Richtung des auftretenden Zuges zusammenfällt, daß keine schiefe Einspannung vorliegt und vor allem kein schiefer Aufschlag erfolgt.

Die beim Schlag auf dem Pendelhammer verbrauchte Arbeit ergibt sich aus dem an einer Skala abzulesenden Fallwinkel α und Steigwinkel β (s. Abb. 8). Ist G (in kg) das Gewicht der pendelnden Masse, S (in m) der Abstand ihres Schwerpunktes von der Drehachse O, H_1 die Fallhöhe des Schwerpunktes, H_2 seine Steighöhe nach dem Schlag, so ist die verbrauchte Arbeit (in mkg)

$$A = A_1 - A_2 = G \cdot H_1 - G \cdot H_2 = G \cdot S \, (\cos\beta - \cos\alpha) = M \, (\cos\beta - \cos\alpha).$$

Der Wert M wird ermittelt, indem man das Pendel um 90° aus seiner Ruhelage herausdreht (Abb. 8, rechts), es in einem Abstand L von der Drehachse durch eine Schneide abstützt und den auf diese Schneide ausgeübten Druck D z. B. durch eine Waage mißt. Es ist dann $D \cdot L = G \cdot S = M$. Die Reibung in den Kugellagern der Achse O kann dabei vernachlässigt werden, wenn man das Pendel möglichst nahe unter dem (geschätzten) Schwerpunkt abstützt; man vermeidet so außerdem stärkere Durchbiegung des meist schwachen Gestänges.

---

[1] Vgl. Fußnote 7, S. 139.
[2] WELIKHOW, P.: Int. Verb. Mat.-Prüf. Techn. 1909 III, S. 8.
[3] DAVIDENKOV, N.: Int. Verb. Mat.-Prüf. Techn. 1912 IV, S. 7.

Von der nach obiger Gleichung ermittelten Arbeit A, die zu jedem Winkel β aus einer Zahlentafel entnommen werden kann (für einen im allgemeinen stets gleichen Fallwinkel α), sind noch die beim freien Fall des Pendels auftretenden Arbeitsverluste (durch Luftwiderstand, Reibung in den Achslagern und am Schleppzeiger) abzuziehen. Diese Verluste werden für verschiedene Ausschläge des Pendels ermittelt, indem man das Pendel frei schwingen läßt und die Abnahme des Ausschlages beobachtet. Aus den Ergebnissen läßt sich der Verlust für beliebige Winkel $(\alpha + \beta)$ bestimmen; er kann in der erwähnten Zahlentafel gleich abgezogen werden.

Bei Bestimmung der verbrauchten Arbeit beim Schlagzerreißversuch ist in obiger Gleichung zu berücksichtigen, daß das Gewicht des Pendels beim Fall um das Gewicht des Querstückes Q und der Hälfte der Einspannteile größer ist als beim Wiederanstieg. Falls das Gewicht des Querstückes gegenüber dem des Pendels gering ist (was für die üblichen Ausführungen zutrifft), wird die verbrauchte Arbeit aber ausreichend genau ermittelt, wenn man in die obige Gleichung das Gewicht des Pendels einschließlich der Hälfte der Einspannteile einsetzt. Fall- und Steigwinkel sind hierbei von der Ruhelage des Pendels mit der Hälfte der Einspannung (ohne Querstück Q) aus zu rechnen.

Ermittelt wird die zum Bruch der Probe verbrauchte Arbeit sowie die Formänderung (Dehnung, Einschnürung) des Stabes. Stets sollte auch das Bruchaussehen angegeben werden. Die Brucharbeit wird auf das verformte Volumen des Stabes bezogen, wobei das auf die (klein zu haltenden) Übergänge zu den Einspannenden entfallende Volumen gewöhnlich vernachlässigt wird. Um ein Maß für den Verformungswiderstand zu erhalten, kann man eine mittlere Zugspannung als Quotient aus der bezogenen Schlagarbeit a und der Dehnung ε errechnen[1]. Die beim Schlagversuch auftretende Höchstspannung läßt sich nicht errechnen, da über den Völligkeitsgrad des Spannungs-Dehnungs-Schaubildes beim Schlagversuch keine Angaben vorliegen.

e) Ähnlichkeitsgesetz.

Da bei örtlich einschnürenden Proben die Verformung innerhalb der Prüflänge ungleichmäßig ist, so ist die auf das verformte Volumen V bezogene Schlagarbeit $a = A : V$ von der Probenform abhängig und läßt sich — wie die Dehnung — nicht (oder nur auf Grund von Erfahrungswerten) von einer Probenform auf eine andere umrechnen. Mit wachsendem Verhältnis zwischen Prüflänge l und Stabdurchmesser d nehmen die Dehnung ε und die bezogene Schlagarbeit a ab, während die Einschnürung innerhalb gewisser Grenzen schwach zunimmt. Auch für die mittlere Zugspannung $\sigma_m = a : \varepsilon$ wurde eine Abnahme mit wachsendem Verhältnis $l : d$ beobachtet[1]. Dagegen fand Mann[2], daß innerhalb eines bestimmten Bereiches die Schlagarbeit etwa proportional mit l oder d zunehme, unabhängig vom Verhältnis $l : d$.

Für gleiches Verhältnis $l : d$ ergaben Versuche von Körber und Sack[1] an Proben mit 5 und 10 mm Dmr. gleiche Werte für Dehnung, Einschnürung, bezogene Arbeit und mittlere Zugspannung. Die Gültigkeit des Ähnlichkeitsgesetzes unterliegt jedoch verschiedenen Einschränkungen; so gilt es nicht für sehr kleine Werte von $l : d$ (gekerbte Proben), für die auch die Größe des verformten Volumens nicht mehr anzugeben ist; bei großen Werten von $l : d$ können die im nächsten Abschnitt beschriebenen Erscheinungen zu Abweichungen führen. Tritt eine Änderung der Bruchart ein, so verliert das Ähnlichkeitsgesetz völlig seine Gültigkeit.

---

[1] Vgl. Fußnote 6, S. 140.
[2] Mann, H. C.: Proc. Amer. Soc. Test. Mater. Bd. 37 (1937) II, S. 102.

f) Ungleichmäßige Dehnung.

Eine eigenartige Erscheinung, die von verschiedenen Forschern[1, 2, 3, 4] beim Schlagzerreißversuch beobachtet wurde, besteht darin, daß bcim Überschreiten einer bestimmten Schlaggeschwindigkeit oder bei größerem Verhältnis $l:d$ die Prüflänge des zerrissenen Stabes Teile enthält, die nicht oder kaum gedehnt haben, während eine oder mehrere örtliche Einschnürungen auftreten. Dehnung, Gesamtarbeit und auch bezogene Arbeit nehmen dann plötzlich ab. Nach A. LE CHATELIER[5] soll diese Erscheinung nur bei geglühtem, nicht bei vergütetem Stahl auftreten; er bezeichnet sie als „fragilité élémentaire". Man kann jedoch nicht vom Auftreten einer Sprödigkeit sprechen, da die Einschnürung an der Bruchstelle den gleichen Wert erreichte wie beim statischen Zugversuch. CHARPY[6] führte die Erscheinung auf Schwingungen in der Probe zurück, so daß sie von der Versuchsvorrichtung abhängig wäre. Eine andere Erklärung stützt sich darauf, daß beim Schlag die Fließgrenze näher an die Zugfestigkeit heranrückt (vgl. Abschn. A 2, i) und deshalb das (infolge geringer Inhomogenitäten) örtlich beginnende Fließen infolge der damit verbundenen Querschnittsverminderung zum Bruch führt, ehe die übrigen Teile der Prüflänge Zeit gehabt haben, zu fließen[5].

g) Einfluß der Versuchstemperatur.

An Hand der Abb. 2 wurde in Abschn. 1, d und h, derEinfluß der Versuchstemperatur

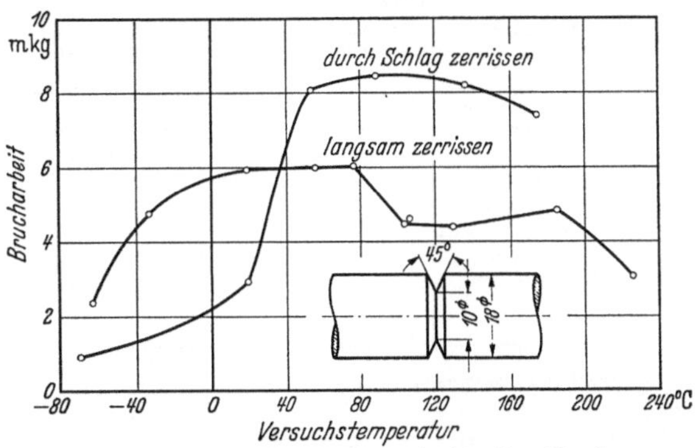

Abb. 9. Abhängigkeit der Brucharbeit gekerbter Zerreißproben von der Versuchstemperatur für einen Stahl mit 0,17 % C. (Nach W. SCHWINNING.)

auf das Verhalten von Stahl beim Kerbbiegeversuch gezeigt. Ganz gleichartig verhält sich der Stahl auch beim Zugversuch[7, 8, 9]. Aus Abb. 9 ist zu ersehen, daß auch hier bei tiefen Temperaturen eine Kaltsprödigkeit (Übergang zum Trennungsbruch), bei höheren Temperaturen ein Warmsprödigkeitsbereich erscheint, und daß diese Sprödigkeitsbereiche auch wieder beim Schlagversuch nach höheren Temperaturen verschoben sind gegenüber dem statischen Versuch[10, 11].

Ebenso ist auch beim Zugversuch die Temperatur des Beginns der Kaltsprödigkeit von der Behandlung des Stahles abhängig. Abb. 10 zeigt als Beispiel das Ergebnis von Schlagzerreiß- und Schlagbiegeversuchen an einem Stahl mit 0,24% C[12]. Der Übergang vom Verformungs- zum Trennungsbruch liegt bei beiden Versuchsarten für den (durch Glühen bei 1100° erzielten) grobkörnigen Zustand bei höheren Temperaturen als für den feinkörnigen Zustand. Der Einfluß des Werkstoffzustandes auf die Neigung zum Trennungsbruch kann also mit dem Zugversuch ebenso nachgewiesen werden wie mit dem Biegeversuch; der Übergang zum Trennungsbruch liegt aber für den nichtgekerbten Zugstab bei wesentlich tieferer Temperatur als für die gekerbte Biegeprobe.

[1] Vgl. Fußnote 1, S. 139.   [2] Vgl. Fußnote 7, S. 139.   [3] Vgl. Fußnote 6, S. 140.
[4] HATT, W. K.: Proc. Amer. Soc. Test. Mater. Bd. 4 (1904) S. 282.
[5] LE CHATELIER, A.: Contribut. à l'étude de la fragilité des fers et aciers. Paris 1904.
[6] Vgl. Fußnote 7, S. 131.   [7] Vgl. Fußnote 2, S. 138.   [8] Vgl. Fußnote 3, S. 138.
[9] COURNOT, J., K. SASAGAWA u. R. DE OLIVEIRA: Rev. Métall. Bd. 24 (1927) S. 210; Bd. 25 (1928) S. 210.
[10] Vgl. Fußnote 4, S. 135.   [11] Vgl. Fußnote 7, S. 140.   [12] Vgl. Fußnote 4, S. 138.

h) Einfluß der Versuchsgeschwindigkeit.

Über den Einfluß der Versuchsgeschwindigkeit bei Stahl gibt eine neuere Untersuchung[1], deren Ergebnisse zum Teil in Abb. 11 dargestellt sind, guten Aufschluß. Die Versuche wurden auf einem Pendelhammer durchgeführt; die Probenform ist in Abb. 11 angegeben. Die Kurven zeigen, daß mit abnehmender Temperatur die Brucharbeit ansteigt, solange kein Übergang zum Trennungsbruch stattfindet. Da Dehnung und Einschnürung nach Angabe sich kaum geändert haben, ist der Anstieg auf eine Zunahme des Verformungswiderstandes zurückzuführen.

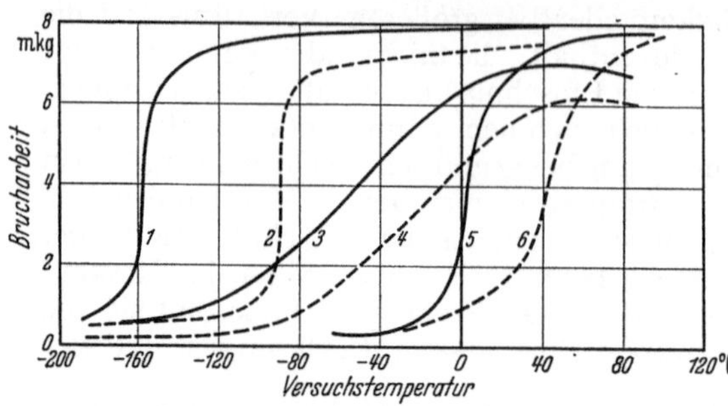

Abb. 10. Abhängigkeit der Brucharbeit eines Stahles mit 0,24% C in fein- und grobkörnigem Zustand von der Versuchstemperatur. (Nach N. Davidenkov und F. Wittmann.)

Kurve	Versuchsart	Probenform	Korn
1	Schlag-Zug-	ungekerbt, 6 mm ⌀,	fein
2	versuch	12 mm lang	grob
3	Statischer	10 · 9 · 70 mm, Rechteckkerb 1 mm tief, 3 mm breit	fein
4	Biege-Versuch		grob
5	Schlag-Biege-		fein
6	Versuch		grob

Der Übergang zum Trennungsbruch, gekennzeichnet durch den Abfall der Brucharbeit, setzt nun bei um so höherer Temperatur ein, je größer die Schlaggeschwindigkeit ist. Die Darstellung zeigt ferner, daß der Übergang bei der gekerbten Probe ($l = 0,8$ mm) früher beginnt als bei der Probe mit 25,4 mm Prüflänge[2]. Die Geschwindigkeit, welche den Übergang zum Trennungsbruch herbeiführt, ist jedoch kein Absolutwert; sie ist um so höher, je höher die Versuchstemperatur ist.

Wie aus Abb. 10 hervorging, kann die Wirkung eines Kerbes durch Erniedrigung der Versuchstemperatur ersetzt und so auch an ungekerbten Zugproben ein Trennungsbruch erzielt werden[3]. Das gleiche gilt für jede andere Verschärfung der Versuchsbedingungen (vgl. Abschn. A 1, d). Die im Schrifttum vielfach zu findende Ansicht, daß zum Nachweis der Neigung zum Trennungsbruch ein Kerb oder hohe Geschwindigkeit notwendig sei[4], muß nach den vorliegenden Erfahrungen dahin richtiggestellt werden, daß Kerb und hohe Geschwindigkeit

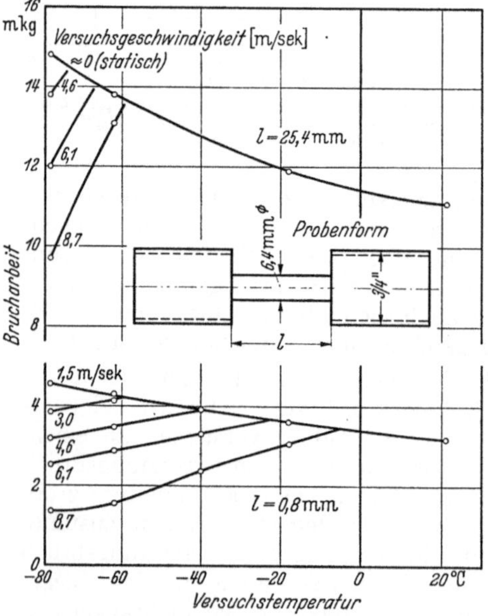

Abb. 11. Zerreißversuche mit verschiedenen Geschwindigkeiten an weichem Stahl. Abhängigkeit der Brucharbeit von der Versuchstemperatur. (Nach H. C. Mann.)

---

[1] Vgl. Fußnote 2, S. 142.

[2] Hierbei ist aber zu beachten, daß bei gleicher Schlaggeschwindigkeit die Verformungsgeschwindigkeit in der gekerbten Probe wesentlich höher ist als in der nichtgekerbten Probe.

[3] Goerens, P. u. R. Mailänder: Forsch.-Arb. VDI Heft 295 (1927) S. 18.

[4] Vgl. Fußnote 3, S. 139.

nur den Abfall nach höheren Temperaturen hinrücken, so daß er im günstigen Falle auch bei Raumtemperatur erfaßt werden kann; keiner der beiden Faktoren ist aber unbedingt nötig, und es gibt weder eine besondere Kerbsprödigkeit noch eine besondere Schlagsprödigkeit. So ist auch die Ansicht[1], daß sich ein anlaßspröder Stahl von dem anlaßzähen durch eine besonders niedrige kritische Geschwindigkeit unterscheide, nicht richtig, denn der Unterschied zwischen den beiden Zuständen tritt unter geeigneten Versuchsbedingungen auch beim statischen Versuch hervor (vgl. Abschn. A 6, a und B 2, e).

Bemerkenswert an den Ergebnissen in Abb. 11 ist, daß im Bereich des Verformungsbruches die Brucharbeit unabhängig von der Versuchsgeschwindigkeit ist. Dieses Ergebnis wird jedoch nicht auf alle Metalle übertragbar sein.

i) Vergleich zwischen statischem und dynamischem Zerreißversuch.

Versuche bei Raumtemperatur an Stahl ergaben bei Schlagversuchen mit den üblichen Geschwindigkeiten im allgemeinen ebenso große, teilweise sogar merklich höhere Dehnung und Einschnürung als beim statischen Versuch[2, 3, 4, 5—7, 8, 9, 10, 11]. Wurde der Bruch durch mehrere Schläge herbeigeführt, so fiel die Dehnung häufig größer aus als beim Bruch durch einen einzigen Schlag[5—7, 8, 9, 10, 12].

Die Brucharbeit wurde an ungekerbten Proben beim Schlagversuch fast immer höher gefunden als beim statischen Versuch, wobei das Verhältnis zwischen dynamischer und statischer Arbeit mit steigender Härte des Stahles zunahm[4, 13]. Auch für gekerbte Proben ergab sich die Brucharbeit beim Schlagversuch höher als beim statischen Versuch, obgleich Dehnung und Einschnürung beim Schlagversuch kleiner ausfielen[13]. Die höhere Brucharbeit beim Schlagversuch ist also zweifellos zum großen Teil auf Arbeitsverluste zurückzuführen, die sich bei kleiner Nutzarbeit (gekerbte Proben) stärker bemerkbar machen. Zum Teil kann die größere Arbeit beim Schlagversuch auch durch höhere Verformung bedingt sein. Außerdem ist der Verformungswiderstand, insbesondere die Fließgrenze und das Verhältnis von Fließgrenze zu Zugfestigkeit beim Schlagversuch höher als beim statischen Versuch[2, 13, 14, 15, 16]. Versuche an Proben mit konischen Übergängen zum Stabkopf, an denen die Ausdehnung des Fließbereiches beobachtet wurde, ergaben z. B. für Kohlenstoffstähle Streckgrenzenverhältnisse von 0,79 bis 0,57 beim Schlagversuch gegen 0,67 bis 0,42 beim statischen Versuch[17]. Die Zunahme des Streckgrenzenverhältnisses zeigte einen Kleinstwert von 10% für Stahl mit 0,4% C und stieg für härtere und weichere Stähle bis auf 40%. Es ist auch versucht worden, den Unterschied zwischen dynamischer und statischer Brucharbeit damit zu erklären, daß sich die Probe beim Schlagversuch stärker erwärmt[18]; diese Erklärung dürfte aber nicht ausreichen[11].

3. Schlagstauchversuche.
a) Anwendung.

Stauchversuche werden hauptsächlich ausgeführt, um ein Vergleichsmaß für den Verformungswiderstand zu erhalten, der bei der Formgebung durch

---

[1] Vgl. Fußnote 2, S. 142.   [2] Vgl. Fußnote 1, S. 132.   [3] Vgl. Fußnote 2, S. 138.
[4] Vgl. Fußnote 3, S. 138.   [5] Vgl. Fußnote 4, S. 139.   [6] Vgl. Fußnote 5, S. 139.
[7] Vgl. Fußnote 7, S. 139.   [8] Vgl. Fußnote 2, S. 141.   [9] Vgl. Fußnote 4, S. 143.
[10] Gessner, A.: Stahl u. Eisen Bd. 40 (1920) S. 781.
[11] Honda, K.: Sci. Rep. Tôhoku Univ. Bd. 16 (1927) S. 265.
[12] Vgl. Fußnote 4, S. 140.   [13] Vgl. Fußnote 6, S. 140.   [14] Vgl. Fußnote 1, S. 139.
[15] Meyer, E.: Forsch-Arb. VDI Heft 295 (1927) S. 62.
[16] Ginns, D. W.: Month. I Inst. Met., Paper 773 Bd. 4 (1937) S. 263.
[17] Davidenkov, N.u.K. Jurjew: 1. Mitt. Neu.Int. Verb. Mat.-Prüf. 1930, Zürich. A, S. 231.
[18] Vgl. Fußnote 1, S. 133.

Schmieden, Pressen oder Walzen zu erwarten ist[1] [4]. Für die praktische Verwertung spielt natürlich nicht nur die Höhe des Verformungswiderstandes eine Rolle, sondern es ist auch zu beachten, wie weit sich bei den verschiedenen Temperaturen der Werkstoff ohne Rißbildung verformen läßt.

Wenn die Stauchversuche auch — wie andere Schlagversuche — infolge der nicht erfaßbaren Arbeitsverluste nur Vergleichswerte liefern, so sind diese nach Martens[5] bei geeigneter Prüfvorrichtung mit ziemlich geringer Streuung verbunden, so daß der Stauchversuch als durchaus brauchbares Prüfverfahren angesehen wird. So werden Stauchversuche häufig zum Vergleich, zur Eichung von Schlagwerken oder zur Bestimmung der Schlagwirkung irgendwelcher stoßweise (und auch nicht stoßweiße) arbeitenden Maschinen ausgeführt[6, 7]; Vorraussetzung hierfür ist ein gleichmäßiger Werkstoff für die Proben.

b) Prüfvorrichtungen.

Stauchversuche werden üblicherweise in Fallwerken (vgl. Bd. I, Abschn. III B 1) ausgeführt. Das Bärgewicht kann meist durch Auswechseln in einigen Stufen geändert werden. Die Auflagefläche des Ambosses und die Schlagfläche des Bären sollen gehärtet und eben geschliffen sein und senkrecht zur Fallrichtung stehen.

Als Schlagarbeit wird gewöhnlich der Wert $G \cdot H$ eingesetzt, worin G das Gewicht des Bären, H die Fallhöhe bezeichnet. Für genauere Versuche kann die Reibung des Bären an seinen Führungen berücksichtigt werden, indem man mit Hilfe einer zwischen den Bär und seine Aufhängevorrichtung eingeschalteten Federwaage durch Heben und Senken das wirksame Bärgewicht ermittelt[5]. Schließlich kann man noch die Rückprallhöhe des Bären bestimmen und die ihr entsprechende Arbeit in Abzug bringen. Zur Messung der Rücksprunghöhe verwendet man einen Zeiger, der an senkrechter Führung mit schwacher Reibung verschiebbar ist, und der vom Bär beim Fall zur Seite gedrängt, beim Rücksprung aber nach oben mitgenommen wird.

c) Probenform.

Als Normprobe wird ein Zylinder verwendet, dessen Höhe h gleich seinem Durchmesser d ist. Vereinzelt werden auch würfelförmige Proben geprüft (Steine, Gußeisen). In beiden Fällen sollen die Endflächen der Proben eben sein, parallel zueinander und senkrecht zur Probenachse (Schlagrichtung) liegen. Wird das Verhältnis $h : d$ größer als 2, so knicken die Proben leicht aus, wodurch eine einwandfreie Messung ihrer Verformung unmöglich wird.

d) Ausführung.

Nach der Ermittlung ihrer Abmessungen ist die Probe genau zentrisch (in der Achsrichtung des Bären, die mit der Fallrichtung übereinstimmen soll) auf den Amboß zu setzen, da sonst der Bär in seinen Führungen eckt, wodurch nicht nur unkontrollierbare Arbeitsverluste, sondern auch schiefes Stauchen der Probe eintreten würden. Zur Kontrolle der Fallhöhenmessung wird der

---

[1] Robin, F.: Iron Steel Inst., Carnegie Schol. Mem. Bd. 2 (1910) S. 70.

[2] Hennecke, H.: Ber. Werkst.-Aussch. Ver. dtsch. Eisenhüttenleute Nr. 94 (1927). — Dr.-Ing.-Diss. Aachen 1926: Warmstauchversuche mit perlitischen, martensitischen und austenitischen Stählen.

[3] Ellis, O. W.: Iron Steel Inst., Carnegie Schol. Mem. Bd. 13 (1924) S. 47; Bd. 15 (1926) S. 195. — Trans. Amer. Soc. Met. Bd. 24 (1936) S. 943.

[4] Hanser, Kl.: Z. Metallkde. Bd. 18 (1926) S. 247.

[5] Vgl. Fußnote 5, S. 139.   [6] Vgl. Fußnote 1, S. 131.

[7] Frémont, Ch.: Rev. Métall. Bd. 1 (1904) S. 317.

Bär so weit gesenkt, daß er die Oberseite der Probe eben berührt; der am Bär angebrachte Zeiger muß dann mit dem Nullpunkt des verstellbaren Höhenmaßstabes übereinstimmen. Der Weg des Bären während der Stauchung kann bei nicht zu kleinen Fallhöhen im allgemeinen vernachlässigt werden. Die Auslösung des Bären soll stoßfrei und ohne Senkung des Bären erfolgen. Nach dem Schlag springt der Bär zurück und würde die Probe noch ein- oder mehrmals treffen. Dies ist um so weniger erwünscht, als auch die Probe nach dem Schlag vom Amboß hochspringt, so daß der Prellschlag sie seitlich treffen könnte. Um dies zu verhüten, wird entweder der Bär nach dem ersten Aufschlag abgefangen oder man wirft die Probe vom Amboß herunter zur Seite. Das Abfangen geschieht durch Unterschieben eines Stückes, das etwas höher ist als die Probe. Das Zurseiteschieben der Probe erfolgt mit Hilfe einer an der Probe befestigten Schnur oder durch einen von einer Feder betätigten Abstreifer, der durch den aufschlagenden Bär ausgelöst wird. Nach dem Schlag wird die Höhe der Probe gemessen, manchmal werden auch die Querabmessungen der Probe ermittelt. Bei der Ausführung des Versuches ist Vorsicht geboten, da die Probe oder — falls sie bricht — ihre Bruchstücke weggeschleudert werden können.

Für Versuche bei hohen Temperaturen wird die Probe in einem neben dem Fallwerk stehenden Ofen erhitzt. Dann wird der Ofen hochgezogen, die Probe mit einer vorgewärmten Zange rasch auf den Amboß gebracht und geschlagen[1]. Der zwischen dem Herausnehmen der Probe aus dem Ofen und dem Schlag erfolgende Temperaturabfall in der Probe kann durch einen Blindversuch ermittelt und berücksichtigt werden. Wird die Probe in einem Salzbad erwärmt, so ist besondere Vorsicht geboten, da durch abspritzendes Salz beim Schlag schwerheilende Brandwunden entstehen können.

Bessere Einhaltung der Versuchstemperatur ist möglich, indem man die Probe P in ein Gefäß A nach Abb. 12 zwischen die Druckstücke B und C bringt,

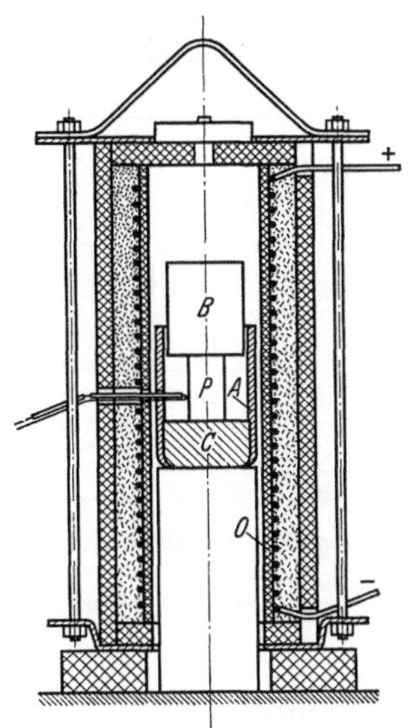

Abb. 12. Vorrichtung zum Erhitzen von Proben für Warmstauchversuche. (Nach H. HENNECKE.)

das Ganze in dem Ofen O erhitzt und unter das Fallwerk setzt[2]. Bei sehr hohen Temperaturen besteht allerdings die Gefahr, daß sich auch B und C verformen, doch haben sich z. B. Stellit und ähnliche Werkstoffe für die Druckstücke bis zu ziemlich hohen Temperaturen gut bewährt[1].

e) Einfluß von Probenform und Endflächenreibung.

Verformung der Probe und Brucherscheinungen sind ähnlich wie beim statischen Versuch[3,4]. Die Probe nimmt die bekannte Tonnenform an[5], deren Entstehung auf die Reibung an den Druckflächen zurückzuführen ist, und die bei höheren Temperaturen durch Wärmeableitung noch stärker ausgeprägt auftritt. Die Endflächenreibung hängt von der Rauhigkeit der Flächen von

---

[1] Vgl. Fußnote 2, S. 146.

[2] DOERINCKEL, F. u. J. TROCKELS: Z. Metallkde. Bd. 12 (1920) S. 340; Bd. 13 (1921) S. 305.

[3] Vgl. Fußnote 5, S. 139.   [4] Vgl. Fußnote 1, S. 146.

[5] Im Gegensatz zum statischen Versuch ist beim Schlagversuch die Querschnittszunahme am oberen, geschlagenen Ende der Probe oft größer als am unteren Ende, und zwar um so mehr, je höher die Schlaggeschwindigkeit und je leichter der Bär ist.

Probe, Amboß und Bär ab; eine Salzhaut vom Erhitzen der Probe im Salzbad vermindert die Reibung. Der Einfluß der Reibung und damit die für eine bestimmte Stauchung (in v. H.) erforderliche bezogene Schlagarbeit wachsen mit steigendem Verhältnis $d:h$. Das Ähnlichkeitsgesetz gilt mit guter Annäherung, d. h. die für gleiche prozentuale Stauchung erforderliche bezogene Schlagarbeit ist für Proben mit gleichem Verhältnis $d:h$ praktisch gleich.

f) Ein- und Mehrschlagversuche.

Der in Abschn. 1, b erwähnte Einfluß der Schlagzahl ist in Abb. 13 schematisch dargestellt; die zusammengehörigen Versuchspunkte (für ganze Schlagzahlen) sind durch stetige Kurven miteinander verbunden[1]. Je leichter die Schläge sind, desto größer wird die für elastische Verformung aufgewendete Arbeit im Verhältnis zur nutzbaren Arbeit, desto größer wird die für eine bestimmte Stauchung erforderliche Schlagzahl und Gesamtarbeit. Infolge der Verfestigung des Werkstoffes wird die elastische Verformungsarbeit immer größer, die Nutzarbeit bei gleichbleibender Schlagstärke immer kleiner, so daß bei schwachen Schlägen die Stauchung schließlich zum Stillstand kommen kann (Schlagstärke a_e für 15° Versuchstemperatur in Abb. 13). Daß bei diesem Verhalten die Verfestigung des Werkstoffes ausschlaggebend ist, geht daraus hervor, daß oberhalb der Rekristallisationstemperatur (vgl. die Kurve für 800° in

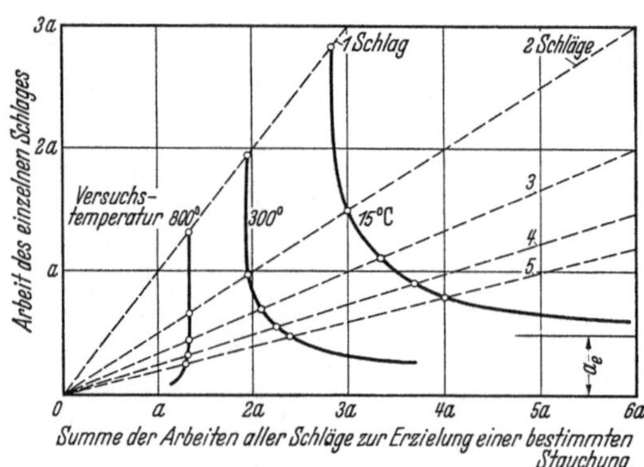

Abb. 13. Einfluß der Schlagzahl beim Stauchversuch an Kohlenstoffstahl. (Nach F. Robin.)

Abb. 13) die zu einer bestimmten Stauchung erforderliche Gesamtschlagarbeit bei mehreren Schlägen kleiner werden kann als beim Stauchen durch einen einzigen Schlag, weil in der Zeit zwischen den einzelnen Schlägen die vorausgegangene Verfestigung wieder rückgängig gemacht wird. Gleiches Verhalten wie der Stahl in Abb. 13 bei 800° zeigt Blei bei Raumtemperatur. Außer durch die bei höherer Temperatur eintretende Entfestigung können auch durch andere Vorgänge (wie z. B. Altern) grundsätzliche Unterschiede zwischen Ein- und Mehrschlagversuchen verursacht werden.

Die zur Erzielung einer bestimmten Stauchung erforderliche Schlagarbeit hat hiernach um so weniger Bedeutung, je größer die Anzahl der hierzu nötigen Schläge ist. Brauchbare Vergleichswerte ergeben sich nur aus Versuchen mit einem einzigen Schlag auf jede Probe. Versuche mit mehreren Schlägen auf die gleiche Probe sind als Tastversuche zur Eingrenzung der gesuchten Schlagstärke brauchbar, besonders wenn dabei die Rücksprungarbeit des Bären berücksichtigt wird. Es gibt aber auch Fälle, in denen der Mehrschlagversuch den Zwecken der Praxis besser angepaßt ist als der Einschlagversuch.

g) Auswertung.

Die zum Stauchen oder zum Bruch verbrauchte Arbeit wird auf das Volumen der Probe bezogen, besonders wenn Körper von verschiedener Größe miteinander zu vergleichen sind. Die auftretenden Arbeitsverluste bleiben meist unberück-

---

[1] Vgl. Fußnote 1, S. 146.

sichtigt; für genauere Versuche können sie wenigstens teilweise abgerechnet werden, indem man das wirksame Bärgewicht einsetzt und die Rücksprungarbeit ermittelt (vgl. hierzu Abschn. A 3, b).

Als Maß der Formänderung wird die Stauchung, d. h. die bleibende Höhenabnahme der Probe in v. H. der Anfangshöhe angegeben.

Als Maß des Verformungswiderstandes ist von MARTENS[1] der *Stauchfaktor* vorgeschlagen worden; damit bezeichnete MARTENS die auf das Volumen der Probe bezogene Schlagarbeit (mkg/cm^3), durch welche ein Normalkörper mit einem Schlag um 20% seiner Höhe gestaucht oder zu Bruch gebracht wird. Für spröde Körper wird nach KICK die bezogene Schlagarbeit, die mit einem Schlage den Bruch herbeiführt, als *Bruchfaktor* bezeichnet.

Zur Bestimmung des Stauchfaktors muß mit Hilfe mehrerer Proben die Abhängigkeit zwischen Schlagstärke und Stauchung ermittelt werden; aus ihr ist auch zu ersehen, ob sich der Werkstoff beim Stauchen mehr oder weniger stark verfestigt.

Einfacher und mit weniger Probenmaterial sind Vergleichsversuche durchzuführen, wenn man nicht die zu einer bestimmten Stauchung erforderliche Schlagarbeit, sondern die durch eine bestimmte Schlagarbeit erzeugte Stauchung als Vergleichsmaß ermittelt[2]. Allerdings ist es manchmal schwierig, eine für verschiedene Werkstoffe oder verschiedene Temperaturen gleich geeignete Schlagstärke zu finden.

Besser wird der Verformungswiderstand in folgender Weise ermittelt. Wird ein Zylinder mit dem Volumen V von der Höhe h_1 durch 1 Schlag auf die Höhe h_2 weiter gestaucht, so ist hierzu eine Arbeit $A = K \cdot V \cdot ln\ h_1/h_2$ erforderlich[3]. Hierin stellt K den auf die Flächeneinheit bezogenen Widerstand (kg/mm^2) dar, den der Werkstoff dieser Weiterverformung im Mittel entgegensetzt. Dieser Verformungswiderstand ist außer von der Temperatur auch von der Probenform und von der Verformungsgeschwindigkeit abhängig[4, 5]. Maßgebend ist dabei aber nicht die Geschwindigkeit v, mit der sich die Endflächen der Probe einander nähern; nach SIEBEL[3] wird als Verformungsgeschwindigkeit w besser das in der Zeiteinheit verdrängte Volumen, bezogen auf das Gesamtvolumen V, zum Vergleich herangezogen. Für den statischen Druckversuch gibt $w = \dfrac{ln\ h_1/h_2}{t_{1,\,2}}$ die mittlere Verformungsgeschwindigkeit in der Zeit $t_{1,\,2}$, die zum Stauchen von der Höhe h_1 auf h_2 gebraucht wurde. Da beim Schlagversuch diese Zeit nur schwierig zu messen ist, kann man ein Vergleichsmaß für w erhalten, indem man $t_{1,\,2} = \dfrac{(h_1 - h_2) \cdot 2}{v_0}$ einsetzt, worin v_0 die Geschwindigkeit des Bären zu Beginn des Schlages bezeichnet[6].

h) Versuchsergebnisse.

In Abb. 14 sind für zwei Kohlenstoffstähle die für eine Stauchung um 20% erforderlichen bezogenen Schlagarbeiten in Abhängigkeit von der Temperatur aufgetragen[7]. Die Kurven verlaufen ähnlich wie die Kurven für Fallhärte und mittlere Zugspannung in Abb. 5, doch liegen ihre Größt- und Kleinstwerte bei etwas tieferen Temperaturen.

---

[1] Vgl. Fußnote 5, S. 139.   [2] Vgl. Fußnote 4, S. 146.

[3] SIEBEL, E.: Walzwerks-Aussch. Ver. dtsch. Eisenhüttenleute Ber. 28 (1923).

[4] MARTENS, A.: Mitt. Techn. Vers.-Anst. Berlin Bd. 14 (1896) S. 133.

[5] RIEDEL, F.: Forsch.-Arb. VDI, Heft 141 (1913). — Z. VDI Bd. 57 (1913) S. 845; Bd. 64 (1920) S. 1096; Bd. 66 (1922) S. 569.

[6] Dabei wird eine gleichmäßige Verzögerung der Bärgeschwindigkeit von v_0 auf Null am Ende des Schlages vorausgesetzt.

[7] Vgl. Fußnote 1, S. 146.

Die für 20% Stauchung bei Raumtemperatur erforderliche Arbeit wurde von Seehase[1] beim Schlagversuch für Kupfer um 10%, für Stahl um 20% höher gefunden als beim statischen Versuch; für Messing war die Schlagarbeit etwa 3% kleiner als die Arbeit beim statischen Versuch. Martens[2] fand für 30% Stauchung von weichem Stahl bei Raumtemperatur das Verhältnis von dynamischer zu statischer Staucharbeit zu 3,9 bis 4,7; diese hohen Werte erklären sich aber daraus, daß die Stauchung durch eine größere Zahl von Schlägen erfolgte (vgl. Abschn. A 1 b).

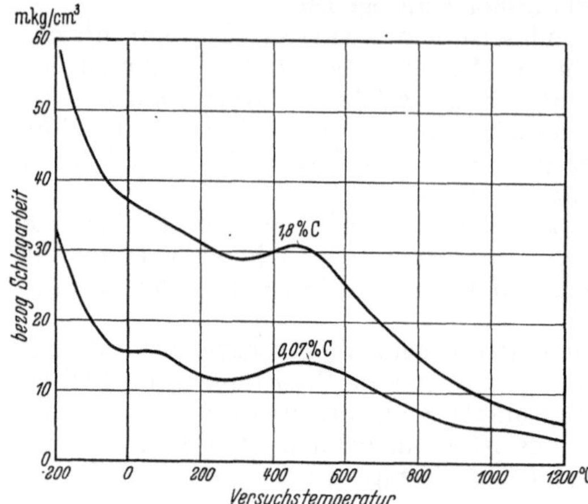

Abb. 14. Abhängigkeit der für 20% Stauchung erforderlichen Schlagarbeit von der Versuchstemperatur für zwei Kohlenstoffstähle. (Nach F. Robin.)

4. Schlagverdrehungsversuche.

a) Anwendung.

In vielen Fällen wird von Werkstücken eine hohe Härte und dabei noch ein gewisses Maß an Zähigkeit (Widerstandsfähigkeit gegen Stoß) verlangt. Ein Beispiel hierfür sind Werkzeuge; insbesondere bei Gesteinsbohrern liegt eine stoßweise Beanspruchung vor. Die Erfahrung lehrt, daß sich solche Stücke aus hart vergütetem Stahl selbst bei etwa gleicher Härte im Betrieb sehr verschieden gut verhalten können. Da diese Unterschiede weder durch Zug- noch durch Biege- oder Schlagbiegeversuche nachgewiesen werden konnten[3, 4], wurden statische Verdrehungsversuche[5] und in neuester Zeit auch Schlagverdrehungsversuche[6] durchgeführt.

Nach den Ausführungen in Abschn. A 1 i ist zu erwarten, daß sich Zähigkeitsunterschiede zwischen spröden Werkstoffen bei Verdrehungsbeanspruchung eher nachweisen lassen als bei Zug- oder Biegebeanspruchung, da das Verhältnis zwischen den auftretenden größten Schub- und Zugspannungen bei Verdrehung höher ist. Bleibende Verformung vor Eintritt des Bruches ist also bei Verdrehung eher möglich als bei Zug- oder Biegung.

b) Prüfvorrichtungen.

Die von Luerssen und Greene[6] zuerst gebaute Prüfvorrichtung für Schlagverdrehungsversuche ist in Abb. 15 schematisch dargestellt

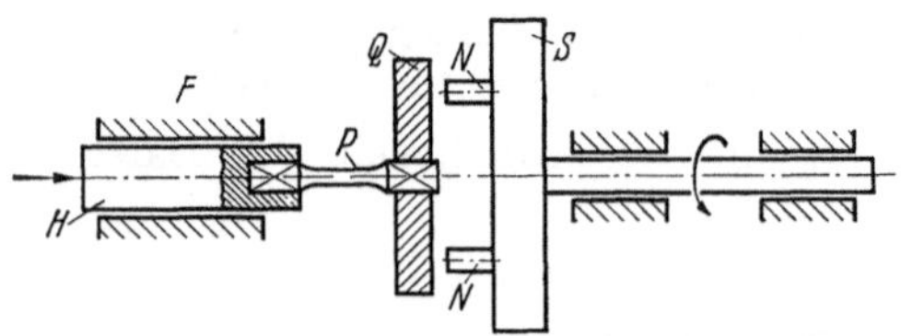

Abb. 15. Vorrichtung für Schlagverdrehungsversuche. Schematisch. (Nach G. V. Luerssen und O. V. Greene.)

(vgl. Bd. I, Abschn. III B 6 a). Die Probe P wird mit einem Ende in dem Halter H befestigt, der sich in der Führung F in der Längsrichtung verschieben, aber nicht drehen läßt. Auf dem anderen Ende der Probe wird ein Querstück Q befestigt. Diesem Querstück Q gegenüber ist eine Schwungscheibe S angeordnet, deren Achse

---

[1] Seehase, H.: Forsch.-Arb. VDI Heft 182 (1915).   [2] Vgl. Fußnote 5, S. 139.
[3] D'Arcambal, A. H.: Trans. Amer. Soc. Steel. Treat. Bd. 2 (1922) S. 586.
[4] Barry, R. K.: Trans. Amer. Soc. Steel. Treat. Bd. 10 (1926) S. 257; Bd. 12 (1927) S. 630.
[5] Emmons, J. V.: Trans. Amer. Soc. Steel. Treat. Bd. 19 (1931/32) S. 289. — Proc. Amer. Soc. Test. Mater. Bd. 31 (1931) II, S. 47.
[6] Luerssen, G. V. u. O. V. Greene: Proc. Amer. Soc. Test. Mater. Bd. 33 (1933) II S. 315. — Proc. Amer. Soc. Met. Bd. 23 (1935) S. 861.

mit der Achsrichtung des Halters und der Probe zusammenfällt. Auf ihrer Vorderseite trägt die Schwungscheibe zwei vorspringende Nocken N, die um 180° gegeneinander versetzt sind. Der Halter H ist zunächst so weit nach links geschoben, daß das Querstück Q außerhalb des Bereiches der Nocken N ist. Hat die Schwungscheibe die gewünschte Umdrehungszahl (Arbeitsinhalt) erreicht, so wird der Antrieb ausgeschaltet, der Halter H rasch bis zu einem Anschlag so weit nach rechts geschoben, daß die Nocken das Querstück Q erfassen und die Probe bis zum Bruch verdrehen. Nach dem Bruch ist sofort die noch vorhandene Geschwindigkeit von S abzulesen. Da harte Proben bei dem Versuch in viele Stücke zersplittern, wird die Probe mit einer Schutzhaube umgeben.

Die zum Bruch der Probe verbrauchte Arbeit ergibt sich zu

$$A = \frac{1}{2} \cdot \frac{W}{g} \cdot \varrho^2 \cdot (w_0^2 - w_1^2),$$

worin $\frac{W}{g} \cdot \varrho^2$ das Trägheitsmoment der Schwungmasse, w_0 und w_1 die Winkelgeschwindigkeiten der Schwungmasse unmittelbar vor und nach dem Schlag bezeichnen. Das Trägheitsmoment der Schwungmasse wird durch Rechnung oder Versuch (Aufhängen an einem Draht in Achsrichtung und Bestimmen der Dauer von Drehschwingungen um die Achse) ermittelt.

Eine ähnlich wirkende Vorrichtung, die auch die Aufzeichnung des Drehmomentes in Abhängigkeit vom Verdrehungswinkel ermöglicht, ist von ITIHARA[1] gebaut worden (vgl. Bd. I, Abschn. III B 6 b). Dabei ist zwischen Probe und fester Einspannung ein Federstab eingeschaltet, dessen Verdrehung (ebenso wie die Verdrehung der Probe) zeitlich optisch aufgezeichnet wird und ein Maß für das Verdrehungsmoment im Probestab gibt.

FISCHER[2] ordnete zum gleichen Zweck auf dem nicht angetriebenen und drehbar gelagerten Ende der Probe einen Hebel an, der mit Vorspannung gegen einen Quarzdruckmesser anliegt, dessen Anzeige mit einem Oszillographen aufgenommen wird. Der Verdrehungswinkel wird mit Hilfe eines Potentiometers gemessen, das mit dem angetriebenen Probenende verbunden ist.

c) Probenform.

Die von LUERSSEN und GREENE verwendete Probe ist in Abb. 16 dargestellt. Ihre

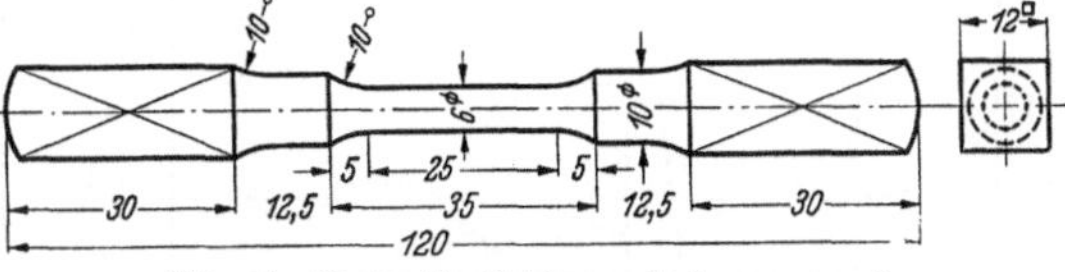

Abb. 16. Probe für Schlagverdrehungsversuche. (Nach G. V. LUERSSEN und O. V. GREENE.)

Enden sind vierkantig oder mit Flächen zum Festspannen versehen. Kerbwirkungen (scharfe Übergänge, Bearbeitungsriefen) sind bei hartem Werkstoff zu vermeiden. Die Probe soll möglichst groß sein (um genügende Arbeit aufzunehmen), aber solche Abmessungen haben, daß beim Härten keine wesentliche Verziehung eintritt und daß auch Proben aus Kohlenstoffstahl noch völlig durchhärten.

d) Auswertung.

Bei der Auswertung sind verschiedene Fehlerquellen zu berücksichtigen. Trotz ihrer Verdickung nehmen die Stabenden eine gewisse Arbeit (mindestens elastisch) auf, die bei spröden Werkstoffen im Verhältnis zur Brucharbeit erheblich sein kann. Versuche an Proben mit verschiedenen Prüflängen ergaben Werte[3] gemäß Zahlentafel 2.

---

[1] Vgl. Fußnote 8, S. 134.   [2] Vgl. Fußnote 10, S. 134.   [3] Vgl. Fußnote 6, S. 150.

Die Schlagarbeit wächst hier linear mit der Prüflänge, sie behält aber auch bei Extrapolation auf die Prüflänge Null noch einen erheblichen Wert, der vermutlich zum größten Teil andere Arbeitsverluste enthält als die erwähnte elastische Verformungsarbeit der Einspannenden. Um vergleichbare Versuchswerte zu erhalten, müssen deshalb die Maße der Proben stets gleich gehalten werden.

Die zur Beschleunigung des Querstückes Q (Abb. 15) auf die Winkelgeschwindigkeit w_1 erforderliche Arbeit läßt sich errechnen und berücksichtigen. Nach dem Bruch kann das Querstück aber noch gegen die Nocken der Schwungscheibe anprallen, so daß weitere Verluste eintreten. Die von Luerssen und Greene beobachtete schwache Zunahme der Schlagarbeit mit steigender Anfangsgeschwindigkeit der Schwungscheibe ist möglicherweise auf die Beschleunigungsarbeit des Querstückes zurückzuführen.

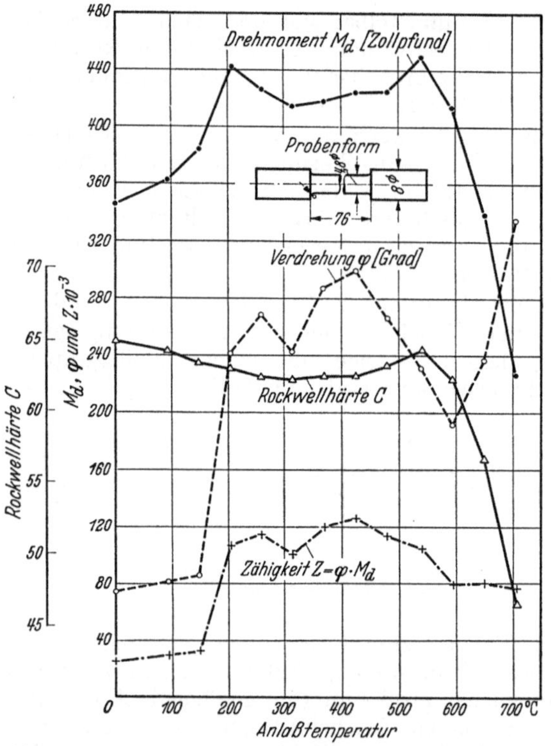

Da nach dem Abschalten des Antriebes die Geschwindigkeit der umlaufenden Teile durch Lagerreibung abnimmt, muß die Winkelgeschwindigkeit w_1 sofort nach dem Bruch der Probe beobachtet werden, andernfalls wird sie zu niedrig gefunden. Die Lagerreibung soll deshalb möglichst gering sein.

Zahlentafel 2.

Prüflänge mm	Bruchschlagarbeit (cmkg)	
	Stahl A	Stahl B
25,4	9,2—10,4	171—179
50,8	12,7—15	287
76,2	17,3—18,5	408

e) Versuchsergebnisse.

Abb. 17 zeigt das Ergebnis statischer Verdrehungsversuche von Emmons[1] an einem gehärteten und verschieden hoch angelassenen Werkzeugstahl. Als Vergleichsmaß der Zähigkeit ermittelte Emmons das Produkt aus Verdrehungsmoment und Verdrehungswinkel beim Bruch der Probe. Dieses Maß ändert sich bis zu 600° Anlaßtemperatur gleichartig mit dem Verdrehungswinkel, beide erreichen ihren Höchstwert bei einer Anlaßtemperatur von 425°. Oberhalb von 600° ist dagegen die Abnahme des Verformungswiderstandes ausschlaggebend. Die Art des Bruches scheint Emmons nicht eingehend genug untersucht zu haben; er berichtet darüber nur, daß der Bruch regellos teils durch Zugspannungen, teils durch Abscheren eingetreten sei. Nach den weiter unten folgenden Ergebnissen von Luerssen und Greene ist zu vermuten, daß der Übergang zwischen diesen beiden Brucharten mit dem Anstieg des Verdrehungswinkels zwischen 150 und 200° Anlaßtemperatur zusammenfällt.

Abb. 17. Statische Verdrehungsversuche an einem Stahl mit 0,7% C, 3,7% Cr, 1% Va, 18% W, von 1260° in Öl abgeschreckt und verschieden hoch angelassen. (Nach J. V. Emmons.)

[1] Vgl. Fußnote 5, S. 150.

Abb. 18 zeigt Versuchsergebnisse von Luerssen und Greene[1] für einen Kohlenstoffstahl. Die Härte fällt mit steigender Anlaßtemperatur stetig, erst langsam dann rascher, ab. Die mit dem Kerbschlagbiegeversuch an Izodproben ermittelte Brucharbeit nimmt allmählich zu, bleibt aber durchweg niedrig. Der Schlagbiegeversuch an ungekerbten Proben zeigt zwischen 200 und 250° Anlaßtemperatur ein stärkeres Ansteigen der Brucharbeit, das mit dem Übergang vom körnigen zum sehnigen Bruch zusammenhängt. Ganz eigenartig, mit einem ausgeprägten Höchstwert bei 180°, verläuft die Kurve der Schlagarbeit beim Schlagverdrehungsversuch. Der Anstieg zwischen etwa 100 und 170° Anlaßtemperatur hängt mit dem Übergang vom Trennungs- zum Verformungsbruch zusammen[2]. Die niedrig angelassenen Proben brechen (splitternd)

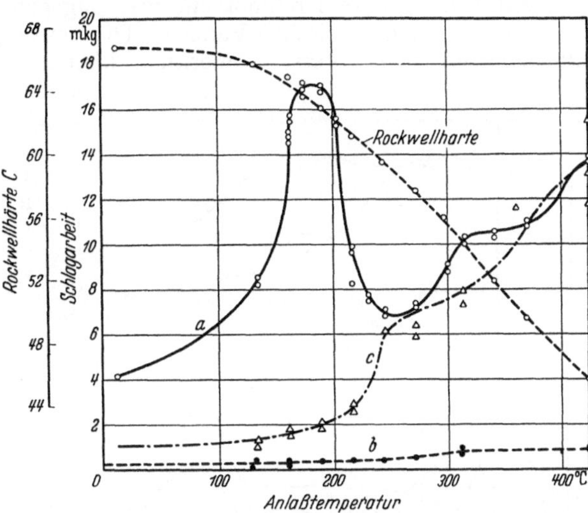

Abb. 18. Ergebnis von Schlagbiege- und Schlagverdrehungsversuchen an einem gehärteten und verschieden hoch angelassenen Kohlenstoffstahl. (Nach G. V. Luerssen und O. V. Greene.) *a* Schlagverdrehungsversuch, *b* Kerbschlagbiegeversuch (Izod-Probe), *c* Schlagbiegeversuch (Probe ohne Kerb).

unter 45° zur Stabachse, d. h. senkrecht zur Richtung der größten Zugspannung; die höher angelassenen Proben zeigen zähen Abscherungsbruch senkrecht zur Stabachse. Oberhalb von 250° nimmt die Schlagarbeit sowohl beim Verdrehungsversuch als auch beim Biegeversuch an ungekerbten Proben zu, infolge der Zunahme des Verformungsvermögens. Wodurch der Abfall der Schlagverdrehungsarbeit zwischen 190 und 240° Anlaßtemperatur bedingt wird, ist noch nicht klargestellt (Änderung des Gefüges oder der Eigenspannungen); nach den Beobachtungen ist die Verdrehung in diesem Bereich gleichförmig über die Prüflänge, während sie bei höheren Anlaßtemperaturen mehr örtlich erfolgt. Möglicherweise liegt hier eine ähnliche Erscheinung vor, wie sie beim Schlagzerreißversuch beobachtet wurde (vgl. Abschn. A 2, f). Nach diesen Ergebnissen würde also der Schlagverdrehungsversuch auf Unter

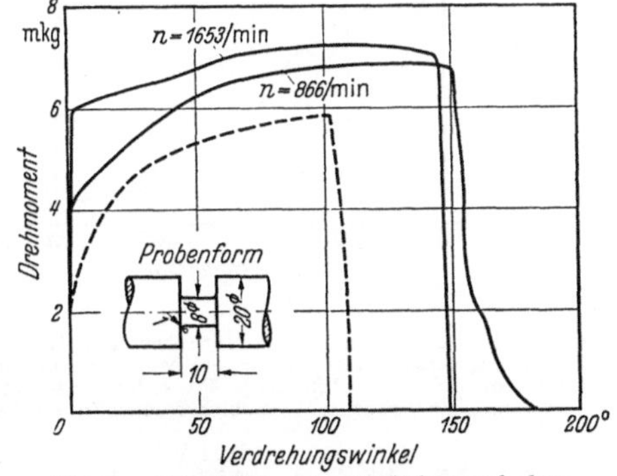

Abb. 19. Schaubilder von statischen und dynamischen Verdrehungsversuchen bei Raumtemperatur an einem Stahl. (Nach M. Itihara.) ———— Schlagversuche (*n* Umdrehungszahl der Schwungscheibe), – – – – – statischer Versuch.

schiede im Werkstoff ansprechen, die beim Schlagbiegeversuch und beim statischen Verdrehungsversuch (der von Luerssen und Greene leider nicht mit durchgeführt wurde) nicht oder nicht so deutlich zum Ausdruck kommen.

Itihara[3] fand bei Verdrehung die Brucharbeit beim Schlagversuch stets höher als beim statischen Versuch. Abb. 19 zeigt als Beispiel Ergebnisse für

---

[1] Vgl. Fußnote 6, S. 150.   [2] Vgl. N. Davidenkov: Metal Progr. Bd. 30 (1936) S. 55.
[3] Vgl. Fußnote 8, S. 134.

einen Stahl bei Raumtemperatur und die verwendete Probenform. Die Erhöhung der Fließgrenze beim Schlagversuch gegenüber dem statischen Versuch,
die mit wachsender Schlaggeschwindigkeit zunahm, zeigte sich besonders stark
bei Stahl. Das größte Drehmoment war dagegen beim Schlagversuch häufig
nicht höher als beim statischen Versuch. Die Verformung ist in dem dargestellten
Fall beim statischen Versuch merklich kleiner als beim Schlagversuch; bei

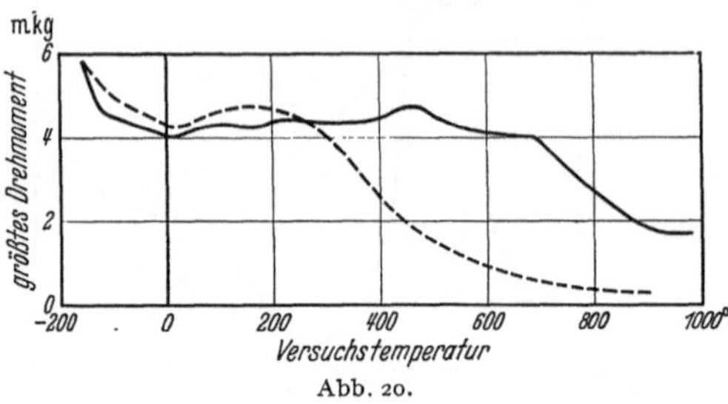

Abb. 20.

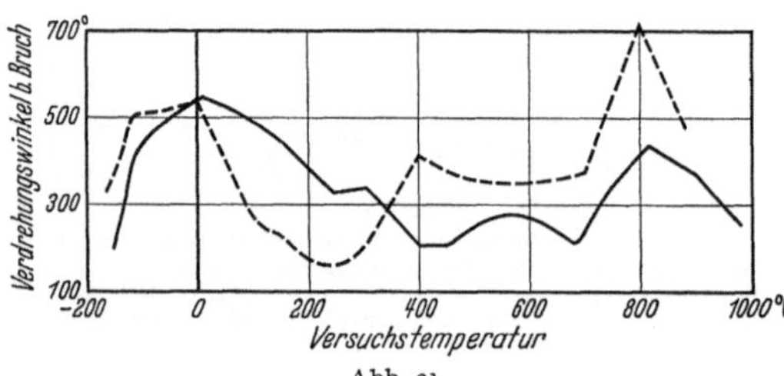

Abb. 21.

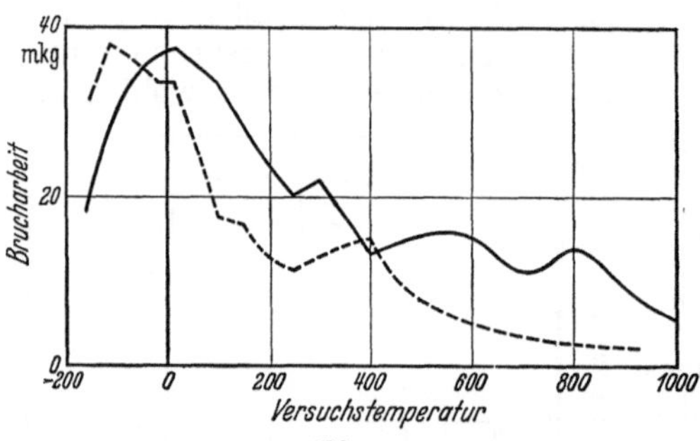

Abb. 22.

Abb. 20 bis 22. Ergebnisse von statischen und dynamischen
Verdrehungsversuchen an Armcoeisen bei verschiedenen Temperaturen. (Nach M. Itihara.) Probenform wie Abb. 19.
– – – statische Versuche, —— Schlagversuche ($n = 1700$/min).

anderen Temperaturen oder anderen
Werkstoffen kann sich das Verhältnis aber auch umdrehen. Ähnliche
Ergebnisse fand auch Fischer[1].

In Abb. 20 bis 22 sind die von
Itihara für Armcoeisen erhaltenen
Werte des größten Drehmomentes,
des Verdrehungswinkels beim Bruch
und der Brucharbeit in Abhängigkeit von der Versuchstemperatur
aufgetragen. Die Kurven zeigen Unregelmäßigkeiten; die bei anderen
Versuchsarten beobachteten Erscheinungen der Kalt- und Warmsprödigkeit sind aber auch hier zu
erkennen. Unterhalb von 0° erfolgt
der Übergang zum Trennungsbruch;
Verformung und Brucharbeit nehmen stark ab, während der Verformungswiderstand zunimmt. Wie bei
anderen Beanspruchungsarten ergibt sich auch bei Verdrehung statisch und dynamisch grundsätzlich
eine gleichartige Abhängigkeit von
der Versuchstemperatur; ebenso sind
auch hier die Kurven für den Schlagversuch (die Bereiche der Kalt- und
Warmsprödigkeit) gegenüber denen
für den statischen Versuch deutlich
nach höheren Temperaturen hin
verschoben, wodurch sich Überschneidungen und die damit zusammenhängenden Unterschiede zwischen statischem und dynamischem
Verhalten unter sonst gleichen Versuchsbedingungen ergeben.

Ein Vergleich der Abb. 20 bis 22 zeigt, daß — abgesehen von ganz hohen
Temperaturen — die Brucharbeit weniger vom Formänderungswiderstand
abhängt als von der Größe der Verformung, unabhängig davon, ob diese durch
vorzeitigen Trennungsbruch (Kaltsprödigkeit) oder durch vermindertes Verformungsvermögen (Warmsprödigkeit) beeinflußt ist.

5. Schlagbiegeversuche.

a) Versuche an Konstruktionsteilen. Abgesehen von den Kerbschlagbiegeversuchen (Abschn. A 6) werden Schlagbiegeversuche im allgemeinen nur an

---

[1] Vgl. Fußnote 10, S. 134.

einigen Konstruktionsteilen ausgeführt, die im Betrieb starke stoßweise Beanspruchung erfahren und dabei auch zeitweise niedrigen Temperaturen ausgesetzt sind, wie Schienen, Achsen und Radreifen für Eisenbahnen, Ankerketten u. a. Die gewöhnlich nur als Abnahme durchgeführte Prüfung erfolgt wegen der notwendigen großen Schlagstärken auf Fallwerken (vgl. Bd. I, Abschn. III B 1). Die Versuchsbedingungen werden jeweils in den Abnahmevorschriften festgelegt. So schreiben z. B. die technischen Lieferbedingungen der Deutschen Reichsbahn für bestimmte *Schienen* folgende Prüfung vor. Ein Schienenstück von 1,3 m Länge wird auf zwei nach einem Halbmesser von 50 mm abgerundete Auflager in 1 m Abstand so gelegt, daß der Bär in der Mitte zwischen den Auflagern auf die Kopfseite der Schiene schlägt. Der erste Schlag erfolgt mit 5000 mkg, die weiteren Schläge mit 3000 mkg, bis eine Durchbiegung von 90 mm erreicht ist, wobei kein Bruch oder Anriß auftreten darf. Die Durchbiegung wird nach jedem Schlag gemessen; der letzte Schlag kann schwächer bemessen werden, so daß die verlangte Durchbiegung eben erreicht wird. Zur Untersuchung auf Lunker oder Blasen wird die Prüfung bis zum Bruch fortgesetzt, wobei nötigenfalls der Schienenfuß eingekerbt wird.

Achsen werden in ähnlicher Weise geprüft, wobei manchmal die Achse nach jedem Schlag gewendet wird. Zum Messen der Durchbiegung dient eine Meßlatte, deren Länge gleich der Stützweite ist und in deren Mitte senkrecht zu ihrer Längsrichtung ein verschiebbarer Maßstab angeordnet ist (vgl. Bd. I, Abschn. III B 1).

Radreifen werden aufrecht in das Fallwerk gestellt und auf die Mitte der Lauffläche geschlagen. Der Reifen soll an der Schlagstelle ohne Anriß eine vorgeschriebene Einsenkung ertragen. *Stahlgußketten* werden so geprüft, daß ein einzelnes Glied auf 2 Stützen gelegt wird und in der Mitte eine bestimmte Anzahl von Schlägen, deren Stärke von der Kettendicke abhängt, ohne Anriß aushalten soll.

Zur Schonung der Schlagfläche des Bären und um stärkere Verletzungen der Prüfstücke zu vermeiden, werden manchmal geeignete Sattelstücke auf den Versuchskörper gelegt, auf die der Bär aufschlägt. Da beim Bruch eines Stückes oder auch durch Herausspringen der Stücke aus dem Fallwerk die Bedienungsmannschaft gefährdet ist, müssen entsprechende Schutzvorkehrungen getroffen werden.

Bei allen derartigen Prüfungen ist auf die Versuchstemperatur zu achten. Im Winter ist entweder der Versuchsraum zu heizen oder die Probestücke werden bis zum Versuchsbeginn in einem Raum von entsprechender Temperatur genügend lange gelagert.

b) Zur **Bestimmung des dynamischen Formänderungswiderstandes** bei höheren Temperaturen, die meist durch Stauchversuche erfolgt (Abschn. A 3), kann nach einem Vorschlag von SIEBEL[1] auch der Biegeversuch dienen. Hierzu werden ungekerbte Proben von rechteckigem Querschnitt (Höhe h, Breite b) in einem Pendelschlagwerk durch einen Schlag von bestimmter Stärke A gebogen. Bezeichnet φ den dabei (ohne Anriß) erreichten Biegewinkel in Graden, so gibt der mittlere Biegewiderstand

$$K = \frac{A \cdot 720}{b \cdot h^2 \cdot \pi \cdot \varphi},$$

der mit steigender Versuchsgeschwindigkeit zunimmt, ein Vergleichsmaß für den Verformungswiderstand beim Schmieden.

c) Auf einige **Sonderfälle,** in denen der Schlagbiegeversuch zur Untersuchung der Warmsprödigkeit von Messing[2] und zur Bestimmung der Biegefähigkeit von

---

[1] SIEBEL, E.: Stahl u. Eisen Bd. 44 (1924) S. 1675.
[2] MAILÄNDER, R.: Z. Metallkde. Bd. 19 (1927) S. 44.

Drähten[1] verwendet wurde, kann hier nur hingewiesen werden. Eine nähere Beschreibung der technologischen Kerbbiegeprobe nach Heyn[2] erübrigt sich, da sie kaum mehr ausgeführt wird, seit sich der Kerbschlagversuch auf dem Pendelhammer durchgesetzt hat.

6. Kerbschlagbiegeversuche.
a) Zweck, Anwendung und Bedeutung[3].

Bei der Prüfung von Stahl durch den Kerbschlagbiegeversuch ist wie bei anderen Versuchsarten zu unterscheiden zwischen Versuchen im Gebiet des Trennungsbruches, solchen im Gebiet des Verformungsbruches und Versuchen im Übergangsgebiet (vgl. Abb. 2). Versuche im Bereich des reinen Verformungsbruches liefern nur das Arbeitsvermögen bei Überlastung bis zum Bruch. Außerhalb des Bereiches zeitabhängiger Vorgänge im Werkstoff (vgl. Abschn. A 1, h) geben sie also kein anderes Vergleichsmaß als es z. B. auch der gewöhnliche Zugversuch liefern würde[4]. Versuche im Bereich des Trennungsbruches haben praktisch geringe Bedeutung, da die niedrigen Schlagarbeiten durch Verluste erheblich verfälscht sind[5]. Will man spröde Stähle miteinander vergleichen, so versucht man deshalb durch Milderung der Versuchsbedingungen in das Übergangsgebiet zum Verformungsbruch zu kommen, in dem kleine Unterschiede deutlicher hervortreten. Die Hauptanwendung des Kerbschlagversuches erfolgt im Gebiet der Hochlage und des Abfalls der Kerbzähigkeit. In den verschiedenen Abschnitten ist mehrfach darauf hingewiesen, daß die mit dem Kerbschlagbiegeversuch erhaltenen Erscheinungen der Kaltsprödigkeit mit anderen Versuchsarten ebenfalls gefunden werden. Trotz mancher Nachteile wird aber vorwiegend der Kerbschlagbiegeversuch angewandt, weil er einfach auszuführen ist, und weil infolge der Schärfe der ihm zugrunde liegenden Versuchsbedingungen das Übergangsgebiet näher an die Raumtemperatur heranrückt (vgl. hierzu Abschn. A 1, i).

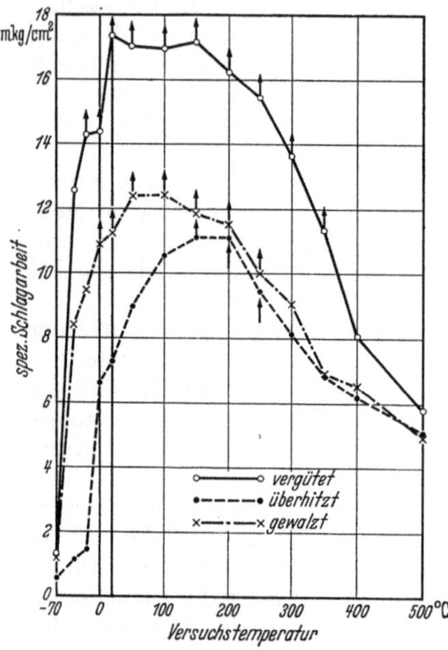

Abb. 23. Kerbzähigkeit eines Stahles mit 0,23% C in verschiedener Warmbehandlung. (Nach F. Körber und A. Pomp.) Probenform: 15 · 15 · 160 mm, Kerb 3 mm Dmr, 7 mm tief, Stützweite 120 mm.

Wie in Abschn. A 1, e an Hand von Abb. 2 ausgeführt wurde, ändert sich die Neigung zum Trennungsbruch mit der Vorbehandlung des Stahles; die Kurve, die den Abfall der Kerbzähigkeit von der Hoch- zur Tieflage in Abhängigkeit von der Temperatur darstellt, verschiebt sich. Abb. 23 zeigt als Beispiel den Einfluß verschiedener Warmbehandlungen[6]. Bei geeigneter Wahl der Versuchs-

[1] Farmer, W. J. u. A. S. Hale: Proc. Amer. Soc. Test. Mater. Bd. 36 (1936) II S. 276.
[2] Heyn, E.: Stahl u. Eisen Bd. 22 (1902) S. 1227. — Z. VDI Bd. 46 (1902) S. 1115.
[3] Eine kritische Betrachtung des Kerbschlagversuches mit ausführlichen Schrifttumsangaben bringt F. Fettweis: Arch. Eisenhüttenw. Bd. 2 (1928/29) S. 625. — Werkst.-Aussch. Ver. dtsch. Eisenhüttenleute Ber. 143 (1929).
[4] Schwinning, W. u. K. Matthaes: Dtsch. Verb. Mat.-Prüf. Techn. Mitt. Nr. 78.
[5] Derartige Ergebnisse lassen sich zahlenmäßig nicht vergleichen, wenn sie auf verschiedenen Schlagwerken erhalten wurden.
[6] Körber, F. u. A. Pomp: Mitt. K.-Wilh.-Inst. Eisenforschg. Bd. 7 (1925) S. 43.

bedingungen kann also der gleiche Stahl in guter Behandlung eine hohe, in schlechter Behandlung eine niedrige Kerbzähigkeit aufweisen. Auf Grund dieser Verhältnisse wird der Kerbschlagversuch hauptsächlich verwendet, um zu untersuchen, ob der Stahl in seinem besten (natürlich von der verlangten Festigkeit abhängigen) Zustand vorliegt oder ob er bei seiner Verarbeitung Schädigungen erfahren hat. Eine solche Schädigung, welche die Neigung zum Trennungsbruch erhöht, den Kerbzähigkeitsabfall nach höheren Temperaturen verschiebt, kann z. B. durch grobes Korn (von Überhitzung oder Rekristallisation herrührend) erfolgen. In gleicher Weise wird die Empfindlichkeit des Stahles gegen Altern (Abb. 2), seine Neigung zu Anlaßsprödigkeit oder zur Versprödung bei längerem Verweilen auf Temperaturen von 350 bis 500° untersucht.

Abb. 24 zeigt z. B. das Ergebnis von statischen Kerbbiegeversuchen[1] an einem Chrom-Nickel-Stahl in zähem und anlaßsprödem Zustand. Der Abfall der Brucharbeit (Übergang zum Trennungs-
bruch) tritt hier für den spröden Zustand bei weit höherer Temperatur ein als für den zähen Zustand. Das Beispiel zeigt, daß die Anlaßsprödigkeit (ebenso wie andere Unterschiede im Stahl, vgl. Abb. 10) auch durch einen statischen Versuch nachweisbar ist; es zeigt aber, daß hierzu immerhin verschärfte Versuchsbedingungen (Kerb) nötig sind, wenn man den Unterschied bei Raumtemperatur erfassen will. Der dynamische Kerbbiegeversuch liefert ähnliche Ergebnisse; der gewöhnliche Zugversuch bei Raumtemperatur unterscheidet dagegen die beiden Zustände ebensowenig wie hier der Kerbbiegeversuch bei 200° (vgl. auch Abschn. B 2, e).

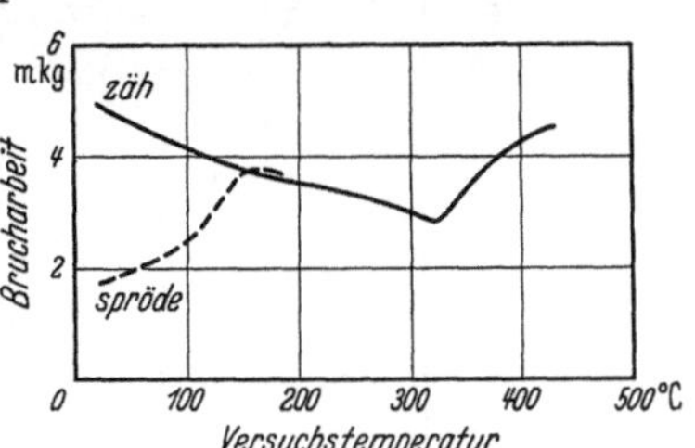

Abb. 24. Statische Kerbbiegeversuche bei verschiedenen Temperaturen an einem Chrom-Nickel-Stahl in anlaßsprödem und zähem Zustand. (Nach R. H. GREAVES und J. A. JONES.) Probenform: 10 · 10 · 60 mm, Kerb 45°, 2 mm tief, 0,25 mm Ausrundungshalbmesser.

Trennungsbrüche werden gefürchtet, weil sie ohne warnende Verformung auftreten. Der Vergleich der Stähle hinsichtlich ihrer Neigung zum Trennungsbruch ist deshalb das wichtigste Anwendungsgebiet des Kerbschlagbiegeversuches, der damit gleichzeitig der Betriebsüberwachung auf Gleichmäßigkeit der Herstellung dient. Der Kerbschlagversuch wird zu diesem Zweck auch dann ausgeführt, wenn die Konstruktionsteile im Betrieb keinen starken Stößen ausgesetzt sind. Wesentlich ist der Kerbschlagversuch natürlich für Konstruktionsteile, die im Betrieb starke Stöße erfahren, besonders wenn noch niedrige Temperatur und Kerbwirkung hinzukommen, und wenn bei einem Bruch Menschenleben oder wichtige Betriebe gefährdet sind.

Ein Nachteil des Kerbschlagversuches (und der anderen Verfahren) liegt darin, daß das Auftreten des Trennungsbruches von den verschiedenen Versuchsbedingungen abhängt. Man kann also nicht einfach zähe und spröde Stähle unterscheiden, man kann sie nur nach dem Grade ihrer Neigung zum Trennungsbruch klassifizieren. Es gibt auch leider keine Probenform, die unter festliegenden Versuchsbedingungen für alle Stähle hierzu geeignet ist; man ist deshalb gezwungen, die Versuchsbedingungen zu ändern und die Kerbzähigkeit z. B. in Abhängigkeit von der Versuchstemperatur über einen gewissen Bereich zu ermitteln.

Da das Ähnlichkeitsgesetz schon bei gleichbleibender Bruchart nicht gilt (vgl. Abschn. A 6, d) und auch bei ähnlichen Proben die Neigung zum Trennungsbruch mit wachsender Probengröße zunimmt, so sind sowohl die Kerbschlagwerte als auch die Temperaturen des Übergangs zum Trennungsbruch nur Vergleichszahlen und nicht auf größere Stücke übertragbar.

---

[1] GREAVES, R. H. u. J. A. JONES: J. Iron Steel Inst. Bd. 112 (1925) S. 123. — Stahl u. Eisen Bd. 46 (1926) S. 84.

Hiermit hängt es auch zusammen, daß die Ansichten darüber, ob zwischen der Höhe des Kerbschlagwertes und der Bewährung des Werkstoffes im Betrieb eine Beziehung besteht, sich widersprechen. Der Nachweis einer solchen Beziehung ist höchstens auf Grund umfangreicher Betriebserfahrungen möglich. In Abb. 25 sind Ergebnisse der italienischen Staatsbahnen dargestellt[1]. Bei etwa gleicher Zugfestigkeit zeigen die Stücke, die sich schlecht verhalten haben, durchschnittlich in der Tat geringere Kerbzähigkeiten als die Stücke, die sich bewährt haben. Zu derartigen Vergleichen dürfen aber natürlich nicht wahllos alle Stücke herangezogen werden, die Art des Versagens (ob durch Gewaltbruch oder Dauerbruch oder Materialfehler) ist stets zu beachten.

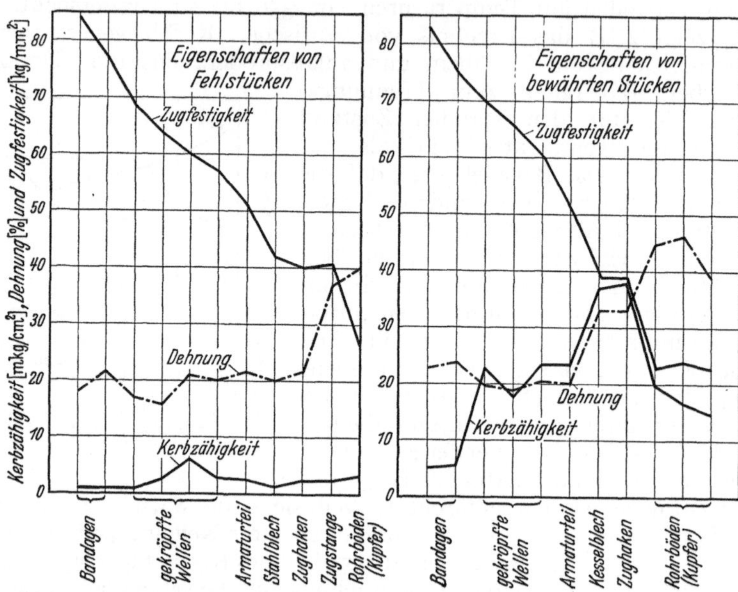

Abb. 25. Vergleich zwischen Kerbzähigkeit und Verhalten im Betrieb für Eisenbahnmaterial. (Nach P. Forcella.)

In der Praxis dient der Kerbschlagversuch also zunächst zur Ausscheidung von Werkstoff, dessen Zähigkeit unter dem bei normaler Herstellung und Verarbeitung sicher zu erreichenden Wert liegt. Welcher Mindestwert an Kerbzähigkeit aber gefordert werden muß, hängt von den Anforderungen des Betriebes ab, ist also von Fall zu Fall verschieden und kann auch nur auf Grund der Erfahrung festgestellt werden. Übertrieben hohe Anforderungen sind meist nur auf Kosten der Wirtschaftlichkeit oder anderer Eigenschaften (Dauerfestigkeit) zu erfüllen; die Erfahrung zeigt, daß auch Werkstoffe mit geringer Kerbzähigkeit den Anforderungen des Betriebs genügen, wenn diese nicht zu hoch sind[2].

Über die Beziehungen zwischen Kerbzähigkeit und anderen Festigkeitseigenschaften liegen nur allgemeine Erfahrungen vor. Einer hohen Kerbzähigkeit entspricht auch ein gutes Verformungsvermögen (Dehnung, Einschnürung[3, 4]) das Umgekehrte trifft aber bei Stählen nicht immer (oder nur in der Hochlage

---

[1] Forcella, P.: Riv. tecn. Ferrov. ital., 25. Jan. 1925; wiedergegeben in E. Honegger: Disk.ber. Nr. 19 der Eidgenöss. Mat.-Prüf.-Anst. Zürich 1927, S. 3.
[2] Vgl. Fußnote 5, S. 130.
[3] Moser, M.: Krupp. Mh. Bd. 2 (1921) S. 225; Bd. 5 (1924) S. 48. — Stahl u. Eisen Bd. 42 (1922) S. 90.
[4] Kuntze, W.: Metallwirtsch. Bd. 8 (1929) S. 992, 1011. — Arch. Eisenhüttenw. Bd. 2 (1929) S. 583.

der Kerbzähigkeit) zu. Eine Beziehung zwischen Kerbzähigkeit und Dauerfestigkeit oder Kerbempfindlichkeit bei Dauerbeanspruchung ist nach verschiedenen Versuchsergebnissen[1] nicht vorhanden oder nur insoweit, als z. B. bei Dauerschlagversuchen die Zahl der Schläge zwischen Anbruch und völligem Durchbruch um so kleiner wird, je geringer die Kerbzähigkeit ist (vgl. Abschn. 8, e).

b) Versuchsdurchführung[2].

Die Ausführung des Kerbschlagbiegeversuches erfolgt fast ausschließlich auf Pendelschlagwerken nach CHARPY oder IZOD oder auch auf dem rotierenden Schlagwerk nach GUILLERY (vgl. Bd. I, Abschn III B 2 u. 3).

Auf dem IZOD - Pendelhammer, der vorwiegend in England angewendet wird, spannt man die Probe so zwischen die Backen W eines schweren Schraubstockes, daß der Querschnitt am Kerbgrund mit der oberen Fläche der Einspannung zusammenfällt (Abb. 26 b); der Schlag erfolgt gegen die eingekerbte Probenseite.

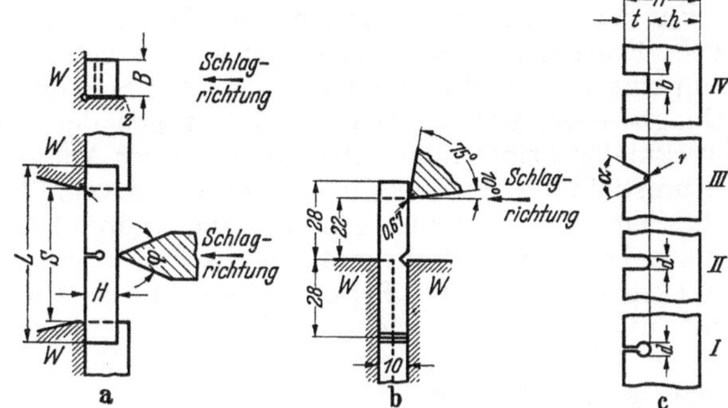

Abb. 26a bis c. Proben- und Kerbformen für den Kerbschlagbiegeversuch. a Kerbschlagversuch nach CHARPY, b Kerbschlagversuch nach IZOD, c Kerbformen.

Zur richtigen Höheneinstellung der Probe dient eine Lehre nach Abb. 27 b, die auf die Einspannbacke aufgelegt und mit ihrer Schneide in den Kerbgrund gedrückt wird. Der Zuschärfungswinkel φ muß kleiner sein als der halbe Öffnungswinkel des Kerbs.

Auf dem CHARPY- oder GUILLERY-Hammer wird die in der Mitte gekerbte Probe so auf zwei Widerlager W gelegt, daß der Kerb in die Mitte der Stützweite S kommt, vgl. Abb. 26 a; der Schlag erfolgt auf die der gekerbten Seite gegenüberliegende Fläche. Zum richtigen Einlegen dient eine Lehre nach Abb. 27 a, mit der auch geprüft wird, ob die Stützweite stimmt und ob die Schneide des Hammers H in der Mitte der Stützweite durchschwingt.

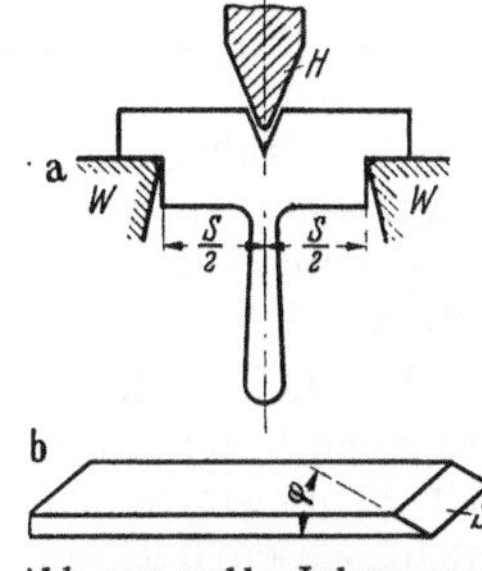

Abb. 27 a und b. Lehren zum Einstellen der Widerlager und zum richtigen Einlegen der Probe.

Gegen die Anordnung nach Abb. 26 a wird eingewendet, daß die Probe durch den Schlag gerade in dem zu prüfenden Querschnitt verquetscht wird; die Verquetschung erfolgt aber auf der Druckseite, wo sie wenig Einfluß hat[3]. Bei der Anordnung nach Abb. 26 b kann der Einspanndruck eine Rolle spielen, die Beanspruchung ist ferner nicht symmetrisch zum Querschnitt im Kerbgrund; vor allem ist der größtmögliche

---

[1] MAILÄNDER, R.: Stahl u. Eisen Bd. 55 (1935) S. 39. — Techn. Mitt. Krupp Bd. 3 (1935) S. 108.

[2] Vgl. auch DVM-Prüfverfahren A 115 und A 122. Eine Übersicht über ältere Prüfverfahren und Proben geben E. HEYN: Stahl u. Eisen Bd. 21 (1901) S. 1197. — RUDELOFF, M.: Stahl u. Eisen Bd. 22 (1902) S. 374, 425 (vgl. auch Fußnote 5, S. 143).

[3] Auf eine neuerdings von R. V. SOUTHWELL und seinen Mitarbeitern [Engineering Bd. 138 (1934) S. 689, 703. — Sel. Engng. Pap. Instn. civ. Engr. 1934, Nr. 142] vorgeschlagene Anordnung, bei welcher der Prüfquerschnitt frei von Scherkräften und Verquetschungen bleibt, sei hier nur der Vollständigkeit halber hingewiesen, vgl. dazu Stahl u. Eisen Bd. 57 (1937) S. 1173.

Biegewinkel hier nur etwa halb so groß wie bei der Anordnung nach Abb. 26a, so daß zähere Werkstoffe trotz des verwendeten Scharfkerbes nicht durchbrechen. Als Vorzug der Izod-Probe wird angeführt, daß an dem eingespannten Stück weitere Kerbe angebracht werden können, so daß eine Versuchswiederholung weniger Werkstoff erfordert als bei der Anordnung nach Abb. 26a; die von der Praxis geforderte Wirtschaftlichkeit der Probenentnahme hängt aber meist weniger von der Werkstoffmenge als von der erforderlichen Probenlänge ab. Bei Versuchen in höheren oder tieferen Temperaturen läßt sich mit der Izod-Probe die Versuchstemperatur schlechter einhalten (längere Zeit zum Einspannen, Wärmeableitung durch die Einspannung).

Für Versuche bei niedrigen oder hohen Temperaturen wird die Probe in einem Kältebad[1] oder in einem elektrisch geheizten Ofen auf die gewünschte Temperatur gebracht, dann rasch in das Schlagwerk eingelegt (Schlagwerk in Schlagbereitschaft: Vorsicht beim Einlegen der Probe) und sofort geschlagen. Zweckmäßig bringt man dabei an einem der Auflager einen Anschlag an, so daß das umständlichere Einlegen mit der Lehre wegfällt. Die zum Einlegen erforderliche Zeit kann sehr kurz gehalten, die während dieser Zeit eintretende Temperaturänderung der Probe nötigenfalls durch einen Blindversuch ermittelt und berücksichtigt werden. Bei Anordnung nach Abb. 26a kann zwischen Probe und Auflager eine Wärmeisolation Z vorgesehen werden; in der Schlagrichtung soll die Probe aber unmittelbar gegen die Widerlager W anliegen, da sonst der Schlag gedämpft wird.

Das Schlagwerk soll kräftig genug sein, um die Probe mit einem Schlag zu brechen oder bis zum größtmöglichen Winkel zu biegen. Die hierzu verbrauchte Arbeit wird bei den Pendelhämmern aus dem Unterschied zwischen Fallhöhe und Steighöhe des Hammers (vgl. Abschn. A 2, d), bei dem rotierenden Schlagwerk aus der von einer Wassersäule angezeigten Abnahme der Schwungradgeschwindigkeit ermittelt, wobei die Arbeitsverluste durch Reibung und Luftwiderstand des Hammers berücksichtigt werden. Die verbrauchte Arbeit wird in mkg/cm², bezogen auf den Probenquerschnitt im Kerbgrund, angegeben[2] und als *spezifische Schlagarbeit, Kerbzähigkeit, Kerbschlagzähigkeit* bezeichnet. Bei der Angabe des Kerbzähigkeitswertes ist zu vermerken, ob die Probe gebrochen oder nur angerissen ist und ob sie zwischen den Auflagern durchgezogen wurde. Der Biegewinkel der Probe oder die Verzerrung des Bruchquerschnittes (vgl. Abschnitt A 1, f) werden im allgemeinen nicht bestimmt.

Versuche, die verbrauchte Schlagarbeit auf das verformte Volumen zu beziehen[3], haben gezeigt, daß diese bezogene Arbeit wesentlich weniger von der Probenform abhängt und sich auch beim Übergang zum Trennungsbruch nicht wesentlich ändert. Für die Kennzeichnung des Eintritts der Kaltsprödigkeit wäre die letzte Eigenschaft unerwünscht; für die Praxis scheidet diese Art der Auswertung aber schon aus wegen der Schwierigkeit der Bestimmung des Fließbereiches.

---

[1] Für 0° wird schmelzendes Eis, für — 78° feste Kohlensäure verwendet. Dazwischen liegende Temperaturen erhält man durch Einwerfen fester Kohlensäure in Azeton, Temperaturen unter — 80° durch Mischen von flüssiger Luft mit Pentan oder Propan.

[2] Die Angabe in mkg/cm² hat ebensowenig physikalische Bedeutung wie die Bezugnahme auf das Gesamtvolumen der Probe, sie hat sich aber eingebürgert. In England wird für die Izod-Probe nur die Gesamtarbeit angegeben; dies setzt voraus, daß der Querschnitt ziemlich genau eingehalten wird.

[3] Schüle, F. u. E. Brunner: Int. Verb. Mat.-Prüf. Kopenhagener Kongreß 1909 III S. 2. — Stahl u. Eisen Bd. 29 (1909) S. 1453. — Moser, M.: Stahl u. Eisen Bd. 45 (1925) S. 1879; vgl. ferner Fußnote 3, S. 158. — Sauerwald, F. u. H. Wieland: Z. Metallkde. Bd. 17 (1925) S. 358, 392. — Hanemann, K. u. H. Hinzmann: Stahl u. Eisen Bd. 47 (1927) S. 1651.

Sorgfältig durchgeführte Vergleichsversuche haben gezeigt, daß die für *gleichförmigen* Werkstoff an mehreren Proben ermittelten Kerbzähigkeitswerte recht geringe *Streuung* aufweisen; größere Streuungen deuten auf ungleichmäßigen Werkstoff hin. Im Bereich des Überganges vom Verformungs- zum Trennungsbruch können sich dagegen auch für anscheinend ganz gleichartige Proben und Versuchsbedingungen um so größere Unterschiede in den Kerbzähigkeiten ergeben, je plötzlicher (unstetiger) der Übergang erfolgt.

c) Probenform.

Von der Vielzahl von Proben, die für den Kerbschlagbiegeversuch schon verwendet wurden[1], sind in Zahlentafel 3 diejenigen zusammengestellt, welche heute hauptsächlich in Gebrauch sind[2]. Die Probe Nr. 1, die sich recht gut bewährt hat, wird mehr und mehr von den kleinen Proben verdrängt, teils aus wirtschaftlichen Gründen, teils weil die große Probe aus manchen Teilen und auch bei der Untersuchung gebrochener Stücke häufig nicht entnommen werden kann. Für Werkstoffe mit grobkörnigem Gefüge (z. B. Stahlguß) ist die große Probe Nr. 1 vorzuziehen. Aus Blechen werden Proben nach Nr. 1 entnommen, wobei aber die Probenbreite B gleich der Blechdicke (doch nicht größer als 30 mm) wird, so daß auf beiden Seitenflächen (oder wenigstens einer Seitenfläche) der Probe die Walzhaut erhalten bleibt und die Achse des Kerbs senkrecht zur Walzfläche steht[3]. Die Proben Nr. 3, 5 und 6 unterscheiden sich nur in der Kerb-

Zahlentafel 3. Zusammenstellung der wichtigsten Formen für Kerbschlagproben.

| Nr. | Abmessungen der Proben (mm), vgl. Abb. 26 c | | | | | | | | | | Stütz-weite | Bezeichnung |
| | Höhen | | Breite | Länge | Kerbform | | | | | | | |
	H	h	B[4]	L	Form	t	d	$\alpha°$	r	b	S	
1	30	15	30[5]	160	I	15	4	—	—	—	120	Deutsche große Normprobe (CHARPY-Probe)
2	30	15	15	160	I	15	4	—	—	—	120	Probe der VGB. (Verein. Großkessel-Besitzer)
3	10	7	10	55	I/II	3	2	—	—	—	40	Deutsche kleine Normprobe (DVM. R)
4	10	7	10	55	I/II	3	1	—	—	—	40	Deutsche kleine Zusatzprobe (DVM. S)
5	10	5	10	55	I	5	2	—	—	—	40	Internationale kleine Normprobe
6	10	8	10	55	II/I	2	2	—	—	—	40	MESNAGER-Probe
7	8	7	10	30	IV	1	—	—	—	1	21	FRÉMONT-Probe
8	10	8	10	[6]	III	2	—	45	0,25	—	[6]	IZOD-Probe
9	10	8	10	55	III	2	—	45	0,25	—	40	Probe der Amer. Soc. Test. Mat.

---

[1] FISCHER, F. P.: Stahl u. Eisen Bd. 48 (1928) S. 541. — Krupp. Mh. Bd. 9 (1928) S. 53 vgl. auch Fußnote 2, S. 159.

[2] Bei der Anordnung nach Abb. 26a müssen Höhe und Länge der Probe, Stützweite und Winkel der Hammerschneide so aufeinander abgepaßt sein, daß die Probe, ohne zu klemmen, zwischen den Widerlagern durchgezogen werden kann.

[3] Durch diese Kerblage soll die ganze Blechdicke im Prüfquerschnitt erfaßt werden. Andererseits entspricht aber die Biegung in der Blechebene nicht der Art der Beanspruchung im Betrieb. Auch die Prüfung der äußeren Randschicht selbst läßt sich mit den in Zahlentafel 3 aufgeführten Probenformen nicht vornehmen. Von KUNTZE (vgl. Fußnote 4, S. 158) ist zu diesem Zweck eine Probe vorgeschlagen worden, die an zwei gegenüberliegenden Seiten gekerbt ist und auf eine der anderen zwei parallel zur Walzoberfläche liegenden Seitenflächen geschlagen wird.

[4] In Richtung der Kerbachse gemessen.

[5] Bei Proben aus Blechen wird die Breite B gleich der Blechdicke, aber höchstens gleich 30 mm. Dabei muß auf mindestens einer Seitenfläche — senkrecht zur Kerbrichtung — die Walzhaut erhalten bleiben.

[6] Vgl. Abb. 26 b.

tiefe. Die Izod-Probe (Nr. 8) wird gewöhnlich mehrfach und auf verschiedenen Seitenflächen eingekerbt (vgl. Abb. 26b).

Der Kerb der Frémont-Probe (Abb. 26c, IV) wird durch Einsägen hergestellt; schwache Ausrundung der einspringenden Ecken (infolge abgestumpfter Säge) soll nach Frémont keinen Einfluß haben. Die Kerbe nach Abb. 26c, II und III werden gefräst oder gehobelt; der Kerb nach I wird durch Bohren und Einsägen erzeugt. Die Herstellung des Kerbs durch Bohren hat den Vorzug größter Gleichmäßigkeit der Ausrundung, ferner haben die Bearbeitungsriefen hier keinen Einfluß auf die Kerbzähigkeit (eine Beseitigung der Hobel- und Fräsriefen ist jedoch nur bei sprödem Werkstoff nötig). Die Fertigstellung des vorgearbeiteten Scharfkerbes durch Eindrücken einer gehärteten Schneide ist zu verwerfen.

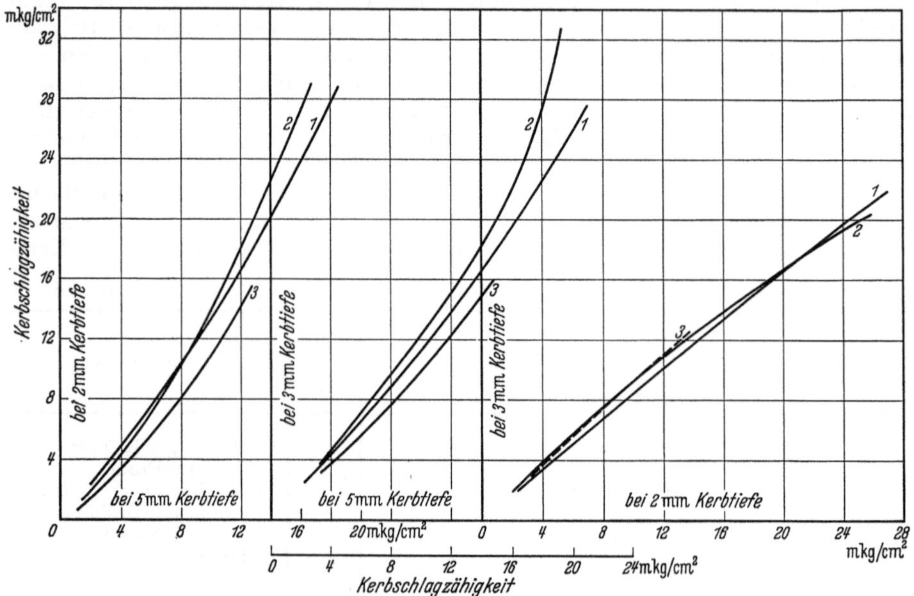

Abb. 28. Mittlere Beziehungen zwischen den Kerbzähigkeiten von kleinen Proben mit 2, 3 und 5 mm Kerbtiefe.
Kurve *1* nach A. Steccanella; Kurve *2* nach E. Dupuy, J. Mellon, P. Nicolau; Kurve *3* nach R. Mailänder.

Spröde Werkstoffe wie Gußeisen werden oft ohne Kerb geprüft; dies führt aber leicht zu größeren Streuungen durch unregelmäßig verlaufende Brüche.

In Abb. 28 sind die Beziehungen zwischen den Kerbzähigkeiten, die man mit den am häufigsten verwendeten kleinen Proben (Nr. 3, 5, 6) erhält, dargestellt[1—3].

d) Einfluß der Versuchsbedingungen.

In welcher Weise eine Änderung der Versuchsbedingungen das Auftreten des Trennungsbruches bei Stahl beeinflußt, ist aus Abschn. A 1, d zu ersehen. Zu ergänzen ist, daß auch eine Vergrößerung der Probenbreite und eine Zunahme der Probengröße (bei ähnlicher Form) den Trennungsbruch begünstigt[4, 5—10].

[1] Mailänder, R.: Arch. Eisenhüttenw. Bd. 10 (1936/37) S. 53.

[2] Steccanella, A.: Metallurg. ital. Bd. 27 (1935) S. 81.

[3] Dupuy, E., J. Mellon u. P. Nicolau: Rev. Métall. Bd. 33 (1936) S. 55, 133.

[4] Vgl. Fußnote 3, S. 158.   [5] Baumann, R.: Z. VDI Bd. 56 (1912) S. 1311.

[6] Stribeck, R.: Stahl u. Eisen Bd. 42 (1922) S. 405.

[7] Mailänder, R.: Stahl u. Eisen Bd. 45 (1925) S. 1607. Krupp. Mh. Bd. 5 (1924) S. 16.

[8] Charpy, G. u. A. Cornu-Thénard: Rev. Métall. Bd. 14 (1917) Bd. 84.

[9] Mailänder, R.: Stahl u. Eisen Bd. 46 (1926) S. 1752. — Krupp. Mh. Bd. 7 (1926) S. 217.

[10] Docherty, J. G.: Engineering Bd. 133 (1932) S. 645; Bd. 139 (1935) S. 211.

Daß im übrigen ein klares Bild über den Einfluß einer Versuchsbedingung nur gewonnen werden kann, wenn innerhalb des Untersuchungsbereiches die Bruchart gleichbleibt, wurde bereits in Abschn. A 1, i ausgeführt. Abb. 29 zeigt das Ergebnis einer solchen Untersuchung über den Einfluß des Kerbdurchmessers an Proben mit 30×30 und 15×15 mm Querschnitt, die bis zur Mitte des Querschnittes eingekerbt waren; Probenlänge und Stützweite waren für beide Probengrößen gleich (160 und 120 mm)[1]. Bei Verformungsbruch (Versuche bei 200°) nimmt die Kerbzähigkeit mit wachsender Kerbschärfe stetig ab, ohne auch bei dem schärfsten Kerb auf Null abzusinken; im Bereich des Trennungsbruches (Versuche bei — 70°) ergab sich kein Einfluß der Kerbschärfe. Auch der Einfluß der Probengröße war bei beiden Brucharten entgegengesetzt; es bleibt allerdings fraglich, ob bei den Versuchen mit Trennungsbruch die Kerbzähigkeit der kleineren Proben nicht etwa nur durch die im Verhältnis größeren Arbeitsverluste höher erscheint. Wäre der

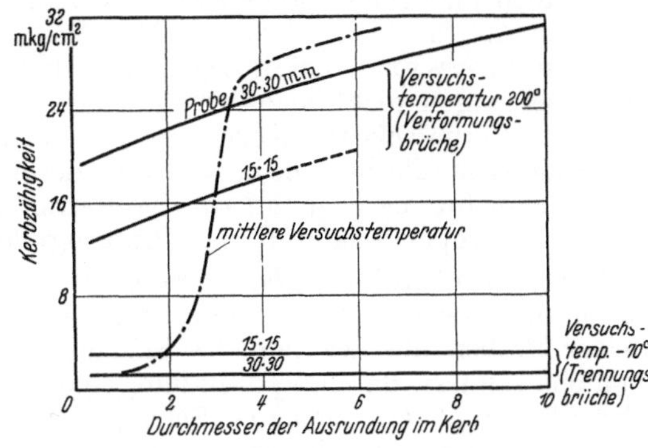

Abb. 29. Einfluß des Kerbdurchmessers bei gleichbleibender Bruchart für einen Stahl mit 0,12% C. (Nach R. MAILÄNDER.)

Versuch bei einer zwischenliegenden Temperatur durchgeführt worden, so hätte sich wahrscheinlich etwa eine Kurve ergeben, wie strichpunktiert eingezeichnet, d. h. ein plötzlicher Abfall der Kerbzähigkeit unter Übergang zum Trennungsbruch. Es ist dann z. B. durchaus möglich, daß zwei verschiedene Kerbe bei einer bestimmten Versuchsgeschwindigkeit sehr verschiedene Kerbzähigkeiten ergeben, während dies bei einer anderen Versuchsgeschwindigkeit am gleichen Stahl nicht der Fall ist. Das Beispiel zeigt wieder, wie wichtig die Beachtung des Bruchaussehens für die Klärung der verschiedenen Einflüsse ist.

Über den *Einfluß der Kerbtiefe*, der bei der Normung der kleinen Kerbschlagprobe (vgl. Zahlentafel 3, ferner Abb. 28) eine große Rolle gespielt hat, sind in den letzten Jahren viele Versuche angestellt worden, deren Ergebnis in Abb. 30 schematisch dargestellt ist[2]. Bei spröden Stählen ist die Kerbzähigkeit praktisch unabhängig von der Kerbtiefe; bei zähen Stählen mit Verformungsbruch nimmt die

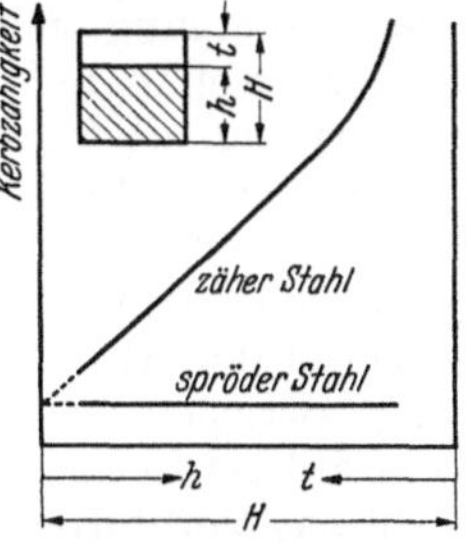

Abb. 30. Änderung der Kerbzähigkeit mit der Kerbtiefe (schematisch).

Kerbzähigkeit etwa linear mit h zu, sie steigt aber bei sehr kleinen Kerbtiefen rascher an, weil hier infolge ungenügender Versteifung auch der auf beiden Seiten des Kerbes liegende Werkstoff an der Verformung teilnimmt[3].

Bei Änderung der *Probenbreite*[4] nimmt die Schlagarbeit annähernd verhältnisgleich mit der Breite zu, so lange kein Übergang zum Trennungsbruch stattfindet[5-8].

---

[1] Vgl. Fußnote 9, S. 162.   [2] Vgl. Fußnote 3, S. 162.

[3] PETRENKO, S. N.: Techn. Pap. Bur. Stand. Bd. 19 (1925) Nr. 289, S. 315. — MAILÄNDER, R.: Stahl u. Eisen Bd. 55 (1935) S. 749, 779.

[4] Auf der Verschärfung der Versuchsbedingungen durch Vergrößern der Probenbreite beruht der Vorschlag von MOSER (vgl. Fußnote 3, S. 158), den Stahl mit 2 Proben zu prüfen, deren Breiten sich wie 1 : 2 verhalten. Brechen beide Proben zäh mit Schlagarbeiten, die der Probenbreite annähernd proportional sind, so ist die Neigung zum Trennungsbruche geringer als bei einem Stahl, von dem die schmale Probe zähe, die breitere Probe mit Misch- oder gar Trennungsbruch bricht.   [5] Vgl. Fußnote 3, S. 158.

[6] Vgl. Fußnote 3, S. 160.   [7] Vgl. Fußnote 5, S. 162.   [8] Vgl. Fußnote 7, S. 162.

Bezüglich des Einflusses der *Probengröße* bei ähnlicher Form haben verschiedene Untersuchungen ergeben, daß — auch bei gleicher Bruchart — das Ähnlichkeitsgesetz nicht gilt[1,2,3]. Verhalten sich die Querschnittsabmessungen zweier ähnlicher Proben wie $n : 1$, so stehen ihre Gesamtschlagarbeiten in einem Verhältnis, das zwischen n^2 und n^3 liegt und sich für zähere Proben mehr dem Wert n^3, für sprödere Proben mehr dem Wert n^2 nähert[4]. Hierauf beruht auch die Tatsache, daß der zahlenmäßige Unterschied zwischen den Kerbzähigkeiten eines zähen und eines spröden Stahles (Zäh-Spröd-Spanne) für größere Proben höher ist als für kleine Proben. Das Versagen des Ähnlichkeitsgesetzes wird z. B. von Fettweis[5] damit begründet, daß mit Beginn des Einreißens seine Voraussetzungen nicht mehr erfüllt sind, da der Anriß für die größere Probe einen (im Verhältnis zur Korngröße des Werkstoffes) schärferen Kerb darstellt als für die kleine Probe. Die nach Beginn des Anrisses noch aufgenommene Arbeit, die ein Maß für die Neigung zum Weiterreißen (Spaltbarkeit) darstellt, wächst also nicht proportional mit der Probengröße[6].

Die größtmögliche *Schlaggeschwindigkeit* ist durch das Schlagwerk gegeben; sie soll nicht unter etwa 5 m/s liegen[7]. Es empfiehlt sich daher, für die Prüfung kleiner Proben die Leistung des Schlagwerkes nicht durch Verminderung der Fallhöhe sondern durch Verwendung eines leichteren Hammers zu erniedrigen, oder überhaupt ein kleineres Schlagwerk zu benutzen. Maßgebend für den Versuch ist aber nicht die Schlaggeschwindigkeit selbst sondern die Verformungsgeschwindigkeit im Kerbgrund; diese hängt ab von der Winkelgeschwindigkeit, mit der sich die beiden Probenschenkel gegeneinander drehen[8]; sie wächst also mit abnehmender Stützweite der Probe, vor allem aber wird sie um so größer, je schärfer der Kerb ist.

Änderungen der Geschwindigkeit in den bei den üblichen Schlagwerken möglichen Grenzen haben im allgemeinen geringen Einfluß, sofern sie nicht zu einem Übergang vom Verformungs- zum Trennungsbruch führen und solange keine zeitabhängigen Vorgänge im Werkstoff eintreten. Mit steigender Schlaggeschwindigkeit fanden Stanton und Batson[9] für zähe Stähle eine Zunahme, für sprödere Stähle eine Abnahme der Brucharbeit. Für die Beobachtung, daß das Verhältnis von dynamischer zu statischer Brucharbeit bei Stahl teils größer teils kleiner als 1 werden kann, ist die Erklärung bereits im Abschn. A 1, k an Hand der Abb. 2 gegeben worden, wo auch gezeigt wurde, daß eine Trennung zwischen schlagempfindlichen und nicht schlagempfindlichen Stählen[10] nicht aufrecht erhalten werden kann. So fand z. B. Rudeloff[11] für den gleichen Stahl das Verhältnis von dynamischer zu statischer Brucharbeit bei Anwendung eines Rundkerbes größer als 1 und bei Anwendung eines Scharfkerbes kleiner als 1.

---

[1] Vgl. Fußnote 2, S. 133.   [2] Vgl. Fußnote 8, S. 162.   [3] Vgl. Fußnote 9, S. 162.

[4] Diese Beobachtung hat mehrfach dazu geführt, die Gesamtarbeit in zwei Teile zu zerlegen, von denen der eine dem Probenquerschnitt, der andere dem Volumen proportional ist, und hieraus Gleichungen zur Umrechnung der Schlagarbeit von einer Probengröße auf eine andere abzuleiten [Fillunger, P.: Z. öst. Ing- u. Archit.-Ver. Bd. 70 (1918) S. 329. Schweiz. Bauztg. Bd. 82 (1923) S. 265, 284].

[5] Vgl. Fußnote 3, S. 156.   [6] Vgl. Fußnote 10, S. 162.

[7] Eine im Verhältnis zur Maschinengröße hohe Schlaggeschwindigkeit hat der rotierende Hammer nach Guillery. Wie Mann (vgl. Fußnote 2, S. 142) gezeigt hat, lassen sich mit ähnlichen Apparaten außerordentlich hohe Schlaggeschwindigkeiten erreichen.

[8] Hadfield, R. A. u. S. Main: Min. Proc. Instn. civ. Engrs. Bd. 211 (1921) S. 127. — Engineering Bd. 110 (1920) S. 808. — Stahl u. Eisen Bd. 41 (1921) S. 1503; Bd. 43 (1923) S. 79.

[9] Vgl. Fußnote 5, S. 130.

[10] Bartel, J.: 3. Int. Schienentagg. 1935. Budapest 1936, S. 107.

[11] Vgl. Fußnote 3, S. 131.

Daß höhere Schlagarbeiten gefunden wurden, wenn die überschüssige Arbeit und damit die Geschwindigkeit zu Beginn und am Ende des Schlages zunahm[1], kann mit erhöhten Arbeitsverlusten zusammenhängen. Der Einfluß dieser Verluste macht sich besonders bei spröden Werkstoffen bemerkbar. So fand ÜBEL[2] bei Versuchen an Gußeisen eine erhebliche Zunahme der Schlagarbeit A_t bei Erhöhung der Schlaggeschwindigkeit von 2 auf 6 m/s. Wurden die Hälften der gebrochenen Probe, durch Gummiband zusammengehalten, nochmals dem gleichen Schlag unterworfen, so wurde zum Wegschleudern der Bruchstücke eine merkliche, mit der Geschwindigkeit wachsende Arbeit A_v verbraucht[3]. Der Unterschied $A_t - A_v$ erwies sich als fast unabhängig von der Geschwindigkeit; die Arbeit $A_t - A_v$ war aber noch etwa doppelt so groß wie die statische Brucharbeit, woraus hervorgeht, daß auch die in dieser Korrektion noch nicht erfaßten Verluste bei solchen spröden Werkstoffen prozentual erheblich sind.

e) Einfluß der Versuchstemperatur.

Wie schon an Abb. 2 gezeigt wurde, kann bei weichem Stahl der Übergang vom Verformungs- zum Trennungsbruch in einem sehr engen Temperaturbereich eintreten, der oft in der Nähe der Raumtemperatur liegt. Für genaue vergleichende Untersuchungen soll die Probe deshalb nicht einfach bei der oft wechselnden Raumtemperatur geprüft, sondern auf eine Normaltemperatur gebracht werden, die zweckmäßig z. B. bei + 20° C gewählt wird, da sie auch im Sommer mit Hilfe von Leitungswasser leicht herzustellen ist.

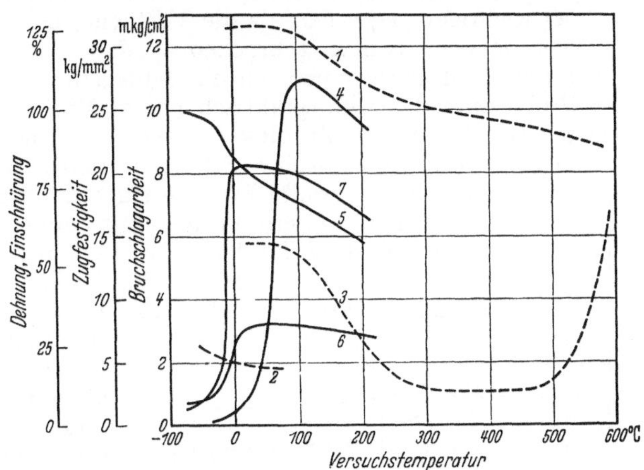

Abb. 31. Ergebnisse von Versuchen bei verschiedenen Temperaturen.

Kurve	Werkstoff	Beobachter	Eigenschaft
1	Kupfer	GREAVES-JONES	Kerbzähigkeit
2	Duralumin	SCHWINNING	,,
3	Messing	MAILÄNDER	,,
4	Zink	GOERENS-MAILÄNDER	,,
5	,,	,, ,,	Zugfestigkeit
6	,,	,, ,,	Dehnung
7	,,	,, ,,	Einschnürung

In Abb. 31 sind die Kerbzähigkeiten einiger Nichteisenmetalle in Abhängigkeit von der Versuchstemperatur aufgetragen[4]. Kupfer und Duralumin (ebenso auch Nickel und Nickeleisen) zeigen in dem untersuchten Bereich keinen Abfall der Kerbzähigkeit bei tiefen Temperaturen[5,6]; ähnlich verhalten sich, wie erwähnt, auch austenitische Stähle[7]. Auch Messing zeigt keine Kaltsprödigkeit, dagegen eine ausgesprochene Warmsprödigkeit zwischen 300 und 500°, die mit Bruch nach Korngrenzen und Spaltflächen verbunden ist[8,9]. Dagegen zeigt

---

[1] Vgl. Fußnote 10, S. 145.   [2] ÜBEL, F.: Gießerei Bd. 24 (10) (1937) S. 413.
[3] Vgl. Fußnote 5, S. 162.
[4] Die Kurven sind in ihrer Höhenlage untereinander nicht vergleichbar, da verschiedene Probenformen verwendet wurden.
[5] Vgl. Fußnote 7, S. 131.   [6] Vgl. Fußnote 1, S. 157.
[7] Zum Beispiel LANGENBERG, F. C.: Iron Steel Inst., Carnegie Schol. Mem. Bd. 12 (1923) S. 75. — Engineering Bd. 115 (1923) S. 758—788. — Stahl u. Eisen Bd. 43 (1923 S. 1016.)
[8] GREAVES, R. H. u. J. A. JONES: J. Inst. Met. Bd. 34 (1925) S. 85. — Engineering Bd. 120 (1925) S. 308.
[9] BUNTING, D.: Engineering Bd. 117 (1924) S. 350; Bd. 119 (1925) S. 368.

Zink eine deutliche Kaltsprödigkeit [1,2], und zwar tritt der Übergang zum Trennungsbruch sowohl in der Kerbzähgkeit als auch in der Dehnung und Einschnürung beim Zugversuch in Erscheinung.

B. Dauerschlagversuche[3].

1. Allgemeines.

Brüche im Betrieb sind nur ausnahmsweise durch einmalige oder seltene starke Stöße verursacht, häufiger entstehen sie durch vielmals wiederholte schwächere Stöße. Dauerschlagversuche werden deshalb von mancher Seite als viel wichtiger angesehen als die Versuche, bei denen die Probe durch einen einzigen, starken Schlag gebrochen wird.

Durch den Dauerversuch soll die Schlagstärke ermittelt werden, welche von der Probe unendlich oft (praktisch einige Millionen mal) ertragen wird, ohne daß ein Bruch eintritt. Zu diesem Zweck wird die erste Probe mit der Schlagstärke a_1 geprüft, bis sie nach z_1 Schlägen bricht. Die mit schwächeren Schlägen a_2 geprüfte zweite Probe ertrage dann z_2 Schläge, wobei $z_2 > z_1$ ist. Prüft man weitere Proben mit immer schwächeren Schlägen und trägt man die gefundenen Werte von a und z in Abhängigkeit voneinander auf[4], so läßt sich durch die Versuchspunkte eine Kurve — Wöhler-*Kurve* — legen, vgl. Abb. 32, welche anfänglich steil abfällt, schließlich aber annähernd parallel zu der Achse der Bruchschlagzahlen verläuft. Der Wert der Schlagstärke, welcher diesem Ende der Kurve entspricht, wird als *Dauerschlaghaltbarkeit* (Grenzschlagarbeit) bezeichnet.

Der waagrechte Verlauf der Kurve ist bei Stahl meist nach 5 bis 10 Millionen Schlägen erreicht; bei anderen Metallen sind höhere Schlagzahlen erforderlich. Da die Dauerschlagwerke verhältnismäßig wenig Schläge in der Minute ausführen[5], Versuche zur Bestimmung der Wöhler-Kurve also viel Zeit erfordern, werden die meisten Dauerschlagversuche nur mit einer, willkürlich gewählten, ausreichend großen Schlagstärke durchgeführt; der Vergleich verschiedener Werkstoffe erfolgt an Hand der mit dieser Schlagstärke erreichten Zahl von Schlägen bis zum Bruch. Die Erfahrung hat jedoch gezeigt, daß sich die Wöhler-Kurven von zwei Werkstoffen schneiden können (vgl. Abb. 32); bei der Schlagstärke a_1 wäre also Stahl B besser als Stahl A, während die Dauerschlaghaltbarkeit von A höher ist als die von B.

Brauchbare Ergebnisse sind also nur durch Versuche bis zu mindestens 2 Millionen Schlägen zu erhalten, wobei zu beachten ist, daß auch unterhalb

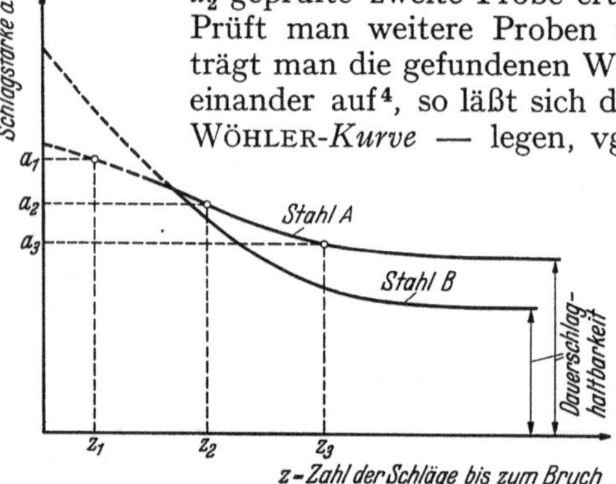

Abb. 32. Wöhler-Kurven von Dauerschlagversuchen (schematisch).

---

[1] Vgl. Fußnote 1, S. 144.   [2] Vgl. Fußnote 8, S. 165.

[3] Zusammenfassende Darstellungen über Dauerversuche siehe: Mailänder, R.: Werkst.-Aussch. Ver. dtsch. Eisenhüttenleute, Ber. Nr. 38 (1924).— Moore, H. F. u. J. B. Kommers: The fatigue of Metals. London: McGraw Hill Book Co. 1927. — Gough, H. J.: The fatigue of metals. London 1926. — Föppl, O., E. Becker u. G. v. Heydekampf: Die Dauerprüfung der Werkstoffe. Berlin: Julius Springer 1929. — Herold, W.: Wechselfestigkeit metallischer Werkstoffe. Wien: Julius Springer 1934.

[4] Die Schlagzahlen werden zweckmäßig in logarithmischem Maßstab aufgetragen.

[5] Das Dauerschlagwerk von Amsler gibt bis zu 600, das nach Maybach bis zu 4000 Schläge in der Minute. Bei vielen Dauerschlagwerken ist auch die für die Aufnahme der Wöhler-Kurve nötige Veränderung der Schlagstärke nicht oder nur umständlich möglich.

der Überschneidung (z. B. bei Schlagstärke a_3) das Verhältnis der ertragenen Schlagzahlen keinen zahlenmäßigen Anhalt für das Verhältnis der Dauerschlaghaltbarkeiten gibt.

Die aus der Wöhler-Kurve ermittelte Dauerschlaghaltbarkeit ist ferner — ebenso wie die Schlagarbeit beim Einschlagversuch — nur als Vergleichszahl zu brauchen und nicht auf andere Probenformen und -abmessungen übertragbar. Schließlich zeigte sich, daß die Dauerschlaghaltbarkeit mindestens für Stähle[1] praktisch die gleiche Bewertung ergibt wie die schneller durchzuführenden Dauerversuche mit nicht stoßweiser, wechselnder Beanspruchung, die dem Konstrukteur auch zahlenmäßige Unterlagen geben. Alle diese Umstände führten dazu, daß Dauerschlagversuche verhältnismäßig selten durchgeführt werden.

Bruchaussehen. Bei Versuchen mit nicht zu kleinen Schlagzahlen erfolgt auch bei dehnbaren Werkstoffen der Bruch ohne vorherige sichtbare Verformung[2], als ob der Werkstoff spröde geworden wäre, was aber nachweislich nicht der Fall ist. Die Bruchfläche zeigt (ebenso wie bei nicht stoßweiser Wechselbeanspruchung) zwei verschiedene Zonen: den glatten, zuerst und allmählich entstandenen Dauerbruch und den gröberen Restbruch. Der Restbruch, der durch die letzten Schläge erzeugt wurde, fällt im Verhältnis zum ganzen Bruchquerschnitt um so größer aus, je kleiner der Widerstand des Werkstoffes gegen Bruch durch einen Schlag (z. B. die Kerbzähigkeit) und je größer die Schlagstärke (je kleiner die Bruchschlagzahl) ist[3, 4]. Lage und Form des Restbruches hängen natürlich von Probenform und Spannungsverteilung ab; der Dauerbruch geht im allgemeinen von der Oberfläche (Kerbwirkungen) aus. Auch bei Dauerschlagversuchen ist das Bruchaussehen von Bedeutung für die Beurteilung der Versuchsergebnisse; bei Brüchen, die im Betrieb entstanden sind, lassen sich aus dem Bruchaussehen Schlüsse auf die Art der Beanspruchung und auf die Bruchursache ziehen.

Einfluß der Probenform. Wenn auch am eigentlichen Dauerbruch äußerlich keine Verformung zu erkennen ist, so treten doch Verformungen der Körner ein, die im mikroskopischen Bild als Gleitlinien sichtbar werden. Neben der hierfür erforderlichen Arbeit ist bei jedem Schlag außer den Arbeitsverlusten noch Arbeit für die elastische Verformung der Probe aufzuwenden. Die Dauerschlaghaltbarkeit hängt deshalb in starkem Maße von der Form der Probe ab; sie wird um so höher, je größer das an der elastischen Verformung beteiligte Volumen (die elastische Nachgiebigkeit, Federkonstante der Probe) und je gleichmäßiger die Beanspruchung innerhalb dieses Volumens ist. Dieser Gesichtspunkt ist mehrfach erfolgreich in der Praxis angewendet worden[5—8], um die Dauerhaltbarkeit von Bauteilen zu erhöhen. Dauerschlaghaltbarkeiten sind also nur dann miteinander vergleichbar, wenn sie an gleichen Proben auf gleichen Schlagwerken ermittelt wurden. Beim Vergleich von verschiedenen Werkstoffen ist ferner zu berücksichtigen, daß die durch eine bestimmte Schlagarbeit im elastischen Bereich hervorgerufene Spannung bei gleicher Probenform um so höher wird, je größer der Elastizitätsmodul des Werkstoffes ist[9].

---

[1] Nach A. Thum u. H. Uhde [Z. VDI Bd. 74 (1930) S. 257] auch für Gußeisen.

[2] Der Dauerbruch folgt aber im allgemeinen nicht den Grenzen oder Spaltflächen der Kristalliten sondern geht durch die Körner. Ausnahmen hiervon wurden bei Messing, Blei und unbehandeltem Stahlguß beobachtet. [3] Vgl. Fußnote 2, S. 131.

[4] Mailänder, R.: Techn. Mitt. Krupp Bd. 3 (1935) S. 108.

[5] Frémont, Ch.: Bull. Soc. Enc. Ind. nat. Paris 1909 I, S. 857.

[6] Thum, A. u. W. Buchmann: Dauerfestigkeit und Konstruktion. Berlin: VDI-Verlag 1932.

[7] Thum, A. u. S. Berg: Forsch. Ing.-Wes. Bd. 2 (1931) S. 345.

[8] Thum, A. u. F. Debus: Z. VDI, Bd. 7 (1935), S. 917.

[9] Stanton, F. T. u. L. Bairstow: [I. Inst. Mech. Engrs. Bd. 4 (1908) S. 889] kamen zu dem Ergebnis, daß die Dauerschlaghaltbarkeit proportional mit $\sigma_w^2 : E$ ist, worin σ_w die Wechselfestigkeit bei nicht stoßweiser Beanspruchung und E den Elastizitätsmodul bezeichnet. Wegen der oben erwähnten Arbeitsverluste wird eine solche Beziehung aber nur richtungsmäßig sicher festzustellen sein.

Die Empfindlichkeit gegen Kerbwirkungen, die bei Dauerversuchen mit nicht stoßweiser, wechselnder Beanspruchung beobachtet wird, zeigt sich auch bei Dauerschlagversuchen. Sie hängt aber hier nicht nur von der Spannungserhöhung im Kerb ab, sondern auch noch von der Verminderung des elastisch verformten Volumens durch den Kerb. So erhielt Preuss[1] bei Dauerschlagbiegeversuchen an Proben aus weichem Stahl die in Abb. 33 dargestellten Ergebnisse. Trotz des scharfen Absatzes ergab die Probe h mit der längeren Eindrehung fast die gleiche Schlagzahl wie die Probe d mit gut ausgerundetem Kerb und eine wesentlich höhere Schlagzahl als die Probe f. Der Einfluß des Kerbes auf das verformte Volumen muß sich natürlich auch bei einem Werkstoff bemerkbar machen, der, wie z. B. Gußeisen mit niedriger Festigkeit, bei nicht stoßweiser Wechselbeanspruchung kerbunempfindlich ist.

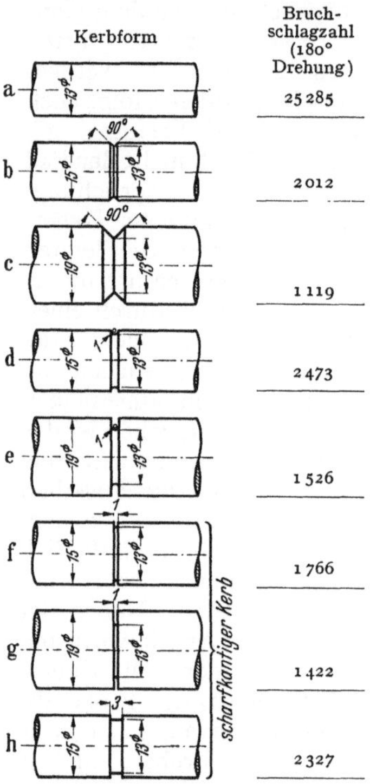

Abb. 33. Abhängigkeit der Bruchschlagzahl beim Dauerschlagbiegeversuch von der Kerbform für einen weichen Stahl. (Nach E. Preuss.)

2. Dauerschlagbiegeversuche.

a) Ausführung und Probenform.

Die überwiegende Zahl von Dauerschlagversuchen ist bisher mit Biegungsbeanspruchung durchgeführt worden. Die Probe wird dabei entweder einseitig eingespannt oder sie liegt auf zwei Stützlagern; im ersten Fall erfolgen die Schläge gegen das freie Ende der Probe; im zweiten, häufiger angewendeten Fall wird die Probe entweder in der Mitte zwischen den Auflagern oder an zwei symmetrisch zu den Auflagern liegenden Stellen geschlagen.

Abb. 34 zeigt die Probenform für das in Deutschland viel verwendete Dauerschlagwerk Kruppscher Bauart. In der Mitte zwischen den Auflagern erhält die Probe einen Rund- oder Scharfkerb, durch den der Bruchquerschnitt festgelegt ist. In die Rille a greift ein Führungsblech an der Maschine ein, um eine Längsverschiebung zu verhindern; diese Führung muß jedoch so viel Spiel haben, daß sich die Probe beim Schlag ungehindert durchbiegen kann. Die Schlagfläche des Hammers ist breiter als der Kerb, so daß der Werkstoff im Bruchquerschnitt durch die Schläge nicht verquetscht wird. Bei dem Schlagwerk nach Maybach[2] erfolgen die Stöße an zwei symmetrisch zu den Auflagern liegenden Stellen, so daß die Beanspruchung über den mittleren Teil der Probe gleich groß ist. Die Probe ist ein ungekerbter Rundstab (9 mm Dmr., 150 mm lang); an den Schlagstellen werden kugelförmige Hülsen auf die Probe aufgeschoben, um Verletzungen durch die Schläge zu vermeiden (vgl. Bd. I, Abschn. III C).

Einseitig eingespannte Proben erhalten entweder am Ende der Einspannlänge einen Kerb, oder der eingespannte Teil ist verdickt und geht mit einer Hohlkehle in die freie Länge über[3]. Um den Einfluß der Hohlkehle auszuschalten,

---

[1] Preuss, E.: Z. VDI Bd. 58 (1914) S. 701. — Stahl u. Eisen Bd. 34 (1914) S. 1207.

[2] Versuche auf diesem Schlagwerk wurden ausgeführt von K. Laute: Z. Metallkde. Bd. 28 (1936) S. 233.

[3] Roos af Hjelmsäter, J. O.: Mitt. int. Verb. Mat.-Prüf. 1912 V, S. 2. — Stahl u. Eisen Bd. 32 (1912) S. 1755.

kann die Probe in der freien Länge auch konisch ausgeführt werden, derart daß
die größte Beanspruchung an einer etwas von der Hohlkehle entfernten Stelle
auftritt und über einen kleinen Bereich praktisch gleich groß ist.

Beim Versuch wird die Probe gewöhnlich zwischen den aufeinanderfolgenden
Schlägen um ihre Achse gedreht. Die Drehung beträgt entweder 180°, so daß
die Schläge abwechselnd zwei einander gegenüberliegende Stellen der Probe
treffen, oder 90°, oder die Probe erhält eine größere Zahl (beim Schlagwerk
Krupp z. B. 25) von Schlägen gleichmäßig über den Umfang verteilt. Bei der
Probe in Abb. 34 erfolgt die Drehung durch einen Mitnehmer, der in die
Bohrung b eingreift; die Durchbiegung der Probe beim Schlag darf durch den Mit-
nehmer nicht behindert werden.

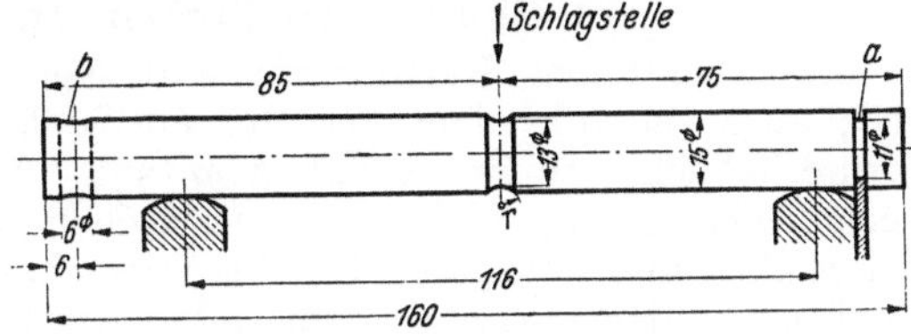

Abb. 34. Probenform für Dauerschlagbiegeversuche.

Für Versuche bei höheren
Temperaturen umgaben SCHULZ-
PÜNGEL[1] die Probe mit einem
wärmeisolierten Kasten, in den
Silitstäbe zum Erhitzen eingesetzt
waren. Der Bär erhielt einen
zylindrischen Fortsatz aus gehärtetem Stahl, der mit geringem
Spiel durch einen rohrförmigen Ansatz des Kastens ging, so daß der Zutritt
von kalter Luft möglichst verhindert war. Ähnliche Anordnungen verwendeten
MÜLLER-LEBER[2] und KÜHLE[3].

b) Einfluß der Versuchsdurchführung.

Bei gleicher *Schlagstärke* ergibt ein schwerer Bär mit kleiner Fallhöhe eine
stärkere Wirkung (größere Durchbiegung, kleinere Bruchschlagzahl) als ein
leichterer Bär aus größerer Fallhöhe[4,5,6].

Über den Einfluß der *Schnelligkeit der Schlagfolge*[7] liegen widersprechende
Ergebnisse vor[1]. NUSBAUMER[8] erhielt für Stahl mit 140 Schlägen je Minute
niedrigere Bruchschlagzahlen als mit 80 Schlägen je Minute; der Unterschied
zeigte sich bei schwachen Schlägen stets und deutlich, bei starken Schlägen trat
vereinzelt das Gegenteil ein. Ähnliche Ergebnisse erhielt GUILLET[9].

Kürzere *Pausen* während des Versuches scheinen ohne Einfluß zu sein;
längere Pausen (nach je $1/5$ bis $1/2$ der Bruchschlagzahl) erhöhten die Bruchschlagzahl eines weichen Stahles um 10 bis 27%; wahrscheinlich spielen hierbei aber
Alterungsvorgänge mit[1,3].

Versuche über den Einfluß der *Drehung der Probe* nach jedem Schlag an
Proben mit Rundkerb aus einem Chrom-Nickel-Stahl ergaben folgende
Werte[2]:

[1] SCHULZ, E. H. u. W. PÜNGEL: Werkst.-Aussch. Ver. dtsch. Eisenhüttenleute Ber.
Nr. 40 (1924).
[2] MÜLLER, W. u. H. LEBER: Z. VDI Bd. 65 (1921) S. 1089; Bd. 66 (1922) S. 116, 543;
Bd. 67 (1923) S. 357. — MÜLLER, W.: Forsch.-Arb. VDI Heft 247 (1922).
[3] KÜHLE, A.: Einfluß des Alterns und Blaubruches auf die Dauerschlagprobe. Dr.-Ing.-
Diss. Braunschweig 1927.
[4] Vgl. Fußnote 1, S. 131.
[5] Vgl. Fußnote 2, S. 131.
[6] BEILHACK, M.: Forsch.-Arb. VDI Heft 354 (1932).
[7] Zu beachten ist, daß die Schlagwerke, bei denen der durch einen Hubdaumen an-
gehobene Bär frei herabfällt, in der Schnelligkeit der Schlagfolge Beschränkungen nach
oben und unten unterliegen.
[8] NUSBAUMER, E.: Rev. Métall. Bd. 11 (1914) S. 1133.
[9] GUILLET, L.: Rev. Métall. Bd. 18 (1921) S. 96, 755.

Zahlentafel 4.

Drehung der Probe nach jedem Schlag	0	180°	90°	$\frac{360°}{25}$
Bruchschlagzahl	20987	8111	14280	12971
Verhältnis	**100**	39	68	62
Schläge auf jede Schlagstelle	20987	4056	3570	519
Verhältnis	**100**	19	17	2,5

Die Beanspruchung mit 180° Drehung ist also am ungünstigsten bezüglich der Gesamtschlagzahl.

c) Einfluß von Probenform und Bearbeitung.

Mit wachsender Kerbschärfe und Kerbtiefe nimmt die Dauerhaltbarkeit ab[1]; auch die mit einer bestimmten Schlagstärke erhaltene Bruchschlagzahl wird erheblich vermindert (vgl. Abb. 33). Wie Müller-Leber[2] für Proben mit verschieden großen Hohlkehlen feststellen, erstreckt sich diese Verminderung der Schlagzahl nur auf den Teil des Versuches bis zum ersten Anriß, während die Zahl der Schläge zwischen dem ersten Anriß und dem völligen Bruch praktisch gleich bleibt. Der Einfluß der Bearbeitungsriefen im Kerbgrund verwischt sich mit steigender Kerbschärfe[1]; durch Ätzen mit verdünnter Säure können die Riefen ausgerundet werden, wodurch die Schlagzahl wächst und die Streuung bei Wiederholungsversuchen abnimmt[3,4]. So ergaben sich z. B. für Proben nach Abb. 34 aus weichem Kohlenstoff-Stahl je nach der Bearbeitung des Kerbs folgende Schlagzahlen: gedreht 6711, poliert 8180, poliert und geätzt 10413. Die letzte Zahl ist um 55% größer als die erste; wie in Abschn. 7 erwähnt wurde, läßt sich aber hieraus nicht auf die Größe des Unterschiedes in der Dauerhaltbarkeit schließen.

d) Einfluß der Versuchstemperatur.

Nach Versuchen an Stahl sinkt mit steigender Temperatur die Schlagzahl etwas, steigt dann zwischen 150° und 250° auf einen Höchstwert an und fällt bei noch höheren Temperaturen verhältnismäßig schnell ab[5]. Der in Abschn. 1, h erörterte Einfluß der Versuchsgeschwindigkeit auf den Temperaturbereich des Größt- und Kleinstwertes der Schlagzahl tritt hier nicht so klar hervor; wahrscheinlich, weil Kerbzähigkeit und Festigkeit gleichzeitig zur Geltung kommen; eine Beobachtung der Brucherscheinungen könnte hier weiteren Aufschluß geben.

e) Beziehung zwischen Bruchschlagzahl (Dauerschlaghaltbarkeit) und anderen Festigkeitseigenschaften.

Stanton und Bairstow[6] ermittelten für 9 Stähle mit 33 bis 74 kg/mm² Zugfestigkeit die Wöhler-Kurven beim Dauerschlagbiegeversuch und bestimmten daraus die Schlagstärken, die den Bruch nach einer bestimmten Schlagzahl herbeiführten. Sie stellten dabei fest, daß die zu einer großen Schlagzahl gehörenden Schlagstärken sich etwa wie die Zugfestigkeiten der Stähle verhielten; die zu einer kleinen Schlagzahl gehörenden Schlagstärken verhielten sich dagegen wie die beim Ein-Schlag-Versuch ermittelten Kerbzähigkeiten der Stähle. Diese verschiedenartige Bewertung zeigt sich natürlich auch bei Vergleichen auf Grund der Bruchschlagzahl, wenn diese einmal mit großer und

---

[1] Ludwik, P.: Z. öst. Ing.- u. Archit.-Ver. Bd. 81 (1929) S. 403.
[2] Vgl. Fußnote 2, S. 169.
[3] Kändler, H.: Z. techn. Phys. Bd. 5 (1924) S. 150. — Kändler, H. u. E. H. Schulz: Werkst.-Aussch. Ver. dtsch. Eisenhüttenleute Ber. Nr. 48 (1924).
[4] Sackmann, E.: Masch.-Bau Betrieb 1926, Sonderheft Zerspanung, S. 30.
[5] Vgl. Fußnote 1—3, S. 169.   [6] Vgl. Fußnote 9, S. 167.

einmal mit kleiner Schlagstärke ermittelt wird. Diese Abhängigkeit der Bewertung verschiedener Werkstoffe von den Versuchsbedingungen muß stets beachtet werden; sie gibt die Erklärung für manche sich widersprechenden Beobachtungen und Ergebnisse.

Abb. 35 zeigt die mittleren Ergebnisse von Dauerschlagbiegeversuchen mit gleicher Schlagstärke an verschiedenen Stahlsorten[1]. Bei den Proben mit Rundkerb nimmt mit steigender Streckgrenze die Bruchschlagzahl erst langsam, dann immer rascher zu[2]. Bei den Proben mit Scharfkerb nimmt die Schlagzahl mit steigender Streckgrenze nur wenig zu, oberhalb einer gewissen Festigkeit sogar wieder ab; für diese Probenform war die angewendete Schlagstärke zu groß, der Einfluß der mit steigender Härte des Stahles abnehmenden Kerbzähigkeit verdeckt hier den Einfluß der wachsenden Festigkeit[3].

MÜLLER-LEBER[4] fanden für Stähle mit 0,1 bis 1,3% C im geglühten Zustand eine Abnahme der Bruchschlagzahl mit steigendem Kohlenstoffgehalt (steigender Festigkeit); auch hier war die Schlagstärke zu groß, die (niedrigen) Schlagzahlen gehen nicht parallel mit der Dauerhaltbarkeit sondern mit der Kerbzähigkeit. Im vergüteten Zustand nahm die Schlagzahl zu bis zu 0,6% C und fiel dann — infolge der abnehmenden Kerbzähigkeit — wieder ab. Legierte Stähle zeigten dagegen für die gleiche Schlagstärke eine stetige Zunahme der Schlagzahl mit wachsender Zugfestigkeit. Dieser entgegengesetzte Einfluß von wachsender Festigkeit und abnehmender Kerbzähigkeit erklärt auch, daß vergütete Stähle bei einer mittleren Anlaßtemperatur einen Höchstwert der Schlagzahl zeigen können[4, 5].

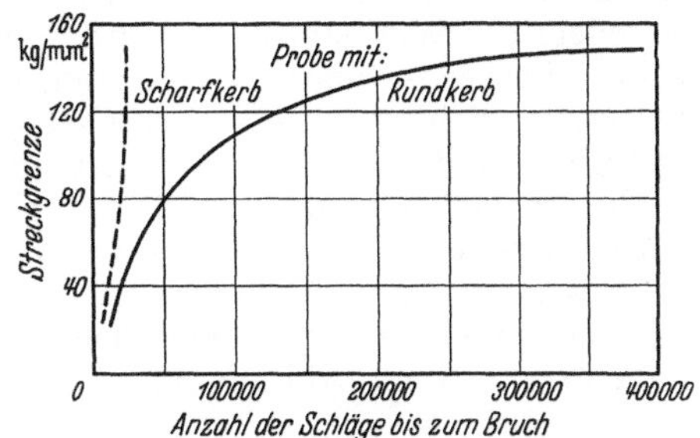

Abb. 35. Mittlere Bruchschlagzahlen von verschieden harten Stählen in Abhängigkeit von der Streckgrenze. (Nach F. RITTERSHAUSEN und F. P. FISCHER.) Dauerschlagwerk Bauart Krupp: Bärgewicht 4,185 kg, Fallhöhe 30 mm, Probenform nach Abb. 34. Drehung der Probe nach jedem Schlag um 360/25°.

Bei gleicher Festigkeit ergibt ein Stahl mit kleinerer Kerbzähigkeit eine niedrigere Bruchschlagzahl als ein Stahl mit hoher Kerbzähigkeit[6, 7, 8]. Im Gegensatz zu den obenerwähnten Beobachtungen von MÜLLER-LEBER an Stählen mit verschiedener Festigkeit beruht der Unterschied hier darauf, daß die Zahl der Schläge bis zum ersten Anriß etwa gleich ist, daß aber die Zahl der Schläge zwischen dem ersten Anriß und dem Bruch mit sinkender Kerbzähigkeit abnimmt. Dauerschlagbiegeversuche ermöglichen also — bei nicht zu schwachen Schlägen — auch den Nachweis von Anlaßsprödigkeit; das Verhältnis der Schlagzahlen ist aber niedriger als das der Kerbzähigkeiten, wie z. B. folgende Ergebnisse von BISCHOF[9] zeigen.

---

[1] RITTERSHAUSEN, F. u. F. P. FISCHER: Krupp. Mh. Bd. 1 (1920) S. 93.

[2] Zwischen dieser Abhängigkeit in Abb. 35 und der Zunahme der Schlagzahl mit abnehmender Schlagstärke (vgl. Abb. 32) besteht ein innerer Zusammenhang.

[3] MOORE, H. F. u. M. T. JASPER [Univ. Illinois. Engng. Exper. Stat. Bull. Nr. 124 (1921) u. Nr. 142 (1923)] fanden ebenfalls eine Zunahme der Schlagzahl mit steigender Zugfestigkeit. In allen Fällen, wo die Schlagzahl weit unter dem der Festigkeit entsprechenden Durchschnittswert lag, zeigte der Stahl auch eine wesentlich niedrigere Kerbzähigkeit als Stähle gleicher Festigkeit, deren Schlagzahl dem Durchschnittswert entspricht.

[4] Vgl. Fußnote 2, S. 169.

[5] KNOWLTON, H. B.: Trans Amer. Soc. Met. Bd. 25 (1937) S. 260.

[6] Vgl. Fußnote 8, S. 169.

[7] GREAVES, R. H.: Metallurgist, 28. Juni 1929, S. 88.

[8] FORCELLA, P.: Welt-Ing.-Kongreß Tokio 1929 III 1, S. 583.

[9] BISCHOF, W.: Arch. Eisenhüttenw. Bd. 8 (1935) S. 293.

Zahlentafel 5.

Zustand des Stahles	Kerb-zähigkeit mkg/qcm²	Arbeit beim stat. Kerbbiegevers. mkg/qcm²	Schlagzahl beim Dauerschlag-biegeversuch
Zäh.	18,2	21,6	19 400
Anlaßspröde.	0,3	0,8	11 250

f) Weitere Versuchsergebnisse.

Durch Altern kann bei Stahl die Kerbzähigkeit stark absinken, während Streckgrenze und Zugfestigkeit zunehmen. Je nachdem der Einfluß der Kerbzähigkeit oder der Festigkeit überwiegt, kann die Schlagzahl ab- oder zunehmen [1, 2, 3, 4].

Aus Versuchen an Leichtmetallen schließt Wagner[5] auf eine Verschiedenheit zwischen Dauerbiegeversuchen mit stoßweiser und nicht stoßweiser Beanspruchung, weil die Dauerfestigkeit bei nicht stoßweiser Beanspruchung durch Veredeln des Werkstoffes wesentlich weniger erhöht wurde als die Bruchschlagzahl. Hierbei ist aber zu beachten, daß nach Abb. 35 die Schlagzahl für eine bestimmte Schlagstärke viel rascher wächst als die Festigkeit (und die Schwingungsfestigkeit). Soweit man dies aus den von Wagner angegebenen Schlagzahlen schließen kann, wächst dagegen die Dauerschlaghaltbarkeit durch Veredeln etwa verhältnisgleich mit der Zugfestigkeit.

Besonders hohe Schlagzahlen ergeben sich für Stähle, die aus dem Einsatz gehärtet sind oder durch Versticken (Nitrieren) eine Oberflächenhärtung erhalten haben[6, 7, 8]. Nach Abb. 35 ist dies verständlich.

g) Anwendung.

Wie erwähnt, gibt für gleichartige Werkstoffe die Dauerschlaghaltbarkeit eine ähnliche Bewertung wie die Dauerfestigkeit für nicht stoßweise Beanspruchung[9, 10]. Von Lessels ist der Dauerschlagbiegeversuch mit nur einer Schlagstärke als Abkürzungsverfahren an Stelle des Dauerversuches mit stoßfreier Wechselbelastung vorgeschlagen worden, wobei die Schlagstärke so gewählt werden soll, daß nicht zu kleine Bruchschlagzahlen (mindestens 80 000) erhalten werden. Da man sich aber wegen der nicht unerheblichen Streuung beim Dauerschlagversuch nicht mit der Prüfung einer einzelnen Probe begnügen darf, bietet das Verfahren zeitlich keinen Vorteil. Außerdem ist die mit stoßfreier Wechselbeanspruchung gewonnene Dauerfestigkeit nicht in dem Maße nur eine reine Vergleichszahl wie die Dauerschlaghaltbarkeit. Es ist auch nicht möglich, Werkstoffe mit sehr verschiedener Festigkeit durch Versuche mit nur einer Schlagstärke einwandfrei zu vergleichen, da je nach dem Verhältnis zwischen Schlagstärke und Festigkeit entweder die Kerbzähigkeit oder die Festigkeit für die Höhe der Schlagzahl maßgebend wird. Diese Eigenart des Dauerschlagbiegeversuches muß bei der Beurteilung seiner Ergebnisse stets beachtet werden. So kann der abgekürzte Dauerschlagbiegeversuch ein brauchbares Bewertungsmaß der Werkstoffe z. B. dann geben, wenn im Betrieb auch vereinzelte stärkere Stöße auftreten, so daß möglichst gute Dauerfestigkeit und gleichzeitig gute Schlagfestigkeit erwünscht ist.

---

[1] Vgl. Fußnote 2, S. 131.   [2] Vgl. Fußnote 3, S. 169.   [3] Vgl. Fußnote 9, S. 169.
[4] Ludwik, P. u. R. Scheu: Z. VDI Bd. 67 (1923) S. 122.
[5] Wagner, R.: Ber. Inst. mech. Technol. u. Mat.-Kde. Techn. Hochsch. Berlin. Heft 1 (1928).
[6] Vgl. Fußnote 1, S. 169.   [7] Örtel, W.: Stahl u. Eisen Bd. 43 (1923) S. 494.
[8] Fry, A.: Krupp. Mh. Bd. 7 (1926) S. 17.   [9] Vgl. Fußnote 2, S. 168.
[10] Lessells, J. M.: Trans. Amer. Soc. Steel Treat. Bd. 4 (1923) S. 536.

Nicolau[1] empfahl den Dauerschlagbiegeversuch zur Prüfung von Gußeisen; er erhielt für verschiedene Gußeisensorten Unterschiede von 20% in der statischen Biegefestigkeit, von 22% in der Größe der Bruchdurchbiegung bei statischer Biegung, von 25% in der Höhe der Brucharbeit beim Ein-Schlag-Biegeversuch, dagegen 400% in den Schlagzahlen beim Dauerschlagversuch. Es darf hierbei aber nicht vergessen werden, daß diese Unterschiede in der Schlagzahl nicht entfernt verhältnisgleich mit den Unterschieden der Dauerschlaghaltbarkeit sind, und daß dabei auch der bei Gußeisen wechselnde Elastizitätsmodul eine Rolle spielt.

3. Dauerschlagzugversuche.

a) Allgemeines.

Trotzdem die Beanspruchungsverhältnisse bei Zugbeanspruchung übersichtlicher sind als bei Biegung und eine Bezugnahme der Schlagarbeit auf das verformte Volumen zulassen (vgl. Abschn. A 2), sind Versuche mit oftmals wiederholtem stoßweisem Zug verhältnismäßig selten durchgeführt worden. Erst in neuerer Zeit werden Dauerschlagzugversuche etwas häufiger vorgenommen, insbesondere zur Prüfung von Schrauben[2,3]. Im übrigen gilt für den Dauerschlagzugversuch das in Abschn. B 1 für den Dauerschlagbiegeversuch Gesagte.

b) Versuchsvorrichtungen.

Versuche mit wechselndem Zug-Druck scheinen bisher nur von Stanton und Bairstow[4] durchgeführt worden zu sein. Die von ihnen verwendete Einspannvorrichtung für die Probe (Abb. 36) wird nach jedem Schlag durch Zugstangen, die die Zapfen Z umfassen, von der Schabotte abgehoben, dann durch einen Hebel, der ebenfalls an Z angreift, um 180° um die Zapfenachse gedreht und wieder auf die Schabotte aufgesetzt. Der Fallbär H hat zwei Schlagflächen (s. Schnitt $a—a$); er wird von einem Hubdaumen angehoben und schlägt infolge der beschriebenen Drehung der Spannvorrichtung abwechselnd auf die beiden Stirnflächen des Stückes A.

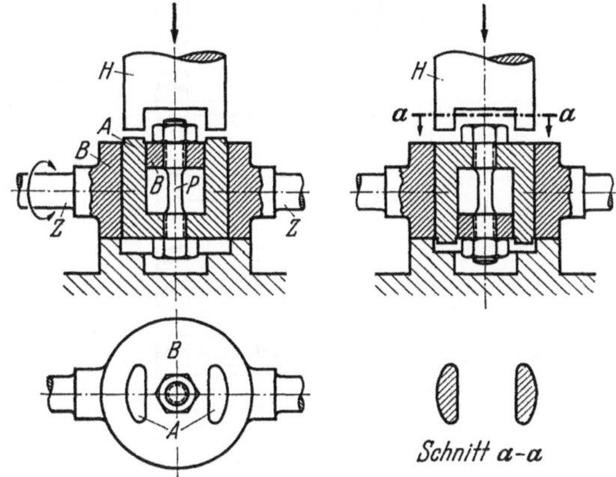

Abb. 36. Vorrichtung für Wechselschlag-Zug-Druckversuche. (Nach T. F. Stanton und L. Bairstow.)

Smith und Warnock[5] führten Dauerversuche nach dem Prinzip der Abb. 6 II aus. Das wiederholte Anheben der Teile $B—P—Q$ geschah durch eine von einem Kurbeltrieb betätigte Winde; die Kupplung zwischen Hubseil und Querstück Q und ihre Lösung nach Erreichen einer einstellbaren Fallhöhe erfolgte selbsttätig. Wichtig sind hierbei gleichmäßiges Aufschlagen von Q auf die beiden Widerlager sowie genügende Größe und Härte der Schlagflächen (vgl. Abschn. A 2).

Die im Staatlichen Materialprüfungsamt der Technischen Hochschule Darmstadt ausgebildeten Maschinen für Dauerschlagzugversuche an Schrauben[3]

[1] Nicolau, P.: Rev. Métall. Bd. 31 (1934) S. 159.

[2] Lehmann, R.: Die Dauerschlagfestigkeit der Schraubenverbindungen. Dr.-Ing.-Diss. Dresden 1931.

[3] Staedel, W.: Forsch. Ing.-Wes. Bd. 3 (1932) S. 106. — Staedel, W. u. A. Thum: Masch.-Bau Betrieb Bd. 11 (1932) S. 230, 915.

[4] Vgl. Fußnote 9, S. 167.

[5] Smith, J. H. u. F. V. Warnock: J. Iron. Steel Inst. Bd. 116 (1927) II, S. 323.

arbeiten nach dem Prinzip der Abb. 6, I; das Bärgewicht wird durch einen Hubdaumen angehoben und wieder freigegeben; die Fallhöhen sind verhältnismäßig klein.

c) Probenform.

Soweit es sich um die Prüfung der Werkstoffe selbst handelt, gilt für die Probenform das in Abschn. A 2, c Gesagte. Bei der Prüfung von Schrauben ist der Versuchszweck maßgebend.

d) Versuchsergebnisse.

Der Übergang vom Verformungsbruch mit Dehnung und Einschnürung bei großer Schlagstärke (kleiner Bruchschlagzahl) zum verformungslosen Bruch (bei

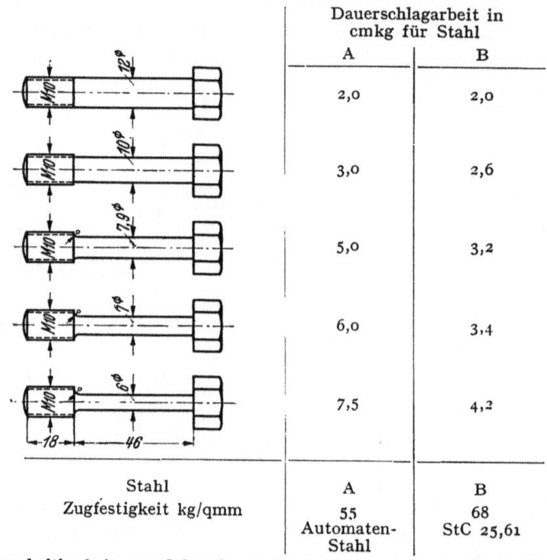

	Dauerschlagarbeit in cmkg für Stahl	
	A	B
	2,0	2,0
	3,0	2,6
	5,0	3,2
	6,0	3,4
	7,5	4,2

Stahl	A	B
Zugfestigkeit kg/qmm	55	68
	Automaten-Stahl	StC 25,61

Abb. 37. Dauerhaltbarkeit von Schrauben beim Schlagzugversuch. (Nach W. Staedel.)

großer Bruchschlagzahl) scheint beim Dauerschlagzugversuch schärfer in Erscheinung zu treten als beim Dauerschlagbiegeversuch. Solange dieser Übergang nicht erfolgt, ergeben sich beim Schlagversuch häufig höhere Einschnürungs- und Dehnungswerte als beim statischen Zerreißversuch.

Die aus Wöhler-Kurven ermittelte Dauerschlaghaltbarkeit von ungekerbten Proben ergibt für Stähle die gleiche Bewertung, wie sie auch bei Dauerversuchen ohne stoßweise Beanspruchung oder auch bei Dauerschlagbiegeversuchen erhalten wird; im Durchschnitt ist also auch hier die statische Zugfestigkeit ausschlaggebend.

Der Einfluß, den die Größe des verformten Volumens auf die Höhe der Dauerhaltbarkeit hat (vgl. Abschn. B 1), tritt beim Dauerschlagzugversuch besonders klar hervor (Abb. 37). Er führte zur Entwicklung der sog. Dehnschraube, bei der durch elastische Nachgiebigkeit des Schaftes die auftretenden Stoßkräfte, insbesondere im Gewinde, gemildert werden[1]. Die Versuche an Schrauben haben insbesondere die Wichtigkeit einer genügend großen Vorspannung gezeigt.

---

[1] Vgl. Fußnote 8, S. 167.

III. Festigkeitsprüfung bei schwingender Beanspruchung.

Von **A. Thum**, Darmstadt.

A. Ermüdung und ihre Ursachen.

Unter Ermüdung eines Werkstoffes versteht man die Erscheinung, daß der Werkstoff bzw. ein Bauteil eine gewisse Belastung nicht beliebig oft ertragen kann. Selbst bei Belastungen unterhalb der Streckgrenze, bei denen keine plastischen Verformungen wahrnehmbar sind, können bei gleichbleibender Höchstlast nach einer mehr oder weniger hohen Zahl von Belastungen und Entlastungen Brüche auftreten.

1. Gleitvorgänge bei Dauerbeanspruchung.

Während sich bei zügiger Beanspruchung (z. B. Zerreißversuch) die Verformung nur in einer Richtung ändert, ist bei wechselnder Beanspruchung der Verformungszustand in jedem Zeitpunkt ein anderer. Die Verformungen können dabei sowohl veränderliche Größe als auch veränderliche Richtung haben. Solange die Änderungen des Verformungszustandes von den Kristallgittern des Werkstoffes noch rein elastisch aufgenommen werden können, sind sie vollkommen ungefährlich. Von den Kristallen können sogar noch geringe plastische Wechsel des Verformungszustandes aufgenommen werden, ohne daß eine Bruchgefahr besteht[1]. Dabei setzt sich, wie bei allen plastischen Verformungen, die Formänderungsarbeit in Wärme um.

Ähnlich wie bei zügiger plastischer Verformung ist auch bei wechselnden plastischen Verformungen eine Verfestigung zu bemerken. Diese Verfestigung ist bei wechselnder Beanspruchung nicht nur von der Größe der plastischen Verformungsänderungen, sondern auch von deren Anzahl abhängig. Mit der Verfestigung geht bei plastischen Formänderungen auch noch eine schädigende Wirkung einher, die gleichfalls durch die Größe der Gleitungen und deren Anzahl bedingt ist[2]. Die inneren Vorgänge, die zu dieser Schädigung führen, sind noch wenig bekannt. Man nimmt an, daß die Trennfestigkeit als Folge einer zerrüttenden Wirkung der wechselnden Gleitungen allmählich so weit absinkt, bis sie schließlich der aufgebrachten Beanspruchung nicht mehr gewachsen ist und ein Bruch eintritt. Man nennt diese schädigende Wirkung daher Gleitzerrüttung oder auch Ermüdung. Dabei äußert sich der Bruch im allgemeinen nicht wie beim Zerreißversuch als plötzlicher Durchbruch eines ganzen Teiles, er kann an einer örtlich begrenzten Stelle, ja sogar in mikroskopisch kleiner Ausdehnung entstehen, wenn nur an dieser einen Stelle die Gleitungen groß genug waren.

Bleibt der Gleitungsbetrag unter einer bestimmten Größe, die man „Grenzgleitung" nennt, so überwiegt die verfestigende Wirkung die zerrüttende Wirkung, es tritt auch nach beliebiger Dauer kein Bruch ein. Eine Bruchgefahr ist erst

---

[1] Thum, A. u. W. Bautz: Steigerung der Dauerhaltbarkeit von Formelementen durch Kaltverformung. Mitt. Mat.-Prüf.-Anst. Darmstadt, Heft 8. Berlin: VDI-Verlag 1936.

[2] Russell, H. W. u. W. A. Welcker: Proc. Amer. Soc. Test. Mater. Bd. 36 (1936) Teil 2, S. 118.

dann vorhanden, wenn die Größe der wechselnden Gleitungen die Grenzgleitung überschreitet, da dann die zerstörende Wirkung der wechselnden Gleitung deren verfestigende Wirkung übersteigt. Die Größe dieser Grenzgleitung ist von der Art des Werkstoffes, von vorhandenen Lockerstellen im Gefüge und auch vom Spannungszustand abhängig, sie ist demnach nicht nur vom Werkstoff, sondern auch von der Belastungsart und von der Gestalt eines Teiles bestimmt. Genaue Messungen zu ihrer Bestimmung liegen bisher noch nicht vor.

Bei geringem Überschreiten der Grenzgleitung durch die wechselnden Gleitungen ist das Übergewicht der schädigenden Wirkung nur gering. Das Auftreten des ersten Anrisses an Lockerstellen im Gefüge erfolgt erst nach einer größeren Zahl wechselnder Gleitungen. Nach dem Auftreten des ersten Anrisses entsteht jedoch infolge der Kerbwirkung ein geänderter Spannungszustand mit großen Spannungserhöhungen an den Enden des Anrisses. Der Bruch schreitet daher in den Nachbarzonen schneller fort, wobei für die Geschwindigkeit des Bruchfortschrittes maßgebend ist, ob das Werkstück durch wechselnde Lasten oder wechselnde Zwangsverformungen beansprucht wird. Da der endgültige Bruch erst nach vielen Gleitungen, also meist auch erst nach längerer Beanspruchungsdauer auftritt, wurde es üblich, ihn Dauerbruch zu nennen.

In der Umgebung von solchen Dauerbrüchen kann man in Schliffbildern zuweilen ähnliche Gleitlinien im Gefüge wahrnehmen, wie sie bei plastischer, zügiger Verformung auftreten. Je größer die wechselnden Gleitungen sind, um so größer ist ihre schädigende Wirkung, um so geringer ist demnach die bis zum ersten Anriß ertragene Zahl von Lastspielen.

Abb. 1. Dauerbruch (glatt) und Restbruch (mit Verformungsspuren).

2. Dauerbruch.

Im Gegensatz zum Gewaltbruch hat der Dauerbruch selbst immer das Aussehen eines Trennbruches, das heißt an der Dauerbruchfläche sind makroskopisch keinerlei Verformungen wahrzunehmen. Dies scheint zunächst merkwürdig, da doch der Dauerbruch durch Gleitungen, also durch plastische Formänderungen verursacht wird. Es ist aber verständlich, wenn man bedenkt, daß die Gleitungen, die den Dauerbruch verursachen, sehr klein sind und dazu ihre Richtung dauernd ändern.

Häufig zeigt die Bruchfläche beim Dauerbruch so ausgeprägte Merkmale, daß es sich leicht feststellen läßt, ob ein Dauerbruch vorliegt[1]. Bei Zug- und Biegebeanspruchung zeigen sich bei fast allen Stählen zwei deutlich unterscheidbare Zonen auf der Bruchfläche:

1. eine glatte, zuweilen blank gescheuerte, äußerst feine Zone, der eigentliche Dauerbruch, und

2. eine grobe, kristalline, zerklüftete und teilweise sogar bleibend verformte Zone, der sog. Restbruch (Abb. 1).

---

[1] Oschatz, H.: Gesetzmäßigkeiten des Dauerbruchs und Wege zur Steigerung der Dauerhaltbarkeit gekerbter Konstruktionen. Mitt. Mat.-Prüf.-Anst. Darmstadt, Heft 2. Berlin: VDI-Verlag 1933.

Die bleibenden Verformungen am Restbruch sind dadurch zu erklären, daß dieser zuletzt unter der Wirkung weniger oder sogar nur eines einzigen Lastanstieges infolge hoher Überbeanspruchung entstanden ist. Die glatte Dauerbruchzone ist ein sicheres Erkennungsmerkmal, denn sie ist beim Gewaltbruch nie vorhanden.

Oftmals zeigt die Dauerbruchfläche infolge Beanspruchungspausen oder Änderungen des größten Spannungsausschlages noch eine jahresringartige Zeichnung, sog. Rastlinien. Diese sind stets ein untrügliches Erkennungsmerkmal für den Dauerbruch. An Hand ihres Verlaufes ist leicht zu erkennen, wo der Bruch angesetzt hat und wie er von da aus fortgeschritten ist (Abb. 2).

Ein augenfälliges Abweichen von diesen Erscheinungen findet man bei Gußeisen[1]. Das Gußeisen ist sehr inhomogen, da es von einer großen Zahl mehr oder minder stark ausgeprägter Graphitadern durchsetzt ist. Diese Graphitadern wirken, da sie kaum Zugbeanspruchung übertragen können, wie feine innere Kerben. Durch diese wird die Dauerfestigkeit des stahlähnlichen Grundgefüges stark herabgesetzt. Wenn die Grenzgleitung überschritten ist, entstehen an einer großen Zahl dieser Kerben, besonders am

Abb. 2. Dauerbruch mit ausgeprägter Rastlinienbildung.

Rande, kleine Anrisse. Diese verschiedenen Bruchansätze vereinigen sich, wodurch schließlich die Dauerbruchzone ziemlich zerklüftet erscheint (Abb. 3). Von dem hügeligen Dauerbruch hebt sich der Restbruch dadurch ab, daß er wesentlich glatter ist.

Bei Verdrehbeanspruchung beginnt der Dauerbruch meist unter 45° zur Stabachse[2]. Er verläuft dann je nach der Schubempfindlichkeit des Werkstoffes und dem Grad der Überlastung mehr nach der Faserrichtung des Werkstoffes bzw. der Achsenrichtung hin oder auch senkrecht dazu. Diese Vielgestaltigkeit ist dadurch

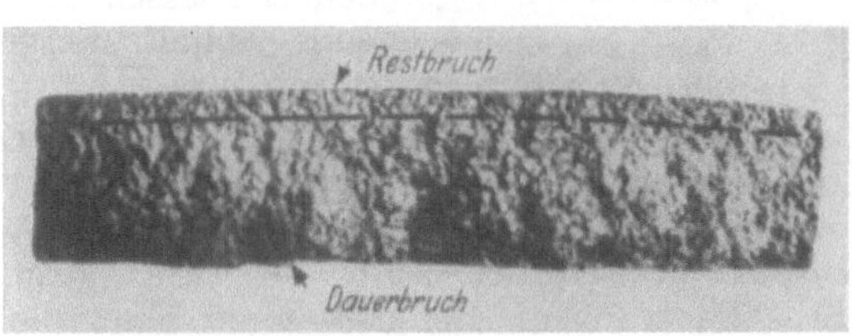

Abb. 3. Dauerbruch bei Gußeisen. Hügelige Dauerbruchfläche, glatte Restbruchfläche.

bedingt, daß bei Verdrehbeanspruchung die größten Schubspannungen ebenso groß wie die größten Normalspannungen sind. Daher kann der Verdrehdauerbruch sehr viele Formen annehmen, und es gehört einige Erfahrung dazu, diese Brüche zu deuten.

In manchen Fällen ist es möglich, bei Anrissen mikroskopisch nachzuweisen, ob ein Dauerbruch vorliegt, oder ob der Bruch durch andere Umstände wie z. B. Korngrenzenkorrosion oder zwischenkristalline Brüchigkeit bedingt ist. Der gewöhnliche Dauerbruch geht in der Regel durch die Kristalle hindurch und nicht entlang der Korngrenzen.

---

[1] MEYERCORDT, F.: Diss. Darmstadt 1937.
[2] THUM, A.: Forsch. Ing.-Wes. Bd. 9 (1938) S. 57.

Der Ausgangspunkt eines Dauerbruchs liegt, von wenigen Ausnahmen abgesehen, stets an der Oberfläche des gefährdeten Teiles. Es wurde beobachtet, daß der Bruch stets an einer der folgenden Stellen angefangen hat:

1. an Fehlstellen des Werkstoffes, z. B. Randentkohlungen, Schlackenzeilen, Seigerungen usw.

2. an Oberflächenverletzungen durch spanabhebende Bearbeitung, z. B. Schleifspuren, Drehriefen usw.

3. an konstruktiv bedingten Kerben, z. B. Ölbohrungen, Keilnuten, Wellenabsätzen usw. Diese konstruktiven Kerben bilden immer Gefahrenstellen für das Auftreten von Dauerbrüchen, da sie sich nicht vermeiden lassen, und häufig noch Oberflächeneinflüsse mit hinzukommen.

4. an Kraftumlenkstellen aller Art, besonders bei sehr starker Umlenkung, wie z. B. an Schraubenköpfen, Kröpfungen von Kurbelwellen usw.

5. an Einspann-, Nabensitz- und Kraftangriffsstellen. Diese stellen neben den konstruktiv bedingten Kerben am häufigsten Ausgangspunkte für die Entstehung von Dauerbrüchen dar. Bei Einspannbrüchen sind die Ansatzstellen des Bruches oft auf den ganzen Umfang verteilt, wodurch der Bruch am Rande ein etwas zerklüftetes Aussehen bekommen kann.

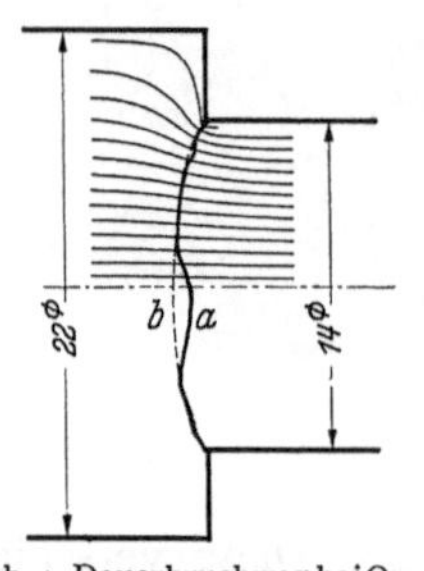

Abb. 4. Dauerbruchweg bei Querschnittsübergängen. *a* Bruchweg. *b* Normalkurve zu den Spannungslinien. Der Dauerbruchansatz folgt der Normalkurve, der Restbruch kann davon abweichen.

Der Spannungszustand eines Werkstückes ist hauptsächlich von der Art der Beanspruchung (Zug, Biegung, Verdrehung) abhängig. Die Richtung des Anrisses wird außer vom Spannungszustand auch noch von der Bearbeitungsrichtung (Längs- bzw. Querschleifen) bestimmt. Der Anriß bewirkt seinerseits aber wiederum eine Änderung des Spannungszustandes. Für den Bruchweg sind demnach eine ganze Reihe von Einflüssen mitbestimmend, die eine große Vielgestaltigkeit verursachen. Es lassen sich für den Bruchweg jedoch etwa folgende Anhaltspunkte geben:

In allen Fällen, in denen, durch den Spannungszustand bedingt, die Normalspannung größer als die Schubspannung ist (Zug, Biegung), verläuft der Bruch im wesentlichen senkrecht zur Richtung der größten Normalspannung, z. B. bei Umlaufbiegung von Wellen senkrecht zur Wellenachse. Wenn der Spannungszustand nach beiden Seiten der Bruchfläche symmetrisch verläuft, bleibt die Bruchfläche eben. Bei einseitigen Querschnittsänderungen, also unsymmetrischem Spannungszustand, wölbt sich die Bruchfläche in den dickeren Teil hinein (Abb. 4).

Wenn die Normal- und Schubspannungen gleich groß sind, wie dies bei Verdrehbeanspruchungen der Fall ist, ist der Bruchweg mannigfaltig. Bei Werkstücken, die infolge Kerbwirkung oder sehr harten bzw. spröden Werkstoffes nur geringe Verformungen ertragen, verläuft der Verdrehbruch unter 45° zur Achse, während er bei verformungsfähigen Teilen je nach der Oberflächenbearbeitung sowohl längs als auch quer verlaufen kann.

Abweichungen vom normalen Dauerbruchverlauf erfolgen meist dann, wenn in dem Werkstück größere innere Spannungen (Eigenspannungen) vorhanden sind, deren Richtung nicht mit der Richtung der Lastspannungen übereinstimmt. Außerdem können Abweichungen durch die Herstellung des Werkstoffes, wie z. B. Faser- oder Zeilenstruktur durch Schmieden oder Walzen, begründet sein.

B. Dauerfestigkeit und Dauerversuche.
1. Ermittlung der Dauerfestigkeit.
a) Der Begriff Dauerfestigkeit.

Allgemein könnte ein Werkstück dann „dauerfest" genannt werden, wenn es eine beliebig große Zahl von Lastspielen ohne Bruchgefahr erträgt. Es ließe sich also für jede Konstruktion zu einer bestimmten Beanspruchungsart eine Dauerfestigkeit angeben. Es ist zuweilen üblich geworden, den Begriff Festigkeit nur für die an glatten Probestäben ermittelten Werkstoffeigenschaften zu verwenden. Man bezeichnet dann ein Konstruktionsteil zweckmäßigerweise nicht als dauerfest, sondern als dauerhaltbar und spricht demnach bei gekerbten Proben und Formteilen von Dauerhaltbarkeit, während man den Begriff Dauerfestigkeit auf die an glatten Werkstoffproben ermittelten Werte beschränkt.

Die Dauerfestigkeit ist die an glatten Stäben mit polierten Oberflächen ermittelte größte wechselnde Beanspruchung eines Werkstoffes, die gerade noch beliebig lang und oft ertragen werden kann, ohne daß eine Bruchgefahr eintritt. Man drückt dabei den Wert der Dauerfestigkeit als Spannung aus, die nach den

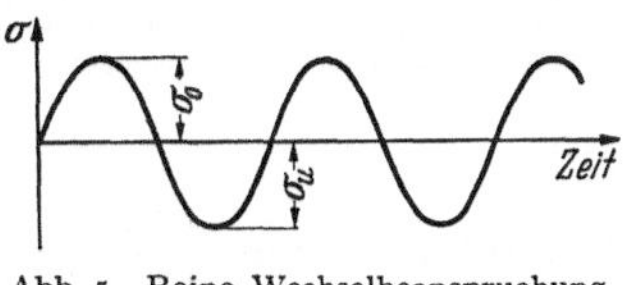

Abb. 5. Reine Wechselbeanspruchung.
$\sigma_m = 0$, $\sigma_u = -\sigma_o = |\sigma_a|$.

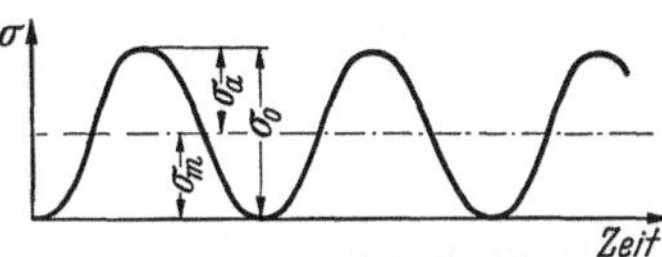

Abb. 6. Ursprungsbeanspruchung.
$\sigma_m = \sigma_a$, $\sigma_u = 0$, $\sigma_o = 2\sigma_m = 2\sigma_a$.

üblichen Formeln der Festigkeitslehre ermittelt wird, z. B. $\sigma = P/F$ für Zug- oder Druckbeanspruchung, $\sigma_b = M_b/W_b$ für Biegebeanspruchung und $\tau = M_d/W_d$ für Verdrehbeanspruchungen

Unter einer Dauerbeanspruchung oder Wechselbeanspruchung versteht man ganz allgemein eine Beanspruchung, die sich irgendwie im Laufe der Zeit zwischen zwei Spannungsgrenzen ändert, wobei die höchsten Spannungen beliebig oft auftreten können. Da es bei einer derartigen Beanspruchung weniger auf den zeitlichen Verlauf der Spannung zwischen den beiden Grenzwerten als auf die Höhe der Grenzwerte selbst ankommt, kann man im allgemeinen eine Wechselbeanspruchung idealisiert als einen etwa sinusförmigen Spannungs- verlauf zwischen den beiden Grenzwerten ansehen. Man bezeichnet dabei die obere Spannungsgrenze als Oberspannung (σ_o) und die untere Spannungsgrenze als Unterspannung (σ_u). Die Differenz beider Spannungen ($\sigma_o - \sigma_u$) wird als Spannungsbreite bezeichnet.

Den allgemeinen Fall einer sich zwischen zwei Grenzen sinusförmig ändernden Be- anspruchung kann man als Überlagerung einer ruhenden Spannung (Mittelspan- nung σ_m) und einer Schwingbeanspruchung mit nach beiden Richtungen gleich gro- ßem Spannungsausschlag (σ_a) ansehen. Man gibt hiernach die Höhe einer Dauer- beanspruchung in der Form $\sigma_d = \sigma_m \pm \sigma_a$ (Zahlenbeispiel $\sigma_d = 15 \pm 10$ kg/mm²) an.

Die wechselnden Beanspruchungen werden allgemein nach der Höhe der Mittelspannung eingeteilt, man erhält folgende Möglichkeiten:

1. Die Mittelspannung ist stets Null (Abb. 5), d. h. der Spannungsausschlag wechselt zwischen entgegengesetzt gleich großen Grenzwerten ($\sigma_o = -\sigma_u$). Man spricht von reiner Wechselbeanspruchung und nennt dies auch kurz *Wechsel- beanspruchung* (σ_w). Wenn der Spannungsausschlag die Höhe der zugehörigen Dauerfestigkeit besitzt, bezeichnet man den Wert als *Wechselfestigkeit* (σ_w).

2. Die Mittelspannung ist gleich dem Spannungsausschlag (Abb. 6), d. h. die Spannung wechselt zwischen einem Größtwert, der gleich dem doppelten

Spannungsausschlag ist, und dem Wert Null ($\sigma_m = \sigma_a$). Man bezeichnet diesen Fall allgemein als reine Schwellbeanspruchung oder als *Ursprungsbeanspruchung* (σ_{ur}). Erreicht die Größe des Spannungsausschlages die Höhe der zugehörigen Dauerfestigkeit bei entsprechender Vorspannung, so spricht man von Schwellfestigkeit oder von *Ursprungsfestigkeit* (σ_{Ur}).

3. Die Mittelspannung ist größer als Null, aber kleiner als der Spannungsausschlag (Abb. 7). Man spricht hier von einer Dauerbeanspruchung im Wechselbereich, da Oberspannung und Unterspannung verschiedenes Vorzeichen haben.

4. Die Mittelspannung ist größer als Null und größer als der Spannungsausschlag (Abb. 8). Diesen Fall nennt man Dauerbeanspruchung im Schwellbereich (oder auch kurz Schwellbeanspruchung) oder auch Dauerbeanspruchung mit höherer Vorspannung.

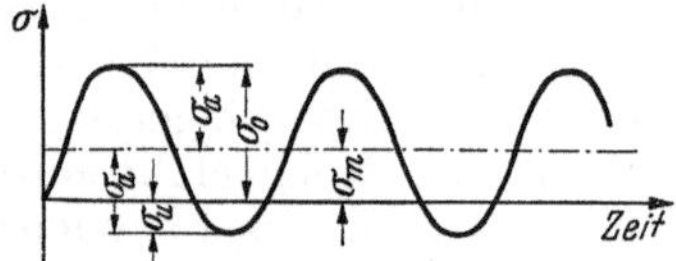

Abb. 7. Dauerbeanspruchung im Wechselbereich.
σ_o und σ_u haben verschiedenes Vorzeichen.

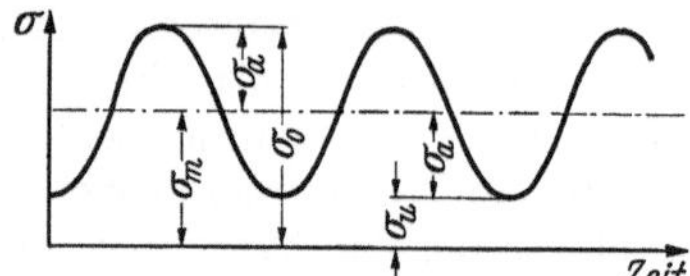

Abb. 8. Dauerbeanspruchung im Schwellbereich.
σ_o und σ_u haben gleiches Vorzeichen.

b) WÖHLER-Kurve.

Zur Bestimmung der Dauerfestigkeit von Werkstoffen werden in den Dauerprüfmaschinen glatte Probestäbe aus dem zu prüfenden Werkstoff mit feinpolierter Oberfläche einer den Betriebsbedingungen der Praxis möglichst ähnlichen wechselnden Beanspruchung unterworfen. Die Änderung der Belastung mit der Zeit erfolgt hierbei sehr häufig nach einer Sinuskurve, da sehr viele umlaufende Teile im Betrieb eine derartige Beanspruchung erfahren. Man belastet den Probestab mit einem bestimmten Spannungsausschlag (Amplitude) bei einer bestimmten Mittelspannung und bestimmt die bis zum Eintreten des Bruches ertragene Lastspielzahl. (In der Prüftechnik wird oft statt „Lastspiel" oder „Lastperiode" der Ausdruck „Lastwechsel" angewandt. Die Anwendung dieses Ausdruckes widerspricht aber dem in der Schwingungstechnik üblichen Gebrauch, es empfiehlt sich daher den Ausdruck „Lastwechsel" zu vermeiden, da erst zwei Lastwechsel eine Lastperiode oder ein Lastspiel ergeben.) Belastet man einen zweiten gleichen Probestab mit einem etwas geringeren Spannungsausschlag, so wird dieser Stab eine größere Anzahl von Lastspielen bis zum Bruch ertragen. Man prüft nun einige weitere Probestäbe mit jeweils geringerem Spannungsausschlag, bis schließlich bei einer bestimmten Belastung nach einer beliebigen Anzahl von Lastspielen kein Bruch mehr eintritt. Es sind also mehrere Probestäbe nötig, um die Dauerfestigkeit zu bestimmen.

Erleichtert wird ihre Ermittlung durch Aufzeichnung der WÖHLER-*Kurve*. Diese stellt den Spannungsausschlag bei bestimmter Mittelspannung als Funktion der bis zum Bruch ertragenen Anzahl der Lastspiele dar (Abb. 9). Auf Grund langer Erfahrungen konnte man feststellen, daß oberhalb einer bestimmten Lastspielzahl bei manchen Werkstoffen kein Bruch mehr auftritt, so daß sich die WÖHLER-Kurve frühzeitig asymptotisch einer Parallelen zur Abszisse nähert. Trägt man für diese Werkstoffe die WÖHLER-Kurve im halblogarithmischen Maßstab nach Abb. 10 auf, so ergibt sich für den vorher hyperbelähnlich verlaufenden Teil der Kurve angenähert eine fallende Gerade, die bei einer Grenzzahl aufhört bzw. nach einem Knick parallel zur Abszisse weitergeht. Bei allen Belastungen unterhalb dieser Parallelen zur Abszisse tritt kein Bruch mehr auf. Den zugehörigen Spannungsausschlag bezeichnet man daher mit Dauerfestigkeit (σ_A).

Da durch den halblogarithmischen Maßstab die niederen Lastspielzahlen sehr
weit auseinandergezogen werden, muß die Kurve auch nach niederen Lastspielzahlen hin einen mehr waagerechten Verlauf annehmen. Dieser Verlauf ist nur
durch die Darstellungsweise bedingt und beim Aufzeichnen der WÖHLER-Kurve
in gleichmäßigem Maßstab nicht beobachtet worden.

Zur Feststellung der Ursprungsfestigkeit geht man oft einen etwas anderen
Weg. Die meisten Maschinen, die für Versuche im Schwellbereich geeignet
sind, können keine reine Ursprungsbelastung auf den Prüfkörper aufbringen.
Die Konstruktion der Einspannung und die Art der Erzeugung der schwingenden
Belastung verlangt im allgemeinen eine bestimmte untere Lastgrenze, die
während des Versuches nicht unterschritten werden darf. Um nun trotzdem bei
Aufnahme der WÖHLER-Kurve einen Wert möglichst nahe an der Ursprungs-
festigkeit zu erhalten, prüft man sämtliche Probestäbe einer Versuchsreihe bei
gleicher Unterspannung σ_u und ändert nur jeweils die Oberspannung σ_o. Als
Unterspannung wählt man den kleinsten Wert, den die Prüfmaschine gerade

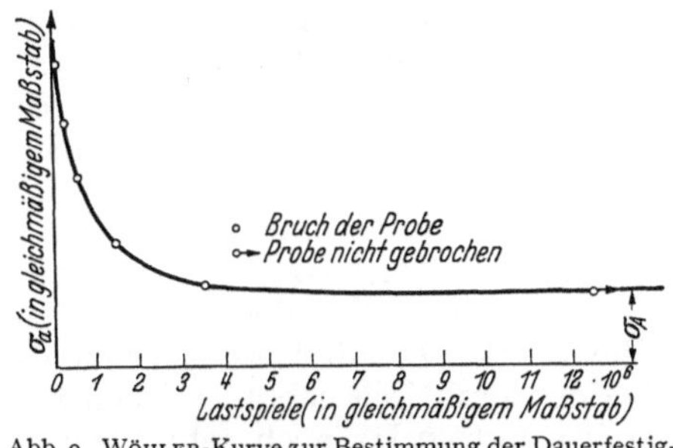

Abb. 9. WÖHLER-Kurve zur Bestimmung der Dauerfestigkeit. (Die WÖHLER-Kurve kann in gleicher Weise für
die Oberspannung σ_o oder die Spannungsbreite $\sigma_o - \sigma_u$
aufgezeichnet werden.)

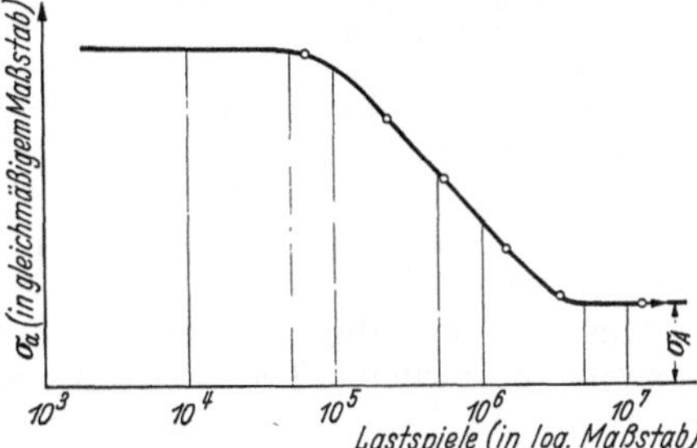

Abb. 10. Übertragung der WÖHLER-Kurve aus Abb. 9
in halblogarithmischen Maßstab.

noch zuläßt. Man trägt dann zweckentsprechend in der WÖHLER-Kurve nicht
den Spannungsausschlag σ_a, sondern entweder die Spannungsbreite $\sigma_o - \sigma_u$ oder
die Oberspannung σ_o in Abhängigkeit von der ertragenen Lastspielzahl auf.

c) Dauerfestigkeit und Zeitfestigkeit.

Die Lastspielzahl, bei der in der halblogarithmischen Darstellung der Knick
auftritt, liegt bei Stahl etwa zwischen $4 \cdot 10^6$ und $10 \cdot 10^6$ Lastspielen. Man nennt
sie meist Grenzlastspielzahl, denn Versuche von MOORE, KOMMERS, JASPER
und LEHR, die bis zu 10^9 Lastspielen und darüber ausgedehnt wurden, zeigten,
daß oberhalb der genannten Grenzzahlen keine Brüche mehr eintreten. Es ist
also nicht nötig, Versuche zur Ermittlung der Dauerfestigkeit bei Stahl über
die Grenzzahl von $10 \cdot 10^6$ Lastspielen auszudehnen. Andere Werkstoffe haben
jedoch andere Grenzzahlen. So liegt diese z. B. bei einigen Leichtmetallegie-
rungen zwischen $30 \cdot 10^6$ und $500 \cdot 10^6$, während bei manchen Werkstoffen
überhaupt keine Grenzzahl festgestellt werden konnte. Diese Werkstoffe haben
keine eigentliche Dauerfestigkeit, jedoch ist der Abfall der WÖHLER-Kurve bei
mehr als $20 \cdot 10^6$ Lastspielen meist so gering, daß der für diese hohen Lastspielzahlen ermittelte Spannungsausschlag praktisch als Dauerfestigkeit bezeichnet
werden kann. Es empfiehlt sich allerdings bei solchen Werkstoffen, wie z. B.
den Kunstharzpreßstoffen, die Zahl der Lastspiele mit anzugeben, bis zu der
die Versuche zur Bestimmung der Dauerfestigkeit ausgedehnt wurden.

Wenn der Spannungsausschlag größer als der zur Dauerfestigkeit gehörende
ist, spricht man von *Zeitfestigkeit*, da dann die Lebensdauer nur eine bestimmte

Zahl von Lastspielen, d. h. für die Praxis nur eine bestimmte Zahl von Betriebsstunden, beträgt. Es muß dann nach Ablauf der aus der Wöhler-Kurve ermittelten Lastspielzahl ein Bruch eintreten. Dabei muß beachtet werden, daß durch Vergleich der Bruchlastspielzahlen, die bei gleicher Beanspruchung an verschiedenen Werkstoffen gefunden werden, d. h. bei Vergleich von Zeitfestigkeitswerten, nicht ohne weiteres auf das Verhältnis ihrer Dauerfestigkeit geschlossen werden kann, da sich nach Abb. 11 die Wöhler-Kurven verschiedener Werkstoffe überschneiden können.

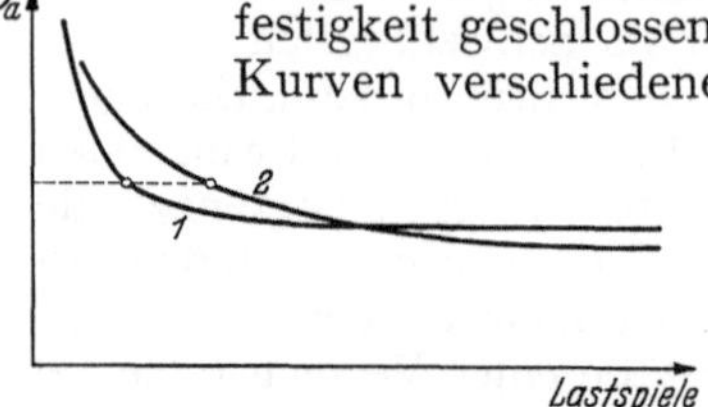

Abb. 11. Verschiedene Formen von Wöhler-Kurven. Ein Vergleich der Bruchlastspielzahlen bei einer bestimmten Spannung läßt nicht immer einen Schluß auf die Dauerfestigkeiten zu.

d) Einfluß von Belastungsverlauf und Frequenz.

Zur Bestimmung der Dauerfestigkeit wird versucht, die Probestäbe bei einer den Betriebsbedingungen der Praxis möglichst ähnlichen wechselnden Beanspruchung zu prüfen. Die Laständerung erfolgt daher fast durchweg nach einer Sinuskurve, da diese Belastungsart am häufigsten (z. B. bei allen im Betrieb umlaufenden Teilen) vorkommt. Bei größeren Frequenzen ist die Form der Belastungskurve voraussichtlich nicht von nennenswertem Einfluß. Bei Verformung durch eine Belastung ähnlich Abb. 12 ist allerdings zu erwarten, daß das lange Verweilen auf der Höchstlast bei Zugbeanspruchung namentlich bei gleichzeitiger Korrosion die Zerstörung begünstigt. Verläßliche Versuchsergebnisse hierüber sind jedoch noch nicht bekannt geworden. Die Verformungsgeschwindigkeiten sind im Bereich der Dauerfestigkeit bei den praktisch gebräuchlichen Frequenzen zwischen 10 und 50 Hz noch sehr klein, so daß sich ein Einfluß der Lastspielfrequenz noch nicht auswirken kann. Auch nur bei sorgfältigen Messungen wird bei größeren Frequenzen ein Einfluß nachweisbar. Nach den Versuchen von G. N. Krouse[1] sowie von Fr. Körber und M. Hempel[2] tritt bei Frequenzen von 500 Hz eine Erhöhung der Dauerfestigkeit um 3 bis 13% ein. In den bei den meisten Prüfmaschinen heute gebräuchlichen Frequenzbereichen ist demnach praktisch die Dauerfestigkeit unabhängig von der Prüffrequenz, so daß die auf Maschinen mit verschiedener Lastspielfrequenz gefundenen Werte ohne weiteres verglichen werden können.

Abb. 12. Belastungsschema.

Dagegen ist bei hoher Überlastung, also im Gebiet der Zeitfestigkeit, wahrscheinlich ein stärkerer Frequenzeinfluß vorhanden. Hierüber liegen allerdings noch keine eindeutigen Versuchsergebnisse vor.

2. Einfluß der Vorspannung.

a) Dauerfestigkeitsschaubild.

Als zweckmäßige Darstellung zu den im Wöhler-Versuch ermittelten Dauerfestigkeitswerten unter den verschiedensten Beanspruchungsarten ist das Dauerfestigkeitsschaubild entwickelt worden[3]. Die älteste Form dieses Schaubildes stellt den an der Dauerfestigkeit ertragbaren Spannungsausschlag σ_A in Abhängigkeit von der Mittelspannung σ_m dar (Abb. 13). Dieses Schaubild hat den Nachteil, daß die obere und die untere Spannungsgrenze nicht ohne weiteres

---

[1] Krouse, G. N.: Proc. Amer. Soc. Test. Mater. Bd. 34 (1934) Teil 2, S. 156.
[2] Körber, Fr. u. M. Hempel: Mitt. K.-Wilh.-Inst. Eisenforschg. Bd. 18, Lief. 1 (1936).
[3] Ludwik, P. u. J. Krystof: Z. VDI Bd. 77 (1933) S. 629.

abgelesen werden können. Es haben sich daher heute in Deutschland zwei andere Arten der Darstellung eingebürgert, und zwar wird bei der einen Darstellungsweise die an der Dauerfestigkeit ertragbare Oberspannung und Unterspannung in Abhängigkeit von der Mittelspannung σ_m aufgetragen (Abb. 14) [1]. Die zweite Darstellungsart gibt die Oberspannung und die Unterspannung in Abhängigkeit von der Unterspannung an (Abb. 15) [2]. Die erste Form eignet sich besonders für die Fälle, bei denen über eine ruhende Mittelspannung eine nach beiden Seiten mit gleichem Ausschlag schwingende Wechselspannung überlagert wird, wie es z. B. im allgemeinen bei Wellen der Fall ist, bei denen die zu übertragende Leistung die Mittelspannung bestimmt, während Ungleichförmigkeiten im Antrieb die überlagerte Wechselbeanspruchung erzeugen. Für alle Fälle, bei denen zu einer vorhandenen ruhenden Grundlast eine beliebig oft auftretende Zusatzlast hinzukommt, eignet sich besser die Anwendung der zweiten Darstellungsweise. Eine solche Belastungsart liegt beispielsweise bei einer Brücke vor, bei der die Grundlast durch das Eigengewicht gegeben ist, während die Verkehrslast die beliebig oft auftretende Zusatzlast darstellt. Diese beiden heute gebräuchlichen Darstellungsweisen gestatten es in einfacher Weise, alle etwa gesuchten Werte leicht abzulesen. Von den weiteren Darstellungsmöglichkeiten hat das Schaubild von Pohl (Abb. 16) [3], das die obere Grenzspannung in Abhängigkeit vom Verhältnis der Mittelspannung zur oberen Grenzspannung darstellt, etwas mehr Bedeutung erlangt. Diese Darstellungsweise hat sich jedoch nicht in der Praxis eingeführt.

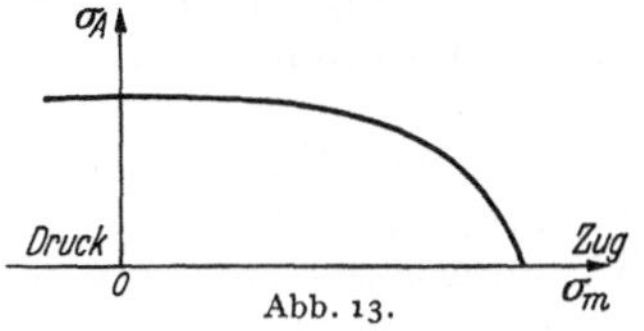

Abb. 13.

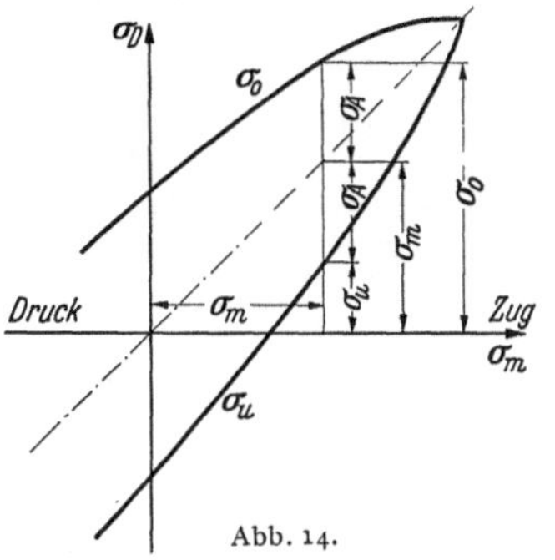

Abb. 14.

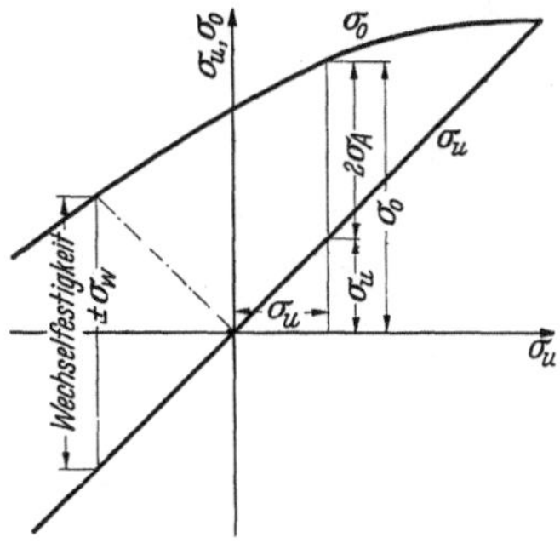

Abb. 15.

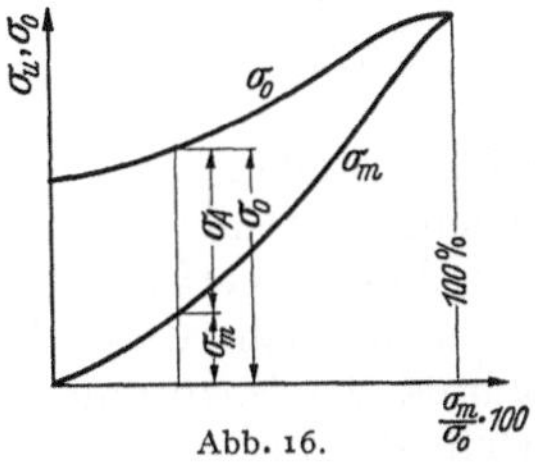

Abb. 16.

Abb. 13 bis 16. Verschiedene Darstellungen des Dauerfestigkeitsschaubildes.

b) Wirkung der Vorspannung.

Mit zunehmender Vorspannung im Bereiche der Zugbeanspruchung nimmt allgemein der an der Dauerfestigkeit ertragbare Spannungsausschlag ab. Die Abnahme beträgt nach den verschiedensten, bisher vorliegenden Ergebnissen bei Stahl bis zur Streckgrenze in der Größenordnung o bis 30%. Ganz allgemein sind im Verlauf der Abnahme des Spannungsausschlages mit zunehmender Vorspannung verschiedene Formen möglich, die insbesondere von der Empfindlichkeit des Werkstoffes gegen trennende Kräfte (Normalspannungen) bestimmt sind. Bei spröden Werkstoffen (z. B. Gußeisen) haben auch beim Dauerversuch die trennenden Kräfte einen besonders großen Einfluß auf die Bruchgefahr, so daß der ertragbare Spannungsausschlag mit zunehmender

---

[1] Arbeitsblätter Nr. 1 bis 5 des Fachausschusses für Maschinenelemente im VDI.
[2] Vorläufige Vorschriften für geschweißte vollwandige Eisenbahnbrücken.
[3] Pohl, R.: ETZ Bd. 53 (1932) S. 1099.

Vorspannung schnell abnimmt. Im Gebiet der Druckvorspannungen wirkt die Druckbeanspruchung einer Trennung entgegen, so daß in diesem Gebiet ein größerer Spannungsausschlag ertragen werden kann. Hinzu kommt, daß beispielsweise bei Gußeisen die Graphiteinschlüsse, die bei Zugbeanspruchung keine Beanspruchung übernehmen können und daher als scharfe Kerben festigkeitsmindernd wirken, im Druckbereich selbst Spannungen mitübertragen können (Abb. 17) [1].

Bei zähen Werkstoffen ist nur eine geringe Abnahme des Spannungsausschlages mit zunehmender Vorspannung auf

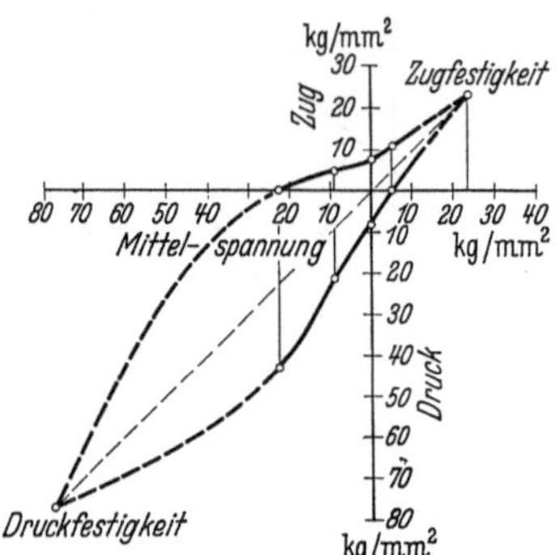

Abb. 17. Dauerfestigkeitsschaubild von Gußeisen. (Nach Moore.)

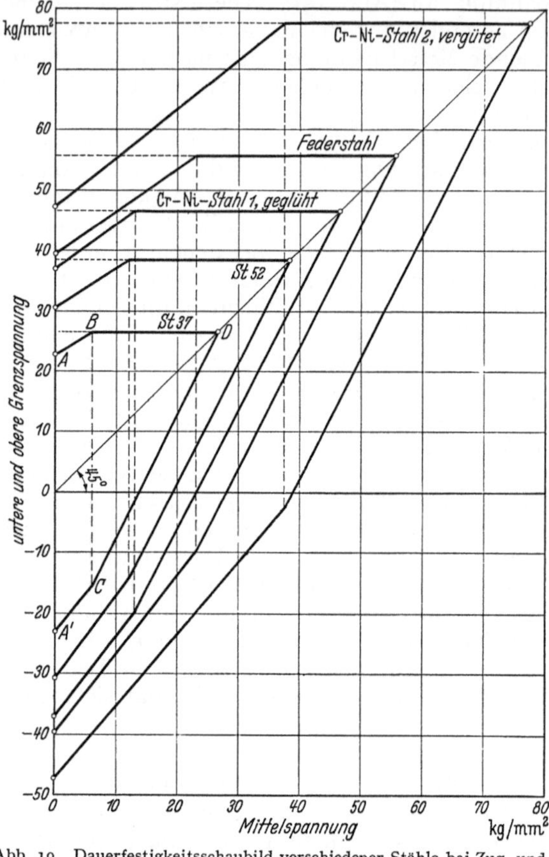

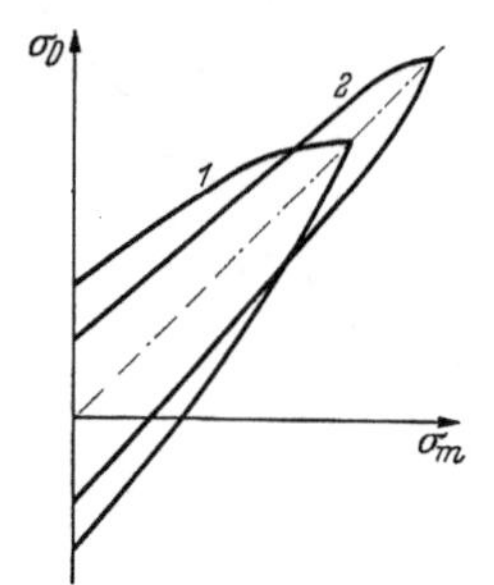

Abb. 18. Dauerfestigkeitsschaubild bei Kerbwirkung. *1* ungekerbte Probe, *2* gekerbte Probe.

Abb. 19. Dauerfestigkeitsschaubild verschiedener Stähle bei Zug- und Zug-Druck-Beanspruchung (Rundstäbe von 10 mm Dmr. geschliffen und poliert).

Zug festzustellen, da bei diesen Werkstoffen der trennende Einfluß hinter dem der Gleitzerrüttung durch die wechselnde Schubverformung zurücktritt. Daher ist bei diesen Werkstoffen auch der ertragbare Spannungsausschlag im Druckgebiet nicht mehr wesentlich größer als im Zuggebiet. Eine besonders schnelle Abnahme des Spannungsausschlages tritt im Gebiet der Streckgrenze bzw. der Dauerfließgrenze oder in der Nähe der Dauerstandfestigkeit ein. Da bei gekerbten Stäben infolge der Verformungsbehinderung diese Grenzen höher gerückt werden, kommt ein Überschneiden der Grenzkurven zustande (Abb. 18) [2].

Im Betrieb kann das volle Dauerfestigkeitsschaubild nicht ausgenutzt werden, da bei Beanspruchungen oberhalb der Streckgrenze unzulässig große Verformungen auftreten. Es ist daher üblich, die im statischen Zerreißversuch

[1] Moore, H. F.: Univ. Illinois Engng. Exper. Stat. Bull. Nr. 142, 152 u. 164.
[2] Pomp, A. u. M. Hempel: Stahl u. Eisen Bd. 57 (1937) S. 274.

gewonnene o,2-Grenze oder Streckgrenze einzuführen und das Dauerfestigkeitsschaubild oberhalb dieser Grenze abzuschneiden. Diese im statischen Versuch gewonnene obere Begrenzung des Dauerfestigkeitsschaubildes liefert ein praktisch meist ausreichendes Maß über die Höhe der ausnutzbaren oberen Belastungsgrenze.

Für Konstruktionsteile, die wechselnde Beanspruchungen unter hohen Vorspannungen ertragen müssen, empfiehlt es sich allerdings, die tatsächliche Dauerfließgrenze zu bestimmen[1]. Unter *Dauerfließgrenze* wird hierbei diejenige obere Grenzspannung im Dauerversuch verstanden, die ein Werkstoff dauernd ertragen kann, ohne eine gewisse zulässige Verformung unter dem Einfluß der Last zu überschreiten. Die Dauerfließgrenze ist abhängig vom Spannungsausschlag und von der Temperatur. Im Bereich der Raumtemperaturen kann die Dauerfließgrenze mit genügender Genauigkeit im 10-Millionen-Versuch bestimmt werden, da ein Abklingen der Dehnung nach längerer Beanspruchung stattfindet. Das tatsächliche unter Berücksichtigung der wirklichen im Dauerversuch auftretenden Verformung gezeichnete Dauerfestigkeitsschaubild für Stähle ist in Abb. 19 wiedergegeben. Oberhalb der Dauerfließgrenze, die durch statische und dynamische Maßnahmen (Kaltrecken, Hochtrainieren) erhöht werden kann, findet eine plastische Verformung und damit zumeist eine Verfestigung und ein Spannungsausgleich statt. Weiterhin können bei ungleichmäßiger Spannungsverteilung (z. B. Biegung) durch örtliche plastische Verformungen an der höchstbeanspruchten Stelle günstige Eigenspannungen entstehen, die die Dauerfestigkeit erhöhen (s. Abschn. 7).

3. Werkstoffdämpfung.

a) Der Begriff Dämpfung.

Neben den Werten der Dauerfestigkeit wird sehr oft auch die Dämpfungsfähigkeit der Werkstoffe zur Beurteilung ihrer Anwendbarkeit herangezogen. Unter Dämpfung eines Werkstoffes versteht man seine Fähigkeit, bei wechselnder Verformung einen gewissen Energiebetrag durch innere Arbeit in Wärme umzusetzen. Diese Dämpfungserscheinung ist als Folge von plastischen Verformungen und von elastischen Nachwirkungen zu betrachten. Im Gegensatz zu einer Verformung unter sehr langsam ansteigender statischer Belastung, bei der die Dehnung sich in Abhängigkeit von der aufgebrachten Spannung nach dem bekannten Spannungs-Dehnungs-Schaubild ändert, tritt bei schwingender Belastung eine andere Abhängigkeit zwischen Spannung und Verformung auf (Abb. 20). Belastet man beispielsweise einen Prüfstab bis zu einer gewissen Spannung und nimmt das Spannungs-Dehnungs-Schaubild auf, so ergibt sich der Linienzug *a*. Beim Entlasten folgt die Abhängigkeit zwischen Spannung und Dehnung nicht

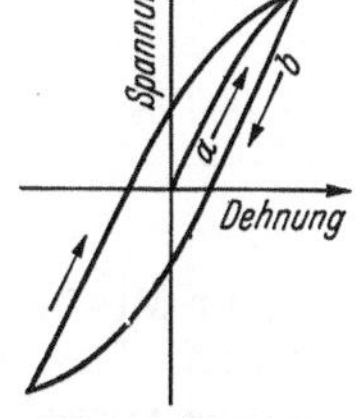

Abb. 20. Spannungs-Dehnungs-Linie bei wechselnder Beanspruchung (schematisch).

mehr dem gleichen Linienzug, sondern etwa einer Linie, die in der Abbildung durch *b* dargestellt wird. Geht die Spannung durch den Nullpunkt, so ist noch eine geringe bleibende Dehnung als Folge plastischer Verformungen oder eine Dehnung, die erst nach längerer Zeit wieder durch elastische Nachwirkungen rückgängig gemacht wird, vorhanden. Beim Belasten nach der Gegenseite tritt die entsprechende Erscheinung auf, so daß bei schwingender Belastung zwischen den beiden größten Spannungswerten die Spannungs-Dehnungslinie eine gewisse

---

[1] HEROLD: Masch.-Bau Betrieb 1931, S. 637. — KUNTZE u. SACHS: Metallwirtsch. 1930, S. 85. — BOHUSZEWICZ, O. v. u. W. SPÄTH: Arch. Eisenhüttenw. Bd. 2 (1928/29) S. 249.

Fläche einschließt. Diese Fläche stellt die Arbeit dar, die der Probestab während einer Schwingung aufgenommen und in Wärme umgesetzt hat.

Die Wirkung einer Dämpfung ist in verschiedenen Erscheinungen zu beobachten. Als erste Wirkung kommt eine Erwärmung des Probestabes in Frage. Weiterhin ist bei freien Schwingungen eines Systems, dem von außen keine Energie zugeführt wird, die Wirkung einer Dämpfung derart, daß die Schwingungsenergie und damit die Schwingungsausschläge immer kleiner werden und schließlich den Wert Null erreichen. Man spricht von einer gedämpften Schwingung (Abb. 21). Die Geschwindigkeit der Abnahme der Schwingungsenergie bzw. der Abnahme des Schwingungsausschlages eines in Eigenschwingungen schwingenden Systems wird im allgemeinen als Maß für die Dämpfung angenommen. Beträgt z. B. der Schwingungsausschlag zur Zeit $t = 0$ A_0 und nach einer Zeit, während der n Schwingungen erfolgt sind, nur noch A_n, dann beträgt bei gleichbleibender Dämpfung die Abnahme des Ausschlages pro Schwingung $\Delta A = \dfrac{A_0 - A_n}{n}$. Setzt man diesen Wert ins Verhältnis zum Ausschlag im Aus-

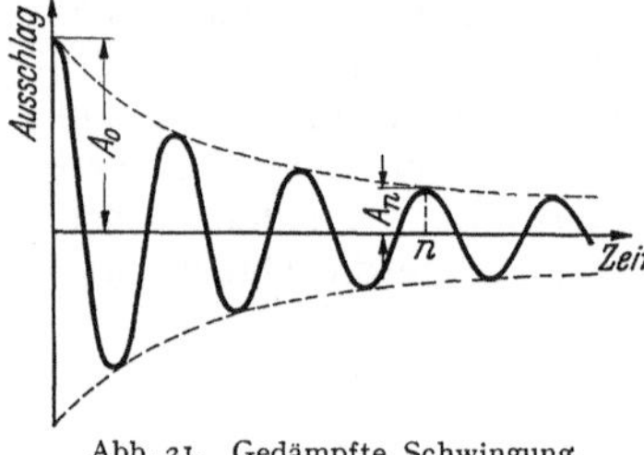

Abb. 21. Gedämpfte Schwingung.

gangspunkt, so erhält man das sog. Dämpfungsdekrement $\delta = \dfrac{A_0 - A_n}{A \cdot n}$, das ist die verhältnismäßige Abnahme der Schwingweite während einer Schwingung. Für den Fall, daß die Dämpfung vom Ausschlag abhängig ist, muß man die einzelnen Ausschlagsspitzenwerte durch eine Kurve verbinden. Das Dekrement ist für diesen Fall durch die Tangente an diese Kurve bestimmt. Sein Wert lautet $\delta = \dfrac{dA}{A \cdot dn} = \ln A_0 - \ln A_1$. Dieser Wert wird auch als logarithmisches Dekrement der Dämpfung bezeichnet. In gleicher Weise kann auch das logarithmische Dekrement der Schwingungsenergie gebildet werden, was allerdings weniger gebräuchlich ist.

Es ist außerdem in vielen Fällen als Maß für die Dämpfung die Arbeit angegeben worden, die bei immer gleichbleibendem Schwingungsausschlag während einer Schwingung vom Werkstoff aufgenommen wird. Diese Werte stimmen bei geringer Dämpfung praktisch mit dem Wert des logarithmischen Dekrements überein[1].

b) Messung der Dämpfung.

Zur Messung der Werkstoffdämpfung sind verschiedene Verfahren entwickelt worden. Das Ausmessen des Inhalts der Hysteresisschleife im statischen Versuch ist verhältnismäßig einfach durchzuführen, ergibt jedoch nur richtige Werte für die Fälle, in denen die Dämpfung unabhängig von der Verformungsgeschwindigkeit ist. Weiterhin bietet dieses Verfahren die Schwierigkeit, daß bei Werkstoffen mit sehr geringer Dämpfung und insbesondere bei geringen Belastungen die Messung auf versuchstechnische Schwierigkeiten stößt, so daß die Meßungenauigkeiten größer werden als die zu messenden Werte. Auch im dynamischen Versuch ist schon verschiedentlich eine Dämpfungsbestimmung durch Aufnahme der Hysteresisschleife durchgeführt worden. Es ist hierzu notwendig, daß während der schwingenden Belastung des Probestabes sowohl die Kraft als auch der Verformungsweg durch eine gesonderte Meßeinrichtung gemessen wird. Durch Übereinanderlagern der Kraft- und Wegmessung in ein Koordinatensystem erhält man die Aufzeichnung der Hysteresisschleife. Die Messung

---

[1] Föppl, O.: Aufschaukelung und Dämpfung von Schwingungen. Berlin: Julius Springer 1936.

kann sowohl mit Hilfe elektrischer als auch mit optischer Übertragung durchgeführt werden (Abb. 22).

Eine weitere Möglichkeit der Bestimmung der Dämpfung besteht in der Messung der infolge der Dämpfung im Prüfkörper erzeugten Wärme. Man unterwirft zu diesem Zweck einen Probestab einer wechselnden Beanspruchung und mißt die Erwärmung, bis der Beharrungszustand erreicht ist. Nach einer beliebigen Zeit, nach der man die Maschine abschaltet, wird die Abkühlungskurve bestimmt. Aus den Anlauf- und Auslaufkurven sowie aus der Beharrungstemperatur kann die abgestrahlte und abgeleitete Wärmemenge und die gesamte im Probestab in Wärme umgesetzte Dämpfungsenergie bestimmt werden. Auch dieses Verfahren eignet sich nur für höhere Beanspruchungen, bei denen eine merkliche Erwärmung im Probestab auftritt.

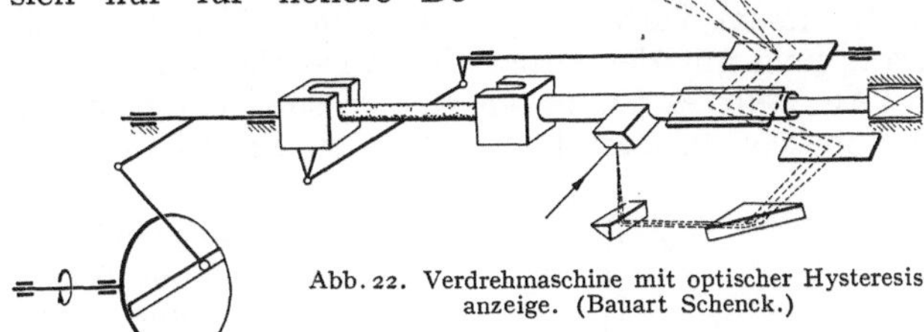

Abb. 22. Verdrehmaschine mit optischer Hysteresisanzeige. (Bauart Schenck.)

Eine sehr verbreitete Methode zur Bestimmung der Dämpfung ist der Ausschwingversuch. Hierbei kann der Probestab entweder in seiner Eigenschwingung bzw. einer seiner Oberschwingungen schwingen, oder er kann auch als federndes Glied in ein System mit zusätzlichen Massen eingebaut und schwingend beansprucht werden. Beim Abschalten der Erregung klingt die Eigenschwingung mehr oder weniger schnell ab. Aus dem Maß des Abklingens kann in einfacher Weise wie angegeben die Dämpfung bestimmt werden. Nach diesem System arbeitet beispielsweise die von FÖPPL entwickelte Drehschwingmaschine[1] und

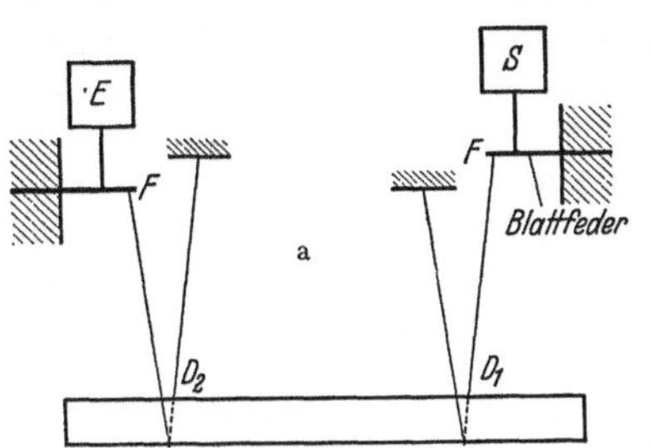

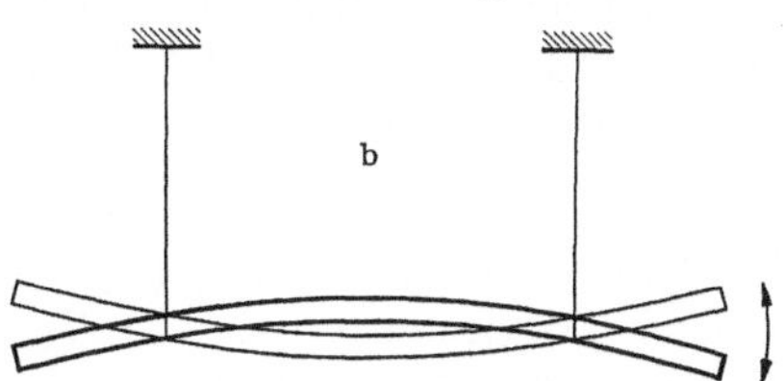

Abb. 23a und b. Dämpfungsmeßvorrichtung nach FÖRSTER und KÖSTER. a Anordnung: *S* Sender, *E* Empfänger. b Schwingungsform.

die von FÖRSTER und KÖSTER[2] entwickelte Schwingvorrichtung, bei der der Probestab auf Biegeschwingungen erregt wird und in den Knoten aufgehängt ist (Abb. 23). Schwierigkeiten bei diesen Messungen macht der Einfluß der Zusatzdämpfung, die durch Luftreibung, Lagerreibung, durch Abwandern von Energie in die Aufhängung u. ä. erzeugt wird. Durch Vergleichsversuche an verschiedenen Probestäben aus gleichem Material kann die Zusatzdämpfung bis zu einem gewissen Grad ermittelt werden. Zur Messung sehr kleiner Dämpfungsbeträge ist es jedoch notwendig, Vorrichtungen zu konstruieren, bei der die Zusatzdämpfung verschwindend klein ist. Diese Forderung ist besonders in der von FÖRSTER und KÖSTER entwickelten Versuchseinrichtung erfüllt, bei der durch Aufhängen des Probestabes in den Knotenpunkten der Schwingungen eine Energieabwanderung nach außen vermieden wird.

---

[1] FÖPPL, O., E. BECKER u. G. v. HEYDEKAMPF: Die Dauerprüfung der Werkstoffe. Berlin: Julius Springer 1929. [2] FÖRSTER, F.: Z. Metallkde. Bd. 29 (1937) S. 109.

Eine weitere Möglichkeit zur Messung der Dämpfung bietet sich bei der Aufnahme der Resonanzkurve. Man erregt die Probe mit einer ganz bestimmten Energie und ändert die Schwingungszahl allmählich. Der Schwingungsausschlag steigt dabei bis zu einer gewissen Frequenz zu einem Höchstwert an. Bei weiterem Erhöhen der Frequenz nimmt der Ausschlag wieder ab (Abb. 24). Die Form der Kurve ist abhängig von der Dämpfungsfähigkeit des betreffenden Werkstoffes. Sehr schmale Kurven mit einer ausgeprägten Spitze deuten auf sehr geringe Dämpfung, breite Kurven entstehen bei sehr hoher Dämpfung. Wie sich durch einfache Berechnung zeigen läßt, kann man das Dämpfungsdekrement δ aus der sog. Halbwertsbreite der Resonanzkurve $\varDelta_{\nu H}$ und der Eigenfrequenz ν_E ermitteln. Es beträgt nach Angabe von Förster $\delta = 1{,}8136\,\dfrac{\varDelta_{\nu H}}{\nu_E}$. Bei Messungen nach diesem Verfahren ist allerdings Voraussetzung, daß sich der Wert der Dämpfung mit der Größe des Ausschlages nicht ändert.

Als weiteres Verfahren zur Messung der Dämpfung ist die direkte Messung der in den Probestab eingeleiteten Energie zu nennen. Dies geschieht z. B. in einfacher Weise bei Umlaufbiegemaschinen durch Anbringen eines Pendelmotors, an dem das Motordrehmoment direkt abzulesen ist. Auch hierbei muß besonders auf die Bestimmung der Zusatzdämpfung durch die Reibungsverluste an den Lagern usw. geachtet werden.

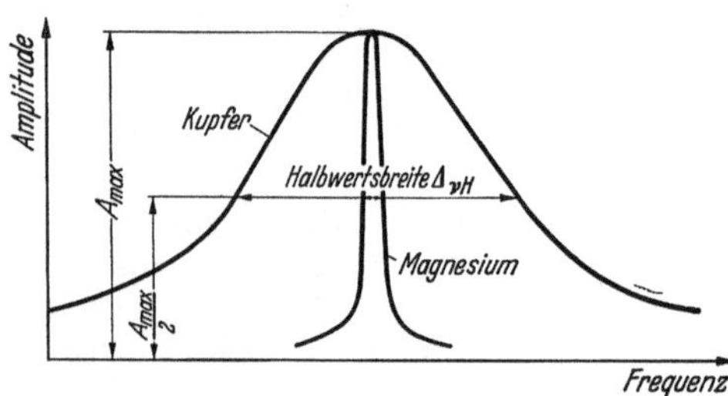

Abb. 24. Resonanzkurven. (Nach Förster und Köster.)

Bei Prüfmaschinen, die in oder in der Nähe der Eigenschwingungen des belasteten Systems arbeiten, kann die Dämpfung in einfacher Weise aus der Bestimmung der Phasenverschiebung zwischen der Erregung und der Schwingung und aus der Höhe der Erregung ermittelt werden. Späth[1] führt den Begriff des Phasenwinkels (Verlustwinkel) ähnlich dem Verlust bei elektrischen Strömen auch für die Betrachtung der Dämpfungserscheinungen ein. Nach seiner Ansicht kann beim Schwingungsvorgang die Abhängigkeit zwischen Kraft und Verformung ähnlich wie die Abhängigkeit zwischen Spannung und Strom in der Elektrizität durch umlaufende Vektoren dargestellt werden. Für den Fall, daß keine Dämpfung auftritt, ist der Verlustwinkel Null. Je größer die Dämpfung wird, um so größer wird der Verlustwinkel. Die Einführung dieser Betrachtungsweise wirkt sich praktisch so aus, daß die Hysteresisschleife durch eine Ellipse ersetzt wird. Die mathematische Beziehung zwischen dem Verlustwinkel und dem logarithmischen Dämpfungsdekrement lautet $\delta = \pi\,\mathrm{tg}\,\varphi$. Hierbei ist $\mathrm{tg}\,\varphi = e/p$. Es bedeutet e den elastischen Verformungsanteil und p den plastischen Verformungsanteil bei einer bestimmten Spannung. Nach dieser Darstellung ist also der Verlustwinkel gleichbedeutend mit dem Verhältnis der bei einer bestimmten Belastung auftretenden elastischen Verformung zur plastischen Verformung. Es wird gezeigt, daß auch bei sehr kleinen Beanspruchungen schon plastische Verformungen auftreten. Es ist lediglich eine Frage der Meßgenauigkeit, diese Verformungen nachweisen zu können.

c) Einfluß der Beanspruchungshöhe.

Die nach den verschiedenen Verfahren durchgeführten Dämpfungsmessungen haben gezeigt, daß die Dämpfung mit zunehmender Beanspruchung zunächst nur sehr kleine Werte annimmt, daß aber schon bei Belastungen, die noch

---

[1] Späth, W.: Arch. Eisenhüttenw. Bd. 11 (1937/38) S. 503.

weit unter der Streckgrenze liegen, die Dämpfung in stärkerem Maße ansteigt und schließlich noch unterhalb der Streckgrenze sehr stark zunimmt (Abb. 25). Hieraus ist zu schließen, daß schon unterhalb der Streckgrenze Veränderungen im Werkstoff vor sich gehen, die durch die im statischen Versuch gemessenen Kennziffern nicht erfaßt werden. Man hat versucht, aus der Lage des Anstiegpunktes auf die Dauerfestigkeit des Werkstoffes schließen zu können, hat jedoch dabei festgestellt, daß auch an der Dauerfestigkeit bei manchen Werkstoffen schon eine verhältnismäßig hohe Dämpfung vorhanden ist[1]. Man kann im allgemeinen nur angeben, daß die Dauerfestigkeit zwischen dem Punkt des ersten starken Ansteigens der Dämpfung und dem Punkt

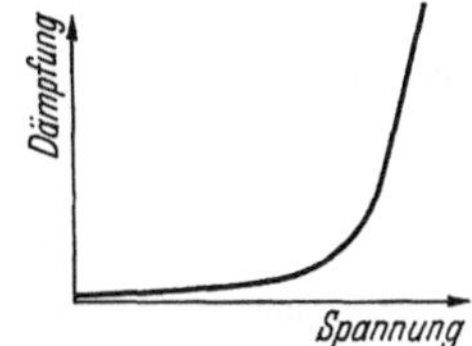

Abb. 25. Dämpfung in Abhängigkeit von der Spannung (schematisch).

des beginnenden Steilanstieges liegt. Die in neuester Zeit von Förster und Köster[2] durchgeführten Versuche haben gezeigt, daß auch mit geringer werdender Belastung die Dämpfung nicht den Wert Null erreicht. Sie konnten bei ihren Versuchen, bei denen Belastungen von der Größenordnung 1 g/mm² aufgebracht wurden, noch eine Dämpfung messen, und zwar ist in diesen Bereichen die Dämpfung praktisch unabhängig von der Höhe der Beanspruchung. Nach unseren heutigen Erkenntnissen ist dieses Vorhandensein einer Dämpfung bei derart geringen Beanspruchungen auf kleinste plastische Verformungen (Gleitungen) zurückzuführen, die die Folge von Abweichungen vom idealen Aufbau der Kristalle sind, oder auf das Vorhandensein von inneren Spannungen schließen lassen. Das Maß der Dämpfung ist demnach ein Kennzeichen für den inneren Aufbau und den inneren Zustand des Werkstoffes, die von Köster gemessenen Dämpfungswerte können daher als Kennziffern für den Werkstoffzustand angesehen werden.

d) Einfluß einer Vorbeanspruchung.

Verschiedene Versuche, bei denen die Dämpfung der Werkstoffe in Abhängigkeit von der Zahl der auf die Proben aufgebrachten Lastspiele untersucht worden ist, haben gezeigt, daß die Dämpfung sich namentlich bei höheren Beanspruchungen stark ändert. Bei Beanspruchungen, die in der Nähe, aber noch unterhalb der Dauerfestigkeit liegen, ändert sich die Dämpfung zunächst nach irgendwelchen Gesetzen, um schließlich einem Grenzwert zuzustreben. Je nach dem untersuchten Werkstoff fand man zunächst einen Anstieg und anschließend einen Abfall, oder auch sofort einen Abfall der Dämpfung, bis dieser Grenzwert erreicht war (Abb. 26). Wurde der Werkstoff

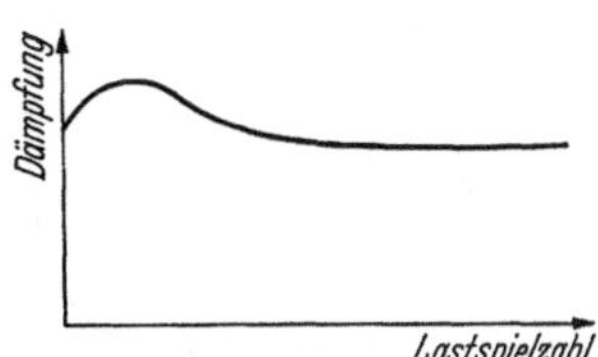

Abb. 26. Dämpfung in Abhängigkeit von der Vorbelastung (schematisch).

genau an der Dauerfestigkeitsgrenze beansprucht, so zeigte sich die gleiche Erscheinung. Den hierbei gefundenen Grenzwert der Dämpfung der nach einer größeren Lastspielzahl (etwa $2 \cdot 10^6$ bis $4 \cdot 10^6$ bei Stahl) erreicht wird, bezeichnet man im allgemeinen mit Grenzdämpfung[3]. Eine Erklärung dieser Erscheinung gibt Späth[4] an, der die Veränderung der Dämpfung auf plastische Verformungen zurückführt, die allmählich zum Stillstand kommen. Belastet man beispielsweise einen Probestab bis zu einer bestimmten Spannung und entlastet ihn wieder, so zeigt er eine gewisse

[1] Lehr, E.: Diss. Stuttgart 1925.
[2] Förster, F. u. W. Köster: Z. Metallkde. Bd. 29 (1937) S. 116.
[3] Hempel, M.: Forsch. Ing.-Wes. Bd. 26 (1931) S. 327. — Esau, A. u. H. Kortum: Z. VDI Bd. 77 (1933) S. 1133. — Ludwik, P. u. R. Scheu: Z. VDI Bd. 76 (1932) S. 683, 1129.
[4] Späth, W.: Arch. Eisenhüttenw. Bd. 11 (1937/38) S. 503.

plastische Verformung, die bei den Beanspruchungen unterhalb der Streckgrenze sehr klein ist. Würde diese Vorbelastung keinen Einfluß auf den Werkstoff ausüben, so müßte bei jeder nachfolgenden Belastung bis zur gleichen Spannung und anschließenden Entlastung immer wieder zusätzlich der gleiche Betrag an plastischer Verformung gemessen werden. Tatsächlich beobachtet man aber, daß nach einer gewissen Zeit keine plastischen Verformungen mehr eintreten. Man könnte sagen, daß der Werkstoff durch die Vorbelastungen seine Elastizitätsgrenze auf diese Belastungsstufe gebracht hätte. Sobald keine derartigen plastischen Verformungen mehr auftreten, ist der Grenzwert der Dämpfung erreicht.

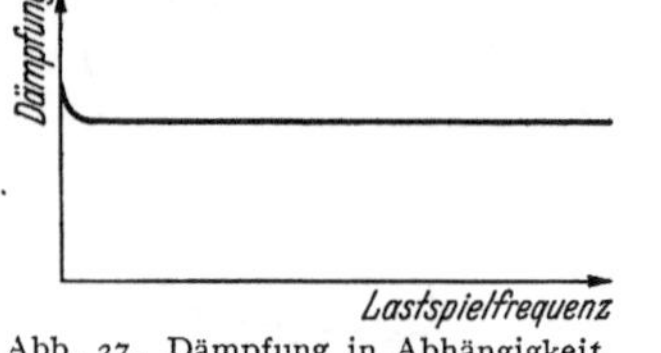

Abb. 27. Dämpfung in Abhängigkeit von der Lastspielfrequenz (schematisch).

e) Einfluß der Lastspielgeschwindigkeit.

Nach den Versuchen von Föppl und Bankwitz[1] wurde der Höchstwert der Dämpfung im statischen Versuch ermittelt. Die Dämpfung fällt dann bei Lastspielfrequenzen bis zu 1/min verhältnismäßig stark und darüber hinaus nur noch schwach ab. Im Lastwechselbereich zwischen 200 und 2500/min wurde für die Dämpfung ein konstanter Wert ermittelt (Abb. 27). Diese Erscheinung deckt sich mit den im Dauerversuch ermittelten Festigkeitswerten, die ebenfalls in dem genannten Bereich unabhängig von der Lastspielfrequenz sind und erst bei sehr hohen Lastspielfrequenzen zu etwas höheren Werten ansteigen.

f) Die Dämpfung als Werkstoffkennziffer.

Es ist häufig versucht worden, die Größe der Werkstoffdämpfung zur Beurteilung der Werkstoffe in bezug auf ihre Anwendbarkeit und Belastungsfähigkeit mit heranzuziehen. Man hat aus diesem Grunde versucht, die Beeinflussung der Dämpfung durch alle möglichen Einflüsse festzulegen. Besonders aufschlußreich waren hierbei die Messungen von Förster und Köster mit dem von ihnen entwickelten Gerät, das die Dämpfung bei verschwindend kleinen Beanspruchungen mißt. Aus ihren Versuchen geht hervor, daß die Dämpfung im allgemeinen von dem plastischen Formänderungsvermögen des Werkstoffes abhängt. Je größer das Formänderungsvermögen, d. h. je geringer der Formänderungswiderstand ist, um so höher ist die Dämpfung. Diese Erscheinung prägt sich vor allem in der Abhängigkeit der Dämpfung von der Temperatur aus. Bis auf wenige Ausnahmen, bei denen andere zusätzliche Einflüsse den Temperatureinfluß überdecken, steigt die Dämpfung aller Metalle mit zunehmender Temperatur an. Dabei treten bei gewissen Werkstoffen bei ganz bestimmten Temperaturen große Sprünge in der Dämpfungszunahme dann auf, wenn sich das Formänderungsvermögen durch eine Strukturänderung sprunghaft ändert. Sehr ausgeprägt sind diese Sprünge in der Dämpfungszunahme beispielsweise bei Magnesium im Gebiet zwischen 200 und 300° (Abb. 28), da in diesem Tempe-

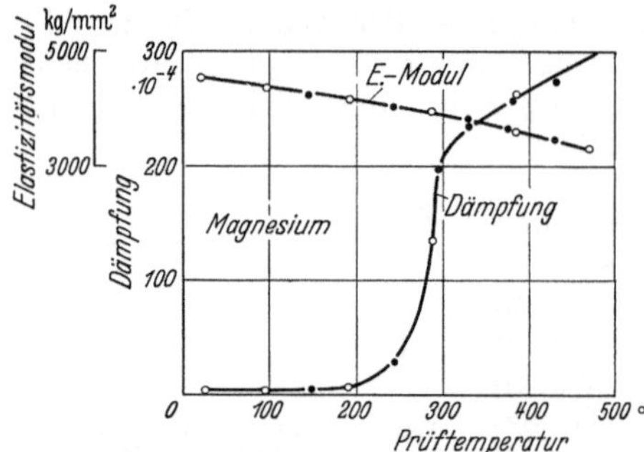

Abb. 28. Temperaturabhängigkeit der Dämpfung von Magnesium. (Nach Förster und Köster.)

---

[1] Bankwitz, E.: Diss. Braunschweig 1932.

raturbereich zu der einen vorhandenen Gleitrichtung 12 neue Gleitrichtungen hinzukommen, die die Verformungsfähigkeit stark vergrößern. Die gleiche Erscheinung wurde auch bei anderen Metallen beobachtet.

Ebenso wurde beobachtet, daß in Temperaturbereichen, in denen Gefügeumwandlungen in festem Zustande vor sich gehen (z. B. γ—α-Umwandlung des Stahles) hohe Dämpfungswerte auftreten, die mit der während der Umwandlung vorhandenen hohen Verformungsfähigkeit zusammenhängen[1] (Abb. 29). Metalle, die ein ferromagnetisches Verhalten aufweisen, zeigen bei zunehmender Temperatur ein abweichendes Verhalten. Die Dämpfung fällt bei ihnen mit zunehmender Temperatur zunächst ab, bis der CURIE-Punkt erreicht ist. Oberhalb dieses Punktes zeigt die Dämpfung den normalen Anstieg mit zunehmender Temperatur (Abb. 30).

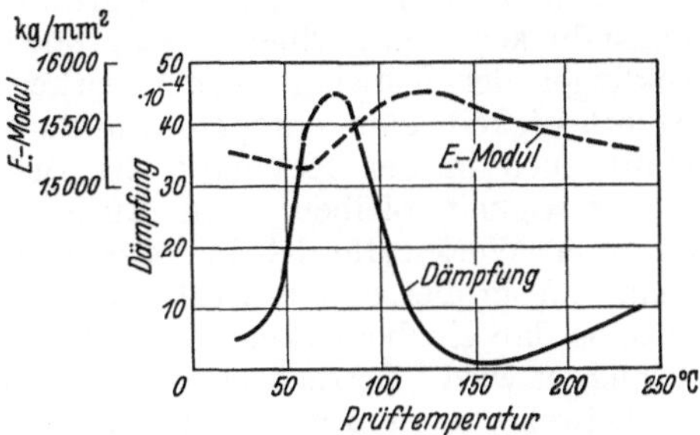

Abb. 29. Temperaturabhängigkeit der Dämpfung eines Nickelstahles mit 22,4⁰/₀ Ni. Verlauf der Dämpfung bei der Abkühlung über die γ—α-Umwandlung. (Aus FÖRSTER und KÖSTER.)

Legierungszusätze bewirken im allgemeinen eine Abnahme der Dämpfung. So sinkt z. B. bei Stahl die Dämpfung mit zunehmendem Gehalt an Kohlenstoff. Allerdings ist hierbei zu berücksichtigen, daß der Gefügezustand einen großen Einfluß ausübt, und zwar dergestalt, daß mit zunehmender Korngröße entsprechend der höheren Verformbarkeit auch eine höhere Dämpfung auftritt. Die stärkste Dämpfung wurde an unlegierten Stählen gefunden. Legierte und vergütete Stähle haben geringere Dämpfungswerte.

Auch das Vorhandensein innerer Spannungen wirkt sich auf die Dämpfung aus. So bringt das Ausglühen zur Beseitigung der Spannungen eine Minderung der Dämpfung. Ebenfalls wurde infolge der Abnahme der Reck-, Härte- und Wärmespannungen beim Lagern im Laufe der Zeit eine Minderung der Dämpfung gefunden.

Im Werkstoff eingeschlossene Fehlstellen wie Lunker, Poren u. ä. verursachen ebenfalls eine Erhöhung der Dämpfung, so daß die Dämpfungsmessung auch leicht zu einem Prüfverfahren auf Fehlstellen ausgebaut werden kann.

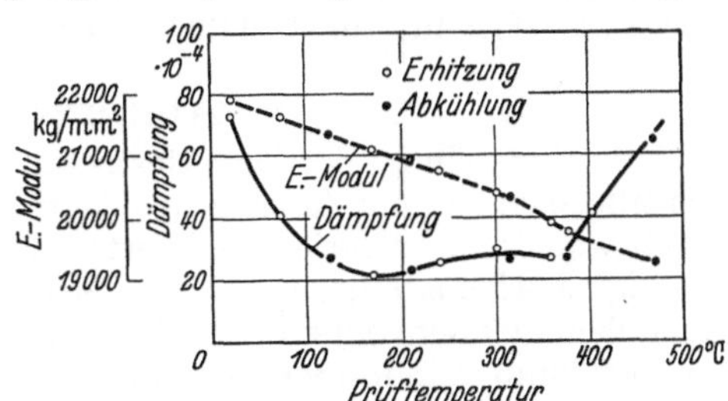

Abb. 30. Temperaturabhängigkeit der Dämpfung von Nickel. (Aus FÖRSTER und KÖSTER.)

In gleicher Weise machen sich die Zerstörungserscheinungen bei Korngrenzenkorrosion bemerkbar, und zwar ist die Zunahme der Dämpfung weitaus größer als die Minderung der Zugfestigkeit, so daß mit Hilfe der Dämpfungsmessung die Vorgänge der Korngrenzenkorrosion und ihr Vordringen viel leichter verfolgt werden können als durch Festigkeitsversuche[2].

Nach dem heutigen Stand der Erkenntnisse läßt es sich vorläufig noch nicht übersehen, wie weit der Wert der gemessenen Dämpfung maßgebend für die Werkstoffauswahl für Konstruktionen sein wird. Die Zusammenhänge zwischen der Werkstoffdämpfung und den verschiedenen Festigkeitseigenschaften sind noch zu wenig bekannt. Die Dämpfung ist bis jetzt lediglich eine Kenngröße

---

[1] WASSERMANN, G.: Arch. Eisenhüttenw. Bd. 10 (1936/37) S. 321.
[2] SCHNEIDER, A. u. F. FÖRSTER: Z. Metallkde. Bd. 29 (1937) S. 287.

für den inneren Zustand des untersuchten Werkstoffes. Sie kann zur Untersuchung von Bauteilen auf Fehlstellen, auf innere Spannungen u. ä. benutzt werden. Auch können innere Vorgänge wie Gefügeveränderungen, Strukturänderungen u. dgl. mit ihrer Hilfe bestimmt werden.

In den Konstruktionsteilen selbst wäre ein dämpfungsfähiger Werkstoff dann erwünscht, wenn das Konstruktionsteil bei der Betriebsbeanspruchung auf Eigenschwingungen erregt werden kann, wie es z. B. bei Wellen, Kurbelwellen oder Gehäusen der Fall ist, die beim Fahren in verschiedenen Drehzahlbereichen oft durch Resonanzdrehzahlen hindurch müssen. Eine hohe Dämpfungsfähigkeit könnte hierbei zu große Ausschläge verhindern und ein schnelles Abklingen der Schwingungen bewirken. Dabei muß aber schon unterhalb der Dauerfestigkeit eine entsprechend hohe Dämpfungsfähigkeit vorhanden sein, damit auch in der Resonanz die Beanspruchungen möglichst unterhalb der Dauerfestigkeit bleiben. Ein Ausnutzen der hohen Dämpfungsfähigkeit bestimmter Werkstoffe ist bei diesen Bauteilen allerdings nur dann möglich, wenn ein größeres Werkstoffvolumen in entsprechender Höhe beansprucht wird, so daß ein bemerkenswerter Energiebetrag durch Umwandlung in Wärme vernichtet wird. Betrachtet man jedoch die Verhältnisse beispielsweise bei einer Kurbelwelle, so muß man feststellen, daß eine hohe Beanspruchung, bei der die Dämpfung eine entsprechende Größe annimmt, nur an ganz wenigen Stellen auftritt, und zwar nur an den Übergängen von den Wangen zu den Zapfen, an Ölbohrungen usw. Die hier auftretenden Spannungsspitzen beanspruchen nur ein äußerst kleines Werkstoffvolumen, so daß die hohe Dämpfung dieser wenigen hochbeanspruchten Stellen insgesamt nur einen ganz geringen Energiebetrag vernichten kann. Dagegen nehmen die schwächer belasteten übrigen Stellen nur einen verhältnismäßig kleinen Energiebetrag auf. Bei der Beurteilung der Resonanzgefahr solcher Teile darf demnach nicht nur die Dämpfung des Werkstoffes an der Dauerfestigkeit berücksichtigt werden, man muß die Dämpfung der gesamten Konstruktion an ihrer Dauerhaltbarkeit bestimmen und kann diese als Maß für die Gefährlichkeit von Resonanzschwingungen ansehen.

4. Abkürzungsversuche.

Die Feststellung der Dauerfestigkeit durch Aufstellen der Wöhler-Kurve ist im allgemeinen sehr langwierig, da mindestens 5 bis 6 Probestäbe notwendig sind, wenn man zuverlässige Werte erhalten will. Bei Werkstoffen, die in ihren Festigkeitseigenschaften starke Streuung aufweisen, wie z. B. bei Leichtmetallen, müssen entsprechend mehr Probestäbe geprüft werden. Von diesen Stäben muß mindestens eine Probe die Grenzlastspielzahl erreichen, d. h. bei Stahl etwa 10 Millionen Lastspiele, bei Leichtmetallen 30 bis 500 Millionen Lastspiele. Diese Forderung bedingt einen großen Zeitaufwand. Man hat deshalb versucht, durch irgendwelche Maßnahmen die Prüfzeit abzukürzen. Es war dazu nötig, eine Verbindung zwischen irgendeinem anderen Festigkeitsversuch und der Dauerprüfung zu finden.

a) Zerreißversuch und Dauerfestigkeit.

Da der Zerreißversuch der einfachste Festigkeitsversuch ist, suchte man nach einem Zusammenhang zwischen den beim statischen Zerreißversuch gefundenen Festigkeitseigenschaften und der Dauerfestigkeit. Auf Grund einer Zusammenstellung der verschiedensten Ergebnisse[1] sind für Stahl folgende Formeln entwickelt worden:

$$\sigma_W = 0{,}47 \cdot \sigma_B \pm 20\% , \tag{1}$$

$$\sigma_W = 0{,}65 \cdot \sigma_S \pm 30\% . \tag{2}$$

____

[1] Mailänder, R.: Stahl u. Eisen Bd. 44 (1924) S. 583, 624, 657, 684, 719.

STRIBECK[1] gibt für reine Kohlenstoffstähle die Formel an:

$$\sigma_W = 0{,}285\,(\sigma_B + \sigma_S) \pm 20\%.$$

Hierbei bedeutet σ_W die reine Wechselfestigkeit, σ_B die Bruchfestigkeit und σ_S die Streckgrenze. Diese Werte ergeben jedoch nur einen ungefähren Anhaltspunkt. Über das Verhalten des Werkstoffes bei höheren Vorspannungen geben sie keine Auskunft.

b) Abgekürztes WÖHLER-Verfahren.

Als weiteres Abkürzungsverfahren versuchte STROMEYER[2] aus zwei Proben, die im Dauerversuch geprüft werden, die Dauerfestigkeit zu bestimmen. Aus der Form der WÖHLER-Kurve entwickelt er die Gleichung

$$S = A + C\left(\frac{10^6}{N}\right)^{0,25},$$

wobei S der Ausschlag der Wechsellast, N die unter S ertragene Lastspielzahl, A der zu berechnende Dauerfestigkeitswert, C eine Konstante, deren Größe aus der Form der WÖHLER-Kurve bestimmt ist, bedeutet. Kennt man nun die von den beiden Stäben ertragene Lastspielzahl, so kann man aus dieser Gleichung die Dauerfestigkeit berechnen zu:

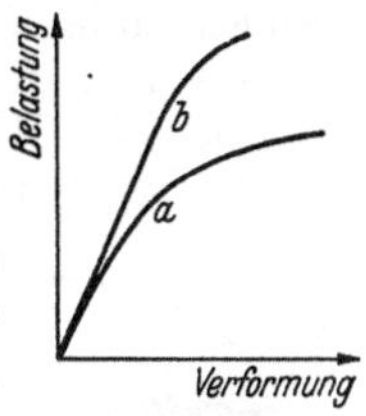

$$A = \frac{S_2\left(\dfrac{10^6}{N_1}\right)^{0,25} - S_1\left(\dfrac{10^6}{N_2}\right)^{0,25}}{\left(\dfrac{10^6}{N_1}\right)^{0,25} - \left(\dfrac{10^6}{N_2}\right)^{0,25}}\,.$$

Belastung

b

a

Verformung

Abb. 31. Belastungs-Verformungskurven (schematisch); *a* langsam ansteigende Belastung, *b* schwingende Belastung.

Diese Formel ist mit verhältnismäßig guter Übereinstimmung anwendbar für Stähle, wenn der eine Stab etwa nach 50000 und der zweite Stab etwa nach 300000 Lastspielen gebrochen ist. Das Ergebnis wird ungenau, wenn beide Brüche unter 100000 Lastspielen liegen.

c) Verformung und Dauerfestigkeit.

Es ist weiterhin versucht worden, aus den Erscheinungen, die mit einer Dauerbeanspruchung verknüpft sind, auf die Dauerfestigkeit zu schließen. Man stellte fest, daß bei langsam gesteigerter Wechselbelastung die Verformung der Probestäbe eine andere ist als beim statischen Zerreißversuch[3]. Wird die Wechselbelastung gesteigert, so findet man zunächst auch eine geradlinige Abhängigkeit zwischen Belastung und Verformung (Abb. 31). Von einer bestimmten Belastung ab werden die Verformungen verhältnismäßig größer. Dieser Punkt wird als dynamische Proportionalitätsgrenze bezeichnet. Die Dauerfestigkeit soll mit dieser dynamischen Proportionalitätsgrenze übereinstimmen. Vergleichsversuche zeigten, daß für Eisenmetalle die Übereinstimmung sehr gut ist, während bei Nichteisenmetallen keine Übereinstimmung gefunden wurde. Nach den Versuchen von LEHR zeigt die Dehnungskurve oft einen gut ausgeprägten Knick, der besonders deutlich bei weichen Stählen zu beobachten ist, dagegen weniger bei harten Stählen. Er findet jedoch in vielen Fällen eine beträchtliche Abweichung der Dauerfestigkeit von diesem Knickpunkt.

Ferner ist von E. MOHR[4] aus dem sog. Biegezugverfahren eine Kennziffer abgeleitet worden, die der Biegewechselfestigkeit gleichkommen soll. Das

---

[1] STRIBECK: Z. VDI Bd. 67 (1923) S. 631.
[2] STROMEYER: Proc. roy. Soc., Lond. Bd. 90 (1924) S. 411.
[3] SMITH, J. H.: J. Iron Steel Inst. Bd. 2 (1910). — GOUGH, H. J.: The Fatigue of Metals. London 1924. — LEHR, E.: Diss. Stuttgart 1925. — BOHUSZEWICZ, O. v. u. W. SPÄTH: Arch. Eisenhüttenw. Bd. 2 (1928/29) S. 249.
[4] MOHR, E.: Z. Metallkde. Bd. 30 (1938) S. 30, 71; Metallwirtsch. Bd. 17 (1938) S. 535.

Verfahren gestattet die Prüfung von dünnen Blechen und von Drähten, die auf wechselnde bzw. umlaufende Biegung, ähnlich wie bei der bekannten Hin- und Herbiegeprobe, beansprucht werden. Durch die Benutzung von geringen Biegewinkeln ($\pm 20°$) wird der Einfluß des Biegemomentes klein gehalten, so daß die Proben im wesentlichen nur durch die gleichzeitig aufgebrachte Zuglast beansprucht werden. Die Stäbe werden bei verschiedenen Zuglasten bis zum Bruch hin- und hergebogen, und die dabei herrschenden Spannungen über der zugehörigen Bruchdehnung aufgetragen. Es zeigt sich wieder bei einer bestimmten Last ein Knickpunkt in der Verformungslinie (Abb. 32). Ein weiteres Schaubild gibt zu der Zugspannung die ertragene Biegezahl in logarithmischem Maßstab an. Der Kurvenverlauf besitzt große Ähnlichkeit mit der normalen Wöhler-Linie (Abb. 33). Für Nichteisenmetalle und Stähle wurde nachgewiesen, daß die Belastung, bei der in diesem Schaubild ein Knickpunkt auftritt, die sog. Biegezugfestigkeit, dem Wert der Biegewechselfestigkeit gleichkommt, der bei Nichteisenmetallen nach 15 bis $20 \cdot 10^6$ Lastspielen und bei

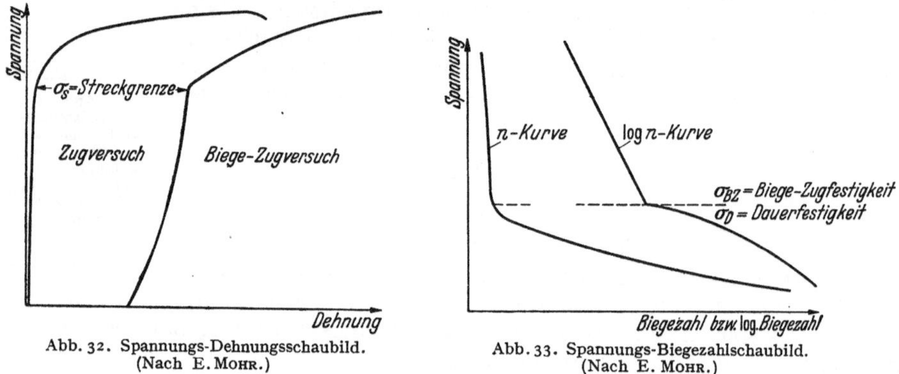

Abb. 32. Spannungs-Dehnungsschaubild. (Nach E. Mohr.)   Abb. 33. Spannungs-Biegezahlschaubild. (Nach E. Mohr.)

Stählen bei 2 bis $5 \cdot 10^6$ Lastspielen erreicht ist. Trotz dieser guten Übereinstimmung darf man die Ergebnisse nicht verallgemeinern und auf Stoffe übertragen, deren Verhalten man nicht kennt, weil der Beanspruchungsvorgang dieses Verfahrens ein anderer ist als der bei der Aufstellung der Wöhler-Kurve für wechselnde Biegung.

d) Dämpfungsmeßverfahren.

Eine weitere Erscheinung, die eine gewisse Abhängigkeit mit der Höhe der Dauerbeanspruchung zeigt, ist die Dämpfung. Nach Stromeyer soll die Dauerfestigkeit einer Probe bei der Belastung liegen, oberhalb der die Dämpfung besonders stark zunimmt. Er will die Dämpfung durch Messung der Temperatur im Probestab bestimmen. In der Kurve, die die Dämpfung in Abhängigkeit von der Belastung angibt, ist jedoch im allgemeinen kein Knick vorhanden. Die Dämpfung zeigt zunächst von einem bestimmten Punkt an eine langsam stärker werdende Zunahme, die allmählich in ein sehr schnelles Anwachsen übergeht. Allgemein kann gesagt werden, daß die Dauerfestigkeit zwischen dem Punkt des ersten stärkeren Ansteigens und dem Steilanstieg liegt. Es gibt Werkstoffe, bei denen die Dauerfestigkeit mehr nach dem einen und solche, bei denen sie mehr nach dem anderen Punkt hin liegt. Man hat hiernach auch eine Unterteilung der Werkstoffe in wechselzähe und wechselspröde Werkstoffe vorgenommen und bezeichnet als wechselzäh die Werkstoffe, die an der Dauerfestigkeit noch eine hohe Dämpfung aufnehmen können, während man als wechselspröde die Werkstoffe bezeichnet, die an der Dauerfestigkeit nur eine geringe Dämpfungsfähigkeit besitzen. Durch die von LEHR angegebene Tangentenkonstruktion (Abb. 34) kann die Dauerfestigkeit etwas genauer ermittelt werden.

Trotzdem mit diesem Abkürzungsverfahren sehr oft gute Ergebnisse erzielt worden sind, empfiehlt es sich jedoch das Verfahren nicht ohne weiteres zu verallgemeinern. Es läßt sich anwenden bei Werkstoffen, deren Verhalten man ungefähr kennt, aber nicht bei Werkstoffen, für die man noch keine Anhaltspunkte über die Abhängigkeit zwischen den einzelnen Eigenschaften hat.

Der Grund dafür, daß die bis heute bekannten Abkürzungsverfahren nicht voll zuverlässig sind, ist darin zu suchen, daß die inneren Veränderungen im Werkstoff bei dem Versuch nach dem Abkürzungsverfahren nicht die gleichen sind wie beim Dauerversuch nach WÖHLER[1]. Während beim normalen Dauerversuch die Wechsellast von Anfang an gleich bleibt, wird sie z. B. beim Abkürzungsversuch nach LEHR von einem sehr geringen Wert an allmählich gesteigert. Die Dämpfung ändert sich bekanntlich auch bei gleichbleibender Wechsellast mit zunehmender Lastspielzahl, so daß man bei diesem Abkürzungsversuch eigentlich erst nach Erreichen der Grenzlastspielzahl höher belasten darf, wenn man die Änderungen der Dämpfung während des Versuches mit erfassen will. Diese Art der Belastung führt jedoch zu einem Hochtrainieren, so daß man andere Werte erhält, als beim sofortigen Aufbringen der vollen Last. Ein zu schnelles Höherbelasten des Probestabes kann dagegen auch kein richtiges Bild ergeben, da dann die inneren Vorgänge wieder andere sind. Durch

Abb. 34. Abkürzungsverfahren zur Ermittlung der Dauerfestigkeit nach LEHR. *A* Anfang des stärkeren Leistungsanstieges. *B* Schnittpunkt der Tangente an die Leistungskurve mit der Abszisse. Die Dauerfestigkeit liegt zwischen *A* und *B*.

weitere Untersuchungen müssen in Zukunft die Abhängigkeiten zwischen den einzelnen Festigkeitseigenschaften noch näher untersucht werden, um zu genügend genauen Abkürzungsverfahren zu gelangen.

e) Mikroskopisches Verfahren.

In der Reihe der Abkürzungsverfahren ist noch eine weitere Prüfart zu nennen, die ebenfalls versucht, auf die inneren Vorgänge im Werkstoff zurückzugreifen. Nach diesem Verfahren soll die Dauerfestigkeit bei der Beanspruchung liegen, die gerade noch dauernd das Auftreten von Gleitlinien im Material hervorruft. Die Untersuchung wird nach ROSENHAIN[2] so ausgeführt, daß ein Stab zunächst einer Wechsellast unterworfen wird, die bestimmt etwas über der Ermüdungsgrenze liegt. Dabei treten im Stab Gleitlinien auf. Belastet man nun anschließend den Stab bei kleinerer Wechsellast, so muß sich der Werkstoff wieder erholen. Nach neuem Polieren des Stabes treten dann, solange die Dauergrenze erreicht oder unterschritten ist, keine Gleitlinien mehr auf. Wie weit dieses Verfahren genügend genaue Werte ergibt, ist nicht sicher bekannt. Man muß beachten, daß gewisse Werkstoffe auch an der Dauerfestigkeit noch eine Gleitlinienbildung zeigen, die allerdings nach einer bestimmten Anzahl von Lastspielen infolge der Verfestigung zum Stillstand kommt.

f) Wertung der Abkürzungsverfahren.

Allgemein sind die Abkürzungsversuche als Näherungsverfahren zur Bestimmung der Dauerfestigkeit von Werkstoffen mit einigermaßen bekannten Eigenschaften brauchbar. Man kann die Verfahren allerdings nur zur Prüfung

---

[1] SPÄTH, W.: Metallwirtsch. Bd. 15 (1936) S. 726 u. 750.
[2] ROSENHAIN: The effect of strain on the structure of metals, 2. Aufl. 1919.

glatter Stäbe anwenden. Bei gekerbten Stäben oder Bauteilen versagen die Abkürzungsverfahren, da die Messung der in Betracht kommenden Größen im Kerbgrund oder an Stellen örtlich begrenzter Höchstspannungen nicht möglich ist. In diesen Fällen wird man vorläufig immer noch auf die Ermittlung der Dauerfestigkeit nach Wöhler zurückgreifen müssen.

5. Einfluß von Kerben, Bohrungen usw. auf die Dauerfestigkeit.

a) Spannungszustand an Kerben.

Die Dauerhaltbarkeit eines Konstruktionsteiles ist nicht allein vom Werkstoff und der Beanspruchungsart, sondern auch von der Gestalt des Teiles sowie von der gesamten konstruktiven Anordnung, in die das Teil eingebaut ist, abhängig. Diese letztgenannten Einflüsse sind maßgeblich mitbestimmend für die Spannungsverteilung und den Spannungszustand in einer Konstruktion.

Nach den auch heute noch vielfach üblichen Berechnungsverfahren werden die in einem Konstruktionsteil wirkenden Spannungen in den meisten Fällen überhaupt nicht erfaßt, da man mit stark idealisierten Annahmen rechnet. Im allgemeinen legt man der Berechnung nur die an einer Stelle des Konstruktionsteiles wirkende Kraft bzw. das wirkende Moment und die Querschnittsfläche bzw. das Widerstandsmoment zugrunde und rechnet genau so, wie man einen glatten Stab berechnen würde. Man nimmt keine Rücksicht auf die Beeinflussung des an einer Stelle herrschenden Spannungszustandes durch die gesamte Überleitung der Spannungen, die durch die äußere Form des Bauteiles bestimmt wird. An Teilen, die eine vom glatten Stab abweichende Berandung haben, z. B. an Winkelecken, an Querschnittsübergängen, an Stellen mit Bohrungen oder sonstigen Kerben, an Kraftangriffsstellen usw. ist der Spannungsfluß nicht mehr gleichmäßig. Die Spannungsverteilung zeigt erhebliche Abweichungen von der Spannungsverteilung in einem glatten Stab, es treten an bestimmten Stellen Höchstspannungen auf, während andere Stellen weit geringere Spannungen aufweisen[1]. Abb. 35 soll zur Veranschaulichung diese Verhältnisse schematisch an einem Stab mit Querbohrung zeigen. An der Bohrung selbst tritt eine Spannungsspitze auf, die ein Vielfaches der Spannung beträgt, die man für diesen Querschnitt unter der Annahme gleichmäßiger Spannungsverteilung errechnen würde. Die Spannung, die lediglich aus der wirkenden Kraft und dem zur Verfügung stehenden Querschnitt berechnet wird, bezeichnet man mit *Nennspannung* (σ_n).

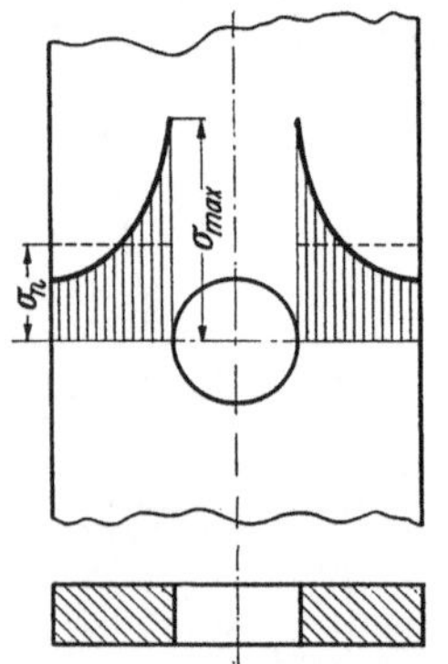

Abb. 35. Spannungsverteilung in einem Flachstab mit Querbohrung bei Zugbeanspruchung. σ_{max} höchste Spannungsspitze am Lochrand, σ_n Nennspannung (berechnet unter Annahme gleichmäßiger Spannungsverteilung), $\sigma_{max} = \alpha_k \cdot \sigma_n$. α_k = Formziffer.

b) Formziffer.

Um eine Beziehung zwischen dieser Nennspannung und der tatsächlich auftretenden höchsten Spannungsspitze zu bekommen, wurde die Formziffer α_k eingeführt. Die Formziffer ist die Zahl, mit der die Nennspannung multipliziert

---

[1] Lehr, E.: Spannungsverteilung in Konstruktionselementen. Berlin: VDI-Verlag 1934. — Kuntze, W.: Stahlbau Bd. 9 (1936) S. 121. — Neuber, H.: Kerbspannungslehre. Berlin: Julius Springer 1937. — Thum, A.: Berichtswerk 74. Hauptverslg. VDI 1936, S. 87. — Thum, A. u. W. Bautz: Z. VDI Bd. 79 (1935) S. 1303.

werden muß, damit man die höchste Spannung erhält. Unter der Annahme der Gültigkeit des HOOKEschen Gesetzes ist die Formziffer bei einer bestimmten Belastung nur von der Form des Bauteiles, aber nicht vom Werkstoff selbst abhängig. Soweit die Möglichkeit besteht, den in einem Bauteil vorhandenen Spannungszustand mit Hilfe der elastischen Gleichungen rechnerisch zu bestimmen, ist es auch möglich, den α_k-Wert zu berechnen. Diese rechnerische Bestimmung ist jedoch nur in sehr wenigen Fällen möglich.

In den meisten Fällen versagen die Berechnungsmethoden, da die elastischen Gleichungen bei den meist vorliegenden Randbedingungen nicht mehr gelöst werden können. Man hat aus diesem Grunde physikalische Erscheinungen, die den gleichen Gesetzen folgen wie der Spannungszustand in einem Konstruktionsteil und die der Messung zugänglich sind, zur Bestimmung der Formziffer herangezogen. Zu diesen Verfahren gehören die spannungsoptischen und elektrischen Modelle sowie das hydrodynamische und das Membrangleichnis[1]. Aber auch diese Gleichnisse können nur für ganz bestimmte Beanspruchungszustände herangezogen werden.

Für die Bestimmung des tatsächlichen Spannungszustandes an fertigen Konstruktionsteilen bleibt im allgemeinen nur die Anwendung von Feindehnungsmessungen übrig[2]. Zur Durchführung dieser Feindehnungsmessungen wird ein Dehnungsmesser benötigt, der eine genügend kleine Meßlänge besitzt, so daß man örtliche Spannungsspitzen z. B. in Hohlkehlen oder in Bohrungen möglichst genau erfassen kann. Das Gerät muß so empfindlich sein, daß schon geringe Belastungen, die noch im elastischen Bereich liegen, genügen, um genaue Meßergebnisse zu erhalten. Es sind bis heute derartige Meßgeräte mit Meßlängen bis herunter zu 0,5 mm entwickelt worden.

c) Kerbempfindlichkeit.

Die Kenntnis der höchsten Spannungsspitze allein genügt noch nicht zur Bestimmung der Dauerhaltbarkeit eines beliebigen Bauteiles. Es ist durch Versuche festgestellt worden, daß ein Dauerbruch noch nicht einzutreten braucht, wenn eine örtlich begrenzte Spannungsspitze über die Dauerfestigkeit eines glatten Stabes aus gleichem Werkstoff hinausgeht. Eine Erklärung dieser Erscheinung ist aus dem inneren Vorgang, der zum Dauerbruch eines Teiles führt, zu geben.

Wie früher angegeben, ist der Dauerbruch eine Folge von Gleitungen in den einzelnen Kristallen, die bei jedem Wechsel wieder rückgängig gemacht werden. Diese Gleitungen werden durch die bei jedem Spannungszustand auftretenden Schubspannungen hervorgerufen. Aus der MOHRschen Darstellung eines Spannungszustandes ist zu entnehmen, daß die größte überhaupt auftretende Schubspannung von dem Unterschied der größten und kleinsten Hauptspannung bestimmt ist.

An einigen Beispielen soll der Einfluß des gesamten Spannungszustandes auf diese größte auftretende Schubspannung erklärt werden. Bei Zugbeanspruchung

---

[1] PRANDTL, L.: Z. Phys. Bd. 4 (1903) S. 758. — FÖPPL, L.: Z. angew. Math. Mech. Bd. 15 (1935) S. 37. — WYSZOMIRSKI, W. A.: Diss. T. H. Dresden 1914. — HELE SHAW, H. S.: Electrician Bd. 56 (1905/06) S. 959. — JACOBSEN, L. S.: Trans. Amer. Soc. mech. Engrs. Bd. 46 (1925) S. 619. — QUEST, H.: Ing.-Arch. Bd. 4 (1933) S. 510. — THIEL, A.: Ing.-Arch. Bd. 5 (1934) S. 417. — THUM, A. u. W. BAUTZ: Z. VDI Bd. 78 (1934) S. 17. — Arch. techn. Messen V 132—11. — THUM, A. u. F. WUNDERLICH: Arch. techn. Messen V 132—10.

[2] PREUSS, E.: VDI-Forsch.-Heft Nr. 126 (1912); Nr. 134 (1913). — BERG, S.: VDI-Forsch.-Heft Nr. 331 (1930). — LEHR, E.: Masch.-Bau Betrieb Bd. 10 (1931) S. 111. — LEHR, E. u. H. GRANACHER: Forsch. Ing.-Wes. Bd. 7 (1936) S. 66. — THUM, A., O. SVENSON u. H. WEISS: Forsch. Ing.-Wes. Bd. 9 (1938).

eines glatten Stabes treten in der Richtung der Kraftwirkung nur Zugspannungen auf. Diese Zugspannung ist also gleich der einen Hauptspannung. Die beiden anderen Hauptspannungen senkrecht zur ersten Hauptspannung verschwinden. Aus dem Mohrschen Spannungskreis (Abb. 36) ist zu entnehmen,

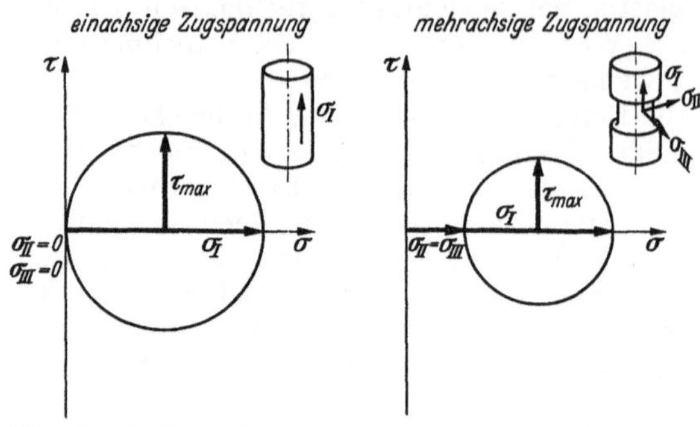

Abb. 36. Größe der Schubspannung bei gleichgroßer einachsiger und mehrachsiger Zugbeanspruchung (Mohrsche Darstellung).

daß die höchste Schubspannung unter 45° halb so groß wie die höchste Normalspannung ist. Bei einem gekerbten Stab sind die Verhältnisse abweichend vom glatten Stab. Die Spannungen sind sowohl in Längsrichtung als auch im Querschnitt nicht mehr gleichmäßig verteilt. Eine Spannungsspitze tritt im Kerbgrund auf. Infolge der Behinderung der Einschnürung des am höchsten belasteten Querschnittes im Kerbgrund durch die geringer belasteten benachbarten Querschnitte treten Zugspannungen auch in Querrichtung auf, von denen die eine allerdings an der Oberfläche verschwinden muß, da keine Normalspannungen senkrecht zur Oberfläche wirken können. Im Innern des Stabes herrscht jedoch bis dicht unter die Oberfläche

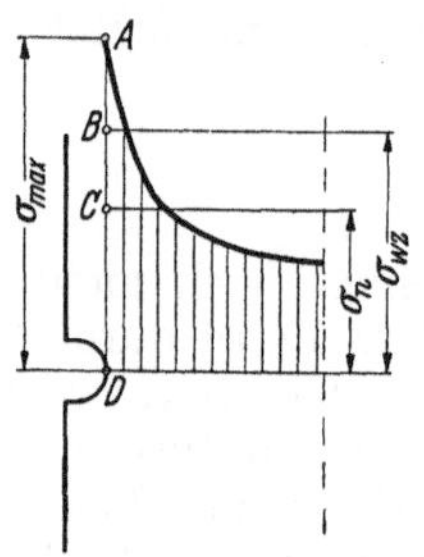

Abb. 37. Kerbwirkung und Kerbempfindlichkeit. σ_{max} Spannungsspitze, die an der Dauerfestigkeit des gekerbten Stabes ertragen werden kann. σ_n Nennspannung an der Dauerfestigkeit des gekerbten Stabes. σ_{Wz} Dauerfestigkeit eines glatten zylindrischen Stabes aus gleichem Werkstoff. α_k Formziffer. β_k Kerbwirkungszahl. η_k Kerbempfindlichkeitszahl.

$$\alpha_k = \frac{\sigma_{max}}{\sigma_n} = \frac{AD}{CD},$$

$$\beta_k = \frac{\sigma_{Wz}}{\sigma_n} = \frac{BD}{CD},$$

$$\eta_k = \frac{\beta_k - 1}{\alpha_k - 1} = \frac{BC}{AC}.$$

ein sog. mehrachsiger Spannungszustand, bei dem alle drei Hauptspannungen positiv sind. Aus der Mohrschen Darstellung geht hervor, daß für diesen Spannungszustand bei gleicher größter Hauptspannung die Schubspannung einen viel geringeren Wert erhält als beim einachsigen Zustand.

Infolge dieser geringeren Schubspannung werden auch die durch sie hervorgerufenen Gleitungen geringer sein. Es wird demnach bei gleicher Größe der ersten Hauptspannung an einer Stelle, an der die beiden übrigen Hauptspannungen ebenfalls positive Werte annehmen, die Dauerbruchgefahr geringer sein als beim einachsigen Spannungszustand. An der Oberfläche des Kerbgrundes verschwindet jedoch eine Hauptspannung. Hier herrscht also ein ebener Spannungszustand, bei dem in gleicher Weise wie beim einachsigen Spannungszustand die volle Höhe der Schubspannung wirksam wird. Es wird jedoch auch an dieser Stelle durch die weiter im Innern liegenden Fasern eine Verformungsbehinderung ausgeübt, so daß auch an der Oberfläche selbst die Dauerbruchgefahr infolge der ungleichmäßigen Spannungsverteilung, d. h. infolge der Ausbildung einer örtlich eng begrenzten Spannungsspitze, gegenüber dem glatten Stab vermindert wird.

Nimmt man an, daß die Dauerfestigkeit eines Werkstoffes durch eine ganz bestimmte Größe der bleibenden Gleitung gekennzeichnet ist, so geht hieraus hervor, daß diese Grenzgleitung an einer Kerbstelle erst durch eine Belastung erreicht wird, bei der eine Spannungsspitze auftritt, die über die Dauerfestigkeit des glatten Stabes hinausgeht (Abb. 37). Wie hoch diese Spannungsspitze die Dauerfestigkeit überschreiten kann, hängt sowohl vom Werkstoff als auch von der Art des Spannungszustandes und von der gesamten Spannungsverteilung ab. Die Wirkung ist etwa die gleiche, als wenn die Spannungsspitze um ein bestimmtes Maß geringer wäre. Man spricht deshalb oft von einem scheinbaren Abbau der Spannungsspitze. Zur Kennzeichnung der Fähigkeit eines Werkstoffes bzw. eines Bauteiles, Spannungserhöhungen über die Dauerfestigkeit des glatten Stabes zu ertragen, ist die Kerbempfindlichkeitszahl η_k eingeführt worden. Diese Kerbempfindlichkeitszahl ist nach den bisherigen Ausführungen nicht, wie man früher annahm, eine Werkstoffkennzahl, sie ist außer vom Werkstoff auch vom Spannungszustand und der Spannungsverteilung, d. h. also auch von der konstruktiven Gestaltung, abhängig.

d) Kerbwirkungszahl und Gestaltfestigkeit.

Aus diesem Grunde bereitet die Berechnung der Dauerhaltbarkeit einer Konstruktion mit Hilfe von Formziffer und Kerbempfindlichkeitszahl erhebliche Schwierigkeiten, man hat deshalb an Stelle dieser beiden Kennzahlen eine einzige Kennziffer eingeführt, die Kerbwirkungszahl β_k. Diese Zahl gibt das Verhältnis der Dauerfestigkeit des glatten Stabes zur Nennspannung an der Dauerhaltbarkeit des gekerbten Stabes bzw. des Bauteiles an. Die Ermittlung der Kerbwirkungszahl β_k ist bis heute genau nur durch Dauerversuche durchzuführen. Eine angenäherte Bestimmung kann jedoch auch durch Ermittlung der α_k-Werte mit Hilfe von Feindehnungsmessungen erfolgen, und zwar dann, wenn die Dauerhaltbarkeit einer Probe aus gleichem oder ähnlichem Werkstoff mit ähnlicher Spannungsverteilung bekannt ist. Vergleicht man nämlich zwei ähnliche Spannungszustände, die durch ähnliche Kerbformen erzeugt werden, dann werden sowohl die α_k-Werte als auch die η_k-Werte nicht sehr verschieden sein und da der Einfluß einer Änderung von η_k auf die Höhe der Kerbwirkungszahl β_k geringer ist als der Einfluß von α_k, kann man mit genügender Annäherung rechnen, daß sich bei derartigen ähnlichen Spannungszuständen die β_k-Werte im gleichen Verhältnis ändern wie die durch Feindehnungsmessungen bestimmten α_k-Werte. Diese Methode eignet sich besonders dann, wenn an irgendwelchen Bauteilen, deren Form im großen und ganzen festgelegt ist, durch kleine Änderungen eine Erhöhung der Dauerhaltbarkeit erzielt werden soll. Man kann dann durch Vornahme der Feindehnungsmessungen die kostspieligen Dauerversuche ersparen.

Wenn man auch die Formziffern bestimmter Kerbformen wie Halbkreiskerbe, Bohrung, Wellenabsatz usw. in Abhängigkeit der Kerbtiefe, Kerbschärfe usw. kennt, ist die Übertragung dieser Ergebnisse auf auch nur wenig abweichende Bauformen nur schwer möglich. Die allgemeinen Erkenntnisse, die man über Kerbwirkung gewonnen hat, sind daher zahlenmäßig um so weniger auswertbar, je umfassender ihr Geltungsbereich ist. Da man sich aber in der Praxis doch meist mit Abschätzung der Kerbwirkung begnügen wird, sollen sie wenigstens hier aufgeführt werden.

Die Formziffer einer Kerbe ist um so größer, je schärfer diese den Kraftfluß umlenkt. Diese Richtungsänderung des Kraftflusses erfolgt aber um so plötzlicher, je schärfer die Kerbe ist, d. h. je stärker der Kerbgrund gekrümmt ist, je tiefer die Kerbe ist und je steiler die Flanken der Kerbe sind. Die folgenden Erkenntnisse über die Kerbwirkung ergeben sich aus den Verhältnissen bei sehr tiefen Kerben unter Annahme des HOOKEschen Gesetzes[1]. Es ist sehr wahrscheinlich, daß diese Gesetzmäßigkeiten mit praktisch ausreichender Genauigkeit auch für endliche Stabbreiten gelten.

---

[1] NEUBER, H.: Kerbspannungslehre. Berlin: Julius Springer 1937.

Verschiedene Beanspruchungsarten ergeben bei gleicher Prüfstab- und Kerbform trotz gleicher Nennspannung verschiedene Formziffern. So ist beim Flachstab mit Bohrung die Formziffer für Biegung geringer als die für Zug (Abb. 38). Das gleiche gilt für den Rundstab mit Umlaufkerbe, bei dem außerdem die Formziffer für Verdrehung noch geringer ist als die für Biegung. Sehr wahrscheinlich gilt dies auch für die meisten anderen symmetrischen Prüfstabformen.

Bei gleicher Beanspruchungsart kann man den Einfluß der Prüfstabform (z. B. Flachstab oder Rundstab) abschätzen, wenn die Berandung eines axialen Längsschnittes bei allen betrachteten Proben die gleiche ist. Für die unendlich tiefe Kerbe (d. h. unendliche Stabbreite im ungekerbten Teil) gilt, daß die Formziffer für den beiderseitig gekerbten Flachstab bei gleicher Beanspruchungsart höher als für den Rundstab mit gleicher Umlaufkerbe ist. Dies gilt vermutlich mit genügender Genauigkeit auch für endliche Stabbreiten und Kerbtiefen. Für die Praxis ist die Näherungsformel von Krisch[1] nützlich, die die Formziffer eines Rundstabes mit Umlaufkerbe

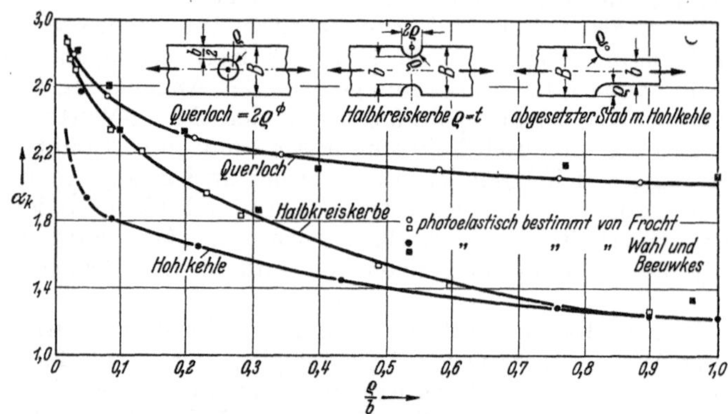

Abb. 39. Formziffer für Querloch, Halbkreiskerben und Hohlkehlen im gezogenen Flachstab. (Nach M. M. Frocht.)

mit der eines Flachstabes in Beziehung setzt. Es gilt für α_k-Werte bis etwa 6 die Gleichung

$$\frac{\alpha_{kF} - 1}{\alpha_{kR} - 1} \approx \frac{4}{3},$$

worin

$$\alpha_{kF} = \text{Formziffer für Flachstab,}$$
$$\alpha_{kR} = \text{Formziffer für Rundstab.}$$

Die Abb. 39 bis 44 zeigen einige versuchsmäßig ermittelte Ergebnisse. In Abb. 39[2] fällt es auf, daß die Formziffern des gelochten Zugstabes sich mit

[1] Krisch, A.: Spannungsmechanik des gekerbten Rundstabes. Diss. Berlin 1935.
[2] Weibel, E. E.: Trans. Amer. Soc. mech. Engrs. 1934, APM. S. 637.

wachsendem Lochdurchmesser dem Werte 2 nähern, anstatt allmählich auf den Wert 1 abzusinken. Dieses Verhalten wird durch zusätzliche Biegung in den

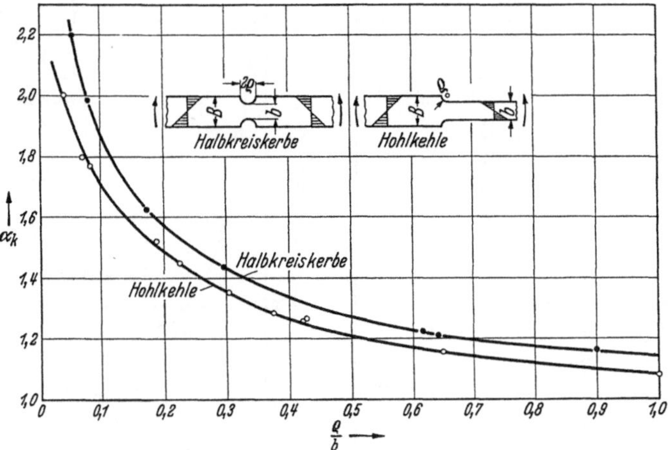

Abb. 40. Formziffer für Halbkreiskerben und Hohlkehlen bei Biegebeanspruchung im Flachstab. (Nach M. M. Frocht.)

Stegen verursacht. Diese Biegung entsteht dadurch, daß die Resultierende der Zugspannungen der einen Stabhälfte, die auf den einen Steg wirkt, nicht durch die Mitte des Steges hindurchgeht. Für den unendlich schmalen Steg steigt die Zugspannung vom Wert Null am Außenrande geradlinig auf den doppelten Wert der Mittelspannung am Innenrande an, so daß man sich diesen Beanspruchungsgrenzfall aus Zug und Biegung gleicher Nennspannung zusammen gesetzt denken kann. Sehr kleine Halbkreiskerben bzw. solche in sehr breiten Stäben ($\varrho/b < 0{,}02$; in Abb. 39 nicht mehr dargestellt) haben eine höhere Formziffer als ein Stab mit entsprechender Bohrung, da hier die Biegung keine Rolle mehr spielt und nur beim gelochten Stab an der Bohrung in der Umgebung der Stabachse eine Druckspannung entsteht, die der Verzerrung der Lochform und der damit verbundenen Erhöhung der Spannungsspitze entgegenwirkt.

Ein Vergleich der Abb. 39 und 40 bestätigt eine der oben angegebenen Regeln, daß in Stäben gleicher Form die Formziffer für Biegung kleiner ist als die für Zug.

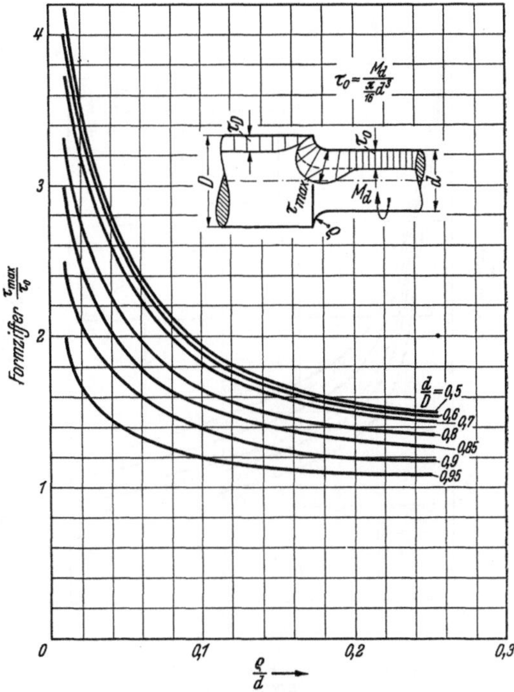

Abb. 41. Formziffer für Hohlkehlen an abgesetzten Wellen bei Verdrehbeanspruchung. (Nach E. Lehr.)

Abb. 41 zeigt die Formziffern von abgesetzten, auf Verdrehung beanspruchten Wellen, die größtenteils mit dem feldelektrischen Modell ermittelt wurden.

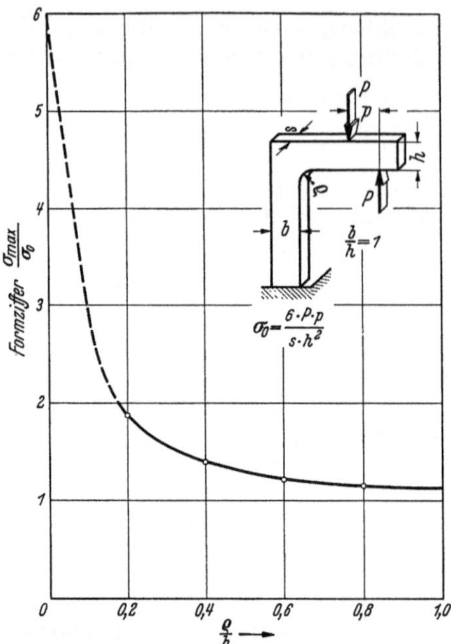

Abb. 42. Beanspruchung durch reines Biegemoment.
(Nach H. C. v. Widdern.)

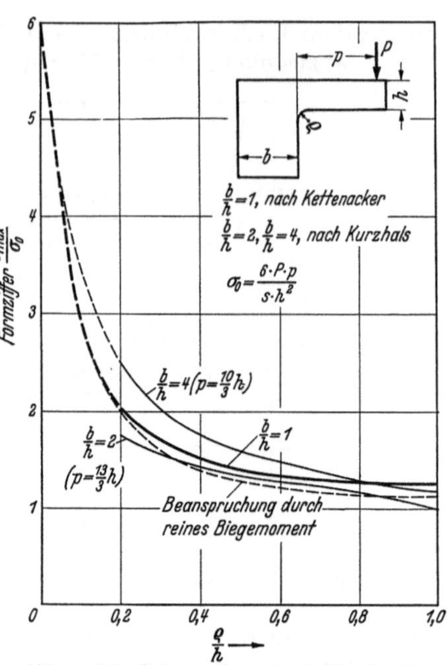

Abb. 43. Biegebeanspruchung durch Einzelkraft.
(Nach Kettenacker und Kurzhals.)

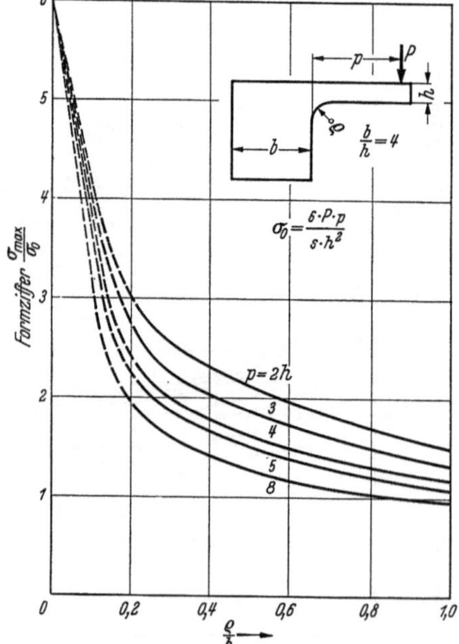

Abb. 44. Biegebeanspruchung durch Einzelkraft.
(Nach Kettenacker.)

Abb. 42 bis 44. Formziffer für Winkelecken.

Die Unterschiede der Formziffern für konstantes ϱ/d verschwinden mit kleiner werdendem d/D, da die Begrenzung des stärkeren Wellenteiles nur innerhalb einer beschränkten Umgebung des schwächeren Teiles von Einfluß ist. In Abb. 42 bis 44 sind Messungen an Winkelecken zusammengestellt. Die durch eine Einzelkraft beanspruchten Ecken ergeben eine um so höhere Spannungsspitze, je näher die Einzelkraft an die Ecke heranrückt, weil bei gleichem Biegemoment dabei die Schubkraft ständig zunimmt. Die Belastung durch ein reines Moment ergibt daher die kleinsten Formziffern (Abb. 42).

Die Größe der Kerbwirkungszahl ist noch schwieriger abzuschätzen als die Formziffer. Zwar wächst β_k mit steigendem α_k, doch ist der Einfluß des Werkstoffes schwer zu übersehen. Allgemein kann man sagen, daß die Kerbempfindlichkeitszahl η_k, die keine Werkstoffkonstante ist[1], bei einem bestimmten α_k-Wert ein Maximum hat, dessen Lage

---

[1] Peterson, R. E. u. A. M. Wahl: J. appl. Mech. Bd. 3 (März 1936) Nr. 1, S. A 15. — J. appl. Mech. Bd. 3 (Dez. 1936) Nr. 4, S. 146. — Lehr, E. u. R. Mailänder: Arch. Eisenhüttenw. Bd. 9 (1935/36) S. 31. — Z. VDI Bd. 79 (1935) S. 1005. — Mailänder, R.:

vom Werkstoff abhängt. Ferner steigt die Kerbempfindlichkeit η_k für den gleichen Werkstoff mit wachsender Probengröße oder genauer gesagt mit wachsendem Verhältnis von Probengröße zur Korngröße[1]. Abb. 45 gibt die Kerbwirkungszahlen gelochter Rundstäbe bei Umlaufbiegung für verschiedene Lochdurchmesser, Probengrößen und Werkstoffe wieder. Die angeführten Regeln werden durch die Ergebnisse bestätigt.

Neben der Berechnungsweise mit β_k-Werten hat sich in letzter Zeit immer mehr der Begriff der *Gestaltfestigkeit* eingeführt. Unter Gestaltfestigkeit versteht man ganz allgemein einen Festigkeitswert, der sowohl von den Beanspruchsverhältnissen, d. h. von Größe und Art der Beanspruchung, als auch vom Werkstoff und von der konstruktiven Form abhängig ist. Unter diesen Begriff der Gestaltfestigkeit sind alle Festigkeitswerte mit zu erfassen. So ist z. B. die Zugfestigkeit eines Werkstoffes nichts anderes als die Gestaltfestigkeit eines glatten zylindrischen Stabes unter langsam bis zum Bruch ansteigender Zugbelastung. Ebenso ist die Dauerfestigkeit oder auch die Zeitfestigkeit bei einer bestimmten Anzahl von Lastspielen beispielsweise einer abgesetzten Welle bei wechselnder Biegebeanspruchung als ein bestimmter Gestaltfestigkeitswert anzusehen. Auch die Art des Zusammenbaues ist mitbestimmend für die Gestaltfestigkeit. So ändert sich z. B. die Gestaltfestigkeit einer Schraube, je nachdem ob sie für eine Flanschverbindung gebraucht wird, bei der die verspannten Teile sehr starr sind, oder ob sie als Pleuelstangenverschraubung benutzt wird, bei der die verspannten Teile sehr weich, d. h. elastisch nachgiebig sind.

Man wird den Wert der Gestaltfestigkeit immer so festlegen, daß man eine möglichst einfache Berechnungsgrundlage seiner Ermittlung zugrunde legt. Man wird also bei gekerbten Teilen immer die Nennspannung als Grundlage der Gestalt-

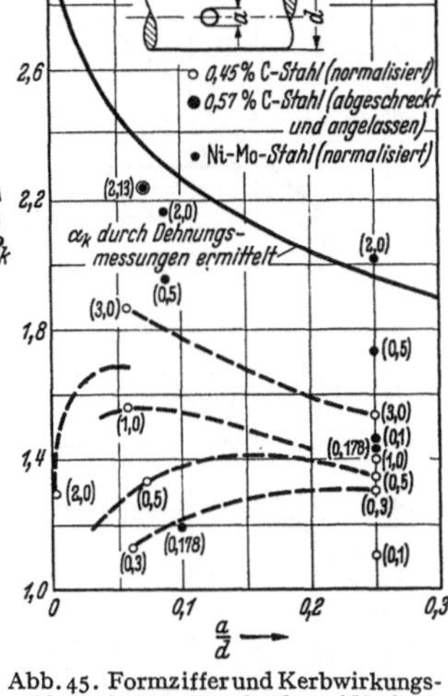

Abb. 45. Formziffer und Kerbwirkungszahlen gelochter Rundstäbe bei Umlaufbiegung. (Nach PETERSON und WAHL.) Zahlen in Klammern geben den Durchmesser d in Zoll an.

festigkeit annehmen. Für solche Teile ist dann bei Wechselbeanspruchung die Gestaltfestigkeit gleich der Wechselfestigkeit des glatten zylindrischen Stabes aus gleichem Werkstoff dividiert durch die Kerbwirkungszahl β_k. Zur Berechnung der Gestaltfestigkeit liegen bis heute noch nicht genügend Unterlagen vor. Zur genauen Vorausbestimmung der Gestaltfestigkeit eines Teiles unter einer bestimmten Betriebsbeanspruchung ist man daher auf Prüfung im Betrieb oder auf eine Prüfung unter Nachahmung der wirklichen Beanspruchungsverhältnisse angewiesen.

6. Kaltverformung und Eigenspannungen.

a) Kaltverformung.

Über den Einfluß der Eigenspannungen und der Kaltverfestigung auf die Dauerfestigkeit liegen eine große Anzahl von Versuchsergebnissen

Techn. Mitt. Krupp Bd. 3 (1935) S. 108. — THUM, A. u. W. BAUTZ: Steigerung der Dauerhaltbarkeit gekerbter Konstruktionen durch Kaltverformung. Mitt. Mat.-Prüf.-Anst. Darmstadt, Heft 8. Berlin: VDI-Verlag 1936.

[1] FAULHABER, A., H. BUCHHOLTZ u. E. H. SCHULZ: Stahl u. Eisen Bd. 53 (1933) S. 1106. — PETERSON, R. E.: Trans. Amer. Soc. Steel Treat. Bd. 18 (1930) S. 1041. — HYSSEY, H. D. u. C. E. LOOS: Ing. News-Rec. Bd. 115 (1935) S. 458. — MAILÄNDER, R. u. W. BAUERSFELD: Techn. Mitt. Krupp Bd. 2 (1934) S. 143.

vor[1]. Jedoch ist es bis heute noch nicht möglich, auf Grund der vorliegenden Ergebnisse ein vollkommen klares Bild über die ursächlichen Zusammenhänge zu geben.

Unter Kaltverfestigung versteht man ganz allgemein die Erscheinung, daß bei plastischen Verformungen die Festigkeitseigenschaften wie z. B. Streckgrenze und Zugfestigkeit steigen. Man hat in vielen Fällen beobachtet, daß auch die Dauerfestigkeit, gemessen am glatten Stab, durchschnittlich im gleichen Verhältnis wie die Zugfestigkeit zunimmt. Weiterhin ist beim kaltverfestigten Werkstoff infolge der erhöhten Streckgrenze das Dauerfestigkeitsschaubild bis zu höheren Vorspannungen ausnutzbar (Abb. 46). Der Werkstoff wird allerdings infolge des Verbrauchs eines Teiles seiner Dehnfähigkeit bei der Kaltverformung empfindlicher gegen trennende Kräfte. Aus diesem Grunde ertragen kaltverformte Teile bei Vorspannungen im Druckgebiet verhältnismäßig größere Spannungsausschläge als im Zuggebiet.

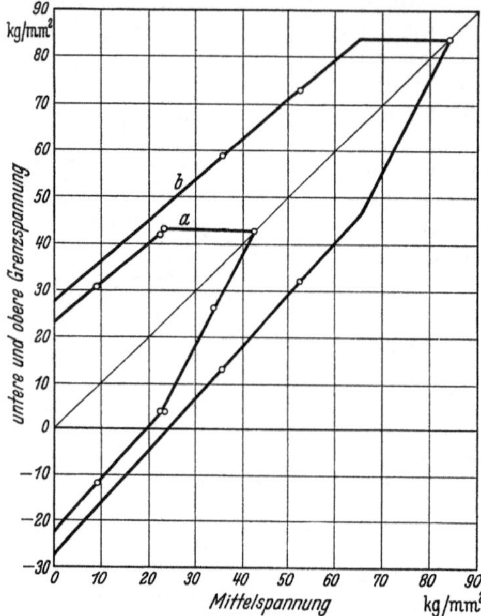

Abb. 46. Dauerfestigkeitsschaubild eines Kohlenstoffstahles mit 0,58% C. *a* Vollstab 13 mm Dmr., geschliffen und poliert. $\sigma_{0,2}$ = 42,6 kg/mm². *b* Um 10% kalt gereckter Prüfstab, 10 mm Dmr., geschliffen und poliert, $\sigma_{0,2}$ = 83,9 kg/mm².

b) Eigenspannungen durch Kaltverformung.

Die Kaltverformungen können auf die verschiedenste Weise vorgenommen werden, so z. B. durch Recken, Walzen oder plastisches Verformen beim Biegen oder Verdrehen. In allen Fällen, bei denen bei dieser Vorbehandlung im Werkstoff kein gleichmäßiger Spannungszustand auftritt, ist der Kaltverfestigungsprozeß mit der Bildung von Eigenspannungen verbunden. Diese Eigenspannungen treten in besonders hohem Maße bei Bauteilen mit sehr ungleichmäßiger Spannungsverteilung, d. h. an Kerbstellen, auf. Wird ein gekerbter Stab unter Zugbeanspruchung gereckt, dann tritt bei einer bestimmten Spannung an den höchstbeanspruchten Stellen im Kerbgrund ein Fließen ein, während im Innern noch keine plastische Verformung erzeugt wird. Beim Wegnehmen der äußeren Last wollen die gelängten Fasern nicht mehr auf ihre ursprüngliche Länge zurückgehen, da sie eine bleibende Verformung erfahren haben. Dagegen wollen die nichtverformten Teile im Innern des Stabes ihre ursprüngliche Länge wieder einnehmen. Damit ein Gleichgewichtszustand entstehen kann, müssen sich elastische Verformungen derart einstellen, daß die geflossenen Teile unter Druckspannungen und die nichtgeflossenen Teile unter Zugspannungen stehen (Abb. 47 bis 49). Es hat sich also durch das Recken in dem Stab ein Eigenspannungszustand herausgebildet, bei dem im Kerbgrund, der die bei Dauerbeanspruchung gefährdete Stelle darstellt, Druckvorspannungen herrschen. Bringt man nun

[1] BEHRENS, P.: Mitt. Wöhlerinst. Braunschweig Heft 6 (1930). — ISEMER, H.: Mitt. Wöhlerinst. Braunschweig Heft 8 (1931). — HOTTENROTT, E.: Mitt. Wöhlerinst. Braunschweig Heft 10 (1932). — MEYER, W. u. O. FÖPPL: Mitt. Wöhlerinst. Braunschweig Heft 18 (1934). — THUM, A. u. W. BAUTZ: Mitt. Mat.-Prüf.-Anst. Darmstadt Heft 8 (1936). — Z. VDI Bd. 78 (1934) S. 921. — Stahl u. Eisen Bd. 55 (1935) S. 1025.

auf einen solchen Stab eine Wechselbeanspruchung auf, so tritt eine Überlagerung des Eigenspannungssystems mit dem Lastspannungssystem ein. Bei Zugbeanspruchung wird die gefährliche Zugspannungsspitze im Kerbgrund durch die Druckeigenspannungen abgebaut. Bei Druckbeanspruchungen wird dagegen die Druckspannungsspitze entsprechend erhöht. Diese Erhöhung ist jedoch unschädlich, da infolge der Kaltverfestigung die Druckdauerfestigkeit gegenüber der Zugdauerfestigkeit gewachsen ist. Man erhält also insgesamt durch diese Vorbehandlung, die zugleich eine Kaltverfestigung und ein günstiges Eigenspannungssystem erzeugt, eine Steigerung der Dauerhaltbarkeit.

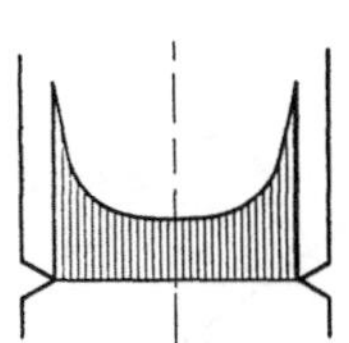

Abb. 47. Verteilung der Lastspannung am gekerbten Zugstab (schematisch).

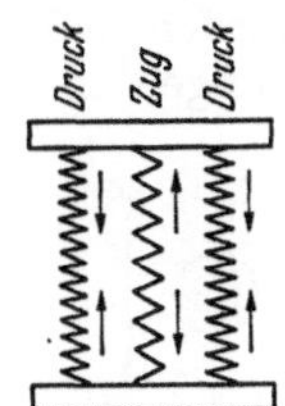

Abb. 48. Schematische Darstellung des Eigenspannungssystems durch 3 Federn im Verband.

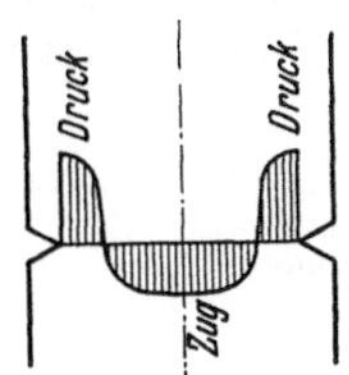

Abb. 49. Axiale Eigenspannungen im gereckten Zugstab (schematisch).

Neben dem Recken bestehen eine große Anzahl weiterer Möglichkeiten zur Erzeugung günstiger Eigenspannungen durch Kaltverfestigung. Es haben sich besonders die Verfahren als geeignet erwiesen, die eine örtliche Behandlung der gefährdeten Stelle vornehmen, wie z. B. eine örtliche Druckbehandlung durch Rollen, Drücken, Walzen, Sandstrahlen usw. (Abb. 50). Das Verfahren ist nämlich dann besonders günstig, wenn an der gefährdeten Stelle ein Eigenspannungssystem aufgebracht wird, das möglichst eine mehrachsige Druckspannung aufweist, da dann die Fließgefahr, durch die das Eigenspannungssystem abgebaut werden könnte, vermieden wird. Die Steigerung der Dauerhaltbarkeit durch derartige Eigenspannungen ist oft sehr erheblich. Im allgemeinen wird mindestens die Dauerfestigkeit des glatten Stabes erreicht. Mit höheren Beanspruchungen im Gebiet der Zeitfestigkeit verschwindet allerdings durch örtliches Überschreiten der Fließbedingungen und

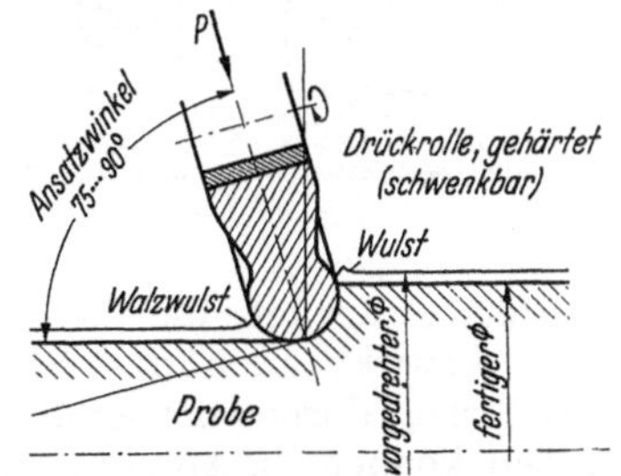

Abb. 50. Kaltwalzen der Hohlkehle einer abgesetzten Welle.

hierdurch erfolgenden Abbau der Eigenspannungen immer mehr ihre günstige Wirkung, so daß die Verfahren sich nur für die Verbesserung von den Teilen eignen, die sehr hohen Lastspielzahlen bei geringeren Beanspruchungen ausgesetzt sind.

c) Eigenspannungen durch Wärmebehandlungen.

Die Eigenspannungen, die durch Wärmebehandlungen entstehen, bewirken ebenfalls je nach ihrer Art eine Verbesserung oder Verschlechterung der Dauerfestigkeit[1]. Örtliche Erwärmungen bzw. ungleichmäßige Abkühlungen erzeugen im allgemeinen Zugeigenspannungen an der erwärmten bzw. zuletzt abgekühlten Stelle, da diese Stelle durch die benachbarten schon erkalteten Teile an der Schrumpfung behindert wird. Aus Gleichgewichtsgründen treten in den früher erkalteten Teilen entsprechende Druckspannungen auf. Die Auswirkung der Überlagerung der Eigenspannungen und der Lastspannungen auf die

---

[1] THUM, A. u. A. ERKER: Z. VDI Bd. 81 (1937) S. 276.

Dauerhaltbarkeit macht sich auch hier bei gekerbten Teilen bzw. bei ungleichmäßigen Spannungszuständen (Biegung) besonders bemerkbar. Durch geeignete Führung der Abkühlungsverhältnisse oder durch geeignete örtliche Wärmebehandlungen ist es daher möglich, die Dauerhaltbarkeit zu verbessern. Die Wärmebehandlung hat dabei so zu erfolgen, daß an der Stelle der Zugspannungsspitze Druckeigenspannungen entstehen (Abb. 51).

Treten während der Abkühlung Gefügeumwandlungen ein, dann können sich die Eigenspannungsverhältnisse umkehren, wenn die Umwandlung mit einer Volumendehnung verbunden ist (Abb. 52). Eine solche Umwandlung ist z. B. die Martensitbildung. Es werden daher beim Oberflächenhärten und beim Einsatzhärten Druckvorspannungen in der

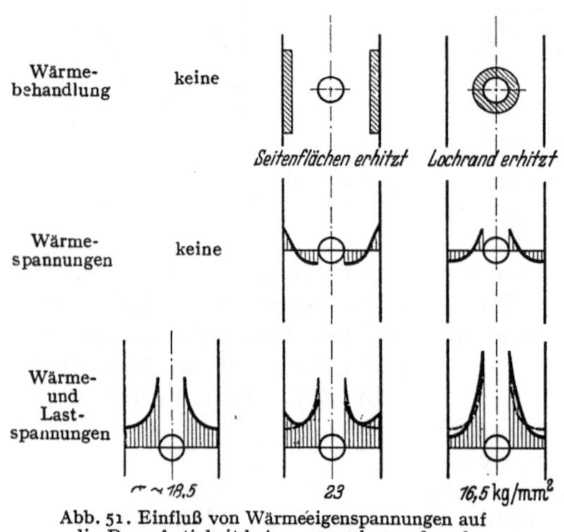

Abb. 51. Einfluß von Wärmeeigenspannungen auf die Dauerfestigkeit bei $\sigma_u = 1{,}5$ kg/mm² und $2 \cdot 10^6$ Lastspielen.

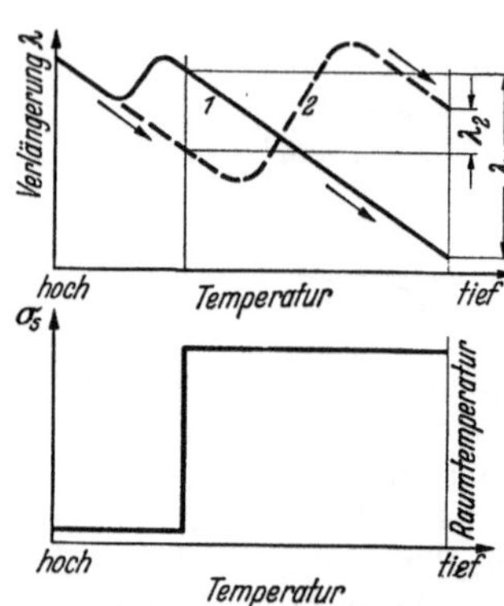

Abb. 52. Einfluß der Gefügeumwandlung auf die Wärmespannungen in örtlich erhitzten Teilen (schematisch). Fall 1: Gefügeumwandlung bei sehr hohen Temperaturen, Schrumpfmaß λ_1 ergibt Zugspannungen. Fall 2: Gefügeumwandlung mit großer Volumendehnung bei tiefer Temperatur, Dehnungsmaß λ_2 ergibt Druckspannungen.

Oberfläche erzeugt, die die Dauerhaltbarkeit günstig beeinflussen. In gleicher Weise bewirkt auch das Nitrieren eine günstige Druckvorspannung in der Oberfläche, durch die erhebliche Steigerungen der Dauerhaltbarkeit erzielt werden können (s. Abschn. 7).

7. Oberflächeneinfluß.

a) Allgemeines.

Während sich der Einfluß der Oberflächenbeschaffenheit bei zügigen Beanspruchungen nur in verhältnismäßig geringem Maße auf die Festigkeitseigenschaften auswirkt, hat der Zustand der Oberfläche einen maßgeblichen Einfluß auf die Festigkeit bei wechselnden Beanspruchungen. Mikroskopisch kleine Unregelmäßigkeiten an der Oberfläche, die bei statischen Versuchen kaum in Erscheinung treten, bilden häufig den Ausgangspunkt von Dauerbrüchen und verringern die Dauerfestigkeit des Werkstoffes beträchtlich.

Bei Biege- und Verdrehbeanspruchungen, d. h. bei dem größten Teil der überhaupt auftretenden Beanspruchungen, tritt die höchste Spannung, oft verstärkt infolge konstruktiver Kerbwirkung, an der Oberfläche auf. Die ersten Ermüdungsrisse entstehen daher fast immer an der Oberfläche. Somit hängt die Dauerfestigkeit einer Probe in erster Linie von der Oberflächenbeschaffenheit ab.

Die Widerstandsfähigkeit der Oberfläche gegen Dauerbeanspruchungen wird von zahlreichen Faktoren beeinflußt: von der Dauerfestigkeit und Kerbempfindlichkeit des Grundmaterials an der Oberfläche, von mikroskopischen Kerb- und Lockerstellen im Gefüge wie z. B. Schlacken und Graphitadern, von geometrischen Kerben wie Drehriefen und Narben, die durch die Herstellung bedingt sind, und Spannungsspitzen ähnlicher Größe an der Oberfläche hervorrufen können wie konstruktive Kerben, und von den an der Oberfläche vorhandenen Eigenspannungen. Eine eindeutige Trennung dieser verschiedenen Einflüsse bei den unterschiedlichen Oberflächenbeschaffenheiten der

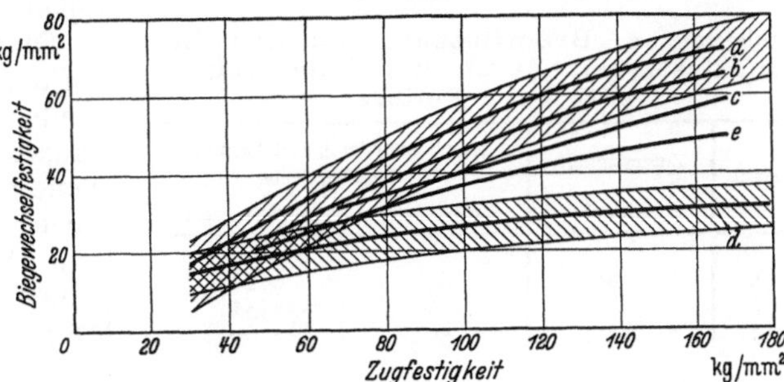

Abb. 53. Abhängigkeit der Wechselfestigkeit von der Oberflächenbeschaffenheit (Mittelwertskurven). *a* polierte Oberfläche, *b* geschliffene Oberfläche, *c* gedrehte Oberfläche, *e* Scharfkerb, *d* Bund. Für *a* und *d* sind die Streubereiche eingezeichnet.

Werkstücke ist nur schwer möglich. Es empfiehlt sich daher, wirklichkeitsgetreue Dauerversuche mit Proben durchzuführen, deren Oberfläche genau den in der Praxis vorkommenden Verhältnissen entspricht.

Die Beeinflussung der idealen Werkstoffdauerfestigkeit durch Ungleichmäßigkeiten und Rauhigkeiten an der Oberfläche ist besonders groß an konstruktiven Kerben bei hochfesten Werkstoffen. Dagegen kann der Einfluß der Oberfläche an weichen Stählen recht gering sein. Die Empfindlichkeit des Werkstoffes gegenüber der Oberflächenbeschaffenheit geht etwa parallel mit seiner Kerbempfindlichkeit. Einen Überblick über die Beeinflussung der Dauerfestigkeit gibt Abb. 53 und 54[1].

b) Polieren.

Die reine Dauerfestigkeit wird an Proben mit feinst polierter Oberfläche bestimmt. Es ist hierbei zu berücksichtigen, daß auch durch das Polieren noch keine unbeeinflußte ideal gleichmäßige Oberfläche erzielt wird. Die oberste

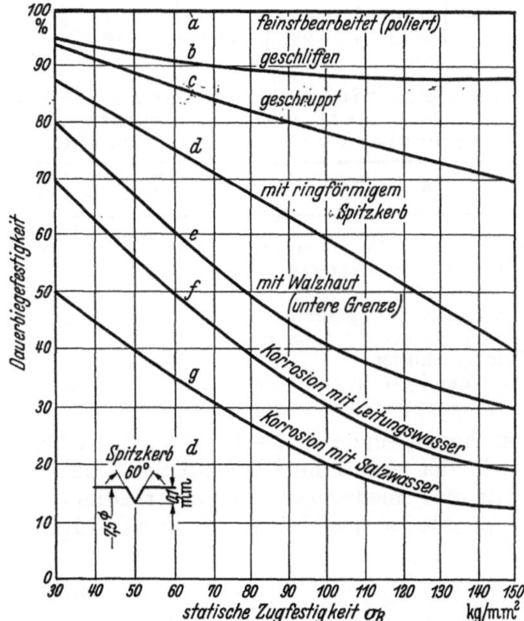

Abb. 54. Abfall der Dauerbiegefestigkeit bei verschiedener Oberflächenbeschaffenheit (aus Arbeitsblätter des Fachausschusses für Maschinenelemente).

Schicht enthält Eigenspannungen und ist anders aufgebaut als der Grundwerkstoff[2]. Durch losgerissene Metallteilchen oder Ungleichheiten der Polierscheiben entstehen feine Kratzer an der Oberfläche, die insbesondere dann einen Einfluß

---

[1] Mailänder, R.: Stahl u. Eisen 1935, S. 39.
[2] Boas u. Schmid: Z. VDI Bd. 77 (1933) S. 430.

auf die Dauerfestigkeit haben können, wenn sie bei Zug- oder Biegebeanspruchungen quer zur Beanspruchungsrichtung verlaufen. Durch weniger sorgfältiges Polieren und Verwendung von gröberen Papiersorten kann die Dauerfestigkeit bereits beträchtlich vermindert werden (Zahlentafel 1, 2 u. 3)[1]. Zuweilen üben auch zufällig an der Oberfläche befindliche Werkstoffungleichmäßigkeiten einen mindernden Einfluß auf die Dauerfestigkeit aus. Ausgesprochene Fehlstellen wie Schlackenzeilen, grobe Graphitadern, Lunker, Walzfehler, Härte- und Schleifrisse erniedrigen die Dauerfestigkeit sehr erheblich.

Zahlentafel 1. Beeinflussung der Schwingungsfestigkeit durch die Oberflächengüte beim Polieren.

Stahl	Zugfestigkeit kg/mm²	Schwingungsfestigkeit kg/mm² Probenoberfläche	
		kurz poliert	lang poliert
1	66	31	32
2	85	46	51
3	107	50	60

Zahlentafel 2. Einfluß der Oberflächenbeschaffenheit auf die Biegewechselfestigkeit von vergüteten Stählen höherer Festigkeit.

C %	Ni %	Cr %	Mo %	Zugfestigkeit kg/mm²	Biegewechselfestigkeit			
					un-bearbeitet kg/mm²	bearbeitet und poliert kg/mm²	bearbeitet und sehr gut poliert kg/mm²	nach der Bearbeitung vergütet kg/mm²
0,32	3,5	0,75	—	185	15	78	83	44
0,41	2,5	0,63	0,63	216	13	78	102	50

Zahlentafel 3. Minderung der Dauerfestigkeit bei verschiedener Oberflächenbearbeitung gegenüber einer polierten Oberfläche.

Art der Bearbeitung	Scheinbare Verminderung der Dauerfestigkeit in %
Mit grober Feile geschlichtet . .	bis zu 20
Mit zufälligen Kratzern.	,, ,, 12
Gedreht	,, ,, 16
Mit feiner Feile geschlichtet . .	,, ,, 7,5
Mit Schmirgel Nr. 3 poliert . . .	,, ,, 6
Fein geschliffen	,, ,, 4
Mit Schmirgel Nr. 1 poliert . . .	,, ,, 3

c) Schleifen.

Durch Schleifen wird die Dauerfestigkeit gegenüber dem polierten Zustand beträchtlich vermindert. Es entstehen namentlich bei grober Körnung des Schleifsteines Schleifriefen, die scharfe Kerben darstellen, besonders wenn sie quer zur Beanspruchungs - Richtung verlaufen. Durch das Schleifen findet eine örtliche Erhitzung der Oberfläche statt. Hierdurch entstehen nach der Abkühlung schädliche Zugeigenspannungen. Um eine möglichst geringe Erniedrigung der Dauerfestigkeit durch das Schleifen zu erhalten, empfiehlt es sich daher, mit feinkörnigen Schleifscheiben naß zu schleifen.

d) Schlichten.

Durch Schlichten kann die Dauerfestigkeit der Proben noch weiter erniedrigt werden als durch Schleifen. Bei der spanabhebenden Bearbeitung ist aber zu berücksichtigen, daß je nach der Einstellung von Schnittgeschwindigkeit, Schnittwinkel und Vorschub eine saubere oder rauhe Oberfläche entstehen kann. Es kann ein Aufreißen oder ein Verschmieren der Oberfläche stattfinden. Je nach der Einstellung entstehen in der Oberfläche günstige Druckeigen-

---

[1] MAILÄNDER, R.: Z. Metallkde, 1928, S. 87. — HANKINS u. BECKER: vgl. R. MAILÄNDER: Stahl u. Eisen 1936, S. 852. — THOMAS: Engineering 1923, S. 449, 483.

spannungen oder schädliche Zugeigenspannungen, die bis zur Streckgrenze ansteigen und einen beträchtlichen Einfluß auf die Dauerfestigkeit haben können[1]. Durch günstige Schnittbedingungen kann so unter Umständen durch Feinstschlichten mit Schneidmetallen eine Dauerfestigkeit bei Stahl erreicht werden, die nahe an die des polierten Zustandes herankommt (Zahlentafel 4)[2]. Es ist hierbei ebenfalls von Bedeutung, ob der Schlichtspan quer zur Beanspruchungsrichtung oder (bei Flachproben) in der Beanspruchungsrichtung genommen wird[3].

Zahlentafel 4. Einfluß der Schnittgeschwindigkeit auf die Biegewechselfestigkeit von St C 25.61. Biegewechselfestigkeit in poliertem Zustand $\sigma_{Wb} = 35{,}0$ kg/mm².

Schnittgeschwindigkeit m/min	Biegewechselfestigkeit kg/mm²
20,0	27,5
126,5	34,5
22,6	30,0
118,0	rd. 33,0
20,0	32,5
124,5	34,5

e) Schruppen.

Durch Schruppen wird die Oberfläche sehr stark aufgerauht und aufgerissen. Die Dauerfestigkeit wird daher sehr erniedrigt. Hierbei ist zu beachten, daß durch das Schruppen oft feinste Anrisse tiefer in das Material hineingehen, so daß sie bei nachträglichem Schlichten nicht ganz beseitigt werden. Diese feinsten Oberflächenanrisse, die nur sehr schwer, oft überhaupt nicht, feststellbar sind, können auch nach dem Schlichten noch eine erhebliche Minderung der Dauerfestigkeit verursachen. Es empfiehlt sich daher, das Vorschruppen nicht zu weit zu treiben, so daß beim Schlichten noch genügend Material weggenommen werden muß, und so auch die tiefsten vom Schruppen herrührenden Anrisse verschwinden.

f) Feinstbearbeitung.

Durch eine Feinstbearbeitung wie Preßpolieren, Honen, Läppen, Rollen, Drücken und Strahlen können günstigere Dauerfestigkeitswerte erzielt werden als durch Schleifen und Polieren. Bei dieser Art der Oberflächenbearbeitung wird die Oberfläche verdichtet, Kratzer und Risse werden zugedrückt, und es entstehen günstige Druckeigenspannungen, die ein Auftreten von Ermüdungsanrissen an der Oberfläche erschweren[4]. Ein Rollen und Drücken der Oberfläche bringt besonders gute Verbesserungen der Dauerhaltbarkeit an konstruktiven Kerben wie Querschnittsübergängen, Querbohrungen u. ä. (s. Abschn. 6).

g) Oberflächenhärteverfahren.

Durch Zementieren, Oberflächenhärten mit der Azetylenflamme und durch Nitrieren kann in vielen Fällen ebenfalls eine höhere Dauerfestigkeit erzielt werden als durch Polieren. Durch eine gute Dauerfestigkeit der Oberflächenschicht und durch Druckeigenspannungen, die durch das größere spezifische Volumen der gehärteten Außenschicht entstehen, ist es möglich, die Bildung von Ermüdungsanrissen an der Oberfläche zu verhindern. Die Dauerbrüche nehmen dann ihren Ausgang meistens direkt unterhalb der veredelten Oberflächenschicht. Die Bedeutung dieser Verfahren hinsichtlich der Dauerhaltbarkeit liegt daher ebenfalls weniger in der Möglichkeit, die Dauerfestigkeit von

---

[1] RUTTMANN, R.: Techn. Mitt. Krupp 1936, S. 89.

[2] SIEBEL u. LEYENSETTER: Z. VDI 1936, S. 697.

[3] SACKMANN: Masch.-Bau Betrieb 1926, S. 30. — CASWELL: Engineering 1933, S. 154. — JÜNGER: Mitt. Forsch.-Anst. Gutehoffn.-Konz. 1931, S. 45.

[4] FÖPPL, O.: Stahl u. Eisen 1929, S. 575. — GÜNTHER: Diss. Braunschweig 1929.

glatten Stäben zu verbessern, als vielmehr in der großen Oberflächenunempfindlichkeit, die mit der Anwendung dieser Verfahren verbunden ist. Insbesondere findet bei nitrierten Proben aus Sonderstählen eine Beeinflussung der Dauerfestigkeit durch kleinere Scharfkerben und durch Korrosionsangriff nicht statt (Zahlentafel 5 u. 6)[1].

Zahlentafel 5. Steigerung der Einspannwechselfestigkeit durch Oberflächenhärten (Einsatzhärten und Nitrieren). Einspannwerkstoff St C 10.61. Einspanndruck $p = 12$ kg/mm².

Ausgangswerkstoff Einspann-Wechselfestigkeit		Oberflächengehärteter Stahl				
σ_{nWb} kg/mm²	in % der Werkstoff-wechselfestigkeit	Behandlung	Zugfestigkeit σ_B kg/mm²	Biege-wechselfestigkeit σ_{Wb} kg/mm²	Einspann-Wechselfestigkeit σ_{nWb} kg/mm²	Erhöhung in %
14	57	einsatz-gehärtet	~ 60	48	42	300
15,5	30,5	nitriert	—	64	57	365

Zahlentafel 6. Einfluß des Nitrierens auf die Dauerfestigkeit gekerbter Stäbe.

Behandlung	Nicht nitriert kg/mm²	Nitriert[2] kg/mm²
Zugfestigkeit	71—73	—
Biegeschwingungsfestigkeit, Stäbe glatt, poliert	39—40	55—56[8]
,, ,, mit Hohlkehle[3]	—	55—56[9]
,, ,, ,, Rundkerb[4]	—	55—56[10]
,, ,, ,, ,, [5]	—	rd. 50
,, ,, ,, Scharfkerb[6]	20	57—58
,, ,, ,, ,, [7]	22—23	36

Die Beanspruchungen der gekerbten Stäbe sind auf den Stabdurchmesser im Kerbgrunde bezogen.

h) Verzunderte Oberfläche.

Durch das Vorhandensein von Walzhaut, Glühhaut und Schmiedehaut wird die Dauerfestigkeit besonders bei hochfesten Stählen sehr stark (bis zu 75%) erniedrigt. Sehr schädlich wirken hierbei Randentkohlungen und starke Aufrauhungen der Oberfläche (Zahlentafeln 7 u. 8)[11].

---

[1] Mailänder, R.: Z. VDI 1933, S. 271. — Stahl u. Eisen 1936, S. 1538. — Hengstenberg u. Mailänder: Krupp. Mh. 1930, S. 252. — Moore u. Alleman: vgl. Stahl u. Eisen 1928, S. 1376. — Thum, A. u. F. Wunderlich: Mitt. Mat.-Prüf.-Anst. Darmstadt Heft 5 (1935).

[2] Die Nitrierdauer betrug 4 Tage. Die Proben wurden vor dem Nitrieren fertig bearbeitet und gekerbt.

[3] Am Übergang zu den Einspannenden: Ausrundungshalbmesser 0,5 mm.

[4] Stab-Dmr. 8,5 mm, eingekerbt auf 7,4 mm Dmr., Kerbe mit $r = 1$ mm.

[5] Stab-Dmr. 12 mm, eingekerbt auf 7,4 mm Dmr., Kerbe mit $r = 1$ mm.

[6] Stab-Dmr. 8 mm, eingekerbt auf 7,4 mm Dmr., Kerbe mit $r = 0,3$ mm.

[7] Stab-Dmr. 11 mm, eingekerbt auf 7,4 mm Dmr., Kerbe mit $r = 0,3$ mm.

[8] Bruch von innen ausgehend.

[9] Bruch nicht in der Hohlkehle, von innen ausgehend.

[10] Bruch in der Kerbe, aber von innen ausgehend.

[11] Hankins u. Ford: vgl. Stahl u. Eisen 1929, S. 1090. — Hankins, Hanson u. Ford: vgl. Stahl u. Eisen 1931, S. 1485. — Hankins u. Becker: vgl. Stahl u. Eisen 1931, S. 1595; 1932, S. 1001. — Lehr, E.: Z. Metallkde. 1928, S. 78.

Zahlentafel 7. Einfluß der Oberflächenveränderung durch die thermische Behandlung auf die Dauerfestigkeit von Federstählen.

Zusammensetzung und Behandlung der Stähle.

Stahl-bezeichnung	Chemische Zusammensetzung in %								Wärmebehandlung
	C	Si	Mn	P	S	Ni	Cr	V	
A	0,54	1,95	0,94	0,02	0,02	—	—	—	950° in Öl abgeschreckt, bei 500° angelassen
B	0,55	0,29	0,68	0,01	Spur	0,10	1,16	0,27	850° in Öl abgeschreckt, bei 600° angelassen

Art der Behandlung der untersuchten Proben.

Versuchs-reihe Nr.	Behandlung der Proben
1	Wie üblich vergütet; dann fertig bearbeitet.
2	Bearbeitet; wie üblich vergütet.
3	Bearbeitet; vergütet, dabei 3 bis 6 h in strömendem Gemisch aus Kohlenoxyd und Kohlensäure auf Härtungstemperatur.
4	Gehärtet; dann bearbeitet; im Muffelofen angelassen.
5	Bearbeitet; dann Vergütung im Vakuum von 1 mm QS.
6	Bearbeitet; dann Vergütung im Vakuum von 0,01 mm QS.
7	Bearbeitet; in Graphitrohr und neutraler Atmosphäre 3 bis 4 min auf Härtungstemperatur; abgelöscht und im Vakuum von 0,01 mm QS angelassen.
8	Bearbeitet; in Graphitrohr und durchströmendem Kohlenoxyd 15 min auf Härtungstemperatur; abgelöscht und unter gleichen Bedingungen angelassen.
9	Bearbeitet; vergütet (zum Erhitzen auf Härtungstemperatur in Graphitpulver verpackt).
10	Bearbeitet; vergütet (abgeschreckt aus einem Salzbad aus gleichen Teilen von Natrium- und Kaliumkarbonat mit 15% Graphitzusatz).
11	Bearbeitet; vergütet (abgeschreckt aus Salzbad aus gleichen Teilen von Natriumkarbonat und Kaliumchlorid; angelassen in Bad aus Natrium- und Kaliumnitrat).
12	Bearbeitet; vergütet (abgeschreckt aus Salzbad aus Natriumkarbonat und Kaliumchlorid mit Zusatz von Natriumzyanid).

Ergebnis der Dauerbiegeversuche.

Versuchs-reihe Nr.	Schwingungsfestigkeit				Ursprungsfestigkeit			
	Stahl A		Stahl B		Stahl A		Stahl B	
	kg/mm²	%	kg/mm²	%	kg/mm²	%	kg/mm²	%
1	72	100	66,5	100	86,5	100	88	100
2 a[1]	42,5	59	50	75	59,5	69	70,5	80
2 b[2]	—	—	—	—	47	54	58	66
3	33	46	31,5	47	—	—	—	—
4	74	103	59,5	90	—	—	—	—
5	39	54	40,5	61	—	—	—	—
6	55	76	53,5	81	—	—	—	—
7	75,5	105	48,5	73	—	—	—	—
8	74,5	103	53,5	81	—	—	—	—
9	—	—	62,5[3]	94	69—78	80—90	—	—
10	64	89	< 53	< 80	—	—	—	—
11 a[4]	55	76	61	92	—	—	—	—
11 b[5]	< 48	< 67	52	78	—	—	—	—
11 c[6]	—	—	—	—	—	—	70,5	80
12 a	74	103	69	104	—	—	—	—
12 b[7]	—	—	—	—	75,5	87	75,5	86

[1] 10 min auf Härtungstemperatur.   [2] 60 bis 90 min auf Härtungstemperatur.   [3] Härtungstemperatur 950°.   [4] 3 bis 5 min auf Härtungstemperatur.   [5] 30 bis 60 min auf Härtungstemperatur. — [6] 15 min auf Härtungstemperatur. — [7] Zyanidzusatz auf 25% vermindert.

Zahlentafel 8. Einfluß der Oberflächenveränderung durch die thermische Behandlung auf die Dauerfestigkeit von Federstählen.

| Zusammensetzung in % | | | | | | | Behandlung | Streckgrenze kg/mm² | Zugfestigkeit kg/mm² | Dehnung ($l = 2,8\,d$) % | Einschnürung % | Wechselfestigkeit | | Verhältnis der Wechselfestigkeiten |
C	Si	Mn	P	S	Cr	Ni						poliert kg/mm²	unbearbeitet kg/mm²	
0,23	0,04	0,64	0,025	0,042	—	—	} nor-	31,5	50	> 38	62	22,3	19,0	0,85
0,16	0,20	0,82	0,020	0,012	—	—	} malisiert	30	50	> 36	69	23,1	18,4	0,80
0,36	0,21	0,71	0,033	0,033	—	1,0		59,5	70,5	29	63	33,0	26,0	0,78
0,35	0,21	0,56	0,013	0,011	—	0,4	öl-	47	64,5	> 32	68	34,0	19,9	0,59
0,31	0,28	0,71	0,035	0,031	—	3,0	vergütet	86,5	94,5	20	50	51,0	23,6	0,46
0,32	0,16	0,63	0,015	0,010	—	3,0		66	78,5	28	68	43,9	24,8	0,57
0,32	0,28	0,61	0,033	0,030	0,8	3,2		97,5	102	21	55	49,5	28,2	0,57
0,32	0,28	0,63	0,010	0,012	0,8	3,4		78,5	91	25	68	48,6	22,6	0,46

i) Gußhaut.

Während über den Einfluß der Gußhaut bei Stahlguß noch wenig Untersuchungsergebnisse vorliegen (Zahlentafel 9)[1], wurde eine Verminderung der

Zahlentafel 9. Einfluß der Gußhaut auf die Dauerbiegefestigkeit von Cr-Mo-Stahlguß.

Form und Bearbeitung der Oberfläche		Schwingungsfestigkeit kg/mm²	Schwellfestigkeit kg/mm²
Glatt {	bearbeitet (geschliffen)	25	37
	mit Gußhaut.	18	26
Mit Hohlkehle ($r \sim 6$ mm) ab- {	bearbeitet.	—	40[2]
gesetzt von 12 auf 9 mm Dicke {	mit Gußhaut . . .	—	23[2]

Dauerfestigkeit von Temperguß durch die Gußhaut um etwa 30% festgestellt[3]. Bei Gußeisen, das infolge seines graphitischen Gefügeaufbaues sonst nahezu oberflächenunempfindlich ist, wurde ebenfalls im allgemeinen eine Verminderung der Schwingungsfestigkeit durch die Gußhaut beobachtet. Diese Verminderung ist aber sehr unterschiedlich und abhängig von den Gießbedingungen und Formsandeinflüssen, die den Aufbau der Gußhaut stark beeinflussen sollen. Der schädigende Einfluß der Gußhaut, der im allgemeinen weniger als 15% beträgt, macht sich vor allen Dingen dort bemerkbar, wo gleichzeitig konstruktive Spannungsspitzen auftreten[4].

k) Brennschnitt und Auftragschweißung.

Autogenes Schneiden bewirkt infolge der Gefügeumwandlung besonders bei harten Stählen ebenfalls eine Verminderung der Dauerfestigkeit[5]. Es entstehen außerdem Zugeigenspannungen in der Oberfläche.

Bei Auftragschweißungen der Oberflächen erreicht die Dauerfestigkeit bei hochfesten Stählen nur etwa $^1/_{10}$ bis $^1/_5$ des Wertes bei polierter Oberfläche. Dieses ungünstige Verhalten ist auf starke Zugeigenspannungen in der Ober-

---

[1] Mailänder, R.: Techn. Mitt. Krupp 1936, S. 59.

[2] Hohlkehle auf der Zugseite.

[3] Roesch: Stahl u. Eisen 1934, S. 310. — Roll: Z. VDI 1936, S. 1365. — Jungbluth u. Mailänder: Stahl u. Eisen 1935, S. 1196.

[4] Meyercordt, F.: Diss. Darmstadt 1937.

[5] Roessler, L. v.: Autogene Metallbearb. 1930, S. 34. — Graf, O.: Autogene Metallbearb. 1936, S. 49.

fläche sowie auf die verringerte Schwingungsfestigkeit des (teilweise porigen) Schweißgutes zurückzuführen [1].

1) Chemische und elektrolytische Behandlung.

Durch elektrolytische oder Säurebeizung wird die Oberfläche mehr oder weniger stark aufgerauht und durch die Entwicklung atomaren Wasserstoffs beeinflußt [2]. Die Dauerfestigkeit derartig behandelter Proben aus Stahl ist daher niedriger als nach dem Polieren. Bei Leichtmetallen kann die Dauerfestigkeit durch eine durch anodisches Beizen erzeugte Schutzschicht erhöht werden (Zahlentafel 10) [3].

m) Oberflächenüberzüge.

Oberflächenüberzüge, die zur Erhöhung der Korrosionsbeständigkeit, der Verschleißfestigkeit oder zur Verbesserung des Aussehens aufgebracht werden, beeinflussen die reine Dauerfestigkeit im allgemeinen nur wenig. Bei weichen Überzügen wie Lackschichten, Blei-, Zinn-, Kadmium-, Kupferschichten wurde eine Beeinflussung der reinen Dauerfestigkeit überhaupt nicht festgestellt. Durch Feuerverzinkung wird bei harten Stählen eine geringe Verschlechterung der Dauerfestigkeit bewirkt, die auf den Einfluß der vorhergehenden Beizbehandlung sowie auf die Bildung einer spröden Eisen-Zink-Legierungsschicht zurückzuführen ist. Durch

Zahlentafel 10. Dauerbiegefestigkeit von veredeltem Duralumin mit und ohne Schutzwirkung. (Nach Versuchen von GERARD und SUTTON.)

Oberfläche	Dauerbiegefestigkeit	
	σ_{Wb} bei $N = 10 \cdot 10^6$ Lastwechseln kg/mm²	σ_{Wbk} bei $N = 50 \cdot 10^6$ Lastwechseln kg/mm²
Poliert	14,1	13,9
Anodisiert . .	17,3	17,0

Zahlentafel 11. Wechselfestigkeitswerte eines Stahles mit 65 kg/mm² Zugfestigkeit in Luft und in Salzlösung bei Verwendung verschiedener Schutzüberzüge.

Schutzüberzug	Anlieferungszustand				Normalgeglüht			
	Wechselfestigkeit($\pm \sigma_W$) in kg/mm²				Wechselfestigkeit ($\pm \sigma_W$) in kg/mm²			
	in Luft	in Salzlösung nach			in Luft	in Salzlösung nach		
		$1 \cdot 10^6$	$10 \cdot 10^6$	$20 \cdot 10^6$		$1 \cdot 10^6$	$10 \cdot 10^6$	$20 \cdot 10^6$
		Lastwechseln				Lastwechseln		
Ohne	38,5	15,7	7,4	5,5	25,8	16,2	10,1	6,3
Emailliert[4]	35,9	31,9	19,7	17,0	27,1	23,6	19,7	17,6
Verzinkt	38,8	39,0	37,1	36,5	23,3	27,7	26,4	26,1
Sherardisiert.	35,9	41,2	39,0	38,5	23,3	26,6	24,4	23,9
Zinküberzug	38,4	37,7	34,6	33,7	25,3	25,5	23,6	23,1
Kadmiumüberzug	35,9	36,2	31,2	29,7	23,9	27,4	23,3	21,5
Kadmiumüberzug und emailliert[4]	36,5	39,3	30,0	27,9	24,9	27,1	22,5	21,2
Kadmiumüberzug und Öl . .	34,3	35,1	25,8	23,6	24,9	26,3	22,0	21,1
Phosphatbehandlung und emailliert[4]	35,9	33,4	19,7	16,8	28,0	27,2	21,7	20,3
Spritzaluminium	40,6	37,1	32,1	30,7	—	—	—	—
Spritzaluminium und emailliert[4]	39,6	40,9	38,7	37,9	—	—	—	—

---

[1] KÜHNELT u. EHRT: Prüf.-Ber. Allianz Heft 3 (1936).
[2] KÖRBER u. PLOUM: Mitt. K.-Wilh.-Inst. Eisenforsch. 1932, S. 229.
[3] GERARD u. SUTTON: vgl. A. THUM u. H. OCHS: Mitt. Mat.-Prüf.-Anst. Darmstadt Heft 9 (1937).
[4] Emailliert: Öl- + Farblackanstrich.

Sheradisieren der Oberfläche wurde ebenfalls eine geringe Verminderung der Dauerfestigkeit hervorgerufen. Durch Verchromen und Vernickeln wird die Dauerfestigkeit wahrscheinlich infolge der vorbereitenden Beizbehandlung ebenfalls manchmal um weniges erniedrigt, während in anderen Fällen eine Beeinflussung nicht festgestellt werden konnte (Zahlentafel 11)[1].

n) Oberflächenbeschädigungen.

Zufällige Oberflächenbeschädigungen wie Härterisse, Feilen- und Schleifkratzer, Meißel- und Hammerschläge, Walz- und Ziehriefen sowie Verschleiß- und Korrosionsnarben können die Dauerfestigkeit ebenfalls maßgeblich verringern. Besonders gefährlich sind hierbei scharfe Kratzer, die ausgeschliffen sind. Abgerundete Vertiefungen sind selbst bei größeren Abmessungen weniger gefährlich. Meißel- und Hammerschläge gelten als verhältnismäßig ungefährlich bei verformungsfähigen Stählen, da sie die Oberfläche verdichten und mit günstigen Eigenspannungen versehen[2].

8. Korrosionseinfluß.

Schon bei spannungsloser Vorkorrosion, d. h. Korrosion vor der Schwingbeanspruchung, wird die Schwingungsfestigkeit herabgesetzt, da die entstehenden Oberflächenverletzungen in gleicher Weise wie mechanisch erzeugte Kerben spannungserhöhend wirken (Abb. 55). Jedoch ist die Verminderung der Dauerhaltbarkeit dabei wesentlich geringer, als wenn Korrosion und Schwingungsbeanspruchung gleichzeitig erfolgen. Diese Erscheinung wird allgemein nach McAdam[3] als *Korrosionsermüdung* bezeichnet.

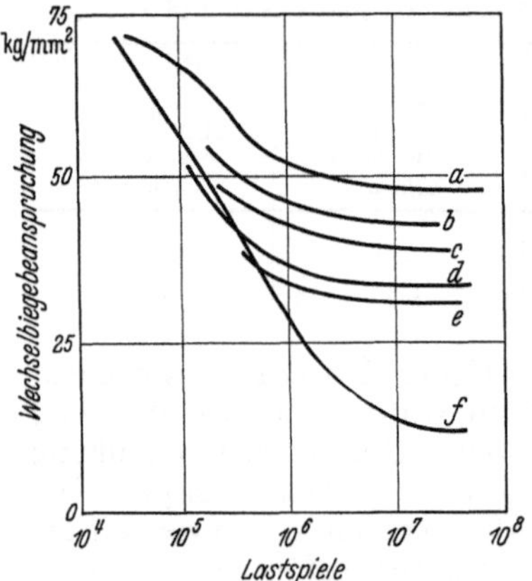

Abb. 55. Einfluß von spannungsloser Vorkorrosion und Korrosionsermüdungsbeanspruchung auf die Dauerfestigkeit eines vergüteten Cr-V-Stahles von 105 kg/mm² Zugfestigkeit. (Nach McAdam.) *a* Dauerbeanspruchung an Luft, *b* Dauerbeanspruchung nach 1 Tag Vorkorrosion in Leitungswasser, *c* Dauerbeanspruchung nach 2 Tagen Vorkorrosion in Leitungswasser, *d* Dauerbeanspruchung nach 6 Tagen Vorkorrosion in Leitungswasser, *e* Dauerbeanspruchung nach 10 Tagen Vorkorrosion in Leitungswasser, *f* Korrosionsdauerbeanspruchung in Leitungswasser.

a) Grenzlastspielzahl und Lastspielfrequenz.

Die Korrosionsdauerfestigkeit eines Werkstoffes wird bestimmt durch seine Eigenschaften und die von außen einwirkenden Einflüsse von Korrosion und Schwingungsbeanspruchung. Dabei hängt die Korrosionsdauerfestigkeit weniger von der Höhe der normalen Dauerfestigkeit ab als vom Korrosionswiderstand des Werkstoffes und der Art des Korrosionsmittels. Die unter einfachen Bedingungen geltende 10-Millionen-Grenze hat bei Dauerbeanspruchung mit Korrosionseinfluß keine Gültigkeit mehr, da bei vielen Werkstoffen ein Übergehen der Wöhler-Kurve in einen waagerechten Verlauf wegen der weiteren zeitlichen Korrosionseinwirkung auch nach mehr als $50 \cdot 10^6$ Lastspielen nicht zu beobachten ist. Man kann also nicht in allen Fällen von einer eigentlichen Korrosionsdauerfestigkeit sprechen, sei es auch nur als Werkstoffeigenschaft unter den jeweiligen Versuchsbedingungen. Sowohl vom Werkstoff als auch vom Korrosionsmittel hängt es ab, ob ein waagerechter Verlauf der Wöhler-Kurve

[1] Gough u. Sopwith: vgl. Stahl u. Eisen 1937, S. 671.

[2] Zander: Metallwirtsch. 1929, S. 29, 53, 77.

[3] Thum, A. u. H. Ochs: Korrosion und Dauerfestigkeit. Mitt. Mat.-Prüf.-Anst. Darmstadt Heft 9 (1937), dort weitere ausführliche Schrifttumsangabe.

und damit ein wirklicher Grenzwert erreicht wird oder ob man sich mit der Ermittlung einer *Zeitfestigkeit* für eine bestimmte Grenzlastspielzahl N begnügen muß. Es ist natürlich sehr wesentlich, daß dann die Versuche bis zu einer möglichst hohen Grenzlastspielzahl ausgedehnt werden, wenn man ein zuverlässiges Urteil über die Empfindlichkeit eines Werkstoffes gegen Korrosionsermüdungsbeanspruchung gewinnen will. Versuche, die nur bis zu einer Grenzlastspielzahl von 10 Millionen oder noch weniger durchgeführt werden, haben deshalb geringen Wert. In welchem Maße die Korrosionszeitfestigkeit durch die Wahl der Grenzlastspielzahl N beeinflußt wird, geht aus Zahlentafel 12 hervor. Sollen also zahlenmäßige Angaben über Korrosionsdauerfestigkeit miteinander verglichen werden, so muß immer die Grenzlastspielzahl N bis zu der die Versuche ausgedehnt wurden, berücksichtigt werden. Werden Versuche länger fortgesetzt, so können sich WÖHLER-Kurven unter Umständen überschneiden, womit eine Änderung in der Bewertung der betreffenden Werkstoffe verknüpft ist.

Auch die Lastspielzahl in der Minute n (Lastspielfrequenz) übt einen Einfluß auf die Ergebnisse von Korrosionsdauerversuchen aus. McADAM hat für einen vergüteten Si-Ni-Stahl für verschiedene Lastspielzahlen in der Minute die in Abb. 56 dargestellten WÖHLER-Kurven erhalten. Bei der Abhängigkeit des Korrosionsangriffs von der Zeit ist es leicht zu erklären, daß bei gleicher Grenzlastspielzahl N die Dauerfestigkeit durch Korrosion bei kleiner Lastspielfrequenz n stärker herabgesetzt wird als bei großem n. Andererseits wird die Dauerfestigkeit bei kleiner Lastspielfrequenz weniger stark vermindert, wenn eine gleich lange zeitliche Einwirkung der Korrosionsermüdungsbeanspruchung als Vergleichsmaßstab dient. Nach LUDWIK[1] macht sich die Veränderung der Lastspielfrequenz bei verschiedenen Werkstoffen verschieden stark bemerkbar.

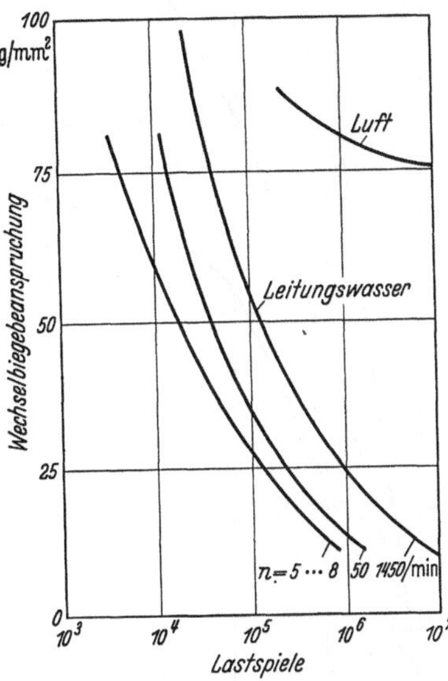

Abb. 56. Einfluß der minutlichen Lastspielzahl n auf die Korrosionsdauerfestigkeit eines vergüteten Si-Ni-Stahles von 176 kg/mm² Zugfestigkeit. (Nach McADAM.)

Um die Einflüsse von Wechselbeanspruchung und Zeit voneinander zu trennen, wählte McADAM eine in zwei Abschnitte zerfallende Untersuchungsweise. Zuerst wurden die Proben einer bestimmten Korrosionsermüdungsbeanspruchung während einer bestimmten Lastspielzahl oder Versuchsdauer

Zahlentafel 12. Korrosionsdauerbiegefestigkeit und Grenzlastspielzahl N von VCN 35 w bei Leitungswasserkorrosion (Zugfestigkeit 45 kg/mm²).

Grenzlastspielzahl N	$5 \cdot 10^6$	$10 \cdot 10^6$	$20 \cdot 10^6$	$40 \cdot 10^6$	$80 \cdot 10^6$
Dauerfestigkeit (kg/mm²)	36	36	(36)	(36)	(36)
Korrosionsdauerfestigkeit (kg/mm²)	26	23	21,5	19,5	18

ausgesetzt, worauf im zweiten Abschnitt die Dauerfestigkeit dieser dynamisch vorkorrodierten Proben und damit der Einfluß der Korrosionsermüdung auf die Werkstoffdauerfestigkeit ermittelt wurde. Durch Veränderung der Frequenz im ersten Versuchsabschnitt kann also ihr Einfluß auf die Größe der Schädigung

---

[1] LUDWIK, P.: Z. Metallkde. Bd. 25 (1933) S. 221.

klargelegt werden, ebenso läßt sich auch der Einfluß der spannungslosen oder unter einer ruhenden Beanspruchung stattgefundenen Vorkorrosion auf diese Weise untersuchen. In Abb. 57 ist das Ergebnis derartig durchgeführter Versuche an einem Cr-V-Stahl für drei verschiedene n-Werte angegeben. In Abhängigkeit von der Lastspielzahl N, währendder die Proben im ersten Versuchsabschnitt einer Korrosionsermüdungsbeanspruchung von 9,1 kg/mm² ausgesetzt waren, ist das Verhältnis der ursprünglichen Dauerfestigkeit σ_{Wb} des Werkstoffes zu der nach dieser Beanspruchung ermittelten Dauerfestigkeit σ_{Wbk}

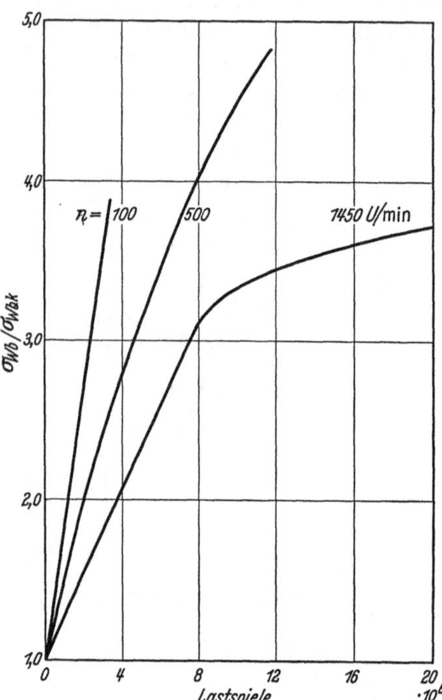

Abb. 57. Einfluß der minutlichen Lastspielzahl n auf das Verhältnis der Dauerfestigkeitswerte σ_{Wb} und σ_{Wbk}. Korrosionsbeanspruchung 9,1 kg/mm² in Leitungswasser bei einem Cr-V-Stahl von 128 kg/mm² Zugfestigkeit.

aufgetragen. Für den gleichen Werkstoff kann demnach durch verschieden stark wirkende Versuchsbedingungen und unterschiedliche Ausdehnung der Korrosionsermüdungsbeanspruchung eine gleich starke Verminderung der Dauerfestigkeit herbeigeführt werden.

McAdam hat weiterhin durch Verändern der übrigen Versuchsbedingungen die Wirkung der einzelnen Einflüsse auf die Korrosionsermüdungsbeanspruchung voneinander getrennt und planmäßig in zahlreichen Schauliniengruppen dargestellt. Da es zu weit führen würde, alle Ergebnisse hier aufzuführen, sei auf seine Veröffentlichungen verwiesen[1].

b) Probendurchmesser.

Der Einfluß des Probendurchmessers auf die Korrosionsdauerfestigkeit bleibt verhältnismäßig gering, solange die schwächeren Proben keine Seigerungen an der Oberfläche aufweisen. McAdam führte Untersuchungen an Umlaufbiegestäben von 12,5 und 57 mm Durchmesser an verschiedenen Stählen durch; der Unterschied in der Korrosionszeitfestigkeit entsprach in seiner Größe etwa den Unterschieden, wie man sie auch bei Dauerversuchen ohne Korrosion bei verschiedenen Probegrößen feststellt[2].

Eine Korrosionsanfressung entsteht unter sonst gleichen Bedingungen bei einem größeren Querschnitt nach der gleichen Beanspruchungszeit wie bei einem kleineren, die Anfressungen haben in beiden Fällen die gleiche Form. Die durch die Querschnittsverletzung eintretende Kerbwirkung ist in erster Linie bedingt durch die Form des Anrisses. Bei einem größeren Durchmesser ist daher allenfalls eine Verlängerung des Zeitraumes zwischen dem ersten Anreißen und dem endgültigen Durchbruch der Probe, mithin eine gewisse Verlängerung der Lebensdauer, zu erwarten.

c) Korrosionsmittel.

Schon der Luftsauerstoff übt einen Einfluß auf unter Wechselbeanspruchung stehende Bauteile aus. Gough und Sopwith[3] zeigten, daß im Vakuum die Dauer-

[1] Vgl. Fußnote 3, S. 214.
[2] McAdam, D. J.: Proc. Amer. Soc. Test. Mater. Bd. 28 (1928 II) S. 117.
[3] Gough, H. J. u. D. G. Sopwith: J. Inst. Met. Bd. 49 (1932) S. 93.

festigkeit verschiedener Werkstoffe höher liegt als bei Versuchen in der Atmosphäre. Dies ist darauf zurückzuführen, daß der Luftsauerstoff an den durch die Wechselbeanspruchung aktivierten Stellen in den Werkstoff eindringt und den metallischen Zusammenhalt zerstört. Es sind weniger die Einflüsse der in industrieller Umgebung in der Luft enthaltenen sauren oder basischen Bestandteile als vielmehr die gleichzeitige Anwesenheit von Luftfeuchtigkeit und Sauerstoff für diese Erscheinung verantwortlich. Versuche von FULLER[1] haben ergeben, daß bei Anwesenheit größerer Wasserdampfmengen der Einfluß des Sauerstoffes von ausschlaggebender Bedeutung ist. Die Minderung der Dauerfestigkeit ist am stärksten, wenn der Dampf an der Staboberfläche kondensieren kann. Bei gleichzeitiger Einwirkung von Dampf und Luft bei höherer Temperatur bleibt die Verminderung schwächer, in reiner Dampfumgebung ist sie am geringsten.

Eine Veränderung in der Zusammensetzung des Leitungswassers namentlich hinsichtlich seiner Kalksalze hat keinen großen Einfluß auf die Dauerfestigkeit[2]. JÜNGER[3] führte Versuche über den Einfluß der Wasserhärte auf die Korrosionszeitfestigkeit an Planbiegeproben durch. Neben einem Leitungswasser von 13° deutscher Härte und 1,7° bleibender Härte verwendete er ein destilliertes Wasser mit 0,1 g/l NaCl, künstliches Seewasser und Brackwasser mit einem Seewassergehalt von 70 % (Zahlentafel 13). Eine schützende Wirkung des

Zahlentafel 13. Einfluß der Wasserzusammensetzung auf die Korrosionsdauerfestigkeit (nach JÜNGER) $N = 100 \cdot 10^6$.

Dauerbiegefestigkeit bei Beanspruchung in	C-Stahl (0,3% C) $\sigma_S = 30,4$; $\sigma_B = 50,2$ kg/mm²	CrV-Stahl (1,1% Cr; 0,12% V; 0,33% C) $\sigma_S = 52,2$; $\sigma_B = 67,2$ kg/mm²
Luft	$\sigma_{Wb} = 25$	$\sigma_{Wb} = 35$
Sprühnebel von hartem Wasser . . .	$\sigma_{Wbk} = 16$	$\sigma_{Wbk} = 16,5$
weichem Wasser . .	15,5	15
Seewasser	5,5	6
Brackwasser	5	—

Kalkgehaltes des harten Wassers ist in nennenswertem Maße nicht festzustellen. Daher können Korrosionsermüdungsversuche mit Leitungswasser verschiedener Herkunft ohne Bedenken miteinander verglichen werden.

Auch die Größe der an die Probe herangebrachten Wassermengen spielt keine allzugroße Rolle. Bei Bespülung mit der 20fachen Wassermenge sank in einem Fall die Korrosionszeitfestigkeit von 13 auf 12 kg/mm² ab. Meerwasser vermindert die Dauerfestigkeit bedeutend stärker als Leitungswasser. Auch Wasser mit geringerem Salzgehalt als Meerwasser übt bei Wechselbeanspruchung bereits eine stark schädigende Wirkung aus (Abb. 58)[4]. Die außerordentlich stark korrodierende Wirkung des Meerwassers zeigt sich darin, daß für alle Stähle ohne Rücksicht auf ihre Wärmebehandlung und Zusammensetzung bei $50 \cdot 10^6$ Lastspielen Korrosionsdauerfestigkeiten von nur 6 bis 8 kg/mm² ermittelt werden. Etwas besser verhalten sich korrosionssichere Stähle und Legierungen. Ihre Dauerfestigkeit, die durch Leitungswasser nur wenig oder gar nicht

---

[1] FULLER, T. S.: Trans. Amer. Soc. Steel Treat. Bd. 19 (1931) S. 17. — Met. Progr. Bd. 23 (1933) S. 23.

[2] McADAM, D. J.: Techn. Publ. Nr. 175 Inst. Met. Bd. 62 (1929) S. 56.

[3] JÜNGER, A.: Mitt. Forsch.-Anst. Gutehoffn.-Konz. Bd. 3 (1934) S. 55.

[4] SPELLER, F. N., J. B. McCORKLE u. P. F. MUMMA: Proc. Amer. Soc. Test. Mater. Bd. 28 (1928) S. 159; Bd. 29 (1929) S. 238.

vermindert wird, sinkt unter der Wirkung des Meerwassers bei $50 \cdot 10^6$ Last-
spielenauf 8 bis 10 kg/mm² ab.

Nach Versuchen von Binnie[1] übt der Luftsauerstoff auch bei der Korrosionsermüdung durch Meerwasser einen wesentlichen Einfluß aus. Umlaufbiegeversuche von Lehmann[2], bei denen die Stäbe vollkommen von verschiedenen 96° warmen Salzlösungen umgeben waren, ergaben verhältnismäßig

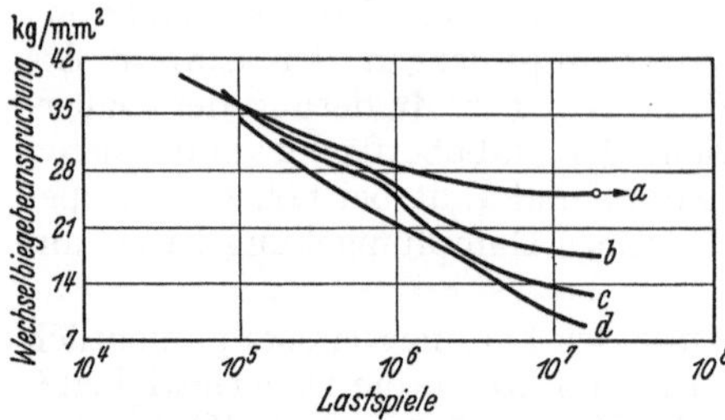

geringe Abnahmen der Dauerfestigkeitswerte und sind im gleichen Sinne zu
deuten. Die erhöhte Temperatur, welche
bei diesen Versuchen herrschte, dürfte
auf keinen Fall zu der geringen Korrosionswirkung beigetragen haben, da sie
nach Jenkins und West[3] ohne größeren
Einfluß auf die Korrosionsdauerfestigkeit bleibt, nach Becker[4] und Gould[5]
sogar eine Verstärkung der Korrosionswirkung herbeiführt.

Abb. 58. Einfluß von Wasser mit verschiedenem Salzgehalt auf die Dauerfestigkeit eines 0,42 % C-Stahles von
67,5 kg/mm² Zugfestigkeit. (Nach Speller, McCorkle
und Mumma). *a* Dauerfestigkeit in Luft. *b* Dauerfestigkeit in Wasser + 25 mg/l NaCl + 25 mg/l Na₂SO₄,
c Dauerfestigkeit in Wasser + 2 g/l NaCl. *d* Dauerfestigkeit in Wasser + 30 g/l NaCl.

d) Beanspruchungsart.

Die meisten Korrosionsdauerversuche
wurden bisher wegen der einfachen
Versuchsanordnung als Umlaufbiegeversuche durchgeführt, wenige nur bei
Wechselverdrehbeanspruchung. Abb. 59 zeigt Ergebnisse von Verdreh-Kor-
rosionsermüdungsversuchen an einem Cr-V-Stahl in geglühtem und vergütetem
Zustand. Die Korrosion vermindert prozentual in beiden Fällen die Wechsel-
verdrehfestigkeit stärker als die Wechselbiegefestigkeit. Das Aussehen der Anrisse
zeigt Abb. 60. Sie verliefen unter einem Winkel von 45° zur Stabachse und sind

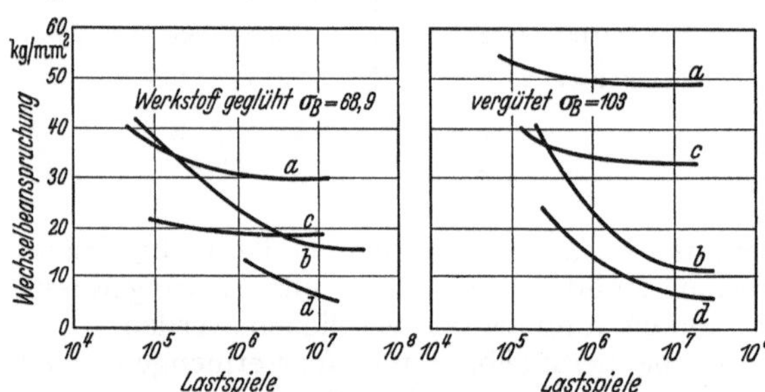

aufzufassen als sich kreuzende,
senkrecht zu den Normalspannungen verlaufende Anrisse.
Am Kreuzpunkt findet die
Korrosion besonders gute Ge-
legenheit. ins Stabinnere einzudringen, woraus sich die
stärkere Verminderung der
Dauerfestigkeit erklären läßt.
Weitere Versuche von Lud-
wik[6], die bei Meerwasserkor-
rosion durchgeführt wurden,
zeigen dasselbe Ergebnis.

Noch geringer als die Zahl
der vergleichenden Unter-

Abb. 59. Biege- und Verdreh-Korrosionsermüdung von Cr-V-Stahl
(C = 0,46 %, Cr = 0,88 %, V = 0,34 %). (Nach McAdam.) *a* Bieg-
wechselbeanspruchung an Luft. *b* Torsionswechselbeanspruchung an
Luft. *c* Biegewechselbeanspruchung mit Leitungswasserkorrosion.
d Torsionswechselbeanspruchung mit Leitungswasserkorrosion.

suchungen bei Verdreh- und Biegebeanspruchung sind vergleichende Angaben für
die Korrosionsdauerfestigkeit bei umlaufender Biegung und Zug-Druck-Wechselbeanspruchung. Gough und Sopwith[7] führten eine größere Versuchsreihe an verschiedenen Werkstoffen durch, wobei auf die Unterschiede hingewiesen wird, die

---

[1] Binnie, A. M.: Aeronaut. Res. Comm. Rep. a. Mem. Nr. 1244 (1929).
[2] Lehmann, G. D.: Aeronaut. Res. Comm. Rep. a. Mem. Nr. 1054 (1926).
[3] Jenkins, C. W. M. u. W. J. West: Iron Coal Tr. Rev. Bd. 129 (1934) S. 371.
[4] Becker, H.: Mitt. Forsch.-Anst. Guttehoffn. Konz. Bd. 3 (1934) S. 8.
[5] Gould, A. J.: Engineering Bd. 141 (1936) Nr. 3668, S. 495.
[6] Ludwik, P.: Metallwirtsch. Bd. 10 (1931) S. 705. — Ludwik, P. u. J. Krystof:
Z. VDI Bd. 77 (1933) S. 629.
[7] Gough, H. J. u. D. G. Sopwith: J. Iron Steel Inst. Bd. 127 (1933) S. 301.

sich durch die verschiedene Art der Spannungsermittlung ergeben. Als Ursache für die Entstehung von zahlenmäßigen Unterschieden kommt noch hinzu, daß man bei gleichmäßiger Spannungsverteilung über den Querschnitt einen schnelleren Bruchfortschritt zu erwarten hat als bei ungleichmäßiger Verteilung, bei der die geringer belasteten Teile des Innern eine Stützwirkung ausüben. Ein wirklicher Grenzwert der Korrosionsdauerfestigkeit wurde nach $50 \cdot 10^6$ Lastspielen in keinem Falle erreicht. Die Ergebnisse in Zahlentafel 14 zeigen, daß bei der Mehrzahl der untersuchten Werkstoffe sowohl an Luft als auch bei Korrosionswirkung die Zug-Druck-Wechselfestigkeit tiefer liegt als die Biege-Wechselfestigkeit. Der Unterschied zwischen den Werten bei Biegung und Zug-Druck ist bei Korrosionsermüdungsbeanspruchung kleiner, da die Stützwirkung der inneren Fasern bei Biegung durch den überaus schädlichen Korrosionseinfluß überdeckt wird. Zu ähnlichen Ergebnissen führten Versuche von Laute[1] an St 37 bei Zug-Druck-Wechselbeanspruchung mit 30000 und Umlaufbiegebeanspruchung mit 3000 Lastwechseln in der Minute. Bei einer Zug-Druck-Dauerfestigkeit von 17 kg/mm² und einer Biegedauerfestigkeit von 18 kg/mm² wurden bei Leitungswasserbesprühung für $N =$

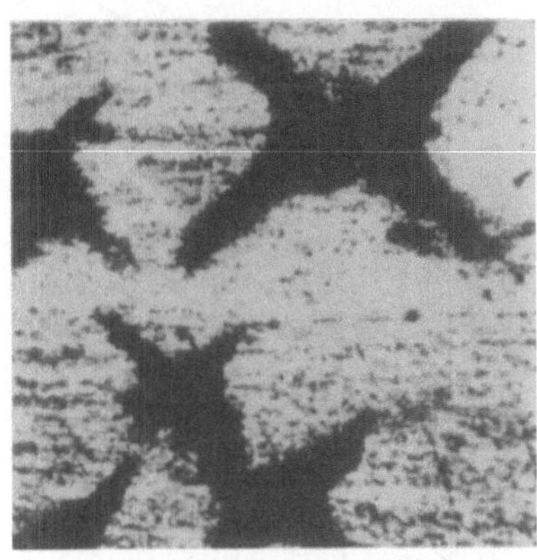

Abb. 60. Kreuzförmige Anrisse bei Korrosions-Verdreh-Wechselbeanspruchung an einem Cr-V-Stahl. (Nach McAdam.) (V 100fach, Wiedergabe ⁹/₁₀.)

$100 \cdot 10^6$ Werte von 6,5 bzw. 8,0 kg/mm² ermittelt. Trotz des großen Unterschiedes in der Lastspielfrequenz haben sich hierbei durchaus vergleichbare Werte ergeben.

Zahlentafel 14. Vergleichende Zug-Druck-Versuche (σ_W) und Umlaufbiegeversuche (σ_{Wb}) bei Korrosionsermüdungsbeanspruchung durch 3%igen Salzwassersprühnebel (nach Gough). $n = 2200/\text{min}$, $N = 50 \cdot 10^6$.

Werkstoff	Zugfestigkeit σ_B kg/mm²	Dauerfestigkeit an Luft		Korrosionsdauerfestigkeit	
		σ_{Wb} kg/mm²	σ_W kg/mm²	σ_{Wbk} kg/mm²	σ_{Wk} kg/mm²
0,5% C-Stahl	99,5	39,4	24,2	4,4	3,8
15% Cr-Stahl	63,2	38,8	34,6	14,2	17,3
18/8 Cr-Ni-Stahl	104,3	37,4	37,8	24,9	23,3
1711 Cr-Ni-Stahl	86	51,5	44,8	19,4	24,5
Duralumin	44,4	14,6	12,6	5,4	4,1
Mg-Legierung	25,8	10,6	9,0	2,1 $(N = 10^7)$	1,5

e) Einfluß der Mittelspannung.

Von ganz ausschlaggebender Bedeutung hat sich der Einfluß der Vorspannung bei wechselnden Normalspannungen erwiesen. Schon bei Beanspruchung an Luft ist die Schwellfestigkeit für zahlreiche Werkstoffe bei Druckbeanspruchung etwas größer als bei Zugbeanspruchung. Bei Korrosionsermüdung tritt diese Erscheinung in ganz ausgeprägtem Maße auf (Zahlentafel 15). Während für $20 \cdot 10^6$ Lastspiele die Zug-Ursprungsfestigkeit durch Leitungswasserkorrosion um etwa 90% vermindert wird, wird die Druck-Ursprungsfestigkeit unter gleichen Bedingungen nur um 5% herabgesetzt. Diese großen Unterschiede lassen sich nur dadurch erklären, daß bei Zugbeanspruchung die unter dem Einfluß der

---

[1] Laute, K.: Korrosion und Ermüdung. Berlin: VDI-Verlag 1934.

Korrosion sich ausbildenden Schutzfilme stärker zerstört werden als bei Druckbeanspruchung und daß weiterhin das Korrosionsmittel in die Gefügelücken des Werkstoffes leichter eindringen kann, wenn sie sich beim Spannungswechsel dauernd öffnen und schließen. Auch die von Seeger[1] veröffentlichten Versuchsergebnisse an Umlaufbiegestäben, die durch einen Zuganker unter axiale Druckvorspannung gesetzt waren, zeigen die starke Erhöhung der Korrosionsdauerfestigkeit durch die Druckvorspannung.

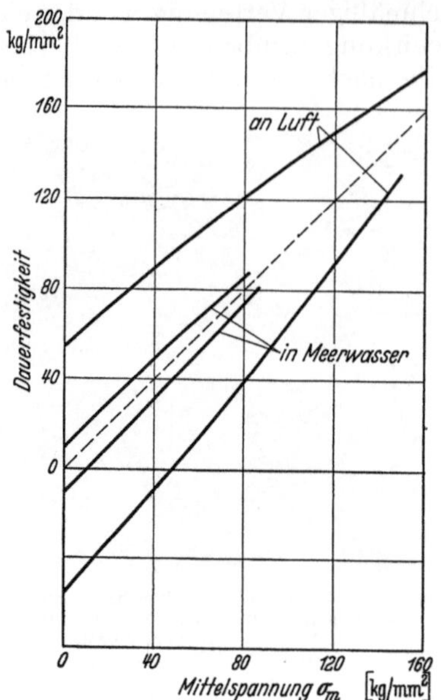

Abb. 61. Dauerfestigkeitsschaubild für VCN 35 h bei Biegebeanspruchung an Luft und bei Korrosion durch Meerwasser ($N = 10 \cdot 10^6$). (Nach Ludwik und Krystof.)

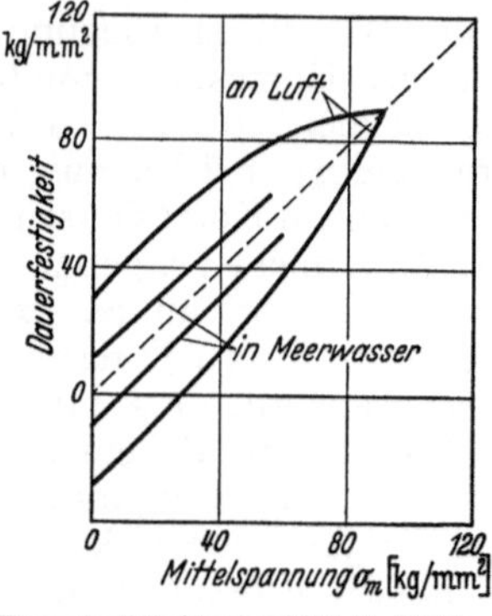

Abb. 62. Dauerfestigkeitsschaubild für VCN 35 h bei Verdrehbeanspruchung an Luft und bei Korrosion durch Meerwasser ($N = 10 \cdot 10^6$). (Nach Ludwik und Krystof.)

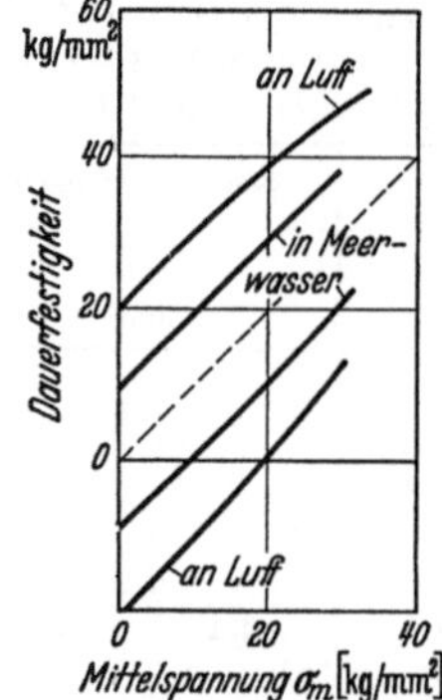

Abb. 63. Dauerfestigkeitsschaubild für St 42 bei Biegebeanspruchung an Luft und bei Korrosion durch Meerwasser ($N = 10 \cdot 10^6$). (Nach Ludwik und Krystof.)

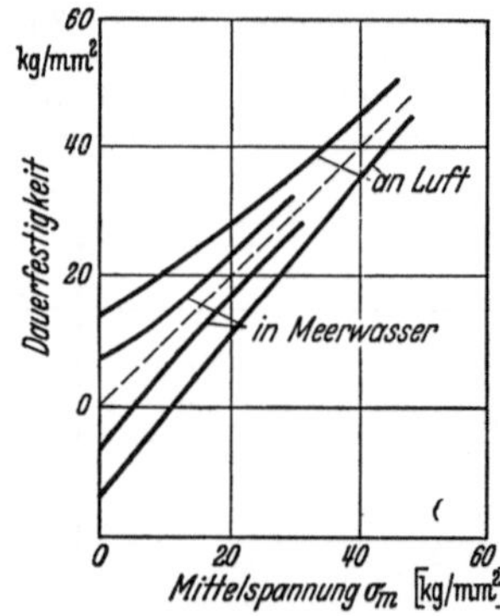

Abb. 64. Dauerfestigkeitsschaubild für Duralumin bei Dauerbiegebeanspruchung an Luft und bei Korrosion durch Meerwasser ($N = 10 \cdot 10^6$). (Nach Ludwik und Krystof.)

Der Einfluß der Vorspannung läßt sich am deutlichsten durch Aufstellen von Dauerfestigkeitsschaubildern zeigen. In Abb. 61 bis 64 sind verschiedene solcher Schaubilder nach Veröffentlichungen von Ludwik wiedergegeben. Sie lassen ebenso wie Untersuchungen von Pomp und Hempel[2] erkennen, daß soweit das Zuggebiet des Schaubildes in Frage kommt, die Verminderung im weiten Bereich

[1] Seeger, G.: Wirkung von Druckvorspannungen auf die Dauerhaltbarkeit. Berlin: VDI-Verlag 1935.
[2] Pomp, A. u. M. Hempel: Naturwiss. Bd. 22 (1934) S. 398.

Zahlentafel 15. Zug- und Druckschwellfestigkeiten eines Federstahles (nach Versuchen des MPA Berlin-Dahlem) $N = 20 \cdot 10^6$.

	Schwellfestigkeit bei	
Probestäbe	Zugbeanspruchung kg/mm²	Druckbeanspruchung kg/mm²
Geschliffen	120	165
Gekerbt (0,03 mm tief)	95	153
Bei Korrosion durch Leitungswasser	15	157

unabhängig von der Vorspannung bleibt. Die hohen Werte für die Korrosionsdruckschwellfestigkeiten verschiedener Werkstoffe zeigen, daß im Druckgebiet des Dauerfestigkeitsschaubildes die Gefahr gering ist.

9. Hochtrainieren und Überbeanspruchung.

a) Hochtrainieren.

Bei Dauerbeanspruchung treten immer gleichzeitig zwei Erscheinungen auf, eine Verfestigung und eine Zerrüttung, von denen je nach der Beanspruchung die eine oder andere überwiegen kann. Beide Erscheinungen werden durch plastische Verformungen (Gleitungen) hervorgerufen. Bei Beanspruchung eines Werkstoffes bzw. eines Bauteiles in Höhe der Dauerfestigkeit oder dicht unterhalb der Dauerfestigkeit ist folgende Erscheinung festzustellen. Es treten zunächst stärkere Gleitungen auf, die mit zunehmender Verfestigung mehr in elastische Verformungen übergeleitet werden. Diese Erscheinung ist auch aus dem Verlauf der Dämpfung während der Beanspruchungszeit zu erkennen, die meistens vom Anfangswert während der ersten Lastspiele sich nach irgendeinem Gesetz ändert und schließlich einen tiefer liegenden Grenzwert erreicht. Hieraus ist zu schließen, daß in dem Werkstoff irgendwelche inneren Veränderungen vor sich gegangen sind, die man als eine Anpassung an die aufgebrachte Belastung ansehen kann. Auf Grund dieser Anpassung kann dem Werkstoff in der Folgezeit eine Belastung zugemutet werden, die etwas über der Beanspruchungsfähigkeit in nicht vorbelastetem Zustand liegt[1]. Nach einer gewissen Zeit hat sich der Werkstoff dieser höheren Belastung weiter angepaßt, so daß man wiederum die Belastung um einen geringen Betrag steigern kann. Man kann dieses Verfahren fortsetzen bis zu einer gewissen Grenzlast, über die hinaus eine Steigerung der Dauerfestigkeit dann nicht mehr möglich ist. Diese Erscheinung der Steigerung der Dauerhaltbarkeit durch eine allmähliche Steigerung der Belastung wird mit Hochtrainieren bezeichnet, die erreichbare Belastungsgrenze nennt man oft „obere Dauerfestigkeit".

Um die Trainierfähigkeit voll ausnutzen zu können, muß man folgende Regeln beachten. Die Belastung darf erst dann erhöht werden, wenn sich der Verfestigungsprozeß voll ausgewirkt hat. Die Zahl der hierzu notwendigen Lastspiele ist bei Stählen etwa $4 \cdot 10^6$ bis $10 \cdot 10^6$. Ganz allgemein muß diejenige Anzahl Lastspiele aufgebracht werden, bei der die Grenzdämpfung erreicht wird. Die anschließende Belastungssteigerung darf nicht zu hoch sein. Man rechnet im allgemeinen mit höchstens 10%. Mit dem Trainieren beginnt man zweckmäßigerweise bei einer Belastung, die dicht unter der Dauerfestigkeit liegt. Das Aufbringen einer zu geringen erstmaligen Belastung ist zwecklos, da weit unterhalb der Dauerfestigkeit praktisch keine nennenswerten Gleitungen auftreten und somit auch keine Gleitverfestigung erzeugt werden kann. Gekerbte

---

[1] Kommers, J. B.: Engineering 1937, S. 620.

Stäbe lassen sich im allgemeinen höher trainieren als glatte Stäbe. Ebenso lassen sich weiche Stähle, bei denen höhere Gleitungsbeträge auftreten, verhältnismäßig höher trainieren als härtere Stähle. Die Steigerung der Dauerfestigkeit durch Hochtrainieren kann bei Stählen bis über 30% betragen. Aus diesem Grunde ist es auch nicht möglich, Dauerfestigkeitswerte an einem einzelnen Stab durch allmähliche Steigerung der Belastung zu ermitteln. Man erhält auf diese Weise in den meisten Fällen zu hohe Werte für die Dauerfestigkeit, die, wenn man sie sofort aufbringt, zu einem Bruch des Teiles führen.

b) Überlastungen.

Besonders wichtig für die Beanspruchungsfähigkeit von Bauteilen im Betrieb ist der Einfluß von höheren Überbelastungen, die mehr oder weniger weit über die Dauerfestigkeit eines Teiles hinausgehen. Wenn sehr starke Überlastungen auf ein Teil aufgebracht werden, so treten sofort sowohl die Erscheinungen der Verfestigung als auch die der Zerrüttung auf. Wird die Überbelastung nur während einer geringen Anzahl von Lastspielen aufgebracht, dann kann die Zerrüttung noch ohne Einfluß auf die Festigkeitseigenschaften geblieben sein, so daß der vorbeanspruchte Stab noch keine geringere Dauerfestigkeit aufweist. Es können im

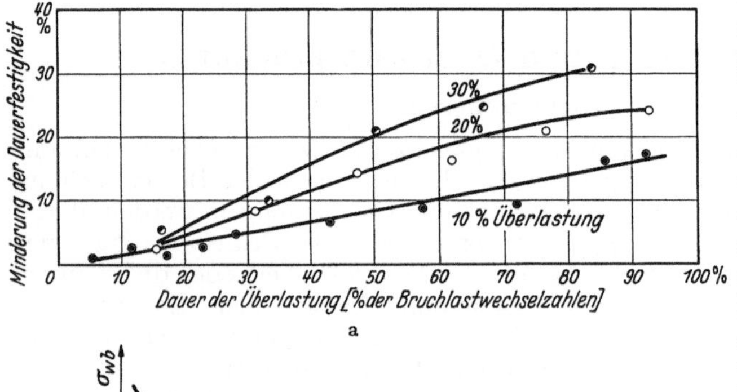

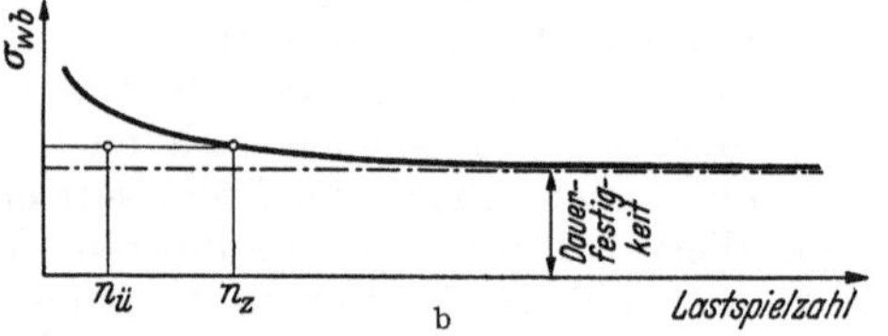

Abb. 65a und b. Minderung der Dauerfestigkeit durch Überbeanspruchungen. (Nach J. B. Kommers.) a Umlaufbiegeversuche an einem 0,27% C-Stahl. b $n_ü$ = Dauer der Überlastung, n_z = Bruchlastwechselzahl der betr. Überlastung.

Gegenteil im Anfang noch die Verfestigungserscheinungen überwiegen, so daß der vorbeanspruchte Stab eine höhere Dauerfestigkeit erhält als der nicht vorbeanspruchte Stab.

Bringt man eine immer größere Anzahl von Überbelastungen auf, so treten allmählich die Zerrüttungen mehr in Erscheinung. Sie können schließlich den Einfluß der Verfestigung überwiegen, so daß von einer gewissen Lastspielzahl ab eine merkbare Schädigung eintritt, die aus einer Verminderung der Dauerfestigkeit ermittelt werden kann (Abb. 65). Um ein Maß für die Überbeanspruchungsfähigkeit zu bekommen, ist eine Linie ähnlich der Wöhler-Kurve eingeführt worden, die sog. *Schadenslinie* (Abb. 66)[1]. Diese Schadenslinie gibt an, wieviel Belastungen bei einer bestimmten Überlast aufgebracht werden können, ohne daß die Dauerfestigkeit absinkt.

Die zerrüttende Wirkung einer Überlast zeigt erst kurz vor dem Anriß eine bleibende Wirkung. Vorher kann der Einfluß der Zerrüttung durch ein entsprechendes Hochtrainieren wieder ausgeheilt werden. Ist beispielsweise durch die Zerrüttung die Dauerfestigkeit auf einen gewissen Betrag abgesunken, so

[1] Moore, H. F.: Metals & Alloys Bd. 6 (1935) S. 144. — Russell, H. W.: Metals & Alloys Bd. 7 (1936) S. 321. — Proc. Amer. Soc. Test. Mater. Bd. 36 (1936) Teil 2, S. 118.

kann man durch Belasten dicht unterhalb dieser neuen Dauerfestigkeit und durch anschließendes Hochtrainieren nach den früher angegebenen Gesichtspunkten die Dauerfestigkeit wieder erhöhen, vorausgesetzt, daß noch keine bleibende Schädigung vorhanden war. Man ist bei geeigneter Behandlung sogar so weit gekommen, daß die gesamte zerrüttende Wirkung wieder vollkommen aus-

geglichen war und man die vorher aufgebrachte Überbelastung noch einmal wiederholen konnte.

Die meisten Versuche, die über den Einfluß des Hochtrainierens und von Überbelastungen bisher vorliegen, sind bei Wechselbiegebeanspruchung durchgeführt worden. Für Wechselzugbeanspruchung und ebenso für Beanspruchungen

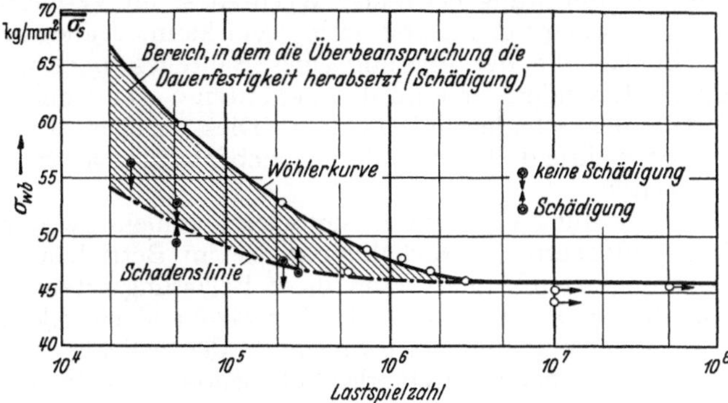

Abb. 66. Wöhler-Kurve und Schadenslinie.

im Schwellbereich sind weniger Untersuchungen gemacht worden. Über die Auswirkung von Torsionsbeanspruchungen ist nur äußerst wenig bekannt.

C. Prüfung von Formelementen und Bauteilen.
1. Zweck der Bauteilprüfung.

Das Verfahren der Ermittlung der Gestaltfestigkeit eines Bauteiles unter betriebsmäßiger Beanspruchung mittels Kerbwirkungszahl oder durch Prüfung des Bauteiles an handelsüblichen Dauerprüfmaschinen versagt dann, wenn es sich um Maschinenteile verwickelterer Form und mit größeren Abmessungen handelt. Bei diesen Teilen ist oft auch nur eine angenäherte Schätzung des Spannungszustandes nicht möglich, ebenso kann man selbst bei bekanntem Spannungszustand im Voraus keine genauen Angaben über die von ihnen ertragbare Beanspruchung machen. Namentlich bei Bauteilen, die aus Paarverbindungen bestehen, bei Einspannungen, Schraub- und Nietverbindungen ist man gezwungen, die Gestaltfestigkeit durch Versuche am fertigen Teil in natürlicher Größe zu ermitteln, da beispielsweise bei einer Schraubverbindung nicht nur die Ausbildung der Schraube selbst und vielleicht noch der Mutter, sondern auch die Art des Zusammenbaues sowie die Form der durch die Schraube verspannten Teile und deren Eigenschaften für die Dauerhaltbarkeit der Schraube selbst wieder maßgebend sind[1].

Weiterhin muß man in allen Fällen, in denen der Fertigungsvorgang die Werkstoffeigenschaften beeinflußt, die Versuche an dem Teil selbst in seiner natürlichen Form und Größe ausführen. Hierunter fallen alle Maschinenteile, die durch Gießen, Schmieden oder Schweißen ihre endgültige Form erhalten. Ebenso gehören in diese Gruppe alle Versuche über den Einfluß der absoluten Größe der Teile.

Die Untersuchung am fertigen Maschinenteil ist auch immer dann notwendig, wenn die Form des Teiles wesentlichen Einfluß auf die Richtung oder Größe der äußeren Kräfte ausübt, wie es beispielsweise bei Schlagbeanspruchung oder bei Zwangsverformungen der Fall ist.

---

[1] STAEDEL, W.: Dauerfestigkeit von Schrauben, ihre Beeinflussung durch Form, Herstellung und Werkstoff. Berlin 1933. — THUM, A. u. F. DEBUS: Vorspannung und Dauerhaltbarkeit von Schraubenverbindungen. Berlin: VDI-Verlag 1936.

Bei einer wirklichkeitsgetreuen Prüfung der Bauteile ist weiterhin die Tatsache zu berücksichtigen, daß die Maschinenteile nur in den seltensten Fällen einer während des Betriebes immer gleichbleibenden Wechsellast unterworfen sind. In den meisten Fällen schwanken die Belastungen während des Betriebes mehr oder weniger. Es treten seltene Spitzenbelastungen auf, während beispielsweise die Belastung bei reiner Wechsellast im Vergleich zur höchsten Spitzenbeanspruchung nur äußerst gering sein kann. Daher braucht der Konstrukteur zur Beurteilung der Eignung eines Bauteiles nicht nur den Wert der Dauerfestigkeit, sondern er muß den gesamten Verlauf der Wöhler-Kurve bzw. den Verlauf der Schadenslinie kennen. Diese Kurven muß er in Beziehung setzen zu den während der geforderten Lebensdauer auftretenden Beanspruchungen des Teiles.

Die Prüfung von ganzen Bauteilen geschieht zweckmäßigerweise unter möglichst naturgetreuer Nachahmung der im Betrieb auf die Bauteile wirkenden Belastungsarten [1]. Man kann diese Belastungsarten in gleicher Weise wie bei den übrigen Prüfmaschinen in drei Gruppen einteilen:

1. Belastung durch schwingende oder beliebig sich ändernde *Kräfte*.

2. Belastungen durch gleichbleibende oder in bestimmten Grenzen sich ändernde *Verformungen*.

3. Belastungen durch Einleiten eines bestimmten *Arbeits*betrages (z. B. bei Schlagbeanspruchung).

Nach diesen verschiedenen Belastungsarten sind die Versuchseinrichtungen zur Prüfung der Bauteile einzuteilen (s. Bd. I, Abschn. IV).

2. Prüfverfahren.

a) Prüfung bei gleichbleibender Belastung.

Bei Prüfeinrichtungen mit gleichbleibender Belastung verlangt man, daß die einmal eingestellte Wechselbelastung des Prüfkörpers während der Versuchsdauer gleichbleibt, auch wenn sich irgendwelche Veränderungen innerhalb des Prüfkörpers abspielen. Ändert sich z. B. während des Versuchs an derartigen Teilen die Federkonstante des Prüfkörpers, so muß sich damit zwangsläufig der Ausschlag der Verformung in entsprechender Weise ändern. Die Bedingung ist also bei diesen Vorrichtungen, daß die aufgebrachten äußeren Kräfte immer gleichbleiben. Diese Vorrichtungen entsprechen somit der dem Konstrukteur geläufigen Denkweise in Spannungen. Bei der Prüfung und vor allem bei der Verbesserung von Bauteilen muß man jedoch außer den Kräften oder Momenten auch die Verformung des Prüfkörpers bezogen auf die konstruktiven Anschlußpunkte kennen. Die Prüfvorrichtungen müssen demnach im allgemeinen so eingerichtet sein, daß neben der Bestimmung der aufgebrachten äußeren Kräfte auch eine Ablesung der Verformungen möglich ist. Vor allem ist darauf zu achten, ob namentlich bei verwickelteren Bauteilen die Verformungen unter der Last in den Prüfmaschinen gleicher Art sind wie im Betrieb, so z. B. ob ein auf Zug beanspruchter Körper die durch seine Form bedingten Verbiegungen und Verdrehungen in der Prüfmaschine in gleicher Art und gegen den gleichen Widerstand ausführen kann wie im betriebsmäßigen Einbau.

Von den handelsüblichen Maschinen sind in Verbindung mit besonderen Vorrichtungen für die Prüfung von größeren Bauteilen Pulsatoren sehr geeinet. Mit diesen Maschinen können Bauteile wie Niet-, Schweiß- und Schraubenverbindungen in natürlicher Größe untersucht werden. Weiterhin sind Prüfungen von Pleuel- und Kolbenstangen, Motorgehäusen, Flanschen, Gelenken, Laschen, Beschlägen, Tragrahmen, Radsätzen usw. möglich. Mit besonderen

---

[1] Thum, A. u. G. Bergmann: Z. VDI Bd. 81 (1937) S. 1013.

Zusatzvorrichtungen können Kurbelwellen, Achsschenkel usw. geprüft werden (Abb. 67). Von Vorteil sind die Pulsatoren namentlich dann, wenn die Fähigkeiten von Bauteilen untersucht werden sollen, mit denen sie hohe Überbelastungen bei geringen Lastspielzahlen ertragen können. Hier kommt die niedere Lastspielfrequenz dieser Maschinen zugute, die allerdings wiederum bei reinen Dauerhaltbarkeitsuntersuchungen den Nachteil sehr langer Versuchsdauer mit sich bringt.

Es ist daher oft angebracht, für derartige Bauteile, die wie namentlich Bauteile aus Nichteisenmetallen bei sehr hoher Lastspielzahl geprüft werden müssen, anstatt der vielseitigen Pulsatoren besondere Prüfeinrichtungen für diesen einen Zweck aufzustellen. Zur Dauerprüfung von Teilen, die im Betrieb einer Umlaufbiegebeanspruchung unterworfen sind, wie Wellen mit umlaufenden Kerben, Bundabsätzen, Nabensitzen, kegeligen oder zylindrischen Einspannungen usw.

sind Umlaufbiegemaschinen besonders geeignet, die ebenfalls zur Gruppe der unter gleichbleibender Wechsellast prüfenden Maschinen gehören. Diese Maschinen sind allerdings nur geeignet zur Prüfung von Teilen mit rotationssymmetrischem Widerstandsmoment. Für andere Teile, wie z. B. für Wellen mit Abflachungen oder mit starken Keilnuten ist diese Prüfmaschine nicht geeignet, da sich bei ihnen die Belastungslager infolge ihrer Massenträgheit auf einen Mittelwert der Prüfkörperdurchbiegung

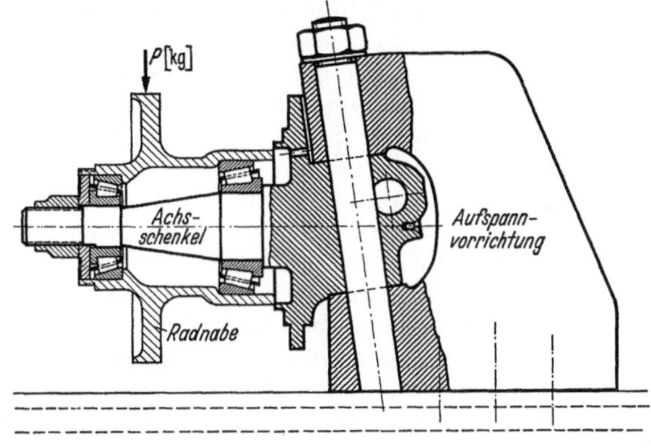

Abb. 67. Aufspannvorrichtung zur betriebsmäßigen Dauerprüfung eines Kraftwagenlenkachsschenkels im Pulsator.

einstellen, wodurch der Prüfkörper in der Achse des größten Widerstandsmomentes höher beansprucht wird als es die Kraftmessung anzeigt. Die Prüfung entspricht dann eher einer Prüfung unter Zwangsverformung. Es besteht jedoch auch die Gefahr, daß durch die während des Umlaufs wechselnden Kräfte die Maschine einen unruhigen Lauf erhält. Für die Prüfung derartiger Wellen eignen sich besser Prüfeinrichtungen, bei denen der Probestab stillsteht, während die Last beispielsweise als umlaufende Fliehkraft einer Unwuchtmasse umläuft.

Für Wechselbelastungen bis zu etwa 3000 kg haben sich die außerordentlich einfachen Fliehkraftpulser gut bewährt. Bei ihnen wird die auf den Probekörper aufzubringende Kraft durch die Fliehkraft von einfachen Schwingern, Doppelschwingern oder Pendelschwingern aufgebracht. Durch geeignete Anbringung von Führungen oder Lenkerfedern können die Fliehkräfte in einer Richtung von der Probe ferngehalten werden, so daß die Kräfte nur in einer Richtung auf den Prüfkörper wirken. Bei Doppelschwingern gleichen sich die Fliehkräfte von zwei gegeneinanderlaufenden Schwingern in allen Richtungen außer in der Prüfrichtung aus. Bei Pendelschwingern ist der Schwinger an einem frei beweglichen Pendelarm angeordnet, so daß sich die Fliehkräfte nahezu nur in einer Richtung auswirken.

Die Wechsellast kann aus der Umdrehungszahl und der Unwucht des Schwingers errechnet werden, wenn man Bauteile großer Steifigkeit prüft. Andernfalls ist zur Messung der Belastung ein Dynamometer erforderlich, mit dem die auf den Prüfkörper wirkende Summe der Fliehkräfte des Schwingers und der Massenkräfte des Gehäuses bestimmt wird.

b) Prüfung bei gleichbleibender Verformung.

Die Prüfung bei gleichbleibender Verformung wird bei größeren Bauteilen im allgemeinen nur wenig benutzt. Derartige Prüfmaschinen sind besonders geeignet zur Prüfung von Teilen, die im Betrieb Zwangsverformungen unterworfen sind. Weiterhin können diese Prüfmaschinen Aufschluß über das Verhalten der Prüfkörper während des Verlaufs der Dauerbeanspruchung geben, indem man aus der Änderung der zur dynamischen Verformung erforderlichen Kräfte während des Dauerversuchs Rückschlüsse auf Änderungen im Werkstoff oder im Zusammenbau der Konstruktion ziehen kann. Eine solche Prüfung ist daher namentlich für Verbindungen wie z. B. Nabensitze u. dgl. sehr aufschlußreich. Soweit für eine Prüfung dieser Art die bekannten Prüfmaschinen wie z. B. die Flachbiegemaschinen der Deutschen Versuchsanstalt für Luftfahrt, die Flachbiege- und Verdrehmaschinen von Schenck, die Zug-Druckmaschinen von Mohr & Federhaff und die Verdrehmaschinen von Krupp nicht ausreichen, können je nach der Art des zu prüfenden Bauteiles besondere Vorrichtungen gebaut werden, bei denen meistens der Prüfkörper zwangsläufig durch Kurbeltriebe ausgelenkt wird. Solche Vorrichtungen bewähren sich beispielsweise zur Prüfung von Gummibauteilen, Förderbändern, Federn, Öl- und Benzinröhrchen, Bauteilen aus Kunststoffen usw.

Die Leistungsfähigkeit der zwangsläufigen Maschinen ist meist durch Lagerschwierigkeiten auf der Antriebsseite begrenzt, so daß bei größeren Lasten die Zahl der Lastspiele in der Minute klein gehalten werden muß. Es ist im allgemeinen zu empfehlen, bei Maschinen mit gleichbleibender Verformung eine besondere Kraftmessung vorzusehen, mit deren Hilfe auch die Kräfte im zeitlichen Verlauf des Versuches selbst bestimmt werden können. Eine Bestimmung der wirkenden Kräfte in einem vorhergehenden statischen Eichversuch, d. h. durch Messung der zur gleichen statischen Verformung notwendigen Kraft, gibt im allgemeinen nur einen Näherungswert über die beim dynamischen Versuch bei der gleichen Verformung auftretenden Kräfte. Es können durch Dämpfungserscheinungen im Werkstoff bzw. an Verbindungsstellen die zu gleicher dynamischer Verformung notwendigen Kräfte anders sein als die bei der gleichen statischen Verformung auftretenden Kräfte. Ebenso kann durch zusätzliche Massenkräfte, die durch die Bewegung des Bauteiles selbst erzeugt werden, die Kräfte- und Momentenverteilung im Bauteil beim dynamischen Versuch eine andere sein als beim statischen Versuch.

Zur dynamischen Kraftmessung benutzt man im allgemeinen ein sog. Dynamometer, das unter den in der Prüfmaschine auftretenden Kräften selbst nur sehr gering beansprucht wird, so daß seine Verformungen mit Sicherheit im elastischen Bereich bleiben[1]. Man kann deshalb die statische Eichung des Dynamometers als Grundlage der dynamischen Kraftmessung benutzen, da in dem aufgebrachten Belastungsbereich noch keine wesentlichen Dämpfungserscheinungen auftreten. Die Verformungen dieser Dynamometer sind im allgemeinen sehr klein, so daß nur selten Meßuhren zur Bestimmung des Dynamometerausschlages benutzt werden können. Meistens wird man den Dynamometerausschlag mikroskopisch ablesen müssen oder durch eine optische Übersetzung mittels Drehspiegel eine Vergrößerung herbeiführen. Für sehr kleine Ausschläge eignen sich dem Martens-Spiegelgerät ähnliche Vorrichtungen.

Bei der Prüfung von Bauteilen unter gleichbleibender Verformung muß man weiterhin berücksichtigen, daß beim ersten Anriß das Maschinenteil nachgiebiger wird, so daß für die gleiche Verformung nur eine geringere Kraft notwendig ist. Durch dieses Absinken können in bestimmten Fällen auch die

---

[1] Erlinger, E.: Meßtechn. Bd. 12 (1937) S. 109. — Diss. Graz 1935.

Spannungen im Bauteil derart absinken, daß der Anriß zum Stehen kommt und ein Durchbruch der Probe nicht erreicht wird. Es ist daher notwendig, die Probe selbst zu beobachten bzw. aus dem ersten Absinken der bei gleicher Verformung notwendigen Kraft das Auftreten des ersten Anrisses festzustellen. Es bewähren sich hierfür besonders Ausschaltvorrichtungen, die beim Absinken der Last um etwa 10% die Maschine abstellen. Diese Abschaltvorrichtungen werden zweckmäßig vom Dynamometer aus gesteuert.

Auch Prüfmaschinen und Vorrichtungen mit Schwingerantrieb erhalten während des Versuches die eingestellte Verformung des Prüfteiles auf gleichbleibender Höhe, wenn sie weit über der Eigenschwingungszahl des Schwingungssystems der Prüfmaschinen betrieben werden. Da die Rückstellkraft der Probe in diesem Fall zu vernachlässigen ist, ist der Schwingungsausschlag bestimmt durch die Masse des umlaufenden Schwingers und der schwingenden Teile sowie durch die Lage ihrer Schwerpunkte. Die Bewegung der schwingenden Teile ist derartig, daß der gemeinsame Schwerpunkt praktisch in Ruhe bleibt. Abb. 68 zeigt eine auf diesem Prinzip konstruierte Federprüfmaschine.

c) Resonanzschwingungen.

Für die Prüfung von Bauteilen sind in ganz besonderem Maße Einrichtungen geeignet, bei denen die Eigenschwingungen eines schwingungsfähigen Systems zur Erzeugung der schwingenden Beanspruchung in den Bauteilen herangezogen werden. Es kann hierbei entweder der Prüfkörper selbst zu Eigenschwingungen erregt werden, oder man kann durch Aufsetzen geeigneter Zusatzmassen

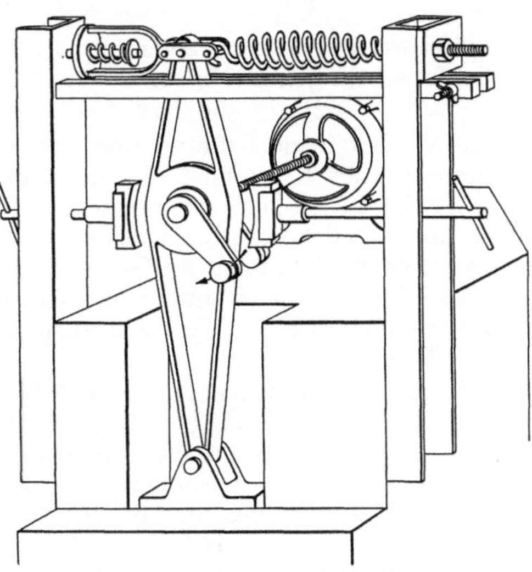

Abb. 68. Federprüfmaschine als Pendelschwinger angeordnet.

ein Schwingungssystem erzeugen, bei dem beispielsweise der Probestab bzw. der Prüfkörper als Rückstellfeder wirkt, während die Zusatzmassen die Massenträgheit bzw. Massenträgheitsmomente darstellen.

Solche schwingungsfähigen Gebilde werden im allgemeinen als Zweimassensystem ausgebildet, wobei in vielen Fällen die Maschinengrundplatte als eine Masse wirken kann. Der Vorteil dieser Anordnung ist der, daß zur Erregung nur verhältnismäßig kleine Kräfte notwendig sind, und trotzdem sehr hohe Beanspruchungen im Bauteil erzeugt werden können. Die für kleinere Prüfmaschinen bewährte magnetische Schwingungserregung bringt für die Prüfung von größeren Bauteilen nicht die erforderliche Energie auf. Am besten bewährt haben sich wegen ihrer einfachen Bauweise Fliehkraftschwinger, bei denen die erregenden Kräfte durch Fliehkräfte von umlaufenden Unwuchtmassen erzeugt werden. Mit diesen Schwingern sind verhältnismäßig große Energiebeträge leicht aufzubringen. Daneben haben sich auch Erregungen durch Kurbeltriebe bewährt, die das Maschinenteil in der Eigenschwingungszahl antreiben[1]. Bei dieser Erregung kann der Schwingungsausschlag sehr gut auf gleicher Höhe gehalten werden, so daß auf eine selbsttätige Regelung oft verzichtet werden

---

[1] Späth, W.: Arch. Eisenhüttenw. Bd. 10 (1936/37) S. 313.

kann. Für den Versuchsbeginn und für den Fall, daß die Eigenschwingungszahl von der der Erregung zeitweilig stark abweicht, müssen Federungen oder Überlastungssicherungen die Antriebsteile sichern.

Zur Messung der in den Bauteilen auftretenden Kräfte eignen sich bei diesen Versuchseinrichtungen in gleicher Weise wie bei anderen Maschinen die Meßverfahren mit Hilfe von Dynamometern, bei denen die Verformungen von gering beanspruchten Teilen der Maschinen zur Messung herangezogen werden. Bei Zweimassensystemen kann die auftretende Kraft bzw. das wirkende Moment in einfacher Weise aus der Schwingungszahl und dem Ausschlag der freischwingenden nichterregten Masse nach den Gleichungen

$$P_{\max} = \pm\, m \cdot a \cdot \omega^2$$

oder

$$M_{\max} = \pm\, T \cdot \varphi \cdot \omega^2$$

berechnet werden. Hierbei bedeutet a die Schwingweite, $\pm\,\varphi$ den Verdrehwinkel, m die freischwingende Masse, T das Trägheitsmoment der freischwingenden Masse und $\omega = 2\,\pi \cdot f$ die Kreisfrequenz der Schwingung.

Für vergleichende Prüfung einander ähnlicher Bauteile genügt meistens die Bestimmung der Kraft oder des Momentes aus einer vorhergehenden Eichung bei ruhender Last. Dieses Verfahren ist jedoch nur bei Prüfteilen mit geringer Dämpfung möglich und bei Prüfung der Bauteile nicht zu weit oberhalb der Dauerfestigkeit, d. h. in einem Gebiet, in dem keine oder vernachlässigbar kleine plastische Verformungen auftreten. Man muß dabei noch prüfen, ob die Spannungsverteilung bei der Wechselbeanspruchung die gleiche ist wie bei der statischen Eichung.

Infolge von Veränderungen im Prüfkörper während des Versuchs, durch die insbesondere die Dämpfung und die dynamische Federkonstante andere Werte annehmen, ist es meistens nicht möglich, ohne besondere Regelung die Beanspruchung bzw. die Verformung im Prüfkörper gleichzuhalten. Bei Bauteilen mit geringer Dämpfung, die in der Resonanzkurve eine scharf ausgeprägte Spitze haben, ist es ebenfalls sehr schwierig, die Drehzahl der Erregung so konstant zu halten, daß sich die Beanspruchung im Prüfkörper nicht wesentlich ändert. Die durch Netzspannungsschwankungen hervorgerufenen geringen Drehzahländerungen können bei bestimmten Teilen die Beanspruchung schon erheblich abändern.

Für Versuche an Prüfkörpern, bei denen sich die Dämpfung bzw. die dynamische Federkonstante während des Versuches nur sehr wenig ändert, reicht es im allgemeinen aus, wenn die Erregung der Größe und Schwingungszahl nach gleichbleibt. Bei mit Gleichstrommotoren angetriebenen Schwingungserregern genügt in diesem Fall die Gleichhaltung der Spannung durch Schnellregler.

Bei der Prüfung von Bauteilen, deren Dämpfung bzw. deren dynamische Federkonstante sich jedoch stark ändert, wie bei Einspannungen, Schraub- und Nietverbindungen, ist eine besondere Regelvorrichtung erforderlich. Als solche hat sich vor allem die von Slattenschek und Kehse[1] entwickelte Steuerung bewährt. Diese Steuerung arbeitet im Prinzip so, daß durch den Ausschlag eines Teiles des Prüfkörpers oder der Prüfeinrichtung ein Stromkreis kurzzeitig geschlossen wird. Die Dauer des Stromes hängt von der Größe des Ausschlages ab. Dieser Strom betätigt über ein Differentialrelais einen Kippschalter und damit einen Hilfsmotor, der bei zu großem Ausschlag einen Vorschaltwiderstand der Erregermaschine durch Verschieben des Reiters auf einem Schiebewiderstand erhöht und somit die Drehzahl der Erregung verringert, während bei

---

[1] Oschatz, H.: Z. VDI Bd. 80 (1936) S. 1433.

zu kleinem Ausschlag der Vorschaltwiderstand erniedrigt wird, so daß sich die Drehzahl erhöht und der Ausschlag wieder ansteigt. Andere Regelvorrichtungen benutzen die Änderung des Phasenwinkels der Erregung zur Steuerung.

Im folgenden soll an einigen einfachen Beispielen dargestellt werden, wie man derartige Schwingeinrichtungen für Bauteile anfertigen kann. Zur Prüfung von Bauteilen oder Formelementen auf Biegung, bei denen nur eine Stelle geprüft werden soll, bei denen also kein konstantes Biegemoment über eine größere Länge erforderlich ist, eignet sich eine Vorrichtung nach Abb. 69. Das Bild zeigt ein Formelement aus Gußeisen, Stahlguß oder in geschweißter Ausführung, an dem der Übergang eines Profiles in einen Flansch geprüft werden soll. Die Probe ist mit dem Flansch auf ein Dynamometer aufgespannt, welches mittels einer Grundplatte auf ein Fundament aufgeschraubt ist. Am oberen Teil des

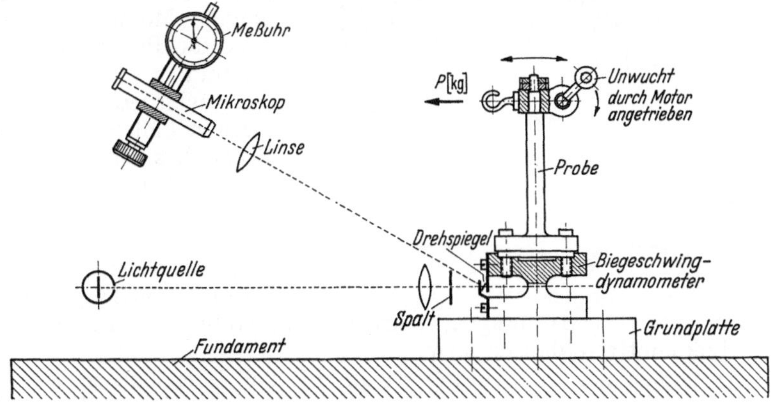

Abb. 69. Biegeschwingvorrichtung mit Dynamometer und Lichtstrahlmeßeinrichtung.

Prüfkörpers wird eine Zusatzmasse mit einem Erregerschwinger angebracht. Die Größe der Zusatzmasse wird so abgestimmt, daß die Eigenschwingungszahl des aus Prüfkörper und dieser Zusatzmasse bestehenden Schwingungssystems in einem gewünschten Bereich liegt.

Um eine Beeinflussung der Umgebung durch die Schwingung dieser Einrichtung zu verhindern, wird das Fundament der Versuchseinrichtung zweckmäßig auf Gummi derart gelagert, daß die Eigenschwingungszahl des Systems aus Grundplatte und daraufsitzenden Versuchseinrichtungen als Masse und den Gummifüßen als Federkonstante eine Eigenschwingungszahl erhält, die weit unterhalb der Prüfdrehzahl des Prüfkörpers liegt [1]. Damit beim Schwingen des Versuchsstandes die Grundplatte selbst keine zu großen Ausschläge macht, wird die Masse der Grundplatte entsprechend groß gewählt.

Zur Erregung werden die erwähnten Fliehkraftschwinger benutzt, die von einem Gleichstrommotor angetrieben werden. Die Regelung erfolgt je nach dem Bedürfnis der Genauigkeit und je nach dem Grad der Ungleichförmigkeit des Schwingsystems im Verlauf des Versuches mit Hilfe der Spannungsregelung mit Schnellregler oder mit einem der erwähnten selbsttätigen Regler. Zur Messung der Beanspruchung im Prüfstab dient ein zwischengeschaltetes Dynamometer, dessen Bewegungen durch eine optische Übersetzung mit Hilfe eines Meßmikroskopes abgelesen werden können.

---

[1] THUM, A. u. K. OESER: Gummifederungen für ortsfeste Maschinen. Berlin: VDI-Verlag 1935.

Ist die Masse des Probestabes gegenüber der Zusatzmasse und der Schwingermasse vernachlässigbar klein, so kann bei dieser Anordnung mit genügender Genauigkeit angenommen werden, daß im Schwerpunkt der Zusatzmassen eine wechselnde Einzelkraft wirkt, so daß der Prüfkörper mit einem über seine Länge linear ansteigenden Moment beansprucht wird. Für den Fall, daß die Prüfkörpermasse verhältnismäßig groß im Vergleich zur Erregermasse ist, wird es notwendig sein, aus dem Ausschlag des Prüfkörpers an den verschiedenen Stellen die gesamten Massenkräfte und aus ihnen die nicht· mehr geradlinige Momentenverteilung über die Prüfkörperlänge zu bestimmen. Eine Nachrechnung zeigt jedoch, daß in den meisten Fällen die Masse des Prüfstabes selbst vernachlässigt werden kann.

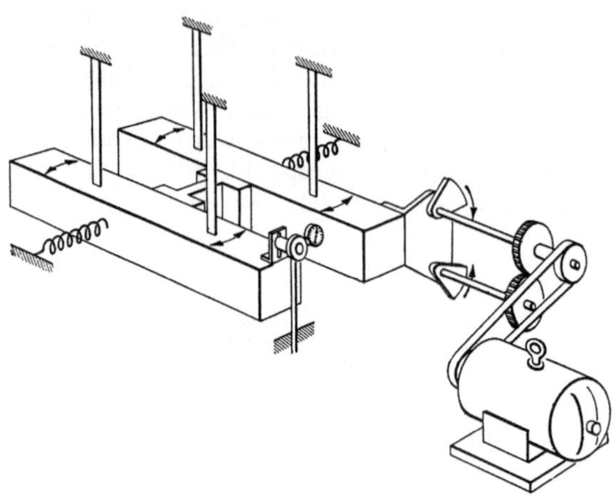

Abb. 70. Biegeschwingvorrichtung mit Doppelschwingvorrichtung bei gleichem Biegemoment über die Prüfkörperlänge. DRP. 635 420.

Versuchseinrichtungen ähnlich der dargestellten eignen sich beispielsweise auch zur Prüfung von Trägeranschlußverbindungen, von Einspannungen, Kurbelwellen, Gußteilen aller Art, Achsschenkeln, Lokomotivstehbolzen usw.

Oft ist es jedoch bei der Prüfung erwünscht, daß über eine gewisse Länge des Prüfkörpers ein gleiches Biegemoment herrscht. Zu diesem Zweck ist an der Materialprüfungsanstalt Darmstadt zur Prüfung von Gußteilen, von geschmiedeten Teilen, von Schweißverbindungen u. ä. eine Einrichtung entwickelt worden, bei der das Schwingsystem als Zweimassensystem ausgebildet ist (Abb. 70). Dieses Schwingsystem wird durch zwei Holme gleichen Trägheitsmomentes als Massenträgheiten und durch den dazwischenliegenden Prüfkörper als Rückstellfeder gebildet.

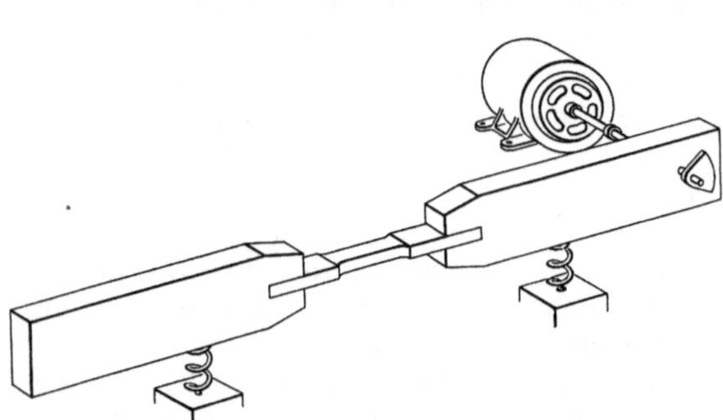

Abb. 71. Biegeschwingvorrichtung für große Biegemomente mit nahezu gleichem Biegemoment über die Prüfkörperlänge.

Bei diesem System können keine freien Kräfte nach außen kommen, so daß die Schwingvorrichtung auf einer sehr leichten Grundplatte aufgestellt werden kann.

Eine ähnlich wirkende Versuchsanordnung, bei der der Probestab mit nahezu gleichem Biegemoment über die Prüflänge belastet wird, ist in Abb. 71 dargestellt. Hierbei werden die beiden Massen im Schwingungsknoten auf Federn aufgehängt. Die Wirkungsweise dieser Versuchsanordnung ist fast die gleiche wie die der oben angegebenen Maschine. Sie eignet sich besser für solche Teile, bei denen die Anordnung nach Abb. 70 die Möglichkeit von zusätzlichen Verdrehschwingungen ergeben könnte.

In gleicher Art wie in Abb. 71 können auch ganze Profile aus gewalztem oder gepreßtem Material, Rohre u. dgl. geprüft werden. Man braucht bei diesen Teilen keine Zusatzmassen, sondern läßt das Profil oder den Träger in seiner eigenen Schwingungszahl schwingen und lagert ihn in den Schwingungsknoten. Bei dieser Anordnung erhält man im mittleren Teil des Trägers ebenfalls ein nahezu konstantes Biegemoment.

Nach dem gleichen Grundsatz, wie er zur Erzeugung von Biegeschwingungen benutzt wird, arbeiten die zur Hervorrufung von Drehschwingungen entwickelten Versuchsanordnungen. Man erreicht hierbei durch zweckmäßige Form und Stellung der Schwingholme, daß die Eigenschwingungszahlen der etwa möglichen Biegeschwingungen weit über der der Drehschwingungen liegen, so daß die Lager der Holme von Querkräften möglichst frei bleiben (Abb. 72). Die Messung der Kräfte kann bei diesen Prüfeinrichtungen aus der Bewegung der nichterregten Masse erfolgen. In Sonderfällen können auch besondere Dynamometer in die Meßstrecke eingebaut werden. Der Einbau von Dynamometern empfiehlt sich immer dann, wenn

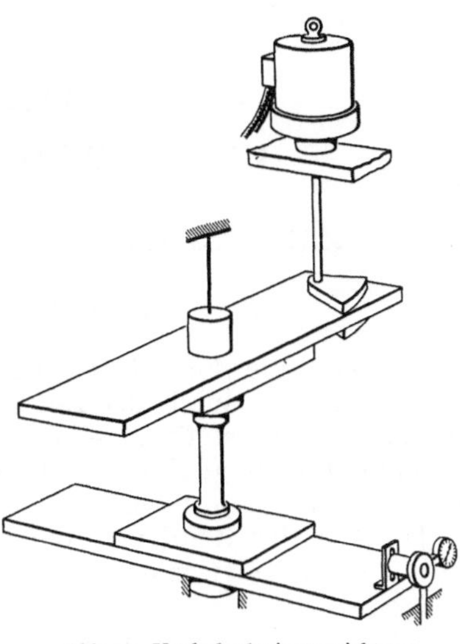

Abb. 72. Verdrehschwingvorrichtung. DRP. 635 420.

die zweite nichterregte Masse bzw. das Massenträgheitsmoment im Vergleich zur erregten Masse sehr groß gewählt wird, so daß deren Ausschläge sehr klein bleiben. Diese Vorrichtung entspricht dann grundsätzlich etwa der in Abb. 69 dargestellten Biegeschwingvorrichtung.

IV. Festigkeit bei hohen und tiefen Temperaturen.

A. Zugversuche bei hohen Temperaturen.

Von **A. Pomp**, Düsseldorf-Clausthal.

Während die Festigkeitseigenschaften metallischer Werkstoffe bei Raumtemperatur sich durch den Zugversuch meist in sehr einfacher Weise eindeutig festlegen lassen, stößt diese Bestimmung in der Wärme auf Schwierigkeiten, die dadurch bedingt sind, daß hier die *Belastungszeit* einen starken Einfluß auf das Versuchsergebnis ausübt.

Je nach der Zeitdauer, die zur Durchführung des Versuches angewandt wird, unterscheidet man *Kurzzeitzugversuche* und *Dauerstandversuche*.

1. Kurzzeitzugversuche.

Die Durchführung von Kurzzeitzugversuchen in der Wärme zur Bestimmung der Zugfestigkeit, Bruchdehnung und -einschnürung geschieht grundsätzlich in derselben Weise wie bei Raumtemperatur (s. Abschn. I B), nur ist dafür Sorge zu tragen, daß der Probestab während der Dauer des Versuches auf der gewünschten Prüftemperatur gehalten wird. Zu diesem Zweck haben sich elektrisch geheizte Öfen, bei denen die Probe sich in einem Flüssigkeitsbad befindet, für Temperaturen bis etwa 600° gut bewährt. Als Flüssigkeitsbäder kommen folgende in Frage:

bis 100° C Wasser, Öl, Paraffin	240 bis 520° C 1 Teil Natriumnitrat
,, 200° C Öl	1 ,, Kaliumnitrat
180 ,, 400° C 4 Teile Natriumnitrat	350 ,, 600° C Blei
2 ,, Kaliumnitrat	
3 ,, Bariumnitrat	

Für Temperaturen oberhalb 600° empfiehlt sich die Benutzung von Luftöfen. Eine Beschreibung der Öfen findet sich in Abschn. A 2 (S. 245).

In selteneren Fällen hat man auch Vakuumöfen[1] benutzt. Ein solcher ist in Abb. 1 wiedergegeben. Die untere Abdichtung besteht aus einem Kupferwellrohr, das genügende Dehnfähigkeit besitzt, um die beim Zugversuch eintretende Verlängerung des Probestabes aufzunehmen.

a) Warmzugfestigkeit.

Infolge der starken Abhängigkeit der Zugfestigkeit von der Versuchsdauer lassen sich übereinstimmende Werte für die Warmzugfestigkeit nur dann erzielen, wenn die Versuchsdauer gleich gehalten wird. In wie hohem Maße die Zugfestigkeit insbesondere bei hohen Temperaturen von der Versuchsdauer abhängt, zeigen Versuche an einem Chrom-Nickel-Wolframstahl bei einer Versuchstemperatur von 700° (Abb. 2). Je nach der Geschwindigkeit, mit der der Zugversuch durchgeführt wird, ergeben sich für diesen Stahl Werte für die Warm-

---

[1] Jenkins, C. H. M. u. G. A. Mellor: Stahl u. Eisen Bd. 56 (1936) S. 239.

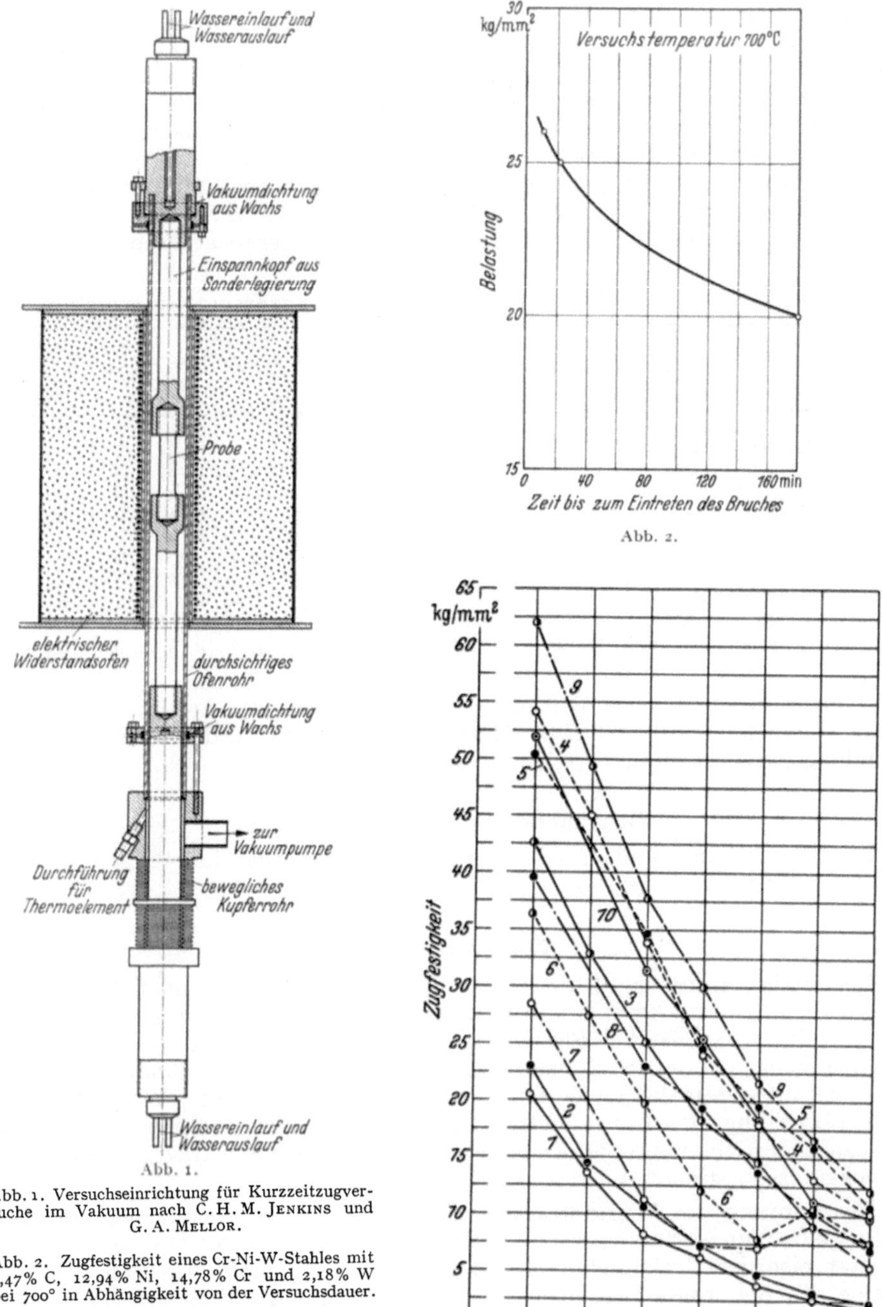

Abb. 1. Versuchseinrichtung für Kurzzeitzugversuche im Vakuum nach C. H. M. Jenkins und G. A. Mellor.

Abb. 2. Zugfestigkeit eines Cr-Ni-W-Stahles mit 0,47 % C, 12,94 % Ni, 14,78 % Cr und 2,18 % W bei 700° in Abhängigkeit von der Versuchsdauer.

Abb. 3. Zugfestigkeit von warmfesten Werkstoffen der in Zahlentafel 1 angegebenen Zusammensetzung in Abhängigkeit von der Versuchstemperatur (Versuche von 20 min Dauer). (Nach F. Körber und A. Pomp).

zugfestigkeit von 20 bis 27 kg/mm². Ähnlich verhalten sich weniger warmfeste Stähle auch schon bei Temperaturen von 400 bis 500°.

Um zu reproduzierbaren Werten bei der Zugfestigkeitsprüfung in der Wärme zu kommen, ist man daher vielfach dazu übergegangen, einen Zugversuch von einer bestimmten Zeitdauer, beispielsweise von 20 min, durchzuführen. Praktisch geschieht das in der Weise, daß etwa 3 bis 5 Zerreißversuche verschiedener Dauer ausgeführt werden und durch graphische Interpolation sodann aus diesen Versuchen diejenige Zugfestigkeit ermittelt wird, die einer Zerreißdauer von 20 min entspricht. Die Ergebnisse derartiger Versuche bei Temperaturen von 600 bis 900° an zehn warmfesten Werkstoffen, deren Zusammensetzung in Zahlentafel 1 angegeben ist, sind in Abb. 3 wiedergegeben[1]. Mit steigender

Zahlentafel 1. Chemische Zusammensetzung der untersuchten Werkstoffe.

Bezeichnung der Werkstoffe	C %	Si %	Mn %	P %	S %	Cr %	Ni %	W %	Mo %	Cu %	Co %	Ti %	V %	Fe %
1	0,43	3,23	0,33	0,021	0,002	8,43	0,08	n. b.	n. b.	n. b.	n. b.	n. b.	n. b.	n. b.
2	0,40	4,23	0,33	0,022	0,004	3,42	0,09	n. b.	n. b.	n. b.	1,76	n. b.	n. b.	n. b.
3	0,47	1,49	0,80	0,016	0,004	14,78	12,94	2,16	n. b.	n. b.	n. b.	n. b.	n. b.	n. b.
4	0,46	0,52	1,31	0,025	0,006	12,71	12,86	9,65	n. b.	n. b.	n. b.	n. b.	n. b.	n. b.
5	0,95	1,63	0,74	0,011	0,039	15,14	12,80	2,45	0,08	n. b.	n. b.	n. b.	n. b.	n. b.
6	1,31	0,44	0,42	0,022	0,007	13,98	n. b.	n. b.	n. b.	n. b.	1,96	n. b.	n. b.	n. b.
7	0,94	0,50	0,18	0,010	0,030	16,62	0,18	n. b.	0,59	n. b.	2,28	n. b.	0,35	n. b.
8	0,11	0,56	0,62	0,011	0,025	17,72	8,48	1,03	0,20	0,23	n. b.	0,22	n. b.	n. b.
9	0,67	2,05	5,16	0,022	0.012	15 89	0,35	5,27	n. b.	n. b.	n. b.	n. b.	n. b.	n. b.
10	n. b.	n. b.	1,78	n. b.	n. b.	15,10	60,30	n. b.	7,18	n. b.	n. b.	n. b.	n. b.	15,4

Prüftemperatur nimmt die Warmzugfestigkeit ständig ab, mit Ausnahme der Stähle 6 und 7, die bei 850° einen Höchstwert durchlaufen, der auf innere Umwandlungen zurückzuführen sein dürfte.

b) Bruchdehnung und -einschnürung.

Die Bruchdehnung und -einschnürung werden in der gleichen Weise ermittelt wie beim Zugversuch bei Raumtemperatur.

c) Warmstreckgrenze.

Begriffsbestimmung. Unter Warmstreckgrenze versteht man die Streckgrenze bei Wärmegraden oberhalb Raumtemperatur. Auch bei höheren Wärmegraden gilt ebenso wie bei Raumtemperatur als Streckgrenze nach DIN 1602 die Spannung, bei der trotz zunehmender Formänderung die Kraftanzeige der Prüfmaschine erstmalig unverändert bleibt oder zurückgeht. Ist die Streckgrenze beim Zugversuch nicht scharf ausgeprägt, so wird die Spannung, bei der die bleibende Dehnung 0,2% der ursprünglichen Meßlänge beträgt, an Stelle der Streckgrenze bestimmt und als 0,2-Dehngrenze bezeichnet.

Bestimmung der Warmstreckgrenze. Bei scharfer Ausprägung im Belastungs-Dehnungsschaubild wird die Warmstreckgrenze durch Beobachtung der Kraftanzeige der Prüfmaschine bestimmt, möglichst unter gleichzeitiger Aufnahme des Belastungs-Dehnungsschaubildes. Nach DIN-Vornorm DVM-Prüfverfahren A 112 soll die Belastungsgeschwindigkeit 0,5 kg/mm² in der Sekunde nicht übersteigen.

Bei weicheren Stahlsorten gibt sich die Streckgrenze bis zu Versuchstemperaturen von 300° im Belastungs-Dehnungsschaubild im allgemeinen deutlich zu

---

[1] Körber, F. u. A. Pomp: Mitt. K.-Wilh.-Inst. Eisenforschg. Bd. 18 (1936) S. 251.

erkennen (Abb. 4), wenn auch der Fließbereich mit steigender Temperatur immer weniger ausgeprägt wird und der Fließbeginn schließlich nur noch als Knick in der Schaulinie angedeutet ist[1].

Bei Versuchstemperaturen von 100° und besonders deutlich bei 200° tritt bei weichem Stahl im Fließbereich und auf dem oberhalb der Streckgrenze gelegenen Ast des Zerreißdiagramms ein wiederholtes plötzliches Abfallen der Last ein. Diese plötzlichen Lastabfälle treten stellenweise derart gehäuft auf, daß das Pendel der Last-anzeigevorrichtung in starke Schwingungen gerät. Offenbar handelt es sich bei diesen Zusammenbrüchen um ähnliche Labilitätserscheinungen, wie sie mitunter auch bei Raumtemperatur bei der Ausbildung der Streckgrenze beobachtet werden[2]. Durch geringfügige Umstände, beispielsweise durch ein Beklopfen des Stabes, gelingt es, die Labilität auszulösen und die in Abb. 5 wiedergegebene Zerreißkurve mit starken Lastabfällen zu erhalten. Da diese Erscheinung in einem Temperaturbereich beobachtet wird, in dem auch die Wirkung einer Alterung augenblicklich eintritt, dürfte ein Zusammenhang mit Alterungserscheinung (Gleiten und momentane Verfestigung infolge Alterung) sehr wahrscheinlich sein.

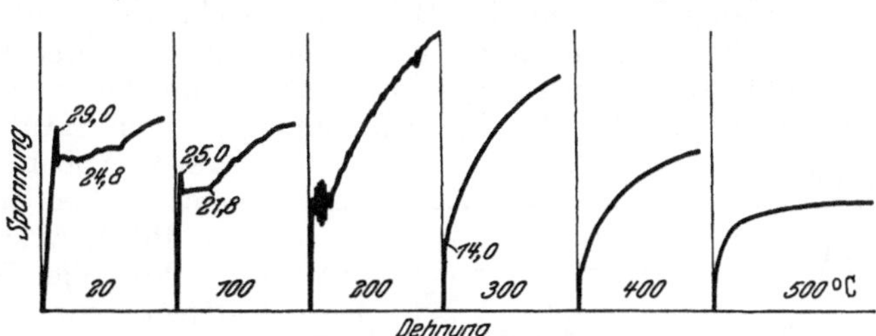

Abb. 4. Ausbildung der Streckgrenze von weichem Stahl bei höheren Temperaturen. (Nach F. Körber und A. Pomp.)

Bei der Bestimmung der 0,2-Dehngrenze ist auf einheitliche Versuchsausführung zu achten, da nur dann übereinstimmende Ergebnisse erhalten werden. Besonders wichtig ist die Dauer des Verweilens auf Höchstlast in den einzelnen Laststufen, wie die in Abb. 6 wiedergegebenen Versuche an einem weichen Flußstahl bei 300 bis 600° zeigen[3].

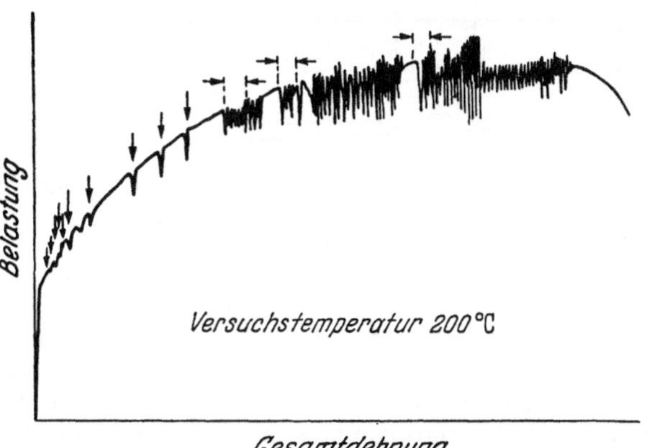

Abb. 5. Spannungs-Dehnungsschaubild eines Stahles mit 0,06%C bei 200°. (Durch Beklopfen des Stabes wurden die durch Pfeile bezeichneten Spannungsabfälle erhalten.) (Nach F. Körber und A. Pomp.)

Mit zunehmender Belastungszeit tritt bei allen untersuchten Prüftemperaturen ein Sinken der Warmstreckgrenze ein.

Nach DIN-Vornorm DVM-Prüfverfahren A 112 soll eine Vorlast aufgebracht werden, die etwa 10% der zu erwartenden Last bei der 0,2-Grenze beträgt. Dann erfolgt die erste Ablesung. Hierauf wird der Stab bei einer Belastungsgeschwindigkeit von höchstens 0,5 kg/mm² in der Sekunde bis etwa 80% der zu erwartenden Last bei der 0,2-Grenze belastet. Der Stab bleibt 2 min lang unter der Last und wird sodann bis auf die Vorlast entlastet.

---

[1] Körber, F. u. A. Pomp: Mitt. K.-Wilh.-Inst. Eisenforschg. Bd. 12 (1930) S. 165.
[2] Körber, F. u. A. Pomp: Mitt. K.-Wilh.-Inst. Eisenforschg. Bd. 9 (1927) S. 347.
[3] Körber, F. u. A. Pomp: Mitt. K.-Wilh.-Inst. Eisenforschg. Bd. 12 (1930) S. 167.

Die bleibende Dehnung des entlasteten Stabes wird nach einer Wartezeit von 30 s abgelesen. Derselbe Vorgang wird mit stufenweise gesteigerter Belastung wiederholt, wobei die jeweilige Steigerung etwa 5% der bei der 0,2-Grenze zu erwartenden Last betragen soll, bis die bleibende Dehnung den Betrag von 0,2% erreicht oder überschritten hat. Für wissenschaftliche Untersuchungen kann es zweckmäßig sein, auf der Grundlage von Dehnungsstufen statt von Laststufen vorzugehen. Zur genauen Ermittlung der 0,2-Grenze kann die bleibende Dehnung in Abhängigkeit von der Belastung zeichnerisch aufgetragen werden.

Die Feinmessungen zur Bestimmung der 0,2-Grenze sind mit Vorrichtungen auszuführen, die eine Meßgenauigkeit von mindestens 0,01 mm haben. Bewährt haben sich hierfür das Spiegelfeinmeßgerät von Martens, der Martens-Kennedy-Apparat sowie Dehnungsmesser entsprechender Bauart, ferner Meßuhren (s. Bd. I, Abschn. IV B 1).

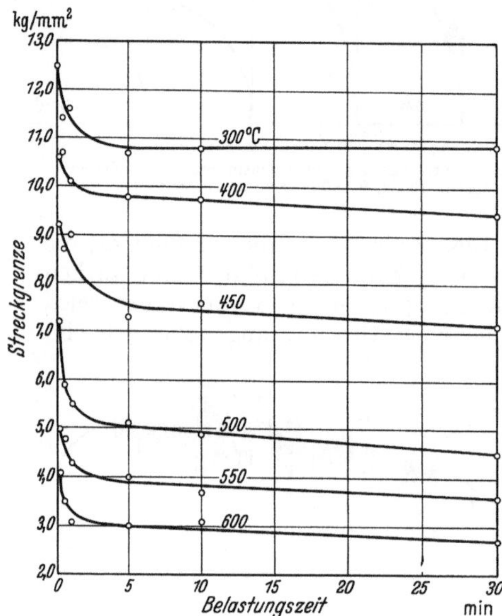

Abb. 6. Einfluß der Belastungszeit auf die Lage der Warmstreckgrenze bei weichem Flußstahl. (Nach F. Körber und A. Pomp.)

Für die Bestimmung der Warmstreckgrenze wird der Probestab in einen Ofen beliebiger Bauart und Beheizungsart so eingebaut, daß die Versuchstemperatur über die Meßlänge praktisch gleichbleibend gehalten werden kann. Die Temperaturunterschiede in der Versuchslänge dürfen ± 2° nicht überschreiten. Zur Erzielung einer gleichmäßigen Temperaturverteilung wird die Anwendung eines Öl- bzw. Salzbadofens oder eines geeigneten Luftofens empfohlen. Das Temperaturmeßgerät soll so nahe wie möglich an den Stab gebracht werden.

Der Versuch soll beginnen, wenn nach eingetretenem Temperaturausgleich die Stabtemperatur mindestens 5 min lang auf der vorgeschriebenen Höhe gehalten wurde und die Anzeige des Dehnungsmessers praktisch zur Ruhe gekommen ist.

Als Stabformen sind Rundstäbe oder Vierkantstäbe mit Gewinde- oder Schultereinspannköpfen zu empfehlen; zu kleine Abmessungen sind zu vermeiden.

Einige Werte der Warmstreckgrenze für unlegierte und legierte Stähle sind in Zahlentafel 2 wiedergegeben[1].

Zahlentafel 2. Warmstreckgrenze von Stählen.

Lfd. Nr.	Stahlart	Streckgrenze in kg/mm² bei					
		20°	200°	300°	350°	400°	450°
1	St 35.29	27	24	14	13	13	12
2	St 55.29	34	27	23	22	21	19
3	Nickelstahl (0,18% C, 1,56% Ni)	36	34	31	29	27	24
4	Molybdänstahl (0,14% C, 0,30% Mo)	29	—	—	21	23	21
5	Chrom-Molybdänstahl (0,12% C, 0,71% Cr, 0,30% Mo)	28	—	—	27	25	24

[1] Werkstoffhandbuch Stahl und Eisen. II. Aufl., Blatt C 44. Verlag Stahleisen m. b. H., Düsseldorf 1938.

Bedeutung der Warmstreckgrenze. Bis zu Temperaturen, bei denen im Belastungs-Dehnungsschaubild noch ein Knick zu erkennen ist oder bei denen der Einfluß der Versuchszeit auf die Meßergebnisse gering ist, kann die Warmstreckgrenze als gewisse Grundlage für eine vergleichende Bewertung von Werkstoffen hinsichtlich der zulässigen Spannungen angesehen werden. Für unlegierte Stähle liegt diese Temperaturgrenze bei etwa 300 bis 350°, für niedrig legierte Stähle bei 350 bis 450°. Bei höheren Temperaturen ist wegen des immer stärkeren Hervortretens der Zeitabhängigkeit der Dehnung bei der Beurteilung des Werkstoffes auf der Grundlage der Warmstreckgrenzenbestimmung Vorsicht geboten. In solchen Fällen, in denen es sich um eine ruhende Dauerbeanspruchung handelt, beispielsweise im Dampfkesselüberhitzerbau, ist für die Kennzeichnung des Verhaltens des Werkstoffes im Betrieb die Warmstreckgrenze als solche kein

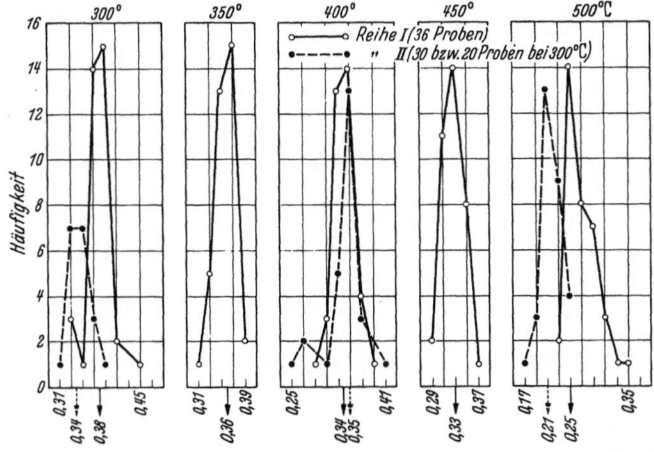

Abb. 7. Verhältnis der Warmstreckgrenze zur Zugfestigkeit bei Raumtemperatur von kohlenstoffarmem Stahl.
(Nach F. Körber und A. Pomp.)

zuverlässiger Maßstab mehr. Bei Dauerbeanspruchung oberhalb der genannten Temperaturen werden die Werkstoffe besser auf Grund der Dauerstandfestigkeit verglichen[1].

Beziehung der Warmstreckgrenze zu anderen Eigenschaften. Das Verhältnis der Warmstreckgrenze zur Zugfestigkeit bei Raumtemperatur liegt für unlegierte Kohlenstoffstähle innerhalb verhältnismäßig enger Grenzen. Es kann daher auf die Ermittlung der Warmstreckgrenze bei Kohlenstoffstählen für Abnahmezwecke verzichtet werden, da sie sich aus der Zugfestigkeit bei Raumtemperatur mit genügender Genauigkeit errechnen läßt[2]. Abb. 7 enthält Häufigkeitskurven über die Verhältniszahl bei verschiedenen Temperaturen für weiche Stahlsorten.

d) Elastizitätsgrenze und Elastizitätsmodul.

Bei der Bestimmung der Elastizitätsgrenze (0,003- bis 0,01-Grenze) und des Elastizitätsmoduls wird grundsätzlich in der gleichen Weise verfahren wie bei Versuchen bei Raumtemperatur. Bei hohen Temperaturen ist wegen der Kriecherscheinungen besondere Vorsicht am Platze. Der Elastizitätsmodul wird zweckmäßig bei niedrigen Belastungen ermittelt.

---

[1] Körber, F. u. A. Pomp: Stahl u. Eisen Bd. 52 (1932) S. 553.
[2] Körber, F. u. A. Pomp: Mitt. K.-Wilh.-Inst. Eisenforschg. Bd. 12 (1930) S. 22.

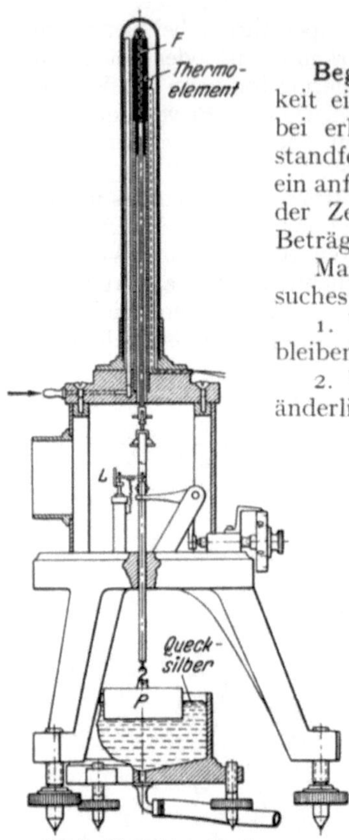

Abb. 8. Vorrichtung für Zugversuche bei unveränderter Last und Temperatur nach P. CHEVENARD.

2. Dauerstandversuche.

Begriffsbestimmung. Als kennzeichnend für die Fähigkeit eines Werkstoffes, lang dauernde ruhende Belastungen bei erhöhten Temperaturen zu ertragen, gilt die Dauerstandfestigkeit, das ist diejenige Grenzbelastung, unter der ein anfänglich auftretendes Dehnen des Werkstoffes im Laufe der Zeit noch zum Stillstand kommt oder sehr geringe Beträge annimmt.

Man unterscheidet drei Grundarten des Dauerstandversuches:

1. Versuche mit gleichbleibender Temperatur und gleichbleibender Belastung,

2. Versuche mit gleichbleibender Temperatur und veränderlicher Belastung,

3. Versuche mit veränderlicher Temperatur und gleichbleibender Belastung.

a) Versuche mit gleichbleibender Temperatur und gleichbleibender Belastung.

Diese Versuchsart ist die bei weitem gebräuchlichste. Die Grundlage für die Ermittlung der Dauerstandfestigkeit nach diesem Verfahren bildet die Aufnahme von Zeit-Dehnungsschaulinien. Hierzu dienen Prüfmaschinen, in denen die Probe, die in einem Ofen auf gleichmäßige Temperatur gehalten wird, einer gleichbleibenden Belastung ausgesetzt wird, wobei die eintretenden Dehnungen über längere Zeiträume mit geeigneten Meßgeräten abgelesen oder fortlaufend aufgezeichnet werden.

Dauerstandprüfeinrichtung. Die Maschinen zur Durchführung von Dauerstandversuchen müssen so gebaut sein, daß die Belastung während der Versuchszeit konstant bleibt. Besonders geeignet sind Maschinen mit Gewichtsbelastung mit oder ohne Hebelübersetzung.

In Abb. 8 ist ein Gerät für die Dauerstandprüfung von Drähten dargestellt [1]. Die Drahtprobe F wird unmittelbar durch das Gewicht P belastet. Das Belastungsgewicht schwimmt im Ruhezustand auf Quecksilber. Die Belastung wird durch das Ausfließenlassen des Quecksilbers stoßfrei auf die Probe aufgebracht.

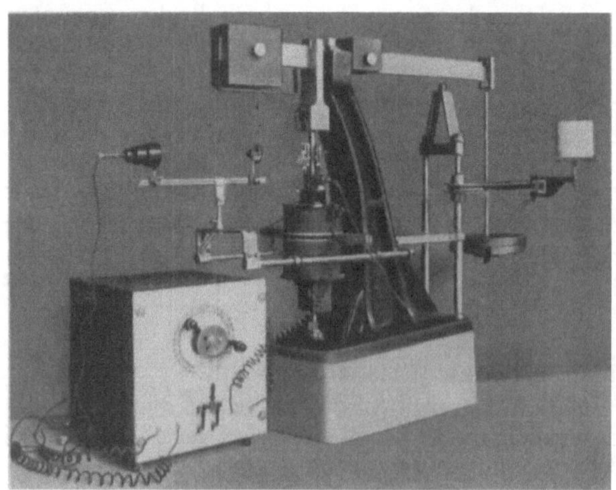

Abb. 9. Dauerstandprüfeinrichtung. (Nach A. POMP und W. ENDERS.)

Abb. 9 zeigt eine ältere Dauerstandprüfeinrichtung mit Hebelgewichtsbelastung für eine Höchstbelastung von 6000 kg am Probestab, wie sie vom

<hr>

[1] CHEVENARD, P.: Métaux Bd. 10 (1935) S. 76.

Eisenforschungsinstitut gebaut worden ist[1]. Der Aufbau der Maschine ist aus der schematischen Darstellung in Abb. 10 zu ersehen. Die Maschine besteht aus einem gußeisernen Gestell a, dem Waagebalken b mit dem Einspannkopf c und der Haltestange d zur Aufnahme der Gewichtsplatten e. Waagebalken, Einspannkopf und Haltestange sind in Schneiden gelagert. Zur Ausrichtung des Waagebalkens in die horizontale Lage ist der untere Einspannkopf g durch eine einfache Vorrichtung in senkrechter Richtung verstellbar angeordnet. Durch Drehen der Stellschraube h, die mit einem Kugellager versehen ist, kann mit Hilfe eines etwa 1 m langen Schlüssels eine Verstellung auch unter der Höchstlast ausgeführt werden. Die 25 kg schweren Gewichtsplatten erzeugen bei einem Übersetzungsverhältnis von 1 : 20 eine

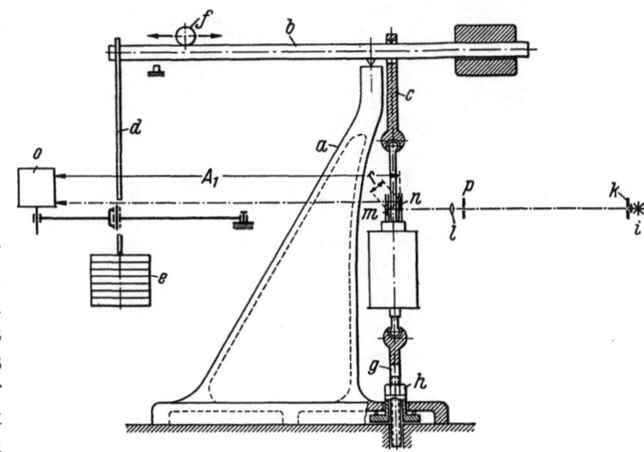

Abb. 10. Schematischer Aufbau der Dauerstandprüfeinrichtung nach A. POMP und W. ENDERS mit selbsttätiger, optischer Dehnungsmeßvorrichtung.

Zugbelastung von 500 kg am Probestab. Kleinere Belastungsstufen von 0 bis 250 kg können durch Verschieben des Laufgewichts f mit einer Genauigkeit von $\pm$ 0,5 kg eingestellt werden. Der Belastungsbereich von 250 bis 500 kg wird mit Hilfe einer 12,5 kg schweren Gewichtsplatte, die ebenfalls an der Haltestange d aufgebracht wird, und durch entsprechende Verschiebung des Laufgewichts ermöglicht.

Bei der in Abb. 11 dargestellten neueren Prüfeinrichtung des Eisenforschungsinstitutes[2] ist der untere Spannkopf senkrecht verstellbar mit Hilfe einer Spindel, einer Schnekkenübersetzung und einer Handkurbel, mittels deren die Belastung stoßfrei aufgebracht wird. Eine Reihe solcher Dauerstandprüfmaschinen ist in Abb. 12 wiedergegeben.

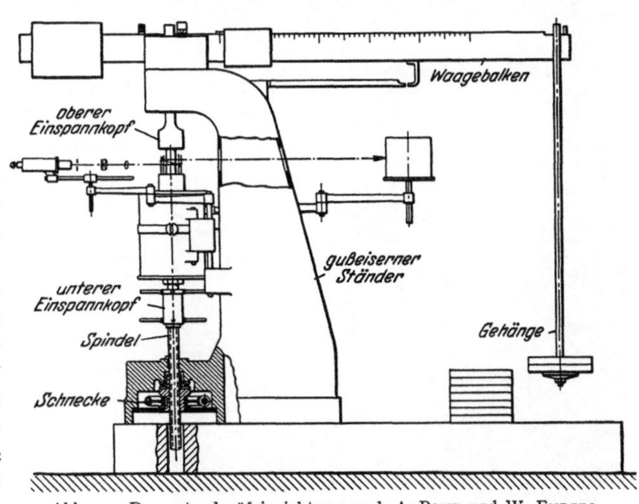

Abb. 11. Dauerstandprüfeinrichtung nach A. POMP und W. ENDERS.

Auch der Dauerstandprüfer nach ESSFR (Abb. 13) ist mit einer Hebelgewichtsbelastung versehen.

Eine Ansicht des Dauerstandprüfgerätes der Losenhausenwerk AG., Düsseldorf[3], zeigt Abb. 14.

---

[1] POMP, A. u. W. ENDERS: Mitt. K.-Wilh.-Inst. Eisenforschg. Bd. 12 (1930) S. 133.
[2] POMP, A. u. W. ENDERS: Mitt. K.-Wilh.-Inst. Eisenforschg. Bd. 14 (1932) S. 264.
[3] MARX, W.: Arch. Eisenhüttenw. Bd. 10 (1936/37) S. 559

Bei der Dauerstandprüfeinrichtung der Deutschen Versuchsanstalt für Luftfahrt E. V., Berlin-Adlershof[1] (Abb. 15), erfolgt die Belastung über einen in Schneiden und Pfannen gelagerten Hebel mit dem Übersetzungsverhältnis 1 : 11. Um ein zentrales Angreifen der Last zu gewährleisten, ruhen die Einspannzwischenstücke im oberen und unteren Einspannkopf in Kugelschalen. Das stoßfreie Aufbringen der Last wird durch eineHebelstützvorrichtung ermöglicht, auf der derHebel während des Anhängens der Gewichte unter Zwischenschaltung von Axialkugellagern auf einer Spindel aufliegt. Soll die Belastung vorgenommen werden, so wird die Spindel mittels Handrads vorsichtig gesenkt. Die Belastungsgewichte hängen an weichen Federn, die gegebenenfalls vom Boden

Abb 12. Teil der Dauerstandanlage des Kaiser-Wilhelm-Instituts für Eisenforschung. (Nach A. Pomp und W. Enders.)

her übertragene Stöße und Schwingungen weitgehend abfangen, so daß keine merklichen Lastschwankungen auf den Probestab übertragen werden.

Der Ofen ist im Gerüst in senkrechter Richtung verschiebbar über Rollen an Gegengewichten aufgehängt, so daß der Einbau der Probe und der Meßgeräte ungehindert vorgenommen werden kann.

Die bisher beschriebenen Dauerstandprüfeinrichtungen gestatten die Untersuchung nur einer Probe. In Amerika sind auch Dauerstandanlagen gebaut worden, auf denen mehrere Proben gleichzeitig untersucht werden können. F. H. Norton[2] beschreibt eine Vorrichtung für die gleichzeitigePrüfung von sechs Probestäben, die schematisch in Abb. 16 dargestellt ist. In einem elektrisch beheizten Ofen sind sechs Probestäbe von 12,8 mm Dmr. und 100 mm Meßlänge untergebracht, die durch Hebelgewichtsbelastung (Waagebalkenverhältnis 10 : 1) belastet werden.

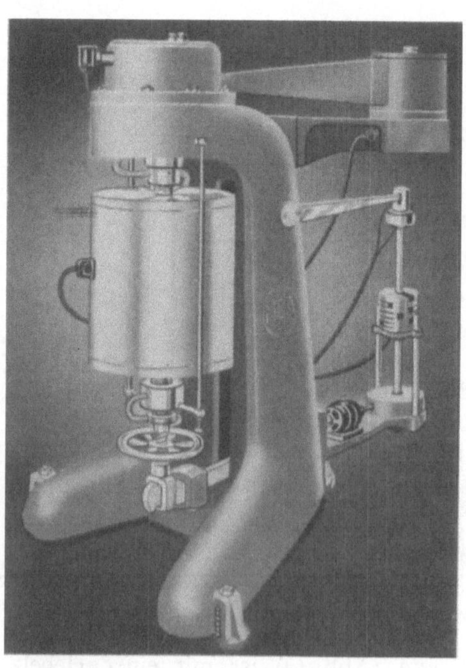

Abb. 13. Dauerstandprüfer nach Esser.

[1] Bollenrath, F., W. Bungardt u. H. Cornelius: Arch. Eisenhüttenw. Bd. 10 (1936/37) S. 555.
[2] Norton, F. H.: The Creep of Steel at High Temperatures. London: McGraw-Hill Publishing Co Ltd., 1929, S. 11.

Eine von der General Electric Co. gebaute Dauerstandanlage für die gleichzeitige Prüfung von 12 Probestäben[1] zeigt Abb. 17. In einem zweiteiligen
elektrisch geheizten Ofen be-
findet sich ein in 12 Kammern
unterteilter Kasten aus zunder-
beständigem Werkstoff, dessen
einzelne Kammern die Proben
aufnehmen. Die Probestäbe
können einzeln ein- und ausgebaut werden, ohne daß der Ver-
suchsverlauf für die benachbarten Probestäbe gestört wird. Bei
dieser Anlage sind die Probestäbe nebeneinander angeordnet, so daß die Belastungs-
hebel parallel zueinander liegen.
Bei einer neuerdings von der
Westinghouse Electric & Manu-
facturing Co. in Betrieb ge-
nommenen Dauerstandanlage[2],

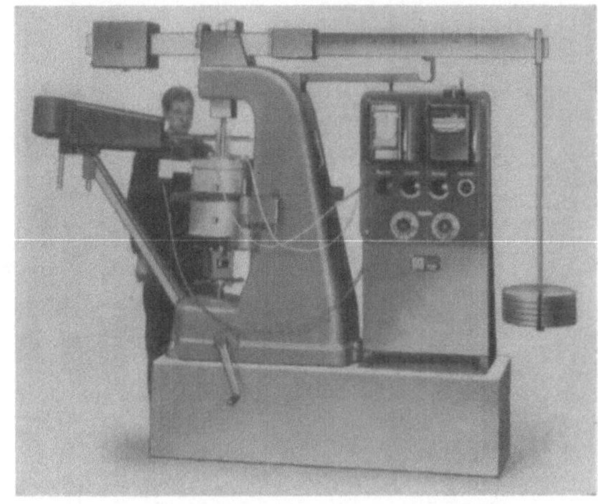

Abb. 14. Gesamtansicht des Dauerstandprüfgerätes
der Losenhausenwerk AG. (Nach W. Marx.)

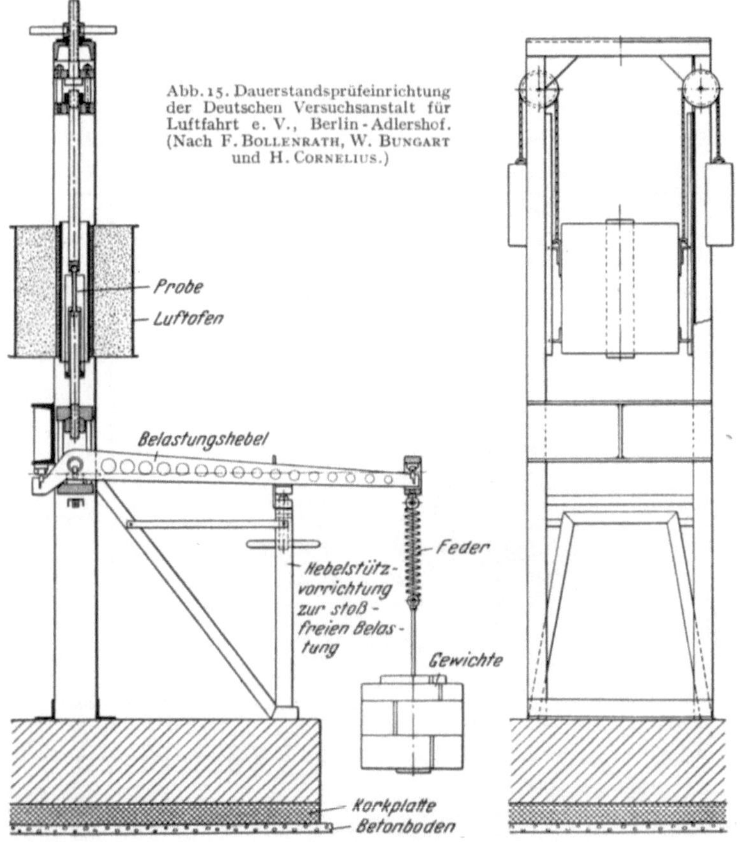

Abb. 15. Dauerstandsprüfeinrichtung
der Deutschen Versuchsanstalt für
Luftfahrt e. V., Berlin - Adlershof.
(Nach F. Bollenrath, W. Bungart
und H. Cornelius.)

---

[1] Clark, C. L. u. E. L. Robinson: Metals & Alloys Bd. 6 (1935) S. 46.
[2] McVetty, P. G.: Proc. Amer. Soc. Test. Mater Bd. 37 II (1937) S. 235.

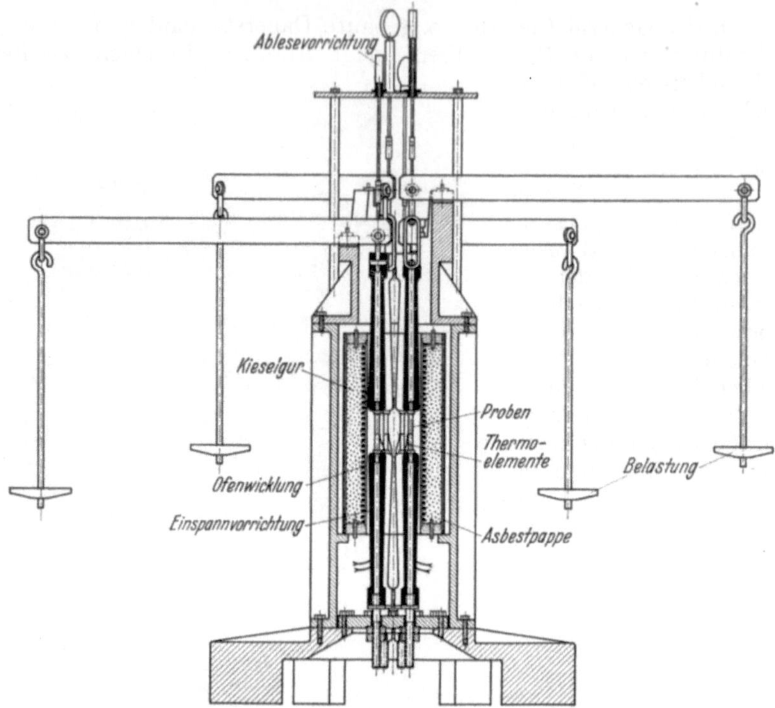

Abb. 16. Dauerstandanlage für die gleichzeitige Prüfung von 6 Probestäben. (Nach F. H. Norton.)

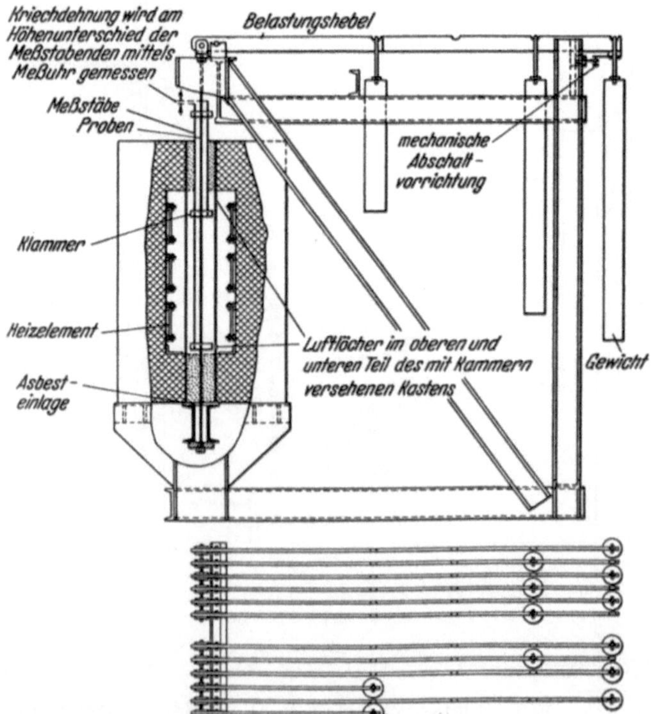

Abb. 17. Dauerstandanlage für die gleichzeitige Prüfung von 12 Probestäben. (Nach C. L. Clark und E. L. Robinson.)

die ebenfalls für die gleichzeitige Prüfung von 12 Probestäben eingerichtet ist,
sind die Proben kreisförmig in einem Ofenblock angeordnet, so daß die Ge-
wichtshebel jeweils unter 30° zueinander
liegen (Abb. 18). Hierdurch ergeben
sich günstigere Verhältnisse für die Aufrechterhaltung einer gleichmäßigen Temperatur als bei der Reihenanordnung.

Die Höchstbelastung beträgt 35 kg
je mm². Die Probestäbe von 12,8 mm
Dmr. besitzen eine Länge von 690 mm
(Abb. 19). Die Dehnungsmessung kann
sowohl über eine Länge von 510 mm
als auch über kürzere Meßstrecken vorgenommen werden. Durch Anbringen
von Zwischenstücken können auch vier
hintereinander geschaltete kürzere Proben mit Meßlängen von 76 und 51 mm
(Abb. 19b und c) geprüft werden, oder
es kann der Probestab absatzweise
im Durchmesser verringert werden
(Abb. 19d und e), so daß sich bei Verwendung eines Probestabes gleichzeitig
fünf Versuche mit verschiedenen Belastungen durchführen lassen. Auf diese
Weise ist es möglich, bei voller Beset-
zung der Anlage gleichzeitig die Ergebnisse von 60 verschiedenen Versuchen
bei einer Temperatur zu erhalten.

Die Proben befinden sich in Bohrungen eines aus legiertem Stahl bestehenden Ofenkörpers, der aus mehreren
starr miteinander verbundenen Teilen
besteht. Die Bohrungen sind für die
Dehnungsmessung mit Schlitzen versehen. Nach oben und unten ist der
Ofenkörper zur Wärmeisolation mit ab-
wechselnden Schichten aus Stahl und
Asbest ausgerüstet. Die Heizwicklung
besteht aus drei Zweigen, einem oberen,
einem mittleren und einem unteren Teil.
Der Heizdraht aus Chrom-Nickel liegt
senkrecht, so daß keine Induktionswirkung auf die Probe stattfinden kann.
Das Schaltbild ist aus Abb. 20 zu ersehen. Es sind zwei voneinander unabhängige Stromquellen vorgesehen; bei
Ausfall der einen Leitung wird die
Stromzuführung durch einen Umschal-
ter selbsttätig auf die andere Leitung
verlegt. Zur Aufrechterhaltung einer
gleichmäßigen Spannung in der Strom-

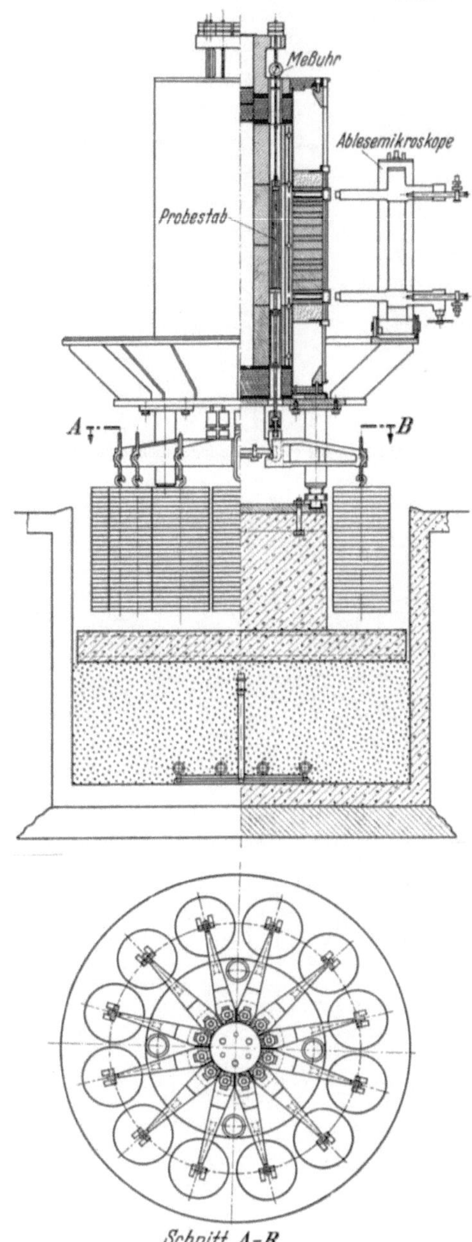

Abb. 18. Dauerstandanlage für die gleichzeitige Prüfung
von 12 Prüfstäben. (Nach P. G. McVetty.)

zuführung ist ein Spannungsregler zwischengeschaltet. Ein Induktionsregler
dient zur Einstellung des Heizstromes für jede beliebige Temperatur bis 538°.

Ein photo-elektrisches Temperaturkontrollgerät betätigt einen Kontakt, der einen Widerstand kurzschließt, der in Reihe mit den drei Ofenwicklungen geschaltet ist.

Abb. 19a bis e. Abmessungen der in der Dauerstandanlage nach Abb. 18 verwendeten Prüfstäbe.

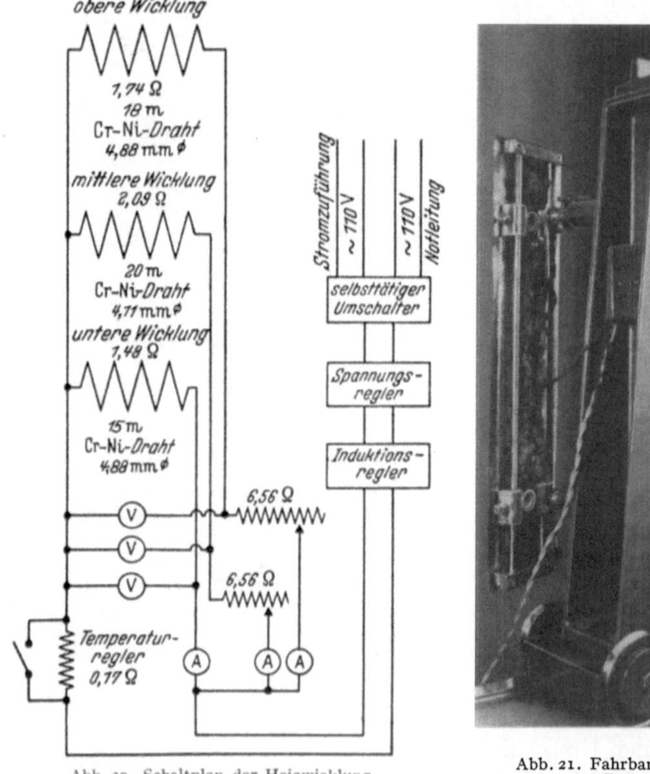

Abb. 20. Schaltplan der Heizwicklung
zum Dauerstandprüfgerät nach Abb. 18.

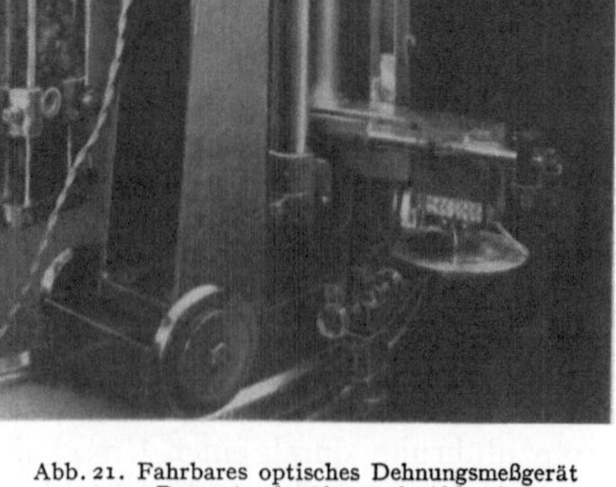

Abb. 21. Fahrbares optisches Dehnungsmeßgerät
zum Dauerstandprüfer nach Abb. 18.

In der Mitte des Ofenblocks befindet sich ein zylindrischer Raum von 125 mm Dmr., der dazu dient, an Proben, die für Dauerstandversuche benutzt werden sollen, vorher unbelastet Erwärmungen von längerer Dauer vorzunehmen.

Nach außen hin ist der Ofen durch einen Mantel abgeschlossen, der wie folgt aufgebaut ist. Zur Heizwicklung zu liegt ein Nickelblech, sodann folgt ein Zwischenraum von 140 mm Tiefe, der mit Kieselgur ausgefüllt ist; den Abschluß nach außen bilden zwei im Abstand von 20 mm angebrachte Aluminiumbleche, von denen das äußere zur Verminderung der Wärmestrahlung eine hochglanzpolierte Oberfläche besitzt. Ursprünglich war beabsichtigt, in den Mantel 24 Quarzfenster für die optische Dehnungsmessung anzubringen. Wegen der zu befürchtenden hohen Wärmeverluste entschied man sich für nur zwei Fenster und ordnete den Mantel drehbar an, so daß die beiden untereinander liegenden Fenster für die Dehnungsmessung jeweils mit einer der zwölf Proben in Verbindung gebracht werden können. Bei der Inbetriebnahme der Anlage stellte sich heraus, daß über den Umfang gemessen Temperaturunterschiede von etwa 6° auftraten. Man baute daher noch eine Vorrichtung ein, die eine dauernde selbsttätige Drehung des Mantels mit etwa einer Umdrehung in der Stunde bewirkte. Hierdurch gelang es, die Temperaturunterschiede über den Umfang auf etwa 2° herabzusetzen und eine entsprechend geringere Streuung in den Dehnungsablesungen zu erzielen. Wenn Dehnungsmessungen vorgenommen werden sollen, wird der Antrieb ausgeschaltet.

Für die Dehnungsmessung sind zwei voneinander unabhängige Einrichtungen vorgesehen. Für sehr genaue Messungen dient das aus Abb. 21 zu ersehende optische Gerät, das auf Leitschienen um den Ofen an die gewünschte Meßstelle gefahren werden kann. Die Ausbildung der Quarzfenster, durch die hindurch die Dehnung mit Hilfe

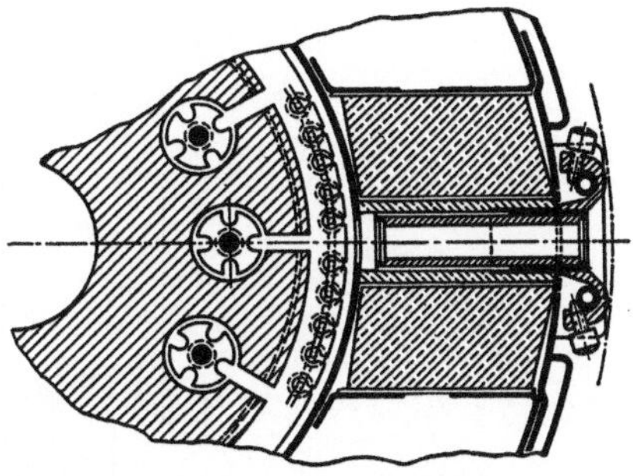

Abb. 22. Ausbildung der Quarzfenster für die optische Dehnungsmessung am Dauerstandgerät nach Abb. 18.

zweier am Probestab angebrachter Meßmarken aus Platinblech gemessen wird, zeigt Abb. 22. Das innere Fenster besteht aus Quarz, das äußere aus Glas, beide mit geschliffener und polierter Oberfläche. Um störende Einflüsse durch Luftströmung in dem Raum zwischen den beiden Fensterscheiben auszuschalten, ist der Raum teilweise evakuiert, was durch einen ständigen Anschluß an eine Vakuumpumpe erreicht wird. Die bei diesem Verfahren zu erzielende Meßgenauigkeit beträgt 0,00025 mm. Das zweite Dehnungsmeßverfahren, bei dem Meßfedern aus Chrom-Aluminiumstahl verwendet werden, die nach oben aus dem Ofen herausgeführt sind und mit einer Meßuhr in Verbindung stehen (Abb. 18), erlaubt die Messung von Dehnungsänderungen von 0,0025 mm.

Der Ofen mit der Belastungsvorrichtung steht auf vier in ihrer Höhe verstellbaren Füßen, die auf einer in das Fundament eingelassenen Scheibe aus Phosphorbronze ruhen. Zur Vermeidung von Erschütterungen ist unterhalb des Fundamentes in einer mit wasserdichten Wänden ausgekleideten Grube eine etwa 60 cm dicke Schicht aus Sand angebracht, der, falls notwendig, durch eine Wärmvorrichtung trocken gehalten wird.

Die ganze Anlage hat eine Höhe von 2,40 m und einen Durchmesser von 2,20 m.

Öfen für die Durchführung von Dauerstandversuchen.

Für die Durchführung von Dauerstandversuchen werden meist elektrisch beheizte Öfen verwendet. Um eine gleichmäßige Temperaturverteilung über die gesamte Meßlänge zu erreichen, erfolgt die Erhitzung der Probestäbe vielfach in einem Salzbade (Salzbadofen).

Salzbadöfen. Ein elektrisch beheizter Salzbadofen für Rundstäbe ist in Abb. 23 dargestellt[1]. Der Behälter *1*, der bis etwa 5 cm unterhalb des Randes mit einem Salzbad gefüllt wird, besteht aus einem nahtlosen Rohr aus hitzebeständigem Chrom-Nickelstahl (N C T 3) mit eingeschweißtem Boden aus dem gleichen Werkstoff, der eine gute Widerstandsfähigkeit gegen die Korrosionseinflüsse des Salzbades besitzt. Die Beheizung erfolgt durch eine bifilar um die Außenwand des Behälters gelegte Wicklung aus Chrom-Nickelband, die durch Isolierkörper aus Steatit gegen Berührung mit der Behälterwand geschützt ist.

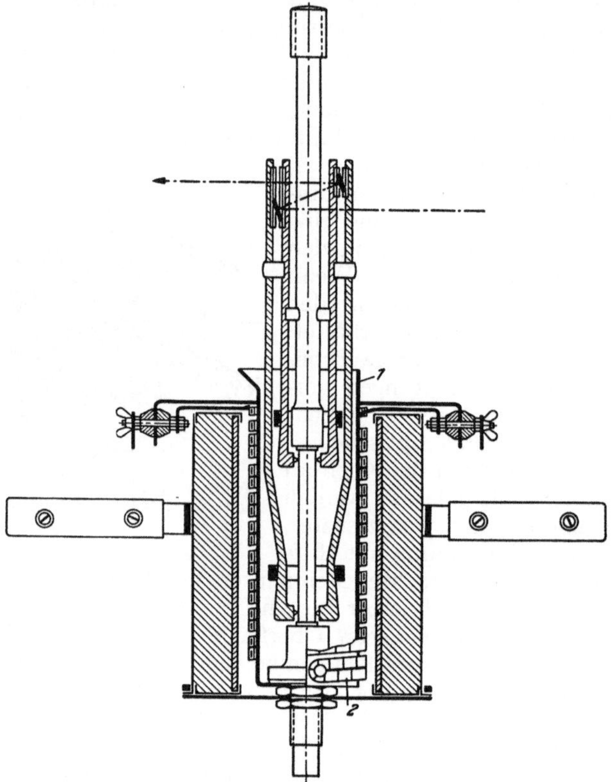

Abb. 23. Salzbadofen und Dehnungsmesser. (Nach A. Pomp und W. Enders.)

Die bifilare Wicklungsart hat den Zweck, störende magnetische Einflüsse auszuschalten, die bei Verwendung von Wechselstrom zum Auftreten von Schwingungen im Probestab und in den Meßfedern Veranlassung geben. Der Probestab wird mit dem Verlängerungsstab und den Meßfedern in der aus der Abbildung zu ersehenden Weise im Ofen befestigt.

Für die Einspannung des Ofens in die Maschine ist an beiden Einspannköpfen meist die übliche Kugelschalenlagerung vorgesehen. Eine zuverlässigere Einrichtung des Probestabes in die Zugrichtung ermöglicht die in Abb. 24 wiedergegebene Kreuzgelenkeinspannung[2].

Um zu vermeiden, daß das flüssige Salz über die obere Behälteröffnung steigt und an die Heizwicklung gelangt, wodurch Widerstandsänderungen der

[1] Pomp, A. u. W. Enders: Mitt. K.-Wilh.-Inst. Eisenforschg. Bd. 12 (1930) S. 133.
[2] Pomp, A. u. W. Höger: Mitt. K.-Wilh.-Inst. Eisenforschg. Bd. 14 (1932) S. 39.

Ofenwicklung sowie Kurzschluß der Wicklung infolge der elektrischen Leitfähigkeit des flüssigen Salzes eintreten können, empfiehlt es sich, einen mit
Kieselgur gefüllten ringförmigen Aufsatz auf das Isoliergehäuse des Ofens zu
setzen und den eigentlichen Behälter mit einem mit Öffnungen für die Meßfedern
versehenen Asbestdeckel abzuschließen. Diese Anordnung ist in Abb. 25 wiedergegeben[1]. Hierdurch wird gleichzeitig
eine gleichmäßigere Temperaturverteilung über die Meßlänge des Probestabes

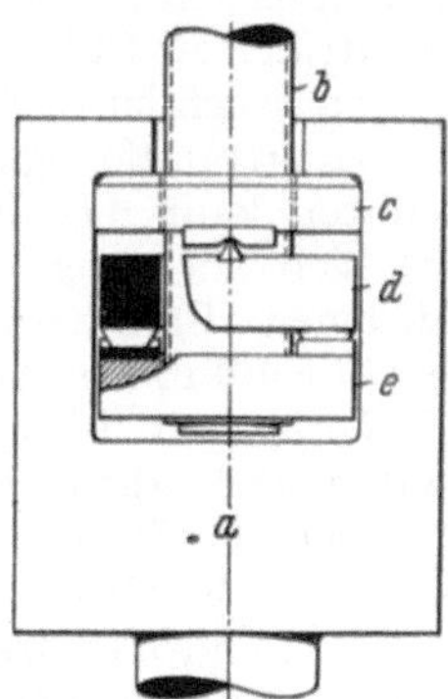

Abb. 24. Kreuzgelenkeinspannung. (Nach A. Pomp und
W. Höger.) *a* Maschineneinspannkopf; *b* Spindel des
Ofeneinspannkopfes; *c* Lagerschale mit Pfannen; *d* Ring
mit Schneiden; *e* Mutter mit Pfannen.

Abb. 25. Ofenoberteil mit kieselgurgefülltem Aufsatz
Ofendeckel und asbestumwickelten Meßfeldern.
(Nach A. Pomp und W. Höger.)

erreicht. Die bei dieser Anordnung erzielte Temperaturverteilung über die
Meßlänge des Probestabes ist aus Abb. 26 zu ersehen.

Die korrodierende Wirkung des Salzbades macht sich besonders bei Versuchen längerer Dauer störend bemerkbar. Abb. 27 zeigt einen Stab aus einem

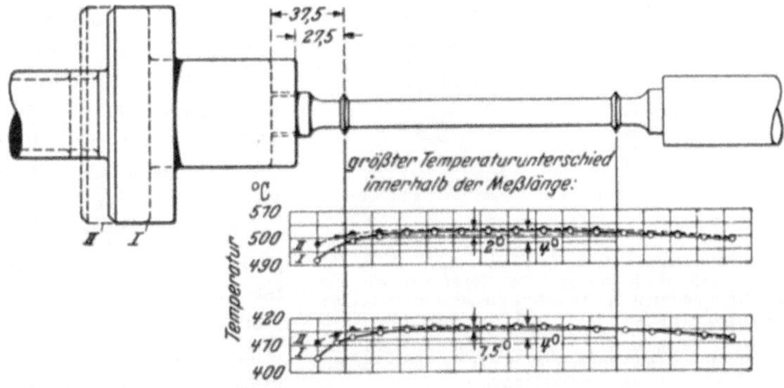

Abb. 26. Temperaturverteilung über die Länge des Probestabes bei verschiedenen Entfernungen des Meßlängenendpunktes
vom unteren Haltekopf. (Nach A. Pomp und W. Höger.)

niedrig legierten Molybdän-Kupferstahl, der 700 h bei 500° belastet worden ist
und dabei eine Querschnittsverminderung von über 30% erfahren hat neben
einem ungeprüften Vergleichsstab[2]. Auch galvanische Nickelüberzüge bieten
bei Versuchen längerer Dauer nicht immer ausreichenden Schutz (Abb. 28).

---

[1] Pomp, A. u. W. Höger: Mitt. K.-Wilh.-Inst. Eisenforschg. Bd. 14 (1932) S. 39.
[2] Pomp, A. u. W. Höger: Mitt. K.-Wilh.-Inst. Eisenforschg. Bd. 14 (1932) S. 40.

An Stellen, an denen der Nickelüberzug beschädigt oder zu dünn ist, bilden sich warzenähnliche Korrosionsprodukte[1].

Salzschmelzen aus Nitraten und Nitriten bewirken bei Stahl außer der Korrosion auch eine Aufstickung der Oberfläche der Probe[2], wodurch der Dehnverlauf und damit die Dauerstandfestigkeit stark beeinflußt werden kann (Abb. 29 und 30).

Infolge der Verstickung tritt eine feinverteilte Ausscheidung von Nitriden ein (Abb. 31 u. 32), die eine scheinbare Erhöhung der Dauerstandfestigkeit herbeiführen kann. Dadurch erklärt sich auch der von verschiedenen Forschern[3] beobachtete Einfluß der Vorwärm- und Vorlastzeit beim Dauerstandversuch, denn je länger die Probe vor Beginn der Belastung dem Salzbad ausgesetzt ist, um so größer ist dessen Einfluß auf den Verlauf der Zeitdehnkurve.

Bleibadöfen. Die bei Salzbadöfen insbesondere bei der Untersuchung von Stahl auftretenden Schwierigkeiten, Korrosion und Aufstickung, werden durch Verwendung eines Bleibadofens vermieden. Ein solcher Ofen, der bis zu Temperaturen von etwa 600° verwendbar ist, ist in Abb. 33 dargestellt[4]. Blei entwickelt bei Temperaturen oberhalb 500° giftige Dämpfe, die eine Gefahr für das Bedienungspersonal darstellen. Infolgedessen muß der Ofen in geeigneter Weise abgedichtet sein. An den Ofen A ist der Blechmantel B angeschweißt, der die Ölrinne C trägt. Da es sich bei den ersten Versuchen zeigte, daß das Ölbad eine Temperatur bis zu 300° annahm und infolgedessen eine starke Verdampfung eintrat, ist in die Ölrinne eine Kühlschlange D gelegt. Durch diese Maßnahme wird die Öltemperatur auf 75° heruntergedrückt. Die Haube E, die an den Verbindungs-

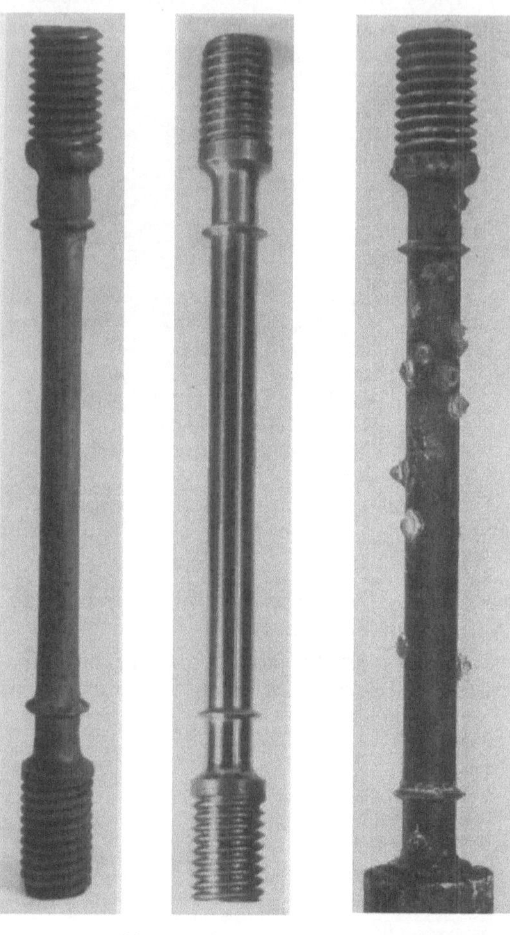

Abb. 27.   Abb. 28.

Abb. 27. Versuchsstab aus einem Mo-Cu-Stahl mit 0,13% C, 0,25% Mo und 0,24% Cu nach 700 h bei 500° in einem Salzbad aus Kaliumnitrat und Natriumnitrit (1:1) neben einem ungebrauchten Versuchsstab. (Nach A. Pomp und W. Höger.)

Abb. 28. Vernickelter Versuchsstab aus einem Mo-Cu-Stahl mit 0,13% C, 0,25% Mo und 0,24% Cu nach 600 h bei 500° im Salzbad. (Nach A. Pomp und W. Höger.)

---

[1] Pomp, A. u. W. Höger: Mitt. K.-Wilh.-Inst. Eisenforschg. Bd. 14 (1932) S. 40.

[2] Schneider, W. u. K. Linden: Arch. Eisenhüttenw. Bd. 10 (1936/37) S. 354.

[3] Mailänder, R.: Krupp. Mh. Bd. 12 (1931) S. 242. — Pomp, A. u. W. Höger: Mitt. K.-Wilh.-Inst. Eisenforschg. Bd. 14 (1932) S. 37.

[4] Pomp, A. u. H. Herzog: Mitt. K.-Wilh.-Inst. Eisenforschg. Bd. 16 (1934) S. 142.

kopf F angeschweißt ist, taucht in die Ölrinne ein. Der Verbindungskopf wird über die Verlängerung G geschoben und durch den Bolzen H mit ihr verbunden. Durch diese Anordnung ist der Raum über dem Bleibad abgedichtet; durch die Zweiteilung der Abdichtung ist trotzdem ein Dehnen des Probestabes möglich. Ein Oxydieren des Bleies läßt sich durch Aufbringen von gemahlenem Koks auf die Badoberfläche in genügendem Maße verhindern.

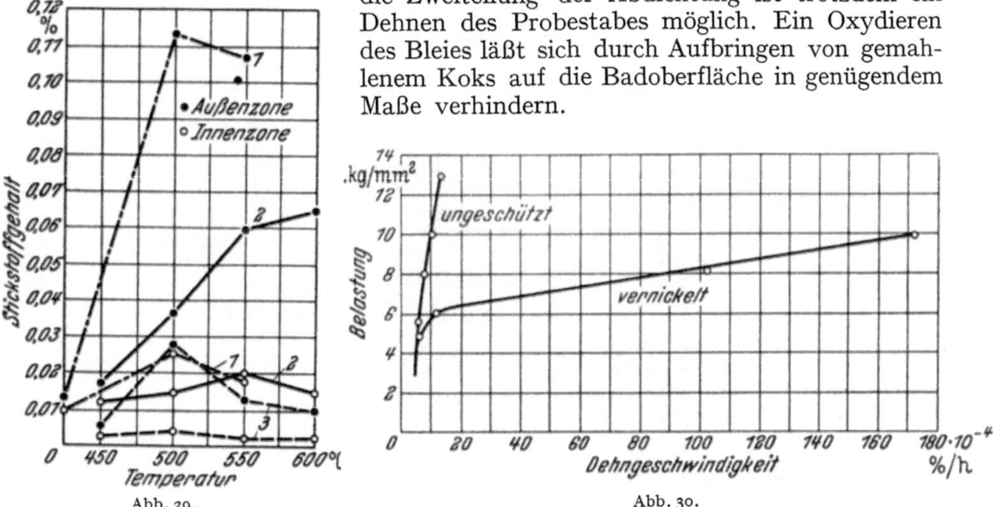

Abb. 29. Abb. 30.

Abb. 29. Abhängigkeit der Stickstoffaufnahme verschiedener Stähle aus dem Salzbad von der Temperatur bei 70stündiger Glühung. Stahl 1: 0,13% C, 0,43% Si, 0,97% Mn. Stahl 2: 0,17% C, 0,20% Si, 0,76% Mn, 0,32% Cr, 0,22% Mo. Stahl 3: 0,17% C, 0,32% Si, 0,49% Mn, 0,78% Cr, 0,53% Mo. (Nach W. Schneider und K. Linden.)

Abb. 30. Abhängigkeit der Dehngeschwindigkeit von der Belastung eines Stahles mit 0,18% C, 0,25% Si und 1,17% Mn im geschützten und ungeschützten Zustand während der 25. und 35. Versuchsstunde bei 500°. (Nach W. Schneider und K. Linden.)

Luftöfen. Um die bei Salzbädern eintretende Verstickung der Probe zu vermeiden, ist man vielfach zu Luftöfen übergegangen oder man hat vorhandene Salzbadöfen für die Verwendung als Luftöfen umgebaut.

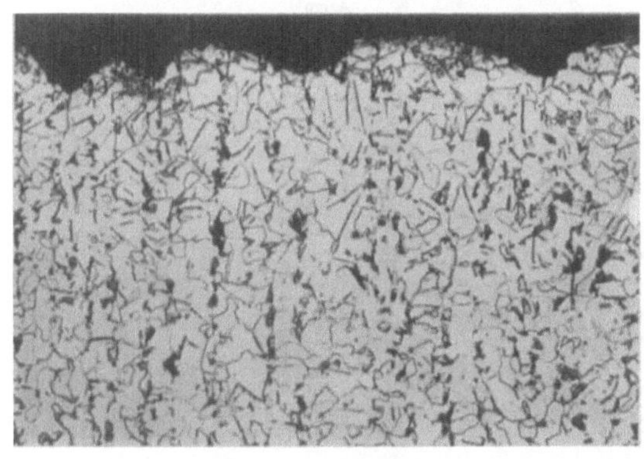

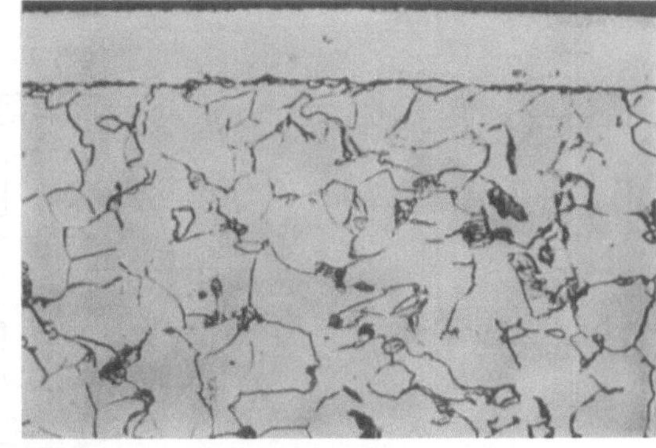

Abb. 31. Abb. 32.

Abb. 31. Nitridnadeln in der Randschicht eines während 70 h bei 500° im Salzbad geglühten, ungeschützten und unlegierten Stahles. (Nach W. Schneider und K. Linden.) V 300×.

Abb. 32. Gefüge einer während 70 h bei 500° im Salzbad geglühten, vernickelten Probe eines unlegierten Stahles. (Nach W. Schneider und K. Linden.) V 300×.

Abb. 34 gibt einen Längs- und Querschnitt durch einen von der Firma W. C. Heraeus, Hanau, gebauten Luftofen[1] wieder. Er ist zum leichteren Einbau der Proben und Meßschienen aufklappbar und hat drei Wicklungen, die durch

[1] Arch. Eisenhüttenw. Bd. 10 (1936/37) S. 557.

drei Widerstände so aufeinander abgestimmt werden, daß in der Ofenmitte über die Meßlänge eine möglichst gleichmäßige Temperatur herrscht. Am oberen Ende wird der Ofen durch einen Asbeststopfen und am unteren Ende durch

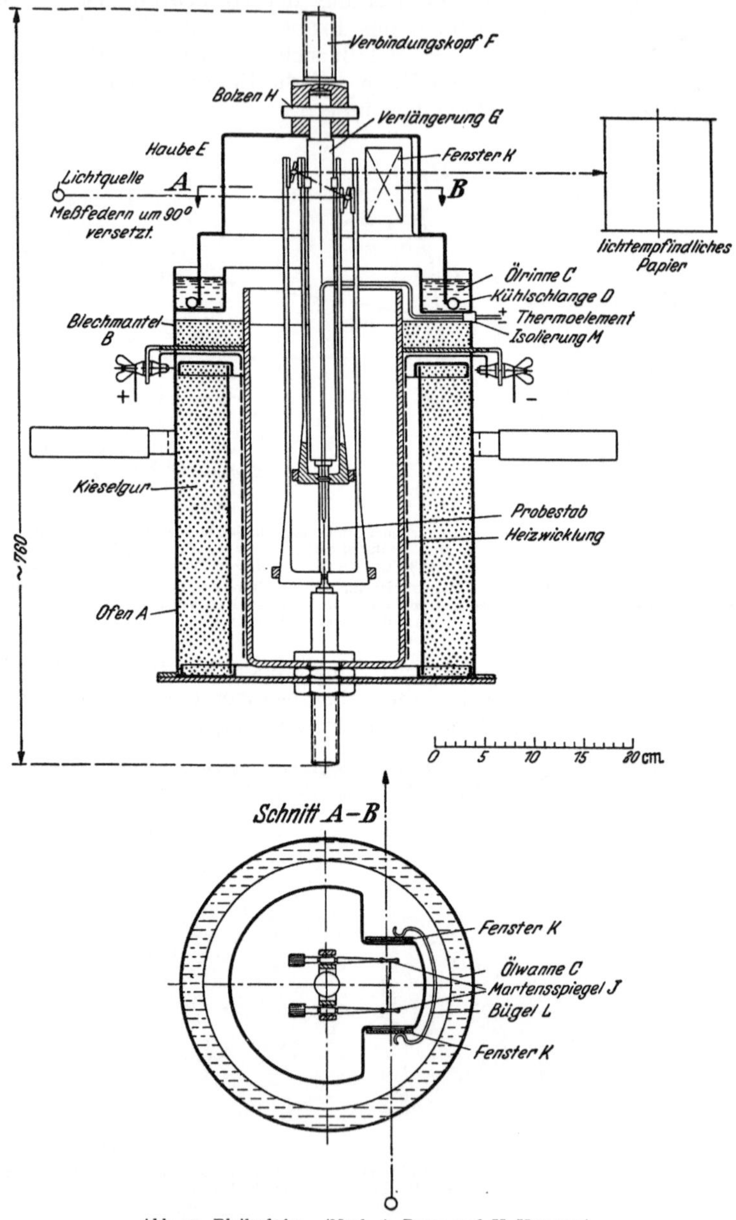

Abb. 33. Bleibadofen. (Nach A. Pomp und H. Herzog.)

Asbestscheiben dicht verschlossen. Die Meßfedern werden nach unten aus dem Ofen herausgeführt. Zum Erreichen einer gleichmäßigen Temperatur über die Meßlänge ist es zweckmäßig, die lichte Weite des Ofens möglichst klein und seine Länge möglichst groß zu wählen. Mit Dauerstandproben von 10 mm Dmr.

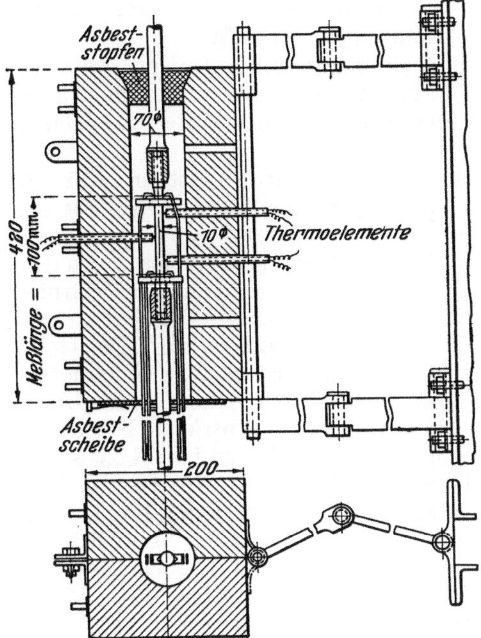

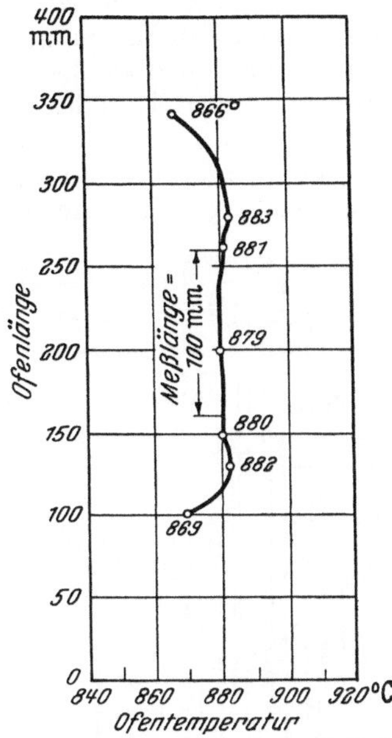

Abb. 34. Aufklappbarer Luftofen der W.C. Heraeus G.m.b.H. (Nach H. Kiebler.)

Abb. 35. Temperaturverteilung über die Probestablänge im aufklappbaren Luftofen nach Abb. 34.

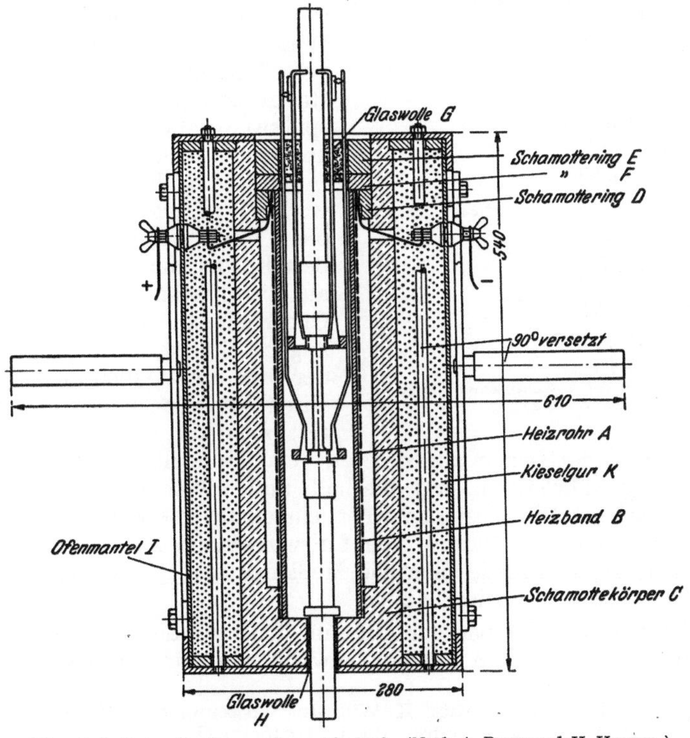

Abb. 36. Luftofen für Temperaturen bis 800°. (Nach A. Pomp und H. Herzog.)

und 100 mm Meßlänge wurden bei einer lichten Weite des Ofens von 70 mm und einer Ofenlänge von 420 mm gute Erfahrungen gemacht.

Abb. 35 zeigt den Temperaturverlauf über die Länge des Luftofens. Bei einer Prüftemperatur von über 800° beträgt der größte Temperaturunterschied über die Meßlänge 2°. Bei niedrigeren Prüftemperaturen ist der Unterschied noch geringer.

Ein vom Eisenforschungsinstitut[1] entwickelter Luftofen ist in Abb. 36 wiedergegeben. Auf dem Heizrohr A, das aus keramischer Masse hergestellt ist, wird das Heizband B bifilar so aufgewickelt, daß der durch Ableitung in den Probestabköpfen entstehende Wärmeverlust durch dichteres Wickeln an den Ofenenden ausgeglichen wird. Das Heizrohr wird in dem unteren Schamottekörper C geführt und durch den oberen Schamottering D zentriert. Die Schamotteringe E und F und die dazwischen befindliche Glaswolle G dienen zur Verringerung der Wärmeabstrahlung. Die untere Durchführung der Stabverlängerung durch den Ofen ist ebenfalls durch Glaswolle H abgedichtet. Der Raum zwischen dem Schamottekörper C und dem Ofenmantel I, der aus Blech hergestellt ist, wird durch Kieselgur K ausgefüllt. Durch diese Wärmeisolation wird ein sehr günstiger thermischer Wirkungsgrad erzielt. Die Temperaturverteilung über die Meßlänge des Probestabes ist sehr günstig. Bei 800° beispielsweise beträgt der Temperaturunterschied nicht mehr als $\pm 2°$.

Der von der Firma Losenhausenwerk AG., Düsseldorf, entwickelte Luftofen[2] für Dauerstandversuche (Abb. 37) besteht aus einem dickwandigen Tiegel aus hitzebeständigem Stahl, auf dessen Oberfläche die einteilige Heizwicklung angebracht ist. Wärmegeschützt wird der Ofen durch einen dicken, außen mit Eisenblech verkleideten Schamottemantel; oben und unten ist der Ofen ebenfalls durch Schamotteringe abgedichtet. Um eine gleichmäßige Temperaturverteilung zu gewährleisten, sind oberhalb und unterhalb des Probestabes mit Lamellen versehene Wärmestauscheiben eingebaut, die einen Wärmeabfluß an den Stabenden und die Bildung von Luftwirbeln im Probenraum verhindern. Die Temperaturunterschiede über die Meßlänge sind bei diesem Luftofen nur unwesentlich größer als beim Salzbad.

Beim Umbau von Salzbadöfen auf Luftöfen muß dafür gesorgt werden, daß der Luftmantel so eng wie möglich gewählt und eine durch ungleichmäßige

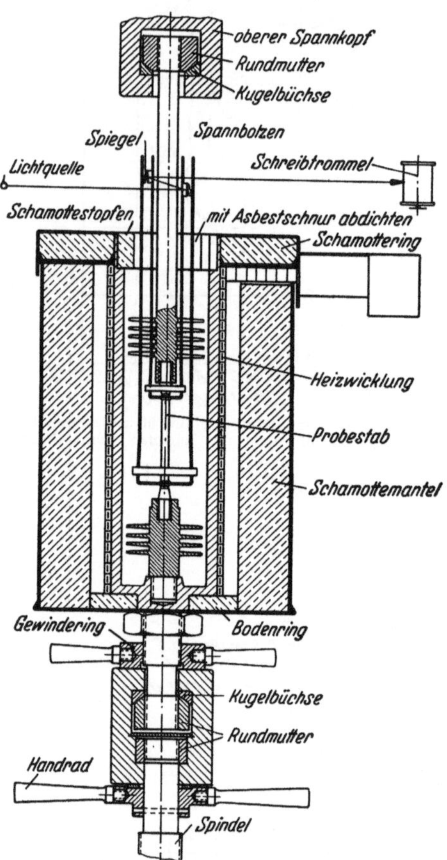

Abb. 37. Luftofen der Losenhausenwerk AG.
(Nach W. Marx.)

[1] Pomp, A. u. H. Herzog: Mitt. K.-Wilh.-Inst. Eisenforschg. Bd. 16 (1934) S. 150.
[2] Marx, W.: Arch. Eisenhüttenw. Bd. 10 (1936/37) S. 559.

Wärmeverteilung entstehende Luftwirbelung vermieden wird. Dies ist bei dem in Abb. 38 dargestellten Luftofen[1] der Mannesmannröhren-Werke AG. in der Weise erreicht worden, daß an Stelle des Salzbades als wärmespeicherndes und wärmeübertragendes Gut ein Kupferblock gesetzt wurde. Der Kupferblock besteht aus zwei Teilen, und zwar einem langen Unterteil mit einer Bohrung von 65 mm Dmr., sowie aus einem kurzen, 50 mm hohen Oberteil als Deckel mit einer Öffnung, die den Meßleisten und dem Stab angepaßt ist, so daß nur sehr wenig Raum zwischen Meßleisten, Probe und Kupferblock verbleibt. Beim Einbau einer Probe in den Luftofen wird der Kupferdeckel abgenommen, die Probe mit den festgespannten Leisten eingeschraubt und der 50 mm dicke Deckel vorsichtig über Meßleisten und Probe gestülpt. Der Raum zwischen Meßleisten oder Probe und oberem Kupferblock wird mit Glaswatte ausgestopft, um eine gleichbleibende Temperatur zu erzielen und etwaige Luftwirbelungen zu vermeiden. Berücksichtigt man noch, daß die Wärmeleitung im unteren Teil des Luftofens größer ist als im Salzbadofen, und begegnet man diesem Übelstand dadurch, daß man die Proben entsprechend länger wählt, also den Meßbereich der Probe künstlich nach dem oberen Teil des Ofens verlegt, so erhält man Temperaturverhältnisse, die denen im Salzbadofen nicht nachstehen. Die Heizwicklung des Ofens ist über die Ofenlänge gleichmäßig gelegt. Um jedoch den Temperaturabfall im unteren Teil des Ofens möglichst niedrig zu halten und damit eine Temperaturgleichheit über die Meßlänge zu erreichen, wurde der Ofen auch noch von unten beheizt. Die mit diesem Ofen erreichte Temperaturverteilung geht aus Abb. 39 hervor.

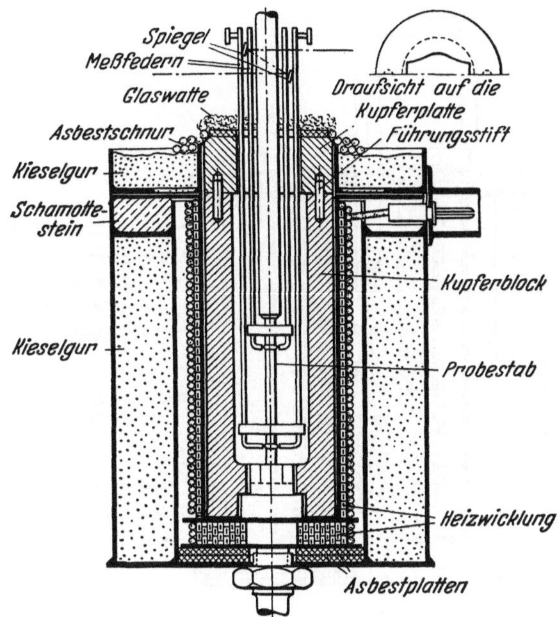

Abb. 38. Luftofen der Mannesmannröhren-Werke AG. (Nach K. LINDEN.)

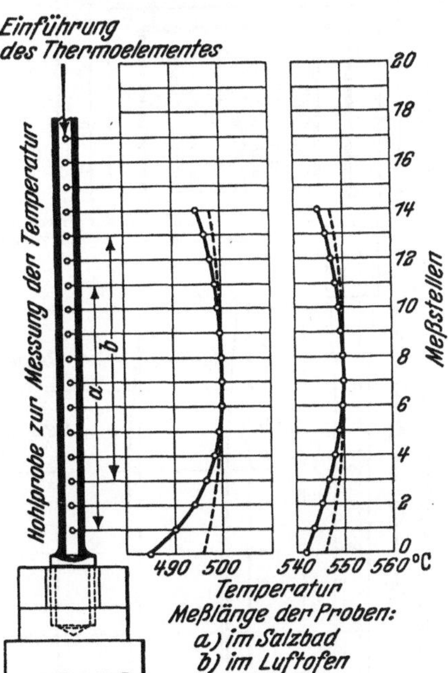

Abb. 39. Temperaturverteilung über die Probestablänge im Luftofen (—) und im Salzbadofen (- - -) der Mannesmannröhren-Werke AG. (Nach K. LINDEN.)

Die Verzunderung des Kupferblockes hält sich bis 500° in erträglichen Grenzen. Eine Versilberung des Kupferblockes hat sich nicht bewährt, da die

---

[1] LINDEN, K.: Arch. Eisenhüttenw. Bd. 10 (1936/37) S. 558.

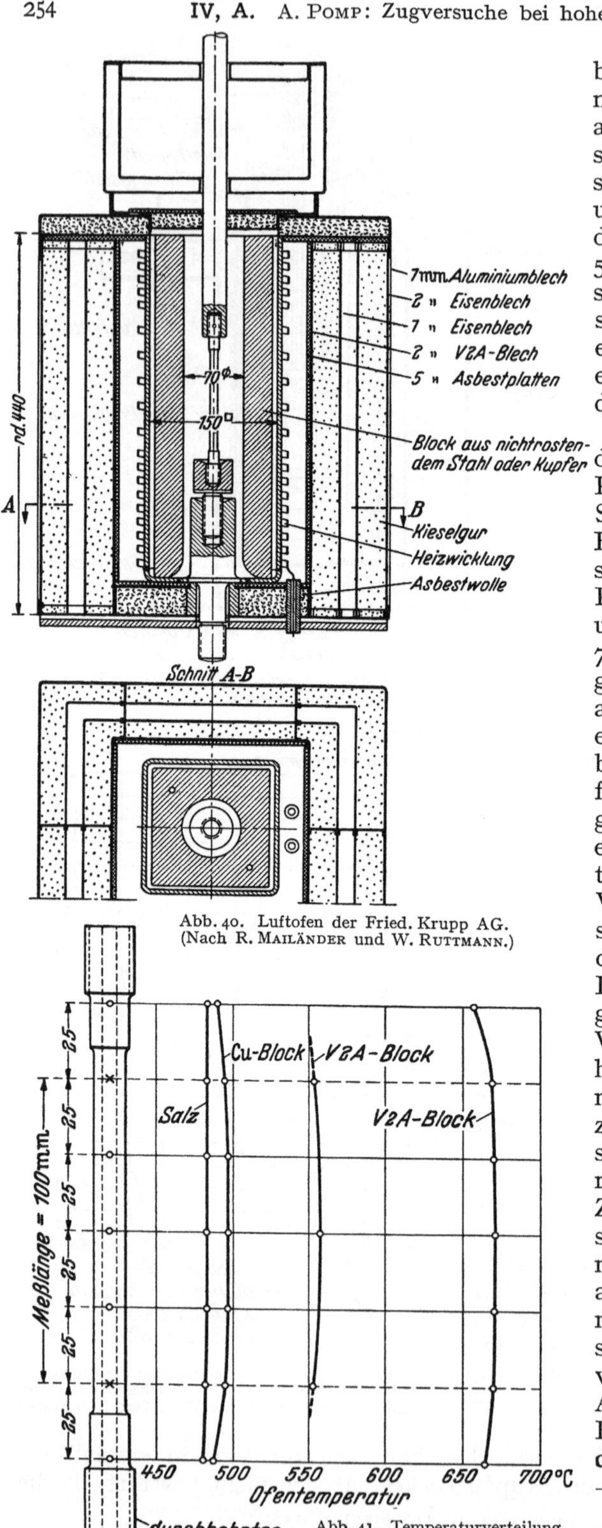

Abb. 40. Luftofen der Fried. Krupp AG.
(Nach R. Mailänder und W. Ruttmann.)

Abb. 41. Temperaturverteilung
über die Probestablänge im
Luftofen nach Abb. 40.

bei der Elektrolyse aufgenommenen Gase sich bei Erhitzung ausdehnen und unter der Silberschicht Blasen bilden, die einen schlechten Wärmeübergang verursachen. Nach einer Versuchsdauer von einigen Tagen bei 500° z. B. läßt sich die Silberschicht abblättern. Für Versuche bei hohen Temperaturen empfiehlt sich die Verwendung eines Blockes aus hitzebeständigem Stahl.

Auch bei dem in Abb. 40 dargestellten Ofen[1] der Fried. Krupp AG. wird an Stelle des Salzbades ein quadratischer Block aus Kupfer oder hitzebeständigem Stahl mit rd. 150 mm Kantenlänge, rd. 380 mm Länge und einer Längsbohrung von 70 bis 90 mm Dmr. in die Muffel gesteckt. Auf der Muffel ist auf eine Länge von rd. 350 mm eine einteilige Wicklung angebracht. Während bei den Muffeln, die mit Salpeterschmelzen gefüllt waren, zur Erreichung einer gleichmäßigen Temperatur über die Probenlänge die Wicklung unten besonders eng sein mußte, hat sich ergeben, daß nach dem Umbau auf Luftöfen zur Erreichung einer gleichmäßigen Temperatur die Wicklung zum oberen Ofenende hin enger sein muß. Der Wärmeschutz nach außen wird von zwei Schichten Kieselgur, zwischen denen sich ein Lufthohlraum befindet, übernommen. Zur Vermeidung von Luftströmungen ist der Hohlraum mit Glaswolle ausgefüllt. Nach außen ist der Ofen mit Aluminiumblech verkleidet; bei Versuchstemperaturen im Innern von rd. 700° läßt sich das Aluminiumblech noch mit der Hand anfassen. Abb. 41 zeigt die Ergebnisse einiger Tem-

---

[1] Mailänder, R. u. W. Ruttmann: Arch. Eisenhüttenw. Bd. 10 (1936/37) S. 560.

peraturmessungen in durchbohrten Dauerstandstäben. In den angegebenen Fällen bewegen sich die Temperaturunterschiede innerhalb der Meßlänge für die Temperaturen von 500 bis 670° innerhalb der Grenzwerte von ±3°. Zum Vergleich ist auch eine Messung in einem Salzbadofen angegeben.

Zur Erzielung einer gleichmäßigen Verteilung der Temperatur im Prüfstab verwendet das Forschungsinstitut der Kohle- und Eisenforschung G. m. b. H.[1] einen Kupfer- oder Silberkörper (Abb. 42), der den Prüfstab an seiner Oberfläche eng umfaßt, ohne aber sein Dehnvermögen zu behindern;

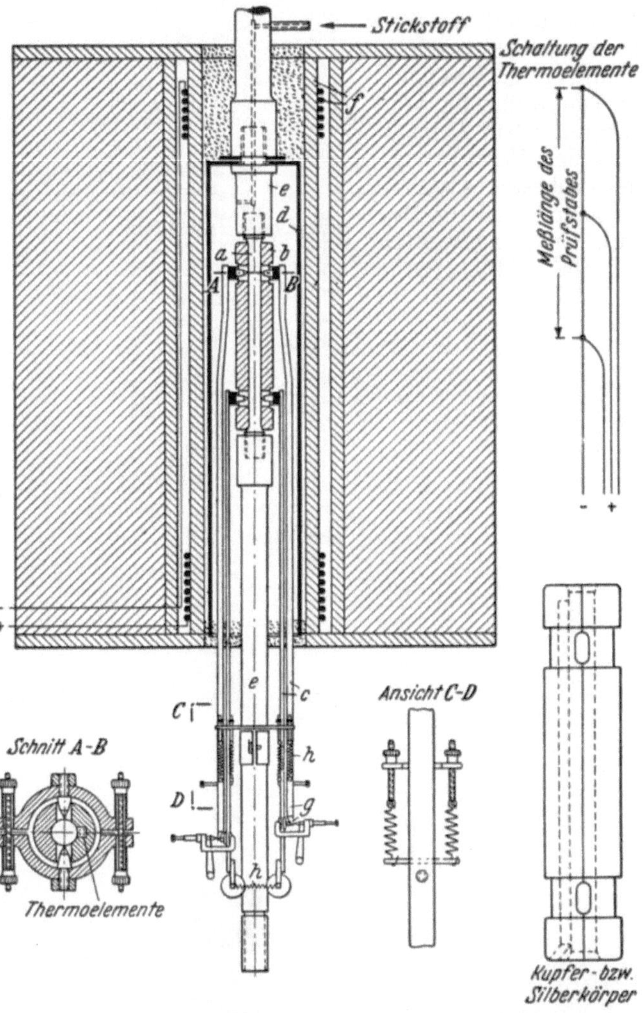

Abb. 42. Luftofen der Kohle- und Eisenforschung G. m. b. H., Forschungsinstitut Dortmund. (Nach H. SCHOLZ.) a Prüfstab; b Silberkörper; c Meßschiene; d Schutzrohr; e Einspannkopf; f Heizrohr mit Wicklung; g MARTENS-Spiegel; h Spannfeder.

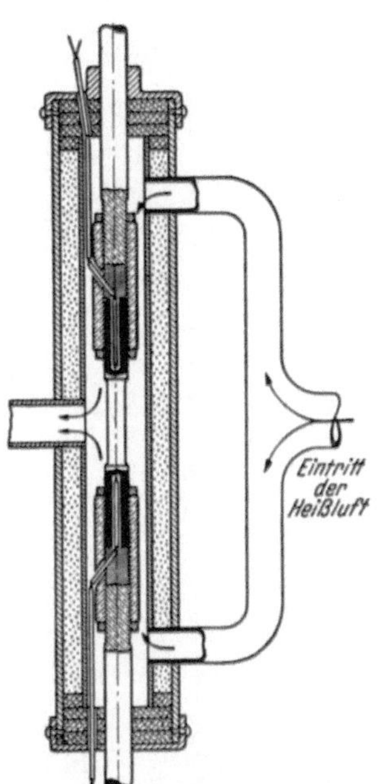

Abb. 43. Luftofen zur Durchführung von Dauerstandversuchen. (Nach J. J. CURRAN und H. F. MOREHEAD.)

er gleicht infolge seiner hohen Wärmeleitfähigkeit die Temperaturunterschiede im Prüfstab aus. Ferner wird der schlechte Wärmeleiter Luft zwischen Ofenwandung und dem Probekörper möglichst vollständig durch einen guten Wärmeleiter ersetzt und auf diese Weise die Wärme nicht allein durch Strahlung, sondern auch durch Leitung übertragen. Durch den Wärmeausgleichkörper wird eine fast völlig gleichmäßige Verteilung der Temperatur über die Meßstrecke erreicht. Die Temperaturunterschiede betragen nur ±0,25°.

---

[1] SCHOLZ, H.: Arch. Eisenhüttenw. Bd. 10 (1936/37) S. 561.

Schließlich ist noch in Abb. 43 ein Luftofen[1] wiedergegeben, bei dem die außerhalb des Ofens in einer Wärmkammer erhitzte Luft den Probestab und die Verlängerungsstücke umspült. Auf diese Weise soll eine sehr gleichmäßige Temperaturverteilung über die Meßlänge des Stabes erzielt werden.

Vakuumöfen. Vereinzelt sind auch für Dauerstandversuche Vakuumöfen verwendet worden. Eine von C. H. M. Jenkins und G. A. Mellor[2] entwickelte Einrichtung zur Durchführung von Dauerstandversuchen im Vakuum ist in Abb. 44 wiedergegeben. Durch eine besondere Vorrichtung, die die obere Verlängerung des Probestabes selbsttätig nachstellt, wird der Hebelarm, der die Belastungsgewichte trägt, ständig in waagerechter Lage gehalten. Das Vakuumgefäß (Abb. 45), in

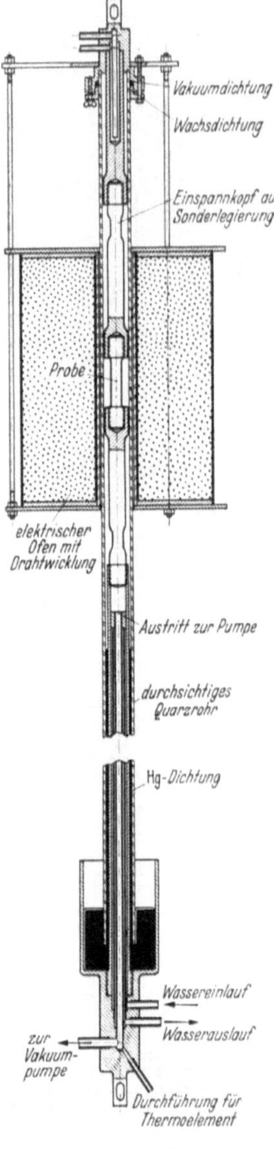

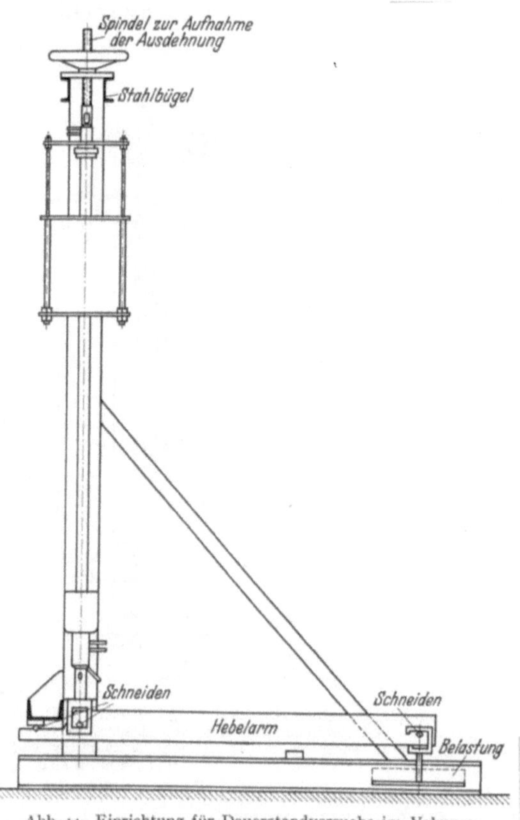

Abb. 44. Einrichtung für Dauerstandversuche im Vakuum.
(Nach C. H. M. Jenkins und G. A. Mellor.)

Abb. 45. Schnitt durch das Dauerstandprüfgerät mit Vakuumofen nach Abb. 44
(Nach C. H. M. Jenkins und G. A. Mellor.)

dem sich der Probestab befindet, besteht aus einem Quarzrohr, das mit der oberen Verlängerung des Probestabes vakuumdicht verbunden ist und mit dem

---

[1] Curran, J. J. u. F. M. Morehead: Proc. Amer. Soc. Test. Mater. Bd. 36 II (1936) S. 161.

[2] Jenkins, C. H. M. u. G. A. Mellor: Stahl u. Eisen Bd. 56 (1936) S. 239.

unteren Ende in ein Quecksilberbad taucht. Der Probestab befindet sich in einem elektrischen Ofen, der durch einen Thermostaten auf Versuchstemperatur gehalten wird. Die Temperatur wird durch ein Thermoelement, das durch eine Bohrung der unteren Verlängerung eingeführt wird, gemessen und von einem Schreiber aufgezeichnet. Beim Bruch des Probestabes wird durch die herabfallende untere Stabverlängerung der Ofen abgeschaltet. Der hierdurch eintretende Temperaturabfall gibt dann den Zeitpunkt des Bruches an. Der Fallweg der Gewichte des Hebels und der Probestabverlängerung ist so knapp bemessen, daß beim Bruch des Stabes das Quarzrohr unversehrt bleibt. Das Vakuum wird mit einer zweistufigen Quecksilberdampfpumpe, der eine gemeinsame Schleuderpumpe vorgeschaltet ist, erzeugt. Der Druck war während der Versuche nicht höher als 0,0001 bis 0,0002 mm QS. Mit Hilfe dieser Vorrichtung war es möglich, die Oberfläche der vor dem Versuch polierten und geätzten Proben so zu erhalten, daß sie ohne weitere Nachbehandlung nach dem Versuch mikroskopisch untersucht und mit dem Zustand vor dem Versuch verglichen werden konnte.

Temperaturmeß- und Regelvorrichtungen.

Die Messung der Temperatur des Probestabes geschieht meist mit Thermoelementen, deren Lötstelle in der Mitte der Meßlänge an dem Stab angebunden

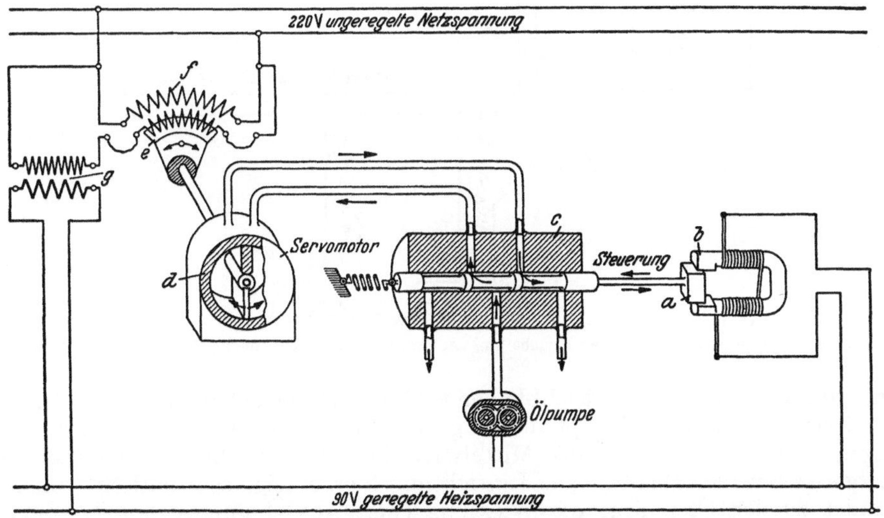

Abb. 46. Schematische Darstellung des Spannungsreglers der Dauerstandanlage des Kaiser-Wilhelm-Instituts für Eisenforschung, Düsseldorf. (Nach A. Pomp und W. Enders.)

oder angeschweißt wird. Vielfach werden auch noch zusätzliche Thermoelemente am oberen und unteren Ende der Meßlänge angebracht. Es empfiehlt sich, die Temperatur fortlaufend auf Temperaturmeßschreibern aufzuzeichnen.

Eine Gleichhaltung der Versuchstemperatur innerhalb enger Grenzen ist für die Durchführung von Dauerstandversuchen insbesondere für die Aufnahme zuverlässig auswertbarer Zeit-Dehnungskurven unerläßlich. Infolgedessen spielen die Temperaturregeleinrichtungen bei Dauerstandanlagen eine große Rolle.

In vielen Fällen begnügt man sich damit, die Spannungsschwankungen des Netzes auf ein erträgliches Maß herabzudrücken. Hierzu dienen Spannungsregler. Ein Schema des Schaltplanes eines von der Firma Neufeldt u. Kuhnke, Kiel, gebauten Schnellreglers ist in Abb. 46 wiedergegeben. Der Anker a eines

parallel zum Heizstromkreis geschalteten Elektromagneten b betätigt die Kolben-
schiebersteuerung c des Öldruckreglers d. Durch diesen wird mit Hilfe eines
Zahnradgetriebes der Rotor e des Drehtransformators f verstellt. Die jeweils
in dem Rotor e induzierte Spannung gleicht die Spannungsschwankung des
Netzes derart aus, daß an den Klemmen des festen Transformators g stets die
gleiche Spannung herrscht. Spannungsschwankungen, die durch Belastungs-
änderungen beim Zu- oder Abschalten einzelner Öfen eintreten können, werden
ebenfalls selbsttätig ausgeglichen, da der Elektromagnet b von der Spannung
des Heizstromkreises abhängig ist. Die Regelung der Spannung erfolgt stufenlos
und mit einer Genauigkeit von $\pm 0,5\%$.

J. Musatti und A. Reggiori[1] erreichen die Gleichhaltung der Temperatur
in ihrer Dauerstandanlage dadurch, daß der Raum, in dem sich die gesamte

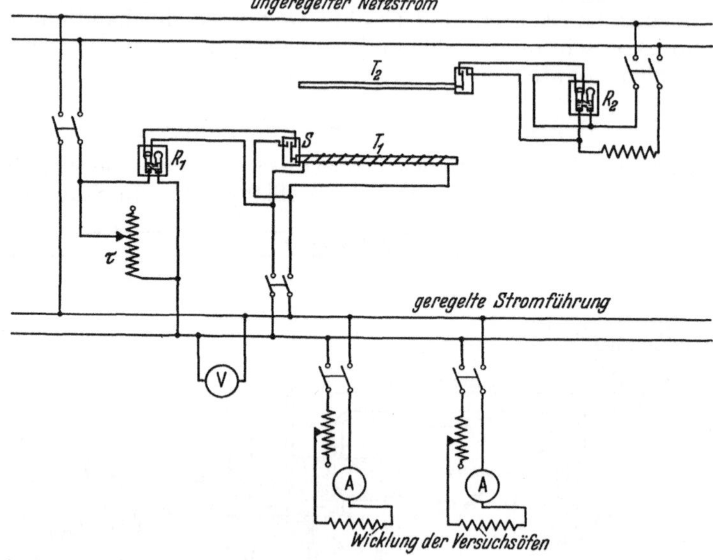

Abb. 47. Schaltschema der Einrichtung zur Gleichhaltung der Versuchstemperatur. (Nach J. Musatti und A. Reggiori.)

Einrichtung befindet, auf gleichbleibender Temperatur gehalten und in der für
alle Öfen gemeinsamen Hauptzuleitung ein Widerstand abwechselnd ein- und
ausgeschaltet wird, so daß der Mittelwert der von den Öfen aufgenommenen
Energie genau gleichbleibt. Die Einrichtung hierzu zeigt schematisch Abb. 47.
Parallel zu den Öfen liegt die Wicklung eines Ausdehnungsreglers T_1. Steigt
die Spannung der Öfen, so steigt auch die Stromaufnahme des Reglers T_1 und
damit seine Temperatur. Die eintretende Wärmedehnung bewirkt das Schließen
des Kontaktes S und damit über ein Relais R_1 die Unterbrechung des Nebenschlusses des Widerstandes. Der Strom, der durch alle Öfen fließt, wird dadurch
kleiner, ebenso der Strom im Regler T_1, der Kontakt S öffnet sich infolge der
eintretenden Abkühlung des Reglers wieder, und der Widerstand wird wieder
kurzgeschlossen. Da der Regler T_1 sehr empfindlich ist, erfolgt dieser Hin- und
Herschalten zwischen dem durch den Widerstand gedrosselten und dem vollen
Ofenstrom so häufig, daß die viel größere Trägheit der Versuchsöfen ausreicht,
um jede Temperaturschwankung von dem Probestab fernzuhalten. Auf diese
Weise soll die Temperatur des Probestabes auf $0,5°$ gleichbleiben. Die Temperatur wurde mit Thermoelementen gemessen, die mit den Probestäben in

[1] Musatti, J. u. A. Reggiori: Metallurg. ital. Bd. 26 (1934) S. 475, 569, 675 u. 765.

Berührung standen, und mit einem Potentiometerschreiber von Leeds u. Northrup aufgezeichnet. Zur Regelung der Raumtemperatur dient der Ausdehnungsregler T_2, der über das Relais R_2 elektrische Heizöfen ein- oder ausschaltet. Die Raumtemperatur wurde mit Abweichungen von 1° unverändert gehalten.

Eine auf demselben Prinzip beruhende Temperaturregeleinrichtung besitzt die Deutsche Versuchsanstalt für Luftfahrt E. V., Berlin-Adlershof[1]. Auch hier wird ein Stabausdehnungsregler verwendet, welcher den Mittelwert der von den parallel geschalteten Öfen aufgenommenen elektrischen Energie gleichhält. Die Schwankungen um diesen Mittelwert folgen so kurzzeitig aufeinander, daß sie von der thermischen Trägheit der Öfen gedämpft werden. Ausdehnungsregler und Öfen müssen in einem auf gleichbleibender Temperatur befindlichen Raum untergebracht werden, so daß auch die Wärmeabgabe der Öfen an die Umgebung für jede Temperatur gleichbleibt. Die Einstellung der Ofentemperatur erfolgt durch Bemessung der Stromstärke für End- und Mittelspulen durch Schiebewiderstände. Der Aufbau des Ausdehnungsreglers zum Gleichhalten der Temperatur geht aus Abb. 48 hervor. Er besteht aus einem Aluminiumrohr a, dessen eines Ende an dem Gehäuse b befestigt ist. Im Innern des Aluminiumrohres und mit dessen freiem Ende fest verbunden liegt konzentrisch ein Porzellanrohr a_1, das gehäuseseitig an einer Feder c hängt. Mit dem gehäuseseitigen Ende des Porzellanrohres ist ein Schräubchen d fest verbunden, das über eine Mutter e auf einen Hebel f wirkt, der an seinem oberen Ende einen Platinkontakt trägt. Eine Schraube g und eine Feder h dienen zur sicheren Einstellung des Platinkontaktes des Hebels f. Die

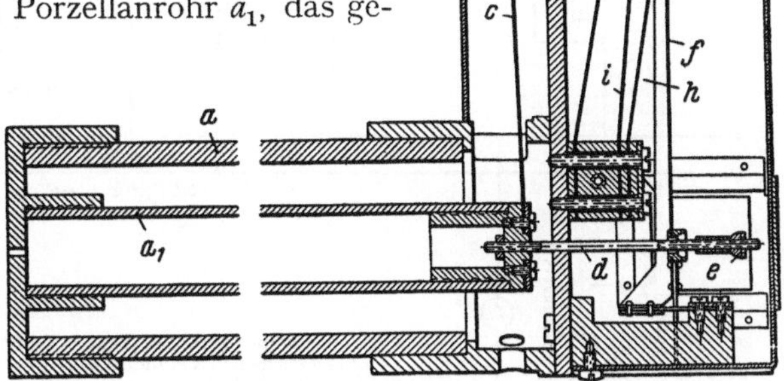

Abb. 48. Ausdehnungsregler zum Gleichhalten der Temperatur der Dauerstandanlage der Deutschen Versuchsanstalt für Luftfahrt e. V., Berlin-Adlershof. (Nach F. BOLLENRATH, W. BUNGARDT und H. CORNELIUS.

am Gehäuse befestigte Feder i trägt ebenfalls an ihrem oberen Ende einen Platinkontakt, der durch die Schraube k und die Feder l eingestellt werden kann. Auf das Aluminiumrohr ist auf einer Glimmerzwischenschicht eine Chrom-Nickeldrahtheizwicklung aufgebracht, die in der Stromzuführung liegt und bei einer gegebenen Spannung im Rohr eine bestimmte Temperatur erzeugt. Auf diese Temperatur wird der Regler eingestellt. Steigt oder fällt die Spannung, so führt die hierdurch bedingte Temperaturänderung der Rohre infolge des gegenüber Porzellan etwa fünfzigmal größeren Ausdehnungswertes des Aluminiums zum Schließen oder Öffnen der Platinkontakte. Da die Rohre 1 m lang sind und ihre Verschiebung gegeneinander durch den Hebel f außerdem stark übersetzt wird, spricht der Regler bereits auf kleinste Temperatur- und Spannungsänderung an.

Das Gesamtschaltbild ist in Abb. 49 dargestellt. Bei schwankender Netzspannung werden in der beschriebenen Art die Kontakte des Reglers K_1 betätigt. Steigt oder fällt die Spannung, so wird über das Gasausdehnungsrelais G_1 und das Schütz S_1 der Kastenwiderstand R_1 eingeschaltet oder überbrückt, wodurch

---

[1] BOLLENRATH, F., W. BUNGARDT u. H. CORNELIUS: Arch. Eisenhüttenw. Bd. 10 (1936/37) S. 556.

in der geregelten Leitung die Spannungsänderung ausgeglichen wird. Die Heizwicklung des Ofens und der Regelwiderstand R_3 sind hintereinander geschaltet. Die mittlere Ofenwicklung ist durch einen im Nebenschluß liegenden Widerstand R_4 gesondert regelbar.

Zum Gleichhalten der Raumtemperatur dient ein Regler ähnlicher Bauart (K_2) wie für die Reglung der Ofentemperatur, mit dem Unterschied, daß die Heizwicklung fehlt. Der Regler spricht demnach auf Änderungen der Raumtemperatur durch Öffnen und Schließen der Platinkontakte an. Sinkt die Raumtemperatur, so setzt der Regler über ein Schaltschütz ein Heizelement in Betrieb, das vor einem stets laufenden Ventilator eingebaut ist. Steigt dagegen die Raumtemperatur über die am Regler eingestellte Grenze, so schaltet der Regler einen in einer Öffnung der Außenwand des Raumes befindlichen Entlüfter (C_2) ein, der warme Luft nach außen fördert und Frischluft durch die

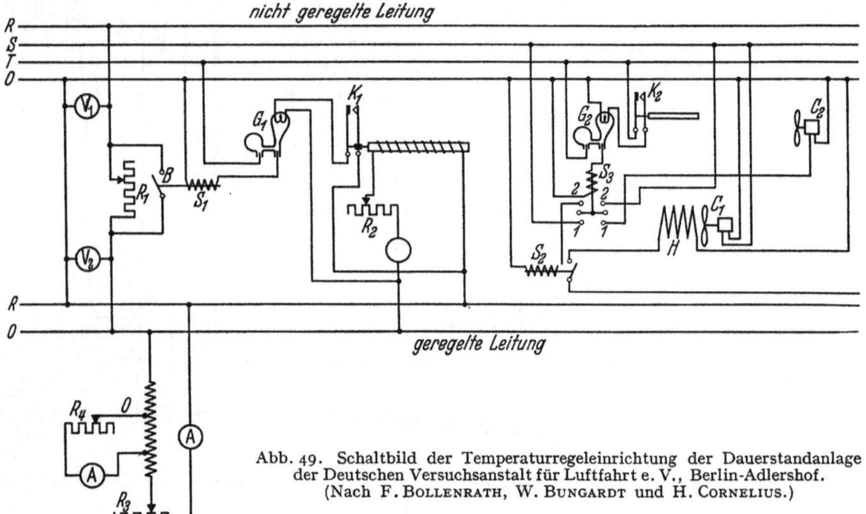

Abb. 49. Schaltbild der Temperaturregeleinrichtung der Dauerstandanlage
der Deutschen Versuchsanstalt für Luftfahrt e. V., Berlin-Adlershof.
(Nach F. Bollenrath, W. Bungardt und H. Cornelius.)

Undichtigkeiten der Türen usw. ansaugt. Die Raumtemperatur, die bei dieser Anordnung über der höchsten Außentemperatur eingestellt werden muß, läßt sich auf die beschriebene Weise auf $\pm 1°$ gleichhalten. Wände und Decke des Versuchsraumes sind sorgfältig abgedichtet.

Eine von H. Dustin[1] beschriebene Einrichtung zur Temperaturregelung ist schematisch in Abb. 50 wiedergegeben. Das Eisen-Konstantan-Thermoelement für den Regler liegt im unteren Drittel des Ofens, in dem die Temperaturschwankungen am größten sind. Mit einem Sparspannungswandler und einem Feinwiderstand wird der Hauptheizstrom eingestellt. Beim Überschreiten der Solltemperatur schaltet ein Quecksilber-Überstromauslöser einen Zusatzwiderstand ein, der den Strom um 5 bis 6% erniedrigt. Das Thermoelement zur Temperaturreglung arbeitet auf ein Spiegelgalvanometer, ihm entgegen eine durch Potentiometer fein einstellbare Spannung. Diese Spannung wird so eingestellt, daß bei einer Erhöhung der Ofentemperatur um $^1/_4°$ der vom Spiegelgalvanometer zurückgeworfene Lichtstrahl eine Photozelle trifft, deren durch zwei parallelgeschaltete Röhren — in der Abbildung ist nur eine Röhre eingezeichnet — verstärkter Strom den obenerwähnten Quecksilber-Überstromschalter betätigt.

---

[1] Dustin, H.: Stahl u. Eisen Bd. 54 (1934) S. 1340.

Bei der Dauerstandanlage im National Physical Laboratory in Teddington[1] erfolgt die selbsttätige Temperaturregelung durch Widerstandsänderung einer Platinspule, die auf einem Silikarohr zwischen Stab und Heizrohr angebracht ist und über eine WHEATSTONEsche Brücke ein empfindliches Drehspulgerät betätigt. Der Zeiger dieses Gerätes berührt eine umlaufende silberne Kröpfscheibe, wodurch über eine Verstärkerröhre ein Teil des aus dem Ofen vorgeschalteten Widerstandes kurzgeschlossen wird. Die von der Raumtemperatur abhängigen Änderungen des Temperaturgefälles in den Stabverlängerungen und damit die Veränderung des Temperaturunterschiedes zwischen Platinspule und Probestab werden durch eine Eisenspule, die an der oberen Verlängerung angebracht ist und in der Brücke der Platinspule gegenüberliegt, selbsttätig ausgeglichen. Für den Fall, daß das Gleichgewicht der WHEATSTONE-Brücke zu

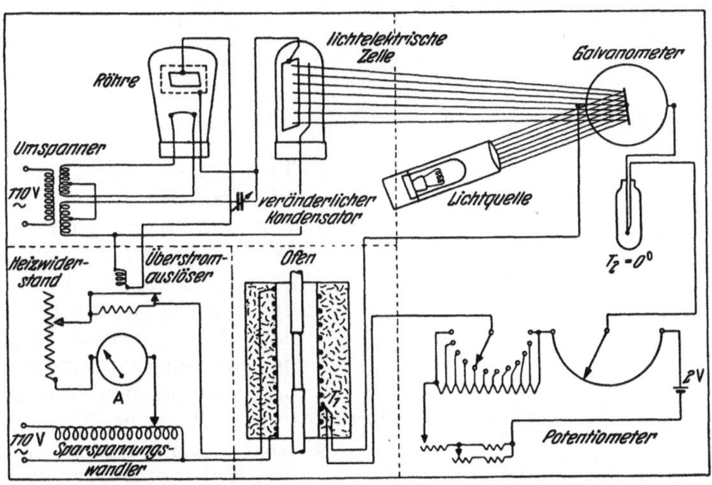

Abb. 50. Schematische Darstellung der Temperaturregelung bei der Dauerstandversuchseinrichtung nach H. DUSTIN.

sehr gestört ist, etwa wenn der Regelwiderstand auf hohe Ofentemperatur eingestellt ist und ein kalter Ofen angeschlossen wird, ist dem Drehspulgerät ein weiteres Gerät parallel geschaltet, welches das erste abschaltet und so vor Überlastung schützt. Mit dieser Anordnung wurde eine Temperatur von 450° mit einer Genauigkeit von $\pm^1/_2°$ über 2500 h eingehalten.

G. RANQUE und P. HENRY[2] verwenden bei ihren Dauerstandversuchen die aus Abb. 51 zu ersehende Temperaturregelung. Der Umspanner *24* liefert durch die Drähte *27* zwei immer um 15 V verschiedene Spannungen, die stufenlos verändert werden können. Der Umspanner wird von dem Ritzel des Hilfsmotors *39* über die Kegelräder *36* oder *35*, die Schnecke *32* und das Schneckenradsegment *31* verstellt. Zwischen dem Segment *31* und der Welle des Umspanners kann durch die Stellschrauben *33* und *34* ein bestimmtes Spiel eingestellt werden. Das obere Wellenende des Hilfsmotors nimmt über eine Rutschkupplung *42* einen Arm mit dem Gewicht *41* mit. Durch die Drehung dieses Gewichtes pendelt die Achse des Hilfsmotors um *38*, das Ritzel kommt abwechselnd mit den Kegelrädern *35* und *36* in Eingriff und dreht so das Segment am Umspanner hin und her, im Gleichgewichtszustand aber nur innerhalb des eingestellten Spiels. Mit der schwingenden Anordnung ist ein Quecksilberkippschalter *25* so verbunden, daß er abwechselnd mit kurzer Schwingungszeit eine

[1] TAPSELL, H. J. u. L. E. PROSSER: Engineering Bd. 137 (1934) S. 212.
[2] RANQUE, G. u. P. HENRY: Rev. Métall., Mém. Bd. 34 (1934) S. 248.

der beiden um 15 V verschiedenen Spannungen auf den Ofen schaltet, so daß
der Ofen sich verhält, als ob er eine mittlere Spannung erhielte. Fällt z. B. die

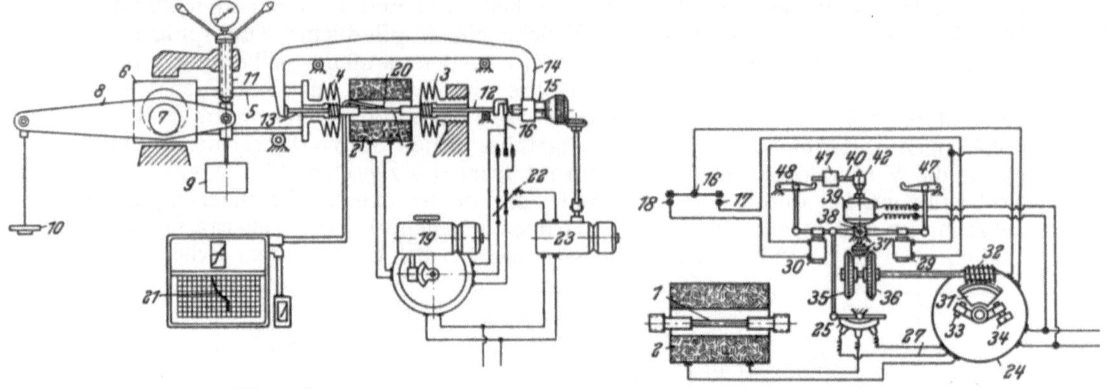

Abb. 51. Temperaturregelung der Dauerstandanlage nach G. Ranque und P. Henry.

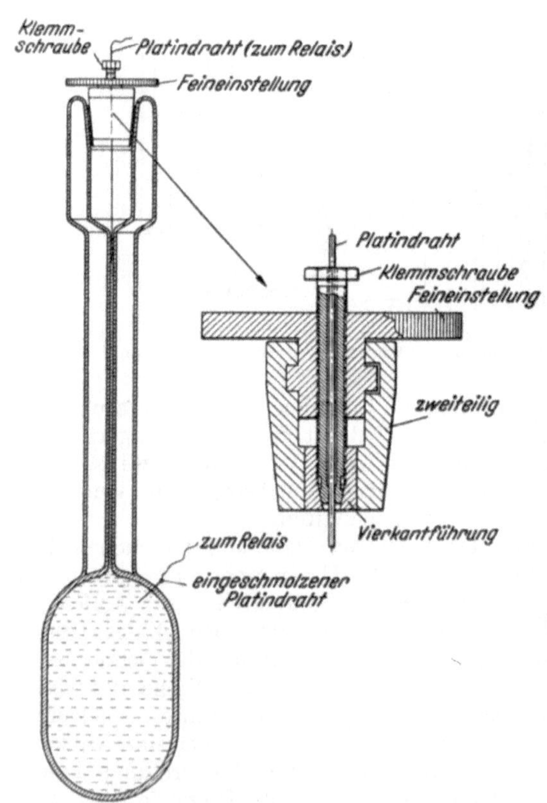

Abb. 52. Quecksilberkontaktthermometer mit Vorrichtung
zur Feineinstellung des Platinkontaktdrahtes.
(Nach A. Pomp und W. Länge.)

Temperatur des Probestabes, so
wird bereits bei einer Verkürzung
von nur 0,0001 mm der Stromkreis *18* geschlossen, der Magnet *30*
oder *29* bekommt Strom und hält
die schwingenden Teile so fest,
daß der Quecksilberschalter auf
der höheren Spannung stehen bleibt
und das Segment am Umspanner
nur nach einer Richtung bewegt
wird. Der Arm *40* wird durch
den Hilfsmotor bis gegen den Anschlag *47* oder *48* weitergedreht,
der durch das Ausschwingen angehoben worden ist. Das Gewicht
wird so in einer Stellung festgehalten, daß es, sowie der wärmer werdende Stab den Strom bei *18* unterbricht, die Anordnung nach der
anderen Seite kippt und damit
das Pendeln zwischen den beiden
Spannungen wieder einleitet. Verlängert sich der Stab, so wird der
Strom bei *17* geschlossen und das
Ganze geschieht im umgekehrten
Sinne. Wird das Gleichgewicht
stärker gestört, so wird der eine
Stromschließer immer etwas länger
geschlossen bleiben als der andere,
das Segment *31* nach der einen
Richtung immer etwas weitergedreht als zurück, das eingestellte

Spiel wird überschritten und der Umspanner verstellt, bis wieder der Mittelwert zwischen den beiden Spannungen, bei dem im Ofen Gleichgewicht zwischen
zu- und abgeschaltetem Strom herrscht, erreicht ist. Ebenso senkt sich

dieser Wert und damit die Ofentemperatur, wenn der Stab durch Fließen länger wird. Will man die Temperatur erhöhen, braucht man nur das Mikrometer herauszudrehen. Der Stromschließer regelt dann in der oben beschriebenen Weise den Ofen so lange herauf, bis der Stab die der neuen Mikrometerstellung entsprechende Länge erreicht hat.

Zur Gleichhaltung der Temperatur in Flüssigkeitsöfen, die für Dauerstandversuche in der Nähe von Raumtemperatur an Kupfer, Zink und Blei dienten, verwandten A. POMP und W. LÄNGE[1] anfangs ein Glasgefäß aus Jenenser Thermometerglas, das nach oben in eine Kapillare endet, in die ein Platindraht von oben verstellbar eingeführt ist (Abb. 52). Bei Erreichen der eingestellten Temperatur schließt die Quecksilberkuppe beim Berühren des in die Kapillare hineinhängenden Platindrahtes einen Stromkreis, wodurch ein Quecksilberausschalter betätigt wird, der den Heizstrom unterbricht, wie aus der Schaltskizze in Abb. 53 hervorgeht. Bei

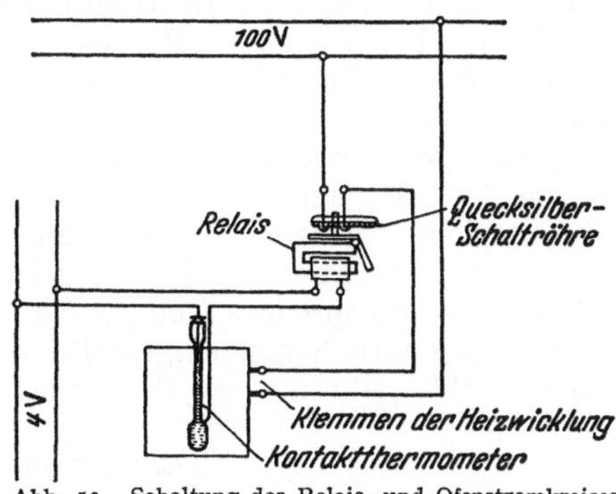

Abb. 53. Schaltung des Relais- und Ofenstromkreises zur Temperaturregelung. (Nach A. POMP und W. LÄNGE.)

späteren Ausführungen wurde das Glasgefäß durch das in Abb. 54 dargestellte spiralförmig gewundene Stahlrohr ersetzt, in das oben mittels eines durchbohrten Gummistopfens eine Glaskapillare eingesetzt ist. Diese letztere Ausführung zeichnet sich den Glasgefäßen gegenüber durch eine infolge der größeren Oberfläche und der besseren Wärmeleitfähigkeit des Eisens geringere Trägheit und damit größere Regelgenauigkeit aus. Die Einstellung der Temperatur erfolgt grob durch Veränderung der im Gefäß befindlichen Quecksilbermenge und Auf- und Abschieben des Platindrahtes in der Kapillare von Hand. Die Feineinstellung geschah durch Auf- und Abschrauben des Platindrahtes mit Hilfe der in Abb. 52 herausgezeichneten Vorrichtung. Diese Einrichtung arbeitete einwandfrei bis zu Temperaturen von 40°. Bei höheren Temperaturen zeigte sich,

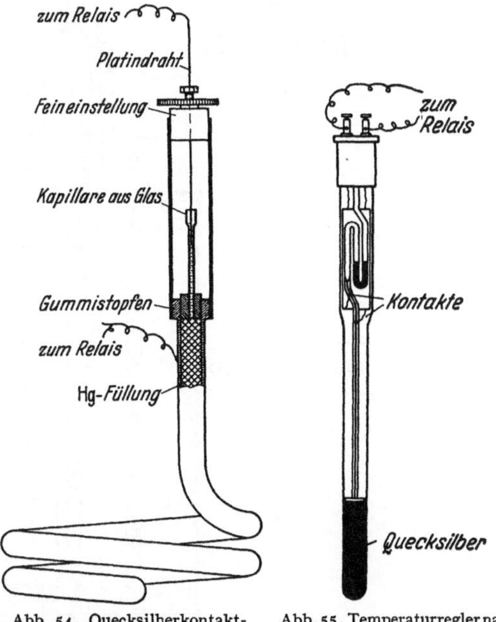

Abb. 54. Quecksilberkontaktthermometer aus Stahlrohr. (Nach A. POMP und W. LÄNGE.)

Abb. 55. Temperaturregler nach dem Vorbild des BECKMANN-Thermometers. (Nach A. POMP und W. LÄNGE.)

daß der Kontakt zwischen Quecksilber und Platindraht in den offenen Kapillaren nach wenigen Tagen so unzuverlässig wurde, daß die Temperatur nicht mehr mit der verlangten Genauigkeit gleichgehalten werden konnte. Es wurde deshalb ein Temperaturregler nach dem Vorbild des BECKMANN-Thermometers entworfen, wie ihn Abb. 55 zeigt. Die Schaltstelle liegt hier im Vakuum, so daß ein einwand-

---

[1] POMP, A. u. W. LÄNGE: Mitt. K.-Wilh.-Inst. Eisenforschg. Bd. 18 (1936) S. 53.

freies Schalten immer gewährleistet ist. Die zu regelnde Temperatur wird durch Abschütten einer entsprechenden Quecksilbermenge in das U-Rohr eingestellt. Da oberhalb 40° das als Badflüssigkeit verwendete Wasser zu stark verdampfte, wurde flüssiges Paraffin als Badflüssigkeit verwendet. Infolge des verglichen mit Wasser bei Paraffin sehr viel schlechteren Wärmeüberganges vom Bad auf das Quecksilber im Regler arbeitete dieser im Paraffinbad zu träge und daher zu ungenau. Dem wurde dadurch abgeholfen, daß statt des gesamten Heizstromes nur ungefähr 20% bei Ansprechen des Reglers ausgeschaltet wurden. Auf diese Weise gelang es, die Schwankungen der Badtemperatur bei 55 und 70° auf $\pm 0{,}07°$ zu verringern. Da von der Quecksilberkuppe in der Kapillare Quecksilber in das Vakuum des Überschußraumes verdampfte und sich dort niederschlug, stieg die mittlere Temperatur täglich um rd. $^1/_{100}°$. Der Regler wurde deshalb wöchentlich neu eingestellt, so daß die Temperaturschwankungen insgesamt nicht mehr als $\pm 0{,}1°$ ausmachten.

Dehnungsmeßvorrichtungen.

Zur Messung der während des Versuches eintretenden Verlängerung des Probestabes werden meist Dehnungsmeßgeräte nach Art des Martensschen

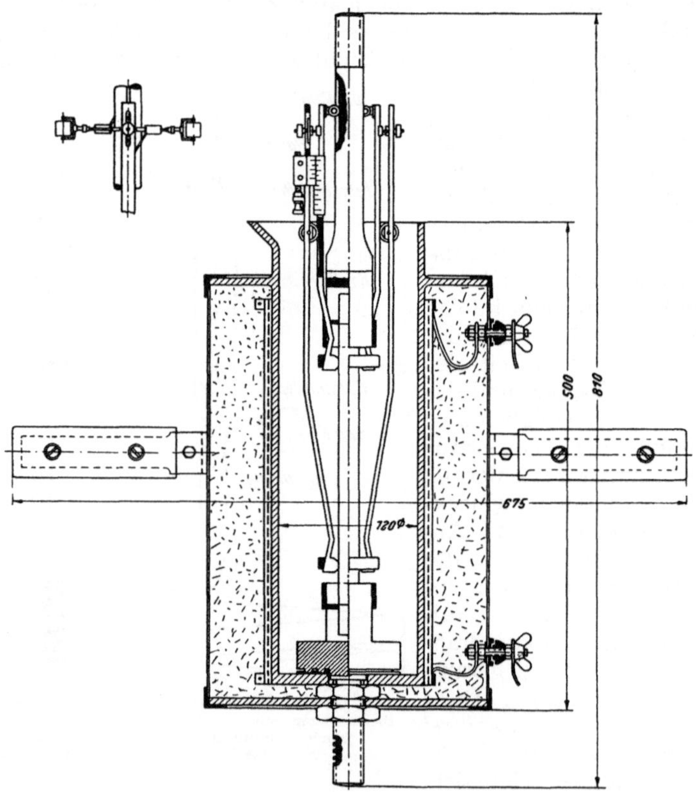

Abb. 56. Dehnungsmesser für Fein- und Grobmessung. (Nach A. Pomp und A. Dahmen.)

Spiegelapparates verwendet. Die Meßfedern werden entweder nach oben oder nach unten aus dem Ofen herausgeführt. Abb. 56 zeigt eine solche Dehnungsmeßvorrichtung[1], bei der die Spiegel zwischen zwei Federpaaren angeordnet

---

[1] Pomp, A. u. A. Dahmen: Mitt. K.-Wilh.-Inst. Eisenforschg. Bd. 9 (1927) S. 43.

sind, die durch Ringe an den Stab angepreßt werden. Die Meßfedern, die aus hitzebeständigem Stahl bestehen, besitzen an ihren Enden Körnerspitzen aus Schnellstahl, die in Körner, die an beiden Seiten der Meßstrecke angebracht sind, eingreifen. Größere Dehnungen lassen sich mit einem am Federpaar angebrachten Nonius messen.

Bei den in Abb. 57 dargestellten Meßfedern[1] wird die Verbindung zwischen Meßfeder und Probestab durch Aufpressen des mit einer Nute versehenen Meß-federkopfes auf einen am Stab angedrehten keilförmigen Bund hergestellt. Der An-preßdruck wird durch Auf-schieben eines Schiebers auf die Keilflächen der Meßfeder-köpfe erzeugt. Dadurch, daß der Nutenradius kleiner als der des Bundes ist, wird eine sichere Auflage der Meßfeder-köpfe auf je zwei Punkten des Bundumfanges erreicht. Um Biegungsbeanspruchun-gen in den Meßfedern zu ver-meiden, die selbst bei geringer Größe der Durchbiegungen der Meßfedern eine Eigenbe-wegung der Federn und da-mit Beeinflussungen der Mes-sungen zur Folge haben kön-nen, ist jede Meßfeder an je zwei Stellen an den Stab ge-preßt, und zwar genau über den Auflagepunkten der Meß-federn. Die am oberen Ende der Federn wirkende Anpres-sung wird durch eine Spiral-feder mit besonderen Spann-bügeln erzeugt. Die Meßfeder-anordnung der vorstehend beschriebenen Art erwies sich als sehr unempfindlich gegen Stöße und unsanfte Berüh-rungen, wie sie beim serien-mäßigen Wechsel der Probe-stäbe nicht zu vermeiden sind.

Die in Abb. 58 wiederge-gebene Meßfederanordnung

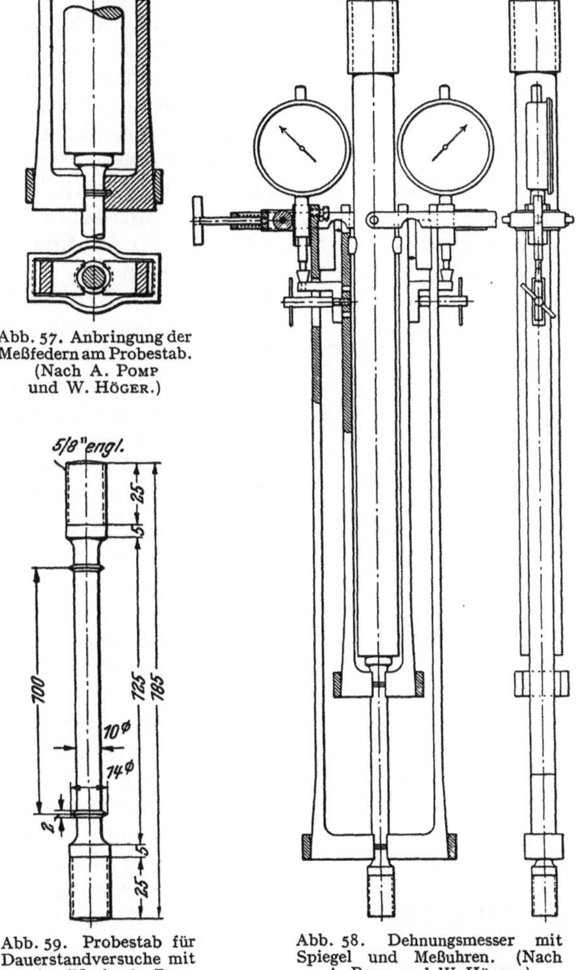

Abb. 57. Anbringung der Meßfedern am Probestab. (Nach A. Pomp und W. Höger.)

Abb. 59. Probestab für Dauerstandversuche mit Bund. (Nach A. Pomp und W. Höger.)

Abb. 58. Dehnungsmesser mit Spiegel und Meßuhren. (Nach A. Pomp und W. Höger.)

dieser Art zeigt außer den Martens-Spiegeln eine Vorrichtung zur einfachen Anbringung von Meßuhren. Letztere werden dann angebracht, wenn Deh-nungsbeträge, die den Meßbereich des Spiegelapparates überschreiten, erwartet werden. Diese treten hauptsächlich während des Aufbringens der Last bei An-wendung von verhältnismäßig niedrigen Temperaturen und bei Belastungen oberhalb der Dauerstandfestigkeit auf. Die Meßuhren sind an den äußeren Meßfedern befestigt. Der Meßstift liegt auf einem Winkelstückchen auf, das

[1] Pomp, A. u. W. Höger: Mitt. K.-Wilh.-Inst. Eisenforschg. Bd. 14 (1932) S. 40.

an der inneren Meßfeder leicht lösbar angebracht ist und durch eine entsprechende Öffnung der äußeren Feder heraustritt. Die Ausbildung der zu
dieser Dehnungsmeßvorrichtung gehörenden Probe-
stäbe mit Bund ist in Abb. 59 wiedergegeben.

Ein Dehnungsmeßgerät[1], bei dem die Meßfedern
nach unten aus dem Ofen herausgeführt sind, zeigt
Abb. 60.

Bei Vorhandensein von mehreren Prüfmaschinen
genügen zur Ablesung der Dehnungen ein Fernrohr
und eine Skala. Zweckmäßig werden die Prüfmaschinen
dann in einem Kreis aufgestellt, in dessen Mittel-
punkt auf einen auf Kugeln laufenden Drehtisch das
Fernrohr mit Skala angebracht ist. Bringt man die
Spiegel an allen Maschinen in gleicher Höhe an, so
lassen sich sämtliche Spiegelanzeigen durch Drehen
des Fernrohrtisches nacheinander ablesen. Bei Anordnung der Prüfmaschinen nebeneinander wird das
Fernrohr auf einer parallel zu den Maschinen angebrachten Laufschiene bewegt.

In vielen Fällen wird auch die Dehnung des
Probestabes in der Weise gemessen, daß an den Enden
der Meßlänge Meßmarken aus Platinblech oder -draht
angebracht werden, die durch Fenster im Ofen mittels
zweier Fernrohre beobachtet werden können, deren
Verschiebung in senkrechter Richtung durch Mikro-
meterschrauben gemessen wird (Abb. 61)[2].

Bei den bisher beschriebenen Dehnungsmeßvorrichtungen werden die Dehnungen in bestimmten
Zeitabständen von einem Beobachter abgelesen. An
Stelle der subjektiven Ablesung der Dehnung in bestimmten Zeitintervallen mittels Fernrohre wird vielfach eine fortlaufende *selbsttätige* Aufzeichnung der
im Laufe des Versuches eintretenden Dehnungen
vorgenommen. Hierdurch wird die Durchführung von
Dauerstandversuchen wesentlich vereinfacht, da der
Dehnvorgang auch während der Nachtzeit ohne Inanspruchnahme von Bedienungspersonal verfolgt werden
kann. Ein wichtiger Vorteil der selbsttätigen Dehnungsaufzeichnung liegt in der Verhütung von Meßfehlern,
die bei einzelnen Ablesungen in bestimmten Zeitabständen dann entstehen können, wenn im Augenblick der Ablesung eine durch geringe Temperaturänderung hervorgerufene, nur vorübergehende Dehnung auftritt, die dem eigentlichen plastischen Deh-
nungsablauf nicht entspricht.

Eine von P. Chevenard[3] entwickelte *mechanische*
Vorrichtung zur selbsttätigen Aufzeichnung von Zeit-
Dehnungsschaulinien ist in Abb. 62 wiedergegeben.
Von den beiden Meßpunkten am Stab führen Quarz-

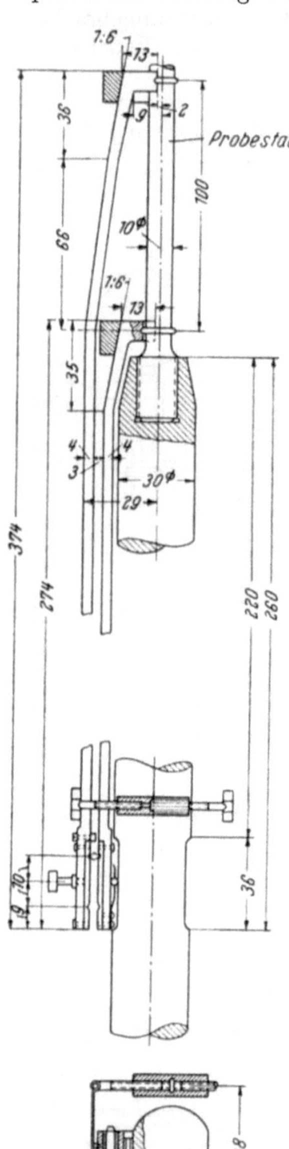

Abb. 60. Dehnungsmesser zum
Dauerstandprüfgerät der Deutschen
Versuchsanstalt für Luftfahrt e.V.,
Berlin-Adlershof. (Nach F. Bol-
lenrath, W. Bungardt und
H. Cornelius.)

---

[1] Bollenrath, F., W. Bungardt u. H. Cornelius: Arch. Eisenhüttenw. Bd. 10
(1936/37) S. 556.
[2] Kanter, J. J. u. L. W. Spring: Proc. Amer. Soc. Test. Mater. Bd. 28 II (1928) S. 86.
[3] Chevenard, P.: Métaux Bd. 11 (1935) S. 76.

stangen über Universalgelenke zu den in der Abbildung hintereinander liegenden in Ω gelagerten Hebeln L_1 und L_2. Die dem Fließen innerhalb der Meßlänge entsprechende Bewegung der Hebel L_1 und L_2 wird durch den mit einer Schreibfeder versehenen Zeiger A_g auf der Uhrwerktrommel T_a in Abhängigkeit von der Zeit aufgezeichnet.

Eine selbsttätige *optische* Dehnungsmeßvorrichtung ist von A. Pomp und W. Enders[1] gebaut worden und schematisch in Abb. 63 dargestellt. Eine kleine Glühlampe erzeugt mit Hilfe von Sammellinsen und einer Blende, die eine Öffnung von 0,3 mm Dmr. besitzt, einen feinen Lichtstrahl. Dieser fällt nacheinander auf die beiden versetzt angeordneten Spiegel S_1 und S_2 und bildet auf einer mit lichtempfindlichem Papier bespannten Trommel einen Lichtpunkt von etwa 0,75 mm Dmr. Die durch ein Uhrwerk angetriebene Trommel läuft einmal in 48 h um, so daß bei einem Umfang von 48 cm sich ein Zeitmaßstab von 1 cm = 1 h ergibt. Sowohl der Projektionsapparat als auch die Meßtrommel sind an dem Maschinenständer befestigt. Die Dehnung wird im Maßstab 1 : 1000 aufgezeichnet. Das photographische Papier muß vor Tageslicht geschützt werden, was entweder durch Aufstellen der Anlage in einem abgedunkelten Raum oder durch Anbringen eines Lichtschutzes (Abb. 14) geschieht.

Ebenfalls optisch arbeitet das Dehnungsmeßgerät der in Abb. 8 dargestellten Prüfvorrichtung. Die Dehnung des Drahtes wird in die Drehung des Spiegels L übersetzt, der einen Lichtstrahl auf eine mit lichtempfindlichem Papier bespannte Uhrwerkstrommel wirft.

Für eine einwandfreie Dehnungsmessung ist es wichtig, daß die aus dem Ofen ragenden Enden der Meßfedern auf konstante Temperatur gehalten werden. Luftströmungen im Raum beeinflussen die Temperatur der freien Enden der Meßfedern und führen zu kleinen kurzzeitigen Schwankungen in den aufgenommenen Zeit-Dehnungsschaulinien. Diesem Übelstand kann dadurch

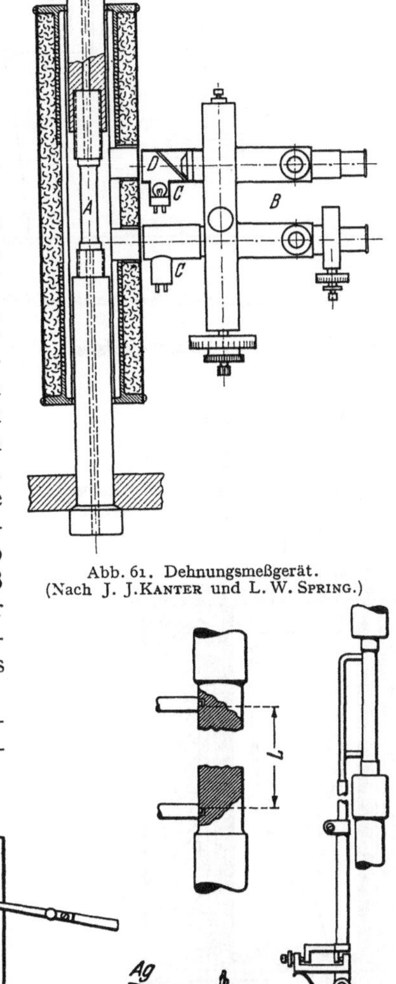

Abb. 61. Dehnungsmeßgerät.
(Nach J. J. Kanter und L. W. Spring.)

Abb. 62. Vorrichtung zur selbsttätigen mechanischen Aufzeichnung von Zeit-Dehnungslinien. (Nach P. Chevenard.)

---

[1] Pomp, A. u. W. Enders: Mitt. K.-Wilh.-Inst. Eisenforschg. Bd. 12 (1930) S. 127.

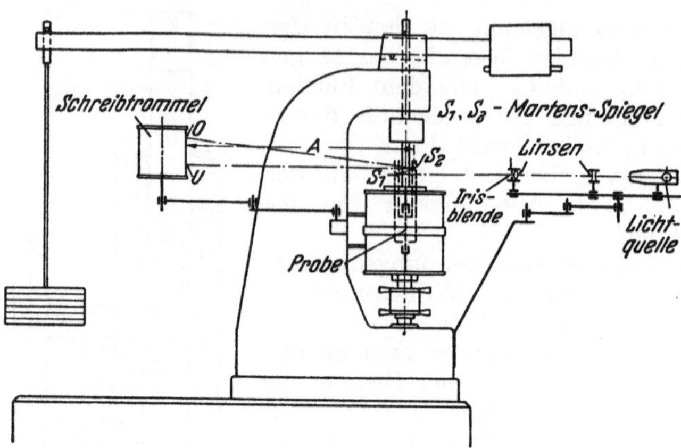

Abb. 63. Schematische Anordnung des Dehnungsschreibers für verdunkelte Räume. (Nach L. Wizenez.)

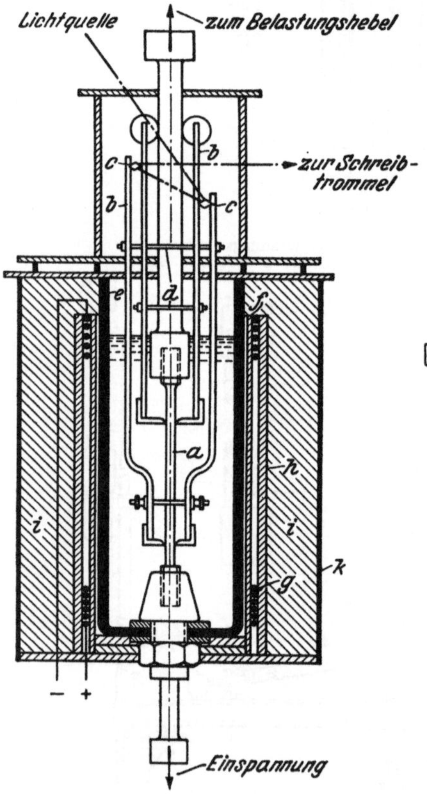

Abb. 64.

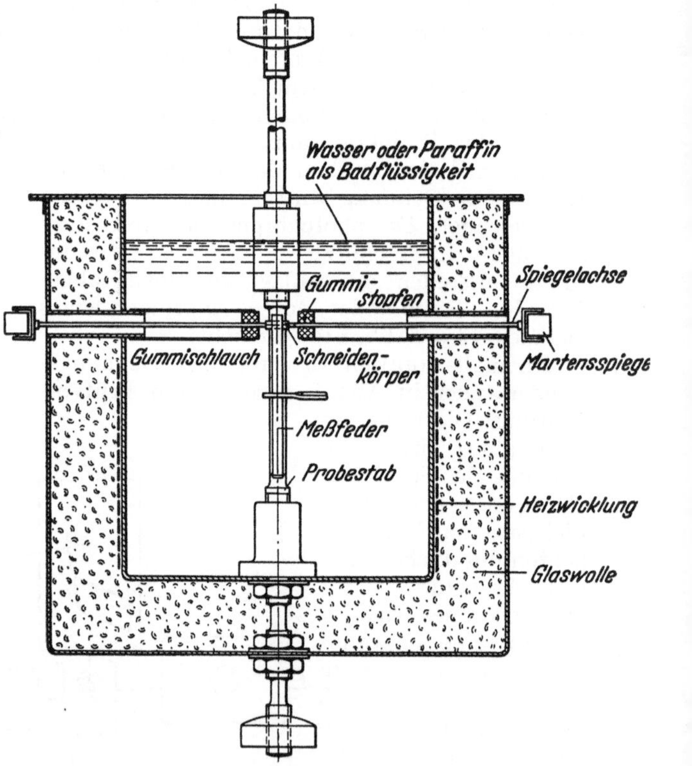

Abb. 65.

Abb. 64. Ofen mit Prüfstab, angesetzter Meßvorrichtung und Schutzkasten. (Nach P. Grün.) a Prüfstab; b Meßschienen; c Martens-Spiegel; d Spannfeder; e Tiegel; f Isolationsrohr; g Heizwicklung; h Wärmeschutz;
i Ofenauskleidung; k äußerer Blechmantel.

Abb. 65. Anordnung des Probestabes und der Meßfedern im temperaturgeregelten Bad. (Nach A. Pomp und W. Länge.)

abgeholfen werden, daß man die aus dem Ofen ragenden Teile der Meßfedern
mit Asbestschnur umwickelt (Abb. 25) oder besser noch einen Schutzkasten[1]

---

[1] Grün, P.: Arch. Eisenhüttenw. Bd. 8 (1934/35) S. 205.

anbringt, der die Enden der Meßfedern mit den Spiegeln gegen Luftzug und
Wärmeschwankungen schützt (Abb. 64).

Schließlich ist in Abb. 65 noch eine selbsttätige optische Dehnungsmeßvorrichtung wiedergegeben, die von A. POMP und W. LÄNGE[1] für Dauerstandversuche an Kupfer, Zink und Blei bei Temperaturen in der Nähe von Raumtemperatur angewandt wurde. Die Achsen, die die Spiegel und Schneidenkörper
des MARTENSschen Spiegelmeßgerätes tragen, sind in Gummischläuchen, die
die kleinen Drehungen derselben elastisch ohne merkbare Gegenkräfte aufnehmen,

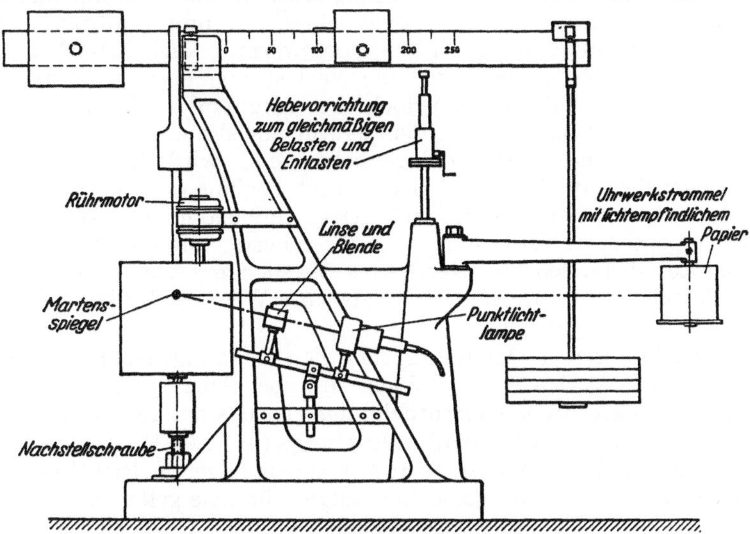

Abb. 66. Dauerstandprüfeinrichtung mit temperaturgeregeltem Bad, Rührmotor und optischer Dehnungsmeßvorrichtung. (Nach A. POMP und W. LÄNGE.)

nach außen geführt. Durch Gummistopfen wird der Austritt der Flüssigkeit
aus dem Behälter vermieden. Abb. 66 zeigt den Einbau dieser Vorrichtung in
die Dauerstandprüfanlage.

Vorschriften für die Aufnahme von Zeit-Dehnungsschaulinien an Stahl.

In DIN-Vornorm DVM-Prüfverfahren A 118 sind für die Durchführung von
Dauerstandversuchen mit Stahl folgende Festsetzungen getroffen:

Die Proben sollen nicht weniger als 100 mm Meßlänge haben.

Die Probe kann in Luft- oder Salzbadöfen erwärmt werden, der Werkstoff
darf durch das angewandte Bad nicht angegriffen werden. Für die Erwärmung
des Bades hat sich die elektrische Heizung bewährt. Der Ofen muß eine möglichst gleichmäßige Erwärmung der Probe innerhalb der Meßlänge sicherstellen.
Eine möglichst gleichbleibende Badtemperatur während des Versuchs ist wesentlich; deshalb soll die Heizvorrichtung gewährleisten, daß die Temperatur während
der ganzen Versuchsdauer um höchstens $\pm 3°$ schwankt. Ebenso dürfen die
Temperaturunterschiede innerhalb der Meßlänge des Probestabes $\pm 3°$ nicht
überschreiten.

Die Belastung muß während der Versuchszeit gleichbleiben. Vorrichtungen
mit Gewichtsbelastung mit oder ohne Hebelübersetzung sind deshalb zu bevorzugen.

---

[1] POMP, A. u. W. LÄNGE: Mitt. K.-Wilh.-Inst. Eisenforschg. Bd. 18 (1936) S. 52.

Die während des Versuchs eintretende Verlängerung der Probe soll mit Meßgeräten ermittelt werden, die gestatten, eine Längenänderung von mindestens 0,001% abzulesen. Bewährt hat sich hierfür das Spiegelmeßgerät von Martens (s. DIN-Vornorm DVM-Prüfverfahren A 107). Gleichbleibende Temperatur des Meßgerätes ist für die Versuchsgenauigkeit wesentlich; deshalb sind Luftströmungen und Schwankungen der Raumtemperatur zu vermeiden. Eine Einrichtung zum selbsttätigen Aufzeichnen des Dehnungsverlaufs auf einer Schreibtrommel ist zu empfehlen.

Die mit dem Meßgerät versehene Probe wird in den — wenn möglich auf Versuchstemperatur erwärmten — Ofen eingebaut und erwärmt. Die unbelastete Probe wird mindestens 4 h lang vorgewärmt. Nach Erreichen der Versuchstemperatur in der Probe wird eine Vorlast von etwa 10% der voraussichtlichen Gesamtlast, höchstens jedoch von 1 kg/mm², aufgebracht und das Meßgerät eingestellt. Wenn die Stabtemperatur und die Anzeige des Meßgerätes bei der Vorlast 5 min unverändert geblieben sind, wird die voraussichtliche Gesamtlast aufgebracht. Während der hiermit beginnenden Versuchszeit wird die Zeit-Dehnungsschaulinie möglichst genau aufgenommen. Wird sie nicht selbsttätig aufgezeichnet, so liest man zu ihrer Festlegung die Dehnung in entsprechenden Zeitabständen ab. Nach einer Versuchszeit von 45 h wird auf die Vorlast entlastet und nach 10 min der absolute Wert der bleibenden Dehnung festgestellt.

Bei der zeichnerischen Darstellung der Zeit-Dehnungsschaulinien wird zur Erleichterung des Vergleichs empfohlen, auf der Abszisse 10 h gleich 5 cm und auf der Ordinate 0,1% Gesamtdehnung gleich 5 cm zu wählen.

Die American Society of Mechanical Engineers (A. S. M. E.) und die American Society for Testing Materials (A. S. T. M.) haben folgende Richtlinien für die Durchführung von Dauerstandversuchen aufgestellt[1]; sie gelten für Dauerstandversuche bis 1100°. Für die verschiedenen Werkstoffklassen sind folgende Temperaturbereiche, in denen Dauerstandversuche wertvoll sind, festgelegt:

Unlegierte Stähle	300 bis 600°
Niedriglegierte Stähle (weniger als 8% Legierungsbestandteile)	300 bis 650°
Hochlegierte Stähle (nicht austenitisch)	350 bis 750°
Hochlegierte Stähle (austenitische und halbaustenitische)	400 bis 1000°
Nickel-Chrom- und Nickel-Chrom-Eisenlegierungen	500 bis 1100°
Kupfer- und Aluminiumlegierungen	100 bis 425°

Der Probestab soll möglichst 12,8, notfalls 9,1 oder 6,5 mm Dmr. und mindestens 50,8 mm Meßlänge haben. Die Belastungsmaschine muß die Last auf ±1% genau einhalten. Der Ofen soll eine gleichmäßige Temperaturverteilung über die Meßlänge gewährleisten. Die größten Temperaturunterschiede in der Meßlänge dürfen bis 650°±1,7, bis 875°±2,8 und darüber ±4,6° nicht überschreiten. Die Temperaturmessung soll bis 650° eine Genauigkeit von ±1,7°, darüber bis 875°±2,8° und oberhalb 875°±4,6° haben. Die Temperaturverteilung soll vor jeder Versuchsreihe mit einem Eichstab aus dem zu untersuchenden Werkstoff für die in Aussicht genommene Temperatur nachgeprüft werden. Die Skalenteilung des Dehnungsmeßgerätes soll nicht gröber sein als 0,01%. Die Versuche sollen mit unveränderter Last und Temperatur durchgeführt werden, wobei für jeden Versuch ein neuer Probestab zu verwenden ist.

Über die Versuchsdurchführung ist folgendes gesagt. In einem Ofen soll sich jeweils nur ein Probestab befinden. Der kalte Probestab soll belastet werden, um zu prüfen, ob er genau in Richtung der Achse belastet wird. Während des Aufheizens soll die Belastung 0,17 kg/mm² nicht überschreiten. Nach einer aus-

---

[1] Proc. Amer. Soc. Test. Mater. Bd. 34 I (1934) S. 1223.

reichenden Zeit zur Erreichung des thermischen Gleichgewichtszustandes soll die Last stoßfrei aufgebracht werden. Die Dehnung wird laufend nach 8, 24, 48 sowie je nach Bedarf weiter alle 24 oder 48 h einmal abgelesen. Nach dem Versuch soll die Zusammenziehung des Probestabes gemessen werden.

Auswertung der Zeit-Dehnungsschaulinien.

In schematischer Darstellung ist in Abb. 67 der Verlauf einer Zeit-Dehnungsschaulinie wiedergegeben. Die unmittelbar nach Aufgabe der Last eintretende Dehnung *a* wird als *Belastungsdehnung* bezeichnet. Die anschließende Dehnung *b* ist die *Zeitdehnung*. Die Zeitdehnung gibt zusammen mit der Belastungsdehnung die *Gesamtdehnung* (*c*). Die bei der Entlastung der Probe eintretende Verkürzung *d* wird *elastische Zusammenziehung* genannt. Die *gesamte bleibende Dehnung e* ergibt sich demnach aus der Differenz zwischen Gesamtdehnung und elastischer Zusammenziehung.

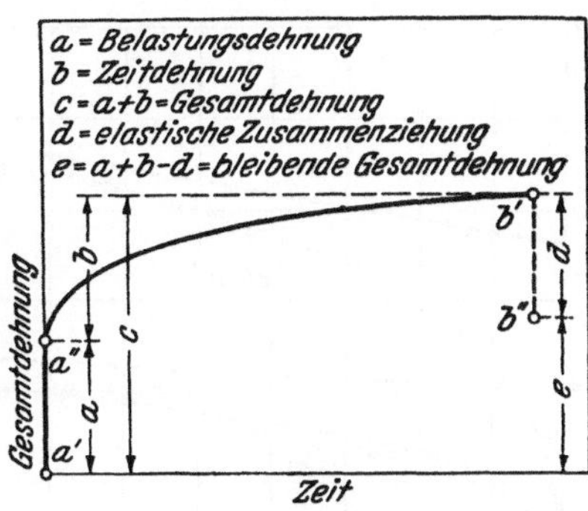

Abb. 67. Schematischer Dehnungsverlauf beim Dauerstandversuch. (Nach A. Pomp und W. Höger.)

Abb. 68 zeigt schematisch den Verlauf von 6 Zeit-Dehnungsschaulinien für verschiedene Belastungsstufen bei einer bestimmten Versuchstemperatur. Während bei den niedrigeren Belastungen die zunächst einsetzende Dehnung infolge Verfestigung des Werkstoffes nach mehr oder weniger kurzer Zeit abklingt und schließlich völlig zum Stillstand kommt (Schaulinie 1 bis 4), geht von einer gewissen Beanspruchung an infolge der dann einsetzenden Kristallerholung bzw. Rekristallisation die eintretende Verfestigung wieder zurück, so daß eine ständig fortschreitende Dehnung beobachtet wird (Schaulinie 5), die bei ausreichend langer Zeit zum Bruch des Stabes führen wird (Schaulinie 6).

Die Dauerstandfestigkeit wird daher zwischen den Belastungsstufen 4 und 5 überschritten.

Für die Auswertung von Dauerstandversuchen sind in den verschiedenen Ländern verschiedene Verfahren in Gebrauch, von

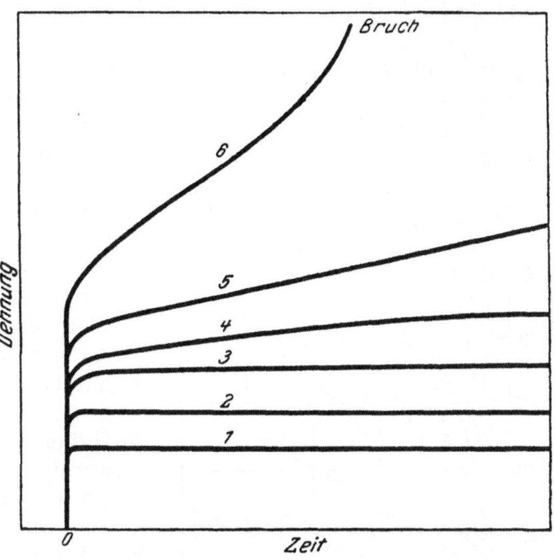

Abb. 68. Dehnungs-Zeitschaubild für verschiedene Belastungsstufen (schematisch). (Nach A. Pomp und A. Dahmen.)

denen die wichtigsten im folgenden angeführt seien. Hierbei ist zu unterscheiden zwischen *Langzeitversuchen*, die sich über Hunderte und Tausende von Stunden erstrecken, und *Kurzzeitversuchen*, die nur wenige Stunden oder Tage umfassen.

Langzeitversuche. Das National Physical Laboratory in England ermittelt als Dauerstandfestigkeit diejenige Grenzbelastung, bei der am Schluß einer 40tägigen Belastungszeit (rd. 1000 h) die Dehngeschwindigkeit $1 \cdot 10^{-3}\%/\text{Tag}$ nicht überschreitet.

In Amerika wird auf Grund von Versuchen von mehreren 100 bis 1500 h durch Extrapolation die Belastung ermittelt, die einer Dehnung von 0,1 bzw. 1% in 10000 h oder 1 bzw. 10% in 100000 h entspricht. Die in Amerika gebräuchlichsten Auswertungsverfahren sind folgende:

Verfahren I. Nach P. G. McVetty[1] läßt sich der Verlauf der Dehnungs-Zeitschaulinien durch folgende Beziehung ausdrücken:

$$v - v_0 = c \cdot e^{-\alpha t},$$

worin $v = \dfrac{d\,\varepsilon_p}{d\,t}$ die Dehngeschwindigkeit, t die Zeit und v_0, c und α Werkstoffkonstanten für die betreffende Belastung und Temperatur bedeuten. Durch Integrieren erhält man hieraus für die plastische Dehnung ε_p den Ausdruck

$$\varepsilon_p = \varepsilon_0 + v_0 t - \frac{c}{\alpha} e^{-\alpha t}.$$

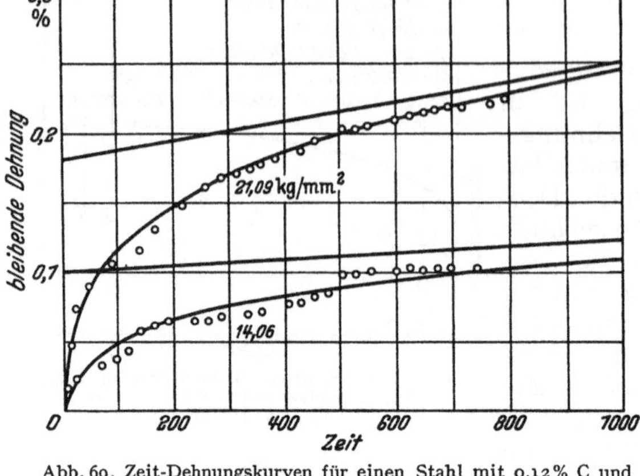

Abb. 69. Zeit-Dehnungskurven für einen Stahl mit 0,12% C und 12,2% Cr für eine Prüftemperatur von 427°. (Nach P. G. McVetty.)

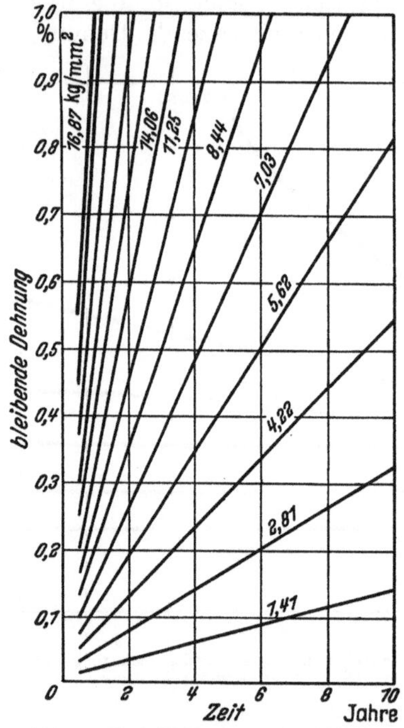

Abb. 70. Nach McVetty ausgewertete Zeit-Dehnungsschaulinien für einen Stahl mit 0,12% C und 12,2% Cr für eine Prüftemperatur von 427°.

Wird t groß, so nähert sich die bleibende Dehnung dem Wert

$$\varepsilon_p = \varepsilon_0 + v_0 t,$$

d. h. die Dehnung nähert sich asymptotisch einem gleichbleibenden Wert (Abb. 69). Nach McVetty gibt diese Funktion mit guter Genauigkeit den Fließverlauf wieder, falls die Konstanten richtig bestimmt sind. Er nimmt an, daß für die über die Versuchszeit hinausgehenden Zeiträume die Dehnungs-Zeitschaulinie durch ihre Asymptote gemäß der letztgenannten Gleichung ersetzt werden kann.

Auf diese Weise ausgewertete Dehnungs-Zeitschaulinien eines Stahles mit 0,12% C und 12,1% Cr für eine Temperatur von 427° zeigt Abb. 70. Um einen Wert für die Dauerstandfestigkeit zu gewinnen, worunter diejenige Spannung verstanden ist, die eine bestimmte Dehnung in einer bestimmten Zeit hervorruft, wird zunächst an Hand der Unterlagen in Abb. 70 ein Schaubild aufgestellt, in dem die Dehnung in Abhängigkeit von der zugehörigen Spannung für verschiedene Zeiten aufgetragen ist (Abb. 71). Aus dieser Darstellung lassen sich dann für die Temperatur von 427° die Daten entnehmen, die zur Auftragung der Dauerstandfestigkeit in Abhängigkeit von der Temperatur (Abb. 72) notwendig sind. Für die übrigen Temperaturen sind entsprechende Unterlagen heranzuziehen.

---

[1] McVetty, P. G.: Mech. Engng. Bd. 56 (1934) S. 149.

Verfahren II. R. W. Bailey[1] trägt die bei Dauerbelastungsversuchen bei verschiedenen Temperaturen unter einer bestimmten Belastung gefundene

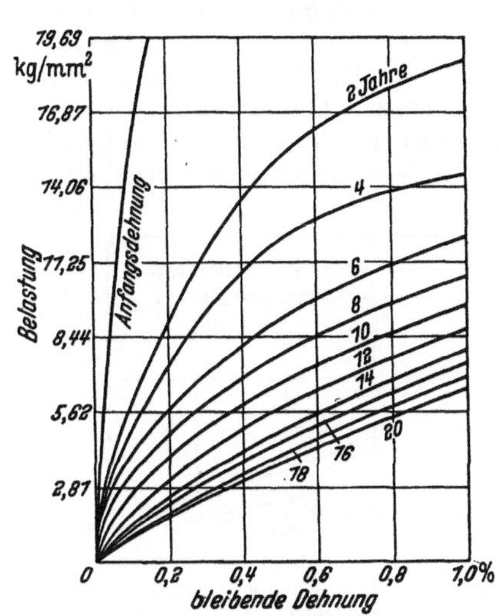

Abb. 71. Spannungs-Dehnungsschaulinien für einen Stahl mit 0,12% C und 12,2% Cr für eine Prüftemperatur von 427°.

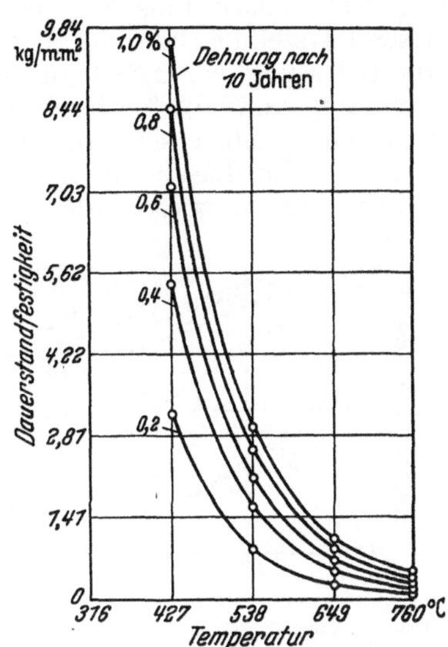

Abb. 72. Dauerstandfestigkeits-Temperaturkurven für einen Stahl mit 0,12% C und 12,2% Cr nach dem Verfahren von McVetty.

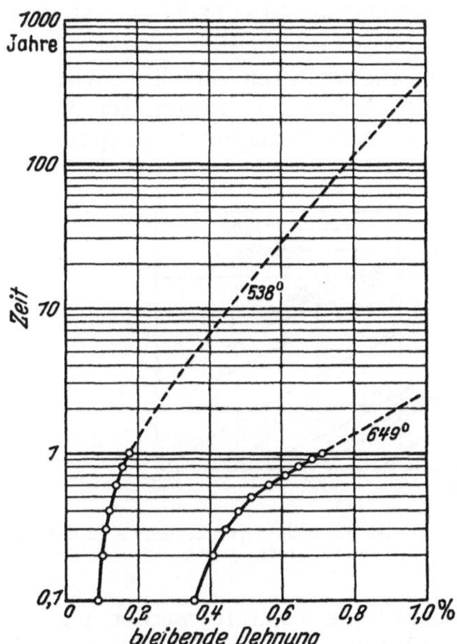

Abb. 73. Zeit-Dehnungsschaulinien für einen Stahl mit 0,12% C und 12,2% Cr für 2,81 kg/mm² Belastung in einfachlogarithmischer Darstellung.

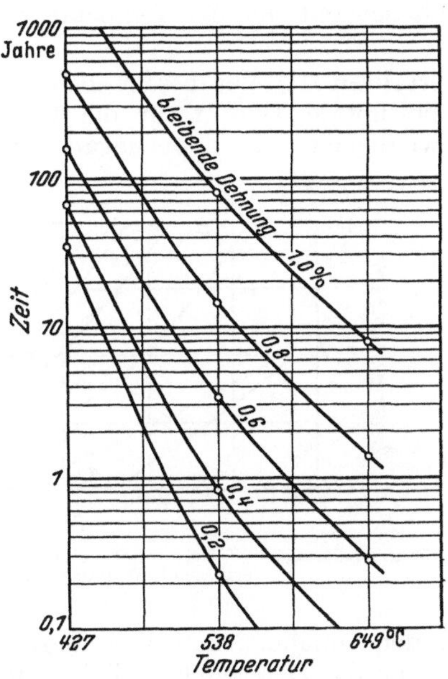

Abb. 74. Zeit-Temperaturschaulinien für einen Stahl mit 0,12% C und 12,2% Cr für 2,81 kg/mm² Belastung in einfachlogarithmischer Darstellung.

Dehnung in Abhängigkeit von dem Logarithmus der Zeit auf (s. die vollausgezogenen Schaulinien in Abb. 73) und verlängert sodann diese Schaulinien über

---

[1] Bailey, R. W.: J. applied Mech. Bd. 13 (1936) S. A 1.

die Versuchszeit hinaus (s. gestrichelte Schaulinie in Abb. 73). Hiernach zeichnet
er die in Abb. 74 wiedergegebenen Schaulinien, die die Temperatur in Abhängigkeit von dem Logarithmus der Zeit darstellen, für verschiedene Dehnbeträge.
Aus dieser Darstellung läßt sich beispielsweise entnehmen, bei welcher Temperatur die Belastung von 2,81 kg/mm² bei dem betreffenden Stahl in 2 Jahren
eine Dehnung von 0,8 % hervorruft. Anderen Dehnungen entsprechende
Temperaturen ergeben sich auf die gleiche Weise. Die so erhaltenen Temperaturen für die Last von 2,81 kg/mm² sind in Abb. 75 wiedergegeben.
Unter Zuziehung entsprechender Werte für andere Belastungen ergaben sich

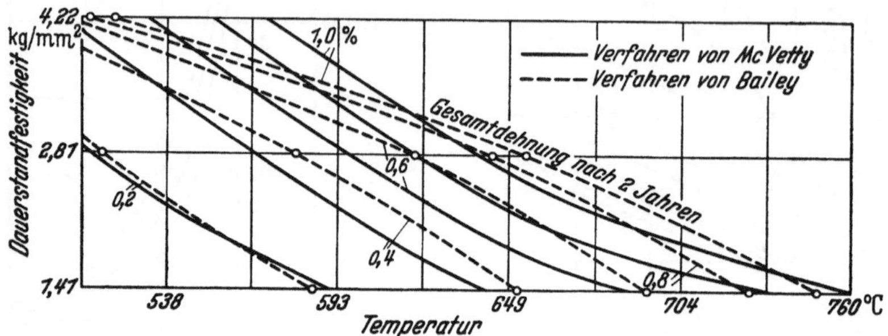

Abb. 75. Dauerstandfestigkeits-Temperaturschaubild für einen Stahl mit 0,12% C und 12,2% Cr nach P. C. MacVetty
und nach L. W. Bailey für einen Zeitraum von 2 Jahren.

sodann die gestrichelten Schaulinien in Abb. 75, die die Dauerstandfestigkeit
in Abhängigkeit von der Temperatur für verschiedene Gesamtdehnungen darstellen.

Verfahren III. Bei diesem ebenfalls häufig angewandten Verfahren wird für
eine bestimmte Temperatur die Belastung in Abhängigkeit von der Dehngeschwindigkeit im doppellogarithmischen Koordinatensystem aufgetragen.

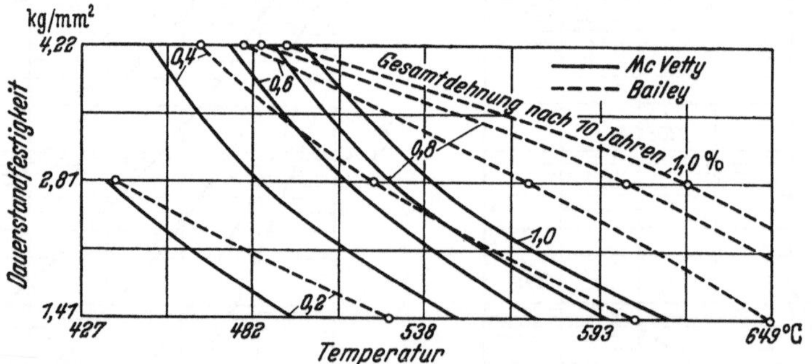

Abb. 76. Dauerstandfestigkeits-Temperaturschaubild für einen Stahl mit 0,12 % C und 12,2 % Cr nach P. C. McVetty
und nach L. W. Bailey für einen Zeitraum von 10 Jahren.

Unter der Annahme, daß diese Beziehung geradlinig verläuft, werden aus ihr
Werte für die Dehngeschwindigkeit für Zeiträume, die über die Versuchszeit
hinausgehen, ermittelt.

Verfahren IV. Das Verfahren ist ähnlich dem Verfahren III. Die Belastung
wird in Abhängigkeit von dem Logarithmus der Dehngeschwindigkeit aufgetragen. Auch hier wird angenommen, daß eine geradlinige Beziehung zwischen
den beiden Größen besteht, so daß sich durch Extrapolation Dehngeschwindigkeiten für Zeiten, die über die Versuchszeit hinausgehen, angeben lassen.

J. Marin[1] vergleicht die nach den vier verschiedenen Auswertungsverfahren erhaltenen Dauerstandfestigkeiten miteinander und kommt dabei zu folgenden Ergebnissen. In Abb. 75 und 76 sind die nach dem Verfahren von McVetty erhaltenen Ergebnisse mit denen nach dem Verfahren von Bailey verglichen, und zwar bezieht sich die Extrapolation auf einen Zeitraum von 2 bzw. 10 Jahren. Die Abweichungen in den Dauerstandfestigkeitswerten sind in nebenstehender Zusammenstellung angegeben.

	Extrapalation auf 2 Jahre %	Extrapolation auf 10 Jahre %
bei 482°	—	+ 28
538°	— 18	+ 64
593°	+ 14	+ 119
649°	+ 22	—

Ein Vergleich der nach den Verfahren III und IV erhaltenen Dauerstandfestigkeitswerte mit denen nach Verfahren I ergibt folgende Abweichungen:

Die bei Anwendung der verschiedenen Auswertungsverfahren sich ergebenden Dauerstandfestigkeitswerte weisen zum Teil nicht unerhebliche Unterschiede auf.

Die im Langversuch bestimmte Dauerstandfestigkeit kann als Anhalt für die zulässige Beanspruchung des Werkstoffes angesehen werden, vorausgesetzt, daß bei

	Verfahren III %	Verfahren IV %
bei 427°	— 7	+ 8
538°	— 10	+ 6
649°	— 4	+ 20

der praktischen Beanspruchung ähnliche Spannungsverteilung wie beim Versuch vorliegt. Wegen der langen Dauer solcher Versuche hat es nicht an Vorschlägen gefehlt, aus abgekürzten Versuchen, d. h. der Verfolgung der Dehnung über beschränkte Zeiten Näherungswerte der wahren Dauerstandfestigkeit zu erhalten.

Abkürzungsverfahren. Als wichtigste Verfahren bzw. Begriffsbestimmungen sind folgende zu nennen:

Nach den Vorschlägen des Kaiser-Wilhelm-Instituts für Eisenforschung[2] soll für Kohlenstoff- und niedriglegierte Stähle für Temperaturen bis 500° die Dauerstandfestigkeit dann als erreicht angesehen werden, wenn die Dehngeschwindigkeit im Zeitraum der

3. bis 6. Stunde nach Lastaufgabe 0,005%/h,

5. bis 10. Stunde nach Lastaufgabe 0,003%/h und

25. bis 35. Stunde nach Lastaufgabe 0,0015%/h

beträgt. Ein Schema der Auswertung ist in Abb. 77 wiedergegeben.

W. A. Hatfield[3] bestimmt als Zeitfließgrenze („Time-Yield") diejenige Grenzbelastung, bei der die Dehngeschwindigkeit in der 24. bis 72. Stunde $1 \cdot 10^{-4}$%/h nicht übersteigt. Gleichzeitig soll die Gesamtdehnung nicht mehr als 0,5% betragen. Als eine konstruktiv brauchbare Rechnungsunterlage empfiehlt er, zwei Drittel dieser Grenzbelastung in die Berechnungen einzusetzen.

L. Guillet, J. Galibourg und H. Samsoen[4] führen Versuche mit stufenweise gesteigerten Belastungen durch. Die Art der Versuchsausführung und die Auswertung der Versuchsergebnisse geht aus Abb. 78 hervor, die sich auf einen Stahl mit 5% Ni und eine Versuchstemperatur von 450° bezieht. Die von Null ausgehende Belastungs-Dehnungsschaulinie gibt diejenige prozentuale

[1] Marin, J.: Amer. Soc. Test. Mater. Bd. 37 II (1937) S. 258.
[2] Pomp, A. u. W. Enders: Mitt. K.-Wilh.-Inst. Eisenforschg. Bd. 12 (1930) S. 127.
[3] Hatfield, W. A.: Iron Age Bd. 124 (1929) S. 348.
[4] Guillet, L., J. Galibourg u. H. Samsoen: C. R. Acad. Sci., Paris Bd. 188 (1929) S. 1205.

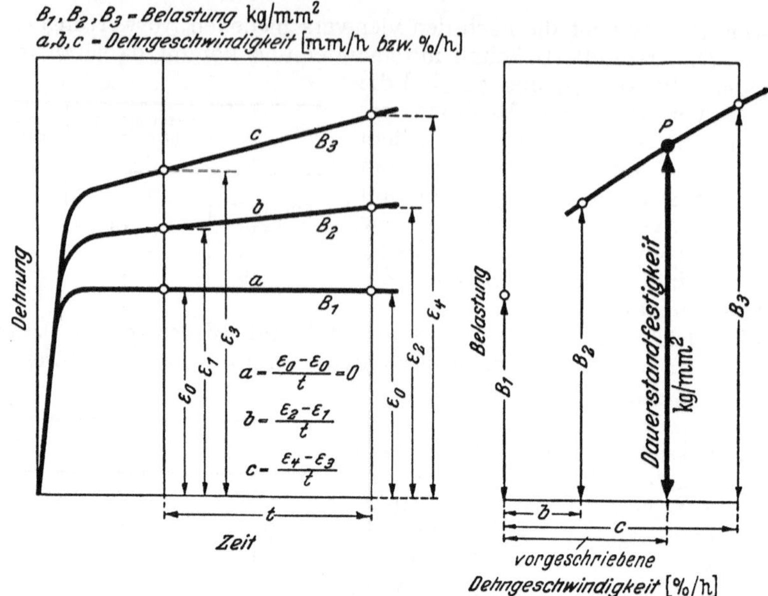

Abb. 77. Schema der Auswertung nach A. POMP und A. DAHMEN zur Bestimmung der Dauerstandfestigkeit

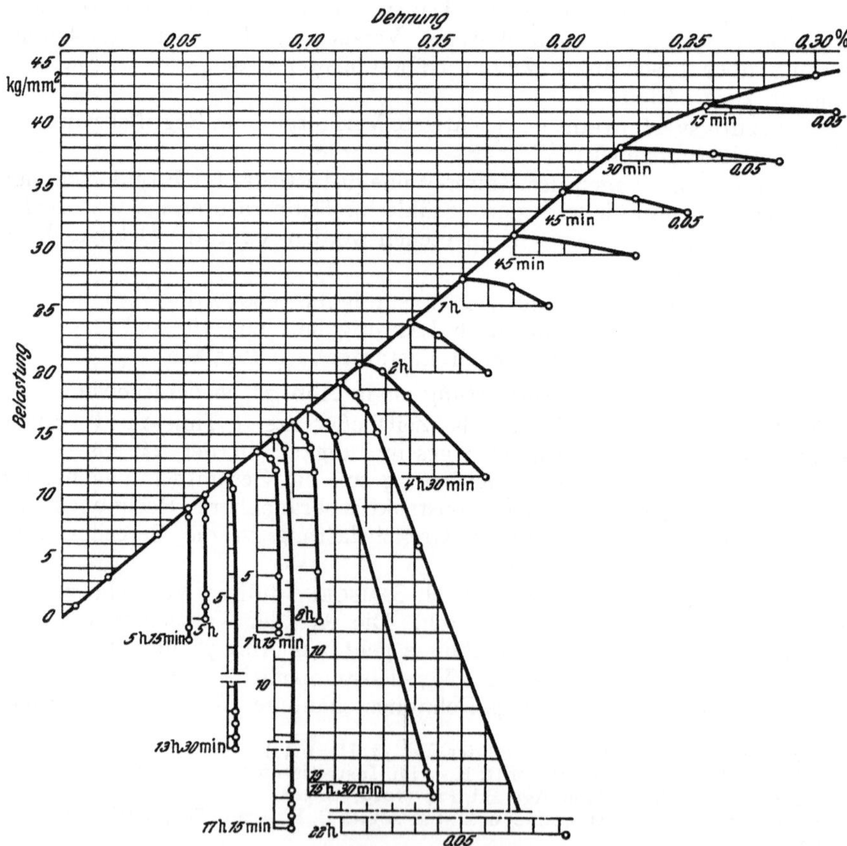

Abb. 78. Auswertung von Dauerstandversuchen an einem Stahl mit 0,15% C und 5,36% Ni bei 450°.
(Nach J. GALIBOURG.)

Verlängerung an, die unmittelbar nach Aufbringung der Belastung beobachtet wird. Die Schaulinie verläuft bis zu einer bestimmten Belastung geradlinig, d. h. die Verlängerungen sind proportional der Belastung. Diese Belastung wird mit Grenzbelastung I bezeichnet. Die von der Belastungs-Dehnungskurve abzweigenden Schaulinien geben die Dehnungen an, die bei Konstanthaltung der Belastung über längere Versuchszeiten (bis zu 22 h) zu beobachten sind.

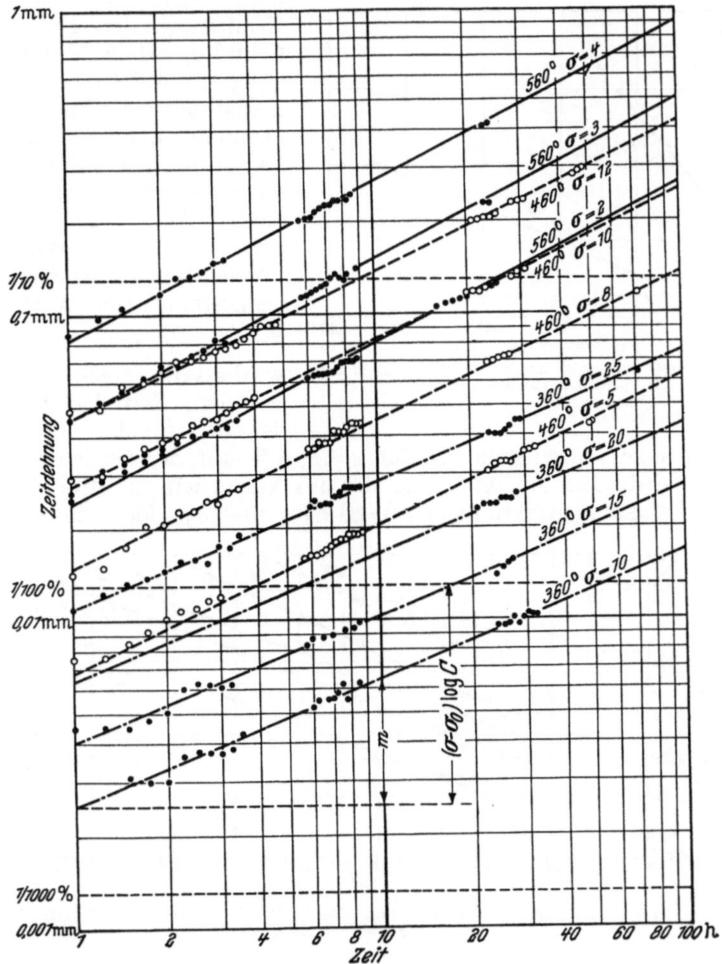

Abb. 79. Auswertung der Konstanten m, σ_0 und $\log C$ für einen Stahl mit 2,9% Ni und 0,8% Cr bei 360, 440 und 560°. (Nach H. Eckardt.)

Als Grenzbelastung II gilt diejenige Belastung, bei der auch in längeren Versuchszeiten kein Fließen eintritt. Grenzbelastung III endlich entspricht denjenigen Belastungswerten, bei denen zwar anfänglich ein geringes Fließen stattfindet, das aber nach einiger Zeit noch zum Stillstand kommt. Mit Überschreiten der unter III angegebenen Grenzbelastung tritt ein dauerndes Fließen ein, das mit steigender Belastung an Geschwindigkeit zunimmt. Für jede dieser drei Grenzbelastungen wird ein unterer und ein oberer Wert angegeben. Der untere Wert bezieht sich auf diejenige Belastung, bei der die betreffende Grenze mit Sicherheit noch nicht erreicht ist, der obere auf diejenige Belastung, bei der die Grenze schon überschritten ist.

H. Eckardt[1] leitet für die Beziehung zwischen Belastung, Dehnung und Zeit bei einer bestimmten Temperatur und ein und demselben Werkstoff folgende Gleichung ab:

$$\varepsilon = t^{m} \cdot C^{(\sigma - \sigma_0)} \,.$$

Diese soll die Errechnung der höchstzulässigen Spannung σ ermöglichen, wenn innerhalb einer bestimmten Zeit t ein gewisser Betrag der Verformung ε nicht überschritten werden soll. Die Ermittlung der Konstanten m, C und σ_0 erfolgt durch Übertragung der auf Grund 24stündiger Belastungsversuche gewonnenen Dehnungs-Zeitschaulinien in das logarithmische Koordinatensystem in der in Abb. 79 dargestellten Weise. Der Exponent m wird als Neigung der durch die Versuchspunkte gelegten Geraden festgestellt. Der Wert

$$(\sigma - \sigma_0) \cdot \log C$$

wird als die Strecke gemessen, die von den Zeit-Dehnungsgeraden der betreffenden Spannung und

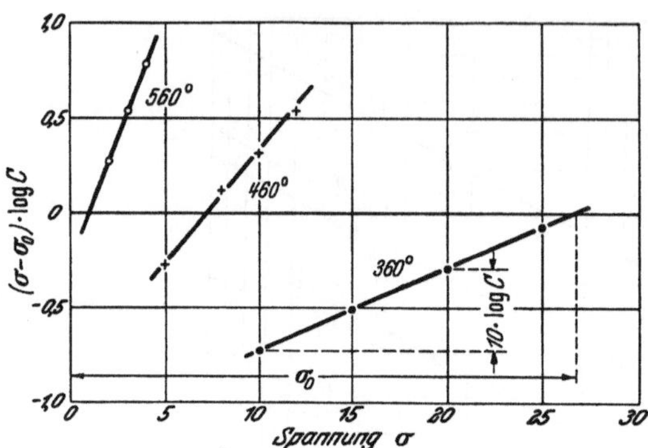

Abb. 80. Ermittlung von log C und σ_0 für einen Stahl mit 2,9% Ni, 0,8% Cr bei 360, 460 und 560°. (Nach H. Eckardt.)

der Parallelen zur Abszissenachse für $\varepsilon = 0{,}01\%$ auf der Ordinate $t = 1$ h abgeschnitten wird. Bei Aufzeichnung der aus Versuchen mit drei bis vier verschiedenen Belastungen gefundenen Werte für $(\sigma - \sigma_0) \cdot \log C$ in Abhängigkeit

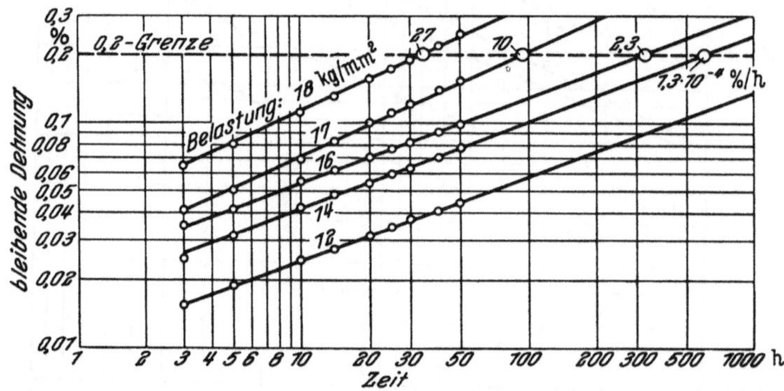

Abb. 81. Verlauf der bleibenden Dehnungen für einen Stahl mit 13% Ni, 16% Cr und 2,5% W bei 600°. (Nach E. Siebel und M. Ulrich.)

von der Spannung (Abb. 80) ergibt sich eine Gerade, deren Ordinatendifferenz bei 1 kg/mm² Spannungszunahme den Wert log C darstellt. σ_0 ergibt sich als die Strecke, die von der Geraden auf der Abszissenachse abgeschnitten wird.

Nach E. Siebel und M. Ulrich[2] soll die Belastung, bei der die Dehngeschwindigkeit nach Erreichen einer bleibenden Formänderung von 0,2% einen Wert von $1 \cdot 10^{-4}\%$/h nicht überschreitet, eine brauchbare Berechnungsgrundlage bilden. Die Bestimmung dieser mit *Dauerstandstreckgrenze* bezeichneten Grenzbelastung geschieht durch graphische Auftragung der durch Belastungsversuche

[1] Eckardt, H.: Dr.-Ing.-Dissertation, T. H. Aachen 1929.
[2] Siebel, E. u. M. Ulrich: Z. VDI Bd. 76 (1932) S. 659.

von etwa fünfzigstündiger Dauer ermittelten bleibenden Dehnung in Abhängigkeit von der Zeit in einem doppellogarithmischen Koordinatensystem, unter der Annahme, daß die Zeit-Dehnungsschaulinien bei dieser Auftragung geradlinig verlaufen (Abb. 81).

Nach H. JURETZEK und F. SAUERWALD[1] soll bei Auftragung der Dehngeschwindigkeits-Belastungsschaulinie im doppellogarithmischen Koordinatensystem ein deutlicher Knickpunkt auftreten (Abb. 82 bis 84). Die zu diesem Knickpunkt gehörende Belastung soll der Dauerstandfestigkeit entsprechen. Nach K. v. HANFFSTENGEL und H. HANEMANN[2] kommt dem von JURETZEK und SAUERWALD beobachteten „Unstetigkeitspunkt“ keine besondere Bedeutung zu. Ihrer Ansicht nach ist er als der Zustand beginnender Rekristallisation oder Erholung anzusehen.

In der Eidgenössischen Materialprüfungsanstalt der Technischen Hochschule Zürich[3] wird die Dauerstandfestigkeit im Abkürzungsverfahren als diejenige Spannung ermittelt, bei der die Dehngeschwindigkeit zwischen der 24. und 48. Versuchsstunde 0,001 %/h bzw. 0,024 %/Tag beträgt. Bei Dauerversuchen wird diejenige Spannung festgestellt, bei der die Enddehngeschwindigkeit — in der Regel nach einem Monat — den Wert 0,001 und 0,0001 %/h bzw. 0,024 und 0,0024 %/Tag erreicht.

Umfangreiche Gemeinschaftsversuche[4], die vom Unterausschuß für den Zugversuch des Vereins deutscher Eisenhüttenleute durchgeführt worden sind, haben zur Aufstellung von Richtlinien für die Durchführung eines Abkürzungsverfahrens zur Bestimmung der Dauerstandfestigkeit geführt, die in DIN-Vornorm DVM-Prüfverfahren A 117 übernommen sind. Die wichtigsten getroffenen Festsetzungen sind folgende:

Die Ermittlung der Dauerstandfestigkeit erfordert die Durchführung von 3 bis 5 Versuchen mit verschiedenen, der voraussichtlichen Dauerstandfestigkeit angepaßten Belastungen, für die je ein neuer Probestab zu verwenden ist. Aus den hierdurch gewonnenen Zeit-Dehnungsschaulinien wird für jede Be-

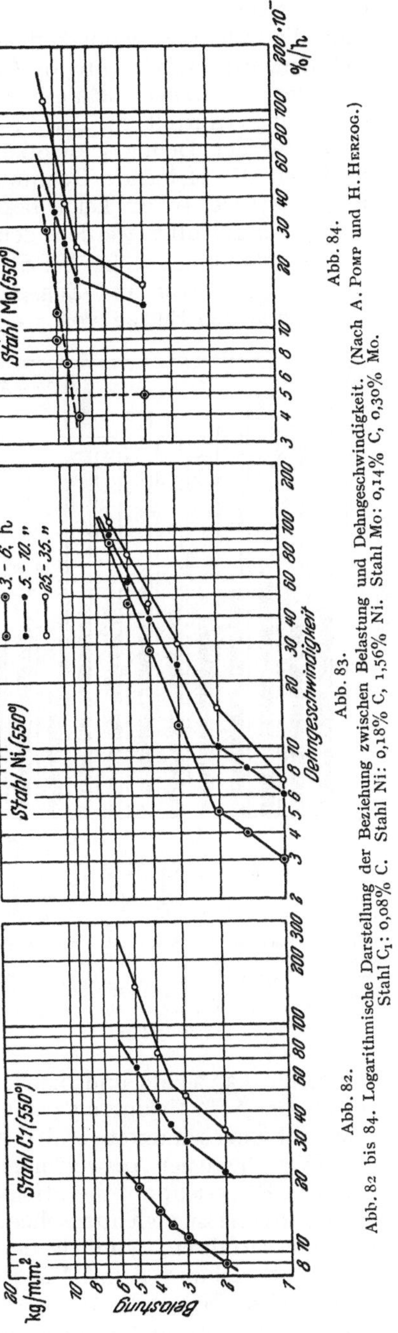

Abb. 82 bis 84. Logarithmische Darstellung der Beziehung zwischen Belastung und Dehngeschwindigkeit. (Nach A. POMP und H. HERZOG.) Stahl Ni: 0,18% C, 1,56% Ni. Stahl Mo: 0,14% C, 0,30% Mo. Stahl C1: 0,08% C.

---

[1] JURETZEK, H. u. F. SAUERWALD: Z. Phys. Bd. 83 (1933) S. 483.
[2] HANFFSTENGEL, K. v. u. H. HANEMANN: Z. Metallkde. Bd. 29 (1937) S. 50.
[3] ROŠ, M. u. A. EICHINGER: Diskussionsber. Nr. 87 der Eidgen. Mat.-Prüf.-Anstalt, Zürich 1934.
[4] SCHMITZ, H.: Stahl u. Eisen Bd. 55 (1935) S. 1523.

lastungsstufe unter Berücksichtigung des Schaulinienverlaufs bis zum Versuchsende die Dehngeschwindigkeit zwischen der 25. und 35. Stunde ermittelt. Diese Dehngeschwindigkeit wird in Abhängigkeit von der Zugspannung aufgetragen. Aus der erhaltenen Schaulinie wird die Dauerstandfestigkeit als die Beanspruchung ermittelt, die einer Dehngeschwindigkeit von $10 \cdot 10^{-4}\,\%/h$ entspricht.

Außer der Dehngeschwindigkeit ist bei der Bestimmung der Dauerstandfestigkeit die bleibende Dehnung festzustellen und zu berücksichtigen. In der Regel darf sie, sofern keine besonderen Vereinbarungen zwischen Lieferer und Abnehmer getroffen werden, den Wert von 0,2% nach 45 h nicht überschreiten.

Für Abnahmezwecke, bei denen nur festzustellen ist, ob bei der vorgeschriebenen Temperatur und Zugspannung die Dehngeschwindigkeit in der 25. bis 35. Stunde den Betrag von $10 \cdot 10^{-4}\,\%/h$ und die bleibende Dehnung nach 45 h den Betrag von 0,2% oder den vereinbarten Wert nicht überschreitet, genügt ein Versuch.

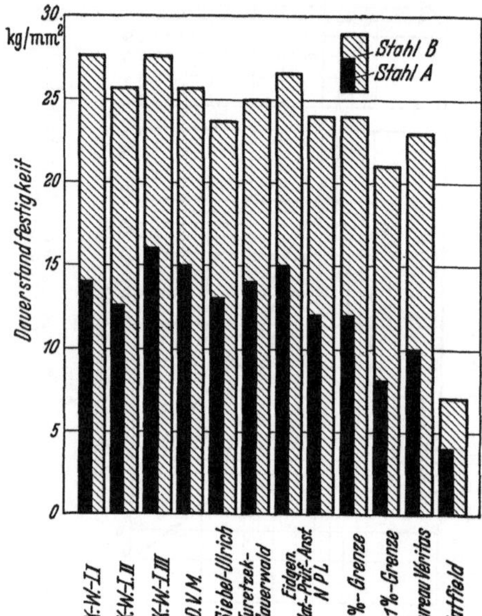

Abb. 85. Nach verschiedenen Verfahren bestimmte Dauerstandfestigkeit zweier Stähle bei 500°. Stahl A: Molybdän-Kupfer-Stahl mit 0,12% C, 0,33% Mo und 0,20% Cu. Stahl B: Chrom-Molybdän-Stahl mit 0,15%, 0,80% Cr und 0,53% Mo. (Nach A. Pomp und A. Krisch.)

Bedeutung der im Kurzversuch bestimmten Dauerstandfestigkeit.

Die im Abkürzungsverfahren bestimmte Dauerstandfestigkeit kann nur eine Unterlage für die vergleichende Wertung verschiedener Werkstoffe nach ihrem voraussichtlichen Verhalten bei hoher Temperatur bieten. Aussagen über zulässige Beanspruchung und über die Bewährung unter den im praktischen Betrieb gegen den Prüfstab stets abweichenden Arbeitsbedingungen werden erst möglich unter Zuziehung der in dieser Hinsicht mit dem einen oder anderen Werkstoff bereits gesammelten Betriebserfahrungen von hinreichend langer Dauer und Zuverlässigkeit.

Vergleich der nach verschiedenen Verfahren bestimmten Dauerstandfestigkeit.

A. Pomp und A. Krisch[1] bestimmten an einem Molybdän - Kupferstahl mit 0,12% C, 0,33% Mo und 0,20% Cu sowie an einem Chrom-Molybdänstahl mit 0,15% C, 0,80% Cr und 0,53% Mo bei 500° die Dauerstandfestigkeit im Salzbadofen mit ungeschützten und mit vernickelten Proben sowie im Luftofen nach zwölf verschiedenen Auswertungsverfahren. Die Versuche im Luftofen (Abb. 85) sind mit Rücksicht auf die Stickstoffeinwanderung bei Versuchen in Salzbadöfen als die zuverlässigsten anzusehen. Bei diesen liegen die Ergebnisse von neun Auswertungsverfahren, nämlich den drei Verfahren des Kaiser-Wilhelm-Instituts für Eisenforschung, dem DVM-Prüfverfahren A 117/118, dem Verfahren der Eidgenössischen Materialprüfungsanstalt, dem des National Physical Laboratory, dem von Siebel und Ulrich, dem von Juretzek und Sauerwald sowie der Bestimmung von 1% Gesamtdehnung in 10 000 h (Amerika), bei beiden Stählen innerhalb eines Streubereiches von ± 2 kg/mm². In diesen Bereich fallen auch

[1] Pomp, A. u. A. Krisch: Mitt. K.-Wilh.-Inst. Eisenforschg. Bd. 20 (1938) S. 247—263. Vgl. auch A. Krisch: Arch. Eisenhüttenw. Bd. 12 (1938/39) S. 199—206.

die Auswertungen der Versuche im Salzbad mit geschützten und ungeschützten Proben nach den Verfahren I und II des Kaiser-Wilhelm-Instituts, des DVM, der Eidgenössischen Materialprüfungsanstalt und dem von Juretzek-Sauerwald. Die Bestimmung der Dauerstandfestigkeit nach einer zulässigen Dehngeschwindigkeit von $5 \cdot 10^{-4}$%/h in der 25. bis 35. Stunde, die Bestimmung von 0,1% Gesamtdehnung und das Verfahren nach Hatfield ergeben dagegen in allen Fällen niedrigere Werte. Wie schon die Festsetzung der zulässigen Dehngeschwindigkeit für diese Auswertungen vermuten läßt, sind diese Grenzen für wesentlich andere Voraussetzungen aufgestellt als die bei den erstgenannten neun Verfahren, die im wesentlichen eine Voraussage über den Bruch der Probe erbringen sollen.

Rückdehnung.

In letzter Zeit hat man der Erscheinung der Rückdehnung, auch Kriecherholung genannt, erhöhte Bedeutung geschenkt. Wird ein Probestab, der bei hoher Temperatur längere Zeit einer gleichbleibenden Belastung ausgesetzt ist und infolgedessen sich dehnt, entlastet, die Temperatur aber weiterhin auf ihrer alten Höhe gehalten, so tritt augenblicklich eine elastische Verkürzung ein, an die sich im Laufe der Zeit eine weitere Verkürzung, die Kriecherholung, anschließt. Diese Verkürzung setzt sich unter Umständen über Tausende von Stunden nach Fortnahme der Last fort. Einen Begriff von der Größe der Rückdehnung vermitteln die in Zahlentafel 3 zusammengestellten Angaben nach Untersuchungen von H. J. Tapsell[1].

Zahlentafel 3. Rückdehnungsmessungen. (Nach H. J. Tapsell.)

Werkstoff	Prüfbedingungen	Elastische Anfangsdehnung unter Last %	Dehnung unter Last %	Rückdehnung %
Ni-Cr-Mo-Stahl	Prüftemperatur 450° Spannung 15,7 kg/mm² auf 0,6 kg/mm² herabgesetzt	0,103	0,070 nach 1530 h	0,018 nach 24 h 0,032 nach 1120 h
3% Ni-Stahl	Prüftemperatur 400° Spannung 4,7 kg/mm² auf 0,6 kg/mm² herabgesetzt	0,027	0,089 nach 2420 h	0,018 nach 3000 h
Stahl mit 0,13% C	Prüftemperatur 450° Spannung 1,6 kg/mm² praktisch vollständig entlastet	0,0118	0,0032 nach 1279 h	0,0029 nach 840 h
Blei	Prüftemperatur 60° Spannung 0,3 kg/mm² auf 0,06 kg/mm² herabgesetzt	0,0129	0,537 nach 191 h	0,0056 nach 2000 h

Wenn auch die Rückdehnung für die Praxis nicht von besonderer Bedeutung ist, da mit dem Rückgang der Spannung meist auch eine Temperaturerniedrigung verbunden ist, so ist eine Aufklärung über die Ursache dieser Erscheinung doch von Wichtigkeit, da die Einflüsse, die die Rückdehnung begünstigen, auch während des Kriechvorganges eine Rolle spielen können. Tapsell gibt folgende beiden Erklärungen für das Zustandekommen der Rückdehnung an. Wenn die Kristallite eines Kristallhaufwerkes einen stark unterschiedlichen Verformungs-

---

[1] Tapsell, H. J.: Internationaler Verband für Materialprüfungen, Londoner Kongreß 1937, Gruppe A-Metalle, Bericht Nr. 1.

widerstand gegen eine in einer bestimmten Richtung wirkende Kraft aufweisen, so wird die innere Spannungsverteilung nach einer gewissen Kriechzeit sehr unterschiedlich sein. Die „schwachen" Körner werden leichter verformt; infolgedessen wird im Vergleich zu den „starken" Körnern nur eine geringe Spannung in ihnen zurückbleiben. Wird sodann die äußere Last aufgehoben, so erleiden die Körner, die nur unter geringer Spannung stehen, unter der Wirkung der elastischen Zusammenziehung der unter hoher Spannung stehenden Körner Druckspannungen. Die Folge davon ist, daß in den ersteren Körnern eine entgegengesetzt gerichtete Verformung eintritt, wobei eine gewisse Zeit erforderlich ist, bis die Spannungsverteilung stabil geworden ist. Die Beibehaltung der Temperatur bewirkt eine Entfestigung der durch das voraufgegangene Kriechen verfestigten Kristalle, so daß unter Umständen die Probe in den völlig spannungsfreien Zustand übergeführt wird. Eine zweite Erklärungsmöglichkeit für die Rückdehnung sieht Tapsell darin, daß ein Teil der Kriecherholung durch eine extraelastische Wirkung hervorgerufen wird, d. h. durch eine im Laufe der Zeit eintretende Änderung der Gitterdehnung in Richtung der aufgebrachten Spannung.

Nach A. Pomp[1] können die Erscheinungen der Rückdehnung auch durch Ausscheidungsvorgänge im Stahl verursacht sein. Derartige Ausscheidungen sind mit Volumen-Verkleinerung verbunden. Nach Fortnahme der Last geht der Ausscheidungsvorgang unter der Einwirkung der Temperatur weiter und ruft eine Verkürzung der Probe hervor. Das Abklingen der Verkürzung mit der Zeit kann darin seine Ursache haben, daß die ausscheidungsfähigen Bestandteile nach einiger Zeit restlos ausgeschieden sind. Es kann aber auch der Ausscheidungsvorgang erst unter der gemeinsamen Wirkung von Temperatur und Spannung zustande kommen, d. h. unter Bedingungen, wie sie während der Belastung des Stabes gegeben sind. Die damit einsetzende Verkürzung des Probestabes wirkt dem unter der Last auftretenden Dehnen entgegen. Je nach der Größe der Belastung, der Temperatur und der Menge der ausgeschiedenen Bestandteile kann das Dehnen vermindert oder ganz zum Stillstand kommen, unter Umständen kann sogar bei der unter Last stehenden Probe eine Zusammenziehung, also eine Verkürzung, eintreten. Dieser letztere Fall ist bei bestimmten Stahlsorten verschiedentlich beobachtet worden. Wird nun die Last fortgenommen, die Temperatur aber aufrechterhalten, so gehen unter dem Einfluß der Temperatur und der infolge des vorausgegangenen Dehnens sowie der dadurch bewirkten Spannungen die Ausscheidungsvorgänge weiter, bis infolge Entfestigung und damit Aufhebung der Spannungen der Vorgang zum Stillstand kommt.

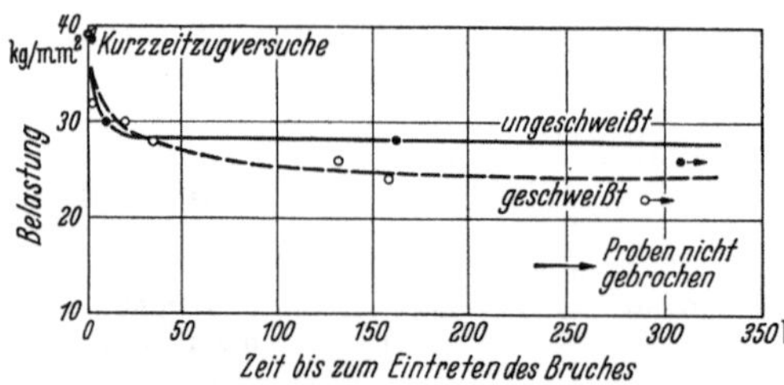

Abb. 86. Dauerbelastungsversuche bei 500° mit ungeschweißten und geschweißten Proben eines Chrom-Molybdän-Stahles. (Nach E. Siebel.)

Zeitstandfestigkeit.

In Anlehnung an die Begriffsbestimmung der Zeitfestigkeit bei der Schwingungsprüfung wird bei der Prüfung bei erhöhten Temperaturen die Belastung, die innerhalb einer bestimmten Zeit einen Bruch der Probe herbeiführt, von E. Siebel[2] mit *Zeitstandfestigkeit* bezeichnet. Die bei den verschiedenen Beanspruchungen sich ergebenden Zeiten bis zum Bruch lassen gemäß Abb. 86 sich durch Kurven darstellen, die den Wöhler-Kurven zur Bestimmung der Schwingungsfestigkeit eines Werkstoffes entsprechen.

[1] Pomp, A : Stahl u. Eisen Bd. 58 (1938) S. 460.
[2] Siebel, E.: V. G. B. 1938, Heft 67, S. 74.

Die Versuche wurden mit einer 10-t-Dauerstandmaschine der Losenhausen-werk A.G. durchgeführt. Die bei den Versuchen auftfetenden großen Dehnungen bewirken ein Absinken des Belastungsgewichtes am Waagebalken. Dieses Absinken konnte durch die in Abb. 87 dargestellte Einrichtung unterbunden werden. An dem Waagebalken, sowie an einer mit der Maschine fest verbundenen Stange sind Kontakte angebracht. Senkt sich das Belastungsgewicht an dem Waagebalken der Maschine um etwa $^2/_{10}$ bis $^3/_{10}$ mm, so wird ein Stromkreis geschlossen, welcher über ein Relais einen Motor in Betrieb setzt. Der Motor bewirkt mittels Riemen- und Kettenantriebs ein Nachziehen der Maschine, d. h. eine Abwärtsbewegung des unteren Einspannkopfes, und zwar solange, bis sich der Waagebalken wieder horizontal einstellt.

Abb. 87. Dauerstandeinrichtung mit Konstanthaltung der Last bei großen Dehnungen. (Nach E. SIEBEL.) *a* Unterer Einspannkopf; *b* Motor; *c* Schreibgerät; *d* Relais; *e* elektrische Uhr; *f* Kontakte.

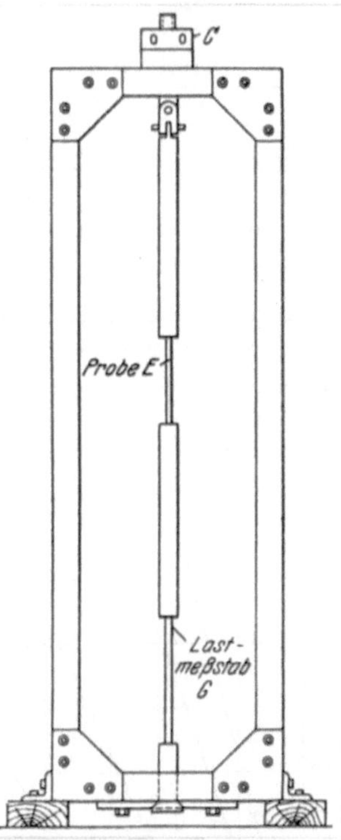

Abb. 88. Gerät zur Bestimmung der Dauerstandfestigkeit nach W. BARR und W. E. BARDGETT.

b) Versuche mit gleichbleibender Temperatur und veränderlicher Belastung.

Versuche mit gleichbleibender Temperatur und abnehmender Belastung sind von W. BARR und W. E. BARDGETT[1] durchgeführt worden. Abb. 88 zeigt ein Schema der Versuchsanordnung. Der zu untersuchende Stab E, der sich in einem elektrisch beheizten Ofen befindet, wird durch Anziehen der Schraubenmutter C belastet. Die Höhe der Last wird durch Dehnungsfeinmessungen an dem rein elastisch beanspruchten Stab G ermittelt. Die Arbeitsweise bei der

---

[1] BARR, W. u. W. E. BARDGETT: Proc. Instn. mech. Engrs, Lond. Bd. 122 (1932) S. 285 u. 298.

Vornahme der Prüfung geht aus Abb. 89 hervor. Der auf 500° erhitzte Probestab wurde einer Belastung von 22 kg/mm² ausgesetzt. Infolge der eintretenden Dehnung fällt die Last entsprechend Schaulinie A ab, und zwar erst rasch und sodann langsamer. Ein neuer Probestab, der mit der aus dem ersten Versuch sich ergebenden Endspannung (12,6 kg/mm²) belastet wurde, zeigte gleichfalls anfänglich einen starken Rückgang der Spannung, jedoch in einem geringeren Maße als beim ersten Versuch (Schaulinie B). Weitere Versuche mit noch niedrigeren Anfangsbelastungen (Schaulinie C und D) zeigen ein weiteres verringertes Fallen der anfänglich aufgebrachten Belastung. Trägt

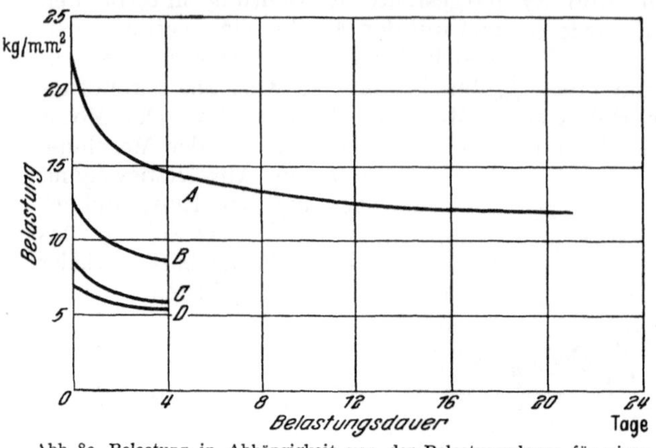

Abb. 89. Belastung in Abhängigkeit von der Belastungsdauer für einen Stahl mit 0,11% C bei 500°. (Nach W. Barr und W. E. Bardgett.)

man die im Verlauf einer bestimmten Zeit (48 h) eingetretenen Lastabfälle in Abhängigkeit von der Anfangslast (Abb. 90) auf, so liegen diese Punkte für jede Temperatur auf einer Geraden. Die Schaulinien verlaufen um so steiler, je höher die Prüftemperatur ist. Der Schnittpunkt der Kurven mit der Abszissenachse gibt diejenige Spannung an, bei der im Laufe der angewandten Prüfdauer kein meßbarer Spannungsabfall eingetreten ist.

Ein Nachteil der Versuchseinrichtung von Barr und Bardgett liegt darin, daß die mit dem Kriechen des Stabes eintretende Entlastung von den Federungsverhältnissen des Rahmens abhängig ist, und daß dementsprechend je nach der Größe dieser Federung ganz verschiedenartige Ergebnisse erzielt werden. Der gleiche Nachteil haftet dem von der *Poldihütte* entwickelten Verfahren[1] an, das ebenfalls mit einer von der Maschine abhängigen Entlastung arbeitet.

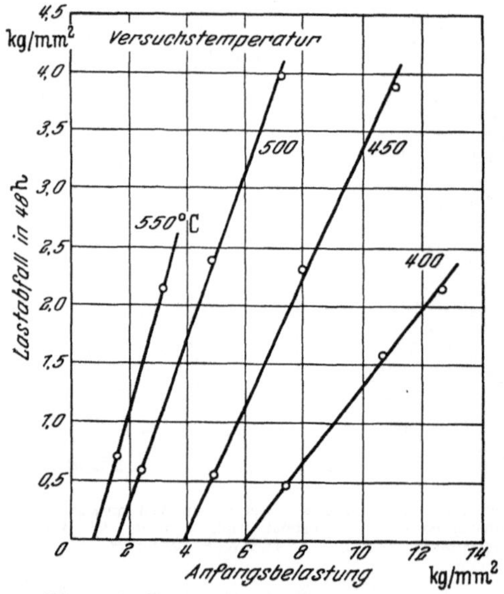

Abb. 90. Lastabfall in Abhängigkeit von der Anfangsbelastung für einen Stahl mit 0,11 % C bei verschiedenen Temperaturen. (Nach W. Barr und W. E. Bardgett.)

Nach K. Wellinger[2] besteht die Möglichkeit, diese Maschineneinflüsse auszuschalten, indem man die Versuchsbedingungen so wählt, daß die Gesamtdehnung der Probe konstant gehalten wird. Dies ist dadurch zu erreichen, daß man die Probe in einen völlig starren Rahmen einspannt, oder indem man

---

[1] Ludwig, R. u. H. Wüstl: Internationaler Verband für Materialprüfung, Londoner Kongreß 1937, S. 9—12.

[2] Wellinger, K.: Arch. Eisenhüttenwes. Bd. 12 (1938/39), S. 543.

die Last vom Dehnungsmeßgerät aus so steuert, daß die genannte Bedingung erfüllt wird. Wenn die Gesamtdehnung konstant gehalten wird, wird sich die elastische Dehnung und damit die Belastung in dem Maße vermindern, wie die bleibende Dehnung des Stabes infolge des Kriechens ansteigt. In Abb. 91 ist der bei einer derartigen Arbeitsweise bei einer Gesamtdehnung von etwa 0,6% auftretende Verlauf der Spannungen für einen Cr-Mo-V-Stahl aufgezeichnet.

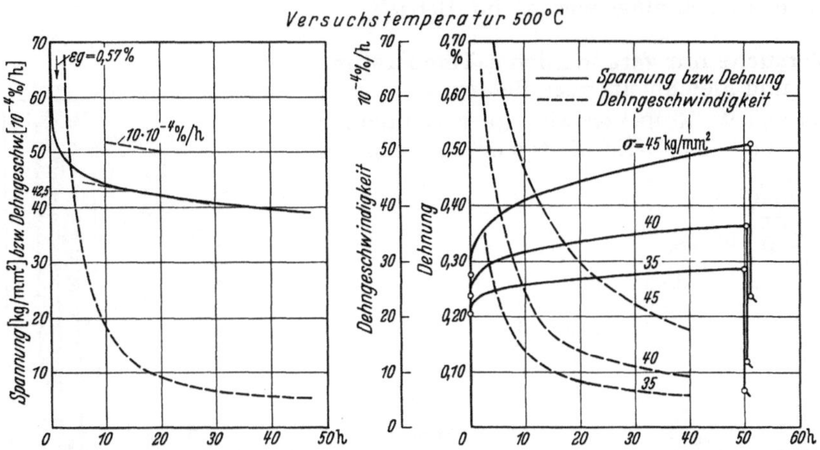

Abb. 91. Dauerstandversuche an einem Chrom-Molybdän-Vanadin-Stahl mit 0,20% C, 1,26% Cr, 1,40% Mo und 0,36% V bei gleichbleibender Temperatur (500°) unter abnehmender Last (links) und gleichbleibender Last (rechts). (Nach K. WELLINGER.)

Die Dehngeschwindigkeit sinkt hier bereits nach etwa 18 h auf den Betrag von $10 \cdot 10^{-4}\%/h$ ab. Zum Vergleich sind die bei einer konstanten Belastung von 45, 40 und 35 kg/mm² erzielten Zeit-Dehnungskurven ebenfalls dargestellt.

Bei der geschilderten Art der Versuchsdurchführung erhält man für verschiedene Gesamtdehnungen auch verschiedene Spannungen, bei denen das Kriechen zum Stillstand kommt. Der Endzustand kann dabei als praktisch erreicht gelten, wenn die Dehngeschwindigkeit auf $1 \cdot 10^{-4}\%/h$

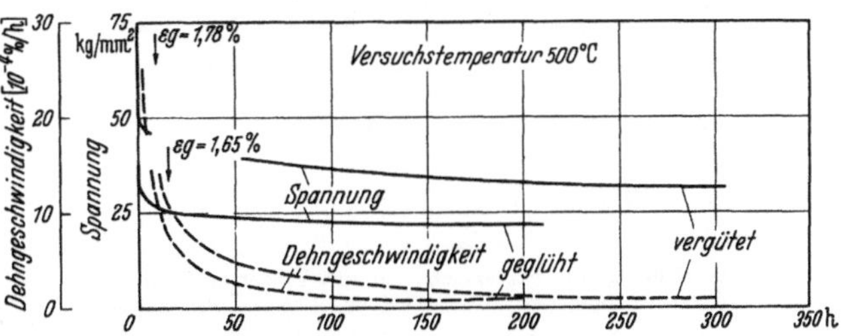

Abb. 92. Zeit-Spannungs- und Zeit-Dehngeschwindigkeitskurven an einem Chrom-Nickel-Molybdän-Stahl mit 0,12% C, 0,73% Cr, 1,61% Ni und 0,79% Mo bei 500°. (Nach K. WELLINGER.)

abgesunken ist. Wie Abb. 92 zeigt, wird dieser geringe Wert der Dehngeschwindigkeit auch bei vergüteten Schraubenwerkstoffen, bei welchen der Gefügezustand nicht als völlig stabil angesehen werden kann, nach etwa 300 h, bei dem gleichen Werkstoff, wenn er im geglühten Zustand verwendet wird, aber bereits nach 150 h erreicht. Derartige Dauerstandversuche mit konstanter Gesamtdehnung liefern also bei etwa zehntägiger Belastung die Beanspruchung, bei welcher auch bei sehr langer Versuchsdauer der festgelegte Wert der Gesamtdehnung nicht überschritten wird. Es dürfte sich empfehlen, den Versuchen eine Gesamtdehnung von etwa 0,5% zugrunde zu legen.

Ein von P. CHEVENARD[1] entwickeltes Gerät, das gleichfalls für Versuche bei unveränderter Temperatur und veränderlicher (abnehmender) Last dient,

---

[1] CHEVENARD, P.: Métaux Bd. 10 (1935) S. 76.

ist in Abb. 93 dargestellt. Durch Anziehen der Schraube V wird der Probe E zu Beginn des Versuches eine bestimmte Vorspannung erteilt. Durch das Fließen der Probe verringert sich diese Belastung, die als Durchbiegung der Feder R gemessen und mit einem langen Hebel, der am Ende eine Schreibfeder trägt, auf einer Uhrwerktrommel in Abhängigkeit von der Zeit aufgezeichnet wird.

Die Beanspruchung der Probe in diesen Geräten entspricht sehr gut derjenigen eines Schraubenbolzens im Betriebe.

c) Versuche mit veränderlicher Temperatur und gleichbleibender Belastung.

Das von W. Rohn[1] entwickelte Verfahren zur Bestimmung der Kriechfestigkeit metallischer

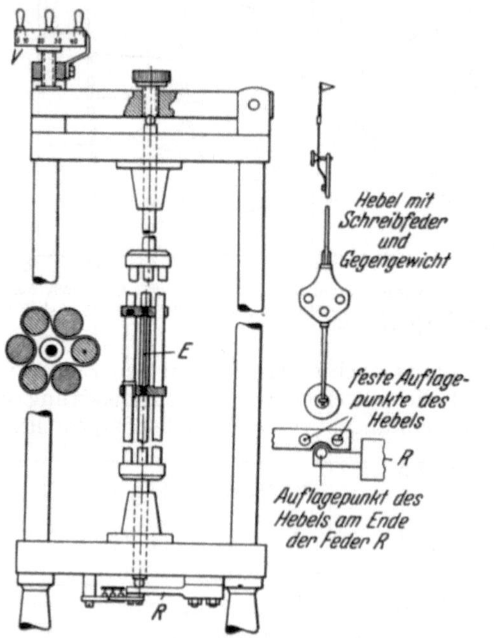

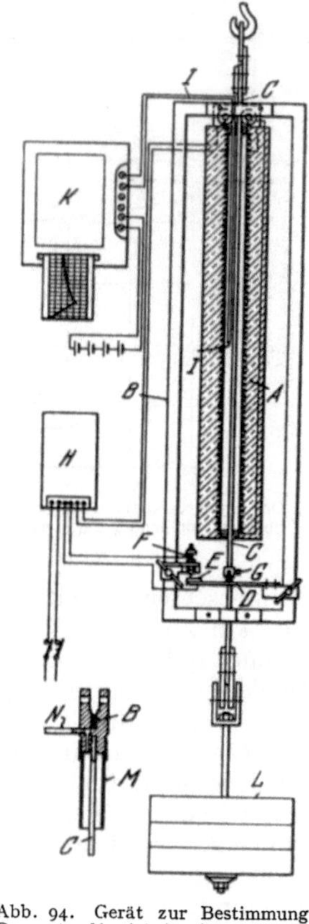

Abb. 93. Vorrichtung für Zugversuche bei unveränderter Temperatur und veränderlicher (abnehmender) Belastung. (Nach P. Chevenard.)

Abb. 94. Gerät zur Bestimmung der Dauerstandfestigkeit. (Nach W. Rohn.)

Werkstoffe bei erhöhten Temperaturen beruht auf Versuchen mit gleichbleibender Belastung und veränderlicher Temperatur. Rohn verwendet ein Gerät, das die Wärmeausdehnung des Probestabes als Meßgrundlage benutzt. Die Versuchsanordnung ist schematisch in Abb. 94 dargestellt. Der Probestab von üblich 10 mm Dmr. und 1,3 m Länge befindet sich in einem elektrisch geheizten Röhrenofen A von 1 m Länge und 35 mm lichter Weite. Die Wicklung des bis etwa 1150° verwendeten Ofens ist so angeordnet, daß eine möglichst gleichmäßige Temperatur über nahezu die gesamte Länge des Ofens erreicht wird. Der Ofen ist umgeben von einem starren Rahmen B aus Invar, an dem der Ofen selbst aufgehängt ist und an dem zugleich oberhalb des Ofens die Probe C festgeklemmt ist, während sie sich nach unten frei dehnen kann. Unterhalb des Ofens ist an der Probe bei G eine Schneide angeklemmt, gegen die sich eine an dem Invarrahmen befestigte leichte Blattfeder D anlegt. Das freie Ende dieser Feder trägt bei E ein Platinplättchen, dem bei F eine mikrometrisch fein ver-

<hr>

1 Rohn, W.: Z. Metallkde. Bd. 24 (1932) S. 127.

stellbare Platinspitze gegenübersteht. Geht man bei einem *unbelasteten* Probestab von einer bestimmten Temperatur aus, bei der die Feder gerade die Schneide
bei G und das Plättchen bei E gerade noch die Platinspitze bei F berührt, so
wird eine geringe Temperatursteigerung eine Unterbrechung des Kontaktes
bewirken, wodurch über ein Relais H der Heizstrom des Ofens unterbrochen
oder der Heizwicklung des Ofens ein passend bemessener Widerstand vorgeschaltet wird. Deshalb wird die Temperatur des Ofens und der Probe langsam
zu sinken beginnen, bis erneut Kontakt entsteht und damit der Heizstrom des
Ofens eingeschaltet oder verstärkt wird. Auf diese Weise soll erreicht werden,
daß die Temperatur des Ofens innerhalb ± 2 bis $3°$ um die beabsichtigte Unter-
suchungstemperatur pendelt. Die Ofentemperatur wird durch ein Thermoelement I gemessen und fortlaufend von dem Schreiber K aufgezeichnet. Am

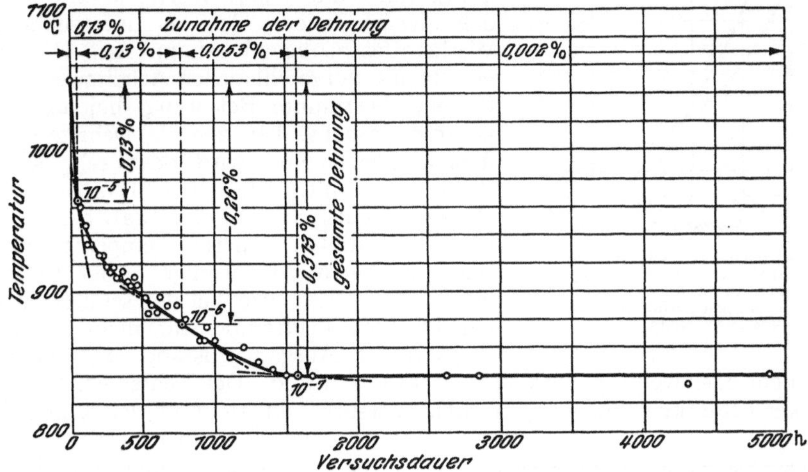

Abb. 95. Temperatur-Zeitschaulinie einer Nickellegierung bei einer Belastung von 0,5 kg/mm². (Nach W. Rohn.)

unteren freien Ende des Prüfstabes ist die Prüflast angehängt. Ist die Last so
klein, daß sie ein Kriechen des Prüfstabes bei der betreffenden Temperatur
nicht bewirkt, so wird die Temperatur gleichbleiben. Längt sich dagegen der
Probestab durch die Last, so wird das Spiel des Kontaktes so beeinflußt, daß
die Ofentemperatur allmählich sinkt. Aus dem Temperaturabfall in der Zeiteinheit läßt sich mit Hilfe des Wärmeausdehnungskoeffizienten die in einer
bestimmten Zeit eingetretene Verlängerung des Stabes errechnen.

Will man das Verhalten eines Werkstoffes bei einer bestimmten Temperatur
über eine längere Zeit untersuchen, so geht man in der Weise vor, daß man
etwa alle 24 h die Mikrometerschraube mit dem Platinkontakt F so weit nachstellt, daß die Ofentemperatur wieder die beabsichtigte Höhe erreicht und man
feststellt, um wieviel Grad je Stunde die Temperatur durchschnittlich zwischen
zwei Nachstellungen gesunken ist. Man kann auch in der Weise verfahren, daß
man das Nachregeln unterläßt. In dem Falle wird die Ofentemperatur allmählich
sinken. Da aber bei abnehmender Temperatur die Festigkeit des Probestabes zunimmt, so wird sich der Temperaturabfall in der Zeiteinheit immer mehr ver-
langsamen, bis schließlich eine weitere Verlängerung durch Kriechen nicht mehr
eintritt und die Temperatur des Ofens gleichbleibt. Bei der dann herrschenden
Temperatur entspricht die angehängte Last gerade der Dauerstandfestigkeit.

Abb. 95 gibt die Temperatur-Zeitkurve einer Nickellegierung mit 15% Cr,
7% Mo und 15% Fe unter einer Last von 0,5 kg/mm² wieder. Zu Beginn des

Versuches wurde eine Temperatur von 1050° eingestellt und dann die Einrichtung
sich selbst überlassen. Die gesamte Dehnung innerhalb der Versuchszeit von
5000 h entspricht einem Temperaturabfall von 210°, woraus sich eine Verlängerung des Probestabes um etwa 0,3% errechnet.
Die Punkte, an denen die Dehngeschwindigkeit
gerade 10^{-5}, 10^{-6} und 10^{-7}%/h betrug, sind
hervorgehoben. Die Dauerstandfestigkeit liegt
für die Temperatur von 840° bei 0,5 kg/mm².

Ein Nachteil der Rohnschen Einrichtung
ist die große Länge der Probe (1,3 m). Die
Dehnung wird aus dem beobachteten Temperaturunterschied errechnet. Dieses Verfahren
liefert nur dann sichere Werte, wenn der Aus-
dehnungskoeffizient des zu untersuchenden
Werkstoffes genügend bekannt ist. Nach der
von Rohn vorgeschlagenen Arbeitsweise wird
für eine bestimmte Belastung diejenige Temperatur gesucht, bei der die Dehngeschwindigkeit gleich Null wird oder sehr geringe
Werte annimmt. Ehe diese Temperatur im
Ofen sich einstellt, hat der Stab bei den zunächst gewählten höheren Temperaturen bereits eine mehr oder weniger große Dehnung
erfahren. Es liegt also bei der schließlich sich
einstellenden Prüftemperatur nicht mehr der
Werkstoff im Ausgangszustand vor, sondern in

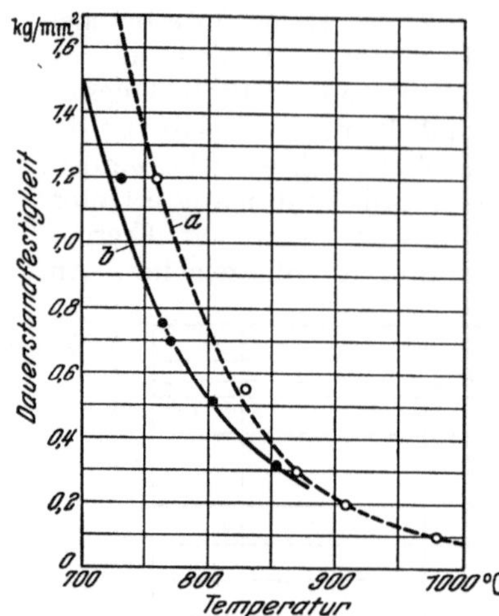

Abb. 96. Dauerstandfestigkeit einer Nickellegierung mit 15% Cr, 7% Mo und 15% Fe
bei Annäherung an die Versuchstemperatur
von tieferen(a) und höheren (b) Temperaturen.
(Nach W. Rohn.)

einem mehr oder weniger stark vorgerecktem Zustand. Der Fehler wird sich um
so stärker bemerkbar machen, je mehr Versuche an ein und demselben Stab
vorgenommen werden. Diese
Bedenken fallen fort bei der
Prüfung metallischer Werkstoffe bei sehr hohen Temperaturen, bei denen auch nach
kleiner Verformung bereits
Rekristallisation eintritt.

Auf einige bemerkenswerte
Beobachtungen, die Rohn bei
seinen Untersuchungen ge-
macht hat, sei noch hingewiesen. Bei Werkstoffen, bei
denen in dem zu untersuchenden Temperaturbereich bereits
nach kleinen Verformungen
Kristallerholung eintritt, spielt
es eine große Rolle, ob man
den Versuch so ausführt, daß
man sich der Versuchstemperatur aus heißeren oder kälteren
Bereichen nähert. Aus Abb. 96

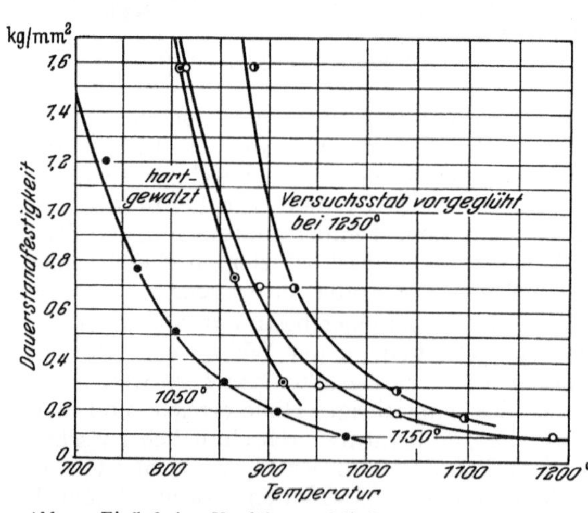

Abb. 97. Einfluß eines Vorglühens auf die Dauerstandfestigkeit einer
Nickellegierung mit 15% Cr, 7% Mo, 16% Fe und 2% Mn.
(Nach W. Rohn.)

ist zu ersehen, daß sich dabei Unterschiede in der Dauerstandfestigkeit bis
zu 40% ergeben können. Ferner macht es einen erheblichen Unterschied, ob
eine Probe im kalten Zustand oder erst nach Erreichung der Prüftemperatur
belastet wird. Aus Abb. 97 geht hervor, daß selbst als warmfest bekannte

metallische Werkstoffe bei Temperaturen von 900 und 1000° nur noch sehr geringe Dauerstandfestigkeiten haben. Zu erwähnen sind auch die Beobachtungen ROHNs, die sich übrigens mit denen anderer Stellen decken, daß durch Glühen bei hohen Temperaturen die Dauerstandfestigkeit eine Verbesserung erfährt. Abb. 97 zeigt, daß bei einer Nickellegierung für eine Versuchstemperatur von 980° eine Erhöhung der Vorglühtemperatur von 1050 auf 1150 und 1250° die Dauerstandfestigkeit etwa auf den drei- und vierfachen Betrag erhöht.

C. R. AUSTIN und J. R. GIER[1] haben das von W. ROHN entwickelte Gerät zur Bestimmung der Kriechfestigkeit metallischer Werkstoffe bei erhöhten

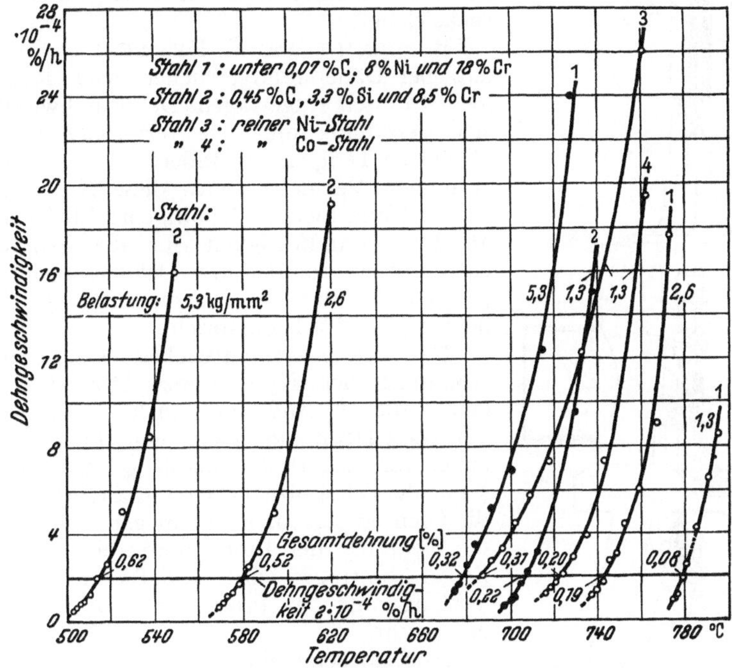

Abb. 98. Einfluß der Temperatur auf die Dehngeschwindigkeit verschiedener Stähle bei unveränderlicher Belastung. (Nach C. R. AUSTIN und J. R. GIER.)

Temperaturen durch einen in der Minute sechsmal betätigten Stromunterbrecher ergänzt und dadurch die kleinen Temperaturschwankungen, welche die Auswertung der Temperatur-Zeitschaulinien sehr erschwerten, zum Verschwinden gebracht. Die Heizwicklung ist so angeordnet, daß die Probe über eine Länge von 500 mm eine unveränderliche Temperatur hat. Mit dieser verbesserten Einrichtung wurden von AUSTIN und GIER vergleichende Untersuchungen an Eisen, Nickel, Kobalt, einem Stahl mit weniger als 0,07 % C, mit 8 % Ni und 18 % Cr und einem solchen mit 0,45 % C, 3,3 % Si und 8,5 % Cr durchgeführt. Ein Teil der Versuchsergebnisse ist in Abb. 98 wiedergegeben, in der die Dehngeschwindigkeit in Abhängigkeit von der Temperatur für eine Reihe von Belastungen aufgetragen ist. Neben jeder Schaulinie ist die bis zu einer Kriechgeschwindigkeit von $2 \cdot 10^{-4}$ %/h eingetretene Gesamtdehnung vermerkt, so daß die untersuchten Metalle und Legierungen untereinander verglichen werden können.

Das von ROHN entwickelte Verfahren ist zweifellos sehr bemerkenswert. Andererseits lassen aber die von AUSTIN und GIER gefundenen Ergebnisse

---

[1] AUSTIN, C. R. u. J. R. GIER: Proc. Amer. Soc. Test. Mater. Bd. 33 II (1933) S. 293.

erkennen, daß bei diesem Prüfverfahren nicht die klaren und eindeutigen Beziehungen erhalten werden wie bei Versuchen mit unveränderlicher Last und Prüftemperatur.

Für die Berechnung der wirklichen Dehngeschwindigkeit aus der beim Rohnschen Versuch aufgenommenen Temperaturkurve gibt H. Krainer[1] ein verfeinertes Verfahren an. Bei diesem werden neben dem Ausdehnungsbeiwert des Probenwerkstoffes noch die infolge der Temperaturungleichheit längs des Probestabes unterschiedliche Kriechgeschwindigkeit und Wärmedehnung sowie die temperaturabhängige Veränderung der Temperaturverteilung über die Probestablänge berücksichtigt.

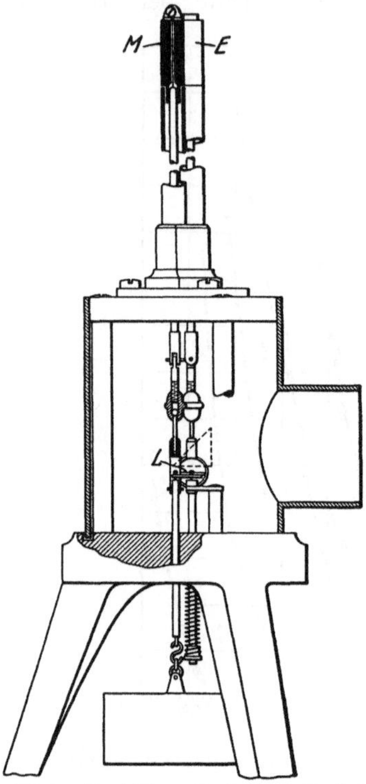

M. Schmidt und H. Krainer[2] stellten fest, daß bei Dauerstandversuchen nach Rohn die logarithmisch aufgetragene Dehngeschwindigkeit sich geradlinig mit dem reziproken Wert der absoluten Temperatur ändert. Aus 25- bis 48-stündigen Versuchen wird diese Kurve aufgezeichnet und hieraus die aufgebrachte Belastung als Dauerstandfestigkeit für die Temperatur extrapoliert, bei der die Dehngeschwindigkeit je nach Stahlart und Temperatur 5 oder 10 oder $15 \cdot 10^{-4}\%/h$ entspricht.

Das von Rohn entwickelte Gerät zur Bestimmung der Kriechgrenze läßt sich durch eine einfache Änderung auch zur Aufnahme von Zeit-Dehnungskurven einrichten[3]. Durch einen von der Probe unabhängigen, unterhalb seiner Kriechgrenze belasteten Steuerstab wird die Ofentemperatur konstant gehalten, während die Dehnung der Probe unmittelbar auf einen Zeiger übertragen wird, so daß $0{,}01\%$ bleibende Verlängerung der Probe 1 mm Zeigerausschlag entspricht.

Abb. 99 zeigt ein Gerät zur Aufnahme von Temperatur-Dehnungsschaulinien bei unveränderter Last und steigender Temperatur[4]. Die Wärmedehnung der Drahtprobe wird durch das Rohr M aus dem gleichen Werkstoff, das den oberen Aufhängepunkt des Drahtes trägt, ausgeglichen. Mit dem Spiegel L wird ein Lichtstrahl durch die elastische und plastische Dehnung der Drahtprobe in senkrechter Richtung und durch die Wärmedehnung des Rohres E aus einem Sonderwerkstoff, das sich in demselben Ofen wie das die Probe tragende Rohr befindet, in Abhängigkeit von der Temperatur in waagerechter Richtung abgelenkt. Der Lichtstrahl zeichnet auf einer lichtempfindlichen Platte die Dehnung über der Temperatur auf.

Abb. 99. Vorrichtung für Zugversuche bei unveränderter Last und steigender Temperatur. (Nach P. Chevenard.)

d) Beziehung der Dauerstandfestigkeit zu anderen Eigenschaften.

Dauerstandfestigkeit und Dehngrenzen. Abb. 100 und 101 zeigen einen Vergleich der Dauerstandfestigkeit (Belastung entsprechend einer Dehngeschwindigkeit von $0{,}003\%/h$ in der 5. bis 10. Stunde) mit den bei der gleichen

[1] Krainer, H.: Meßtechn. Bd. 11 (1935) S. 43.
[2] Schmidt, M. u. H. Krainer: Mitt. Techn. Versuchsamt Wien Bd. 24 (1935) S. 5.
[3] Grunert, A. u. W. Rohn: Arch. Eisenhüttenw. Bd. 10 (1936/37) S. 67.
[4] Chevenard, P.: Métaux Bd. 10 (1935) S. 76.

Temperatur bestimmten Dehngrenzen (0,05-, 0,1- und 0,2-Grenze) für weiche
Kohlenstoffstähle und niedriglegierte Stähle. Während bei den unlegierten
Stählen die Dauerstandfestigkeit in einem gewissen
Verhältnis zu den Dehngrenzen steht, ist bei den
legierten Stählen die Dauerstandfestigkeit im Ver-
gleich zu den Dehngrenzen je nach den Legierungs-
zusätzen recht verschieden. Bei den unlegierten
Stählen liegt die Dauerstandfestigkeit bis 300 und
350° weit oberhalb der 0,2-Grenze, womit sie ihren
Sinn als Berechnungsgrundlage verliert. Das gleiche
gilt für eine Anzahl legierter Stähle auch noch bei
Prüftemperaturen von 400° und darüber. Mit der
Zugfestigkeit bei Raumtemperatur steht die Dauerstandfestigkeit in keinem Zusammenhang.

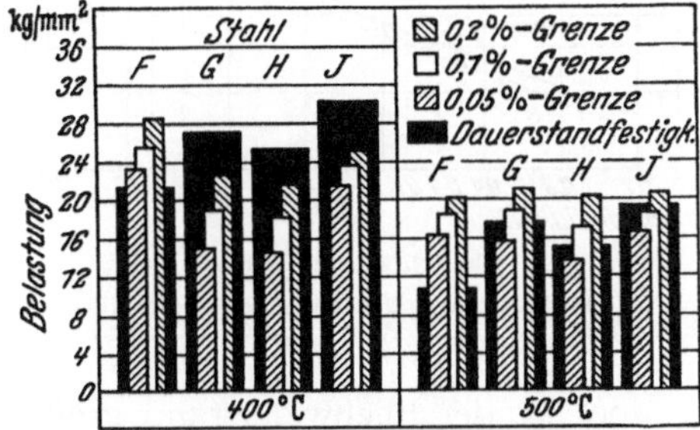

Abb. 100. Dauerstandfestigkeit und Dehngrenzen von niedriglegierten
Stählen. (Nach A. Pomp und W. Höger.) *F* Nickelstahl (0,18% C, 1,56% Ni),
G Molybdänstahl (0,14% C, 0,30% Mo); *H* Molybdän-Kupferstahl
(0,13% C, 0,25% Mo, 0,24% Cu). *J* Chrom-Molybdänstahl (0,12% C,
0,71% Cr, 0,30% Mo).

**Abhängigkeit der Dauerstandfestigkeit vom
Gefüge.** Die Dauerstandfestigkeit ist in hohem
Maße von der Gefügeausbildung abhängig. Bei Temperaturen, die unterhalb der niedrigsten Rekristallisationstemperatur liegen, zeigt ein feinkörniger
Stahl, und zwar sowohl was die tatsächliche als
auch die McQuaid-Ehn-Korngröße anbetrifft, das
bessere Dauerstandverhalten, während bei Arbeitstemperaturen oberhalb der niedrigsten Rekristallisationstemperatur ein Stahl mit grobkörnigem Gefüge überlegen ist (Abb. 102 und 103)[1]. Eine ungleichmäßige Verteilung der verschiedenen Gefügebestandteile setzt im allgemeinen die Dauerstandfestigkeit
herab, da die Festigkeit eines Stückes von seiner
schwächsten Stelle abhängt. Je höher die Gefügebeständigkeit ist, um so größer ist im allgemeinen auch
die Dauerstandfestigkeit. Es ist jedoch fraglich, ob
besonders bei hohen Temperaturen mit einer völligen Gefügebeständigkeit gerechnet werden kann.

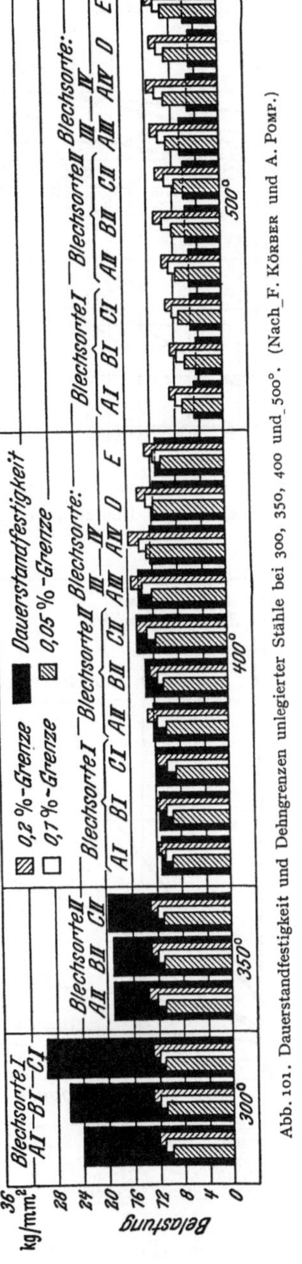

Abb. 101. Dauerstandfestigkeit und Dehngrenzen unlegierter Stähle bei 300, 350, 400 und 500°. (Nach F. Körber und A. Pomp.)

Einfluß der Wärmebehandlung. Die Wärmebehandlung übt einen großen
Einfluß auf die Dauerstandfestigkeit aus, wie die in Abb. 104 wiedergegebenen

---

[1] White, A. E. u. C. L. Clark: Trans. Amer. Soc. Met. Bd. 22 (1934) S. 1069.

Versuche an einem Stahl mit 0,11% C und 0,52% Mo erkennen lassen. Am günstigsten ist bei diesem Stahl das Verhalten nach dem Abschrecken in Öl mit nachfolgendem Anlassen. Auch nach einem kornvergröbernden Glühen bei

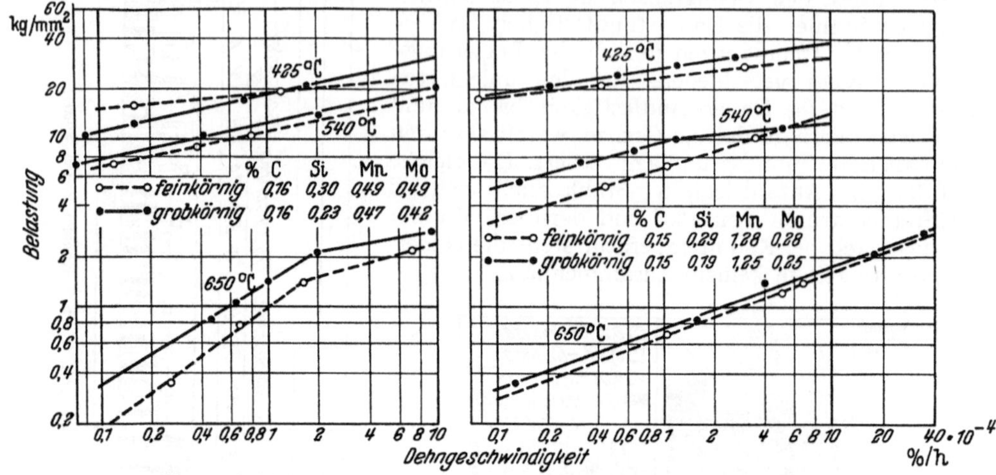

Abb. 102. Molybdänstahl.   Abb. 103. Mangan-Molybdänstahl.

Abb. 102 und 103. Einfluß der Korngröße auf den Verlauf der Belastungs - Dehnungsgeschwindigkeits - Schaulinien für einen Molybdän- und Manganmolybdänstahl. (Nach A. E. White und C. L. Clark.)

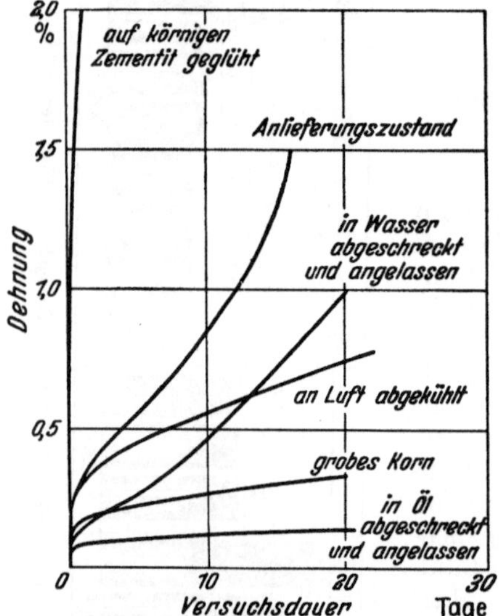

Abb. 104. Einfluß der Wärmebehandlung auf das Dauerstandverhalten eines Stahles mit 0,11% C und 0,52% Mo (Belastung 14,3 kg/mm², Versuchstemperatur 550°). (Nach C. H. M. Jenkins, H. J. Tapsell, G. A. Mellor und A. E. Johnson.)

1200° ist der Fließwiderstand groß, während die Glühung auf kugeligen Zementit sich am ungünstigsten verhält.

Die Wärmebehandlung soll so durchgeführt werden, daß eine möglichst hohe Gefügebeständigkeit bei der Arbeitstemperatur erreicht wird. Beim Anlassen vergüteter Stähle soll die Anlaßtemperatur etwa 100° über der Arbeitstemperatur liegen.

Einfluß der chemischen Zusammensetzung. Bei Arbeitstemperaturen, die unterhalb der niedrigsten Rekristallisationstemperatur liegen, kann die Dauerstandfestigkeit bei Stahl durch Zusätze solcher Elemente erhöht werden, die mit dem Ferrit eine feste Lösung eingehen, wie Nickel und Mangan, oder die Karbide bilden, wie Chrom, Molybdän, Wolfram und Vanadin. Für Arbeitstemperaturen oberhalb der niedrigsten Rekristallisationstemperatur sind karbidbildende Elemente das wirksamste Mittel zur Erhöhung der Dauerstandfestigkeit. In Zahlentafel 4

und 5 ist die Dauerstandfestigkeit von perlitischen Röhrenstählen und von legiertem Schraubenstahl nach Untersuchungen von C. L. Clark und A. E. White [1] wiedergegeben.

---

[1] Clark, C. L. u. A. E. White: Engng. Res. Bull., Ann. Arbor. 1936, Nr. 27.

Zahlentafel 4. Dauerstandfestigkeitswerte perlitischer Röhrenstähle. (Nach C. L. Clark und A. E. White.) Die Proben wurden bei 843° im elektrischen Ofen geglüht.

Chemische Zusammensetzung				Prüf-temperatur	Zulässige Belastung in kg/mm² für eine Dehngeschwindigkeit von		
C %	Si %	Cr %	Mo %	°C	0,01% je 1000 h	0,10% je 1000 h	1,0% je 1000 h
0,07	0,72	1,24	0,54	427	14,1	20,4	29,9
0,10	0,18	5,09	0,55	427	10,1	15,5	23,9
0,16	0,23	—	0,42	427	10,9	18,3	31,3
0,15	0,23	—	—	427	13,0	18,8	27,1
0,15	0,23	—	—	482	9,0	11,9	15,5
0,07	0,72	1,24	0,54	538	10,5	16,9	26,4
0,10	0,18	5,09	0,55	538	4,9	7,2	9,1
0,16	0,23	—	0,42	538	7,5	12,5	20,5
0,15	0,23	—	—	538	1,9	4,0	8,5
0,15	0,23	—	—	593	0,6	1,3	2,7
0,07	0,72	1,24	0,54	593	3,0	4,8	7,6
0,16	0,23	—	0,42	593	1,9	4,9	10,5
0,07	0,72	1,24	0,54	648	1,4	2,8	5,7
0,10	0,18	5,09	0,55	648	0,6	1,8	3,7
0,16	0,23	—	0,42	648	0,3	1,4	2,8
0,15	0,23	—	—	648	0,2	0,4	0,9
0,16	0,23	—	0,42	705	0,1	0,6	1,3
0,07	0,72	1,24	0,54	705	0,5	1,3	2,7
0,07	0,72	1,24	0,54	760	0,2	0,4	0,8

Zahlentafel 5. Dauerstandfestigkeitswerte von legiertem Schraubenstahl. (Nach C. L. Clark und E. A. White.) Alle Proben waren auf eine Brinellhärte von 280 vergütet.

Chemische Zusammensetzung							Glüh-temperatur °C	Anlaß-temperatur °C	Prüf-temperatur °C	Zulässige Belastung in kg/mm² für eine Dehngeschwindigkeit von		
C %	Si %	Cr %	Mo %	Ni %	W %	V %				0,01% je 1000 h	0,1% je 1000 h	1,0% je 1000 h
0,45	0,77	1,40	—	—	0,98	0,25	940	705	427	33,7	47,8	67,5
0,45	0,77	1,40	—	—	0,98	0,25	940	705	538	9,7	16,9	29,9
0,45	0,77	1,40	—	—	0,98	0,25	940	705	648	0,4	0,8	1,9
0,48	0,62	1,20	0,52	—	—	—	940	638	427	33,0	64,6	—
0,48	0,62	1,20	0,52	—	—	—	940	638	538	5,5	16,2	47,8
0,48	0,62	1,20	0,52	—	—	—	940	638	648	0,2	0,6	2,7
0,40	0,25	0,92	0,18	—	—	—	843[1]	615	538	2,6	5,2	10,5
0,39	0,27	0,72	0,32	1,74	—	—	830[1]	607	538	—	0,5	9,5
0,36	0,26	0,56	—	1,33	—	—	843[1]	538	538	0,1	0,7	3,7
0,40	0,21	1,01	—	—	—	0,17	870[1]	648	538	1,0	2,7	6,2

[1] In Öl abgeschreckt.

Einfluß der Kaltverformung. Eine Kaltverformung setzt die Dauerstandfestigkeit herab, wenn die Arbeitstemperatur oberhalb der niedrigsten Rekristallisationstemperatur liegt, und zwar um so stärker, je höher die Arbeitstemperatur ist. Bei genügend langen Prüfzeiten dürften sich diese Unterschiede jedoch weitgehend ausgleichen. Bei Arbeitstemperaturen unterhalb der niedrigsten Rekristallisationstemperatur bewirkt eine eintretende Verformung eine Verfestigung des Stahles, so daß erhebliche Belastungen aufgebracht werden können, ohne daß ein dauerndes Dehnen eintritt. Oberhalb der niedrigsten Rekristallisationstemperatur übersteigt jedoch die entfestigende Wirkung der Rekristallisation die durch das Dehnen eintretende Verfestigung, und es tritt ein dauerndes Fließen, selbst unter sehr niedrigen Belastungen, ein.

3. Wechselzugversuche bei hohen Temperaturen.

Versuche unter wechselnder Zugbeanspruchung bei erhöhten Temperaturen sind bisher nur in sehr beschränktem Umfange durchgeführt worden[1]. Man hat anfangs die Versuche in der Wärme in der gleichen Weise durchgeführt wie bei Raumtemperatur, d. h. nach dem Wöhler-Verfahren diejenige Wechselzug-belastung ermittelt, die bei einer bestimmten Grenzlastwechselzahl keinen Bruch der Probe herbeiführt.

Zahlentafel 6 (S. 296) gibt eine Zusammenstellung der Ergebnisse von Wechselfestigkeitsversuchen an Stahl bei höheren Temperaturen.

Abb. 105. Einrichtung für Versuche unter wechselnder Zugbeanspruchung bei höheren Temperaturen. (Nach M. Hempel und H. E. Tillmanns.)

Die während des Ver-suches eintretende Dehnung des Probestabes ist bei diesen Versuchen nicht be-rücksichtigt worden. Diese kann aber, wie Versuche von M. Hempel und H. E. Till-manns[1] gezeigt haben, sehr erheblicheBeträge erreichen. Infolgedessen ergibt sich auch bei Wechselzugver-suchen in der Wärme die Notwendigkeit, die im Laufe des Versuches eintretenden Dehnungen des Probestabes zu messen.

a) Versuche bei schwellender Beanspruchung.

Eine Einrichtung, wie sie von Hempel und Till-manns[1] für ihre Versuche benutzt worden ist, ist in Abb. 105 wiedergegeben. Als Prüfmaschine wurde eine 75-t-Pulsatormaschine der Losenhausenwerk AG., Düsseldorf, verwendet. Zur Erwärmung des Probe-stabes diente bis zu Temperaturen von 400° ein elektrisch geheizter Salz-badofen und bei 500 und 600° ein Bleibadofen. Die Dehnung wurde an-fangs aus der Bewegung des oberen Einspannkopfes mit Hilfe einer Meßuhr bestimmt (Abb. 106). Später wurde ein selbsttätiges optisches Dehnungsmeß-gerät verwendet, dessen grundsätzlicher Aufbau aus Abb. 107 zu ersehen ist. Das Gerät besteht im wesentlichen aus einem Übersetzungshebel (*f*), dessen kurzer Arm neben der Meßuhr gegen den oberen Einspannkopf gesetzt ist (vgl. hierzu Abb. 108); die Kopfbewegung wird dadurch auf den am anderen Ende des Hebels befindlichen Hohlspiegel (*d*) mit einer Brennweite von 75 cm übertragen. Der Hohlspiegel bildet eine in gleicher Höhe seitlich angeordnete punktförmige Lichtquelle (*a*) auf einer mit lichtempfindlichem Papier bespannten Trommel (*e*) ab, die durch ein Uhrwerk um ihre senkrechte Achse langsam gedreht wird. Die Bewegung des oberen Einspannkopfes der Maschine erscheint

---

[1] Hempel, M. u. H. E. Tillmanns: Mitt. K.-Wilh.-Inst. Eisenforschg. Bd. 18 (1936) S. 163. Daselbst auch ausführliche Schrifttumshinweise.

als Lichtband (Schwärzung) auf dem Papier; das Fließen des Stabes zeigt sich als Abweichung gegen die horizontale Nullachse. Der Papiervorschub an der Trommel beträgt 1 cm/h, der Trommelumfang 48 cm. Um die Aufzeichnung im hellen Raum vornehmen zu können, ist die gesamte Anordnung durch Blechgehäuse und Ledermanschetten abgeschirmt. Das Gehäuse der Trommel (e) ist als Kassette ausgebildet; es kann durch Blechschieber geschlossen und abgenommen werden, falls in der Dunkelkammer ein neues Filmband aufgespannt werden soll. Für die Beobachtung des Registriervorganges ist in die Kassette ein Gelbglasfenster eingesetzt. Falls das Lichtband durch das unter Last einsetzende Dehnen des Stabes die Filmblattbreite überschreitet, wird das Lager des Umlenkhebels (f) in der Höhe nachgestellt. Das Übersetzungsverhältnis von Einspannkopfbewegung zum Lichtbandausschlag beträgt 1 : 65. In Abb. 109 ist als Beispiel eine Registrierkurve wiedergegeben; die Lage ihrer Nullachse wird durch vergleichsweise Ablesung an der Meßuhr ermittelt und nachträglich eingezeichnet.

Die auf Grund des WÖHLER-Verfahrens, und zwar mit 2 Millionen Schwingungen als Grenzlastwechselzahl bei 500 Schwingungen in der Minute an einem Kohlenstoffstahl mit 0,58% C, einem Molybdänstahl mit 0,14% C und 0,51% Mo und einem

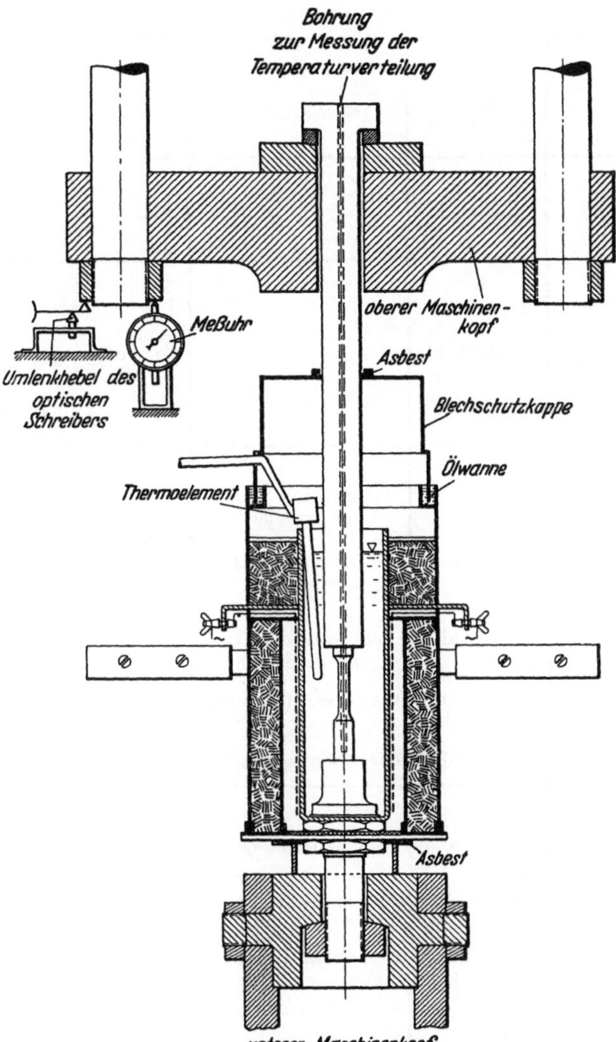

Abb. 106. Bleibadofen und Dehnungsvorrichtung für Versuche unter wechselnder Zugbeanspruchung bei höheren Temperaturen. (Nach M. HEMPEL und H. E. TILLMANNS.)

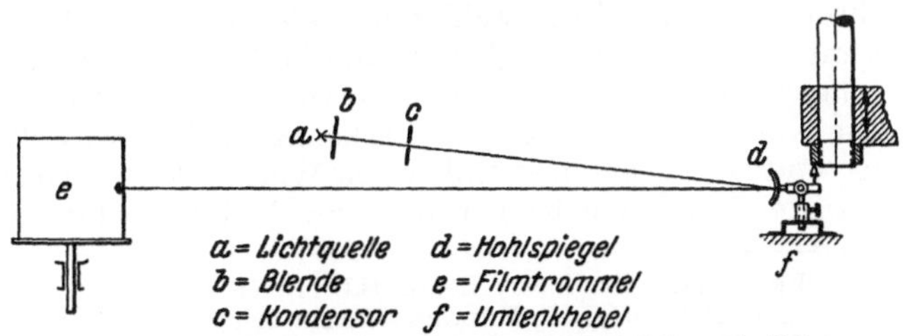

Abb. 107. Strahlengang des optischen Schreibers für Aufzeichnung des Dehnens bei wechselnder Zugbeanspruchung. (Nach M. HEMPEL und H. E. TILLMANNS.)

Zahlentafel 6. Wechselfestigkeitswerte bei höheren Temperaturen

1	2	3	4	5	6	7	8	9	10	11	12	13	14
					Analyse			Zugfestigkeit kg/mm² für Temperaturen in ° C					
Forscher	Werkstoff-bezeichnung	Glühbehandlung	C %	Si %	Mn %	Cr %	Ni %						
F. C. Lea[1]	C-Stahl		0,06					20°: 41			350°: 52		
F. C. Lea und H. P. Budgen[2]	K 4-Stahl		0,35			0,6	3,25	104	99	100	103	80	50
	0,14-Stahl		0,14	0,19	0,68			47	50	54	57	46	
	S₂-Stahl		0,3	0,17	0,4	0,6	3,6						
H. C. Tapsel und W. J. Clenshaw[3] und H. C. Tapsel[4]	Armcoeisen	fabrikationsmäßig normalisiert	0,02	Sp.	0,03		Sp.	35	41	46	44	32	19
	0,17-Stahl	fabrikationsmäßig normalisiert	0,17	0,13	0,69		0,06	45	48	59	54	43	31
	0,24-Stahl	fabrikationsmäßig normalisiert	0,24	0,24	0,55	Spur	0,03	51	54	62	58	47	32
	0,51-Stahl	wie oben (gewalzt)	0,51	0,17	0.59		0,12	66	64	77	75	58	41
	0,53-Stahl	wie oben (gegossen)	0,53	0,41	0,69	0,09	0,17	67	62	59	63	54	39
O. A. Wiberg[5]	C-Stahl	normalisiert 920°	0,15					53	52	56	52	41	26
	C-Stahl	normalisiert 830°	0,5					68	69	78	84	60	31
	Cr-Stahl, martensitisch	925° ölgehärtet, angelassen bei 610°	0,35			13,5		80	86	92	86	72	55
	Heraeus B 7 M		(Fe) 15	(Mo) 1	2	15	61	89	91	91	88	84	76
	Heraeus B		(Fe) 20		1	15	64	63	60	59	58	57	56

Die Temperaturspalten 9–14 sind für die Gruppen Lea/Budgen, Tapsel/Clenshaw und Wiberg jeweils mit 20°, 100°, 200°, 300°, 400°, 500° überschrieben.

Chrom-Nickel-Wolframstahl mit 0,56% C, 15,5% Cr, 13,3% Ni und 2,02% W
ermittelten Schwellfestigkeiten sind in Abb. 110 bis 112 in Abhängigkeit von der
Temperatur aufgetragen. Das Maximum der Schwellfestigkeit bei 300° ist bei
dem Kohlenstoffstahl deutlich erkennbar. Die Schwellfestigkeitswerte zwischen
300 und 500° liegen meist über den Werten der 0,2-Grenze bzw. der Dauerstandfestigkeit. Bei dem Kohlenstoff- und Molybdänstahl und einer Temperatur von

[1] Lea, F. C.: Engineer, Lond. Bd. 115 (1923) S. 182.
[2] Lea, F. C. u. H. P. Budgen: Engineering Bd. 118 (1924) S. 500 u. 532.
[3] Tapsel, H. C. u. W. J. Clenshaw: Dep. of Scient. and Industr. Res., Eng. Res.,
Spec. Rep. Nr. 1 u. 2. London 1927.
[4] Tapsel, H. C.: J. Iron Steel Inst. Bd. 117 (1928) S. 275.
[5] Wiberg, O. A.: Trans. Tokyo Sect. Meet. of the World Power Conf. Bd. 3 (1930)
S. 1129.

3. Wechselzugversuche bei hohen Temperaturen.

nach dem Schrifttum (Zug- und Zug-Druckbeanspruchung).

15	16	17	18	19	20	21	22	23	24	25	26	27	28	29	30	31	32	33
Proportionalitätsgrenze kg/mm² für Temperaturen in °C						Dauerstandfestigkeit kg/mm² für Temperaturen in °C				Wechselfestigkeit[6] kg/mm² für Temperaturen in °C							Belastungsart	Ofentyp
										20°			350°					
										± 20			± 28				Pulsator: 2000 Wechsel/min	Luftofen[7]
							350°	400°	500°	20°	100°	200°	300°	400°	500°	600°		
										± 44	± 39	± 35	± 31	± 36	± 31	± 29	HAIGH-Maschine (Pulsator): 2000 Wechsel/min wechselnder Zug und Zug-Druck	Luftofen[8]
							44	22	6	± 24 29	± 24 29	± 24 29	± 27 29	± 29 28	± 25 27	± 23 24		
										± 38 50	± 35 50	± 33 51	± 35 51	± 36 50	± 31 43	± 27 36		
20°	100°	200°	300°	400°	500°	200°	300°	400°	450°	20°	100°	200°	300°	400°	500°	600°		
15	17	12	6	4		44	26	13	8	± 19	± 17	± 11	± 23	± 20	± 8		HAIGH-Maschine: 2400 Wechsel/min wechselnder Zug und Zug-Druck	Zweiteiliger Luftofen, Temperaturverteilung auf 75 mm ±4° C[9]
25	29	21	12	10	8	54 (250°)	41	23	15 (450°)	± 20 35	± 19 33	± 19 36	± 25 47	± 26 41	± 18 27	± 11		
21	29	20	14	12	7	55 (260°)	44	25	8 (500°)	± 21	± 19	± 19	± 25	± 27	± 21	± 11		
28	32	24	15	12	7	63 (250°)	47	32 (370°)	8	± 23	± 22	± 22	± 30	± 30	± 23			
25	29	23	16	13	9	55 (270°)	39	16 (410°)		± 19	± 20		± 21		± 14	± 11		
20°	100°	200°	300°	400°	500°		300°	400°	500°	20°	100°	200°	300°	400°	500°	600°		
35	34	34	31	25	14		37	16	5	± 20 28	± 20 28	± 20 28	± 25 31	± 23	± 17	± 8	Maschine nicht angegeben. Pulsator, wahrscheinlich auch für Zug-Druck	Nicht angegeben[10]
36	36	36	35	30	18		51	22		± 25 34	± 23 34	± 24 36	± 30 38	± 28	± 13	± 3		
65	68	72	66	54	40		36	20	10	± 38 50	± 36 50	± 35 50	± 34	± 34	± 24	± 13		
41	41	40	38	34	29					± 46 48	± 46 47	± 45 40	± 43	± 40	± 38	± 35		
29	26	24	22	19	17					± 36 38	± 33 35	± 31 28	± 29	± 28	± 28	± 25		

300° sind die Dauerstandfestigkeit und die Schwellfestigkeit nach dem WÖHLER-Verfahren annähernd gleich. Die ermittelten Schwellfestigkeitswerte des Chrom-

---

[6] Die ±-Werte bedeuten: Wechselfestigkeitswerte für die Mittelspannung Null; die Werte ohne Vorzeichen bedeuten: Schwellfestigkeit.

[7] Erste derartige Versuche; kurze Wechselzahl (6000 bis 100000); mehrfach erhöhte Last bis zu 2,9 Millionen Lastwechseln. Probenform nicht angegeben.

[8] Schwellfestigkeit hier extrapoliert. 10-Millionen-Grenze. Dauerstandfestigkeit soll maßgeblich sein bei höheren Temperaturen. Probenform nicht angegeben.

[9] 10-Millionen-Grenze reicht bei 500° nicht aus. Ein Teil der Werte für Schwellfestigkeit des Stahles 0,17 ist aus der Arbeit[4] entnommen. Probenform: Prüfdurchmesser 6,35 mm, zylindrische Prüflänge 11,4 mm.

[10] Dauerstandwerte nach Abkürzungsverfahren von A. POMP und W. ENDERS. Probenform nicht angegeben. Heraeus B 7 M und Heraeus B sind hochhitzebeständige Sonderwerkstoffe.

Nickel-Wolframstahls liegen bei 500° oberhalb, bei 600° unterhalb der entsprechenden 0,2-Grenze; bei beiden Temperaturen sind sie jedoch größer als die Dauerstandfestigkeit und die 0,02-Grenze.

Die Wöhler-Kurven in Abb. 113 bis 115 lassen bei dem unlegierten Stahl und dem Molybdänstahl unterhalb 500° meist eine Richtungsänderung bei etwa $2 \cdot 10^6$ Lastwechseln erkennen. Bei dem unlegierten Stahl verlaufen die Wöhler-Linien für alle Temperaturen in annähernd gleichem Winkel zur Waagerechten. Der Chrom-Nickel-Wolframstahl zeigt starke Streuungen in den bis zum Bruch ertragenen

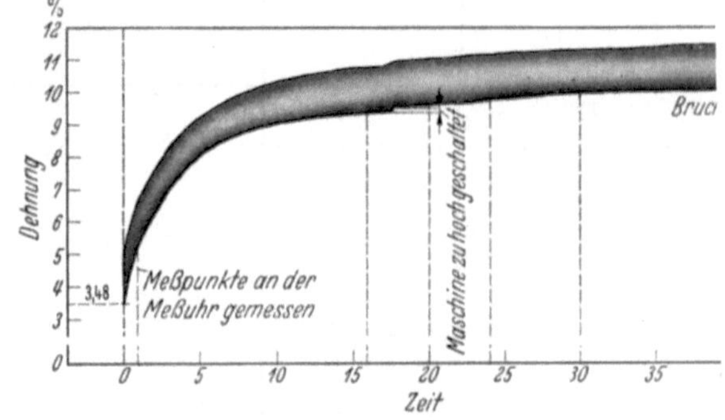

Abb. 108. Salzbadofen und Dehnungsmeßvorrichtung für Versuche unter wechselnder Zugbeanspruchung bei höheren Temperaturen. (Nach M. Hempel und H. E. Tillmanns.)

Abb. 109. Vom optischen Dehnungsmesser aufgezeichnete Schaulinie. (Nach M. Hempel und H. E. Tillmanns.)

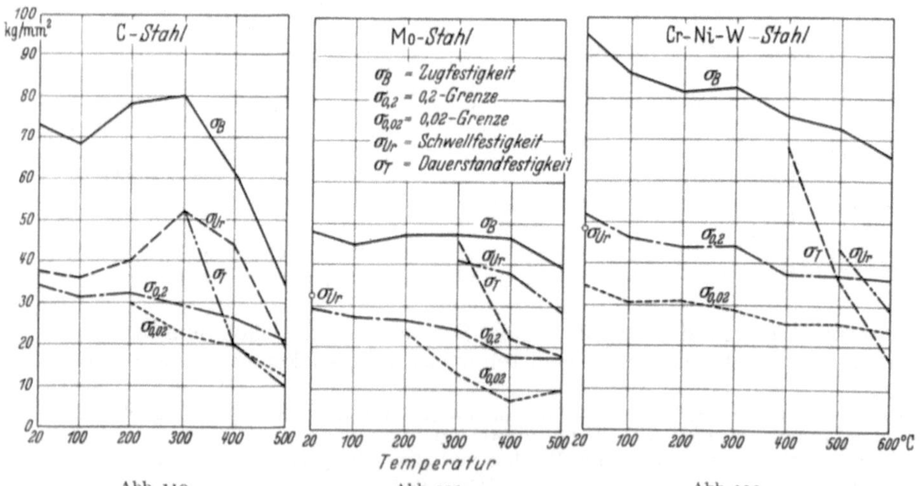

Abb. 110.   Abb. 111.   Abb. 112.

Abb. 110 bis 112. Abhängigkeit der Schwellfestigkeit und Dauerstandfestigkeit von der Temperatur. C-Stahl: 0,58%C; Mo-Stahl: 0,14% C, 0,51% Mo; Cr-Ni-W-Stahl: 0,56% C, 15,5% Cr, 13,3% Ni, 2,02% W. (Nach M. Hempel und H. E. Tillmanns.)

Lastwechselzahlen. In Zahlentafel 7 (S. 302) sind die Ergebnisse der Dehnungsmessung zusammengestellt. Danach ruft die der Schwellfestigkeit entsprechende Belastung ein starkes Dehnen hervor, das von 300 bzw. 400° an, bei dem Chrom-

Nickel - Wolframstahl erst oberhalb 500°, nur zum geringeren Teil aus Anfangsdehnung unter der statisch aufgebrachten Last besteht, zum sehr viel größeren Teil aus dem Dehnen unter der wechselnden Belastung. Die Verhältnisse sind also sehr ähnlich wie beim Dauerstandversuch.

Die Dehnung wurde auch für solche Wechselbelastungen, die noch zum Bruch führten, in Abhängigkeit von der Lastwechselzahl schaubildlich aufgetragen, wie es Abb. 116 bis 118 beispielsweise für einen unlegierten Stahl zeigen. Bei einem Vergleich der Kurven muß vor allem die Dehngeschwindigkeit berücksichtigt werden, weniger die Höhe der Gesamtdehnung, die nach den Erfahrungen bei den Dauerstandversuchen häufig streuen kann. Besonders bemerkenswert ist, daß eine Zunahme der Dehngeschwindigkeit kurze Zeit vor dem Bruch nicht eintritt; lediglich die Kurve bei 400° für $\sigma_{ur} = 45{,}1$ kg/mm² scheint hiervon abzuweichen, was jedoch auch auf ungewöhnliche Temperaturschwankungen zurückzuführen sein kann. Das deckt sich völlig mit der Tatsache, daß die aufgetretenen Brüche reine Dauerbrüche waren (Abb. 119 und 120).

Aus den Versuchsergebnissen läßt sich schließen, daß bei Schwellfestigkeitsversuchen bei höheren Temperaturen zwei Erscheinungen nebeneinander verlaufen. Die Werkstoffe verhalten sich zunächst gegenüber der schwellenden Beanspruchung ähnlich wie bei Raumtemperatur, d. h., die Abhängigkeit der Lastwechselzahl bis zum Bruch von der Belastung läßt sich im halblogarithmischen System nach Wöhler als Gerade zeichnen, die mit einem Knick in die Waagerechte übergeht. Von etwa 300° an ruft anderseits die Spitze der wechselnden Zugbeanspruchung gleichzeitig ähnliche Fließerscheinungen hervor, wie sie bei Dauerstandversuchen beobachtet werden. Es muß offengelassen werden, ob die untersuchten

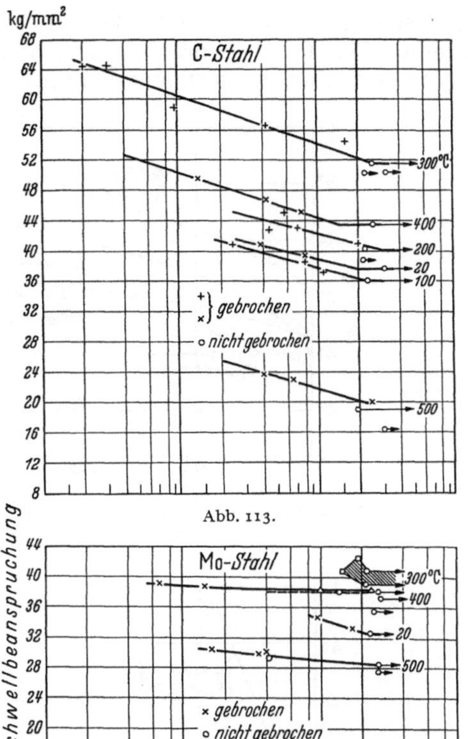

Abb. 113.

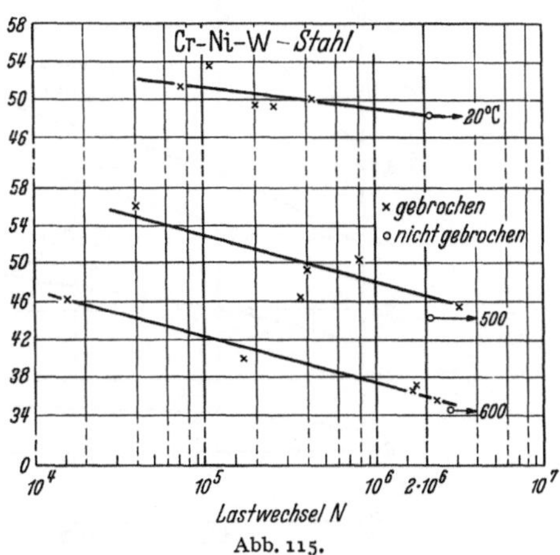

Abb. 114.

Abb. 115.

Abb. 113 bis 115. Wöhler Linien verschiedener Stahle bei erhöhten Temperaturen. C-Stahl: 0,58% C; Mo-Stahl: 0,14% C, 0,51% Mo; Cr-Ni-W-Stahl: 0,56% C, 15,5% Cr, 13,3% Ni, 2,02% W. (Nach M. Hempel und H. E. Tillmanns.)

Werkstoffe oberhalb 500° sich so wenig verfestigen, daß deshalb ein Knick in der Wöhler-Linie nicht auftritt, oder ob vor allem das im Verlauf des Versuchs fortschreitende Dehnen den Eintritt des Schwingungsbruchs bestimmt. Bei Temperaturen unterhalb 500° kann jedoch nach den Versuchsergebnissen eine Entfestigungswirkung nicht angenommen werden; auch der

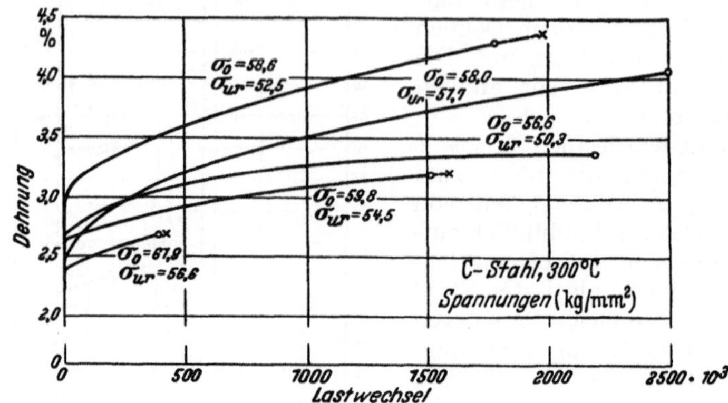

Abb. 116. Dehnkurven unter wechselnder Zugbeanspruchung eines Stahles mit 0,58% C bei 300°.
(Nach M. Hempel und H. E. Tillmanns.)

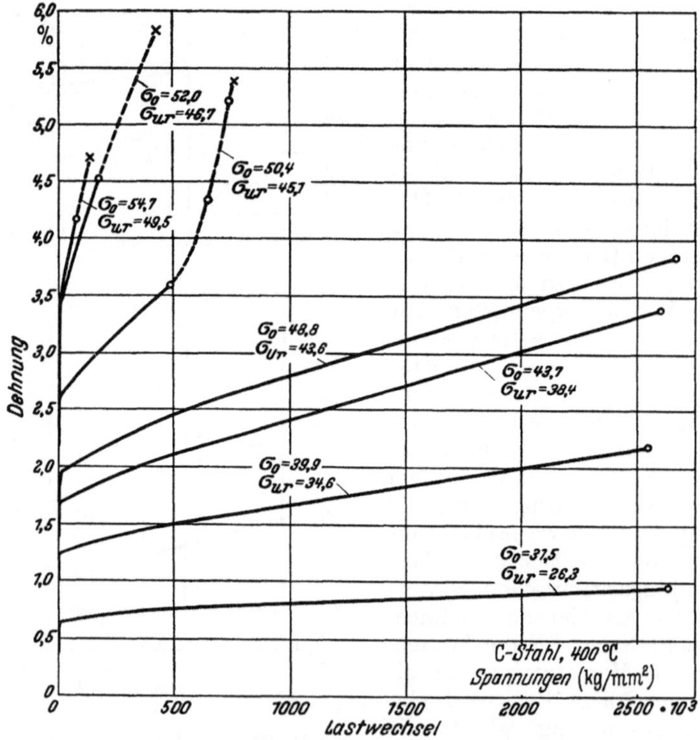

Abb. 117. Dehnkurven unter wechselnder Zugbeanspruchung eines Stahles mit 0,58% C bei 400°.
(Nach M. Hempel und H. E. Tillmanns.)

Einfluß des Dehnens auf das Einsetzen des Dauerbruchs scheint zunächst zurückzutreten, so daß im ersten Teil, dem geneigten Ast der Wöhler-Linie, vor allem die wechselnde Beanspruchung den Bruch hervorruft. Deshalb ergeben sich z. B. in den für den unlegierten Stahl bei verschiedenen Temperaturen ermittelten Wöhler-Linien meist deutliche Knickpunkte bei etwa $2 \cdot 10^6$ Lastwechseln. Ein nicht mehr abklingendes Dehnen kann jedoch nach diesem

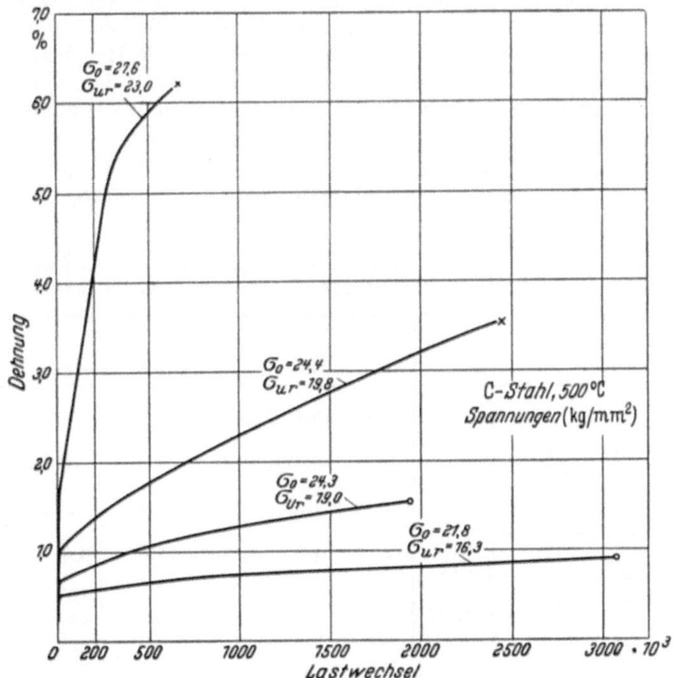

Abb. 118. Dehnkurven unter wechselnder Zugbeanspruchung eines Stahles mit 0,58% C bei 500°. (Nach M. Hempel und H. E. Tillmanns.)

Knickpunkt bei $2 \cdot 10^6$ Lastwechseln durch die Verringerung des Querschnitts allmählich zum Überschreiten des Schwellfestigkeitswertes und damit zum

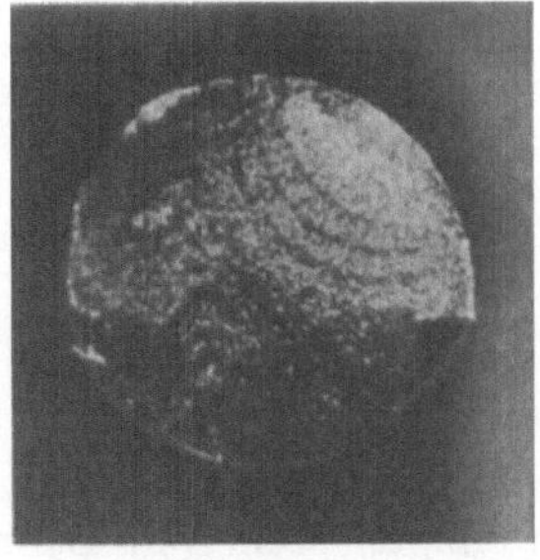

Abb. 119. Schwingungsbruch, vom Rande ausgehend. Kohlenstoffstahl, 300°. (Nach M. Hempel und H. E. Tillmanns.)

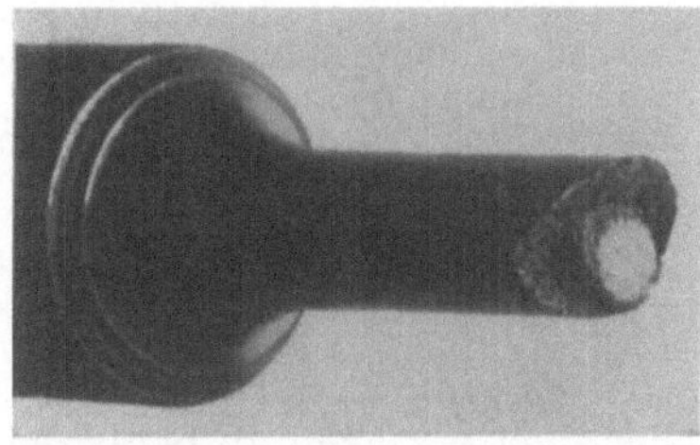

Abb. 120. Schwingungsbruch, vom Stabinnern ausgehend. Kohlenstoffstahl, 400°. (Nach M. Hempel und H. E. Tillmanns.)

Schwingungsbruch führen. Das Abknicken der Wöhler-Linie ergibt also oberhalb 300° nicht eine Waagerechte, sondern eine schwach geneigte Gerade.

Auf Grund der ermittelten Zeit-Dehnungskurven läßt sich auch die Frage beantworten, ob bei Schwellversuchen bei höheren Temperaturen die Grenzlastwechselzahl von $2 \cdot 10^6$ Schwingungen genügt. Für die untersuchten

Werkstoffe scheint bis zu Temperaturen unterhalb 500° eine Lastwechselzahl von $2 \cdot 10^6$ auszureichen, um Aufschluß über die Festigkeit des Werkstoffes gegenüber wechselnder Zugbeanspruchung zu erhalten. Bereits für höhere Temperaturen als 300°, besonders aber über 500°, muß auch das Dehnverhalten des Werkstoffes beobachtet werden; hiernach wird man mit einiger Sicherheit voraussagen können, ob noch im weiteren Verlauf der Beanspruchung ein Bruch zu befürchten ist. Eine Erhöhung der Grenzlastwechselzahl allein kann dieses Ergebnis nie so klar herausbringen, abgesehen davon, daß sehr lange Versuchszeiten notwendig würden.

Für eine praktische Anwendung müssen jedoch die in Zahlentafel 7 zusammengestellten Werte der Schwellfestigkeit ausscheiden, weil Dehnbeträge von zum

Zahlentafel 7. Ergebnisse der Schwellversuche bei höheren Temperaturen nach dem Wöhler-Verfahren mit gleichzeitiger Dehnverlaufmessung.

Werkstoff	Bestimmungsgrößen	Temperatur in ° C						
		20	100	200	300	400	500	600
C-Stahl	Schwellfestigkeit. . . . kg/mm²	37,8	36,1	40,3	51,7	43,6	19,0[1] (19,8)[1]	—
	Schwellfestigkeit/Zugfestigkeit .	0,518	0,527	0,515	0,648	0,717	0,44[1] 0,46[1]	—
	Statische Anfangsdehnung . . %	1,13	1,08	0,95	2,41	1,61	(0,50)[1]	—
	Gesamtdehnung bis 2 Millionen Lastwechsel . . . . . . %	2,10	1,09	1,39	3,88	3,80	1,52[1] (3,52)[1]	—
	Dehngeschwindigkeit nach 1,8 bis 2,2 Millionen Lastwechseln 10⁻⁴ %/h	—	—	—	100	190	70[1] (230)[1]	—
Mo-Stahl	Schwellfestigkeit . . . kg/mm²	32,3	—	—	40,6	37,8	28,2	—
	Schwellfestigkeit/Zugfestigkeit	0,675	—	—	0,857	0,814	0,719	—
	Statische Anfangsdehnung . %	2,53	—	—	4,75	5,40	2,56	—
	Gesamtdehnung bis 2 Millionen Lastwechsel. . . . . . %	3,04	—	—	5,06	13,56	5,88	—
	Dehngeschwindigkeit nach 1,8 bis 2,2 Millionen Lastwechseln 10⁻⁴ %/h	—	—	—	—	480	240[2]	—
Cr-Ni-W-Stahl	Schwellfestigkeit. . . . kg/mm²	48,2	—	—	—	—	43,9	34,1
	Schwellfestigkeit/Zugfestigkeit .	0,507	—	—	—	—	0,603	0,517
	Statische Anfangsdehnung . %	0,202	—	—	—	—	1,80	0,33
	Gesamtdehnung bis 2 Millionen Lastwechsel. . . . . . %	0,535	—	—	—	—	2,01	0,63
	Dehngeschwindigkeit nach 1,8 bis 2,2 Millionen Lastwechseln 10⁻⁴ %/h	—	—	—	—	—	rd. 6	40

Teil 5 bis 13% nicht zulässig sind. An Stelle dieser Werte die 0,2-Grenze oder die Dauerstandfestigkeit zu benutzen, wie dies von einigen Stellen im Schrifttum vorgeschlagen wird, scheint nicht ohne weiteres angängig, da bisher nichts darüber bekannt geworden ist, wie sich die Werkstoffe bei höheren Temperaturen im Hinblick auf ihre Dehnung bei einer wechselnden Belastung, etwa von der Größe der ruhenden Belastung des Dauerstandversuches, verhalten.

---

[1] Diese Werte gelten für einen Versuch, der bei 2,5 Millionen Lastwechseln zum Bruch führte.

[2] Die Dehnkurve klingt im weiteren Verlauf sehr stark ab, Dehngeschwindigkeit von 2,2 bis 2,6 Millionen Lastwechseln: $10 \cdot 10^{-4}$ %/h.

b) Einfluß der Größe und der Schwingungszahl auf das Fließen des Werkstoffes.

Versuche von HEMPEL und TILLMANNS mit 50 und 500 Lastwechseln je Minute sind in Abb. 121 bis 123 wiedergegeben. Sie zeigen, daß die Dehnung

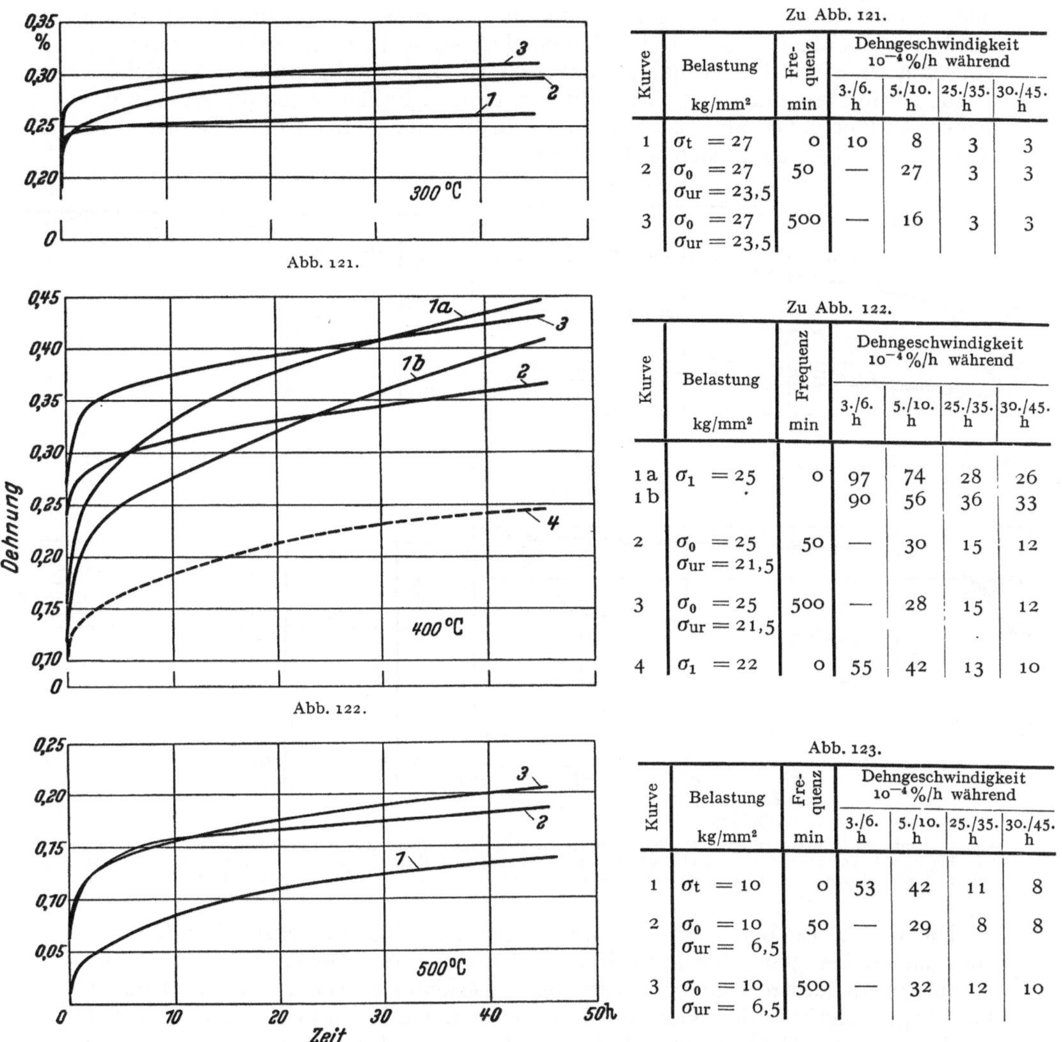

Zu Abb. 121.

Kurve	Belastung kg/mm²	Frequenz min	Dehngeschwindigkeit 10⁻⁴%/h während			
			3./6. h	5./10. h	25./35. h	30./45. h
1	$\sigma_t = 27$	0	10	8	3	3
2	$\sigma_0 = 27$ $\sigma_{ur} = 23,5$	50	—	27	3	3
3	$\sigma_0 = 27$ $\sigma_{ur} = 23,5$	500	—	16	3	3

Zu Abb. 122.

Kurve	Belastung kg/mm²	Frequenz min	Dehngeschwindigkeit 10⁻⁴%/h während			
			3./6. h	5./10. h	25./35. h	30./45. h
1 a	$\sigma_1 = 25$	0	97	74	28	26
1 b	.		90	56	36	33
2	$\sigma_0 = 25$ $\sigma_{ur} = 21,5$	50	—	30	15	12
3	$\sigma_0 = 25$ $\sigma_{ur} = 21,5$	500	—	28	15	12
4	$\sigma_1 = 22$	0	55	42	13	10

Abb. 123.

Kurve	Belastung kg/mm²	Frequenz min	Dehngeschwindigkeit 10⁻⁴%/h während			
			3./6. h	5./10. h	25./35. h	30./45. h
1	$\sigma_t = 10$	0	53	42	11	8
2	$\sigma_0 = 10$ $\sigma_{ur} = 6,5$	50	—	29	8	8
3	$\sigma_0 = 10$ $\sigma_{ur} = 6,5$	500	—	32	12	10

Abb. 121 bis 123. Dehnkurven eines Stahles mit 0,58% C unter ruhender Last (Dauerstandversuch) und unter schwellender Last bei zwei Frequenzen für 300, 400 und 500°. (Nach M. HEMPEL und H. E. TILLMANNS.) Kurve 1: ruhende Last; Kurve 2: schwellende Last für 50 Lastwechsel je min; Kurve 3: schwellende Last für 500 Lastwechsel je min.

unter wechselnder Last in dem untersuchten Bereich von 50 bis 500 Lastwechseln je Minute unabhängig von der Lastwechselgeschwindigkeit ist; bezogen auf die Zeit stimmen die beiden Kurven in ihrem Dehnverlauf in fast allen Fällen völlig überein.

Auffallend ist, daß bei den meisten Versuchen die Zeit-Dehnungskurven für die Lastwechselzahl von 500 je Minute in der Gesamtdehnung über den Kurven für 50 Lastwechsel je Minute liegen. Auf Grund der Versuche an nur drei Werkstoffen hieraus weitergehende Folgerungen zu ziehen, scheint jedoch verfrüht.

Wenn zwischen den Zeit-Dehnungskurven für verschiedene Lastwechselgeschwindigkeiten eine fast völlige Übereinstimmung besteht, so liegt es nahe, einen solchen Zusammenhang auch für eine ruhende Last anzunehmen, deren Größe der oberen Lastgrenze der Schwinglast entspricht. Diese auf Grund der Vorversuche gemachte Annahme hat sich in den durchgeführten Vergleichsversuchen mit ruhender Last bestätigt. In einigen Fällen zeigen die Kurven des Dauerstandversuches aber auch Abweichungen, die je nach dem Temperaturgebiet nach oben oder nach unten gehen.

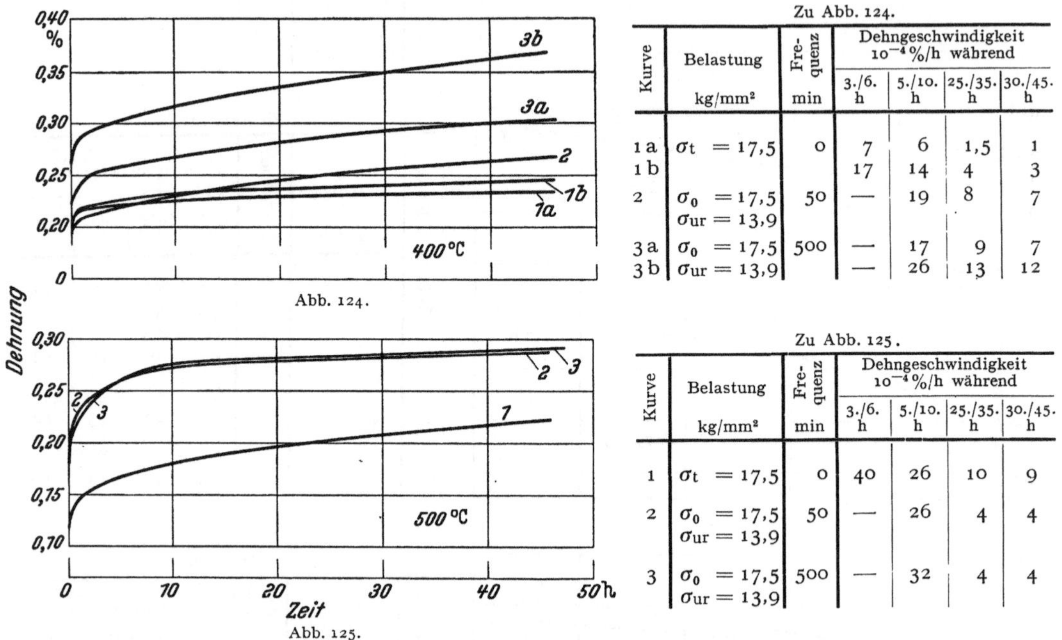

Zu Abb. 124.

Kurve	Belastung kg/mm²	Fre- quenz min	Dehngeschwindigkeit $10^{-4}\%$/h während			
			3./6. h	5./10. h	25./35. h	30./45. h
1 a	σ_t = 17,5	0	7	6	1,5	1
1 b			17	14	4	3
2	σ_0 = 17,5 σ_{ur} = 13,9	50	—	19	8	7
3 a	σ_0 = 17,5	500	—	17	9	7
3 b	σ_{ur} = 13,9		—	26	13	12

Abb. 124.

Zu Abb. 125.

Kurve	Belastung kg/mm²	Fre- quenz min	Dehngeschwindigkeit $10^{-4}\%$/h während			
			3./6. h	5./10. h	25./35. h	30./45. h
1	σ_t = 17,5	0	40	26	10	9
2	σ_0 = 17,5 σ_{ur} = 13,9	50	—	26	4	4
3	σ_0 = 17,5 σ_{ur} = 13,9	500	—	32	4	4

Abb. 125.

Abb. 124 und 125. Dehnkurven eines Mo-Stahles unter ruhender Last (Dauerstandversuch) und unter schwellender Last bei zwei Frequenzen für 400 und 500°. (Nach M. Hempel und H. E. Tillmanns.) Kurve 1; ruhende Last; Kurve 2: schwellende Last für 50 Lastwechsel je min; Kurve 3: schwellende Last für 500 Lastwechsel je min.

Die in Abb. 121 bis 123 für den unlegierten Stahl zusammengestellten Kurvenzüge lassen bei 300° eine gute Übereinstimmung der Dehngeschwindigkeiten, besonders im letzten Teil der Versuchszeit, erkennen. Die Kurve für ruhende Last liegt unterhalb der Kurven, die unter Schwinglast aufgenommen wurden; bei diesen ist die Dehngeschwindigkeit im Anfang größer und nimmt im weiteren Verlauf des Versuches den gleichen Wert an wie beim Dauerstandversuch. Bei 400° (Abb. 122) ist das Abbiegen der Dehnkurven unter wechselnder Belastung sehr stark. Die Dehnkurven der beiden Dauerstandversuche verlaufen viel steiler, und ihre Dehngeschwindigkeiten erreichen ungefähr den doppelten Wert wie bei den Schwinglastversuchen. Die Unabhängigkeit der Dehnung von der Lastwechselgeschwindigkeit läßt sich aus dem parallelen Verlauf der Linienzüge für 50 und 500 Lastwechsel je Minute gut erkennen. Vergleichsweise ist ein Versuch mit der ruhenden Belastung von 22 kg/mm² in Abb. 122 als Kurve *4* gestrichelt eingezeichnet; bei dieser Belastung wird im zweiten Teil der Versuchszeit die gleiche Dehngeschwindigkeit erreicht, wie sie die Kurven unter wechselnder Last mit $\sigma_0 = 25$ kg/mm² und $\sigma_{ur} = 21,5$ kg/mm² ergeben. Wie Abb. 123 erkennen läßt, streben die Kurven bei 500° einer annähernd gleichen Dehngeschwindigkeit zu.

Der Molybdänstahl zeigt bei 400° (Abb. 124) das Bestreben, unter wechselnder Belastung etwas stärker zu fließen als im Dauerstandversuch. Da diese auffällige Erscheinung sich bei wiederholter Nachprüfung bestätigte, kann sie kaum durch Versuchszufälligkeiten erklärt werden. Umgekehrt ist das Verhalten des gleichen Stahles bei 500° (Abb. 125), wo sich das Abklingen der Dehngeschwindigkeit an beiden Schwinglastkurven sehr bald und gleichmäßig stark bemerkbar macht; die Dehngeschwindigkeit erreicht im zweiten Teil des Versuches nur den halben Betrag wie die der Dehnkurven unter ruhender Belastung.

Die Ergebnisse der Dehnmeßversuche an dem Chrom-Nickel-Wolframstahl (Abb. 126 und 127) lassen nicht immer die Regelmäßigkeit erkennen, wie sie bei den anderen untersuchten Werkstoffen gefunden wurde. Die Dehnkurven dieses Stahles bei 500° (Abb. 126) zeigen, daß auch hier ein etwas stärkeres Abklingen bei wechselnder gegenüber ruhender Beanspruchung eintritt. Die Kurve *2 a* für 50 Lastwechsel je Minute liegt in der Gesamtdehnung am höchsten. Ein anderer, vorzeitig unterbrochener Versuch mit der gleichen Lastwechselgeschwindigkeit (Kurve *2 b*) zeigt dagegen die geringste Gesamtdehnung bei gleichen Dehngeschwindigkeiten. Wenn das Gesamtergebnis durch die Streuungen bei 500° auch nicht beeinträchtigt wird, so scheint es bei den Versuchen bei 600° doch stark davon überdeckt. Wie Abb. 127 erkennen läßt, zeigen die Kurven *1 a* und *1 b* des Dauerstandversuches sehr große Unterschiede in der

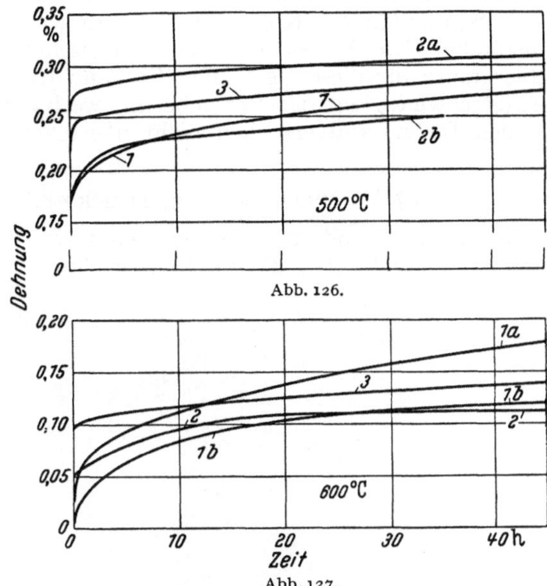

Abb. 126 und 127. Dehnkurven eines Cr-Ni-W-Stahles unter ruhender Last (Dauerstandversuch) und unter schwellender Last bei zwei Frequenzen für 500 und 600°. (Nach M. Hempel und H. E. Tillmanns.) Kurve 1: ruhende Last; Kurve 2: schwellende Last für 50 Lastwechsel je min; Kurve 3: schwellende Last für 500 Lastwechsel je min.

Zu Abb. 126.

Kurve	Belastung kg/mm²	Frequenz min	Dehngeschwindigkeit 10^{-4} %h während			
			3./6. h	5./10. h	30./45. h	25./35. h
1	$\sigma_t = 36,0$	0	43	28	10	8
2 a	$\sigma_0 = 36,0$	50	—	12	5	4
2 b	$\sigma_{ur} = 31,0$			12	7	—
3	$\sigma_0 = 36,0$ $\sigma_{ur} = 31,0$	500	—	11	7	7

Zu Abb. 127.

Kurve	Belastung kg/mm²	Frequenz min	Dehngeschwindigkeit 10^{-4} %/h während			
			3./6. h	5./10. h	25./35. h	30./45. h
1	$\sigma_t = 17,0$	0	48	37	16	13
			57	44	7	4
2	$\sigma_0 = 17,0$ $\sigma_{ur} = 13,6$	50	—	32	1	1
3	$\sigma_0 = 17,0$ $\sigma_{ur} = 13,6$	500	—	10	5	4

Dehngeschwindigkeit. Ein weiterer Dauerstandversuch, der nicht in die Abbildung aufgenommen wurde, ergab in der 25. bis 35. h eine Dehngeschwindigkeit von etwa $12 \cdot 10^{-4}\%/\text{h}$, also den Mittelwert der beiden anderen Versuche. Die Übereinstimmung der Kurven 2 und 3 dieser Versuchsreihe ist ebenfalls nicht vollständig. Die Abweichung der Dehngeschwindigkeit liegt aber innerhalb der Fehlergrenze für diese Versuche. Es kann jedoch festgestellt werden, daß die Dehngeschwindigkeit der Versuche mit wechselnder Last den niedrigsten Wert aus den Dauerstandversuchen nicht überschreitet.

c) Versuche bei Zug-Druckwechselbeanspruchung.

M. Hempel und F. Ardelt[1] benutzten eine 60-t-Pulsatormaschine der Losenhausenwerk AG., die für Zug-Druckwechselversuche bis zu $\pm$ 20 t ver-

Abb. 128. Gesamtansicht der 60-t-Pulsatormaschine mit Ofen und Registriervorrichtung für Zug-Druckwechselversuche bei erhöhten Temperaturen. (Nach M. Hempel und F. Ardelt.)

wendbar ist. Abb. 128 zeigt eine Gesamtansicht der Versuchseinrichtung, die aus der Universalprüfmaschine A, den Förderpumpen für Zug- und Druckbelastung mit Schaltpult B, einem Druckausgleichgefäß C, dem Wechselbelastungsgetriebe oder Pulsator mit Antriebsmotor D und den Manometern für die Kraftanzeige E besteht. Den besonderen Bedingungen einer Dehnungsmessung an einem Stab unter ständiger wechselnder Verformungsrichtung mit

---

[1] Hempel, M. u. F. Ardelt: Mitt. K.-Wilh.-Inst. Eisenforschg. Bd. 21 (1939) S. 115.

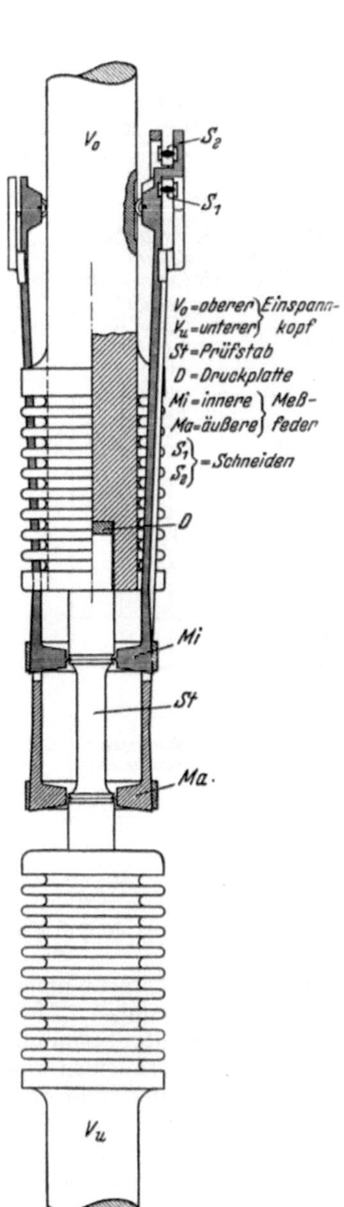

Abb. 129. Meßfederanordnung zur Dehnungsmessung. (Nach M. HEMPEL und F. ARDELT.)

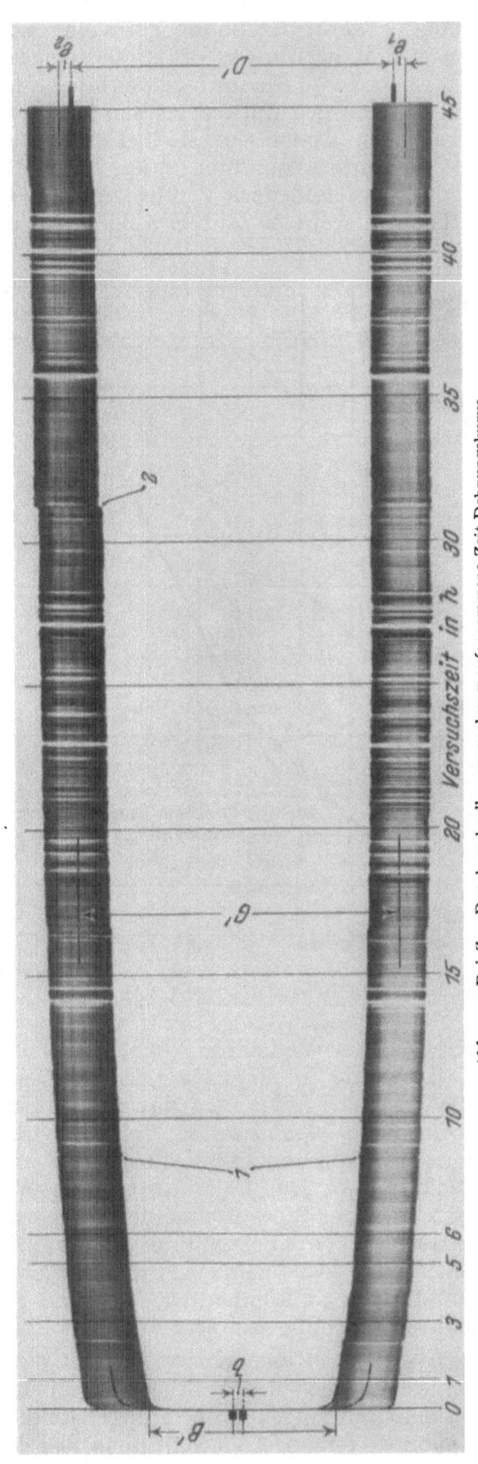

Abb. 130. Bei Zug-Druckwechselbeanspruchung aufgenommene Zeit-Dehnungskurve.
(Mo-Stahl mit 0,14% C und 0,51% Mo, Temperatur 500°; Wechselbelastung: $\sigma_u = -10{,}2$ kg/mm², $\sigma_o = 26{,}0$ kg/mm².) (Nach M. HEMPEL und F. ARDELT.)

Dehnungen bis zu etwa 2 mm wurde durch das in Abb. 129 wiedergegebene
Dehnungsmeßgerät Rechnung getragen. Die inneren und äußeren Meßfedern
werden in Spitzkerben des Prüfstabes eingesetzt, wobei der Anpreßdruck durch
das Überziehen von Spannringen auf den schwach konisch ausgebildeten Außen-
flächen der sich gegenüberliegenden Meßfedern erzeugt wird. An den aus dem
Ofen ragenden Enden der Meßfedern werden die Spiegelschneiden mit 8 mm
Breite und 1 mm Abrundungsradius eingesetzt. Für eine möglichst reibungsfreie
Bewegung der Meßfedern konnte zum Anklemmen der Schneiden kein Feder-
bügel benutzt werden. Zur Erzielung des erforderlichen Anlagedruckes wurde

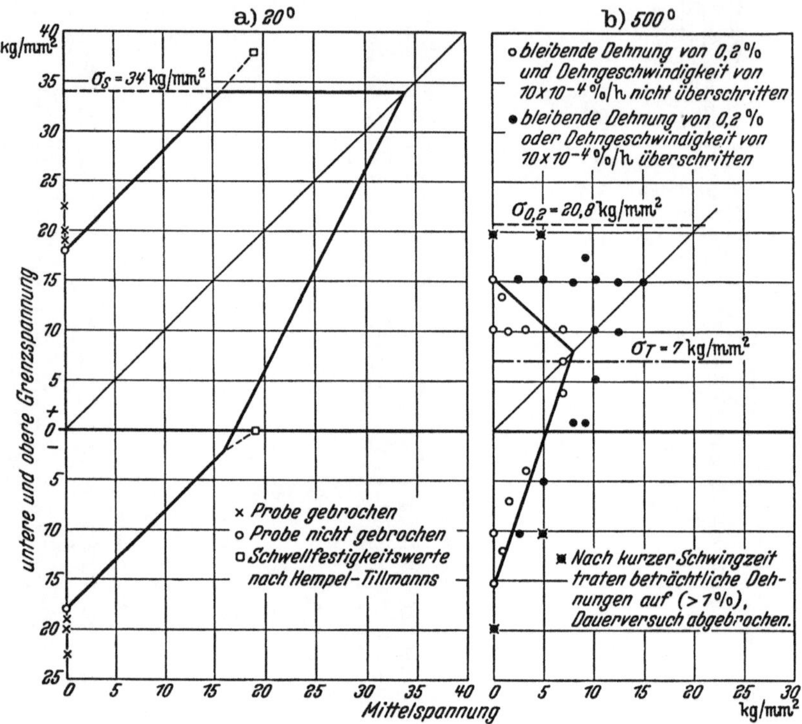

Abb. 131. Dauerfestigkeitsschaubilder eines Stahles mit 0,58% C bei 20 und 500°. (Nach M. Hempel und F. Ardelt.)

ein Kreuzen der Meßfedern kurz oberhalb des Schneidensitzes vorgenommen,
und zwar wurde die Kreuzung des zur Dehnungsaufzeichnung benutzten Meßfederpaares so eng ausgeführt, daß sich die Schneiden nur unter leichter Spannung
einsetzen ließen. Am zweiten Meßfederpaar wurde anstatt der Schneiden eine
zylindrische Walze eingesetzt, um die reibungslose Beweglichkeit der Meßfedern
zu gewährleisten. Durch das Kreuzen des Meßfederpaares war die Drehrichtung
der angebrachten Spiegel einander entgegengesetzt. Hierdurch war das gesonderte Mitschreiben einer Nullinie unnötig. Verschiebungen des Stabes mit den
Meßfedern zum feststehenden Aufnahmegerät oder Abweichungen im Dehnungsverlauf durch Schaltfehler der Maschine oder durch Versetzen einer Spiegelschneide waren ohne weiteres auf dem Filmstreifen erkennbar.

In Abb. 130 ist eine Kurve, die mit dem Dehnungsmeßgerät aufgenommen
wurde, wiedergegeben. Während bei einem statischen Versuch die aufgenommenen Zeit-Dehnungskurven in ihrer Breite nur von der Größe des abgebildeten
Lichtpunktes abhängen, erhält man bei Wechselversuchen eine bandförmige

Filmschwärzung, deren Breite vom Spannungsausschlag abhängt. Hierbei entsprechen die Ober- und Unterkanten des Lichtbandes annähernd der Ober- und Unterspannung und die Mittellinie des Kurvenbandes der Mittelspannung in der Versuchsprobe. An Hand solcher Kurven lassen sich auftretende Unregelmäßigkeiten in dem Dehnungsverlauf während des Versuches leicht erkennen. An der Stelle 1 in der achten Versuchsstunde ist eine Unstetigkeit in beiden Kurvenbändern erkennbar, die durch einen Anstieg der Druckbelastung hervorgerufen wurde; Stelle 2 in der 31. h läßt ein Versetzen einer Spiegelschneide erkennen, da dieser Knickpunkt nur in einem Lichtband zu finden ist.

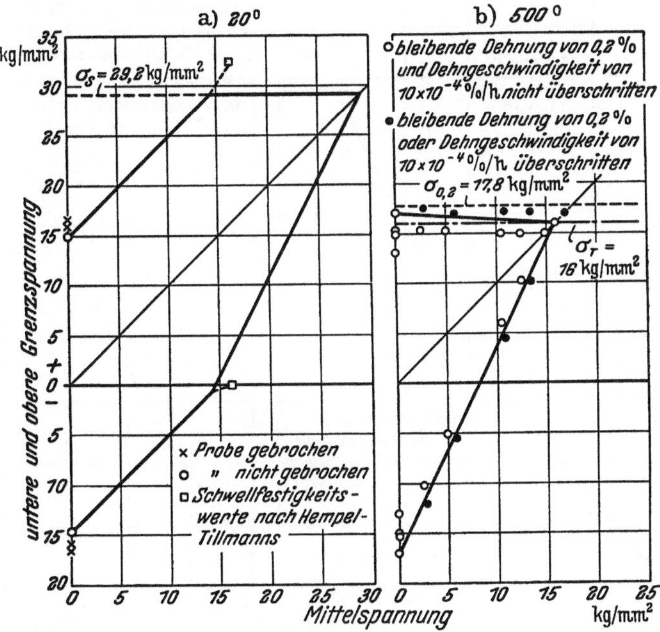

Abb. 132. Dauerfestigkeitsschaubilder eines Mo-Stahles mit 0,14% C und 0,51% Mo bei 20 und 500°. (Nach M. Hempel und F. Ardelt.)

Versuche an einem Kohlenstoffstahl mit 0,58% C, einem Molybdänstahl mit 0,14% C und 0,51% Mo sowie einem Chrom-Nickel-Wolfram-Stahl mit 0,56% C, 15,5% Cr, 13,3% Ni und 2,02% W bei 500° ergaben, daß unter Zug-Druckwechselbeanspruchung in gleicher Weise wie beim Dauerstandversuch Dehnungen auftreten, und zwar ein schnelles Dehnen nach Aufgabe der Belastung in den ersten Versuchsstunden und danach eine Abnahme der Dehngeschwindigkeit. Der Verlauf der Zeit-Dehnungskurven ist bei wechselnder Beanspruchung von der Mittel- und Oberspannung abhängig. Bemerkenswert ist, daß für die Mittelspannung Null, also bei gleichgroßen positiven und negativen Spannungsausschlägen, gleichfalls ein Dehnen eintritt.

Hempel und Ardelt stellten auf Grund ihrer Untersuchungen für die drei untersuchten Stähle die in Abb. 131 bis 133 wiedergegebenen Dauerfestigkeitsschaubilder für die Versuchstemperatur von 500° auf. Zum Vergleich ist jeweils in Teil a der Abb. 131 bis 133 das mit Hilfe des Wöhler-Verfahrens bei Raumtemperatur ermittelte Dauerfestigkeitsschaubild eingezeichnet. Für die Festlegung des Verlaufs der oberen und unteren Spannungsgrenze bei 500° wurden die in DIN-Vornorm DVM-Prüfverfahren A 117/118 bei der Ermittlung der

Dauerstandsfestigkeit geltenden Dehnungs- und Dehngeschwindigkeitsbegren-
zungen zugrunde gelegt, d. h. eine Dehngeschwindigkeit in der 25. bis 35. Versuchsstunde von $10 \cdot 10^{-4}\%/h$ und eine bleibende Dehnung von höchstens
0,2% nach 45 h. Für den Kohlenstoffstahl (Abb. 131) muß mit zunehmender
Mittelspannung die Oberspannung verringert werden, damit die Werte für
die bleibende Dehnung und für die Dehngeschwindigkeit innerhalb der zulässigen Grenzen bleiben.   Nicht so ausgeprägt ist die Abnahme der oberen

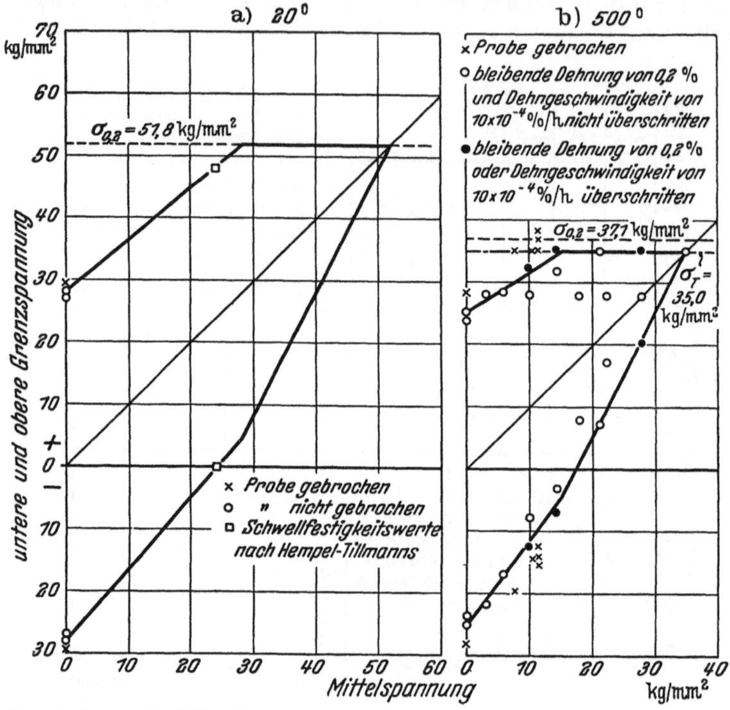

Abb. 133. Dauerfestigkeitsschaubilder eines Cr-Ni-W-Stahles mit 0,56% C, 15,5% Cr, 13,3% Ni und 2,02% W.
(Nach M. Hempel und F. Ardelt.)

Grenzspannungen bei dem Molybdänstahl (Abb. 132); hier verläuft die obere
Grenzspannungslinie annähernd in Höhe der Dauerstandfestigkeit. Ein Vergleich der Dauerfestigkeitsschaubilder in Teil b der Abb. 131 und 132 läßt erkennen, daß der Verlauf der Grenzlinien durch die unterschiedliche Dauerstandfestigkeit und Warmstreckgrenze der Stähle wesentlich beeinflußt wird. Für den
Chrom-Nickel-Wolfram-Stahl (Abb. 133) ergibt sich bei 500° dagegen ein ähnlicher Verlauf der Grenzspannungslinien wie bei Raumtemperatur. Zu beachten
ist jedoch, daß bei einigen Mittelspannungen die angewandten Wechselbelastungen während des Schwingungsversuches, teilweise unter größeren
Dehnungen, zum Dauerbruch der Proben führten.

Es wäre verfrüht, auf Grund der versuchsmäßig gefundenen Beziehungen
zwischen Dehnungsverlauf und Wechselbelastungen allgemeingültige Beziehungen
für verschiedene Temperaturen und Werkstoffe abzuleiten. Vielmehr steht hier
der Forschung noch ein großes Arbeitsgebiet offen.

B. Festigkeitsuntersuchung bei tiefen Temperaturen.

Von KARL BUNGARDT, Essen.

1. Allgemeines.

Zur Kennzeichnung des Einflusses tiefer Temperaturen auf die Festigkeitseigenschaften vielkristalliner, metallischer Werkstoffe geben die insbesondere an hexagonalen Metall-Einkristallen gemachten Beobachtungen über den Temperatureinfluß auf die Plastizität und Festigkeit einen ersten Anhalt[1]. Von den beiden, die plastische Verformbarkeit beherrschenden Vorgängen, Translation und mechanische Zwillingsbildung, wird die mechanische Zwillingsbildung durch die Temperatur nach den bisherigen Beobachtungen nur wenig beeinflußt, wie aus der Tatsache gefolgert werden kann, daß die mechanische Zwillingsbildung bei hohen Temperaturen gegenüber der Translation zurücktritt und andererseits bevorzugt bei tiefen Temperaturen zu beobachten ist. Ebenfalls ist die zur Einleitung ausgiebiger Translation erforderliche kritische Schubspannung im wirksamen Translationssystem nur wenig temperaturabhängig, und zwar steigt diese mit abnehmender Temperatur etwas an, bleibt aber nach den vorhandenen Beobachtungen bis zu tiefsten Temperaturen in der gleichen Größenordnung wie bei Raumtemperatur. Gegenüber diesem verhältnismäßig geringen Temperatureinfluß auf den Beginn größerer plastischer Verformungen steht eine sehr ausgeprägte Temperaturabhängigkeit der Schubverfestigung und Grenzschubspannung vor allem in einem mittleren Temperaturbereich. In diesem Temperaturbereich der zwischen tiefsten und hohen Temperaturen liegt, ist mit einer Temperaturerniedrigung ein jeweils steilerer Anstieg der Schubspannung des wirksamen Translationssystems mit der Abgleitung verbunden, bei gleichzeitigem Anstieg der Grenzschubfestigkeit. In den beiden Temperaturrandgebieten ist der Temperatureinfluß auf die Schubverfestigung praktisch verschwindend.

In qualitativer Übereinstimmung mit diesen Untersuchungsbefunden an Einkristallen zeigen die Untersuchungen über den Einfluß tiefer Temperaturen auf die Festigkeitseigenschaften vielkristalliner metallischer Werkstoffe, daß mit einer Temperaturabnahme ein mehr oder minder regelmäßig verlaufender Anstieg des Formänderungswiderstandes verbunden ist. Hinsichtlich des Einflusses tiefer Temperaturen auf das Formänderungsvermögen bestehen dagegen bei verschiedenen Metallen und ihren sich gleichartig verhaltenden α-Mischkristall-Legierungen grundsätzliche Unterschiede. So ergaben die Einkristalluntersuchungen, daß im allgemeinen bei den hexagonalen Metallen durch Temperaturabnahme eine Verringerung der Dehnung bewirkt wird, während demgegenüber bei den kubisch-flächenzentrierten Aluminiumkristallen in einem Temperaturbereich von $+ 300$ bis $- 185°$ keine wesentlichen Dehnungsunterschiede festgestellt wurden. Hinzu kommt, daß bei einer Reihe von Metallen bei tiefen Temperaturen der meist mit größeren Verformungen verbundene Abschiebungsbruch durch einen mehr oder minder spröden Normalspannungsbruch in Spaltebenen abgelöst wird.

---

[1] Vgl. E. SCHMID u. W. BOAS: Kristallplastizität. Berlin: Julius Springer 1935.

Die sich hier bereits in einer gewissen Gruppe von Metallen, zu denen auch das kubisch-raumzentrierte α-Eisen gehört, andeutende Neigung zur Versprödung bei tiefen Temperaturen, steht bei den Festigkeitsuntersuchungen vielkristalliner metallischer Werkstoffe bei tiefen Temperaturen im Vordergrund, zumal außer der Temperatur und dem das plastische Verhalten von Vielkristallen mitbestimmenden Korngrenzeneinfluß zahlreiche weitere Einflußgrößen, wie Zusammensetzung, Wärmebehandlungs-, Kaltbearbeitungszustand, Gefügeaufbau, Verformungsgeschwindigkeit und insbesondere der Spannungszustand bei der Beanspruchung das Formänderungsvermögen weitgehend beeinflussen[1]. Als maßgebend für das spröde oder zähe Verhalten eines Werkstoffes ist entsprechend der zuerst von P. Ludwik[2] gegebenen Erklärung das Verhältnis von Formänderungswiderstand zu Reißwiderstand anzusehen. Bei einem im Vergleich zum Formänderungswiderstand[3] hohen Reißwiderstand[3] sind ausgedehnte Formänderungen möglich. Im umgekehrten Falle wird der Reißwiderstand bereits überschritten, bevor die Schubspannung des wirksamen Translationssystems die kritische Schubspannung erreicht. Ein spröder Normalspannungsbruch ist die Folge.

Von größter Bedeutung ist es nun, daß sich der Zähigkeitsverlust kaltspröder Werkstoffe bei tiefen Temperaturen in dem Maße zu höheren Temperaturen verschiebt, wie sich durch den Werkstoffzustand und die Beanspruchungsbedingungen das Verhältnis von Formänderungswiderstand zu Reißwiderstand ungünstiger gestaltet.

Im folgenden sollen die Verfahren der Festigkeitsuntersuchungen bei tiefen Temperaturen insbesondere bei statischen Zugversuchen, Schlagzug- und Schlagbiegeversuchen und Dauerfestigkeitsuntersuchungen behandelt und im Zusammenhang damit einige kennzeichnende Versuchsergebnisse mitgeteilt werden.

2. Kühlverfahren.

Abgesehen von den in einigen wenigen Fällen in Kälteräumen ausgeführten Versuchen, bei denen allerdings der untersuchbare Temperaturbereich auf etwa — 40 bis — 50° C beschränkt ist, werden in den meisten Arbeiten zur Probenkühlung Sondervorrichtungen verwendet. Für bestimmte Sonderfälle der Festigkeitsuntersuchung, wie beispielsweise für Dauerfestigkeitsbestimmungen können noch Kühlschränke verwendet werden, die in einstufiger Bauweise bis etwa — 30° C und in zweistufiger Bauweise bis — 70° C gebaut wurden. Bei der zweistufigen Bauweise nach Th. E. Schmidt[4] werden zwei einstufige Kältemaschinen mit verschiedenen Kältemitteln (Chlormethyl und Propan) miteinander gekoppelt. Die Kälteleistung der Kältemaschine in der wärmeren Stufe dient dabei zur Verflüssigung des Kältemittels in der kälteren Stufe. Als Kühlmittel werden bei den Sondervorrichtungen entweder zur direkten oder indirekten Probenkühlung Eis, CO_2-Schnee und flüssige Gase angewendet. Bei verhältnismäßig wenig unter Null Grad liegenden Versuchstemperaturen ermöglichen Eis-Salzwasser-Lösungen durch Bemessung der Salzkonzentration eine beliebige Temperatureinstellung[5]. Temperaturen bis zu — 80° C werden meist durch Mischungen von CO_2-Schnee mit organischen Flüssigkeiten, wie beispielsweise Azeton ($t_s = -94,3°C$[6]), Methylalkohol ($t_s = -97,1°C$[6]), Äthylalkohol

---

[1] Vgl. M. Pfender: Arch. Eisenhüttenw. Bd. 11 (1937/38) S. 595 (dort ausführlicher Schrifttumsnachweis). — Siehe auch E. Siebel: Jb. Lilienthalges. f. Luftfahrt-Forschg. 1936, S. 383.

[2] Ludwik, P.: Forsch.-Arb. Ing.-Wes. Heft 295 (1927) S. 57.

[3] Formänderungswiderstand und Reißwiderstand sind bei Vielkristallen als statistische Mittelwerte aufzufassen.

[4] Schmidt, Th. E.: Z. ges. Kälteind. Jg. 45 (1938) S. 145.

[5] Siehe Landolt-Börnstein: Physikalisch-chemische Tabellen, 5. Aufl.

[6] t_s = Gefrierpunkt.

$(t_s = -114{,}15° \text{C}^1)$, Pentan $(t_s = -130{,}8° \text{C}^1)$ u. a. m., bei denen durch Regelung der CO_2-Zugabe beliebige Temperaturen innerhalb dieses Bereiches mit ausreichender Konstanz eingestellt werden können. Bei noch tieferen Temperaturen gelangen als Kühlmittel verflüssigte Gase zur Anwendung, insbesondere Sauerstoff $(t = -182{,}97° \text{C}^2)$, Stickstoff $(t = -195{,}67° \text{C}^2)$, Wasserstoff $(t = -252{,}79° \text{C}^2)$ und Helium $(t = -268{,}82° \text{C}^2)$. Versuchstemperaturen zwischen $-80°$ C und $-140°$ C werden meist durch mittelbare Kühlung mit flüssigem Sauerstoff bzw. Stickstoff oder flüssiger Luft unter Verwendung eines Kälteüberträgers mit entsprechend niedrigem Gefrierpunkt erzielt. Für Temperaturen unterhalb $-140°$ C bereitet das Auffinden eines geeigneten Kälteüberträgers mit entsprechend niedrigem Gefrierpunkt Schwierigkeiten. Doch ermöglicht die Druckabhängigkeit der Siedetemperatur die Einstellung von Zwischentemperaturen, ein Verfahren, das von G. GRUSCHKA[3] für Versuchstemperaturen zwischen -145 und $-183°$ C angewendet wird. Noch niedrigere Versuchstemperaturen sind durch die Siedepunkte der genannten Gase gegeben, die dann zur unmittelbaren Probenkühlung dienen. Über die Verwendung von flüssiger Luft zur unmittelbaren Probenkühlung sei noch bemerkt, daß durch Konzentrationsänderungen durch stärkeres Verdampfen des Stickstoffes eine stetige Verschiebung des Siedepunktes theoretisch bis zur Siedetemperatur des flüssigen Sauerstoffes eintreten kann, weshalb eine Temperaturkontrolle bei genauen Messungen notwendig ist.

3. Statische Zugversuche.

a) Versuchseinrichtungen.

Über den Einfluß tiefer Temperaturen auf die Festigkeitseigenschaften von Metallen und Legierungen beim statischen Zugversuch liegen zahlreiche Unter-

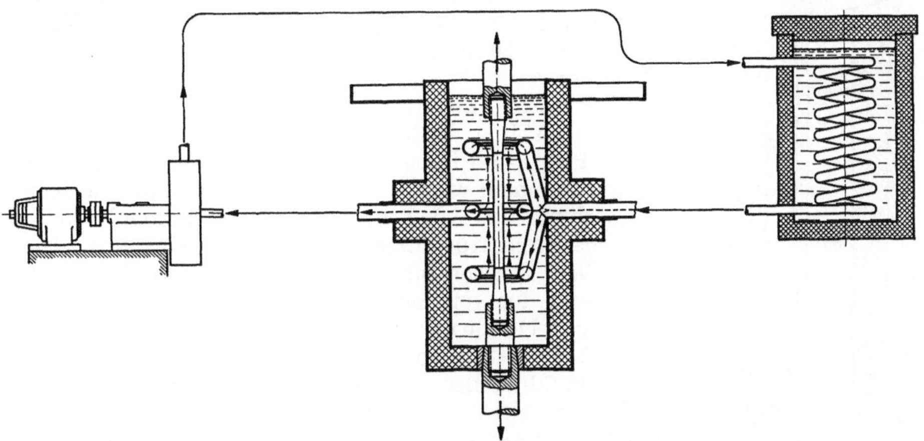

Abb. 1. Versuchseinrichtung für Zugversuche bei tiefen Temperaturen. (Nach F. BOLLENRATH.)

suchungen vor[4]. Einige der hierbei angewendeten Versuchsverfahren sollen im folgenden beschrieben werden.

F. BOLLENRATH und J. NEMES[5] verwenden bei der Bestimmung der elastischen Konstanten und der übrigen Kenngrößen des statischen Zugversuches

---

[1] $t_s =$ Gefrierpunkt.   [2] $t =$ Siedepunkt.

[3] GRUSCHKA, G.: VDI-Forschungsheft 364 (1934).

[4] Schrifttumsübersichten s. F. PESTER: Z. Metallkde. Bd. 24 (1932) S. 67, 115. — GRUSCHKA, G.: VDI-Forschungsheft 364 (1934).

[5] BOLLENRATH, F. u. J. NEMES: Metallwirtsch. Bd. 10 (1931) S. 609, 625; s. auch F. BOLLENRATH: J. Inst. Met. Bd. 48 (1932) S. 255.

von Leichtmetallen bis — 190° C die in Abb. 1 wiedergegebene Versuchsanordnung mit mittelbarer Probenkühlung durch einen Kälteübe:träger. Der Kälteüberträger (Benzin, Pentan oder Methanol) wird von einer Zentrifugalpumpe, die bei Kälteversuchen gegenüber einer Zahnradpumpe den Vorteil geringerer Wärmeentwicklung bietet, durch die in einem wärmeisolierten Kühler befindliche Kupferrohrschlange zur Probe gepumpt. Die Abkühlung des Kälteüberträgers auf Versuchstemperatur erfolgt beim Durchlaufen der von dem Kältemittel (Eis, Eissalzgemische, CO_2-Schnee mit Azeton bzw. flüssige Luft) um gebenen Kupferrohrschlange. Für Untersuchungen bei Temperaturen zwischen — 80 und — 140° C erweist sich im Hinblick auf die größere Temperaturänderungsgeschwindigkeit ein Kühler nach Abb. 2 als zweckmäßig, bei dem sich die Kühlschlange in einem mit Benzin bzw. mit Gemischen aus Petroleum und Methyl gefüllten Gefäß befindet. Dieses Gefäß b ist von einem wärmeisolierten Gefäß c umgeben, in dem jeweils soviel flüssige Luft

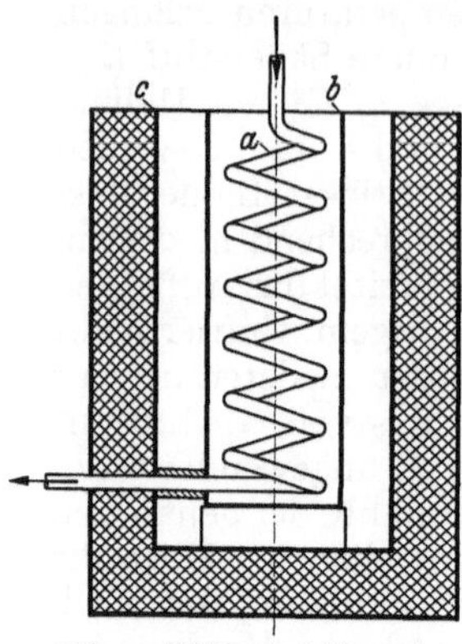

Abb. 2. Kühler bei Versuchen unterhalb —80° C. (Nach F. Bollenrath.)

eingefüllt wird, daß der Kälteüberträger im Gefäß b teilweise gefroren ist. Entsprechend der Gefriertemperatur des jeweiligen Kälteüberträgers wird damit die Temperatur des umlaufenden Kälteüberträgers konstant gehalten. Noch tiefere Versuchstemperaturen sind durch direkte Probenkühlung mit flüssigen Gasen möglich. Allerdings ist für die erreichbare Tiefsttemperatur die Güte der Wärmeisolation von ausschlaggebender Bedeutung. So sei erwähnt, daß W. J. de Haas und R. Hadfield[1] bei Zugversuchen in flüssigem Wasserstoff bzw. Helium ein Dewarsches Gefäß zur Aufnahme benutzen.

Pester[2] benutzt bei Zugversuchen bis — 80° C die in Abb. 3 wiedergegebene Versuchsanordnung, bei der Probe und Einspannvorrichtung unmittelbar durch eine in einem wärmeisolierten Gefäß befindliche Kältemischung aus CO_2-Schnee und Methylalkohol auf Versuchstemperatur abgekühlt werden. Um eine gleichmäßige Temperaturverteilung bei unmittelbarer Kühlung in der genannten Weise zu erzielen, ist ein sorgfältiges Durchrühren der Kältemischung erforderlich.

Außer den vorstehend beschriebenen Verfahren, die in ähnlicher Art bei den meisten Tieftemperatur-Zugversuchen angewendet wurden, sind noch die von Gruschka[3] entwickelten Versuchsanordnungen bemerkenswert. Abb. 4 zeigt die Versuchseinrichtung für Zugversuche bis —140° C. Der Probestab mit der Dehnungsmeßvorrichtung befindet sich in einem wärmeisolierten Kühler (a), der mit einem Kälteüberträger (Petroläther oder Pentan) gefüllt ist. Der Kälteüberträger wird durch zwei in dem Kühlbehälter untergebrachte

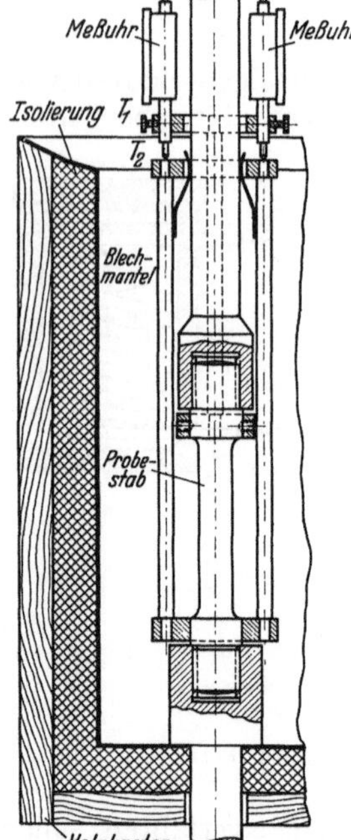

Abb. 3. Versuchseinrichtung für Tieftemperatur-Zugversuche. (Nach F. Pester.

Messingrohre (d) gepumpt, strömt dabei an den von flüssigem Sauerstoff oder Stickstoff durchflossenen Kühlrohren (f) vorbei, und schließlich durch Aussparungen

---

[1] De Haas, W. J. u. R. Hadfield: Engineering Bd. 137 (1934) S. 331.
[2] Vgl. Fußnote 4, S. 313.   [3] Vgl. Fußnote 3, S. 313.

in den Messingrohren wieder in den Kühlbehälter zurück. Die Kühlrohre vereinigen sich in einem wärmeisolierten Kupfersteigrohr, das in ein mit flüssigem Stickstoff gefülltes Vakuumgefäß hineinreicht. Zur Förderung des Stickstoffs wird außer dem Eigendruck noch Druck aus einer Druckluftflasche entnommen, wodurch gleichzeitig eine Bemessung des Förderdruckes entsprechend der gewünschten Kühlung möglich ist.

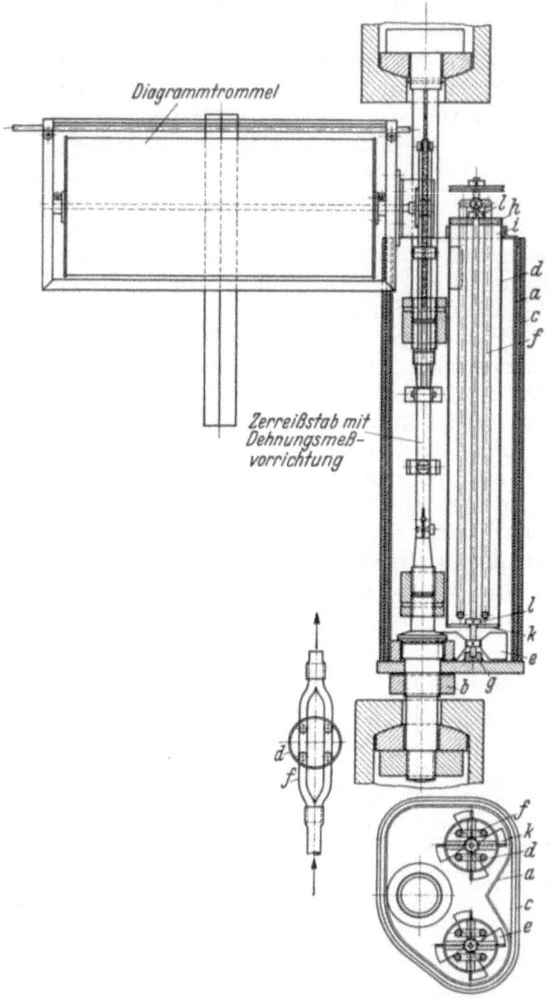

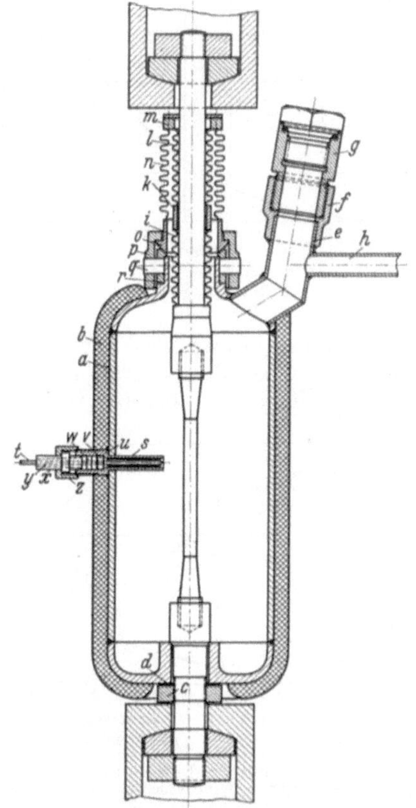

Abb. 4. Versuchseinrichtung für Tieftemperatur-Zugversuche. (Nach G. GRUSCHKA.) *a* Behälter des Thermostaten; *b* Spannmutter; *c* Isolierung; *d* Messingeinsatzrohre für die Kühlschlangen und Rührwerke; *e* Rührwerke; *f* Kühlrohre; *g* Spurlager für die Rührwerkwellen; *h* Turbaxscheiben mit Halslager; *i* Haltering für *d* an *a*; *k* Haltekreuze für die Rührwerkwellen; *l* Höhenstellringe.

Abb. 5. Drucksauerstoffgerät. (Nach G. GRUSCHKA.) *a* Messingdruckbehälter; *b* Isolierung; *c* Mutter am unteren Zugkopf; *d* Kupferscheibe; *e* Füllansatz; *f, g* Füllverschluß; *h* Ablaßrohr für Gas; *i* Federrohr zum Verschluß am oberen Zugkopf; *k* Ring an *i*; *l* zweites Federrohr; *m* Ring an *l*; *n* weites Federrohr; *o* Kegelstück des Bajonettverschlusses, *p* Überwurf; *q* Zapfen; *r* Gegenkegel; *s* Pyrometerrohr; *t* Thermoelement, *u* Messinghülse; *v* Fiberstopfen; *w* Asbesttalgpackungen; *x* Messingdruckstopfen; *y* Fiberkegel; *z* Überwurfmutter.

Zur Versuchsdurchführung bei Temperaturen zwischen $-145°$ C und den Siedetemperaturen des flüssigen Sauerstoffes bzw. Stickstoffs bei Atmosphärendruck bedient sich GRUSCHKA des in Abb. 5 wiedergegebenen Drucksauerstoffgerätes, bei dem die druckabhängige Verschiebung des Siedepunktes von flüssigem Sauerstoff zur Einstellung von Zwischentemperaturen ausgenutzt wird. Der Probestab befindet sich in einem druckdichten, wärmeisolierten Messingbehälter, der durch den Füllansatz (*e*) mit flüssigem Sauerstoff gefüllt wird und durch die Verschlüsse (*g* und *f*) druckdicht verschlossen werden kann. Einzelheiten der konstruktiven Durchbildung des Drucksauerstoffgerätes wie insbesondere die druckdichte und bewegliche Einführung des oberen Einspannkopfes, Verbindung des unteren Einspannkopfes mit dem Messingbehälter und schließlich die Einführung der Thermoelemente sind aus der Abb. 5 zu entnehmen.

Die Versuche werden nun so ausgeführt, daß entsprechend der in Abb. 6 wiedergegebenen Sauerstoff-Siedepunktkurve[1] für die gewünschte Versuchstemperatur ein bestimmter Betriebsdruck in dem Drucksauerstoffgerät eingestellt wird. Die Abb. 7 zeigt für eine Versuchstemperatur von — 151,8° C den zeitabhängigen Verlauf des Druckes und der Temperatur, wobei die Meßstellen der Eisen-Konstantan-Thermoelemente in der Höhe des oberen Einspannkopfes, in der Mitte des Probestabes und in der Höhe des unteren Einspannkopfes liegen. Die Abbildung zeigt, daß nach Einfüllen des Sauerstoffes in den Messingbehälter und Verschluß des Einfüllstopfens nach etwa 5 min der für die Versuchstemperatur von — 151,8° C erforderliche Betriebsdruck von 10,0 atü erreicht

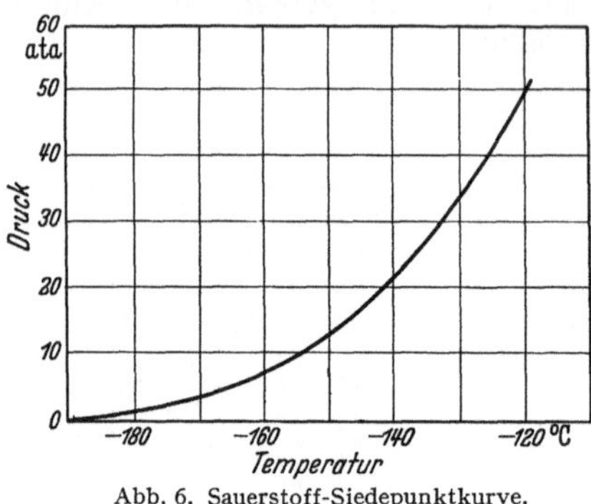

Abb. 6. Sauerstoff-Siedepunktkurve.
(Nach F. Schmidt.)

ist. Durch Öffnen des Abgasventils wird dann der Druck auf konstante Höhe gehalten. Der Temperaturgang an den drei Meßstellen läßt erkennen, daß das Thermoelement *I* bereits früher als die beiden etwa gleiche zeitabhängige Temperaturänderung aufweisende Thermoelemente *II* und *III* die dem Druck entsprechende Siedetemperatur des Sauerstoffs erreicht. Nach 20 min zeigen alle Thermoelemente nahezu über eine Zeit von 9 bis 10 min die gleiche Temperatur. Während dieser Zeit muß dann der Versuch ausgeführt werden. Der steile Abfall der Temperatur an der Meßstelle *I* erklärt sich daraus, daß der

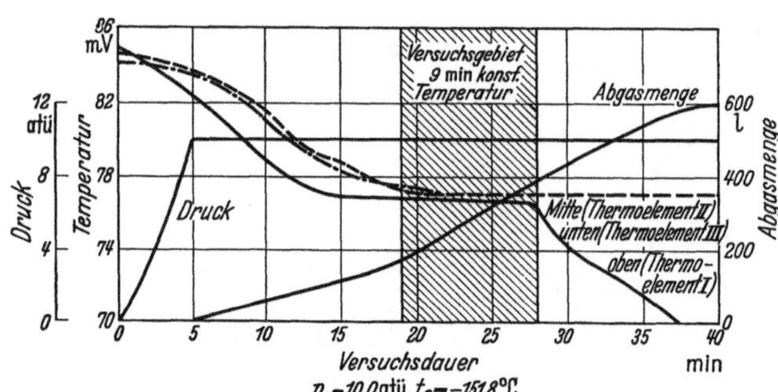

Abb. 7. Temperatur und Druckverlauf bei einer Versuchstemperatur von — 151,8° im Drucksauerstoffgerät. (Nach G. Gruschka.)

Flüssigkeitsspiegel durch Verdampfen fortwährend sinkt, und somit sich das Thermoelement *I* nach einer gewissen Zeit im Gasraum befindet. Abschließend sei noch eine Sondervorrichtung für Zugversuche an Quecksilber bei Temperaturen bis zu — 130° C beschrieben, die von C. H. Lander und J. V. Howard[2] entwickelt wurde und in Abb. 8 wiedergegeben ist. Das Quecksilber wird in eine dem Probestab entsprechende Form eingegossen. Zentrisch in der Form befindet sich ein Röhrchen aus Kupferfolie, durch das flüssige Luft zum Erstarren des Quecksilbers und zur Einstellung der Versuchstemperatur geleitet wird. Die Form wird unmittelbar vor Versuchsbeginn weggenommen. Bei dieser Versuchsanordnung muß im Hinblick auf die Temperaturänderung des

[1] Schmidt, F.: Forsch.-Arb. Ing.-Wes. Heft 339 (1930).
[2] Lander, C. H. u. Howard, J. V.: Proc. roy. Soc., Lond. Reihe A Bd. 156 (1936) S. 411.

Probestabes die Versuchszeit so kurz wie möglich gehalten werden, doch dürfte bei der beschriebenen Anordnung kaum ein homogenes Temperaturfeld im Probestab zu erzielen sein.

b) Dehnungsmessung.

Vor allem die Untersuchung der zur Kaltsprödigkeit neigenden Werkstoffe verlangt bei Tieftemperatur-Zugversuchen eine sorgfältige Ausbildung der Probe-

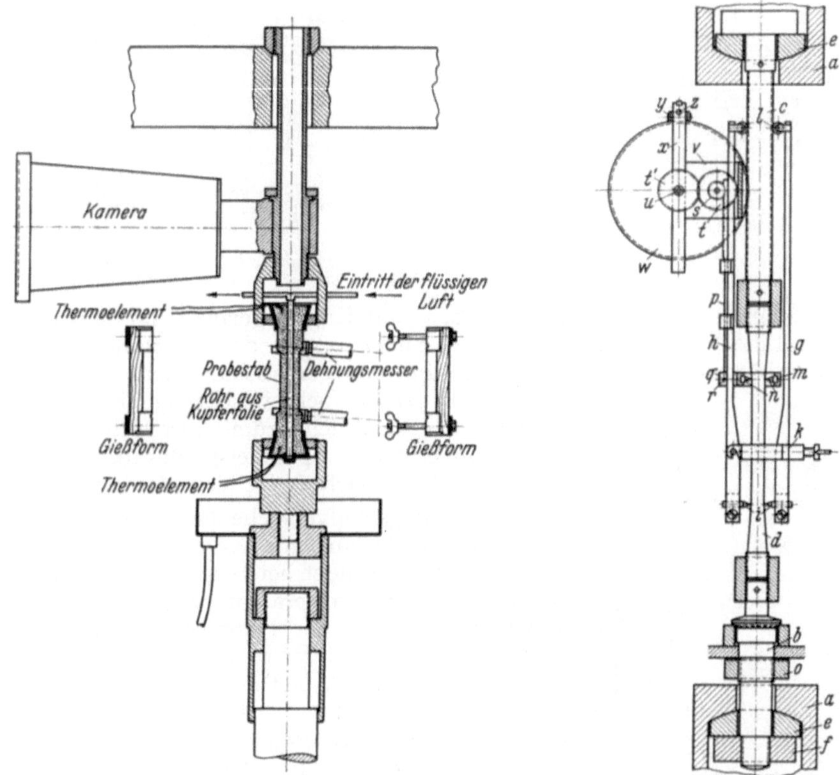

Abb. 8.   Abb. 9.

Abb. 8. Versuchsanordnung für Zugversuche an Quecksilber bei tiefen Temperaturen. (Nach C. H. LANDER und J. V. HOWARD.)

Abb. 9. Dehnungsmeßvorrichtung. (Nach G. GRUSCHKA.) *a* Einspannkopf der Zerreißmaschine; *b, c* Zugköpfe, *d* Versuchstab; *e* Kugelschale aus Turbax (Kunstharz); *f* Rundmutter für den unteren Zugkopf; *g, h* Spannleisten, *i* Schneiden an *g* und *h*; *k* Spannklaue; *l* Rollen an *g* und *h*; *m* Mitnehmer; *n* Schneiden; *o* Zugkopf-Spannmutter, *p* Zahnstange in *h*; *q* Kopf von *p*; *r* Paßstifte in *m*; *s* Ritzel; *t, t'* Zahnräder; *u* Trommelwelle; *v* Rahmen für *s*, *w* Diagrammtrommel; *x* Trommelrahmen; *y* Umlenkrolle für Kraftzug; *z* Schreibstiftstange.

stäbe, da Kerbwirkungen zusammen mit der Abnahme des Formänderungsvermögens Anlaß zu vorzeitigem Bruch geben können. So ist neben der selbstverständlichen Forderung einer einwandfreien Staboberfläche ein möglichst schlanker Übergang vom zylindrischen Teil des Prüfstabes zu den Einspannköpfen vorzusehen. Eine weitere damit zusammenhängende Maßnahme bildet das möglichst kerbfreie Anbringen der Dehnungsmeßteilung. Da ein Anreißen der Dehnungsmeßteilung bereits zu Brüchen in den dadurch entstandenen Kerben führen kann, zeichnen P. GOERENS und R. MAILÄNDER[1] diese mittels Tuschestrichen an. GRUSCHKA entwickelt auf Grund der gleichen Schwierigkeit zur Bestimmung der Bruchdehnung aus einer 10fach vergrößerten Aufzeichnung des Spannungs-Dehnungs-Diagramms eine besondere, in Abb. 9 wiedergegebene

---

[1] GOERENS, P. u. R. MAILÄNDER: Forsch.-Arb. Ing.-Wes. Heft 295 (1927) S. 18.

Dehnungsmeßvorrichtung, deren Wirkungsweise aus der Zeichnung zu ersehen ist. Der Kraftzug wird durch die Umlenkrolle (y) am Trommelrahmen waagerecht an die Schreibstiftstange (z) herangeführt und der Kraftschluß durch ein Gegengewicht gesichert. Durch ein auf die Diagrammtrommel aufgewickeltes, an dem freien Ende belastetes Seil wird der tote Gang der Dehnungsübertragung ausgeschaltet. Damit die Spannleisten biegungsfrei bleiben, ist der Trommelrahmen

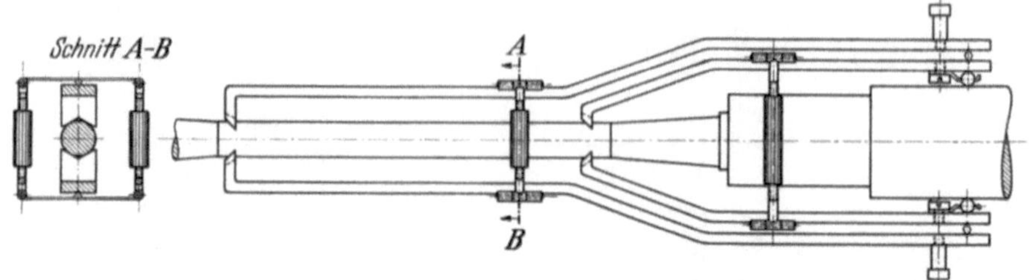

Abb. 10. Martens-Feindehnungsgerät für Tieftemperatur-Zugversuche. (Nach F. Bollenrath.)

an einem Schlitten befestigt, der seinerseits auf Kugeln gelagert auf einem prismatischen Lineal läuft, das am oberen Einspannkopf der Maschine befestigt ist. Der Schlitten für sich ist an dem Linealträger ausbalanciert. Beim Zusammenbau der Versuchseinrichtung dient ein zusätzliches Gegengewicht zum Ausgleich der Gewichte von Trommel, Spannleiste, des toten Ganges und des Spanngewichtes für den Kraftzug.

Feindehnungsmeßversuche bei tiefen Temperaturen wurden bislang nur vereinzelt ausgeführt. Bollenrath verwendet bei Versuchen bis $-190°$ C ein Martens - Spiegelgerät nach Abb. 10. Über Schwierigkeiten bei der Feinmessung durch Vereisen der Spiegel und der prismatischen Schneiden finden sich in dieser Arbeit keine Hinweise, wurden auch nicht beobachtet. — Andererseits veranlaßt teilweise diese Schwierigkeit, die ebenfalls von Gruschka erwähnt wird, Pester zum Bau einer besonderen Dehnungsmeßvorrichtung entsprechend Abb. 3. Allerdings kommt bei Anwendung unmittelbarer Kühlung durch Einrühren von CO_2-Schnee in eine Flüssigkeit, wobei zur Erzielung einer gleichmäßigen Temperaturverteilung häufiges Rühren erforderlich ist, ohnehin die Verwendung von empfindlichen Feinmeßgeräten nach Art des Martens-Apparates nicht in Frage. Bei der Meßvorrichtung von Pester wird zu beiden Seiten des Prüfstabes die Meßvorrichtung aufgeschraubt und die auf die Traversen (T_1, T_2) übertragene

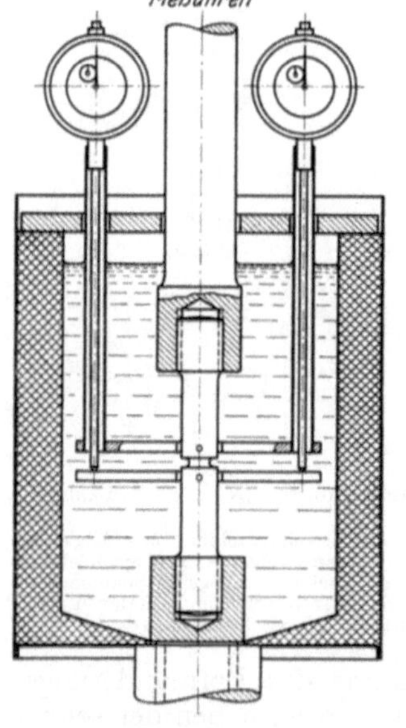

Abb. 11. Feindehnungsmeßgerät für Tieftemperaturversuche an gekerbten Proben. (Nach M. Pfender.)

Dehnung an Meßuhren abgelesen. Der Nachteil dieser Meßvorrichtung in Verbindung mit dem von Pester benutzten Probestab besteht darin, daß nicht die Dehnung einer bestimmten Prüflänge mit gleichbleibendem Querschnitt erfaßt wird, sondern die Formänderungsbehinderung an den Bunden für die Traversen in den gemessenen Dehnbetrag eingeht. Eine einwandfreie Bestimmung der durch bestimmte bleibende Dehnungen unter genormten Prüfbedingungen definierten elastischen Konstanten ist demnach nicht möglich.

Eine ähnliche, in Abb. 11 wiedergegebene Meßvorrichtung zur Dehnungsmessung bei Kerbzugversuchen in Abhängigkeit von der Temperatur beschreibt M. PFENDER[1], der die Traversen symmetrisch zum Kerb in einem dem Probendurchmesser entsprechenden Abstand, unmittelbar am glatten Probenschaft anbringt. Eine direkte Vergleichbarkeit der Dehnungswerte am gekerbten Stab mit den am glatten Stab ermittelten Dehnungen über eine dem 10- oder 5fachen Probendurchmesser entsprechende Meßlänge besteht nicht. Im Hinblick darauf, daß beim Kerbzugversuch die Formänderungen zum größten Teil in der Kerbe vor sich gehen, dürfte aber der Fehler beim Vergleich nicht groß sein.

c) Ergebnisse.

Je nach Art des Temperatureinflusses auf die Zähigkeit lassen sich die meisten Metalle und die sich ähnlich verhaltenden homogenen α-Mischkristall-Legierungen dieser Metalle grundsätzlich in zwei Gruppen einordnen. Bei den meisten Stählen sowie den hexagonalen Metallen Zink und Magnesium u. a. bewirken tiefe Temperaturen einen mehr oder minder ausgeprägten Verlust des Formänderungsvermögens, während demgegenüber andere Metalle, wie Kupfer, Nickel, Aluminium u. a. bis zu tiefsten Temperaturen die Zähigkeit beibehalten, teilweise sogar vergrößern.

Der Verlauf der Festigkeitseigenschaften von Armcoeisen beim Tieftemperaturzugversuch in Abbildung 12 läßt erkennen, daß mit sinkender Temperatur einerseits der Formänderungswiderstand ansteigt, andererseits aber die Zähigkeit in dem Temperaturgebiet von − 140 bis −160° C steil abfällt[2]. Dieser Zähigkeitsabfall beim statischen Zugversuch ist bei allen niedrig legierten Stählen zu beobachten und wird insbesondere durch einen Nickelzusatz zu tieferen Temperaturen verschoben, so daß bei 5% Nickelzusatz in einem Stahl mit 0,19% C bis −195° der steile Dehnungsrückgang nicht mehr beobachtet wird. Wie bei den niedrig legierten Stählen, ist auch bei Zink ein starker Abfall der Zähigkeit aber bereits im Zugversuch bei Temperaturen um 0° vorhanden[3]. Weniger scharf ausgeprägt zeigen auch die Magnesiumlegierungen mit sinkender Temperatur eine stetig zunehmende Versprödung[4].

Demgegenüber beobachten DE HAAS und HADFIELD an Kupfer einen Anstieg der Dehnung von 45% bei Raumtemperatur auf 60% in flüssigem Wasserstoff. Bei zwei Nickelsorten unterschiedlicher Festigkeit, mit Dehnungen von 11,5

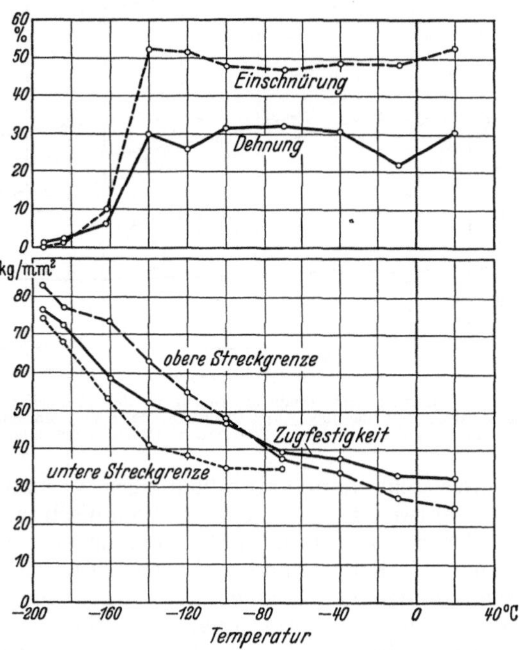

Abb. 12. Einfluß tiefer Temperaturen auf die Festigkeitseigenschaften von Armco-Eisen (0,02% C, 0,027% Mn; 0,002% Si, 0,004% P, 0,038% S, 0,03% Cu) beim Zugversuch. (Nach G. GRUSCHKA.)

---

[1] Vgl. Fußnote 1, S. 312. [2] Vgl. Fußnote 3, S. 313.
[3] Vgl. Fußnote 1, S. 317. [4] Vgl. Fußnote 5. S. 313.

bzw. 43% bei Raumtemperatur, steigt diese nach den gleichen Beobachtern bei —252° auf 21,5 bzw. 51%. Als Beispiel für Aluminiumlegierungen zeigt Abb. 13 die temperaturabhängige Änderung der Festigkeitseigenschaften einer Al-Cu-Mg-Legierung[1]. Die Dehnung bleibt im großen und ganzen über den gesamten Temperaturbereich bis —190° C unverändert. Das gleiche gilt nach DE HAAS und HADFIELD auch bis zu —252° C. Die Bruchquerschnittsverminderung nimmt aber mit sinkender Temperatur ab.

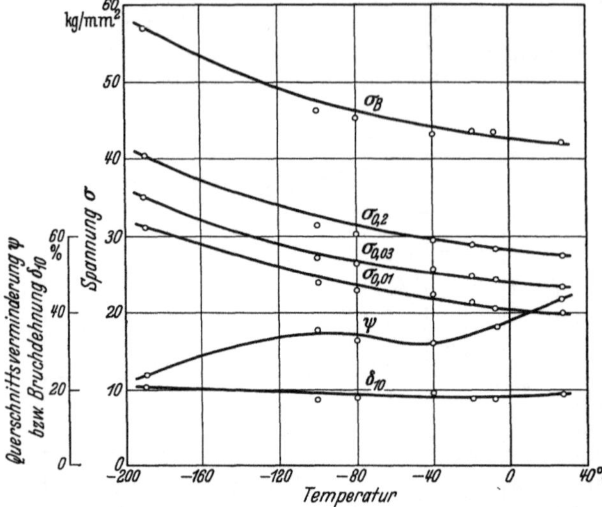

Abb. 13. Einfluß tiefer Temperaturen auf die Festigkeitseigenschaften einer Al-Cu-Mg-Legierung (3,64% Cu, 0,47% Mg, 0,57% Mn, 0,23% Si, 0,23% Fe, Rest Al) beim Zugversuch. (Nach F. BOLLENRATH.)

4. Schlagzug- und Schlagbiegeversuche.

a) Versuchsverfahren.

Von größerer praktischer Bedeutung als die im statischen Zugversuch an glatten Stäben ermittelte Temperaturabhängigkeit der Festigkeitseigenschaften ist zur Beurteilung der Versprödungsneigung eines Werkstoffes sein temperaturabhängiges Verhalten bei behinderter Formänderung und entweder statisch oder dynamisch aufgebrachter Beanspruchung.

Über den Einfluß unterschiedlicher Verformungsgeschwindigkeit geht aus den von F. KÖSTER und H. A. VON STORP[2] aufgenommenen Spannungs-Dehnungsdiagrammen von Stählen beim statischen oder Schlagzugversuch hervor, daß eine höhere Verformungsgeschwindigkeit einen Anstieg des Formänderungswiderstandes und der spezifischen Brucharbeit zur Folge hat. Inhaltlich findet sich diese Beobachtung in den Ergebnissen der Untersuchungen an Metallkristallen über die Geschwindigkeitsabhängigkeit des Translationsverlaufes deutlich ausgeprägt wieder. Der Anstieg der Schubspannung des wirksamen Translationssystems mit der Dehnung erfolgt um so steiler, je höher die Versuchsgeschwindigkeit ist[3]. Der Geschwindigkeitseinfluß auf den Verlauf der Verfestigung durch Translation ist dabei ähnlich wie der Temperatureinfluß sehr groß in mittleren Temperaturgebieten und verschwindend bei Annäherung an den absoluten Nullpunkt und den Schmelzpunkt. Zur Kennzeichnung des Einflusses der Versuchsgeschwindigkeit auf den Translationsverlauf sei noch bemerkt, daß die kritische Schubspannung nach den vorliegenden, allerdings noch wenig umfangreichen Untersuchungen ebenfalls geringfügig mit der Versuchsgeschwindigkeit ansteigt.

Da andererseits die technische Kohäsion bei vielen Werkstoffen nicht in dem Maße wie der Formänderungswiderstand mit steigender Versuchsgeschwindigkeit ansteigt, ist im Sinne der von LUDWIK[4] gegebenen Erklärung für das spröde oder zähe Verhalten eines Werkstoffes eine Abnahme der Zähigkeit bei schlagartiger Beanspruchung meist die Folge.

---

[1] Vgl. Fußnote 5, S. 313.
[2] KÖRBER, F. u. H. A. VON STORP: Mitt. K.-Wilh.-Inst. Eisenforschg. Bd. 7 (1925) S. 81.
[3] Vgl. Fußnote 1, S. 311.   [4] Vgl. Fußnote 2, S. 312.

Die insbesondere bei behinderter Formänderung durch Kerben zu beobachtende Abnahme des Formänderungsvermögens beruht auf der Ausbildung eines mehrachsigen Spannungszustandes. Je geringer der Unterschied zwischen den Hauptspannungen parallel und senkrecht zur Zugrichtung ist, um so spröder verhält sich der Werkstoff, da die wirksame Schubspannung bei abnehmendem Unterschied zwischen den Hauptspannungen kleiner wird. — Für das Verhalten des Werkstoffes in Abhängigkeit von der Temperatur ist in diesem Zusammenhang nun von großer Wichtigkeit, daß auf Grund aller bisherigen Erfahrungen eine Verschärfung der Beanspruchungsart sowie der Versuchsbedingungen hinsichtlich Werkstoffzustand eine Verschiebung des Zähigkeitsabfalles bei kaltspröden Werkstoffen zu höheren Temperaturen bewirken.

Schlagzugversuche wurden von BOLLENRATH[1] an glatten Stäben bei tiefen Temperaturen bis —190° C an Aluminium- und Magnesiumknetlegierungen ausgeführt, der hierzu eine in einer Teilskizze in Abb. 14 wiedergegebene Versuchseinrichtung benutzt. Der Kerbschlaghammer befindet sich mitsamt Probe und Querstück in einem Kühlbad, das bei Versuchsbeginn weggenommen wird. Um eine möglichst weitgehende Einhaltung der Versuchstemperatur während der Versuchszeit von 1 bis 1,5 s zu sichern, hebt beim Anheben des Hammers ein um die Probe noch gesondert angeordneter Behälter einen Teil der Kühlflüssigkeit mit heraus.

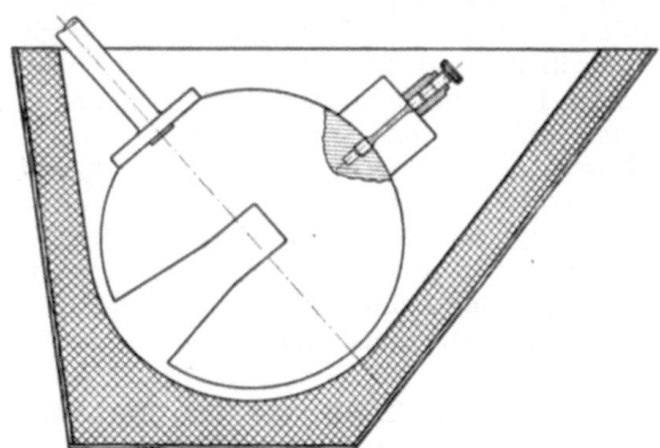

Abb. 14. Kühlvorrichtung für die Schlagzerreißversuche. (Nach F. BOLLENRATH.)

Im allgemeinen ist die Bruchdehnung beim dynamischen Zugversuch infolge der gleichmäßigen Verteilung der Bruchquerschnittsverminderung über den Probestab höher als beim statischen Zugversuch, während andererseits die Bruchquerschnittsverminderung bei geringerer Versuchsgeschwindigkeit höher ausfällt. Im großen und ganzen ist die temperaturabhängige Tendenz der Eigenschaftsänderungen bei verschiedenen Versuchsgeschwindigkeiten etwa gleich.

Verdrehversuche von M. ITIHARA[2] bei verschiedenen Temperaturen mit unterschiedlicher Versuchsgeschwindigkeit an weichem Stahl zeigten, daß bei dynamischer Beanspruchung der Formänderungswiderstand zunimmt und andererseits das durch den Bruchverdrehungswinkel gekennzeichnete Formänderungsvermögen abnimmt, wobei besonders bei tiefen Temperaturen die Abnahme des dynamischen Formänderungsvermögens stark in Erscheinung tritt.

Aufschlußreicher als der Schlagzugversuch am glatten Stab sind Kerbzug- oder Kerbbiegeversuche bei entweder statisch oder dynamisch erfolgender Beanspruchung. Insbesondere nimmt in der Technik zur Beurteilung der Versprödungsneigung die Kerbschlagbiegeprobe eine bevorzugte Stellung ein. In neuerer Zeit wurden von SIEBEL[3] sowie PFENDER[3] zur Untersuchung der Versprödungsneigung eines Werkstoffes die statische Kerbzugprobe, wegen des übersichtlicheren Zusammenhanges zwischen Spannungszustand und der Versprödung, in Vorschlag gebracht.

---

[1] Vgl. Fußnote 3, S. 313.
[2] ITIHARA, M.: Technol. Rep. Tôhoku Univ. Bd. 11 (1935) N. 4, S. 73 (489).
[3] Vgl. Fußnote 1, S. 312.

Am umfangreichsten wird der Kerbschlagbiegeversuch zur Feststellung der Versprödungsneigung von Stählen herangezogen. Diese läßt sich am sichersten durch eine Bestimmung der Kerbschlagzähigkeit in Abhängigkeit von der Temperatur festlegen.

Die Versuchsführung bei tiefen Temperaturen ist einfach. Die Kerbschlagprobe wird in einem Kältebad auf Versuchstemperatur abgekühlt, dann möglichst schnell auf die Auflager des Kerbschlaghammers gebracht und zerschlagen. Die Versuchszeiten schwanken hierbei nach den Angaben verschiedener Beobachter zwischen 3 bis 5 s. G. Haupt und A. Krisch[1] messen in dem Temperaturgebiet von 90° abs. eine Temperaturänderungsgeschwindigkeit von etwa 1°/s. W. Schwinning und F. Fischer[2] ermittelten bei —80 und —30° C eine Temperaturzunahme von 0,4 bzw. 0,2°/s. Eine Herabsetzung der Versuchszeit auf 2 bis 3 s wird erreicht, wenn die Proben mit einem an einem Ende befestigten Draht, aus dem Kühlbad vor die Auflager des Kerbschlaghammers gezogen werden[3]. Haupt und Krisch vermeiden jegliche Temperaturänderung bei Versuchen in flüssiger Luft dadurch, daß die vorgekühlten Proben in einem mit flüssiger Luft gefüllten Papierkästchen auf den Kerbschlaghammer aufgesetzt werden und zusammen mit dem Kästchen zerschlagen werden. Bei Versuchen in flüssigem Wasserstoff gehen die gleichen Verfasser so vor, daß sie die vorgekühlten Proben in einem doppelwandigen allseitig verschlossenen Papiergehäuse auf die Auflager bringen und der flüssige Wasserstoff durch eine Öffnung im Deckel mittels Heber eingefüllt wird. Die wärmeisolierende Luft- und Wasserstoffatmosphäre ermöglicht bei dieser Anordnung eine längere Konstanthaltung der Temperatur auf 20° abs.

b) Ergebnisse von Kerbschlagbiegeversuchen.

Die bereits bei der Besprechung der statischen Zugversuche aufgezeigten Unterschiede in dem Zähigkeitsverhalten verschiedener Metalle treten auch bei den verschärften Versuchsbedingungen des Kerbschlagversuches in grundsätzlich der gleichen Weise hervor.

Für einen Flußstahl mit 0,05% C zeigt Abb. 15 unter Berücksichtigung der Wärmebehandlung den temperaturabhängigen Verlauf der Kerbschlagzähigkeit[4]. Der nach Abb. 12 beim statischen Zugversuch an glatten Stäben beobachtete Abfall der Zähigkeit bei Temperaturen von etwa —140 bis —160° C, tritt beim Kerbschlagbiegeversuch infolge der versprödenden Wirkung der dreiachsigen Zugbeanspruchung im Kerbgrund und der höheren Formänderungsgeschwindigkeit bei wesentlich höheren Temperaturen in Erscheinung. Ferner ergibt sich, daß die Temperaturlage des Abfallbereiches maßgebend durch die Wärmebehandlung bedingt ist. Das empfindliche Ansprechen der Kerbschlagprobe hinsichtlich der Temperaturlage des Abfallbereiches und der absoluten Höhe der Kerbschlagzähigkeit auf die Vorbehandlung des Stahles führte zur Anwendung der Kerbschlagprobe insbesondere zur Kontrolle geeigneter Schmiede- und Wärmebehandlung, der Empfindlichkeit eines Stahles gegen Reckaltern und seiner Neigung zur Anlaßsprödigkeit. Darüber hinaus wird durch Legierungszusätze die Temperaturlage des Steilabfalles der Kerbschlagzähigkeit maßgebend beeinflußt und insbesondere durch Nickelzusatz zu tieferen Temperaturen verschoben[5,6,7]. Ähnliches Verhalten wie beim Stahl zeigt, wie aus den

[1] Haupt, G. u. A. Krisch: Naturwiss. Bd. 26 (1938) S. 390.

[2] Schwinning, W. u. F. Fischer: Z. Metallkde. Bd. 22 (1930) S. 1.

[3] Bungardt, K.: Z. Metallkde. Bd. 30 (1938) S. 235.

[4] Körber, F. u. A. Pomp: Mitt. K.-Wilh.-Inst. Eisenforschg. Bd. 7 (1925) S. 43.

[5] Mailänder, R.: Werkstoffhandbuch Stahl und Eisen, 2. Aufl., Blatt D 1 (1937).

[6] French, H. J. u. J. W. Sands, Graeves, R. H. u. J. Jones: Nickel alloy steels, 5. Teil, Nr. 2; s. auch Safe steels for sub-zevo service. herausg. v. Int. Nickel-Co., New York.

[7] Vgl. R. Hanel: Z. VDI Bd. 81 (1937) S. 410 (dort weitere Schrifttumsangaben).

Zugversuchen zu erwarten, auch die Kerbschlagzähigkeits-Temperaturkurve bei Zink, bei dem der Abfallbereich sich um etwa 20° zu höheren Temperaturen verschiebt[1]. Bei Magnesiumlegierungen nimmt die Kerbschlagzähigkeit mit sinkender Temperatur ohne ausgesprochenen Steilabfall stetig ab[2, 3]. Im Gegensatz zu dem bei den vorgenannten Werkstoffen beobachteten Kerbschlagzähigkeitsverlust wird bei Kupfer, Blei und Nickel, Aluminium und seinen Legierungen die Kerbschlagzähigkeit durch tiefe Temperaturen sogar erhöht[2, 3, 4, 5, 6].

5. Dauerfestigkeit.

a) Versuchsverfahren.

Über den Tieftemperatureinfluß auf die Dauerfestigkeit berichten J. B. JOHNSON und T. OBERG[6], W. SCHWINNING[7], W. D. BOONE und H. B. WISHART[8] sowie K. BUNGARDT[2]. JOHNSON und OBERG sowie BOONE und WISHART untersuchen die Biegewechselfestigkeit bis —40° C auf einer in einer Kältekammer aufgestellten Dauerbiegemaschine. SCHWINNING, der ebenfalls Versuche bis —40° C ausführte, verwendet dazu eine von ihm entwickelte Dauerbiegemaschine für umlaufende Biegung, die ähnlich wie die SCHENCK-Maschine zwei innere bewegliche und zwei äußere feste Lager besitzt. Bei Tieftemperaturversuchen wurden die Öldämpfer der mittleren Belastungslager durch außerhalb des Kältebades liegende Führungen ersetzt. Um ein Einfrieren zu verhindern, werden die Führungen durch übergesteckte Tauchsieder auf 30 bis 40° erwärmt. Im übrigen wird die Maschine als Ganzes in ein Kältebad aus Petroleum (bis etwa — 25° C) bzw. Azeton eingetaucht und die Kühlung des Kälteüberträgers durch eine in den Ammoniakkreislauf einer Ammoniakkältemaschine eingeschaltete Kühlschlange bewirkt. Dauerbiegeversuche bis —65° C führt BUNGARDT mit der in Abb. 16 wiedergegebenen Versuchseinrichtung durch, die ähnlich der von BOLLENRATH[9] verwendeten Vorrichtung ist. Der Kälteüberträger ist ein Benzin-

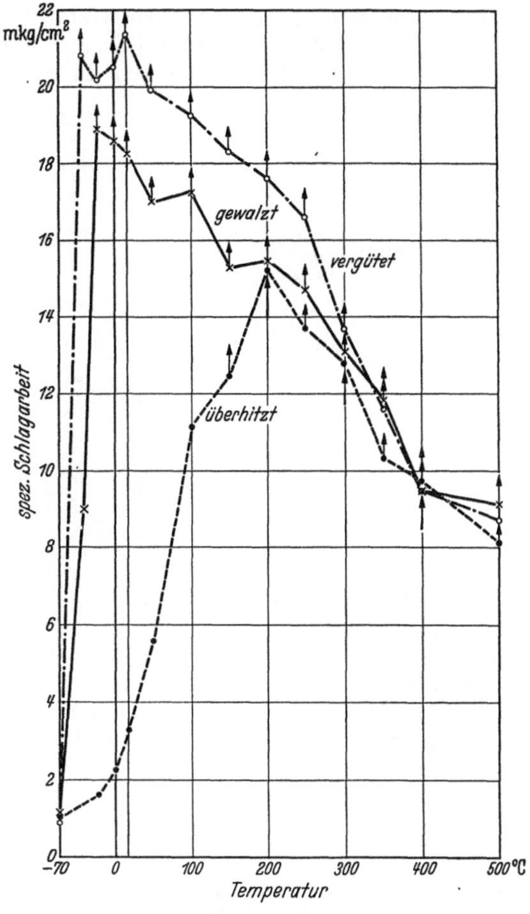

Abb 15. Kerbschlagzähigkeit eines Flußstahls (0,05% O) in Abhängigkeit von der Temperatur. (Nach F. KÖRBER und A. POMP.)

---

[1] Vgl. Fußnote 1, S. 317.   [2] Vgl. Fußnote 3, S. 322.
[3] MATTHAES, K.: Z. Metallkde. Bd. 24 (1932) S. 176; s. a. DVL-Jb. 1931, S. 439.
[4] Vgl. Fußnote 2, S. 322.
[5] GÜLDNER, W. A.: Z. Metallkde. Bd. 22 (1930) S. 257, 412.
[6] JOHNSON, J. B. u. T. OBERG: Metals & Alloys Bd. 4 (1933) S. 25.
[7] SCHWINNING, W.: Z. VDI Bd. 79 (1935) S. 35.
[8] BOONE, W. D. u. H. B. WISHART: Proc. Amer. Soc. Test. Mater. Bd. 35 (1935) II, S. 147.
[9] Vgl. Fußnote 5, S. 313.

Alkoholgemisch, in dem der Alkohol zur Lösung des aus der Luft aufgenommenen Wassers dient, damit dieser nicht ausfriert und die Leitungen verstopft. Der Kälteüberträger wird von einer Zahnradpumpe aus einem Dewar-Sammelgefäß gesaugt und durch einen Kühler zur Probe gepumpt. Auf die Probe wird er durch zwei nebeneinander angeordnete Düsen von 2 mm Dmr. aufgespritzt und läuft in das Sammelgefäß zurück. Das Gefäß b enthält bei Versuchstemperaturen von —35° C ein Wasser-Salzgemisch mit gleichem Gefrierpunkt. Das Wasser-Salzgemisch wird teilweise gefroren durch ein Gemisch aus Azeton und fester

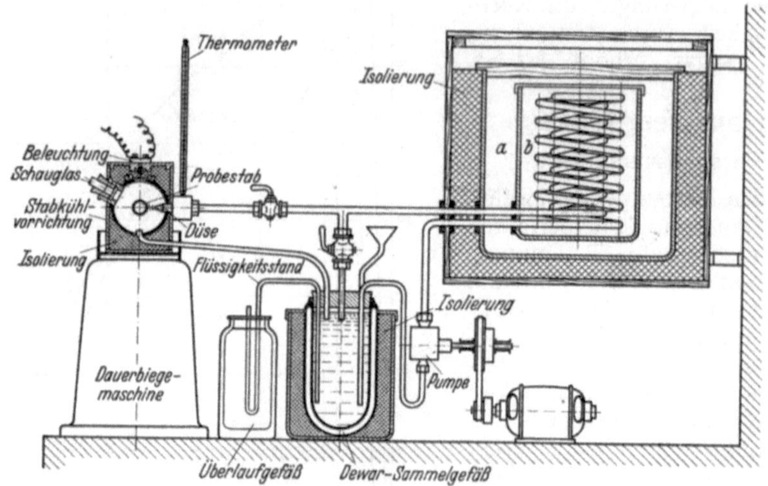

Abb. 16. Versuchseinrichtung für Dauerbiegeversuche bei tiefen Temperaturen. (Nach K. Bungardt.)

Kohlensäure im Gefäß a. Bei der Versuchstemperatur von —65° C befindet sich das Kühlmittel — ein Gemisch aus Azeton und CO_2-Schnee — im Gefäß b. Die Temperaturen des Probestabes konnten bei dieser Versuchsanordnung auf $\pm 2°$ gleichgehalten werden. Die Rohrleitungen, die Stabkühlvorrichtung in der Dauerprüfmaschine und der Kühlmittelbehälter sind mit Glaswolle u. a. gut wärmeisoliert. Als Versuchsstäbe verwendet Bungardt polierte Rundbiegestäbe nach Abb. 17, deren Einspannteil ausgebohrt ist, um den wärmeleitenden Querschnitt zu verkleinern. Die Temperatur wird mit einem Pentan-Thermometer am Eingang zu der Stabkühlvorrichtung gemessen. Die Übereinstimmung der Stabtemperatur mit der Temperatur des Kälteträgers beim Eintritt in die Spritzdüsen ist gut, wie sich aus Temperaturmessungen an der Innenwand eines vollständig hohlgebohrten Stabes ergab. Der Temperaturunterschied über die Versuchslänge des Probestabes beträgt 2 bis 3°.

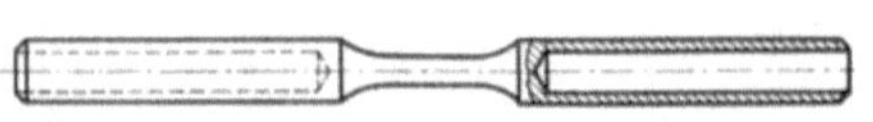

Abb. 17. Probe für Dauerbiegeversuche bei tiefen Temperaturen. (Nach K. Bungardt.)

Allgemein ist bei Dauerversuchen unter Verwendung eines Kälteüberträgers zur Probenkühlung darauf zu achten, daß keine Korrosion durch den Kälteüberträger stattfindet.

b) Ergebnisse.

Die Zusammenstellung einiger Versuchsergebnisse an einem niedriglegierten Chrom-Molybdänstahl und einem 18/8-Chrom-Nickelstahl in Zahlentafel 1 und an verschiedenen Aluminium- und Magnesiumlegierungen in Zahlentafel 2 läßt erkennen, daß bei allen diesen Werkstoffen die Biegewechselfestigkeit mit

Zahlentafel 1. Einfluß tiefer Temperaturen auf die Biegewechselfestigkeit von Stählen. (Nach J. B. Johnson und T. Oberg.)

Stahl	Behandlung	C %	Mn %	Si %	Cr %	Ni %	Mo %	Biegewechselfestigkeit bei $10 \cdot 10^6$ Lastwechsel	
								$+ 20°$ C	$- 40°$ C
Cr-Mo-Stahl	885°/Öl ange-lassen bei 595° C/Luft	0,31	0,65	0,20	0,69	—	0,22	48,5	51,3
Cr-Mo-Stahl	885°/Öl ange-lassen bei 345° C/Luft	0,31	0,65	0,20	0,69	—	0,22	67,5	70,3
18/8 Cr-Ni-Stahl	vergütet	0,12	—	—	18,8	8,4	—	28,8	38,0

Zahlentafel 2. Einfluß tiefer Temperaturen auf die Biegewechselfestigkeit von Aluminium- und Magnesium-Knetlegierungen. (Nach K. Bungardt.)

Legierung	Behandlung	Cu %	Mg %	Mn %	Fe %	Si %	Ti %	Zn %	Al %	Biegewechselfestigkeit ($20 \cdot 10^6$ Lastwechsel)		
										$+ 20°$ C	$- 35°$ C	$- 65°$ C
Al-Cu-Mg	ausgehärtet	3,74	0,91	0,84	0,47	0,42	0,01	—	Rest	15,30	15,60	18,00
Al-Mg	gepreßt	0,03	4,68	0,26	0,35	0,15	0,01	—	,,	13,50	16,80	18,75
,,	,,	—	6,57	0,18	0,70	0,11	0,01	—	,,	17,70	18,10	18,50
,,	,,	0,04	8,93	0,28	0,44	0,12	0,01	—	,,	14,30	13,75	14,60
Mg-Al 6	,,	0,04	Rest	0,18	0,04	0,03	—	0,07	6,86	15,00	15,25	15,00
Mg-Mn	,,	0,01	,,	1,72	—	0,01	—	0,03	0,02	7,50	8,20	9,25

sinkender Temperatur ansteigt. Grundsätzlich das gleiche gilt auch für Werkstoffe auf anderer Legierungsgrundlage. Bemerkenswert ist, daß nach den bisherigen Ergebnissen auch die Kerbdauerfestigkeit der Werkstoffe in dem bislang untersuchten Temperaturbereich bis —40° C in dem gleichen Maße wie die Dauerfestigkeit an ungekerbten Proben ansteigt. Allerdings reichen die vorhandenen Versuchsunterlagen noch nicht zu einer endgültigen Beurteilung aus.

V. Härteprüfung.

Von Dipl.-Ing. WALTER HENGEMÜHLE, Essen.

A. Grundsätzliches über Härte.

Der Begriff der Härte ist noch nicht eindeutig festgelegt. Am stärksten durchgesetzt hat sich die Anschauung, wonach die Härte der Widerstand ist, den ein Körper dem Eindringen eines anderen entgegensetzt. Innerhalb dieser Begriffsbestimmung leiten die Physiker, wie H. HERTZ[1], F. AUERBACH[2] u. a. die Härte eines Stoffes von der Belastung ab, die eben noch keine bleibende Formänderung erzeugt, während die Technik Verfahren bevorzugt, die deutlich bleibende Formänderungen hinterlassen.

In letzterem Falle werden Eindringkörper verwendet, die eine bedeutend höhere Härte aufweisen als das Prüfstück. Da an der Berührungsstelle des Eindringkörpers mit der Probe ein mehrachsiger Spannungszustand herrscht, lassen sich auch in sonst spröden Körpern, wie z. B. in Gußeisen, meistens noch bleibende Eindrücke erzeugen. Für die Form der Eindringkörper, die zur Bestimmung der technischen Härte benützt werden, sind im Laufe der Entwicklung viele Vorschläge gemacht worden[3], und es sind auch jetzt noch die verschiedenartigsten Formen in Anwendung.

Grundsätzlich sind alle die verschiedenen Prüfverfahren gleichberechtigt, sofern aus ihren Ergebnissen Schlüsse auf die Bewährung des geprüften Werkstoffes im Betrieb gezogen werden können. Jedoch sollte man, wenn die oben angegebene Begriffsbestimmung über Härte genügt, versuchen, die vielen Prüfverfahren durch einige wenige zu ersetzen. Diese Verfahren sollen in der Anwendung vielseitig und einfach sein, sie sollen Härteunterschiede mit genügender Schärfe wiedergeben und vor allen Dingen eine vom weichsten bis zum härtesten Werkstoff durchlaufende Härteskala besitzen.

In den folgenden Abschnitten sind die wichtigsten Prüfverfahren behandelt, die in irgendeiner Form den Eindringwiderstand als Härtemaßstab benutzen. Die für die Durchführung der Härteprüfung erforderlichen Geräte sind in Bd. I, Abschn. IV B eingehend geschildert.

B. Statische Härteprüfung.
1. Kugeldruckversuch nach BRINELL[4].
a) Die Brinell- und Meyerhärte.

Um die Jahrhundertwende, einer Zeit des besonderen Auftriebs der Eisenindustrie, wurde der Wunsch immer dringlicher, ein Härteprüfverfahren zu haben, das den praktischen Bedürfnissen der Industrie entsprach. Auf der Pariser Weltausstellung im Jahre 1900, gab der Schwede J. A. BRINELL sein Verfahren bekannt, das durch seine einfache Handhabung und insbesondere dadurch, daß die ermittelten Härtewerte bei vielen Werkstoffen in enger Beziehung zur Zugfestigkeit stehen, eine außerordentliche Bedeutung erlangte.

---

[1] HERTZ, H.: Gewerbefleiß 1882, S. 443 f.
[2] AUERBACH, F.: Wiedemanns Ann. Bd. 43 (1891) S. 61; Bd. 45 (1892) S. 262.
[3] MARTENS, A.: Handbuch der Materialkunde für den Maschinen-Bau, 1898.
[4] Kugeldruckpressen s. Bd. I, Abschn. IV B 1a.

Brinell schlug als Eindringkörper eine gehärtete Stahlkugel vor, wie sie bei der Kugellagerfabrikation serienweise und mit größter Präzision hergestellt wird. Diese Kugel wird durch einen statischen Druck in das Prüfstück soweit eingedrückt, daß ein bleibender Eindruck entsteht. Die Härte eines Stoffes ist nach Brinell der mittlere Druck auf die Flächeneinheit der Eindruckkalotte

$$H_B = \frac{P}{O}.$$

Die Kalottenoberfläche ergibt sich zu

$$O = \pi \cdot D \cdot t = \frac{\pi D^2}{2} - \frac{\pi D}{2} \sqrt{D^2 - d^2},$$

wobei t die Eindringtiefe, D den Kugeldurchmesser und d den Eindruckdurchmesser bedeutet. Demnach ist die *Brinellhärte*

$$H_B = \frac{2\,P}{\pi D \,(D - \sqrt{D^2 - d^2})} \;(\text{kg/mm}^2).$$

Um bei der praktischen Härteprüfung nach Brinell zu jeder Zeit und an jedem Ort an ein und demselben Werkstück dieselben Härtewerte zu bekommen, müssen noch verschiedene Bedingungen eingehalten werden, vor allen Dingen, weil infolge der Kugelform des Eindringkörpers die Härte von der Eindringtiefe abhängig ist. Diese Bedingungen sind in DIN 1605, Blatt 3, niedergelegt. Auf die wichtigsten Vorschriften wird in den folgenden Abschnitten eingegangen.

Die Berechnung einer Härtezahl aus der Kalottenoberfläche hat vor allen Dingen E. Meyer[1] angegriffen und vorgeschlagen, den Eindringwiderstand als mittlere Kraft auf die projizierte Eindruckfläche zu beziehen. Demnach wäre die *Meyerhärte*

$$H_m = \frac{P}{\dfrac{d^2 \cdot \pi}{4}}.$$

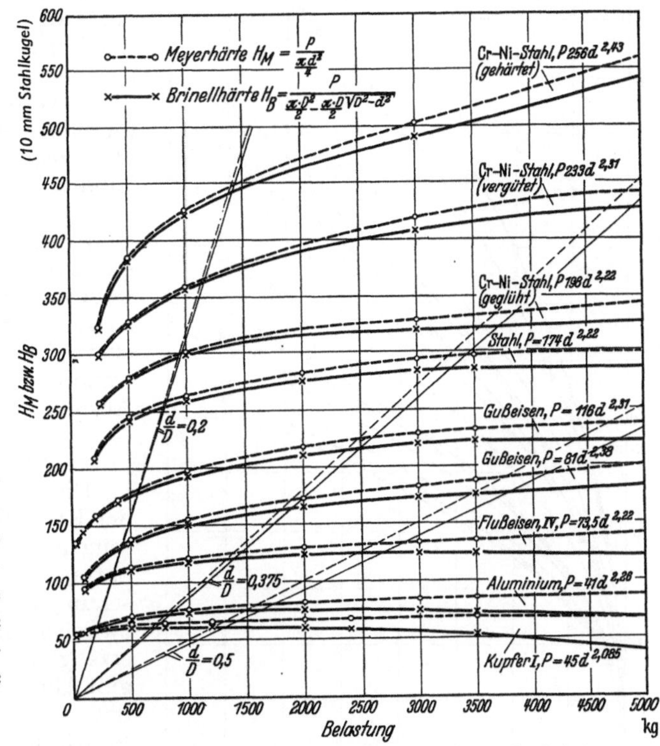

Abb. 1. Meyer- bzw. Brinellhärte in Abhängigkeit von der Belastung. (Nach E. Meyer, vom Verfasser erweitert.)

Zahlentafel 1 gibt einen Überblick über die Unterschiede zwischen der projizierten Eindruckfläche und der Kalottenoberfläche für verschiedene Eindruckdurchmesser bei einem Kugeldurchmesser von 10 mm. Bezeichnet man das Verhältnis $O : \dfrac{d^2 \cdot \pi}{4}$ mit ψ, so ist die Beziehung zwischen diesen beiden Härten $H_B = \dfrac{H_m}{\psi}$.

[1]. Meyer, E.: Forsch.-Arb. Ing.-Wes. Heft 65 (1909).

Zahlentafel 1. Gegenüberstellung der Werte von O und $d^2\pi/4$ für verschiedene Kugel-Eindruckdurchmesser. (Nach P. W. Döhmer.)

d (mm)	1	2	3	4	5	6	7
$\dfrac{d^2\pi}{4}$ (mm²)	0,7854	3,1416	7,0686	12,566	19,635	28,274	38,485
O (mm²)	0,787	3,18	7,24	13,11	21,04	31,4	44,9
$\psi = O : \dfrac{d^2\pi}{4}$	1,002	1,0122	1,0242	1,043	1,072	1,112	1,167

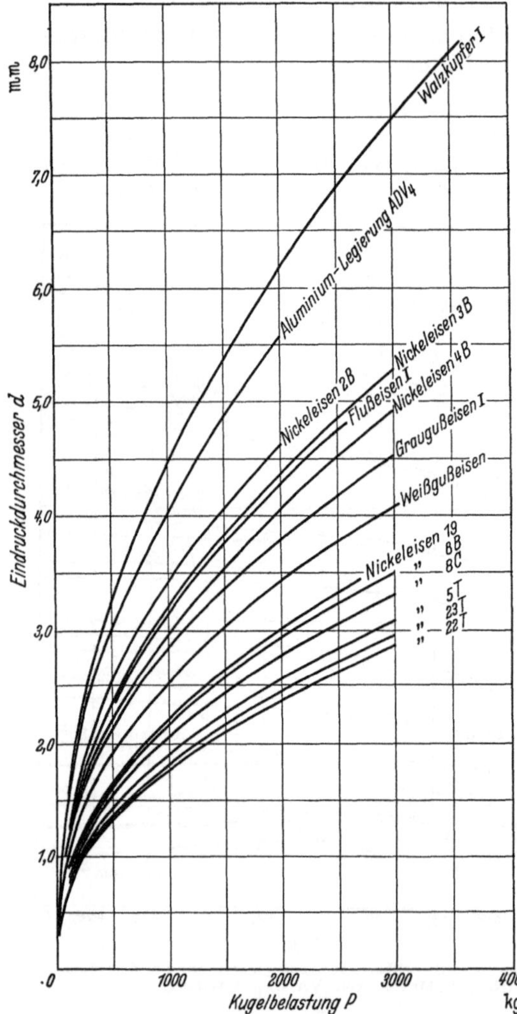

Abb. 2. Beziehung zwischen Eindruckdurchmesser und Belastung bei der Kugeldruckprobe ($D = 10$ mm). (Nach E. Meyer.)

Da ψ stets größer als 1 ist, muß auch die Meyerhärte stets größer als die Brinellhärte sein, und zwar ist der Unterschied dieser beiden Härten bei flachen Eindrücken gering, er wird aber mit zunehmender Eindringtiefe immer größer. Die Meyerhärte wie auch die Brinellhärte wachsen mit dem Eindruckdurchmesser bzw. der Belastung zuerst rasch, dann langsamer an, die Meyerhärte bis zum Eindruckdurchmesser $d = D$, die Brinellhärte aber zeigt bei einem bestimmten Eindruckdurchmesser einen Größtwert (s. Abschnitt B 1d).

In Abb. 1 sind für einige Werkstoffe die Meyer- und Brinellhärten in Abhängkeit von der Belastung aufgetragen. Man erkennt bei weicheren Werkstoffen für die angewandten Belastungen schon ein Absinken der Brinellhärte.

b) Potenzgesetz.

Die praktische Bedeutung, die der Kugeldruckversuch bald nach seinem Bekanntwerden erreicht hatte, war Anlaß für viele Forschungsarbeiten. Die Beziehung zwischen Belastung der Kugel und erzeugten Eindruckdurchmesser gibt Abb. 2 wieder. E. Meyer[1] fand, daß diese Kurven in ein doppellogarithmisches Koordinatensystem übertragen, gerade Linien ergeben und somit die Beziehung gilt

$$P = a \cdot d^n.$$

Hierin ist P die Belastung, d der Durchmesser des bleibenden Eindrucks, a und n Konstanten. Diese beiden Konstanten lassen sich errechnen, wenn man mindestens 2 Eindrücke derselben

---

[1] Meyer, E.: Forsch.-Arb. Ing.-Wes. Heft 65 (1909).

Kugel bei verschiedenen Belastungen ausführt, denn es ist

$$\log P_1 = \log a + n \log d_1$$
$$\log P_2 = \log a + n \log d_2$$
$$n = \frac{\log P_1 - \log P_2}{\log d_1 - \log d_2}$$

und

$$\log a = \log P_1 - n \log d_1.$$

Die Konstante a ist die Belastung, bei der der Eindruckdurchmesser $d = 1$ mm wird, denn dann wird nach obiger Formel $P = a$. Diese Konstante ist abhängig von der Härte des Stoffes und vom Kugeldurchmesser. Je härter der Stoff, desto größer muß die Belastung sein und je größer die Kugel, desto kleiner muß die Belastung sein, um einen Eindruckdurchmesser von 1 mm zu erzeugen.

Die Konstante n ist nach A. Kürth[1] ein Maß für den Kalthärtungszustand, in dem der zu prüfende Werkstoff vorliegt, dabei entspricht einem Zustand großer Kalthärtung ein kleines n. Abb. 3 zeigt diesen Zusammenhang bei Nickel. Hier sind die Belastungen in Abhängigkeit der Eindruckdurchmesser in einem doppellogarithmischen Koordinatensystem aufgetragen. Die erhaltenen geraden Linien schneiden auf der Ordinate entsprechend dem Eindruckdurchmesser $d = 1$ mm den Wert a ab und ihre Neigung zur Abszisse entspricht dem Exponenten n. Im ausgeglühten Zustand ist hier $n = 2{,}40$. Werden die Proben durch Recken weiter kaltgehärtet, entsprechend den eingetragenen Streckgrenzen, so nimmt n ab, die Steigung der Geraden wird geringer.

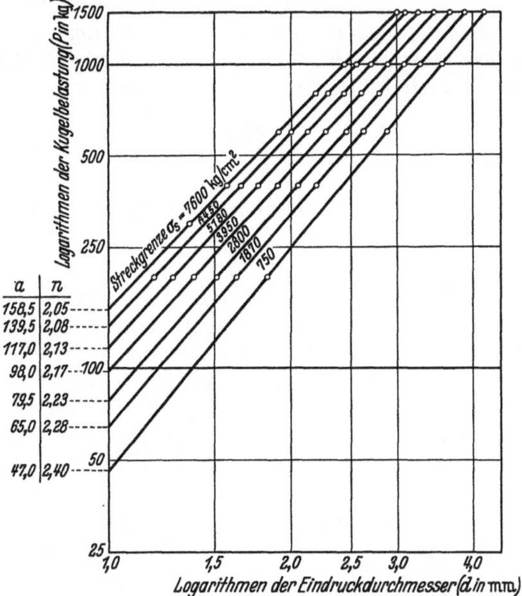

Abb. 3. Logarithmische Darstellung der Beziehung zwischen P und d in verschiedenen Zuständen des Nickels. (Nach A. Kürth.)

Man kann sich diesen Vorgang folgendermaßen vorstellen: Während des Versuchs findet an der gedrückten Stelle eine Kalthärtung des Werkstoffes statt. Bei ausgeglühten Werkstoffen tritt eine größere Steigerung der Kalthärtung durch den Kugeldruckversuch ein, als bei schon vorher kaltgehärteten Werkstoffen, mit anderen Worten, der Eindringwiderstand wächst schneller, die Gerade wird steiler. Bei den meisten Werkstoffen ist n größer als 2. Sein größtmöglicher Wert, der also bei ausgeglühten Proben erhalten wird, ist bei den einzelnen Werkstoffen aber verschieden, doch streben diese Werte mit fortschreitender Kalthärtung übereinstimmend dem Grenzwert 2 zu, der demnach einen Werkstoff kennzeichnet, der bis zum Höchstmaß kaltverfestigt ist. Man könnte also durch Bestimmung von n feststellen, in welchem kaltgehärteten Zustand der Werkstoff vorliegt, vorausgesetzt, daß man für diesen Werkstoff die n-Skala vorher schon einmal festgelegt hat. Ist n kleiner als 2, wie z. B. bei manchen Bleisorten, so wird die Meyerhärte mit zunehmendem Eindruckdurchmesser kleiner.

[1] Kürth, A.: Forsch.-Arb. Ing.-Wes. Heft 66 (1909).

Solch ein Potenzgesetz gilt auch für andere Verhältnisse. E. Rasch[1] stellte dieses Gesetz z. B. auf beim Aufeinanderdrücken von gehärteten Stahlkugeln, A. Föppl[2] für die Föppl-Schwerdtsche Härteprüfung mit gekreuzten Zylindern. Ebenso gilt das Gesetz für die Kirschsche Zylinderhärte, wobei ein Zylinder mit seiner Stirnfläche in eine ebene Platte eingedrückt wird. Für den Kegel und für die Pyramide, bei deren Anwendung sich eine von der Belastung unabhängige Härtezahl ergibt, wird $n = 2$, die Formel lautet hier demnach

$$P = a \cdot t^2,$$

wobei t die Eindringtiefe bedeutet.

c) Folgerungen aus dem Potenzgesetz.

E. Meyer hat in seiner Abhandlung untersucht, ob es möglich ist, für seine Härte stets gleiche Vergleichszahlen zu erhalten. Aus dem Potenzgesetz $P = a \cdot d^n$ ergibt sich in bezug auf die Meyerhärte

$$H_m = \frac{P}{\dfrac{d^2 \cdot \pi}{4}} = \frac{a \cdot d^n}{\dfrac{d^2 \cdot \pi}{4}} = \frac{4\,a \cdot d^{n-2}}{\pi}.$$

Wäre der Exponent n stets gleich 2, so würde die Meyerhärte

$$H_m = \frac{4\,a}{\pi},$$

also unabhängig vom Eindruckdurchmesser, von der Belastung und, da $d = D \sin (\varphi/2)$, wobei φ den Zentriwinkel des Eindruckdurchmessers bedeutet, auch unabhängig vom Durchmesser der verwendeten Kugel sein.

Die Verhältniszahlen der Härte zweier Stoffe wären demnach immer dieselben, auch wenn die Belastung oder der Eindruck- oder der Kugeldurchmesser bei beiden Stoffen verschieden gewählt würde.

Wäre der Exponent n nicht gleich 2, aber für alle Stoffe stets gleich groß, so erhielten wir für 2 Stoffe nur gleiche Verhältniszahlen, wenn entweder die Eindruckdurchmesser oder die Belastungen gleich gewählt würden. Bei der Wahl gleicher Eindruckdurchmesser ergäbe sich

$$P_1 = a_1 \cdot d^n$$
$$P_2 = a_2 \cdot d^n$$
$$d^n = \frac{P_1}{a_1} = \frac{P_2}{a_2}$$
$$\frac{P_1}{P_2} = \frac{\dfrac{P_1}{\dfrac{d^2 \pi}{4}}}{\dfrac{P_2}{\dfrac{d^2 \pi}{4}}} = \frac{H_{m_1}}{H_{m_2}} = \frac{a_1}{a_2}.$$

Das Verhältnis der Härten gäbe an, in welchem Verhältnis die Belastungen bei den beiden Stoffen stehen müßten, um gleiche Eindrücke zu erzielen.

Bei der Wahl gleicher Belastung ergäbe sich

$$P = a_1 \cdot d_1^n = a_2 \cdot d_2^n,$$

$$\left(\frac{d_1}{d_2}\right)^n = \frac{a_2}{a_1}, \quad \text{woraus} \quad \frac{\dfrac{d_1^2 \pi}{4}}{\dfrac{d_2^2 \pi}{4}} = \left(\frac{a_2}{a_1}\right)^{2/n}$$

[1] Rasch, E.: Prüfung von Gußstahlkugeln. Berlin: A. Seydel 1900. — Z. Werkzeugmasch. u. Werkzeuge Heft 19/20 (1899).

[2] Föppl, A.: Mitt. mech.-techn. Lab. München Heft 25 (1897) S. 37 f; Heft 28 (1902) S. 42 f.

und, da bei gleicher Belastung die Meyerhärte sich umgekehrt proportional verhalten wie die Eindruckflächen, so ist auch

$$\frac{H_{m_1}}{H_{m_2}} = \left(\frac{a_1}{a_2}\right)^{2/n}.$$

Das Verhältnis der Härten gäbe an, in welchem Verhältnis die Eindruckflächen bei gleichen Belastungen zueinander stehen.

Nun schwankt aber der Exponent n in weiten Grenzen und es ist bei Betrachtung der Abb. 3 ohne weiteres ersichtlich, daß die oben beschriebenen Verhältnisse nicht unabhängig sind von der Wahl des Eindruckdurchmessers bzw. der Belastung, und zwar sind die Unterschiede desto größer, je größer der Unterschied der in Frage kommenden Exponenten n ist. Die Ausführungen von E. Meyer scheinen, wie auch schon ein Blick auf Abb. 1 dartut, berechtigt, daß zur Kennzeichnung der Härte eines Stoffes die Härtezahl für eine bestimmte Belastung oder einen bestimmten Eindruckdurchmesser nicht ausreicht, sondern daß erst die Beziehungskurve Härte zur Belastung, von der jeder Punkt gleichberechtigt ist, ein Maßstab für die Härte bildet. Solch eine Härtebestimmung ist für die Praxis zu umständlich, da erst durch mehrere Eindrücke die Konstanten a und n festzustellen sind, abgesehen davon, daß der Vergleich von Kurven schwierig ist.

Aus diesem Grunde muß man Einschränkungen machen und aus den Kurven irgendwelche Härtewerte nach bestimmten Gesichtspunkten herauswählen. So sind auch verschiedene Vorschläge gemacht worden, von denen einige hier wiedergegeben werden sollen.

d) Vorschläge für eine Kugeldruckhärteprüfung.

Die Beziehungslinie Brinellhärte—Belastung zeigt für alle Werkstoffe einen Größtwert. B. Waizenegger[1] vermutet in diesem Maximum die richtige Härte und errechnet mit Hilfe der Beiwerte a und n das Maximum der Kurve. Diese *Größthärtezahl* wird erreicht bei einem Zentriwinkel des Eindrucks, der der Forderung genügt

$$\sin\frac{\varphi}{2} = \frac{n\,(n-2)}{n-1}.$$

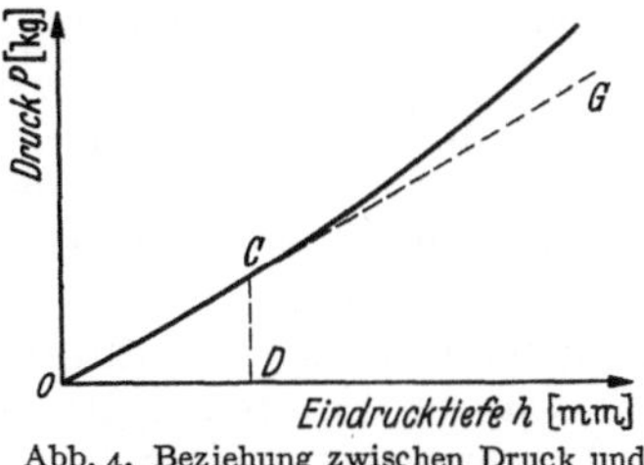

Abb. 4. Beziehung zwischen Druck und Eindrucktiefe bei flachen Eindrücken. (Nach A. Martens.)

Trotz großer Vereinfachung dieser schwierigen und langwierigen Rechnung durch Fluchtlinientafeln, hat sich, abgesehen davon, daß das Maximum ja nur geometrisch bedingt ist, diese Methode nicht durchsetzen können.

Die Härteprüfung auf Grund *ähnlicher Eindrücke*, d. h. bei gleichem Verhältnis der Eindruckdurchmesser zum Kugeldurchmesser ist bei der Kugel schwer zu verwirklichen:

A. Martens[2] fand, daß die Beziehung der Prüflast zur Eindringtiefe der Kugel für kleine Lasten und Eindringtiefen ungefähr linear verläuft. Wird die Eindringtiefe stets gleich gewählt und bleibt sie kleiner als $O\,D$ (Abb. 4), so kann einfach die Belastung als Härtemaßstab angesehen werden, die diesen Eindruck erzeugt, vorausgesetzt, daß nur eine Kugelgröße angewandt wird. Martens empfiehlt eine Eindringtiefe von 0,05 mm bei einer Kugel von 5 mm Dmr. und bezeichnet den zugehörigen Druck, also auch die Härtezahl,

---

[1] Waizenegger, B.: Forsch.-Arb. Ing.-Wes. Heft 238 (1921).
[2] Martens, A.: Forsch.-Arb. Ing.-Wes. Heft 75 (1909).

mit P 0,05. Rechnerisch ist die so ermittelte Härte gleich der Zahl „a" für die Kugel $d = 5$ mm. Es ist die Eindringtiefe

$$t = \frac{D}{2} - \sqrt{\frac{D^2}{4} - \frac{d^2}{4}},$$

daraus errechnet sich für diese Verhältnisse d zu 1 mm. Für seine Untersuchungen benutzte Martens einen eigens für diesen Zweck von der Firma Schopper gebauten Härteprüfer, bei dem er die Eindringtiefen von der ursprünglichen glatten Oberfläche aus messen konnte.

Martens gibt dieser Härtezahl den Vorzug, weil die Kaltverformung durch den Kugeldruck klein ist und so in etwa eine ursprüngliche Härte des Werkstoffes festgestellt wird. Diese ursprüngliche Härte hat aber geringes Interesse, vor allen Dingen, da die Härte oft in Beziehung zu andern Werten gesetzt wird, z. B. zur Zerreißfestigkeit, bei deren Ermittlung meistens weitgehende Kaltverformung des Werkstoffes stattfindet. Dieses Verfahren hat noch den Nachteil, daß die Eindringtiefe nicht so sicher und einwandfrei festzustellen ist wie der Eindruckdurchmesser (s. S. 335—336).

Während Martens sozusagen den Anfangspunkt der Härtekurve bestimmt, haben J. Class[1] und auch A. L. Norbury[2] dem Endpunkt der Härtekurve eine größere Berechtigung zugeschrieben. Die Meyerhärte ist

$$H_m = \frac{P}{F} = \frac{a \cdot d^n}{\dfrac{\pi d^2}{4}} = \frac{4}{\pi} \cdot a\, d^{n-2} = \frac{4}{\pi} \left(a\, D^{n-2}\right) \sin^{n-2} \frac{\varphi}{2}\ .$$

Ist hierbei $\frac{\varphi}{2} = 90°$, d. h. wird die Kugel bis zum Äquator eingedrückt, so wird $\sin^{n-2} \frac{\varphi}{2} = 1$ und H_m erreicht einen Größtwert $\frac{4}{\pi} \cdot a D^{n-2}$. Class bezeichnet den Ausdruck $a\, D^{n-2}$ als „Kugeldruckhärte". Es wäre also hierbei in einfacher Weise das Verhältnis d/D gleichzuhalten, jedoch läßt sich der Wert nur in den seltensten Fällen versuchsmäßig feststellen — Härteprüfung bei Holz nach Janka —, da die Belastung oft so groß sein müßte, daß die Kugel zerplatzen würde. Die rechnerische Feststellung erfordert die Bestimmung der Beiwerte a und n, also mehrere Einzelversuche.

In der Praxis hat sich die Festlegung von ähnlichen Eindrücken nicht durchsetzen können, weil die Bestimmung der zugehörigen mit der Härte des Stoffes wechselnden Belastungen prüftechnisch oder rechnerisch zu umständlich ist. Läßt man für das Verhältnis d/D einen gewissen Spielraum zu, so ist es möglich, *einzelne* bestimmten Härtegruppen zugeordnete *Belastungen* festzulegen, was prüftechnisch am einfachsten ist. Nach DIN 1605, Blatt 3, Abschnitt 12, soll im wesentlichen das Verhältnis $d/D = 0,2$ bis 0,5 sein. Die Festlegung einer einzigen Belastung für eine bestimmte Kugel und für alle Werkstoffe ist nicht möglich, denn bei weichen Werkstoffen wird die Kugel zu weit, bei harten dagegen zu wenig eingedrückt.

Wenn bei ein und demselben Werkstoff mit verschieden dicken Kugeln gleiche Härte gefunden werden soll, so müssen nach E. Meyer die Kugeleindrücke einander ähnlich und die Eindringungswinkel gleich sein. Die Lasten verhalten sich in diesem Fall wie die Quadrate der Kugeldurchmesser. Da $d = D \sin (\varphi/2)$ ist, gilt also die Beziehung

$$H_m = \frac{P}{\dfrac{\pi}{4} d^2} = \frac{P_1}{\dfrac{\pi}{4} D_1^2 \sin^2\left(\dfrac{\varphi}{2}\right)} = \frac{P_2}{\dfrac{\pi}{4} D_2^2 \sin^2\left(\dfrac{\varphi}{2}\right)} = \text{const}.$$

---

[1] Class, J.: Forsch.-Arb. Ing.-Wes. Heft 296 (1927).
[2] Norbury, A. L.: J. Iron Steel Inst. Bd. 109 (1924) S. 485.

Entsprechend ergibt sich auch für die Brinellhärte:

$$H_B = \cfrac{P}{\dfrac{\pi}{2} D \left(D - \sqrt{D^2 - d^2}\right)}$$

$$= \cfrac{P}{\dfrac{\pi}{2} D \left(D - \sqrt{D^2 - D^2 \sin^2 \dfrac{\varphi}{2}}\right)}$$

$$= \cfrac{P}{\dfrac{\pi}{2} D^2 \left(1 - \sqrt{1 - \sin^2 \dfrac{\varphi}{2}}\right)} = \text{const}.$$

Es ist daher in beiden Fällen

$$\frac{P_1}{D_1^2} = \frac{P_2}{D_2^2}$$

(s. auch DIN 1605, Blatt 3, Abschnitt 11). Es ist allerdings oft beobachtet worden, daß bei Anwendung dementsprechend belasteter kleinerer Kugeln für harte Proben ein niedrigerer Härtewert gefunden wird, als bei Benutzung größerer Kugeln[1].

Obgleich die Meyerhärte sicherlich physikalisch richtiger ist, als die Brinellhärte, ist man bei der Berechnung der Härte nach BRINELL geblieben.

e) Beziehung der Brinellhärte zur Zerreißfestigkeit der Werkstoffe.

Bei der Festigkeitsprüfung der zähen metallischen Werkstoffe findet ebenso wie bei der Kugeldruckprüfung eine Kalthärtung des Werkstoffes statt und wir messen bei beiden Verfahren den Formänderungswiderstand der Werkstoffe. Obgleich bei der Härteprüfung an der gedrückten Stelle ein mehrachsiger und bei der Festigkeitsprüfung bis zur Höchstlast im wesentlichen ein einachsiger Spannungszustand herrscht, besteht bei einigen wichtigen, sich einschnürenden Werkstoffen, nämlich bei Stahl und Aluminiumlegierungen, eine einfache Beziehung der Zugfestigkeit zur Brinellhärte. Und zwar ist dieses Verhältnis nach O. SCHWARZ[2] für Werkstoffe mit einem Streckgrenzenverhältnis von mindestens 0,5 annähernd 0,36. Im allgemeinen nimmt man für Kohlenstoffstahl die Umrechnungszahl 0,36 und für Chromnickelstahl 0,34 an. Jedoch ist mit gewissen Streuungen zu rechnen, wie auch aus den vielen Vorschlägen für eine Umrechnungszahl[3] hervorgeht, so daß nach DIN 1605, Blatt 3, Abschnitt 15, die so bestimmte Zugfestigkeit des Zusatzes bedarf: aus der Härte errechnet. Nach meinen Erfahrungen besteht dieses Verhältnis bei Festigkeiten über 140 kg/mm² gleich etwa 400 Brinellhärte nicht mehr (Abb. 34). Zum Teil kann das Anwachsen der Umrechnungszahl durch die stärkere Verformung der Prüfkugel erklärt werden, wider Erwarten steigt aber auch bei der Vickershärte die Umrechnungszahl an, wenn auch in geringem Maße.

Für die Praxis ist diese Möglichkeit der Umrechnung von Brinellhärte in Zugfestigkeit jedoch von großem Wert. Es ist dadurch möglich, fertige Konstruktionsteile noch nachträglich ohne Zerstörung auf ihre Festigkeit hin zu prüfen und vor allen Dingen in den Wärmebehandlungsanlagen zur Orientierung schnell die ungefähre Zugfestigkeit der behandelten Teile zu bestimmen, ohne durch die Festigkeitsprüfung viel Zeit, Werkstoff und Geld zu verlieren.

---

[1] MOSER, M.: Stahl u. Eisen 1933, S. 17.

[2] SCHWARZ, O.: Masch.-Bau Betrieb Bd. 10 (1931) S. 564.

[3] DÖHMER: Die BRINELLsche Kugeldruckprobe, S. 42—65. Berlin: Julius Springer 1925.

f) Beziehung zu den anderen Kennwerten des Festigkeitsversuchs.

Es lag nahe, ebenfalls eine Beziehung der Brinellhärte zur Streckgrenze aufzustellen. Die Versuche sind jedoch fehlgeschlagen. Neuerdings gaben G. Tammann und G. Müller[1] sowie H. Krainer[2] ein Verfahren bekannt, wonach die Streckgrenze aus der Ausdehnung des Walles berechnet werden soll, der beim Eindrücken einer kegelförmigen Spitze in den Werkstoff entsteht. Die schöne Übereinstimmung, die H. Krainer zwischen der Streckgrenze und seiner Kegelstreckgrenze gefunden hat, hat sich bei meinen Versuchen nicht bestätigt.

Zu den anderen Festigkeitseigenschaften wie Dehnung, Einschnürung und Kerbzähigkeit sind ebenfalls keine brauchbaren Beziehungen gefunden worden.

g) Beziehung zur Dauerfestigkeit.

Das Verhältnis Dauerbiegefestigkeit zur Zugfestigkeit liegt bei Stählen etwa bei 0,4—0,6. Dementsprechend muß auch eine Beziehung zur Brinellhärte bestehen, wenn auch die Streuungen hierbei naturgemäß größer sind. Allgemein wird als Umrechnungszahl 0,16—0,25 angenommen. Eine lineare Beziehung besteht bei den einzelnen Stählen nach H. J. Gough[3] jedoch nur bis zu einer Brinellhärte von 400 kg/mm² (s. auch Beziehungen zwischen Härte und Zugfestigkeit S. 333).

h) Einfluß verschiedener Erscheinungen beim Kugeleindruck auf die Brinellhärte.

Die Brinellhärte ist eine Funktion der Eindruckoberfläche. Die richtige Feststellung dieser Größe ist vielfach durch verschiedene Nebenerscheinungen mehr oder weniger stark beeinflußt oder erschwert.

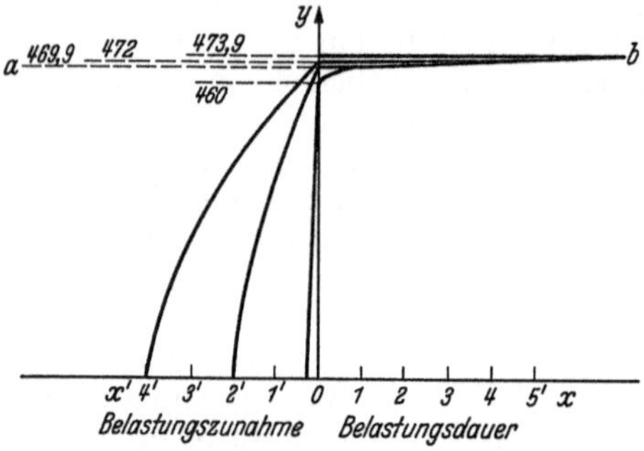

α) Einfluß der Belastungsdauer auf die Kugeldruckhärte.

Bei allen mit bleibenden Formänderungen verknüpften Versuchen macht sich der Zeiteinfluß bemerkbar, insofern als diese Formänderung unter der Last erst nach einer gewissen Zeit zum Stillstand kommt. Bei Stahl und Eisen kommt das Fließen verhältnismäßig rasch zum Stillstand, es muß aber immerhin berücksichtigt werden;

Abb. 5. Einfluß der Zeit auf den Eindruckdurchmesser beim Kugeldruckversuch. (Nach M. Guillery.)

bei einigen Nichteisenmetallen wie Blei, Zink, Lagermetallen hält das Fließen länger an. In Abb. 5 ist der Zeiteinfluß bei weichem Flußeisen nach Guillery[4] dargestellt. Die Abszisse x stellt die Zeit dar, die Ordinate y die Eindruckdurchmesser. Bei der Abszisse entspricht $x'o$ dem Zeitraum der Belastungszunahme und ox dem Zeitraum der Einwirkung gleichbleibender Last. Während der Belastungszunahme haben die Kurven parabolische Form. Beim Höchstwert von 3000 kg zeigen sie einen Knick und nähern sich asymptotisch dem richtigen Durchmesser, den sie nach etwa 5 min erreichen. Der größte

[1] Tamman, G. u. G. Müller: Z. Metallkde. Bd. 28 (1936) S. 49—54.

[2] Krainer, H.: Meßtechn. Bd. 4 (1937) S. 64—68.

[3] Gough, H. J.: The Fatigue of Metals, S. 149. London: Scott, Greenwood & Son 1924.

[4] Guillery: Rev. Métall. Bd. 8 (1921) S. 101—110. Siehe auch R. Mailänder: Krupp. Mh. Bd. 5 (1924) S. 209—213.

nachträgliche Zuwachs ist dann vorhanden, wenn die Belastungssteigerung rasch erfolgt, und zwar ist hier der Unterschied zu Anfang etwa 3%. In etwa 24 s hat sich allerdings in diesem Fall der Unterschied auf 1,5% verringert. Läßt man ungefähr diesen Fehler zu, so würde also eine Belastungsdauer von 30 s genügen. Diese Fließerscheinungen sind aber auch noch von der Härte der Proben abhängig, insofern als das Fließen bei harten Werkstoffen schneller zum Stillstand kommt als bei weichen. In DIN 1605, Blatt 3, Abschnitt 7, sind die Belastungszeiten festgelegt. Um bei umfangreichen Reihenprüfungen Zeit zu sparen, kann man nach GUILLERY denjenigen Eindruckdurchmesser, der z. B. beim Regelversuch unter einer Kugelbelastung von 3000 kg nach 30 s erreicht wird, auch dadurch erreichen, daß man in etwa 2 s eine Last von $P + \Delta P$ nur eben aufbringt, ohne sie in konstanter Höhe wirken zu lassen. ΔP wird rechnungsmäßig oder besser versuchsmäßig festgelegt. Hierfür ist eine Sondermaschine geschaffen worden.

β) Tiefenmessung.

Es ist weiterhin oft versucht worden, die Härte bzw. die Eindruckkalotte anstatt aus dem Eindruckdurchmesser aus der Eindringtiefe der Kugel zu berechnen. Diese Größe ist von der ursprünglichen Oberfläche des Prüfstückes aus durch Meßuhren viel schneller und einfacher festzustellen als der Eindruckdurchmesser mittels Meßlupen. Jedoch sind bei diesem Verfahren größere Fehler unvermeidlich. Da der Durchmesser des Eindrucks schon aus geometrischen Gründen bei der Kugeldruckprobe ein Vielfaches der Eindrucktiefe ist, läßt sich diese Größe genauer bestimmen als die Eindringtiefe. Außerdem sind die elastischen Formänderungen sowohl am Pol der Kugel als am Pol des Eindrucks größer als am Äquator der Kugel bzw. am Eindruckrand. Die Abflachung am Pol der Kugel kann nach A. MARTENS[1] bei kleineren Belastungen bis 80% der bleibenden Eindringtiefe ausmachen, mit wachsender Belastung nimmt der Prozentsatz ab. Am Äquator der Kugel sind die elastischen Formänderungen nach MEYER[2] unbedeutend, bei einer Laststeigerung von 0 auf 3000 kg vergrößert sich der Durchmesser einer Kugel von 10 mm Dmr. um 0,007 mm.

Ein weiterer Fehler kommt bei der Tiefenmessung dadurch hinzu, daß die Eindringtiefe von der ursprünglichen Probenoberfläche aus gemessen wird. Bei den meisten Werkstoffen bildet sich unmittelbar am Eindruck ein Wall, d. h. die Oberfläche der Probe ist hier mit dem abgeflossenen Material in die Höhe gehoben worden, und zwar muß das Volumen des Druckloches gleich dem Volumen des Walles sein[3]. Bei stark verfestigungsfähigen Werkstoffen tritt oft auch am Eindruckrand ein Absinken des Werkstoffes ein und erst in weiterer Entfernung vom Eindruck ist ein Wall bemerkbar, der infolge seines größeren Umfanges eine geringe Höhe besitzt. Bei der Berechnung der Härte muß nun die Eindruckkalotte in Betracht gezogen werden, die während des Prüfvorgangs mit der Kugel in Berührung steht. Sie ist bei der Betrachtung durch eine Lupe meistens gut sichtbar, da sie blank ist. Der Randkreis dieser Kalotte liegt nun über und unter der ursprünglichen Oberfläche und die Eindringtiefe müßte von diesem Punkt aus gemessen werden. Der Unterschied zwischen der Eindrucktiefe, welche auf die ursprüngliche Lage der Oberfläche bezogen ist, und derjenigen, welche durch den Randkreis der Eindruckfläche bedingt ist (Solltiefe) gibt nach W. KUNTZE Abb. 6 wieder. Die Solltiefe hat KUNTZE aus dem

---

[1] MARTENS, A.: Forsch.-Arb. Ing.-Wes. Heft 75 (1909) S. 9.
[2] MEYER: Forsch.-Arb. Ing.-Wes. Heft 65 (1909) S. 9.
[3] TAMMANN, G. u. W. MÜLLER: Z. Metallkde. 1936, S. 51.

gemessenen Randkreisdurchmesser berechnet; vernachlässigt ist hierbei jedoch die elastische Abflachung der Kugel. Diese Tiefenabweichungen hängen sehr vom Werkstoff ab und können bis zu 30% betragen.

Die Tiefenmessung läßt sich somit nur mit Erfolg bei Reihenprüfungen ein und desselben Werkstoffes anwenden, wenn bei diesem Werkstoff die Ergebnisse durch Vorversuche vorher mit denen verglichen werden, die man aus dem Eindruckdurchmesser erhält; und bei Anwendung der an der Uhr befindlichen Abmaßmarken kann gut behandelter von schlecht behandeltem Werkstoff schnell unterschieden werden. Infolge der Unsicherheit bei der Tiefenmessung ist man im allgemeinen bei der Durchmessermessung geblieben, durch die man auch Ungleichmäßigkeiten des Eindrucks, wie Unrundheiten, ausgleichen kann.

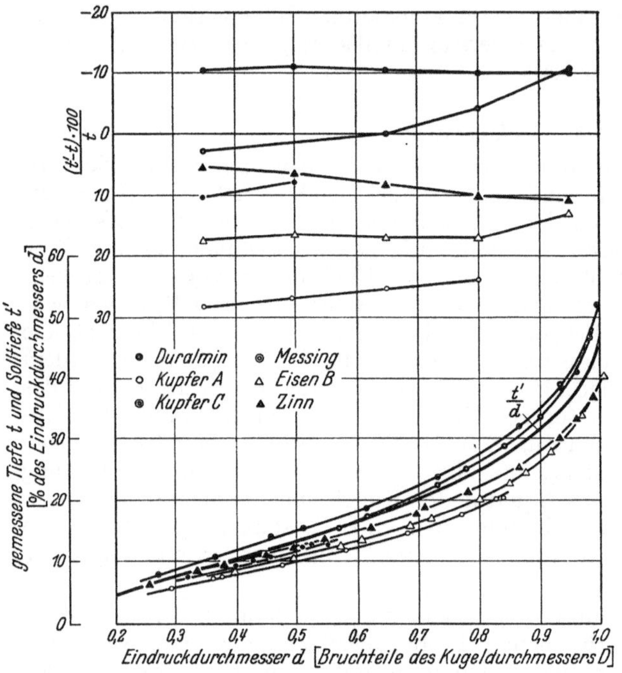

γ) Unrunde Eindrücke.

Wir erhalten beim Eindrücken einer Kugel in ein Einkristall infolge der Anisotropie der Kristalle, d. h. des verschiedenen Formänderungswiderstandes in den Achsen, keine runde, sondern eckige Eindrücke. Runde Eindrücke erhalten wir bei Metallen nur, wenn wir die Kugel in eine Vielzahl von kleinen Kristallen eindrücken, wobei sich die verschiedenen Formänderungswiderstände durch die regellose Lage der Kristalle ausgleichen. In Grenzfällen, wo die Kristalle noch verhältnismäßig groß sind, erhalten wir unscharfe Begrenzungen, oft auch bei Prüfung von Gußteilen infolge von kleinen Hohlräumen, eingelagerten Graphitteilchen und Einschlüssen. In diesen Fällen ist die Genauigkeit der Ablesung natürlich beschränkt, und es ist oft nicht möglich, den Durchmesser auf hundertstel Millimeter zu bestimmen (s. DIN 1605, Blatt 3, Abschnitt 8).

Abb. 6. Abweichungen der gemessenen Eindrucktiefe von der Solltiefe beim Kugeleindruck. (Nach W. Kuntze.)

Unrunde, eliptische Eindrücke, deren Begrenzung jedoch meistens scharf sind, sind vor allen Dingen bei stark kaltgewalzten Blechen aus Nichteisenmetallen beobachtet worden, und zwar liegt der größte Durchmesser in der Walzrichtung. Aber auch bei unebenen Flächen, wie sie oft im Betrieb durch ein unsachgemäßes Anschleifen entstehen, treten unrunde Eindrücke auf. Es soll daher jeweils der Durchmesser des Kugeleindrucks in mindestens zwei Hauptrichtungen ausgemessen und zur Berechnung der Härte das Mittel dieser Messungen verwendet werden. Dieses Verfahren ist zwar mathematisch nicht ganz einwandfrei, jedoch ist die Unrundung meistens nur klein, so daß der Fehler vernachlässigt werden kann (s. DIN 1605, Blatt 3, Abschnitt 9).

δ) Die Größe des Beobachtungsfehlers.

Nach M. Moser[1] ist bei einwandfreier Versuchsdurchführung noch mit einer durchschnittlichen Streuung der Härtezahlen von etwa $\pm 5\%$ zu rechnen. Bei sehr harten Stählen von etwa 600 Brinellhärte erreicht die Streuung Beträge bis zu $\pm 10\%$ und auch darüber; denn hier ist der Eindruckdurchmesser infolge der flachen Kalotte schlecht bestimmbar. Damit die tragende Fläche deutlicher hervortritt, berußt oder ätzt man häufig die Kugel. Nach H. Esser und H. Cornelius[2] sowie nach H. O'Neill ist diese Fläche am deutlichsten erkennbar bei Dunkelfeldbeleuchtung. Einwandfrei mißt man den Durchmesser auch bei Schrägbeleuchtung, wenn man in Richtung des einfallenden Lichtstrahls mißt (Zahlentafel 2).

Beziehungskurven Brinellhärten zu Vickers-, Rockwell-, Vorlast- und Rücksprunghärten siehe Abb. 37 bis 42.

Zahlentafel 2. Unterschiede in Brinellhärtemessungen (5/250/30) bei verschiedenen Beleuchtungsarten. (Nach H. Esser und H. Cornelius.)

Werkstoff	Beleuchtungsart	Härte gemessen in Richtung des schrägen Lichtstrahls	Abweichung gegen Dunkelfeld %	Härte gemessen senkrecht zum schrägen Lichtstrahl	Abweichung gegen Dunkelfeld %
Elektrolytkupfer	senkrecht	57,0	— 3,25	56,1	— 4,25
	senkrecht + schräg	58,9	0	57,2	— 2,3
	Dunkelfeld	58,9	0	58,6	0
Elektrolyteisen	senkrecht	68,7	— 6,3	71,2	— 3,4
	senkrecht + schräg	72,2	— 1,5	71,0	— 3,7
	Dunkelfeld	73,3	0	73,7	0
Austenitischer Stahl	senkrecht	161,8	— 7,4	163,4	— 5,5
	senkrecht + schräg	173,0	— 1,0	161,8	— 6,5
	Dunkelfeld	174,0	0	173,0	0

2. Kegeldruckprüfung nach Ludwik.

a) Grundsätzliches.

Bei der Kugel sind infolge der geometrischen Form die Härtezahlen abhängig von der Belastung, und ähnliche Eindrücke lassen sich ohne Schwierigkeiten nicht herstellen. Aus dem Kickschen „Gesetz der proportionalen Widerstände"[3] folgerte P. Ludwik[4], daß für beliebige Belastungen nur bei geometrisch ähnlichen Eindrücken, d. h. wenn die Kugel z. B. durch einen Kegel ersetzt wird, die Härtezahlen vergleichbar und von der Belastung unabhängig sind.

Es liegt nahe und wäre meßtechnisch bequem, die Eindringtiefe t des Kegels während des Versuchs von der ursprünglichen, unverformten Oberfläche aus zu messen, um daraus die Eindruckfläche zu errechnen. Wir bekommen hierbei aber keine von der Belastung unabhängige Härtezahlen, denn es bildet sich, ähnlich wie bei der Kugel, beim Eindringen der Kegelspitze in den Werkstoff ein Randwulst, der bei der Messung mit in Betracht gezogen werden muß, da er einen Teil der Belastung mitträgt. Die Messung der Eindringtiefe vom Randwulst aus ist jedoch schwierig, es muß deshalb der Eindruckdurchmesser bestimmt werden. Da die Kegeloberfläche bei gleichem Kegelwinkel im Gegensatz zu

---

[1] Moser, M.: Stahl u. Eisen 1933, S. 16—18.
[2] Esser, H. u. H. Cornelius: Stahl u. Eisen Bd. 52 (1932) S. 495.
[3] Kick, Fr.: Das Gesetz der proportionalen Widerstände und seine Anwendungen. Leipzig: Felix 1885.
[4] Ludwik, P.: Die Kegelprobe. Berlin: Julius Springer 1908.

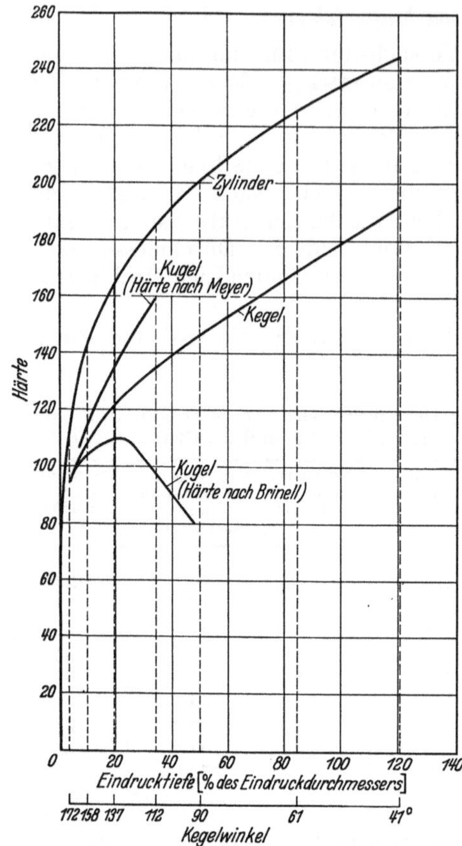

Abb. 7. Abhängigkeit verschiedener Härtezahlen vom Verhältnis Eindrucktiefe zu Eindruckdurchmesser. (Nach W. Kuntze.)

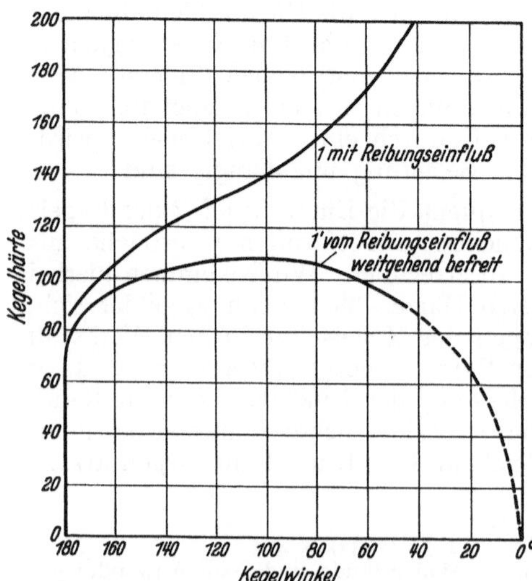

Abb. 8. Kegelhärte $(4\,P/\pi d^2)$ in Abhängigkeit vom Kegelwinkel. (Nach W. Kuntze.)

den Verhältnissen bei der Kugel stets ein Vielfaches der zugehörigen Eindruckkreisfläche ist, wird die Kegelhärte zweckmäßig auf die Eindruckkreisfläche bezogen

$$H_k = \frac{P}{\dfrac{d^2\,\pi}{4}}\,.$$

b) Abhängigkeit der Kegelhärte vom Kegelwinkel.

Bei Anwendung von Kegeln mit gleichem Kegelwinkel kann also eine von der Belastung unabhängige Härte erzielt werden; jedoch ändert sich die Härtezahl mit dem Kegelwinkel, das bedeutet, daß die Kegeldruckhärte, ebenso wie die anderen Härteziffern, keine absolute Härte darstellt. In Abb. 7 sind von W. Kuntze die mit verschiedenen Prüfverfahren gefundenen Härten in Abhängigkeit von der Eindrucktiefe aufgestellt, wobei die Eindrucktiefe in Prozent der Eindruckdurchmesser angegeben ist. Nur so lassen sich die Härten einzelner Verfahren vergleichen. Ein bestimmter Kegelwinkel entspricht einem bestimmten Verhältnis von Eindrucktiefe zum Eindruckdurchmesser.

c) Einfluß von Keilwirkung und Reibung.

Bei der Härtebestimmung aus einmaligen Eindrücken läßt man die Tatsache unberücksichtigt, daß durch die Keilwirkung mit ihrem Reibungseinfluß die Prüflast nur teilweise zur Wirkung kommt, wodurch der Eindruck zu klein, die Härte also zu hoch gemessen wird. Um die Größe dieses Einflusses zu ermitteln, schalteten W. Kuntze und G. Sachs[1] bei ihren Versuchen die Reibung aus, indem sie nach jedesmaligem Lösen des Druckstempels vom Werkstoff bis zu 20 Eindrücke in dieselbe Eindruckstelle ausführten.

Abb. 8 zeigt schematisch den Einfluß der Reibung auf die Härtekurve in

---

[1] Kuntze, W. u. G. Sachs: Mitt. dtsch. Mat.-Prüf.-Anst. Sonderheft 16 (1931) S. 96f.

Abhängigkeit vom Kegelwinkel. Die Kurve „1" stellt die Ergebnisse der Härteprüfungen jeweils beim ersten Eindruck dar, die Kurve „1'" die von der äußeren Reibung weitgehend befreiten Härtewerte. Letztere Kurve ist von den Kegelwinkeln 45 bis 0° nach theoretischen Überlegungen extrapoliert. Danach ist die äußere Reibung um so stärker, je kleiner der Kegelwinkel ist, d. h. je mehr ihre Angriffsrichtung der Lastrichtung entspricht. Die Kurve „1'" zeigt bei stumpfen

Winkeln infolge der Überlagerung von Verfestigung und Keilwirkung mit abnehmendem Kegelwinkel zunächst eine Zunahme der Härte, um nach einem Höchstwert durch die stärker werdende Keilwirkung wieder abzufallen. Ein unendlicher spitzer Kegel würde danach überhaupt keine Kraft zum Eindringen gebrauchen, er wirkt wie ein sehr schlanker Keil, der bei geringem Kraftaufwand das Material nach der Seite hin auseinandertreibt.

Aus dieser ausgesprochenen, vom Kegelwinkel stark abhängigen Keilwirkung heraus erklärt sich auch, daß das Potenzgesetz bei den Härtekurven mit verschiedenen Kegelwinkeln nicht gilt. Da man sich die Kugel als eine Aneinanderreihung vieler schmaler Kegelscheiben mit ständig zunehmender Mantelrichtung vorstellen kann, so sollte man zunächst annehmen, daß auch für die Härtekurve eines Stoffes, die festgestellt wurde durch Kegel mit verschiedenen Kegelwinkeln, das Potenzgesetz ebenso gilt wie für die Kugel. Die äußere Reibung erklärt auch folgende Tatsache: Wenn man bei ein und demselben Werkstoff unter Anwendung ein und desselben Kegelwinkels Härtemessungen mit verschiedenen Lasten durchführt, so streuen die gefundenen Härtewerte bei kleineren Lasten, und zwar liegen sie durchschnittlich höher als die Härtewerte bei großen Lasten (Abb. 9); es

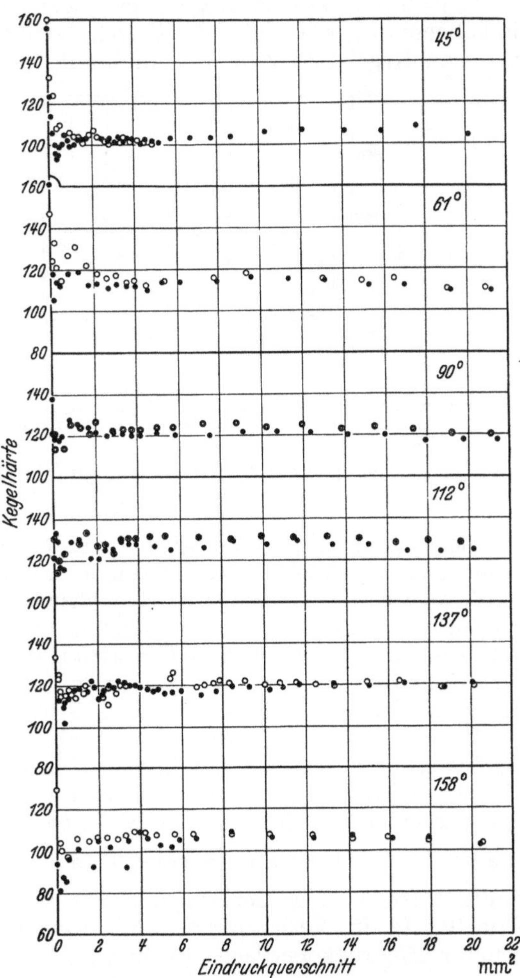

Abb. 9. Kegelhärte in Abhängigkeit vom Eindruckquerschnitt für verschiedene Kegelwinkel. Werkstoff Duralumin. (Nach W. Kuntze.) O ● eingefettet mit Apparateöl; ◎ eingefettet mit Vaseline; ⊙ trocken.

ist nämlich nicht gleichgültig, ob man — wenigstens bei kleinen Lasten — die jeweiligen Lasten beliebig wählt oder ob die Lastzunahme in einem bestimmten Verhältnis zur Lasthöhe steht und damit der Reibungswert stets proportional der Last ist. Von einer bestimmten Last an tritt dieser Einfluß zurück.

Abb. 10 gibt systematische Versuche von Kuntze wieder, bei denen die Belastungen stets verdoppelt wurden. Für alle Belastungen bleibt, abgesehen vom ersten Eindruck *a*, für den diese Stufenfolge ja nicht verwirklicht werden kann, die Härte konstant (*b*); bei mehreren Eindrücken mit konstanter Last in denselben Eindruck, wodurch die Reibung praktisch ganz ausgeschaltet wird, sinkt die Härte weiter zu einem tieferen aber auch konstanten Wert (b').

Aus Abb. 8 geht nun hervor, daß ein Kegel mit großem Winkel günstiger liegt als mit kleinem Winkel, da die Reibungsverluste nicht so beträchtlich sind. In der Praxis sind eigentlich nur Kegel mit 120° Kegelwinkel (Rockwellprüfung) in Gebrauch.

Ähnlich wie hier beim Kegel liegen natürlich die Verhältnisse bei der Pyramide und abgeschwächt auch bei der Kugel, die in dieser Beziehung eine Mittelstellung zwischen Kegel und Zylinder einnimmt.

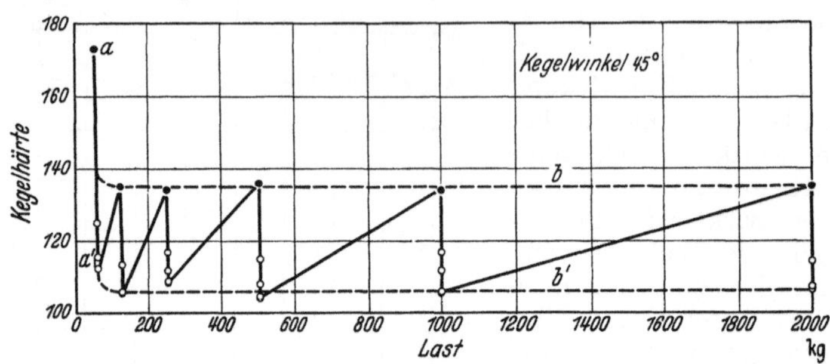

Abb. 10. Verlauf der Kegelhärte ($4\,P/\pi d^2$) bei einer stufenähnlichen Belastungsreihe (Verdoppelung der Stufen) mit eingeschobenen konstanten Belastungen. Werkstoff: Duralumin. (Nach W. Kuntze.) ● jeweilig erster Eindruck jeder Laststufe; ○ folgende Eindrücke unter konstanter Last.

3. Pyramidendruckprüfung nach Vickers[1].

a) Grundsätzliches.

Die Kegeldruckprüfung wird augenblicklich, wenigstens im Ludwikschen Sinne, nicht angewandt. Dafür hat in letzter Zeit ein anderes Härteprüfverfahren, welches, wie die Ludwiksche Kegeldruckprüfung, geometrisch ähnliche Eindrücke liefert, an Bedeutung gewonnen, die Pyramidendruckprüfung, oder nach der Firma, die zuerst durch die Konstruktion eines dafür geeigneten Prüfapparates für Verbreitung dieser Methode beitrug, auch Vickershärteprüfung genannt. Sie wurde im Jahre 1925 von R. L. Smith and G. E. Sandland[2] eingeführt.

Als Eindringkörper wird eine regelmäßige vierseitige Pyramide benutzt; der Flächenöffnungswinkel, d. h. der Winkel zwischen je zwei gegenüberliegenden Flächen, beträgt 136°. Diese Pyramide erzeugt einen quadratischen Eindruck. Aus der mittleren Länge der bei weichen wie bei harten Proben gut meßbaren Diagonalen wird die Eindruckoberfläche berechnet gemäß $o = \dfrac{E^2}{2\cos 22°}$, wobei E die mittlere Länge der Diagonalen bedeutet. Die Härte H_P ist wie bei der Brinellhärte das Verhältnis der aufgewendeten Belastung P (in kg) zu der erzeugten Eindruckoberfläche (in mm²)

$$H_P = \frac{P \cdot 1{,}8544}{E^2}\left(\frac{\text{kg}}{\text{mm}^2}\right).$$

Bei Anwendung der Pyramide haben wir ähnliche Verhältnisse wie bei Anwendung des Kegels: Flächenöffnungswinkel, Keilwirkung und Reibung haben einen Einfluß auf die Härte, bei Anwendung eines und desselben Flächenöffnungswinkels sind die Eindrücke einander ähnlich und damit die Härten unabhängig von der Belastung. Trotz letzterem wird zweckmäßig bei der Vickershärtezahl die angewendete Belastung mit angeführt, um nachträglich feststellen zu können, wie tief die Pyramide in das Werkstück eingedrungen ist, z. B. $H_P\,30 = 600$. Um den Anschluß an die Brinellhärte zu gewinnen, hat man,

---

[1] Pyramidenhärteprüfer s. Bd. I, Abschn. IV B 1 c.

[2] Smith, R. L. u. G. E. Sandland: J. Iron Steel Inst. Bd. 111 (1925) S. 285.

nach dem Katalog von Vickers, den Flächenöffnungswinkel nach folgender Überlegung gewählt: Läßt man bei der Brinellprüfung Eindruckdurchmesser d von dem 0,25—0,5fachen Kugeldurchmesser D zu, so wird ein mittlerer Eindruckdurchmesser $d = 0,375\,D$ von den Seitenflächen einer Pyramide berührt, deren Flächenöffnungswinkel 136° ist (s. Abb. 11). Nun wird aber der Winkel nach den Kanten hin stumpfer, an den Kanten beträgt er 148°, so daß, streng genommen, die Verhältnisse, wie sie im Katalog geschildert sind, nicht ganz zutreffen.

b) Zusammenhang zwischen Vickers- und Brinellhärte.

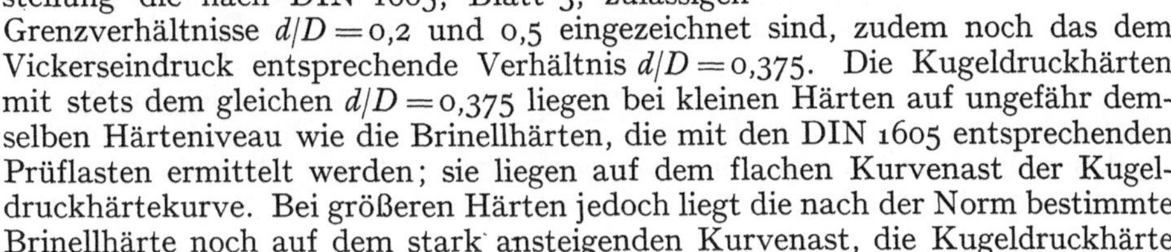

Abb. 11.

Einen Vergleich der Vickershärte mit der Brinellhärte gestattet Abb. 1, wobei in dieser Darstellung die nach DIN 1605, Blatt 3, zulässigen Grenzverhältnisse $d/D = 0,2$ und 0,5 eingezeichnet sind, zudem noch das dem Vickerseindruck entsprechende Verhältnis $d/D = 0,375$. Die Kugeldruckhärten mit stets dem gleichen $d/D = 0,375$ liegen bei kleinen Härten auf ungefähr demselben Härteniveau wie die Brinellhärten, die mit den DIN 1605 entsprechenden Prüflasten ermittelt werden; sie liegen auf dem flachen Kurvenast der Kugeldruckhärtekurve. Bei größeren Härten jedoch liegt die nach der Norm bestimmte Brinellhärte noch auf dem stark ansteigenden Kurvenast, die Kugeldruckhärte mit dem Eindruckdurchmesserverhältnis $d/D = 0,375$ ist, da sie in diesem Fall mit einer größeren Last als 3000 kg erzeugt werden muß, größer. Bei harten Prüfstücken werden wir also mit der Prüfung nach Vickers größere Härten messen als mit der Prüfung nach Brinell. Gesteigert wird dieser Härteunterschied noch dadurch, daß die Stahlkugel und bei entsprechenden Härten auch die Widiakugel sich bleibend abflachen, was einer Vergrößerung des Kugeldurchmessers gleichkommt. Beziehungskurve Vickershärte zur Brinellhärte siehe Abb. 37.

c) Besondere Anwendungsmöglichkeiten der Vickershärteprüfung.

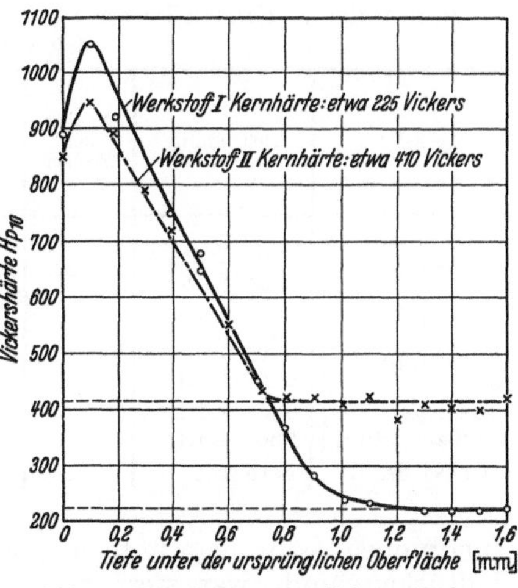

Abb. 12. Härtekurven von nitrierten Proben.

Infolge des stumpfen Flächenöffnungswinkels ist auch bei genügend großer Eindruckdiagonale die Eindringtiefe verhältnismäßig gering, bei einer Vickershärte von 900 und einer Belastung von 20 kg z. B. 0,029 mm, während die Diagonale siebenmal so groß ist. Die Belastungen können dabei meist noch von 120 kg bis auf 1 kg herab gewählt werden. Infolgedessen ist dieses Prüfverfahren bei Benutzung kleiner Lasten zur Prüfung dünner Schichten besonders geeignet. Abb. 12 stellt die Härtetiefenkurven nitrierter Stücke dar. Das Stück wird zu diesem Zweck unter einer bestimmten Neigung gegen die Oberfläche abgeschliffen und nach jeder Einzelprüfung durch einen Meßsupport um ein bestimmtes Maß verschoben. Aus der Neigung der Prüffläche und dem Vorschub des Prüfstückes läßt sich die ursprüngliche Lage der Meßstelle unter der Oberfläche bestimmen. Abb. 13 stellt die Härtetiefenkurve bei Randentkohlung dar. Ein weiteres, dankbares Anwendungsgebiet ist auch die Härteuntersuchung an Schweißnähten. Mitunter ist es sogar von Interesse, die Härte einzelner

Gefügebestandteile z. B. bei Gußeisen zu messen. H. Lips[1] gibt ein dafür geeignetes Vickersgerät bekannt. Die Pyramide wird durch eine Federspannung von 25—50 g in den zu untersuchenden Gefügebestandteil eingedrückt. Der Eindruck ist bei 250facher Vergrößerung gut ausmeßbar (s. auch Ritzhärteprüfung).

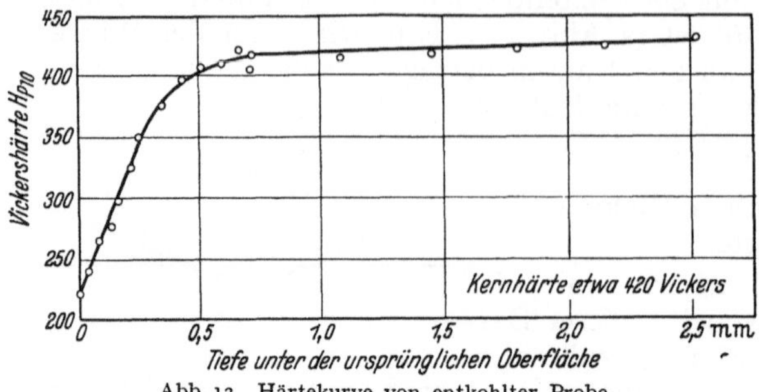

Abb. 13. Härtekurve von entkohlter Probe.

d) Einfluß von Vickerseindrücken auf die Dauerfestigkeit.

Da Vickerseindrücke infolge ihrer viereckigen Form auf Fertigteilen, die im Betrieb einer Dauerbeanspruchung unterliegen, besonders gefährlich erscheinen, wurden auf Dauerbiegeproben je vier Eindrücke aufgebracht, und zwar lagen bei zwei Eindrücken je eine Diagonale senkrecht, bei den beiden anderen je eine Diagonale unter 45° zur Probenachse. Die letztere Lage des Eindrucks zur Probenachse empfiehlt sich stets bei dünnen

Zahlentafel 3. Einfluß von Vickerseindrücken auf die Biegefestigkeit polierter Proben.

Werkstoff	Behandlung	Anzahl der Proben	Zugfestigkeit kg/mm²	Biegewechselfestigkeit an polierten Proben kg/mm² ohne Eindruck	Biegewechselfestigkeit an polierten Proben kg/mm² mit Eindrücken	Lage des Bruches bei Proben mit Eindrücken
C-Stahl	920° Wasser / 600° Luft	2	49	26/27	26	+
C-Stahl	850° Luft	2	54	29	29	+
C-Stahl	850° Öl / 600° Luft	2	58	31	28	+
Unlegierter Werkzeugstahl	830° Luft / 660° Luft	1	85	31/32	$\geqq$ 31,5	+
Cr-Ni-Stahl	vergütet	2	144	64	63/64	+

Rundproben. Von neun untersuchten Proben brachen nur vier in den Vickerseindrücken, und zwar stets in solchen, deren eine Diagonale senkrecht zur Probenachse lag. Eine merkliche Verminderung der Dauerfestigkeit durch die Eindrücke ergab sich nur in einem Fall. Es scheint also, daß vereinzelte, beim Polieren nicht ganz beseitigte Schleifriefen gefährlicher sind, als die Vickerseindrücke (Zahlentafel 3).

e) Zubereitung der Proben.

Je kleiner die gewählte Belastung, desto größere Sorgfalt muß auf das Zurichten der Prüfstelle verwendet werden. Am besten wird eine blanke, ebene Oberfläche durch Feilen und Polieren hergestellt; Schleifen sollte nach Möglichkeit vermieden werden, da hierbei meistens eine Härtung der Oberfläche durch Verformung und durch Aufnahme von Stickstoff stattfindet[2] (s. Abb. 14).

---

[1] Lips, H.: Z. Metallkde. Bd. 29 (1937) Nr. 10, S. 339—340.
[2] Wiester, H. J.: Techn. Mitt. Krupp Bd. 3 (1936) S. 80—82.

f) Ausführung der Prüfung.

Der Eindringkörper wird mit der Oberfläche des Prüfstückes senkrecht in Berührung gebracht.

Die Belastung ist dann stoß- und schwingungsfrei in etwa 15 s auf ihren Höchstwert zu steigern. Sie ist in der Regel 30 s lang auf ihrem Höchstwert zu belassen. Für Stahl von $H \geq 140$ kg/mm² genügen 10 s, für stark fließende Stoffe (Blei, Zink, Lagermetall usw.) ist eine längere Belastungsdauer zu wählen.

Die Entfernung der Mitte zweier benachbarter Eindrücke oder der Mitte eines Eindrucks vom Rand der Probe soll wegen der Verfestigung des umliegenden Werkstoffes bzw. der Ausbeulung mindestens das Doppelte der Diagonale betragen.

Die Länge der Diagonale E ist möglichst auf $^1/_{1000}$ mm, mindestens aber auf $^1/_{100}$ mm auszumessen. Maßgebend ist der Mittelwert aus beiden Diagonalen.

Die Härte ist bei Zahlen unter 25 mit einer Dezimale, darüber in ganzen Zahlen anzugeben.

Eine Norm über „Härteprüfung nach VICKERS" ist unter DIN Vornorm DVM-Prüfverfahren A 133 in Vorbereitung. Beziehungskurven Vickershärten zu Brinell- und Rockwellhärten siehe Abb. 37, 38.

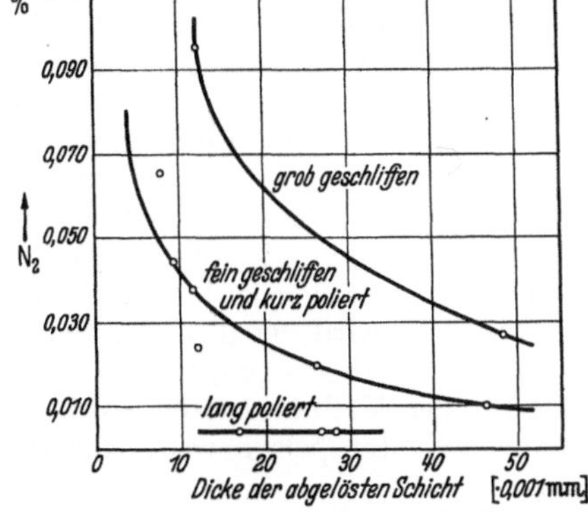

Abb. 14. Mikroanalytisch bestimmte Stickstoffgehalte der Oberfläche von Weicheisenschliffen. (Nach H. J. WIESTER.)

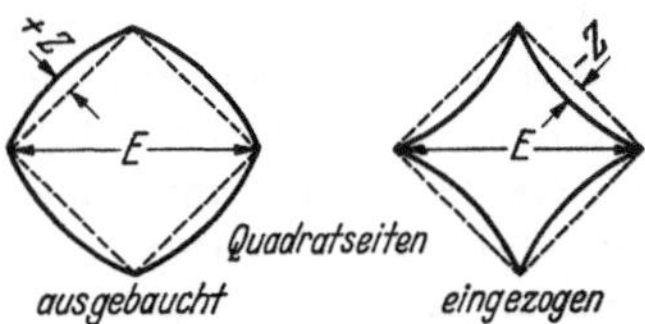

Abb. 15. Typische Erscheinungsformen von Vickerseindrücken.

g) Fehlermöglichkeiten bei der Ausmessung des Eindrucks[1].

Ähnlich wie bei der Kugeldruckprobe tritt auch bei der Vickershärteprüfung an den Seitenflächen des Eindruckes bei den meisten Werkstoffen ein Wulst bzw. bei stark verfestigungsfähigen Werkstoffen eine Einsenkung des Werkstoffs ein, während der Werkstoff an den Eindruckecken ungefähr in der ursprünglichen Lage verbleibt. Bei Draufsicht auf diesen so verformten Eindruck erscheinen die Seiten des Quadrates ausgebaucht bzw. eingezogen (Abb. 15). Die übliche Berechnung der Eindruckfläche aus den Diagonalen würde zu ungenauen Ergebnissen führen. Man kann ein genaueres Ergebnis erzielen, wenn man die Projektion des verzerrten Eindruckes in ein Quadrat umrechnet[2], und zwar ist die neue Seitenfläche des Quadrates ungefähr $\dfrac{E}{\sqrt{2}} \pm Z$, und daher die Eindruckfläche $\left(\dfrac{E}{\sqrt{2}} \pm Z\right)^2$, so daß die Vickershärte demnach wäre

$$H_P = \frac{P \cdot 1{,}8544}{2 \cdot \left(\dfrac{E}{\sqrt{2}} \pm Z\right)^2}.$$

[1] WEINGRABER, H. v.: Die Fehlerquellen bei der VICKERS-Härteprüfung, Werkstatttechnik Bd. 32 (1938) Heft 16, S. 361—367 (während der Drucklegung erschienen).

[2] O'NEILL, H.: The Hardness of Metals ans its Measurement, S. 39—40. London: Chapman & Hall 1934.

4. Rockwellhärteprüfung[1] (Härteprüfung mit Vorlast).

a) Grundsätzliches.

Auf der Grundlage der Arbeiten von P. Ludwik über die Kegeldruckprobe hat S. P. Rockwell sein Verfahren aufgebaut, und zwar behält er die schnell auszuführende Tiefenmessung bei. Ludwik gab schon an, daß man zur Vermeidung der Fehler bei der Nullpunkteinstellung die Differenz zweier Tiefenablesungen $t_2 - t_1$ bei einer Belastungszunahme $P_2 - P_1$ als Ausgangsmaß für seine Kegeldruckhärte benutzen kann. Rockwell bedient sich dieses Verfahrens und schaltet dadurch auch noch praktisch die Fehler aus, die durch eine nicht ganz saubere Unterlage bzw. Oberfläche trotz guter Vorsicht die Ergebnisse beeinflussen können.

Es wird also bei dieser Prüfmethode, nachdem das Prüfstück in Berührung mit dem Eindringkörper gebracht worden ist, auf den Eindringkörper eine bestimmte Vorlast (bei den meisten Rockwellprüfverfahren 10 kg) aufgebracht, hierauf wird die die Eindringtiefe anzeigende Meßuhr auf den Wert „o" gestellt, und sodann die Zusatzlast aufgebracht. Nach beendigtem Fließen des Werkstoffes, d. h. wenn der Zeiger der Meßuhr zur Ruhe gekommen ist, wird die Zusatzlast wieder abgenommen; hierbei geht der Zeiger um die federnden Verformungen des Werkstoffes und des Maschinengestells zurück, und gemessen wird die bleibende Eindringtiefe des Kegels in den Werkstoff, die durch eine Belastungssteigerung von Vorlast auf Gesamtlast hervorgerufen wird. Rockwell benutzt zur Erreichuug einer schnellen Härtebestimmung diese bleibende Eindringtiefe als Härtemaß, die im allgemeinen in 0,002 mm angegeben wird. Damit nun die Rockwellhärten im selben Sinne wie die Zahlengrößen laufen, d. h. eine größere Härte auch durch eine größere Zahl ausgedrückt wird, wird die Eindringtiefe von einer bestimmten Zahl, nämlich 100 bzw. 130, abgezogen, ein Vorgang, der meistens selbsttätig geschieht: Der Nullpunkt der Meßuhr ist die Zahl 100 bzw. 130 und bei der Anzeige der Eindringtiefe des Stempels bewegt sich der Zeiger im umgekehrten Sinne der Zahlenreihe.

Bei der üblichen Rockwellprüfung wird als Eindringkörper für harte Werkstoffe ein an der Spitze mit $r = 0,2$ mm abgerundeter Diamantkegel von 120° Kegelwinkel benutzt und daneben für weiche Werkstoffe eine Stahlkugel mit einem Durchmesser von $^1/_{16}''$. Die Vorlast beträgt in beiden Fällen 10 kg, die Hauptlast 140 bzw. 90 kg, so daß als gesamte Prüflast 150 bzw. 100 kg wirken. Abgekürzt werden diese beiden Prüfverfahren bezeichnet mit R_c ($c =$ cone $=$ Kegel) bzw. mit R_b ($b =$ ball $=$ Kugel). Im ersten Fall wird die in 0,002 mm angegebene Eindringtiefe von der Zahl 100, im zweiten Fall von der Zahl 130 abgezogen. Beziehungskurven zwischen Rockwellhärten R_c, R_b und Brinell- bzw. Vickershärten siehe Abb. 38, 39.

Die die Messung beeinflussende Schichtdicke beträgt etwa das Zehnfache der Eindringtiefe des Prüfkörpers, d. h. die Dicke des Prüfstücks muß das Zehnfache der Eindringtiefe betragen. Zur Prüfung dünner Stücke oder dünner Schichten sind vorgenannte Prüfbedingungen nicht zu gebrauchen, da der Kegel unter diesen Prüflasten zu weit eindringt. In diesen Fällen muß mit kleineren Prüflasten gearbeitet werden. Für die Prüfung besonders dünner Schichten, z. B. Einsatz- und Nitrierschichten, wird ein eigens für diesen Zweck hergestellter Super-Rockwellprüfer benutzt, der mit kleinerer Vorlast (3 kg) und kleineren Prüflasten arbeitet. Die Meßeinheit beträgt in diesem Fall 0,001 mm.

b) Systematische Schwächen des Rockwellverfahrens.

In Zahlentafel 4 sind die bis jetzt vor allen Dingen in Amerika üblichen Prüfbedingungen für die Rockwellprüfung aufgeführt. Um die entsprechenden

---

[1] Vorlasthärteprüfer s. Bd. I, Abschn. IV B 1 b.

Zahlentafel 4. Bei den Rockwellhärteprüfern übliche Prüfbedingungen.

Zeichen	Eindringkörper	Vorlast kg	Prüflast kg		Zeichen	Eindringkörper	Vorlast kg	Prüflast kg	
R_B	$^1\!/_{16}''$-Kugel	10	100	üblicher Rockwell, Nullpunkt = 130	R_C	Diamantkegel C	10	150	üblicher Rockwell, Nullpunkt = 100
R_E	$^1\!/_8''$,,	10	100		R_A	,, C	10	60	
R_F	$^1\!/_{16}''$,,	10	60		R_D	,, C	10	100	
R_G	$^1\!/_{16}''$,,	10	150		$R_{N\,15}$	,, N	3	15	Super-Rockwell
$R_{T\,15}$	$^1\!/_{16}''$,,	3	15	Super-Rockwell	$R_{N\,30}$	,, N	3	30	
$R_{T\,30}$	$^1\!/_{16}''$,,	3	30		$R_{N\,45}$	,, N	3	45	
$R_{T\,45}$	$^1\!/_{16}''$,,	3	45						

Härten miteinander vergleichen zu können, müssen für jede dieser Prüfbedingungen Beziehungslinien zu den anderen aufgestellt werden (Abb. 16 und 17). Es liegt an der Art der Versuchsauswertung, daß bei Anwendung verschiedener Prüflasten bei ein und demselben Werkstoff immer andere

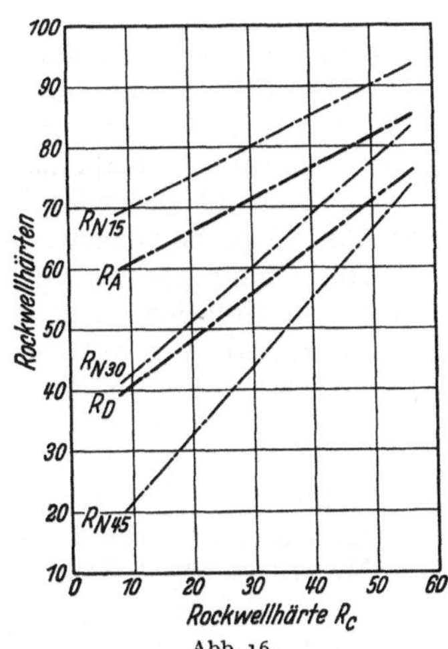

Abb. 16.

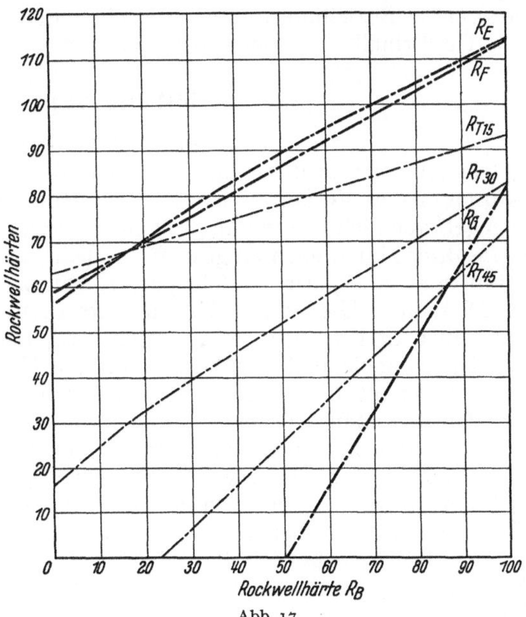

Abb. 17.

Rockwellhärtezahlen erhalten werden, denn es wird bei dieser Prüfart die Härtezahl nicht als spezifischer Widerstand in kg/mm^2 errechnet, sondern nur durch die Eindringtiefe ausgedrückt.

Dieses Nebeneinander so zahlreicher selbständiger Härteskalen bei den Rockwellprüfarten konnte sich nur ausbilden und kann sich nur halten, weil die Ablesung des Härtewertes außerordentlich einfach und schnell geschehen kann. Jedoch sind die zu messenden Tiefen vor allen Dingen bei der Prüfung harter Werkstoffe, für die dieses Verfahren ja in erster Linie in Betracht kommt, sehr gering. Zahlentafel 5 zeigt

Zahlentafel 5. Einander entsprechende Meßgrößen bei Super-Rockwell- und Vickersprüfung.

Prüfart	Einander entsprechender Härtebereich	Meßgrößen in mm (Eindrucktiefe bzw. -diagonale)
Super-Rockwell N 30	70 bis 78,5	0,030 bis 0,0215
Vickers $H_{P_{30}}$ . . .	551 bis 803	0,3285 bis 0,264

z. B. für Prüfungen mit gleichen Belastungen (30 kg) auf dem Super-Rockwell- und Vickersgerät für einen häufig vorkommenden Härtebereich die einander entsprechenden Meßgrößen. Man erkennt, daß die Diagonalen der Vickers-eindrücke etwa 10—12mal größer sind, als die Tiefen bei der Super-Rockwell-prüfung. Diese Tatsache muß natürlich auf die Genauigkeit und auf das Ansprechen bei kleineren Härteschwankungen einen Einfluß haben zugunsten der Vickersprüfung.

c) Normung.

In Deutschland haben sich diese vielen Prüfbedingungen nicht eingeführt. Nach der DIN-Vornorm DVM-Prüfverfahren A 103 ,,Härteprüfung mit Vorlast"[1] sind als Eindringkörper nur der Diamantkegel oder eine Stahlkugel von 2,5 mm Dmr. zulässig. Die Vorlast beträgt in jedem Fall 10 kg, die Prüflast bei Anwendung des Kegels 150 kg, bei Anwendung der Stahlkugel 187,5 kg, 62,5 kg oder 31,2 kg, in Anlehnung an DIN 1605, Blatt 3 ,,Härteprüfung nach Brinell". Beziehungskurven zwischen den Vorlasthärten H_v 187,5, H_v 62,5 und der Brinellhärte siehe Abb. 41 und 42.

5. Ritzhärteprüfung[2].

a) Grundsätzliches.

Die Ritzhärteprüfung, als eine der ältesten Härteprüfarten, war zunächst als qualitatives Verfahren nur bei den Mineralogen in Gebrauch. In der heute noch gebräuchlichen mineralogischen Härteskala nach Mohs sind zehn bestimmte Stoffe ihrer Härte nach eingestuft: 1. Talk, 2. Gips oder Steinsatz, 3. Kalkspat, 4. Flußspat, 5. Apatit, 6. Feldspat, 7. Quarz, 8. Topas, 9. Korund (Schmirgel), 10. Diamant. Die Härte des zu untersuchenden Stoffes liegt beispielsweise zwischen 6 und 7, wenn er Feldspat ritzt und selber von Quarz geritzt wird.

Diese vergleichende Prüfart ist für die Härteprüfung von Metallen zu grob, man verwendet hier nach dem Verfahren von T. Turner und A. Martens[3] zum Ritzen einen Körper von bestimmter Form, der unter allen Umständen härter als das Prüfstück ist, nämlich einen kegelförmigen Diamanten mit 90° Kegelwinkel. Neuerdings wird ein solcher mit 120° Kegelwinkel vorgeschlagen, weil ein spitzer Kegel leichter Beschädigungen ausgesetzt ist[4]. Mit diesem durch ein Gewicht belasteten Diamanten wird das sorgfältig geschliffene und polierte Probestück geritzt. Als Ritzhärte gilt nach Martens die Belastung des Diamanten in Grammen, die eine Strichbreite von 0,01 mm erzeugt, oder die Strichbreite bzw. ihr reziproker Wert bei einer bestimmten Belastung. Im ersten Fall müssen Ritze unter verschiedenen Belastungen erzeugt und durch Interpolieren die gesuchte Belastung bestimmt werden. Das zweite Verfahren ist einfacher und wird demgemäß auch fast nur angewandt. Um die Ritzhärte als spezifischen Druckwiderstand zu kennzeichnen, der sich dem Weiterschreiten der Spitze entgegenstellt, berechnet E. Meyer[5] die Ritzhärte aus

$$R_M = \frac{2\,P}{\dfrac{\pi\,d^2}{4}} = c \cdot \frac{P}{d^2}\,.$$

Diese Ritzhärten werden aber, entgegen der Vermutung, von der Belastung nicht unabhängig gefunden, wie schon E. Meyer selber festgestellt und E. Franke[6] bestätigt hat. Trägt man nämlich die Quadrate der Strichbreiten in

---

[1] Wird zur Zeit neu bearbeitet.
[2] Ritzhärteprüfer s. Bd. I, Abschn. IV B 1 d.
[3] Martens, A.: Handbuch der Materialkunde für den Maschinenbau 1898, S. 241—244.
[4] Sporkert, K.: Metallwirtsch. Bd. 34 (1937) S. 854—859.
[5] Meyer, E.: Forsch.-Arb. Ing.-Wes. Heft 65 (1909).
[6] Franke, E.: Krupp. Mh. 1927, S. 181—187.

Abhängigkeit von der Belastung auf, so ergeben sich zwar Geraden aber keine Ursprungsgeraden. Aus diesem Grunde kann man leider die auf Grund verschiedener Auswertungsarten gefundenen Ritzhärten mit Hilfe der Meyer-Ritzhärte nicht ineinander umrechnen[1].

Das Ausmessen der Ritzbreiten muß auf 0,001 mm genau geschehen und bereitet oft wegen unscharfer Ränder große Schwierigkeiten. Aus Abb. 18 erkennt man, daß kleine Fehler bei der Bestimmung der Ritzbreite schon große Unterschiede in der Ritzhärte ergeben. Außerdem schneiden sich die Kurven teilweise, so daß sich je nach Wahl der Belastung oder Strichbreite eine andere Reihenfolge der Härten ergibt.

b) Anwendungsgebiete der Ritzhärteprüfung.

Die Ritzbreite ist im Gegensatz zu den Eindrücken der meisten anderen Härteprüfverfahren sehr klein, oft kleiner als einzelne Gefügebestandteile des zu untersuchenden Metalls. Eine eindeutige Beziehung der Ritzhärte zu den anderen Härten, soweit sie einen Mittelwert darstellen, kann deshalb nur bei reinen Metallen und homogenen Mischkristallen bestehen. Bei heterogenem Gefüge sind diese Beziehungen abhängig von der Menge, Verteilung und Größe der ausgeschiedenen Kristalle. Sind die Gefügebestandteile sehr fein und gleichmäßig verteilt, so besteht der gleiche Zusammenhang zu den anderen Härtewerten wie bei reinen Metallen oder Mischkristallen. Abb. 19 gibt nach E. Scheil und W. Tonn[2] für diese Fälle die Beziehungslinie zwischen der Brinell- und Ritzhärte wieder.

Sind hingegen die einzelnen Gefügebestandteile im Verhältnis zur Ritzbreite groß, so erhalten wir keinen einheitlich breiten Ritz, also auch keine einheitliche Ritzhärte. Abb. 20 zeigt solch einen Ritz in einem gehärteten

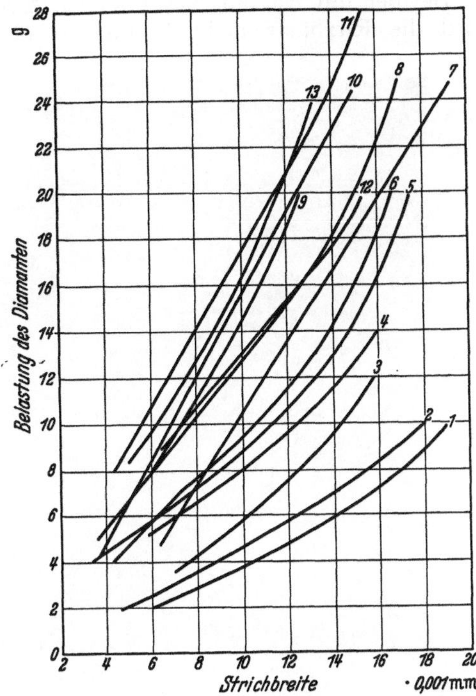

Kurve Nr.	Werkstoff
1	Walzkupfer
2, 3	Al-Legierung
4	Flußeisen
5 bis 11	Eisen-Nickel-Legierung
12	Graues Gußeisen
13	Weißes Gußeisen

Abb. 18. Abhängigkeit der Ritzbreite von der Belastung des Diamanten. (Nach R. Mailänder.)

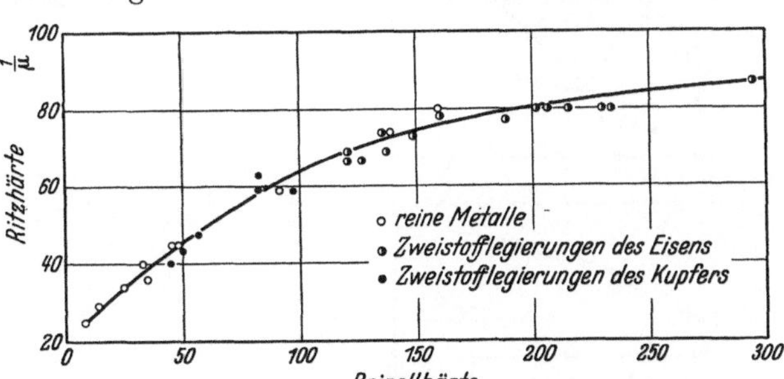

Abb. 19. Zusammenhang zwischen Brinell- und Ritzhärte homogener Metalle und Legierungen. (Nach E. Scheil und M. Tonn.)

---

[1] Weitere Auswertungsarten für Ritzhärten siehe E. Franke: Krupp. Mh. 1927, S. 179 bis 187.

[2] Scheil, E. u. W. Tonn: Arch. Eisenhüttenw. 1934/35, S. 259.

Stahl. In den dunklen Martensitfeldern ist die Ritzbreite beträchtlich kleiner als in den hellen Ferritfeldern.

Bei der mit Härtung verbundenen Ausscheidung kleinster Teile und Mengen wird die Ritzhärte nicht beeinflußt, obgleich die Brinellhärte stark erhöht

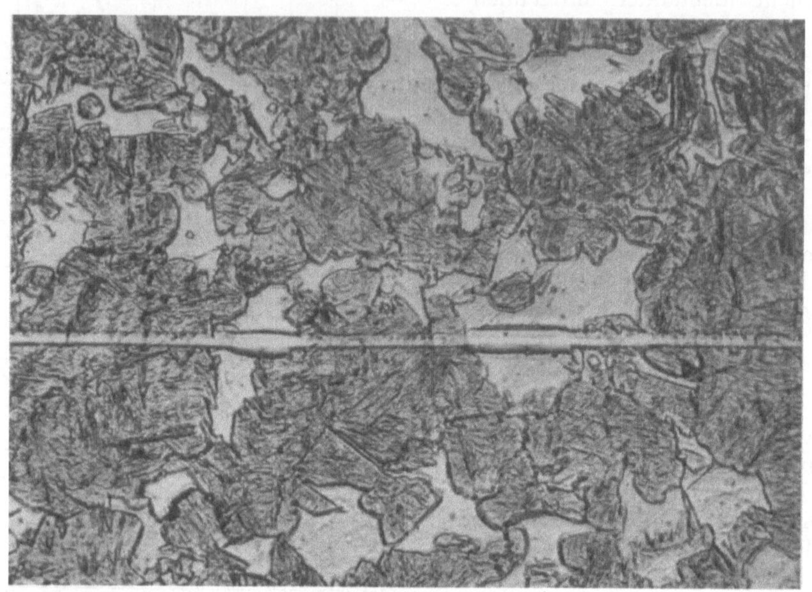

Abb. 20. Ritzhärteprüfung in einem gehärteten Kohlenstoffstahl.

wird. Diese Tatsache haben E. Scheil und W. Tonn [1] an Eisen-Wolfram-Legierungen nachgewiesen (Abb. 21). Im abgeschreckten Zustand steigen die Brinell- wie die Ritzhärten von 8% Wolfram langsam mit dem Wolframgehalt an. Der steile Anstieg und rasche Abfall der Brinellhärte bei niedrigen Wolframgehalten interessieren in

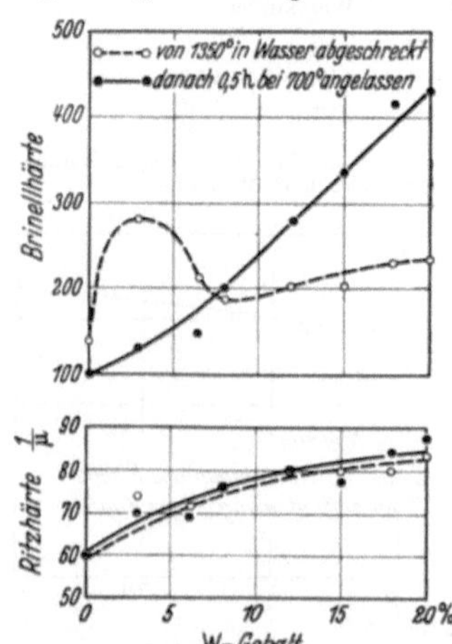

Abb. 21. Brinell- und Ritzhärte der Eisen-Wolfram-Legierungen. (Nach E. Scheil und M. Tonn.)

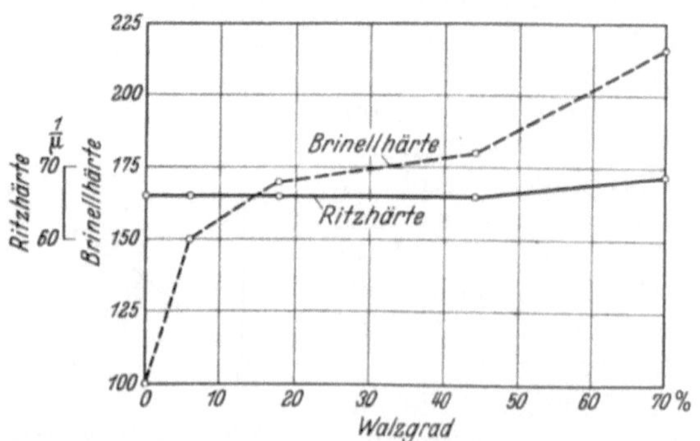

Abb. 22. Brinell- und Ritzhärte von technisch reinem Eisen in Abhängigkeit vom Walzgrad. (Nach E. Scheil und M. Tonn.)

diesem Zusammenhang nicht. Werden die Legierungen bei 700° angelassen, so nehmen die Brinellhärten im Gegensatz zu den Ritzhärten die sich nicht verändern, durch die feine Ausscheidung von Eisen-Wolframid beträchtlich

---

[1] Vgl. Fußnote 3, S. 347.

zu. Demnach wird durch die Ritzhärteprüfung nur die Härte der Grundmasse gemessen, die eingelagerten kleinen Teilchen haben keinen Einfluß.

Eine besondere Eigentümlichkeit der Ritzhärte liegt darin, daß die durch Kaltbearbeitung hervorgerufene Verfestigung eines Metalls nicht gemessen werden kann (Abb. 22). G. TAMMANN und R. TAMPKE[1] nehmen an, daß durch das Ritzen eine maximale Kaltverfestigung des Werkstoffes stattfindet und daß die entsprechende Ritzhärte darum unabhängig von vorangegangener Kaltverfestigung sei.

G. RICHTER[2] empfiehlt die Ritzhärteprüfung mit einem Diamantkegel von 120° Öffnungswinkel für Härtebestimmungen von dünnen galvanischen Überzügen. Als Ritzhärte soll diejenige Belastung in $^1/_{100}$ g gelten, die eine Strichbreite von 0,003 mm erzeugt. Es ließe sich denken, daß solche Versuche auch nach VICKERS mit entsprechend kleinen Belastungen durchgeführt werden könnten (s. Vickershärteprüfung S. 341—342). Dieses Verfahren hätte den Vorteil, daß es Anschluß an die anderen gebräuchlichen Härteprüfverfahren hat.

Weiterhin gestattet das Ritzhärteprüfverfahren eine fortlaufende Härtemessung, die bei Härteübergängen, z. B. Schweißungen, manchmal von Vorteil ist[3], und die auch in leichter Weise bei zeitlichen Vorgängen, z. B. Alterung, automatisch registriert werden kann[4]. Bei diesen Härtemessungen benutzt man neuerdings an Stelle des Kegels eine feststehende[5] bzw. eine auf dem Prüfstück sich abwälzende[3, 4] Kugel, wobei man bessere Beziehungen zur Brinellhärte festgestellt hat.

6. Pendelhärteprüfung nach HERBERT[6].

Ein eigenartiges Prüfverfahren ist die Pendelhärteprüfung nach E. G. HERBERT[7]. In einem bügelförmigen Gußkörper, dessen Gewicht 4 bzw. 2 kg beträgt, ist ungefähr in dessen Schwerpunkt eine Kugel von 1 mm Dmr. befestigt. Der Schwerpunkt läßt sich durch Stellschrauben genau in die Achse der Kugel und weiter durch eine regulierbare Gewichtshülse in einem bestimmten Abstand vom Kugelmittelpunkt bringen. Der Pendelhärteprüfer wird mit der Kugel auf das Prüfstück aufgesetzt und in Schwingung versetzt. Beim Aufsetzen entsteht ein statischer Eindruck, der durch die Pendelbewegungen vergrößert wird. Die hierzu notwendige Energie wird der lebendigen Kraft des Pendels entnommen, aus dessen Bewegung in verschiedener Form eine Härtezahl gewonnen werden kann. Diese Pendelbewegung läßt sich an einer auf dem Gerät angebrachten bogenförmigen Libelle, deren Teilung von 0 bis 100 zählt, verfolgen.

Von den verschiedenen von E. G. HERBERT vorgeschlagenen Prüfverfahren, wie die Verfahren zur Ermittlung der Zeithärte, der Winkel- oder Skalenhärte, der induzierten Härte, der Bearbeitungsfähigkeit und der Dämpfung, haben eigentlich nur die beiden ersten Verfahren größere Beachtung gefunden.

a) Zeithärteprüfung.

Die Zeithärte ist die Dauer von 10 einfachen Schwingungen in Sekunden, wobei die ersten 4 Schwingungen, bei denen die Verformung des Werkstoffes stattfindet, unberücksichtigt bleiben. Das Gerät wird vorsichtig in Gleichgewichts-

[1] TAMMANN, G. u. R. TAMPKE: Z. Metallkde. 1936, S. 336, 337.
[2] RICHTER, G.: Z. Metallkde. Bd. 29 (1937) Nr. 10, S. 355, 356.
[3] HAUTTMANN, H.: Vortrag auf der 26. Tagung des DVM am 7. 10. 37 in Düsseldorf.
[4] HERBERT, E. G.: Engineering 1937, Nr. 3746, S. 495, 496.
[5] O'NEILL, H.: The Hardness of Metals and its Measurement, S. 146. London: Chapmann & Hall, Ltd. 1934.
[6] Pendelhärteprüfer s. Bd. I, Abschn. IV B 1 d.
[7] HERBERT, E. G.: Engineer, Lond. Bd. 135 (1923) S. 686; Bd. 136 (1923) S. 70; Bd. 138 (1924) S. 274.

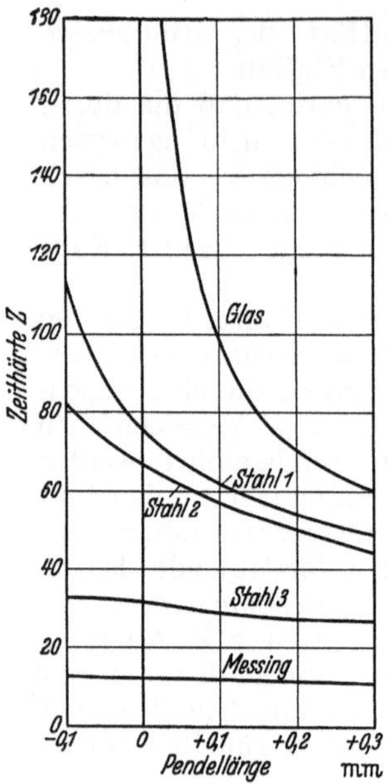

Abb. 23. Abhängigkeit der Zeithärte von der Pendellänge. (Nach R. Mailänder.)

lage, d. h. senkrecht, die Luftblase auf Zahl 50 stehend, auf die genau waagerecht ausgerichtete Probenoberfläche gesetzt und durch einen leichten Schlag in Schwingungen von geringem Ausschlag (bis zu 10 Skalenteilen) versetzt. Gewöhnlich wird für diese Prüfung der Schwerpunkt 0,1 mm unter den Kugelmittelpunkt gelegt. Auf einer dem Gerät als Eichkörper beigegebenen Glasplatte beträgt in diesem Fall die Zeit für 10 Schwingungen des Pendels mit Stahlkugel 100 s, d. h. die Zeithärte des Glases ist $Z = 100$. Bei Verwendung von härteren Kugeln ergeben sich nach A. Pomp und H. Schweinitz[1] kleinere Zeithärten.

Die Einstellung der Pendellänge muß genau geschehen, da kleine Unterschiede schon große Änderungen der Schwingungsdauer zur Folge haben können (Abb. 23). Zur Steigerung der Empfindlichkeit des Gerätes und zur besseren Anzeige kleiner Härteunterschiede wird oft auch der · Schwerpunkt etwas über den Kugelmittelpunkt gelegt (negative Pendellänge). Bei Glas befindet sich dabei das Pendel in labiler Lage.

Beziehungen der Zeithärte zur Brinell- bzw. Shorehärte.

Die Zeithärte wird beeinflußt durch die plastische und elastische Verformung des Werkstoffes, während bei der Brinellhärte nur die plastische bzw. bei der Shorehärte nur die elastische Verformung für die Berechnung des Härtewertes maßgebend ist. Nach Herbert besteht zwischen Zeit- und Brinellhärte die Beziehung:

$$H_B = 10 \cdot Z, \text{ wenn } Z > 33,$$
$$H_B = 0{,}3 \cdot Z^2, \text{ wenn } Z < 33.$$

Besser wird die Beziehung nach Pomp und Schweinitz, sowie nach Wallichs und Schallbroch[2] durch die Gleichung

$$Z = 0{,}081 \; H_B + 7{,}6$$

oder

$$H_B = 12{,}35 \, Z - 93{,}8$$

wiedergegeben.

Abb. 24 gibt die Umrechnungskurve Zeithärte—Shorehärte nach A. Pomp und H. Schweinitz wieder.

b) Winkel- bzw. Skalenhärteprüfung.

Zur Bestimmung der Winkelhärte wird das vorher auf die gewünschte Pendellänge sorgfältig eingestellte Gerät wieder, wie bei der Zeithärtemessung, in

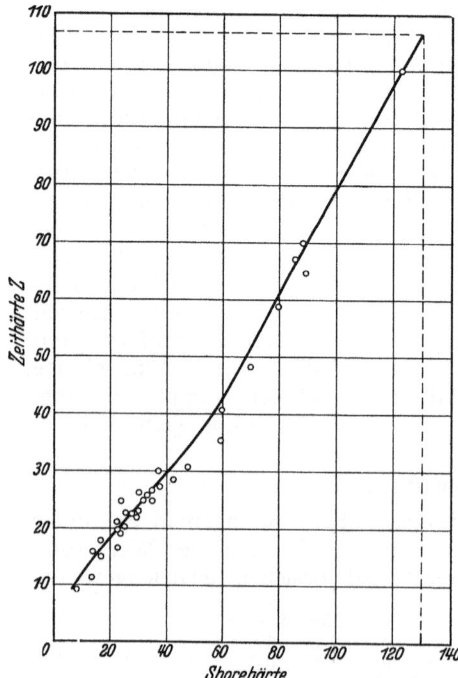

Abb. 24. Beziehungen zwischen Zeithärte und Shorehärte. (Nach A. Pomp und H. Schweinitz.)

[1] Pomp, A. u. H. Schweinitz: Mitt. K.-Wilh.-Inst. Eisenforschg. Bd. 8 (1926) S. 88.
[2] Wallichs u. Schallbroch: Masch.-Bau Betrieb Bd. 8 (1929) S. 71.

Gleichgewichtslage auf den waagerecht ausgerichteten Probekörper aufgesetzt. Dann wird es von Hand geneigt, bis die Luftblase auf dem Teilstrich 0 steht, so daß schon ein Teil der Bahn ausgewälzt ist. Das Pendel wird jetzt losgelassen und der Pendelausschlag nach der entgegengesetzten Seite hin gemessen. Seine Größe ist die Winkel- oder, wie sie oft auch genannt wird, die Skalenhärte. Die Abhängigkeit der Winkelhärte von der Pendellänge gibt Abb. 25 wieder. Eine nicht genau axiale Einstellung des Geräteschwerpunktes und eine nicht genau waagerechte Lage der Probenoberfläche beeinflussen das Meßergebnis. Um diese Fehler auszuschalten, wird empfohlen, das Gerät an benachbarter Stelle neu aufzusetzen und entgegengesetzt schwingen zu lassen, d. h. von der Stellung der Luftblase 100 als Ausgangspunkt aus. Der Mittelwert dieser beiden Ergebnisse gilt als Härtewert.

c) Anwendbarkeit der Pendelhärteprüfung.

So aussichtsreich das Pendelhärteverfahren aussah und so interessant es ist, es hat sich nicht durchsetzen können. Die Einstellung des Gerätes ist umständlich und langwierig, sie muß bei Temperaturänderungen stets neu vorgenommen werden. Während des Versuchs ist das Gerät vor Luftzug und Erschütterungen zu schützen. Die Probenoberfläche muß sorgfältig waagerecht ausgerichtet und sauber geschliffen, bei harten Proben poliert sein. Die Größe der Proben ist nach der Breite hin beschränkt, denn

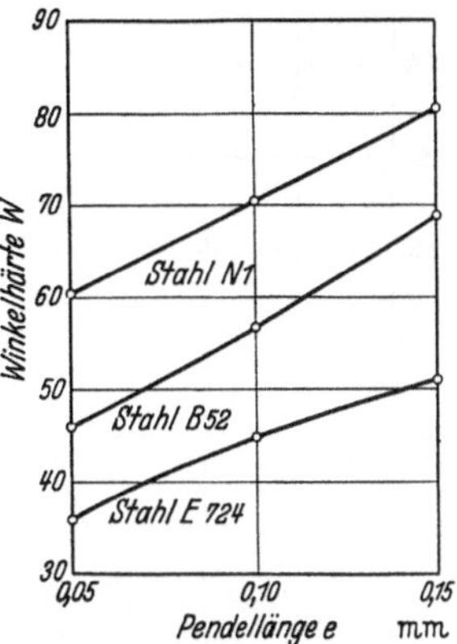

Abb. 25. Abhängigkeit der Winkelhärte von der Pendellänge. (Nach A. Pomp und H. Schweinitz.)

das Pendel muß aufgesetzt werden und schwingen können. Die Meßstelle selber und die Dicke der Proben, für die bei weichem Stahl noch eine Stärke von 0,3 mm genügt, kann klein sein. Nach Einstellung des Gerätes und der Probe kann die Zeithärte ziemlich schnell und auch sicher bestimmt werden. Sie kann an allen Werkstoffen festgestellt werden, abgesehen von Blei, in dem die Kugel bei Verwendung des Normalgerätes von 4 kg schon zu tief eindringt. Die Winkelhärteprüfung dagegen ist nicht zuverlässig. Sie ist im höchsten Maße abhängig von der genauen Durchführung des Versuches und vom Beobachter.

C. Dynamische Härteprüfung.

Bei der statischen Härteprüfung steht der Eindringkörper eine Zeitlang unter der Einwirkung einer Kraft, bei der dynamischen Härteprüfung dagegen trifft die Prüfkugel bzw. -spitze mit einer kinetischen Energie auf das Prüfstück auf. Die dynamischen Härteprüfgeräte sind einfacher und billiger als die statischen Pressen. Als ortsbewegliche Geräte eignen sie sich vor allen Dingen zur Härtemessung an großen Stücken, wie überhaupt zur Prüfung der Werkstoffe am Lagerort. Diese Gesichtspunkte haben in der Hauptsache zur Verbreitung der dynamischen Härteprüfung beigetragen, andererseits wurde auch erwartet, daß die hiermit erzielten Ergebnisse in einer Beziehung zu dem Verhalten der Stoffe gegenüber stoßweiser Beanspruchung stehen.

Die bei der dynamischen Härteprüfung zur Verfügung stehende Energie wird in wechselnden Anteilen zerlegt 1. in Formänderungsenergie zur Erzeugung eines Eindruckes, 2. in Rücksprungenergie zum Zurückschleudern des Fallgewichtes und 3. in Verlustenergie wie Wärme, Widerstands- und Schwingungsarbeit. Grundsätzlich lassen sich demgemäß auch zwei Auswertungsverfahren unterscheiden, entweder wird der entstandene Eindruck der Härteberechnung zugrunde gelegt wie bei der Fall- und Schlaghärteprüfung, oder die Rücksprunghöhe des Fallhammers dient als Härtemaß, wie bei der Rücksprunghärteprüfung. Bei allen Verfahren muß das Prüfstück eine gewisse Größe haben, damit der Verlust durch Schwingungsarbeit klein bleibt.

1. Fallhärteprüfung [1].

Die Versuche von J. Schneider [2] bestätigen für die dynamische Härteprüfung die Gültigkeit eines ähnlichen Potenzgesetzes, wie es E. Meyer für die statische Kugeldruckprobe aufgestellt hat, nämlich $A = a \cdot d^n$. Hierbei bedeutet $A =$ Energie, $d =$ Eindruckdurchmesser, a und n Konstanten. Nach F. Wüst und P. Bardenheuer [3] sowie nach J. Class [4] ist für Stahl der Exponent n durchweg $= 4$, entgegen den Verhältnissen bei der statischen Kugeldruckprobe, wo n von dem Grad der Kaltbearbeitung abhängig ist. Weiterhin besteht nach F. Wüst und P. Bardenheuer ebenso die Beziehung $A = a \cdot V$, wobei V das Eindruckvolumen bedeutet. Diese Feststellung ist eine Bestätigung des schon früher von H. Martel [5] aufgestellten Gesetzes, wonach das Volumen des bleibenden Eindruckes der aufgewendeten Energie verhältnisgleich ist, und sich die Fallhärte demnach aus der Formel $H_F = A/V$ berechnet. Da das Gesetz $A = a \cdot d^4$ im weitesten Umfang Geltung hat, und das Volumen nicht der 4. Potenz des Eindruckdurchmessers verhältnisgleich ist, kann die Beziehung $A = a \cdot V$ nur bestehen, so lange das Verhältnis V/d^4 annähernd unveränderlich ist, was bei kleinen Durchmessern zutrifft.

Die Härte $H_F = A/V$ ist jedoch nicht ganz unabhängig von der Fallhöhe, dem Fallgewicht und dem Kugeldurchmesser. Bei gleichem Fallgewicht nimmt die Härte mit größerer Fallhöhe ab, wenn

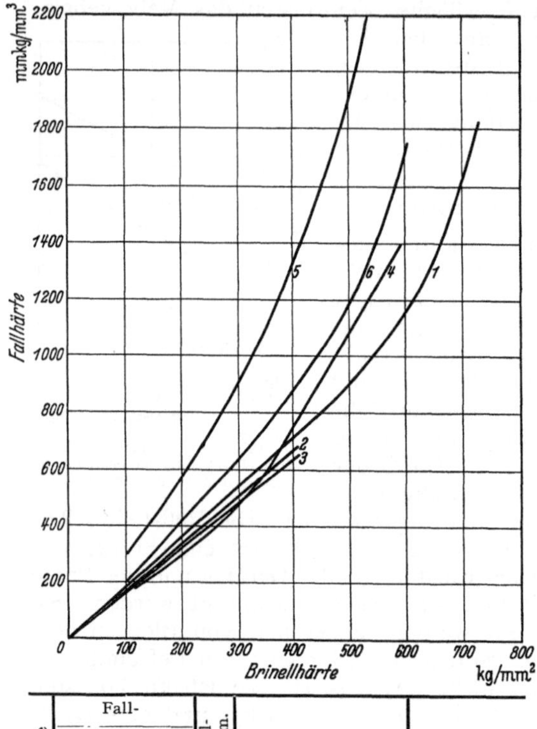

Kurve	Fall- gewicht	Fall- höhe	Fall- energie	Kugel- durchm.	Bemerkung	aufgestellt von
Nr	g	mm	mm/kg	mm		
1	1058	284	300	5	bis $H_B = 600$ kg/mm²	F. Wüst u. P.
	—	—	500	10	über $H_B = 600$ kg/mm²	Bardenheuer
2	1500	200	300	5	—	F. W. Duesing
3	1502	200	300,4	5	—	E. Franke
4	1502	200	300,4	10	—	E. Franke
5	—	—	1000	10	—	R. Walzel
6			1000	10	H_F berechnet aus Gesamtenergie weniger Rücksprungenergie	(Versuche am Pendelfallwerk)

Abb. 26. Abhängigkeit verschiedener Fallhärten von der Brinellhärte.

auch nur wenig, und zwar bei einer kleineren Kugel mehr als bei einer größeren. Die Ursache liegt in dem Wulst am Eindruckrand, der sich unter sonst gleichen Umständen bei kleinerer Kugel stärker ausbildet als bei größerer. Weiterhin liegt die Härte bei Anwendung einer größeren Kugel höher als bei Anwendung einer

[1] Fallhärteprüfer s. Bd. I, Abschn. IV B 2 b.
[2] Schneider, J.: Forsch.-Arb. Ing.-Wes. Heft 104 (1911).
[3] Wüst, F. u. P. Bardenheuer: Mitt. K.-Wilh.-Inst. Eisenforschg. Bd. 1 (1920).
[4] Class, J.: Forsch.-Arb. Ing.-Wes. Heft 296 (1927).
[5] Martel, H.: Métaux Bd. 111 (1895), Sect. 4, S. 261.

kleineren Kugel, auch wenn die Eindrücke einander ähnlich, d. h. wenn die Eindruckwinkel gleich sind. Diese Tatsache steht im Gegensatz zu den Verhältnissen bei der statischen Kugeldruckprüfung, wo bei ähnlichen Eindrücken gleiche Härten gewonnen werden. Sie beruht darauf, daß bei größerer Kugel eine größere Aufschlagfläche vorhanden ist und dadurch ein größerer Anteil des Werkstoffes nur elastisch verformt wird, wodurch die Rücksprungenergie größer werden muß. Abb. 28 zeigt Versuche über den Einfluß der Hammerspitzenform auf die Rücksprunghöhe bei gleicher Fallenergie[1]. Danach nimmt mit größerer Aufschlagfläche die Rücksprunghöhe zu. Es ist deshalb versucht worden, das Eindruckvolumen nur auf die Formänderungsenergie zu beziehen und die Härte durch

$$H_F' = \frac{A - A_R}{V}$$ auszudrücken, wobei A_R die Rücksprungenergie ist[2]. Die Erwartung, hierdurch eine von den Einflußgrößen unabhängigere Härte zu erhalten, hat sich im allgemeinen nicht bestätigt.

In Abb. 26 sind einige Beziehungskurven Fallhärte zur Brinellhärte dargestellt. E. FRANKE und F. W. DUESING benutzten für ihre Versuche das Gerät nach WÜST-BARDENHEUER, wobei jedoch der Hammer entgegen der ursprünglichen Bauart zur Verminderung der Reibung ohne Führungsdrähte vollkommen frei herabfällt. Dementsprechend liegen die Härten H_F auch tiefer, als die von F. WÜST und P. BARDENHEUER gefundenen. R. WALZEL[3] führte seine Versuche an einem dafür umgebauten 10-mkg-Pendelfallwerk aus. Die Härten liegen hierbei infolge der unvermeidlichen Reibung in den Lagern wesentlich höher, als bei den anderen Verfahren.

2. Schlaghärteprüfung[4].

Bei der Schlaghärteprüfung wird die Prüfkugel — ein anderer Eindringkörper wird selten benutzt — durch eine sich plötzlich entspannende Feder (Schlaghärteprüfer nach BAUMANN-STEINRÜCK, WILK, GRAVEN-WERNER) oder durch einen Hammerschlag (Poldihammer, Brinellmeter, Härteprüfer nach MORIN) in den Werkstoff eingetrieben.

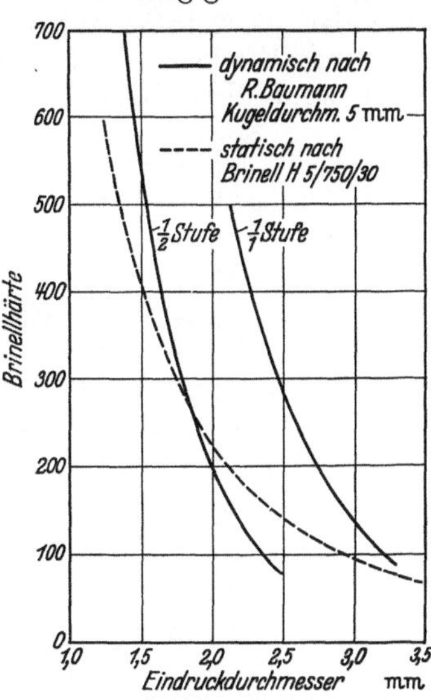

Abb. 27. Größe des Eindruckdurchmessers bei der statischen Prüfung nach BRINELL und bei der Schlaghärteprüfung nach R. BAUMANN.

Diese Geräte werden durchweg als Ersatz für statische Härteprüfer verwendet und deshalb sind diesen Geräten Eichwerte beigegeben, mit denen aus dem erzielten Eindruckdurchmesser die zugehörige Brinellhärte sofort bestimmt werden kann. Abb. 27 gibt die Umrechnungskurve für den Baumann-Schlaghärteprüfer wieder, der für die zwei Federspannungen $\frac{1}{2}$ und $\frac{1}{1}$ Stufe eingerichtet ist. Daneben ist gestrichelt eingezeichnet die Beziehungskurve zwischen den Brinellhärten H 5/750 und den zugehörigen statisch erzeugten Eindruckdurchmessern. Man erkennt, daß zu gleicher Härtespanne beim statischen Versuch eine größere Durchmesserspanne zugeordnet ist als beim Schlaghärteversuch. Diese Tatsache ist besonders störend bei der Schlaghärteprüfung von Werkstücken mit schlecht zugänglichen Prüfstellen, für die diese Methode oft die allein anwendbare Prüfart ist, wobei aber die Bestimmung der Eindruckdurchmesser nicht immer mit der hierbei notwendigen Genauigkeit durchgeführt werden kann.

---

[1] HENGEMÜHLE, W. u. E. CLAUSS: Stahl u. Eisen Bd. 57 (1937) S. 657—660.
[2] SCHNEIDER, JOHN J.: Forsch.-Arb. Ing.-Wes. Heft 104 (1911). — PATTERSON, M. W.: Proc. Amer. Soc. Test. Mater. Bd. 35 (1935 II) S. 305—322.
[3] WALZEL, R.: Stahl u. Eisen Bd. 54 (1934) S. 954—957.
[4] Schlaghärteprüfer s. Bd. I, Abschn. IV B 2a.

Bei den anderen Schlaghärteprüfern, mit denen durch einen Hammerschlag die Eindrücke erzeugt werden, ist die Schlagenergie unbekannt. Es wird deshalb mit demselben Schlag gleichzeitig ein Eindruck auf einem Vergleichsstück von bekannter Härte und auf dem Versuchsstück erzeugt und aus dem Vergleich beider Eindrücke die Härtezahl des Versuchsstückes ermittelt $H = H_v \cdot \left(\dfrac{dv}{d}\right)^n$, wobei der Index „$v$" den Kenngrößen am Vergleichsstück zugeordnet ist.

3. Rücksprunghärteprüfung[1].

Bei dieser Härteprüfung wird nur der Rücksprung eines auf das Prüfstück fallenden Hammers gemessen. Der bleibende Eindruck auf dem Prüfstück, der infolge der geringen kinetischen Energie des Hammers klein ist, bleibt unberücksichtigt. Dieser Rücksprung ist im wesentlichen von der Elastizität des zu prüfenden Werkstoffes abhängig und deshalb laufen die Rücksprunghärten verschiedener Werkstoffe nur dann mit z. B. der Brinellhärte wenigstens in etwa gleich, wenn diese Werkstoffe ungefähr den gleichen Elastizitätsmodul besitzen,

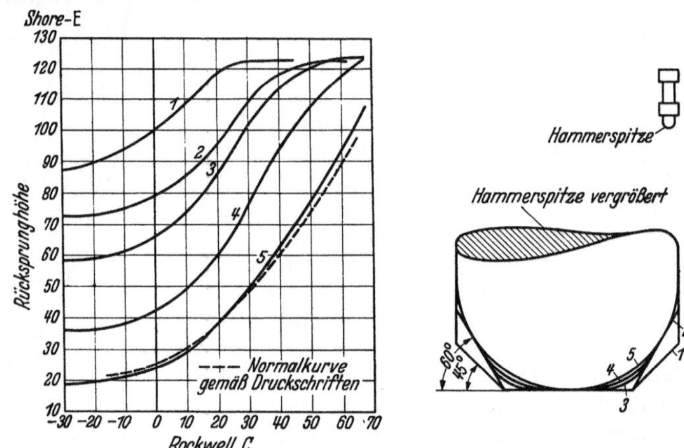

Abb. 28. Einfluß der Form der Hammerspitze auf die Beziehungskurve Shore-Rockwell C. (Nach W. Hengemühle und E. Clauss.)

wie es u. a. für Stahl und seine Legierungen der Fall ist. Beziehungskurven Brinellhärte zur Shorehärte siehe Abb. 40.

Die Rücksprunghärte ist im wesentlichen von denselben Einflußgrößen abhängig wie die Fallhärte, nämlich von der Form der Hammerspitze, dem Gewicht und der Fallhöhe des Hammers und von der Größe der Proben. Bei einer Vergrößerung der Fallenergie, entsprechend einer Vergrößerung des Fallgewichtes bei gleicher Fallhöhe, oder einer Vergrößerung der Fallhöhe bei gleichem Gewicht, sowie bei einer Zunahme der spezifischen Energie, d. h. einer Verkleinerung der Aufschlagfläche (s. Abb. 28) wird die relative Rücksprunghöhe kleiner, d. h. der verhältnismäßige Anteil der Energie für bleibende Verformung an der Gesamtenergie nimmt zu. Aus der Tatsache, daß diese Einflußgrößen bei den wichtigsten Rücksprunghärteprüfgeräten, die unter dem Namen „Skleroskop" bekannt sind, voneinander abweichen, erklären sich die zum Teil recht beträchtlichen Unterschiede in den Härteanzeigen der einzelnen Geräte[2].

a) Einfluß der Probengröße.

Bei nicht genügender Masse des Probekörpers setzt sich ein Teil der Fallenergie des Hammers in Schwingungen der Probe um, wodurch die Rücksprung-

[1] Rücksprunghärteprüfer s. Bd. I, Abschnitt IV B 2c.
[2] Hengemühle, W. u. E. Clauss: Stahl u. Eisen Bd. 57 (1937) S. 657—660.

Zahlentafel 6. Sprunghärten würfelförmiger Körper in Abhängigkeit von der Probenstärke. (Nach F. Rapatz und F. P. Fischer.)

Seiten-länge mm	Schwellstahl		Riffelstahl		Kugellagerstahl		Hochprozentiger Chromstahl		Werkzeugstahl	
	Brinell-härte	Sprung-härte	Brinell-härte	Sprung-härte	Brinell-härte	Sprung-härte	Brinell-härte	Sprung-härte	Brinell-härte	Sprung-härte
40	653	85,9	712	96,8	653	85,1	692	90,2	642	94,5
30		82,6		92,0		80,5		86,1		89,3
20		78,4		84,0		75,0		81,9		79,4
15		69,6		78,7		69,6		60,6		69,1
10		50,2		66,1		43,9		40,5		52,6

höhe zu klein gemessen wird. Aus diesem Grunde ist bei den handelsüblichen Skleroskopen die Möglichkeit geschaffen worden, die Probe im Gerät auf einen Amboß einzuspannen. Berücksichtigt werden muß aber die Probengröße, wenn diese Geräte aus ihrem Gestell herausgenommen und freitragend benutzt werden und auch bei den Geräten, die solch einen Amboß nicht besitzen wie z. B. dem Duroskop. Wie groß die Abweichungen beim Skleroskop sein können, geht aus einer Untersuchung von F. Rapatz und F. P. Fischer[1] hervor. Zahlentafel 6 gibt die Sprunghärten würfelförmiger Körper mit ver-

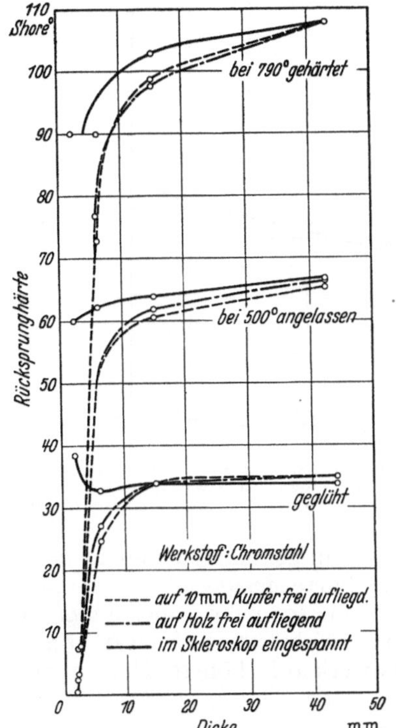

Abb. 29. Rücksprunghärten bei verschiedenen Wandstärken. (Nach F. Rapatz und F. P. Fischer.)

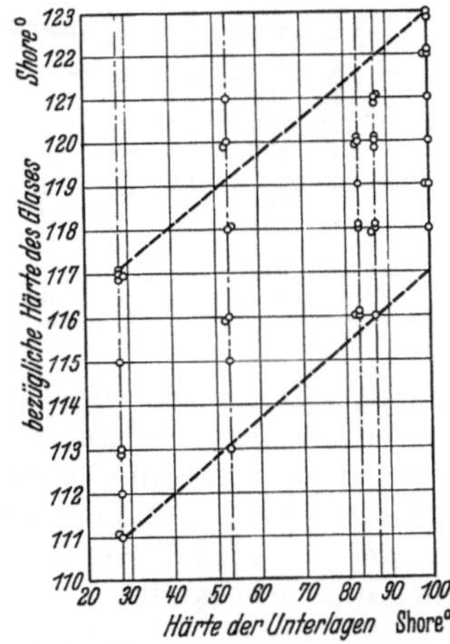

Abb. 30. Beeinflussung der Härteanzeige (in Shore°) bei einem 1 mm dicken Glas durch verschieden harte Unterlagen. (Nach W. Hengemühle und E. Clauss.)

schiedenen Seitenlängen wieder, die, wie es bei kleinen Stücken üblich ist, im Skleroskop eingespannt wurden. Trotz dieser Maßnahme hängt die Skleroskophärte sehr stark von der Probengröße ab. Abb. 29 gibt die Abhängigkeit der Härte von der Probendicke wieder. Bei genügender Dicke spielt das Auflager keine Rolle mehr. Kleine Proben müssen demnach auf einer genügend schweren Unterlage satt aufliegen. Für dünne Proben wird oft auch ein Aufkleben der Proben auf die Unterlage empfohlen. Hierbei ist allerdings zu beachten, daß vor allen Dingen bei weichen Werkstoffen die Unterlage auf die Rücksprunghöhe großen Einfluß haben kann, wie schon aus Abb. 29 bei den geglühten Proben

---

[1] Rapatz, F. u. F. P. Fischer: Stahl u. Eisen Bd. 46 (1926) S. 1437, 1438.

deutlich hervorgeht. W. Hengemühle und E. Clauss prüften 1 mm dicke Glasplättchen auf verschieden harten Unterlagen (Abb. 30). Obgleich die Streuung nicht unbeträchtlich ist, zeigt sich doch deutlich, daß mit abnehmender Härte der Unterlagen auch die Rücksprunghöhe des Glases abnimmt.

Aus diesem Grunde kann mit dem Rücksprunghärteprüfer auch nicht die Prüfung von oberflächengehärteten und -entkohlten Teilen einwandfrei festgestellt werden. In Abb. 31 ist die Beeinflussung der Härteanzeige durch verschieden harte Kerne bei Prüfung von Nitrierschichten dargestellt. An diesen Proben wurde durch Abschleifen unter einem Winkel von arc tg 1 : 50 die verschiedenen Härteschichten bis zum Grundwerkstoff freigelegt. Mit einem

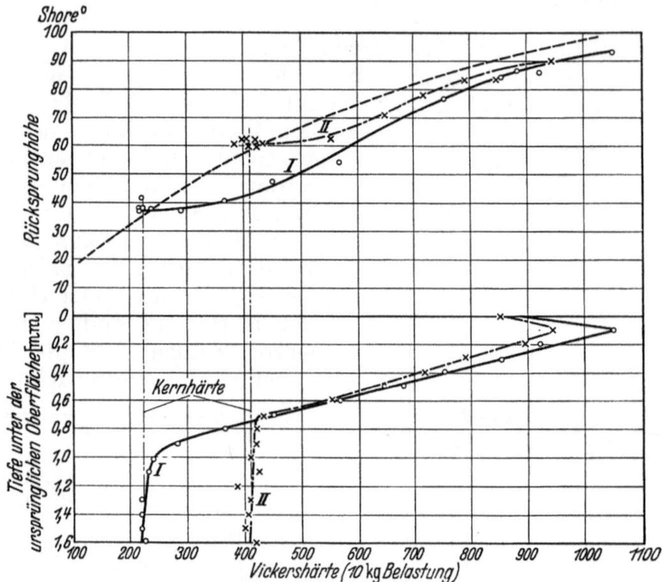

Abb. 31. Die Beeinflussung der Härteanzeige (in Shore°) durch verschieden harte Kerne bei Prüfung von Nitrierschichten. (Nach W. Hengemühle und E. Clauss.) —— Werkstoff I Kernhärte etwa 225 Vickers; —·— Werkstoff II Kernhärte etwa 410 Vickers; — — — Beziehungslinie Shore-Vickers nach Hruska: Iron Age, 18. Apr. 1935.

Vickershärteprüfer wurde die Härtetiefenkurve aufgenommen und in den entsprechenden Feldern sodann die Rücksprunghärte festgestellt. Bei gleichen Vickershärten weichen die Rücksprunghöhen um so mehr voneinander ab, je niedriger die Härte und je dünner die Härteschicht ist, und zwar ergibt die Prüfung der Schichten auf härterem Grundwerkstoff höhere Härten als auf weichem Grundwerkstoff.

b) Einfluß bei der Versuchsausführung.

Das Gerät muß nach den Vorschriften der betreffenden Gebrauchsanweisung aufgestellt werden, da sonst Reibungseinflüsse die Härten erniedrigen. Weiterhin muß die Oberfläche des Prüfstückes sauber bearbeitet sein, um den reibungsfreien Rückprall des Hammers zu gewährleisten.

D. Härteprüfung bei höheren Temperaturen.

a) Versuchsausführung und -bedingungen.

Zur Prüfung der Warmhärte wird das Versuchsstück am besten in einem elektrisch beheizten Ofen bis zur gewünschten Temperatur erhitzt und zweckmäßig während des Versuchs in dem Ofen gelassen. Bei Ausführung statischer Härteprüfung sollte der Eindringkörper nach Möglichkeit mit erhitzt werden, da sonst während der verhältnismäßig langen Berührungszeit des Eindringkörpers mit dem Versuchsstück die Temperatur an der Prüfstelle in unkontrollierbarer Weise vermindert wird. Da Eindringkörper aus Stahl bei höheren Temperaturen meistens schon ihre Härte verlieren und dadurch falsche Werte gemessen werden, wird oft das Härteprüfverfahren nach FÖPPL-SCHWERDT angewandt, wobei zwei Zylinder aus dem Versuchswerkstoff gegeneinander gedrückt werden. Bei der Versuchsausführung nach BRINELL muß die Prüfkugel aus einem Stahl bestehen, der bis zu der Prüftemperatur anlaßbeständig ist; besser ist es, eine Widiakugel zu benutzen, deren Härte bis etwa 900° C nur unwesentlich herabsinkt. Einfacher ist die dynamische Härteprüfung durchzuführen. Der Eindringkörper braucht hierbei nicht auf die Versuchstemperatur gebracht werden, da er während des Versuchs nur kurze Zeit mit dem Prüfstück in Berührung steht. Aus diesem Grunde wird dieser Prüfart häufig der Vorzug gegeben[1].

Die Versuchsbedingungen für die Prüfung bei höheren Temperaturen sind im übrigen die gleichen, wie für die Prüfung bei Zimmertemperatur, für den Kugeldruckversuch nach BRINELL siehe DIN 1605, Blatt 3. Die Belastungszeit ist hierbei bei höheren Temperaturen jedoch größer zu wählen (3 min). Der Eindruck wird nach dem Abkühlen der Probe ausgemessen, eine Umrechnung der gefundenen Maße auf die Versuchstemperatur ist meistens nicht notwendig.

Eine Norm über „Kugeldruckversuch nach BRINELL bei Temperaturen bis 400° C" ist unter DIN Vornorm DVM-Prüfverfahren A 132 in Vorbereitung.

b) Einfluß der Versuchsgeschwindigkeit.

Bei höheren Temperaturen wächst der Formänderungswiderstand sehr stark mit der Versuchsgeschwindigkeit und man wird ohne weiteres bei der dynamischen Härteprüfung eine andere Abhängigkeit der Härte von der Temperatur erwarten können als bei der statischen Prüfung. Aber auch bei der statischen Prüfung hängen die Ergebnisse oft, abgesehen von der Belastungsdauer, stark von der Belastungsgeschwindigkeit ab. Zahlentafel 7 gibt nach R. WALZEL[2] die

Zahlentafel 7. Wärmehärte (H 10/3000)
bei verschiedener Belastungsgeschwindigkeit. (Nach R. WALZEL.)

Stahl	Temperatur	Brinellhärte H 10/3000 Höchstlast erreicht in		Stahl	Temperatur	Brinellhärte H 10/3000 Höchstlast erreicht in	
	° C	6 s	120 s		° C	6 s	120 s
A	250	130	140	C	250	185	208
	500	108	92		500	169	133
B	250	141	154	D	250	232	245
	500	133	105		500	223	195

Brinellhärten an vier unlegierten Stählen bei zwei verschiedenen Belastungsgeschwindigkeiten wieder. Nach Erreichen der Prüflast wurde sofort wieder entlastet. Bei kleiner Belastungsgeschwindigkeit ist bei der Prüftemperatur 250° die Härte infolge der besseren Aushärtungsmöglichkeit größer, bei 500° infolge der Erweichung kleiner als bei der größeren Belastungsgeschwindigkeit.

---

[1] Mitt. K.-Wilh.-Inst. Eisenforschg. Bd. 5 (1923).
[2] WALZEL, R.: Arch. Eisenhüttenw. Bd. 10 (1936/37).

c) Prüfergebnisse.

Die Abhängigkeit der Härte von der Versuchstemperatur ist ähnlich wie die der Festigkeit, vorausgesetzt, daß beide entweder statisch oder dynamisch festgestellt sind. Beispielsweise gibt Abb. 32 von V. Ehmcke[1] an 4 Schnelldrehstählen die statische und Abb. 33 die dynamische Warmhärte wieder. Es ist verschiedentlich auch versucht worden, für die Temperaturabhängigkeit der Härte mathematische Beziehungen aufzustellen[2,3], die jedoch noch nicht genügend gefestigt erscheinen. Die Gültigkeit des Potenzgesetzes von Meyer ist praktisch nur nachzuweisen bis zu der Temperatur, bei der die Erweichung des Werkstoffes noch nicht stark ausgeprägt ist. Im allgemeinen nimmt der Exponent „n" infolge der geringeren Verfestigungsfähigkeit des Werkstoffes mit der Temperatur ab[4].

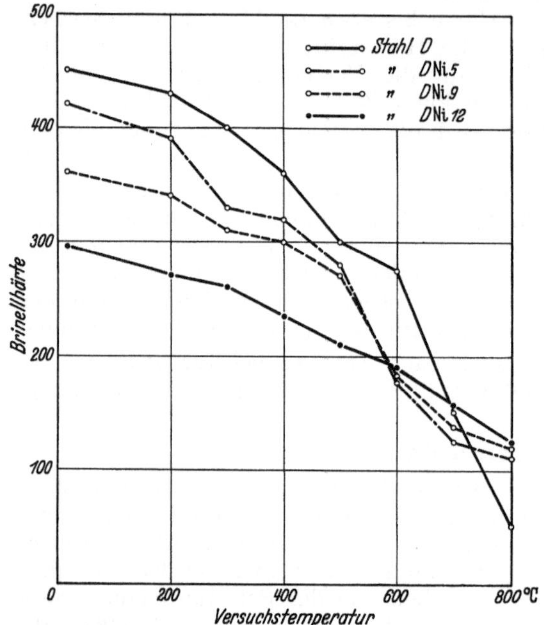

Abb. 32. Brinellhärte H 10/750 (Widiakugel) von Schnelldrehstahl in Abhängigkeit von der Versuchstemperatur. (Nach V. Ehmcke.)

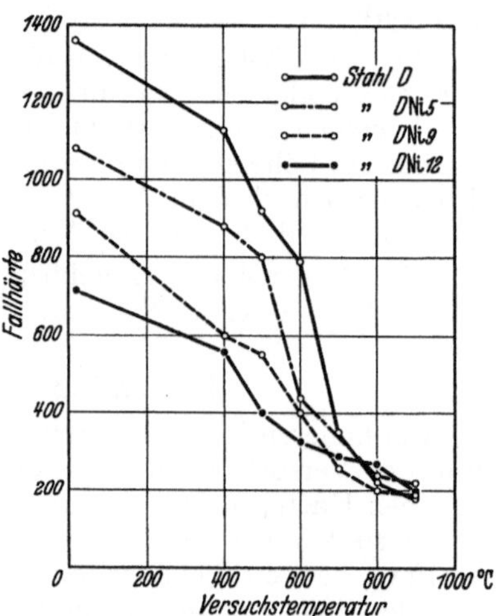

Abb. 33. Fallhärte (Kugel 5 mm Dmr., Fallbär 1,5 kg, Fallhöhe 200 mm) von Schnelldrehstahl in Abhängigkeit von der Versuchstemperatur. (Nach V. Ehmcke.)

E. Vorschlag
zu einem einheitlichen Härteprüfverfahren.

Es ist ein großer Nachteil, daß wir so viele Härteprüfverfahren mit eigenen, selbständigen Härteskalen besitzen, für deren Zahlen uns meist das Gefühl für die Einstufung der Härten des Werkstoffes fehlt; denn erst die Umrechnung der jeweils erhaltenen Härtewerte in eine vertraute Bezugshärte gibt uns eine Vorstellung über die Höhe der Härte. Diese Umrechnungen bergen natürlich immer Unsicherheiten und Verwechslungsgefahr in sich. Daß sich so viele Härteprüfverfahren herausbilden konnten, liegt an der großen Bedeutung, die die Härteprüfung hat. Die Praxis verlangt eben gebieterisch solche Verfahren, die ihren vielseitigen Wünschen gerecht werden. Jedoch sollte man versuchen,

---

[1] Ehmcke, V.: Krupp. Mh. 1930, S. 311, 312.

[2] O'Neill, H.: The Hardness of Metals and its Measurement, S. 211. London: Chapman & Hall Ltd. 1934.

[3] Hruska, J. H.: Hot Hardness, Iron Age Bd. 140 (1937) Nr. 3, S. 30—34.

[4] Schwarz, O.: Forsch.-Arb. Ing.-Wes. Heft 313 (1929) S. 28—29.

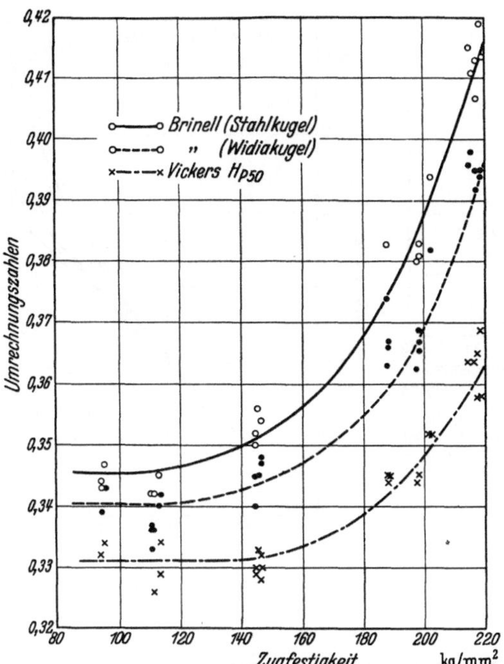

Abb. 34. Umrechnungszahlen $\dfrac{\text{Festigkeit}}{\text{Härte}}$ bei vergüteten CrNi-Stählen.

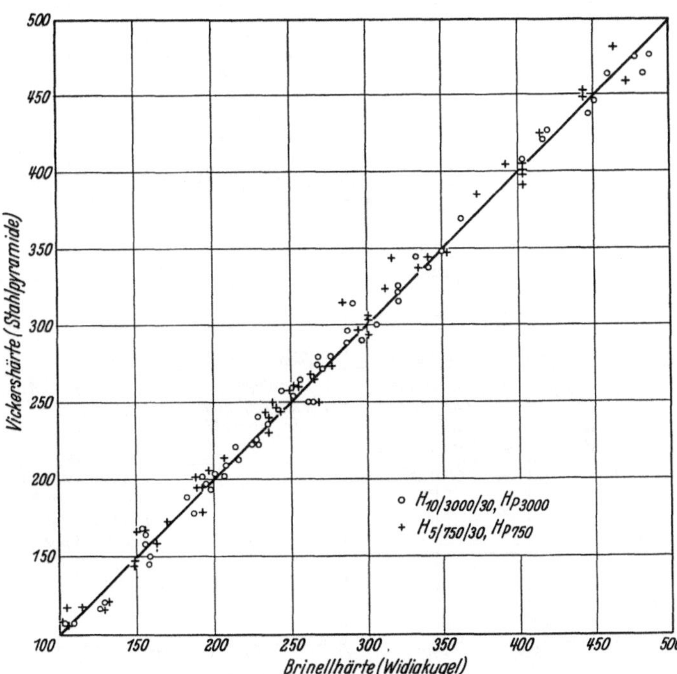

Abb. 35. Vergleich von Brinellhärten (Widiakugel) mit Vickershärten (Stahlpyramide).

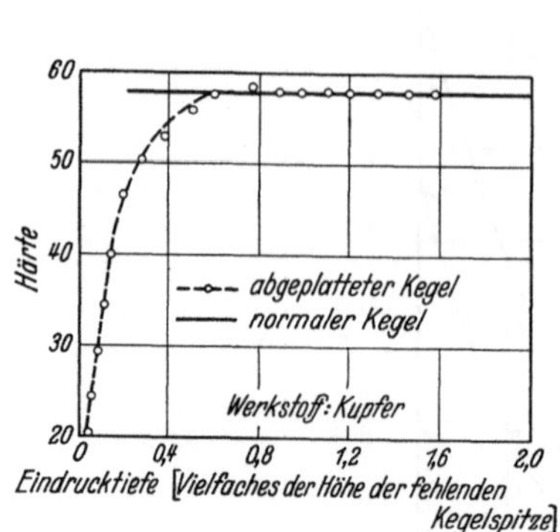

Abb. 36. Verlauf der Härte eines abgeplatte-
ten Kegels mit zunehmender Eindrucktiefe
im Vergleich zu derjenigen eines normalen
Kegels. Reibungseinfluß wurde ausgeschaltet.
(Nach W. Kuntze.)

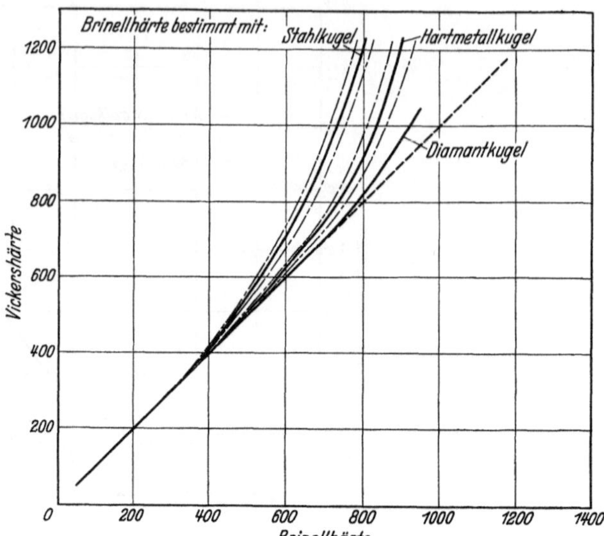

Abb. 37. Beziehungen zwischen Vickers- und Brinellhärte.

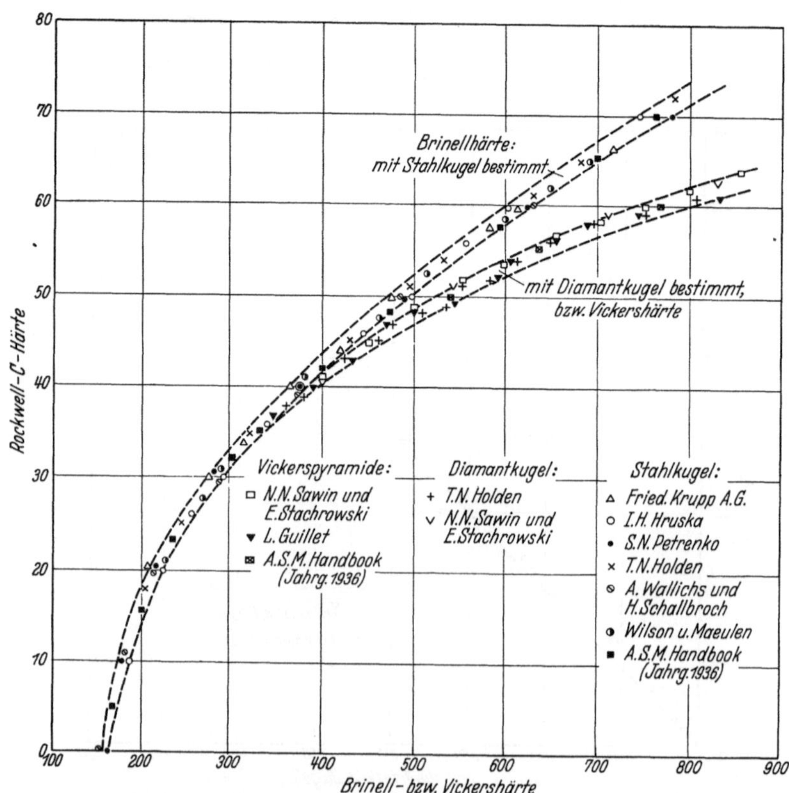

Abb. 38. Beziehungen zwischen Rockwell-C-, Brinell- und Vickershärte.

zu einer einheitlichen Härteprüfung zu gelangen, vor allen Dingen, wenn dies durch ein einziges Verfahren irgendwie möglich ist.

Das wichtigste Härteprüfverfahren ist zweifellos das nach BRINELL. Die Ausführung des Kugeldruckversuchs nach DIN 1605 stellt ein Mittelding dar zwischen der Prüfung bei gleicher Belastung und der Prüfung bei ähnlichen Eindrücken. Ähnliche Eindrücke sind bei der Kugel nur schwer zu erreichen.

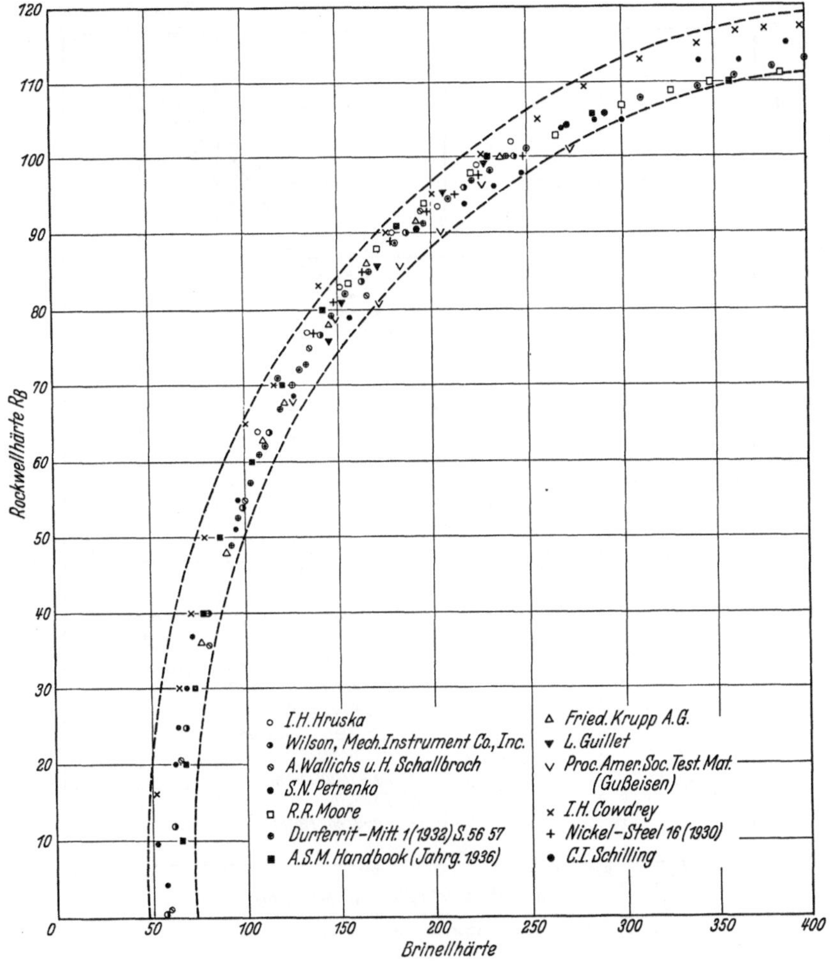

Abb. 39. Beziehungen zwischen Rockwell-B- und Brinellhärte.

Wenn man verhältnisgleiche Eindrücke erzeugen will, so benutzt man doch zweckmäßig einen Eindringkörper, der durch seine Form bei beliebigen Belastungen von selbst verhältnisgleiche Eindrücke erzeugt wie z. B. der Kegel und die Pyramide. W. KUNTZE[1] schlägt demgemäß auch vor, stets einen Kegel oder eine Pyramide zu benutzen und die Eindruckfläche aus der nach der Rockwellprüfweise schnell bestimmbaren Eindrucktiefe zu berechnen. Eine Pyramide erscheint[2] als der geeignetere Eindringkörper, und zwar würde man zweckmäßig

---

[1] KUNTZE, W.: Tech. Zbl. prakt. Metallbearb. Bd. 46 (1936) Nr. 15—18.
[2] HENGEMÜHLE, W.: Stahl u. Eisen Bd. 56 (1936) S. 1017—1025.

die Vickerspyramide mit einem Flächenöffnungswinkel von 136° wählen. Da die Berechnung der Eindruckfläche aus der Diagonale einwandfreier ist, zudem in diesem Falle die Diagonale siebenmal so groß ist, wie die Eindrucktiefe, sollte man die Eindruckfläche aus dieser Größe bestimmen, um so mehr als bei den neueren Geräten mit eingebauter Optik die Messung der Diagonale rasch ermöglicht wird. Gegenüber den Durchmessern eines runden Eindrucks lassen sich die Eindruckdiagonalen einer Pyramide in den meisten Fällen besser ablesen.

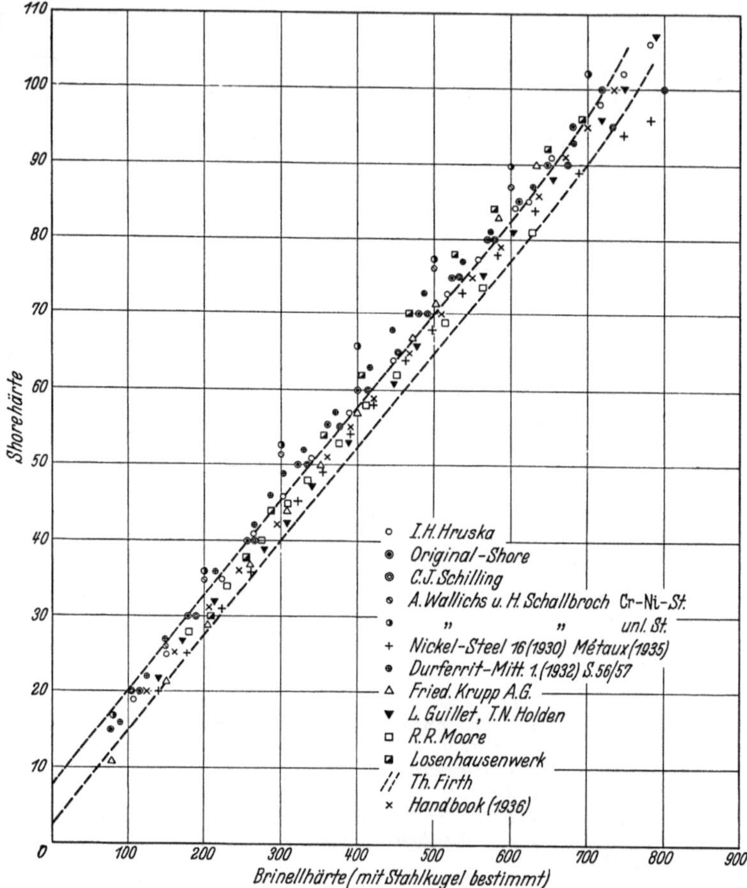

Abb. 40. Beziehungen zwischen Brinell- und Shore-Härte.

Weiterhin stimmen die aus den Vickerseindrücken errechneten Härtewerte mit den uns vertrauten Brinellhärten bis etwa 400 Brinell überein. Darüber hinaus weichen sie von den Brinellzahlen aus den im Abschnitt Vickershärte S. 341 beschriebenen Gründen ab. Diese Gründe lassen auch vermuten, daß die Umrechnungszahl Brinellhärte—Zugfestigkeit über diese Härten hinaus nicht mehr konstant ist und in diesem Bereich eine bessere Beziehung zwischen Vickershärte und Zugfestigkeit bestehen muß. Abb. 34 gibt dementsprechende Versuchsergebnisse an auf verschiedene Festigkeiten vergüteten Zerreißstäben aus einem Cr-Ni-Stahl wieder. Danach wächst die Umrechnungszahl für Brinellhärte über etwa 140 kg/mm² Festigkeit stark an; daß sie auch für die Vickershärte anwächst, wenn auch nur gering, ist vorläufig unerklärlich (s. auch S. 333).

Aus Abb. 37 geht weiter hervor, daß die Brinellhärteskala, aufgestellt mit Stahlkugel bzw. Hartmetallkugel, für große Härten nicht mehr geeignet ist, da sie gegenüber der Vickershärte zu unempfindlich ist. Bei weichen Werkstoffen kann man an Stelle der kleinen Diamantpyramide eine größere Stahlpyramide benutzen, mit der man auch größere Eindringtiefen erreichen kann und somit, wie bei der Brinellprüfung, bei nicht einheitlichen Werkstoffen einen Mittelwert erhält, der auch unabhängiger von der leicht veränderlichen Oberflächenhärte und -beschaffenheit ist. Abb. 35 gibt Vergleichswerte wieder zwischen Brinell- und Vickershärten, die mit einer Stahlpyramide festgestellt wurden. Die Stahlpyramide wurde ohne besondere Vorsicht hergestellt. Hierbei ergäbe sich weiterhin der Vorteil, daß bei dünnen Probestücken die Stahlpyramide nicht — wie die Kugel bei der Brinellprüfung — gegen kleinere ausgetauscht, sondern nur die Belastung dementsprechend

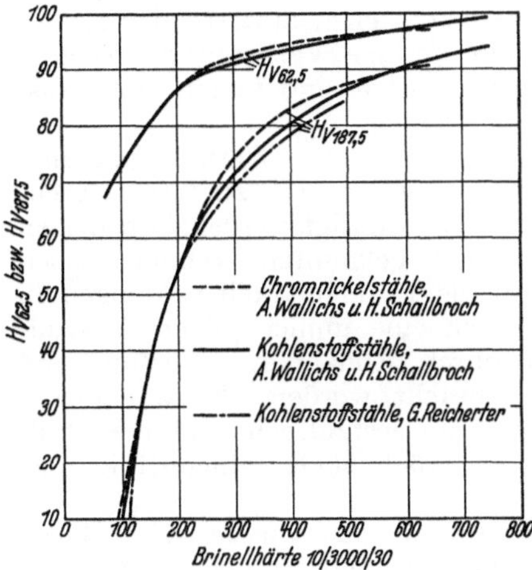

Abb. 41. Beziehung zwischen Vorlasthärte H_r (Kugeldurchmesser $D = 2{,}5$ mm) und Brinellhärte.

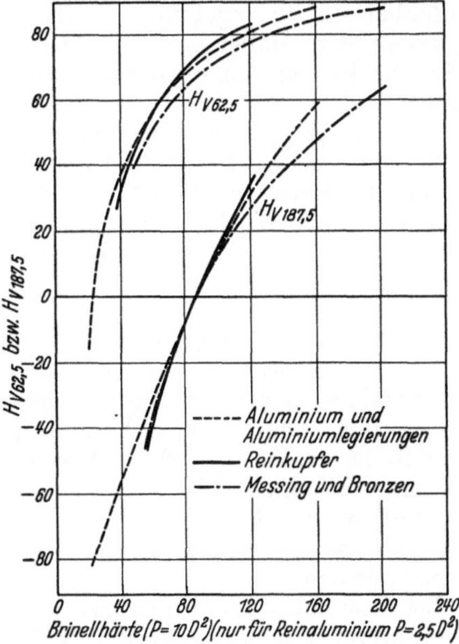

Abb. 42. Beziehung zwischen Vorlasthärte H_r (Kugeldurchmesser $D = 2{,}5$ mm) und Brinellhärte. (Nach A. WALLICHS und H. SCHALLBROCH.)

gewählt werden müßte. Der Einwand, daß bei solchen Eindringkörpern die Spitzen leiden würden, ist von nicht so großer Bedeutung. Nach W. KUNTZE[1] erreicht man mit einem an der Spitze abgeflachten Kegel — und so ist es auch bei der Pyramide — gleiche Härte wie beim einwandfreien Kegel, wenn die Eindringtiefe des beschädigten Kegels etwa gleich der fehlenden Spitze ist (Abb. 36). Durch die Schaffung eines tragbaren Vickershärteprüfers könnte auch die Prüfung großer Teile vorgenommen werden, und bei der Prüfung großer gehärteter Teile wie z. B. gehärteter Walzen, die unsichere Prüfung mittels Skleroskop durch ihn ersetzt werden.

Bei der Härteprüfung mit Pyramide, die fast allen berechtigten Ansprüchen genügt, hätten wir also eine vom weichsten bis zum härtesten Werkstoff durchlaufende einheitliche Härteskala, die zu dem noch den Anschluß an die Brinellhärte hat. Alle Härtewerte, die mit solchen Prüfverfahren ermittelt sind, die noch für besondere Messungen für notwendig gehalten werden, sollten demnach auch nur mit der Vickershärte verglichen werden, wie etwa die Rockwellhärte, deren Feststellung bei den Stückprüfungen von Reihenfertigung am Platze ist, wo nur richtige und falsche Werkstoffbehandlung festgestellt werden soll.

---

[1] KUNTZE, W.: Zbl. prakt. Metallbearb. Bd. 46 (1936) Nr. 15—18.

VI. Technologische Prüfungen.

Von **E. A. Damerow**, Berlin, und **W. Steurer**, Stuttgart.

Die technologischen Prüfungen[1] sollen über die Verarbeitbarkeit der Werkstoffe bei der Formgebung und beim Zusammenbau Aufschluß geben. Vorzugsweise wird dabei das Formänderungsvermögen der Werkstoffe bestimmt, wobei die Beanspruchungsverhältnisse nach Möglichkeit denjenigen angeglichen werden, welche im Betrieb oder bei der Verarbeitung des Werkstoffes entstehen. Im Gegensatz zu den Festigkeitsprüfungen wird bei den technologischen Prüfungen meist auf eine Messung der bei den Versuchen auftretenden Kräfte verzichtet. Versuche dieser Art erfordern nur geringe Vorbereitungsarbeiten an den Versuchsstücken; sie sind schnell durchführbar und finden daher insbesondere als Abnahmeprüfungen häufig Verwendung.

Die technologischen Verfahren bilden die älteste Art der Werkstoffprüfung. Ihre frühzeitige Anwendung wurde dadurch begünstigt, daß zu ihrer Durchführung meist keine besonderen Prüfeinrichtungen benötigt werden. Im frühen technischen Schrifttum treten daher die heute bekannten technologischen Prüfverfahren bereits in irgendwelcher Form als Brauchbarkeitsprüfungen in Erscheinung. Diese haben dann nach und nach eine immer größere Vervollkommnung erfahren und sind schließlich durch Abnahmevorschriften und -normen auf eine einheitliche Grundlage gebracht worden. Es war hierzu erforderlich, die Prüfbedingungen aufs genaueste festzulegen und die Prüfergebnisse so zu gestalten, daß sie sich nach Möglichkeit zahlenmäßig ausdrücken lassen.

Zur technologischen Prüfung der Werkstoffe werden vorzugsweise Biege- und Faltversuche angewendet, während Schmiede- und Stauchversuche zur Untersuchung des Werkstoffverhaltens bei Warmformgebung dienen. Für die Prüfung der Schweißbarkeit sind besondere Schweißversuche vorgesehen. Neben diesen allgemeinen Versuchen ist eine Anzahl von Prüfverfahren entwickelt worden, nach welchen die Werkstoffe für bestimmte Verwendungszwecke auf Bearbeitbarkeit und Bewährung im Betrieb mittels eigens dafür bestimmter Prüfvorrichtungen untersucht werden.

A. Allgemeine technologische Versuche.
1. Biege- und Faltversuche.

Das einfachste Verfahren zur Prüfung des Formänderungsvermögens eines Werkstoffes ist der Biegeversuch. Prüfungen dieser Art lassen sich auf dem Amboß, im Schraubstock oder unter den gebräuchlichen Formgebungs-

---

[1] *Allgemeines Schrifttum.* Österr. Ing.- u. Archit.-Verein, Abnahmeverfahren und Prüfmethoden für das Material eiserner Brückenkonstruktionen. Wien 1906. — Ulrich, M.: Erfahrungen bei der Abnahme von Kesselrohren. Mitt. Ver. Großkesselbes. H. 22. — Pohl, E.: Hilfsbuch für Einkauf und Abnahme metallischer Werkstoffe. Berlin: VDI-Verlag 1933. — Damerow, E.: Die praktische Werkstoffabnahme in der Metallindustrie. Berlin: Julius Springer 1935. — Damerow, E. u. A. Herr: Hilfsbuch für die praktische Werkstoffabnahme in der Metallindustrie. Berlin: Julius Springer 1936.

einrichtungen durchführen. Weiterhin sind die üblichen Prüfmaschinen, sofern sie mit einem Biegetisch ausgerüstet sind, für die Durchführung von Biegeversuchen geeignet. Neuerdings sind auch zahlreiche Sondereinrichtungen für Biegeversuche entwickelt worden, über welche in Bd. I, Abschn. V C 1 a berichtet ist.

a) Einfache Versuchsdurchführungen.

Die Anwendung und Durchführung des Biegeversuches ist sicher jedem Schmied oder Schlosser bekannt. Ein Probestück wird mit einer Zange am einen Ende festgehalten und auf einen Schraubstock oder Amboß aufgelegt, während das freistehende Ende durch leichte Hammerschläge umgebogen wird (Abb. 1 und 2). Der um 50 bis 60° gebogene Probestab wird alsdann hochstehend mit dem Hammer gleichfalls durch leichte

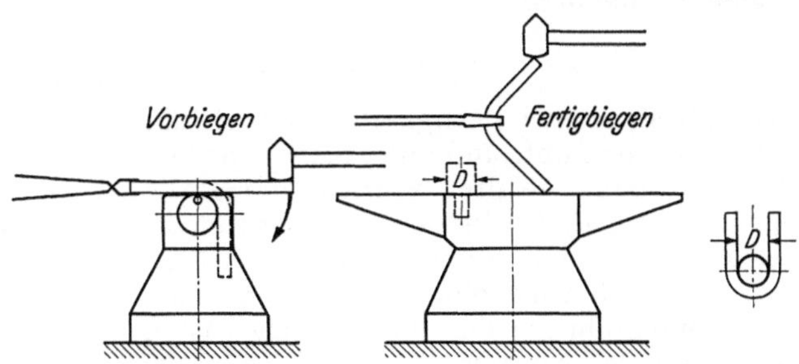

Abb. 1. Durchführung des Biegeversuches auf dem Amboß.

Schläge bis zum Anriß oder bis zur Faltung gebracht. Diese Versuchsdurchführung ist zwar für Versuche im eigenen Betrieb brauchbar, zur Bestimmung von

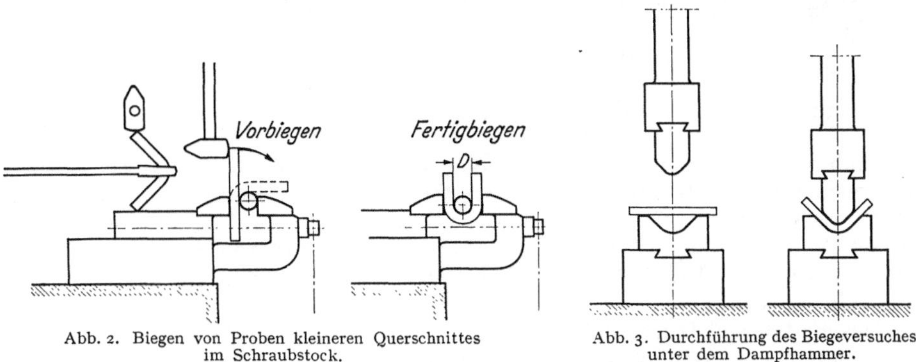

Abb. 2. Biegen von Proben kleineren Querschnittes im Schraubstock.

Abb. 3. Durchführung des Biegeversuches unter dem Dampfhammer.

Vergleichsgrößen jedoch nicht geeignet, da sie jeder zahlenmäßigen Bestimmung entbehrt und ihr Gelingen von der Geschicklichkeit des Schmiedes abhängig ist.

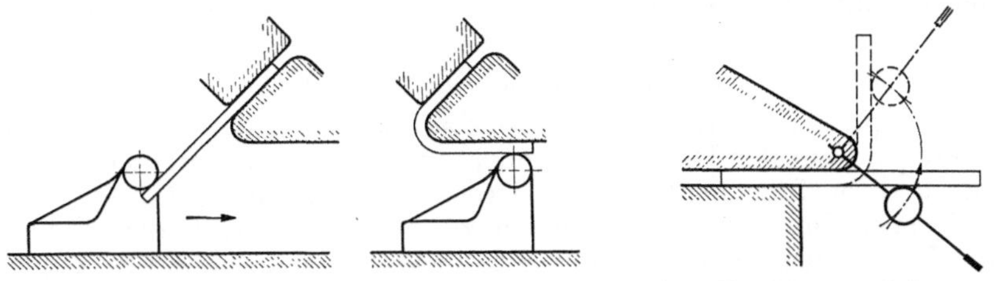

Abb. 4. Biegevorrichtung mit Rollenschieber.

Abb. 5. Biegeapparat nach Bauschinger.

Ebenso einfach ist der Biegeversuch mit dem Dampfhammer, bei welchem das Versuchsstück auf eine entsprechende Unterlage gelegt, vorgebogen und schließlich hochkant gefaltet wird (Abb. 3).

Eine Biegevorrichtung nach Abb. 4 gestattet die Proben zu einem spitzeren Winkel zusammenzubiegen. Sie besitzt jedoch den Nachteil, daß infolge der einseitigen Einspannung eine ungleichmäßige Dehnung an den Außenfasern des Stabes eintritt. Die Biegeprobe kann dadurch vorzeitig zu Bruch gehen, obgleich durch die Rolleneinrichtung erreicht wird, daß keine nennenswerten Reibungskräfte auf den Schenkel wirken. Die Kante derjenigen Klemmbacke, um welche sich die Probe legen soll, ist sorgfältig abgerundet. Eine ähnliche Arbeitsweise zeigt der Bauschinger-Apparat, bei dem die Klemmbacke zurückgesetzt angeordnet ist (Abb. 5).

b) Vorschriften und Normen.

Da mit steigender Festigkeit oder bei Stählen mit steigendem C-Gehalt die Biegbarkeit abnimmt, und auch die Praxis lehrt, daß weiche metallische Probestäbe vollständig gefaltet werden können, während harte nur eine geringe Biegung ertragen, ist in den Vorschriften diejenige Biegung als maßgebend bezeichnet, die der betreffende Werkstoff bei mittlerer Güte und einwandfreier Versuchsdurchführung ohne Brucherscheinungen ertragen soll.

Die Durchführung des Faltversuches ist in Deutschland in DIN 1605 geregelt. Nach den Normvorschriften ist der Werkstoff in dem Zustand zu prüfen, in welchem er Verwendung finden soll. Zu Faltversuchen sind Flachstäbe von 30 und 50 mm Breite oder Rundstäbe zu benützen, soweit nicht ganze Profile dem Versuch unterworfen werden. Bei vergleichenden Versuchen mit Flachstäben ist das Verhältnis b/a der Stabbreite b zur Stabdicke a anzugeben; die Kanten der Flachstäbe sind zu runden (Halbmesser $= 0{,}1\,a$). In vielen Vorschriften ist der Dorndurchmesser, der Auflagerabstand und die Dornabrundung, bei Rollenauflagerungen nicht selten der Rollendurchmesser vorgeschrieben. Nach DIN 1605 soll die Länge des Dornes, um welchen der Stab gebogen wird, größer als dessen Breite sein. Die lichte Weite zwischen den Auflagerrollen soll etwa $D + 3\,a$, der Rundungshalbmesser R der Auflage aber 25 mm für $a < 12$ mm, und 50 mm für $a > 12$ mm betragen (Abb. 6). Die Außenseite des Probestabes muß während des Versuches frei sichtbar sein.

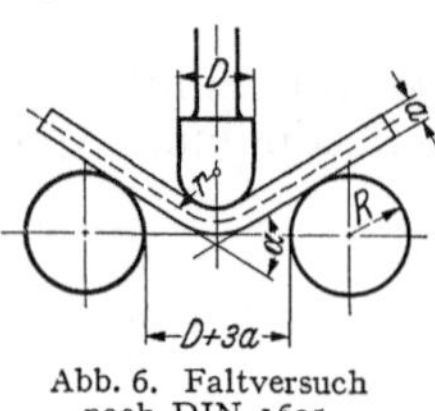

Abb. 6. Faltversuch nach DIN 1605.

Das Falten soll langsam und stetig geschehen. Die Probe wird bis zu dem vorgeschriebenen Winkel α gebogen, falls nicht vorher bereits Risse an der Zugseite aufgetreten sind. Kann der vorgeschriebene Biegewinkel α nicht erreicht werden, so ist die Probe durch Druck auf die Schenkelenden weiter zusammenzudrücken, bis auf der Zugseite Rißbildung eintritt, oder bis beide Schenkel aufeinander bzw. auf einer Zwischenlage vorgeschriebener Dicke liegen.

c) Messung der Verformung.

Beim Biegeversuch wird sich die Probe auf der Zugseite (außen) nach Abb. 7 verlängern und auf der Druckseite (innen) stauchen. Die Verlängerung an der Zugseite und die Stauchung auf der Druckseite nehmen gemäß Abb. 8 und 9 mit steigender Durchbiegung erheblich zu. Doch hat auch die Probendicke und die Probenbreite einen Einfluß auf die Verformungsgröße. Da jedoch das Ausmessen der größten auftretenden Zug- und Druckverformung an Biegestäben Schwierigkeiten bereitet, wie sie für einen technologischen Versuch nicht statthaft sind, wird der Biegewinkel oder bei vollkommener Faltung der Abstand der beiden Schenkel als Maßstab für die Größe der Verformungen gewählt.

Das Ausmessen des Biegewinkels ist nicht immer ohne Schwierigkeit möglich; die Biegeproben werden sich bei der besten Versuchsdurchführung nur selten in idealer Form gemäß Abb. 10 biegen lassen. In vielen Fällen haben sie die

Abb. 7. Darstellung der gestauchten und gedehnten Zonen einer Biegeprobe.

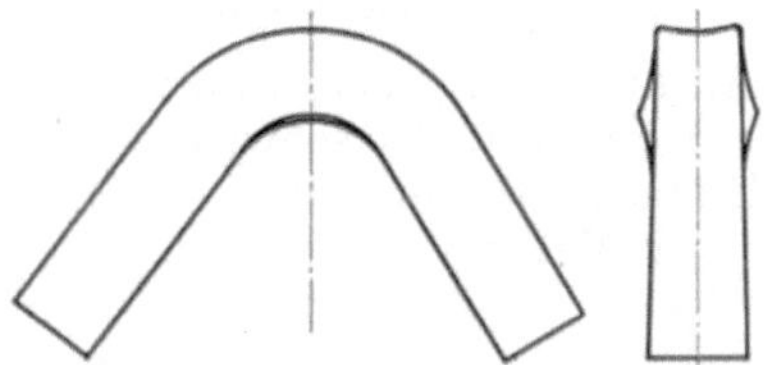

Abb 8. Gestalt der gebogenen Probe nach geringer Verformung.

Gestalt der Abb. 11 und werden dann zu Bedenken bei der Ausmessung Anlaß geben. Es erscheint dann jedenfalls zweifelhaft, ob der Winkel α oder β als maßgebend anzusehen ist. Man wird auch in diesem Falle den Winkel α, den

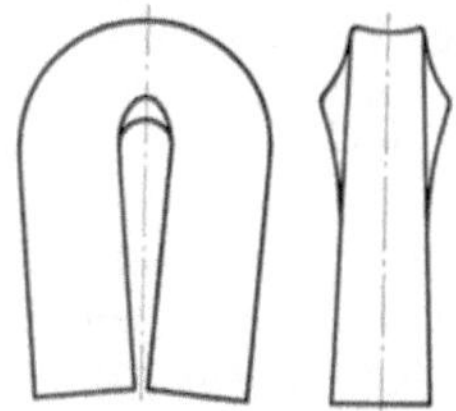

Abb. 9. Gestalt der gebogenen Probe nach starker Verformung.

Abb. 10. Idealform einer gebogenen Probe.

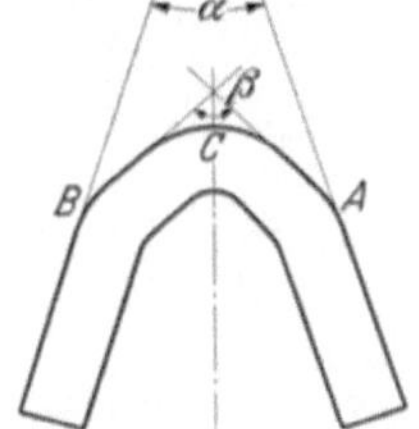

Abb. 11. Eckige Form einer gebogenen Probe.

die freien Schenkel bilden, messen, weil es unmöglich ist, den eckigen Winkel der Abb. 11 zahlenmäßig sicher festzulegen. Die Biegungen an den Punkten A, B, C sind allerdings schärfer, als der eingezeichnete Winkel anzugeben vermag.

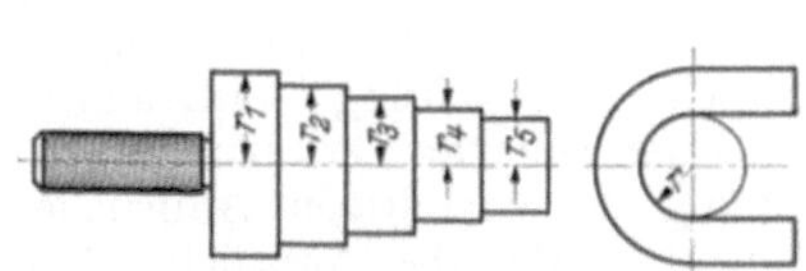

Abb. 12. Lehre zur Bestimmung des inneren Krümmungshalbmessers r gebogener Proben.

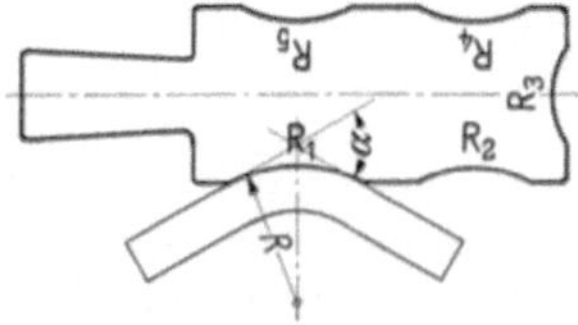

Abb. 13. Lehre zur Bestimmung des äußeren Krümmungshalbmessers R gebogener Proben bei einem Biegewinkel von 60°.

Vielfach wird die Biegedornabmessung nach dem erwarteten oder geforderten Verformungsvermögen eines Werkstoffes gewählt; es genügt dann als Verformungsmaß allein die Angabe des Dorndurchmessers, falls der Probestab einer Biegung um 180° standhielt. Der Winkel ist nur dann zu messen, wenn vorher Rißbildung oder Bruch eintritt. Mit Hilfe von besonderen Kontroll-Lehren gemäß Abb. 12 und 13 kann der wirklich erzielte Krümmungshalbmesser auf der Innen- bzw. Außenseite der Proben ermittelt werden.

Manchmal findet man in den Vorschriften als Maßstab für die Verformung eines Biegestabes die TETMAJERsche Biegegröße angegeben, welche die Dehnung und Stauchung auf der Außen- bzw. Innenseite der Proben berücksichtigt. Bezeichnet man den Biegehalbmesser in der Mitte der ursprünglichen Probendicke a mit r, so erfolgt die Berechnung der Biegegröße Bg nach der Formel

$$Bg = 50\, a/r.$$

Beim Falten oder Biegen um einen Dorn von vorgeschriebenem Durchmesser D ergeben sich angenähert folgende Biegegrößen:

D	0	0,5a	1,0a	1,5a	2,0a	2,5a	3,0a
Bg	100	67	50	40	33	28	25

Das Ausmessen der Verformung wird auch hier unsicher, wenn die Biegung nach Abb. 11 verläuft. In schwierigen Fällen empfiehlt es sich, auf der Außenseite der Probe in 10 mm Abstand Meßmarken anzubringen und aus der Veränderung der Meßmarkenabstände die auftretende Biegedehnung zu berechnen.

d) Beurteilung von Biegeversuchen.

Bei der kritischen Beurteilung eines Biegeversuches ist die Kenntnis aller derjenigen Umstände erforderlich, welche die nach einer bestimmten Vorschrift zu messende Verformbarkeit des Werkstoffes beeinflussen können. Von hervorragender Bedeutung sind dabei die Gefügebeschaffenheit und die Verarbeitung des Werkstoffes, sowie die Probenentnahme und die Versuchsdurchführung.

Das Versagen oder Gelingen eines Biegeversuches ist in erster Linie von den als Kerben wirkenden Verunreinigungen und Ungleichförmigkeiten abhängig, die bei der Verarbeitung entstanden oder dem Werkstoff eigen sein können. Lautet die Vorschrift „Ohne zu brechen", so ist die Beurteilung noch verhältnismäßig

Abb. 14. Durch Bearbeitungsfehler verursachte Anbrüche an Biegeproben. *a* infolge von Oberflächenrissen, entstanden durch zu heißes Schmieden. *b* infolge Oberflächenverletzungen durch zu tief und an ungeeigneter Stelle eingeschlagene Zahlen.

einfach; sagt sie jedoch aus „Ohne Anbrüche oder Anrisse", so machen sich die genannten Einflüsse in stärkerem Maße geltend und die Anweisung ist nicht mehr eindeutig. Die durch die mechanische Bearbeitung verursachten Kerben, wie Dreh- und Hobelriefen oder sonstige scharfe Verletzungen der Oberfläche können bei der Biegebeanspruchung zu vorzeitigen Anbrüchen führen, wenn sie quer zur Zugrichtung liegen. So sind die Anbrüche nach Abb. 14a und b durch Bearbeitungsfehler verursacht, die mit dem wahren Aufbau des Werkstoffes nichts zu tun haben und daher über ihn nichts aussagen.

Eindeutiger wird die Beurteilung, wenn es feststeht, daß Anrisse infolge Verunreinigungen und Inhomogenitäten einzutreten vermögen. Aber auch hier wird jede Aussage individuell bleiben, da man zwischen Oberflächenverletzungen, wie sie durch Risse in der spröden Walz- oder Schmiedehaut entstehen können, und tiefergehenden Anbrüchen des Werkstoffes grundsätzlich unterscheiden muß. Nicht selten gibt es Brucherscheinungen, welche jedes Urteil zweifelhaft erscheinen lassen.

Besondere Beachtung ist dabei denjenigen Biegeproben zu schenken, welche gezogenen oder geschmiedeten Hohlkörpern entnommen werden. Da an derartigen Versuchsstücken die Innen- und Außenwand verschiedenartige Eigenschaften besitzen, wurde in einigen Vorschriften eine einheitliche Versuchsdurchführung angestrebt. Danach wird die Lage einer Probe so gefordert, daß die Außenwand die Zugseite der Biegeprobe bildet. Diese Festsetzung ist insofern von Bedeutung, als gerade an der Außenwand durch verschiedene

Erscheinungen eine Verringerung der Biegbarkeit herbeigeführt wird. Hierzu gehören zunächst Walz- und Ziehriefen, Überwalzungen (Abb. 15) und bei gehärtetem Werkstoff auch Härterisse. Insbesondere die Härterisse stellen die

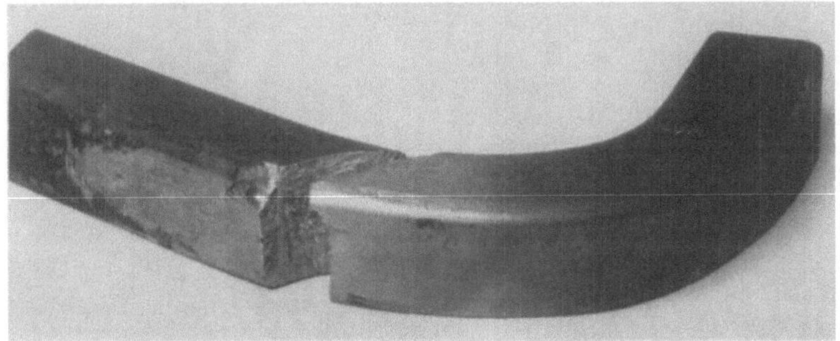

Abb. 15. Vorzeitiger Bruch einer Biegeprobe infolge einer Überwalzung.

denkbar schärfsten Kerben dar und verursachen daher vorzeitige Brucherscheinungen. Auch geschmiedete und gegossene Werkstücke zeigen bisweilen an der Außenseite infolge ihrer schnelleren Abkühlung feine Risse. So gehen Biegeproben einiger harter Gußbronzen stets dann zu Bruch, wenn ihre Außenseite Zugseite wird, während sie umgekehrt jede Faltung ertragen. Ähnlich verhalten sich gehärtete und vergütete Federstähle, die bei den vorgeschriebenen Biegeversuchen ebenfalls häufig durch vorhandene Härterisse zu Bruch gehen.

Wenn die ungleichmäßige Abkühlung eines Werkstoffes nicht zur Rißbildung führte, so können schon Eigenspannungen zu einer Verminderung der Biegbarkeit Anlaß geben.

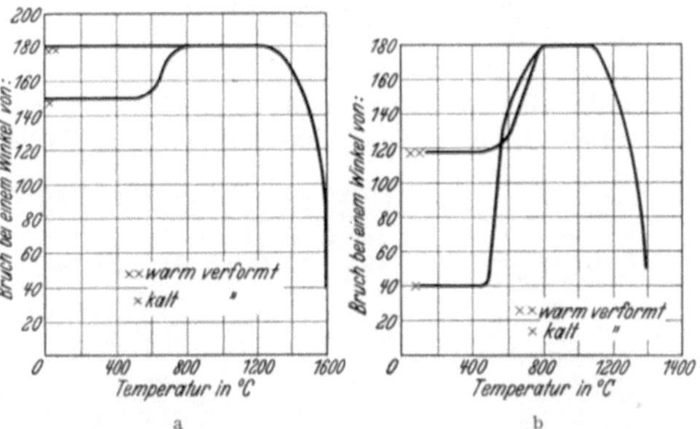

Abb. 16 a und b. Abhängigkeit der Biegbarkeit von Kohlenstoffstählen von der Glühtemperatur. a Stahl mit 0,15% C (Dorndurchmesser gleich der doppelten Probendicke). b Stahl mit 0,45% C (Dorndurchmesser gleich der Probendicke, Schenkel aneinander gelegt).

Derartige Spannungen sind vornehmlich dann zu erwarten, wenn der Werkstoff keiner besonderen Glühbehandlung unterzogen wurde. Die Abb. 16 läßt erkennen, daß sich bei Stählen der Einfluß der Wärmebehandlung auf die Versuchswerte mit steigendem Kohlenstoffgehalt verstärkt. Ebenso rufen härtesteigernde Legierungszusätze dieselbe Erscheinung hervor.

Daß die Lage der Proben bei der Entnahme für das Versuchsergebnis von großer Bedeutung ist, läßt sich an Hand des Bruchaussehens und durch Versuche leicht nachweisen. Es zeigen sich quer zur Schmiede- oder Walzrichtung entnommene Proben, insbesondere bei höherem Kohlenstoffgehalt und starker Verunreinigung empfindlicher gegenüber der Biegebeanspruchung, als längs der Faserrichtung entnommene Proben. Die durch den Walz- oder Schmiedeprozeß langgestreckten Blasen, Lunker und Schlacken wirken sich vornehmlich dann, wenn sie durch die Bearbeitung freigelegt wurden, als Kerben aus und führen einen vorzeitigen Bruch herbei (Abb. 17). Wie aus Abb. 18 hervorgeht, ist ein stetiges Absinken der Biegbarkeit mit der Neigung der Probenachse zur Faserrichtung zu beobachten. Eine Beeinflussung des Versuchsergebnisses zeigt sich auch bei Stahlguß, wenn sich durch schnelle Abkühlung spezifisch leichtere Verunreinigungen und Gase in der länger warmbleibenden Innenzone anreichern. Wird nun die Außenseite als Zugseite verwendet, so ist ein Bruch infolge Kerbwirkung weniger zu befürchten, als auf der Seite des stark verunreinigten Innenmaterials (Abb. 19).

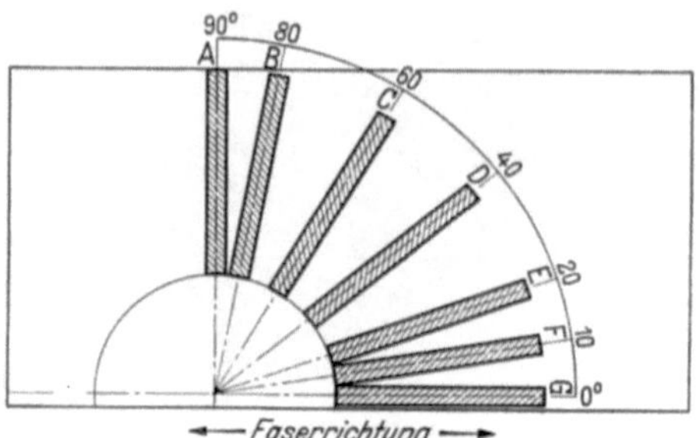

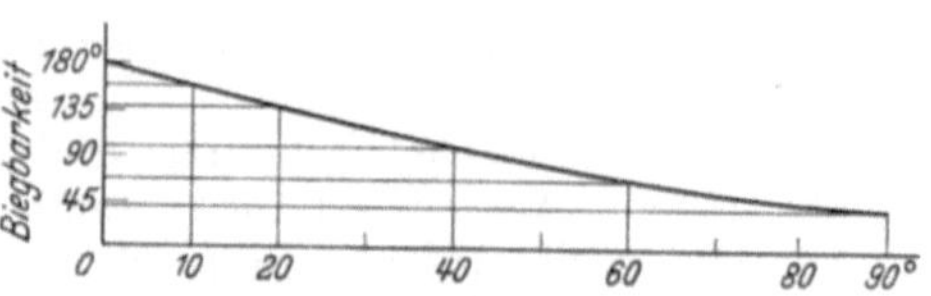

Abb. 17. Bruch infolge starker Verunreinigungen welche zu Fäden ausgeschmiedet aus der Oberfläche austreten.

Abb. 18. Abhängigkeit der Biegbarkeit von der Faserrichtung in der Probe.

Ist die Biegestabform nicht vorgeschrieben, so können Stäbe mit rundem oder quadratischem Querschnitt in gleicher Weise verwendet werden. Die Versuche ergeben nur geringe Unterschiede, indem die runden Stäbe sich meist etwas günstiger verhalten. Bei quadratischem oder rechteckigem Querschnitt ist eine Kantenabrundung vorzunehmen, die in Abnahmebedingungen genau festgelegt ist (z. B. nach Lloyds Register Abrundungshalbmesser = 1,5 mm). Die Ausrundung der Kanten ist bei Werkstoffen höherer Festigkeit mit besonderer Sorgfalt durchzuführen; sie wird jedoch wirkungslos, ja sogar schädlich, wenn

Abb. 19. Vorzeitiger, durch Blasen an der Zugseite verursachter Bruch von Stahlgußbiegeproben.

dabei Bearbeitungsriefen quer zur Stabachse entstehen. Für Bleche ist nach den bestehenden Vorschriften das Verhältnis von Blechstärke zur Probenbreite festgelegt. Unter gleichen Versuchsbedingungen und bei gleicher Blechstärke nimmt die Verformung an den Biegungskanten mit der Probenbreite zu. Die Folge ist der vorzeitige Anbruch des breiteren Biegestabes.

Schließlich ist das Gelingen eines Biegeversuches von der Zuverlässigkeit der Biegevorrichtung abhängig. Zumeist sind an den dafür bestimmten Vorrichtungen die Auflagerungen beiderseits beweglich angeordnet. Die dazu dienenden Rollen oder kugeligen Auflager sind von Verunreinigungen zu schützen und regelmäßig zu schmieren. Für Rundstäbe und Rohre ist an der Auflagerstelle eine entsprechende Aussparung vorzusehen, um die Auflagerfläche des Biegestabes zu vergrößern und ihn sicher zu lagern (vgl. Bd. I, Abschn. I A 4 d und V C 1 a).

e) Gekerbte Biegeproben.

Werkstattmäßig wird nicht selten die Kerbbiegeprobe durchgeführt, welche über die Kerbempfindlichkeit des Werkstoffes bei statischer Beanspruchung Aufschluß geben soll. Ein Kriterium vermag sie allerdings nur bei einem sehnigen Werkstoff zu sein. Ein solcher Werkstoff ist das aus vielen Lagen in Schweißhitze zusammengepreßte Schweißeisen, das auch heute noch für Bolzen, Schrauben und andere auf Scherung beanspruchte Werkstücke Verwendung findet und bei hervorragender Güte gegen Kerbwirkung unempfindlich ist.

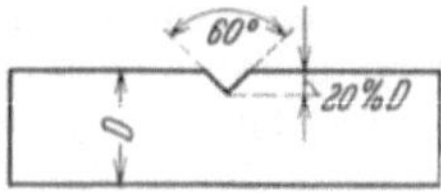

Abb. 20. Probenform für den Kerbbiegeversuch.

Zum Versuch wird ein Vierkantstab von 30 mm Seitenlänge oder auch ein Stab beliebigen Querschnittes in der Mitte mit einer scharfen Kerbe versehen. Die Kerbtiefe soll 20% der Probenhöhe und der Winkel des Kerbeinschnittes 60° betragen. Ein Hammerschlag oder besser eine statische Last wird mit Hilfe eines Dornes so auf den Probestab aufgebracht, daß die gekerbte Seite dabei auf Zug beansprucht wird. Manche Vorschriften lassen es zur Beschleunigung des Prüfverfahrens zu, die Kerbe durch Einhieb mit einem Meißel herzustellen. Bei ungünstigem Ausfall des Versuches wird dann allerdings bei der Wiederholung die vorgeschriebene Einkerbung verlangt (Abb. 20).

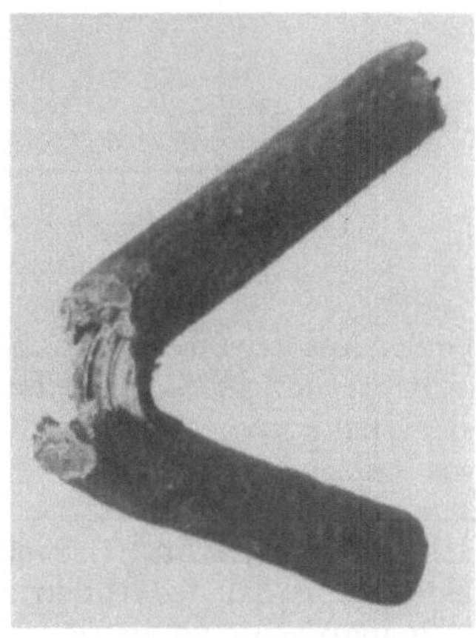

Abb. 21. Bruchaussehen einer Schweißeisen-Kerbbiegeprobe.

Der Kerbbiegeversuch wird grundsätzlich bis zum Bruch bzw. Anbruch durchgeführt, da das Bruchaussehen von ausschlaggebender Bedeutung für die Beurteilung ist (Abb. 21). Die Überlegenheit des Schweißeisens bei Vorhandensein von Kerben besteht darin, daß diese nur die angeschnittenen Fasern beeinflussen, während der restliche Querschnitt die Biegebeanspruchungen aufzunehmen vermag. Bricht ein eingekerbter Stab beim Versuch nach Art eines Trennungsbruches, so ist das Versuchsergebnis ungenügend.

f) Die Warmbiegeprobe.

Für Werkstoffe, welche im Temperaturbereich des Blaubruches betriebsmäßig beansprucht werden, sehen einige Prüfvorschriften die sog. Warmbiegeprobe vor. Der Biegeversuch wird hier in einem Ölbad mit einer Temperatur von 200° C durchgeführt, in welchem die Proben zuvor etwa 20 min lang unter Umrühren erwärmt wurden, um eine vollkommene Durchwärmung des Probestabes zu erreichen. Wenn es nicht möglich ist, den Biegeversuch im Ölbad selbst durchzuführen, oder doch wenigstens die Auflagerungen und den Biegedorn soweit vorzuwärmen, daß eine Abkühlung der Proben während des Versuches vermieden wird, empfiehlt es sich, die Ausgangstemperatur etwa 50° höher zu wählen, als es die Vorschrift angibt. Die Einhaltung der vorgeschriebenen Temperatur ist für den einwandfreien Versuch deshalb wichtig, weil durch erheblich höhere und niedrigere Temperaturen ein günstigeres Ergebnis vorgetäuscht werden kann.

g) Biegeversuche mit fertigen Werkstücken.

Technologische Biegeversuche können in Sonderfällen auch an fertigen Werkstücken vorgenommen werden. Versuche dieser Art finden Anwendung zur Prüfung von Achsen, Wellen, Hebelarmen und ähnlich geformten Maschinenteilen. Da eine größere bleibende Verformung des Probestückes in diesem Falle nicht zulässig ist, beschränken sich die Versuche auf die Messung der elastischen Durchbiegung, wozu jede Biegeeinrichtung mit Lastanzeige verwendet werden kann.

Die Vorschriften bei derartigen Versuchen beziehen sich zumeist auf die Stützweite, die Form des Druckkörpers, die Gesamtbelastung und die bleibende Durchbiegung des Prüfkörpers. Bei der Versuchseinrichtung ist darauf zu achten, daß eine stoßartige Übertragung der Last ausgeschlossen ist, insbesondere

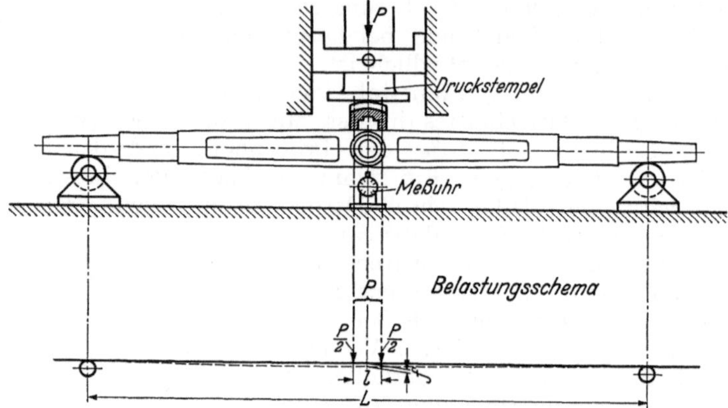

Abb. 22. Biegeversuch an fertigen Achsen.

in der Nähe der Höchstlast, da dadurch leicht ungewollt bleibende Verformungen eintreten können. Um eine gleichmäßige Beanspruchung herbeizuführen, ist der Druckkörper, welcher die Kraftwirkung auf das Werkstück überträgt, mit zwei oder vier Füßen versehen und am Kopf kugelig ausgebildet. Zur Verringerung der auftretenden Reibung müssen die Enden des Prüfstückes auf leicht drehbaren und prismatisch bearbeiteten Rollen aufgelegt werden. Zur Feststellung der federnden und bleibenden Durchbiegung dient eine Meßuhr, die gemäß Abb. 22 in der Mitte des Prüfkörpers angebracht wird.

Ehe die eigentliche Abnahmeprüfung erfolgt, sollte das Prüfstück mit der vorgeschriebenen Last oder bei der vorgeschriebenen Durchbiegung vorbelastet werden. Geschieht dies nicht, so ist die Gefahr eines Fehlergebnisses vorhanden, weil durch die ausgelösten Spannungen die bleibende Verformung die Vorschrift um einen gewissen Betrag übersteigt. Ein geringer Betrag bleibender Verformung ist allerdings auch in den Vorschriften zugelassen.

h) Die Schlagbiegeprobe.

Der Schlagbiegeversuch diente ursprünglich nur zur Erprobung ganzer Konstruktionsteile, welche auch im Betrieb schlagartigen Beanspruchungen ausgesetzt sind. Er wird auch heute noch in erster Linie bei der Prüfung von Schienen[1] und Radsatzteilen[2] für Eisenbahnfahrzeuge benützt. Es werden jedoch auch Werkstoffe in Form besonders hergestellter Proben vergleichenden Schlagbiegeversuchen unterworfen (Abb. 23).

---

[1] Vgl. Technische Lieferbedingungen für Schienen, herausgegeben von der Deutschen Reichsbahn.

[2] Vgl. Technische Bedingungen für die Herstellung und Lieferung von Radsätzen und Radsatzteilen, herausgegeben von der Deutschen Reichsbahn.

Zur Prüfung werden Fallwerke verwendet, welche infolge der schwer erfaßbaren Art und Größe der höchsten Kraftwirkung eine einheitliche Konstruktion verlangen, um überhaupt vergleichbare Versuchswerte zu erzielen. Schwere Fallwerke finden insbesondere für fertige Maschinenteile und Eisenbahnbauteile Verwendung, während zur Prüfung von Werkstoffproben leichtere Einrichtungen genügen. Über den Aufbau der Fallwerke vgl. Bd. I, Abschn. III B 1.

Beim Arbeiten mit Fallwerken ist sorgfältigst darauf zu achten, daß die nur unter vollkommen gleichen Versuchsbedingungen brauchbaren Ergebnisse nicht durch Unzulänglichkeit der Versuchseinrichtung verfälscht werden. Insbesondere muß vermieden werden, daß ein zu großer Teil der Schlagarbeit durch die Reibung der Bärführung aufgezehrt wird. Die Schienenführung ist deshalb mit Graphit zu schmieren. Desgleichen würden auch dann die Ergebnisse zu hoch gefunden, wenn der Fallbär zu wenig Spiel zwischen den Schienen besitzt. Wird durch ungenügende Fundamentierung oder sehr lockeren federnden Untergrund der Schlag gemildert, dann werden die Versuchsergebnisse zumindest unsicher, wenn nicht überhaupt unvergleichbar. Dieselbe Unsicherheit tritt dann auf, wenn verschiedene Fallwerke sich in Höhe und Bärgewicht unterscheiden, weil die Fallgeschwindigkeit bei der Berechnung unberücksichtigt bleibt.

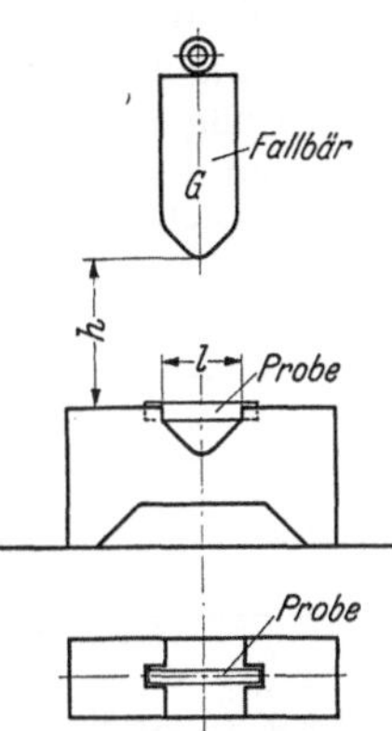

Abb. 23. Schlagbiegeversuch bei Verwendung besonders hergestellter Proben.

Besondere Beachtung ist der Probenlagerung im Fallwerk zu schenken, welche ein Verrücken der Probe auch bei wiederholten doppelseitigen Schlagbeanspruchungen ausschließen muß, da sonst empfindliche Unstetigkeiten der Versuchsergebnisse herbeigeführt werden.

Kommen bei der Schlagbiegeprüfung besonders *vorgearbeitete* Proben zur Verwendung, welche in der Hauptsache zur Vergleichsprüfung für hochwertigen Stahlguß angefertigt werden, so werden meist die Verformungen beim einmaligen Schlag oder die Anzahl der Schläge bis zur Rißbildung gemessen. Dabei ist die Schlagarbeit unbedingt konstant zu halten. An ganzen Werkstücken wird meist eine bestimmte Anzahl von Schlägen aufgegeben, an welche sich jeweils eine Durchbiegungsmessung anschließt. Das Werkstück genügt den Anforderungen, wenn die vorgeschriebene Schlagzahl ohne Rißbildung ertragen wird und die Durchbiegung unterhalb einer bestimmten Grenze bleibt, oder der Versuch wird bis zur Erreichung einer bestimmten Durchbiegung weitergeführt.

Gemäß DIN 1631 sind z. B. bei der Prüfung von Schienen die Schlagleistungen nebenstehend festgelegt. Der Versuch wird bei einer freien Länge des Probestücks von 1 m bis zur Erreichung von 100 mm Durchbiegung durchgeführt.

Gewicht der Schiene kg/m	Schlagleistung kg/m	
	erster Schlag	folgende Schläge
von 16 bis unter 20	750	750
„ 20 „ „ 24	1000	1000
„ 24 „ „ 30	1500	1500
„ 30 und mehr	3000	1500

2. Schmiede- und Stauchversuche.

Alle diejenigen technologischen Versuche, bei welchen irgendeine Verformung in rotwarmem Zustand durchgeführt wird, können zusammenfassend als Schmiedeproben bezeichnet werden. Sie finden überall dort Anwendung, wo die Eignung eines Werkstoffes zur Warmformgebung untersucht werden soll, und liefern Aufschluß darüber, ob derselbe zur Warmsprödigkeit neigt. Entsprechend den für die technologischen Versuche allgemein geltenden Voraussetzungen ist die Versuchstemperatur dabei so zu wählen, daß sie der

Verarbeitungstemperatur entspricht. Als Maß für das Formänderungsvermögen dient die Verformung, welche erreicht wird, ohne daß Anrisse auftreten.

Die Schmiedeproben werden bisweilen auch als Rotbruchversuche bezeichnet und sind als solche in vielen Abnahmevorschriften zu finden. Bei den hierin für Stähle festgesetzten Temperaturen zwischen 800 und 1100° C zeigen manche Stahlsorten eine besonders hohe Empfindlichkeit gegen jegliche Verformung. Die Rotbruchfreiheit ist daher auch in den Normen für die minderwertigen Handelsstähle als einzige Gütebedingung vorgeschrieben.

a) Ausbreitprobe.

Am gebräuchlichsten ist die Ausbreitprobe, welche den Nachweis dafür erbringen soll, ob der betreffende Werkstoff eine vorgeschriebene Durchschmiedung erträgt. Sie war schon sehr früh als Nagelausbreitprobe zur Prüfung von Hufnägeln bekannt. Die Hufnagelspitzen wurden dabei in warmem Zustand breitgehämmert und durften sich weder spalten noch zerfetzen. Die heute übliche Ausbreitprobe wird so durchgeführt, daß ein Flachstab am einen Ende

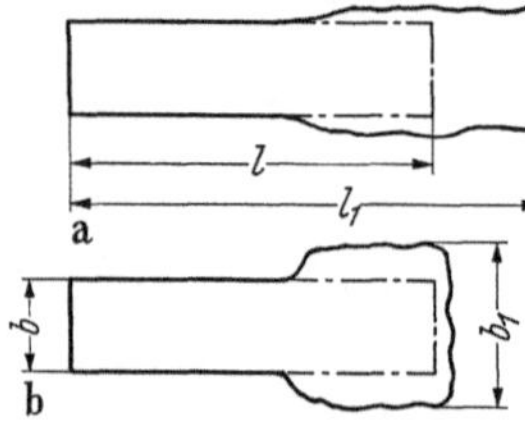

so lang ausgeschmiedet wird, bis sich an den Kanten Risse zeigen (Abb. 24). Als Gütemaßstab gilt die Breitung oder Streckung in Prozent:

$$\Delta\, b/b_0 \cdot 100 \quad\text{bzw.}\quad \Delta\, l/l_0 \cdot 100,$$

Abb. 24 a und b. Ausbreitprobe.
a Ermittlung der Streckung,
b Ermittlung der Breitung.

wobei $\Delta\, b$ die Breitezunahme und b_0 die ursprüngliche Breite, $\Delta\, l$ die Längenzunahme und l_0 die ursprüngliche Länge des ausgeschmiedeten Teiles ist. Die Ergebnisse sind nur dann vergleichbar, wenn geometrisch ähnliche Proben verwendet werden und die Probenränder beim Ausschmieden parallel bleiben.

In den Abnahmevorschriften ist meist die Größe der Ausbreitung festgelegt und gefordert, daß dabei keinerlei Risse auftreten dürfen. Parallel zur Walzrichtung geschnittene Probestreifen von einer Breite gleich der dreifachen Blechdicke und etwa 400 mm Länge sollen sich in rotwarmem Zustand mit einem Handhammer oder einem schnell arbeitenden Hammerwerk quer zur Walzrichtung auf den $1^1/_2$fachen Betrag ihrer ursprünglichen Breite ausschmieden lassen, ohne daß Risse oder stärkere Materialtrennungen auftreten. Die Abrundung der Hammerfinne soll dabei einen Radius von 15 mm besitzen.

Andere Vorschriften, so die Deutschen Werkstoff- und Bauvorschriften für Landdampfkessel, schreiben Blechstreifen von 50 mm Breite vor und betonen, daß nach dem Versuch weder Kanten noch Flächen der Probe Risse zeigen dürfen.

b) Lochprobe.

Bei der Lochprobe wird ein Blechstück mit einem konischen Dorn in verschiedenen Abständen vom Rand in hellrotwarmem Zustand gelocht und der kleinste Lochabstand vom Rand gemessen, bei dem kein Aufreißen stattfindet. In den Vorschriften ist jedoch meist der beim Versuch einzuhaltende Randabstand festgelegt.

Die Lochprobe läßt sich mit den gebräuchlichen Schmiedewerkzeugen durchführen: Zur Versuchsdurchführung wird ein geeigneter Schmiedehammer gemäß Abb. 25 auf den auf Rotglut erwärmten flächenförmigen oder angeflachten Versuchskörper gesetzt und mit einem Vorschlaghammer durchgeschlagen. Dabei ist es notwendig, den Körper so auf ein Locheisen zu legen, daß der auszustoßende Putzen durchfallen kann.

Bei der Durchführung des Versuches sind verschiedene Gesichtspunkte zu beachten, welche ein Fehlergebnis vortäuschen können. So muß der konische

Teil des Dornes eine bestimmte Steigung besitzen. Ist diese zu groß, so kann der zu prüfende Werkstoff durch ein vorzeitiges Versagen eine ungerechte Beurteilung erfahren. Ferner muß die Probendicke zum Dorndurchmesser in einem bestimmten Verhältnis stehen, um ein vorzeitiges Aufreißen des Probenrandes auch bei rotbruchfreien Werkstoffen zu vermeiden. In den Vorschriften sind daher die Abmessungen des Dorndurchmessers, sowie die Blechstärke genauestens festgelegt. Üblich ist dabei ein kleinster Dorndurchmesser vom 0,5fachen und größter vom 0,75fachen Betrag der Probendicke. Die meisten Fehlurteile sind allerdings darin begründet, daß die Temperaturen nicht gegügend genau eingehalten werden. Ist die Lochunterlage (Matrize) und der Dorn sehr kalt, dann kann es bei langsamer Lochung, insbesondere an den Kanten des Prüfkörpers zu einer Abkühlung bis in den Temperaturbereich des Blaubruches kommen. Die Probe wird dann versagen, ohne die wirklichen technologischen Eigenschaften des

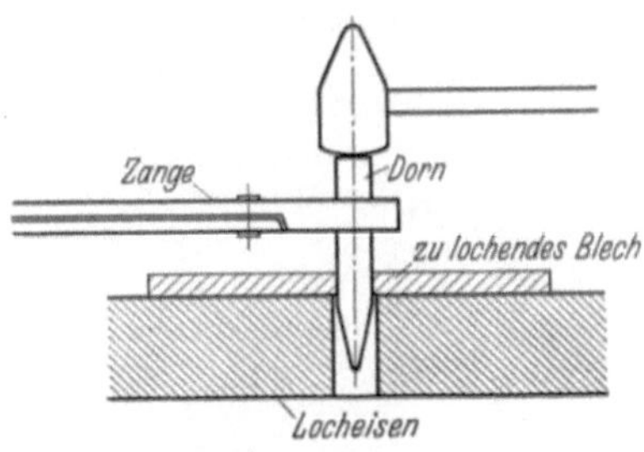

Abb. 25. Lochprobe.

Abb. 26. Stauchlochversuch mit starker Rißbildung am Probenrand.
a Probe gestaucht, *b* Probe gestaucht und gelocht.

Werkstoffes gezeigt zu haben. Nicht minder ungünstig dürfte sich eine zu starke Überhitzung auswirken.

Eine schärfere Prüfung erfährt der Werkstoff in der sog. Stauchlochprobe (Abb. 26), bei welcher dem Lochen eine Stauchung um einen vorgeschriebenen Betrag vorausgeht. Dabei ist zu beachten, daß insbesondere bei kleinen Probenabmessungen niemals ein einmaliges Anwärmen für beide Versuche ausreicht.

c) Aufdornprobe.

Ein der Lochprobe ähnlicher Versuch ist die Aufdornprobe. Dabei wird ein Blechstreifen bestimmter Breite mit einem kleinen Dorn geringer Steigung vorgelocht und das erzeugte Loch gemäß Abb. 27 mit einem zweiten Dorn von großer Steigung solange

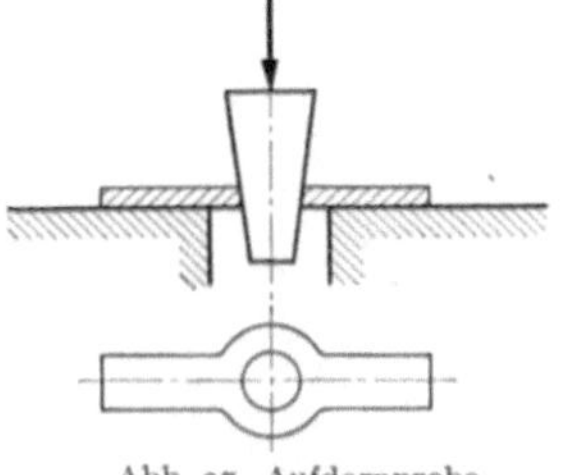
Abb. 27. Aufdornprobe.

aufgeweitet, bis am Rand der Probe Risse auftreten. Der dabei erreichte Lochdurchmesser d_1 wird auf den ursprünglichen Lochdurchmesser d_0 bezogen und als Gütemaßstab eingesetzt:

$$(d_1 - d_0)/d_0$$

Das Verhältnis der Probenbreite zur Probendicke $b:a$ wird meist gleich 5, der ursprüngliche Lochdurchmesser $d_0 = 2a$ und die Steigung des Aufweitdornes gleich 1:10 gewählt.

d) Stauchversuch.

Der Stauchversuch nimmt unter den Schmiedeproben eine besondere Stellung ein, da er sowohl in warmem als auch in kaltem Zustand zur Durchführung

kommt. Bei der Warmstauchprobe wird vornehmlich wiederum die Rotbruchfreiheit für Werkstoffe, welche in rotwarmem Zustand verarbeitet werden, nachgewiesen. Die Kaltstauchprobe soll hingegen über das Verformungsvermögen des Werkstoffes bei Kaltformgebung mit hoher Formänderungsgeschwindigkeit Aufschluß geben. In jedem Falle wird ein zylindrischer Probekörper durch leichte Hammerschläge so lange heruntergeschmiedet, bis an den Wandungen Risse auftreten (Abb. 28).

Die Form des Stauchkörpers kann nicht beliebig gestaltet werden, da er sich bei zu schlanker Form verkrümmt, bei geringer Höhe dagegen die Beobachtung des Stauchvorganges beeinträchtigt. Eine Bearbeitung des Probekörpers ist nach manchen Vorschriften nicht gestattet, nach anderen hingegen freigestellt oder erwünscht. Es ist nicht sicher, ob sich in dem einen oder dem anderen Falle das Versuchsergebnis günstiger gestaltet. Während bei unbearbeiteten Proben Walz- und Ziehriefen zur Rißbildung an der Oberfläche Anlaß geben, werden bei der Bearbeitung sehr oft Schlackenzeilen, Seigerungen oder gar Gasblasen freigelegt, welche ebenfalls vorzeitige Materialtrennungen herbeiführen.

Abb. 28.   Gestauchte Proben verschiedener Größe (Werkstoff: St 38.13). Dabei zeigt *a* ausgerundete Furchen, welche durch Oberflächenriefen verursacht sind; *b* flache ausgerundete und scharfe, tiefe Risse, wobei letztere in gleicher Weise wie bei *c* auf Rotbruch infolge austretender Steigerungen zurückzuführen sind; *d*, *e*, *f* zeigen wenige scharfe Anrisse, welche durch zufällig an der Oberfläche liegende Schlackenstellen verursacht sind.

Bei der Durchführung des Versuches, der mit dem Handhammer oder einem Hammerwerk nach Abb. 29 vorgenommen werden kann, sollen möglichst viele kurze Hammerschläge aufgebracht werden, um eine gleichmäßige Verformung zu gewährleisten und Veränderungen am Versuchsstück leicht beobachten zu können. Wird die Stauchung, bei welcher die ersten Risse auftreten, auf die Ausgangshöhe bezogen als Gütewert $\Delta h/h_0$ ermittelt, so muß die Oberfläche der Probe aufmerksam beobachtet werden, um den Beginn der Rißbildung festzustellen. Ist hingegen lediglich eine bestimmte Stauchung ohne Rißbildung vorgeschrieben, so ist die Einhaltung des geforderten Verformungsmaßes zu beachten. Am besten bedient man sich zur Sicherstellung der richtigen Stauchhöhe einer Sperre, wie sie zum Schmiedehammerzeug gehört.

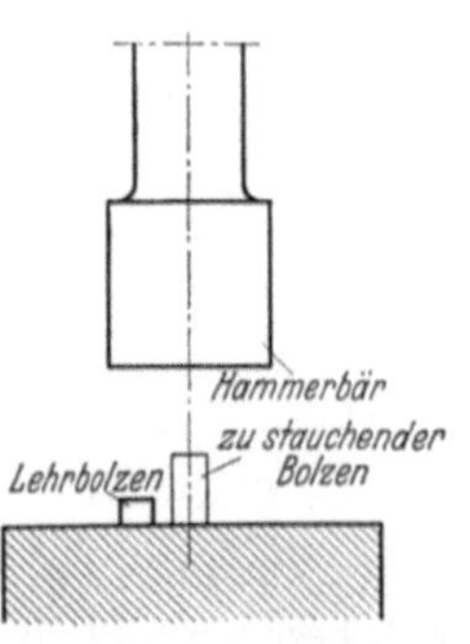

Abb. 29.   Stauchversuch.

Den Temperaturen ist auch hier wieder größte Sorgfalt zu widmen. Dies gilt insbesondere für Stähle höheren Kohlenstoffgehaltes, wo schon geringe Temperaturabweichungen eine Fälschung des Versuchsergebnisses herbeiführen können. Auch ist es unzulänglich, das Auge allein für die Bestimmung der richtigen Temperatur heranzuziehen.

Die Vorschriften, welche sich meist auf die Prüfung von Nietwerkstoffen (vgl. Abschn. C 4) beziehen, verlangen gewöhnlich die Stauchung einer zylindrischen Probe von der Höhe $h = 2\,d$ auf $^1/_3$ dieses Betrages, ohne daß Anrisse auftreten dürfen.

Die sichere Beurteilung eines Stauchversuches scheitert oft daran, daß in den Vorschriften nicht eindeutig gesagt werden kann, was als Riß anzusehen ist. Nur selten kommen Risse vor, die unter Ausbildung eines Rutschkegels tief in das Innere des gestauchten Körpers eindringen und auf eine Härtung zurückzuführen sind. Häufiger sind furchenartige Vertiefungen, die in axialer Richtung an der Probenwandung verlaufen. Haben diese Furchen oder Anrisse eine flache und ausgerundete Form, so ist anzunehmen, daß sie nur eine Vertiefung bzw. Verbreiterung vorhandener Zieh- und Walzfehler darstellen und deshalb für die Beurteilung des Werkstoffes nicht maßgebend, bestenfalls ein Zeichen mangelhafter Verarbeitung sein können. Bilden die Risse jedoch tiefere Einschnitte, dann sind sie durch Rotbruch, Gasblasen und Schlackenzeilen, somit also durch Werkstoffehler bedingt. Auch austretende oder durch die Bearbeitung freigelegte starke Seigerungen werden „ohne Risse“ den Stauchbeanspruchungen nicht standhalten. Man kann ohne große Mühe durch eine metallographische Prüfung mittels eines Schwefelabdruckes nach BAUMANN die Ursache solcher Risse nachweisen. Eine derartige Nachprüfung ist daher in Zweifelsfällen als Stütze der Beurteilung zu empfehlen. Neben diesen Warmstauchproben kommen auch Kaltstauchproben zur Anwendung, welche als Abschreck- oder Härtestauchproben in vielen Vorschriften enthalten sind. Die Probe wird dazu auf Rotglut erwärmt und dann abgeschreckt, worauf sie ohne Rißbildung eine bestimmte Stauchung ertragen soll. Die Vorschriften beziehen sich meist auf die Prüfung von Nieten (vgl. Abschn. C 4).

Grundsätzlich zu unterscheiden von den Stauchversuchen ist der Druckversuch, bei welchem die Probe unter einer *statischen* Belastung verformt wird. Infolge der starken Wärmeableitung der Preßflächen bei der Prüfung rotwarmer Proben wird der Druckversuch vornehmlich in kaltem Zustand als Eignungsprüfung des Werkstoffes für eine Kaltverformung durchgeführt (vgl. Abschn. I C).

B. Prüfung von Schweißungen.

Als sowohl im Maschinenbau, wie auch im Hochbau die Schweißverbindung mehr und mehr an die Stelle der Nietverbindung trat, machte sich alsbald die Frage nach einem geeigneten Prüfverfahren geltend, insbesondere deshalb, weil die von vielen Umständen abhängende Güte und Festigkeit der Schweißung viel weniger sicher in die Festigkeitsrechnung eingesetzt werden kann, als dies bei der Nietverbindung möglich ist[1]. Der Werkstoffprüfung kommt dabei eine dreifache Aufgabe zu: Die Ermittlung der geeigneten Werkstoffe für Grundmaterial und Zusatzdraht, die Feststellung des geeigneten Schweißverfahrens, und schließlich die Überwachung der Schweißarbeiten und der damit betrauten Schweißer. Dabei ist eine laufende Abnahme besonders wichtig, da sie für die von ganz unberechenbaren Voraussetzungen abhängige Güte der Schweißnaht erst die gewünschte Sicherheit bietet. Für die Erfüllung dieser Aufgaben sind die technologischen Prüfverfahren in bester Weise geeignet, wobei jeder einzelne Versuch für die verschiedenartigsten Prüfzwecke brauchbar ist. Es sind deshalb sehr früh eine Reihe von Vorschriften (Tafel 1) entstanden, in welchen die Prüfverfahren und die zu erlangenden Gütewerte festgelegt sind. Für die Auswahl des Prüfverfahrens ist jedoch weniger der Gegenstand der Prüfung, als

---

[1] DAEVES, K.: Grundlagen zur Prüfung von Schweißverbindungen. Elektroschweißg. Bd. 6 (1935) S. 172.

das Schweißverfahren maßgebend, welches zur Herstellung der Schweißverbindung angewendet wurde. Aus diesem Grund sind im folgenden die Prüfverfahren nicht nach Art der Handhabung oder dem Zweck, sondern nach der
Art des Schweißverfahrens eingeteilt.

Es sind zwei grundsätzlich verschiedene Arten von Schweißverbindungen
zu unterscheiden: Die Preßschweißung, bei welcher die Werkstoffe nur im
teigigen Zustand durch äußere Kraftwirkung zum verschweißen gebracht
werden, und die Schmelzschweißung, bei welcher die Verbindung durch eine
Verschmelzung der Werkstoffe in flüssigem Zustand erreicht wird.

Tafel 1. Vorschriften für die Prüfung von Schweißungen.

1. Werkstoff- und Bauvorschriften für Landdampfkessel, nach Beschlüssen des Deutschen
   Dampfkesselausschusses. Berlin, Beuth-Verlag.
2. Werkstoff- und Bauvorschriften für Schiffsdampfkessel, nach Beschlüssen des Deutschen
   Dampfkesselausschusses. Berlin, Beuth-Verlag.
3. Richtlinien für die Anforderungen an den Werkstoff und Bau von Hochleistungsdampfkesseln, herausgegeben von der Vereinigung der Großkesselbesitzer.
4. Richtlinien für den Bau von Heißdampf-Rohrleitungen, herausgegeben von der Vereinigung der Großkesselbesitzer.
5. Boiler Construction Code, herausgegeben von der American Society of Mechanical
   Engineers.
6. DIN 4000 und 4100: Vorschriften für geschweißte Stahlhochbauten.
7. Vorläufige Vorschriften für geschweißte Fahrzeuge (Vogefa) der Deutschen Reichsbahn,
   Berlin.
8. Richtlinien für die Ausbildung und Prüfung von Kesselschweißern gemäß A 2 der
   Schweißvorschriften für Land- und Schiffsdampfkessel, herausgegeben vom Reichs-
   wirtschaftsministerium.
9. Richtlinien für Verfahrensprüfungen des Deutschen Dampfkesselausschusses.
10. Anweisung für die Durchführung von Arbeitsprüfungen an geschweißten Schüssen
    und Trommeln mit einer Schweißnahtwertigkeit von über 0,7 bis 0,9, herausgegeben
    vom Reichswirtschaftsministerium.

1. Preßschweißung.

a) Feuerschweißung.

Bei der mechanisch-technologischen Prüfung von Preßschweißungen ist es
fraglich, ob man überhaupt prüftechnisch in der Lage ist, ihre Eigenschaften
und Fehler restlos zu erforschen. Dies gilt besonders bei Preßschweißungen
dickeren Querschnittes, da bei dickwandigen Stücken nicht immer die Gewähr
gegeben ist, daß im ganzen Querschnitt die Schweißhitze erreicht wurde.

Bei der sog. *Feuerschweißung* kommen Querschnitte zumeist sehr wertvoller
Schmiedestücke bis 100 cm² vor. Ein derartiges Stück zum Zwecke einer
Prüfung zu zerstören, ist im allgemeinen aus wirtschaftlichen Gründen nicht
tragbar. Man wird deshalb in solchen Fällen versuchen, die Werkstücke mit
großen Querschnitten um soviel zu verbreitern, daß daraus Probestücke entnommen werden können. Bei geringeren Schweißquerschnitten pflegt man ein
Stück für die Herstellung von Proben zu zerschneiden. Als Prüfungen werden
vorzugsweise Zug- und Biegeversuche durchgeführt. Dabei ist allgemein eine
möglichst große Probenform zu wählen, da kleine Probekörper zu leicht durch
örtlich begrenzte ungenügende Bindung oder Schlacken einen erheblichen Teil
ihres Gesamtquerschnittes einbüßen können. Im Zugversuch werden von der
Schweißung nach den Vorschriften (Tafel 1, Nr. 1 bis 3) bei Stumpf- und Keil-
schweißung 30 bis 60%, bei überlappter Schweißung 70 bis 80% der Festigkeit
des Grundstoffes verlangt. Da eine Feuerschweißung insbesondere gegen
Biegungsbeanspruchung sehr empfindlich ist, wird am häufigsten der Biege-
oder Faltversuch durchgeführt, wie er im Abschnitt 1 besprochen ist. Dabei

wird die Erreichung eines bestimmten Biegewinkels zwischen 45 und 90° oder
das Zurückbiegen zur Geraden aus einem vorgeschriebenen Biegewinkel verlangt. Der Bruch tritt ausschließlich an der Schweißfuge der Zugseite gemäß
Abb. 30 auf, da eine Hammerschweißung
am äußersten Rande niemals vollständig zu
binden vermag. Ist auf der Zugseite der Probe
zufällig eine Schweißöffnung in der Oberfläche
vorhanden, so ist ein vorzeitiges Aufreißen
unvermeidbar. Da sich derartige Fehler aber
meist auf die Oberfläche beschränken, werden
sich bearbeitete Schweißungen sowohl beim

Abb. 30. Zubruchgehen einer Feuerschweißung
infolge schlechter Bildung an der Schweißfuge

Versuch als auch im Betrieb besser bewähren. Die Bearbeitung wirkt sich insbesondere bei Vierkantproben sehr stark aus. Die Prüfung wird dort außerordentlich verschärft, wenn die Kanten nicht abgerundet werden und die
Abschrägung der Schweißnaht in eine Kante ausläuft.

b) Wassergasschweißung.

Die *Wassergaspreßschweißung* wird infolge der hohen erreichbaren Festigkeits-
und Gütewerte häufig für die Schweißung hochbeanspruchter Kessel und Behälter verwendet. Sie wird als Hammer- oder Rollenschweißung durchgeführt
und stellt an das handwerkliche Können des Personals die größten Ansprüche.
Die höchste Bewertung
erhält dabei die Rollen-
schweißung, welche das
Verschweißen von Wand-
stärken bis zu 100 mm
gestattet. Allerdings ist
eine einwandfreie Wasser-
gasschweißung nur mit
Werkstoffen bis zu einem
C-Gehalt von 0,18%
möglich.

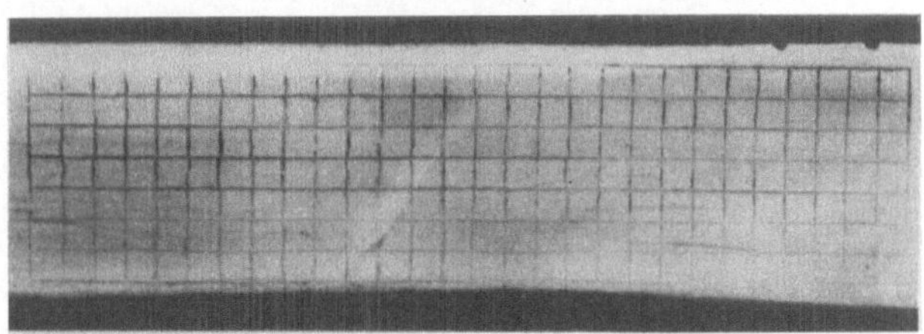

Abb. 31. Biegeprobe einer Wassergasschweißung mit Liniennetz
für Dehnungsmessung.

Wenn auch von einer gewöhnlichen Wassergasschweißung nicht mehr verlangt wird, als von einer Feuerschweißung, so treten für Schweißungen im
Behälter- und Kesselbau doch besondere Vorschriften (Tafel 1, Nr. 1 bis 3)
in Kraft, insbesondere dann, wenn in der Berechnung ein höherer Verhältnis-
wert der Nahtfestigkeit zur Festigkeit des Grundwerkstoffes eingesetzt werden
soll. In diesen Vorschriften wird außer der Ermittlung der Zugfestigkeit die
Prüfung der Verformbarkeit sowohl im Zug- als auch im Biegeversuch verlangt.
Für den Versuch ist es auch hierbei ratsam, die Beurteilung auf mehrere Proben
zu stützen, da zufällig in die Probe fallende örtliche Fehlstellen ein vorzeitiges
Versagen herbeizuführen vermögen.

Gegen Biegebeanspruchung zeigt die Wassergasschweißung eine besonders
hohe Empfindlichkeit. Die Biegeprobe ergibt daher ein gutes Bild über die
wirkliche Güte der Schweißnähte und die wirklich vorhandenen Sicherheiten.
Beim Biegeversuch tritt meist auf der Zugseite ein Aufrollen der Überlappungsspitze ein, da die sich beim Schweißen bildenden Schlacken nicht bis zum
Schweißrand herausgepreßt werden konnten. Um die Verformung der Zugseite
zahlenmäßig angeben zu können, pflegt man die Biegeprobe auf der Zugseite
für eine grobe Dehnungsmessung einzuteilen (Abb. 31 und 32). Für die Beurteilung ist es allerdings unerläßlich, den Aufbau der Schweißung und die
darin begründeten Gefahrenquellen an Hand einer metallographischen Untersuchung kennengelernt zu haben.

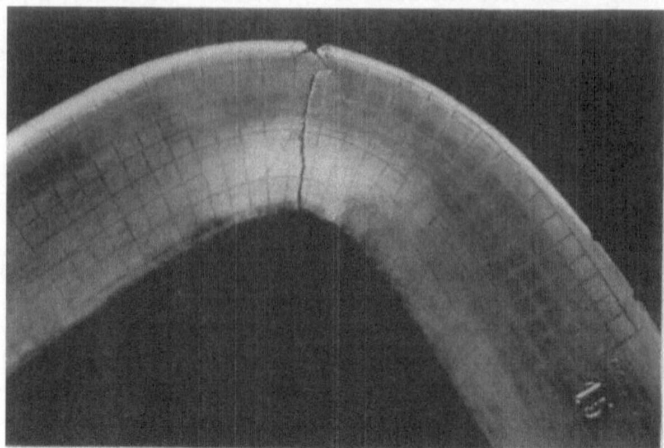

Abb. 32. Probestab der Abb. 31 nach dem Bruch.

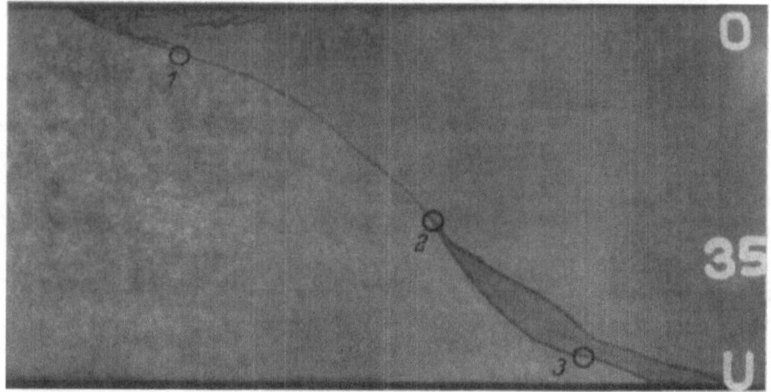

Abb. 33. Hochwertige Wassergasschweißung. Bei *1* Auftreten von Bindefehlern nach der Überlappungsspitze hin.

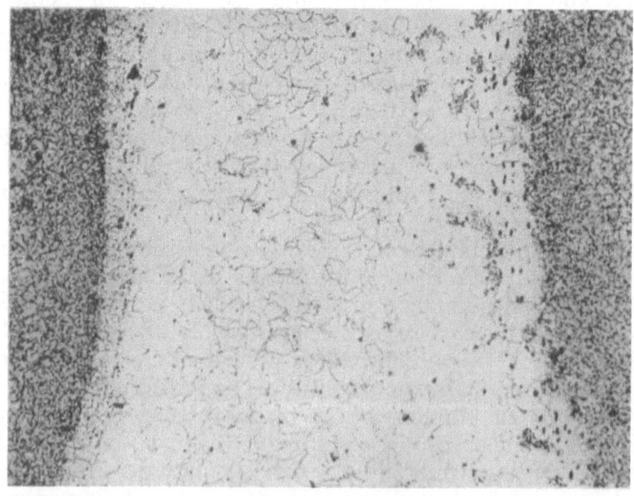

Abb. 34. Mikrobild der entkohlten Zone zwischen *2* und *3* der Abb. 33.

Das Makrobild einer Wassergasschweißung (Abb. 33) läßt deutlich die am Auslauf der Schweißfuge entstehende Kerbe erkennen. Dazu kommt, daß die Schweißnaht niemals ein gleichmäßiges Gefüge hat. Wie die Mikrobilder zeigen, wechseln entkohlte Schweißzonen (Abb. 34) mit solchen normalen Gefüges (Abb. 35). Alle diese Ungleichförmigkeiten führen dazu, daß auch dann, wenn die Schweißfuge nicht an die Stelle höchster Biegungsbeanspruchung zu liegen kommt, der Bruch in den meisten Fällen seinen Weg ganz oder teilweise durch die Schweißzone nimmt.

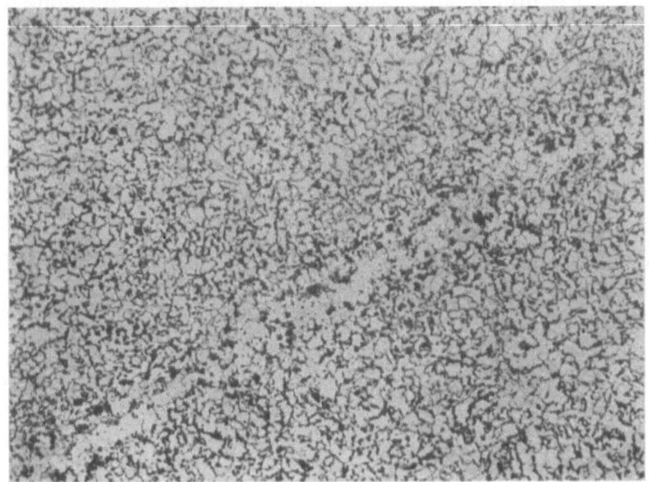

Abb. 35. Mikrobild aus dem Gebiet zwischen *1* und *2* der Abb. 33.

Außer Zug- und Biegeversuch schlagen manche Vorschriften (Tafel 1, Nr. 3) noch die Kerbschlagprobe vor, um über die Kerbzähigkeit des Schweißgutes Aufschluß zu erhalten. Die Probe kann dann nur so entnommen werden, daß die Kerbe senkrecht zur Schweißfuge liegt. Für Schweißungen von mehr als 30 mm Stärke ist der Kerbschlagversuch infolge der schwierigen Probenentnahme nicht geeignet.

c) Widerstandsschweißung.

Zu der Gruppe der Preßschweißverfahren gehört auch die elektrische *Widerstandsschweißung*, welche als Stumpfschweißung vornehmlich zur Verbindung von Rundstangen und Rohren angewendet wird. Zur Prüfung derartig verschweißter Stücke ist die einfache Biegeprobe am gebräuchlichsten, bei welcher ein bestimmter Biegewinkel ohne Anrisse erreicht werden soll (vgl. Abschn. C 1 b). Bei Rohren kann auch der Rohrfaltversuch zur Durchführung gelangen, wobei die Probeabschnitte genügend breit zu wählen sind. Für die Beurteilung haben sinngemäß die für den einfachen Biege- und Faltversuch maßgebenden Gesichtspunkte Geltung.

2. Schmelzschweißung.

Bei der Schmelzschweißung haben die Prüfverfahren eine weit größere Bedeutung, da die Güte einer Schweißverbindung hierbei in erster Linie von der Geschicklichkeit des Schweißers abhängt. Dies gilt insbesondere für die elektrische Lichtbogenschweißung, bei welcher die während des Schweißvorganges aus der Atmosphäre aufgenommenen Gase das Gefüge der Schweißnaht erheblich verschlechtern. Deshalb nimmt die Prüfung der Schweißer durch Untersuchung geschweißter Probestücke die erste Stelle unter den technologischen Prüfverfahren der Schmelzschweißung ein. Bei der Beurteilung dieser Prüfungen sollten immer die Anforderungen und der Verwendungszweck der Praxis Berücksichtigung finden, ein Grundsatz, dem die umfangreichen Vorschriften[1] (Tafel 1) nicht immer gerecht werden[2].

a) Allgemeine technologische Versuche für Schmelzschweißungen.

Zur Prüfung der Schmelzschweißung werden Festigkeitsversuche (Zugversuch, Kerbschlagversuch) und technologische Versuche durchgeführt, welche in DIN-Vornorm DVM A 120 bis 122 festgelegt sind[3]. Nähere Angaben über die Durchführung des Zugversuches an Schweißungen finden sich S. 78.

Unter den technologischen Versuchen nimmt der *Biege-* und *Faltversuch* (Abb. 36) wiederum die erste Stelle ein. Infolge der dabei auftretenden hohen

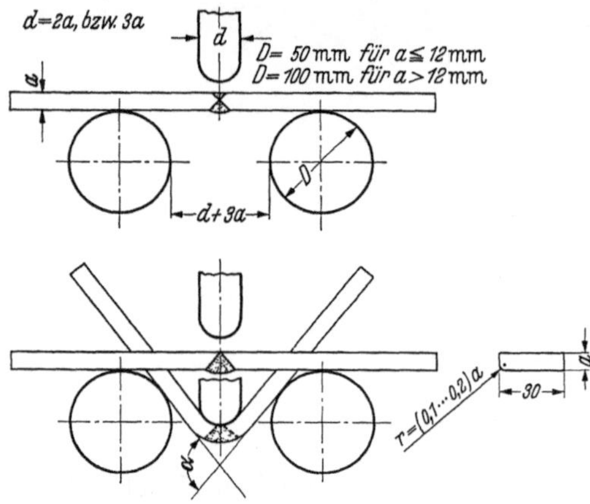

Abb. 36. Faltversuch mit Schweißproben (Regelversuch nach DIN DVM A 121).

Beanspruchungen auf der Zugseite der Proben läßt er vorhandene Mängel, wie Schlacken, starke Einbrandkerben usw. deutlich erkennen und gibt ein eindeutiges Bild über die Güte der Schweißnaht. Vergleichbare Ergebnisse sind jedoch nur zu erlangen, wenn die in den Normen festgelegten Abmessungen der Versuchsvorrichtung, sowie die für die Durchführung geltenden Bestimmungen genauestens eingehalten werden. Dies gilt insbesondere für stumpfgeschweißte Verbindungen, bei welchen es im Biegeversuch zu vielen, sehr häufig unerklärlichen Versagern kommt. Die Kerbwirkung an schlechten Übergängen oder am Einbrand, Blasen und Schlacken wirken sich hierbei ungewöhnlich stark aus, so daß man bei einer Fehlprobe ohne Wiederholung nicht auf eine schlechte Schweißverbindung schließen darf. Nach DIN DVM A 121 ist folgender Regelversuch vorgeschrieben:

1. Für den Regelversuch sind Flachstäbe quer zur Schweißnaht so zu entnehmen, daß diese in der Mitte der Stäbe liegt. Die Probenbreite beträgt einheitlich 30 mm.

2. Bei Dicken über 30 mm wird die Probe auf der beim Faltversuch zu drückenden Seite bis auf eine Restdicke von höchstens 30 mm abgearbeitet. Die zu drückende Seite ist stets zu ebnen. Die Kanten der Proben sind auf der Zugseite mit einem Halbmesser vom 0,1 bis 0,2-fachen der Dicke zu runden. Bei Proben ohne Wulst empfiehlt es sich, die Oberfläche so zu ebnen, daß keine Querriefen auf der Zugseite entstehen.

3. Bei Arbeitsprüfungen an Profilen sind diese für den Versuch zweckmäßig herzurichten.

[1] Rüdel, Kemper: Amerikanische Vorschriften für Schmelzschweißungen an Dampfkesseln und Druckgefäßen. Arch. Wärmew. Bd. 13 (1932) S. 99; s. a. Autogene Metallbearb. Bd. 25 (1932) S. 347; J. Amer. Weld. Soc. Bd. 11 (1932) Nr. 1, S. 9.
[2] Wandelt, M.: Welche Lehren wurden aus der Entwicklung der Schweißtechnik für die Neufassung der Schweißvorschriften gezogen. Wärme Bd. 60 (1937) S. 439.
[3] Prüfung von Schweißverbindungen. Stahl u. Eisen Bd. 55 (1935) S. 953.

4. Die Stäbe sind stetig und so weit wie möglich in einem Zuge so zu biegen, daß der Vorschub des Halbkreisdornes etwa 1 mm/s beträgt. Unterbrochenes Biegen ist zu vermeiden, weil gereckter Werkstoff schnell altert. (Durch Maschinen angetriebene Biegevorrichtungen sind denen mit Handantrieb vorzuziehen.) Die Probestücke werden nach Abb. 36 um einen Stempel oder Dorn bis zum ersten metallischen Anriß auf der Zugseite gebogen. Porenaufbrüche geringeren Umfanges gelten nicht als Anriß.

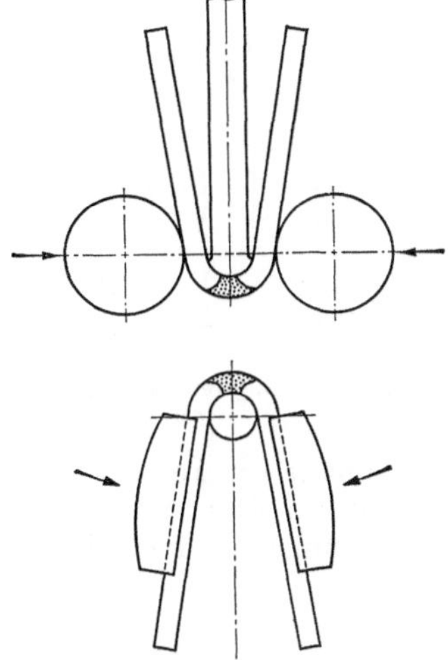

Der Rundungsdurchmesser (d) des Stempels oder Dornes ist bei Stählen bis 42 kg/mm² Zugfestigkeit gleich der doppelten Dicke (2 a), bei Stählen über 42 kg/mm² Zugfestigkeit gleich der dreifachen Probedicke (3 a) zu wählen. Der erreichte Biegewinkel α wird bei entspannter Probe gemessen. Vollständiges Durchdrücken der Probe in den beschriebenen Biegevorrichtungen ergibt einen Winkel von rd. 160°.

Bei Prüfungen von Schweißungen an Dampfkesseln oder sonstigen überwachungspflichtigen Druckgefäßen sind die Abmessungen der Biegedorne ebenfalls in Abhängigkeit von der Festigkeit des Grundwerkstoffes zu wählen.

Abb. 37. Fertigbiegen der Proben auf 180°
(nach DIN DVM A 121).

Biegedorndurchmesser = einfache Blechdicke bei Blechen Sorte I.
Biegedorndurchmesser = zweifache Blechdicke bei Blechen Sorte II und III.
Biegedorndurchmesser = dreifache Blechdicke bei Blechen Sorte IV.

Die lichte Weite zwischen den Auflagerrollen soll je nach der Festigkeit 5 a oder 6 a betragen. Bei Probedicken (a) bis zu 12 mm ist ein Rollendurchmesser (D) von 50 mm, über 12 mm von 100 mm zu wählen. Es ist zweckmäßig, vor allem bei der Prüfung von Proben mit abgearbeitetem Wulst die Probe an den Seitenflächen anzuätzen, um die genaue Lage der Schweißnaht feststellen und den Stempel so anlegen zu können, daß er die Probe in der Mitte der Schweißnaht trifft. Der Stempel muß breiter als die Probe sein. Die Außenseite der Biegestelle muß bei Ausführung

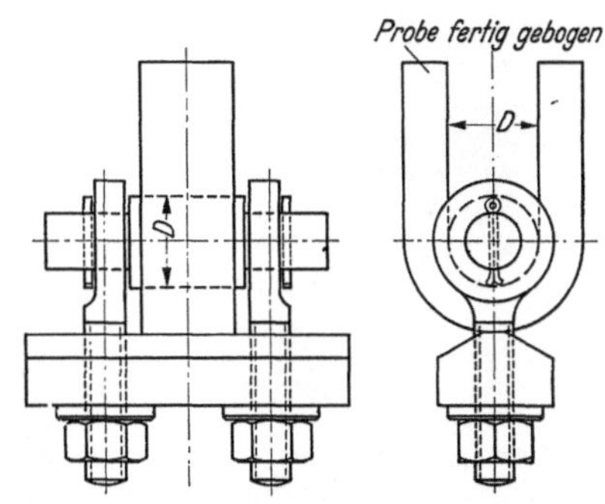

Abb. 38. Hilfsvorrichtung für den Faltversuch.

des Versuches mittelbar oder unmittelbar gut zu beobachten sein. Die waagerechte Stempellage ist aus diesem Grunde vorzuziehen.

5. Die Wurzelseite der V-Naht liegt im Regelfalle auf der Druckseite der Probe. Sind Proben auf 180° nachzubiegen, so kann dies zwischen enger gestellten Rollen oder zwischen Einlegebacken im Schraubstock geschehen (Abb. 37).

Im Prüfbericht sind die Versuchseinzelheiten (Angaben über die Biegevorrichtung, Probenabmessungen, Versuchsergebnisse) stets genau anzugeben. Bei Vergleichsversuchen sind Stabdicke und Nahtform anzugeben, ferner ist zu vermerken, ob mit oder ohne Wulst geprüft wurde.

Auch nach der Vorschrift dürfte die Beurteilung eines Biegeversuches nicht immer ohne Schwierigkeiten möglich sein. Die Entscheidung über die Grenze der noch erlaubten und unerlaubten metallischen Anrisse ist wie bei der gewöhnlichen Biegeprobe der Ansicht und Erfahrung des Beurteilenden überlassen. Es ist hier am besten zwischen scharf auslaufenden und sich ausrundenden Werkstofftrennungen zu unterscheiden. Abb. 38 zeigt eine Hilfseinrichtung, welche Gewähr dafür bietet, daß die größten Dehnungen in der

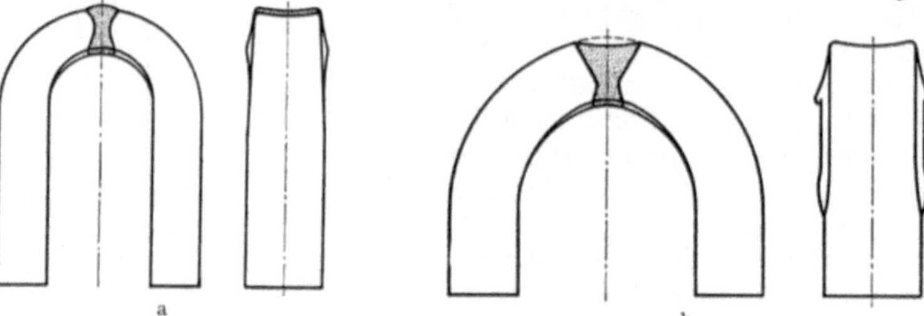

Abb. 39 a und b. Biegeproben bei unterschiedlicher Härte der Schweißwerkstoffe. a Schweißgut härter als der Grundwerkstoff. b Schweißgut weicher als der Grundwerkstoff.

Schweißnaht auftreten. Dadurch wird vermieden, daß sich die Verformung bei größeren Härteunterschieden zwischen Grundwerkstoff und Schweißnaht lediglich auf den einen der beiden Teile beschränkt. An der Gestalt der dem Biegeversuch unterworfenen Proben machen sich diese Härteunterschiede in der in Abb. 39a und b dargestellten Weise bemerkbar. Die Biegeproben der Abb. 40 lassen deutlich erkennen, daß die

Abb. 40. Mißlungene Biegeversuche infolge zu großer Härte des Schweißgutes; die Verformungen treten nur im Grundwerkstoff auf.

Abb. 41. Biegeproben einer guten und schlechten Schmelzschweißung.

Verformungen infolge hoher Härte des Schweißgutes nur im Grundwerkstoff aufzutreten vermögen, gleichviel ob die Oberseite oder die Wurzel der Schweißnaht die Zugseite der Probe bildet. In jedem Falle ist es ratsam, den Biegeversuch so weit zu treiben, bis keine Zweifel mehr über die Beurteilung der Probe bestehen. In Abb. 41 sind Biegeproben eines gut und schlecht geschweißten Kesselbleches wiedergegeben.

Bisweilen wird auch bei den beschriebenen Biegeproben versucht, eine objektivere Beurteilung durch Dehnungsmessungen an der Zugfaser der Probe zu ermöglichen. Dieses Verfahren ist allerdings nur bei Proben größerer Stärke mit Erfolg möglich, weil beson-ders bei geringen Probedicken das Ausmessen durch die Lage des Anbruches erschwert werden kann. Zur Dehnungsmessung, welche nur an Proben ohne Wulst, also etwa an bearbeiteten Proben durchgeführt werden kann, werden auf der Zugseite von der Mitte der Schweißnaht aus nach beiden Seiten Meßmarken in 5 mm Abstand auf eine Meßlänge von

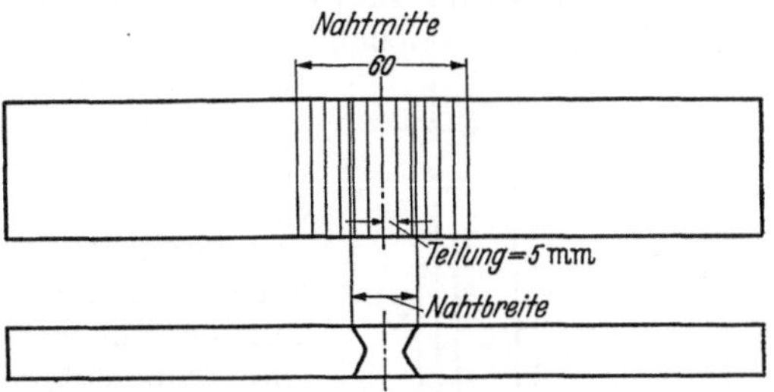

Abb. 42. Biegeprobe einer Schmelzschweißung mit Meßmarken für Dehnungsmessungen an der Zugseite (nach DIN DVM A 121).

insgesamt 40 mm eingeritzt (Abb. 42). Die Meßmarken dürfen jedoch nicht so scharf eingeritzt werden, daß dadurch eine zusätzliche Kerbwirkung entsteht. Auf diese Weise kann einmal die Biegedehnung der äußersten Zugfaser des Schweißgutes auf etwa 4×5 = 20 mm Meßlänge, zum anderen die gesamte Biege-dehnung von Schweißnaht und Übergangszone mit einer Meßlängevon 40 mm gemessen werden. Es empfiehlt sich, über die Mitte der Probe einen feinen Längsriß zu ziehen, dessen Teile zu beiden Seiten des Anbruches sich nach dem Biegen besser ausmessen lassen, wodurch der Meßfehler geringer wird, als wenn nur die Breite des Anbruches bei der Dehnungsmessung be-rücksichtigt wird. Bei Proben mit Wulst ist eine einwand-

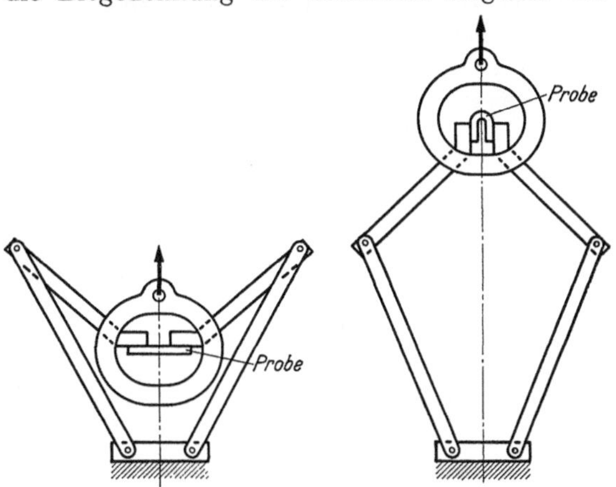

Abb. 43. Freibiegevorrichtung für Faltversuche nach BLOCK u. ELLINGHAUS.

freie Dehnungsmessung nicht möglich, weil die Schmalseiten der Proben, auf denen die Dehnungsmarken angebracht werden müßten, sich beim Biege-versuch ausbauchen.

Die mechanische Freibiegevorrichtung gemäß Abb. 43 gestattet auf den Mittelteil des Versuchsstabes, welcher die Schweißnaht enthält, ein gleichmäßiges Biegemo-ment wirken zu lassen und den Versuch in einem Zuge bis zu einem Biegewinkel von 180° durchzuführen[1].

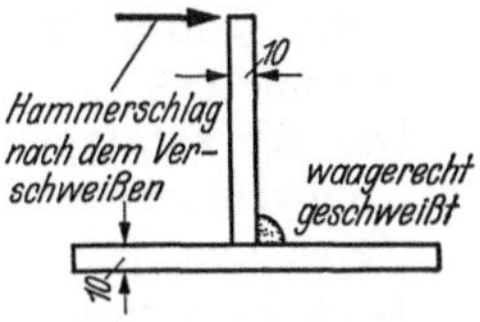

Für im Betrieb unter Warmbeanspruchungen stehende Schweißungen (z. B. bei Dampfkesseln) wird bisweilen ein

Abb. 44. Winkelprobe nach DIN 4100.

Warmbiegeversuch durchgeführt. Höhere Temperaturen bis zur Rotglut kommen dann in Frage, wenn die Schweißnähte eine Bördelung oder ein Kümpeln ertragen

---

[1] BLOCK, E. u. H. ELLINGHAUS: Elektroschweißg. Bd. 4 (1933) Heft 7.

sollen. Abschreckbiegeversuche dienen in besonderen Fällen zur Feststellung
der Sprödigkeit und werden mit und ohne Lagerzeit ausgeführt. Dazu werden
die Proben auf eine Temperatur von etwa 650° gebracht, in Wasser von 28°
abgeschreckt und anschließend dem Biegeversuch unterworfen.

Außer den geschilderten und meist in den genannten Vorschriften näher
beschriebenen Prüfverfahren kommen noch einfache Werkstattproben zur
Durchführung, bei welchen lediglich die Art des Bruches beurteilt und auf die Bestimmung vergleichbarer Gütewerte verzichtet wird.

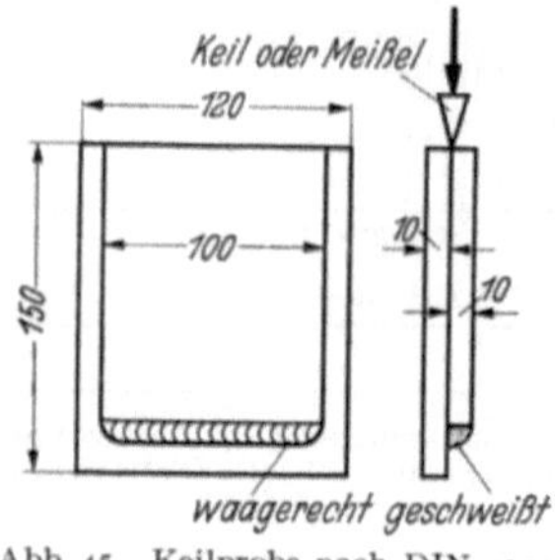

Abb. 45. Keilprobe nach DIN 4100.

Zu diesen Werkstattproben gehört die *Winkel-
biegeprobe*, bei der zwei im Winkel von 90° durch
eine Kehlnaht gemäß Abb. 44 verschweißte Bleche
im Schraubstock eingespannt und mit einem Hammer
abgeschlagen werden. Wenn auch die Bewertung der
zum Zerschlagen notwendigen Hammerschläge nur
eine rein subjektive Beurteilung des Prüfenden
gestattet, so gibt doch das Bruchbild über die Güte
der Schweißung weitgehenden Aufschluß.

Eine ähnliche Begutachtung ist mit der *Keilprobe*
möglich. Dabei werden zwei Bleche entsprechend
Abb. 45 überlappt in waagrechter Lage verschweißt und dann mittels eines
Keiles bis zum Bruch auseinandergebogen. Auch hier muß die Beurteilung
subjektiv bleiben.

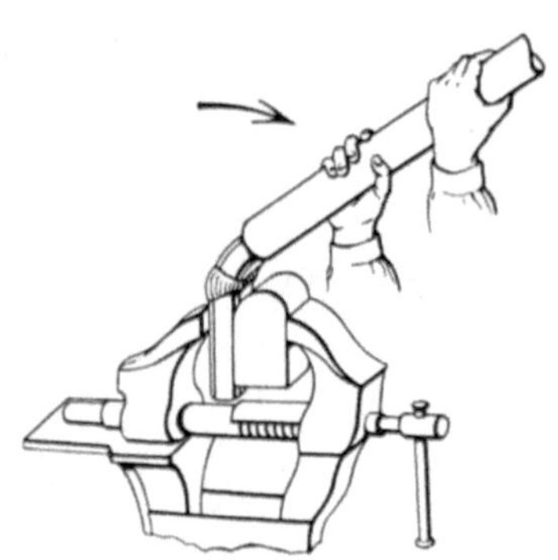

Abb. 46. Werkstatt-Biegeprobe für Stumpfnähte.

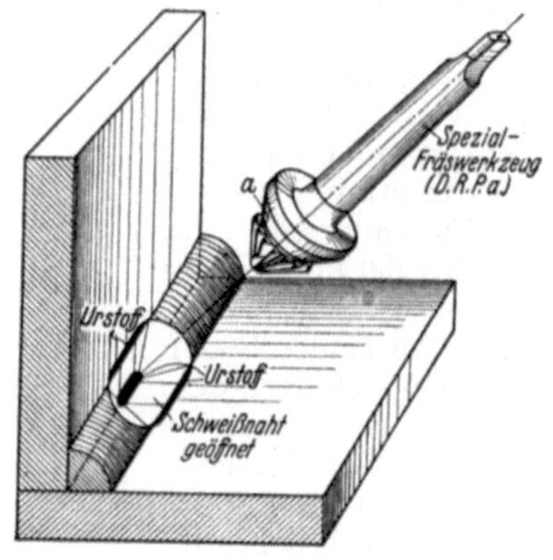

Abb. 47. Fräsvorrichtung zum Öffnen von Schweißnähten
nach Schmuckler.

Für die werkstattmäßige Prüfung von Stumpfnähten kommt schließlich
noch die *Biegeprobe* gemäß Abb. 46 zur Anwendung, bei welcher ein Probestück
so eingespannt wird, daß beim Umschlagen des freien Schenkels die Schweißnaht die größte Biegebeanspruchung erfährt. Die Beurteilung erfolgt wieder
auf Grund des Bruchaussehens.

Die Werkstattproben eignen sich besonders für die ständige Überwachung
der Schweißarbeiten durch den zuständigen Meister.

Neben den geschilderten Versuchen kommen für die Nachprüfung der Schweißnähte an fertigen Werkstücken noch einige Sonderprüfverfahren zur Anwendung.
Zur laufenden Abnahme geschweißter Bauteile eignen sich naturgemäß die
zerstörungsfreien Prüfverfahren ganz besonders. Am gebräuchlichsten ist dabei
die Durchleuchtung der Schweißnaht mit Röntgenstrahlen, die in vielen Vorschriften insbesondere für den Kessel- und Rohrleitungsbau, sowie für den
Brückenbau enthalten ist. Sie haben vor allem den Vorzug, daß die Röntgenaufnahme als Dokument der Prüfung erhalten bleibt, auf welches bei etwaigen

Schäden im Betrieb Bezug genommen werden kann. Daneben haben auch die magnetischen Prüfverfahren in neuerer Zeit größere Bedeutung für die Prüfung von Schweißnähten erlangt. Während das Röntgenverfahren die inneren Fehlstellen, wie Lunker, Schlackeneinschlüsse und Bindefehler aufzeigt, können mittels der magnetischen Prüfverfahren alle feineren an die Oberfläche grenzenden Fehlstellen ermittelt werden. Sie eignen sich besonders für den Nachweis von feinen Rissen, wie sie vielfach durch ungleichmäßige Abkühlung oder durch zu große Schrumpfeigenspannungen hervorgerufen werden. Die zerstörungsfreien Prüfverfahren werden dabei in der allgemein üblichen und in Bd. I Abschn. IX dargestellten Weise durchgeführt.

Nach einem von SCHMUCKLER[1] entwickelten einfachen Verfahren ist es möglich, auch ohne Röntgenaufnahmen wenigstens stichprobenweise einen Einblick in den inneren Aufbau der Schweißnaht zu gewinnen. Mittels eines besonderen Apparates wird die Schweißnaht nach Abb. 47 an einer Stelle kegelig bis zur Wurzel angefräst und die Wand der Ausfräsung einer Besichtigung unterzogen. Gröbere Fehlstellen bleiben dabei insbesondere dann, wenn die Ausfräsung noch leicht angeätzt wird, nicht verborgen.

Das Verfahren wird als sog. Bohrprobe auch in der Werkstatt häufig angewendet, wobei mit einem kleinen Bohrer vorgebohrt und das erzeugte Loch mit einem größeren erweitert wird. Dieser wird zur Besichtigung der geöffneten Schweißnaht von Zeit zu Zeit abgesetzt. Nach der Prüfung wird die betreffende Stelle wieder verschweißt.

b) Vorschriften.

Die erste umfassende *Vorschrift* für die Prüfung von Schmelzschweißungen wurde in dem Normblatt DIN 4000 vom Fachausschuß für Schweißtechnik im Verein Deutscher Ingenieure geschaffen. Dieses Normblatt enthält „Richtlinien für die Ausführung geschweißter Hochbauten". Im Normblatt 4100, welches nur geringe Abänderungen enthält, sind die Vorschriften für die Schweißprüfungen der Eisenbahn, des Schiffbaues und des Behälterbaues festgelegt. Die Bedeutung des handwerklichen Könnens und der Zuverlässigkeit der einzelnen Schweißer ist darin gewürdigt, daß die Prüfung der Schweißer in diesen Bestimmungen an erster Stelle aufgeführt ist. Es folgen dann die Zulassungsbestimmungen und schließlich die Prüfungen der Schweißverbindung selbst.

Prüfung der Schweißer.

Um bei der Prüfung des handwerklichen Könnens und der Zuverlässigkeit jedes einzelnen des mit Schweißarbeiten betrauten Personals eine subjektive Beurteilung nach Möglichkeit auszuschalten, werden für die Prüfung der Schweißer vorzugsweise Festigkeitsversuche vorgenommen, bei welchen die Prüfmaschine objektive und unbedingt vergleichbare Gütewerte liefert. Daneben wird auch hier wieder der Faltversuch als Güteprüfung herangezogen[2] (Tafel 1, Nr. 6 bis 8).

Bei der Untersuchung von *Kehlnähten* wird deshalb fast ausschließlich der Zugversuch angewendet, welcher an kreuzförmigen geschweißten Proben durchgeführt wird (Abb. 48). Das Probestück wird nach der Schweißung in 3 Zugstäbe längs zersägt, mit welchen bestimmte Festigkeitswerte erreicht werden sollen.

Die Winkelprobe dient lediglich zur Nachprüfung der Schweißer durch den Schweißermeister. Sie ist deshalb in den Vorschriften nicht aufgeführt.

---

[1] SCHMUCKLER: Über die Prüfung von Schweißnähten. Autogene Metallbearb. 24 (1931) S. 231.
[2] POHL: Großzahluntersuchung der Güte von Elektro-Schweißnähten und der Fähigkeit von Schweißern. Stahl u. Eisen Bd. 52 (1932) S. 917.

Zur Prüfung von *Stumpfnähten* werden 2 Bleche in waagrechter Lage durch eine V-Naht nach Abb. 49 zu einem Probestück werkstattmäßig in 2 bis 3 Lagen zusammengeschweißt. Die Einschweißflächen sollen einen Winkel von etwa 70° bilden. Aus dem Probestück sind 4 Probestücke herauszuschneiden, von welchen 2 Proben einem Zugversuch unterworfen werden. Mit den restlichen Probestücken sind Faltversuche nach Abb. 50 auszuführen. Die Scheitelseite der Schweißnaht ist vorher zu ebnen. Die Proben sollen sich bis zum ersten Anriß um mindestens 50° biegen lassen.

Werden bei den Proben eines Schweißers die verlangten Festigkeiten und Biegewinkel nicht erreicht, so muß er die Prüfung wiederholen. Versagt er auch bei dieser Wiederholung der Prüfung, so ist er zu weiteren Prüfungen

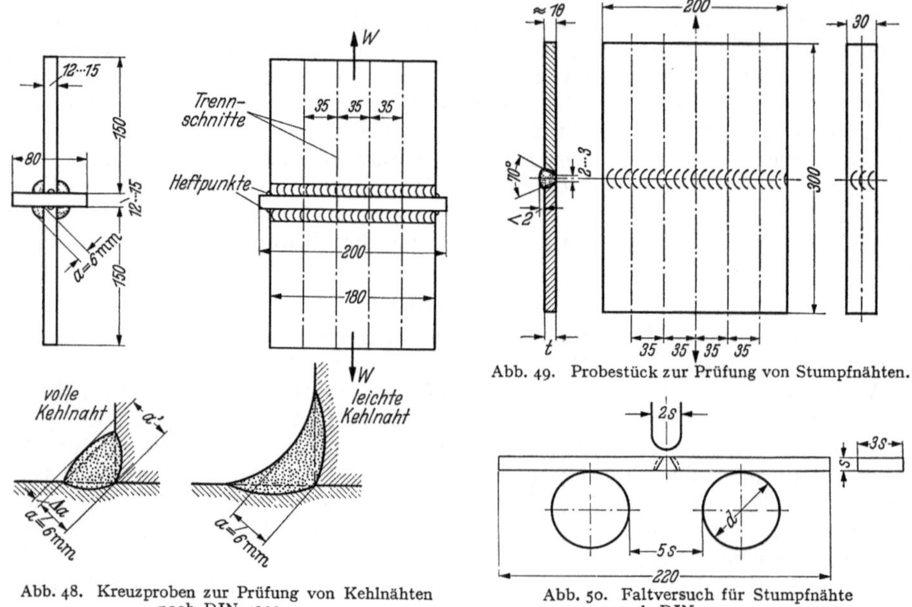

Abb. 48. Kreuzproben zur Prüfung von Kehlnähten nach DIN 4100.

Abb. 49. Probestück zur Prüfung von Stumpfnähten.

Abb. 50. Faltversuch für Stumpfnähte nach DIN 4100.

erst nach Ablauf eines Vierteljahres zuzulassen. Bei den regelmäßig halbjährlichen Wiederholungsprüfungen und bei den Prüfungen nach mehr als zweimonatiger Unterbrechung der Schweißertätigkeit wird zunächst nur die Probe mit Stirnkehlnähten verlangt. Fällt die Prüfung nicht befriedigend aus, so ist die ganze Schweißerprüfung durchzuführen.

Bei der Herrichtung der Proben ist im Hinblick auf die Wichtigkeit der Versuche größte Sorgfalt walten zu lassen. Da die angeschnittenen Schweißstellen besonders empfindlich sind, müssen die Schnittkanten gebrochen sein und Proben, an denen eine Schweißarbeit beendet wurde und offensichtlich Kraterbildung zeigen, vom Versuch und der Beurteilung ausgeschlossen werden.

Auch bei Stumpfnähten findet neben den in den Vorschriften geforderten Versuchen eine laufende Prüfung mittels Werkstattproben statt.

Für Schweißungen des Brücken- und Maschinenbaues sind bisweilen außerdem noch Dauerversuche, welche an Kreuzproben zur Durchführung kommen, vorgesehen. Zumeist werden die Versuche in Pulsatormaschinen vorgenommen, welche die Feststellung der in den Vorschriften geforderten Ursprungsfestigkeit gestatten.

Prüfung von Schweißdraht.

Die Ermittlung der günstigsten Schweißwerkstoffe befaßt sich nahezu ausschließlich mit der Eignungsprüfung der Zusatzdrähte (Elektroden). Die Vorschriften sind auf Grund der Lieferbedingungen für Schweißdrähte ausgearbeitet. Danach ist es Aufgabe der Prüfung, die für bestimmte Grundwerkstoffe geeigneten Zusatzdrähte zu ermitteln und nach Genehmigung derselben durch den Abnehmer durch eine laufende Abnahme dafür Sorge zu tragen, daß die Eigenschaften der Drähte bei den verschiedenen Lieferungen keine Änderung erfahren. Die Drähte werden dabei auf ihre Beschaffenheit, auf ihre Schweißeigenschaften und die sich nach dem Schweißen ergebenden mechanischen Eigenschaften geprüft.

Bei der Untersuchung der allgemeinen äußeren und inneren Beschaffenheit der Schweißdrähte wird die Sauberkeit der Oberfläche, die chemische Zusammensetzung und die Maßhaltigkeit geprüft [1]. Je nach dem Verwendungszweck des Drahtes sind die Bestimmungen verschiedenartig.

Wohl am wichtigsten für die Beurteilung eines Schweißdrahtes sind die Ergebnisse der eigentlichen Schweißversuche, wie sie insbesondere für Elektroden vorgesehen sind. Nach DIN Vornorm 1913 wird auf einem Blech aus dem Werkstoff des zu verschweißenden Grundmaterials von 200×100 mm Größe mit einem Draht, dessen Durchmesser der Blechstärke entspricht, eine Raupe gezogen. Dabei wird der Schweißfluß und Abbrand von erfahrenen Prüfern beobachtet und beurteilt. Zur Unter-

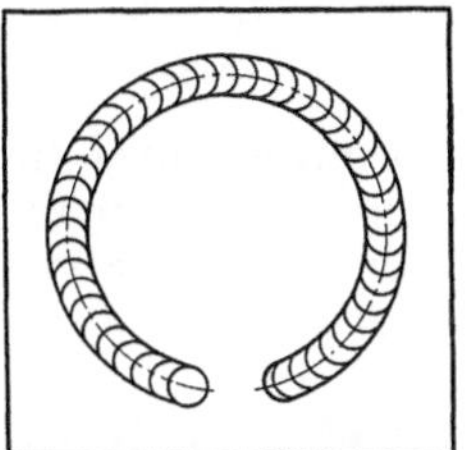

Abb. 51. Schweißversuch zur Ermittlung der Kletterfähigkeit nach DIN 1913.

suchung der Kletterfähigkeit wird ein Draht an senkrechter Wand verschweißt, indem bei der Verwendung nicht umhüllter Elektroden eine Raupe in Form eines Kreises von etwa 70 mm Dmr. gemäß Abb. 51 von unten beginnend aufgetragen wird.

Die mechanische Prüfung geschweißter Proben für die Drahterprobung ist sehr umfangreich. Die Vorschriften nach DIN Vornorm 1913 geben dazu folgende Anleitung:

Sind die vorgenannten Bedingungen erfüllt, so werden 2 Bleche von je 350×150 mm aus dem Werkstoff, für dessen Schweißung der Schweißdraht verwendet werden soll, längsseitig zusammengeschweißt, wobei zu beobachten ist, ob die Anforderungen über das Verhalten beim Schweißen erfüllt werden. Die Brennergröße ist entsprechend der Blechdicke zu wählen. Die Schweißkanten werden wie folgt bearbeitet:

bei Blechdicken bis 3 mm I-Stoß,
bei Blechdicken von über 3 bis 12 mm V-Stoß,
bei Blechdicken über 12 mm werkstattüblich.

Kantenwinkel und Wurzelabstand sind werkstattüblich zu wählen. Kupferblechunterlage oder Drahtunterlage beiderseits der Schweißnaht sind zulässig. Aus dem mittleren Teil des Probestückes werden die Probestäbe für den Zug-, Schmiede-, Falt- und Kerbschlagversuch mit spanabhebenden Werkzeugen herausgearbeitet. Bei minderwertigen Blechen können die Proben mittels Brennschnittes hergestellt werden. Bei schmiedbaren Schweißen sind zu prüfen: 3 Stäbe durch den Zugversuch, 2 Stäbe durch den Kerbschlagversuch, 1 Stab durch den Schmiedeversuch. Bei nicht schmiedbaren Schweißen sind zu prüfen: 4 Stäbe durch den Zugversuch, 3 Stäbe durch den Kerbschlagversuch. Das

---

[1] PLINKE, G. W.: Prüfung von Schweißdrähten. Weld. Engr. Bd. 17 (1932) S. 27; Auszug: Autogene Metallbearb. Bd. 25 (1932) S. 158.

Probestück oder die einzelnen Proben dürfen nach dem Schweißen in keiner Weise einer Warmbehandlung (z. B. Normalglühen, Vergüten) unterzogen oder kalt verformt werden, sofern hierüber bei der Bestellung nicht ausdrücklich etwas anderes vereinbart worden ist. Werden die Proben in warmbehandeltem Zustand geprüft, so ist dies im Prüfbericht besonders anzugeben. Die Schweißraupe ist bei den Proben für den Zug-, Falt- und Kerbschlagversuch auf Blechdicke abzuarbeiten, bei den Proben für den Schmiedeversuch zu belassen.

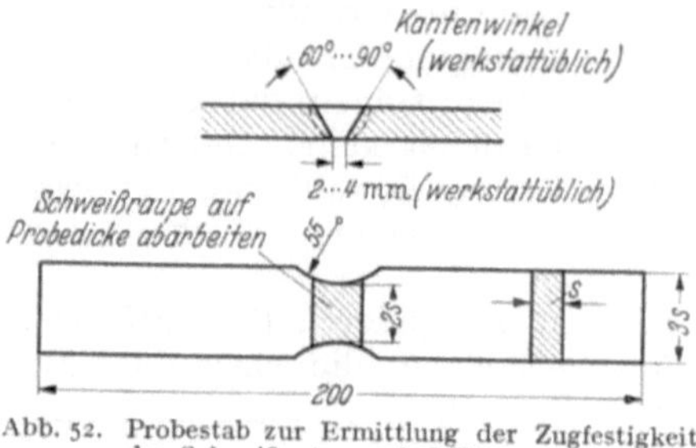

Abb. 52. Probestab zur Ermittlung der Zugfestigkeit des Schweißgutes nach DIN 1913.

Der Zugversuch wird nach DIN 1605 durchgeführt. Da bei der Prüfung des Drahtmaterials die von der Güte der Schweißarbeit abhängige Festigkeit der ganzen Schweißverbindung weniger von Bedeutung ist, wird nur die Festigkeit des Schweißgutes ermittelt. Dies wird dadurch erreicht, daß die Versuchsstäbe an der Naht gemäß Abb. 52 verschwächt werden. Allerdings ist dabei zu berücksichtigen, daß bei zu kleinen Ausrundungen an der Prüfstelle eine Erhöhung der Streckgrenze und der Zugfestigkeit um 10 bis 15% herbeigeführt wird. Die Seitenflächen der Stäbe müssen zur Vermeidung von Kerbwirkungen sorgfältig abgearbeitet werden.

Die wichtigste technologische Prüfung ist auch hier der *Faltversuch* (vgl. Abb. 50). Dabei ist vor allem die Lage der Schweißnaht zum Druckstempel zu beachten, welche sich auch während des Versuches nicht verändern darf. Eine Verlagerung würde nicht mehr die Schweißnaht, sondern den Grundwerkstoff der Höchstbeanspruchung aussetzen, wobei dann meist ein Durchbiegen an der Übergangszone nach Abb. 53 stattfindet. Die Form der Versuchsstäbe, sowie die zu erreichenden Güte-

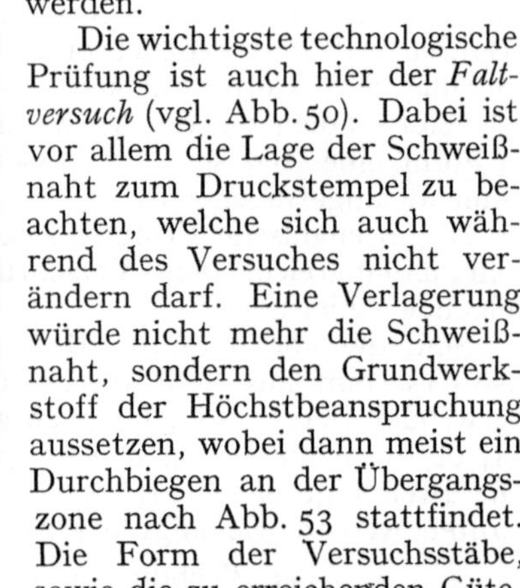
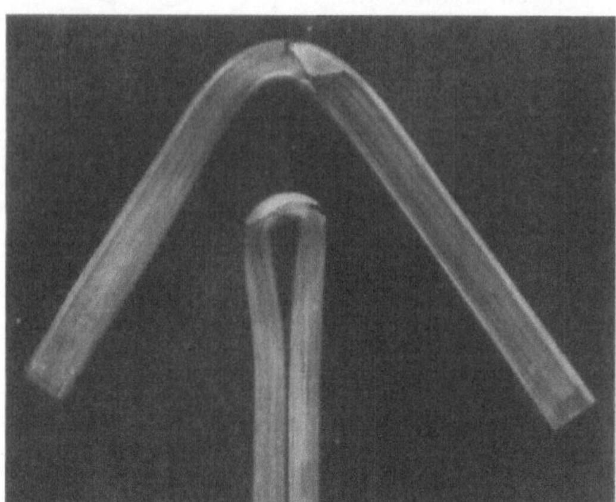

Abb. 53. Mißlungener Faltversuch infolge Verlagerung der Probe während des Versuches; die größten Verformungen treten in der Übergangszone auf. Darunter gelungener Faltversuch.

werte liegen nicht fest und sind der freien Vereinbarung zwischen Lieferwerk und Besteller überlassen. Meist wird dabei eine Probenform gemäß Abb. 49 gewählt.

Bisweilen wird auch ein kleineres Stück der Schweißnaht einem *Schmiedeversuch* zur Erprobung der Warmverformbarkeit unterworfen. Etwa vorhandene Bindefehler kommen dabei deutlich zum Vorschein. Die Prüfung wird durch einen anschließenden Verdrehversuch verschärft, bei welchem Bindefehler oder gestreckte Lunkerstellen eine Abblätterung verursachen und so dem Auge sichtbar werden.

Abnahme der Schweißarbeiten.

Nachdem das unternehmende Werk als zuverlässig anerkannt ist, die Schweißer nach der Prüfung zugelassen und die zur Verwendung kommenden Schweißwerkstoffe ermittelt sind, setzt eine regelmäßige Kontrolle der laufenden Schweißarbeiten ein. Die laufende Abnahme besteht einerseits in der Prüfung der geleisteten Schweißarbeiten mittels Werkstattproben, andererseits in der Prüfung der fertigen Werkstücke durch zerstörungsfreie Prüfverfahren.

Die Schweißer und Schweißarbeiten können durch Stichprobenprüfung an den Arbeitsstücken oder an besonderen Probestücken überwacht werden. Die Bruchfläche der Schweißnähte an diesen Prüfstücken soll ein nicht zu grobes Gefüge und einen guten Einbrand zeigen. Befriedigen die Stichproben nach Abb. 44 bis 46 nicht, so kann die Durchführung der ganzen Schweißerprüfung verlangt werden. Über die Stichproben bei der Bauüberwachung sind Aufzeichnungen zu führen. Für die Abnahme sind sämtliche Schweißnähte gut zugänglich zu halten und dürfen vor der Abnahme nur einen durchsichtigen Anstrich erhalten. Die Art der Prüfung der Schweißverbindungen bei der Abnahme bleibt dem Ermessen der zuständigen Aufsichtsbehörde überlassen.

c) Versuche an geschweißten Bauteilen.

Die an kleinen Versuchskörpern ermittelten Gütewerte lassen sich nicht in allen Fällen auf Konstruktionsteile großer Abmessungen übertragen, denn im großen Verband wirken sich Schweißspannungen, Fehlschweißungen usw. andersartig aus, als an Kleinproben. Aus diesem Grunde werden in besonderen Fällen *Großproben* hergestellt und geprüft, oder ganze Konstruktionsteile einer Untersuchung unterzogen. Neben Spannungs- und Eigenspannungsmessungen, welche meist eine Zerstörung des Bauteiles notwendig machen, werden Zug-, Biege- und Dauerversuche durchgeführt. Infolge der hohen erforderlichen Kraftwirkungen bleiben derartige Untersuchungen im allgemeinen den Materialprüfungsanstalten vorbehalten. Werkstattmäßig werden die Großproben bisweilen als Belastungsversuche fertiggeschweißter Konstruktionsteile ausgeführt, wobei meist mittels einer Anzahl von Gewichten die höchste im Betrieb zu erwartende Belastung aufgebracht und das Verhalten der Schweißkonstruktion beobachtet wird. Für die Abnahme sind derartige Belastungsversuche allerdings nur dann brauchbar, wenn die auftretenden Verformungen mittels Meßuhren verfolgt und so Vergleichswerte erlangt werden.

3. Auftragschweißung.

Da bei Auftragschweißungen die Festigkeitseigenschaften des Schweißgutes eine untergeordnete Rolle spielen, wird meist nur ihre Härte nach DIN 1605 ermittelt. Weit wichtiger ist dagegen die Güte der Schweißung selbst und ihre Verformbarkeit.

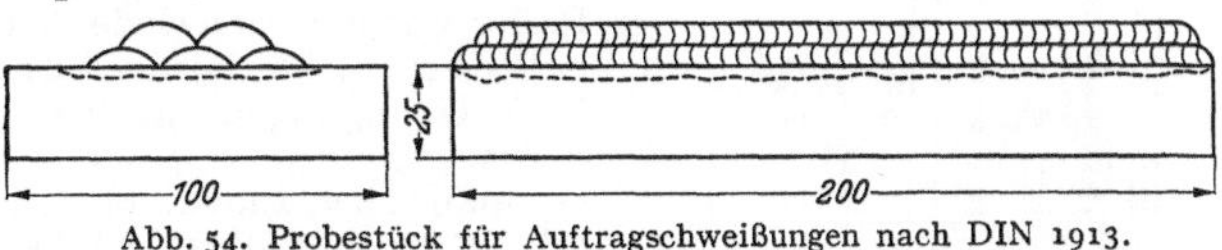

Abb. 54. Probestück für Auftragschweißungen nach DIN 1913.

Zur Ermittlung der Bindung zwischen Grundmaterial und Schweißgut, sowie zwischen den einzelnen Schweißlagen, werden nach DIN Vornorm 1913 auf einem 200 × 100 × 25 mm großen Blech des Werkstoffes, auf welchem später die Aufschweißungen vorgenommen werden sollen, 3 Schweißraupen nebeneinander und zwei weitere darüber gezogen (Abb. 54). Das Stück wird dabei auf einen Mauerstein aufgelegt und soll Raumtemperatur haben. Bei der Gasschweißung ist die Brennergröße entsprechend der Blechstärke zu wählen und die Brennerflamme normal oder mit einem geringen Azetylenüberschuß einzustellen. Löst man nun die aufgetragenen Raupen mit einem scharfen Handmeißel ab, dessen Schneide etwa 2 mm unter der Oberfläche des Probestückes anzusetzen ist, so darf sich der entstehende Span weder zwischen Grundwerkstoff und Schweiße, noch zwischen den einzelnen Schweißlagen teilen.

Über die Prüfung der Verformbarkeit von Auftragschweißungen bestehen keine Vorschriften. Sie kann so durchgeführt werden, daß auf einem Streifen des zur Verschweißung gelangenden Grundwerkstoffes von etwa 300 × 70 × 20 mm Größe eine Schweißraupe in Längsrichtung aufgetragen wird. Sodann wird ein Biegeversuch in der Weise durchgeführt, daß die Schweißraupe auf der Zugseite liegt. Gemessen wird der größte Biegewinkel, welcher ohne Rißbildung erreicht werden kann.

In ähnlicher Weise wird die Neigung des Werkstoffes zur Schweißrissigkeit, wie sie insbesondere beim Baustahl St 52 in gefährlichen Formen auftritt, durch Biegeversuche erforscht[1].

C. Technologische Prüfung bestimmter Teile.

Die technologischen Versuche eignen sich infolge ihrer bewußt einfachen Handhabung bestens für Prüfungen bei der Abnahme. Es haben sich deshalb für die Abnahme bestimmter hochbeanspruchter und lebenswichtiger Maschinenteile Sonderprüfverfahren herausgebildet, welche sowohl für die Verarbeitung als auch für den Betrieb die geforderte Bewährung nachweisen.

1. Prüfung von Rohren.

Die technologischen Versuche werden für die Prüfung von Rohren häufig angewendet, da insbesondere die Rohre für den Dampfkessel- und chemischen Apparatebau einer laufenden Abnahme unterliegen. Neben der Ermittlung der allgemeinen Werkstoffeigenschaften ist dabei die Kenntnis des Verformungsvermögens für Einwalzverbindungen von größter Bedeutung. Die wichtigsten dafür geltenden Abnahmevorschriften sind in Tafel 2 zusammengestellt.

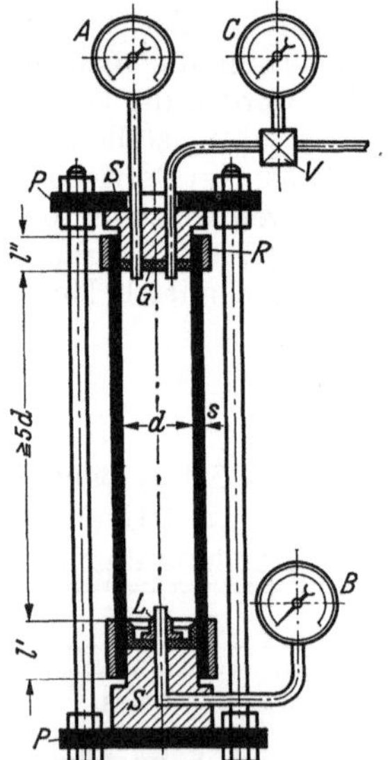

Abb. 55. Innendruckversuch nach DIN Vornorm DVM A 105. *A, B, C* verschiedene Möglichkeiten des Manometeranschlusses, *G* Gummidichtung, *L* Lederstulpen, *P* Einspannplatten, *R* Stützringe, *S* Verschlußstopfen, *V* Regelventil.

Tafel 2. Vorschriften für die Prüfung von Rohren.

1. Werkstoff- und Bauvorschriften für Landdampfkessel, herausgegeben vom Deutschen Dampfkesselausschuß. Berlin, Beuth-Verlag.
2. Richtlinien für den Bau von Heißdampfrohrleitungen, herausgegeben von der Vereinigung der Großkesselbesitzer.
3. Richtlinien für die Anforderungen an den Werkstoff und Bau von Hochleistungsdampfkesseln, herausgegeben von der Vereinigung der Großkesselbesitzer.
4. Boiler Construction Code, herausgegeben von der American Society of Mechanical Engineers.
5. Lieferbedingungen 91 807 und 91 808 der Deutschen Reichsbahn.
6. Germanischer Lloyd, Materialvorschriften.
7. DIN 1629. Nahtlose Flußstahlrohre, technische Lieferbedingungen.

a) Innendruckversuch.

Den Beanspruchungen im Betrieb am nächsten kommt der *Innendruckversuch*, wie er in DIN Vornorm DVM A 104 für die Prüfung bis zu einem bestimmten Druck (Abdrückversuch), nach DIN Vornorm

---

[1] Klöppel, K.: Stahlbau Bd. 11 (1938) Heft 14/15. — Bierett, G.: Elektroschweißg. Bd. 9 (1938) Heft 7. S. 121. — Bierett, G. u. W. Stein: Stahl u. Eisen Bd. 58 (1938) S. 346. — Kommerell, O.: Stahlbau Bd. 11 (1938) Heft 7/8, S. 49. — Wasmuth, R.: Bautechn. Bd. 17 (1939) Heft 7, S. 85. — Werner: Elektroschweißg. Bd. 10 (1939) Heft 4, S. 61. — Albers, K.: Zur Frage der Schweißung des Baustahls St 52 im Stahlbau. Techn. Zbl. prakt. Metallbearb. Bd. 49 (1939) Nr. 11/12. — Schaper, G.: Der hochwertige Baustahl St 52 im Bauwesen. Z. VDI Bd. 83 (1939) Nr. 4, S. 93.

DVM A 105 für die Prüfung bis zur Zerstörung des Proberohres festgelegt ist.
Dazu werden Rohrabschnitte von der Länge $l = 5\,d$ an beiden Enden in geeigneter Weise verschlossen und in einer Vorrichtung gemäß Abb. 55 unter
Flüssigkeitsdruck gesetzt. Aus der dabei auftretenden Zunahme des Rohr-
umfanges U, welche mit Stahlbandmaßen ermittelt wird, läßt sich die tangen-
tiale Dehnung in Prozent des ursprünglichen Umfanges U_0 errechnen zu

$$\delta = \frac{\Delta U}{U_0} \cdot 100.$$

Meist wird auf eine Zerstörung des Rohres verzichtet und lediglich das Dicht-
halten der Rohre bis zu einem bestimmten Innendruck nachgewiesen. Dieser
ist nach DIN 1629 gleich dem $1^1/_2$fachen, und nach den Vorschriften gleich
dem doppelten oder 3fachen Betriebsdruck, mindestens aber 50 kg/cm². Nach
Erreichen des Prüfdruckes wird das Rohr abgehämmert.

b) Biege- und Faltversuche.

Der *Biegeversuch* wird bei Rohren in ähnlicher Weise wie bei Flach- oder
Rundstäben auf einer Presse durchgeführt. Dünnwandige Rohre werden dazu

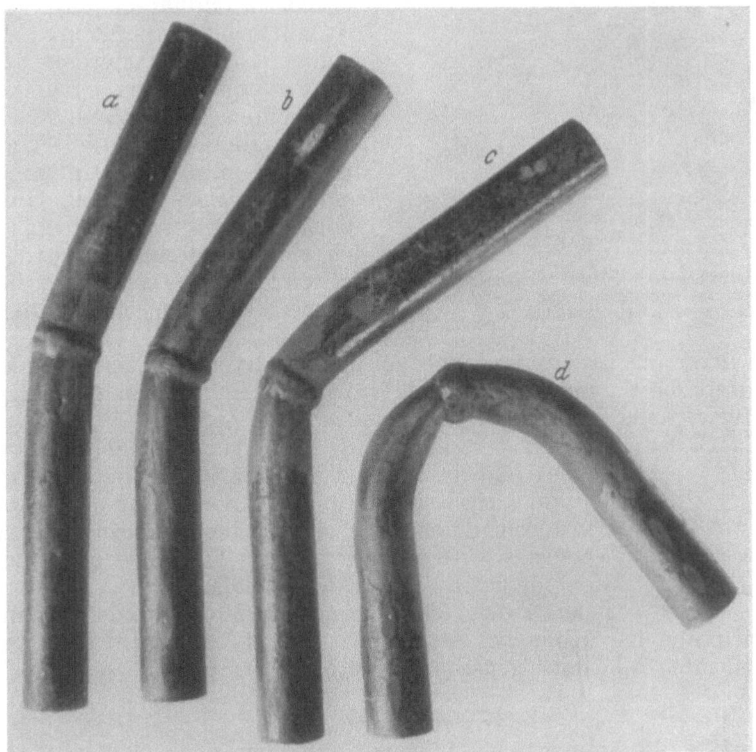

Abb. 56. Biegeproben von geschweißten Rohren. *a* bis *c* schlecht (Rißbildung auf der Zugseite), *d* gut.

mit einer Füllung versehen, wobei der Rohrdurchmesser infolge der hohen
Beanspruchung auf der Zugseite gleich der Materialdicke gesetzt wird. Die
Rohrfüllung besteht häufig aus Blei; Zement erweist sich als zu hart und Sand
als zu wenig widerstandsfähig. Als Maß für die Verformungsfähigkeit des

Rohres dient auch hier der Biegewinkel, der beim Eintreten des ersten Anrisses gemessen wurde.

Während der einfache Biegeversuch meist bei stumpfgeschweißten Rohren (Abb. 56) zur Anwendung kommt, wird für die Abnahme von Rohren, deren Wandstärke nicht mehr als 15 % des Außendurchmessers beträgt, ein *Faltversuch* gemäß Abb. 57 (Querfaltversuch nach DIN-Vornorm DVM Entwurf A 136, vgl. auch DIN 1629) in der Weise durchgeführt, daß Rohrabschnitte von 50 oder 100 mm Länge bis zum Aufeinanderliegen der gegenüberliegenden Wandungen zusammengedrückt werden. Um zu vermeiden, daß sich die Rohrwandungen nach innen durchbiegen, werden Platten von vorgeschriebener Dicke eingelegt. Je nach der Werkstoffart wird der dabei verbleibende Spalt gleich dem Zwei- bis Vierfachen der Rohrwandstärke gehalten. Nach den Vorschriften (Tafel 2) dürfen sich hierbei an den Wänden keine metallisch glänzenden Risse zeigen. Die Risse treten in der Regel an den beiden höchstbeanspruchten Stellen auf, und zwar an der Außenfaser der seitlichen Biegestellen (Abb. 58).

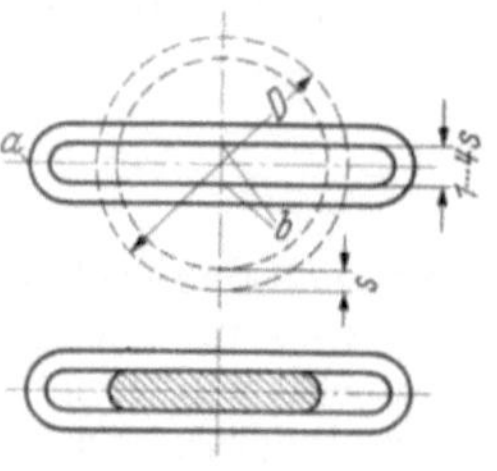

Abb. 57. Faltversuch an Rohren.

Die Durchführung des Versuches wird entweder in einer Presse, oder weit häufiger in einem schweren Schraubstock vorgenommen. Bei weichen Stahlrohren und Rohren aus Nichteisenmetallen werden die Wandungen bisweilen mit dem Hammer aufeinandergeschlagen. Es muß dann allerdings berücksichtigt werden, daß zu harte Hammerschläge zu Anbrüchen führen können, welche über die wirklichen Werkstoffeigenschaften nichts aussagen.

Abb. 58. Faltversuche an zwei Probestücken aus demselben Rohr: *a* gelungen, *b* mißlungen, da die Seigerzone an der Stelle der größten Verformung liegt.

Der Faltversuch wird entweder als normaler Kaltversuch oder als Abschreck- bzw. Härteprobe durchgeführt. Dabei haben die allgemeinen Gesichtspunkte für die Beurteilung von Faltversuchen sinngemäß Geltung.

Abb. 59. Doppelfaltprobe an einem dünnwandigen Rohr.

Eine Verschärfung dieses Versuches stellt die Doppelfaltprobe dar, bei welcher das gefaltete Rohrstück einer zweiten Faltung unterzogen wird. An den nach Abb. 59 entstehenden Ecken dieses auch als Taschentuchprobe bezeichneten Versuches wird eine Verformung längs und quer zur Faserrichtung herbeigeführt. Da auf diese Weise außerordentlich hohe örtliche Verformungen erzeugt werden, kommt die Doppelfaltprobe nur dann zur Anwendung, wenn von einem Rohrwerkstoff besonders gute Zähigkeitseigenschaften verlangt werden.

c) Aufweitprobe.

Besonders einfach gestaltet sich die *Aufweitprobe*, da dieselbe an den Rohren selbst vorgenommen werden kann, so daß das Abschneiden eines Prüfstückes in Fortfall kommt. Dabei wird ein kegeliger Dorn geringer Steigung solange in das Rohrende eingetrieben, bis der Rand aufzureißen beginnt (Abb. 60). Bei sorgfältiger Prüfung wird allerdings auch hier eine Probe am Rohrende abgeschnitten und auf der Presse aufgeweitet, da die hohe Formänderungsgeschwindigkeit beim Einschlagen mit dem Hammer ein vorzeitiges Aufreißen herbeiführen kann. Als Gütemaß wird die auf den Ausgangsdurchmesser bezogene Aufweitung $(d_1 - d_0)/d_0 \cdot 100$ in Prozent ermittelt.

Die Aufweitprobe gibt in vorzüglicher Weise über die Eignung eines Rohrwerkstoffes für Einwalzverbindungen Aufschluß. Es wird deshalb auch vielfach an Stelle des Dornes eine Rohrwalze zur Aufweitung verwendet.

Der Dorn besteht aus einem zylindrischen und einem kegeligen Teil, dessen Durchmesser und Steigungsmaß in den Vorschriften (Tafel 2) festgelegt sind. Um eine vorgeschriebene Aufweitung zu erreichen, müssen die Dornabmessungen in einem bestimmten Verhältnis zur lichten Weite des Rohres stehen. Die Oberfläche des Dornes muß glatt sein und vor jedem Versuch ausgiebig eingefettet werden.

Wird die Prüfung an besonderen Probeabschnitten durchgeführt, so ist der Vorbereitung derselben größte Sorgfalt zu widmen. Insbesondere müssen die Schnittflächen des Prüflings parallel abgeschnitten und zur Vermeidung von Kerbwirkungen sorgfältig gebrochen sein. Die Probenlänge richtet sich nach dem Durchmesser des Rohres; für die im Dampfkesselbau verwendeten Rohre ist meist eine Länge von 50 oder 100 mm vorgeschrieben.

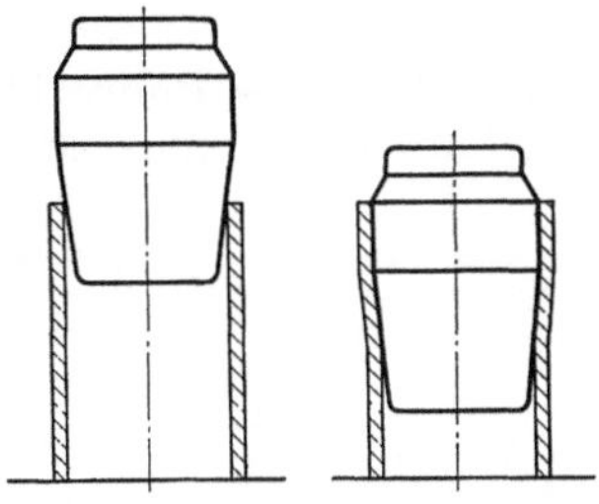

Abb. 60. Aufweitprobe.

In den Vorschriften wird auch hier auf die Bestimmung eines Gütewertes verzichtet und lediglich eine bestimmte Aufweitung ohne Rißbildung verlangt. Diese ist in erster Linie von der Wandstärke des Rohres abhängig. Um eine klare Beurteilung vornehmen zu können, soll der zylindrische Teil des Dornes mindestens 30 mm in das Rohr eindringen.

Lloyds Register of Shipping schreibt vor: Alle Rohre müssen eine Aufweitung an beiden Enden mittels einer Rohrwalze oder eines Dornes ohne Rißbildung wie nebenstehend ertragen.

| | Vergrößerung des Durchmessers an den Enden durch | |
Stärke der Rohre	Rohrwalze	Dorn
Bis 3,25 mm	12,5%	19,5%
Über 3,25 mm und bis 4,9 mm	9,5%	7%
Über 4,9 mm	6,5%	5,5%

In den Vorschriften der Deutschen Reichsbahn (Tafel 2, Nr. 5) ist entsprechend DIN 1629 folgendes festgesetzt:

Ein eingefetteter kegeliger Dorn mit zylindrischer Fortsetzung von vorgeschriebenem Durchmesser ist in das Rohrende in kaltem Zustand mit Hammer oder Presse so weit einzutreiben, bis der zylindrische Ansatz etwa 30 mm tief eingedrungen ist. Das Rohr soll dabei keine Risse zeigen und eine Aufweitung bis zu folgendem Wert erreichen:

bis zu einer Wandstärke von 4 mm um 10% des inneren Dmr.,

bei einer Wandstärke über 4 mm um 6% des inneren Dmr.

Die Aufweitprobe hat neben der einfachen Handhabung den Vorzug, daß die Beurteilung viel sicherer ist, als bei den meisten technologischen Versuchen, da ein Versagen des Prüflings eindeutig erkannt werden kann.

d) Ringprobe.

Denselben Vorzug weist die *Ringprobe*[1] auf, die eine Verschärfung der Aufweitprobe darstellt (Tafel 2, Nr. 2). Dabei werden Ringe von etwa 15 mm

---

[1] ULRICH, M.: Studienversuche über die „Ringprobe". Z. bayer. Rev.-Ver. 1930, S. 295. — WELLMANN, W. E.: Die Anwendung der Großzahlforschung für den Kesselbau. Mitt. Ver. Großkesselbes. Heft 41 (1933) S. 39. — ULRICH, M.: Erfahrungen bei der Abnahme von Werkstoffen für Höchstdruckanlagen. Mitt. Ver. Großkesselbes. Heft 59 (1936) S. 263.

Höhe gemäß Abb. 61 in ähnlicher Weise wie beim Aufweitversuch mittels eines kegeligen Dornes geweitet. Es wird in diesem Falle der Versuch immer bis zum Bruch durchgeführt und der Gütewert $(d_1 - d_0)/d \cdot 100$ in Prozent angegeben.

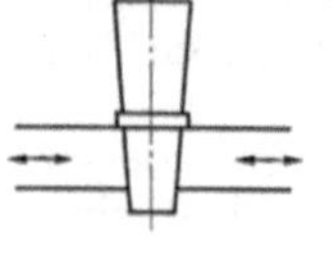

Abb. 61. Ringprobe.

Die Ringprobe wird sehr oft zur Untersuchung des Einflusses einer Warmbehandlung herangezogen. Hierbei können unsachgemäße Glühbehandlung oder Rekristallisation, Versprödung durch Altern, Härtung usw. leicht nachgewiesen werden (Abb. 62).

e) Sickenprobe.

Ähnlich ist die Rohrprüfung mittels der *Sickenprobe*, bei welcher an einem ausgeglühten Rohrendstück eine Sicke von innen nach außen eingedrillt wird. Dabei dürfen keine Risse entstehen. Die Sickenprobe wird allerdings nur noch selten angewendet und ist als Abnahmeversuch nicht mehr gebräuchlich.

Abb. 62. Ermittlung eines fehlerhaften Rohres durch die Ringprobe. Der an der Probe sich zeigende Riß ist durch einen Anschliff am Rohr selbst bestätigt.

f) Bördelprobe.

Die Eignung des Rohrwerkstoffes für Bördelungen wird durch die *Bördelprobe* bestimmt, welche den genannten Arbeitsprozeß genauestens nachahmt. Mittels eines geeigneten Werkzeuges wird das Rohrende so lange umgebördelt, bis am Rand Risse entstehen. Es wird hierbei im allgemeinen auf die Angabe eines Gütewertes verzichtet und lediglich die Erreichung einer bestimmten Bördelbreite ohne Rißbildung verlangt.

Der Versuch kann entweder mit einem Bördelhammer von Hand, oder unter Verwendung eines entsprechend geformten Dornes in der Presse oder einem Hammerwerk vorgenommen werden. Bei der Verwendung eines Bördelhammers besteht die Gefahr, daß entweder durch zu starke Kaltverfestigung die Oberfläche eine Versprödung erfährt und infolgedessen zu vorzeitiger Rißbildung neigt, oder aber durch das Zuhämmern kleiner Anrisse ein zu günstiges Versuchsergebnis vorgetäuscht wird. Wird die Bördelung maschinell durchgeführt, so kann ein kegeliger Dorn mit vorgeschriebenem Steigungswinkel aufgepreßt und, falls eine Bördelung um 90° vorgeschrieben ist, der umgebogene Rand flachgedrückt werden (Abb. 63).

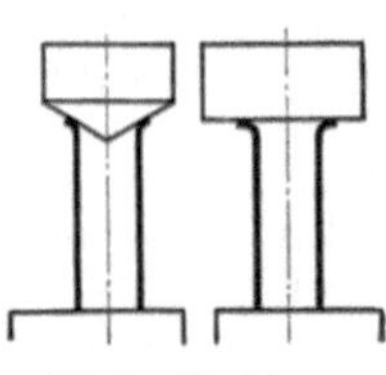

Abb. 63. Bördelprobe.

Bei sorgfältiger Versuchsdurchführung jedoch ist ein dem lichten Durchmesser des Rohres entsprechender Dorn mit einem Bund nach Art der Abb. 64 zu verwenden. Die Hohlkehle am Übergang vom Schaft zum Bund des Dornes soll dabei den Radius der gewünschten Bördelung besitzen. Zur Versuchsdurchführung wird der Dorn eingefettet, um unnötige Reibungen zu vermeiden; vgl. auch DIN 1629.

In den Vorschriften (Tafel 2) ist meist neben dem Winkel, um dessen Betrag der Rand umgebördelt werden soll, die Bördelbreite in Prozent des lichten Rohrdurchmessers angegeben. Einige Vorschriften, an welche sich die meisten in- und ausländischen anlehnen, sind im folgenden auszugsweise aufgeführt.

Der Germanische Lloyd schreibt für Schiffskesseldampfrohre vor: Rohrabschnitte sind in kaltem Zustand an den Enden bei unlegiertem Flußstahl um

90°, bei legiertem Stahl um 60° nach außen umzubördeln. Hierbei dürfen sich keine Risse zeigen. Die von innen gemessene Bördelbreite muß mindestens 12% des inneren Rohrdurchmessers und mindestens das $1^1/_2$fache der Wanddicke betragen. Die Reichsbahnvorschriften besagen: Die Rohrenden müssen sich bei normaler Raumtemperatur nach außen um 90° umbördeln lassen, ohne Risse zu zeigen, die Bördelbreite muß von innen gemessen mindestens 12% des inneren Durchmes-
sers betragen. Die Kanten sind vor dem Versuch leicht abzurunden.

Die Beurteilung eines Bördelversuches bereitet nach den Vorschriften an sich keine Schwierigkeiten, wenn der Versuch richtig durchgeführt wurde (Abb. 65). Wird das Bördeln mit Bördel-
hammer vorgenommen, dann ist beim Versagen der Probe nicht immer auf den ersten Blick sicher, ob dieses auf Werkstoff-Fehler oder auf

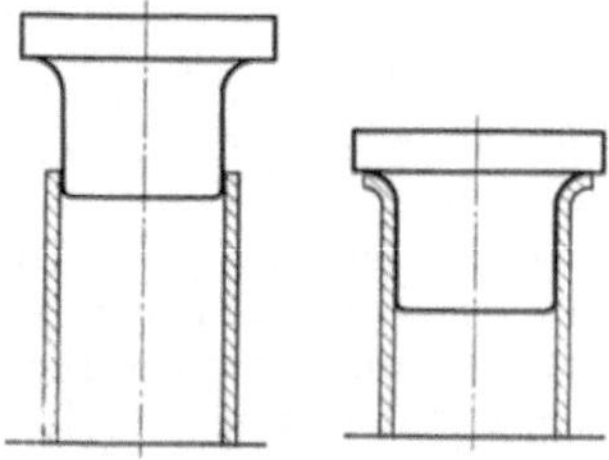

Abb. 64.
Bördelprobe mit ausgerundetem Dorn.

unsachgemäße Ausführung der Bördelung zurückzuführen ist. Da nicht alle Werkstoffarten ein Umbördeln von 90° ertragen, begnügt man sich bei härteren, besonders bei legierten Werkstoffen mit 60°. Es ist daher auch

Abb. 65. Im Bördelversuch geprüfte Rohre verschiedenen Werkstoffes. In einem Falle führten Schlackenzeilen zum Bruch.

notwendig, den Winkel der Bördelung neben der Bördelbreite auf das vor-
geschriebene Maß zu kontrollieren. Wenn nicht durch Handbördelung geringe Anrisse verdeckt werden können, so gilt hier dasselbe, was bei der Aufweitprobe über die Beurtei-
lung gesagt wurde. Wird je ein Ende eines Rohr-
abschnittes zur Bördel- und zur Aufweitprobe verwendet, dann dürften die gesuchten Werkstoff-Fehler kaum dem Prüfenden entgehen.

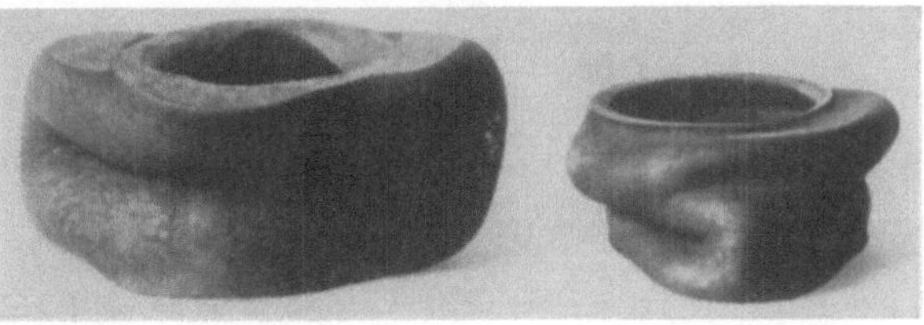

Abb. 66. Rohrstauchversuch an dünnwandigen Kupferrohren.

g) Rohrstauchprobe.

Ein außerordentlich gutes Bild über Beschaffenheit und Verformbarkeit eines Rohrwerkstoffes ergibt die Rohrstauchprobe. Ein Rohrstück von der Länge $l = 2\,d$ wird so weit gestaucht, bis sich nach innen und außen starke Falten bilden. Wie Abb. 66 zeigt, werden dabei sämtliche Fasern sowohl nach innen als auch nach außen gebogen und die Biegebeanspruchung somit in Längs- und Querrichtung wirksam. Der Versuch wird allerdings zu Abnahmezwecken wenig herangezogen und dient mehr der qualitativen Erforschung der Werkstoffeigenschaften, welche er in vorzüglicher Weise zu zeigen vermag.

2. Prüfung dünner Bleche.

Eine besonders hohe Kaltverformbarkeit wird von allen Blechsorten verlangt, welche eine Formgebung durch Ziehen erhalten. Für derartige Tiefziehbleche eignen sich nur weiche Werkstoffe mit hohem Dehnvermögen, welche eine Kaltverformung bei niedrigen Kräften gestatten und bei hohen Verformungsgraden ein einwandfreies Fließen gewährleisten. Voraussetzung dafür ist eine geeignete innere und äußere Beschaffenheit des Werkstoffes, insbesondere eine saubere zunderfreie Oberfläche und eine gleichmäßige Wandstärke. Das Gefüge derartiger Feinbleche muß äußerst feinkörnig und frei von Seigerungen, Schlackeneinschlüssen und Zeilenstruktur sein.

Wenn man sich ursprünglich zur Untersuchung der Tiefziehfähigkeit eines Bleches mit der Ermittlung seiner Festigkeit und Dehnung begnügte und notfalls seine chemische Zusammensetzung als Maßstab ansah, so geschah dies in Ermangelung eines geeigneten Prüfgerätes. Der Zugversuch ist kaum geeignet, die Verformungsfähigkeit eines Bleches richtig aufzuzeigen, da bei dünnen Blechen, abgesehen von der Schwierigkeit einer gleichmäßigen Belastung, das ungünstige Verhältnis zwischen Blechdicke und Breite der Ausbildung einer Einschnürung entgegenwirkt. Der Zugversuch ist für dünne Bleche in DIN-Vornorm DVM A 114 festgelegt. Unterlagen über die Durchführung finden sich Bd. II, S. 77/78.

a) Tiefungsprüfung.

Am gebräuchlichsten insbesondere für die Abnahme ist die *Tiefungsprüfung* nach Erichsen[1], welche ein gutes Bild über das Verformungsvermögen des Werkstoffes und ein anschauliches Tiefungsmaß ergibt. Ein Blechzuschnitt

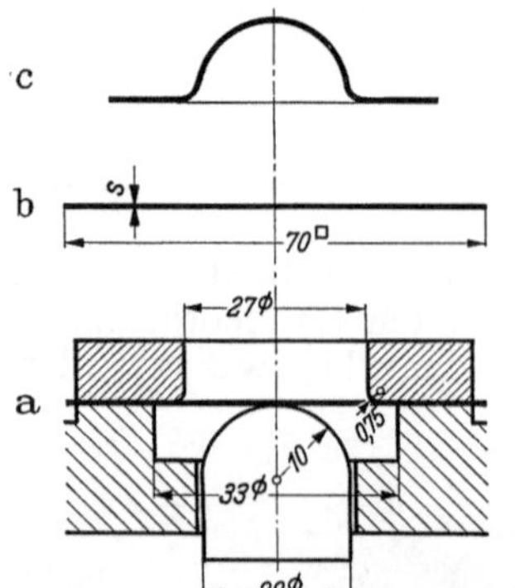

Abb. 67a bis c. Tiefungsprüfung nach Erichsen.
a Prüfvorrichtung, b Blechzuschnitt, c geprüftes Blech.

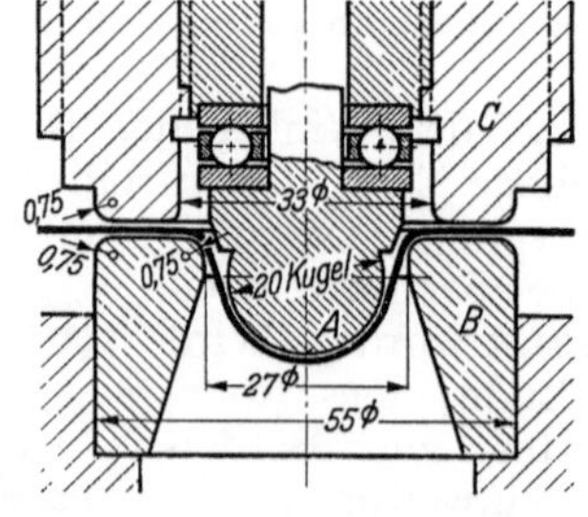

Abb. 68. Tiefungsversuch nach DIN-Vornorm DVM A 101.
A Stößel, B Matrize, C Faltenhalter.

wird gemäß Abb. 67 zwischen eine Matrize und einen Faltenhalter eingelegt und darauf mittels eines halbkugelig abgerundeten Stempels solange getieft, bis ein Bruch auftritt. Dabei wird die Größe des Zuschnittes oder die Einspannung so gewählt, daß an der Ziehkante keine nennenswerten Materialverschiebungen aufzutreten vermögen. Die beim Bruch erreichte Tiefung in Millimeter wird sodann als unmittelbares Gütemaß angegeben. Über die zur Durch-

---

[1] Erichsen, A. M.: Ein neues Prüfverfahren für Feinbleche. Stahl u. Eisen Bd. 34 (1914) S. 879.

führung des Verfahrens entwickelten Einrichtungen nach ERICHSEN, GUILLERY[1]
und OLSEN[2] vgl. Bd. I Abschn. V C 1 c.

Die Durchführung der Tiefungsprüfung nach ERICHSEN ist in DIN-Vornorm
DVM A 101 für Bleche und Bänder über 70 mm Breite festgelegt. Danach soll
der Stößel gemäß Abb. 68 eine gehärtete, hochglanzpolierte Stahlkugel von
20 mm Durchmesser tragen oder aus einem zylindrischen Stempel mit gleichfalls gehärteter hochglanzpolierter Kuppe von 10 mm Radius bestehen. Für die
ringförmige Matrize wird ein Innendurchmesser von 27 mm und ein Außendurchmesser von 55 mm vorgeschrieben. Innen- und Außenkanten der Matrize
besitzen eine Abrundung mit einem Halbmesser von 0,75 mm und sind gehärtet

und poliert. Auch der Faltenhalter besitzt abgerundete
Kanten, wobei die Außen-
kante wiederum einen Ausrundungshalbmesser von 0,75 mm
hat. Die ringförmige Fläche
des Faltenhalters, welche den
Druck auf das Blech ausübt,
soll einen Außendurchmesser
von 55 und einen Innendurchmesser von 30 mm haben.
Alle mit dem zu prüfenden
Blech in Berührung kommenden Flächen sollen gehärtet,
geschliffen und poliert sein und
stets vor Rost und Verunreinigungen geschützt werden.

Nach der Vornorm darf
der Tiefungsversuch an bis zu
2 mm starken Blechen vor-
genommen werden. Außer
kreisförmigen und quadratischen Zuschnitten dürfen auch
Blechstreifen von 70 mm
Breite verwendet werden. Soll

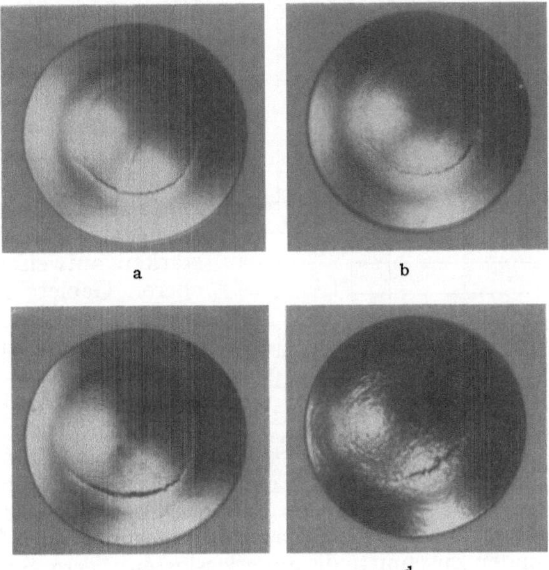

Abb. 69 a bis d. Bruchbilder von ERICHSEN-Proben. a feines, gleichmäßiges Korn; b mittelfeines Korn ohne Walzstruktur; c Walzstruktur;
d grobes Korn. (Nach M. SCHMIDT.)

die Prüfung an einer Blechtafel selbst vorgenommen werden, so soll die Entfernung der Eindruckmitte vom Rand des Bleches 35 mm betragen. Die Stärke
der Bleche ist mittels einer Lehre auf 0,01 mm festzustellen.

Sollen Bleche von einer größeren Stärke als 2 mm geprüft werden, so ist
eine Vergrößerung der Abmessungen der Ziehwerkzeuge erforderlich. Es haben
sich hierfür Matrizen mit einem Innendurchmesser von 50 mm bewährt, für
welche das Tiefungsgerät nach GUILLERY besonders geeignet ist[1].

Zur Durchführung des Versuches ist entweder Stössel, Matrize und Faltenhalter, oder das Probestück selbst mit reiner Vaseline einzufetten. Zwischen
Probe und Faltenhalter ist ein Spielraum von 0,05 mm zu belassen. Von der
Nullstellung aus wird sodann der Stössel mit gleichmäßiger Geschwindigkeit
von etwa 0,1 mm/s in die Probe gedrückt. Die beim Bruch erreichte Tiefe ist
auf 0,1 mm anzugeben. Die Nullpunktstellung des Stössels und die Abrundung
der Ziehkanten sind von Zeit zu Zeit einer Nachprüfung zu unterziehen.

---

[1] GUILLERY, M.: Essai d'emboutissage sur tôles mines. Rev. Métall. Bd. 21 (1924) S. 303.
[2] OLSEN, TH. J.: Ductility Testing Machines. Proc. Amer. Soc. Test. Mach. 20 II (1920)
S. 398.

Der Bruchbeginn läßt sich bei Geräten mit Kraftmeßeinrichtung aber auch an einem plötzlichen Absinken der Kraft feststellen. Bei der Beurteilung ist die Bestimmung der erreichten Tiefung nicht allein ausschlaggebend; es muß sowohl das Aussehen des Bruches, wie das der Oberfläche in Betracht gezogen werden. Auch wenn man auf eine metallographische Prüfung verzichtet, läßt sich die Feinkörnigkeit des Gefüges aus der Oberflächenbeschaffenheit des Prüflings beurteilen (Abb. 69)[1,2]. Kalthärtung oder Zeilenstruktur des Werkstoffes, welche für Tiefziehzwecke nicht erwünscht ist, läßt sich an einem nicht kreisförmigen, sondern geradlinig der Faser folgenden Bruch erkennen. Auch Walzriefen und kleine Risse treten schon vor Erreichen der Höchstlast zutage und führen zu einer Verwerfung des Bleches.

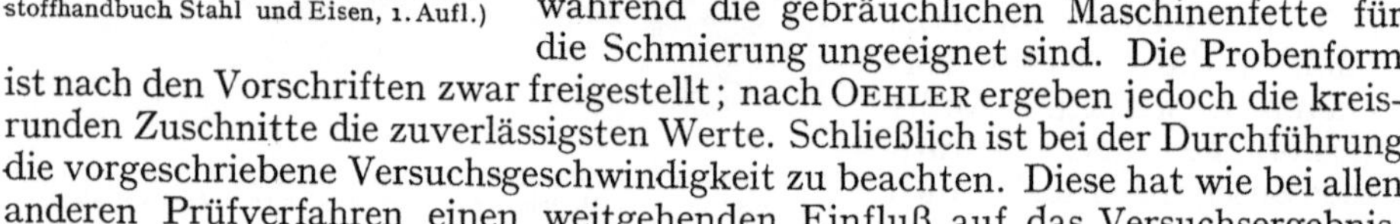

Abb. 70. Tiefziehfähigkeit von geglühten und gewalzten Bandeisen in Abhängigkeit vom Walzgrad. (Nach Pomp im Werkstoffhandbuch Stahl und Eisen, 1. Aufl.)

Bei der Beurteilung ist außerdem auf alle diejenigen Gesichtspunkte zu achten, welche eine Beeinflussung des Ergebnisses zu bewirken imstande sind. So ist der erreichbare Tiefungswert sehr stark vom Walzgrad der Bleche abhängig, wie Abb. 70 zeigt auch dann, wenn ein rekristallisierendes Glühen vorgenommen wurde[3–6]. Ferner sind Bleche, welche unterschiedliche Wandstärken aufweisen, unbrauchbar, da die schwächeren Gebiete infolge ihrer vorauseilenden Verformung vorzeitig zu Bruch gehen. Ein vorzeitiger Bruch kann auch durch schlechte Schmierung hervorgerufen werden, da infolge der starken Reibung der Werkstoff unter dem Faltenhalter am Fließen nicht mehr teilzunehmen vermag. An Stelle von Vaseline kann auch Talg verwendet werden, während die gebräuchlichen Maschinenfette für die Schmierung ungeeignet sind. Die Probenform ist nach den Vorschriften zwar freigestellt; nach Oehler ergeben jedoch die kreisrunden Zuschnitte die zuverlässigsten Werte. Schließlich ist bei der Durchführung die vorgeschriebene Versuchsgeschwindigkeit zu beachten. Diese hat wie bei allen anderen Prüfverfahren einen weitgehenden Einfluß auf das Versuchsergebnis.

Da die Tiefung mit der Blechstärke zunimmt, wurden von Erichsen Tiefungsnormen aufgestellt, welche die bei einem Tiefziehblech zu erwartenden Tiefungswerte in Abhängigkeit von der Blechstärke angeben (Abb. 71). Wie Großzahlversuche von Daeves zeigen[7], entsprechen diese Normen nicht vollständig den tatsächlich erreichten Tiefungswerten. Werden die Logarithmen

[1] Kummer, H.: Die Erichsen-Blechprüfung. Masch.-Bau Betrieb Bd. 6 (1927) S. 764.

[2] Schmidt, M.: Die Prüfung von Tiefziehblech. Arch. Eisenhüttenw. Bd. 3 (1929) S. 213.

[3] Pomp, A. u. S. Weichert: Einfluß der Walz- und Glühtemperatur auf die Festigkeitseigenschaften und das Gefüge von kaltgewalztem kohlenstoffarmem Flußstahl. Mitt. K.-Wilh.-Inst. Eisenforschg. Bd. 10 (1928) S. 301.

[4] Marke, E.: Der Einfluß des Kaltwalzens und Glühens bei verschiedenen Temperaturen auf die Festigkeitseigenschaften und das Gefüge von Qualitätsfeinblechen. Arch. Eisenhüttenw. Bd. 2 (1928/29) S. 177.

[5] Pomp, A. u. L. Walther: Einfluß der Stichabnahme und der Glühtemperatur auf die mechanischen Eigenschaften und das Gefüge von kaltgewalzten Feinblechen. Mitt. K.-Wilh.-Inst. Eisenforsch. Bd. 11 (1929) S. 31.

[6] Schulz, E. H., H. Kayseler, A. Lassek u. W. Püngel: Einfluß der Herstellungsbedingungen auf die Eigenschaften, besonders die Tiefziehfähigkeit von Baustahl. Stahl u. Eisen Bd. 54 (1934) S, 993.

[7] Daeves, K.: Die wirklichen Beziehungen zwischen Blechdicke und Erichsen-Tiefung. Stahl u. Eisen Bd. 40 (1930) S. 1501.

der Blechdicke als Abszisse aufgetragen, so haben die Tiefungskurven einen geradlinigen Verlauf.

Es sind verschiedene Vorschläge zur Ausgestaltung des ERICHSEN-Verfahrens laut geworden. So schlägt EISENKOLB[1] vor, die Eignung zum Tiefziehen durch Tiefungsversuche an dem in mehreren Zügen vorbeanspruchten Werkstoff zu ermitteln, während VEGESACK[2] den Einfluß der Blechdicke durch Verwendung von mehreren Normalwerkzeugen rechnerisch auszuschalten versucht.

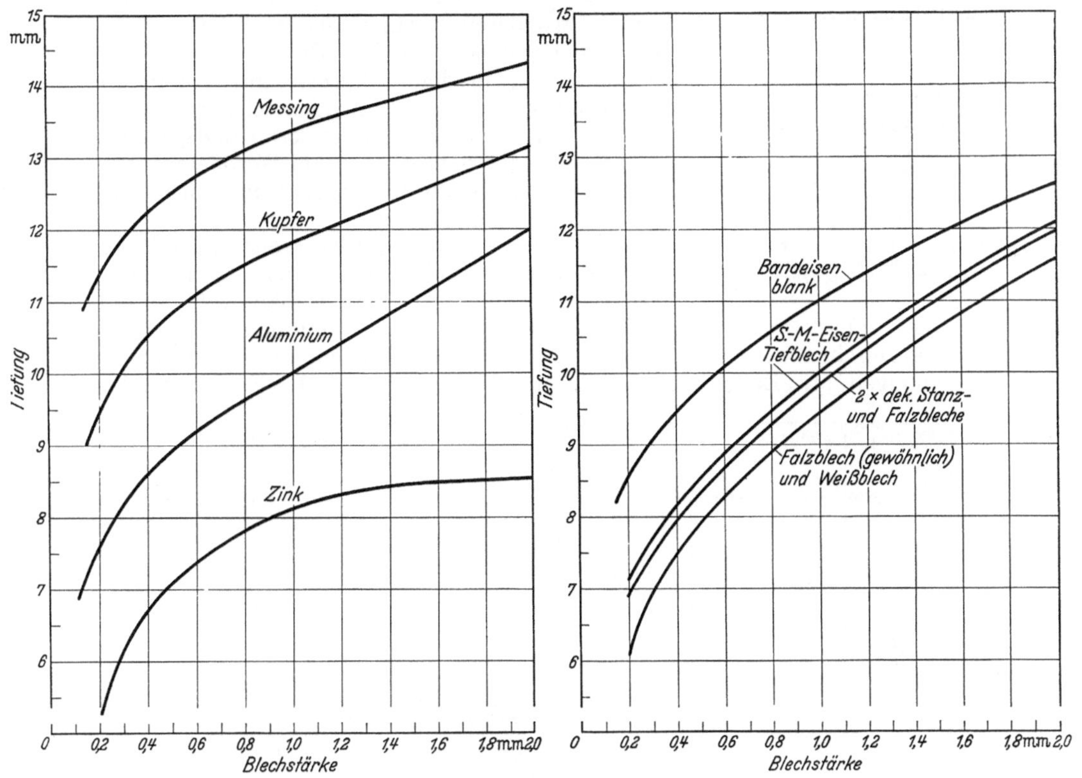

Abb. 71. Tiefungsnormen nach ERICHSEN.

Eine unmittelbare Umrechnung des Tiefungswertes auf die Zugfestigkeit ist nicht möglich. BROWN[3] führte jedoch einen Härtefaktor ein, welcher die auf die Einheit der Blechstärke bezogene Kraft bei einer Tiefung von $1/4''$ angibt und die Beurteilung der Zugfestigkeit des Bleches ermöglicht. Nach SIEBEL und POMP[4] läßt sich dieselbe aus der bei einer Tiefung von 6 mm erreichten Kraft P eines Bleches von der Stärke s annäherungsweise nach der Formel berechnen:

$$\sigma_B = 0{,}04\ P/s.$$

---

[1] EISENKOLB, F.: Untersuchungen über die Prüfung der Tiefziehfähigkeit von Siemens-Martin-Feinblechen. Stahl u. Eisen Bd. 52 (1932) S. 357.

[2] VEGESACK, A. v.: Über das Ausschalten des Einflusses der Blechdicke beim Tiefziehversuch nach dem ERICHSEN-Verfahren. Z. Metallkde. Bd. 27 (1935) S. 227—235.

[3] BROWN, L. N.: Werkstoffauslese für Preß- und Ziehteile. Trans. Amer. Inst. min. metallurg. Engrs. Bd. 69 (1923) S. 932; vgl. Stahl u. Eisen Bd. 44 (1924) S. 292.

[4] SIEBEL, E. u. A. POMP: Über den Kraftverlauf beim Tiefziehen und bei der Tiefungsprüfung. Mitt. K.-Wilh.-Inst. Eisenforschg. Bd. 11 (1929) S. 139.

b) Tiefziehversuche[1].

Die Erichsen-Prüfung ist zwar zur Ermittlung von Vergleichswerten geeignet, über die wirkliche Brauchbarkeit eines Bleches für die Verarbeitung durch Tiefziehen gibt sie jedoch nur in beschränktem Maße Aufschluß. Es sind

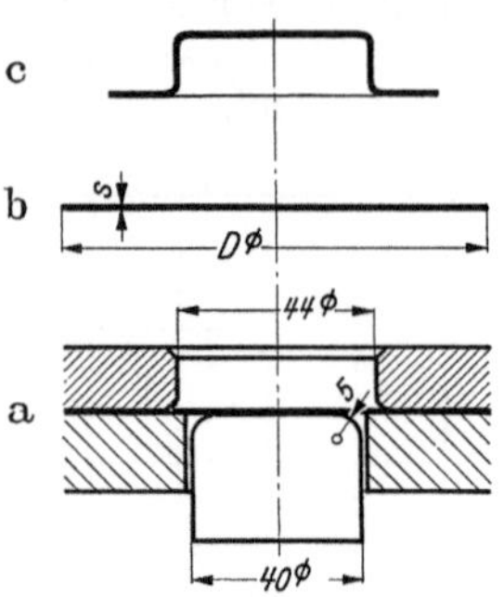

daher eine Reihe von Prüfverfahren entwickelt worden, bei welchen der wirkliche Tiefziehvorgang nachgeahmt wird, um so ein besseres Bild über die Verformungsfähigkeit des Werkstoffes unter den hier vorliegenden besonderen Bedingungen zu erhalten.

Am naheliegendsten ist es, Blechzuschnitte verschiedener Größe in der Ziehpresse mit den für die Verarbeitung in Frage kommenden Ziehwerkzeugen zu untersuchen. Auf diese Weise kann der geeignete Werkstoff und die richtige Zuschnittsgröße ermittelt werden. Allerdings ist dieses Vorgehen außerordentlich umständlich und kostspielig.

Beim *Tiefziehversuch*[2,3] werden kreisförmige Blechzuschnitte von verschiedenen Durchmessern D in einer geeigneten Prüfmaschine gemäß Abb. 72 mit-

Abb. 72a bis c. Tiefziehversuch.
a Prüfvorrichtung, b Blechzuschnitt, c geprüftes Blech.

tels eines zylindrischen Stempels zu Näpfchen vom Durchmesser d gezogen und das Durchmesserverhältnis D/d ermittelt, bei welchem die ersten Brucherscheinungen am Boden des Näpfchens festzustellen sind. Eine besondere

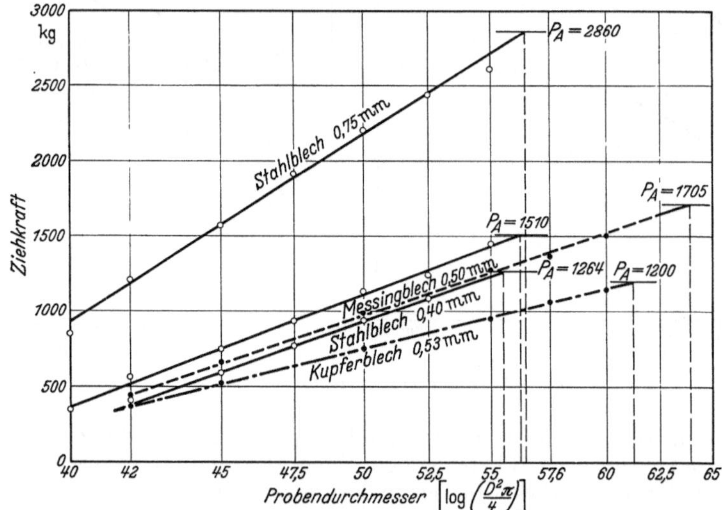

Abb. 73. Ziehkraftkurven nach Schmidt.

Ausgestaltung hat der Tiefziehversuch in dem sog. AEG-*Verfahren*[4,5] erhalten, bei welchem kleine Proben ein bestimmtes Ziehverhältnis (Quotient aus Ziehdurchmesser und Zuschnittsdurchmesser) ohne Rißbildung erreichen sollen. Dazu wird ein zylindrischer Einheitsstempel von 50 mm Dmr. verwendet.

---

[1] Bezüglich der Einrichtungen zur Durchführung von Tiefziehversuchen s. Bd. I. Abschn. V C 1 c.

[2] Musiol, K.: Das Ziehen auf Ziehpressen in Theorie und Praxis. Dingler 315 (1900) S. 428.

[3] Eksergian, C. L.: Das bildsame Verhalten beim Ziehen. Met. Ind. Bd. 30 (1927) S. 405.

[4] Prüfverfahren zur Wertung von Ziehblechen. AEG-Mitt. (1927) S. 419.

[5] Fischer, R. G.: AEG-Tiefzieh-Prüfverfahren. AEG-Mitt. (1929) S. 483.

Das AEG-Verfahren gibt über die wirkliche Tiefziehgüte eines Bleches in sehr befriedigender Weise Aufschluß, wie insbesondere Versuche von OEHLER[1] beweisen. Dasselbe eignet sich als Ausscheidungsverfahren vorzüglich, während die genaue Bestimmung des Grenzdurchmessers bzw. des zulässigen Durchmesserverhältnisses durch die große erforderliche Probenzahl umständlich wird. Die Ziehgrenze kann jedoch nach SCHMIDT[2] aus wenigen Versuchen ermittelt werden, wenn man die größten auftretenden Ziehkräfte über dem Logarithmus des Probendurchmessers bzw. des Durchmesserverhältnisses aufträgt. Als obere Begrenzung der Ziehkraftlinien ist die Abreißkraft als Horizontale eingetragen. Mit Hilfe der so gewonnenen Kurven (Abb. 73) kann die Ziehgrenze unmittelbar erlangt werden.

c) Keilziehverfahren[3].

Eine gute Übereinstimmung der Beanspruchungsverhältnisse und des Materialflusses mit denjenigen des Tiefziehversuches zeigt das *Keilziehverfahren*

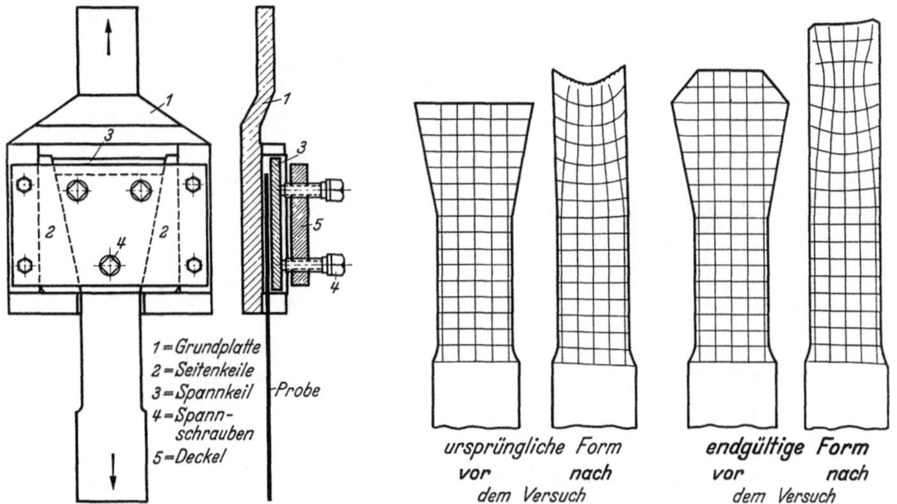

Abb. 74. Keilziehversuch nach SACHS. (Nach SCHULZ, KAYSELER, LASSEK und PÜNGEL.)

Abb. 75. Verformungsverhältnisse an verschiedenen ausgebildeten Keilziehproben. (Nach SCHULZ, KAYSELER, LASSEK und PÜNGEL.)

nach SACHS[4], bei welchem schräg geschnittene Blechstreifen durch eine Düse gezogen werden (Abb. 74) und als Gütewert das Verhältnis B/b ermittelt wird, bei dem ein Bruch eintritt. Die so ermittelten Gütewerte können mit den Ergebnissen des Tiefziehversuches verglichen werden, wobei dem Breitenverhältnis B/b das Durchmesserverhältnis D/d entspricht. Für die Brauchbarkeit des Verfahrens ist allerdings die Probenform von maßgebender Bedeutung. Wie Abb. 75 zeigt, lassen sich gleichmäßige Verformungsverhältnisse innerhalb der Probe durch geeignete Formgebung erzielen[5].

Die Tiefziehfähigkeit bei Mehrfachzügen kann mit Hilfe des Keilziehverfahrens dadurch untersucht werden, daß an verschiedenen Stellen des im Keilziehverfahren vorverformten Bleches zusätzliche ERICHSEN-Proben entnommen werden[5].

---

[1] OEHLER: Die Tiefziehgüte von Messingblechen nach dem AEG-Prüfverfahren. Metallwirtsch. Bd. 16 (1937) Heft 42, S. 1059.   [2] SCHMIDT, M.: Siehe Fußnote 2, S. 400.

[3] Bezüglich der Einrichtungen zur Durchführung des Verfahrens vgl. auch Bd. I, Abschn. V C 1 c.

[4] SACHS, G.: Ein neues Prüfgerät für Tiefziehbleche. Metallwirtsch. Bd. 9 (1930) S. 213.

[5] SCHULZ, E. H., H. KAYSELER, A. LASSEK u. W. PÜNGEL: Einfluß der Herstellungsbedingungen auf die Eigenschaften, besonders die Tiefziehfähigkeit von Baustahl. Stahl u. Eisen 54 Bd. (1934) S. 993.

d) Tiefzieh-Weitungsversuch [1].

Nachteile der Erichsen-Prüfung, sowie der Tiefziehverfahren sind die starken Beeinflussungen der Ergebnisse durch die Versuchsbedingungen und die unklaren Kraftverhältnisse, welche nur die Ermittlung von abhängigen Vergleichswerten gestatten. Demgegenüber zeigt der *Tiefziehweitungsversuch* nach Siebel und Pomp [2, 3] eindeutige Beanspruchungsverhältnisse und eine weitgehende Unabhängigkeit von den Versuchsbedingungen. Wie beim Zugversuch kommt es auch beim Tiefziehweitungsversuch zur Ausbildung eines Höchstlastpunktes. Die Verformung erfolgt hier jedoch unter dem Zusammenwirken von radialen Zugspannungen mit tangentialen Druckspannungen.

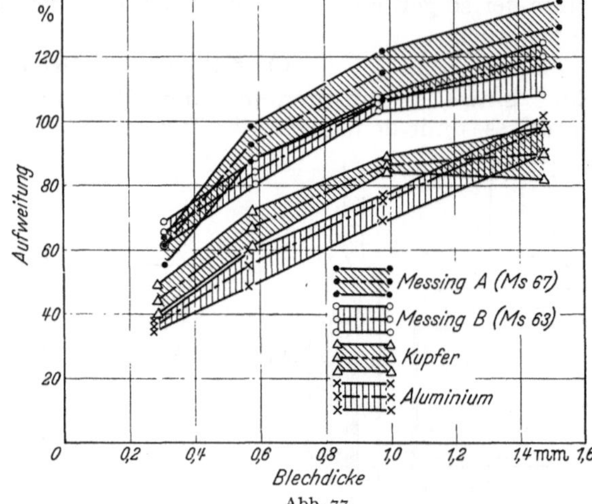

Abb. 76.   Abb. 77.

Abb. 76 a bis c. Tiefziehweitungsversuch nach Siebel und Pomp. a Prüfvorrichtung, b Blechzuschnitt, c geprüftes Blech.
Abb. 77. Aufweitung von Metallbändern im Tiefzieh-Weitungsversuch. (Nach Siebel und Pomp.)

Bei diesem Prüfverfahren wird eine gelochte Scheibe gemäß Abb. 76 fest eingespannt, so daß das Einziehen des Außenrandes beim Versuch verhindert wird. Das Ziehen wird mit einem zylindrischen flachen Stempel durchgeführt, wobei der zur Bildung der Napfwand erforderliche Werkstoff dem Boden entnommen wird und so eine Aufweitung des Loches bewirkt. Sobald das Dehnungsvermögen des Werkstoffes am Lochrand erschöpft ist, treten radial verlaufende Risse auf. Die dabei erreichte Aufweitung des Bohrungsrandes $\delta' = \Delta d/d_0 \cdot 100$ in Prozent gilt dann als Gütemaß für die Tiefziehfähigkeit des Blechwerkstoffes. In Abb. 77 sind die mit einigen Blechsorten erreichten Aufweitungswerte in ähnlicher Weise wie die Erichsen-Normen in Abhängigkeit von der Blechstärke aufgetragen.

Für die Erzielung einwandfreier Versuchsergebnisse ist die saubere Ausbildung des Lochrandes wichtig, welche am besten durch Aufreiben der vorgearbeiteten Löcher zu erzielen ist. Ein grobes Korn macht sich in ähnlicher Weise wie bei der Tiefungsprüfung nach Erichsen durch eine krispelige Oberfläche der verformten Teile bemerkbar. Desgleichen ist eine Orientierung des Gefüges in der Walzrichtung daran zu erkennen, daß das Loch beim Aufweiten eine eckige Form annimmt. Beim Vorliegen einer Kaltverfestigung verläuft der Anriß längs oder quer zur Walzrichtung.

[1] Bezüglich der Einrichtungen zur Durchführung von Tiefzieh-Weitungsversuchen s. Bd. I, Abschn. V C 1 c.
[2] Siebel, E. u. A. Pomp: Ein neues Prüfverfahren für Feinbleche. Mitt. K.-Wilh.-Inst. Eisenforschg. Bd. 11 (1929) S. 287; Stahl u. Eisen Bd. 49 (1929) S. 1866.
[3] Siebel, E. u. A. Pomp: Die Prüfung von Feinblechen durch den Tiefzieh-Weitungsversuch. Mitt. K.-Wilh.-Inst. Eisenforschg. Bd. 12 (1930) S. 115.

Aus der Höchstlast P_{max}, dem Stempeldurchmesser D, dem ursprünglichen Lochdurchmesser d_0 und der ursprünglichen Blechdicke s_0 kann die Zugfestigkeit des Werkstoffes mit guter Annäherung mit Hilfe der Beziehung ermittelt werden

$$\sigma_B' = \frac{1}{\pi} \frac{P_{max}}{(D - d_0)\, s_0}.$$

3. Draht und Drahtseile.

Zu den lebenswichtigen Maschinenteilen, welche einer laufenden Abnahme unterliegen, gehören auch die Drahtseile (Tafel 3), welche zu Förderzwecken benötigt werden. Die Eigenschaften[1,2] eines Drahtseils sind naturgemäß durch diejenigen der Einzeldrähte bedingt. Dabei wird die Erzeugung eines sorbitischen Gefüges, welches sich durch besondere Feinkörnigkeit auszeichnet, angestrebt. Hohe Festigkeitseigenschaften werden durch das sog. Patentieren erzielt. Auch Nichteisenmetalle werden durch Ziehen bis zu den feinsten Drähten verarbeitet.

Werden mehrere Drähte um ein Hanfseil gesponnen, so spricht man von einer Litze. Das eigentliche Drahtseil entsteht dadurch, daß eine Anzahl von Litzen wiederum um ein geteertes Hanfseil gesponnen werden. Die Seile werden teils rund, teils als Flachseile ausgeführt. Eine besondere Art stellen die aus Formdrähten hergestellten verschlossenen Drahtseile dar, welche sich durch eine glatte Oberfläche auszeichnen und das Herausspringen gebrochener Einzeldrähte verhindern.

a) Eigenschaften und äußere Beschaffenheit.

Da die Biegefähigkeit eines Drahtes mit zunehmendem Durchmesser abnimmt, werden zur Herstellung eines Seiles möglichst viele dünne Einzeldrähte verwendet. Die Geschmeidigkeit eines Seiles kann also dadurch gesteigert werden, daß man ohne Änderung der äußeren Abmessungen die Anzahl der Einzeldrähte und Litzen soweit erhöht, als es der dabei sinkende Abnutzungswiderstand zuläßt. Eine genügend hohe Verschleißfestigkeit wird dabei durch geeignete Anordnung der Litzen und Drähte erreicht. Allerdings werden alle Vorteile nicht in Erscheinung treten, wenn die Einzeldrähte unterschiedliche Eigenschaften besitzen.

Tafel 3. Vorschriften für die Prüfung von Draht und Drahtseilen.
1. DIN DVM 1201: Drahtseile, Richtlinien für Prüfverfahren.
2. Bergpolizeiverordnung für die Seilfahrt im Verwaltungsbezirk des Preußischen Oberbergamts zu Bonn. Verlag Berward u. Graefe, Berlin.
3. Bedingungen für die Herstellung, Lieferung und Verlegung von Aluminium- und Aldrey-Seilen, herausgegeben von der Elektrizitätsversorgung Württemberg A.-G. (Als Beispiel).

Nach DIN DVM 1201 werden vor jeder Eigenschaftsprüfung Drähte und Drahtseile auf ihre äußere Beschaffenheit, auf saubere Oberfläche und Maßhaltigkeit untersucht. Aus dem zu prüfenden Seil werden meist 10% der Drähte, mindestens jedoch 1 Draht aus jeder Litze zur Prüfung entnommen. Die Oberfläche der Drähte wird einer Besichtigung mit der Lupe unterzogen, da Werkstoffunebenheiten und Beschädigungen die Hin- und Herbiegefähigkeit

---

[1] ALTPETER, H.: Die Einflüsse des Drahtziehens auf die Eigenschaften von Flußeisendraht. Stahl u. Eisen Bd. 35 (1915) S. 362—373.
[2] ROYEN, H. J. VAN: Werkstofffragen bei der Herstellung von Seildraht. Stahl und Eisen als Werkstoff, Vorträge Werkstofftagung Berlin 1927, Bd. IV, S. 30—35. Düsseldorf: Verlag Stahleisen m.b.H., 1928.

erheblich herabsetzen können, falls sie zufällig in die Biegezone zu liegen kommen. Für die Kontrolle des Drahtdurchmessers wird eine Lehre gemäß Abb. 78 verwendet, welche in einfacher Weise eine unmittelbare Ablesung gestattet. Die festgestellten Abweichungen dürfen dabei weder im Durchmesser noch im Metergewicht $\pm 5\%$ überschreiten. Ist der Draht mit einem Überzug versehen, so wird bisweilen auch dieser auf seine Dicke nachgeprüft. Beim Ausmessen ganzer Seile ist auf eine richtige Handhabung des Meßgerätes zu achten (Abb. 79).

Da die Eigenschaften eines Drahtseiles weitgehend durch diejenigen der Einzeldrähte bedingt sind, befaßt sich die Abnahme in erster Linie mit der Prüfung der Einzeldrähte, für welche besondere technologische Versuche entwickelt wurden[1-3].

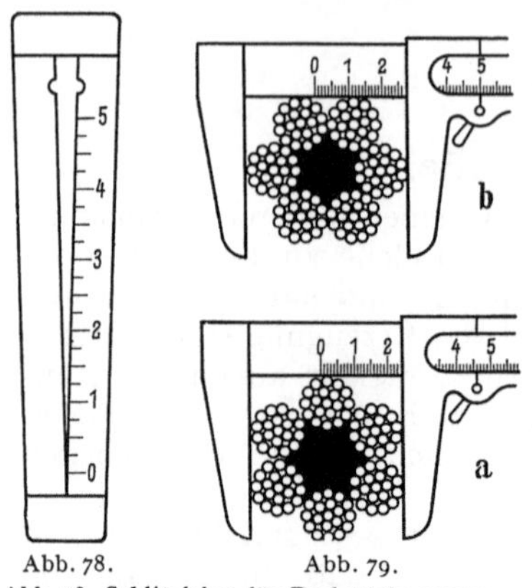

Abb. 78.   Abb. 79.

Abb. 78. Schlitzlehre für Drehstärkenmessung.
Abb. 79 a und b. Messung des Durchmessers von Drahtseilen. a falsch; b richtig.

b) Hin- und Herbiegeprobe[4].

Zur Bestimmung der Biegefähigkeit von Drähten bis zu 7 mm Dmr. dient die *Hin-* und *Herbiegeprobe*[5-11]. Ein Drahtstück wird dazu an einem Ende fest eingespannt und der freistehende Teil mittels einer besonderen Vorrichtung solange hin- und hergebogen, bis das Verformungsvermögen des Drahtes erschöpft ist und ein Bruch eintritt. Als Gütemaß gilt die Anzahl der ertragenen Biegungswechsel. Die Hin- und Herbiegeprobe ist in DIN DVM 1211 genormt.

Die Länge der Drahtproben beträgt etwa 80 mm. Die Seildrähte sind sorgfältig aus dem Seilabschnitt zu lösen und in einer Richt-

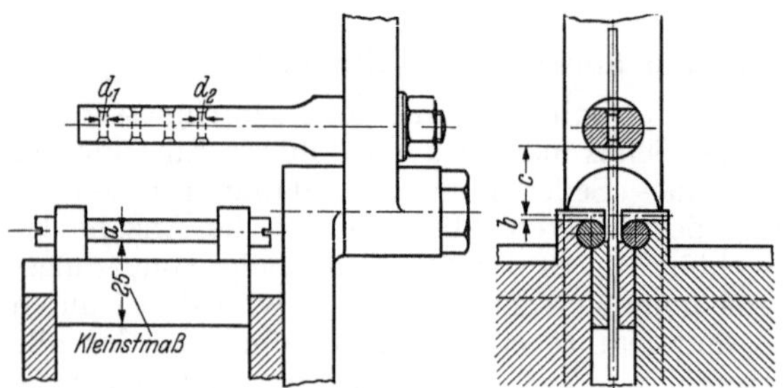

Abb. 80. Gerät für Hin- und Herbiegeversuche nach DIN DVM 1211.

---

[1] FREMONT, C.: Mechanische Proben an Stahldrähten. Génie civ. 1922 S. 129—133; vgl. Stahl u. Eisen Bd. 42 (1922) S. 942—943.

[2] BATSON, R. S.: Die Prüfung von Drähten und Drahtseilen. Testing Bd. 1 (1924) S. 7—22.

[3] HERBST, H.: Ansprüche an Förderseile und ihre Prüfung. Stahl und Eisen als Werkstoff, Vorträge Werkstofftagung Berlin 1927. Bd. IV, S. 25—30. Düsseldorf: Verlag Stahleisen m.b.H. 1928.

[4] Bezüglich der Einrichtungen zur Durchführung der Hin- und Herbiegeprobe vgl. auch Bd. I, Abschn. V C 1 d.

[5] PAPENCORDT: Einiges über Prüfgeräte für Drahtuntersuchungen. Drahtwelt Bd. 24 (1931) S. 507—510; 523—526 u. 539—541.

[6] SCHUCHART, A. d. Ä.: Untersuchungen der Biegbarkeit von Drähten. Stahl u. Eisen Bd. 28 (1908) S. 945—949 u. 988—993.

[7] HERBST, H.: Die Hin- und Herbiegeprobe für Förderseildrähte. Glückauf Bd. 60 (1924) S. 1111—1120.

[8] ALTPETER, A.: Über Messung der Kräfte beim Biegen von Drähten. Drahtwelt Bd. 19 (1926) S. 883—885.

[9] SIEGLERSCHMIDT, H.: Über die Biegefähigkeit von Seildrähten. Z. VDI Bd. 71 (1927) S. 517—520

[10] SACHS, G. u. H. SIEGLERSCHMIDT: Prüfung von Seildrähten durch Zug- und Biegeversuche. Metallwirtsch. Bd. 8 (1929) S. 129—138.

[11] BURGGALLER, W.: Die Biegefähigkeit. Drahtwelt Bd. 27 (1934) S. 195—197 u. 211—213.

maschine oder mit einem weichen Hammer so gerade zu richten, daß eine Beschädigung mit Sicherheit vermieden wird.

Der Aufbau der Biegevorrichtung ist in den Normen genauestens festgelegt und in Abb. 80 wiedergegeben. Der zu prüfende Draht wird durch eine passende Bohrung des Mitnehmers eingeführt und zwischen den Futterstücken, welche auf dem Spannbacken aufliegen, fest eingespannt. Der Mitnehmer ist an einem beiderseits schwenkbaren Hebel befestigt, dessen Drehpunkt etwas über der Mitte der Biegezylinder liegt. Der Ausschlag des Hebels ist durch Anschläge begrenzt. Die Futterstücke, welche ebenso wie die Biegezylinder glashart und auswechselbar sein müssen, sollen bei 5 mm Zylinderdurchmesser 1,5 mm, bei größeren Durchmessern 3 mm unterhalb der Mitte derselben enden und außerdem 0,1 mm über die Biegezylinder vorstehen. In jedem Falle soll die Einspannlänge mindestens 25 mm betragen. Die Abmessungen der Biegezylinder, Mitnehmerbohrungen und Drehpunktabstände gemäß Abb. 80 sind in Tafel 4 für die verschiedenen Drahtdurchmesser zusammengestellt.

Tafel 4. Abmessungen der Hauptteile einer Hin- und Herbiegevorrichtung für verschiedene Drahtdurchmesser nach DIN DVM 1211. (Maße in mm.)

Drahtdurchmesser	Durchmesser der Biegezylinder D	Bohrungen				Abstand b	Abstand c
		Zahl	Durchmesser d_1	Zahl	Durchmesser d_2		
bis 1,2 .	5	1	1,0	1	2,0	0,5	15
über 1,2 bis 2,3 .	10	2	2,0	2	3,0	1,0	20
über 2,3 bis 3,0 .	15	2	3,0	2	3,5	1,5	25
über 3,0 bis 3,5 .	20	1	3,5	1	4,0	1,8	35
über 3,5	30	1	5,0	1	8,0	2,5	50

Zur Versuchsdurchführung wird der Draht, auf dessen senkrechte Einspannung zu den Biegezylindern zu achten ist, mittels des Hebels abwechselnd nach links und rechts bis zum Anschlag umgebogen. Als ein Biegewechsel gilt dabei das Umlegen in die Waagrechte (um 90°) und das Zurückbiegen bis zur Ausgangsstellung (Abb. 81). Je Sekunde ist eine Biegung in gleichmäßiger, stoßfreier Bewegung auszuführen. Die Biegezahl gibt die Anzahl der Biegungen bis zum Bruch an. Die Biegezahlen sind auf Ganze zu runden. Gezählt wird zweckmäßig folgendermaßen: Der senkrecht eingespannte Draht wird nach einer Seite um 90° umgebogen. Diese Umbiegung wird mit 1 bezeichnet, und es werden jeweils Biegungen um weitere 180° gezählt. Als Biegezahl gilt diejenige, welche sich als letzte vor dem Bruch ergab.

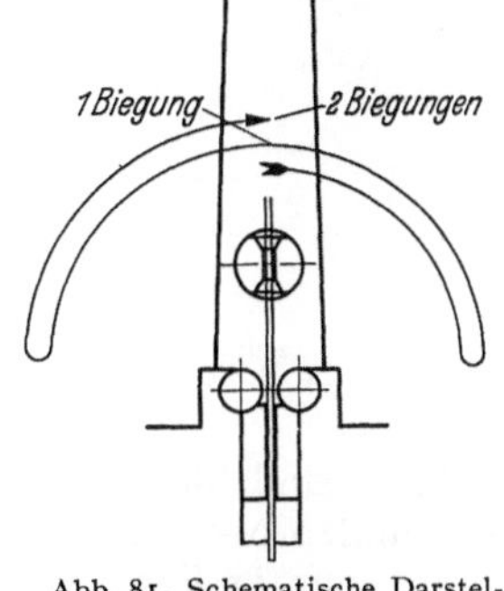

Abb. 81. Schematische Darstellung der Versuchsdurchführung beim Hin- und Herbiegeversuch nach DIN DVM 1211.

Die geforderten Biegezahlen sind je nach Werkstoff und Verwendungszweck sehr verschieden groß und sind durch die Vorschriften (Tafel 3, Nr. 2 u. 3) jeweils festgesetzt. Bei der Beurteilung ist zu beachten, daß eine Herabsetzung der Biegezahl nicht nur durch Oberflächenfehler, sondern auch durch Fehler im Innern, wie Schlackenzeilen oder grobkörnige Rekristallisation hervorgerufen sein kann. Ebenso ist es wichtig, daß jede zusätzliche Beanspruchung des Drahtes vermieden wird. Die Biegevorrichtung muß an das freie Probenende so angreifen, daß keine zusätzlichen Zugbeanspruchungen entstehen können. Ergebnisse aus Versuchen mit nicht vorschriftsmäßigen Geräten sind für Vergleiche nicht tauglich, da die großen Unterschiede Verwirrung bei der Beurteilung stiften.

Außer der genannten Hin- und Herbiegeprobe an Drähten wird dieselbe auch an dünnen Blechen vorgenommen. Irgendwelche allgemein bindenden Vorschriften bestehen jedoch dafür nicht.

c) Verwindeprobe[1].

Da Drähte und Seildrähte bei der Verarbeitung oder im Betrieb zumeist einer mehr oder weniger hohen Verdrehbeanspruchung um die Längsachse unterworfen sind, wird die Widerstandsfähigkeit gegen Verdrehung durch eine *Verwindeprobe* (Abb. 82 b), welche in DIN DVM 1212 genormt ist, untersucht[2]. Der Draht wird dazu in einer Verwindemaschine am einen Ende fest eingespannt, während er am andern Ende solange verdreht wird, bis ein Bruch auftritt. Als Gütemaß gilt die Anzahl der ganzen Umdrehungen, welche ein Draht bei einer bestimmten Meßlänge ohne Bruch erträgt. In den Vorschriften (Tafel 3, Nr. 2 und 3) ist allerdings meist nur die Erreichung einer bestimmten Mindestzahl von Umdrehungen verlangt. Die Meßlänge beträgt bei Seildrähten meist das 100fache des Durchmessers, mindestens jedoch 50 und höchstens 300 mm. Die Apparatur muß so gestaltet sein, daß eine Längenänderung des Drahtes während des Versuches nicht behindert wird. Die Verwindezahl wird durch Ziehriefen und harte Stellen, sowie durch Fehlstellen und grobkörniges Gefüge stark herabgemindert. Bisweilen kann auch das Beizen der Drähte eine Verschlechterung des Versuchsergebnisses oder ein Versagen nach der Vorschrift zur Folge haben.

d) Wickelprobe.

Nicht selten wird statt oder neben der Hin- und Herbiegeprobe und der Verwindeprobe die sog. *Wickelprobe* (Abb. 82 a) durchgeführt. Vorschriften

darüber besagen: Ein Drahtende wird in eng aneinanderliegenden Windungen 8mal um einen Draht gleichen Durchmessers gewickelt, dann zurückgewickelt und gerade gestreckt. Nach manchen Vorschriften wird ein Wiederaufwickeln des Drahtes verlangt (Tafel 3, Nr. 3). Hierbei darf die Probe nach vollständiger Streckung keine Anrisse oder gar Bruch zeigen. Ungünstige Beeinflussungen kommen wie bei der Verwindeprobe vor. Für die Beurteilung sind deshalb dieselben Gesichtspunkte maßgebend, wie sie für die Verwindeprobe angeführt wurden. Während die Hin- und Herbiegeprobe einen Draht nur örtlich, wenn auch hoch beansprucht, wird durch die Verwinde- und Wickelprobe eine bestimmte Drahtlänge einer dem Verwendungszweck entsprechende Beanspruchung unterworfen. Dort wird die Dauerhaltbarkeit, hier Gleichmäßigkeit des Werkstoffes untersucht.

Abb. 82. *a* Wickelprobe von einem doppelten Straßenbahnleitungsdraht. *b* Verwindeprobe von demselben Draht.

Die Wickelprobe wird vielfach auch zur Prüfung von Drähten mit einem Überzug herangezogen, wobei es sich zeigen soll, ob derselbe eine genügende Haftung besitzt und nicht abblättert.

[1] Bezüglich der Einrichtungen zur Durchführung der Verwindeprobe vgl. Bd. I. Abschn. V C 1 e.

[2] Scheffler, E.: Ein Beitrag zu den technologischen Prüfungsverfahren von Schachtförderseilen. Unter besonderer Berücksichtigung des Verwindeversuchs an blanken Stahldrähten. Diss. T. H. Berlin 1928.

e) Prüfung ganzer Seile.

Für die Prüfung von ganzen Drahtseilen sind technologische Versuche nicht üblich. Es werden anstelle dessen ebenso wie an Einzeldrähten statische und dynamische Festigkeitsuntersuchungen durchgeführt, welche durch entsprechende Abnahmevorschriften (Tafel 3) festgelegt sind.

Da die Lebensdauer eines Drahtseiles von der Anzahl der im Betrieb auftretenden Biegungswechsel abhängig ist, kommt der Prüfung der Dauerhaltbarkeit eine besondere Bedeutung zu. Dazu wurde von WOERNLE[1] eine besondere Dauerprüfmaschine entwickelt. Allgemein gültige Vorschriften über die Dauerprüfung von Drahtseilen bestehen nicht; in DIN DVM 1201 ist lediglich verlangt, daß „die Dauerversuche dem Versuchszweck anzupassen sind".

4. Nieten, Schrauben und Muttern.

Die technologischen Versuche sind als Stichprobenprüfungen für die Abnahme kleiner, hochbeanspruchter Massenartikel sehr geeignet, wobei die Prüfverfahren der Weiterverarbeitung des Werkstoffes oder der vorhandenen Bruchgefahr entsprechend gestaltet sind. So geben die Prüfverfahren für Nietwerkstoffe die Grundlage für die Warmverarbeitung beim Nieten, während Schrauben dahingehend untersucht werden, ob der Werkstoff den starken an den Gewinden auftretenden Kerbwirkungen Widerstand zu leisten vermag. Die Prüfung von Schrauben ist in den technischen Lieferbedingungen DIN 267 genormt.

a) Prüfung der Nietwerkstoffe.

Zu diesem Zweck werden für *Nietwerkstoffe* verschiedene Schmiedeversuche in abgewandelter Form durchgeführt. Den Verformungen beim Nieten am nächsten kommt der *Stauchversuch*, welcher hauptsächlich für Kesselnieten und Kesselanker verwendet wird. Gem. DIN 1613 wird ein Nietschaftabschnitt von der Höhe $h = 2\,d$ in rotwarmem Zustand auf $^1/_3$ seiner Höhe gestaucht und darf dabei keinerlei Risse zeigen (vgl. Abb. 29).

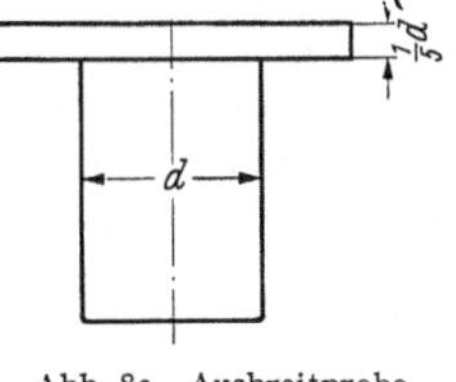

Abb. 83. Ausbreitprobe an Nietköpfen.

Zur *Ausbreitprobe* wird ein Niet in ein seinem Schaftdurchmesser entsprechendes Loch einer Unterlage gesteckt und darauf der Nietkopf in glühendem Zustand nach Abb. 83 auf $^1/_5$ des Schaftdurchmessers platt geschlagen. Die Ränder des Nietkopfes dürfen vor Erreichen der vorgeschriebenen Stauchung nicht aufreißen, was nur dann möglich ist, wenn der Nietkopf frei von austretenden Seigerungen ist.

Die *Lochprobe* wird so durchgeführt, daß in einen rotwarmen Nietschaft ein Loch, dessen Durchmesser gleich dem des Schaftes ist, gemäß Abb. 84 geschlagen wird, wobei keine Risse auftreten dürfen. Der Abstand a des Loches vom Schaftende sollte nicht weniger als $a = 1,5\,d$ sein, wenn nicht ein vorzeitiges Aufreißen den Versuch ungültig machen soll.

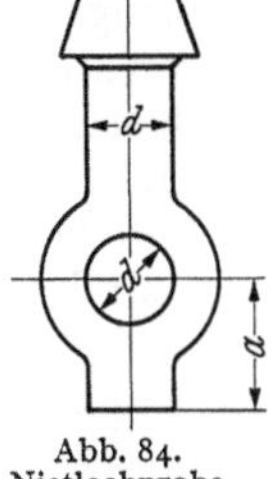

Abb. 84. Nietlochprobe.

Bisweilen wird auch die *Stauchlochprobe* angewendet (vgl. Abb. 26). Eine dem Stauchversuch unterworfene Probe soll sich anschließend mit einem Durchschlag, dessen Durchmesser dem ursprünglichen der Stauchprobe gleich ist, ohne Rißbildung lochen lassen.

---

[1] WOERNLE, R.: Ein Beitrag zur Klärung der Drahtseilfrage. Z. VDI Bd. 73 (1929) S. 417.

Die Schmiedeproben an Nieten sind in verschiedenen Vorschriften niedergelegt, welche im folgenden auszugsweise wiedergegeben sind:

Ein Probestück aus dem Nietschaft von der Länge des doppelten Durchmessers soll sich in rotwarmem Zustand bei St 34.13 auf ein Drittel, bei St 44.13 auf die Hälfte der ursprünglichen Länge zusammenstauchen lassen, ohne Risse zu zeigen (Deutsche Reichsbahn).

In glühendem Zustand ist ein Niet mit Kopf oder ein Stück der Stange bis auf ein Drittel seiner ursprünglichen Höhe zusammenzustauchen. Die ursprüngliche Höhe beträgt $h = 2\,d$. Außerdem ist ein Nietkopf in glühendem Zustand vollkommen platt zu schlagen (Germanischer Lloyd).

Probestücke von derselben Höhe, wie die oben angeführten, werden bei dunkler Rotglut auf ein Viertel ihrer Höhe gestaucht und darauf mit einem Durchschlag gelocht, dessen Durchmesser gleich drei Viertel des Nietdurchmessers ist. Die Proben dürfen dabei nicht einreißen (Bureau Veritas).

b) Gewindebiegeprobe.

Zur Prüfung der Kerbempfindlichkeit von Werkstoffen für hochbeanspruchte Schrauben und sonstige Maschinenteile mit Gewinde wird die *Gewindebiegeprobe*

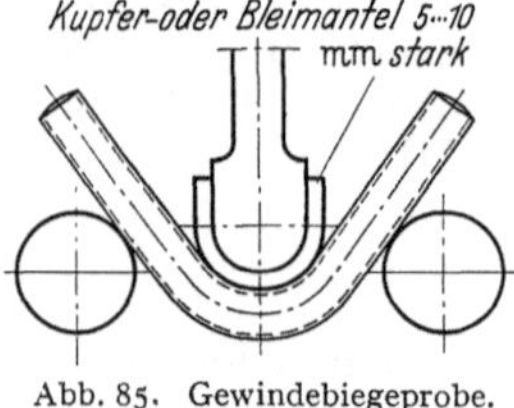

Abb. 85. Gewindebiegeprobe.

gemäß Abb. 85 durchgeführt. Der zu prüfende Bolzen wird mit einem sauberen, werkstattüblichen Gewinde versehen und bis zum Aufeinanderliegen der beiden Schenkel bzw. bis zum Bruch gebogen. Um eine Beschädigung des Gewindes durch den Dorn zu verhindern, werden Zwischenlagen aus Kupfer oder Blei verwendet. Ein Gelingen des Versuches ist nur dann zu erwarten, wenn die Probe mit einem größeren Dorn vorgebogen wurde.

Bei der Gewindebiegeprobe wird verlangt, daß sich der Werkstoff nicht sichtbar trennt. Wenn auch die Beurteilung hierbei durch verschiedene Auslegungen erschwert ist, so kann nur ein scharfer Riß im Gewindegrund, welcher die Bruchflächen auseinanderklaffen läßt, als Trennung des Werkstoffes angesehen werden.

c) Kopfschlagversuche.

Daneben sind verschiedene Kopfschlagversuche für die Prüfung von Nieten und Schrauben gebräuchlich, welche in kaltem Zustand durchgeführt werden und über die Bruchgefahr an dem stark eingekerbten Übergang von Schaft bzw. Bolzen zum Kopf Aufschluß geben.

Beim gewöhnlichen *Kopfschlagversuch* sind 3 wuchtige Schläge mit einem 3 kg schweren Hammer auf den Kopf eines gemäß Abb. 86a oder b aufgelegten Niets oder einer Schraube auszuführen, wobei der Kopf weder einreißen noch abspringen darf. Manche Prüfvorschriften gestatten bei Nieten nach mißlungenem Versuch bei der Wiederholung ein vorheriges Anwärmen des Probestückes auf Rotglut mit anschließender Abkühlung an der Luft, um den Betriebszustand eines Niets nachzuahmen.

Der *Schrägkopfschlagversuch* gelangt in erster Linie an kaltgepreßten Schrauben zur Durchführung. Die Schrauben werden dazu in eine Vorrichtung gemäß Abb. 87 eingelegt und haben 3 wuchtige senkrechte Schläge mit einem 3 kg schweren Hammer ohne Brucherscheinungen auszuhalten. Sollen Niete im Kopfschlagversuch geprüft werden, so ist der Nietschaft in 2 mm Abstand vom Kopf mit einem Meißel 2 mm tief einzukerben. Vor dem Versuch werden insbesondere bei kaltgepreßten Nieten die Probestücke bei 250° geglüht, um ihre Alterungsbeständigkeit zu erfassen. Wie aus Abb. 88 hervorgeht, wird das

Niet so in die Vorrichtung eingesetzt, daß der Kopf an der gekerbten Stelle zum Aufliegen kommt. Mit einem schweren Hammer wird der Nietkopf sodann durch einen einzigen Schlag in die Schräglage gebracht, wobei das Niet zwar anreißen, jedoch nicht auseinanderbrechen darf. Dabei ist auf eine senkrechte

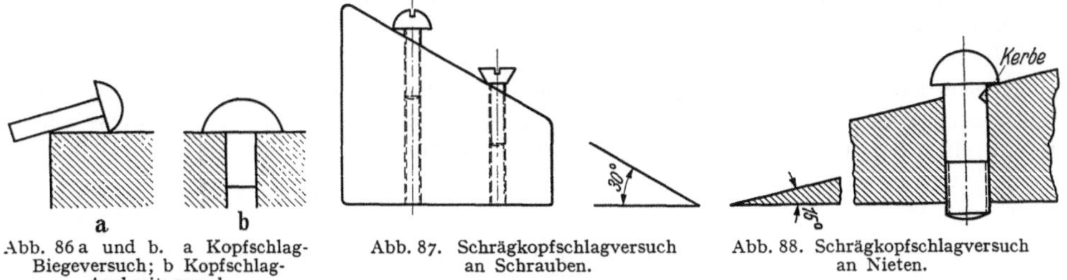

Abb. 86 a und b. a Kopfschlag-Biegeversuch; b Kopfschlag-Ausbreitversuch.

Abb. 87. Schrägkopfschlagversuch an Schrauben.

Abb. 88. Schrägkopfschlagversuch an Nieten.

Führung des Hammers zu achten, da sonst ein vorzeitiges Abspringen des Nietkopfes stattfindet.

Die Kopfschlagversuche sind trotz ihrer einfachen Handhabung nicht untergeordneter Natur. Sprödigkeit und Kerbempfindlichkeit infolge unsachgemäßer Kaltverformung, Alterung oder grobkörniger Rekristallisation lassen sich damit ohne größere Vorbereitungen einwandfrei nachweisen.

5. Formstahl.

Bei der Erprobung von Formstahl haben die technologischen Versuche weniger die Aufgabe, irgendwelche Unterlagen für die Verarbeitung und die zulässigen Betriebsbeanspruchungen zu erbringen, als vielmehr die allgemeinen Güteeigenschaften der Stahllieferungen zu kontrollieren. Am bekanntesten unter diesen Versuchen sind die *Winkelproben*, welche an Winkeleisenabschnitten von 100 mm Länge zur Durchführung gelangen. Bei der sog. Zusammenschlagprobe werden die beiden Schenkel gemäß Abb. 89 bis zum

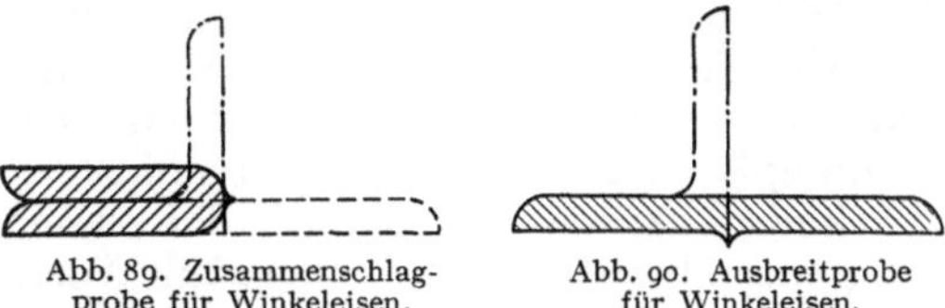

Abb. 89. Zusammenschlagprobe für Winkeleisen.

Abb. 90. Ausbreitprobe für Winkeleisen.

völligen Aufeinanderliegen mit dem Hammer zusammengebogen, während bei der Ausbreitprobe die Schenkel so lange auseinandergetrieben werden, bis sie eine Ebene bilden (Abb. 90). Der Versuch gilt als gelungen, wenn keinerlei Anbrüche festgestellt werden können. Ein Versagen des Werkstoffes tritt ein, wenn Seigerungen oder Gasblasen vorhanden sind, oder wenn der Kohlenstoffgehalt des Stahls zu hoch ist. Dabei erweist sich der Ausbreitversuch als die schärfere Prüfung. Bei rundkantigen Winkeleisen sind daneben die geschilderten Biegeproben immer anwendbar, während bei scharfkantigen Sorten und bei solchen mit verschieden dicken Schenkeln der Versuch auch ohne werkstoffmäßige Unzulänglichkeit öfters mißlingt. Für die Untersuchung anderer Profile wird insbesondere bei großen Abmessungen der Biegeversuch an besonders vorgearbeiteten Probestücken angewendet. Allerdings werden aus Gründen der Materialersparnis dann Festigkeitsversuche an kleinen Proben bevorzugt.

6. Sonderprüfungen an Gußstücken.

a) Fallprobe.

Die Fallprobe besteht darin, daß man das zu prüfende Gußstück aus einer bestimmten Höhe oder aus der Schräglage von 25° Neigung auf harten Boden fallen läßt. Wenn diese Prüfmethode auch sehr roh zu sein scheint, so gibt sie bei dem Vorzug der einfachen Durchführung doch einen sicheren Nachweis über die Haltbarkeit des Probestückes. Sie findet meist bei Stahlguß, insbesondere bei Schiffsankern Verwendung. Dabei werden die Betriebsbeanspruchungen nach Möglichkeit nachgeahmt und die Fallhöhe nach dem Stückgewicht gewählt.

Nach den Vorschriften des Germanischen Lloyd ist für Fallversuche an Schiffsankern folgendes festgelegt:

Besteht der Anker aus mehreren Stücken, so ist jedes Stück, im anderen Fall der ganze Anker, auf eine Unterlage aus Stahl fallen zu lassen, und zwar aus nachstehenden auf das Gewicht bezogenen Höhen:

Gewicht in kg	Fallhöhe in m
unter 750	4,5
750 und unter 1500	4,0
1500 und unter 5000	3,5
5000 und darüber	3,0

Die Unterlage soll 10 cm dick sein und auf Mauerwerk von 1 m Höhe ruhen.

Ist der Anker von gewöhnlicher Form, so ist er ein zweites Mal senkrecht mit der Krone nach unten bis zu der vorgeschriebenen Höhe zu heben und auf zwei stählerne Blöcke so fallen zu lassen, daß jeder Arm des Ankers annähernd in seiner Mitte aufschlägt. Das Werkstück hat versagt, wenn es zerbricht oder klaffende Risse aufweist. Ob dabei schlecht geglühter oder mit starken Seigerungen durchsetzter Werkstoff ausgeschieden werden kann, erscheint allerdings zweifelhaft. Dagegen werden Stücke mit zu hohen Wärmespannungen die Prüfung in keinem Falle überstehen.

b) Klangprobe.

Zur Durchführung der Klangprobe werden die Probestücke freischwebend aufgehängt und mit dem Hammer angeschlagen. Bei einem gesunden Werkstück wird dabei ein klarer, heller Klang hörbar sein. Sind jedoch Risse oder starke Lunkerstellen vorhanden, so entsteht beim Anschlagen ein klirrender oder dumpfer Ton. Die Vorschriften über die Klangprobe sind kurz gehalten und stimmen im wesentlichen mit der Abnahmevorschrift von Lloyds Register of Shipping überein, welche folgenden Wortlaut hat:

Alle Gußstücke müssen freischwebend aufgehängt und gut abgehämmert werden, damit sich der Prüfende davon überzeugen kann, daß das Gußstück gesund und frei von Fehlstellen ist. Für große Gußstücke darf das Gewicht des für diese Probe verwendeten Hammers nicht weniger als 3 kg betragen.

Die Klangprobe kommt meist in Verbindung mit der Fallprobe zur Durchführung. Die Beurteilung ist hier jedoch weniger eindeutig, da die Unterscheidung zwischen einem dumpfen, einem klirrenden und einem klaren Klang subjektiv bleiben muß und von den Umständen, wie Aufhängevorrichtung, Gußhaut usw. abhängig ist. Außer größeren Rissen werden sich deshalb Fehlstellen nicht mit Sicherheit nachweisen lassen.

In abgewandelter Form wird die Klangprobe bisweilen auch bei Blechen angewendet. Ergeben sich bei dieser Prüfung Bedenken über die Fehlerfreiheit des Bleches, so wird dasselbe waagerecht aufgehängt, mit Sand bestreut und von unten leicht behämmert. Springt der Sand dabei an einer Stelle nicht hoch, so ist das Vorhandensein von Doppelungen oder ähnlichen Fehlstellen wahrscheinlich.

7. Federn.

Bei der Prüfung von Federn haben die technologischen Versuche weniger die Aufgabe, die Eignung des Werkstoffes zur Herstellung von Federn zu erforschen, als vielmehr fertige Stücke auf die Bewährung im Betriebe und auf ihre Federungseigenschaften zu untersuchen. Da hierbei vielfach jedes einzelne Stück der Prüfung unterzogen werden muß, kommt der Massenprüfung eine besondere Bedeutung zu.

a) Werkstoffeigenschaften und äußere Beschaffenheit.

Das Verhalten einer Feder ist in erster Linie durch ihre elastischen Eigenschaften bedingt. Ein Erfordernis ist dabei vor allem eine hohe Streckgrenze, wie sie meist durch Vergüten erzielt wird. Die Wärmebehandlung birgt allerdings bei unsachgemäßer Durchführung große Gefahren: eine zu hohe Härte hat den Nachteil der gesteigerten Kerbempfindlichkeit, während zu weiche Federn im Betrieb schnell durch sog. Setzen unbrauchbar werden. Auch für die Dauerhaltbarkeit ist die Wärmebehandlung in weitestem Maße ausschlaggebend. Ist der Federwerkstoff in der Außenzone durch wiederholte Wärmebehandlung entkohlt, so bleibt die Vergütung hier unwirksam und infolge der in der Außenzone herrschenden niederen Streckgrenze treten im Betriebe plastische Wechselverformungen auf, welche zu einer Zerrüttung und schließlich zum Dauerbruch führen. Entstehen bei der

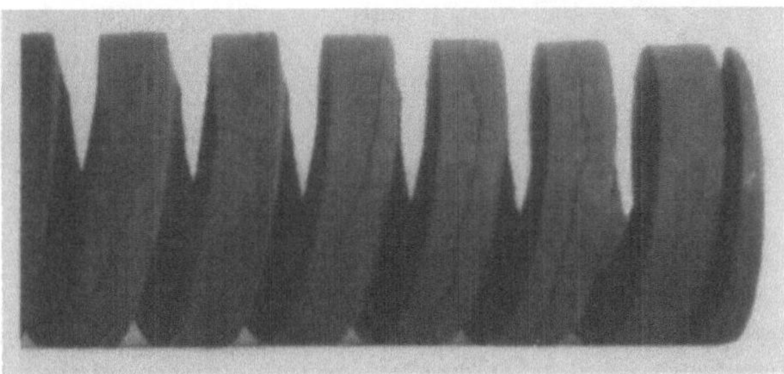

Abb. 91. Nach dem Magnetpulververfahren sichtbar gemachte Risse an einer Schraubendruckfeder.

Wärmebehandlung gar Härterisse, so ist die Feder von vornherein auszuscheiden. Bisweilen genügen neben Rissen, Schlacken und Walzfehlern bei der hohen Kerbempfindlichkeit des vergüteten Werkstoffes schon geringe Oberflächenfehler wie Poren, Bearbeitungsriefen oder kaltverformte Zonen, um einen vorzeitigen Bruch einzuleiten.

Zur Untersuchung der Oberfläche werden außer metallographischen Prüfungen und Absuchen der Oberfläche mit der Lupe insbesondere magnetische Verfahren angewendet, welche für das Auffinden von Oberflächenfehlern bei Massenprüfungen vorzüglich geeignet sind. Abb. 91 zeigt eine Feder mit starken Härterissen, welche nach dem Magnetpulververfahren sichtbar gemacht wurden. Über die magnetischen Prüfverfahren vgl. Bd. I, Abschn. IX.

b) Maßkontrolle.

Vor der eigentlichen Prüfung wird jede Feder einer Maßkontrolle unterzogen, welche mit den werkstattüblichen Meßgeräten ausgeführt wird. Besondere Beachtung verdient bei Schraubendruckfedern die Nachprüfung der Endflächen, welche unbedingt parallel und rechtwinklig zur Federachse sein müssen. Ist diese Bedingung nicht erfüllt, so ist ein Ausknicken der Feder zu befürchten.

c) Prüfung der Federungseigenschaften.

Für den Betrieb ist es von grundlegender Bedeutung, über die sich bei Belastung einstellenden Federwege Kenntnis zu erhalten. Zur zahlenmäßigen Ermittlung des Zusammenhanges zwischen Belastung und Federweg wird jedes Stück in einer geeigneten statischen Prüfmaschine stufenweise belastet und jeweils die Federlänge gemessen. Bei rein elastischem Verhalten ergibt sich eine gerade Federkennlinie. Diese gilt nur dann auch für die Entlastung, wenn keinerlei Reibungen auftreten. Ist eine Feder in einer Hülse oder mittels eines Dornes geführt, so ergibt sich ein Schaubild gemäß Abb. 92, in welchem Belastungs- und Entlastungskurve um den Betrag der Reibungskräfte auseinanderliegen. Man vermag alsdann die wahre Federkennlinie als Mittellinie einzutragen.

Die Steigung der so gewonnenen Kennlinie wird als Federkonstante bezeichnet und ergibt sich aus Last P und zugehörigem Federweg f

$$c = P/f \text{ kg/mm.}$$

Bei Massenprüfungen werden meist selbstschreibende Prüfgeräte zur Ermittlung der Kennlinie verwendet. Zu beachten ist das Setzen der Feder bei der ersten Belastung, so daß diese für die Aufnahme der Kennlinie nicht in Betracht kommt.

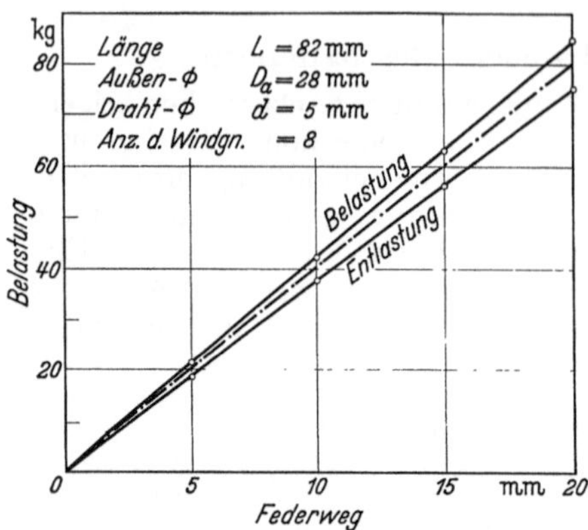

Abb. 92. Kennlinie einer geführten Schraubenfeder.

d) Durchführung der Prüfungen bei den einzelnen Federarten.

α) Schraubdruckfedern. In Abb. 93 ist eine der Prüfung von Schraubendruckfedern zugrunde zu legende Zeichnung wiedergegeben. Nach der Maßkontrolle werden zunächst *statische* Versuche durchgeführt, für welche in der Zeichnung eine Anweisung in Form der zugehörigen Kennlinie enthalten ist. Die Belastung der Feder kann im einfachsten Falle mit Gewicht gemäß Abb. 94 erfolgen, eine Anordnung, welche sich nur für kurze Federn eignet. Dabei ist zu beachten, daß die zur Aufhängung der Gewichte dienende Schnur in der Federachse liegt. Für längere Federn und geringe Belastungen ist die in Abb. 95 dargestellte Vorrichtung verwendbar, welche sowohl die Durchführung von statischen Versuchen, wie auch von kurzzeitigen Wechselversuchen mit Handbetrieb gestattet. Die Feder wird dabei über einen Prüfdorn geschoben und ruht auf einem Kugeldrucklager, während die Belastung mittels eines auf dem Dorn verschiebbaren Gewichtssatzes aufgebracht wird.

Die aufgeführten Einrichtungen sind zwar für Einzelversuche brauchbar, für die laufende Abnahme jedoch zu umständlich in der Handhabung, und es ist deshalb eine Reihe von Sonderprüfgeräten entwickelt worden, welche für die Durchführung von Massenprüfungen bestimmt sind. Diese gestatten auch wiederholte Belastungen an derselben Feder, um festzustellen, ob die Federwege dabei innerhalb einer vorgeschriebenen Toleranz bleiben. Über diese Sonderprüfgeräte ist in Bd. I, Abschn. V A berichtet.

Für die Durchführung der Versuche bei *ruhender* Belastung sind grundsätzlich vier verschiedene Einbaumöglichkeiten gegeben (Abb. 96), deren Wahl sich nach der Einbauweise im Betrieb richtet.

a) Verfügt die Feder über eine genügende natürliche Starrheit, so daß ein Ausknicken vermieden wird, so genügt es, dieselbe frei zwischen zwei mit Zentrierringen versehenen Platten einzubauen. Der Vorteil der Anordnung besteht in dem Fortfall jeglicher Reibungsverluste.

b) Die Führung der Feder in einer Hülse, durch welche ein Ausknicken unmöglich gemacht wird, entspricht einer in der Praxis häufig vorkommenden Anordnung. Da jedoch die Reibungsverluste ein bestimmtes Maß nicht übersteigen dürfen, müssen die Abmessungen der Hülse festgelegt werden. Meist wird dabei verlangt, daß der Innendurchmesser der Hülse um 2% größer sein soll, als der Außendurchmesser der vollkommen zusammengedrückten Feder. Eine weitere Herabsetzung der Reibungsverluste wird durch eine Feinbearbeitung der Hülsenwandung erreicht.

c) Bei der Führung mittels Dornes ist ebenfalls durch genaue Einhaltung der Abmessungen und gute Bearbeitung für eine Herabsetzung der Reibungsverluste zu sorgen. Der Dorndurchmesser ist hierbei meist um 1% geringer als der Innendurchmesser der Feder.

d) Schließlich können die beiden Führungsarten vereinigt und die Feder zwischen Dorn und Hülse gelagert werden. Dann ist auf die Vermeidung zu großer Reibungsverluste entsprechend den unter 2. und 3. gegebenen Anweisungen noch strenger zu achten.

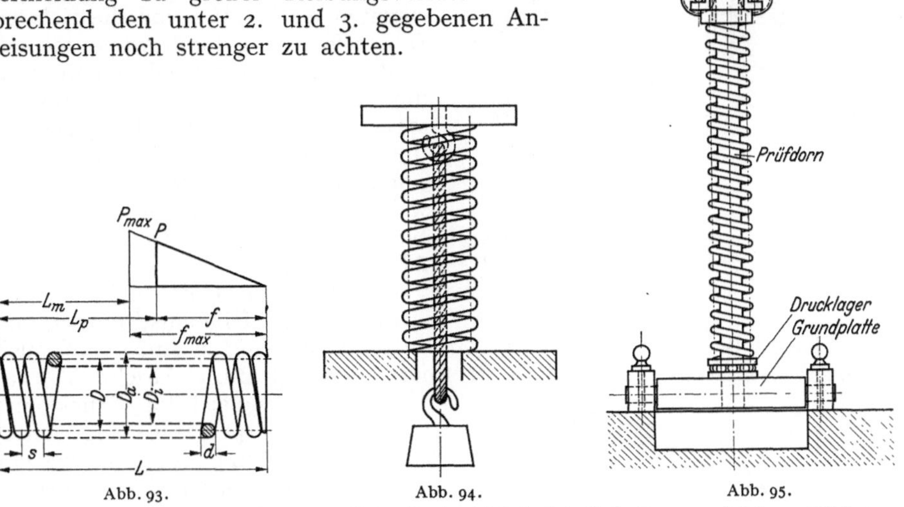

Abb. 93.   Abb. 94.   Abb. 95.

Abb. 93. Beispiel einer Zeichnungsausführung (Schraubendruckfeder). f elastische Zusammendrückung; P Belastung; L_p Federlänge bei der Belastung P; P_{max} Höchstlast der zusammengedrückten Feder; L_m Länge der vollständig zusammengedrückten Feder.

Abb. 94. Einfache Prüfvorrichtung für kurze Schraubendruckfedern

Abb. 95. Prüfvorrichtung für lange Schraubenfedern.

Da die Neigung einer Druckfeder zum Setzen bei einer *langdauernden ruhenden* Belastung stärker ist als bei einer kurzzeitigen, werden vielfach Dauerbelastungsversuche durchgeführt. Um eine langdauernde Inanspruchnahme einer Prüfmaschine zu vermeiden, werden besondere Vorrichtungen verwendet. Die Federn werden entweder gemäß Abb. 97 auf einen Bolzen geschoben, im Schraubstock zusammengedrückt und mit einem Stift in dieser Stellung festgehalten, oder es wird eine Vorrichtung gemäß Abb. 98 verwendet, welche die Benützung einer Presse gestattet. Dabei werden 4 Federn entsprechend Abb. 98a eingebaut, unter der Presse zusammengedrückt und durch Nachstellen der Schrauben entsprechend Abb. 98b in dieser Stellung gehalten. Die Dauerbelastung erstreckt sich in der Regel über 24 bis 48 h. Während zu spröde Werkstoffe, welche im Kurzzeitversuch eben noch standhalten, bei der Dauerbelastung zerbrechen, zeigen zu weiche Werkstoffe bisweilen starke, im Kurzzeitversuch nicht erkennbare plastische Verformungen. In manchen Fällen lassen sich derartige scheinbar bleibende Verformungen durch eine starke Erschütterung des Werkstückes wieder auslösen.

Sind Druckfedern im Betriebe einer *schlagartigen* Beanspruchung ausgesetzt, so sind besondere Schlagversuche erforderlich, da hier oft ein Setzen der Feder eintritt, welches im statischen Versuch nicht zu beobachten ist. Kurze Federn werden dazu unter den Lufthammer vollkommen zusammengeschlagen, während für Federn größerer Abmessungen besondere Fallwerke erforderlich sind. Diese lassen meist durch gleichzeitige Prüfung mehrerer Stücke eine Verkürzung der Versuchszeit zu.

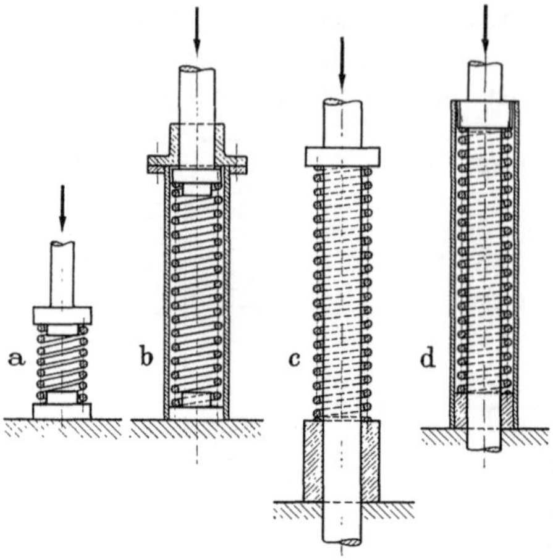

Sehr häufig sind besonders Druckfedern, wie z. B. Ventilfedern einer *schwingenden* Beanspruchung unterworfen, welche an Gestaltung und Werkstoff höchste Anforderungen stellt. Nachdem die Wahl eines geeigneten Werkstoffes und die richtige Dimensionierung durch Aufnahme von Wöhler-Kurven festgelegt sind, wird die laufende Fertigung hochbeanspruchter Federn durch Dauerprüfungen bei Betriebsbelastung in besonderen Prüfmaschinen überwacht, welche meist den Einbau einer ganzen Serie von Federn gestatten (vgl. Bd. I, Abschn. V A 2).

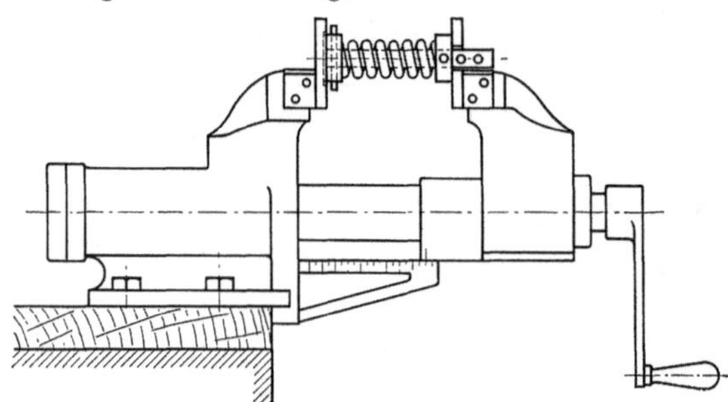

Abb. 96a bis d. Einbaumöglichkeiten für Schraubendruckfedern. a ohne Führung, b Führung durch eine Hülse, c Führung durch einen Dorn, d Führung durch Dorn und Hülse.

β) Schraubenzugfedern. Infolge der weitgehenden Übereinstimmung im Aufbau haben die für Druckfedern gemachten Ausführungen sinngemäß auch bei Zugfedern Geltung, wie auch die Prüfmaschinen (vgl. Bd. I, Abschn. V A 1 a) meist zugleich für Druck- und Zugfederprüfung eingerichtet sind. Ein Unterschied besteht lediglich darin, daß Zugfedern bisweilen auch unter Vorspannung in der Längsrichtung gewickelt werden, welche durch langsam bis zum Öffnen der Feder gesteigerte Zugbeanspruchung ermittelt werden kann.

Abb. 97. Spannen von Schraubendruckfedern im Schraubstock für Dauerbelastungsversuche.

γ) Blattfedern. Während einzelne auf Biegung beanspruchte Blattfedern wenig Bedeutung erlangt haben, finden geschichtete Blattfedersätze insbesondere im Fahrzeugbau weitgehend Verwendung. Bei der Prüfung von derartigen Federsätzen wird vornehmlich wieder die Federkennlinie aufgenommen und mit den Zeichnungsangaben verglichen. Dazu wird der Federsatz in der in Abb. 99 dargestellten Weise belastet und die Abhängigkeit der Höhenabnahme von der Belastung ermittelt. Über Sonderprüfmaschinen, wie sie für Blattfedern entwickelt wurden, vgl. Bd. I, Abschn. V A 1 b.

Die Vorschriften, welche von der Deutschen Reichsbahn für die Abnahme von Blattfedern aufgestellt sind, beziehen sich zunächst auf den Werkstoff, dessen Eigenschaften im geglühten und vergüteten Zustand durch Zug- und Schwingungsversuche festgestellt werden. Außerdem sind weitgehende Angaben über Maßtoleranzen und die Vergütung gemacht. Im einzelnen schreibt die Deutsche Reichsbahn folgendes vor:

Von je 10 t Walzstahl sind drei Walzstäbe zur Herstellung folgender Versuchsstücke zu entnehmen: Je ein Stück von 400 mm Länge mit Kennrillen für den

Zugversuch normal geglüht und federhart (Wasserhärtung) und ein Stück von 800 mm Auflagelänge für den dynamischen Versuch. Sämtliche bedingungsgemäß befundenen Stäbe sind mit dem Prüfstempel zu versehen.

Ein Stück von etwa 800 mm Länge ist rotwarm (etwa 880°) nach einem Halbmesser von etwa dem 100fachen der Blattdicke zu krümmen und dann in Wasser zu härten und anzulassen. Dieses federharte Versuchsstück ist zunächst unter einer Presse einmal gerade zu strecken und zu entlasten; darauf ist die Pfeilhöhe zu messen. Sodann ist das Versuchsstück unter Zwischenlegen eines Auflagestückes von 100 mm Länge etwa 60mal in 1 min unter einem Hammer oder einer Presse bis zur waagrechten Lage durchzudrücken. Beim zweiten Versuch darf keine bleibende Änderung der Pfeilhöhe eintreten. Die Auflagevorrichtung für die Enden des Federblattes soll beweglich sein, so daß es während des Versuches ohne Reibung aufliegt. Bei Lieferung von Federstahl ist der dynamische Versuch im Stahlwerk, bei Lieferung fertiger Federn im Federwerk durchzuführen.

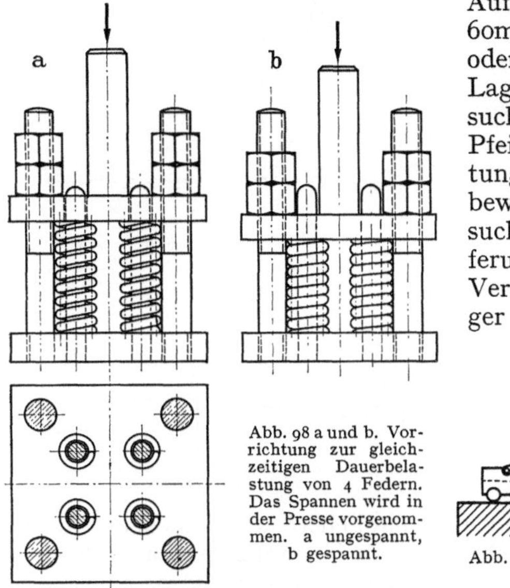

Abb. 98 a und b. Vorrichtung zur gleichzeitigen Dauerbelastung von 4 Federn. Das Spannen wird in der Presse vorgenommen. a ungespannt, b gespannt.

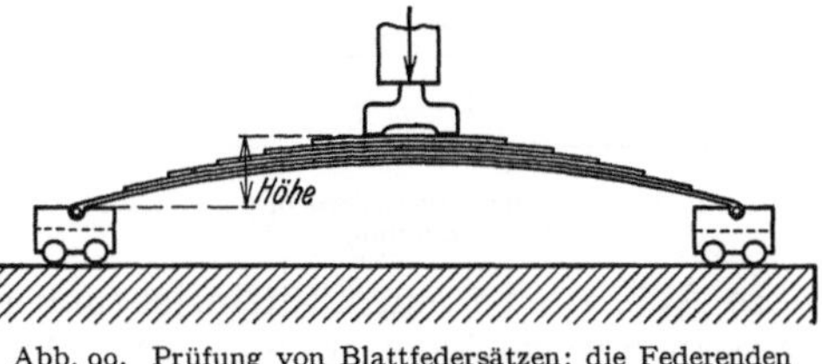

Abb. 99. Prüfung von Blattfedersätzen; die Federenden sind auf Rollen gelagert.

Für die Abmessungen der Federn und ihre Ausführung sind die vorgeschriebenen Zeichnungen maßgebend. Überschreitungen der Abmaße sind unzulässig. Für die Federblätter darf nur geprüfter Stahl verwendet werden. Die Krümmung der Federblätter wird nach Kreisbögen ausgeführt. Die einzelnen Lagen müssen bei der fertigen Feder dicht aufeinander liegen, so daß nirgends ein Spalt von mehr als 0,4 mm klafft. Bei Federn über 1200 mm Länge ist eine Spaltdicke bis zu 0,6 mm zugelassen, doch dürfen auch sie auf die innere Länge von 1200 mm um nicht mehr als 0,4 mm klaffen. Spaltlängen bis zu 40 mm sind hierbei nicht zu berücksichtigen. Alle beim Bohren, Schmieden oder sonstigen Bearbeiten der Federn entstehenden scharfen Kanten müssen vor dem Härten durch Feilen oder Schleifen abgerundet werden. Die Federblätter sind einzeln und völlig gleichmäßig zu härten. Federblätter, die nach dem Härten fehlerhafte Stellen, Längs- oder Kantenrisse zeigen, sich verzogen oder geworfen haben, dürfen nicht eingebaut werden. Die Härte der Federblätter muß 370 bis 430 Brinelleinheiten betragen, jedoch ist bei dem obersten Hauptblatt eine Mindesthärte von 350 Brinelleinheiten zulässig. Die Federbunde werden bei Hellrotglut (850 bis 900°) über die genau paßrecht zusammengefügten Federblätter geschoben, dann die Beilagen eingelegt und die vier Wände des Federbundes unter einer Presse von 50 t Preßdruck gestaucht.

δ) Tellerfedern. Ähnlich den Blattfedern sind auch Tellerfedern auf Biegung beansprucht. Zur leichteren Bestimmung der Kennlinie und um Reibungseinflüsse auszuschalten werden meist zwei Federn gegeneinander gelegt, oder eine ganze Anzahl wechselseitig auf einen Dorn aufgesteckt und gemeinsam belastet. Die Prüfung von Einzelfedern ist nur mit besonderen Vorrichtungen möglich, welche etwa in der Art der Abb. 100 eine Messung der Federwege mittels Meßuhr gestatten.

ε) *Spiral- und Torsionsfedern.* Entsprechend ihrer Wirkungsweise wird bei Spiral- und Torsionsfedern, welche bisweilen unter Vorspannung gewickelt sind, die Kennlinie durch Messung der zu jeder Belastung gehörenden Winkel ermittelt. Die Prüfgeräte für diese Federn sind in Bd. I, Abschn. V A 1c geschildert.

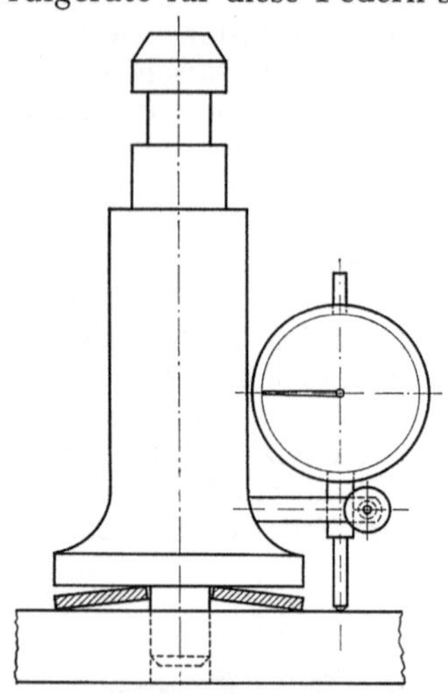

Abb. 100. Prüfgerät für Tellerfedern mit besonderer Meßeinrichtung.

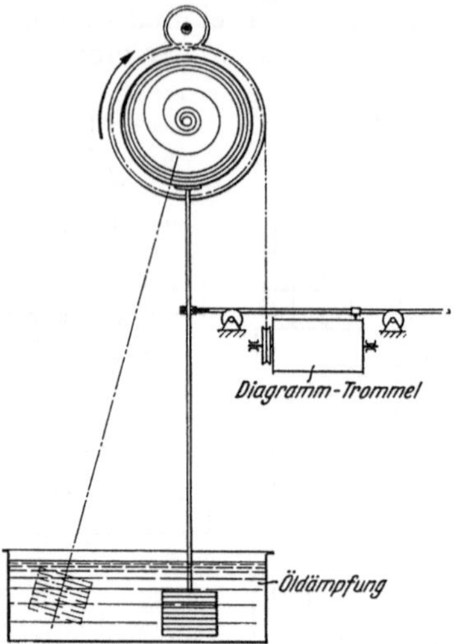

Abb. 101. Prüfeinrichtung für Spiralfedern nach Poellein.

In Abb. 101 ist eine Prüfeinrichtung für Spiralfedern wiedergegeben, welche die selbsttätige Aufzeichnung des Drehmoment-Umdrehungsschaubildes gestattet [1]. Dabei wird das Drehmoment mittels des am Federgehäuse befestigten Pendels P, und die Umdrehungszahl an der Aufzugstrommel gemessen und in der dargestellten Weise auf eine Schreibtrommel übertragen. Das ermittelte Arbeitsschaubild, Abb. 102, zeigt dieselbe Charakteristik wie die Abb. 92, indem die Reibungsarbeit durch die zwischen der Belastungs- und Entlastungskurve bzw. der Aufzug- und Ablaufkurve liegende Fläche gekennzeichnet ist. Die Prüfvorrichtung eignet sich be-

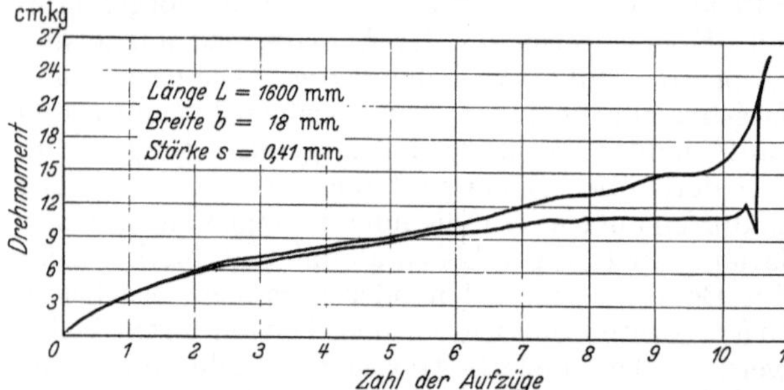

Abb. 102. Arbeitsschaubild einer im Gehäuse eingebauten Spiralfeder nach Poellein.

sonders für die Untersuchung fertiger, im Gehäuse eingebauter Federn, bei welchen Reibungsverluste zwischen Gehäuse und Feder und zwischen den einzelnen Federwindungen unvermeidbar sind.

Für die Prüfung der für die Herstellung von Spiralfedern bestimmten Bandstähle und für die Überwachung der Wärmebehandlung finden häufig Rückfederungs-Prüfgeräte Verwendung, bei welchen nach Umbiegen einer Bandprobe um 180° aus dem bei der Rückfederung verbleibenden Winkel auf die Güte des Werkstoffes geschlossen wird. Die beim Wickeln der Federn entstehenden Veränderungen der Werkstoffeigenschaften bleiben dabei jedoch unberücksichtigt.

---

[1] Poellein, H.: Untersuchungen über Zugfederbandstahl. Mitt. K.-Wilh.-Inst. Eisenforschg. Bd. 19 (1937) S. 247.

VII. Prüfungen verschiedener Art.

A. Verschleißprüfung[1].

Von **E. Siebel**, Stuttgart.

1. Die Verschleißvorgänge.

Als Verschleiß bezeichnet man die unerwünschten Stoffabtrennungen, welche an der Oberfläche von Maschinenteilen, Werkzeugen und Gebrauchsgegenständen unter dem Einfluß äußerer Kraftwirkungen auftreten[2]. Kraftwirkungen, wie sie zum Herauslösen von Werkstoffteilen aus dem Gefügeverband erforderlich sind, können normalerweise nur durch feste Körper hervorgerufen werden, die sich gegenüber der Angriffsfläche verschieben. In Sonderfällen vermögen jedoch auch bewegte Flüssigkeiten eine Zerstörung der beanspruchten Oberfläche und damit einen Verschleiß herbeizuführen. Abtragungen durch chemische Einflüsse, also reine Korrosionsvorgänge fallen nach der vorstehend gegebenen Definition nicht unter Verschleiß. Chemische Einwirkungen können jedoch großen Einfluß auf das Verschleißverhalten unter äußerem Kraftangriff ausüben.

Nach den äußeren Bedingungen des Verschleißangriffes lassen sich folgende Arten des Verschleißes unterscheiden:

1. **Verschleiß bei gleitender Reibung zwischen trocknen Flächen.** Das einfachste Beispiel für eine derartige Verschleißbeanspruchung bilden Bremsklotz und Radreifen bei Fahrzeugen. Aber auch der Verschleiß der an spanabhebenden Werkzeugen und Schneidwerkzeugen, an Preßwerkzeugen und Gesenken auftritt, muß unter diese Art des Verschleißes gezählt werden. Verstärkter Verschleiß zeigt sich, wenn sich zwischen den aufeinander gleitenden Verschleißflächen noch Verschleißmittel befinden, wie dies bei Brechbacken, Mahlgängen sowie an Stempeln und Formen von Brikettpressen der Fall ist.

2. **Verschleiß bei gleitender Reibung zwischen geschmierten Flächen.** Hierunter fallen die Verschleißerscheinungen, die zwischen Welle und Lager, sowie zwischen Kolben und Zylinder bei unvollkommener Schmierung oder beim Vorhandensein von Verunreinigungen im Schmiermittel, vorkommen; weiterhin zählen hierzu die Verschleißerscheinungen an Zieh- und Stanzwerkzeugen.

3. **Verschleiß bei rollender Reibung zwischen trocknen Flächen.** Verschleißvorgänge dieser Art treten insbesondere an den Laufflächen der Bandagen von Eisenbahnfahrzeugen auf. Hingegen wird der Verschleiß, der an den Spurkränzen der Bandagen sowie an den Schienen, die in Kurven verlegt sind, auftritt, vorwiegend durch den zur Auswirkung kommenden Schlupf hervorgerufen. Ein derartiger Verschleiß unterscheidet sich wenig von der unter 1. genannten Verschleißbeanspruchung.

4. **Verschleiß bei rollender Reibung zwischen geschmierten Flächen.** Auch hier sind die Verschleißerscheinungen ganz verschiedenartig, je nachdem die Flächen ohne oder mit Schlupf aufeinander abrollen. Bei Zahnrädern wälzen

---

[1] Der derzeitige Stand der Verschleißforschung und -Prüfung wird gekennzeichnet durch die Vorträge der VDI-Verschleißtagung Stuttgart 1938. Reibung und Verschleiß. VDI-Verlag 1939.

[2] Weitere Definitionen des Verschleißes finden sich bei Gillet, H. W.: Considerations involved in the wear testing of Metals. Symposium of wear of Metals. Philadelphia 1937.

sich z. B. die Zahnflanken im Teilkreis ohne Schlupf, beiderseits des Teilkreises aber mit Schlupf ab.

5. Verschleiß bei Berührung unter Wechselbeanspruchung. Hierunter fällt der Passungsverschleiß, der an den Sitzflächen von Maschinenteilen durch kleinste Relativbewegungen hervorgerufen wird.

6. Verschleiß durch bewegte feste Verschleißmittel. Verschleißerscheinungen dieser Art können hervorgerufen werden:

a) durch feste, gekörnte Verschleißmittel, wie Kies, Sand, Asche usw.,

b) durch feste Verschleißmittel in plastischen Massen z. B. bei tonigen und lehmigen Böden oder dgl.,

c) durch feste Verschleißmittel in Flüssigkeiten,

d) durch feste Verschleißmittel in Gasen.

Beispiele für den unter a) und b) genannten Verschleiß sind die Verschleißerscheinungen an Transportbändern, Baggern und Pflugscharen. Feste Verschleißmittel, die in Flüssigkeiten oder Gasen mitgerissen werden, können insbesondere an Rohrleitungen, Düsen, Leitschaufeln u. dgl. Verschleißerscheinungen (Erosion) hervorrufen.

7. Verschleiß durch bewegte Flüssigkeiten. Hierunter fällt der Verschleiß durch Hohlsog (Kavitation), und durch Tropfenschlag. Flüssigkeitstropfen in bewegten Gasen vermögen unter anderem auch einen Erosionsverschleiß hervorzurufen.

Die vorstehend gegebene Aufteilung der Verschleißvorgänge nach den äußeren Bedingungen des Verschleißangriffes lassen bereits erkennen, wie vielseitig diese Vorgänge sind und in wie verschiedenartiger Weise der Verschleiß eingeleitet werden kann[1]. Entsprechend vielseitig ist auch die Art der Verschleißerscheinungen. Schon die Größe der losgerissenen Teilchen vermag in weiten Grenzen zu wechseln. Die Oberfläche des Werkstoffes kann entweder schichtenweise in feinsten Teilchen abgetragen werden, oder es können einzelne Körner oder größere Bestandteile aus dem Gefügeverband gelöst werden. Da angenommen werden muß, daß die zur Trennung des Materialzusammenhangs erforderliche Arbeit eine Funktion der freien Oberfläche des Verschleißproduktes ist, erscheint zur Abtragung in dünnen Schichten eine weit größere Arbeit je Volumeneinheit des losgetrennten Werkstoffes erforderlich, als bei der Loslösung größerer Bestandteile.

Bei gleitender Reibung zwischen trocknen Flächen vermag man sich das Auftreten des Verschleißes grobmechanisch so zu erklären, daß bei der stets vorhandenen Rauhigkeit der Verschleißflächen die vorstehenden Teile sich gegenseitig abscheren und lostrennen. Verschleißvorgänge dieser Art werden insbesondere bei spröden nichtmetallischen Körpern auftreten. Bei metallischen Werkstoffen erscheint es weiterhin möglich, daß örtlich ein Verschweißen der aufeinander gleitenden Flächen stattfindet und daß so Teile aus den Flächen herausgerissen werden. Der Trennung werden bei zähen Werkstoffen meist starke Formänderungen der ganzen Verschleißfläche oder auch einzelner Teile derselben vorausgehen. Durch die hiermit verbundene Verfestigung kann der Verschleißvorgang unter Umständen weitgehend verzögert werden. Sehr verschiedenartig vermag das Verschleißprodukt selbst auf den Verschleißvorgang zu wirken. Auf jeden Fall ist es nicht gleichgültig, ob der entstehende Abrieb zwischen den Flächen verbleibt oder fortlaufend entfernt wird.

---

[1] Siebel, E.: Stand der Verschleißforschung. Z. VDI Bd. 82 (1938) S. 1419. — Klingenstein, Th. u. H. Kopp: Der Verschleiß von Grauguß und seine Abhängigkeit von äußeren Umständen. Mitt. Forsch.-Anst. G.H.H.-Konzern Bd. 7 (1939) S. 23.

Wie die Untersuchungen insbesondere von DONANDT[1] und LANGMUIR[2] gezeigt haben, wird der Verschleißvorgang bei gleitender Reibung zwischen trocknen Flächen weitgehend durch *adsorbierte Gase* beeinflußt. Auch vermögen geringe Mengen von *Schmiermitteln* auf scheinbar trocknen Flächen einen festhaftenden Überzug zu bilden, der den Verschleiß zunächst stark herabsetzt. So wurden z. B. von EICHINGER[3] bei der Prüfung von Schienenstählen in der ersten Phase des Verschleißversuches sehr geringe Verschleißwerte bzw. hohe spezifische Reibungsarbeiten beobachtet. Nach Verdampfung der absorbierten Schicht folgte dann eine Phase verstärkten Verschleißes, die wiederum nach Einsetzen der Verfestigung durch eine dritte Phase abgelöst wurde, in welcher der Verschleiß auf einen Bruchteil des in der zweiten Phase beobachteten abfiel.

Von Bedeutung erscheinen auch die chemischen Vorgänge, welche durch die Einwirkung des Luftsauerstoffes hervorgerufen werden. So ist die außerordentlich starke Verminderung des Verschleißes, welche von SIEBEL und KEHL[4] bei Verschleißversuchen mit Gußeisen und Stahl beobachtet wurde, sobald die Gleitgeschwindigkeit einen bestimmten Grenzwert überstieg, wahrscheinlich auf Bildung einer Oxydschicht und eine Oxydation des Abriebes zurückzuführen.

Befindet sich zwischen den gleitenden Flächen ein Schmiermittel, so vermag normalerweise überhaupt kein Verschleiß stattzufinden, solange die Unebenheiten der Flächen kleiner sind als die Dicke des Schmierfilms. Bei unvollkommener Schmierung oder starker Rauhigkeit der Gleitflächen werden jedoch Berührungen einzelner Teile dieser Flächen stattfinden und damit Verschleißerscheinungen hervorgerufen. Der Verschleiß hält sich dabei in um so kleineren Grenzen, je besser die Gleitflächen bearbeitet sind und je besser das Schmiermittel an den Gleitflächen haftet. Der Einlaufvorgang dürfte nicht nur durch eine immer bessere Anpassung und Glättung der aufeinander gleitenden Flächen gekennzeichnet sein, sondern es dürften auch die Gefügeveränderungen in der obersten Schicht Bedeutung erlangen[5].

In sehr vielen Fällen sind nicht die reinen Schmiermittel wirksam, sondern es sind in diesen Verschleißmittel enthalten, welche den Verschleißvorgang weitgehend beeinflussen. Die Verunreinigungen des Schmiermittels können dabei aus den beim Einlaufen sich bildenden Abrieben bestehen. Häufig wird es sich aber auch nicht vermeiden lassen, daß durch äußere Einflüsse eine allmähliche Verunreinigung des Schmiermittels eintritt. Die Wirkung der im Schmieröl vorhandenen Verschleißmittel wird einmal durch die Korngröße und weiterhin durch die Härte der Teilchen bestimmt. Unterschreitet die Korngröße die Dicke des Schmierfilmes, so bleiben die Verunreinigungen ohne Einfluß auf den Verschleiß. Desgleichen vermögen sich feste Verunreinigungen im Schmiermittel nur wenig auszuwirken, solange ihre Härte im Vergleich zu

---

[1] DONANDT, H.: Über den Stand unserer Kenntnisse in der Frage der Grenzschmierung. Z. VDI Bd. 80 (1936) S. 821.

[2] LANGMUIR, J.: Adsorption von Gasen an ebenen Oberflächen. J. Amer. chem. Soc. Bd. 40 (1918) S. 1361.

[3] EICHINGER, A.: Abnutzungsversuche mit Schienen und Radreifenstählen. Internat. Schienentagung 1938. — Das Problem der Abnutzung bei rollender und gleitender Reibung. Eidgenöss. Mat.-Prüf.-Anst., Disk.ber. S. 121 (1938).

[4] KEHL, B. u. E. SIEBEL: Untersuchungen über das Verschleißverhalten der Metalle bei gleitender Reibung. Arch. Eisenhüttenw. Bd. 9 (1936) S. 563.

[5] Es besteht die Möglichkeit, daß sich an derartigen Flächen eine völlig amorphe Beilby-Schicht ausbildet. Vgl. PYE, D. R.: Werkstoffkunde und Flugmotorenbau. Hauptversammlung der Lilienthalgesellschaft für Luftfahrtforschung 1937. — DIES, K.: Die Vorgänge beim Verschleiß bei rein gleitender trockner Reibung. Z. VDI Bd. 83 (1939) S. 307.

den aufeinander gleitenden Flächen gering ist. Harte Verschleißmittel, wie z. B. Korund oder Quarz greifen andererseits die härtere Seite eines Werkstoffpaares stärker an als die weichere[1], was auf Einbettungserscheinungen auf der weichen Seite zurückgeführt werden muß.

Während bei gleitender Reibung der Verschleiß durch die an den Gleitflächen auftretenden Scherkräfte bedingt ist, sind bei rollender Reibung die häufig wechselnden Normalkräfte die Ursache der hier beobachteten Verschleißerscheinungen. Diese Wechselbeanspruchungen bewirken eine allmähliche Zerrüttung der Oberflächenschichten, die dann zu Abblätterungen (bei Radreifen) oder örtlichen Ausbrechungen[2] (im Teilkreise von Zahnrädern) führen. Diese Erscheinungen werden durch die außerordentlich hohen Flächenpressungen begünstigt, die bei rollender Reibung auftreten. Wie Versuche von Fink und Hofmann[3] gezeigt haben, können auch die chemischen Einwirkungen der Atmosphäre von großem Einfluß auf den Verschleißvorgang bei rollender Reibung sein, wenn auch der Anschauung entgegengetreten werden muß, daß ohne Einwirkung des Luftsauerstoffes kein Verschleiß entstehen könnte[4].

In den meisten Fällen tritt neben dem reinen Abrollen noch ein Schlupf, also ein Gleiten der Verschleißflächen auf. Ist der Schlupf sehr gering, so wird er nur in der Richtung wirken, daß er das Ablösen der durch die Wechselbeanspruchung zerrütteten Oberflächenschichten beschleunigt. Bei starkem Schlupf zeigen sich wie bereits erwähnt, ähnliche Verschleißerscheinungen wie bei rein gleitender Reibung.

Auch der Passungsverschleiß gehört zu den durch Wechselbeanspruchung hervorgerufenen Verschleißvorgängen. Es ist dabei zu beachten, daß insbesondere die Kantenpressungen an eingesetzten Zapfen u. dgl., sehr groß sein können. Häufig werden auch kleine seitliche Verschiebungen den Passungsverschleiß einleiten. Die starke Mitwirkung chemischer Vorgänge macht sich beim Passungsverschleiß in der Entstehung oxydischen Verschleißstaubes (Bluten) deutlich bemerkbar. Der Passungsverschleiß vermag sich insofern noch besonders ungünstig auszuwirken, als die durch ihn hervorgerufenen Beschädigung der Oberfläche das Auftreten von Dauerbrüchen begünstigt[5].

Der Verschleiß durch feste bewegte Verschleißmittel geht meist in der Weise vor sich, daß die scharfkantigen Körner des Verschleißmittels weichere Bestandteile der angegriffenen Flächen abscheren. Sind die Körner des Verschleißmittels gerundet, so genügt bereits die Oberflächenrauhigkeit, um eine allmähliche Abtragung zu bewirken, wobei bei zähen metallischen Werkstoffen der Loslösung mehr oder weniger große Formänderungen und Verfestigung

[1] Sporkert, K.: Über die Abnützung von Metallen bei gleitender Reibung. Werkstatttechnik Bd. 30 (1936) S. 221.

[2] Bondi, W.: Beiträge zum Abnutzungsproblem mit besonderer Berücksichtigung der Abnutzung von Zahnrädern. Berlin: VDI-Verlag. 1927.

[3] Fink, M. u. U. Hofmann: Zur Theorie der Reiboxydation. Arch. Eisenhüttenw. Bd. 6 (1932) S. 161. — Betr. Reiboxydation. Z. Metallkde. 1932, Heft 3, S. 49. — Z. anorg. allg. Chem. Bd. 210 (1933) S. 100. — Z. VDI Bd. 77 (1933) S. 979. — Stahl u. Eisen Bd. 52 (1932) S. 1026. — Metallwirtsch. Bd. 13 (1934) S. 62. — Fink, M.: Neue Ergebnisse auf dem Gebiet der Verschleißforschung. Diss. Berlin 1929. — Org. Fortschr. Eisenbahnw. 1929, S. 405. — Z. VDI Bd. 74 (1930) S. 85.

[4] Vgl. Rosenberg, S. J. u. L. Jordan: Influence of oxyde Film on the Wear of Steels. Trans. Amer. Soc. Met. Bd. 23 (1935) S. 577.

[5] Leon, A.: Über das sog. „Bluten" des Stahles. Stahlbau u. Techn. Wien Bd. VII (1935). — Reiboxydation. Z. VDI Bd. 77 (1933) S. 997. — Wunderlich, F.: Die Reiboxydation, Verschleißtagung, Stuttgart 1938. Vgl. auch E. Siebel: Stand der Verschleißforschung, a. a. O. — Charpentier, W.: Über die Zusammenhänge von Verschleiß und Korrosion an Konstruktionsstählen bei Kaltbearbeitung durch Druckwechsel, rollende Reibung und gleitende Reibung. Diss. Stuttgart 1929.

der Oberflächenschichten vorausgehen. Der Verschleißvorgang bleibt grundsätzlich der gleiche, wenn das Verschleißmittel in plastischen Massen eingebettet ist oder mit einer Flüssigkeit fortbewegt wird. Der Verschleißvorgang wird in diesem Falle unter Umständen durch die gleichzeitig wirkenden Korrosionsvorgänge beschleunigt. Sowohl beim Vorhandensein von festen Verschleißmitteln in Flüssigkeiten als auch in Gasen, wird der Erosionsverschleiß hauptsächlich an den Stellen auftreten, wo die Flüssigkeit bzw. der Gasstrom zu einer Änderung der Bewegungsrichtung gezwungen wird, so daß der zu einer Verschleißwirkung erforderliche Anpreßdruck erzeugt werden kann. Vorbedingung für den Verschleiß ist weiterhin eine genügende Strömungsgeschwindigkeit, um diese Kraftwirkungen hervorzubringen. Neben dem Gleitverschleiß dürfte beim Vorhandensein von festen Verschleißmitteln in Flüssigkeiten oder Gasen auch der durch die senkrecht zur Wandung gerichtete Bewegungskomponente erzeugte Ermüdungsverschleiß eine Rolle spielen[1].

Bei den durch bewegte Flüssigkeiten hervorgerufenen Verschleißvorgängen (vgl. Bd. II, Abschn. VII D), handelt es sich sowohl beim Vorliegen von Hohlsog wie von Tropfenschlag, um einen Ermüdungsverschleiß, der zu einer Zerrüttung und damit zur Ablösung von Werkstoffteilchen in den angegriffenen Flächen führt. Der Zerrüttungsvorgang wird meist durch die Korrosionswirkung der Flüssigkeit unterstützt[2].

2. Grundsätze der Verschleißprüfung.

Bei jeder der verschiedenen Arten der Verschleißbeanspruchung sind eine große Anzahl von Einzeleinflüssen vorhanden, von denen der auftretende Verschleiß abhängt. Für den Fall der gleitenden Reibung zwischen trocknen Flächen zeigt es sich z. B., daß hier folgende Punkte von Bedeutung sind:

    a) der Werkstoff beider aufeinander gleitender Körper,
    b) die Form der Gleitflächen,
    c) die Oberflächenbeschaffenheit der Gleitflächen,
    d) das zwischen den Gleitflächen befindliche Verschleißmittel,
    e) die umgebende Atmosphäre,
    f) die Temperatur,
    g) die Flächenpressung,
    h) der Gleitweg,
    i) die Gleitgeschwindigkeit.

Der Werkstoff, die Form der Gleitflächen und die Oberflächenbeschaffenheit können bei beiden aufeinander gleitenden Körpern verschieden sein, so daß der Verschleiß hier durch insgesamt 12 Veränderliche beeinflußt wird.

Bei der geschilderten Sachlage erscheint es ausgeschlossen, daß durch einen Versuch für alle Beanspruchungsarten brauchbare Angaben über das Verschleißverhalten der Werkstoffe gemacht und allgemeingültige Verschleißkennzahlen gefunden werden können. Auch innerhalb der einzelnen Arten des Verschleißes ist dies nur eingeschränkt möglich, da das Verschleißverhalten sich unter Umständen bereits bei kleinen Abweichungen in den Versuchsbedingungen völlig ändert. Als Beispiel hierfür sind in Abb. 1 die Ergebnisse von Trockenlaufversuchen mit einem Stahl wiedergegeben, welcher verschiedenartige Warmbehandlungen erfahren hat. Bei niederer Gleitgeschwindigkeit der

---

[1] PFLEIDERER, E.: Betriebserfahrungen an einem 42-at-Großkessel. Z. VDI Bd. 75 (1931) S. 1502.

[2] VATER, M.: Wasserschlag-Dauerversuche an reinem Eisen. Z. VDI Bd. 82 (1938) S. 672.

ringförmigen Probekörper ist deutlich der Einfluß der Gefügebeschaffenheit bzw. der Härte zu erkennen, während dieser Einfluß bei höherer Geschwindigkeit zurücktritt. Die sprungweise Veränderung im Verschleißverhalten beim Trockenlaufversuch kann, wie bereits auseinandergesetzt, nur so gedeutet werden, daß bei kleiner Gleitgeschwindigkeit vorwiegend metallischer Verschleiß, bei großer Gleitgeschwindigkeit aber, infolge der stärkeren Erwärmung an den Gleitflächen, ein oxydischer Verschleiß auftritt.

Es ist somit erforderlich, bei der Ausführung von Verschleißversuchen die Prüfbedingungen weitgehend den Verhältnissen anzupassen, wie sie bei der Betriebsbeanspruchung des betreffenden Teiles vorliegen. Insbesondere ist es keineswegs gleichgültig, mit welchem Gegenwerkstoff eine Verschleißprüfung durchgeführt wird, oder ob der Verschleiß an trocknen oder geschmierten Flächen ermittelt wird. Alle Versuche, das Verschleißverhalten eines Werkstoffes allgemeingültig dadurch festzulegen, daß der Prüfkörper z. B. im Trockenlaufversuch durch umlaufende Scheiben aus Flußstahl[1] oder Hartmetall[2], durch Schmirgelscheiben[3] oder dgl.[4] beansprucht wird, müssen schon deshalb fehlschlagen, da sie nicht dem Grundsatz Rechnung tragen, daß stets nur das Verschleißverhalten eines bestimmten Werkstoffpaares geprüft werden kann. Desgleichen ist es zwecklos, etwa aus dem Verhalten eines Werkstoffpaares beim Trockenlaufversuch Schlüsse auf seinen Verschleißwiderstand bei Schmierung der Gleitflächen oder gegenüber bewegten Verschleißmitteln ziehen zu wollen.

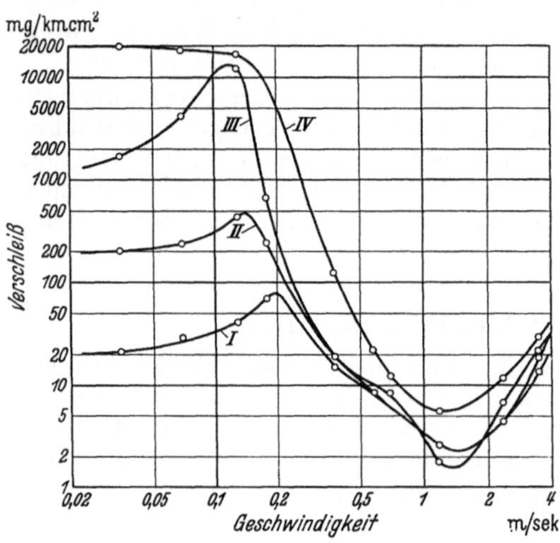

Abb. 1. Trockenlaufversuche mit verschieden behandelten Stahlproben mit einem C-Gehalt von 0,64%. I bei 800° geglüht, in Wasser abgeschreckt; $H_B = 650$ kg/mm². II wie I bei 400° 15 min angelassen; $H_B = 420$ kg/mm². III wie I bei 500° 15 min angelassen; $H_B = 330$ kg/mm². IV wie I zwischen 700 und 730° 1½ h gependelt, Ofenabkühlung; $H_B = 150$ kg/mm².

Ebenso erscheint es aussichtslos, das Verschleißverhalten bei rollender Reibung aus Versuchen bei gleitender Reibung zu beurteilen.

Die Prüfeinrichtungen gestatten es in vielen Fällen, die beim Gleiten der Probekörper auftretenden Kraftwirkungen laufend zu verfolgen, oder die beim Verschleißvorgang erforderliche Arbeit zu bestimmen. Derartige Messungen erscheinen insbesondere im Hinblick darauf wertvoll, daß die Kraftanzeige etwaige Unregelmäßigkeiten, die bei der Durchführung der Versuche auftreten, insbesondere das Anfressen von aufeinander gleitenden Stücken oder Veränderungen in den Schmierverhältnissen erkennen läßt. Ein un-

---

[1] Spindel, M.: Neues Prüfverfahren für den Abnützungswiderstand von Eisenbahnmaterial. Z. VDI Bd. 66 (1922) S. 1071. — Über Abnützungsprüfung von Werkstoffen für Eisenbahnen und Fabrikbetriebe. Z. VDI Bd. 70 (1926) S. 415.

[2] Sawin, N. N.: Abnutzung von Metallen mit harter Oberfläche. Feinmech. u. Präz. Bd. 41 (1933) S. 69.

[3] Tonn, W.: Verschleiß von Eisenlegierungen auf Schmirgelpapier und ihre Härte. Arch. Eisenhüttenw. Bd. 8 (1934/35) S. 467. — Z. VDI Bd. 80 (1936) S. 552.

[4] Brinell, J. A.: Ein neues Verfahren zur Feststellung des Abnutzungswiderstandes. Präzision Bd. 1 (1922), Heft 26—30. — Stahl u. Eisen Bd. 42 (1922) S. 391.

mittelbarer Zusammenhang zwischen den Scherkräften oder den daraus errechneten Reibungsbeiwerten und der Höhe des Verschleißes des betreffenden Werkstoffpaares besteht jedoch nicht[1].

Schwierigkeiten bereitet bei der Verschleißprüfung insbesondere die Messung des Verschleißes. Als Maß des Verschleißes dient am besten der auf die Einheit der beanspruchten Fläche bezogene Volumenverlust bzw. die Dicke der abgetragenen Schicht. Da die Abtragungen meist aber nur sehr gering sind und nicht gleichmäßig erfolgen, stößt eine unmittelbare Messung häufig auf große Schwierigkeiten. Eine Messung der Abtragungsstärke kommt praktisch nur bei Teilen in Frage, die im Betriebe sehr weitgehend abgenutzt werden. So besteht z. B. die Möglichkeit, bei Zahnrädern mittels eines Komparators die im Gebrauch auftretenden Veränderungen des Zahnprofils festzustellen. Bei der Verschleißprüfung lassen sich stärkere und damit leicht ausmeßbare Abtragungen durch örtliche Einschliffe eines zylindrisch geformten Gegenstücks auf einem ebenen Prüfstück erzielen. (Verfahren von SPINDEL.) An Stelle der Einschlifftiefe kann hier auch die Länge des Einschliffes ausgemessen und als Maß des Verschleißes verwendet werden. Am besten läßt sich der Verschleiß als Gewichtsverlust durch Wägung ermitteln. Die Meßgenauigkeit läßt sich dabei um so mehr steigern, je geringer das Gewicht des Prüfkörpers ist. Aus dem Gewichtsverlust vermag man den Volumenverlust bei Kenntnis der Wichte des betreffenden Werkstoffes zu berechnen.

3. Die Prüfverfahren.

Es empfiehlt sich, die Verfahren der Verschleißprüfung entsprechend den eingangs geschilderten Arten des Verschleißangriffs einzuteilen.

Verschleißversuche bei gleitender Reibung zwischen trocknen Flächen lassen sich einmal auf Maschinen durchführen, bei welchen eine umlaufende Prüfscheibe auf einer feststehenden Probe gleitet. Bei der von SPINDEL[2] entwickelten Prüfmaschine (vgl. Bd. I, Abschn. V D 2) besteht die mit 30 m/min umlaufende Prüfscheibe von 1 mm Dicke und 320 mm Dmr. aus Flußstahl von etwa 60 kg/mm² Festigkeit und wird mit einer Belastung von 5 kg gegen die zu untersuchende Probe mit ebener Prüffläche gepreßt. Als Maß des Verschleißwiderstandes dient die Einschlifflänge bzw. das Verhältnis von Schleifweg und ausgeschliffenen Volumen. Es besteht auch die Möglichkeit, derartige Versuche mit umlaufenden und feststehenden Proben gleicher Breite durchzuführen[3]; desgleichen mit einer feststehenden ringförmigen und einer hin- und herbewegten ebenen Probe. In letzterem Falle verändert sich die Flächenpressung in der Berührungsfläche beider Proben während des Versuches. Vergleichbare Versuchsergebnisse lassen sich nur dann erzielen, wenn alle Versuchsbedingungen, insbesondere auch der Oberflächenzustand der Proben, der Feuchtigkeitsgehalt und Ölgehalt der umgebenden Atmosphäre und die Art der Entfernung des Verschleißstaubes peinlichst gleichgehalten werden. Die Versuchsergebnisse erscheinen nur dann auf Betriebsverhältnisse übertragbar, wenn Werkstoff und Gegenwerkstoff entsprechend gewählt sind.

Wenn eine völlige Entfernung des Verschleißstaubes durch Absaugen oder Fortblasen nicht möglich ist, wirkt dieser wie ein zwischen den Laufflächen befindliches Verschleißmittel. Unter Umständen kann der Verschleiß jedoch

---

[1] KOESSLER, P.: Wechselbeziehungen zwischen den Gliedern der Reibpaarung von Fahrzeugbremsen in bezug auf Verschleiß und Reibbeiwert. Verschleißtagung Stuttgart 1938.

[2] SPINDEL, M.: Vgl. Fußnote 1, S. 424.

[3] KEHL, B. u. E. SIEBEL: Vgl. Fußnote 4, S. 421.

auch herabgesenkt werden, da die unmittelbare Berührung der Proben verhindert wird. Durch Zugabe von körnigen Verschleißmitteln, z. B. von Quarzsand oder Schmirgel, läßt sich der Verschleiß weitgehend steigern. Es kann dabei nach den Vorschlägen von Brinell[1] in der Weise vorgegangen werden, daß die Verschleißmittel von oben zwischen den Versuchskörpern und die umlaufende Gegenscheibe eingebracht werden (vgl. Bd. I, Abschn. V D 2). An dieser Stelle ist das Verfahren zu nennen, das von Bauschinger zur Verschleißprüfung von Gesteinen entwickelt worden ist (DIN DVM 2108). Die Prüfkörper werden dabei gegen eine umlaufende Kreisbahn aus Gußeisen gepreßt, auf welche Schmirgel von bestimmter Körnung verteilt ist.

Verschleißversuche bei gleitender Reibung zwischen geschmierten Flächen. Auch hier kann mit einem scheibenförmigen Prüfkörper gearbeitet werden, wobei die feststehende Gegenprobe meist an die Form des umlaufenden Prüfkörpers angeglichen wird. Bei ringförmigen Proben, die mit den Stirnseiten aufeinander gleiten, lassen sich die Laufflächen in einfacher Weise anpassen und in der gewünschten Feinheit bearbeiten. Um hohe Flächenpressungen zu erzielen, und einen guten Zutritt des Schmiermittels zu gewährleisten, wird die feststehende Probe dabei zweckmäßig aus Ringsegmenten gebildet. Im Gegensatz zur Lagerprüfung wird bei der Verschleißprüfung meist dafür Sorge getragen, daß die Temperatur des Schmiermittels konstant bleibt. Beim Arbeiten mit reinen Schmiermitteln ist der Verschleiß der Laufflächen sehr gering, so daß lange Laufzeiten erforderlich werden, um einen meßbaren Verschleiß zu erhalten. Neben den eigentlichen Verschleißversuchen erlangen hier Anfreßversuche Bedeutung, durch welche die Belastbarkeit des betreffenden Werkstoffpaares ermittelt wird. Zur einwandfreien Feststellung des Anfressens ist die Messung des Drehmoments erforderlich. In Betracht kommt auch die Messung der Schmierfilmdicke mit kapazitiven Methoden[2].

Verschleißversuche mit Schmiermitteln, welchen Verschleißmittel zugesetzt sind[3], führen zu einem verstärkten Verschleißangriff und ermöglichen es, bereits nach wenigen Stunden Laufzeit meßbare Verschleißwerte zu erzielen. Das Ergebnis der Versuche ist in starkem Maße von der Härte und Körnung des Verschleißmittels abhängig.

Verschleißversuche bei rollender Reibung zwischen trocknen Flächen[4] lassen sich auf den mit Prüfrollen und Gegenrollen arbeitenden Prüfeinrichtungen durchführen (vgl. Bd. I, Abschn. V D 1). Die Rollen können dabei den gleichen oder verschiedenen Durchmesser besitzen (Maschinen von Amsler[5] bzw. von Mohr u. Federhaff[6]). Die üblichen Prüfbedingungen sind in Zahlentafel 1 zusammengestellt. Üblicherweise wird bei diesen Versuchen mit einem schwachen Schlupf gearbeitet. Die Verschleißbedingungen nähern sich daher weitgehend denjenigen bei gleitender Reibung. Bei umlaufenden Proben herrscht jedoch Linienberührung.

---

[1] Brinell, J. A.: Vgl. Fußnote 4, S. 424.

[2] Krauss: Über Kontaktwiderstände. Elektrotechnik und Masch.-Bau Betrieb Bd. 38 (1920) S. 1. — Watson, H. E. u. A. S. Menon: Die elektrische Leitfähigkeit dünner Ölfilme. Proc. roy. Soc., Lond. A Bd. 123 (1929) S. 185. — Bruninghaus: Die elektrische Leitfähigkeit flüssiger Kohlenwasserstoffe in dünnen Schichten. J. Phys. Radium Bd. 1 (1930) S. 11; Bd. 2 (1931) S. 69.

[3] Kehl, B. u. E. Siebel: Vgl. Fußnote 4, S. 421.

[4] Meyer, H. u. F. Nehl: Über die Abnützung von Eisen und Stahl bei rollender Reibung ohne Schmiermittel. Stahl u. Eisen Bd. 44 (1924) S. 457.

[5] Amsler, A. J.: Abnutzungsmaschine für Metalle. Z. VDI Bd. 66 (1922) S. 377.

[6] Mohr, F.: Neuzeitliche Prüfeinrichtungen. Z. VDI Bd. 67 (1923) S. 336.

Zahlentafel 1. Prüfbedingungen für Verschleißversuche
bei rollender Reibung.

Schema	Bezeichnung	Abmessungen	Sonstige Angaben
	Probe	40 mm Dmr. 10 mm breit	Maschine von Amsler Umdrehungszahl $n = 200$ U/min, Schlupf 1%, Druck 100 kg
	Prüfscheibe	40 mm Dmr. 10 mm breit	
	Probe	50 mm Dmr. 20 mm breit	Maschine von Mohr u. Federhaff Umdrehungszahl $n = 400$ U/min, Schlupf 1% erreicht durch Verkleinerung des Durchmessers bei zwangläufigem Antrieb, Druck 200 kg
	Prüfscheibe	100 mm Dmr. 20 mm breit	

Verschleißversuche bei rollender Reibung zwischen geschmierten Flächen.
Hierfür lassen sich die gleichen Versuchseinrichtungen verwenden, wie beim
Arbeiten ohne Schmierung. Da der Scherverschleiß durch die Schmierwirkung
weitgehend herabgesetzt wird, tritt nunmehr auch beim Arbeiten mit kleinem
Schlupf der Ermüdungsverschleiß in den Vordergrund. Von besonderer Bedeutung erscheint der Verschleiß, bei rollender Reibung zwischen geschmierten
Flächen für Zahnradgetriebe. Verschleißversuche an Zahnradgetrieben sind in
großem Umfang durchgeführt worden, um die günstigsten Werkstoffeigenschaften für derartige Getriebe zu ermitteln[1]. Der Verschleiß wurde dabei in
Abhängigkeit von der Belastungskennziffer $c = \dfrac{P}{b \cdot t}$ ermittelt (P Umfangs-
kraft, b Zahnbreite, t Teilung). In gleicher Weise wie im praktischen Betrieb tritt bei derartigen Versuchen ein Gleitverschleiß an den Zahnflanken auf,
während im Teilkreis der Ermüdungsverschleiß (Grübchenbildung) vorherrscht.

Verschleißversuche mit bewegten, festen Verschleißmitteln können in der
Weise durchgeführt werden, daß der Versuchskörper im Verschleißmittel umläuft[2]. Ähnliche Wirkungen lassen sich bei feststehendem Versuchskörper durch
umlaufende Schmirgelscheiben, Schmirgelbänder oder dgl. erzielen[3]. Bei allen
diesen Versuchen muß man sich jedoch darüber im klaren sein, daß die Verschleißbedingungen von den im Maschinenbau vorliegenden Beanspruchungsarten meist weitgehend abweichen. Derartige Untersuchungen erscheinen daher
nur in Ausnahmefällen geeignet, eine Beurteilung des Verschleißverhaltens der
Werkstoffe zu gestatten.

---

[1] ULRICH, M.: Verschleißversuche mit Zahnrädern für Kraftwagen. Versuchsbericht
Nr. 4 des Reichsverbandes der Automobilindustrie 1934. — Schaltverschleiß bei Zahnrädern
aus verschieden behandelten Stählen. Berichtsheft 74, S. 261. Hauptversammlung VDI.
Darmstadt 1936. — Zur Frage der Grübchenbildung bei Zahnrädern. Z. VDI Bd. 78 (1934)
S. 53. — ULRICH, M. u. J. AENGENEYNDT: Versuche mit Kraftwagengetrieben zum Vergleich von nickelhaltigen mit nickelfreien (sparstoffarmen) Stählen. 1.—2. Teil herausgeg.
vom Reichsverband der Automobilindustrie e.V. Berlin 1936. — Schäden an Zahnradgetrieben. Sonderdruck Maschinenschaden 1937. Berlin: Verlag Allianz und Stuttgarter
Verein.
[2] GALLWITZ, K.: Werkstoffe und Abnützung von Pflugscharen. Landw. Jb. Bd. 72
(1930) S. 1. — KERSCHT, H. M.: Vergleichende Untersuchungen über Verfahren zur Bestimmung des Verschleißwiderstandes von Stahl. Diss. Braunschweig 1928.
[3] TONN, W.: Vgl. Fußnote 3, S. 424.

Verschleißversuche mit festen Verschleißmitteln in plastischen Massen kommen selten in Frage. Versuche dieser Art sind zur Verfolgung der Verschleißvorgänge bei Geräten zur Bodenbearbeitung geeignet.

Verschleißversuche mit festen Verschleißmitteln in Flüssigkeiten sind von Roesch[1] in der Weise durchgeführt worden, daß die Flüssigkeit durch eine Flügelpumpe umgewälzt wurde.

Verschleißversuche mit festen Verschleißmitteln in Gasen lassen sich mit Hilfe eines Sandstrahlgebläses durchführen[2]. Die erzielten Gewichtsverluste sind von der Strömungsgeschwindigkeit, dem Verschleißmittel und der Anstrahlrichtung abhängig. Versuche dieser Art wurden insbesondere zur Prüfung des Verschleißwiderstandes von Gesteinen benutzt[3].

Verschleißversuche mit bewegten Flüssigkeiten (vgl. Bd. II, Abschn. VII D) haben in den letzten Jahren eine immer größere Bedeutung erlangt. Der Kavitationsverschleiß kann dabei in der Weise ermittelt werden, daß die zu prüfenden Werkstoffe in die Wandung einer durchströmten Kammer eingebaut werden, in welcher ein Hohlsog entsteht[4]. Eine zweite Art der Versuchsausführung besteht darin, daß die Proben mit großer Geschwindigkeit senkrecht durch einen Wasserstrahl bewegt werden (Tropfenschlagversuche[5]). Eine weitere Möglichkeit ist die, einen in ein Flüssigkeitsbad tauchenden Probekörper durch Magnetostriktion in so schnelle Schwingungen zu versetzen, daß an ihm Kavitation auftritt[6].

Die Vielseitigkeit der Verschleißversuche macht es in vielen Fällen erforderlich, die Verschleißprüfung auf Sondereinrichtungen durchzuführen, welche die Betriebsbeanspruchungen weitgehend nachahmen. Auf die Verfahren zur Prüfung des Getriebeverschleißes, bei welchen diese Bedingung erfüllt ist, wurde bereits hingewiesen. Als weitere Beispiele für die Nachahmung der Betriebsbeanspruchungen seien die Prüfung von Drahtseilen auf entsprechenden Versuchsständen[7], sowie die Verschleißprüfung von Kolbenringen und Zylinderlaufbüchsen genannt. Bei diesen Verfahren wird ein feststehender Kolbenring gegen ein durch einen Kurbeltrieb auf- und abwärts bewegtes ebenes Gegenstück gepreßt, so daß die Bewegungsverhältnisse denen im Motor weitgehend angenähert sind. Als Maß für die Abnutzung gilt die Anschliffbreite am Ring. Dieses Verfahren eignet sich sowohl für die Prüfung im Trockenlauf wie für Schmiermittelzugabe mit und ohne Verschleißmittel. Man erhält dadurch Aufschluß über die Einlaufeigenschaften und das Verschleißverhalten des betreffenden Werkstoffpaares.

---

[1] Roesch, K.: Verschleißversuche mit legiertem und unlegiertem Stahlguß. Gießerei Bd. 23 (1936) S. 97.

[2] Rosenberg, S. J.: Resistance of Steels to Abrasion by Sand. Trans. Amer. Soc. Steel Trading Bd. 18 (1930) S. 1093.

[3] Gary, M.: Versuche mit dem Sandstrahlgebläse. Mitt. Mat.-Prüf.-Anst. Dahlem Bd. 19 (1901) S. 211; Bd. 22 (1904) S. 103. — Gaber, E. u. H. Hoeffgen: Werkstoffprüfung von Gesteinen durch Sandstrahl und Einführung dynamischer Prüfverfahren. Z. VDI Bd. 75 (1931) S. 1390. — Weise, F.: Güteprüfung von Betonwaren. Betonwerk Bd. 25 (1937) Heft 38—40. — Handbuch für Werkstoffprüfung, Bd. III.

[4] Mousson, J. M.: Untersuchungen über Hohlsog. Z. VDI Bd. 82 (1938) S. 397.

[5] Vater, M.: Vgl. Fußnote 2, S. 423.

[6] Spannhake, W.: Erzeugung von Werkstoffbeschädigungen durch Hohlsog bei schnellen Schwingungen fester Körper in Flüssigkeiten. Z. VDI Bd. 82 (1938) S. 557. — Vater, M.: Verschleißwiderstand metallischer Werkstoffe gegen Sandstrahlbeanspruchung und gegen Hohlsog. Z. VDI Bd. 82 (1938) S. 836. — Schumb, W. E., H. Peters u. L. H. Milligan: Metals & Alloys Bd. 8 (1937) S. 126.

[7] Woernle, R.: Ein Beitrag zur Drahtseilfrage. Z. VDI Bd. 73 (1929) S. 417; Bd. 74 (1930) S. 1417; Bd. 77 (1933) S. 799; Bd. 78 (1934) S. 1492.

B. Prüfung von Lagerwerkstoffen.

Von **R. Hinzmann**, Berlin.

Die Prüfung von Lagerwerkstoffen setzt sich aus einer Reihe von Einzelprüfungen zusammen, deren Ergebnisse insgesamt gewertet werden müssen, um eine Beurteilung über die Eignung als Lagerwerkstoff für einen bestimmten Verwendungszweck zu ermöglichen. Art und Umfang der vorzunehmenden Einzelprüfungen richtet sich nach dem späteren Verwendungszweck, wobei gleichzeitig die Gestaltung und Ausführung, ob der Werkstoff als Ausgußmetall oder gleichzeitig als Vollager dienen soll, eine ausschlaggebende Rolle spielt. Bei der Lagerprüfung sind grundsätzlich zwei verschiedenartige Untersuchungen; die Prüfung der Lagerwerkstoffe und die Prüfung der Laufeigenschaften zu unterscheiden. Im ersten Falle werden alle die Werkstoffeigenschaften festgestellt, die zur Beurteilung für die Verwendung als Lager dienen können, und die bei bereits bewährten Werkstoffen ihre Güte und Gleichmäßigkeit erkennen lassen. Im zweiten Falle werden an fertigen Probelagern auf besonderen Lagerprüfmaschinen, bei denen die Versuchsbedingungen möglichst weitgehend den wirklichen Betriebsbedingungen angepaßt werden, die Laufeigenschaften ermittelt.

1. Die Prüfung der Lagerwerkstoffe.

a) Herstellung der Proben.

Vergleichbare Werte lassen sich bei den einzelnen Prüfungen nur erzielen, wenn sowohl die Proben und Prüfbedingungen immer vollständig gleich sind als auch der Werkstoffzustand in den Proben selbst möglichst vollständig dem der fertigen Lager entspricht. Diese Forderung wird am besten erfüllt, wenn die Proben dem fertigen Lager selbst entnommen werden können. Meist wird dies jedoch wegen der Kleinheit der Lager und bei Ausgußmetallen nicht möglich sein. In diesem Falle müssen gesondert gegossene Versuchsstäbe angefertigt werden, deren Werkstoffzustand durch entsprechende Gießführung dem der fertigen Lager möglichst weitgehend gleichen muß. Aus diesen Versuchsstäben lassen sich alle notwendigen Proben für die verschiedenen Prüfungen herausnehmen, wie aus Abb. 1 zu ersehen ist. Die Versuchsstäbe werden in Sandform bzw. Stahlkokille nach Abb. 2 abgegossen. Wenn es sich um ein dünnwandiges Ausgußmetall, z. B. Bleibronze, handelt, sind naturgemäß die Schwierigkeiten, zwischen Versuchsstab und fertigem Lagerausguß den gleichen Werkstoffzustand zu erzielen, besonders groß.

b) Gießtechnische Untersuchungen.

α) *Gießtemperatur*. Die Kenntnis der Gießtemperatur ist notwendig, um einerseits für wirtschaftliche Überlegungen den Wärmebedarf für Schmelz- und Gießöfen berechnen zu können, als auch andererseits bei Ausgußmetallen die Wärmeeinwirkung auf die Lagerstützkörper beurteilen zu können. Als Gießtemperatur ist die Temperatur anzusehen, bei der das Vergießen der Lager und gegebenenfalls der Versuchsstäbe einwandfrei möglich ist. Zur Feststellung dieser Temperatur kann die Haltepunktskurve des betreffenden Metalls mit herangezogen werden.

β) *Schwindmaß*. Für Ausgußmetalle ist das Schwindmaß im Verhältnis zu dem des Lagerkörpers wichtig, da bei zu großer Differenz und nicht genügendem Ausgleich beim Abkühlen unzulässig hohe Spannungen und sogar Schwindungsrisse entstehen können. Das Schwindmaß in Hundertteilen errechnet sich aus: Wärmeausdehnungskoeffizient $\times$ Erstarrungstemperatur $\times$ 100, wobei der

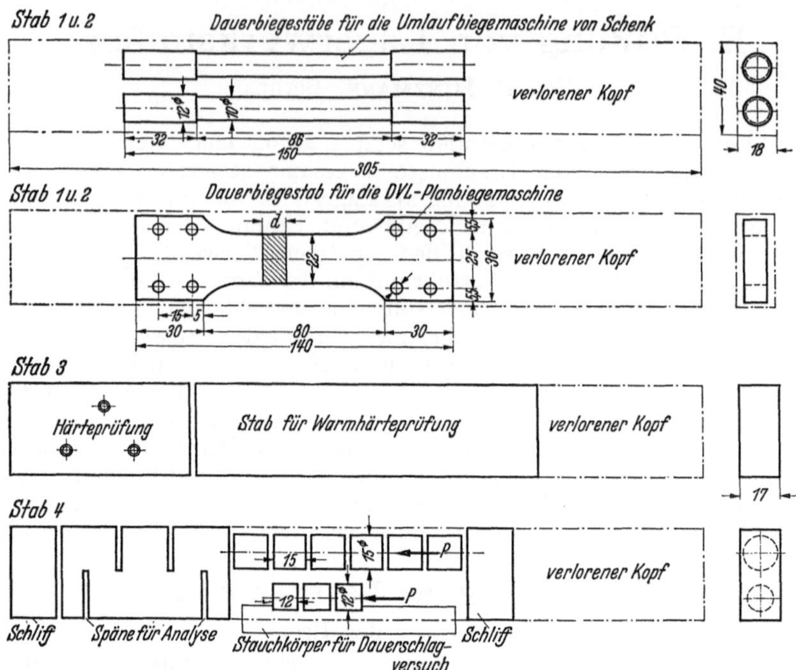

Abb. 1. Versuchsstäbe und ihre Aufteilung für die verschiedenen Proben zur Lagerwerkstoffprüfung. (RAW Göttingen.)

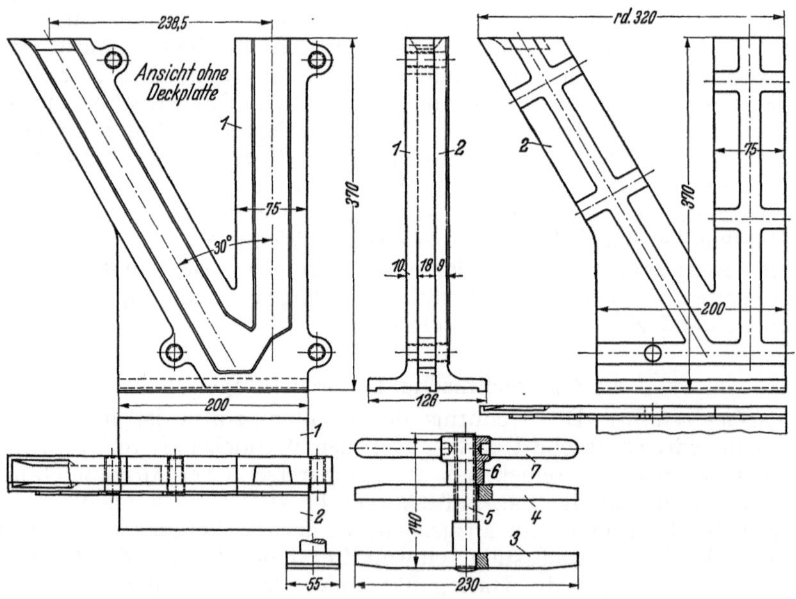

Abb. 2. Gießform für Versuchsstäbe zur Lagerwerkstoffprüfung. (RAW Göttingen.)

Wärmeausdehnungskoeffizient mittels des optischen Dilatometers bestimmt wird. Das Schwindmaß kann auch nach dem im Staatlichen Materialprüfungsamt Berlin üblichen Verfahren[1] bestimmt werden.

---

[1] Bauer-Sieglerschmidt: Metallwirtsch. Bd. 14, Nr. 43, S. 854.

c) Zusammensetzung und Gefügeaufbau.

α) *Analyse.* Aus der chemischen Zusammensetzung eines Lagerwerkstoffes kann man sowohl auf seine Preisgestaltung als auch bereits auf seine technische Verwendbarkeit gewisse Schlüsse ziehen. Bei Ausgußmetallen wird man auf

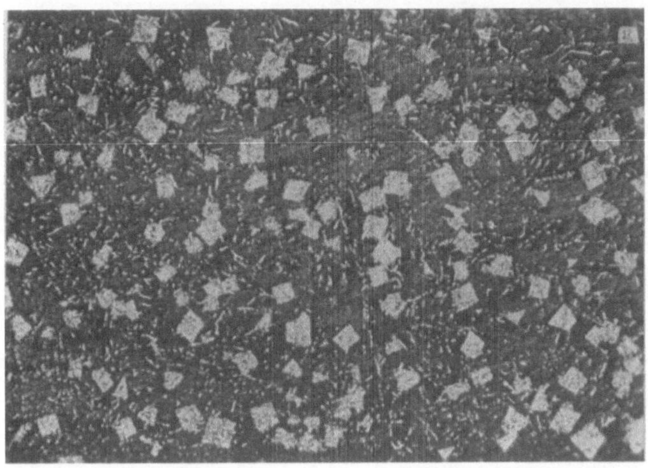

Abb. 3. Gefüge eines Weißmetalls mit harten (hellen) Tragkristallen in weicher (dunkler) Grundmasse.

Grund der Analyse schon beurteilen können, ob mit dem vorgesehenen Stützkörper eine Bindung unmittelbar, oder mittels Zwischenschichten oder womöglich

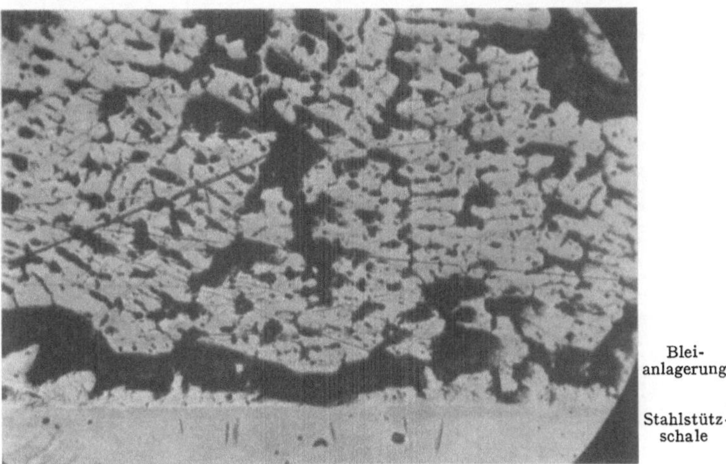

Abb. 4. Bleibronzeschale mit Bleianlagerungen an der Stahlstützschale.

gar nicht möglich sein wird. Auch die Spektralanalyse[1] kann mit Erfolg für diese Untersuchung mit herangezogen werden.

β) *Schliffbild.* Die notwendige Ergänzung zur chemischen Zusammensetzung bildet die Gefügeuntersuchung. Diese kann jedoch auch nur als Vergleichs- und nicht als Absolutprüfung gewertet werden, da die Zusammenhänge zwischen

---

[1] GÖLER-WEBER: Jahrbuch 1937 der deutschen Luftfahrtforschung, Bd. II, S. 220.

Gefügeausbildung und Laufeigenschaften noch nicht eindeutig geklärt sind. Richtig ist aber, bei einem erprobten Lagerwerkstoff immer wieder auf die gleiche Gefügeausbildung hinzuarbeiten, da sich selbst geringe Änderungen schon nachteilig auf das Betriebsverhalten auswirken können. Im allgemeinen

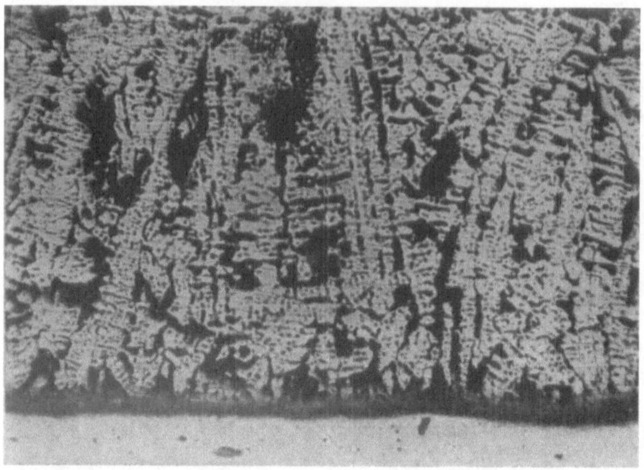

Abb. 5. Bleibronze mit Bleiseigerungen in strahlenförmiger Anordnung.

wird die Ansicht vertreten, daß das heterogene Gefüge, bei dem sich harte Tragkristalle in einer weichen Grundmasse befinden, die besten Laufeigenschaften

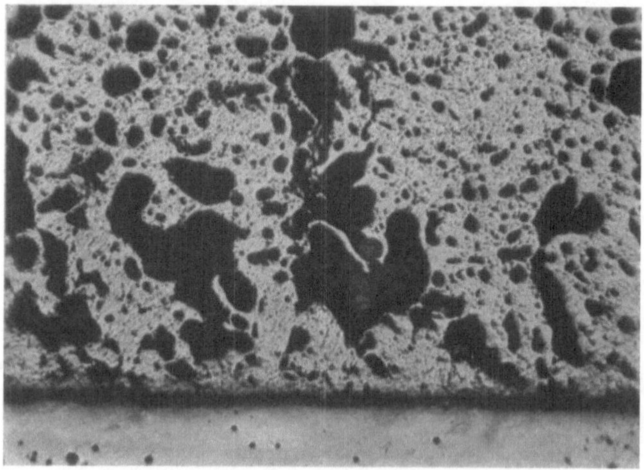

Abb. 6. Bleibronze mit schlechter, ungleichmäßiger Bleiverteilung.

ergibt. In einem derartigen Gefüge nehmen die harten Kristalle den Druck auf und passen sich infolge der plastischen Grundmasse der gegenläufigen Welle gut an, so daß ein schnelles Einlaufen und allseitiges Tragen gewährleistet ist. Außerdem kann sich in den weicheren Vertiefungen der Lauffläche das Öl halten, so daß ein Trockenlaufen weniger zu befürchten ist. Andererseits wird dagegen wieder geltend gemacht, daß die harten Kristalle den Ölfilm durchstoßen und zerstören, so daß an diesen Stellen Trockenlauf auftritt. Die Hauptvertreter dieser Art Lagerwerkstoffe sind die Weißmetalle (Abb. 3). Daß aber auch bei homogenem Gefüge gute Laufeigenschaften zu erreichen sind, beweisen wiederum die bekannten Zinnbronzen (9% Sn, Rest Cu) in weichem sowie hartgezogenem Zustand, die selbst in hochbelasteten Lagern und bei hohen Geschwindigkeiten einwandfrei laufen. Bei Bleibronzelagern hat sich jedoch

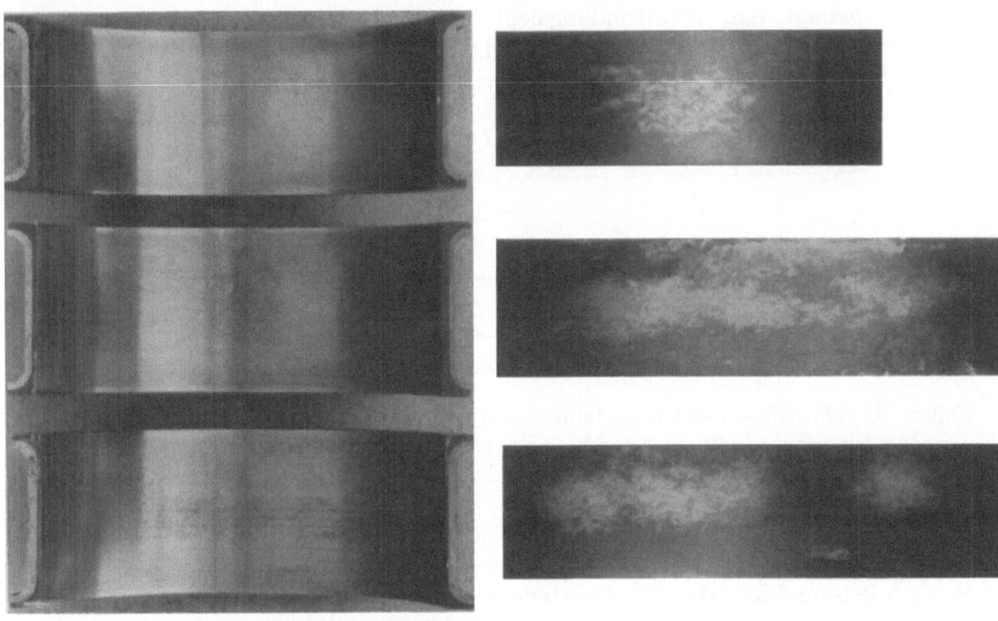

Laufflächenbilder   Röntgenbilder

Abb. 7. Röntgenbilder von Bleibronzen mit feinen Poren.

die Gefügeuntersuchung als brauchbares Hilfsmittel für die Beurteilung erwiesen. Bindefehler, die durch starke Bleianlagerung zwischen dem dünnen, 0,5 bis 1 mm starken Bleibronzeausguß und der Stahlstützschale im Betriebe zum Abbröckeln der Ausgußschicht führen, können gut erkannt werden (Abb. 4). Ebenso lassen sich Bleiseigerungen in strahlenförmiger Anordnung (Abb. 5) sowie schlechte und ungleichmäßige Bleiverteilung (Abb. 6) durch die Gefügeuntersuchung feststellen, wobei nachteilig ist, daß diese Prüfung meist nur an

Abb. 8. Röntgenbild einer Bleibronze mit Spannungsriß.

wenigen Stichproben und nicht an jeder einzelnen Lagerschale durchzuführen ist, da bei dieser Prüfung die Schalen zerstört werden müssen.

γ) *Röntgenprüfung.* Als zerstörungsfreies Prüfverfahren an fertigen Lagern hat sich die Röntgenuntersuchung in vielen Fällen gut bewährt[1]. Bei gegossenen Lagern können hierdurch Lunker, poröse Stellen und Einschlüsse mannigfacher Art festgestellt werden. Insbesondere aber bei Bleibronzelagern hat sich die Röntgendurchleuchtung als unentbehrliche Untersuchungsart erwiesen. In

---

[1] GARRE: Metallwirtsch. Bd. 16, Nr. 12, S. 281.

erster Linie sind Gußfehler in bezug auf Poren und Lunker (Abb. 7) und weiterhin Spannungsrisse (Abb. 8) deutlich zu erkennen. Auch die Art und Größe der Bleiverteilung kann an Hand des Röntgenbildes gut beurteilt werden. Bedeutungsvoll ist auch das Erkennen von Bindungsfehlern zwischen Ausguß und Stützschale, da diese die Lebensdauer einer Lagerschale stark herabsetzen. Diese Bindungsfehler sind im Verhältnis zur Schalendicke so dünn, daß sie unterhalb der Fehlererkennbarkeit durch die Röntgenprüfung liegen würden. Es hat sich aber gezeigt, daß diese Bindungsfehler meist als Folge von Schlacken- und Oxydablagerungen oder auch von Bleiseigerungen auftreten, so daß in diesen

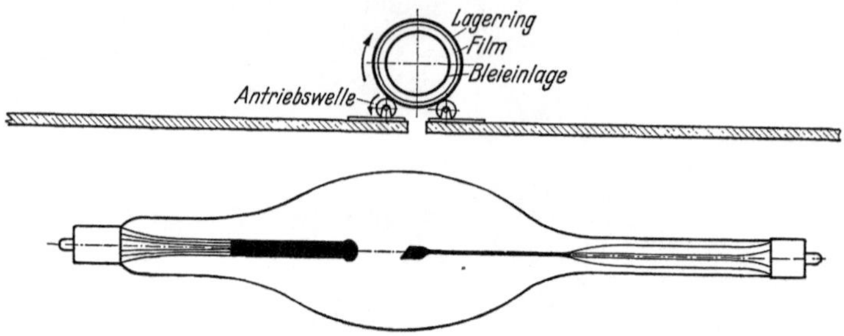

Abb. 9. Röntgenprüfung von Lagerringen. (R. Seifert.)

Fällen die gefährlichen Bindungsfehler auch durch die Röntgenprüfung gefunden werden. Eine zweckmäßige Anordnung für die Durchleuchtung von Lagerringen bei größeren Stückzahlen ist in Abb. 9 dargestellt.

d) Mechanisch-technologische Untersuchungen.

α) *Härteprüfung (Kalt- und Warmhärte).* Die Kugeldruckhärte ist eine Werkstoffeigenschaft, die zur Beurteilung eines Lagerwerkstoffes gern heran-

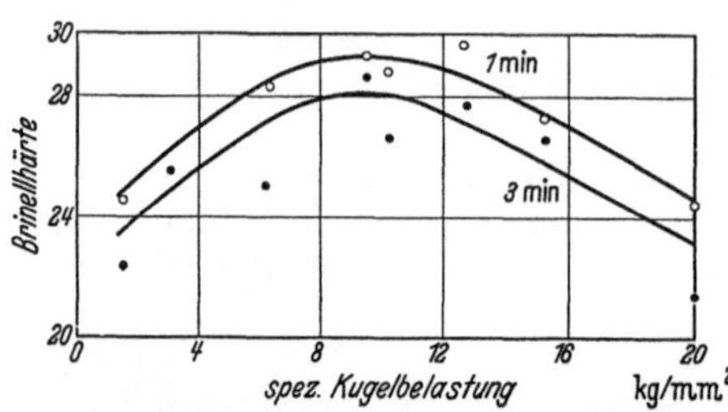

Abb. 10. Die Brinellhärte von Lagermetall WM 80 in Abhängigkeit von der spezifischen Kugelbelastung.

gezogen wird. Im allgemeinen wird eine verhältnismäßig geringe Härte gegenüber dem Wellenwerkstoff gewünscht, um dieses teurere Bauteil vor zu starkem Verschleiß und damit Unbrauchbarwerden zu schützen. Da jedoch zwischen Lager- und Wellenwerkstoff keine unmittelbare Berührung infolge des Schmierfilmes auftreten soll und darf, kann natürlich auch die Härte kein absolutes Kriterium für die Brauchbarkeit eines Lagerwerkstoffes abgeben.

Dies wird schon dadurch bewiesen, daß auch sehr harte Lagerwerkstoffe, wie etwa die hartgezogenen Zinnbronzen, beste Laufeigenschaften besitzen. Der Wert der Härteprüfung liegt vielmehr darin, daß auf diese verhältnismäßig einfache Weise die Gleichmäßigkeit bekannter und bewährter Legierungen nachzuprüfen ist. Dabei muß berücksichtigt werden, daß die Kugeldruckhärte selbst keine eindeutige Werkstoffkonstante darstellt, sondern von der Versuchsdurchführung, d. h. vom Kugeldurchmesser, von der Belastung und der Belastungszeit stark abhängig ist (s. Abschn. V B, S. 326). Aus diesem Grunde müssen die Versuchsbedingungen genau festgelegt werden. Im allgemeinen wird die Härteprüfung bei Lagerwerkstoffen mit 10/500/180 und bei dünnen und weichen Lagerausgüssen mit 2,5/15,6/180 durchgeführt. Unter Berücksichtigung der Nachhärtung vieler Lagermetall-Legierungen erfolgt die Härteprüfung erst 24 h nach dem Guß. Bei sehr langsam aushärtenden Legierungen muß die Lagerzeit zwischen Guß und Härteprüfung angegeben werden.

Eingehende Versuche[1] haben ergeben, daß kleine Belastungszeiten größere Härtewerte ergeben, und daß die Härte mit zunehmender Belastung bis zu

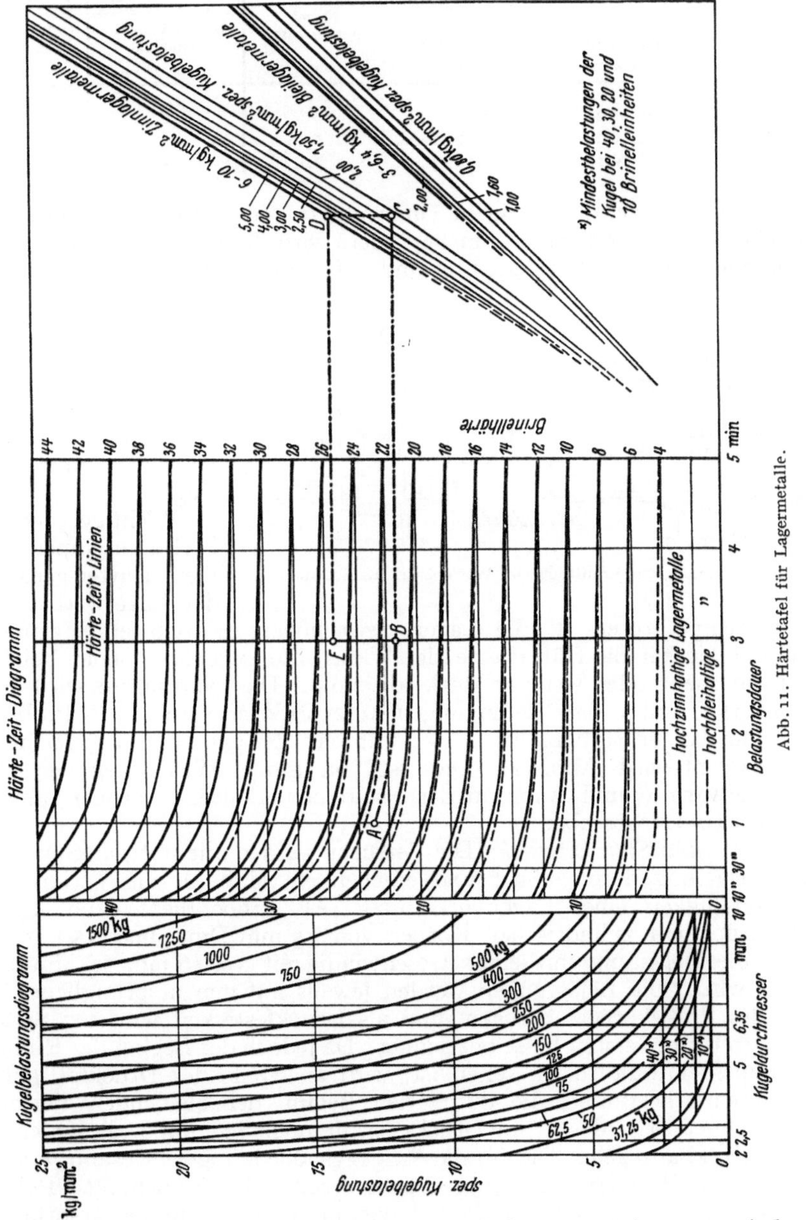

Abb. 11. Härtetafel für Lagermetalle.

einem Höchstwert ansteigt, um bei weiterer Belastungssteigerung wieder abzufallen (Abb. 10). Die sich hieraus bei verschiedenen Versuchsausführungen ergebenden, unterschiedlichen Härtewerte, die damit einen unmittelbaren Ver-

[1] VÄTH: Z. Metallkde. Bd. 26 (1934) S. 83.

28*

gleich untereinander ausschließen, können an Hand einer „Härtetafel für Lagermetalle" (Abb. 11) auf eine „Normalhärteprüfung" umgedeutet werden. Für
diese „Normalhärteprüfung für Lagermetalle" wird in folgender Zahlentafel

Lagermetallprobe		Mindestdicke des Lagerausgusses	Kugeldurchmesser	Belastung P (kg)	
Mindestdicke mm	Mindestquerschnitt mm × mm	mm	mm	bis 20 Brinelleinheiten 2,5 D^2	von 20 bis 40 Brinelleinheiten 5 D^2
20	20 × 25	6	10	250	500
10	10 × 20	3	5	62,5	125
6	6 × 15	1,5—3	2,5	15,6	31,25

ein Vorschlag gemacht, der die in Dinormblatt 1605 vorgeschriebene Prüfung
für weiche Metalle ersetzen soll; insbesondere wird die Belastungsdauer von 30 s
für Lagermetalle als zu kurz erachtet und dafür 3 min angesetzt. Nach Möglichkeit soll die Höchsthärte des Lagermetalls als Prüfhärte benutzt und die Belastung so gewählt werden, daß der Eindruckdurchmesser $^1/_4$ bis $^2/_3$ des Kugeldurchmessers beträgt.

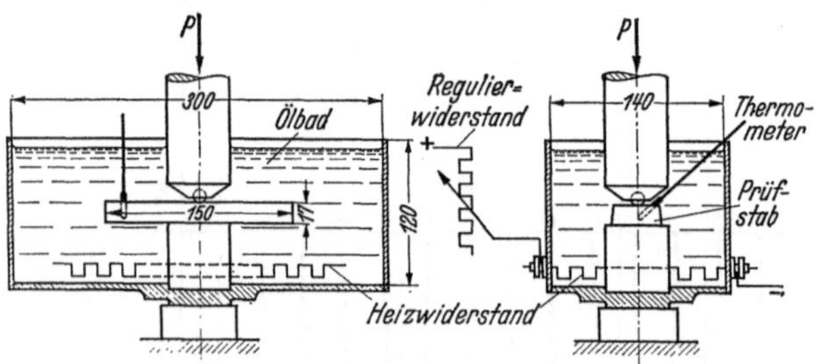

Abb. 12. Vorrichtung zur Ermittlung der Warmhärte. (K. Schmidt.)

Wichtiger noch als bei Raumtemperatur sind die Härteeigenschaften der Lagerwerkstoffe bei höheren Temperaturen, da die Lager meist höhere Betriebstemperaturen besitzen und hierbei die Härtewerte der Werkstoffe gegenüber denen bei Raumtemperatur mehr oder weniger stark absinken. Die Warmhärte wird bei 50,
100 und 150° unter den Bedingungen 10/250/180 ermittelt. Als Probe dient
ein 150 mm langer Stababschnitt, der während der ganzen Prüfdauer in einem
Ölbad erwärmt wird (Abb. 12). Dies ist von großer Wichtigkeit, da vor der
Prüfung erwärmte und während der Prüfdauer erkaltende Proben wesentlich
höhere Härtewerte ergeben.

β) Druck- und Stauchversuch. Die Versuche werden mit statischer und schlagartiger Belastung durchgeführt und ergeben ein Maß für die Verformbarkeit
und Tragfähigkeit eines Lagerwerkstoffes. Als Probe dient beim statischen
Druckversuch ein zylindrischer Körper von 15 mm Dmr. und 15 mm Höhe,
auf den die Belastung mit einer Geschwindigkeit von 6 mm je Minute aufgebracht wird. Die Belastungen werden jeweils auf den ursprünglichen Querschnitt des Probekörpers bezogen, und als Druckfestigkeit wird die Spannung
beim Auftreten der ersten Risse bezeichnet. Da jedoch der Beginn der Rißbildung
nicht immer einwandfrei zu sehen ist, wird an Stelle der Druckfestigkeit die
Quetschgrenze bestimmt, die durch den Beginn der bleibenden Verformung
gekennzeichnet ist und sich im Druck-Verkürzungs-Schaubild als Knick in der
Kurve bemerkbar macht. Die auf die Ausgangshöhe bezogene Gesamtverkürzung
der Probe in Hundertteilen ausgedrückt, ergibt die Stauchung. Bei dieser
üblichen Angabe der Druckfestigkeit, Belastung bezogen auf den ursprünglichen
Querschnitt, trägt man jedoch den wirklichen Verhältnissen nicht Rechnung,
da sich bei plastischen Stoffen der Querschnitt stark verändert. Es muß daher
auch die „wahre" Druckfestigkeit, das ist die auf den jeweils vorliegenden Querschnitt bezogene Belastung, bestimmt werden.

Die Schlagstauchversuche werden auf dem Pendelschlagwerk durchgeführt, wobei die spezifische Schlagarbeit, das ist die auf 1 cm³ Probeinhalt bezogene Arbeit, in der Größenordnung von mindestens 1 bis höchstens 10 mkg/cm³ liegen soll. Nach jedem Schlage wird die Verkürzung gemessen und hieraus die prozentuale Stauchung errechnet. Der Versuch ist beendet, wenn sich die ersten Risse am Probekörper zeigen. Aus der Multiplikation von Schlagzahl und Schlagarbeit ergibt sich die spezifische Brucharbeit (Schlagfestigkeit). Die vorstehend angegebenen Stauchversuche werden gegebenenfalls auch in gleicher Weise bei höheren Temperaturen durchgeführt.

γ) *Dauerschlagversuch.* In vielen Fällen besteht die Lagerbeanspruchung aus vielen kleinen Schlägen, wie z. B. bei den Verbrennungskraftmaschinen, so daß hierfür ein besonderes, schnellaufendes Dauerschlagwerk entwickelt wurde (Abb. 13). Der Prüfkörper von 15 mm Höhe und demselben Durchmesser ist der gleiche wie für die Stauchprobe. Die Dauerschlagbeanspruchung wird dadurch erzielt, daß das von der Kurbelwelle *2* angetriebene Pleuel *3* kurz vor seinem inneren Totpunkt gegen die Schlagplatte *4* mit der Probe *1* stößt. Beide werden dann gegen die vorgespannte Feder *5* um ein gewisses Spiel nach hinten gedrückt. Beim Rückgang des Pleuels wird

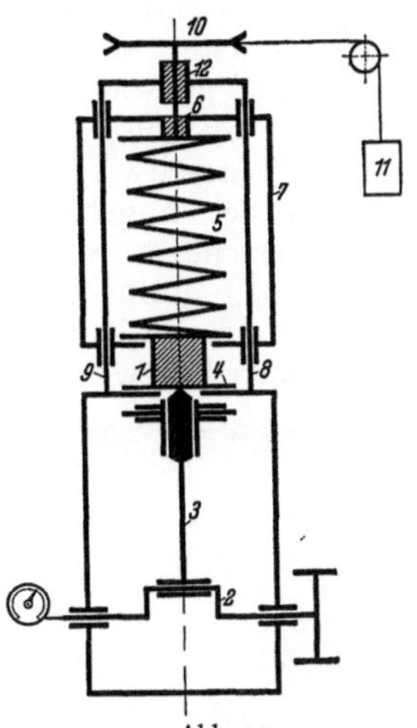

Abb. 13.
Schnellaufendes Dauerschlagwerk nach THUM-STROHAUER.

die Probe durch die Rückstellkraft der Feder wieder auf den Anschlag aufgesetzt. Dieser Vorgang wiederholt sich bei jeder Umdrehung der mit 1000 U/min umlaufenden Kurbelwelle. Die ganze Anordnung, Federführung mit Vorspann-

schraube *6* ist als Schlitten *7* ausgebildet und gleitet auf den Säulen *8* und *9.* Das an der Seilscheibe *10* hängende kleine Gewicht *11* zieht durch die Spindel *12* den Schlitten mit der Probe gegen den Anschlag. Die Probe steht hierdurch stets unter einer kleinen Vorspannung. Ein Herausfallen des Prüfkörpers nach plastischer Verformung wird so verhindert und nach jedem Stoß automatisch die Anfangsbedingung für den nächsten wieder hergestellt. Die Verformung der Probe wird an einer an der Seilscheibe angebrachten Skala jeweilig mit 0,01 mm Genauigkeit abgelesen. Die Größe der aufgebrachten Schlagkraft ist durch die Federvorspannung ge-

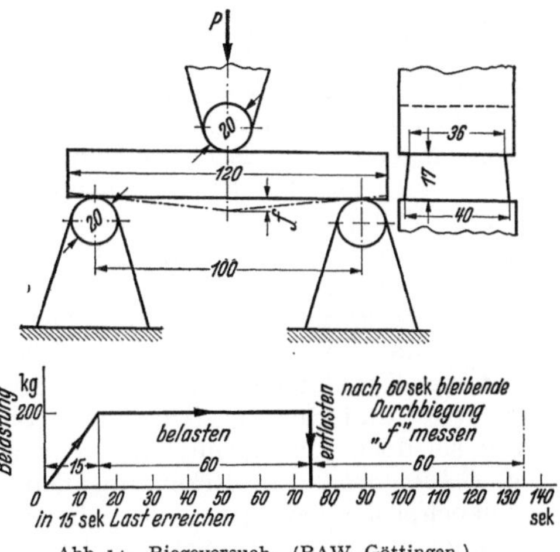

Abb. 14. Biegeversuch. (RAW. Göttingen.)

geben. In gewissen Zeitabständen wird der Verformungsgrad der Probe abgelesen und die Probe zwecks Feststellung etwa aufgetretener Risse ausgebaut und mit dem Binokular bei etwa 25facher Vergrößerung betrachtet.

δ) *Biegeversuch.* Diese Probe, die nach der in Abb. 14 gezeigten Versuchsanordnung durchgeführt wird, gestattet, gewisse Rückschlüsse auf das Betriebsverhalten eines Lagerwerkstoffes zu ziehen. Bei zu großer, bleibender Durchbiegung ist zu erwarten, daß sich das Metall seitlich aus dem Lager herausquetschen wird, und bei zu geringer Durchbiegung, daß das Metall zu spröde ist und insbesondere bei Kantenpressung einreißen und ausbröckeln wird. Der Versuch wird in der Weise durchgeführt, daß jeweils eine Last von 100 zu 100 kg steigend während 15 s auf die Probe aufgebracht, 60 s lang gehalten und dann wieder entlastet wird. Nach weiteren 60 s Erholungszeit wird nun die Durchbiegung „f" gemessen.

ε) *Dauerbiegeversuch.* Alle Gleitlager sind im Betriebe mehr oder weniger starken Biegeschwingungen ausgesetzt, so daß die Kenntnis der Dauerbiegefestigkeit der Lagerwerkstoffe wertvoll ist. Immerhin darf ihre Bedeutung nicht überschätzt werden, da durch eine gute Lagerkonstruktion eine etwa vorhandene, geringe Dauerfestigkeit des Lagermetalls weitgehendst ausgeglichen werden kann. Die Dauerbiegefestigkeit der Lagermetalle wird bei 10 Millionen Lastwechseln auf einer üblichen umlaufenden Dauerbiegemaschine oder einer Planbiegemaschine bestimmt (vgl. B I, Abschn. IV).

Abb. 15. Ölkochprobe zur Erkennung feinster Risse.

ζ) *Verschleißprüfung.* Über die Verschleißprüfung finden sich grundsätzliche Ausführungen in Abschn. VII A, S. 419. Auch Lagerwerkstoffe werden auf ihre Verschleißeigenschaften sowohl trocken als auch unter Öl geprüft. Die hierfür gebräuchlichen Prüfmaschinen sind in Bd. I, Abschn. V D 2 beschrieben. Diese Prüfungen werden mit Prüfkörpern bestimmter Abmessungen oder mit Lagerschalen selbst durchgeführt, wobei die letztere Prüfung bereits schon weitere Feststellungen über das verwendete Öl, Temperaturerhöhung, Reibungskoeffizienten usw. zuläßt. Es handelt sich dann bereits schon um die Feststellung der Laufeigenschaften von Lagern unter mehr oder weniger angenäherten Betriebsbedingungen, die in Bd. I, Abschn. V E 2 angeführt sind. Die Trockenverschleißprüfung hat naturgemäß überhaupt nur bedingten Wert, da ja kein Lager reine Trockenreibung aufweisen sollte; es sei denn, man will ein Bild über die Notlaufeigenschaften des Lagerwerkstoffes bei Trockenreibung gewinnen.

η) *Klangprüfung.* Als ebenso einfache wie zuverlässige Prüfung bei Schalen mit Rissen und Bindungsfehlern[1] hat sich die Klangprobe erwiesen. Der Ton muß nicht nur hell erklingen, sondern etwa auch noch 1 s lang nachhallen. Während kleine Risse und Bindungsfehler den Ton selbst kaum beeinträchtigen, so verkürzen sie doch die Nachhallzeit sehr wesentlich.

ϑ) *Ölkochprobe.* Zur Erkennung feiner Risse in Lagerschalen hat sich auch die Ölkochprobe bewährt. Die Schalen werden in warmes Öl getaucht, abgetrocknet und dann mit Schlämmkreide bestrichen. Beim Beklopfen tritt das Öl aus den Rissen hervor und befeuchtet deutlich sichtbar den angetrockneten Kreideanstich (Abb. 15).

2. Die Prüfung der Laufeigenschaften.

Für die Prüfung der Laufeigenschaften von Gleitlagern werden Prüfmaschinen verwendet, die den praktischen Betriebsbedingungen mehr oder weniger stark

---

[1] Göler-Weber: Jahrbuch 1937 der deutschen Luftfahrtforschung, Bd. II, S. 220.

sowohl in bezug auf die Konstruktion der Lager selbst als auch auf die Belastungsart, statisch oder dynamisch, angepaßt sind. Hierbei soll das Gesamtverhalten von Werkstoff, Schmiermittel und gegenläufigem Wellenmaterial und der Einfluß von Belastung und Geschwindigkeit festgestellt werden. Bei diesen Versuchen werden daher zur Beurteilung der Laufeigenschaften der Temperaturverlauf, die Leistungsaufnahme und die Ölfilmdicke gemessen (s. Bd. I, Abschn. V E 3).

a) Temperaturverlauf.

Die Temperatur eines laufenden Lagers muß einen Beharrungszustand (Grenztemperatur) erreichen, der je nach dem verwendeten Lagerwerkstoff und dem Schmiermittel eine bestimmte Höhe nicht überschreiten darf und daher das Hauptkennzeichen der Lagerlaufeigenschaften darstellt. Die Temperaturmessung soll möglichst an der heißesten Stelle des Lagers, entweder an der Lagerschale selbst oder am Lagerzapfen, gegebenenfalls an mehreren Stellen, erfolgen. Die Messung der Öltemperatur allein genügt in vielen Fällen nicht, da hierbei nur ein Mittelwert und nicht etwa auftretende Temperaturspitzen an einzelnen Lagerstellen, die jedoch für die Bauchbarkeit entscheidend sein können, festgestellt werden.

b) Leistungsaufnahme.

Der Energieverbrauch eines Lagers kann aus dem zugeführten Drehmoment und der Umlaufzahl unter Abzug aller Nebenlagerstellen bestimmt werden. Einfacher ist jedoch die unmittelbare Messung des Reibungsmomentes mittels Dynamometern, Reibungswaagen oder Pendelmotoren.

c) Ölfilmdicke.

Für den einwandfreien Lauf eines Lagers ist eine ausreichende Schmierung zwischen Welle und Lager von entscheidender Bedeutung, d. h. es muß immer eine genügende Schmierschicht vorhanden sein. Die Messung der Ölfilmdicke geschieht auf elektrischem Wege, indem Welle und Lager mit der elektrisch isolierenden Ölschicht als Kondensator benutzt wird, dessen Kapazität von der Dicke der Schmierschicht abhängig ist.

C. Die Prüfung der Zerspanbarkeit.

Von **F. SCHWERD**, Hannover.

1. Der Begriff der Zerspanbarkeit und die Bedeutung derselben für neuzeitliche Fertigung.

Die Prüfung auf Zerspanbarkeit nimmt unter den Werkstoffprüfungen eine Sonderstellung ein. Während die übrigen Eigenschaften des Werkstoffs, wie Zerreißfestigkeit, Härte usw. entscheidend sind auch für die Beanspruchung des aus dem Werkstoff gefertigten Werkstücks im Gebrauch, hat die Zerspanbarkeit — einwandfreie Spanabnahme bei der Fertigung vorausgesetzt — für die Beanspruchung des gefertigten Werkstücks beim Gebrauch keine Bedeutung mehr. Wohl ist die Zerspanbarkeit von Einfluß auf den Anwendungsbereich, sofern die Herstellungskosten Berücksichtigung finden müssen.

Zerspant wird der Werkstoff, um aus ihm ein gebrauchsfertiges Teil herzustellen. Die Eigenschaft einer besseren oder schlechteren Zerspanbarkeit äußert sich in zweifacher Richtung:

1. in einer Rückwirkung des Werkstoffs auf das Werkzeug und

2. in dem sehr verschiedenen Verhalten des Werkstoffs selbst bei der Spanabnahme.

Die Rückwirkung auf das Werkzeug erfolgt:

a) durch den Schnittdruck, der nicht nur auf die Brust und den Rücken des Werkzeugs ausgeübt wird, wie es im einfachsten Fall des sog. ebenen Problems geschieht, sondern auch seitlich gegen die vorlaufende Seite des Werkzeugs,

b) durch die Erwärmung der Werkzeugschneide,

c) durch den Verschleiß derselben.

Das Verhalten des Werkstoffs selbst bei der Spanabnahme kennzeichnet sich durch die Art des Spanes und durch die Verschiebung und Erwärmung im Gebiete der plastischen Verformung, d. h. an der Spanwurzel.

Aus der Vielseitigkeit der Erscheinungen bei der Zerspanung erklärt es sich, daß der Begriff der Zerspanbarkeit kein eindeutiger ist.

Gute Zerspanbarkeit kann behauptet werden

1. im Hinblick auf das Werkzeug,

2. im Hinblick auf den Werkstoff,

3. im Hinblick auf die zu erzielende Gestalt des Werkstücks und die der Zerspanung zur Verfügung stehende Einrichtung, wie Werkzeugmaschine, Werkstückaufnahme, Kühlung usf.

Von letzterer Hinsicht 3. wird im folgenden abgesehen, da sie nur mittelbar von Einfluß ist.

Die geschichtliche Entwicklung[1], welche vom Werkzeugstahl über den Schnellstahl zum Hartmetall und Diamanten fortschritt, und das Erfordernis, genaue Bearbeitungsvorschriften und sorgfältige Zeitakkorde festzustellen, brachten es mit sich, daß noch bis in die Nachkriegszeit das Hauptaugenmerk auf das Werkzeug gerichtet blieb.

Dementsprechend verstand man unter „guter Zerspanbarkeit des Werkstoffs" in erster Linie die Eigenschaft desselben, das Werkzeug möglichst wenig anzugreifen. Gute Zerspanbarkeit war gleichbedeutend mit der Eignung des Werkstoffs zur Spanabnahme mit hohen Schnittgeschwindigkeiten und bei Schlichtarbeit mit glatter Oberfläche. Aufgabe der Forschung war es, die für eine bestimmte Standschnittzeit (im folgenden einfach mit Standzeit bezeichnet), z. B. 60 min, des Werkzeugs anwendbare Höchstschnittgeschwindigkeit, mit anderen Worten die Standzeitgeschwindigkeit z. B. v_{60}, v_{480} zu bestimmen. An dieser hatten die Betriebe in erster Linie Interesse. Unter sonst gleichen Zerspanungsbedingungen (Beschaffenheit des Werkzeugs, Größe und Form des Spanquerschnitts) wird unter Einhaltung der Standzeitgeschwindigkeit ein größtmögliches Gewicht an zerspantem Werkstoff erreicht.

Parallel mit der Erforschung der Standzeitgeschwindigkeit lief die Schnittdruckmessung. Dem Schnittdruck trägt die Konstruktion der Werkzeugmaschine Rechnung. Das Produkt aus Schnittdruck und Schnittgeschwindigkeit ist maßgebend für die der Werkzeugmaschine zuzuführende Energiemenge, also für die Größe des Antriebsmotors.

Das Verhalten des Werkstoffs bei der Spanabnahme wurde zwar von jeher von den Forschern mit großem Interesse und Bemühen verfolgt, es gelang aber nicht, in die Vorgänge beim Spanablauf, insbesondere an der Wurzel des Spans, tiefer einzudringen mangels geeigneter Apparatur. Und darauf kam es gerade an. Die Vorgänge verlaufen zu schnell, um mit den gewöhnlichen photographischen und wärmemessenden Einrichtungen verfolgt zu werden. Zahlreiche

---

[1] Raupp: Über die Spanbildung bei der Metallbearbeitung. Doktor-Diss. Leipzig: Noske 1937.

Versuche mit mangelhafter Apparatur sind angestellt worden. Sie lieferten verschwommene photographische Aufnahmen, wenn man nicht dieselben auf Stillstandsaufnahmen oder sehr langsamen Spanablauf beschränkte. Aus solchen Aufnahmen *allein* kann aber nicht auf das Verhalten des Werkstoffs bei den in der Praxis üblichen Schnittgeschwindigkeiten geschlossen werden. Erst dem letzten Jahrzehnt blieb es vorbehalten, mit geeigneten Apparaturen den Spanablauf genauer zu untersuchen.

Die Zerspanungsforschung[1] hat nicht nur im Hinblick auf die Werkzeughaltung und die Akkordfeststellung, sondern auch — wie in neuerer Zeit immer mehr erkannt wird — in bezug auf die Güte der Werkstücke eine große Bedeutung. Daher kann die Werkstätte mit Recht verlangen, daß ihr auf Grund sorgfältiger Erforschung des Zerspanungsvorganges die Erkenntnis übermittelt wird, wie die Spanabnahme durchzuführen ist, um nicht nur maßhaltige Werkstücke in wirtschaftlicher Weise herzustellen, sondern Werkstücke, welche zugleich eine glatte und gesunde Oberfläche besitzen, eine Struktur, welche bis an die Oberfläche heran unverdorben erhalten geblieben ist, also eine nicht überbeanspruchte, nicht rissige, gesunde Struktur (vgl. S. 458).

Die nachstehenden Abbildungen sind den betreffenden Veröffentlichungen absichtlich möglichst unverändert entnommen. Sie vermitteln also zugleich einen Eindruck von der Originalveröffentlichung, aus welcher sie stammen.

Um die Erörterungen nicht zu zersplittern, werden sie im folgenden im großen und ganzen auf das Drehen und damit auf den einfachsten Fall beschränkt.

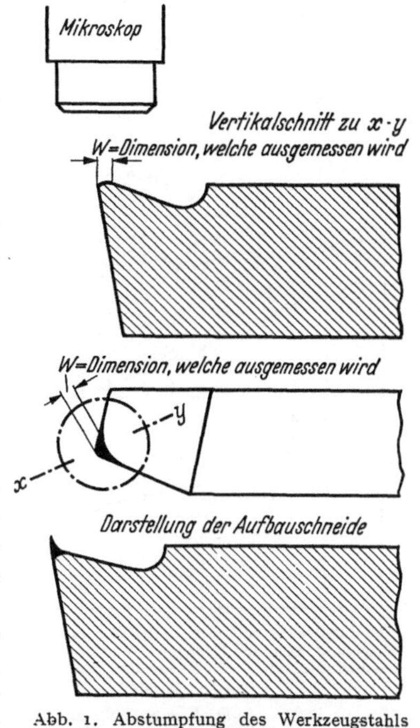

Abb. 1. Abstumpfung des Werkzeugstahls nach RIPPER. Darstellung, welche die Methode der Ausmessung der Abnützung angibt.

2. Die Erforschung von Gesamtvorgängen.

a) Die Standzeit.

Das Endziel des Standzeitversuchs ist die Bestimmung der höchstzulässigen Schnittgeschwindigkeit der bereits erwähnten Standzeitgeschwindigkeit. Diese Zeit muß dem Bearbeitungszweck angepaßt sein, d. h. es muß verlangt werden, daß das Werkzeug zum mindesten so lange standhält, als es dem Arbeitsgang entsprechend im Schnitt bleibt. Bei der Bearbeitung großer Flächen, insbesondere auch bei der ununterbrochenen Bearbeitung der Zähne eines Zahnrades, kann diese Zeit mehrere Stunden betragen.

Die Standzeitermittlung erfolgt heute unter Zugrundelegung einer Gebrauchsdauer des Werkzeugs von 4 bzw. 8 h, damit die Möglichkeit gegeben ist, das Werkzeug erst wieder in der Mittagspause bzw. am Ende der Tagesarbeit zu schärfen und sonstwie instand zu setzen. Große Bedeutung hat diese Festsetzung im besonderen z. B. auch für den Automatenbetrieb, bei welchem es darauf ankommt, daß das Werkzeug mindestens einen halben, besser einen ganzen Tag steht.

Der Standzeitversuch wird in der Weise durchgeführt, daß mit einem in seinen Schnittwinkeln genormten oder zuvor erprobten Werkzeug (vgl. z. B.

Abb. 6) die Spanabnahme unter Einhaltung eines bestimmten Spanquerschnitts, also auch einer bestimmten Form dieses Querschnitts und einer bestimmten Schnittgeschwindigkeit so lange fortgesetzt wird, bis das Werkzeug stumpf geworden ist. Erschwerend für den Versuch hat sich herausgestellt, daß die Feststellung, wann das Werkzeug stumpf geworden ist, nicht immer einfach ist und nicht immer in präziser Weise gelingt.

Beim Werkzeugstahl (Abb. 1) erfolgt die Abstumpfung allmählich, und es bedurfte der Festlegung des Betrages dieser Abstumpfung, um zu vergleichbaren Versuchen zu gelangen. Es wurde nämlich festgesetzt, daß, wenn die Schneide des Werkzeugs um $^1/_{10}$ mm (in Deutschland) und um 0,005″ (in England)[2], senkrecht zur Schneidkante auf der Werkzeugbrust gemessen, verschlissen ist, das Werkzeug als stumpf geworden anzusehen ist. Diese Festsetzung befindet sich in annähernder Übereinstimmung mit der Betriebserfahrung.

Beim Schnellstahl erfolgt die Abstumpfung nicht so allmählich. Die Schneide bricht beim Bearbeiten von Stahl in der Regel momentan zusammen und die Oberfläche des Werkstücks erhält durch das nunmehr nicht schneidende, sondern reibende Werkzeug eine blankgeriebene und unter Umständen sogar querrissige Oberfläche. Beim Bearbeiten von Leichtmetall hingegen verschleißt auch der Schnellstahl in der Regel allmählich, wie Abb. 2 zeigt.

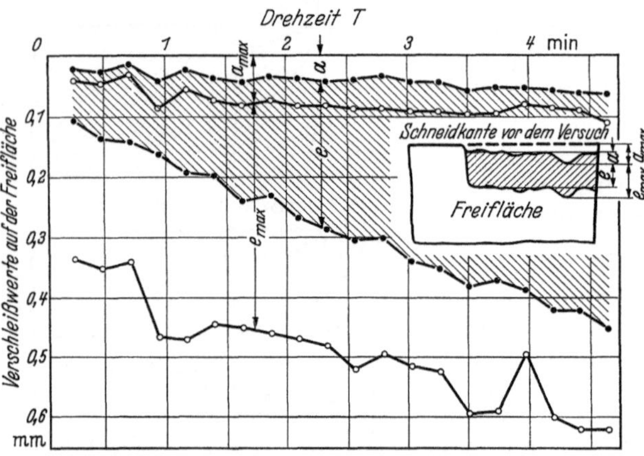

Normalschnitt durch die Drehmeißelschneidkante nach längerer Drehdauer. Die ursprüngliche Form der Schneidkante ist gestrichelt und zwei Zustände des zunehmenden Meißelverschleißes sind punktiert und dick eingezeichnet. *a* Schneidkantenversetzung auf der Freifläche; *e* Verschleißmarkenbreite auf der Freifläche; *Δh* Zurücksetzung der Schneidkante.

Verschleißwerte auf der Freifläche eines Schnellstahl-Meißels in Abhängigkeit von der Drehzeit. Werkstoff Al-Mg-Si-Legierung. Schnittgeschwindigkeit $v = 1000$ m/min; Spanquerschnitt $a \cdot s = 2 \cdot 0{,}2$ mm²; Kühlung: Mineralöl.

Abb. 2. Abstumpfung einer Schnellstahlschneide beim Überdrehen von Leichtmetall. (Nach Wallichs-Hunger.)

Beim Arbeiten mit Hartmetall vollzieht sich die Abstumpfung nach den bisherigen Feststellungen in verschiedener Weise, manchmal wie beim Schnellstahl, bei gewissen Werkstoffen aber auch so wie es beim Werkzeugstahl beschrieben wurde[3]. Die Widia-Schneide (Abb. 3a) z. B. ist ausgekolkt und dem Zusammenbruch nahe.

[2] Ripper: Cutting power of lathe turning tools. Engineering 1913, S. 737.
[3] Wallichs u. Hunger: Untersuchung der Drehbarkeit von Leichtmetallen. Masch.-Bau Betrieb 1937, S. 81.

Das Verfahren zur Ermittlung der Standzeitgeschwindigkeit ist nachstehend beschrieben. Bei gleichem Spanquerschnitt werden über den verschiedenen Schnittgeschwindigkeiten die Standzeiten aufgetragen. Sodann werden diese

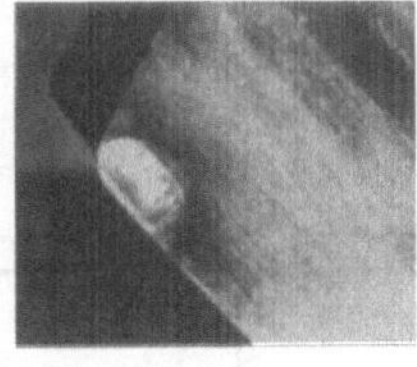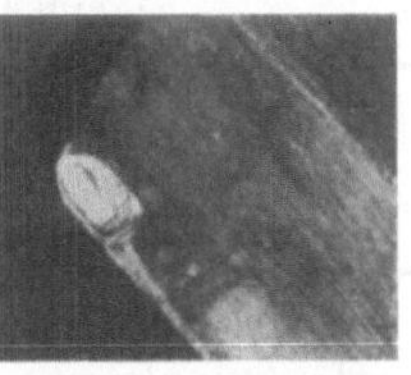

a   b   c

Abb. 3a bis c. Abstumpfung (Auskolkung) einer Hartmetallschneide beim Ueberdrehen eines Stahlzylinders F = 70 kg/mm² (Krupp). a Ansicht eines Drehmeißels mit Schneidenstumpfung an der Spanablauffläche und der Freiwinkelfläche. b Aushöhlung der Spanablauffläche mit noch bestehender breiter Schneidenphase. c Aushöhlung der Spanablauffläche mit bereits verringerter Phasenbreite.

Versuchsergebnisse in einer Kurve zusammengefaßt, und es wird der Schnittpunkt dieser Kurve mit der gewollten Standzeit, z. B. 60 min, festgestellt. Das-selbe Verfahren wird für verschiedene Vorschübe und Schnittiefen, also verschiedene Spanquerschnitte wiederholt, und die Versuchsergebnisse werden in gleicherWeise durch Kurven ausgeglichen. Die Erfahrung hat gelehrt, daß die Auf-tragung im doppeltlogarithmischen Dia-gramm gerade Linien ergibt. Vereinigt man nun diese Geraden in einem Dia-gramm, so entsteht eine Zusammenfas-sung, wie sie in Abb. 4 für Schnellstahl[4] enthalten ist. Dieselbe gilt für eine Stand-zeit von 60 min, enthält also die Standzeit-geschwindigkeiten v_{60}, welche bei Stahl und Stahlguß von bestimmter Zugfestig-keit bzw. Brinellhärte eingehalten werden können. Die Kurven sind gegenüber den Versuchsergebnissen um 15% tiefer ge-legt worden, um in der Praxis sicher-zugehen.

Ausgehend von der eingestellten Span- oder Schnittiefe a, in der Abb. 4 mit Spantiefe bezeichnet, und dem Vorschub findet man die Hauptgerade, auf welcher die Standzeitgeschwindigkeiten v_{60} liegen, welche bei diesem Spanquerschnitt der Zugfestigkeit des Werkstoffs bzw. seiner Brinellhärte entsprechen. Man lotet nun von der Brinellhärte abwärts oder von der Zugfestigkeit aufwärts bis an diese

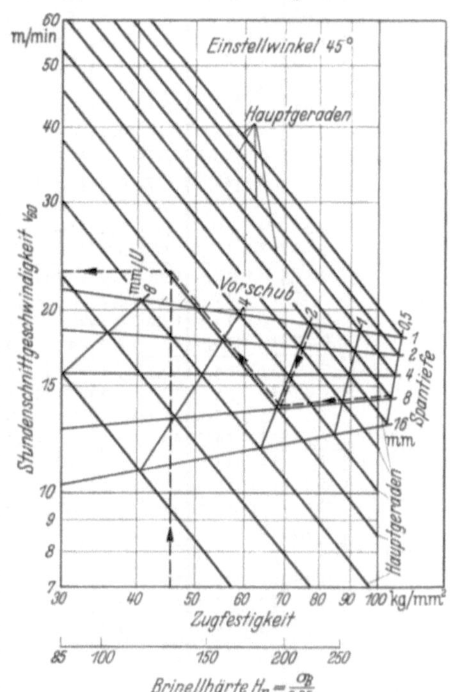

Abb. 4. v_{60}-Bestimmungstafel für das Drehen von Stahl und Stahlguß (nach WALLICHS und DABRING-HAUS), Meißel aus Schnellstahl; trockner Schnitt.
Einstellwinkel   30° 45° 60° 90°
Umrechungsfaktor für v_{60} 1,26 1,0 0,80 0,66

Hauptgerade und schreitet vom Schnittpunkt mit derselben horizontal fort bis zum Durchschnitt mit der Achse der Schnittgeschwindigkeiten, auf welcher man die Standzeitgeschwindigkeit ohne weiteres abliest, welche bei diesem Werkstoff anzuwenden ist.

---

[4] WALLICHS u. DABRINGHAUS: Die Zerspanbarkeit und die Festigkeitseigenschaften bei Stahl und Stahlguß. Masch.-Bau Betrieb 1930, S. 257.

Richtwerte für Schnittgeschwindigkeit und Spanquerschnitt für das Drehen von Stahl von 40 bis 50 kg Festigkeit (St. 42.11, DIN 1611) Brinellhärte 100—140 unter gleichzeitiger Ausnutzung von Werkzeug und Maschine. (Nach AWF 101 b.)

Werkzeug: Schnelldrehstahl mit 16—18 % Wolfram. $\alpha = 8°$, $\beta = 57°$, $\gamma = 25°$, $\varepsilon = 45°$ (Winkelbezeichnungen s. AWF 100).

Riemenbreite des Antriebriemens in mm. F_s = Spanquerschnitt in mm², v = Schnittgeschwindigkeit in m/min.

Spanquerschnitt F_s und Schnittgeschwindigkeit v für Drehen, bezogen auf eine Riemengeschwindigkeit v_r = 1—10 m/s.

v_r	50 F_s	50 v	60 F_s	60 v	70 F_s	70 v	80 F_s	80 v	90 F_s	90 v	100 F_s	100 v	125 F_s	125 v	150 F_s	150 v
1													1,7	35,5	2,7	29,2
1,25									1,2	41	1,5	37,2	2,7	29,2	4,4	23,9
1,5							1,3	39,5	1,7	35,5	2,3	31,2	4	24,8	6,6	20,3
1,75					1,3	39,5	1,7	35,5	2,4	30,6	3,2	27,2	5,6	21,6	9,2	17,6
2			1,2	41	1,7	35,5	2,3	31,2	3,2	27,2	4,2	24,5	7,4	19,3	12,2	15,7
2,25			1,5	37,2	2,2	31,8	3	28	4	24,8	5,4	22	9,6	17,3	15,6	14,2
2,5	1,2	41	1,9	33,8	2,8	28,8	3,8	25,5	5,3	22,2	6,8	20	12,4	15,6	20	12,8
2,75	1,5	37,2	2,3	31,2	3,4	26,5	4,7	23,2	6,4	20,5	8,5	18,2	15	14,4	25	11,7
3	1,8	34,7	2,9	28,5	4,2	24,5	5,8	21,3	7,8	18,9	10,4	16,8	18,4	13,3	30	10,8
3,25	2,2	31,8	3,4	26,5	5	22,5	6,8	20	9,4	17,5	12,4	15,6	22	12,3	35	10,1
3,5	2,6	29,7	4,1	24,6	5,9	21,2	8,2	18,5	11,2	16,2	14,6	14,6	26	11,5	42	9,4
3,75	2,9	28,5	4,7	23,2	6,8	20	9,4	17,5	12,8	15,4	16,8	13,8	30	10,8	48	8,9
4	3,4	26,5	5,4	22	7,8	18,9	10,8	16,5	14,6	14,6	19,2	13	34	10,2		
4,25	3,8	25,5	6,1	20,8	8,8	17,9	12,2	15,7	16,8	13,8	22	12,3	39	9,7		
4,5	4,4	23,9	6,9	19,8	10	17	13,7	15	19	13	25	11,7	44	9,2		
4,75	4,8	23,1	7,8	18,9	11,2	16,2	15,4	14,2	21	12,3	28	11,1	49	8,8		
5	5,5	21,8	8,7	18	12,5	15,5	17,3	13,6	24	11,8	31	10,6	55	8,4		
5,25	6,1	20,8	9,6	17,3	13,7	15	19	13	26	11,5	34	10,2				
5,5	6,7	20,1	10,6	16,6	15,2	14,3	21	12,5	29	10,9	37	9,9				
5,75	7,4	19,3	11,8	15,9	17	13,7	23	12,1	32	10,5	42	9,4				
6	8,2	18,5	13	15,3	18,8	13,1	26	11,5	35	10,1	46	9,1				
6,25	9	17,8	14	14,8	20	12,8	28	11,1	38	9,8	50	8,8				
6,5	9,8	17,2	15,4	14,2	22	12,3	31	10,6	42	9,4						
6,75	10,8	16,5	17	13,7	24	11,8	33	10,4	46	9,1						
7	11,7	15,9	18,5	13,2	26	11,5	36	10	50	8,8						
7,25	12,5	15,5	20	12,8	28	11,1	39	9,7	54	8,5						
7,5	13,3	15,1	21	12,5	30	10,8	42	9,4								
7,75	14,2	14,7	23	12,1	32	10,5	45	9,2								
8	15,2	14,3	24	11,8	35	10,1	48	8,9								
8,25	16,4	13,9	26	11,5	37	9,9	52	8,6								
8,5	17,4	13,5	28	11,1	39	9,7										
8,75	18,4	13,3	29	10,9	42	9,4										
9	19,8	12,9	31	10,6	45	9,2										
9,25	21	12,5	33	10,4	47	9										
9,5	22	12,3	35	10,1	50	8,8										
9,75	23	12,1	37	9,9												
10	25	11,7	39	9,7												

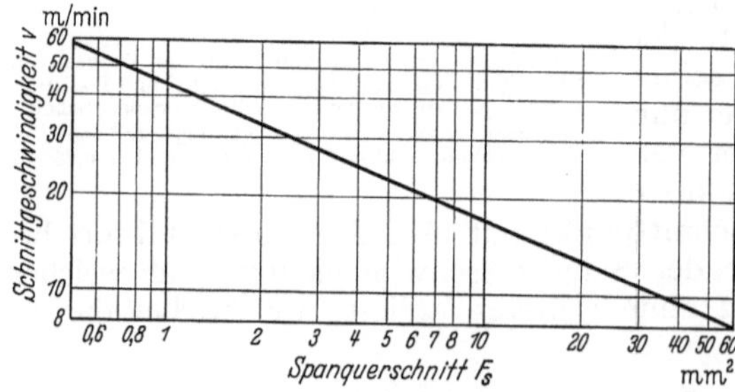

Abb. 5. Standschnittzeitgeschwindigkeiten für Schnellstahl (AWF).

Die Benutzung der Richtwerte setzt stabile Werkstücke voraus. Die Werte gelten ohne Kühlung für eine Schnittdauer von 60 min; sie enthalten keinerlei Zuschläge und stellen die Leistung von Maschine und Werkzeug dar.

In Ergänzung dieser Tafel ist unter derselben für andere als den vorausgesetzten Schnittwinkel am Werkzeug noch eine Zusammenstellung von Umrechnungskoeffizienten gegeben, so daß man auch bei andersgeartetem Werkzeug die richtige Schnittgeschwindigkeit ausfindig machen kann. Die Tafeln gelten aber nur annähernd für die Schnellstähle, welche heute geliefert werden.

Auch der AWF hat Unterlagen für Standzeitgeschwindigkeiten *für Schnellstahl*, und zwar in Form von Zahlentafeln, herausgebracht. Bewußt wird also darauf verzichtet, der Praxis Formeln in die Hand zu geben; man bietet ihr vielmehr die reduzierten Zahlen selbst in Form von Diagrammen oder übersichtlichen Tabellen. Beispiel hierzu gibt Abb. 5. Die Tafeln stammen, wie auch die Zusammenfassung Abb. 4, nicht aus neuester Zeit und sind nur mit Vorsicht anzuwenden, da sie die Aufbauschneide in ihrer schädlichen Wirkung nicht berücksichtigen.

Bei solchen Untersuchungen wurde übrigens noch ein beachtlicher Zusammenhang gefunden, nämlich der folgende: „Eine Verdopplung des Vorschubes hat einen doppelt so großen Abfall an Schnittgeschwindigkeit zur Folge wie eine Verdopplung der Spantiefe." Wenn man sich diesen Satz genauer ansieht, so ergibt sich, daß es sich keineswegs um ein allgemein gültiges Gesetz handelt — das ist übrigens auch von den Autoren nicht behauptet worden —, sondern um einen Zusammenhang, der unter dem Einfluß der jeweiligen Wärmestauung an der Werkzeugschneide bei der üblichen Zerspanung zustande kommt.

Stets kommt es auf die spezifische senkrecht zur Schneide gemessene Spanstärke, d. h. auf die Schneidenbelastung an, mit der das einzelne Millimeter Schneidenlänge in Anspruch genommen wird. Da die Spanstärke durch Abrundung der Schneide absichtlich ungleich gehalten wird über den einzelnen Teilen der Schneide, so folgt, daß auch die Beanspruchung der Schneide nicht an allen Stellen dieselbe sein kann. Der Spanbruch soll nämlich über den einzelnen Teilen der Schneide ungleich erfolgen, damit das Brechen des Spans nicht zeitlich über die ganze Schneide zugleich erfolgt und somit nicht eine starke rhythmische Belastung für das Werkzeug entsteht, welche Erzitterungen des Werkzeugs auslöst und damit ein ungleich stärkeres Werkzeug und eine ungleich schwerere Maschine erfordern würde, als wenn auf die vorstehend geschilderte Weise solche für die Schneide verderblichen Schwingungen vermieden werden.

Hiermit ist zugleich eine der Störungen aufgezeigt, welche die Versuchsführung erschweren und nicht selten die Ursache dafür sind, daß die Ergebnisse der einzelnen Forscher sich nicht in der wünschenswerten Übereinstimmung befinden.

Bei dem in Rede stehenden Diagramm (Abb. 4) ist übrigens mit sehr schwerer Werkzeugmaschine gearbeitet worden, und es ist nur der Schruppschnitt in Betracht gezogen worden, bei dem es, wie man bislang zu Unrecht allerdings glaubte, auf die Beschaffenheit der Oberfläche des Werkstücks nicht so sehr ankomme.

Gleich sorgfältige neuere Untersuchungen für Werkzeugstahl liegen nicht vor. Für *Schneidmetall* hingegen sind auf Veranlassung des AWF an den Hochschulen Aachen, Berlin und München Standzeitversuche durchgeführt worden, deren Ergebnis zum Teil veröffentlicht ist, zum Teil in nächster Zeit veröffentlicht wird. Das Ergebnis für St 50.11 ist in Abb. 6 enthalten.

In Abb. 6b ist die Schnittgeschwindigkeit in Abhängigkeit von der sog. Bogenspandicke angegeben, ein an Stelle der „spezifischen Schneidenbelastung" in die Literatur eingeführter, nicht gerade glücklich gewählter Begriff. Unter Bogenspandicke versteht man nach der Formel

$$m = \frac{a \cdot s}{l},$$

worin a die Schnittiefe in mm, s den Vorschub in mm/U und l die unter Schnitt stehende Schneidkantenlänge in mm bedeutet,

Abb. 6. Drehen von Stahl St 50.11 mit Hartmetallwerkzeugen. (Nach AWF 122.)

Schnittgeschwindigkeit v in m/min — Standzeit des Werkzeuges: etwa 4 Stunden (Werte in senkrechter Schrift), etwa 8 Stunden (*Werte in Kursivschrift*).

Antriebsleistung der Hauptarbeitsspindel in kW bei einem Wirkungsgrad $\eta = 0{,}75$.

Links: Abrundung der Schneidenspitze ($r = 1$ mm; $r = 2$ mm) — Vorschub s in mm/U.

s	Standzeit	0,5	0,8	1,0	1,5	2,0	2,5	3,0	4,0	5,0	8,0	10,0	Antriebsleistung
0,08	~4 h	320	310	300									2,5 kW
0,08	~8 h	*285*	*275*	*265*									
0,10	~4 h	300	290	285	280	275							4,0
0,10	~8 h	*265*	*257*	*253*	*248*	*244*							
0,12	~4 h	285	280	275	270	265	260						
0,12	~8 h	*253*	*248*	*244*	*239*	*235*	*230*						
0,14	~4 h	280	270	265	260	256	253	250					6,3
0,14	~8 h	*248*	*239*	*235*	*230*	*227*	*224*	*222*					
0,16	~4 h	270	260	255	250	246	243	240					
0,16	~8 h	*239*	*230*	*226*	*222*	*218*	*215*	*213*					
0,18	~4 h	265	255	250	245	240	237	235					
0,18	~8 h	*235*	*226*	*222*	*217*	*213*	*210*	*208*					
0,20	~4 h	260	250	245	240	235	233	230	227				10,0
0,20	~8 h	*230*	*222*	*217*	*213*	*208*	*206*	*204*	*201*				
0,22	~4 h	270	260	250	240	236	233	230	227	224			
0,22	~8 h	*239*	*230*	*222*	*213*	*209*	*206*	*204*	*201*	*199*			
0,25	~4 h	260	250	240	235	230	227	224	222	220			
0,25	~8 h	*230*	*222*	*213*	*208*	*204*	*201*	*199*	*197*	*195*			
0,28	~4 h	255	245	235	230	225	222	219	217	214			16,0
0,28	~8 h	*226*	*217*	*208*	*204*	*200*	*197*	*194*	*192*	*190*			
0,32	~4 h	245	235	228	220	216	214	212	210	208	204	200	
0,32	~8 h	*217*	*208*	*203*	*196*	*192*	*190*	*188*	*186*	*184*	*181*	*177*	
0,36	~4 h		225	220	215	211	208	204	202	200	198	196	25,0
0,36	~8 h		*200*	*195*	*191*	*187*	*184*	*181*	*179*	*177*	*176*	*174*	
0,40	~4 h		220	216	210	205	202	200	198	196	194	192	
0,40	~8 h		*195*	*192*	*186*	*182*	*179*	*178*	*176*	*174*	*172*	*170*	
0,45	~4 h		215	210	205	200	197	195	193	191	189	187	
0,45	~8 h		*191*	*185*	*182*	*177*	*174*	*172*	*171*	*169*	*168*	*166*	
0,50	~4 h		210	205	200	195	192	190	187	185	183	181	
0,50	~8 h		*186*	*182*	*177*	*172*	*170*	*168*	*166*	*164*	*162*	*160*	
0,56	~4 h				195	190	186	184	182	180	178	176	
0,56	~8 h				*172*	*168*	*165*	*163*	*161*	*160*	*158*	*156*	
0,63	~4 h				187	183	180	178	176	174	172	171	
0,63	~8 h				*166*	*162*	*160*	*158*	*156*	*155*	*153*	*152*	
0,71	~4 h				183	180	178	176	174	172	170	168	40,0
0,71	~8 h				*162*	*160*	*158*	*156*	*154*	*152*	*150*	*149*	
0,80	~4 h					175	172	170	168	166	164	162	
0,80	~8 h					*155*	*153*	*151*	*149*	*147*	*145*	*144*	
0,90	~4 h					170	168	166	164	162	160	158	
0,90	~8 h					*150*	*148*	*146*	*144*	*142*	*141*	*140*	
1,00	~4 h					168	165	162	160	153	156	154	
1,00	~8 h					*149*	*146*	*144*	*142*	*141*	*139*	*137*	

Die Antriebsleistungen für die entsprechenden Schnittgeschwindigkeitswerte (in Kursivschrift) liegen ~ 12% *tiefer.*

Abb. 6a. Drehen von Stahl St 50.11 mit Hartmetallwerkzeugen. (Nach AWF 122.)

Werk-stoff	Werkzeug:
	Deutsches Hartmetall: Böhlerit E, Titanit U, Widia XX

<table>
<tr><td rowspan="2">Stahl St 50.11

Die Festigkeit des zur Aufstellung der Richtwerte benutzten Versuchswerk-
stoffes betrug 57 ± 3 kg/mm²</td><td>
Freiwinkel $\alpha = 5° \pm 1°$
Keilwinkel $\beta = 67°$
Spanwinkel $\gamma = 18° \pm 1°$
Einstellwinkel $\varkappa = 45°$
Spitzenwinkel
  für Vorschübe unter 1 mm/U $\varepsilon = 90°$
  ,,   ,,   ,, 1 ,, $\varepsilon = 105°$
Neigungswinkel
  für Vorschübe unter 0,2 mm/U $\lambda = 5°$
  ,,   ,,   über 0,2 ,, $\lambda = 8°$
Schneidenspitze
  für Vorschübe unter 0,2 mm/U $r = 1$ mm
  ,,   ,,   über 0,2 ,, $r = 2$ mm
</td><td>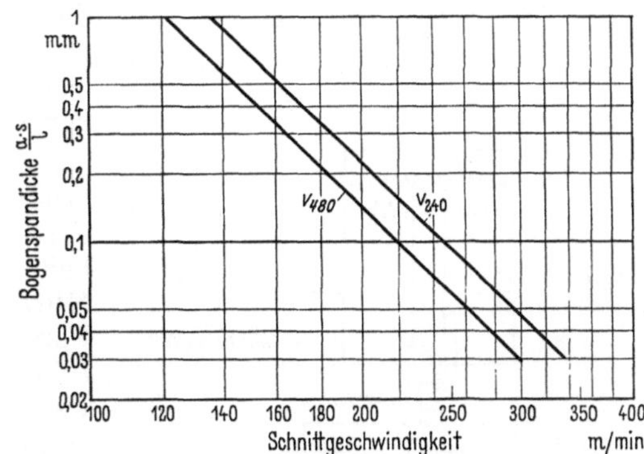</td></tr>
</table>

Die Benutzung der Richtwerte setzt starre Werkstücke, sorgfältig hergestellte Werkzeug-schneiden, erschütterungsfreien Lauf und genügend hohe Antriebsleistung der Werkzeug-maschine voraus. Die Werte gelten ohne Kühlung für eine Standzeit des Werkzeuges (reine Schnittzeit) von etwa 4 Stunden (Werte in senkrechter Schrift) und *etwa 8 Stunden (Werte in Kursivschrift)*. Die Schneidwinkel sollen möglichst eingehalten werden, geringe Änderungen beeinflussen die Standzeit nur wenig. Bei anderen Einstellwinkeln und Schneidenabrundungen können die Schnittgeschwindigkeiten für beliebige Schnittiefen und Vorschübe aus dem Schaubild 6 b zur Ermittlung der Schnittgeschwindigkeit ent-nommen werden.

Abb. 6 b. Schaubild zur Ermittlung der Schnittgeschwindigkeit (Drehen) für verschiedene Schneiden- und Spanformen mit Hilfe der Bogenspandicke *m*. (Die Bogenspandicke ist der Kehrwert der Schnittkennziffer nach LEYENSETTER.)

Werkstoff: Stahl St 50.11,
Werkzeug: Deutsches Hartmetall.

Bogenspandicke $m = \dfrac{a \cdot s}{l}$.

Es bedeuten:
$a =$ Schnittiefe in mm,
$s =$ Vorschub in mm/U,
$l =$ unter Schnitt stehende Schneid-kantenlänge in mm.

für eine Standzeit von etwa 4 h (v_{240}) und etwa *8 h* (v_{480}).

die annähernde, maximale, spezifische Spanstärke entsprechend den vor-stehenden Ausführungen über die spezifische Schneidenbelastung. Die Formel trifft nicht ganz die für die spezifische Schneidenbelastung maßgebliche Größe, aber — soweit bis jetzt die Erfahrung vorliegt — mit genügender Annäherung. Die Kurventafel (Abb. 6 b) läßt erkennen, wie mit zunehmender Bogenspan-dicke die Schnittgeschwindigkeit im doppelt-logarithmischen Diagramm nach einem Geradliniengesetz abnimmt. Bei Bogenspandicken unter $^1/_{10}$ mm, bei welchen gegenüber dem Querschnitt des Spans die Abtrennfläche desselben eine größere Rolle spielt, verliert diese Beziehung ihre Gültigkeit, weil hier die Abtrennscherfläche einen größeren zusätzlichen Einfluß ausübt.

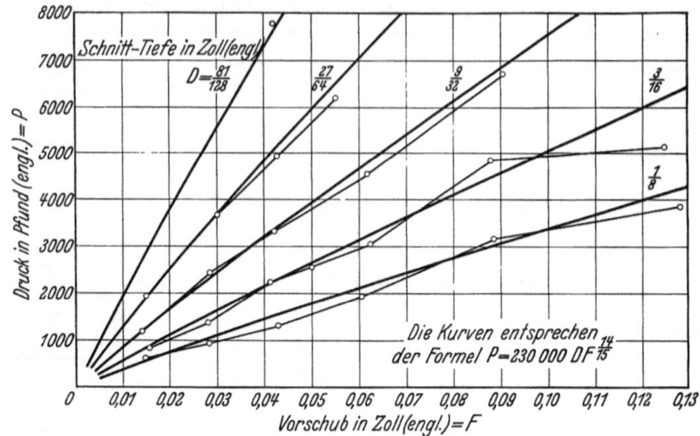

Abb. 7. Schnittdruck nach Taylor. Darstellung der Versuchsergebnisse zum Schnittdruck T auf die Werkzeugbrust beim Drehen von Stahl mit der Taylorschen Schruppstahlschneide. Freiwinkel 6°; Steigungswinkel der Werkzeugbrust nach rückwärts 8°, seitlich 14°; Schnittgeschwindigkeit 60 Fuß (engl.) in der Minute bei verschiedenen Vorschüben F und Schnittiefen D.

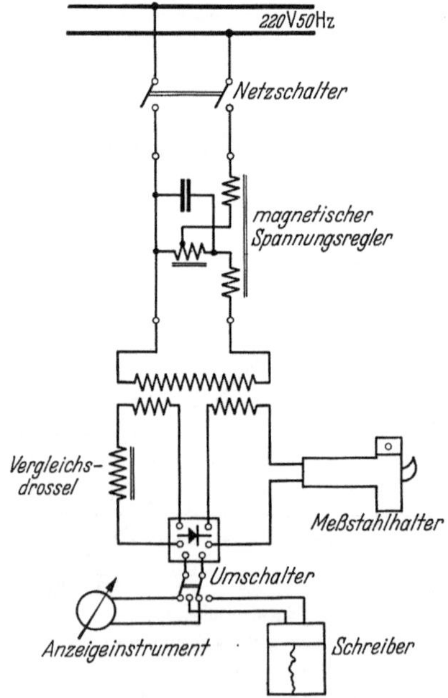

Abb. 8. Elektrische Schaltung des Schnittkraftmessers (Siemens-Meßtechnik).

b) Der Schnittwiderstand.

Veranlassung zu Messungen des Schnittwiderstandes war nicht nur im Sinne der einleitenden Ausführungen (S. 440) die Absicht, Unterlagen zu gewinnen für die Konstruktion der Werkzeugmaschine, insbesondere des Supports, sondern auch die Hoffnung, durch diese verhältnismäßig einfachen Untersuchungen ein Verfahren zu erhalten ·zur Bestimmung der Zerspanbarkeit.

Aber schon Taylor[5] hat in seinem grundlegenden Werk „On the art of cutting metals" auf die Aussichtslosigkeit dieses Verfahrens hingewiesen, ein Hinweis, der bedauerlicherweise bei der Forschung nicht die gebührende Beachtung gefunden hat. Wie berechtigt er war, zeigt die einfache Überlegung, daß es ja nicht nur auf den die Reibung an der Werkzeugschneide beeinflussenden Gesamtdruck ankommt, sondern auf die Art, wie dieser Druck und damit die Reibung einwirkt, wie also die Werkzeugoberfläche unter diesem Druck bei zäherem oder spröderem Werkstoff belastet wird und wie die Struktur und die Körnung des Werkstoffs auf die Werkzeugschneide einwirken.

---

[5] Taylor: On the art of cutting metals. Amer. Soc. mechan. Engineers, New York 1906.

Abb. 7 gibt ein Diagramm vom Schnittdruck nach TAYLOR. Dabei ist im Auge zu behalten, daß der Schnittdruck in verhältnismäßig weiten Grenzen von der Schnittgeschwindigkeit unabhängig ist.

Immerhin geben solche Schnittdruckmessungen ein einfaches Mittel, um in einem durchforschten Bereich, also etwa für die normalen Konstruktionsstähle, eine Neulieferung von Werkstoffen mit früheren Lieferungen zu vergleichen und auf diese Weise Lieferungen mit härterem und damit schwerer zerspanbarem Werkstoff herauszufinden.

Das Schema eines solchen Apparates[6] zur Schnittdruckmessung, in der Regel mit Meßsupport bezeichnet, gibt Abb. 8. Über weitere Einrichtungen zur Schnittdruckmessung vgl. Bd. I, Abschn. V 62f.

c) Der Kurzversuch.

Standzeitermittlung verursacht große Kosten, da über eine Stunde, ja mehrere Stunden hin zerspant werden muß. Daher hat es nicht an Bemühungen gefehlt, durch sog. Kurzversuche[7] den Standzeitversuch zu ersetzen. Alle diese Versuche sind grundsätzlich fehlgeschlagen. Sie kommen aber zum Teil dem Standzeitversuch immerhin näher als die Schnittdruckbestimmungen, und aus diesem Grunde haben sie erhöhten Wert, wenn es sich darum handelt, Werkstoff in ein bekanntes Standzeitsystem einzuordnen. Eine Art von Kurzversuch durch Bestimmung des Schnittdrucks ist bereits vorstehend erwähnt worden.

Wenn man bedenkt, daß TAYLOR[5] seine Schnittgeschwindigkeitsermittlungen auf eine Lebensdauer des Stahls von nur 20 min bezog, so kann man im Hinblick auf die heutige Standzeitermittlung für 4 bzw. 8 h Lebensdauer des Werkzeugs auch das Verfahren TAYLORs als Kurzversuch ansprechen.

Ein anderes Verfahren ist das von GOTTWEIN[8] in Vorschlag gebrachte thermoelektrische Verfahren, welches gleichzeitig in England von HERBERT[9] herausgearbeitet wurde. Das Verfahren ist später von REICHEL[10] insofern vereinfacht worden, als es ihm gelang, das Erfordernis einer jedesmaligen Eichung überflüssig zu machen.

Das GOTTWEINsche Verfahren besteht in folgendem: Werkstoff und Werkzeug werden als Komponenten eines Thermoelementes mit einem Galvanometer verbunden. Die bei der Spanabnahme entstehende Erwärmung verursacht ein elektrisches Potentialgefälle zwischen Werkzeug und Werkstoff und damit einen Ausschlag im Galvanometer. Auf Grund einer voraufgegangenen Eichung kann somit durch diesen Ausschlag die Temperatur an der Schnittstelle ermittelt werden.

Das Verfahren hat aber erhebliche Nachteile, da infolge der nicht gleichen spezifischen Schneidenbelastung die Temperaturen an der Schneide nicht die gleichen sein können und die verschiedenen Potentiale analog parallel geschalteten

---

[6] SIEMENS: Meßtechnik Anweisung Ms. 182 A.

[7] SCHALLBROCH: Die Zerspanbarkeit als Teil der Werkstoffprüfung. Masch.-Bau Betrieb 1936, S. 605.

[8] GOTTWEIN: Die Messung der Schneidentemperatur beim Abdrehen von Flußeisen. Masch.-Bau Betrieb 1925, S. 1129. — GOTTWEIN: Die Schneidentemperatur beim Drehen in Abhängigkeit von der Form des Spanquerschnittes. Masch.-Bau Betrieb 1926, S. 505.

[9] HERBERT: Work-hardening properties of metals. Trans. Amer. Soc. mech. Engrs. Bd. 48 (1926) S. 705. — Report on machinibility. Proc. Instn. mech. Engrs., Lond. 1928, S. 775.

[10] REICHEL: Abgekürztes Standzeitermittlungsverfahren für spangebende Werkzeuge. Masch.-Bau Betrieb 1932, S. 473. — Standzeitschnittgeschwindigkeitsermittlung von Werkzeugen und Bearbeitbarkeitsprüfung von Werkstoffen. Masch.-Bau Betrieb 1936, S. 187.

galvanischen Elementen das Galvanometer nicht dem Höchstwert entsprechend zum Ausschlag bringen, sondern nach einem Mittelwert. Die Folge

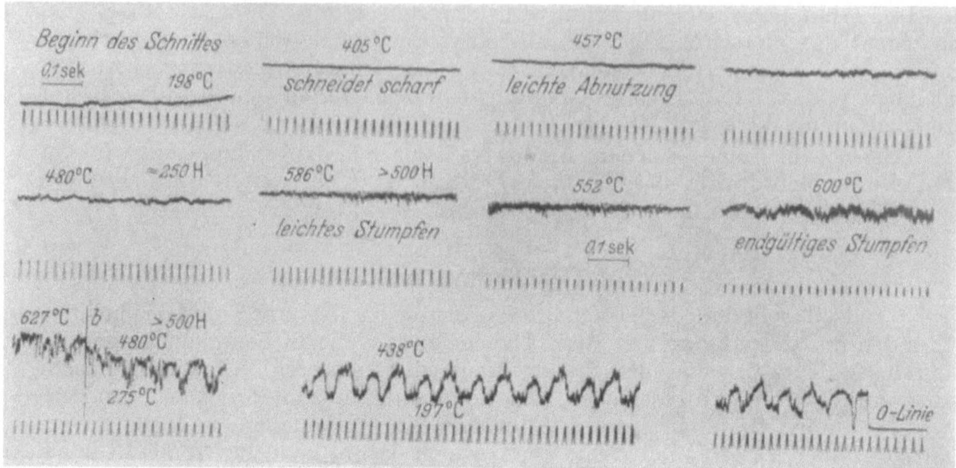

Abb. 9. Oszillogramm zum Anstieg und Abfall der Temperatur beim Drehen während der Abstumpfung des Schnellstahles.

davon ist, daß der Höchstwert der Temperatur, welcher für den Zerfall der Schneide entscheidend ist, auf diese Weise nicht ermittelt werden kann. Ebensowenig kann man erfahren, an welcher Stelle die Höchsttemperatur auftritt.

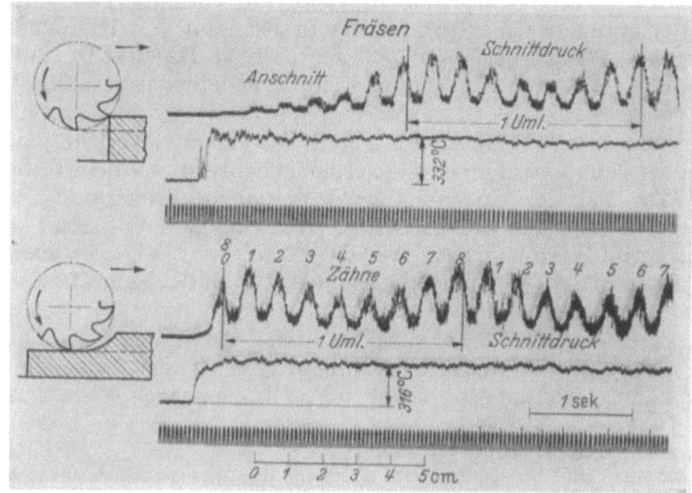

Abb. 10. Vorauseilen des Temperaturanstieges vor dem Anstieg des Schnittdruckes beim Fräsen.

Nach diesem Verfahren sind Abb. 9 und 10 [11] aufgenommen worden. Abb. 9 führt das allmähliche Stumpfwerden des Werkzeugs vor Augen. Abb. 10 lehrt, daß die Temperatur bei kleinster Schneidenbelastung, d. h. beim Anschnitt, bereits nahe bis zum Höchstwert ansteigt, längst bevor die maximale Schneidenbelastung erreicht wird.

----

[11] Salomon: Loewe-Notizen 1929, November-Heft.

Das REICHELsche Verfahren (Abb. 11 und 12) erleichtert zwar die Untersuchung, aber ein Teil der soeben geschilderten Nachteile bleibt bestehen. Immerhin zeitigen die Ermittlungen nach dem REICHELschen Verfahren, wie spätere Untersuchungen [12] erwiesen haben, ein Ergebnis, welches die Werkstoffe in gleicher Weise abstuft wie Standzeitversuche.

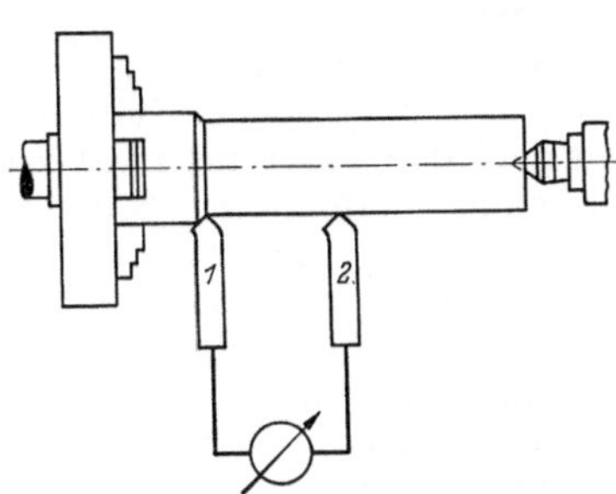

Verfahren GOTTWEIN-REICHEL mit einem
schleifenden Werkzeug (Stahl 2).

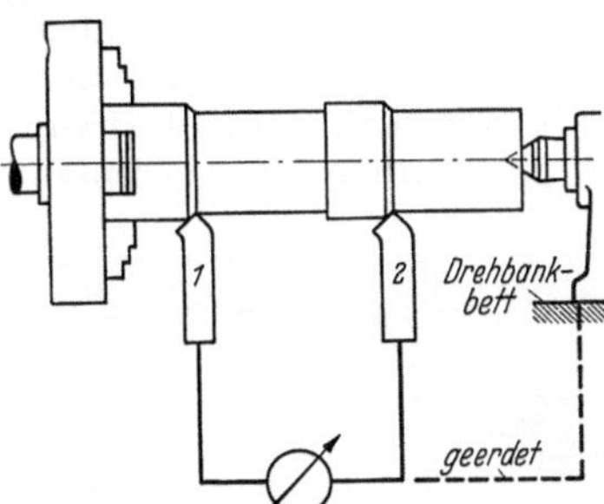

Verfahren mit einem geerdeten Werkzeug
(Stahl 2).

Abb. 11 und 12. Zweistahlverfahren nach GOTTWEIN-REICHEL.

Es gibt noch eine ganze Reihe anderer mehr oder weniger nützlicher Verfahren, bezüglich derer auf die Literatur [7] verwiesen wird.

d) Der Verschleißversuch.

Bei Leichtmetall z. B. hat sich noch eine andere Art von Kurzversuch als nützlich erwiesen, nämlich der sogenannte Verschleißversuch. Bei demselben werden die an der Freifläche des Werkzeugs entstandenen Verschleißflächen (vgl. Abb. 2) der Größe nach als Ordinaten über der zugehörigen Arbeitszeit des Drehstahls aufgetragen und die Neigung der entstandenen Kurve mit derjenigen verglichen, welche sich für dasselbe Werkzeug bei anderen Leichtmetallwerkstoffen ergibt.

Je flacher die Kurve verläuft, desto geeigneter ist der betreffende Werkstoff zur Zerspanung, vorausgesetzt, daß der Werkstoff dann nicht so weich und zäh ist, daß er im Automaten wickelt, d. h. daß das Werkstück von einem langen Span umwickelt wird. Der Verschleißversuch dient also nicht so sehr der Standzeitermittlung als vielmehr dem Vergleich zweier Werkstoffe im Hinblick auf ihre Zerspanbarkeit.

3. Die Erforschung des Spanablaufs im einzelnen.

a) Das Verschiebungsfeld.

Wie bereits erwähnt, hat die Erforschung des Spanablaufs von jeher das größte Interesse[1] erregt. Aber die noch so sorgfältige Beobachtung führte zunächst zu unhaltbaren Vorstellungen. Ein Beispiel ist Abb. 13, welche den bahnbrechenden Arbeiten TAYLORs[5] entnommen ist. Man muß sich heute fast wundern, wie dieser Forscher

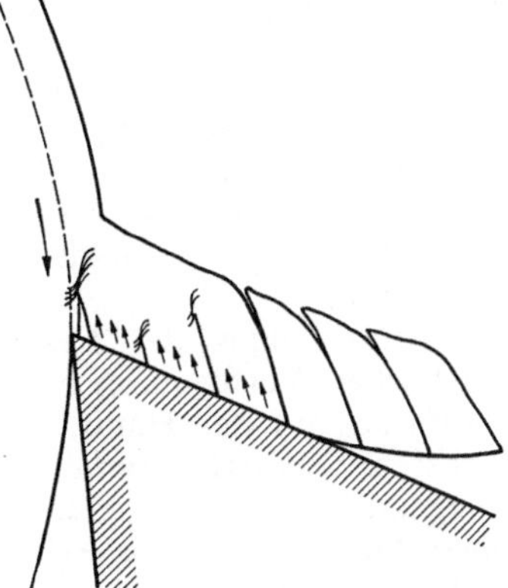

Abb. 13. Spanablauf nach TAYLOR.

annehmen konnte, daß der Schervorgang sich erst im bereits gebildeten Span vollziehe und zum Abschluß komme an einer Stelle, wo der Span gar keiner

---

[12] SCHAUMANN: Die Schnittemperatur im Drehvorgang und ihre Anwendung als Zerspanbarkeitskennziffer. Doktor-Diss. 1937.

Beanspruchung mehr ausgesetzt ist, sondern sich von der Werkzeugbrust lösend frei durch die Luft abläuft. Auch heute noch findet man in Schriften Abbildungen, in denen bei unter Scherwirkung ablaufenden nicht spröden Werkstoffen der Spanablauf nach Taylor dargestellt ist und dazu weit vorauslaufende Risse eingezeichnet sind, Risse, wie sie nur bei sprödem Werkstoff entstehen.

Außerordentliche Mühe ist auch von Engländern, Amerikanern und nicht zuletzt von Japanern aufgewandt worden, um in die Geheimnisse der Spanbildung einzudringen. Selbst spannungsoptische Methoden haben Anwendung gefunden, aber immer nur bei Aufnahmen, welche nach dem Abbremsen der Werkzeugmaschine erfolgten (Stillstandsaufnahmen), oder nur bei ganz langsamen Schnittgeschwindigkeiten (unter 1 m/min). Versuche bei hohen Schnittgeschwindigkeiten mißlangen, da die erforderlichen kurzen Belichtungszeiten nicht erreicht wurden.

Abb. 14. Spanablauf nach dem ebenen Problem.

Die Erfahrung hat aber gelehrt, daß die Vorgänge, welche sich bei schnellerem Spanablauf vollziehen, nicht übereinstimmen mit denjenigen bei sehr langsamer Spanabnahme, und selbst ein momentanes Anhalten des Werkstücks erfolgt nicht so schnell, daß nicht eine Störung des Vorganges eingetreten ist, bevor das Werkstück zum Stillstand kam, so daß die Aufnahme stattfinden konnte.

Das eigentliche Problem bestand demnach darin, während des Spanablaufs bei Schnittgeschwindigkeiten bis zu den höchstzulässigen (z. B. für Stahl etwa 250 bis 300 m/min, für Aluminium bis 1500 m/min.) Momentaufnahmen und, wie es sich zeigen wird, in manchen Fällen auch kinematographische Aufnahmen zu machen, um den Spanablauf in seinem wechselvollen Vorgange zu erforschen.

Die Forschung [13] erstrebte für alle, auch die höchsten Schnittgeschwindigkeiten, die Feststellung:

1. des Verschiebungsfeldes an der Spanwurzel und des Spannungsfeldes, aus welchem sich das erstere ergibt,

2. des Temperaturfeldes an jedem Punkt des Werkzeugs und des ablaufenden Spans und

3. des Feldes der Festigkeitsänderungen des Werkstoffs im Gebiet der plastischen Verformung an der Spanwurzel.

Es lag auf der Hand, daß die Forschung mit dem Studium des unter einfachsten Schnittbedingungen ablaufenden Spans beginnen mußte, d. h. unter Zugrundelegung des sog. ebenen Problems. Dieser Fall liegt vor, wenn der Span nach Abb. 14 über die Schneide eines Werkzeugs von der Art eines Einstechstahls abläuft, ohne daß die beim Einstechen auftretenden Zwängungen den Spanablauf beeinflussen, d. h. der Einstechstahl entnimmt den Span am Umfang einer schmalen Scheibe. Die Scheibe muß schmal sein, um das beim breiten Schnitt, selbst bei einer starken Drehbank auftretende Erzittern des Werkzeugs

---

[13] Schwerd: Neue Untersuchungen zur Schnittheorie und Bearbeitbarkeit. Stahl u. Eisen Bd. 51 (1931) S. 481.

zu vermeiden. Bei dieser Art der Spanabnahme treten, wie eine einfache Überlegung ergibt, in allen Querschnitten senkrecht zur Schneide dieselben Spannungen, dieselben Beanspruchungen und dieselben Temperaturen auf. Die Forschung kann demnach beschränkt werden auf die Vorgänge in einer Ebene senkrecht zur Schneide.

Bei Werkstoffen, welche nicht weich sind, sondern eine gewisse Starrheit besitzen — und das sind Stahl, Eisen, die wesentlichen Metall-legierungen —, entspricht das Ver-schiebungsfeld an der Oberfläche des Werkstücks, also im vorliegenden Falle an der Stirnfläche, nahezu dem Vorgang im Innern. Photographische Aufnahmen gegen die Stirnfläche des Werkstücks übermitteln daher eine annähernd genaue Vorstellung von dem Verschiebungsfeld auch in einem Querschnitt im Innern des Spans. Schliffe aus dem Innern des Werkstoffs haben die Richtigkeit dieser Überlegung bestätigt.

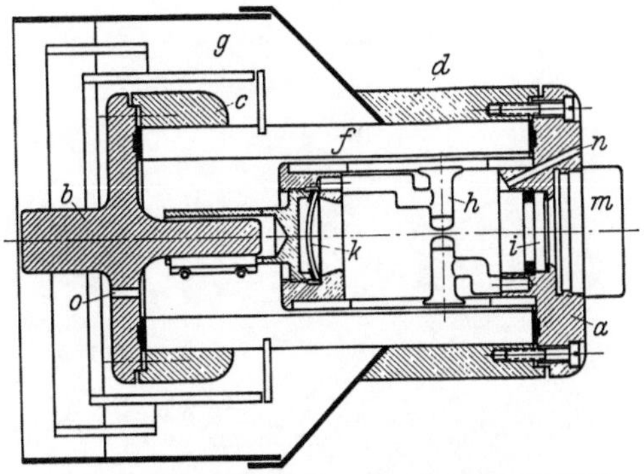

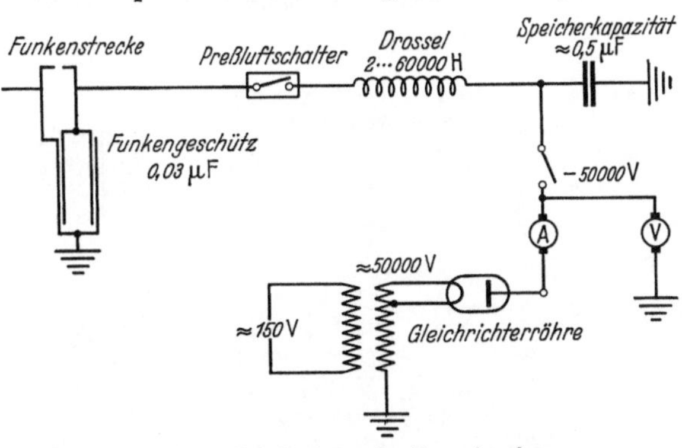

Abb. 15. Preßgasfunkenstrecke. *a* vorderer Deckel; *b* hinterer Deckel; *c, d* Schrumpfring; *f* Hartpapierrohr; *g* Wachs-Kollophoniumverguß; *h* Wolfram-Elektroden; *i* Planglas-platte; *k* Hohlspiegel; *m* Kondensor; *n* Druckgaseintritt; *o* Druckgasaustritt.

Es kam nun nur darauf an, die Belichtungszeiten so abzukürzen, daß während der Aufnahme das Werkstück an der Spanwurzel keinen größeren Weg zurück-legt als etwa $1/_{50}$ mm, damit die Bilder scharf bleiben. Eine einfache Rechnung er-gibt, daß bei Momentauf-nahmen, z. B. bei der Schnittgeschwindigkeit von 600 m/min, die Belichtungs-zeit $1/_{500\,000}$ s nicht über-schreiten darf. Filme er-fordern noch kürzere Be-lichtungszeiten, weil in die-sem Falle die Bilder neben-einander gereiht werden und dazu kreisen müssen und bei diesem Vorgang das Bild nur

Abb. 16. Schaltschema der Versuchsanlage.

$1/_{50}$ mm während der Aufnahme zurücklegen darf. Bei einer Bildfolge in $1/_{2000}$ s und einer Bildbreite von 30 mm erfordert dies bereits eine Einschränkung der Belichtungszeit auf $1/_{3\,000\,000}$ s.

Es kam also darauf an, einen starken, schnell löschenden Funken herzustellen [14]. Dies gelang durch Verringerung der Induktivität der Leitung zwischen dem die Funkenenergie enthaltenden Kondensator (Funkengeschütz) und der Funken-strecke, sowie durch Ersetzung der in atmosphärischer Luft wirkenden Viel-fachfunkenstrecke (80 Funken gleichzeitig) durch eine Preßgasfunkenstrecke (20 at CO_2) (Abb. 15), bei welcher die Elektronen, mit höherer Geschwindigkeit sich bewegend, schnellere Löschung ergeben. Damit wurden zugleich die Verluste an elektrischer Energie so erfolgreich eingeschränkt, daß sich aus derselben Speicher-batterie statt 10 nunmehr 60 Belichtungsfunken, also 60 Aufnahmen ergaben.

---

[14] SCHWERD: Filmaufnahmen des ablaufenden Spans bei üblichen und bei sehr hohen Schnittgeschwindigkeiten. Z. VDI Bd. 80 (1936) S. 233.

Abb. 17. Ansicht der Versuchsanlage ohne Funkenstrecke.

Abb. 18. Aufbauschneide beim Abdrehen von weichem Stahl.
Werkstoff: Stahl St 42.11; Schnittgeschwindigkeit
$v = 22{,}6$ m/min; Schnittiefe $a = 0{,}33$ mm/Umdr.

Abb. 19. Stillstandsaufnahme gleichfalls mit St 42.11.

Ferner war die Aufgabe zu lösen, diese Energiemenge aus einer Speicherbatterie im bestimmten, einstellbaren Zeitraum dem Funkengeschütz zuzuführen. Dies gelang durch Einschalten einer Drossel zwischen Speicherbatterie und Funkengeschütz. Das Bild wird durch einen rotierenden Spiegel auf einen feststehenden Film geworfen. Die Geschwindigkeit des Bildes kann dabei bis auf mehrere hundert Meter je Sekunde, also langsame Geschoßgeschwindigkeit, gesteigert werden. Damit erhält man Bildfolgen von einem Bruchteil der Millisekunde.

Das Schaltschema dieser mit 50 000 V Spannung arbeitenden Versuchsanlage zeigt Abb. 16, die Ansicht der Versuchsanlage ohne Funkenstrecke Abb. 17.

Macht man Aufnahmen auf eine photographische Platte (Momentaufnahmen), so kann das Bild in 15facher Vergrößerung aufgenommen werden, während bei Filmen infolge der kürzeren Belichtungszeiten die Vergrößerung nur etwa 5fach genommen werden darf, damit die Bilder lichtstark bleiben.

Mit dieser Apparatur wurden zunächst Momentaufnahmen gemacht vom Spanablauf eines Stahls der Norm St 42.11. Gerade bei solchen weichen Konstruktionsstählen tritt die sog. Aufbauschneide, auch Schneidenansatz genannt, auf und verhindert das Entstehen einer glatten Oberfläche am Werkstück. So brachte es der Zufall mit sich, daß die Erforschung des Spanablaufs gerade mit

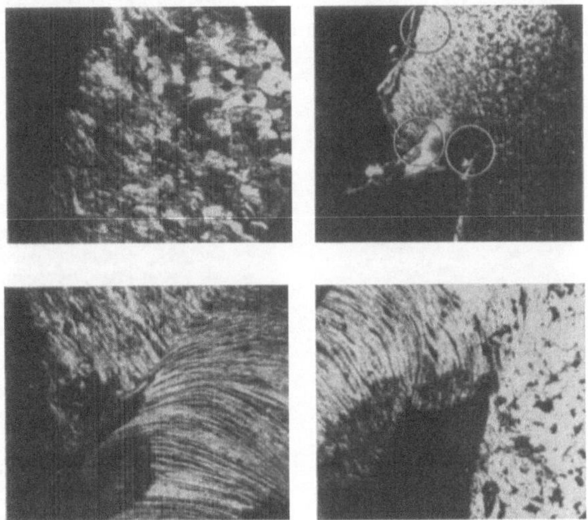

Abb. 20. Teile der Aufbauschneide von Abb. 19 in 110facher Vergrößerung. Die 3 Kreischen in der Orientierungsabbildung rechts oben deuten die Stellen an, zu welchen die 110fachen Vergrößerungen gehören.

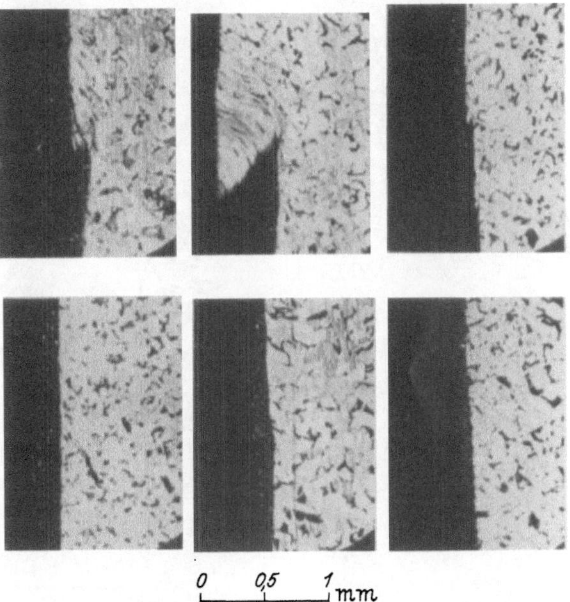

Abb. 21. Querschnitte durch die Einrisse bzw. Verschiebungen im Werkstoff infolge der Bildung eines Schneidenansatzes.

dem Studium des Wesens des Schneidenansatzes begann. Abb. 18 zeigt eine Aufbauschneide bei einer Schnittgeschwindigkeit von 22,6 m/min. Eine Stillstandsaufnahme und ein Bild von Teilen der Aufbauschneide in 110facher Vergrößerung (Abb. 19 und 20) vervollständigten die Unterlagen zur Erklärung

Bildserie I.

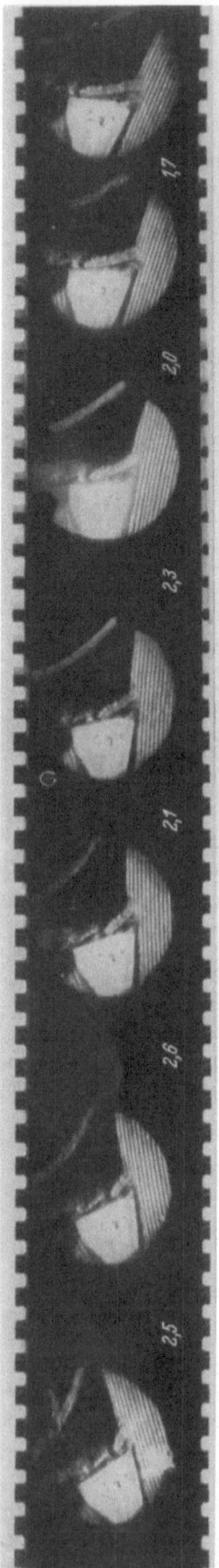

St 42.11. Schnittgeschwindigkeit $v = 17$ m/min; Schnittiefe $a = 0.4$ mm/U; Schnittwinkel $\gamma = 15°$; Freiwinkel $\alpha = 6°$; Vergrößerung in der Aufnahme: 3fach.

des Vorganges bei der Bildung der Aufbauschneide. Der Werkstoff wird von der Schneide nicht durchschnitten, sondern dehnt sich über die Schneide hinweg und schichtet sich über derselben auf, indem die Kristallkörner, wie Abb. 20 (links unten) zeigt, scharf umgebogen werden. Dann reißt der Werkstoff ab, und es bilden sich Einrisse an der Oberfläche des Werkstücks und an der Unterfläche des Spans. Im Querschnitt haben diese Einrisse die Form von Schluchten unter heraustretenden Zipfeln (Abb. 19 und 21).

Es entstand nun die Frage, wie kann diese schichtenförmige Überlagerung vor der Schneide sich fortsetzen oder auch ihr Ende finden. Die sicherste

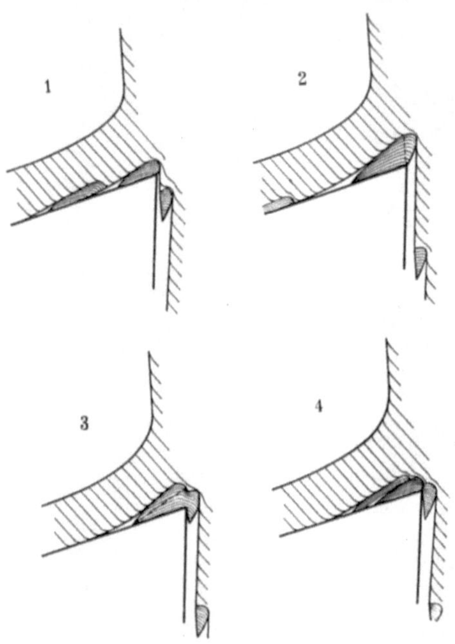

Abb. 22. Schema zur Bildung des Schneidenansatzes.

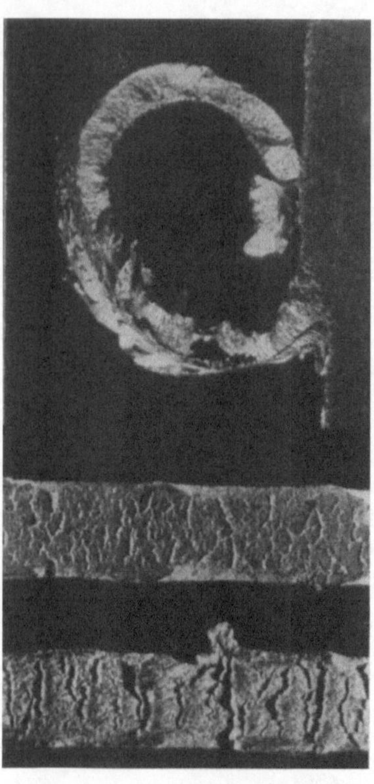

Abb. 23. Zunahme der Einrisse (Schluchten) mit abnehmender Schnittgeschwindigkeit.

Erklärung hierfür gaben die Filmaufnahmen. Sie lehrten, daß der Schneidenansatz sehr bald in seiner Aufschichtung so sehr anwächst, daß er unstabil wird und abwandern muß. Die in der angefügten *Bildtafel* wiedergegebene *Filmaufnahme (Serie I* der Bildtafeln) läßt die Zeit des Entstehens und Verschwindens des Schneidenansatzes im vorliegenden Zerspanungsvorgang und bei einer Schnittgeschwindigkeit von 17 m/min berechnen. Die Zeit zwischen zwei Abbildungen ist in Millisekunden jeweils unten im Zwischenraum zwischen 2 Abbildungen gegeben. Der Schneidenansatz wächst in diesem Falle über eine Bildfolge von 10 Bildern, d. h. in einer Zeit von rd. $^2/_{100}$ s an, und wandert ab, und sogleich beginnt die Neubildung desselben. Ein Schema hierzu gibt Abb. 22. In anderen Fällen bleibt die Aufbauschneide auch einmal längere Zeit bestehen und wirkt aufspaltend. Immer aber verdirbt sie die Oberfläche des Werkstücks.

Die in den Filmstreifen Serie I bis V gegebenen Abbildungen stellen jeweils lückenlose Folgen in den Aufnahmen des betreffenden Vorganges dar.

In der Praxis war es bereits bekannt, daß bei hohen Schnittgeschwindigkeiten die Oberflächen weniger rauh ausfallen, als es im vorstehenden Falle aus der Stillstandsaufnahme (Abb. 19) hervorgeht. Abb. 23 bei ganz langsamer Schnittgeschwindigkeit zeigt, daß die Schluchten mit abnehmender Schnitt-

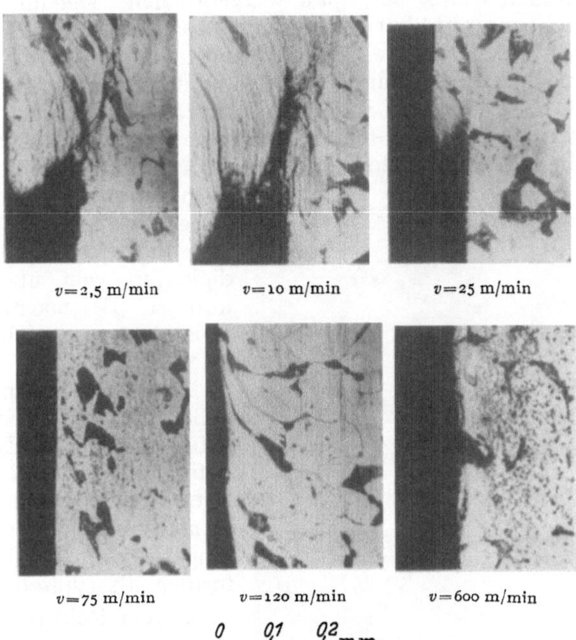

Abb. 24. Querschnitte senkrecht zur Oberfläche des Werkstückes in Schnittrichtung.

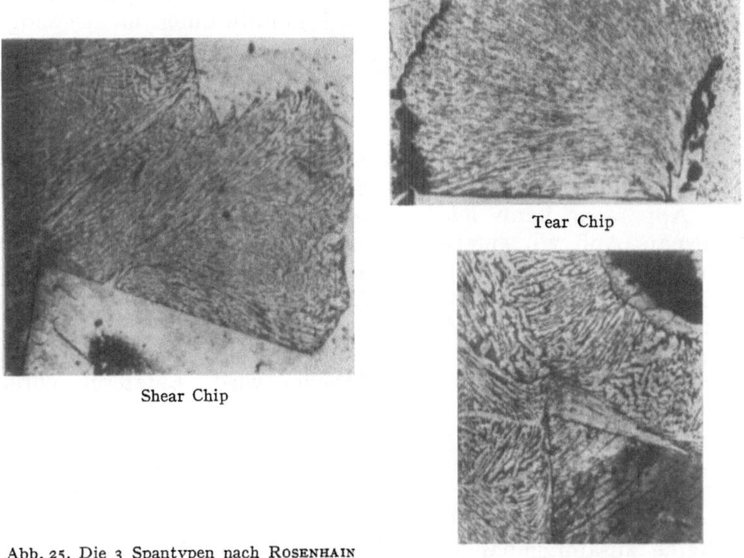

Abb. 25. Die 3 Spantypen nach ROSENHAIN und STURNEY.

geschwindigkeit zunehmen; der Werkstoff gewinnt Zeit, tiefer einzureißen. Die beiden Aufnahmen unten stammen von der Peripherie der Werkstückscheibe und zeigen diese Schluchten. Die obere dieser beiden Aufnahmen stammt etwa von der Stelle, an welcher der Spanteil abgetrennt wurde, welcher sich oben in Abb. 23 an die Peripherie der Scheibe angelegt hat. Vor den beiden soeben erwähnten Aufnahmen wurde der Span weggebrochen. Die untere Aufnahme gehört zu der Stelle unmittelbar unter der Aufbauschneide. Bei dieser Aufnahme befand sich die Drehbank schon nahezu im Stillstand, bei der vorherigen hatte sie noch etwa 3 m/min Umfangs- und damit Schnittgeschwindigkeit.

Abb. 24 gibt Querschliffe von Schnitten senkrecht zur Oberfläche des Werkstücks in Schnittrichtung. Sie lehren, daß die Schneidenansatzbildung bei Schnittgeschwindigkeiten über 120 m nicht mehr auftritt, daß aber die Kristall-körner am Werkstoff noch umgelegt werden und daß dieser Vorgang erst bei Schnittgeschwindigkeiten weit über 120 m/min aufhört. Bei 600 m/min sind die Kristallkörner nicht mehr umgelegt.

Aus zahlreichen Aufnahmen ließen sich nun 3 Spantypen ableiten und in ihrer Eigenart genau definieren. Schon ROSENHAIN und STURNEY [15] (Abb. 25) hatten auf typische Arten der Spanbildung hingewiesen und folgende 3 Spanformen als typisch bezeichnet:

1. den Reißspan (shear chip),
2. den Fließspan (flow chip),
3. den Scherspan (tear chip).

Aber eine scharfe Abgrenzung konnte ihnen nicht gelingen, weil ihre Untersuchungen an Werkstoffen durchgeführt wurden, bei welchen diese drei Arten der Spanbildung im Reinzustand nicht auftraten.

Reißspan   Fließspan

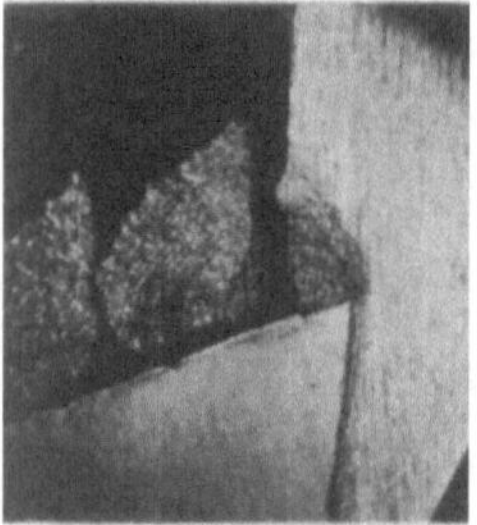
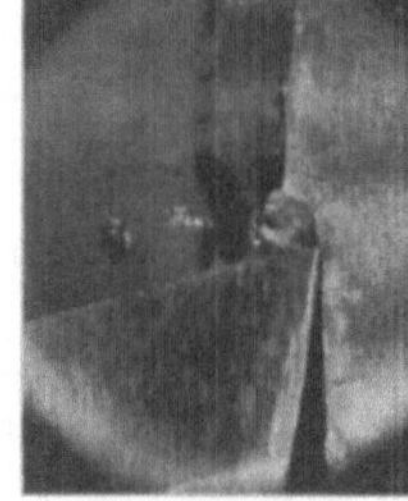

Scherspan   Kombination
Abb. 26. Die Spantypen nach SCHWERD.

Auf Grund zahlreicher Aufnahmen mit der vorerwähnten funkenkinematographischen Apparatur kann folgende genaue Definition [16] gegeben werden:

Der Reißspan (Abb. 26) entsteht, wenn die Normalspannung im Werkstoff überwunden wird, die Trennungsflächen also senkrecht auseinanderplatzen.

Der Fließspan (Abb. 26) entsteht, wenn in kontinuierlicher Scherung ein Abscheren des Werkstoffs vom Werkstück stattfindet.

Der Scherspan (Abb. 26) entsteht, wenn dieses kontinuierliche Abscheren durch diskontinuierliche Scherung unterbrochen wird. Letzteren Vorgang hat man sich wie folgt vorzustellen:

Die kontinuierliche Scherung wird in kurzen, in der Regel annähernd gleichen Zeiträumen plötzlich durch eine den Spanquerschnitt durchsetzende Scherung unterbrochen. Eine völlige Trennung des Spans durch eine solche Scherung tritt in der Regel nicht ein; der Span besteht vielmehr nachträglich aus einer Reihe zusammenhängender Spanschuppen. Das Eintreten der diskontinuierlichen Scherung wird durch folgenden Vorgang erklärt:

[15] ROSENHAIN u. STURNEY: Report on flow and rupture of metals during cutting. Proc. Instn. mech. Engrs., Lond. 1925, S. 141.
[16] SCHWERD: Was ist und wie entsteht ein Fließspan? Techn. Zbl. prakt. Metallbearb. 1936, Nr. 21/22.

Bei dem Ansetzen des Spans kommt dieser allmählich auf volle Spanstärke. In gleicher Weise steigt der Druck auf die Brust des Werkzeugs, also der Schnittdruck, allmählich an. Unter diesem anwachsenden Druck federt das Werkzeug elastisch mehr und mehr zurück und würde bei gleichbleibender, der maximalen Spanstärke entsprechenden Belastung in diesem Spannungszustande und in dieser elastischen Deformation verbleiben. Eine kleine Unregelmäßigkeit im Werkstoff aber kann zu einer Entlastung des Werkzeugs und damit zu einem geringfügigen Zurückfedern desselben führen. Dieses Zurückfedern leitet eine über die kontinuierliche Scherung hinausgehende Scherung ein, wodurch der Spanquerschnitt und damit der Widerstand im Span weiter verringert wird. So schreitet mit etwa akustischer Geschwindigkeit die Abnahme des Widerstandes des Spans mit der Fortsetzung dieser Scherung fort, bis diese den ganzen Spanquerschnitt durchsetzt hat, und zwar durchsetzt hat, ohne — wie bereits bemerkt — zu einer völligen Abscherung des Spans zu führen. Das entlastete Werkzeug ist vorgeschnellt.

Nach diesem Vorschnellen des Werkzeugs setzt dasselbe zur Bildung der nächsten Spanschuppe an. Die Belastung steigt und der Vorgang wiederholt sich genau in derselben Weise wie bisher, indem kontinuierliche Ablenkung und Scherung durch diskontinuierliche, dem momentanen Vorschnellen des Werkzeugs entsprechende Scherung abgelöst wird. Die rhythmische Schwingung des Werkzeugs ist demnach ein Kennzeichen der Scherspanbildung.

Scheren bedeutet nicht wirkliches Abreißen im Gegensatz zum Abscheren.

Mit diesen Feststellungen steht im Einklang die häufige Anweisung an den Arbeiter, einen stärkeren Drehstahl zu nehmen bzw. den Stahl kürzer und damit starrer einzuspannen, nicht nur, um das rhythmische Vorschnellen und damit das Hämmern des Werkzeugs zu vermeiden, um also die Werkzeugschneide zu schonen, sondern auch um eine glatte Oberfläche am Werkstück zu erreichen.

Bei nicht ganz sprödem Werkstoff, wie z. B. Rotguß, treten nun Kombinationen der typischen Spanbildungen ein, indem dem Schnitt vorauseilende Risse wie beim Reißspan in Verbindung mit kontinuierlicher und diskontinuierlicher Scherung auftreten (Abb. 26). Gerade einen solchen Werkstoff hatten ROSENHAIN und STURNEY ihren Untersuchungen zugrunde gelegt.

Ausschnitte aus den *4 Filmen* [17] der angefügten *Bildtafel* zeigen den Verlauf der Spanbildung während eines längeren Zeitraums, d. h. während eines Zeitraums, bis zu dem sich der Vorgang wiederholt.

Bei dem Fließspan (*Serie II* der Bildtafeln) ist die Gleichmäßigkeit beim Abfluß des Spans so groß, daß von Bild zu Bild ein wesentlicher Unterschied nicht auftritt.

Bei dem Scherspan (*Serie III* der Bildtafeln) kann man die Bildung einer Spanschuppe im einzelnen verfolgen und die Zeiten feststellen, welche während der fortschreitenden Spanbildung verfließen. Die Zeiten von Bild zu Bild sind auch hier wieder unter den Zwischenräumen in ms angegeben.

In gleicher Weise kann in der folgenden *Serie IV* der Bildtafeln das Entstehen, Wachsen und Abwandern des Schneidenansatzes bei stärkerem Span als in der Serie I verfolgt werden (vgl. S. 456 und 457). Die Serien I und IV veranschaulichen die Bildung des Schneidenansatzes unter gelegentlicher Abscherung des Spans. Bei einem solchen Span würde die Unregelmäßigkeit in der Spanbildung auch mit bloßem Auge erkenntlich sein. In anderen Fällen hingegen läuft der Span, von der Oberseite gesehen, nahezu wie ein glatter Fließspan über den Schneidenansatz ab. Daraus folgt, daß der Dreher aus dem sichtbaren Spanablauf, also während der Arbeit, nicht immer einen sicheren Schluß auf die Güte der erzeugten Oberfläche ziehen kann.

---

[17] Institut für Werkzeugmaschinen und Fabrikbetrieb an der Technischen Hochschule Hannover.

Bildserie II.

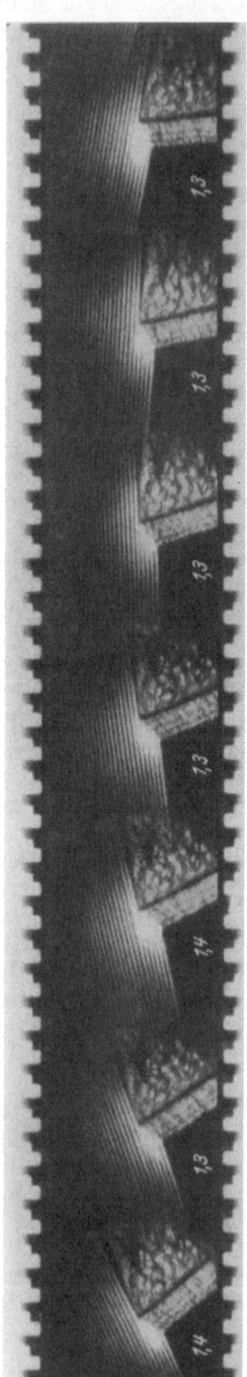
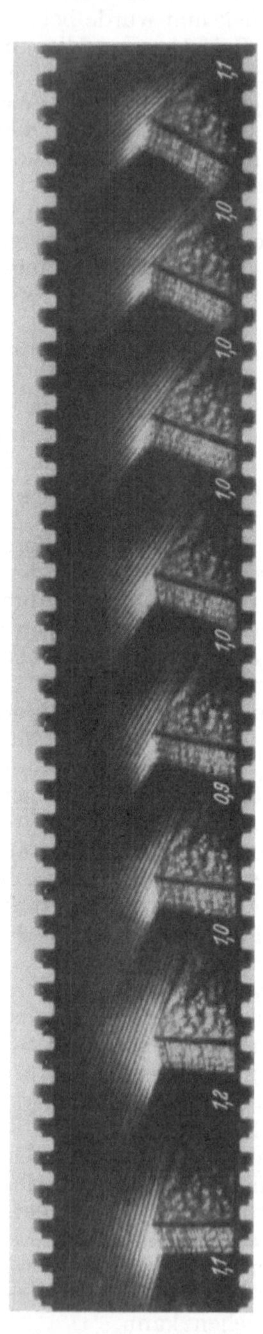
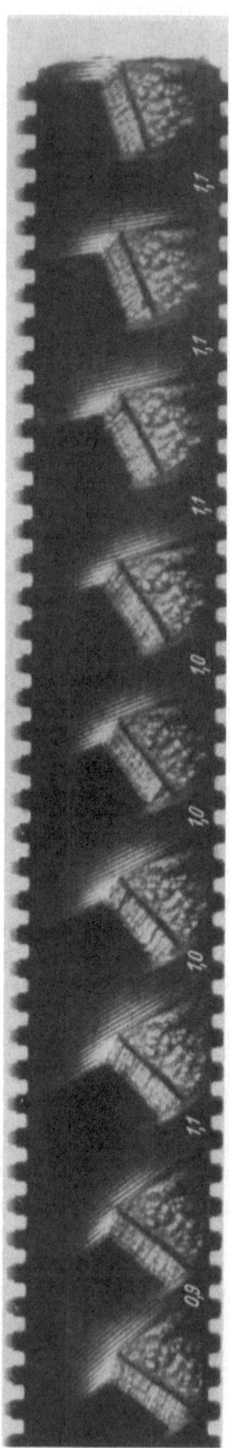

St 42.11. Schnittgeschwindigkeit $v = 360$ m/min; Schnittiefe $a = 0{,}7$ mm/U Schnittwinkel $\gamma = 15°$; Freiwinkel $\alpha = 6°$; Vergrößerung in der Aufnahme: 3fach.

Bildserie III.

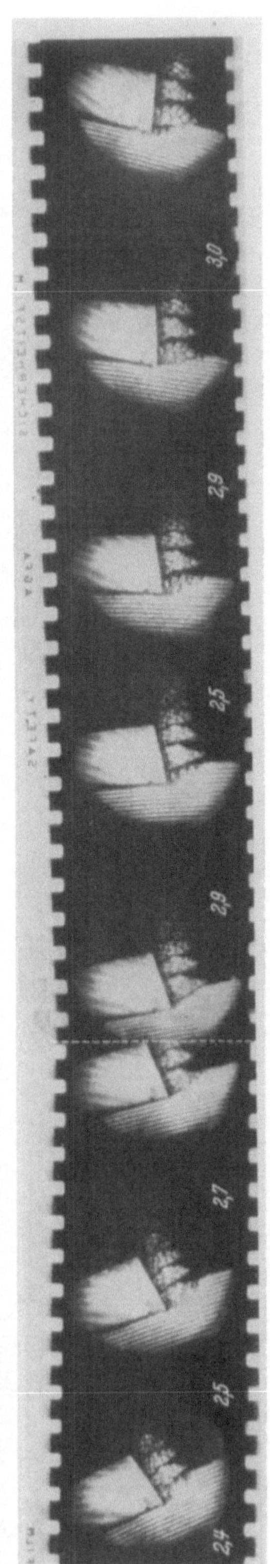

St 70.11. Schnittgeschwindigkeit $v = 14$ m/min; Schnittiefe $a = 0,85$ mm/U; Schnittwinkel $\gamma = 10°$; Freiwinkel $\alpha = 8°$; Vergrößerung in der Aufnahme: 3fach.

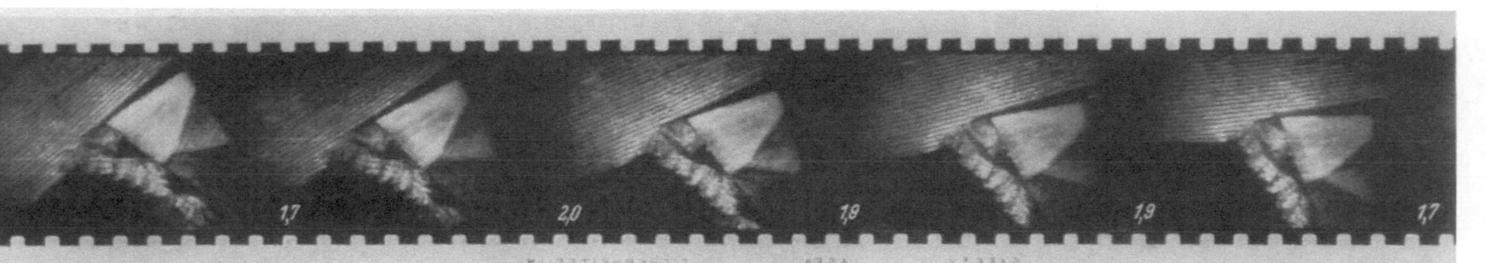
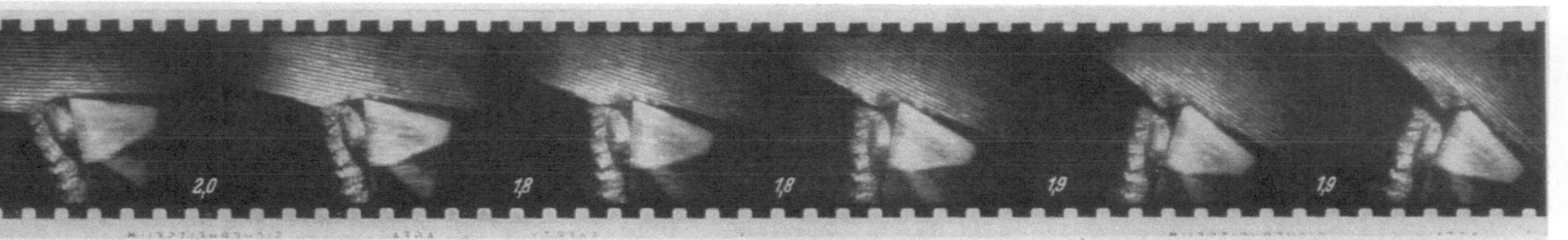
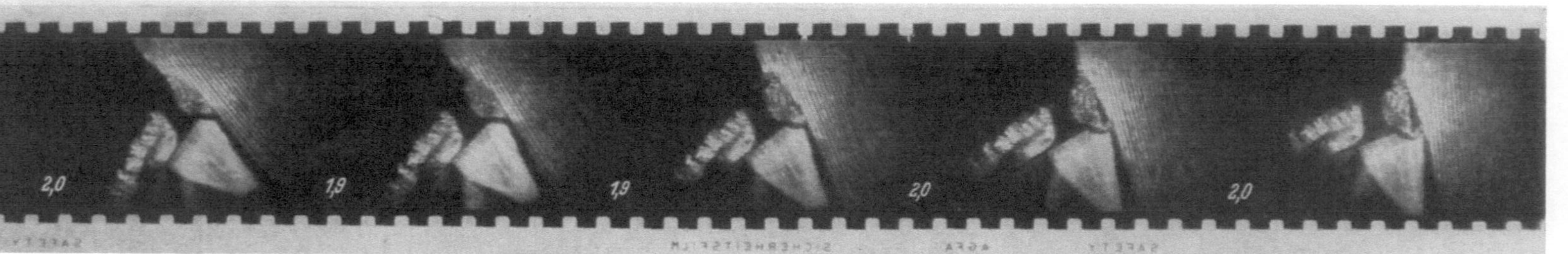

St 42.11. Schnittgeschwindigkeit $v = 17$ m/min; Schnittiefe $a = 0,7$ mm/U; Schnittwinkel $\gamma = 15°$; Freiwinkel $\alpha = 6°$; Vergrößerung in der Aufnahme: 3fach.

Um so mehr ist es erforderlich, daß die Forschung Aufschluß gibt über den zu verwendenden Werkstoff und die Schnittgeschwindigkeiten, bei welchen der Schneidenansatz sich nicht mehr bildet. Wenn nämlich die Schnittgeschwindigkeit über eine bestimmte Grenze, bei weichem Stahl beispielsweise über 100 m/min gesteigert wird, so hat der Werkstoff nicht Zeit, sich während des Schnittes zu verformen und wird glatt durchschnitten. Die Schneidenansatzbildung unterbleibt, wie bereits auf S. 458 erwähnt wurde.

Eine solche kritische Grenze ist nun für alle Werkstoffe, die bei langsamer

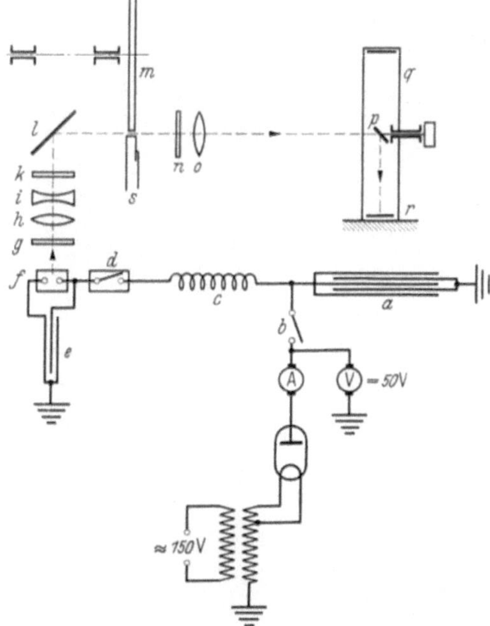

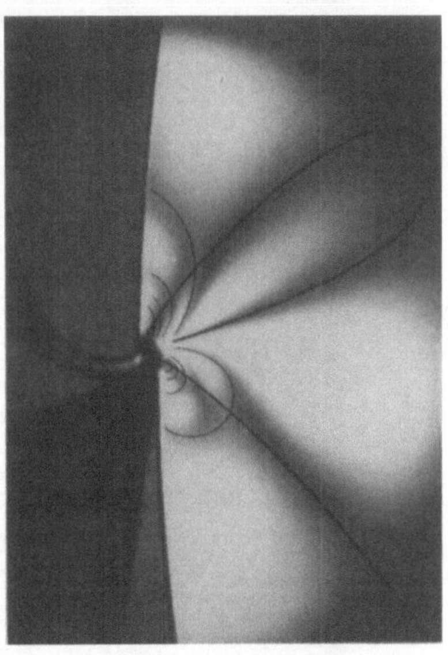

Abb. 27. Schema der spannungsoptischen Apparatur.

a Speicherkapazität; *b* Schalter zum Abschalten der Stromerzeugungsanlage; *c* Drossel; *d* Preßluftschalter; *e* Funkengeschütz; *f* Funkenstrecke; *g* Blaufilter; *h* Kondensor; *i* Zerstreuungslinse; *k* Polarisator; *l* Planspiegel; *m* Werkstück aus Astralon; *n* Analysator; *o* Objektiv; *p* rotierender Planspiegel; *q* Filmtrommel; *r* Film, in Filmtrommel eingelegt; *s* Werkzeug.

Abb. 28. Spannungsoptische Aufnahme mit eingezeichneten Isoklinen und Isochromaten.

Schnittgeschwindigkeit $v = 30$ m/min; Schnittwinkel $\gamma = 25°$; Schnittiefe $a = 0{,}33$ mm/U; Winkelstellung der Polarisationsachsen $\delta = 40°$.

Zerspanung zur Schneidenansatzbildung neigen, feststellbar. Sie liegt unterhalb der vom AWF für Hartmetallwerkzeuge genormten Standzeitgeschwindigkeiten für die von dieser Stelle untersuchten Stahlsorten. Für Schnellstahl liegen die Standzeitgeschwindigkeiten tiefer, und so gerät man bei der jetzt noch in der Praxis zumeist üblichen Anwendung des Schnellstahls in das Gebiet des Schneidenansatzes (vgl. S. 444). Man hat in früherer Zeit die dabei entstehenden rauhen Oberflächen mit ihren Schluchten nicht einmal ungern gesehen, weil in der Regel die Schlußbearbeitung, also das Schlichten auf das Toleranzmaß, mit der Schleifscheibe auf der Rundschleifmaschine ausgeführt wurde und die rauhe Oberfläche des Werkstücks die Schleifscheibe offen hielt.

Es besteht aber die große Gefahr bei der Werkstückherstellung nach solcher Anschauung, daß durch das Schleifen ebenso wie auch durch das Feinschlichten mit dem Drehstahl die Werkstoffschicht nicht bis auf eine solche Tiefe entfernt wird, daß die bei der Schneidenansatzbildung auftretenden Oberflächenrisse ausgemerzt sind. Wird das Werkstück nunmehr vergütet oder gar eingesetzt, um eine glasharte Oberfläche zu bekommen, so setzen sich die Rißchen infolge

Bildserie V.

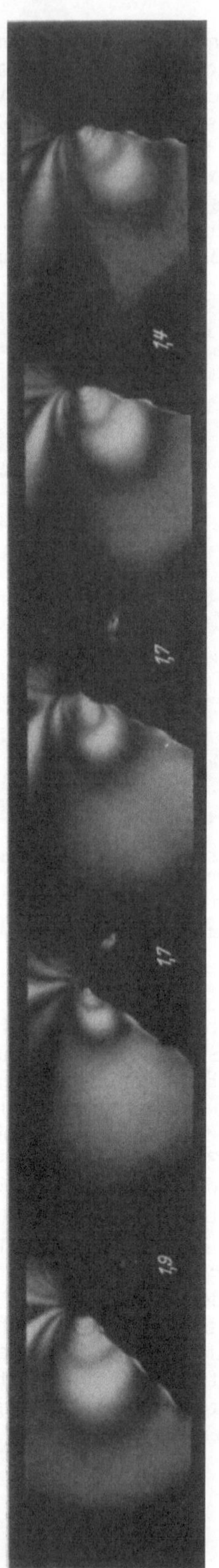

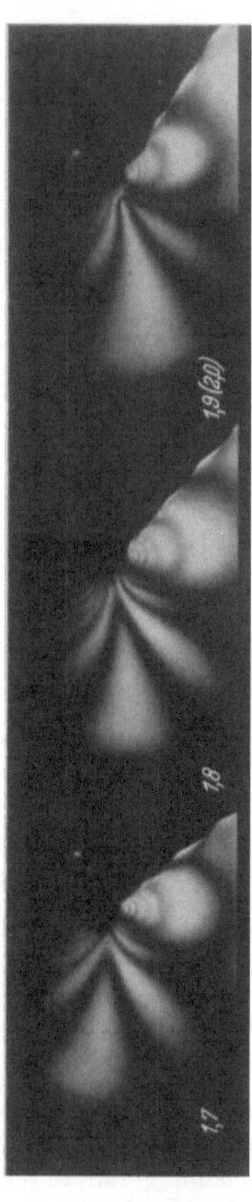

der bei der Härtung auftretenden Spannungen ins Innere fort, und die Festigkeit des Maschinenteils sinkt auf einen Bruchteil der beabsichtigten herab. Brüche an Maschinenteilen, an Schubstangen, vor allem aber auch an dünnen Teilen, wie Spinnspindeln u. dgl. haben auf diese Weise ihre Erklärung gefunden.

b) Das Spannungsfeld.

Nach dem Vorgang der Engländer und Japaner[18], welche bereits spannungsoptische Messungen zum Spanablauf — allerdings nur im Stillstand oder bei Schnittgeschwindigkeiten unter 1 m/min — vorgenommen haben, gelang es in neuester Zeit[19], auch bei mittleren und hohen Schnittgeschwindigkeiten spannungsoptische Messungen auszuführen.

Die auf S. 453—455 beschriebene Apparatur (Abb. 17) wurde zu diesem Zweck durch Einfügen eines Polarisators k[20] und Analysators n (Abb. 27) ergänzt[19]. Dazwischen mußte noch ein unter 45° gegen den einfallenden Strahl orientierter Spiegel l aus raumtechnischen Gründen eingeschaltet werden, da mit durchfallendem Licht gearbeitet wird und das Funkengeschütz aus räumlichen Gründen nicht in die optische Achse des Aufnahmeapparates gelegt werden konnte. Der Werkstoff war Astralon, ein Vinylpolimerisat.

Abb. 28 zeigt die Isoklinen und die Isochromaten, wie sie bei Abtasten des Spannungsfeldes, erstere entsprechend einer bestimmten Winkelstellung der Polarisationsachsen, erscheinen. Aus einer Mehrzahl solcher Aufnahmen wird sodann das Isoklinenfeld abgeleitet. Aus diesem ergibt sich das Feld der Hauptspannungstrajektorien (Abb. 29). Die zugehörigen Isochromaten geben zu den Punkten dieses Feldes die Werte der Hauptschubspannung. Über der Hauptspannungstrajektorie b sind die nach einem graphischen Integrationsverfahren

---

[18] COKER: Report on the action of cutting tools. Proc. Instn. mech. Engrs., Lond. 1925, S. 357. — COKER u. CHAKKO: An account of some experiments on the action of cutting tools. Proc. Instn. mech. Engrs., Lond. 1922, S. 567. — OKOSHI: Cutting action of planing tool. Sci. Pap. Inst. phys. chem. Res., Tokio Bd. 14 (1930, 2. Okt.) Nr. 272, S. 193. — OKOSHI u. FUKUI: Researches on the cutting action of planing tool, by microcinematographic, photoelastic and piezoelectric methods. Sci. Pap. Inst. phys. chem. Res., Tokio Bd. 22 (1933, Okt. 25) Nr. 455, S. 97.

[19] DIETRICH: Untersuchung des Spannungszustandes vor einer Drehstahlschneide im polarisierten Licht. Doktor-Diss. 1938.

[20] HAASE: Neue Polarisationsfilter unter Verwendung dichroitischer Kristalle. Z. techn. Phys. Bd. 18 (1937) S. 69.

30*

Spannungsoptischer Film. (Ausschnitt aus einer Bildfolge von 28, im Zeitraum von etwa 2 ms aufeinanderfolgenden Aufnahmen.) Schnittgeschwindigkeit $v = 75$ m/min; Schnittiefe $a = 1,3$ mm/U; Schnittwinkel $\gamma = 25°$; Freiwinkel $\alpha = 6°$; Winkelstellung der Polarisationsachsen $\delta = 0°$; Vergrößerung in der Aufnahme $2^1/_2$fach.

von Filon [21, 22] ermittelten Hauptspannungen im Maßstab 1 mm = 1 kg/mm² aufgetragen, ebenso über eine der dazu senkrecht verlaufenden Trajektorien. Durch das Feld der Hauptspannungtrajektorien ist auch das Feld der Hauptschubspannungslinien oder Gleitlinien festgelegt, welches seinerseits mit den auftretenden Verschiebungen zu vergleichen von Interesse ist.

Serie V der Bildtafel ist ein Abschnitt aus einer spannungsoptischen Filmaufnahme bei $v = 75$ m/min. Solche Aufnahmen lassen sich in gleicher Bildschärfe ohne Schwierigkeit bis zu den höchstvorkommenden Schnittgeschwindigkeiten herstellen.

Die Erfahrung hat nun gelehrt, daß bei Fließspänen und bei Reißspänen an der Grenze des Verformungsfeldes Übereinstimmung der Hauptschubspannungsrichtungen mit den Gleitlinien besteht. Die Verschiebungen innerhalb des Verformungsfeldes aber entsprechen nicht mehr den Gleitlinien nach dem Spannungsfeld, weil sie durch Reibungskräfte und Werkstoffeigenschaften beeinflußt sind.

Das Spannungsfeld (Abb. 29) zerfällt in ein Gebiet vorherrschender Druckspannungen über der Schneide und ein Gebiet vorherrschender Zugspannungen unter der Schneide, welche in dem Streifen zwischen Stahlspitze und singulärem Punkt ineinander übergehen. Im singulären Punkt S sind beide Spannungen gleich Null.

Im wesentlichen ergab sich, daß

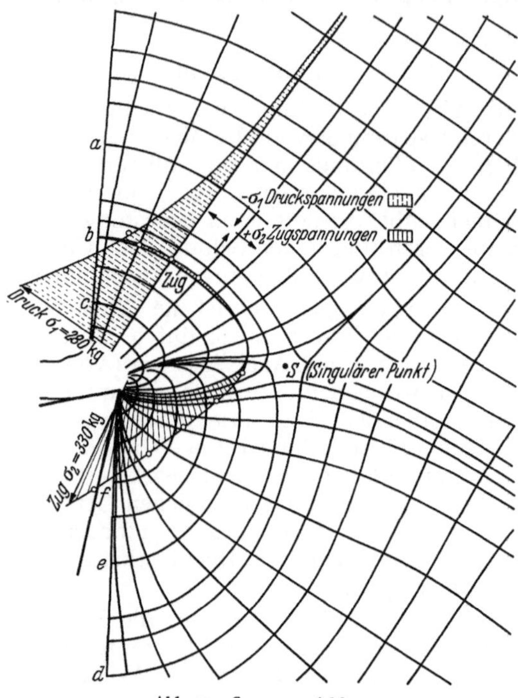

Abb. 29. Spannungsfeld.
Spanwinkel $\gamma = 15°$; Freiwinkel $\alpha = 6°$; Schnittgeschwindigkeit $v = {\sim}30$ m/min; Schnittiefe $a = {\sim}0{,}45$ mm/U.

1. durch Vergrößerung des Spanwinkels das Gebiet der Druckspannungen über der Schneide zusammenschrumpft,

2. die Fläche des Schubspannungsfeldes proportional mit der Spanstärke, also einer linearen Größe anwächst,

3. das Spannungsfeld von der Schnittgeschwindigkeit unabhängig ist, obwohl das Verformungsfeld mit Zunahme der Schnittgeschwindigkeit und der entsprechend geringeren Verformungszeit kleiner wird.

Der Vergleich gleichartiger Verschiebungsfelder bei spannungsoptischen Werkstoffen mit solchen von undurchsichtigem Werkstoff wie Metallen gestattet sicheren Rückschluß auf das Spannungsfeld und den Einfluß der Spanwinkel auch bei diesen.

c) Das Temperaturfeld.

Die Bestimmung des Temperaturfeldes [23] erfolgte mit der in Bd. I, Abschnitt V C 2 e beschriebenen Apparatur. Für wissenschaftliche Zwecke wurden Flächen von $^2/_{10}$ mm Dmr., also $^3/_{100}$ mm² der Temperaturmessung zugrunde gelegt.

[21] Föppl-Neuber: Festigkeitslehre mittels Spannungsoptik.
[22] Filon u. Coker: A Treatise on photoelasticity.
[23] Schwerd: Über die Bestimmung des Temperaturfeldes beim Spanablauf. Z. VDI Bd. 77 (1933) S. 211.

Abb. 30 gibt eine Vorstellung von der Größe dieser Felder im ablaufenden Span. Die Einschränkung der Felder auf das gegebene Ausmaß gelang durch Anwendung eines Thermoelementes gleichen Ausmaßes (von $^2/_{10}$ mm Dmr.).

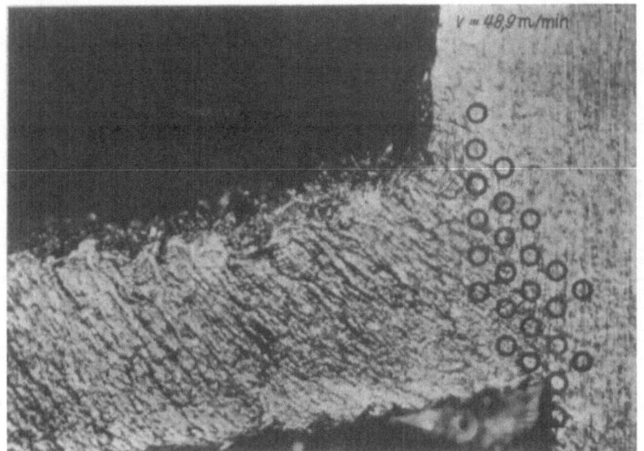

Abb. 30. Fließspan mit eingetragenen, durch Kreise begrenzten Meßfeldern.

Die Strahlen werden unmittelbar vom ablaufenden Span durch die Flußspatlinse auf das Thermoelement gebracht. Damit der Abstand zwischen Stahlschneide und Temperaturfeld auch in der Messung gewahrt bleibt, wird der

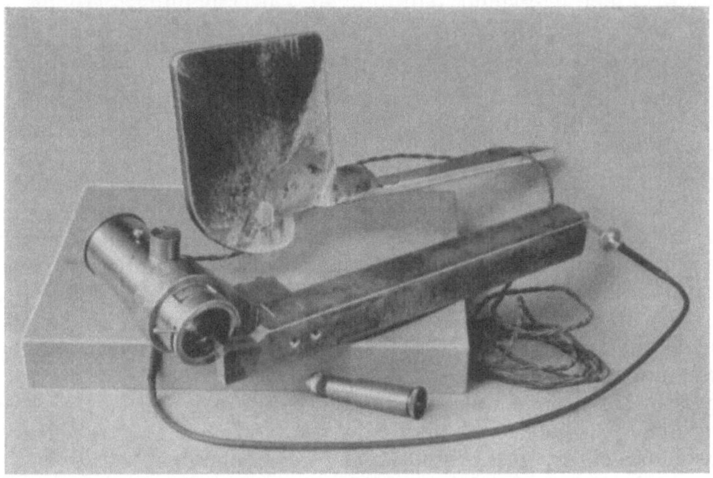

Abb. 31. Drehstahl mit angeschraubtem Thermoapparat.

Apparat an das Werkzeug angeschraubt (Abb. 31) und macht somit eventuelle Schwankungen, Erzitterungen des Werkzeugs mit.

Für praktische Zwecke genügt es in der Regel, die wesentlich einfachere Temperaturmessung in einer größeren Fläche, z. B. von $^5/_{10}$ mm Dmr. zugrunde zu legen.

Das Ergebnis solcher Messungen ist in Abb. 32 niedergelegt. Im wesentlichen führte die Aufnahme zu folgender Erkenntnis:

1. Infolge von Verschiebungsarbeit und Wärmeübergang erwärmt sich auch das Werkstück und kommt an die Stelle der Spanabnahme bereits mit einer

hohen Temperatur (z. B. über 200°). Diese Beobachtung erleichtert die Vorstellung von der Wirkung einer das Werkstück umschließenden Ölkühlung, wie sie z. B. bei Automaten üblich ist.

2. Die Höchsttemperatur liegt dicht vor der Werkzeugschneide. Das Werkzeug selbst besitzt infolge der konstanten Wärmezufuhr und der zusätzlichen Wärmebildung infolge der Reibung des Spans und des Werkstücks am Werkzeug eine (im vorliegenden Falle nahezu 100°) höhere Temperatur als diejenige, welche im Span entsteht.

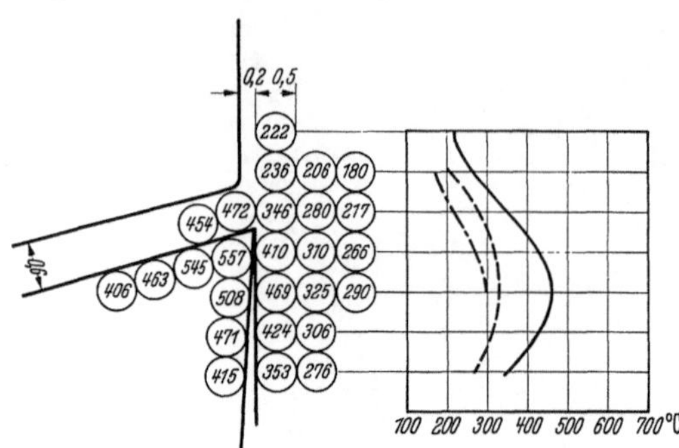

Abb. 32. Temperaturfeld in °C. St 42.11, Widia XX;
$v = 140$ m/min; $a = 0{,}2$ mm/U; $\gamma = 15°$; $\alpha = 4°$.

d) Das Feld der plastischen Festigkeitsänderung.

Es leuchtet ein, daß infolge der Erwärmung sich die Festigkeitseigenschaften des Werkstoffs an der Spanwurzel ändern, und es wäre von großem Interesse, diese Festigkeitsänderungen festzustellen, sei es auf indirektem Wege, sei es auf dem Wege unmittelbarer Messung. Dabei entsteht die Frage, mit welcher Geschwindigkeit die Festigkeitsänderungen einer im Werkstoff selbst entstehenden Erwärmung folgen. Solange hierüber nichts bekannt ist, dürfte nur die unmittelbare Messung sichere Werte ergeben. Jedenfalls ist diese Aufgabe nicht einfach und bedarf erst der Auffindung einer genügend feinfühligen Untersuchungsmethode.

4. Schlußbemerkungen.

Aus der vorstehenden Abhandlung geht der große Einfluß hervor, welchen die Spanbildung auf die Oberflächengüte ausübt. Nicht nur daß feinste Spanabnahme mit dem Drehstahl gar nicht gelingt, sondern daß die Schleifscheibe zu Hilfe genommen werden muß, nicht nur daß die Maßhaltigkeit des Werkstücks, die flächengerechte und glatte Oberfläche durch die Art der Spanabnahme bedingt ist, auch unter die Oberfläche des Werkstücks geht die Einwirkung der Spanbildung je nach ihrer Art, sei es daß die Beanspruchung des Werkstoffs über die Elastizitätsgrenze hinaus erfolgt und die in der Abhandlung erwähnten Verschiebungen und Zerrungen der Kristallkörner an und unter der Oberfläche erfolgen, sei es, daß gar Schlünde und Einrisse unter der Oberfläche das Werkstück krank machen.

Daher war es ein äußerst wertvolles und dankbares Unternehmen [24], nunmehr die Prüfung der Oberfläche zu einem wissenschaftlichen Fachgebiet zu erheben und Untersuchungen zwecks Feststellung und schließlich Normung der Gütegrade der Oberfläche durchzuführen. Dabei ist bislang allerdings der kranken Oberfläche noch nicht genügend Aufmerksamkeit geschenkt worden. Erst wenn es gelingt, hier sichere Grundlagen zu schaffen, kann die Güte des erzielten Werkstückes eindeutig erfaßt und ein gleichlautendes Urteil in allen Betrieben erreicht werden. Das ist heute noch nicht der Fall.

Bei Automatenstählen scheiterte die Normung mangels des geeigneten Prüfverfahrens für Zerspanbarkeit.

Die in der Zerspanungsforschung angestrebte Klassifizierung der Werkstoffe im Hinblick auf ihre Zerspanbarkeit hat eine Einigung über den Begriff der

---

[24] Schmaltz: Technische Oberflächenkunde. Berlin: Julius Springer 1936.

Zerspanbarkeit (Normung) zur Voraussetzung. *Jedenfalls aber wird in Zukunft die Prüfung auf Zerspanbarkeit eine der wichtigen Materialprüfungen werden.*

Die vorstehende Abhandlung wurde aus guten Gründen auf die Spanbildung durch das Drehen beschränkt. Die Grundgesetze der Spanbildung und der dabei auftretenden Erscheinungen wie der Bildung der Aufbauschneide gelten aber ebenso für das Hobeln und ebenso für das Fräsen. Bei ganz feinen Spänen kann eine Aufbauschneide nicht entstehen, und das ist der Grund, weshalb gute und gesunde Oberfläche häufig, und zwar stets dann, wenn genügend hohe Schnittgeschwindigkeiten mit der Maschine nicht erreichbar sind, nur mit feinen Spänen bei langsamen Schritt erreicht werden. Das ist auch der Grund, weshalb beim Aufwärtsfräsen, in welchem Falle am Werkstück nur ein feinspanig beginnender Angriff der Schneide an der Oberfläche des Werkstücks sich auswirkt und darum ein Schneidenansatz noch nicht entstanden ist, sich eine gesunde und glatte Oberfläche ergibt, während beim Abwärtsfräsen der Auslauf des groben Spans mit Schneidenansatzbildung die Werkstückoberfläche verdirbt.

Gewiß liegen auch für das Fräsen sowie für das Bohren, Reiben, Läppen usw. zahlreiche Untersuchungen vor[25]. Aber die Zerspanung erfolgt hier noch weniger einfach als auf der Drehbank nach dem ebenen Problem, ja sogar noch weniger einfach, als wenn auf der Drehbank so zerspant wird, wie es im normalen Betriebe die Regel ist.

Stellt schon der normale Drehvorgang der Forschung neue, noch unglöste Aufgaben, so ist dies erst recht der Fall bei den vorerwähnten übrigen Arten der Zerspanung. Zu solcher Zerspanung kann man aus dem ebenen Problem zunächst nur Vorstellung und Abschätzung des Erforderlichen zu wirtschaftlicher Arbeit gewinnen.

Wenn also die zahlenmäßige Erfassung eines Zerspanungsvorganges noch nicht gelungen ist, so kann nur vertiefte Anschauung in die sich abspielenden Zerspanungsvorgänge den Betriebsingenieur die Maßnahmen erkennen lassen, welche er dem Betriebe für die Durchführung der Arbeit vorschreiben sollte.

Nicht am Schluß solcher Forschung stehen wir heute, wie es auch von wissenschaftlicher Seite bereits behauptet wurde, sondern erst am Anfang, und es kann nicht genug darauf hingewiesen werden, daß die Forschung auf diesem Gebiete für die wirtschaftliche Fertigung ein Gebot der Zeit ist.

D. Erosion und Kavitations-Erosion.

Von P. DE HALLER, Zürich.

Mit Erosion bezeichnet man einen Verschleiß oder eine Zerstörung von Werkstoffen unter dem Einfluß *strömender* Flüssigkeit, im Gegensatz zur Korrosion, welche auch bei *ruhender* Flüssigkeit ihre zerstörende Wirkung ausübt. Im allgemeinen ist die Erosion ein *mechanischer*, die Korrosion ein *chemischer* Vorgang. Es ist aber in der Technik manchmal schwierig, zwischen beiden Abnutzungsarten zu unterscheiden, da sie oft gleichzeitig auftreten und sich gegenseitig unterstützen. Es kommt z. B. vor, daß eine dünne, gegen chemische Einflüsse schützende Oxydschicht durch Erosion ausgewaschen wird, wodurch die Korrosion begünstigt ist, andererseits kann eine korrodierende Flüssigkeit die Ermüdungsfestigkeit, welche für manche Erosionsarten maßgebend ist, beträchtlich herabdrücken. Die nachfolgenden Ausführungen sollen

---

[25] KREKELER: Die Zerspanbarkeit der Werkstoffe. Werkstattbücher Heft 61.

sich auf die rein mechanische Erosion beschränken, ohne Berücksichtigung einer eventuellen Korrosionswirkung. Nach dieser allgemeinen Definition können unter dem Begriff Erosion dem Wesen nach sehr verschiedene Erscheinungen angeordnet werden. Es gibt daher keine einheitliche Theorie, auch sind nur wenige systematische Untersuchungen vorhanden. Über die umfangreichen in verschiedenen Fabriken und Unternehmungen durchgeführten Versuche liegen nur wenige Veröffentlichungen vor, welche sich im allgemeinen auf ganz bestimmte Fälle beziehen. Die angewandten Prüfmethoden sind auch verschieden, was den Vergleich der an einzelnen Orten gewonnenen Resultate sehr erschwert. Aus diesem Grunde müssen sich nachfolgende Ausführungen im wesentlichen auf eine Zusammenstellung der bis jetzt erhaltenen Ergebnisse beschränken.

Im großen Ganzen kann man die praktisch wichtigsten Zerstörungsarten in 3 Gruppen folgendermaßen unterteilen:

A. Erosion durch mitströmende Fremdkörper.

B. Erosion durch Tropfenschlag.

C. Erosion durch Kavitation (Hohlraumbildung, Hohlsog).

Wenn auch die unter B und C ausgeführten Erosionen sehr verwandt sind, so sind die Bedingungen unter welchen sie vorkommen, so verschieden, daß es vorteilhaft erscheint, sie getrennt zu behandeln.

1. Erosion durch mitströmende Fremdkörper (Sanderosion)[1].

Diese Abnutzung tritt häufig in Wasserkraftanlagen auf, hauptsächlich wenn das Betriebswasser aus Flüssen oder Wildbächen ohne Staubecken entnommen wird. Durch den mitgerissenen Sand nimmt die Oberfläche der der Strömung ausgesetzten Teile allmählich eine typische, wellige Struktur an, im kleinen bleibt sie aber glatt und blank (Abb. 1). Die Eintrittskanten der Leit- und Laufschaufeln werden stumpf abgerundet, die Austrittskanten dagegen messerscharf geschliffen. In Düsen und Nadeln von Freistrahlturbinen, sowie in Steuerventilen für Servomotoren werden tiefe, scharf begrenzte Kanäle eingefressen (Abb. 2), die annähernd in Richtung der Strömung verlaufen und als Merkmal der Sanderosion betrachtet werden können.

Wenn die Sinkgeschwindigkeit der Sandkörner im Wasser klein genug ist gegenüber der Strömungsgeschwindigkeit, folgen die Teilchen den Stromlinien, sie bewegen sich also parallel zur Oberfläche und werden durch Turbulenz und Wirbelungen gegen diese geworfen. Der Auftreffwinkel bleibt aber sehr klein, die Abnutzung erfolgt durch *Schleifen*, durch ausschneiden von mikroskopisch kleinen Spänen. Die Schärfe des Angriffes hängt natürlich in erster Linie von Sandgehalt und Geschwindigkeit des Wassers und von der Korngröße ab, in kleinerem Maße von der Zusammensetzung, der Härte und der Form der Teilchen. Schon durch feinsten Schlamm oder sog. „Gletscherschliff" leicht getrübtes Wasser (Sandgehalt 40 bis 50 mg/l) verursacht mit der Zeit typische Sandabnützung.

---

[1] DUTOIT u. MONNIER: Bull. schweiz. elektrotechn. Ver. 1932, Nr. 21, S. 537. — FALETTI, N.: Energia elettr. Bd. 11 (1934) Nr. 4, S. 277. — KOZENY, J.: Wasserwirtschaft, Wien 1923, Nr. 22, S. 397. — LOHSE, U.: Z. VDI 1931, Nr. 35, S. 1107; 1937, Nr. 29, S. 865. — MEYER, Hs.: Werkstoffhandbuch Stahl u. Eisen, 2. Aufl. — MÜLLER, H.: Masch.-Schad. 1935, S. 188. — Dtsch. Wasserw. 1936, S. 23. — NETTMANN, P. u. H. FABER: Fachausschuß für Anstrichtechnik, VDI-Heft 5 (1930). — ROSENBERG, S. I.: Trans. Amer. Soc. Steel Treat. 1930, S. 1093. — ROMAGNOLI: Energia elettr. 1928, S. 1316. — SCHUMB, W. C., H. PETERS u. L. H. MILLIGAN: Metals & Alloys Bd. 8 (1937) Nr. 5, S. 126, 132.

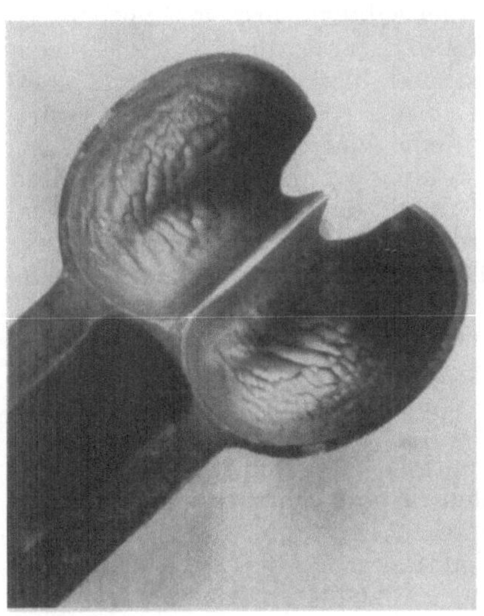

Abb. 1. Sanderosion eines Freistrahlturbinenbechers.

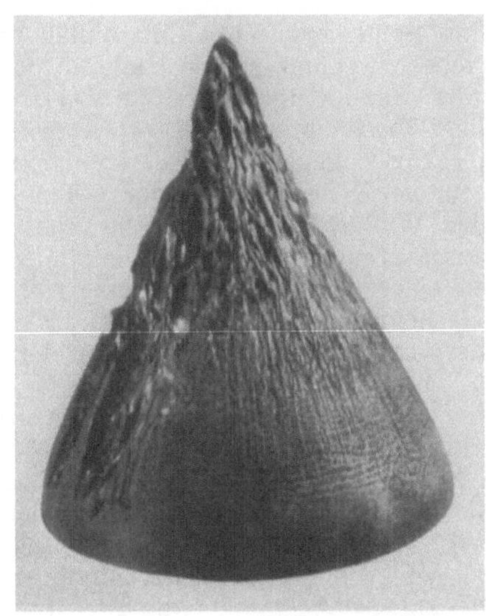

Abb. 2. Sanderosion einer Freistrahlturbinennadel.

Nach ACKERET[1] ist die eigenartige Wellenbildung der angegriffenen Flächen auf Ablösungen und Wirbelbewegungen zurückzuführen (Abb. 3). Hinter jeder noch so kleinen Erhebung bildet sich ein Wirbel, welcher durch Zentrifugalkraft die Sandteilchen gegen die Fläche heftig andrückt und so den Verschleiß

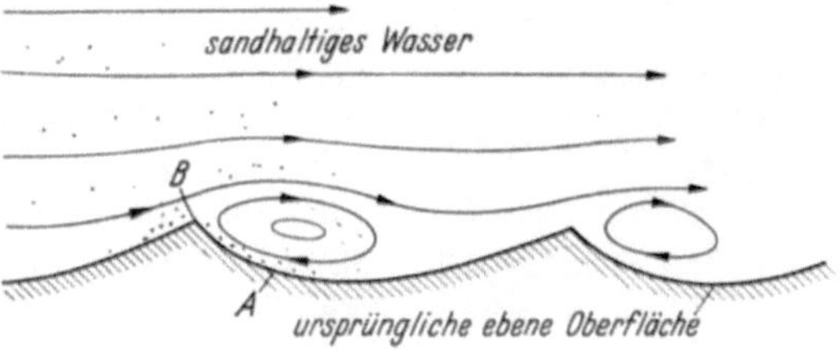

Abb. 3. Entstehung der welligen Oberfläche durch Sanderosion.

beschleunigt. Der Angriff ist in der Gegend A am stärksten, wodurch die Kante B immer wieder von hinten scharf geschliffen wird. Es ist dies ein dem Entstehen der Sanddünen ganz ähnlicher Vorgang.

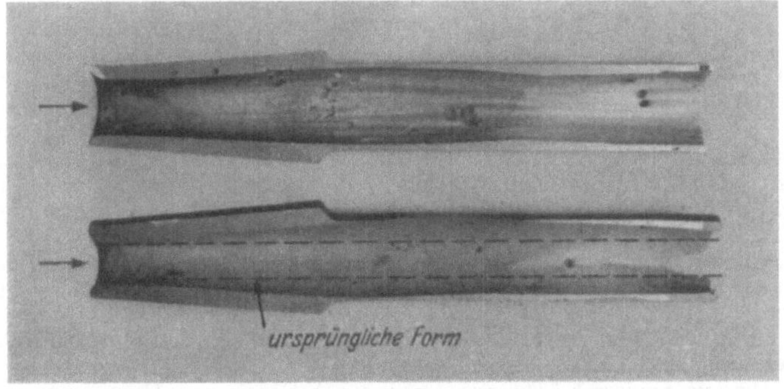

Abb. 4. Düsen eines Sandstrahlgebläses.

Ist die Sinkgeschwindigkeit der Körner nicht sehr klein, wie z. B. bei Sandstrahlgebläsen, so kann die Abnützung wesentlich anders aussehen. So lange

---

[1] Vortrag der naturforsch. Ges., Zürich 1930, siehe auch: KOZENY: Wasserwirtschaft, Wien 1923, Nr. 22, S. 397.

die mit Sand vermischte Luft annähernd parallel geführt wird, sind zwar ganz ähnliche Vorgänge zu beobachten, wie aus Abb. 4 ersichtlich ist, die einen Schnitt durch eine abgenützte Düse eines Sandstrahles darstellt: glatte aber wellige Oberfläche, verstärkter Angriff hinter jeder Störung wie Poren, Grate usw. Wird dagegen der Luftstrahl z. B. durch eine Platte scharf abgelenkt, so fliegen die Körner infolge ihrer Trägheit geradlinig weiter und treffen unter großen Winkeln die Oberfläche, aus welcher durch den Stoß kleine Teilchen herausgesprengt werden. So entsteht das bekannte rauhe und körnige Aussehen eines gesandeten Körpers (Abb. 5). Diese zwei Arten der Sanderosion unterscheiden sich nicht nur durch das Aussehen der angegriffenen Flächen, sondern auch durch das Verhalten der verschiedenen Materialien. Ein weiches, leicht verformbares Material, wie z. B. Kupfer, widersteht bekanntlich dem senk-rechten Auftreffen eines Sandstrahles besser als ein harter spröder Werkstoff, wird aber viel schneller abgenützt bei tangentialer Beaufschlagung, der spanabnehmenden Schleifwirkung entsprechend. Dieser sind nur außerordentlich harte und zähe Materialien gewachsen, wie Wolframkarbid, das neuerdings für die Düsen von Sandstrahlgebläsen angewendet wird.

Über den Abnützungsvorgang ist bis jetzt wenig bekannt, auch sind wenig systematische Versuche darüber veröffentlicht. Im Wasserturbinenbau wird der Sand durch Entsandungsanlagen so gut wie möglich vor der Turbine abgelagert und im übrigen wird die Abnutzung durch die Wahl geeigneter Werkstoffe auf ein Mindestmaß beschränkt. Es kommt hier hauptsächlich auf die Härte des Materials an, unabhängig vom Gefüge oder von der Zusammensetzung, wie Laboratoriumsversuche mit einem sandhaltigen Wasserstrahl gezeigt haben[1]. In welchem Maße es

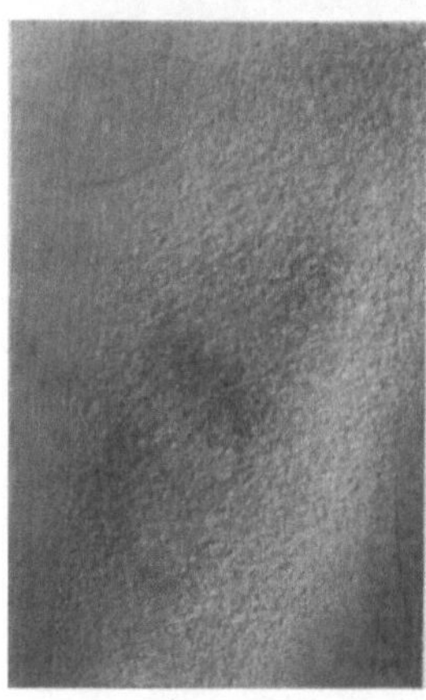

Abb. 5. Erosion durch Sandstrahl.
(Vergr. 1,5.)

gelingt, durch Entsandungsanlagen das Wasser zu reinigen, ist aus dem Bericht von DUTOIT und MONNIER[2] ersichtlich, der sich auf eine Entsandungsanlage System DUFOUR bezieht: Der Sandgehalt wird von 10 g/l auf 0,06 g/l herabgesetzt, die Lebensdauer der Turbine wird 5—6mal größer.

2. Erosion durch Tropfenschlag[3].

Auch physikalisch reines Wasser ohne Fremdkörper kann außergewöhnliche Abnutzung hervorrufen. Bei den letzten Stufen von Dampfturbinen, welche

---

[1] Unveröffentlichte Versuche der Fa. Escher Wyss G.m.b.H., Ravensburg-Zürich.

[2] MONNIER: Bull. schweiz. elektrotechn. Ver. Bd. 23, (1932) Nr. 21, S. 540, auch: H. DUFOUR: Imprimerie La Concorde, Lausanne.

[3] ACKERET, J. u. P. DE HALLER: Schweiz. Bauztg. Bd. 98 (1931) S. 309; Bd. 108 (1936) S. 105. — Forschung 1931, S. 343. — COOK, S. S.: Proc. roy. Soc., Lond. A Bd. 119 (1928) S. 481. — FABER, P.: B.B.C.-Mitt. 1934, S. 29—30. — Elektrizitätswirtsch. 1933, S. 230. — FREUDENREICH, VON: Z. VDI 1927, S. 664. — GARDNER, F. W.: Engineer, Bd. 153 (1932) S. 146, 174, 202. — Power Bd. 29 (1932) S. 490. — GROPP, F. u. W. ELLRICH: Elektrizitätswirtsch. 1931, S. 589—592; 1932, S. 413; 1933, S. 50—232; 1933, S. 74. — HAKE, B.: Elektrizitätswirtsch. Bd. 32 (April 1933) S. 144. — HOFFMANN, K.: Wärme, 24. Dez. 1932, S. 887. — HONEGGER, E.: B.B.C.-Mitt. 1924, Heft 12; 1927, Heft 4, S. 95. — Schweiz. techn. Z. 1928. — Verh. 2. internat. Kongreß techn. Mech. Zürich 1926, S. 347. — HENGSTENBERG, T. F.: Power Bd. 76 (1932) S. 118. — HALLER, P. DE: Schweiz. Bauztg. Bd. 101 (1933) S. 243, auch Escher-Wyss-Mitt. — MANTEL, W.: Folge 21 der Forsch.-Arb. Metallkde. München: Carl Hauser 1936. — MOUSSON, J. M.: Trans. Amer. Soc. mech. Engrs. 1937, S. 399. — PAUL, H.: Z. VDI 1937, Nr. 35, S. 1004. — POHL, E.: Masch.-Schad. Bd. 12/13 (1936) S. 185; Bd. 14 (1937) Nr. 1, S. 1, 17 u. 37. — PARSONS, C. A. u. S. S. COOK:

mit erheblicher Dampffeuchtigkeit arbeiten, tritt oft ein eigenartiger Angriff der Eintrittskanten der Laufschaufeln auf (Abb. 6). Unter bestimmten Druck- und Temperaturbedingungen enthält der Dampf kleine Wassertropfen, welche eine geringere Geschwindigkeit besitzen als der Dampf. Dies hat zur Folge, daß die Laufschaufeln unter einem falschen Winkel von den Wassertropfen getroffen werden. Der im Moment des Aufschlages entstehende Stoßdruck erreicht wegen der hohen Relativgeschwindigkeit verhältnismäßig große Beträge, die zur allmählichen Zerstörung des Werkstoffes genügen.

Im Wasserturbinenbau treten dem Wesen nach ähnliche Erscheinungen auf: am Becherausschnitt von Peltonrädern können Anfressungen entstehen, die gemäß Abb. 7 ganz erhebliche Ausmaße annehmen, wenn der Strahl durch einen Fremdkörper gestört wird und dadurch nicht mehr stoßfrei in den Becher eintritt[1]. Versuche mit einem freien Wasserstrahl, der gegen Platten gespritzt wurde, haben die Möglichkeit der Tropfenschlagerosion bestätigt. Solange der Strahl zusammenhängend ist, bleibt die Auftreffstelle unversehrt. Ist er aber vor dem Aufschlag in Tropfen aufgelöst, so wird die Auftreffstelle sofort angegriffen[2].

Abb. 6.
Erodierte Laufschaufel
einer Dampfturbine.

Abb. 7. Anfressung durch Tropfenschlag an einem Freistrahlturbinenlaufrad.
(Aus W. Müller: Maschinenschaden, Bd. 12.)

Engineering, 18. April 1919, S. 501, 515—519. — Parsons, C. A.: Schiffbau 1927, S. 216. — Parsons, H. C.: The development of the Parsons Steam Turbine, S. 229. — Ray, J. L.: Power, 26th Mai 1931, S. 804. — Soderberg, C. R.: Electr. J. Bd. 32 (1935) S. 533—536. — Electr. Wld., 1932, S. 772. — Schwarz, von u. Mantel: Z. VDI Bd. 80 (1936) S. 863. — Schweiz. Bauztg. Bd. 109 (19. Mai 1937) S. 225. — Vater, M.: Z. VDI Bd. 81 (1937) S. 1305. — Stahl u. Eisen Bd. 58 (1928). — Z. VDI Bd. 82 (1938) Nr. 22, S. 672. — Zschokke, H.: Korrosion u. Metallsch. 1937, Heft 10/11, S. 386. — Zerkowitz: Arch. Wärmew. Bd. 10 (1929) S. 271.

[1] Müller (Masch.-Schad. 1935, S. 188) und Fulton (Proc. Inst. mech. Engr. 1937, S. 387) führen diese Anfressungen auf Kavitation zurück, es ist aber kaum denkbar, daß am Eintritt eines Freistrahlbechers Unterdruck entstehen kann, wo die Luft doch überall zukommt.

[2] Ackeret: Hydromechanische Probleme des Schiffsantriebes, Hamburg 1932, S. 232. — Ackeret u. de Haller: Forschung 1931, Nr. 9, S. 243.

Charakteristisch für diese Art Erosion ist das zunächst rauhe, später zerklüftete Aussehen der angegriffenen Teile, ganz im Gegensatz zur welligen, im kleinen glatten Oberfläche der Sanderosion. Auch ist der Angriff auf wenige bestimmte Stellen beschränkt (Abb. 8), welche mit den Auftreffpunkten der Tropfen übereinstimmen.

Zur Untersuchung der Erosion von Dampfturbinenschaufeln wurde zuerst versucht, die in Wirklichkeit auftretenden Bedingungen nachzubilden[1]. Die Materialprobe wird der Wirkung eines aus einer LAVAL-Düse auftretenden Dampfstrahles ausgesetzt. Der Wassergehalt des Dampfes läßt sich aus Druck und Temperatur ermitteln, dagegen sind die wahre Geschwindigkeit und die Größe der Tropfen nur angenähert bekannt, so daß die Versuchsbedingungen nicht genügend klar sind. Heute wird allgemein eine zuerst von PARSONS angewendete Methode mit nur unwesentlichen Änderungen benutzt.

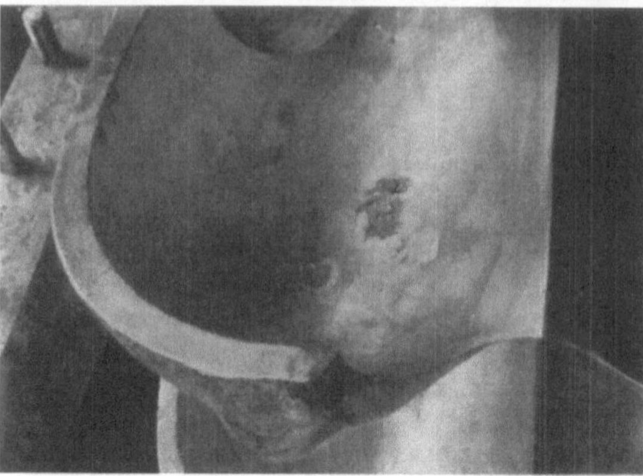

Abb. 8. Erosion durch Tropfenschlag an einem Peltonturbinenbecher.

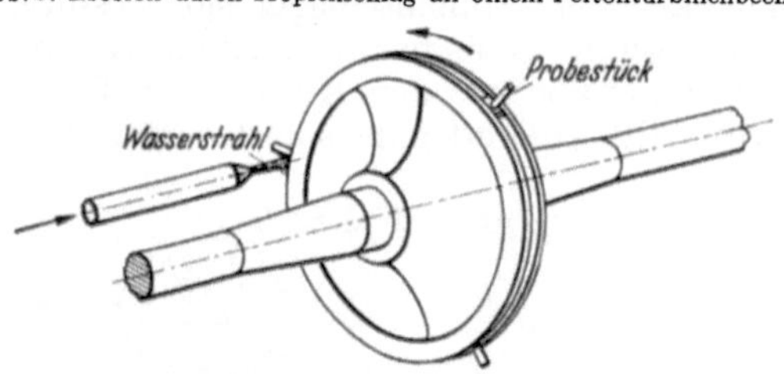

Abb. 9. Schema der Versuchseinrichtung für Tropfenschlag.

Die Versuchseinrichtung besteht aus einer rasch umlaufenden Scheibe, an deren Umfang die Probestäbe befestigt sind (Abb. 9). Diese werden bei jeder

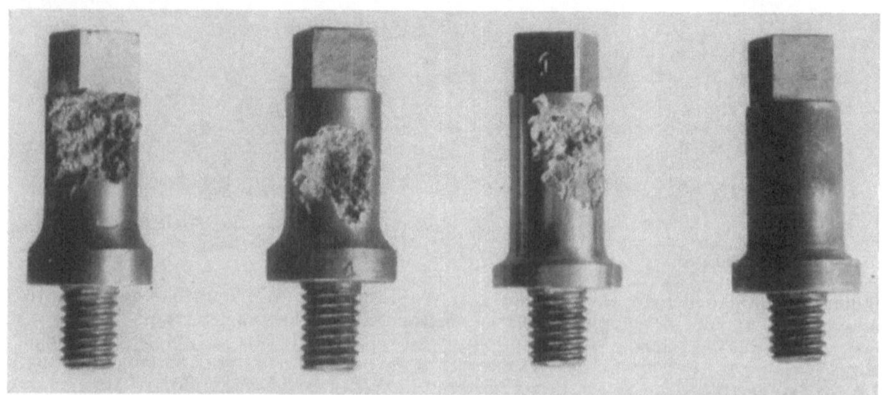

Abb. 10. Erodierte Versuchsproben. Strahldurchmesser 8 mm, Schlaggeschwindigkeit 77 m/s.

Umdrehung gegen ein parallel zur Drehachse laufenden Wasserstrahl geschlagen. Es zeigt sich dann bei allen Materialien zuerst eine geringe Aufrauhung, später ein rasch wachsender Angriff (Abb. 10). Die Raschheit der Anfressung ist von

---

[1] HONEGGER, E.: B.B.C.-Mitt. Dez. 1934.

der Umfangsgeschwindigkeit abhängig, sie wird aber auch durch die Größe der Tropfen stark beeinflußt: während mit einem Wasserstrahl von 1,5 mm Dmr. bei 125 m/s kein Angriff zu beobachten war[1], kann ein Strahl von 8 mm Dmr. bis 20 bis 30 m/s hinunter noch Erosion erzeugen[2]. Auch die Form des Probestückes ist nicht gleichgültig, die Widerstandsfähigkeit der Probestäbe ist um so größer, je kleiner die vom Strahl getroffene Oberfläche ist; flache Proben sind schneller zerstört, spitzige viel langsamer[3]. Diese Tatsache steht wahrscheinlich mit dem Einfluß der Tropfengröße in Verbindung, bisher ist aber noch keine befriedigende Erklärung dafür gefunden worden. Möglicherweise hat die Dauer der Beanspruchung, die von den Abmessungen abhängt, einen wesentlichen Einfluß. Die Oberflächenbeschaffenheit ist ebenfalls von Bedeutung, polierte Proben halten besser als aufgerauhte oder grob geschroppte Stücke; kleine Löcher oder Vertiefungen begünstigen sehr den Angriff[3]. Die Temperatur des Wassers hat dagegen nach MOUSSON[4] keinen Einfluß auf die Widerstandsfähigkeit des Metalls.

Wird der Gewichtsverlust, den das Versuchsstück erleidet in Abhängigkeit von der gesamten Zahl der Schläge aufgetragen, so ergeben sich Kurven von der Art der Abb. 11. Der Charakter ist für die verschiedensten Werkstoffe der gleiche. Eine bestimmte Zahl von Schlägen ist zunächst notwendig, um überhaupt einen merkbaren Gewichtsverlust hervorzurufen. Sind die Wassertropfen bzw. der Wasserstrahl klein (0,5 bis 1,5 mm Dmr.), so steigt in der Folge der Gewichtsverlust zunächst lang-

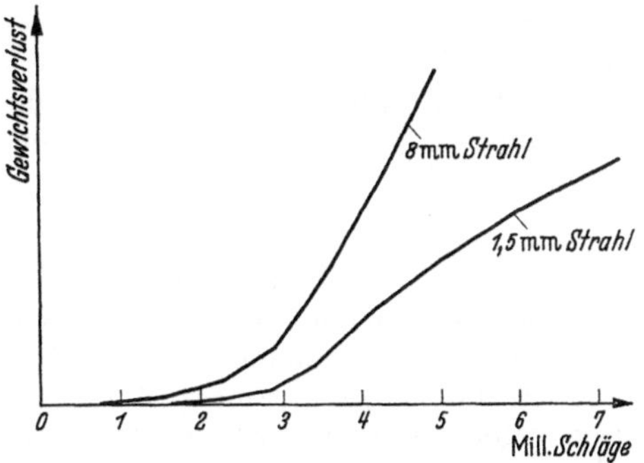

Abb. 11. Schematischer Verlauf der Gewichtsverlustkurven.

sam, dann rascher und wenn eine gewisse Tiefe des Angriffs erreicht ist, wieder langsamer. Bei größeren Strahlen nimmt die Erosionsgeschwindigkeit mit der Schlagzahl ständig zu.

Das Aussehen der Probe verändert sich entsprechend, die Oberfläche bleibt eine Zeitlang glatt und blank, darauf entsteht eine leichte Aufrauhung, feine Risse bilden sich und von diesem Augenblick an schreitet die Erosion rasch vorwärts. Nach dem Entstehen der ersten Risse findet eine gewaltsame Verformung und Zerstörung statt. Einzelne Teilchen werden gelöst und buchstäblich herausgesprengt. Die Ränder der Erosionslöcher sind oft nach außen gebogen.

Die Beurteilung der verschiedenen Metalle hinsichtlich ihrer Widerstandsfähigkeit gegen Tropfenschläge kann von zwei Gesichtspunkten aus erfolgen: Betrachtet man nur die ausgebildete Erosion, so erscheint die gewöhnliche Bruchfestigkeit oder die Streckgrenze als maßgebend. Wird dagegen als Kriterium das Entstehen der ersten Aufrauhung gewählt, wie VATER[5] es getan hat, so ist der Einfluß der Dauerfestigkeit bzw. der Korrosionsdauerfestigkeit unverkennbar, ohne daß allerdings ein eindeutiger Zusammenhang bis jetzt gefunden werden konnte.

---

[1] HONEGGER, E.: B.B.C.-Mitt., April 1927, S. 95.
[2] VATER: Z. VDI Bd. 81, S. 1305.
[3] HALLER, DE: Schweiz. Bauztg. Bd. 101 (1933) S. 243.
[4] MOUSSON: Trans. Amer. Soc. mech. Engrs. 1937, S. 408.
[5] VATER: Z. VDI 1937, S. 1305.

C. A. Parsons und S. S. Cook[1] haben Versuche mit einer Wassersirene gemacht, bei der ein Wasserstrahl durch eine gelochte Scheibe periodisch unterbrochen wurde. Diese Untersuchungsmethode wurde aber nicht weiter entwickelt. Föttinger[2] hat an der schwingenden Membran eines Unterwasserschallsenders starke Erosionen beobachtet. Quarz- oder Achateinsätze wurden dabei rasch zerstört. Hunsaker hat einen im Prinzip ähnlichen Apparat zur systematischen Prüfung der Erosionsfestigkeit herangezogen. Dieser wird im Zusammenhang mit der Kavitationserosion beschrieben.

Zur Bekämpfung der Erosion der Dampfturbinen werden verschiedene Maßnahmen getroffen. Man hat z. B. versucht, durch Rillen und Ablaufkanäle dem Dampf das Wasser teilweise zu entziehen. Bessere Erfolge werden jedoch durch die Wahl geeigneter Werkstoffe zur Ausbildung der Schaufeln erzielt. Dabei genügt es, nur die gefährdete Eintrittskante besonders widerstandsfähig zu machen, durch Härten oder durch Aufschweißen einer harten Schicht. Erfahrungsgemäß sind Gleichdruckstufen durch Erosion weniger gefährdet als Überdruckstufen; vielleicht läßt sich dieses verschiedenartige Verhalten dadurch erklären, daß die Tropfengröße durch die Art der Expansion beeinflußt wird. Bei den Wasserturbinen muß das Wasser möglichst stoßfrei in die Becher eintreten, eine Bedingung, die bei schnellaufenden Freistrahlmaschinen oft schwer ohne Einbuße am Wirkungsgrad zu erfüllen ist.

3. Erosion durch Kavitation[3].

In einer strömenden Flüssigkeit tritt Kavitation auf, wenn an bestimmten Stellen des Strömungsfeldes der Druck auf die Dampfspannung der Flüssigkeit sinkt. Es bilden sich dann Hohlräume, die mit Dampf und ausgeschiedenen Gasen gefüllt sind. Die Stellen tiefsten Druckes sind in wirbelfreier Strömung nach einem Satz von Kirchhoff nicht im Innern der Flüssigkeit, sondern

[1] Parsons, C. A. u. S. S. Cook: Engineering 1919, S. 501, 515—519.

[2] Föttinger: Hydromechanische Probleme des Schiffsantriebes, Hamburg 1932, S. 254.

[3] Ackeret, J. u. P. de Haller: Schweiz. Bauztg. Bd. 108 (1936) S. 105. — Forschung 1931, S. 343. — Hydromechanische Probleme des Schiffsantriebes, Hamburg 1932, S. 227 bis 240. — Andreae: Werft Reed. Hafen, 1931, Nr. 9. — Boetcher, H. N.: Z. VDI 1936, S. 1499. — Trans. Amer. Soc. mech. Engrs. 1936, S. 355. — Cook, S. S.: Proc. roy. Soc., Lond. A Bd. 119 (1928) S. 481. — Dutoit u. Monnier: Bull. schweiz. elektrotechn. Ver. Bd. 23 (Okt. 1932) Nr. 21. — Englesson, E.: Engineer, Bd. 150 (17. Okt. 1930) S. 418 bis 421. — Wasserkr. Jb. 1928/29, S. 366. — Feifel: Z. VDI 1925, S. 815. — Haller, P. de: Schweiz. Bauztg. Bd. 101 (1933) S. 243. — Z. VDI 1933, S. 1099. — Kerr, S. L.: Trans. Amer. Soc. mech. Engrs. Bd. 59 (1937) Nr. 5, S. 373. — Myers, A. M.: Electr. Wld., 13. Febr. 1932, S. 328. — Mousson, J. M.: Trans. Amer. Soc. mech. Engrs. 1937, S. 399. — Edison electr. Inst. Bull., Sept./Okt. 1937. — Z. VDI Bd. 82 (1938) Nr. 14, S. 397. — Merrian, C. F.: Safe Harbor Water Power Corp. Baltimore, März 1933 (nicht im Druck). — Müller, H.: Z. VDI 1935, S. 1165. — Stahl u. Eisen Bd. 58, Heft 33, S. 881—888. — Pagon, W. W.: Annual Meeting of the American Society of Mechanical Engineers 1935 (nicht im Druck erschienen). — Parsons, C. A. u. S. S. Cook: Engineering, 18. April 1919 S. 501, 515—519. — Trans. Inst. naval. Archit. 1919, S. 223; 1927. — Auszug in Schiffbau 1927, S. 216. — Ramsay, W.: Engineering 1912, S. 687. — Rayleigh: Sci. Pap. Bd. 6, S. 504. — Phil. Mag. Bd. 34 (1917) S. 94. — Stabley: N.E.L.A. Publ. Bull. 1932, S. 539. — Springorum, K.: Hydromechanische Probleme des Schiffsantriebes, Hamburg 1932 S. 331. — Silberrad, D.: Engineering 1912, S. 34. — Schumb, W. C., H. Peters u. L. W. Milligan: Metals & Alloys Bd. 8 (1937) Nr. 5, S. 126—132. — Schröter, H.: Z. VDI Bd. 76 (1932) Nr. 21, S. 511; Bd. 77 (1933) S. 865; Bd. 78 (1934) S. 349, 1161. — Mitt. Forsch.-Inst. Wasserbau u. Wasserkraft München 1935, S. 30. — Z. VDI Bd. 80 (1936) S. 479. — Hydromechanische Probleme des Schiffsantriebes, Hamburg 1932, S. 322. — Schwarz, v. u. Mantel: Z. VDI Bd. 80 (1936) S. 863. — Schweiz. Bauztg. Bd. 109 (19. Mai 1937) S. 225. — Thoresen: Masch.-Schad. 1929, S. 8, 33, 47. — Vater, M.: Z. VDI Bd. 81 (1937) S. 1305. — Stahl u. Eisen Bd. 58 (1928). — Z. VDI Bd. 82 (28. Mai 1938) Nr. 22, S. 672.

stets an der Begrenzung oder an der Oberfläche der in der Flüssigkeit eingetauchten Körper zu finden. Die Strömung wird also bei Eintreten der Kavitation zuerst in unmittelbarer Nähe einer Schaufel gestört, so daß die Profileigenschaften dadurch stark verändert werden. Die Folge davon ist eine Herabsetzung der Leistung und des Wirkungsgrades der Maschinen und unter gewissen Bedingungen eine Zerstörung der Werkstoffe, die oft in kurzer Zeit bedeutenden Schaden herrichten kann. Anfressungen und Leistungsabfall sind nicht unmittelbar verbunden, sie können ganz unabhängig von einander auftreten.

Die wesentlichen Eigenschaften einer mit Kavitation behafteten Strömung lassen sich zweckmäßig am Beispiel der Strömung durch eine Düse erläutern[1]. Fließt das Wasser durch ein konvergent-divergentes Rohr frei aus, so ist der Druck (nach BERNOULLI) an der engsten Stelle am tiefsten; wenn er tiefer als die Dampfspannung ist, tritt Kavitation auf. Es bildet sich an der Wand eine weiße Schicht, die sehr unregelmäßig und unruhig ist und aus einem Gemisch von Wasserdampf, Luft und Wasser besteht (Abb. 12). Weiter stromabwärts verschwinden die Dampfblasen auf eine verhältnismäßig kurze Strecke, beim sog. *Verdichtungsstoß*[2]. Im Schaumgebiet ist der Druck konstant, nach dem Stoß steigt er rasch an. Gleichzeitig nimmt die Fließgeschwindigkeit ab und die mittlere Dichte des Dampf-Wassergemisches steigt plötzlich wieder auf den Wert des reinen Wassers. Die Stoßstelle steht örtlich meistens nicht fest, sie verschiebt sich unregelmäßig hin und her um eine Mittellage, die vom Gegendruck am Austritt der Düse abhängig ist. Die Hohlraumbildung

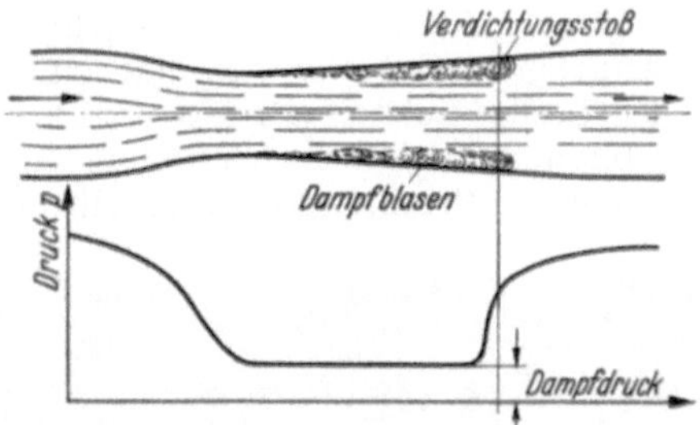

Abb. 12. Schema der Kavitation in einem Diffusor.

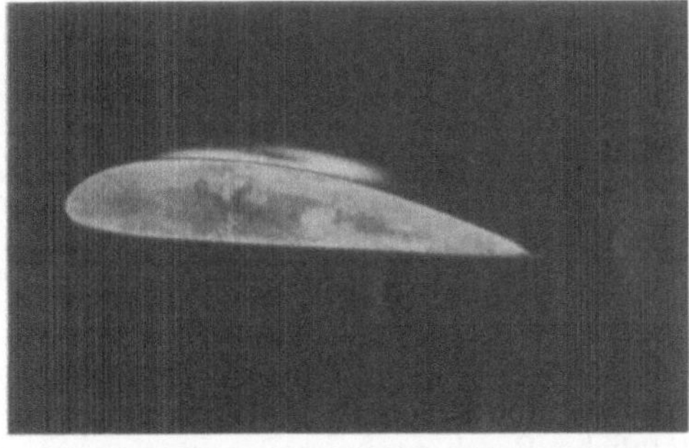

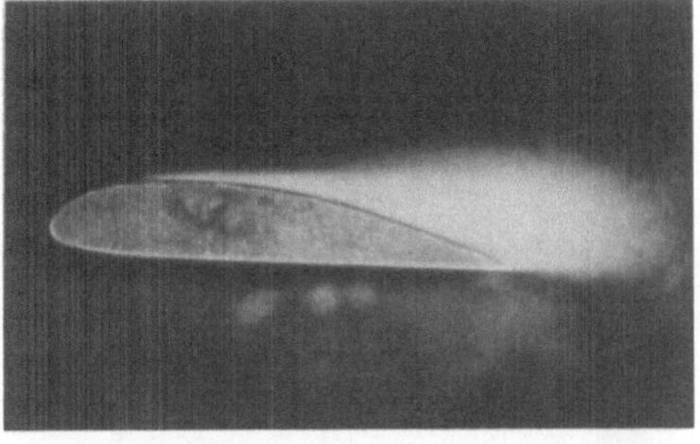

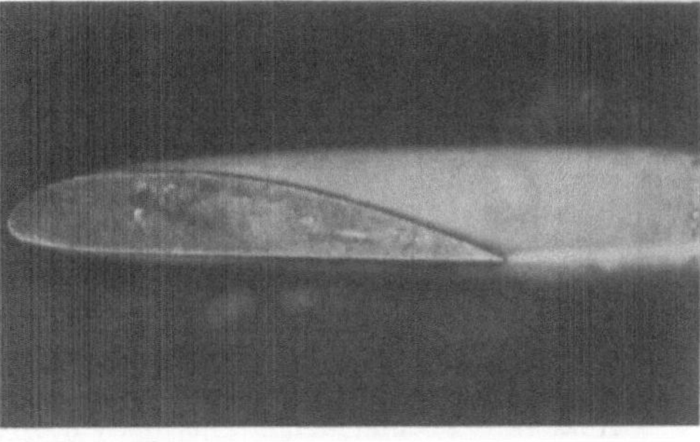

Abb. 13 a bis c. Kavitation an einem Tragflügel. a Beginn der Kavitation, b ausgebildete Kavitation, c Freistrahlbildung. (Aus J. ACKERET: Techn. Mech. Thermodyn. Bd. 1.)

---

[1] ACKERET: Handbuch der Experimentalphysik, Bd. IV, Teil I, S. 468.

[2] ACKERET: Hydraulische Probleme, S. 101. VDI-Verlag. Berlin: 1926. — Techn. Mech. Thermodyn. 1930, S. 63.

bei Tragflügeln, wie z. B. bei Flügeln der Schiffsschrauben oder Schaufeln der Wasserturbinen und Pumpen hat einen sehr ähnlichen Charakter[1] (Abb. 13). An der Stelle tiefsten Druckes, auf der Saugseite des Profiles beginnt die Blasenbildung. Bei nicht zu tiefem Außendruck verschwinden die Blasen vor dem Ende des Profils. Ist die Kavitation ganz ausgebildet, so dehnt sich dieses

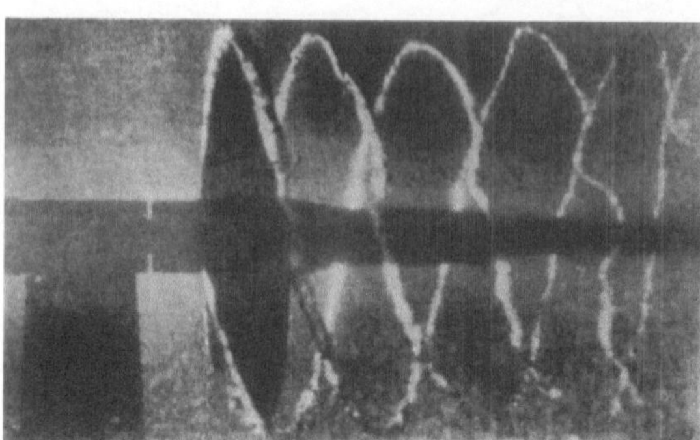

Gebiet bis über die Flügelkante hinaus. Sinkt der Druck, so verschwinden die Blasen ganz und es entsteht .im Wasser ein mit Wasserdampf gefüllter Hohlraum mit scharfer Begrenzung (Freistrahlbildung).

Außer der Blasenbildung auf der Fläche der Flügel beobachtet man auch Hohlräume in den Wirbeln, die von der Flügelspitze und von der Nabe eines Schiffspropellers ausgehen, oder im Spalt der Wasserturbinen vorkommen (Abb. 14 und 15). Alle diese Erschei-

Abb. 14. Kavitation an einer Schiffsschraube. (Aus O. FLAMM: Die Schiffsschraube. München 1909).

nungen treten bei *stationärer* Strömung mit großer Geschwindigkeit auf. Es ist aber auch möglich, in ruhender oder langsam fließender Flüssigkeit durch plötzliche Beschleunigung Kavitation zu erzeugen[2]. Dieser Fall kommt vor in

Abb. 15. Kavitation an einer Kaplanturbine.

Kolbenwasserpumpen, oder in der weiter unten beschriebenen Versuchseinrichtung von HUNSAKER. Das Entstehen der Kavitation hängt von vielen Eigenschaften der Flüssigkeit ab. In erster Linie ist die Dampfspannung zu nennen, aber auch die Oberflächenspannung, der Inhalt an aufgelösten Gasen oder an Verunreinigungen sind von maßgebender Bedeutung[3].

Der Kavitationszustand ist bei Strömungsmaschinen durch *einen* Parameter charakterisiert, die von THOMA[4] eingeführte Kavitationszahl

$$\sigma = \frac{p - s}{q},$$

[1] ACKERET: Techn. Mech. Thermodyn. 1930, S. 13.
[2] RIABOUCHINSKY: C. R. Acad. Sci. Paris 1932, S. 205. — J. sci. et techn. Méc. Fluides, Lille Bd. 1 (1935) S. 421.
[3] ITERSON, J. VAN: Proc. Akad. Amst. 1936, Nr. 2/3, S. 138.
[4] THOMA: Hydraulische Probleme, S. 65. Berlin: VDI-Verlag 1926.

wo p den statischen Druck, s die Dampfspannung und q einen Bezugsstaudruck bedeuten. Im Turbinen- und Pumpenbau wird $p = B—H_s$ gesetzt. (B Luft-druck, H_s Saughöhe) und als Bezugsdruck das Gesamtgefälle angenommen. Bei Schiffs-propellern ist q der Staudruck der relativen Anströmungsgeschwindigkeit des Flügelpro-files. Die Erfahrung hat gezeigt, daß eine milde Kavitation keinen Leistungsabfall mit sich bringt, der Wirkungsgrad kann dadurch sogar etwas erhöht werden. Nur wenn die Kavitationszone eine gewisse Ausdehnung erreicht hat, treten Verluste auf, die mit abnehmender Kavitationszahl schnell an-wachsen. Der Leistungsabfall und der Wir-kungsgrad sind eindeutige Funktionen des Kavitationsbeiwertes σ. Die Möglichkeit von Anfressungen hängt dagegen noch von ande-ren Faktoren ab. Bei gleichbleibendem σ tritt Erosion erst auf, wenn die Strömungs-geschwindigkeit einen gewissen Betrag über-schreitet; unter sonst gleichen Verhältnissen ist eine Maschine von großen Dimensionen mehr gefährdet als eine kleine. Dieser Ein-fluß der absoluten Größe wird übrigens auch bei der Tropfenschlagerosion festgestellt.

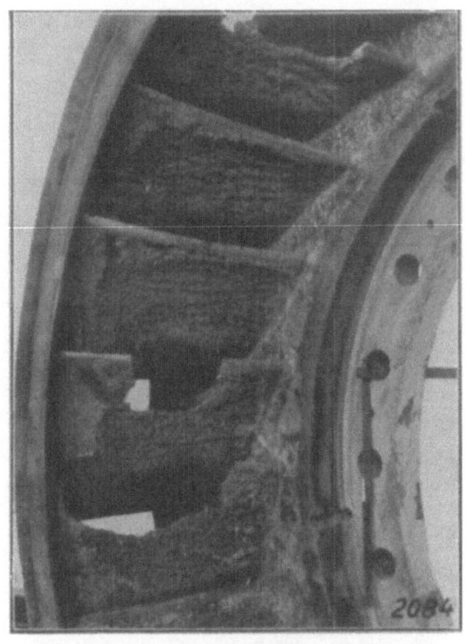

Abb. 16. Anfressungen durch Kavitation an Wasserturbinen. (Aus W. Müller: Maschinenschaden. Bd. 12).

Diese Anfressungen wurden schon früh an Wasserturbinen und Schiffspropellern beobachtet (Abb. 16 und 17) und wurden zunächst wegen ihrer Ähnlichkeit mit der gewöhnlichen Korrosion auf einen chemischen Angriff der im Kavitationsgebiete frei gewordenen Gase zurückgeführt. Heute wird aber dem chemi-schen Einfluß wenig Be-deutung geschenkt und die Anfressung durch vorwiegend mechani-sche Vorgänge erklärt. Die Bezeichnung *Ka-vitationserosion* scheint demnach berechtigt, vor allem mit Rücksicht auf die große Ähnlichkeit der Zerstörung mit der Tropfenschlagerosion.

Versuche mit einem Diffusor haben gezeigt, daß diese Anfressungen

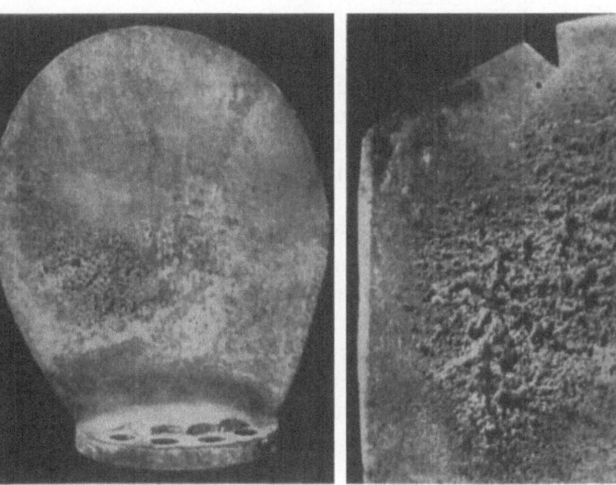

Abb. 17. Anfressungen durch Kavitation an einem Schiffspropeller. (Aus D. Silberrad: On the Erosion of Bronze Propellers).

fast ausschließlich an der Stelle auftreten, wo die Blasen zusammenstürzen[1]. Be-findet sich der Verdichtungsstoß außerhalb der Schaufelfläche, so sind die Erosionen weniger zu befürchten; auch die ganz ausgebildete Kavitation mit

[1] Föttinger, H.: Hydraulische Probleme, S. 27. Berlin: VDI-Verlag 1926. — Schröter: Z. VDI Bd. 76 (1932) Nr. 21, S. 511.

Freistrahlbildung ist für das Material ungefährlich. An der Stelle des Verdichtungsstoßes treten heftige Druckstöße auf, die auf verschiedene Weise festgestellt werden können. Sie machen sich vor allem durch einen eigenartigen Lärm und durch Erschütterungen bemerkbar. Diese Stöße rühren von plötzlichem Zusammenstürzen der Dampfblasen her. PARSONS und COOK[1] und FÖTTINGER[2] haben experimentell gezeigt, daß beim Zusammenstürzen von Hohlräumen zerstörende Wirkungen möglich sind. Es ist nicht notwendig, um Erosion zu verursachen, daß die kondensierenden Blasen unmittelbar auf der Oberfläche sitzen. Es ist vielmehr von DE HALLER und ACKERET[3] gezeigt worden, daß reine Stoßwellen schon Korrosion hervorrufen können. Die Blasenbildung erscheint somit nur von Bedeutung für die *Erzeugung* von Stoßwellen. Diese

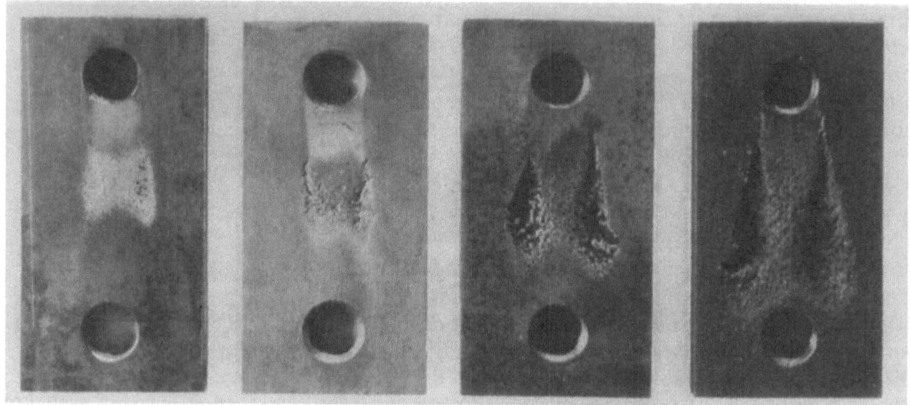

Abb. 18. In einer Versuchsdüse angefressene Probestücke.

genügen, um eine nicht zu weit entfernte Wand anzugreifen. H. SCHARDIN[4] ist es neuerdings gelungen, die von einer zusammenstürzenden Blase ausgehende Stoßwelle mit Hilfe einer Schlierenoptik und Funkenbeleuchtung zu photographieren.

Eine piezoelektrische Zelle mit Kathodenstrahloszillograph erlaubt die Registrierung des zeitlichen Verlaufes des Druckes im Verdichtungsstoß[5]. Man beobachtet eine außerordentlich rasche Reihenfolge von Schlägen, deren Stärke ein Vielfaches des Staudruckes beträgt. Die Dauer der einzelnen Stöße ist dagegen sehr kurz, da gewöhnliche, den zeitlichen Mittelwert anzeigende Manometer einen nur geringen Überdruck angeben. Es wurde auch versucht, durch oszillographische Analyse des entstehenden Lärmes und der Vibrationen Näheres über die Vorgänge im Verdichtungsstoß zu ermitteln[6]. Die angewandten Apparate gestatten aber nicht die Registrierung der höchsten Frequenzen, die beobachtete Periodizität der Schläge ist wahrscheinlich auf das Hin- und Herwandern der Stoßstelle zurückzuführen.

4. Versuchsmethoden.

Die Kavitations-Erosion wird unter verhältnismäßig einfachen Bedingungen in Venturidüsen beobachtet (Abb. 18). Der Versuchskörper bildet eine Seite

[1] PARSONS u. COOK: Engineering 1919, S. 515.
[2] FÖTTINGER: Hydromechanische Probleme des Schiffsantriebes, S. 251. Hamburg 1932.
[3] HALLER, DE u. ACKERET: Schweiz. Bauztg. 1936, S. 105.
[4] SCHARDIN, H.: Z. techn. Phys. 1937, Nr. 11, S. 474.
[5] HALLER, DE: Schweiz. Bauztg. Bd. 101 (1933) S. 243.
[6] HUNSAKER: Mech. Eng. 1935, S. 211.

eines viereckigen Kanals, wo durch Störungen heftige Kavitation erzeugt wird. Der Strömungsdruck kann durch natürliches Gefälle oder durch Pumpen geliefert werden, Drosselvorrichtungen gestatten die Einstellung der notwendigen Druckverhältnisse[1]. WALCHNER, SCHRÖTER[2] und später MOUSSON[3] haben besondere Formen der Düse entwickelt, die bei verhältnismäßig kleinen Strömungsgeschwindigkeiten rasche Erosionen ergeben (Abb. 19). Die Raschheit der Zerstörungen bleibt aber stark von Zufälligkeiten abhängig, kleine Differenzen

in der Form der Einbauten, in der Einstellung des Gegendruckes oder der Strömungsgeschwindigkeit können einen großen Einfluß auf das Versuchsergebnis ausüben. MOUSSON[3] beobachtete eine starke Zunahme der Erosion bei steigender Wassertemperatur, ganz im Widerspruch mit den mit Kesselspeisepumpen praktisch gemachten Erfahrungen.

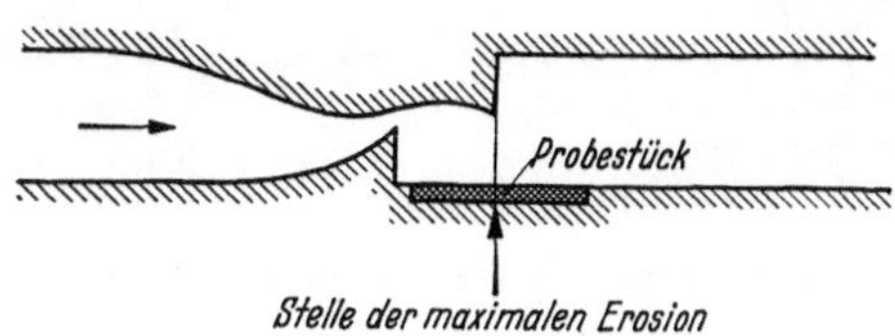

Abb. 19. Versuchsdüse. (Nach WALCHNER-SCHRÖTER.)

Wahrscheinlich ist die Wirkung der Temperatur eine indirekte, indem durch die geänderte Dampfspannung die Form des Kavitationsgebietes bei dem verwendeten Apparat beeinflußt wird, wie sie auch durch die Einbauten verändert wird.

DE HALLER[4] und MOUSSON[3] haben eine Reihe Materialien gleichzeitig in der Kavitationsdüse und im Tropfenschlagapparat untersucht. Abgesehen von einigen Ausnahmen, die sich durch die sehr verschiedene Dauer der Versuche erklären lassen, besteht eine deutliche Übereinstimmung zwischen dem Verhalten der verschiedenen Werkstoffe gegenüber Tropfenschlag und Kavitations-Erosion. Ganz allgemein wird ein Metall, das bei der Tropfenschlagprobe gute Resultate ergeben hat, auch der Kavitation gut widerstehen können. Das Aussehen der Anfressung ist in beiden Fällen beinahe gleich. Die metallographische Untersuchung der Proben deutet auch auf eine weitgehende Verwandtschaft der beiden Angriffsarten, so daß die versuchstechnisch einfachere Tropfenschlagprobe zum Studium der Kavitationsanfressung zweckmäßig herangezogen werden kann. Die Klassifizierung der Mate-

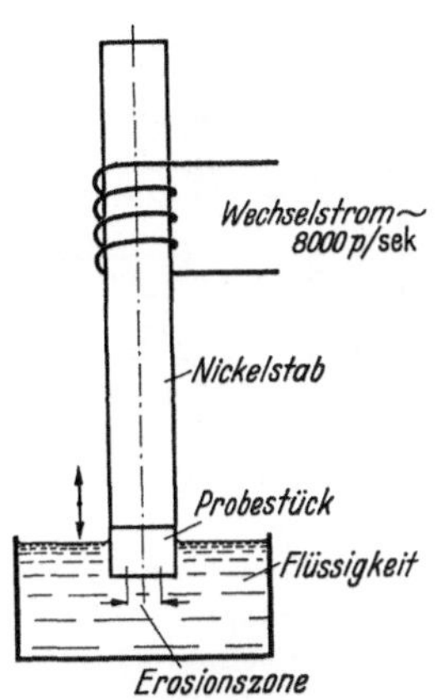

Abb. 20. Versuchseinrichtung. (Nach HUNSAKER.)

rialien sollte aber nicht nach dem Gewichtsverlust geschehen, sondern nach dem Auftreten der ersten Aufrauhung, da auf diese Weise den korrodierenden Einflüsse besser Rechnung getragen wird.

Im Mass. Inst. of Technology wurde durch HUNSAKER[5] und seine Mitarbeiter eine neuartige Prüfmethode entwickelt, welche die Prüfungsdauer auf einige Minuten reduziert. Ein Nickelstab wird mit einem Hochfrequenzgenerator durch Magnetostriktion in heftige, rasche longitudinale Schwingung versetzt (Abb. 20). Der Stab trägt an seinem unteren Ende das Probeplättchen und taucht in ein mit Wasser gefülltes Gefäß ein. Die Beschleunigungen des

---

[1] FÖTTINGER: Hydraulische Probleme, S. 36. Berlin: VDI-Verlag 1926. — HALLER, DE: Schweiz. Bauztg. 1933, S. 243.

[2] SCHRÖTER: Z. VDI Bd. 78 (1934) S. 349.

[3] MOUSSON: Trans. Amer. Soc. mech. Engrs. Bd. 59 (1937) S. 399.

[4] HALLER, DE: Schweiz. Bauztg. Bd. 101 (1933) S. 243.

[5] HUNSAKER: Trans. Amer. Soc. mech. Engrs. Bd. 57 (1935) S. 423. — KERR, S. L.: Trans. Amer. Soc. mech. Engrs. 1937, S. 373. — SCHUMB, PETERS, MILLIGAN: Metals & Alloys 1937, S. 126.

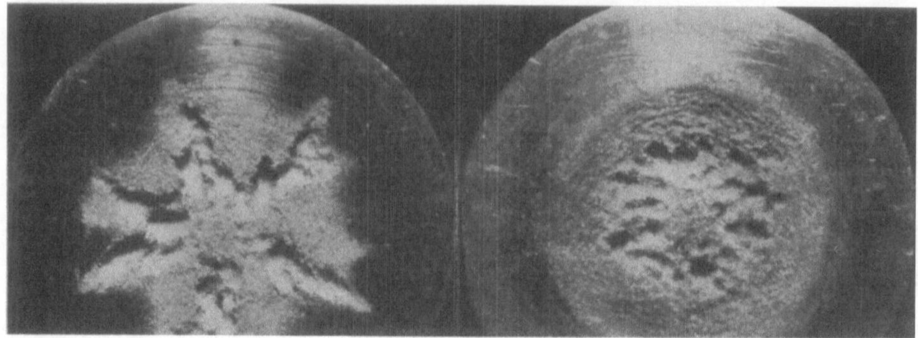

Abb. 21. Probestücke zur Versuchseinrichtung von HUNSAKER. (Aus S. L. KERR: Trans. Amer. Soc. Engrs. Bd. 59.

Stabes sind so groß (bis 10000 g), daß das Wasser der Bewegung nicht folgen kann, ein Hohlraum bildet sich, der bei der nächsten halben Schwingung wieder zusammenstürzt. Mit 6000 bis 8000 Schwingungen in der Sekunde und einer Amplitude von $\sim$ 0,1 mm sind Anfressungen nach wenigen Minuten sichtbar (Abb. 21). Der Vorteil der Methode liegt in der sehr zusammengedrängten Apparatur und in der Möglichkeit der Verwendung verschiedener Flüssigkeiten wie Meerwasser, Alkohol usw. Der Einfluß der Temperatur und des Luftinhaltes ist allerdings erheblich. Eingehende Vergleichsversuche mit der Kavitationsdüse liegen noch nicht vor, qualitative Übereinstimmung ist vorhanden.

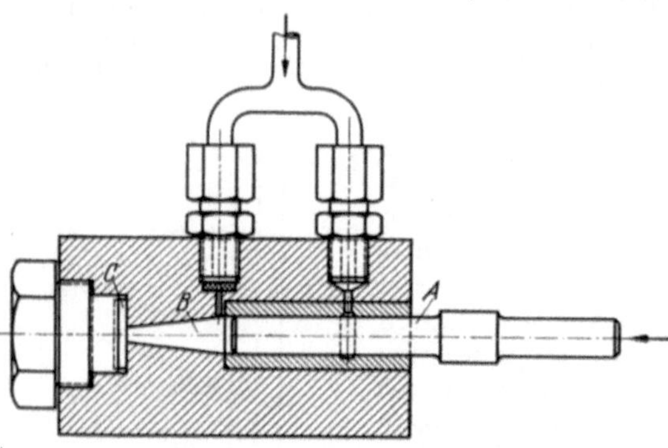

Abb. 22. Versuchseinrichtung für Erosion durch Stoßwellen.

Eine von ACKERET und DE HALLER [1] aufgestellte Einrichtung dürfte sich für die theoretische Untersuchung der Erosionsfrage gut eignen, da sie unter einfachen, eindeutigen, gut reproduzierbaren Versuchsbedingungen arbeitet (Abb. 22). Durch Hammerschläge auf einen genau eingeschliffenen Kolben A werden in der mit Wasser gefüllten Kammer B Stoßwellen erzeugt, die sich bis zum Probestück C fortpflanzen, um dort überraschend schnelle Anfressungen zu bewirken (Abb. 23). Da der Apparat ständig unter hohem Druck steht, sind Gasblasenbildung oder freie Oberflächen nicht möglich, der Angriff ist nur auf den wiederholten Stoßdruck

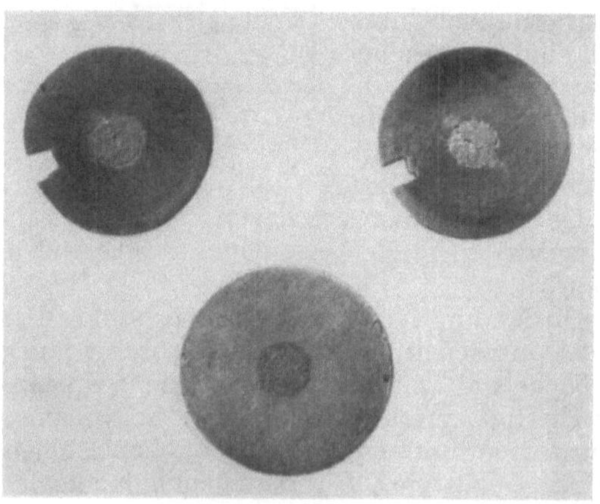

Abb. 23. Probestücke. (Aus J. ACKERET u. P. DE HALLER: Schweiz. Bauztg. Bd. 108.)

---

[1] ACKERET u. DE HALLER: Schweiz. Bauztg. Bd. 108 (1936) Nr. 10, S. 105.

zurückzuführen. Mit einer Piezoquarzzelle kann der Stoßdruck unmittelbar gemessen werden, und außerdem läßt sich aus der gemessenen Schlaggeschwindigkeit des Hammers eine obere Grenze für die Intensität der Stoßwelle ermitteln.

5. Versuchsergebnisse.

Die bisher veröffentlichten Resultate erlauben noch keine allgemeine und einwandfreie Beurteilung des Verhaltens der einzelnen Werkstoffe gegenüber Tropfenschlag oder Kavitation, vor allem weil sie unter sehr verschiedenartigen Bedingungen gewonnen wurden. Immerhin können gewisse Gesetzmäßigkeiten schon festgestellt werden. Alle Prüfmethoden, die in kurzer Zeit Anfressungen hervorrufen, wie Tropfenschlag bei hoher Schlaggeschwindigkeit, verstärkte Kavitation nach SCHRÖTER und MOUSSON, Schwingungskavitation nach HUNSAKER, liefern folgende übereinstimmende Ergebnisse:

1. Die Widerstandsfähigkeit wächst bei größerer Festigkeit.

2. Das mikroskopische Gefüge ist von wesentlichem Einfluß. Gegossene Werkstoffe sind bei gleicher Zusammensetzung und ähnlicher Festigkeit im allgemeinen weniger widerstandsfähig als gezogene oder geschmiedete. Nichtmetallische Einschlüsse, freier Kohlenstoff usw. setzen die Widerstandskraft gewaltig herab (Gußeisen). Ein grobkristallines Gefüge ist im allgemeinen schneller zerstört als ein feines.

3. Oberflächenbehandlung (Nitrieren, Einsatzhärtung usw.) ist nur vorteilhaft, wenn die vergütete Schicht dick genug ist und das Grundmaterial selbst ziemlich hohe Festigkeit besitzt.

4. Die Korrosionsbeständigkeit ist nicht von ausschlaggebender Bedeutung. Zwar ist bei Verwendung von Meer- oder Salzwasser verstärkte Erosion beobachtet worden, aber auch bei nichtrostenden Legierungen. Mit Rücksicht auf die kurze Dauer der Versuche läßt sich das günstige Verhalten einiger rostfreier Stähle besser durch das verschiedene Gefüge erklären als durch die chemische Unempfindlichkeit.

Die Beobachtung 4 ist nicht im Einklang mit den Erfahrungen des praktischen Betriebes, wo die Überlegenheit der Bronzen und rostfreien Stähle trotz relativ kleiner Festigkeit eindeutig ist. Auch in der Kavitationsdüse von DE HALLER[1] mit einer Versuchsdauer von über 100 h haben sich weiche Bronzen gut bewährt. Dies deutet darauf hin, daß die beschleunigten Prüfmethoden nicht alle Elemente des Problems erfassen. Zur Beurteilung der Düsenversuche wäre es vielleicht angezeigt, nicht wie bisher den Gewichtsverlust nach einer bestimmten Zeit zu betrachten. Die kleinste Strömungsgeschwindigkeit, bei welcher nach 40 bis 50 h gerade kein Angriff mehr festgestellt werden kann, dürfte ein besseres Kriterium darstellen.

Zur Verminderung der Erosionsgefahr können verschiedene Wege geschritten werden. Der Gedanke liegt nahe, die Kavitation durch Vergrößerung des Außendruckes, durch Tieferlegung von Turbinen, Pumpen und Propellern zu unterbinden. Auch durch Verkleinerung der Relativgeschwindigkeit zwischen Schaufel und Wasser, ließe sich die Gefahr weitgehend vermindern. Nun läßt sich die Kavitation aus baulichen und wirtschaftlichen Gründen nur selten vollständig unterdrücken, meistens wird nur ein schroffer Wirkungsgradabfall vermieden, was aber nicht immer vor Korrosionsschäden schützt. Es bleibt daher in vielen Fällen nichts anderes übrig, als durch die Wahl geeigneter Werkstoffe einen allzu raschen Verschleiß zu verhindern. In der Praxis haben sich hochwertige Bronzen und, speziell im Wasserturbinenbau, austenitische rostfreie Stähle

---

[1] HALLER, DE: Schweiz. Bauztg. 1933, S. 243.

(18/8 Cr-Ni-Stahl) unter anderen gut bewährt. Es braucht aber sehr viel Erfahrung, um aus den veröffentlichten Versuchsergebnissen das Verhalten einzelner Werkstoffe im praktischen Betrieb zu beurteilen.

6. Theorie der Erosion.

Die Theorie der Erosion steht noch in den Anfängen. Die Ursachen der drei betrachteten Angriffsarten sind sehr verwandt, im Grunde genommen handelt es sich immer um die Wirkung oft wiederholter Stöße, und zwar:

1. Stoß von festen Körpern im Falle der Sanderosion,

2. Stoß einer Flüssigkeit gegen eine feste Fläche beim Tropfenschlag und bei der Kavitation und

3. Stoß einer Flüssigkeit gegen eine Flüssigkeit, beim Zusammenstürzen der Kavitationsblasen.

Durch diese Stöße bzw. durch die Stoßwellen werden im Werkstoff Spannungen erzeugt. Wie groß diese Spannungen sind und wie sie zur Zerstörung des Werkstoffes führen, sind die Hauptfragen, mit welchen die Theorie der Erosion sich zu befassen hat. Bei der Sanderosion sind zweifellos sehr hohe lokale Spannungen im Auftreffpunkt zu erwarten, die sicher die Bruchfestigkeit übersteigen können, da unter den scharfen Spitzen und Schneiden der Sandkörner große spezifische Drücke auftreten. Beim Tropfenschlag ist es aber schwierig, auf theoretischer Basis sehr hohe Drücke zu erhalten. HONEGGER[1] und später POHL[2] versuchten auf Grund verschiedener Annahmen über die Deformation der Tropfen beim Aufschlag, den Stoßdruck zu berechnen und kamen zum Resultat, daß dieser zahlenmäßig gering und unabhängig von der Tropfengröße sein muß. THOMA[3] hat darauf hingewiesen, daß die Geschwindigkeit des Schalles im Wasser für den Stoßdruck maßgebend ist. ACKERET[4] hat dazu noch die Elastizität des Metalls berücksichtigt und folgenden Wert erhalten:

$$p = \varrho_1 a_1 \frac{\varrho_2 a_2}{\varrho_1 a_1 + \varrho_2 a_2},$$

hier bedeutet:

p den Druck im Augenblick des Stoßes in kg/cm²,

v die Aufschlaggeschwindigkeit in m/s,

ϱ_1, ϱ_2 Dichte des Wassers bzw. des Metalls,

a_1, a_2 die Schallgeschwindigkeit im Wasser bzw. im Metall.

Diese Formel liefert das Maximum des Stoßdruckes, das ebenfalls von der Größe der Tropfen unabhängig ist. Der beobachtete sehr große Einfluß der Tropfendimensionen erklärt sich vielleicht teilweise damit, daß der Druck je nach der Tropfengröße längere oder kürzere Zeit andauert. Die berechneten Drücke liegen fast immer weit unterhalb der auf die übliche Art bestimmten Ermüdungsfestigkeit des Metalls, so daß diese offenbar nicht in erster Linie maßgebend ist. DE HALLER[5] hat bei einer Stoßgeschwindigkeit von 40 m/s Anfressungen auf S.M.-Stahl mit 50 bis 60 kg/mm² Bruchfestigkeit beobachtet. Dabei beträgt der Druck nach obiger Formel nur 550 kg/cm². VATER[6] hat sogar bei 22 m/s deutliche Abnutzung festgestellt, bei einem Stoßdruck von

---

[1] HONEGGER: B.B.C.-Mitt. 1927, Nr. 4, S. 95.

[2] POHL: Masch.-Schad. 1936, S. 185; 1937, S. 1.

[3] THOMA: Hydraulische Probleme, S. 67. Berlin: VDI-Verlag 1926.

[4] ACKERET: Hydromechanische Probleme des Schiffsantriebes, Hamburg 1932, S. 235.

[5] HALLER, DE: Schweiz. Bauztg. 1933, S. 243.

[6] VATER: Z. VDI Bd. 81 (1937) S. 1305.

nur 300 kg/cm². Wenn die Oberfläche einmal verletzt ist und Risse aufweist, dürften solche niedrigen Drücke ausreichen, um das Material zu zerstören, da am Grund der Risse zweifellos wesentlich höhere Spannungen auftreten. Diese Kerbwirkung erklärt auch die Tatsache, daß fehlerhafte Stellen, wie nicht-metallische Einschlüsse und Verunreinigungen zuerst angegriffen werden. Wenn aber von diesen Ausnahmestellen abgesehen wird, so läßt sich der Anfang der Zerstörung, das Entstehen der ersten Risse noch nicht einfach erklären. Die metallographische Untersuchung der Tropfenschlagproben deutet auf eine Ermüdungsbeanspruchung hin, dagegen lassen gewisse Verformungen, welche ganz am Anfang des Angriffes beobachtet werden, scheinbar keine andere Erklärung zu, als daß der Druck die Elastizitätsgrenze des Metalls auf mikroskopisch kleinen Flächen überschreitet[1]. Vom hydrodynamischen Standpunkt aus ist das aber sehr unwahrscheinlich, man müßte, um so hohe Drücke zu erreichen, ziemlich verwickelte Vorgänge annehmen[2], die bis jetzt noch nicht beobachtet werden konnten.

.Bei der Kavitations-Erosion sind die Verhältnisse noch verwickelter. Einige Autoren[3] haben den Vorgang des Blasenzusammensturzes unter verschiedenen Annahmen theoretisch untersucht und die Möglichkeit der Entstehung hoher Drücke gezeigt. Will man aber Drücke von der Größenordnung der Streckgrenze erhalten, so muß man eine annähernd konzentrische Verkleinerung der Blasen annehmen, die nun durch die Zeitlupenaufnahme von MÜLLER[4] nicht nachgewiesen werden konnte. Es hat den Anschein, daß die Dampfblasen nur in der Längsrichtung zusammengedrückt werden, und der Stoßdruck, der in diesem Falle zu erwarten ist, beträgt nur einige Hundert Atmosphären. Dies ist auch die Größenordnung der mit Piezoquarz direkt gemessenen Werte. Es scheint deshalb, daß die bisherigen Ansichten bezüglich der zur Zerstörung nötigen Drücke nicht aufrechterhalten werden können und daß weit geringere Spannungen als die Streckgrenze zur Zerstörung ausreichen.

Wegen der Anwesenheit der Gasphase wäre es allerdings möglich, daß die Beanspruchung durch normalen Druck nicht allein zur Zerstörung maßgebend ist. So hat man noch die Mitwirkung der Oberflächenspannung[5] oder tangentialer Schubstöße[6] in Betracht gezogen. Es scheint aber, daß die Gasphase primär nicht von besonderer Bedeutung ist wie die Versuche von ACKERET und DE HALLER[7] mit ebenen Stoßwellen gezeigt haben. Auch in diesem Apparat sind die zur Erosion notwendigen Drücke erstaunlich niedrig. Eine Stoßgeschwindigkeit von 2,5 bis 3 m/s, einem Stoßdruck von 150 bis 250 kg/m² entsprechend, genügt, um weiche Materialien wie Aluminiumlegierungen, Kupfer, reines Eisen nach 100 000 bis 200 000 Schlägen deutlich anzugreifen. Für härtere Werkstoffe wie Stahl ist nur die zur Anfressung notwendige Stoßzahl entsprechend größer, nicht aber die Stoßstärke. Optisch geprüftes, spannungsloses Glas wird nach kurzer Zeit zerstört[8], wobei die meisten Risse zunächst nicht an der Oberfläche, sondern im Innern des Materials, 0,05 bis 0,2 mm unter der

---

[1] SCHWARZ, V. u. MANTEL: Z. VDI Bd. 80 (1936) S. 863. — BOETCHER: Z. VDI Bd. 80 (1936) S. 1499.

[2] MUELLER: Stahl u. Eisen Bd. 58 (1938) S. 886.

[3] RAYLEIGH: Sci. Pap. Bd. 6, S. 504. — PARSONS u. COOK: Engineering 1919, S. 515. COOK: Proc. roy. Soc., Lond. A Bd. 119 (1928) S. 481. — ACKERET: Techn. Mech. Thermodyn. 1930, S. 68.

[4] MÜLLER: Naturwiss. 1928, S. 423.

[5] ITERSON, VAN: Proc. Akad. Wetensch. Amst. 1936.

[6] FÖTTINGER: Hydromechan. Probleme des Schiffsantriebes, Hamburg 1932, S. 243; siehe auch ACKERET u. DE HALLER: Schweiz. Bauztg. 1936, S. 105.

[7] ACKERET u. DE HALLER: Schweiz. Bauztg. Bd. 108 (1936) Nr. 10, S. 105.

[8] Unveröffentlichte Versuche im Institut für Aerodynamik E.T.H. Zürich; auch Schweiz. Arch. 1938, S. 293.

Oberfläche auftreten. Solche inneren Risse sind auch von HUNSAKER[1] bei Versuchen mit der Kavitationsdüse beobachtet worden. Wenn der Druck nicht durch Hammerschlag, sondern durch einen mit einem Exzenter angetriebenen Tauchkolben allmählich erzeugt wird, tritt beim mehrfachen Betrag des Druckes und viel größerer Anzahl der Beanspruchungen auch beim weichsten Metall keine Erosion auf. Daraus muß man schließen, daß nicht der absolute Wert des Druckes für die Zerstörung maßgebend ist, sondern vielmehr die Raschheit des Druckanstieges, oder besser die Steilheit der in das Material eindringenden Wellenfront, von wesentlichem Einfluß ist (ACKERET und DE HALLER[2]). Ein solcher Effekt läßt sich durch die klassische Elastizitätstheorie nicht mehr erfassen und kann wahrscheinlich nur mit Hilfe der modernen Ansichten über die Feinstruktur der Stoffe erklärt werden.

E. Korrosionsprüfungen metallischer Werkstoffe.

Von A. FRY, Berlin.

1. Einführung.

Unter dem Sammelbegriff „Korrosion" wird eine Reihe von chemischen Zerstörungsvorgängen an metallischen und nichtmetallischen Werkstoffen zusammengefaßt, die in ihren Ursachen und Auswirkungen sehr verschiedenartig sein können.

Durch den Reichsausschuß für Metallschutz wurde im Jahre 1927 eine Definition des Begriffs „Korrosion" aufgestellt, die die Billigung anderer Verbände fand[3]. In Anlehnung an diese Definition kann für die Korrosion der Metalle folgende Begriffsbestimmung gegeben werden:

„Korrosion der Metalle ist eine langsam wirkende chemische oder elektrochemische Zerstörung metallischer Werkstoffe."

Demnach haben solche Erscheinungen, die zwar äußerlich der Korrosion ähneln, die aber keinen chemischen Angriff, sondern lediglich eine physikalische Zustandsänderung bedeuten, nicht als Korrosion zu gelten, wie z. B. die Zinnpest, die eine allotrope Umwandlung von weißem in graues Zinn ist. Ferner werden z. B. solche Diffusionsvorgänge, bei denen keine Zerstörung auftritt, also etwa die Zementation des Eisens, nicht als Korrosion bezeichnet.

Durch diese Begriffsbestimmung ist ein vielseitiges Gebiet von Zerstörungsvorgängen umrissen. Dementsprechend sind auch die Anforderungen an die auf diesem Gebiet notwendigen Korrosionsprüfverfahren vielfältig. Für das richtige Ansetzen, für die einwandfreie Durchführung und für die Auswertung derartiger Prüfungen muß die Kenntnis der Grundlagen der *Korrosionstheorie* vorausgesetzt werden, die daher im folgenden Abschnitt kurz zusammengestellt sind. Der Überblick über das umfangreiche Gebiet der Korrosionsvorgänge wird ferner erleichtert, wenn bestimmte, häufig wiederkehrende *Erscheinungsformen der Korrosion* klar gekennzeichnet und übersichtlich geordnet sind. Vor der Behandlung der eigentlichen *Prüfverfahren* sollen daher auch die typischen Erscheinungsformen der Korrosion beschrieben werden, die im einzelnen leicht ver-

---

[1] Nach einer mündlichen Mitteilung am 4th Congress for applied Mechanics, Cambridge 1934.

[2] ACKERET u. DE HALLER: Schweiz. Bauztg. Bd. 108 (1936) Nr. 10, S. 106. Schweiz. Arch. 1938, Nr. 10, S. 293.

[3] WIEDERHOLT, W.: Metallschutz Bd. 1, RKW-Veröffentl. Nr. 114, 1938. Leipzig 1938.

ständlich sind. Auf diese Weise werden dann auch die in der Praxis auftretenden
verwickelten Korrosionsvorgänge, die durch Überlagerung der Einzelvorgänge
entstehen, leichter erklärlich.

2. Theoretische Grundlagen der Korrosion.

Im Verfolg umfangreicher Forschungsarbeiten hat man es im letzten Jahrzehnt unternommen, die Gesetzmäßigkeiten aufzuklären, nach denen sich die
vielseitigen Einzelvorgänge und die verschiedenartigen Erscheinungsformen der
Korrosion entwickeln. Es sind zwei wichtige Gruppen der chemischen Zerstörung
unterschieden worden, und zwar:

    a) die Korrosion durch chemische Reaktionen,

    b) die Korrosion durch elektrochemische Reaktionen.

Dabei kann allerdings die Trennung zwischen beiden Gruppen nicht immer
genau durchgeführt werden.

Alle Korrosionsvorgänge beruhen auf *Gleichgewichten*. Ist ein *Gleichgewicht
der Ruhe* erreicht, so kommt damit der Korrosionsvorgang zum Stillstand,
während ein *Gleichgewicht der Bewegung* den Fortgang des Korrosionsvorganges
bedeutet.

Es muß besonders hervorgehoben werden, daß die bei den Korrosionsvorgängen auftretenden *Gleichgewichte zumeist äußerst empfindlich sind*[1]. Vielfach
hängen sie von dem Zusammenwirken einer größeren Zahl von Faktoren ab,
so z. B. von Druck, Temperatur, Konzentration, katalytischen Wirkungen,
Luftzutritt und vielem anderen mehr. Diese Faktoren ändern sich nicht selten
im Laufe des Korrosionsvorganges. Schon durch scheinbar geringe Änderungen
können aber Korrosionsgleichgewichte entscheidend beeinflußt und Reaktionen
umgekehrt werden.

Es ist notwendig, sich dieser Empfindlichkeit der Korrosionsgleichgewichte
bewußt zu bleiben. In ihr liegt die Schwierigkeit der Laboratoriumsprüfung
und das Erfordernis besonderer Sorgfalt bei der Aufzeichnung aller Versuchsbedingungen der Korrosionsvorgänge begründet. Manche scheinbaren Gegen-
sätzlichkeiten, die im Schrifttum auftreten, erklären sich aus dieser Empfindlichkeit der Gleichgewichte.

a) Korrosion durch chemische Reaktionen.

Die Korrosion durch chemische Reaktionen umfaßt hauptsächlich die Gruppe
der *Zerstörung von Metallen in der Hitze*, besonders unter Mitwirkung von Sauerstoff, Stickstoff, Schwefel, Chlor u. dgl. unter Bildung von Additionsverbin-
dungen. Hierher gehören auch die als *Reiboxydation* bekannten Vorgänge, bei
denen Metalle, die einer trocknen Reibung ausgesetzt sind, durch Sauerstoff-
aufnahme der reibenden Oberfläche unter Bildung von Oxydationsprodukten
korrodieren.

Werden im Verlaufe des Korrosionsvorganges die gebildeten Verbindungen
schnell abgetragen, sei es durch Verflüchtigung oder durch Abblättern o. dgl.,
so schreitet die Korrosion nach einem linearen Gesetz fort. Entstehen bei dem
Vorgang festhaftende Deckschichten, so ist das Fortschreiten der Korrosion
von der Durchlässigkeit dieser Schichten abhängig. Mit zunehmender Schichtdicke nimmt dann die Korrosionsgeschwindigkeit im Regelfall nach einem
Exponentialgesetz ab[2]. Ist in besonderen Fällen das angreifende Mittel in der
gebildeten Deckschicht löslich, so verläuft der Korrosionsvorgang parabolisch[3].

---

[1] FRY, A.: Ver. dtsch. Eisenhüttenleute, Werkstoffausschuß-Ber. Nr. 6, 1921.
[2] KÖSTER, W. u. G. TAMMANN: Z. anorg. allg. Chem. Bd. 123 (1922) S. 196.
[3] TAMMANN, G.: Z. anorg. allg. Chem. Bd. 111 (1920) S. 76.

b) Korrosion durch elektrochemische Reaktionen.

Eine besonders große und bedeutsame Gruppe von Korrosionsvorgängen findet in Elektrolyten statt. Als Ursache für den Angriff ist hier das Bestreben der Metalle maßgebend, je nach dem Elektrolyten Ionen in die Lösung zu senden. Metalle mit geringem Lösungsbestreben werden als edle Metalle (Gold, Silber), solche mit starkem Lösungsbestreben als unedle Metalle (Zink, Aluminium, Magnesium) bezeichnet.

Als Vergleichsmaßstab für das Lösungsbestreben der Metalle dient die elektrochemische *Spannungsreihe,* die das Verhalten der Metalle gegen Normallösungen ihrer Salze wiedergibt. In dieser Spannungsreihe ist Wasserstoff mit $\pm$ o angesetzt. Entsprechend der Stellung eines Metalls in der Spannungsreihe muß dieses aus Metallsalzlösungen, die ein edleres Metall enthalten, das edlere Metall verdrängen. Hieraus ergibt sich ein Bestimmungsverfahren für die Reihenfolge der Metalle in der Spannungsreihe. Je nach dem Elektrolyten kann diese Reihenfolge jedoch verschieden sein. Die Eingliederung eines Metalls in die Spannungsreihe ist daher nur unter bestimmten begrenzten Voraussetzungen gültig und kann im übrigen nur als Anhaltspunkt für sein chemisches Verhalten gewertet werden.

Die Stellung eines Metalls in der Spannungsreihe wird dadurch bestimmt, daß man das Metall mit einer anderen Elektrode, am einfachsten mit einer Kalomel-Normalelektrode oder mit einer Wasserstoffelektrode in Verbindung bringt und das hierbei auftretende Potential ermittelt. Die Bestimmung eines Potentials ist also nur in der Anordnung eines Elements möglich.

Je unedler ein Metall, je stärker also sein Lösungsbestreben ist, um so mehr ist es von Natur der Gefahr der Korrosion ausgesetzt.

Ist die Korrosion eines Metalls in einem Elektrolyten eingeleitet, so wird der weitere Verlauf von der Diffusionsgeschwindigkeit des noch unverbrauchten Elektrolyten durch die Grenzschicht Metall/unverbrauchter Elektrolyt geregelt. Dabei können, in ähnlicher Weise wie bei der Einwirkung von Nichtelektrolyten, verschiedene Sonderfälle, insbesondere durch Bildung von Deckschichten aus Korrosionsprodukten, auftreten. Sinngemäß sind auch hier die gleichen Sonderfälle möglich, die bereits bei der Einwirkung von Nichtelektrolyten erwähnt wurden (S. 489).

Die beschriebene Wirkung des Lösungsbestrebens gilt in reiner Form nur für homogene Metalle. Die Gebrauchsmetalle der Praxis sind jedoch mehr oder weniger *heterogen.* Hierdurch wird auf ihrer Oberfläche die Ausbildung galvanischer Elemente zwischen den verschiedenen Gefügebestandteilen möglich, die — soweit es sich um örtlich eng beieinander liegende Gefügebestandteile handelt — als *Lokalelemente* bezeichnet werden. Da Lokalelemente infolge ihrer Kleinheit einen sehr geringen inneren Widerstand haben, ist ihre Wirkung sehr stark.

Im Gegensatz zu den elektrotechnisch gebräuchlichen Elementen fehlt bei Lokalelementen eine Trennung der Pole durch eine Zwischenwand (Diaphragma). Daher können bei Lokalelementen an beiden Polen Störungen durch *Polarisationserscheinungen* auftreten, die dann eine Abschwächung der Elementwirkung bedeuten.

Elementbildung in einem Metall kann jedoch nicht nur durch heterogene Gefüge entstehen, sondern auch infolge von anderen Ungleichmäßigkeiten, z. B. durch Beschädigung der Metalloberfläche (Risse, Kratzer), durch örtliche Kaltverformung, durch unterschiedliche Zusammensetzung des Elektrolyten in Kerben usw., durch verschiedene Belüftung, durch Temperaturunterschiede, ungleiche Lösungsverhältnisse und ähnliches. Durch solche Einzelwirkungen können sehr verschiedenartige Erscheinungsformen der Korrosion auftreten, über die weiter unten berichtet werden soll, die jedoch einheitlich nach der Theorie der Elementbildung zu klären sind (s. S. 493).

Befinden sich auf einer Metalloberfläche nur einzelne heterogene Stellen, etwa durch eingelagerte Fremdkörper, so beschränkt sich bei der Einwirkung bestimmter schwach wirkender Korrosionsmittel der Angriff auf diese Stellen und führt zu *Lochfraß*, der sich auch nach dem Herauslösen der Fremdkörper häufig durch *sekundäre Vorgänge* fortsetzt (s. S. 495). Der Lochfraß hat damit seine erste Ursache in der Bildung von Lokalelementen. Er kann durch Gefügebestandteile, durch Schlackeneinschlüsse, aber auch durch einfache Ablagerungen von Staub o. dgl., auf der Oberfläche bewirkt werden.

Eine mit Lochfraß verwandte Erscheinung ist die *interkristalline Korrosion*[1], bei der eine tiefe örtliche Zerfressung der Korngrenzen auftritt. Diese Erscheinung kann in der Praxis auch einer sorgfältigen Überwachung leicht entgehen. Sie ist besonders gefährlich, weil ihre Wirkungen sich häufig plötzlich in katastrophaler Form äußern.

Die interkristalline Korrosion tritt auf, wenn Korngrenzen durch Elementbildung unedel werden. Ähnlich wie beim Lochfraß ist auch das Auftreten der interkristallinen Korrosion an die Wirkung bestimmter schwach wirkender Korrosionsmittel gebunden, die nur einzelne Korngrenzenausscheidungen angreifen, während die Flächen der Körner einen elektrolytischen Schutz erfahren. Besonders verhängnisvolle Elementbildungen können submikroskopisch feine Ausscheidungen metallischer oder nichtmetallischer Art hervorrufen. Die Schnelligkeit des elektrolytischen Angriffs hängt von der Stromdichte ab. Da nun bei feinen interkristallinen Ausscheidungen das Oberflächenverhältnis von Kathode = Kornoberfläche zu Anode = Korngrenzenausscheidungen sehr groß ist, tritt in den Korngrenzen eine sehr hohe Stromdichte auf, die dort einen außergewöhnlich schnellen Fortgang des Angriffs zur Folge hat. Ist erst eine Kerbwirkung entstanden, so können durch die nachfolgend beschriebenen Vorgänge weitere Verstärkungen der Zerstörung hervorgerufen werden.

Mit der interkristallinen Korrosion ist eine Gruppe von Erscheinungen nahe verwandt, die als *selektive Korrosion* bezeichnet wird. Man versteht darunter solche Fälle, in denen einzelne Gefügebestandteile von Legierungen durch Korrosion bevorzugt aufgelöst werden.

Wirkt auf ein Metall ein Elektrolyt, dessen Konzentration an verschiedenen Stellen unterschiedlich ist, so wird in Abhängigkeit von den Konzentrationsunterschieden des Elektrolyten auch das Lösungsbestreben des Metalls örtlich unterschiedlich sein. Dieser Vorgang tritt z. B. häufig im Verlauf des Lochfraßes und der interkristallinen Korrosion durch Erschöpfung des korrodierenden Mittels im Grunde des Loches oder Kerbes auf. Dadurch entsteht Elementbildung und mithin Korrosion. Man spricht dann von der korrodierenden Wirkung von *Konzentrationsketten*.

In ähnlicher Weise kann unterschiedliche Belüftung des Elektrolyten zur Bildung eines sog. *Belüftungselements* führen. Hier kann eine Elementbildung zwischen dem oxydischen Korrosionsprodukt und dem metallischen Grundwerkstoff stattfinden. Dabei sind zuweilen die belüfteten Stellen edler als die weniger belüfteten Stellen. Daraus entsteht dann die zunächst überraschende Wirkung, daß nichtbelüftete Stellen stärker korrodieren als belüftete Zonen[2].

---

[1] FRY, A.: Chimie et Industrie Bd. 41 (April 1939) Nr. 4 bis. Sonderheft Korrosionstagung Paris 1938.

[2] EVANS, U. R. u. E. PIETSCH: Korrosion, Passivität und Oberflächenschutz von Metallen. Berlin: Julius Springer, 1939. — BAISCH, E. u. M. WERNER: Korrosion I. VDI-Verlag 1932.

Konzentrationsketten und Belüftungselemente können bei der sog. *Spaltkorrosion* mitwirken, die in den Fugen zwischen verschiedenen Metallen oder zwischen Metallen und Nichtmetallen auftreten kann. Die Spaltkorrosion ist daher kein theoretisch besonders ausgezeichneter Vorgang.

Auch mechanische Spannungen können den Korrosionsangriff beeinflussen. Man spricht dann von *Spannungskorrosion.* Allgemein bedeutet eine Zugspannung die Erhöhung der potentiellen Energie eines Metalls und damit eine Verminderung der chemischen Beständigkeit. Das Umgekehrte gilt von *Druckspannungen.* In Metallen, die örtliche Spannungen enthalten, ist daher unter ihrem Einfluß Elementbildung möglich.

Besonders verhängnisvoll wirken *Zugspannungen bei der interkristallinen Korrosion,* da die korrodierenden Korngrenzen als scharfe Kerbe wirken und da bei Zugbeanspruchungen im Grunde solcher Kerbe eine beträchtliche Spannungserhöhung eintreten kann, die zuweilen das 30fache der rechnerischen Mittelwerte erreicht[1].

Wird ein Werkstück, das einer langsamen Korrosion unterliegt, gleichzeitig einer Wechselbeanspruchung ausgesetzt, so tritt eine eigentümliche Korrosionsform, die sog. *Korrosionsermüdung*[2] auf. Die Korrosionsermüdung geht auf verschiedene Ursachen zurück. Einerseits ist die vorbeschriebene Elementbildung durch Spannungsunterschiede in Betracht zu ziehen. Andererseits ist die Korrosionsermüdung ähnlich wie die Ermüdung in Luft aus der Bildung von kerbartigen Zerstörungen an den höchstbeanspruchten Oberflächen zu erklären, in deren Grunde sich Spannungsanhäufungen bilden. Unter Mitwirkung der beschriebenen sekundären Korrosionsvorgänge (Konzentrationsketten, Belüftungselemente) schreitet der Korrosionsangriff im Kerbgrunde besonders stark fort. Dabei kann eine weitere Beschleunigung der Korrosion durch die im Kerb entstehende Pumpwirkung hervorgerufen werden, die eine ständige Erneuerung des Elektrolyten zur Folge hat.

Bei manchen Metallen kann die Ermüdungsfestigkeit durch Korrosion außerordentlich stark herabgesetzt werden. So findet man z. B. bei den meisten rostanfälligen Stählen eine Herabsetzung der Ermüdungsfestigkeit, unabhängig von der Höhe der Ausgangsfestigkeit auf etwa 12 kg/mm². Die Brüche der Korrosionsermüdung verlaufen wie die Ermüdungsbrüche in Luft zumeist intrakristallin. Jedoch sind auch interkristalline Korrosionsermüdungsbrüche beobachtet worden[3]. Es ist wahrscheinlich, daß zwischen Korrosionsermüdung und interkristalliner Korrosion zahlreiche Übergangsfälle bestehen. Ähnlich wie bei der Spannungskorrosion tritt die Korrosionsermüdung insbesondere bei Wechsel*zug*belastung auf, während Wechsel*druck*belastungen von geringem Einfluß sind.

Einige praktisch wichtige Korrosionsvorgänge treten in kaltverformten und dann gelagerten oder angelassenen, also *gealterten Metallen* auf, wenn sich durch den Alterungsvorgang *Ausscheidungen* bilden. Derartige Vorgänge sind am besten bei der Alterung des Eisens geklärt. In solchen weichen Eisensorten, die kritisch disperse Ausscheidungen enthalten, entstehen an Stellen, wo Überschreitungen der Streckgrenze stattfinden, Rutschungen, die beim Lagern oder Anlassen zu feinsten Gefügestörungen führen. Diese Gefügestörungen werden zuweilen Ausgangspunkte gefährlicher Korrosionen. Durch besondere, sehr gleichgewichtsempfindliche Ätzmittel haben sich diese Gefügestörungen beim Eisen

---

[1] Nach neueren Arbeiten von A. Thum und E. Lehr.

[2] McAdam: Proc. Amer. Soc. Test. Mater 29. Meeting II, 1926 und folgende Arbeiten, z. B. McAdam u. R. W. Clyne: J. Res. Nat. Bur. Stand. 1934.

[3] Holzhauer, Cl.: Mitt. Mat.-Prüf.-Anst. T. H. Darmstadt, Heft 3 (1933) S. 48 u. 51 VDI-Verlag.

sichtbar und der Erforschung zugänglich machen lassen[1]. Die erhaltenen makroskopischen Ätzbilder werden als *Kraftwirkungsfiguren* bezeichnet[2].

In den Kraftwirkungsfiguren können Störungen der Korngrenzen oder des Korninneren auftreten. Dementsprechend beobachtet man bei der Korrosion in Kraftwirkungsfiguren verschiedene Einzelvorgänge, besonders interkristalline Korrosion, Spannungskorrosion und Spaltkorrosion.

Ähnliche Erscheinungen, wie sie beim Eisen als Folge der Alterung auftreten, sind neuerdings auch bei anderen Metallen, besonders beim Aluminium, beobachtet worden[3].

Korrosionsvorgänge durch Elementbildung treten gelegentlich auf, wenn in dem gleichen Elektrolyten metallische Werkstücke mit verschiedenem Lösungsbestreben, z. B. Bauteile aus verschiedenen Metallen oder Legierungen elektrolytisch miteinander verbunden sind. Auch hier geht das unedlere Metall verstärkt in Lösung, während das edlere geschützt wird. Man spricht hier von *Berührungskorrosion*.

Auch durch *äußere Zuführung eines elektrischen Stromes* werden bei Gegenwart eines Elektrolyten Erscheinungen herbeigeführt, wie sie bei der Elementbildung entstehen. In diesem Falle wird das Eintrittsgebiet des Stromes gegen Korrosion geschützt, während an der Austrittsstelle des Stromes starke Korrosionserscheinungen auftreten, da der Stromaustritt unter Bildung von Metallionen vor sich geht.

3. Erscheinungsformen der Korrosion.

Aus den obigen Darlegungen über die Ursachen der Korrosion geht bereits hervor, daß sich trotz der vielseitigen Angriffsmöglichkeiten die Ursachen der Korrosion auf verhältnismäßig wenige grundlegende Vorgänge zurückführen lassen. In ähnlicher Weise gilt das auch von den Erscheinungsformen der Korrosion, deren Erkenntnis insbesondere für die Auswertung der Korrosionsprüfung wichtig ist. Die wesentlichen Korrosionsformen sollen daher im folgenden erörtert werden[4].

Die einfachste und gleichzeitig ungefährlichste Erscheinungsform ist die allgemeine *gleichmäßige Korrosion*. Hierzu gehört z. B. die flächige Rostbildung auf Stahl, die flächige Zerstörung von Zink, von Leichtmetallen, ferner auch die Zerstörung durch Zunderungsvorgänge.

Bilden sich bei dieser Korrosionsart Deckschichten, die äußerst dünn und daher dem Auge unsichtbar sind, so spricht man von Passivität des Metalls[5].

---

[1] FRY, A.: Stahl u. Eisen Bd. 41 (1921) S. 1093. — Ver. dtsch. Eisenhüttenleute, Werkstoffausschuß, Bericht Nr. 20, 1922.

[2] Im Schrifttum sind vielfach Kraftwirkungsfiguren einerseits und HARTMANNsche und LUEDERSsche Linien andererseits gleichgesetzt worden, da beide durch örtliche Überschreitung der Streckgrenze bedingt und infolgedessen räumlich gleich ausgebildet sind. Der Unterschied ist jedoch folgender: Die HARTMANNschen oder LUEDERSschen Linien machen lediglich Aussagen über die örtliche Lagerung bleibender Verformungen an der Oberfläche bei geringer Überschreitung der Streckgrenze. Die Kraftwirkungsfiguren machen die gleichen Aussagen nicht nur für die Oberfläche, sondern auch für das Innere der Werkstücke, vor allem aber machen sie darüber hinaus Aussagen über die Ausscheidungsfähigkeit eines weichen Stahls und geben damit eine klare Kennzeichnung seiner metallurgischen Eigenschaften. Ein mit Kraftwirkungsfiguren behafteter Stahl ist fast stets anfällig gegen interkristalline Korrosion und Sprödigkeit durch mechanische Alterung; ein Stahl, in dem keine Kraftwirkungsfiguren entstehen können, hat stets eine weitgehende Sicherheit gegen Versprödung im gealterten Zustand und gegen interkristalline Korrosion.

[3] BOPHARD, M. u. H. HUG: Metallwirtsch. Bd. 17 (Juli 1938).

[4] Vgl. W. WIEDERHOLT, zitiert S. 488.

[5] EVANS, U. R. u. E. PIETSCH: Korrosion, Passivität und Oberflächenschutz von Metallen. Berlin: Julius Springer, 1939. — BAISCH, E. u. M. WERNER: Korrosion I, VDI-Verlag 1932.

Nimmt die Dicke der Deckschichten zu, wie es etwa bei der Bildung von Anlauf-
farben eintritt, so kann aus dem Farbton auf die Schichtdicke geschlossen
werden. Auf diese Weise war die Entwicklung des Gesetzes über die Einwirkung
von Gasen auf Metalle möglich.

Auch bei dem elektrolytischen Angriff kann gleichmäßige Korrosion auf-
treten. Sie kann durch die Bildung sehr zahlreicher, submikroskopisch feiner
Lokalelemente wesentlich beschleunigt werden. Letztere Wirkung bleibt der
Augenbeobachtung meist entzogen.

Die gleichmäßige Korrosion ist verhältnismäßig harmlos, da sie leicht zu erkennen und einfach zu überwachen ist. Es gelingt auch meist unschwer, das Maß des Angriffs zahlenmäßig ausreichend genau zu erfassen.

Neben der gleichmäßigen flächigen Korrosion sind der Augenbeobachtung diejenigen Folgen der Korrosion leicht zugänglich, bei denen Zerstörungen durch *Bildung von Stromkreisen* größeren Ausmaßes auftreten. Solche Zerstörungen können durch einen Fremdstrom entstehen: Liegt beispielsweise in einem Straßenbahnnetz ein schlecht isoliertes Rohrsystem so in den Boden eingegraben, daß ein Teil des in dem Schienennetz laufenden Stromes durch die Rohre abzweigt, so werden die Rohre an der Austrittsstelle des Stromes stark zerstört (Abb. 1). Ähnliches Aussehen haben die Zerstörungen, die durch *Berührungs-*

Abb. 1. Korrosion an Rohrleitungen durch Streuströme.
(Nach Wiederholt.)

Abb. 2. Berührungskorrosion in einer Stahlflasche: Schematische Skizze.

Abb. 3. Berührungskorrosion in einer Stahlflasche: Innenansicht.
$^1/_7$ nat. Gr.

korrosion auftreten. Abb. 2 und 3 zeigt das Innere einer Stahlbombe, in der
sich ein bleibeschwertes Kupferrohr befand. Das Bleigewicht geriet in Berührung mit der Stahlwandung. Da gleichzeitig Feuchtigkeit vorhanden war,
trat eine Elementbildung zwischen Blei und Eisen und damit Berührungs-
korrosiondes Eisens auf. Der Vorgang wurde im Verlauf weiter verstärkt, als
die Korrosion sich so tief eingefressen hatte, daß auch das Kupferrohr mit
dem Eisen in Berührung geriet.

Ähnliche Korrosionsformen findet man, wenn Elementbildung an Luftblasen[1]
in Elektrolyten stattfindet oder wenn beispielsweise Wassertropfen in Nichtelektrolyten (Treibstoff) an eine metallische Wandung geraten. Hier findet die

---

[1] Schulz, E. H.: Korrosion I, VDI-Verlag 1932.

Rostbildung in Form von Pocken oder Blasen statt[1], die mit dem Elektrolyten gefüllt sind, und nach deren Beseitigung narbenförmige Anfressungen in dem Metall zurückbleiben (Abb. 4 und 5).

Findet die Elementbildung an einzelnen, eng begrenzten Punkten der metallischen Oberfläche statt, so entsteht der sog. *Lochfraß*. Zuweilen bilden sich beim Lochfraß glattwandige tiefe Löcher, die den Bohrlöchern desHolzwurms ähnlich sehen (Abb. 6). In anderen Fällen entstehen Löcher mit unregelmäßigen rauhen Wandungen, die sich gelegentlich durch sekundäre Korrosionsvorgänge unter der Oberfläche stark erweitern (Abb. 7).

Die mit dem Lochfraß nahe verwandte *interkristalline Korrosion* bringt wiederum ganz neue Zerstörungsformen hervor. Wie der Name besagt, beschränken sich die Zerstörungen

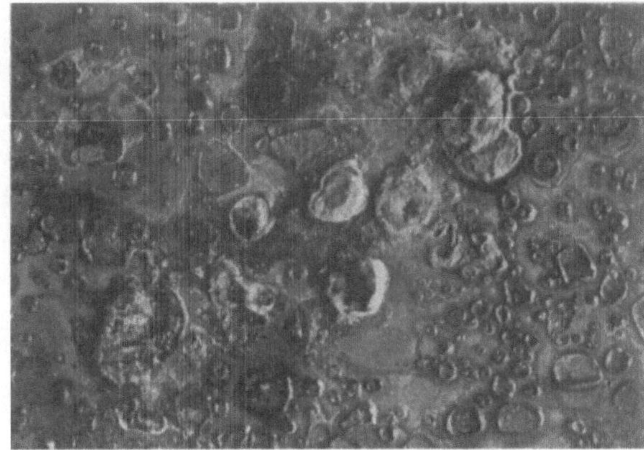

Abb. 4. Rostbildung durch Wassertropfen in Treibstoff. Nat. Gr.

hier zunächst auf die Korngrenzen. Allerdings findet man bei interkristalliner Korrosion nicht selten gleichzeitig intrakristalline Zerstörungen, und zwar dann, wenn durch Mitwirkung von Spannungen eine mechanische Zerreißung einzelner Körner auftritt.

Interkristalline Korrosionen in Werkstücken, die unter äußeren Spannungen stehen, bilden sich in der Regel in Form verästelter Risse aus. Abb. 8 zeigt interkristalline Nietlochrisse in einem Dampfkessel. Die Verästelungen werden besonders bei mikroskopischer Beobachtung deutlich. Abb. 9 stellt das Feingefüge solcher Risse dar. In anderen Fällen, insbesondere bei Abwesenheit äußerer Spannungen, geht die interkristalline Korrosion so vor sich, daß

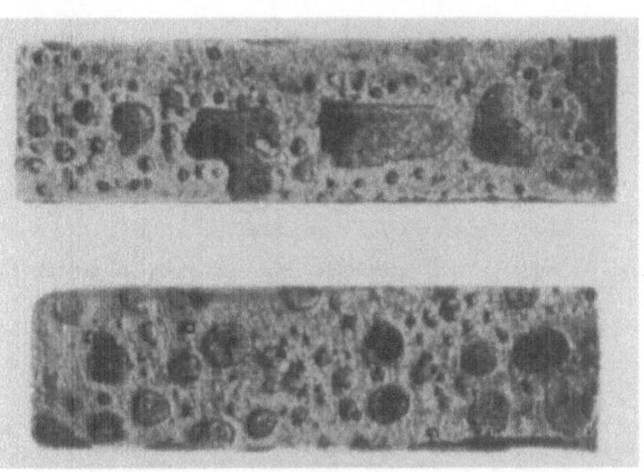

Abb. 5. Grübchenkorrosion durch Ansetzen einer Luftblase unter Wasser: Elementbildung Rost — Eisen. (Nach C. Carius und E. H. Schulz.)

nicht nur einzelne Risse entstehen, sondern daß praktisch alle Korngrenzen zerstört werden (Abb. 10). Hierdurch tritt eine vollständige Zermürbung der betroffenen Zonen ein, so daß man das Metall vielfach zu Pulver zerreiben kann. Diese Zerstörungsform ist, z. B. bei nichtrostendem Stahl, oft äußerlich leicht daran erkennbar, daß die Werkstücke ihren metallischen Klang verlieren. Der Fortgang solcher Korrosionen kann auch durch Dämpfungsmessung verfolgt werden[2].

Die mit der interkristallinen Korrosion verwandte Erscheinung der *selektiven Korrosion* findet sich in typischen Formen besonders in Gußeisen und in

---

[1] Fry, A., V. Duffek u. C. Köck: Korrosion u. Metallsch. Bd. 15 (1939).
[2] Schneider, A. u. F. Förster: Z. Metallkde. Bd. 29 (1937) S. 287.

manchen Messingarten. Im Gußeisen tritt zuweilen eine Herauslösung der Ferritadern auf, während das Zementitgefüge und der Graphit unverändert bleiben. Das Gußeisen erhält dann ein schwammiges Gefüge. Die Erscheinung wird als „Spongiose" bezeichnet

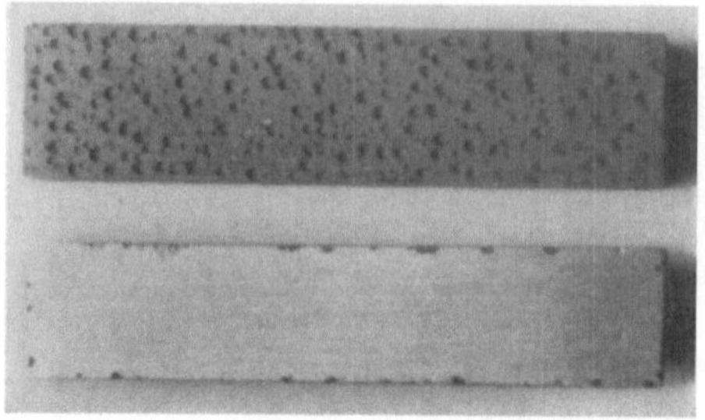

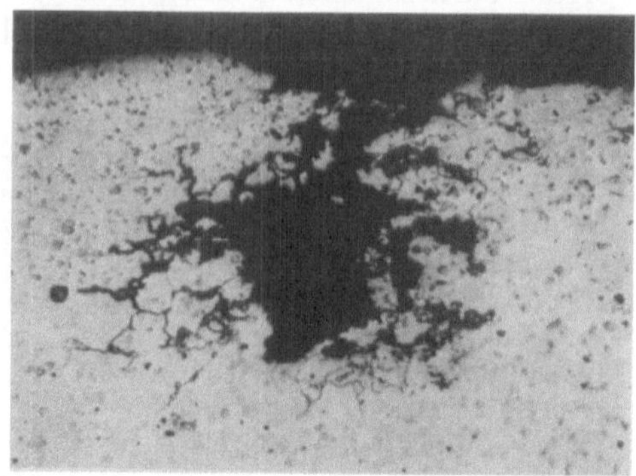

Abb. 6 a und b. Lochfraß in Stahl mit 14% Cr durch Eisenchlorid. a Ansicht, b Querschliff. Nat. Gr.

Abb. 7. Lochfraß in Leichtmetall-Automatenlegierung mit 0,5% Pb in 3% NaCl-Lösung. V 100×.

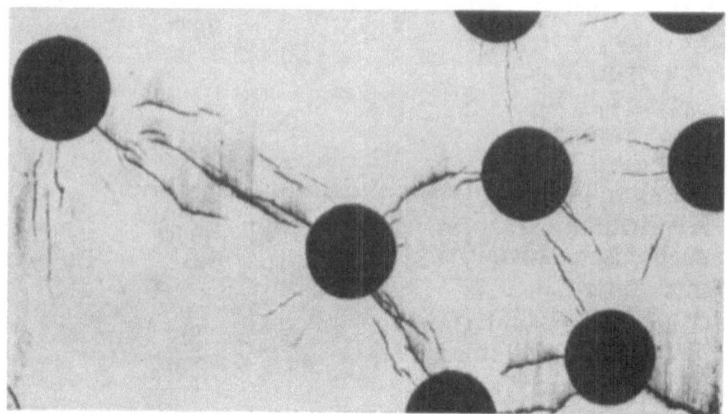

Abb. 8. Nietlochrisse in einem Dampfkessel. (Nach Guilleaume.)

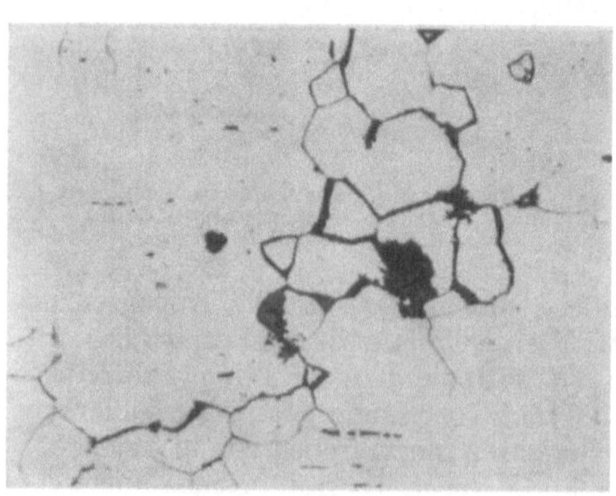

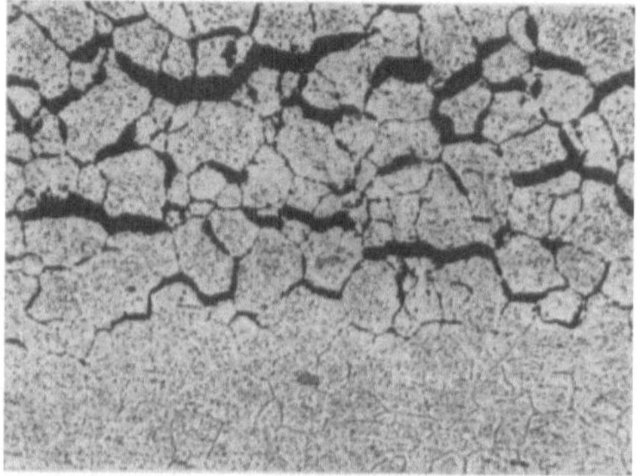

Abb. 9. Interkristalliner Riß im Kesselblech. (Nach Guilleaume.) V 200×.

Abb. 10. Korrosion von Leichtmetall durch Heißdampf. V 250×.

(Abb. 11). Bei der Entzinkung des $\alpha + \beta$-Messings verläuft der Entzinkungsvorgang in Form interkristalliner Herauslösung der α-Ausscheidung (Abb. 12). Aber auch im β-Messingmischkristall kann Entzinkung dadurch entstehen, daß zunächst Messing in Lösung geht, dann aber aus dieser Lösung der edlere Bestandteil Kupfer wieder ausgeschieden wird. Die Entzinkung findet dann unter Bildung sog. Kupferpfropfen statt (Abb. 13 und 14).

Abb. 11. Spongiose in Gußeisen.

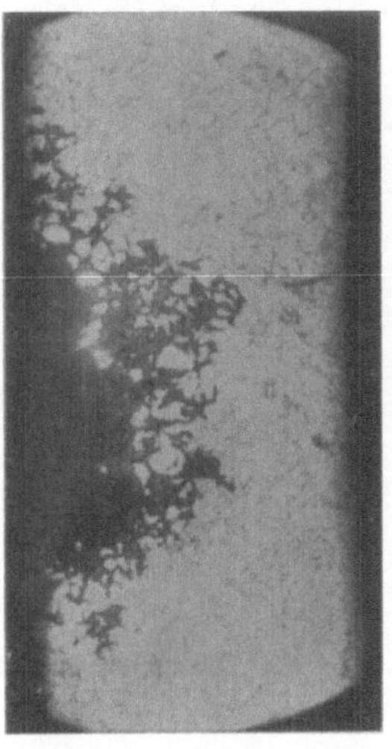

Abb. 12. Entzinkung in Messing mit $\alpha + \beta$-Gefüge. V 35×.

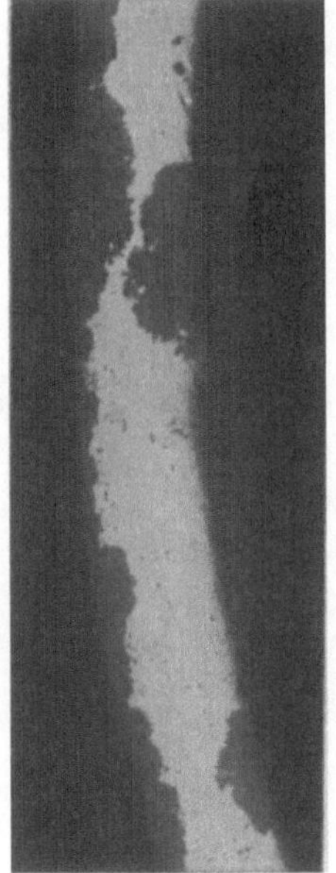

Abb. 13.

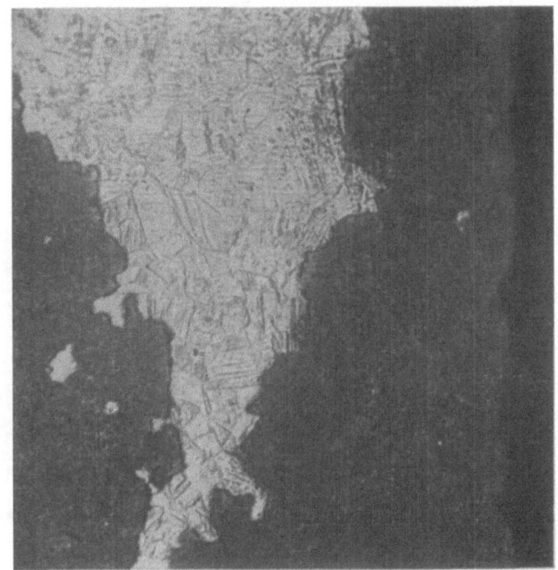

V 200×

Abb. 14.

Abb. 13 und 14. Entzinkung in α-Messing.

Einige der selektiven Korrosion ähnliche Zerstörungen treten gelegentlich bei der Korrosion durch heiße Gase auf. Wird eisenkarbidhaltiger Stahl beispielsweise bei einer Temperatur von 500° einer Wasserstoffatmosphäre von 200 at Druck ausgesetzt, so wird der Kohlenstoff des Zementits durch den

Wasserstoff allmählich gasförmig herausgelöst und es entstehen im Stahl Hohlräume[1] (Abb. 15).

Wieder andere Zerstörungsformen treten bei der Heißkorrosion auf, wenn
beispielsweise stickstoffhaltige Gase auf Legierungen einwirken, deren eine

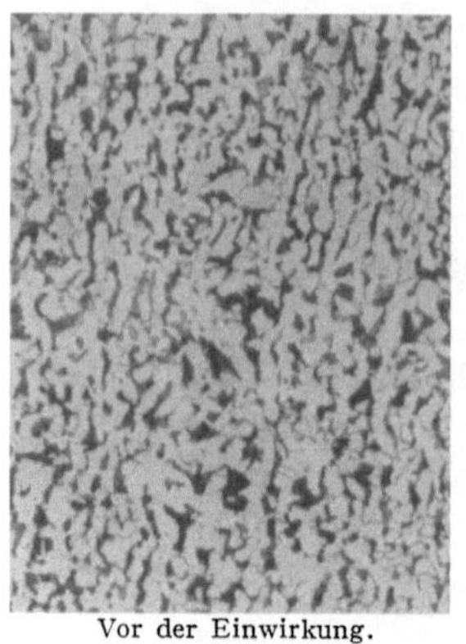
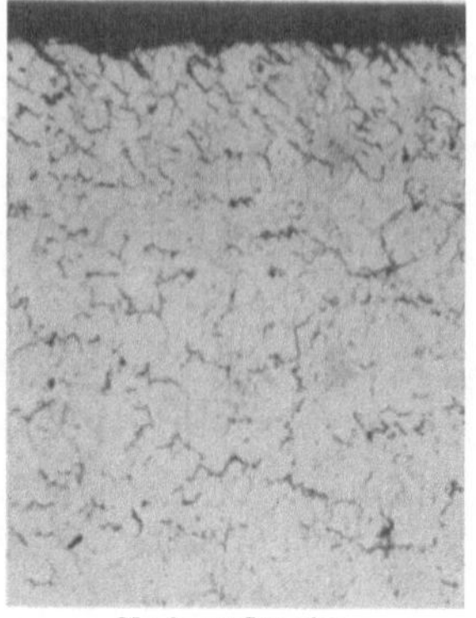
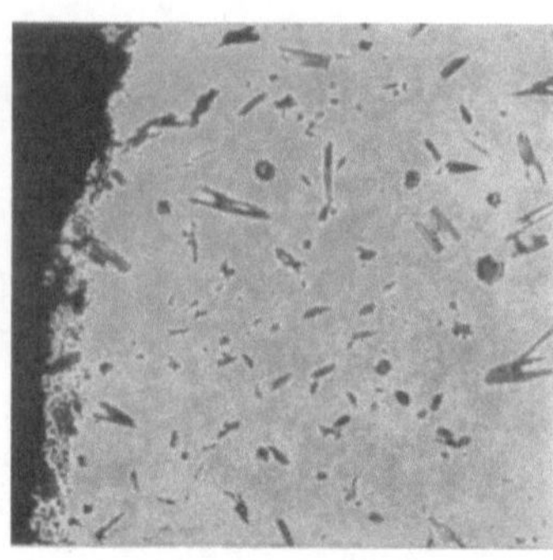

Vor der Einwirkung.   Nach 35 Stunden.
Abb. 15. Korrosion von Kohlenstoffstahl durch Wasserstoff
bei 300 atü und 600° C.

Abb. 16.   Zerstörung eines 30%igen Cr-
Stahles bei 1100° durch Nitridbildung.

Komponente stabile Nitride bildet. In solchen Fällen findet eine Aufzehrung
des nitridbildenden Elements und eine Einlagerung von Nitriden in die Rand-

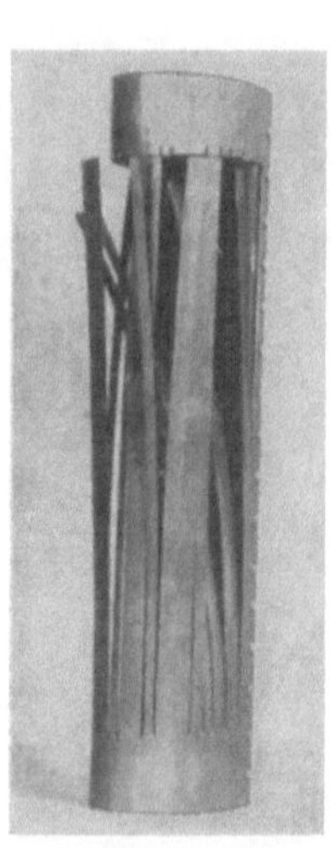
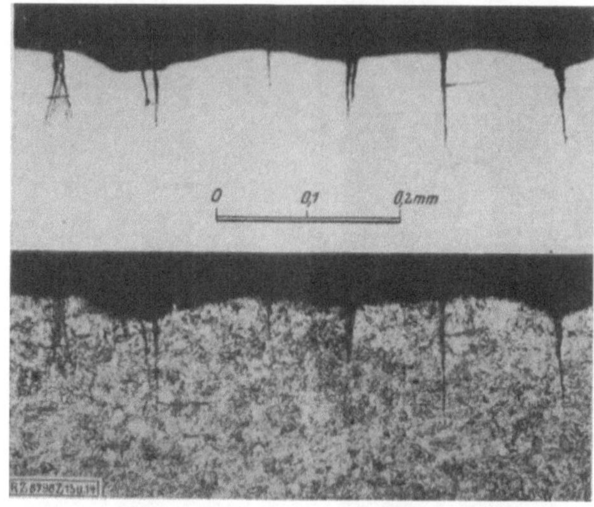

Abb. 17. Spannungskorrosion in einer
Leichtmetallstrebe. (Nach Brenner.)

Abb. 18. Korrosionsermüdungsrisse in VCN 35 bei $\sigma = 13$ kg/mm²
in Leitungswasser. (Nach Ludwik und Krystof.)

schicht der Legierung statt, wodurch die Korrosionsbeständigkeit der Legierung
meist erheblich herabgesetzt wird[2] (Abb. 16).

Wirkt bei der korrosiven Zerstörung eine äußere oder innere *Spannung*
mit, so kann die Zerstörung sehr verschiedenartige Formen annehmen. Auf die

---

[1] Fry, A.: Öl u. Kohle 1933, Heft 1. — Naumann, F. K.: Stahl u. Eisen Bd. 58 (1938)
S. 1239.
[2] Fry, A.: Korrosion I, VDI-Verlag 1933.

interkristalline Spannungskorrosion wurde bereits hingewiesen. Ähnlich ist das Aussehen von interkristallinen Brüchen in Messing, die durch Einwirkung von Ammoniak oder Quecksilber oder ihren Salzen eintreten. Auch in hartgezogenen Rohren treten Zerstörungen durch Spannungskorrosion auf. In derartigen Fällen beobachtet man vielfach ein Aufklaffen der gerissenen Teile (Abb. 17).

Besonders eigentümliche Korrosionsformen findet man gelegentlich bei der *Korrosionsermüdung* (Abb. 18). Hier findet die Zerstörung zuweilen durch zahlreiche Risse statt, die sich gleichzeitig bilden, und die nicht selten eine klare Orientierung nach der Richtung der wirkenden Kraft annehmen. So findet man bei korrosionsbeanspruchten Schiffswellen gelegentlich Korrosionsnarben in Form deutlich aus-

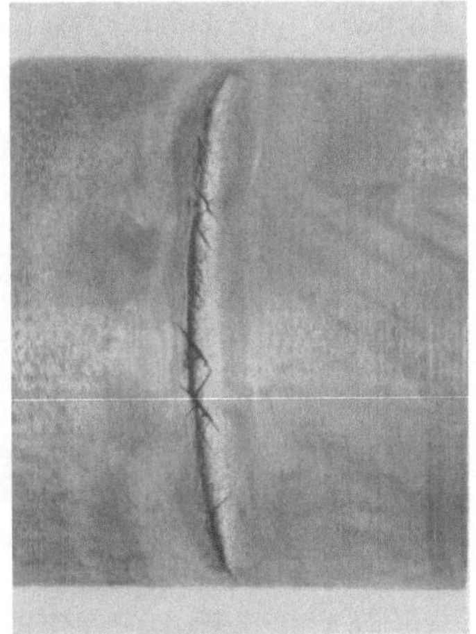

Abb. 19. Korrosionsermüdungsrisse in einer Schiffswelle, stark verkleinert.

Abb. 20. Korrosion durch Ätzmittel in den Rutschebenen eines kaltverformten weichen Eisens. V 400×.

geprägter Kreuze, deren Achsen unter 45° zur Kraftrichtung gelagert sind (Abb. 19)[1]. Diese Korrosionen sind *intrakristallin.*

---

[1] Vgl. auch S. F. Dorey: Mar. Engr., Lond. Bd. 47 (1935) Part. 12, S. 6—10.

32*

Ähnliche Korrosionszerstörungen, die gleichfalls unter 45° zur Kraftrichtung gelagert sind, finden sich in alterungsanfälligen stählernen Werkstücken, die

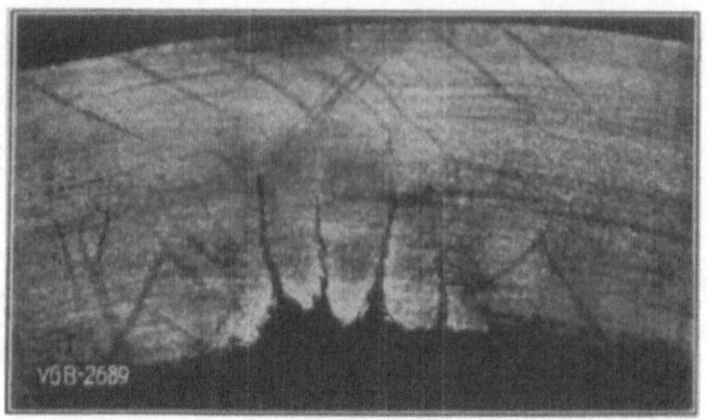

Abb. 21. Korrosion in einem Dampfkessel als Folge von Kraftwirkungsfiguren. (Nach Körber und Pomp.)

Kraftwirkungsfiguren enthalten. Hier bilden sich die korrosiven Anfressungen intrakristallin in Richtung der Rutschebenen aus. Abb. 20 zeigt diesen Vor-

Abb. 22.   Korrosion eines eisernen Winkels durch Mischsäure an den Stellen von Kraftwirkungsfiguren. (Nach M. Werner.)

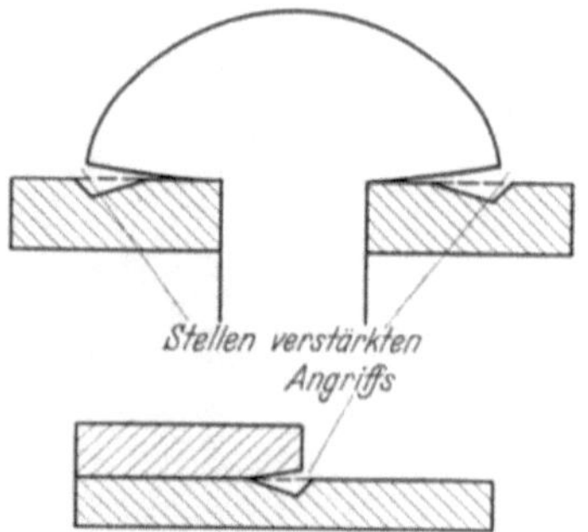

Abb. 23. Spaltkorrosion, schematische Skizze.

gang im Feingefüge. Abb. 21 stellt korrosive Zerstörungen in Dampfkesseln dar, die den Kraftwirkungsfiguren folgen[1]. Abb. 22 zeigt in noch klarerer Form

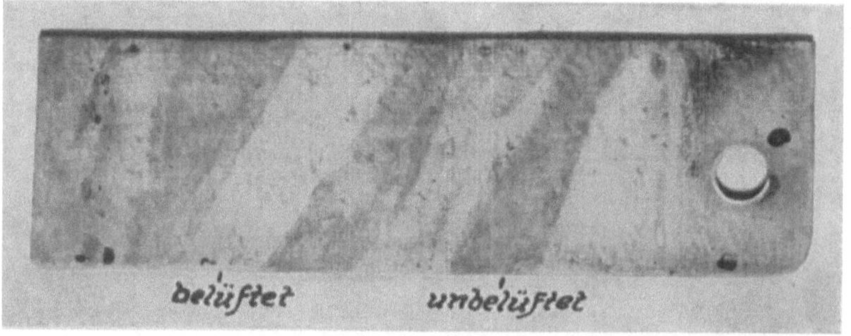

Abb. 24. Belüftungskorrosion. Rosten von Eisen unter einer Binde. (Nach Baisch und Werner.)

die korrosiven Zerstörungen eines Mischsäurebehälters, bei dem die Zerfressungen genau in den Kraftwirkungsfiguren auftreten[2].

---

[1] Köster u. Pomp: Mitt. K.-Wilh.-Inst. Eisenforschg. Bd. 8 (1926).
[2] Werner, M.: Speisewasserpflege. Selbstverl. Ver. d. Großkesselbesitzer, Berlin 1926.

Eine weitere kennzeichnende Korrosionsform ist die *Spaltkorrosion,* die besonders durch Bildung von *Konzentrationsketten* oder *Belüftungselementen* entsteht. In Abb. 23 ist ein Fall von Spaltkorrosion dargestellt. Abb. 24 gibt den Fall einer Belüftungskorrosion wieder, wo die durch eine Binde geschützte weniger stark belüftete Stelle eines eisernen Rohres einen tieferen Korrosionsangriff erfahren hat als die frei belüfteten Zonen.

Endlich sei hier der Vorgang der *Reiboxydation* erwähnt (Abb. 25), der besonders bei Eisen beobachtet wird und dort wegen der roten Farbe der Oxydationsprodukte früher als „Bluten" bezeichnet worden ist.

Abb. 25. Reiboxydation. (Nach Thum.)

4. Grundsätzliche Gesichtspunkte bei der Korrosionsprüfung.

Da Korrosionsvorgänge auf Gleichgewichten beruhen, die vielfach sehr empfindlich sind, können scheinbar nebensächliche Begleitumstände den Korrosionsvorgang entscheidend beeinflussen. Es ist weder zweckmäßig noch überhaupt möglich, die Korrosionsprüfungen auf wenige Verfahren zu beschränken. Auf Grund der theoretischen Erkenntnisse ist daher eine größere Zahl in ihrem Wesen unterschiedlicher Prüfverfahren entwickelt worden.

Korrosionsprüfungen können folgende Aufgaben haben:

Feststellung des chemischen Verhaltens der Werkstoffe bei bestimmten chemischen Beanspruchungen.

Feststellung der angreifenden Wirkung eines Reagens auf verschiedene Werkstoffe.

Feststellung der Auswirkung bestimmter Einflüsse auf den Ablauf eines Korrosionsvorganges.

Erforschung der Korrosionsvorgänge.

Soweit die Prüfverfahren praktischen Aufgaben dienen, haben sie das Ziel, klare Voraussagen über das Verhalten der Werkstoffe im Betriebe zu machen. Hierzu können sowohl *Naturversuche (Langzeitversuche)* als auch *Laboratoriumsversuche (Kurzzeitversuche)* dienen. Naturversuche haben den Vorteil, eine Reihe verschiedener, in der Praxis zusammenwirkender Einflüsse gleichzeitig zu prüfen. Wenn jedoch gelegentlich die Ansicht ausgesprochen worden ist, daß allein Naturversuche für die Entscheidung des Korrosionsverhaltens brauchbar wären, und daß Laboratoriumsversuche nur begrenzten Wert besäßen, so kann diese Anschauung bei kritischer Betrachtung nicht aufrechterhalten werden. So ist durch Freilagerversuche, die in verschiedenen Gegenden Amerikas ausgeführt wurden, unzweideutig festgestellt worden, daß bei gleichen Werkstoffen in Abhängigkeit von den unterschiedlichen klimatischen Einflüssen viel größere Streuungen eintraten, als bei sorgfältig ausgeführten Laboratoriumsversuchen[1]. Ferner hat sich bei Freilagerversuchen verzinkter Proben herausgestellt, daß der Korrosionsangriff stark davon abhängt, bei welcher Witterung (Jahreszeit) der Versuch begonnen wurde, da die Widerstandsfähigkeit der ersten gebildeten Deckschicht durch die Witterungsbedingungen entscheidend beeinflußt wird.

---

[1] Schulz, E. H.: Korrosion I. VDI-Verlag 1932.

Die beiden Beispiele lassen deutlich erkennen, daß auch Naturversuche mit besonderer Vorsicht ausgewertet werden müssen.

Andererseits haben Laboratoriumsversuche zum Teil den Vorteil, gut reproduzierbare Ergebnisse zu liefern, wie O. Bauer [1] am Beispiel des Standversuches gezeigt hat. Bei der Auswertung der Laboratoriumsversuche muß aber stets bedacht werden, daß sie in der Regel nur einzelne bestimmte Angriffsbedingungen prüfen, während in der Praxis häufig zahlreiche verschiedene Einflüsse zusammenwirken.

In manchen Fällen ist es aus grundsätzlichen Erwägungen erforderlich, auf den Langzeitversuch zu verzichten. So muß beim Bau von Geräten der chemischen Industrie die Auswahl der Werkstoffe häufig schnell entschieden werden, zuweilen sogar, ehe noch eine Kenntnis des genauen Ablaufs der Reaktionen vorhanden ist. Hier ist der Laboratoriumsversuch ein unentbehrliches Hilfsmittel.

Nicht selten gelingt es, den Korrosionsangriff im Laboratoriumsversuch ähnlich zu gestalten, wie er im späteren Betrieb auftritt und ihn gleichzeitig in zulässiger Weise — etwa durch Wahl höherer Versuchstemperaturen — zu verschärfen. Das gilt insbesondere für den Kochversuch. Allerdings muß dabei mit großer Vorsicht zu Werke gegangen werden. So kann die Erhöhung der Temperatur gelegentlich sogar eine Verminderung des Korrosionsangriffs herbeiführen, wenn sie eine Austreibung von Sauerstoff zur Folge hat [2]. Vergleicht man den Naturversuch und den Laboratoriumsversuch grundsätzlich, so ist festzustellen, daß jede der Versuchsarten ihre besonderen Vorzüge, aber auch ihre Nachteile hat. Der Laboratoriumsversuch kann mit großer Freiheit unter klaren Versuchsbedingungen angesetzt werden; er führt schnell zu Ergebnissen, die aber einseitig sind. Der Naturversuch hat meistens unklare Versuchsbedingungen und ist langwierig. Er kann aber gelegentlich besser als der Laboratoriumsversuch das Zusammenwirken verschiedener Einflüsse nachahmen, wie sie in der Praxis vorliegen.

Weder die eine noch die andere Versuchsart gestattet einfache schematische Rückschlüsse. Vielmehr erfordern sowohl der Naturversuch als auch der Laboratoriumsversuch gute Kenntnisse des zu prüfenden Korrosionsvorganges und sorgfältige Auswertung. Beide Versuchsarten sind besonders aufschlußreich, wenn man stets ein Standardmaterial, dessen Korrosionsverhalten bekannt ist, zum Vergleich heranzieht. Auf die Notwendigkeit genauer Aufzeichnungen der Versuchsbedingungen wurde oben bereits hingewiesen.

Die Frage, *welches Prüfverfahren das richtige ist, muß von Fall zu Fall entschieden werden.* Dabei ist es in der Regel angebracht, diejenigen Prüfverfahren zu wählen, die dem praktischen Fall möglichst nahe kommen. Hier sind jedoch in besonderen Fällen Ausnahmen zu machen.

So ist es manchmal möglich, das Verhalten eines Werkstoffes im praktischen Betrieb schnell und sicher durch Laboratoriumsversuche vorauszusagen, die mit der betriebsmäßigen Beanspruchung direkt nichts zu tun haben. Beispielsweise läßt sich die Sicherheit von Flußeisen gegen interkristalline Korrosion durch Speisewässer, Laugen u. dgl. mittels der Alterungskerbschlagprobe vorausbestimmen [3]. Ähnlich läßt sich die Schutzwirkung von Farbanstrichen durch mechanische Prüfung der Geschmeidigkeit, Haftfestigkeit und Härte ohne Mitwirkung chemischer Prüfungen mit großer Sicherheit beurteilen [4]. Auch derartige Versuche sind grundsätzlich zur Prüfung der Korrosionssicherheit zuzulassen.

---

[1] Bauer, O.: Z. Metallkde. Bd. 28 (1936) Nr. 2.
[2] Werner, M.: Chem. Fabrik Bd. 10 (1937) S. 47/48.
[3] Fry, A.: Krupp. Mh. Bd. 7 (1926) S. 185.
[4] Peters, F.: Z. VDI Bd. 80 (1936) S. 1469.

In den Forschungen der vergangenen Jahrzehnte sind Korrosionsprüfungen unter so verschiedenen Versuchsbedingungen vorgenommen worden, daß ein Vergleich der Ergebnisse häufig nicht möglich ist. Diese sehr bedauerliche Tatsache hat den Wunsch erweckt, Korrosionsversuche möglichst weitgehend zu normen. Diese *Normung* ist zweifellos eine der dringlichsten Aufgaben der heutigen Korrosionsforschung. Der Stand der Normung auf dem Korrosionsgebiet in Deutschland ist zur Zeit durch folgende Normenblätter gegeben:

DIN 4850: Richtlinien für die Durchführung und Auswertung von Korrosionsversuchen an Metallen.

DIN 4851: Maßeinheit für Gewichts- und Dickenabnahme bei Metallen.

DIN 4853: Prüfung von Leichtmetallen auf Seeklima und Seewasserbeständigkeit.

DVM 3210: Anstrichfarben, Bezeichnung des Rostgrades.

Neue Vorschläge für die Weiterführung der Normung sind von M. WERNER [1] gemacht worden.

Eine Normung *aller* Versuchsbedingungen ist weder erreichbar noch erwünscht. Grundsätzlich ist anzustreben, daß die apparative Ausführung der Versuche genau festgelegt wird. Auch die angreifenden Mittel können in einzelnen Fällen heute bereits genormt werden, jedoch muß auf diesem Gebiet der Forschung selbstredend volle Freiheit gelassen werden. Die Normung muß bereits bei der Probenahme und Vorbereitung der Werkstoffproben einsetzen. Zur Kennzeichnung eines Werkstoffes reicht nicht allein seine Analyse aus, sondern es sind oft genaue Angaben über Schmelz- und Gießbehandlung, Warm- und Kaltverformung, Wärmebehandlung, Gefügeaufbau, Oberflächengüte u. dgl. nötig.

Die Angriffsstärke bei flächiger Korrosion wird wahlweise in folgenden Dimensionen ausgedrückt (DIN 4851):

g/m^2Tag als Wert, der sich aus den Versuchen unmittelbar ergibt,

mm/Jahr oder Jahr/mm als errechneter Wert, der für den Konstrukteur besonders anschaulich ist.

Daneben hat sich für flächige Korrosion die Beurteilung der Werkstoffe nach folgender Liste praktisch bewährt:

Gewichtsabnahme unter	0,1 g/m^2h	= vollkommen beständig,
,,	0,1 bis 1,0 ,,	= genügend beständig,
,,	1,0 ,, 3,0 ,,	= ziemlich beständig,
,,	3,0 ,, 10,0 ,,	= wenig beständig,
,,	über 10,0 ,,	= unbeständig.

Zur Prüfung der gefährlichen Zerstörungen durch *interkristalline Korrosion*, die gewichtsmäßig nicht feststellbar sind, hat man besondere Verfahren entwickelt, deren Normung in Vorbereitung ist (s. Abschn. 6 c).

Neben den genannten Prüfverfahren bringt die *metallographische Verfolgung* der Korrosionsvorgänge oft wichtige Erkenntnisse, die mit anderen Verfahren nicht erzielt werden können. So ist das metallographische Studium der Lagerung verschiedener Gefügebestandteile oft eines der besten Hilfsmittel zur Beurteilung des Korrosionsverhaltens.

Führt man die Korrosionsprüfung verständnisvoll nach einem oder mehreren, für die vorliegenden Aufgaben geeigneten Verfahren durch, so ist es in den weitaus meisten Fällen möglich, auf Grund der Prüfergebnisse den für jeden Verwendungszweck richtigen Werkstoff sicher auszuwählen.

---

[1] WERNER, M.: Chem. Fabrik Bd. 11 (1938) S. 436.

5. Korrosionsprüfung durch Naturversuche.

Unter den Naturversuchen ist der *Bewitterungsversuch* besonders wichtig. Infolge der starken klimatischen Verschiedenheiten sind jedoch die Streuungen dieser Versuchsart sehr groß. Sie sollte daher in erster Linie zu Vergleichsprüfungen benutzt werden.

Eine einheitliche Festlegung der Versuchsbedingungen ist noch nicht vorgenommen worden. Nachfolgende Versuchsausführung hat sich bewährt: Die Werkstoffe werden als Bleche von mindestens 10 × 15 cm geprüft. Die Proben werden in Holzgestellen so befestigt, daß sie mit einem Winkel von 45° nach Süden geneigt sind. Bei der Befestigung der Proben ist darauf zu achten, daß jede Verbindung von Metallen und die Ansammlung von Feuchtigkeit vermieden wird. Werden Nägel zur Befestigung der Proben benutzt, so ist für deren Isolierung Sorge zu tragen. Die Proben sollen mindestens 50 cm über dem Erdboden angebracht sein, um zu vermeiden, daß rückprallende Regentropfen an die Proben gelangen.

Bei der Prüfung von Farbanstrichen empfiehlt es sich, größere Bleche zu verwenden und diese vor der Aufbringung des Anstrichs so zu biegen, daß eine senkrechte, eine waagerechte und eine unter 45° nach Süden geneigte Fläche vorhanden ist.

Bei Bewitterungsversuchen ist stets für genaue Aufzeichnung der Versuchsbedingungen (Art, Daten, wichtige Wetterveränderungen usw.) Sorge zu tragen.

Der Bewitterungsversuch eignet sich auch zur Prüfung der betriebsmäßig auftretenden vielseitigen chemischen und mechanischen Beanspruchungen. So hat man die Prüfung von Freileitungen aus Leichtmetall im Seeklima in einer Versuchsanlage auf der Insel Sylt durchgeführt, wo eine besondere Beeinflussung des Korrosionsangriffs durch mechanische Schwingungen, durch Wind, Salzgehalt der Luft, Anordnung der Isolierungen u. dgl. auftrat.

Neben den Bewitterungsversuchen sind *Naturversuche in Flüssigkeiten* wichtig. Hier kommen technisch besonders die Prüfungen in Flußwasser, Seewasser, mineralischen Wässern, Abwässern u. dgl. in Betracht. Da häufig ein besonders starker Angriff an der Übergangsstelle zwischen Flüssigkeit und Luft beobachtet wird, werden die Proben erforderlichenfalls so eingebaut, daß die Probe halb in der Luft, halb in der Flüssigkeit steht. In solchen Fällen muß der Angriff in Luft, in der Übergangszone und im Wasser gesondert ausgewertet werden. Die Versuchsaufzeichnungen sollen ferner beispielsweise folgende Punkte berücksichtigen: Wechsel des Flüssigkeitsspiegels (Ebbe und Flut), Strömungsgeschwindigkeit, Belüftung der angreifenden Flüssigkeit, Tiefe der Proben unter dem Wasserspiegel. Für die Einbringung der Proben ist ähnlich wie beim Bewitterungsversuch auf Isolierung gegen andere Metalle Bedacht zu nehmen.

Vielfach ist die Korrosionsbeständigkeit von Werkstoffen *in natürlichen Bodensorten* zu bestimmen. Hierbei ist die Bodenart möglichst genau zu schildern. Ferner muß der Grundwasserspiegel berücksichtigt werden. Zweckmäßig werden die Versuche zur Ermittlung der Bodenkorrosion in der Weise aufgeführt, daß einmal in trocknes Erdreich oberhalb des Grundwassers Proben eingegraben werden, die nur einer Befeuchtung durch Regen unterliegen können. Eine zweite Gruppe von Proben wird unter sonst gleichen Bedingungen unterhalb des Grundwasserspiegels eingebettet. Eine dritte Gruppe wird im Erdreich senkrecht so eingebettet, daß der normale Grundwasserspiegel in der Mitte der Proben liegt.

Eine große, besonders wichtige Gruppe der Naturversuche sind die *Betriebsversuche*, wie sie beispielsweise in der chemischen Industrie durchgeführt werden. Hierbei können entweder gleichwertige Teile einer Apparatur, z. B. Rohrleitungen aus verschiedenen Werkstoffen hergestellt werden, oder es können verschiedene

Versuchsproben in die Apparatur eingehängt werden. Die Versuche haben den besonderen Vorteil, daß sie die zahlreichen, oft unbekannten Einzelbedingungen des Angriffs in einer genau dem praktischen Fall entsprechenden Weise zur Wirkung bringen. Das gilt z. B. für Temperaturen, Temperaturschwankungen, Wechsel des Angriffsmittels, zufällige Beimengungen in der angreifenden Substanz, Strömungsverhältnisse usw. In manchen verwickelten chemischen Prozessen ist es nur durch diese Versuchsart möglich, endgültige Klarheit über die Bewährung verschiedener Werkstoffe und über die metallurgischen Möglichkeiten zur Schaffung der bestgeeigneten Werkstoffe zu gewinnen.

6. Korrosionsprüfung durch Laboratoriumsversuche.

a) Prüfung des flächigen Angriffs durch Flüssigkeiten.

Das einfachste Laboratoriumsverfahren ist der Standversuch. Er gibt in verhältnismäßig kurzer Zeit einen Überblick über die Korrosionsbeständigkeit eines Werkstoffs in Flüssigkeiten. Meist werden stark angreifende Flüssigkeiten verwandt.

Die Durchführung der Versuche ist einfach. In Prüfgefäße von ausreichender Größe werden die Proben an Glashaken oder Haaren eingehängt. Gegen Staub wird die Flüssigkeit durch Glasplatten abgedeckt. Die Gefäße sollen gegen Sonnenlicht oder ungleichmäßige Erwärmung geschützt sein. Zur Erzielung besonders genauer Versuchswerte ist die Anordnung von Thermostaten notwendig. Dabei ist die Möglichkeit gegeben, bei verschiedenen Temperaturen zu prüfen.

Erfolgt die Versuchsdurchführung nicht unter Luftabschluß, so muß bei allen Gefäßen der Luftzutritt gleichmäßig sein. Um besonders starke Beeinflussung von der Oberfläche auszuschließen, hängt man die Proben mindestens 3 cm unter dem Flüssigkeitsspiegel auf. Die Flüssigkeitsmenge wird so gewählt, daß mindestens 10 cm³ auf 1 cm² Proben vorhanden sind. Die Erneuerung der Lösung richtet sich nach der Stärke des Angriffs. Sie ist in den Versuchsberichten zu vermerken. Die Auswertung der Ergebnisse erfolgt durch Wägung. Anhaftende Korrosionsprodukte werden durch solche Mittel abgebeizt, die den Grundwerkstoff nicht angreifen. Nach Feststellung von O. BAUER[1] liefern Standversuche bei sorgfältiger Ausführung gut reproduzierbare Ergebnisse.

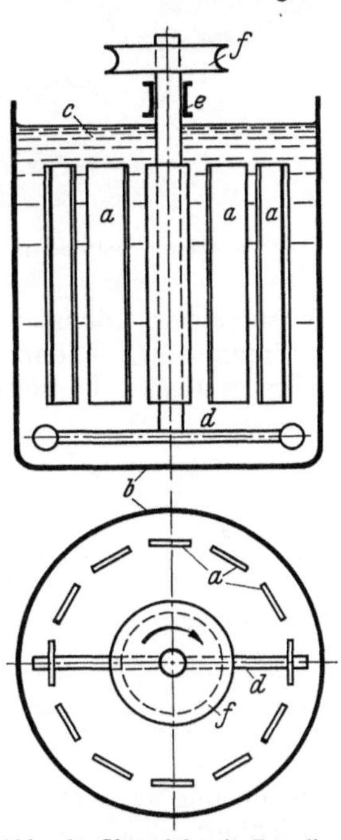

Abb. 26. Glasgefäß mit Porzellanringen für den Rührversuch nach DIN 4853.

Zur Beschleunigung der Versuche und zur Annäherung an manche praktischen Beanspruchungen können die Versuchsbedingungen so abgeändert werden, daß das angreifende Mittel bewegt wird. Derartige Prüfungen erfolgen im sog. *Rührgerät*. Für die Prüfung von Leichtmetall ist in DIN 4853 ein Rührgerät genormt worden. Die Proben werden in einem zylindrischen Glaskäfig oder an Porzellanringen befestigt und so in ein Glasgefäß von etwa 210 mm Dmr. und 320 mm Höhe eingebracht. Das Gefäß enthält dicht über dem Boden einen Rührer bestimmter Form, der mit 135 U/min umläuft (Abb. 26). Als Angriffsmittel für Leichtmetalle wird eine 3%ige Lösung von Natriumchlorid in destilliertem

---

[1] BAUER, O.: Z. Metallkde. Bd. 28 (1936) Nr. 2.

Wasser, bei Schnellprüfungen mit einem Zusatz von 0,1% Wasserstoffsuperoxyd verwendet. Dieser Gehalt wird täglich kontrolliert und nötigenfalls ergänzt.

Das Gerät läßt sich in gleicher Form auch für andere Metalle verwenden. Die Angriffsmittel müssen von Fall zu Fall gewählt werden. Rührgeräte lassen sich in einfacher Weise zu Batterien zusammenbauen und ermöglichen dann schnelle Durchführung großer Versuchsreihen (Abb. 27).

In anderen Fällen prüft man den Einfluß einer Wechselwirkung von Flüssigkeit und Luft. Hierzu sind *Wechseltauchgeräte* entwickelt worden.

Im Wechseltauchgerät erfolgt ein häufiger Wechsel zwischen der Wirkung von Flüssigkeit und Luft entweder durch wiederholtes Absenken des Flüssigkeitsspiegels oder durch wiederholtes Herausheben der Proben. In ersterem Fall kann man so verfahren, daß man das Prüfgefäß mit einem knieförmigen Heber versieht, den

Abb. 27. Batterie von Rührgeräten.

man an seinem höchsten Punkt kugelförmig erweitert und langsam Flüssigkeit zuströmen läßt. Wenn der Flüssigkeitsspiegel bis zum höchsten Punkt des Hebers gestiegen ist, erfolgt schnelle Leerung des Gefäßes. Darauf füllt sich das Gefäß wieder auf und so fort. Eine Vorrichtung zum periodischen Herausheben der Proben aus der Prüflösung besteht darin, daß man die Proben an einem großen umlaufenden Rad anordnet und dieses langsam dreht (Abb. 28).

Noch besser geeignet ist eine Versuchsanordnung, bei der die Proben an einem Rahmen aufgehängt sind, der in bestimmten Zeiträumen gehoben und gesenkt wird, so

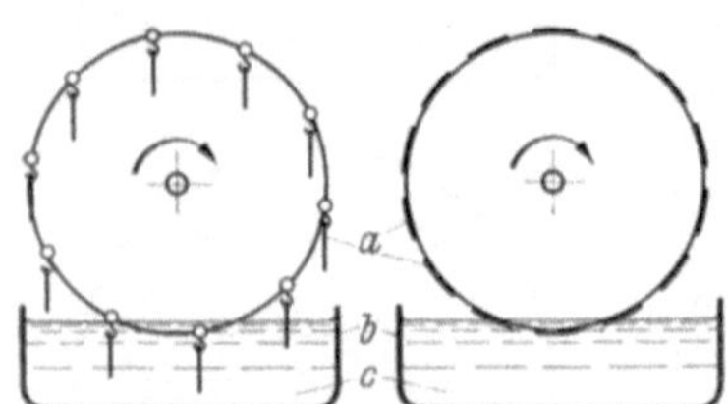

Abb. 28. Wechseltauchgerät in Form eines Rades.

daß die angehängten Proben in Bechergläser in Prüflösung in regelmäßiger Folge eingetaucht werden. Dieses Gerät bietet die Möglichkeit, gleichzeitig Prüfungen in zahlreichen verschiedenen Lösungen vorzunehmen. Ein solches Gerät kann leicht elektrisch gesteuert werden (Abb. 29).

Wechseltauchversuche sollten stets so durchgeführt werden, daß die Proben so lange im Angriffsmittel bleiben, bis eine vollständige Durchdringung der etwa gebildeten Deckschichten mit Flüssigkeit eingetreten ist. Darauf soll die Trockenzeit in der Regel so gewählt werden, daß eine völlige Trocknung der Proben eintritt. Um gleichmäßige Trockenzeiten im Laufe einer Versuchsreihe zu erhalten, ist es zweckmäßig, bei gleichbleibender Luftfeuchtigkeit und gleichbleibender Temperatur im Versuchsraum zu arbeiten.

Zur Prüfung des Korrosionswiderstandes in Lösungen bei höheren Temperaturen ist der *Kochversuch* entwickelt worden, dessen Ausführung in DIN E 4852 mitgeteilt wird (Abb. 30). Der Versuch ist besonders zur Prüfung scharfwirkender Angriffsmittel geeignet. Er findet beispielsweise zur Prüfung säurebeständiger Legierungen oder treibstoffbeständiger Schutzüberzüge Verwendung.

Die Versuchsanordnung ermöglicht, den Einfluß des Luftsauerstoffs auf den Korrosionsablauf auszuschalten.

Abb. 29. Elektrisch gesteuertes Wechseltauchgerät für gleichzeitige Prüfung in verschiedenen Lösungen. Chem.-Techn. Reichsanstalt.

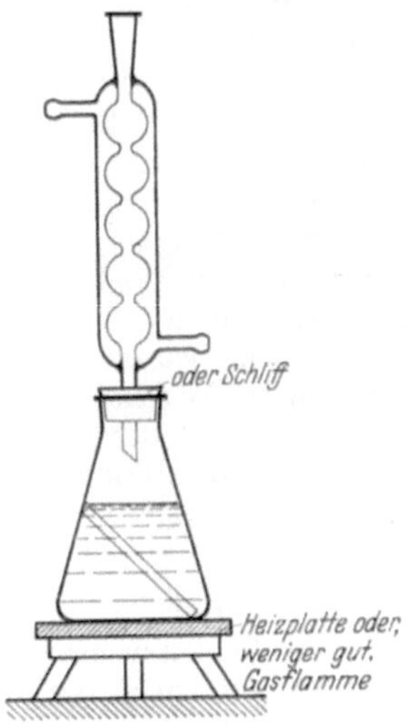

Abb. 30. Kochversuch nach DIN E 4852.

Zur Nachahmung der Beanspruchungen, denen die Werkstoffe an der Atmosphäre durch Regen, Tau u. dgl. ausgesetzt sind, bedient man sich im Laboratorium der *Sprühgeräte.* Die Beanspruchung ähnelt dem Bewitterungsversuch, ermöglicht aber die Anwendung klar umrissener Versuchsbedingungen und führt schneller zum Ziel.

Die Geräte werden so betrieben, daß ein feiner Nebel aus Wasser oder anderen Lösungen eine bestimmte kurze Zeit in einem Versuchsraum versprüht wird und daß anschließend die Proben der gebildeten Atmosphäre ausgesetzt werden. Diese Behandlung wiederholt sich in regelmäßigen Zeitabständen. Es hat sich als zweckmäßig erwiesen, die Sprühdauer zu 1 min, die Trockenzeit zu 2 h zu wählen, dabei die Steuerung zu vorzunehmen, daß der Versuch Tag und Nacht läuft. In Abb. 31 ist ein derartiges Gerät dargestellt. Bei dieser Ausführung ermöglicht das Gerät eine dauernde Beobachtung der Proben. Die Besprühung erfolgt mittels einer SCHLICKschen Düse, die so eingestellt ist, daß feine Vernebelung stattfindet. Der Nebel wird zu-

Abb. 31. Sprühgerät, Bauart Chem.-Techn. Reichsanstalt.

nächst senkrecht gegen eine Platte geblasen, um dicke Tropfen herauszufangen. Oft ist es von Interesse, gleichartige Proben in mehreren derartigen Geräten zu prüfen, von denen das eine beispielsweise mit 3%iger Kochsalzlösung, das andere mit destilliertem Wasser betrieben wird.

Man hat ferner teilweise Sprühvorrichtungen zur regelmäßigen Befeuchtung von Proben benutzt, die im Freien ausgelegt waren, und so eine Verbindung von Bewitterungsprüfung und Sprühversuch geschaffen.

In der Praxis finden teilweise sehr schnelle Korrosionsangriffe durch *Schwitzwasser* statt. Zur Prüfung dieser Erscheinung sind besondere Geräte entwickelt worden, bei denen die Proben durch einen Luftstrom gekühlt werden, während gleichzeitig Wasserdampf vorbeistreicht, der sich in Tröpfchen kondensiert. Nach dieser Tropfenbildung werden die Proben getrocknet, sodann wiederholt sich der Vorgang.

Eine weitere Möglichkeit der Prüfung des Einflusses von Luftfeuchtigkeit auf die Korrosion ist im Laboratorium durch einfache *Feuchtlagerung* gegeben. Die Versuche werden zweckmäßig so ausgeführt, daß ein feinverteilter Luftstrom durch Wasser geleitet und so mit Feuchtigkeit gesättigt wird. Dieser Luftstrom wirkt dann in einem abgeschlossenen Gefäß auf die Versuchsproben ein. Diese Anordnung bringt zuverlässigere Ergebnisse als eine einfache Lagerung über Wasser.

b) Prüfung des flächigen Angriffs in der Hitze (Hitzebeständigkeit).

Die technischen hitzebeständigen Legierungen erfahren ihren Schutz fast ausschließlich durch die Bildung von Deckschichten. In manchen technischen Prozessen können sich solche Deckschichten ungestört auf der Oberfläche bilden und erhalten. In anderen Prozessen findet eine ständige Störung der Deckschichten statt, sei es durch mechanischen Abrieb, sei es durch starken Temperaturwechsel, der zum Abplatzen der Schichten führen kann.

Eine Legierung, deren Deckschicht zwar dicht, aber *temperaturwechselempfindlich* ist, kann für solche Werkstücke gut sein, die unter gleichbleibenden hohen Temperaturen arbeiten; sie muß aber in solchen Fällen unbrauchbar sein, wo häufiger Temperaturwechsel stattfindet.

Die Korrosionsprüfung in *geschmolzenen Körpern*, z. B. in flüssigen Metallen oder Salzen, ist meist einfach. Sie erfolgt durch Einhängung der zu vergleichenden Proben in die Bäder, deren Temperatur und Zusammensetzung möglichst genau aufgezeichnet werden soll. Durch mechanische, chemische oder elektrochemische Verfahren wird dann die Korrosionsschicht entfernt und der Korrosionsangriff durch Wägung ermittelt.

In solchen Werkstücken, die teilweise in Schmelzen getaucht sind, teilweise aus ihnen herausragen, finden in der Übergangsstelle zwischen Schmelze und Luft häufig ungewöhnlich starke Korrosionen statt, die besonders betrachtet werden müssen: Bei Bleibädern, deren Oberfläche nicht durch Aufstreuen von Kohle geschützt ist, erfolgt hier ein Angriff durch die gebildeten Bleioxyde; bei Chloriden durch gleichzeitige Wirkung von Chlor und Sauerstoff. Die quantitative Ermittlung des Angriffs ist in solchen Fällen meist nur in Form einer vergleichenden Prüfung möglich.

Besonderer Sorgfalt bedürfen die Prüfungen der Hitzebeständigkeit in *strömenden Gasen*, da die Gasgleichgewichte vielfach äußerst empfindlich sind. Werden zersetzliche Gase benutzt, so ist die Verwendung enger Röhrenöfen unzulässig, da die Gaswirkungen an der Eintritts- bzw. an der Austrittsstelle zu stark und zu verschieden sind. In solchen Fällen sind Prüfgefäße von großem Querschnitt zu verwenden, damit alle Proben unter gleichen Strömungsbedingungen und gleicher Temperatur geprüft werden[1]. Meist empfiehlt sich außerdem eine regelmäßig wiederholte Umkehrung oder Wirbelung des Gasstromes. Diese Maßnahmen müssen mit besonderer Sorgfalt durchgeführt werden, wenn

---

[1] Fritz, J. u. F. Bornefeld: Krupp. Mh. Bd. 28 (1931) S. 237.

die Prüfung in stark reaktionsfähigen oder zersetzlichen Gasen wie Kohlenoxyd, Ammoniak oder Schwefelwasserstoff erfolgt. Stets ist der chemische Aufbau des angreifenden Gases möglichst genau festzustellen. Beispielsweise genügt bei schwefelhaltigen Gasen keineswegs die Angabe der prozentualen Schwefelmenge, sondern viel wesentlicher als diese ist eine Aussage darüber, ob das schwefelhaltige Gas reduzierend (z. B. H_2S) oder oxydierend (z. B. SO_2) wirkt.

Die Hitzebeständigkeit kann durch *kleine, scheinbar unwesentliche Beimengungen* in den Legierungen entscheidend gestört werden, wenn die sich in der Hitze bildenden Reaktionsprodukte dieser Beimengungen die Deckschichten durchlässig machen (Wolfram in Chrom-Nickel-Stählen)[1]. In ähnlicher Weise können hitzebeständige Deckschichten durch Aufbringen solcher Fremdkörper gestört werden, die ihre Undurchlässigkeit vernichten (Sulfide und Oxysulfide in aluminiumhaltigen Stählen)[1]. Soweit die Korrosionsprüfung als Grundlage der Werkstofforschung dient, muß sie diese Besonderheiten kennen und berücksichtigen.

Die Haftfestigkeit von hitzebeständigen Deckschichten läßt sich in der Weise prüfen, daß man den Werkstoff in Form eines Spiraldrahtes erhitzt, nach dem Erhitzen die Spirale gerade auszieht und dann den abgesprungenen Zunder wiegt[2]. Die Unempfindlichkeit der Deckschichten gegen Temperaturwechsel prüft man zweckmäßig gleichfalls an Drahtspiralen, die in häufiger Wiederholung elektrisch erhitzt und wieder abgekühlt werden. Dabei muß unter Verwendung optischer Temperaturkontrolle dafür gesorgt werden, daß auch nach Verkleinerung der Querschnitte durch Zunderung die gleiche Temperatur beibehalten wird. Als Maß für die Hitzebeständigkeit gilt die Zeit bis zum Durchbrennen der Spiralen[2].

c) Prüfung der interkristallinen Korrosion.

Von großer Wichtigkeit ist die Prüfung der Sicherheit von Metallen gegen interkristalline Korrosion. Die Prüfung erfolgt nach drei grundsätzlich voneinander verschiedenen Verfahren[3], und zwar:

Prüfung der interkristallinen Korrosion ohne äußere Spannungen,

Prüfung der interkristallinen Korrosion mit äußeren Spannungen, die ausheilen können,

Prüfung der interkristallinen Korrosion mit äußeren Spannungen, die nicht ausheilen können.

In allen drei Fällen ist es möglich, die Wirkung plastischer Verformungen mitzuprüfen. Zur Zeit ist man in Deutschland bestrebt, diese Prüfverfahren zu normen. Die an zweiter und dritter Stelle genannten Prüfverfahren können auch zur Prüfung der Spannungskorrosion verwandt werden.

Prüfung der interkristallinen Korrosion ohne äußere Spannungen.

In manchen Fällen, z. B. bei heterogenen Leichtmetallen, bei einigen kohlenstoffreichen nichtrostenden Stählen und bei manchen Messingarten tritt interkristalline Korrosion auch im spannungsfreien Zustand auf. Die Prüfung der Empfindlichkeit gegen interkristalline Korrosion wird dann in der Regel so vorgenommen, daß zunächst die Proben in einem interkristallin angreifenden Medium korrodiert und darauf einer mechanischen Beanspruchung unterworfen werden. Bei Leichtmetallen verfährt man beispielsweise so, daß man Zerreißstäbe im Rührgerät oder Sprühgerät einer Kochsalzlösung aussetzt. In

---

[1] Fry, A.: Öl u. Kohle 1933, Heft 1.
[2] Hessenbruch, W. u. W. Rohn: Heraeus-Vakuumschmelze, Festschrift 1933, S. 247.
[3] Fry, A.: Chim. et Ind., Bd. 41 (April 1939), Nr. 4 bis. Sonderheft Korrosionstagung. Paris 1938.

verschiedenen Zeitabständen werden dann einzelne Stäbe zerrissen und auf diese Weise die Veränderungen der Festigkeitseigenschaften in Abhängigkeit von der Korrosionsdauer ermittelt. Bei diesen Prüfungen sind insbesondere die Dehnung und die Einschnürung ein Maß für den interkristallinen Angriff.

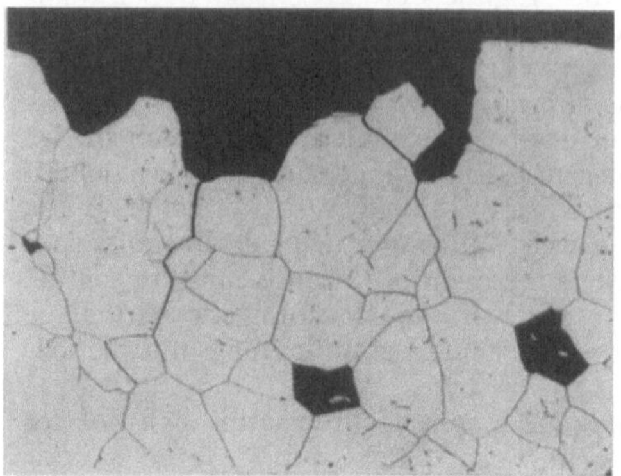
Abb. 32. Interkristalline Korrosion von nichtrostendem Stahl.

Beim nichtrostenden austenitischen Chrom-Nickelstahl prüft man Blechstreifen im Kochgerät in einer siedenden schwefelsauren Kupfersulfatlösung, die durch Eintragung von 10% $CuSO_4 \cdot 5\ H_2O$ in 10%ige Schwefelsäure hergestellt ist. Der Fortgang der interkristallinen Korrosion wird dann durch Biegen der Blechstreifen oder metallographisch durch den Querschliff festgestellt (Abb. 32).

Bei Messing wird die interkristalline Korrosion durch verästelte Verzinkung mittels einer 1%igen NaCl-Lösung, der 0,02 bis 0,3% Schwefel- oder Salpetersäure zugesetzt sind, hervorgerufen, wobei die Prüftemperatur zweckmäßig 40 bis 50° beträgt.

Der Fortgang der interkristallinen Korrosion ist neuerdings auch durch Dämpfungsmessungen bestimmt worden[1].

Prüfung der interkristallinen Korrosion mit äußeren Spannungen, die ausheilen können.

Im praktischen Betrieb kommen nicht selten Fälle vor, wo in Bauteilen bei der Herstellung elastische Spannungen auftreten, die sich im Laufe der Zeit durch Ausheilung vermindern können. Häufig treten solche Beanspruchungen gleichzeitig in Verbindung mit plastischen Verformungen auf. Derartige Fälle liegen z. B. bei Nietungen und Schweißungen vor. Um das Verhalten solcher Bauteile gegen interkristalline Korrosion zu prüfen, sind Proben entwickelt worden, bei denen Streifen aus dem zu prüfenden Werkstoff um einen Dorn gebogen und dann durch Festklammern elastisch verspannt gehalten werden. J. A. Jones[2] schlug eine Probe vor, bei der zwei Blechstreifen beispielsweise von $1/_4$ Zoll Dicke, 1 Zoll Breite und 4 Zoll Länge um einen Dorn von 1 Zoll Dmr. durch Schraubenzwingen gebogen werden (Abb. 33). Die Prüfungen wurden von Jones in verschiedenen Salzmischungen bei verschiedensten Temperaturen durchgeführt. Von Moore, Beckinsale und Mallison[3] wurden zur Prüfung der interkristallinen Korrosion von Messing Blechstreifen in Klammern gebogen und dem Angriff von Quecksilber oder Quecksilbersalzen ausgesetzt.

Fry[4] entwickelte zur Prüfung der interkristallinen Korrosion von weichem Stahl, die man fälschlich auch als „kaustische Sprödigkeit", „Laugenbrüchigkeit" und ähnliches bezeichnet hatte, zwei Sonderproben, von denen die eine als *Bügelprobe* bezeichnet wird und zur Prüfung unter ausheilbaren Spannungen dient, während die zweite als *Hebelprobe* bezeichnet wird und die Einflüsse nicht ausheilbarer Spannungen prüft (s. auch unter 3). Die Bügel-

[1] Schneider, A. u. F. Förster: Z. Metallkde. Bd. 29 (1927) S. 287.
[2] Jones, J. A.: Engineering 1921, S. 469.
[3] Moore, Beckinsale u. Mallison: Engineering 1921.
[4] Fry, A.: Elektroschweißg. 1933, Nr. 11.

probe wird folgendermaßen ausgeführt: Ein Blechstreifen von $5 \times 15 \times 250$ mm wird in einer Biegepresse mittels eines Dorns von 25 mm R. zwischen zwei Rollen von 50 mm Dmr. so hindurchgedrückt, daß die
Enden des Prüfstreifens einen Abstand von 100 mm *bis 100 mm plastisch verformt* haben. Nötigenfalls werden die Enden der Streifen, *„ 85 " elastisch gespannt*

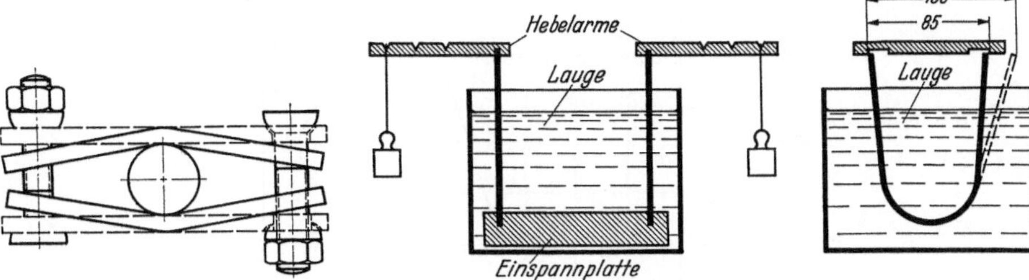

Abb. 33. JONES-Probe.

Abb. 34. Bügelprobe und Hebelprobe nach FRY.

die außerhalb der Prüflösungen bleiben, auf diesen genauen Abstand von 100 mm gelehrt. Sie werden dann durch eine Klammer auf 85 mm Abstand elastisch verspannt (Abb. 34). Als Korrosionsmittel wird nach dem Vorschlag von WYSZOMIRSKI folgende Prüflösung verwandt, deren Temperatur während des Vergleichs auf 100 bis 105° C gehalten wird.

600 g Kalziumnitrat,

50 g Ammoniumnitrat,

350 g Wasser.

Als Maß der Korrosionsbeständigkeit gilt die Zeit bis zum Reißen der Proben. Die Proben können bei Anwendung geeigneter Prüflösungen auch für andere Metalle als Eisen Anwendung finden.

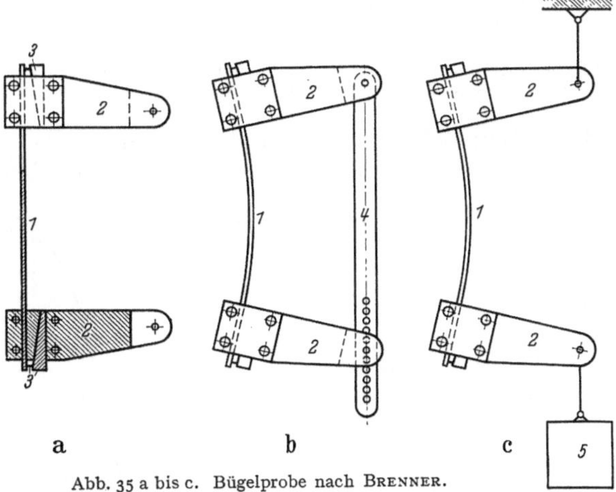

Abb. 35 a bis c. Bügelprobe nach BRENNER.

Für Leichtmetalle ist neuerdings eine entsprechende Probe von BRENNER[1] vorgeschlagen worden (Abb. 35).

Prüfung der interkristallinen Korrosion mit äußeren Spannungen, die nicht ausheilen können.

Manche Bauteile sind einem Korrosionsangriff ausgesetzt, während gleichbleibende Zugspannungen einwirken, die nicht ausheilen können. Dieser Fall liegt z. B. bei Dampfkesseln oder Dampfrohren vor. Zugleich können solche Bauteile Kaltverformungen enthalten.

Zur Prüfung des Verhaltens von Werkstoffen unter derartigen Versuchsbedingungen, die von den im vorigen Abschnitt genannten Bedingungen grundsätzlich abweichen, sind mehrere Verfahren entwickelt worden. Die

---

[1] BRENNER, P.: Buch BAUER, KRÖHNKE u. MASING Bd. 2 S. 32. Leipzig 1938.

oben genannte *Hebelprobe* wird wie folgt ausgeführt: Ein Versuchsstab von $5 \times 15 \times 250$ mm wird senkrecht in eine Grundplatte gesteckt und mittels Hebel

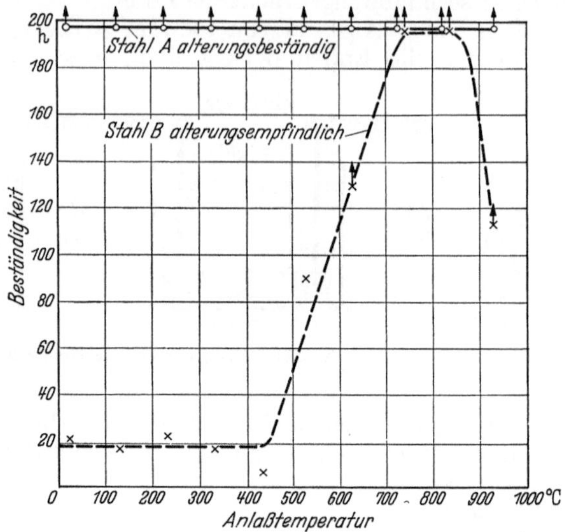

Abb. 36. Interkristalline Korrosion von alterungsbeständigem und alterungsempfindlichem weichem Stahl in Abhängigkeit von der Anlaßtemperatur nach der Kaltverformung. *Bügelprobe:* Ausgangszustand normalisiert.

und Gewichtsbelastung elastisch verspannt. Die Biegespannungen sind dann über die ganze Stablänge gleichmäßig und bleiben über die gesamte Versuchs-

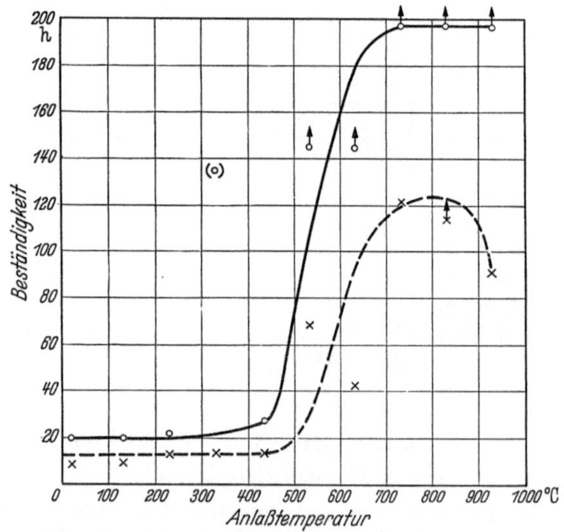

Abb. 37. Interkristalline Korrosion von alterungsbeständigem und alterungsempfindlichem weichem Stahl in Abhängigkeit von der Anlaßtemperatur nach der Kaltverformung. *Bügelprobe:* Ausgangszustand rekristallisiert.

dauer unverändert (Abb. 34). Die Prüfung erfolgt in der von Wyszomirski angegebenen Lösung (vgl. voriger Abschnitt) bei 100 bis 105° C.

BRENNER[1] gab für die Prüfung von Leichtmetall eine entsprechende Probe an (Abb. 35).

---

[1] BRENNER, P.: Buch Bauer, Kröhnke u. Masing Bd. 2 S. 32. Leipzig 1938.

Bei Bügel- und Hebelproben kann man den Werkstoff auch mit verschiedenen Kaltverformungen, die durch Walzen oder Recken erzeugt werden, prüfen. Bei

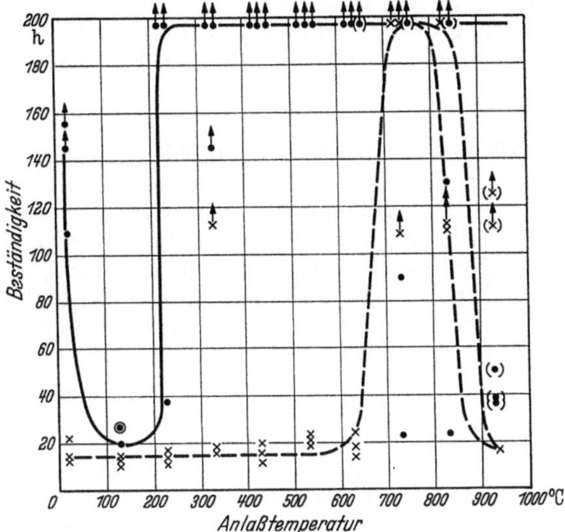

Abb. 38. Interkristalline Korrosion von alterungsbeständigem und alterungsempfindlichem weichem Stahl in Abhängigkeit von der Anlaßtemperatur nach der Kaltverformung. *Hebelprobe:* Ausgangszustand normalisiert.

diesen Prüfverfahren ist es leicht möglich, den Einfluß verschiedener Spannungen zu untersuchen. Dabei sind in der Regel nur solche Spannungen von Interesse, die unterhalb der Streckgrenze bzw. Elastizitätsgrenze liegen.

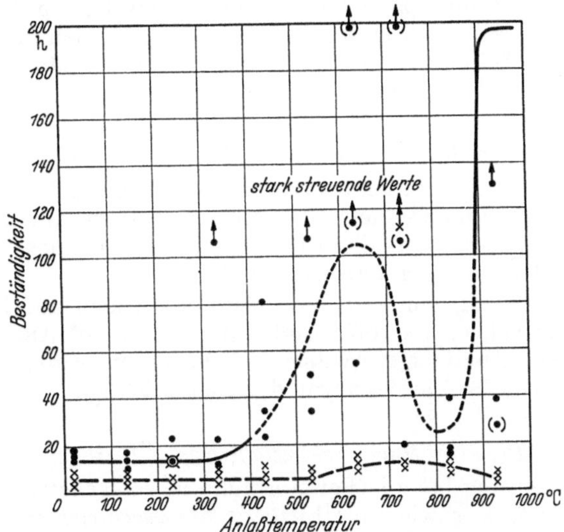

Abb. 39. Interkristalline Korrosion von alterungsbeständigem und alterungsempfindlichem weichem Stahl in Abhängigkeit von der Anlaßtemperatur nach der Kaltverformung. *Hebelprobe:* Ausgangszustand rekristallisiert.

Neuerdings wurden am Beispiel des Eisens Vergleichsversuche durchgeführt[1], bei denen die Ergebnisse von „Bügelproben" und „Hebelproben" miteinander verglichen wurden (Abb. 36 bis 39).

[1] FRY, A.: Chim. et Ind., Bd. 41 (April 1939) Nr. 4 bis. Sonderheft, Korrosionstagung Paris 1938.

d) Porenprüfung.

Bei Schutzüberzügen, insbesondere bei solchen, die keine elektrolytische Schutzwirkung ausüben, ist die Dichtigkeit der Schutzschicht wesentlich. In Verbindung mit der Porenprüfung[1] sind auch die neueren Verfahren zur Prüfung der Auflagenstärke wichtig. Zu ihrer Prüfung sind verschiedene Verfahren entwickelt worden[2].

Porenprüfung metallischer Überzüge auf Eisen.

Die Porenprüfung von Schutzüberzügen, die *edler* sind als Eisen, wird mit dem sog. Ferroxylindikator vorgenommen. Eine Lösung von 1 g rotem Blutlaugensalz und 4 g Gelatine in 100 cm³ destilliertem Wasser wird so bereitet, daß zunächst in einem Teil des Wassers das Blutlaugensalz, in einem anderen Teil des angewärmten Wassers die Gelatine gelöst wird und beide Lösungen zusammengegossen werden. In die etwa 30° C warme Lösung wird der Prüfling eingesetzt. Bei Abkühlung auf Zimmertemperatur erstarrt die Lösung. Die Poren in dem Überzug werden durch Blaufärbung angezeigt. Man achte dabei auf die Verwendung stets gleichbleibender Gelatine mit gleichem P_H-Wert und auf gleiche Auswertungsdauer, z. B. 12 h.

Die angreifende Wirkung des Indikators kann durch Zusatz von Natriumchlorid, Essigsäure oder anderen Chemikalien verstärkt werden. Dabei müssen jedoch solche Zusätze vermieden werden, die eine Auflösung des Schutzüberzuges bewirken.

Die Prüfung von Überzügen, die *unedler* sind als Eisen, erfordern die Verwendung des elektrischen Stromes, um das Eisen kathodisch zu schützen[3]. In einen Stromkreis von 4 V wird der Prüfling als Anode geschaltet. Als Kathode dient ein Blech aus dem Werkstoff des Schutzüberzuges. Der Elektrolyt besitzt folgende Zusammensetzung: 40 g gelbes Blutlaugensalz, 2 g Magnesiumsulfat, 1000 g Wasser. — Durch anodisches Inlösunggehen des in den Poren freiliegenden Eisens erfolgt dort Bildung von Berlinerblau. Das Verfahren ist zur Porenprüfung von Zink- und Kadmiumüberzügen geeignet.

Porenprüfung metallischer Überzüge auf Kupfer.

Ist Kupfer mit *edleren* Metallen überzogen, so geht in den Poren des Überzuges bei Gegenwart eines angreifenden Elektrolyten Kupfer anodisch in Lösung. Bei Gegenwart von Ferrocyankalium entsteht an den Undichtigkeiten ein rotbrauner Niederschlag von Kupfereisencyanid.

Für die Porenprüfung von *unedleren* Metallüberzügen auf Kupfer hat sich folgende Lösung bewährt: 2 g rotes Blutlaugensalz, 3 cm³ Ammoniak (25 %ig), 4 g Gelatine, 1000 g destilliertes Wasser. — Die Poren werden ebenfalls durch den Niederschlag von Kupfereisencyanid gekennzeichnet.

Porenprüfung nichtmetallischer Überzüge.

Besondere Bedeutung hat die Porenprüfung in *Phosphatüberzügen auf Eisen* und in *MBV-Überzügen,* sowie auf *Überzügen, die durch elektrolytische Oxydation* hergestellt sind, auf *Aluminium und seinen Legierungen* erlangt. Die Porenprüfung wird zumeist ohne Nachbehandlung der Schutzschichten angewandt. Gelegentlich kommt jedoch auch eine Porenprüfung der durch Einfetten, Einölen oder Aufbringen organischer Überzüge nachbehandelten Stücke in Betracht.

[1] Duffek, V.: Z. Metallkde. Bd. 30 (1938) S. 265.
[2] Vollmer, A.: Chem. Fabrik Bd. 11 (1938) S. 465.
[3] Garre, B.: Arch. Eisenhüttenw. Bd. 9 (1935/36) S. 91.

Bei *Eisen* als Grundmetall wird die Auflösung des Eisens in den Poren durch Zusatz von Natriumchlorid oder Wasserstoffsuperoxyd zum Ferroxylindikator beschleunigt. Folgende Zusammensetzung hat sich bewährt: 1 g rotes Blutlaugensalz, 3 g Natriumchlorid, 100 g destilliertes Wasser. Dieser Lösung werden kurz vor Gebrauch 2 cm³ Wasserstoffsuperoxyd zugesetzt. Die Poren werden in etwa 1 min durch Bildung von Turnbulls Blau sichtbar gemacht.

Neuerdings wurde von V. DUFFEK [1] ein elektrolytisches Porenprüfverfahren für Lacküberzüge auf Eisen entwickelt.

Zur Prüfung oxydischer Deckschichten auf *Aluminium* und *Aluminiumlegierungen* sind verschiedene Verfahren in Anwendung. So werden z. B. durch Behandlung mit Kupfernitrat oder Mangansulfat farbige Niederschläge in den Poren erzeugt. Der Angriff kann durch Behandlung in 1%iger Natriumchloridlösung verstärkt werden, die mit Indikatoren versetzt ist und Gelatine enthält. W. BAUMANN [2] beschreibt ferner ein Verfahren, das 35%ige Natriumchloridlösung unter Zusatz von Phenolphthalein benutzt. Bei einer Klemmenspannung von 4 bis 6 V wird der Prüfkörper als Kathode und ein Kupferblech als Anode geschaltet.

Während die bisherigen Verfahren das Leichtmetall angreifen, wird dieser Nachteil durch ein neues Verfahren von V. DUFFEK [3] vermieden. Das Verfahren, das gleichfalls mit elektrischem Strom arbeitet, schlägt an den Poren anodisch Farbkörper aus Azo- oder sulfurierten Farbstoffen der aromatischen Reihe in einer Zeit von etwa 15 s elektrophoretisch nieder. Durch Zusätze von Aminen kann die Haftfestigkeit der Farbkörper so gesteigert werden, daß die Prüflinge in fließendem Wasser abgespült werden können. Das Verfahren ist sehr vielseitig verwendbar. Es läßt sich auch zum Nachweis von Poren in metallischen Überzügen benutzen.

e) Prüfung der Korrosionsermüdung.

Durch die Korrosion werden nicht nur die statischen Festigkeitswerte beeinflußt, sondern auch die Wechselfestigkeit. Um diesen Einfluß zu untersuchen, macht man Schwingungsversuche mit vorangehender oder gleichzeitiger Einwirkung korrodierender Stoffe. Im ersteren Fall wird der Prüfkörper in üblicher Weise der Korrosion unterworfen und danach die Schwingungsfestigkeit auf einer Dauerprüfmaschine bestimmt. Im zweiten Falle wird die Korrosion entweder durch einfaches Berieseln während der Beanspruchung hervorgerufen oder dadurch, daß sich der Prüfkörper beim Schwingen in einem Bad der korrodierenden Flüssigkeit befindet. Zu dieser Prüfung sind verschiedenartige Maschinen entwickelt worden [4]. Im Gegensatz zur Dauerprüfung in Luft ist es notwendig, bis zu Lastwechselzahlen von etwa $50 \cdot 10^6$ und mehr zu gehen, da häufig nach 30 bis $40 \cdot 10^6$ Lastwechseln noch Brüche auftreten und es erscheint fraglich, ob überhaupt bei allen Stoffen von einer Korrosionsdauerfestigkeit gesprochen werden kann, weil selbst nach $50 \cdot 10^6$ Lastwechseln noch kein horizontaler Verlauf der WÖHLER-Kurve festzustellen ist.

Korrosionsermüdung kann nicht nur durch flüssige Korrosionsmittel hervorgerufen werden, sondern auch durch Dämpfe und Gase. Schon der Sauerstoff der Luft wirkt zuweilen dort korrodierend, wo zwei Flächen unter größerem Druck kleine scheuernde Bewegungen ausüben (Reiboxydation). Hierdurch

---

[1] DUFFEK, V.: Demnächst.
[2] BAUMANN, W.: Metallwirtsch. Bd. 17 (1938) S. 236.
[3] DUFFEK, V.: Z. Metallkde. Bd. 30 (1938) S. 265.
[4] HOTTENROTT, E.: Mitt. Wöhlerinstit. Braunschweig 1932, Nr. 10. — DUSOLD, TH.: Mitt. Wöhlerinstit. Braunschweig 1933, Nr. 14. — BRENNER, P.: Buch BAUER, KRÖHNKE u. MASING Bd. 2 S. 32. Leipzig 1938.

läßt sich die Tatsache erklären, daß mitunter Dauerbrücke von Passungen, Einspannstellen oder Lagerungen ausgehen.

f) Sonderverfahren zur Korrosionsprüfung.

Zur quantitativen Messung des Rostangriffes auf elektrischem Wege sind besondere Geräte entwickelt worden. F. TÖDT[1] mißt in einem als „*Oxydimeter*" bezeichneten Apparat die Korrosion durch direkte Bestimmung der Stromstärke (Abb. 40). In einem Glasgefäß, das die korrodierende Lösung enthält, befindet sich eine Platinelektrode bestimmter Flächengröße. Ihr gegenüber steht in bestimmtem Abstand eine Elektrode aus dem zu prüfenden Metall. Nach dem FARADAYschen Gesetz ist die Stromstärke des so gebildeten Elements ein Maß für den Korrosionsangriff. Bei diesem Meßverfahren werden alle kathodischen Vorgänge an das edle Metall — Platin — verlegt. Abweichungen gegenüber dem natürlichen Korrosionsverhalten durch Deckschichtenbildung oder aufgezwungene anodische Polarisation sind daher in Betracht zu ziehen.

V. DUFFEK[2] bestimmt die Rostgeschwindigkeit von Stählen in einem „*Rostapparat*" genannten Gerät (Abb. 41), ebenfalls durch Messung der Stromstärke. Eine Glasglocke, in die Sauerstoff unter erhöhtem Druck eingeleitet wird, enthält ein Gefäß zur Aufnahme des Elektrolyten, in der der Prüfkörper und eine Quecksilberelektrode eintauchen. Die Stromstärke wird unter Zwischenschaltung eines hoch-

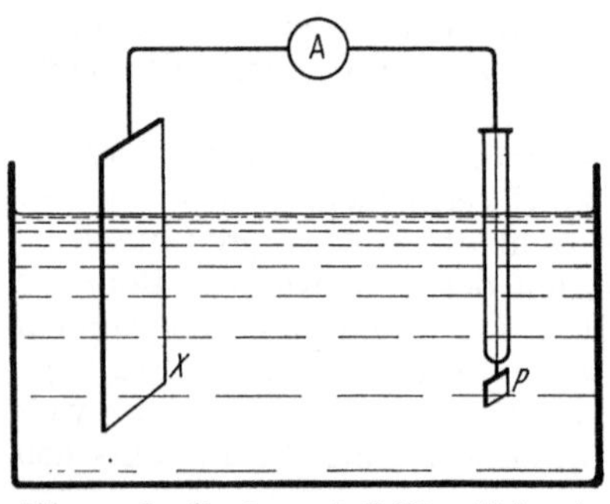

Abb. 40. Oxydimeter nach F. TÖDT (Schema).

ohmigen Widerstandes durch ein Meßinstrument aufgezeichnet. Der Widerstand wird so gewählt, daß im Probekörper nur sehr geringe Stromdichten auftreten (Reststromgebiet). Der Eintritt des Rostbeginns zeichnet sich auf der Stromstärkenzeitkurve durch einen Knick ab. Bei einem Sauerstoffdruck vom 300 mm WS ist die Geschwindigkeit des Rostvorgangs im Rostapparat etwa 120fach höher als die Rostung in Luft.

Es hat sich als zweckmäßig erwiesen, für einige Metalle besondere Korrosionsprüfungen auszuarbeiten. So sind für Aluminium von MYLIUS[3] zwei Verfahren entwickelt worden, die im Laufe der Zeit zwar etwas abgeändert wurden, aber heute noch angewandt werden, um ein schnelles Urteil über die Beständigkeit von *Aluminium* und *Aluminiumlegierungen* zu gewinnen. Das älteste Verfahren ist die thermische Salzsäureprobe. Sie besteht darin, daß das Prüfstück unter bestimmten Versuchsbedingungen in Salzsäure getaucht und daß die durch Reaktion eintretende Temperaturerhöhung in Abhängigkeit von der Zeit verfolgt wird. Auf diese Weise wird aus Anfangstemperatur, Endtemperatur und Zeit eine für den Werkstoff kennzeichnende Gütezahl gewonnen. Auf Vorschlag von RÖHRIG[4] wird an Stelle von Salzsäure neuerdings ein Gemisch von Salpetersäure, Salzsäure und Wasser benutzt. Eine zweite, von MYLIUS[5] vorgeschlagene Probe, die sog. oxydische Kochsalzprobe, verwendet als angreifendes Mittel eine Natriumchloridlösung mit Zusatz von Wasserstoffsuperoxyd. Die Versuchsdauer beträgt in der Regel 24 h. Der Angriff wird durch

[1] TÖDT, F.: T. Elektrochem. Bd. 34 (1928) u. Korrosion u. Metallsch. 1929.
[2] DUFFEK, V.: Korrosion u. Metallsch. 1926, 1929, 1931.
[3] MYLIUS, F.: Z. Metallkde. Bd. 14 (1922) S. 233; Bd. 16 (1924) S. 81.
[4] RÖHRIG, H.: Korrosion u. Metallsch. Bd. 10 (1934) S. 38.
[5] MYLIUS, F.: Z. Metallkde. Bd. 17 (1925) S. 148.

Wägung der gesäuberten Proben ermittelt. Die Reinigung der Proben erfolgt auf Vorschlag von RÖHRIG und GEIER[1] durch Beizen in kalter konzentrierter Salpetersäure, das unmittelbar nach der Oxydationsbehandlung durchgeführt wird.

Zur Kennzeichnung von *Lokalelementen auf Leichtmetalloberflächen* sind von GOLDOWSKI[2] Indikatoren entwickelt worden, die eine Unterscheidung der anodischen und kathodischen Stellen ermöglichen.

Eine schnelle Prüfung von *Blei* beruht darauf, daß beim Erhitzen von unreinen Bleispänen in 96%iger Schwefelsäure bei einer bestimmten Temperatur in unreinem Blei spontan Bleisulfat gebildet wird, während reines Blei selbst längeres Kochen aushält. Diese Probe wird als *Zerstäubungs-* oder *Zündprobe* bezeichnet[3]. Die Temperatur, bei welcher das Zerstäuben eintritt, nennt man Zerstäubungspunkt.

Eine Kurzprüfung von *Zink* ist von W. KOHEN[4] entwickelt worden. In einem Dewargefäß werden Zinkbleche in H_2SO_4 gelöst. Aus der Temperaturerhöhung wird auf die Reinheit des Zinks geschlossen.

g) Metallographische Prüfung.

Nicht selten ist das Ziel der Korrosionsprüfungen die Schaffung korrosionsbeständiger Werkstoffe. Wird dieses Ziel angestrebt, so ist die rein schematische Durchführung noch so sorgfältiger Korrosionsversuche unzureichend. Es wird vielmehr notwendig, in den Verlauf des Korrosionsvorganges Einblick zu gewinnen. Zu diesem Zweck hat sich die Korrosionsforschung mit großem Erfolg der metallographischen Prüfverfahren bedient.

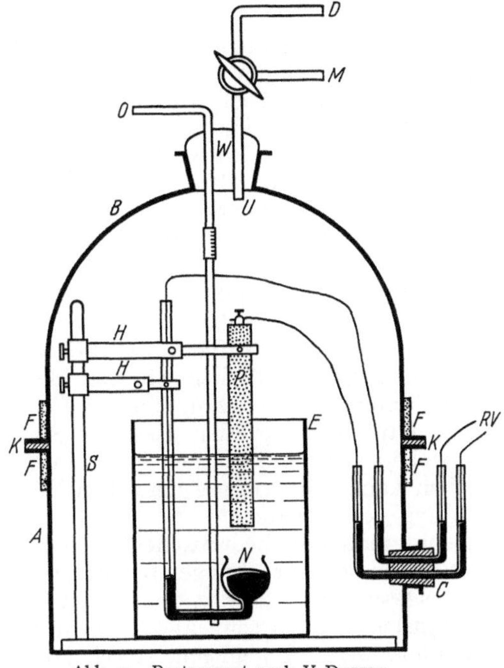

Abb. 41. Rostapparat nach V. DUFFEK.

A, B Glasglocke; *S, H* Stativ mit Probehalter; *E* Gefäß mit Elektrolyt; *P* Probe; *N* Quecksilberelektrode; *O, U* Zu- und Ableitung des Sauerstoffs; *C* Einführung der Meßleitungen.

Die metallographischen makroskopischen Ätzungen verschaffen z. B. einen Überblick über den Grad der in metallischen Gegenständen vorhandenen Blockseigerungen und Kristallseigerungen, die zur Beschleunigung der Korrosion durch Elementbildung führen. Ferner sichert z. B. die makroskopische Ätzung weichen Eisens auf Kraftwirkungsfiguren ein Urteil über dessen metallurgische Güte. Die mikroskopischen Ätzverfahren vermitteln darüber hinaus einen Einblick in den Aufbau des Feingefüges der Metalle. Sie lassen Schlackenausscheidungen und Einlagerungen heterogener Gefügebestandteile erkennen und sind damit für die Erforschung des Lochfraßes und der interkristallinen Korrosion sowie Lokalelementbildung von großer Bedeutung. Beispielsweise hat sich die interkristalline Korrosion in nicht-

[1] RÖHRIG, H. u. GEIER: Korrosion u. Metallsch. Bd. 1 (1938) S. 17/18.
[2] GOLDOWSKI, N.: Korrosion u. Metallsch. Bd. 13 (1937).
[3] WERNER, M.: Buch BAUER, KRÖHNKE u. MASING Bd. 2, S. 500.
[4] KOHEN, W.: Elektromarkt Bd. 113 (1927). — DROTSCHMANN, C.: Chemiker-Ztg. Bd. 53 (1929) S. 68.

rostenden Stählen metallographisch als Folge des Auftretens von Korngrenzenkarbiden feststellen lassen. In einem anderen Falle, nämlich beim Hydronalium, läßt sich metallographisch der Einfluß der Homogenisierung des Gefüges auf den Korrosionsverlauf verfolgen.

Auf die metallographischen Prüfverfahren braucht hier nicht eingegangen zu werden, da sie als bekannt vorausgesetzt werden dürfen. Jedoch erscheint es angezeigt, die Bedeutung der metallographischen Untersuchungen für die Korrosionsprüfung hervorzuheben.

7. Schlußbetrachtung.

Die Kunst der Korrosionsprüfungen besteht darin, die Prüfverfahren derart auszuwählen, daß sie über die Sicherheit des Werkstoffes möglichst zuverlässige Auskunft erteilen. Meist wird es dazu zweckmäßig sein, die Beanspruchung im Versuch derjenigen im praktischen Fall möglichst genau anzupassen. Jedoch ist auch jedes andere Prüfverfahren zulässig, wenn seine Ergebnisse die Korrosionssicherheit einwandfrei feststellen.

Um die Vergleichbarkeit der wissenschaftlichen Arbeiten verschiedener Forscher mehr als bisher zu sichern, muß in Zukunft versucht werden, mit einer begrenzten Zahl genormter Prüfverfahren auszukommen. Nur in zwingenden Fällen sollte zur Anwendung neuer Sonderverfahren geschritten werden.

Um über die Brauchbarkeit eines Werkstoffes Klarheit zu gewinnen, wird man häufig mehrere Prüfverfahren nebeneinander anwenden müssen. So kann es beispielsweise erforderlich sein, zur Beurteilung eines nichtrostenden Stahles die Kochprobe zu benutzen, um seine Sicherheit gegen flächige Korrosion zu prüfen, fernerhin aber den gleichen Stahl mittels der Kupfersulfatschwefelsäureprobe auf seine Sicherheit gegen interkristalline Korrosion zu untersuchen. Daneben kann die Prüfung desselben Stahls auf Sicherheit gegen Korrosionsermüdung nötig werden.

Kennt man die theoretischen Grundlagen der Korrosionsvorgänge und ist man sich der Beanspruchungen bewußt, denen der Werkstoff in dem zu prüfenden Fall ausgesetzt ist, so wird es mit den heute vorhandenen Prüfverfahren fast ausnahmslos möglich sein, alle zu bearbeitenden Aufgaben zu lösen. Es wird dann ohne weiteres gelingen, durch Anwendung eines oder mehrerer Untersuchungsverfahren aus der Reihe der für einen bestimmten Verwendungszweck in Frage kommenden Werkstoffe den bestgeeigneten auszuwählen. Darüber hinaus bieten die heute vorhandenen Prüfverfahren gute Grundlagen zur Durchführung von Forschungsarbeiten, die zur Schaffung neuer, besonders ausgezeichneter Werkstoffe dienen sollen.

VIII. Physikalische Prüfungen.

Von **F. WEVER,** Düsseldorf.

Die Entwicklung der Werkstoffprüfung ist aus ihrer besonderen Aufgabestellung heraus vielfach andere Wege gegangen, als die praktische Physik. Die Folge davon ist, daß man heute noch im Rahmen der allgemeinen Werkstoffprüfung von eigenen physikalischen Prüfungen spricht. Man versteht darunter solche Verfahren, die aus der Physik übernommen wurden und zur Bestimmung von Eigenschaften dienen, die für die Werkstoffprüfung ursprünglich keine oder nur geringere Bedeutung besaßen. Die Gruppe der physikalischen Prüfungen ist daher nicht klar abgegrenzt; in zahlreichen Fällen sind sowohl physikalische als auch technologische Verfahren nebeneinander zur Bestimmung derselben Eigenschaft im Gebrauch.

Die physikalischen Prüfungen können aus zwei ganz verschiedenen Gesichtspunkten heraus betrieben werden. Sie dienen einmal dazu, die physikalisch gekennzeichneten Werkstoffeigenschaften nach Größe und Abhängigkeit von verschiedenen Einflüssen, insbesondere von Temperatur und Druck, festzulegen. Sie werden andererseits vielfach in der Weise benutzt, daß aus den Unregelmäßigkeiten der Temperaturabhängigkeit Rückschlüsse auf das Auftreten von Zustandsänderungen gezogen werden, während die gemessenen Eigenschaften selbst in diesem Zusammenhange mehr oder weniger gleichgültig sind. Diese zuletzt angedeutete Anwendung physikalischer Prüfverfahren zur Ermittlung von Zustandsänderungen wird ausführlich in Abschn. IX, E behandelt werden, so daß wir uns hier auf die erstgenannten Anwendungen beschränken können.

Eine ausgezeichnete, vollständige Darstellung der gesamten Verfahren der messenden Physik findet sich in der Neubearbeitung der „Praktischen Physik" von F. KOHLRAUSCH (17. Aufl., herausgeg. von F. Henning. Leipzig 1935). Alle hier nicht besprochenen Einzelheiten können dort nachgelesen werden.

1. Dehnung und Drillung.

a) Begriffsbestimmung.

Die Gestaltsänderung eines festen Körpers durch äußere Kräfte heißt *elastisch*, wenn sie nach Verschwinden der Kräfte wieder vollständig zurückgeht. Die Verformung D ist im Gebiet elastischer Formänderungen der Kraft P verhältnisgleich (HOOKEsches Gesetz):

$$P = c \cdot D;$$

der Beiwert c heißt *Elastizitätsmodul* (kg/mm²). Der Elastizitätsmodul hängt von der Art der Verformung ab. Praktisch wichtig sind der *Elastizitätsmodul der Dehnung E*, meist Elastizitätsmodul schlechthin genannt, und der *Elastizitätsmodul der Drillung G*, auch *Schub- oder Gleitmodul* genannt.

Ein zylindrischer Stab von der Länge l und dem Querschnitt q werde durch eine Kraft P um den Betrag λ elastisch gedehnt. Dann gilt für den Elastizitätsmodul der Dehnung E:

$$E = \frac{l}{\lambda} \cdot \frac{P}{q} = \frac{\sigma}{\varepsilon} \ [\text{kg/mm}^2];$$

σ bezeichnet die Spannung und ε die elastische Dehnung.

Mit der Dehnung ist eine elastische Querverkürzung des Durchmessers δ/d verbunden. Das Verhältnis von Querverkürzung zu Längsdehnung

$$\frac{\delta}{d} : \frac{\lambda}{l} = \nu$$

heißt Poissonscher Beiwert. Er liegt zwischen 0,2 und 0,5.

Ein dünnwandiges Rohr vom Durchmesser $2\,r$, der Wandstärke $\Delta\,r$ und der Länge l werde durch ein Drehmoment M um den Winkel φ verdrillt. Be-zeichnet man die Schubspannung mit τ, so gilt:

$$M = (2\,r\,\pi\,\Delta\,r)\,r\cdot\tau\,;$$

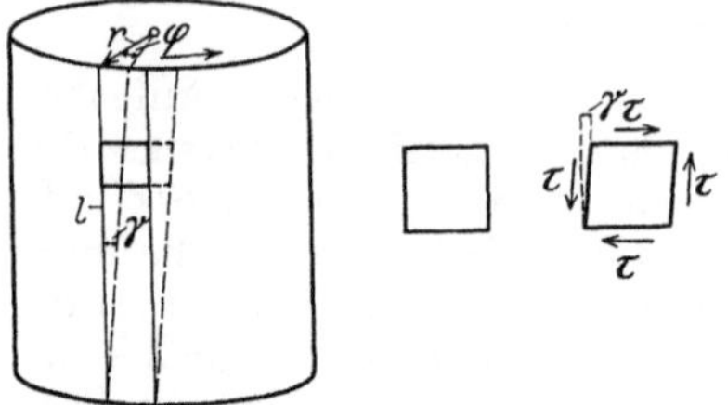

$2\,r\,\pi\,\Delta\,r$ ist der Querschnitt des Rohres und $r\cdot\tau$ das Moment der Schubspannung. Durch die Verdrehung des Rohres wird eine ursprünglich axiale Mantellinie um den Winkel

$$\gamma = \frac{\varphi\cdot r}{l}$$

Abb. 1. Verdrehversuch. (Nach Geiger-Scheel: Handbuch der Physik, Bd. 6.)

gegen die Achse geneigt (Abb. 1). Das Verhältnis von Schubspannung τ zur Schiebung γ heißt *Elastizitätsmodul der Drillung oder Gleitmodul*

$$G = \frac{\tau}{\gamma}\ [\text{kg/mm}^2]\,.$$

Zwischen den Elastizitätsmoduln der Dehnung und der Drillung und dem Poissonschen Beiwert der Querverkürzung ν besteht die Beziehung[1]:

$$G = E\,\frac{\nu}{2\,(1+\nu)}\ .$$

b) Meßverfahren.

α) *Elastizitätsmodul der Dehnung.* Die physikalischen Verfahren zur Bestimmung des Dehnungsmoduls aus Last und Dehnung sind grundsätzlich nicht von den a. a. O. beschriebenen mechanischen Verfahren verschieden. Für die Messung der Dehnung kurzer Stäbe hat E. Grüneisen ein interferometrisches Verfahren ange-geben, dessen Grundzüge aus Abb. 2 hervorgehen[2]. Die Längen-änderung des Probestabes zwischen den Querschnitten Q_1 und Q_2 wird mittels zweier Rohre, die mit Schrauben bei Q_1 und Q_2 be-festigt sind, auf zwei Paare von Querstücken übertragen, an denen planparallele Glasplatten S—S sitzen. Man beobachtet die Ver-schiebung der Interferenzstreifen bei allmählicher Belastung. Der Verschiebung um eine Streifenbreite entspricht eine Längen-änderung von einer halben Wellenlänge.

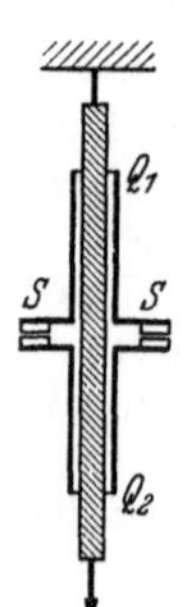

Abb. 2. Deh-nungsmessung mit Interfero-meter. (Nach Kohlrausch: Physik 1935.)

Die in einem Stab erregten *longitudinalen Schallschwingungen* hängen in einfacher Weise mit dem Elastizitätsmodul der Dehnung zusammen. In einem Körper von der Dichte s gilt für die Fortpflanzungsgeschwindigkeit U einer elastischen Longitudinalwelle die Beziehung:

$$U^2 = 9810\,\frac{E}{s}\ [\text{m/s}]^2\,.$$

Ist der Stab an einem Ende eingespannt, und erfolgt die Schwingung mit einem Knoten in der Mitte, so gilt:

$$U = 2\,lN\,;$$

[1] Busemann, A. u. O. Föppl: Physikalische Grundlagen der Elastomechanik; Geiger und Scheel: Handbuch der Physik, Bd. 6, S. 10f. Berlin 1928.
[2] Grüneisen, E.: Z. Instrumentenkde. Bd. 27 (1907) S. 38.

l ist die Länge des Stabes und N die aus der Tonhöhe ermittelte Schwingungszahl.

Bei der praktischen Ausführung wird der Stab meist in der Mitte gehalten. Dünne Drähte müssen an beiden Enden eingespannt werden. Die Schwingungen werden durch Reiben angeregt. Die Ermittlung der Tonhöhe kann auf verschiedene Weise erfolgen[1].

Es ist auch möglich, den Elastizitätsmodul aus *transversalen Schallschwingungen* abzuleiten[2]. F. FÖRSTER[3] hängt einen Stab in den Knotenpunkten D_1 und D_2 bei 1/4 und 3/4 seiner Länge in Fadenschlingen auf und erregt ihn mit Hilfe eines Tonsenders zu transversalen Schwingungen. Diese werden von einem Empfänger aufgenommen und die Eigenfrequenz aus dem Maximum der Resonanzkurve abgeleitet. Abb. 3 gibt den Aufbau der Versuchsanordnung wieder. Die Schwingungen werden vom Sender S über eine Blattfeder F auf die rechte Schlinge übertragen und von der linken Schlinge über eine ähnliche Feder F auf den Empfänger E geleitet.

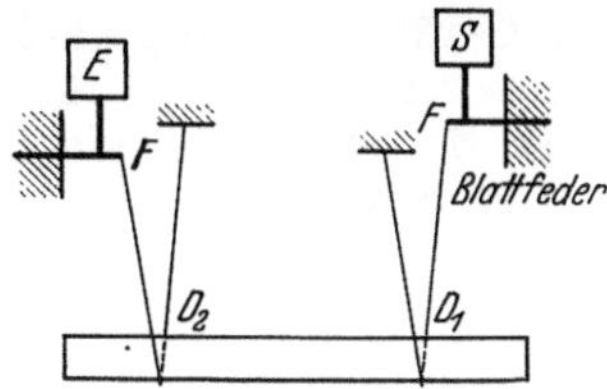

Abb. 3. Bestimmung des Elastizitätsmoduls aus transversalen Schallschwingungen. (Nach FÖRSTER: Z. Metallkde. Bd. 29.)

Einen breiten Raum nehmen unter den physikalischen Verfahren zur Bestimmung der elastischen Konstanten *Biegeversuche* ein, die bei einfachsten Mitteln beträchtliche Genauigkeit ermöglichen. Wird ein gerader Stab von der Länge l und dem rechteckigen Querschnitt $a \cdot b$ an einem Ende fest eingespannt und an dem anderen Ende durch eine Belastung P durchgebogen, so besteht zwischen Durchbiegung h und Elastizitätsmodul E die Beziehung:

$$E = \frac{4}{h} \cdot \frac{l^3}{a^3\,b} \cdot P \ [\text{kg/mm}^2].$$

Die ursprünglich senkrechte Endfläche des Stabes wird dabei um einen Winkel α gedreht, wobei gilt:

$$E = \frac{6}{\operatorname{tg}\alpha} \cdot \frac{l^2}{a^3\,b} \cdot P \ [\text{kg/mm}^2].$$

Ein an beiden Enden frei aufliegender Stab verhält sich so, als ob er in der Mitte fest eingespannt und an den Enden durch die Kräfte $P/2$ nach oben gezogen würde. Die Senkung der Mitte beträgt daher nur 1/16, die Neigung 1/8 von derjenigen bei einseitiger Einspannung.

Die Senkung des freien Endes wird mit dem Kathetometer oder einem Spiegelmaßstab beobachtet. Besonders genau ist die Beobachtung der Neigung der Endfläche mit Spiegel und Skala. Bei beiderseitig frei aufliegendem Stab beobachtet man ebenfalls genauer die Neigung der Enden. Die angegebenen Beziehungen setzen voraus, daß die Krümmungen klein bleiben; im anderen Falle treten Berichtigungsglieder auf.

β) *Elastizitätsmodul der Drillung.* Die Bestimmung des Drillungsmoduls erfolgt durch Messung des Verdrehungswinkels bei gegebenem Drehmoment P an einem Hebelarm h. Dieses Drehmoment bewirke bei einem zylindrischen Stab vom Radius r und der Länge l einen Drehungswinkel γ, in Bogengraden gemessen. Dann gilt für G:

$$G = \frac{57{,}30}{\gamma} \cdot \frac{2}{\pi} \cdot \frac{l}{r^4} \cdot h\,P \ [\text{kg/mm}^2].$$

---

[1] KOHLRAUSCH, S. 110f.   [2] KOHLRAUSCH, S. 94.
[3] FÖRSTER, F.: Z. Metallkde. Bd. 29 (1937) S. 109—123.

Die Verdrehung des Stabes wird am genauesten mit Spiegel und Fernrohr bestimmt.

Ein weiteres Verfahren besteht darin, daß man den Probestab oder -draht am unteren Ende mit einer Masse vom Trägheitsmoment K beschwert und Drillungsschwingungen ausführen läßt. Es ist dann:

$$G = \frac{8\pi}{9810} \cdot \frac{l}{r^4} \frac{K}{t^2} \ [\text{kg/mm}^2] \,.$$

t ist die Schwingungszeit des Systems.

Auf die Bestimmung des Drillungsmoduls mit Hilfe von akustischen Drillungsschwingungen soll hier nur hingewiesen werden[1].

γ) *Poissonsche Zahl.* Die unmittelbare Bestimmung von Dehnung und Querkontraktion erfordert wegen der Kleinheit der zu messenden Änderungen empfindliche Geräte und Sorgfalt in ihrer Anwendung. Die Berechnung aus dem Verhältnis von Dehnungs- und Drillungsmodul ist unsicher. Besser ist die gleichzeitige Bestimmung beider Beiwerte aus Dehnungs- und Drillungsschwingungen nach A. Sommerfeld[2].

2. Dichte.

a) Begriffsbestimmung.

Unter der *Dichte* eines Körpers versteht man die in der Volumeneinheit enthaltene Masse (g/cm³).

Unter dem *spezifischen Gewicht* (Wichte) eines Körpers wird das Verhältnis seines Gewichtes zu dem eines gleich großen Volumens eines Normalstoffes verstanden (das spezifische Gewicht ist eine unbenannte Zahl). Als Normalstoff wird in der Regel Wasser von 4° C gewählt, dessen Dichte 0,999973 g/cm³ beträgt. Spezifisches Gewicht und Dichte verhalten sich daher wie 1 : 0,999973 = 1,000027.

Wegen der vielfachen Verwechslungen und Mißverständnisse sollte der Begriff spezifisches Gewicht tunlichst vermieden werden.

b) Meßverfahren.

Nach der oben gegebenen Begriffsbestimmung erfordert die Dichtemessung die Kenntnis des Volumens und der Masse. Die Bestimmung der Masse erfolgt durch Wägung. Für die Messung des Volumens sind verschiedene Wege angegeben worden.

α) *Volumenbestimmung durch Ausmessen.* Die Ermittlung des Volumens durch Ausmessen ist nur bei einfacher Gestalt möglich. Die erreichte Genauigkeit ist meist gering.

Bei unregelmäßiger Gestalt kann das Volumen bestimmt werden, indem man den Körper in ein Meßgefäß bringt, das mit einer Flüssigkeit gefüllt ist. Der scheinbare Volumenzuwachs der Flüssigkeit gibt dann das gesuchte Volumen an. Das Verfahren ist auch für zerkleinerte Stoffe, wie z. B. Feilspäne usw., geeignet. Die Genauigkeit ist gering.

Eine wesentliche Verbesserung der Genauigkeit ergibt sich, wenn die verdrängte Flüssigkeit durch Auswägen bestimmt wird. Man bedient sich hierzu eines Gefäßes von geeigneter Form, Pyknometer (Abb. 4), dessen Volumen zuerst durch Auswägen mit Wasser bestimmt wird, und das nach Einbringen der Probe wieder mit Wasser gefüllt und erneut ausgewogen wird. Bei Berück-

---

[1] Kohlrausch, S. 96.　　[2] Wüllner-Festschr., S. 162—193. Leipzig 1905.

sichtigung der Temperatureinflüsse lassen sich mit diesem Verfahren hohe Genauigkeiten erzielen.

β) *Auftriebsverfahren.* Die Auftriebsverfahren benutzen das ARCHIMEDESsche Prinzip, wonach ein in Flüssigkeit eingetauchter Körper soviel von seinem Gewicht verliert, wie die verdrängte Flüssigkeit wiegt. Das Verfahren ist einfach und genau.

Die *Senkwaage von* NICHOLSON (Abb. 5) dient zur Bestimmung von Masse und Volumen. Sie besteht aus einem Schwimmkörper, der oben und unten Waagschalen trägt. Der Probekörper wird einmal in Wasser und einmal in Luft gewogen, indem man ihn auf die entsprechende Waagschale legt und den Schwimmer durch Zufügen von Gewichten bis zu einer Marke eintauchen läßt. Der Gewichtsunterschied Waage leer gegen Probe oben gibt die Masse, der Gewichtsunterschied oben gegen unten das gesuchte Volumen.

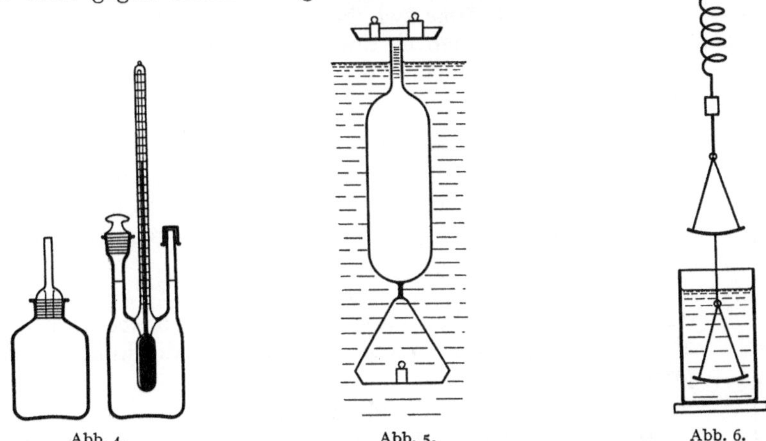

Abb. 4.
Pyknometer. (Nach KOHLRAUSCH.)

Abb. 5.
Senkwaage. (Nach KOHLRAUSCH.)

Abb. 6.
Federwaage. (Nach KOHLRAUSCH.)

Bei der *Federwaage von* JOLLY (Abb. 6) sind an einer Feder untereinander zwei Waagschalen befestigt, von denen die untere in ein Gefäß mit Wasser eintaucht. Über der oberen Schale ist eine Marke angebracht, deren Höhe an einer Skala abgelesen werden kann. Der Prüfkörper wird wiederum nacheinander in Luft und in Wasser gewogen, indem man die Waage jeweils durch Hinzufügen von Gewichten auf gleiche Höhe der Marke einstellt.

γ) *Schwebeverfahren.* Ein sehr genaues Verfahren zur Bestimmung der Dichte von pulverförmigen Körpern oder von Stoffen, von denen nur sehr kleine Teilchen vorliegen, besteht darin, daß man diese in einer Flüssigkeit zum Schweben bringt. Die Dichten von Probe und Flüssigkeit sind dann gleich. Als schwere Flüssigkeiten werden wäßrige Salzlösungen oder Mischungen von Chloroform (Dichte 1,49), Bromoform (Dichte 2,9) oder Methylenjodid (Dichte 3,3) mit Benzol, Toluol oder Xylol (Dichte 0,87 bis 0,89) verwandt.

δ) *Scheinbare Dichte poriger Stoffe.* Zur Bestimmung der scheinbaren Dichte poriger Stoffe kann man diese nach der ersten Wägung in Luft mit einer geeigneten Deckschicht überziehen, die das Eindringen des Wassers beim Wägen in Wasser verhindern soll. Dabei muß darauf geachtet werden, daß das Deckmittel möglichst wenig in die Poren eindringt. Nach der Wägung der überzogenen Probe in·Luft wird der Auftrieb in Wasser bestimmt und davon der Auftrieb der Deckschicht abgezogen, der aus ihrem Gewicht und ihrer Dichte berechnet werden kann[1].

---

[1] WÜST, F. u. P. RÜTTEN: Mitt. K.-Wilh.-Inst. Eisenforschg. Bd. 5 (1924) S. 1—12.

3. Spezifische Wärme.

a) Begriffsbestimmung.

Unter der *spezifischen Wärme* eines Körpers wird die Wärmemenge verstanden, durch die seine Masseneinheit um $1°$ C erwärmt wird (cal/g $\cdot$ Grad). Das Produkt aus spezifischer Wärme und Atomgewicht oder Molekulargewicht heißt *Atomwärme* bzw. *Molwärme*.

Die spezifische Wärme der Körper ändert sich mit der Temperatur. Unter der *wahren spezifischen Wärme* eines Körpers von der Masse m versteht man das Verhältnis der Wärmemenge dQ, die der Körper bei einer unendlich kleinen Temperaturerhöhung $d\Theta$ aufnimmt, zu dieser Temperaturerhöhung:

$$c_\Theta = \frac{1}{m} \cdot \frac{dQ}{d\Theta} \; [\text{cal/g} \cdot \text{Grad}].$$

Unter der *mittleren spezifischen Wärme* zwischen zwei Temperaturen Θ_1 und Θ_2 wird das Verhältnis der Wärmemenge Q, durch die eine Temperaturerhöhung von Θ_1 auf Θ_2 bewirkt wird, durch diese Temperaturdifferenz, verstanden:

$$c = \frac{1}{m} \cdot \frac{Q}{\Theta_2 - \Theta_1} \; [\text{cal/g} \cdot \text{Grad}].$$

Es ist zu unterscheiden zwischen der spezifischen Wärme bei konstantem Druck c_p und konstantem Volumen c_v. Bei festen Körpern wird fast ausschließlich c_p gemessen; es gilt:

$$c_p = c_v + \alpha^2 \frac{T}{\varrho \cdot \chi} \; [\text{cal/g} \cdot \text{Grad}],$$

darin bedeutet α den kubischen Ausdehnungsbeiwert, T die absolute Temperatur, ϱ die Dichte und χ die kubische Kompressibilität.

b) Meßverfahren.

Abb. 7. Vakuum-kalorimeter. (Nach Kohlrausch.)

Bei dem *Vakuumkalorimeter* von W. Nernst (Abb. 7) wird der zu untersuchende Körper K in einem Vakuumgefäß aufgehängt und elektrisch mit einer bekannten Wärmemenge beschickt. Die dadurch bewirkte Temperaturerhöhung wird gemessen, wobei die Heizwicklung als Widerstandsthermometer dient. Das Vakuumgefäß ist in ein Bad von konstanter Temperatur eingetaucht.

Bei den *Mischungskalorimetern* wird der zu untersuchende Körper von der Masse m in einem Vorwärmer auf die Ausgangstemperatur Θ_1 aufgeheizt und danach in ein Kalorimetergefäß übergeführt, das mit m' g Wasser von der Temperatur Θ_2 gefüllt ist. Die Temperaturerhöhung $\Delta\Theta$ des Wassers wird mit einem empfindlichen Thermometer gemessen. Die von dem Prüfkörper nach Einstellen des Gleichgewichtes abgegebene Wärmemenge ist dann der vom Kalorimeter aufgenommenen gleich:

$$c \cdot m \, (\Theta_1 - (\Theta_2 + \Delta\Theta)) = \bar{c}_{\Theta_2} \cdot m' \, \Delta\Theta \, ;$$

c ist die mittlere spezifische Wärme des Prüfkörpers zwischen Θ_1 und Θ_2, $\bar{c}_{\Theta_2}$ die mittlere spezifische Wärme des Wassers bei Θ_2. Für $\bar{c}$ folgt sodann:

$$\bar{c} = \frac{\Delta\Theta}{m} \cdot \frac{\bar{c}_{\Theta_2} \cdot m'}{\Theta_1 - (\Theta_2 + \Delta\Theta)} \, .$$

Bei der Messung werden das Kalorimetergefäß, das Thermometer· und das Rührwerk mit erwärmt. An Stelle der Wasserfüllung m' muß daher ein berichtigter Wert, der *Wasserwert* des Kalorimeters eingeführt werden. Man versteht darunter die Wassermenge, die bei einer Temperaturerhöhung um $1°$

dieselbe Wärmemenge aufnimmt wie das Kalorimeter. Die Bestimmung des Wasserwertes erfolgt am genauesten durch elektrische Eichung, bei der dem Kalorimeter eine gemessene elektrische Energiemenge zugeführt und die dadurch bewirkte Temperaturerhöhung bestimmt wird.

Abb. 8 zeigt ein von G. NAESER[1] für die Bestimmung der spezifischen Wärme von Schlakken entwickeltes Wasserkalorimeter. Das Gerät besteht aus einem elektrischen Ofen mit Aufhängevorrichtung für die Probe und Thermoelement als Vorwärmer und dem eigentlichen Kalorimeter mit Wärmeschutz, Rührvorrichtung und Thermometer. Der Vorwärmeofen ist seitlich ausschwenkbar über dem Kalorimeter angebracht und steht beim Versuch nur wenige Sekunden über der Einwurföffnung, so daß die Beeinflussung des Kalorimeters klein bleibt. Das wassergefüllte Kalorimetergefäß besteht aus dünnem Kupferblech und ist zur Verminderung der Ausstrahlung vernickelt und poliert. Es ist oben mit einem übergreifenden polierten Deckel verschlos-

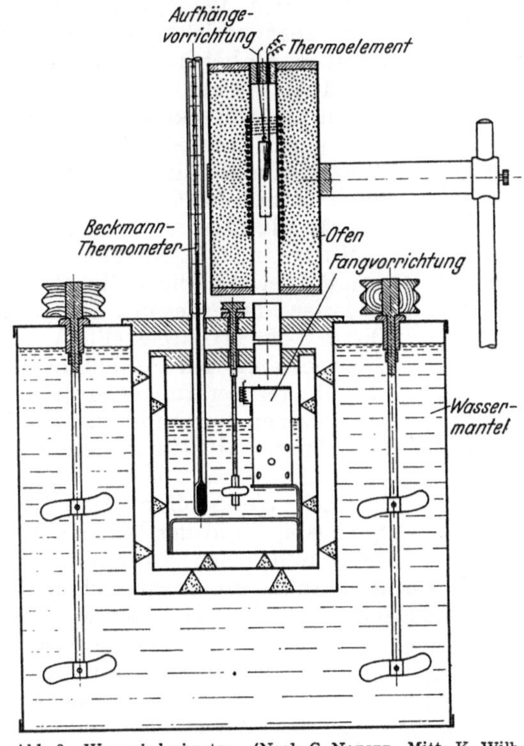

Abb. 8. Wasserkalorimeter. (Nach G. NAESER, Mitt. K.-Wilh.-Inst. Eisenforschg. Bd. 12.)

sen, in dem sich Öffnungen für das Thermometer, den Rührer und den Einwurf befinden. Das Kalorimeter ist durch einen doppelten Luftmantel gegen Wärmeabgabe geschützt und nach außen von einem sehr großen Wasserbad umgeben, dessen Temperatur durch einen Thermostaten sehr genau auf 20° gehalten wird.

Das Wasserkalorimeter ist an sich nicht zur Messung bei hohen Temperaturen geeignet, weil dann Wärmeverluste durch Verspritzen und Verdampfen eintreten. G. NAESER umgeht diese Schwierigkeit durch eine Fangvorrichtung, die sich nach dem Einwurf der Probe selbsttätig schließt. W. OELSEN[2] verwendet bei einer Bestimmung von Mischungswärmen schmelzflüssiger Metalle mit dem Wasserkalorimeter einen Pufferkörper, der in Abb. 9 im Schnitt wiedergegeben ist. Das geschmolzene Metall wird in einen Tiegel d gegossen, der in die Bohrung eines Metallkörpers f eingesetzt ist. Der Tiegel wird sofort nach dem Eingießen durch einen

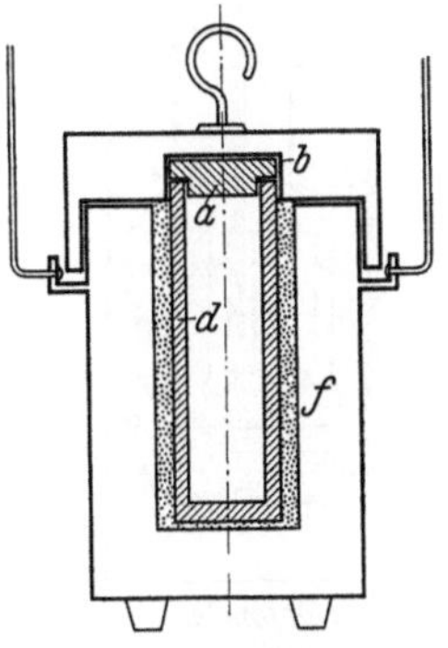

Abb. 9. Pufferträger.
(Nach F. KÖRBER.)

Deckel aus feuerfestem Stoff a verschlossen und darüber ein dicht schließender Metalldeckel b gesetzt. Der Pufferkörper wird dann möglichst schnell in ein

---

[1] NAESER, G.: Mitt. K.-Wilh.-Inst. Eisenforschg. Bd. 12 (1930) S. 8—12.
[2] KÖRBER, F.: Stahl u. Eisen Bd. 56 (1936) S. 1401—1411.

Wasserkalorimeter gebracht. Die Deckel werden erst geöffnet, nachdem das Metall vollständig erstarrt ist.

Das von W. NERNST angegebene *Metallkalorimeter* (Abb. 10) ist in abgewandelten Formen vielfach für die Untersuchung von Metallen bei höheren Temperaturen benutzt worden. Der Wärmeempfänger besteht aus einem Block aus gutleitendem Metall K, der in ein DEWARsches Gefäß D eingepaßt ist. Die Temperaturänderungen werden durch Thermoelemente gemessen, die mit WOODschem Metall eingelötet sind. Die Kaltlötstellen werden in einem Metallring C auf konstanter Temperatur gehalten.

Für die Messung von Anlaßwärmen gehärteter Stähle haben F. WEVER und G. NAESER[1] die „umgekehrte Kalorimetrie" angewandt, bei der die kalte Probe in ein aufgeheiztes Kalorimeter geworfen und dessen Temperaturerniedrigung bestimmt wird. Die in Abb. 11 dargestellte Versuchsanordnung besteht aus einem Thermostaten zur Aufnahme der Probe vor dem Versuch, dem auf Meßtemperatur erwärmten Kalorimeter, das mit einer geschmolzenen Salzmischung gefüllt ist, und der Temperaturmeßeinrichtung. Als Kalorimetergefäß dient ein oben offener Becher A aus V2A-Stahl. Der dreiflügelige Rührer BCD ist aus dem gleichen Werkstoff hergestellt. Der Kalorimeterbecher steht auf Quarzspitzen in der Bohrung eines sehr schweren Kupferblockes F, die durch einen schweren Deckel aus Kupfer verschlossen ist.

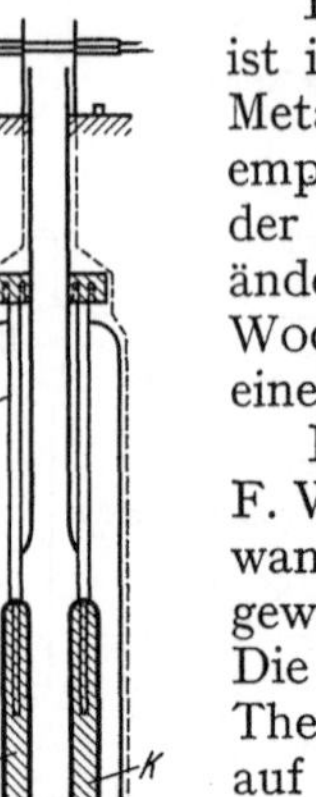

Abb. 10. Metallkalorimeter. (Nach KOHLRAUSCH.)

Der Kupferblock ruht auf einem Schamottestein K in einem zylindrischen Gefäß aus Eisen, auf das die Heizspirale H mit einer Zwischenlage auf Kupfer J aufgewickelt ist. Die Temperaturmessung erfolgt thermoelektrisch, die Eichung wird elektrisch durchgeführt.

Bei der Messung der spezifischen Wärmen von Metallen muß stets beachtet werden, daß die Probe infolge der Abschreckung häufig einen Gefügezustand besitzt, der nicht dem Gleichgewicht entspricht. Die gemessenen Wärmen sind dann um den Betrag der Wärmetönung der unterdrückten Umwandlungen gefälscht.

4. Wärmeausdehnung.

a) Begriffsbestimmung.

Unter der *Wärmeausdehnung* eines Körpers versteht man die reversible Ausdehnung infolge einer Temperaturerhöhung. Der *lineare Ausdehnungsbeiwert* β_Θ bei der Temperatur Θ gibt die Änderung der Längeneinheit bei einer Temperaturerhöhung um $1°$ C an:

$$\beta_\Theta = \frac{1}{l_0}\left(\frac{dl}{d\Theta}\right)_\Theta.$$

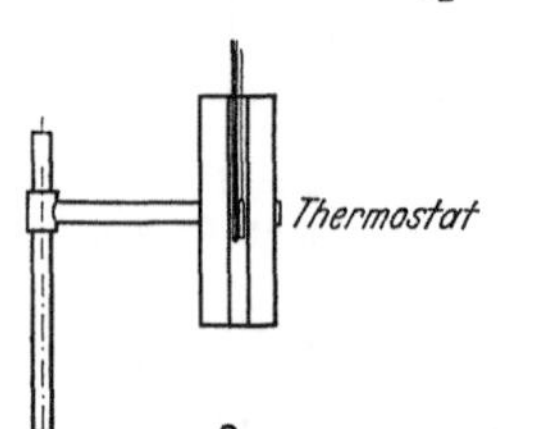

Abb. 11. Umgekehrtes Kalorimeter. (Nach G. NAESER: Mitt. K.-Wilh.-Inst. Eisenforschg. Bd. 15.)

In gleicher Weise gilt für den *kubischen Ausdehnungsbeiwert* α_Θ bei der Temperatur Θ:

$$\alpha_\Theta = \frac{1}{v_0}\left(\frac{dv}{d\Theta}\right)_\Theta.$$

----

[1] WEVER, F. u. G. NAESER: Mitt. K.-Wilh.-Inst. Eisenforschg. Bd. 15 (1933) S. 38.

Bei isotropen festen Körpern gilt in ausreichender Näherung

$$\alpha = 3\,\beta\,.$$

Die Ausdehnungsbeiwerte β und α ändern sich im allgemeinen mit der Temperatur. Die einfachen Ansätze

$$l_\Theta = l_0\,(1 + \beta\Theta),$$
$$v_\Theta = v_0\,(1 + \alpha\Theta),$$

gelten daher nur für kleine Temperaturbereiche. Bei höheren Anforderungen an die Genauigkeit muß die Längenänderung durch eine Formel von der Gestalt

$$l_\Theta = l_0\,(1 + \beta_1\Theta + \beta_2\Theta^2)$$

ausgedrückt werden, deren Beiwerte β_1 und β_2 durch mindestens drei Längenmessungen bei verschiedenen Temperaturen zu bestimmen sind.

b) Meßverfahren für den linearen Ausdehnungsbeiwert β.

α) *Absolute Meßverfahren.* Bei den absoluten Meßverfahren wird die Länge der Probe bei irgendeiner Ausgangstemperatur Θ_1 mit einem Maßstabe, z. B. mit dem Komparator bestimmt, und diese Messung nach Erwärmen auf die Temperatur Θ_2 wiederholt.

β) *Relative Meßverfahren.* Sehr viel einfacher als absolute Messungen sind Vergleichsmessungen durchzuführen, bei denen die Probe zusammen mit einem Vergleichskörper von bekannter Ausdehnung erwärmt und der Unterschied der Längenänderung gemessen wird. Abb. 12 zeigt eine einfache Anordnung dieser Art. Die Probe ruht in einem einseitig geschlossenen Rohr aus Glas oder Quarzglas auf einer Spitze. Auf das obere Ende der Probe ist ein Übertragungsstab aufgesetzt, der aus dem gleichen Stoff wie das Rohr besteht. Rohr und Übertragungsstab sind an ihren oberen Enden mit Teilungen versehen, deren

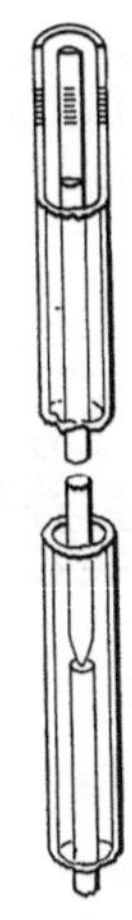
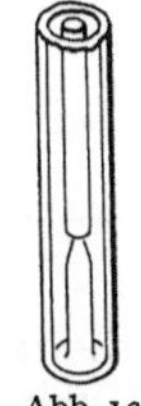

Abb. 12. Ausdehnungsmesser. (Nach Werkstoff- [Handbuch Stahl u. Eisen 1. Aufl.)

gegenseitige Lage mit einem Meßmikroskop bestimmt wird. Für absolute Messungen muß das Gerät mit Hilfe eines Stabes von bekannter Ausdehnung geeicht werden.

Bei den Hebeldilatometern, von denen zahlreiche Bauarten auf dem Markte sind, wird die Ausdehnung der Probe durch ein Hebelsystem mechanisch oder optisch vergrößert. Abb. 13 zeigt ein Hebelgerät von hoher Genauigkeit, bei dem Invarstahl als Vergleichsstab benutzt wird.

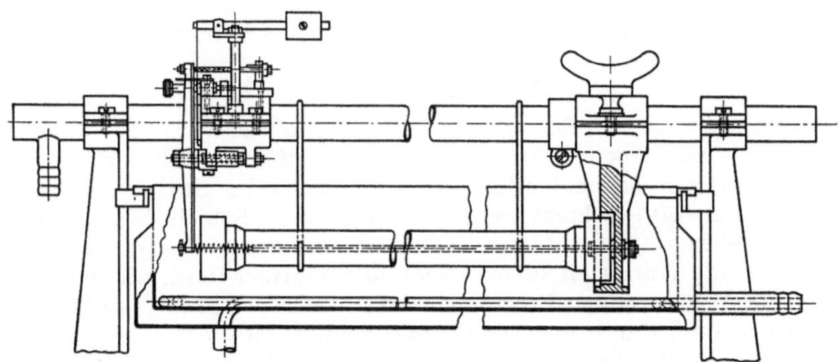

Abb. 13. Vergleichs-Hebeldilatometer. (Nach Werkstoff-Handbuch.)

Bei den *interferometrischen Ausdehnungsmeßgeräten* wird die Dickenänderung der Luftschicht zwischen der ebenen, polierten Probenoberfläche und einem Deckglas beobachtet. Bei dem Dilatometer von Fizeau liegt die Probe auf einem Stahltischchen, über dem eine planparallele Glasplatte auf drei Schrauben ruht. Bei der Betrachtung im homogenen Licht erscheinen Interferenzstreifen, deren Verschiebung bei Temperaturänderung mittels eines Fernrohres ausgemessen wird und ein Maß für den Unterschied der Ausdehnung von Probe und Stahlschrauben gibt. Von Pulfrich wurden die Stahlschrauben durch einen Quarzring ersetzt (Abb. 14).

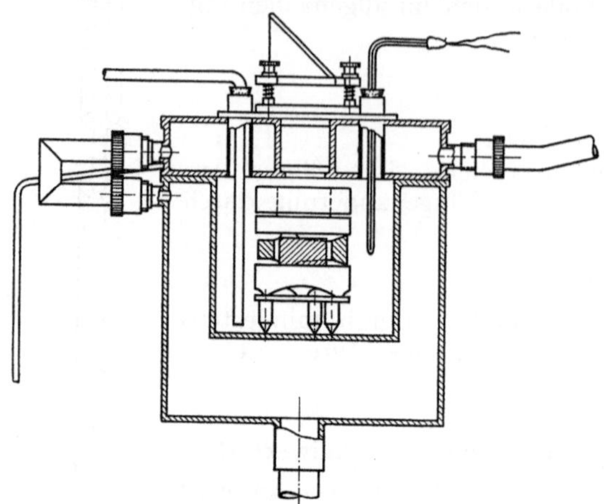

Abb. 14. Interferometer mit Quarzring in Thermostat. (Nach Werkstoff-Handbuch.)

c) Meßverfahren für den kubischen Ausdehnungsbeiwert α.

Die Ermittlung der kubischen Ausdehnung erfolgt meist über die Dichte. Sind ϱ_1 und ϱ_2 die Dichten bei den Temperaturen Θ_1 und Θ_2, so folgt der kubische Ausdehnungsbeiwert zu:

$$\alpha = \frac{\varrho_1 - \varrho_2}{\varrho_2} \cdot \frac{1}{\Theta_2 - \Theta_1} \,.$$

5. Wärmeleitung.

a) Begriffsbestimmung.

Unter der *Wärmeleitzahl* eines Werkstoffes versteht man den die Flächeneinheit senkrecht durchsetzenden Wärmestrom bei einem Temperaturgefälle von $1°$ C auf die Längeneinheit von 1 cm (cal cm^{-1} s^{-1} Grad^{-1}).

b) Meßverfahren.

α) *Vergleichsverfahren.* Bei den Vergleichsverfahren wird die Messung auf einen Vergleich mit einem Normalstoff zurückgeführt. Dabei kann z. B. der gleiche Wärmestrom nacheinander durch Platten oder Stäbe aus der Probe und dem Normalstoff geschickt werden. Bei gleichen Schichtdicken oder Stablängen und gleichen Querschnitten verhalten sich dann die Temperaturgefälle umgekehrt wie die Wärmeleitzahlen. Bei guten Wärmeleitern, wie den Metallen, wird man meist stabförmige Proben verwenden. Der Wärmeaustritt durch die Staboberfläche muß durch übergeschobene Schutzrohre verhindert werden, die an jeder Stelle gleiche Temperatur haben, wie die darunter liegende Staboberfläche.

Bei dem Verfahren von Despretz werden Stäbe gleicher Abmessungen und Oberflächenbeschaffenheit aus Probe und Normalstoff an einem Ende auf gleiche Temperatur gebracht, z. B. durch Eintauchen in siedendes Wasser oder durch Einstecken in einen geheizten Metallblock. Nach Eintreten des Temperaturgleichgewichtes werden die Stellen gleicher Temperatur durch eingelassene Thermoelemente oder einfacher durch Überziehen der Stäbe mit einem Stoff bestimmt, der bei einer passenden Temperatur schmilzt, wie Wachs oder Elaidinsäure, oder der eine erkennbare Veränderung erleidet, wie Quecksilberjodid. Die Wärmeleitzahlen verhalten sich dann umgekehrt wie die Quadrate der gemessenen Längen.

Bei dem Verfahren von KOHLRAUSCH werden Wärmeleitung und elektrisches Leitvermögen miteinander verglichen. Die stabförmige Probe wird durch einen gleichbleibenden elektrischen Strom i aufgeheizt, wobei die Mantelfläche gegen Wärmeabgabe geschützt ist. Die Enden der Probe werden durch Flüssigkeitsbäder auf gleichbleibender Temperatur gehalten. Nach Einstellen des Gleichgewichtes mißt man den Temperaturunterschied Θ zwischen Stabmitte und zwei Stellen im Abstande l von der Mitte, sowie das Potential e zwischen den gleichen Stellen. Dann gilt für das Verhältnis zwischen Wärmeleitvermögen λ und elektrischem Leitvermögen $\varkappa$:

$$\frac{\lambda}{\varkappa} = \frac{1}{8}\,\frac{e^2}{\Theta}\,.$$

Für das elektrische Leitvermögen gilt gleichzeitig nach dem OHMschen Gesetz:

$$\varkappa = \frac{2\,l}{q}\cdot\frac{i}{e}\,;$$

q ist der Querschnitt der Probe.

β) *Absolute Verfahren*. Abb. 15 zeigt eine von I. W. DONALDSON angegebene Anordnung für die absolute Bestimmung der Wärmeleitzahl von Metallen. Der Versuchsstab a ist mit dem unteren Ende in einem elektrisch geheizten Metallklotz b befestigt. Das obere Ende steckt in einem Durchflußkalorimeter c, mit dem die überführte Wärme aus Temperaturerhöhung und Menge des Kühlwassers bestimmt wird. Der Stab ist von einem Schutzrohr g umgeben, das mit dem unteren Ende an dem Metallklotz befestigt ist und daher dort gleiche Temperatur hat wie die Probe. Das obere Ende wird auf die Temperatur des Kalorimeters abgekühlt. Das Schutzrohr nimmt so an allen Stellen nahezu die

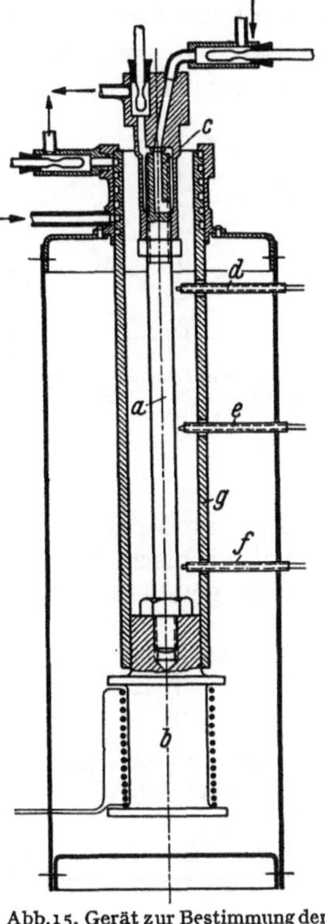

Abb. 15. Gerät zur Bestimmung der Wärmeleitkraft. (Nach M. JAKOB.)

gleiche Temperatur an wie die Probe. Das Temperaturgefälle in der Probe wird durch drei seitlich angebrachte Thermoelemente $d\,e\,f$ gemessen[1].

6. Elektrischer Widerstand.

a) Grundbegriffe.

Unter dem *spezifischen Widerstand* ϱ eines Werkstoffes wird der Widerstand eines Würfels von 1 cm Kantenlängen bei gleichmäßigem Stromdurchfluß verstanden ($\Omega \cdot$ cm). Ist R der Widerstand eines Leiters von der Länge l und dem gleichmäßigen Querschnitt q, so berechnet sich der spezifische Widerstand daraus nach der Beziehung:

$$\varrho = R\cdot\frac{q}{l}\;[\Omega\cdot\text{cm}]\,.$$

Es ist bei Leitungsdrähten gebräuchlich, den Widerstand für 1 km Länge und 1 mm² Querschnitt $= 10^7\,\varrho$ anzugeben. Bei Widerstandslegierungen wird

---

[1] JAKOB, M.: Z. Metallkde. Bd. 18 (1926) S. 55.

gewöhnlich der Wert für eine Länge von 1 m und einen Querschnitt von 1 mm² $= 10^4 \varrho$ angegeben.

Der reziproke Wert des spezifischen Widerstandes,

$$\varkappa = \frac{1}{\varrho} \ [\Omega^{-1}/\mathrm{cm}],$$

wird *elektrische Leitfähigkeit* genannt. Die Leitfähigkeit wird bei Widerstandslegierungen meist auf 1 m Länge und 1 mm² Querschnitt bezogen.

Bei den meisten Metallen nimmt der Widerstand mit der Temperatur zu. Innerhalb nicht zu großer Temperaturbereiche gilt in Näherung die Beziehung:

$$R_\Theta = R_0 \, (1 + \alpha\Theta) \, ;$$

der Beiwert

$$\alpha = \frac{R_\Theta - R_0}{R_\Theta} \cdot \frac{1}{\Theta - \Theta_0}$$

wird Temperaturkoeffizient des Widerstandes genannt. Zur Bestimmung des meist zugrunde gelegten Wertes ϱ_{20} bei 20° C genügt es, ϱ für je eine Temperatur nicht zu weit unterhalb und oberhalb von 20° zu ermitteln und linear auf ϱ_{20} umzurechnen.

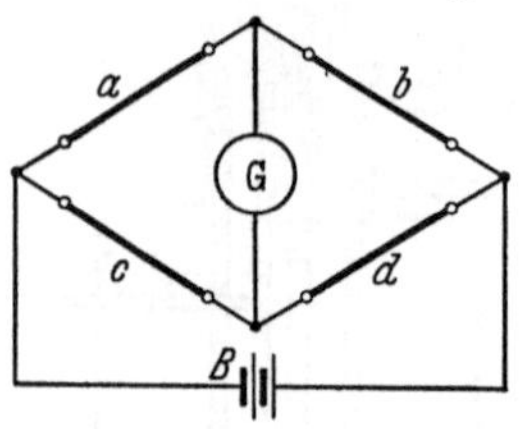

Abb. 16. Wheatstone - Kirchhoff-Brücke. (Nach Werkstoff-Handbuch.)

b) Meßverfahren.

Für die Messung des elektrischen Widerstandes sind eine große Anzahl von Verfahren bis zu den höchsten Genauigkeiten entwickelt worden. Für technische Zwecke genügen meist einfache Anordnungen.

α) *Brückenverfahren.* Der Strom eines Elementes B (Abb. 16) verzweigt sich in den Leitungen ab und cd, zwischen die eine Brücke mit dem Galvanometer G gelegt ist. Der in der Brücke fließende Strom verschwindet, sobald die Beziehung

$$\frac{a}{b} = \frac{c}{d}$$

erfüllt ist. Bei Kenntnis eines Widerstandes d sowie des Verhältnisses a/b ist damit der gesuchte Widerstand c bestimmt. Bei der einfachsten Form der Wheatstone - Kirchhoff-schen *Drahtbrücke* besteht der Zweig ab aus einem gerade gespannten Draht, über dem ein Schleifkontakt längs einer Teilung verschoben werden kann. Die Widerstände der Zuleitungen gehen bei dem Verfahren mit in die Messung ein.

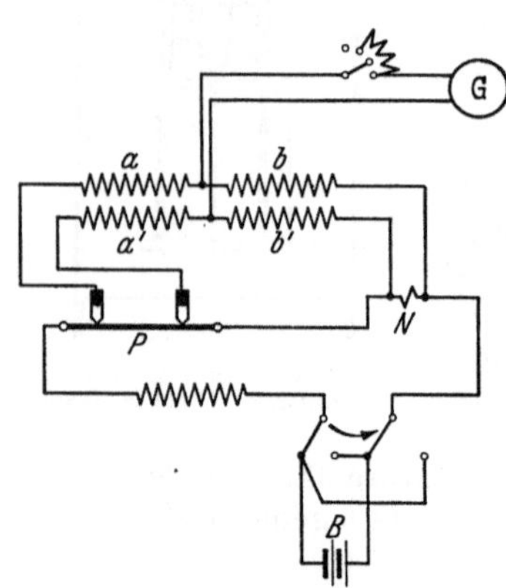

Abb. 17. Thomson-Brücke. (Nach Werkstoff-Handbuch.)

Die praktisch nicht erfüllbare Forderung, daß die Verbindungen zwischen den zu messenden Widerständen selbst widerstandsfrei sein müssen, wird in der Anordnung der Thomsen-*Brücke* umgangen, deren Schaltschema Abb. 17 zeigt. Der Probestab P liegt mit einem Normalwiderstand N in einem Stromkreis. Die Spannungsschneiden an der Probe sind über die Widerstände ab und $a'b'$ mit den Klemmen des Normalwiderstandes verbunden. Das zwischen ab und $a'b'$ liegende Galvanometer G wird durch passende Einstellung von a stromlos gemacht, wobei gleichzeitig $a' = a$ und $b' = b$ gehalten wird. Dann gilt:

$$R = N \cdot \frac{a}{b} \cdot$$

Die Widerstände der Zuleitungen fallen dabei heraus. Das Verfahren ist daher besonders für die Messung sehr kleiner Widerstände geeignet. Bei mäßigen Ansprüchen an die Genauigkeit wird der Normalwiderstand N durch einen Schleifdraht ersetzt und das Widerstandsverhältnis $a/b = a'/b'$ nur in groben Stufen geändert. Die Stellung des Schleifkontaktes kann an einer Teilung abgelesen werden und ergibt unmittelbar den gesuchten Widerstand R.

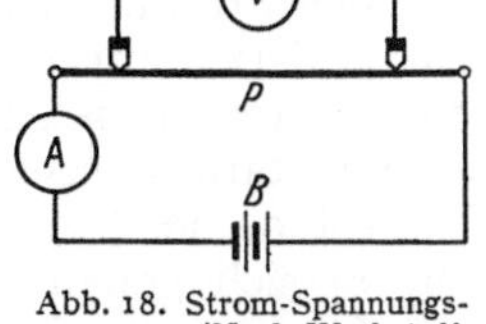

Abb. 18. Strom-Spannungsmessung. (Nach Werkstoff-Handbuch.)

β) *Strom-Spannungsmessung.* Der Probestab P wird mit einer Batterie B in einen Stromkreis gelegt und die Stromstärke J mit dem Amperemeter A gemessen (Abb. 18). Die Spannung E über dem Probestab wird mittels zweier Schneiden abgegriffen und mit einem Voltmeter vom inneren Widerstand r gemessen. Dann ist:

$$R = \frac{E}{J - \dfrac{E}{r}} \, .$$

Bei mäßigen Ansprüchen an die Genauigkeit und hohem Voltmeterwiderstand kann der im Voltmeter fließende Strom E/r gegen J vernachlässigt werden.

Das Strom-Spannungsmeßverfahren wurde von G. GRUBE und G. BURKHARDT[1] für die Messung des elektrischen Widerstandes von Legierungsreihen bei höheren Temperaturen ausgebildet (Abb. 19). Die stabförmige Probe V ist mit Hilfe kleiner Spannfutter in die Stromzuführungen aus V2A-Stahl eingesetzt. Die Meßspannung wird mit Hilfe von zwei Schneiden aus V2A abgenommen, die durch Federn aus V2A angepreßt werden. Als Schutzgas wird Wasserstoff verwandt. G. GRUBE und H. KNABE[2] vereinfachten später die Probenbefestigung, indem sie die Zuführungs- und Potentialdrähte in Bohrungen der Probe steckten.

F. WEVER und W. JELLINGHAUS[3] benutzten das Stromspannungsmeßverfahren zur Untersuchung der isothermen Umwandlung des Austenits. Die Versuchsanordnung ist in Abb. 20 wiedergegeben. Die drahtförmige Probe ist zwischen die Enden der Stromzuführungen geschweißt, ebenso sind die Potentialdrähte angeschweißt. Die Probe hängt in der Mitte eines Glaskolbens, der in einem Ölbad auf gleichbleibender Temperatur gehalten wird. Sie wird vor dem Versuch durch Stromleitung auf Härtetemperatur erhitzt und dann durch Abschalten des Stromes und gleichzeitiges Anblasen mit Wasserstoff möglichst schnell auf die Umwandlungstemperatur abgeschreckt.

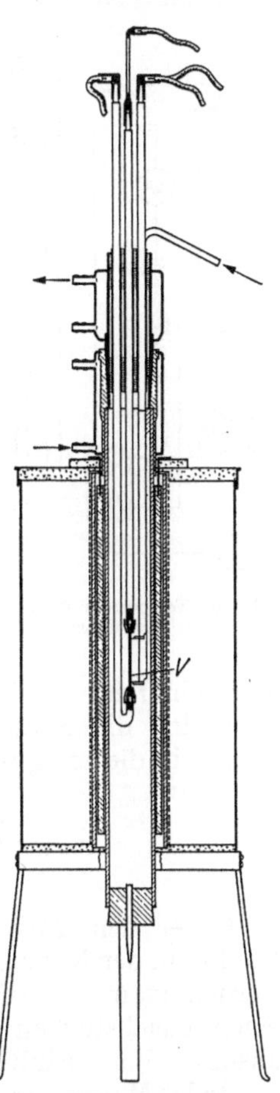

Abb. 19. Temperatur-Widerstandsmessung für die thermische Analyse. (Nach G. GRUBE und G. BURKHARDT.)

γ) *Messungen mit dem Differentialgalvanometer.* Das Meßsystem des Differentialgalvanometers besteht aus zwei gegeneinander isolierten Spulen von gleichem Widerstand und gleicher Windungszahl. Es gestattet einfache und zugleich genaue Widerstandsmessungen.

---

[1] GRUBE, G. u. G. BURCKHARDT: Z. Elektrochem. Bd. 35 (1929) S. 315—332.
[2] GRUBE, G. u. R. KNABE: Z. Elektrochem. Bd. 42 (1936) S. 793—804.
[3] WEVER, F. u. W. JELLINGHAUS: Mitt. K.-Wilh.-Inst. Eisenforschg. Bd. 15 (1933) S. 167—177.

Das von F. Kohlrausch angegebene Verfahren des *übergreifenden Nebenschlusses* dient zum Vergleich gleich großer Widerstände; die Schaltung ist in Abb. 21 angegeben. Die Widerstände W und R sind gleich, wenn sich bei einem Verlegen der Stromquelle aus AB' nach BA' der Ausschlag des Galvanometers nicht ändert. Für die Umschaltung der Stromquelle dient ein sechsnäpfiger Kommutator, dessen Näpfe durch Kupferbügel entweder so verbunden werden, wie die stark ausgezogenen oder wie die schwachen Linien angeben. Die Widerstände der Verbindungen fallen dabei heraus; das Galvanometer braucht nicht in sich genau abgeglichen zu sein.

δ) *Messungen mit dem Kompensator.* Der Kompensationsapparat kann zum Vergleich von Widerständen benutzt werden. Man schaltet die Widerstände

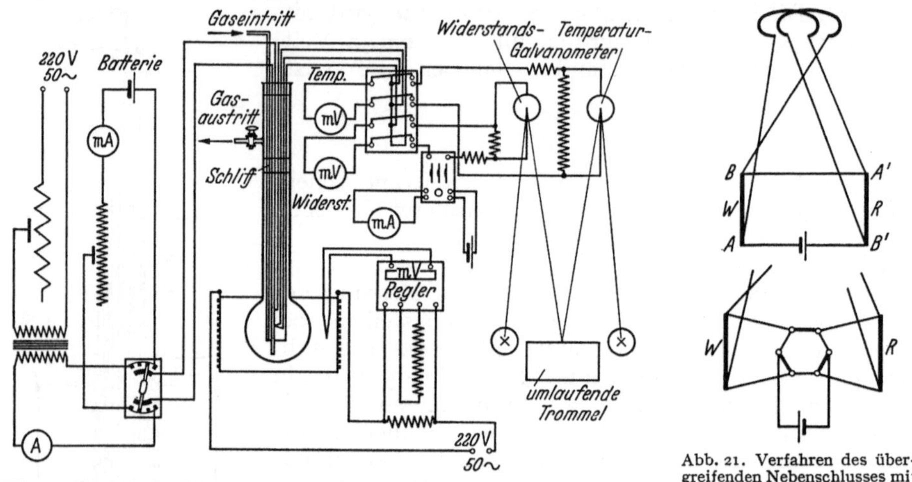

Abb. 20. Temperatur-Widerstandsmessung für die Untersuchung der isothermen Austenitumwandlung. (Nach F. Wever und W. Jellinghaus.)

Abb. 21. Verfahren des übergreifenden Nebenschlusses mit Differentialgalvanometer. (Nach Kohlrausch.)

hintereinander in einen Stromkreis und mißt mit Hilfe eines Umschalters abwechselnd die Spannungen an ihren Enden. Die Widerstände verhalten sich dann wie die entsprechenden Spannungen.

7. Magnetische Eigenschaften.

a) Grundbegriffe.

Unter den *Polen* eines magnetisierten Körpers versteht man diejenigen Punkte in der Nähe seiner Enden, in denen die Magnetisierung angehäuft gedacht werden kann. Ein Magnetpol besitzt die Einheit der Polstärke, wenn er auf einen gleichstarken Magnetpol im Abstand von 1 cm die Kraft von 1 dyn ausübt. Vom Einheitspol gehen 4π Kraftlinien aus.

Jeder Magnetpol ist von einem *magnetischen Feld* umgeben. Ein magnetisches Feld $\mathfrak{H}$ besitzt die Einheit der Feldstärke, wenn es auf einen Einheitspol die Kraft von 1 dyn ausübt (Gauß). *Feldstärke- und Feldrichtung* werden durch *Kraftlinien* gekennzeichnet. Ein Feld von 1 Gauß entspricht einer Kraftlinie je cm². Praktisches Maß der Feldstärke ist die Amperewindungszahl je cm (AW/cm); 1 Gauß entspricht 0,7958 AW/cm.

Es ist neuerdings vorgeschlagen worden, die cgs-Einheit der Feldstärke Oersted zu nennen. Für das cgs-System haben Feldstärke und Induktion gleiche Dimensionen. Es ist daher hier die ursprüngliche Bezeichnung Gauß für beide beibehalten.

Die *Magnetisierung eines Körpers* im Feld $\mathfrak{H}$ kann beschrieben werden durch die Stärke der induzierten Magnetpole m und deren Abstand l. Das Produkt

$$m \cdot l = M$$

heißt *magnetisches Moment*. Das auf die Volumeneinheit bezogene Moment

$$J = \frac{M}{v}$$

wird *Intensität der Magnetisierung* oder kurz *Magnetisierung* genannt. Einheit der Magnetisierung ist ebenfalls das Gauß.

Das Verhältnis

$$\frac{J}{\mathfrak{H}} = \varkappa$$

heißt *Suszeptibilität*. Die Suszeptibilität des Vakuums ist gleich Null. Für alle materiellen Körper ist $\varkappa$ von Null verschieden.

Das magnetische Verhalten eines Körpers im Feld $\mathfrak{H}$ kann auch beschrieben werden durch den erzeugten *Induktionsfluß* $\varPhi$. Er kann bei der Feldstärke $\mathfrak{H}$ durch die Beziehung

$$\varPhi = \mu \cdot q \cdot \mathfrak{H}$$

wiedergegeben werden. Die Dichte des Induktionsflusses,

$$\mathfrak{B} = \frac{\varPhi}{q} = \mu \cdot \mathfrak{H}$$

wird *Induktion* genannt. Einheit der magnetischen Induktion ist das Gauß. Zwischen der Induktion $\mathfrak{B}$ und der Magnetisierung J besteht die Beziehung:

$$\mathfrak{B} = 4\,\pi\,J + \mathfrak{H}.$$

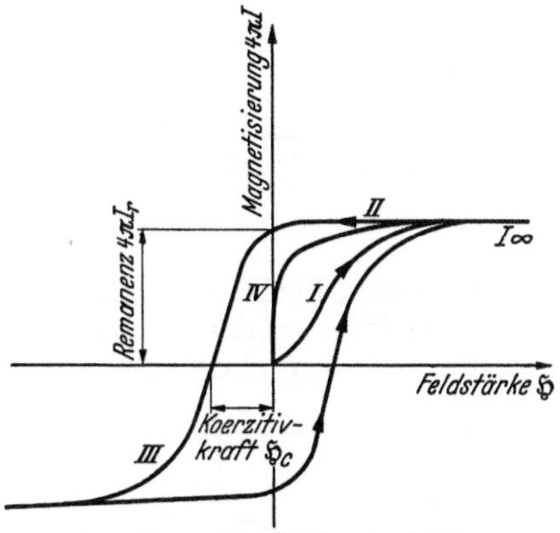

Der Beiwert μ wird *Permeabilität* genannt. Die Permeabilität des Vakuums ist gleich Eins. Bei der überwiegenden Mehrzahl der Stoffe ist μ unabhängig von der Feldstärke

Abb. 22. Magnetisierungsschleife.
(Nach Werkstoff-Handbuch.)

und nur wenig von Eins verschieden. Bei den *paramagnetischen* Stoffen ist $\mu > 1$, bei den *diamagnetischen* ist $\mu < 1$. Bei den *ferromagnetischen* Stoffen erreicht μ Werte bis 10^5.

Die Abhängigkeit der Permeabilität von der Feldstärke bei den ferromagnetischen Stoffen hat zur Folge, daß deren Verhalten nur durch eine *Magnetisierungskurve* vollständig beschrieben werden kann. In dieser ist die Magnetisierungsintensität $4\pi\,J$ über der Feldstärke aufgetragen (Abb. 22). Bei der ersten Magnetisierung eines ferromagnetischen Werkstoffes in einem stetig wachsenden Feld $\mathfrak{H}$ verläuft die Magnetisierung nach einer *Neukurve*, I in Abb. 22, bis zu einem Grenzwert J_∞, der *Sättigungsmagnetisierung* genannt wird. Bei abnehmender Feldstärke geht die Magnetisierung längs des *absteigenden Astes*, II in Abb. 22, zurück, der die Ordinatenachse in einem Wert J_r schneidet, den man *remanente Magnetisierung* oder *Remanenz* nennt. Die Magnetisierung wird erst Null bei einer entgegengesetzten Feldstärke $\mathfrak{H}_c$, die *Koerzitivkraft* genannt wird. Bei weiterer Verstärkung des entgegengerichteten Feldes wird der *aufsteigende Ast*, III in Abb. 22, bis zur Sättigung im entgegengesetzten Sinne durchlaufen. Die bei einem vollständigen Magnetisierungskreislauf beschriebene, geschlossene Kurve wird *Hysteresiskurve* oder *Hysteresisschleife* genannt.

Die Induktion $\mathfrak{B}$ folgt in Abhängigkeit von $\mathfrak{H}$ einer ähnlichen Kurve, die durch eine *Scherung* der Hysteresisschleife für die Magnetisierung nach der Geraden

$$\mathfrak{B} = \mathfrak{H}$$

aus dieser abgeleitet werden kann (Abb. 23). Die Induktion erreicht im Gegensatz zur Magnetisierung keinen endlichen Sättigungswert. Die remanente Induktion $\mathfrak{B}_r$ ist mit der remanenten Magnetisierung $4\pi J_r$ identisch, dagegen ist die Koerzitivkraft $\mathfrak{B}\mathfrak{H}_c$ bzw. $J\mathfrak{H}_c$ in beiden Darstellungen nur so lange

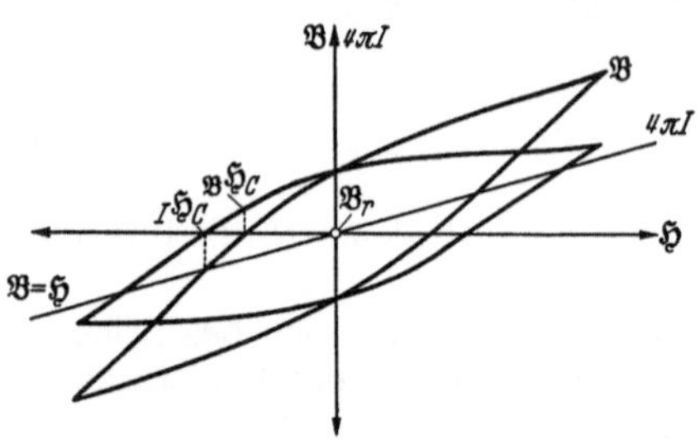

Abb. 23. Induktionsschleife (aus der Magnetisierungsschleife geschert). (Nach H. Neumann.)

gleich, als sie nicht allzu große Werte annimmt. Bei größeren Werten $\mathfrak{H}_c$ muß die Koerzitivkraft auf die Magnetisierung $J = 0$ bezogen werden.

Aus der Induktionskurve folgt die Abhängigkeit der Permeabilität μ von der Feldstärke $\mathfrak{H}$ nach Abb. 24. Die Permeabilität steigt von einem Anfangswert

$$\mu_0 = \lim_{\mathfrak{H}=0} \frac{\mathfrak{B}}{\mathfrak{H}},$$

der *Anfangspermeabilität* genannt wird, bis zu einem Höchstwert, der *Maximalpermeabilität* $\mu_{\max}$ an und fällt dann langsam gegen Eins bei erreichter Sättigung. Für die meisten Werkstoffe gilt in Näherung

$$\mu_{\max} \approx 0{,}5 \cdot \frac{\mathfrak{B}_r}{\mathfrak{H}_c}.$$

Die zugehörige Feldstärke $\mathfrak{H}_{\mu_{\max}}$ liegt bei etwa $1{,}35\,\mathfrak{H}_c$.

Die Bestimmung der magnetischen Eigenschaften bei Gleichstrommagnetisierung stößt auf die grundsätzliche Schwierigkeit, daß die aus der Amperewindungszahl der Magnetisierungsspule berechnete, scheinbare oder ungescherte Feldstärke $\mathfrak{H}'$ wegen der Rückwirkung der freien Pole der Probe nicht der wahren Feldstärke $\mathfrak{H}$, die in der Probe wirksam ist, gleichgesetzt werden darf. Dabei ist $\mathfrak{H}$ stets kleiner als $\mathfrak{H}'$, wie auch die tatsächliche Magnetisierung stets hinter derjenigen zurückbleibt, die aus der scheinbaren Feldstärke folgen würde. Die Probe entmagnetisiert sich durch ihre freien Enden selbst.

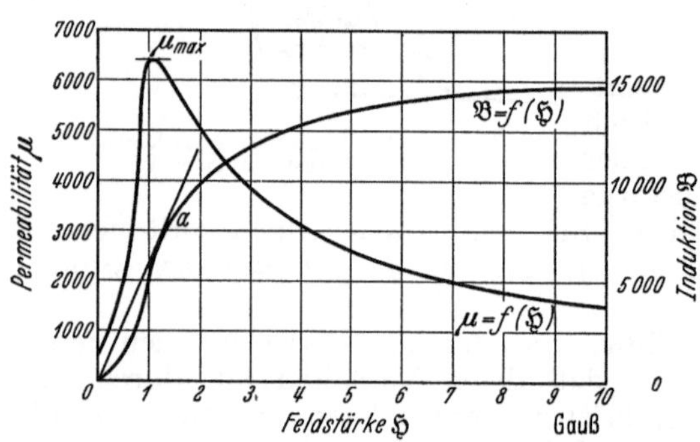

Abb. 24. Induktion und Permeabilität. (Nach Messkin-Kussmann.)

Die Entmagnetisierung durch das eigene Feld ist um so stärker, je höher die Magnetisierungsintensität J und je gedrungener die Probe ist. Für den Unterschied zwischen wahrer und scheinbarer Feldstärke gilt die Beziehung

$$\mathfrak{H} = \mathfrak{H}' - NJ,$$

N bedeutet einen von der Gestalt abhängigen Beiwert, der *Entmagnetisierungsfaktor* genannt wird. Trägt man bei irgendeiner Messung die Magnetisierung oder Induktion über der scheinbaren Feldstärke auf, so erhält man die *ungescherte* Magnetisierungskurve, aus der die wahre Magnetisierung durch eine Scherung nach der Geraden

$$\mathfrak{H} = -NJ$$

hervorgeht. In Abb. 25 ist die ungescherte Magnetisierungskurve a für einen Stab aus Weicheisen von 33 cm Länge und 0,6 cm Dmr., die aus den Abmessungen folgende Scherungslinie C und die gescherte, wahre Magnetisierungskurve b wiedergegeben. Der Schnitt A' der scheinbaren Magnetisierung mit der Ordinatenachse heißt *scheinbare Remanenz*, im Gegensatz zur wahren Remanenz A.

Die Scherung ist für geschlossene Ringe ohne freie Pole gleich Null. Sie kann für Rotationsellipsoide aus dem Achsenverhältnis streng nach der Beziehung

$$p = 4\pi \left[\frac{1}{e^2} - 1 \right] \left[\frac{1}{2e} \cdot \ln \frac{1+e}{1-e} - 1 \right]$$

berechnet werden; e bedeutet die Exzentrizität. E. MAURER und K. MEISSNER[1] haben gezeigt, daß das schwierig herzustellende Rotationsellipsoid in guter Annäherung durch einen Kegelstab von den in Abb. 26 angegebenen Abmessungen ersetzt werden kann.

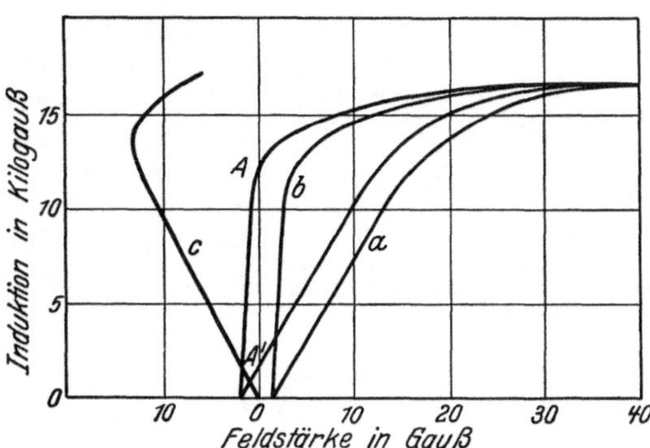

Abb. 25. Ungescherte (a), gescherte (b) Magnetisierungskurve und Scherungskurve für einen zylindrischen Stab aus Weicheisen. (Nach MESSKIN-KUSSMANN.)

Für zylindrische Stäbe kann die Entmagnetisierung nicht streng angegeben werden, da die Magnetisierung und damit auch die Permeabilität über die Stablänge nicht gleich ist. Für schwache Magnetisierung gelten nach J. WÜRSCHMIDT[2] die in Zahlentafel 1 angegebenen Werte. Für genaue Messungen ist der freie Zylinderstab nicht geeignet.

Bei einer Reihe von Geräten werden die Schwierigkeiten der Scherung dadurch umgangen, daß die Proben in ein Schlußjoch eingebaut werden. Das Joch ist aus einem Werkstoff von hoher Permeabilität hergestellt. Der Kraftfluß wird durch das Joch vollständig geschlossen, so daß die wahre Feldstärke sehr nahe gleich der aus der Amperewindungszahl der Magnetisierungsspule berechneten wird.

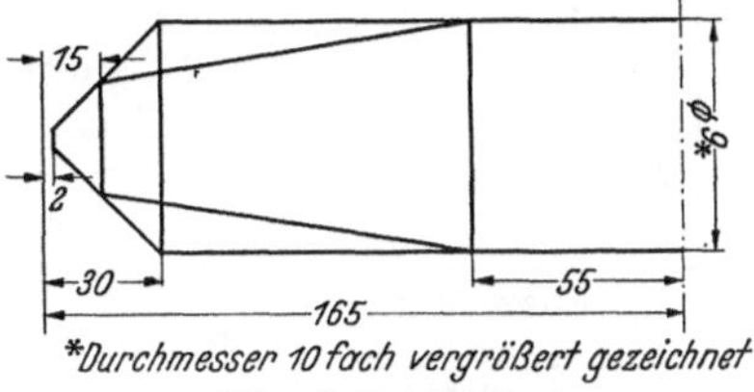

Abb. 26. Kegelstab. (Nach Werkstoff-Handbuch.)

Zahlentafel 1. Ballistische Entmagnetisierungsfaktoren für kreiszylindrische Stäbe. (Nach WÜRSCHMIDT.)

$p = \frac{1}{d}$	Entmagnetisierungsfaktor N	$p = \frac{1}{d}$	Entmagnetisierungsfaktor N	$p = \frac{1}{d}$	Entmagnetisierungsfaktor N	$p = \frac{1}{d}$	Entmagnetisierungsfaktor N
49,25	0,0156	40,30	0,0220	32,70	0,0313	25,10	0,0473
48,23	0,0160	39,45	0,0226	31,86	0,0331	24,27	0,0500
47,23	0,0166	38,59	0,0234	31,02	0,0344	23,43	0,0525
46,22	0,0173	37,75	0,0246	30,19	0,0357	22,60	0,0566
45,38	0,0179	36,91	0,0253	29,32	0,0372	21,76	0,0598
44,54	0,0185	36,07	0,0263	28,45	0,0392	20,92	0,0636
43,70	0,0190	35,24	0,0277	27,56	0,0413	20,09	0,0671
42,86	0,0195	34,39	0,0292	26,78	0,0432	19,25	0,0721
42,02	0,0203	33,56	0,0301	25,94	0,0450	18,43	0,0764
41,18	0,0219						

[1] MAURER, E. u. K. MEISSNER: Mitt. K.-Wilh.-Inst. Eisenforschg. Bd. 3 (1922) S. 23.
[2] WÜRSCHMIDT, J.: Theorie des Entmagnetisierungsfaktors und der Scherung von Magnetisierungskurven, Braunschweig 1925.

Die Eignung eines Werkstoffes für Dauermagnete ist infolge der Rückwirkung seines eigenen Feldes nicht allein von der wahren Remanenz, sondern vielmehr von der *scheinbaren Remanenz* abhängig, die sich als Schnitt der Entmagnetisierungslinie mit der Magnetisierungskurve ergibt. Abb. 27 zeigt 3 Scherungslinien S_1 bis S_3 für verschiedene Magnetformen sowie die Magnetisierungskurven zweier Stähle M_1 und M_2, von denen der eine hohe Remanenz bei niedriger Koerzitivkraft, der andere kleinere Remanenz bei sehr hoher Koerzitivkraft besitzt. Für den jeweiligen Verwendungszweck ist dann derjenige Werkstoff der geeignetere, dessen Magnetisierungskurve sich mit der entsprechenden Scherungslinie bei der höchsten scheinbaren Remanenz schneidet. So ist z. B. für den Fall geringer Entmagnetisierung (Scherungslinie S_1) der Werkstoff M_1 trotz seiner niedrigen Koerzitivkraft vorzuziehen. Bei sehr starker Entmagnetisierung (Fall S_3) liefert dagegen der Werkstoff M_2 trotz seiner kleineren Remanenz die höhere scheinbare Remanenz.

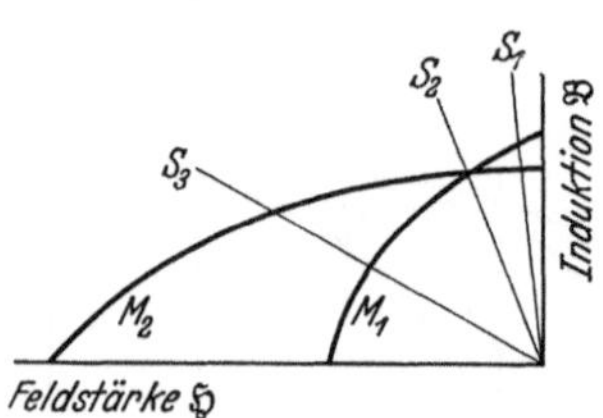

Abb. 27. Werkstoffauswahl bei verschiedener Entmagnetisierung. (Nach Werkstoff-Handbuch.)

Nach GUMLICH genügt in vielen Fällen das Produkt $\mathfrak{B}_r \cdot \mathfrak{H}_c$ als Güteziffer. Von EVERSHED wird hierfür der Wert $(\mathfrak{B} \cdot \mathfrak{H})_{\max}$ vorgeschlagen, d. h. das Maximum der Produkte von magnetischer Induktion und zugehöriger Feldstärke, das auf dem absteigenden Ast zwischen $\mathfrak{B}_r$ und $\mathfrak{H}_c$ erreicht wird. Man erhält den entsprechenden Punkt der Magnetisierungskurve als Schnitt der Diagonale in dem Rechteck aus Remanenz und Koerzitivkraft mit der Magnetisierungskurve. In Abb. 28 ist die Güteziffer nach GUMLICH durch das Rechteck aus $\mathfrak{B}_r$ und $\mathfrak{H}_c$, die Güteziffer nach EVERSHED durch das eingezeichnete kleine Rechteck dargestellt.

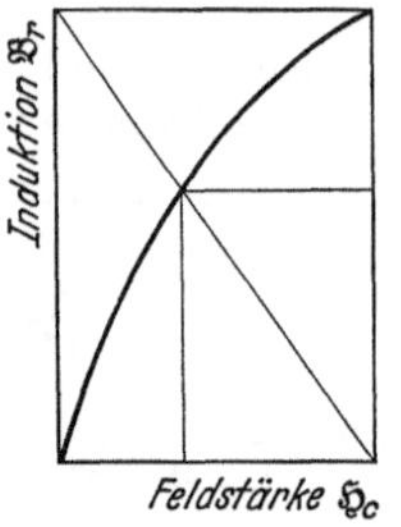

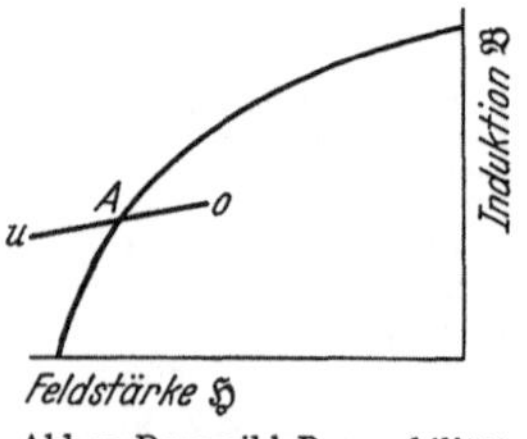

Abb. 28. Güteziffer nach GUMLICH und nach EVERSHED. (Nach Werkstoff-Handbuch.)

Für die Beurteilung magnetischer Werkstoffe ist noch die *reversible Permeabilität* wichtig. Man versteht darunter für jeden Punkt der Magnetisierungslinie die Neigung, mit der eine überlagerte, sehr kleine Wechselstrommagnetisierung von dort ausgeht. Befindet man sich z. B. auf dem Punkt A des absteigenden Astes (Abb. 29) und überlagert nun bei gleichgehaltener Gleichstrommagnetisierung eine kleine Wechselstrommagnetisierung, Schleife $AOUA$, so gibt deren Neigung $\dfrac{\varDelta \mathfrak{B}}{\varDelta \mathfrak{H}}$ die reversible Permeabilität für den Punkt A an.

Vor der Aufnahme einer Magnetisierungskurve muß zunächst jede Spur einer früheren Magnetisierung beseitigt werden, da diese das Ergebnis erheblich fälschen könnte. Man erreicht die *Entmagnetisierung* durch geschlossene Magnetisierungsschleifen mit stetig abnehmender maximaler Induktion. Dabei muß die erste Magnetisierung größer sein als die höchste vorhergegangene Magnetisierung. Von GUMLICH und ROGOWSKI[1] ist ein Entmagnetisierungsapparat angegeben worden, der einen Wechselstrom von sehr gleichmäßiger Abnahme liefert.

Abb. 29. Reversible Permeabilität.

Die eben beschriebene Entmagnetisierung mit einem Wechselfeld von stetig abnehmender Amplitude kann in jedem Punkt der Magnetisierungsschleife durchgeführt werden. Man erhält so die von der magnetischen Vorgeschichte und dem Einfluß der Hysterese vollständig freie *ideale Magnetisierung*, Kurve IV

---

[1] GUMLICH u. ROGOWSKI: Ann. Phys., Lpz. (4) Bd. 34 (1911) S. 235.

in Abb. 22. Die ideale Magnetisierungskurve steigt bei magnetisch weichen Werkstoffen senkrecht vom Nullpunkt aus an und verläuft ohne Wendepunkt bis zur Sättigung zwischen aufsteigendem und absteigendem Ast der Hysteresisschleife.

Die von der Hysteresisschleife eingeschlossene Fläche entspricht nach E. WARBURG der bei einem vollständigen Umlauf umgesetzten Magnetisierungsenergie A:

$$A = \frac{1}{4\pi} \int \mathfrak{H} \, d\,\mathfrak{B} \ \text{erg/cm}^3 \, .$$

Nach CH. STEINMETZ[1] gilt hierfür:

$$A = \eta \cdot \mathfrak{B}^{1,6} \, ,$$

worin η, die STEINMETZ*sche Konstante*, eine kennzeichnende Werkstoffgröße ist.

In der Technik bezieht man den Hystereseverlust $V_\mathfrak{H}$ eines Stoffes auf die Gewichts- und Zeiteinheit in W/kg. Bezeichnet man die Frequenz des magnetisierenden Feldes mit f, so folgt

$$V_\mathfrak{H} = \frac{10^{-4} A \cdot f}{m} \ W/\text{kg} \, ;$$

m ist die Masse der Probe.

Bei der *Wechselstrommagnetisierung* tritt zu dem Hystereseverlust $V_\mathfrak{H}$ noch ein *Wirbelstromverlust V_W* hinzu. Der Wirbelstromverlust kann in Näherung durch die Beziehung

$$V_W = \frac{10^{-7} \cdot 1{,}643}{m} \cdot \frac{1}{\varrho} \cdot d^2 \cdot f^2 \left(\frac{\mathfrak{B}_{\text{max}}}{1000} \right)^2 \ W/\text{kg}$$

wiedergegeben werden. Durch die Wirbelstromverluste wird die Hysteresisschleife bereits bei technischen Frequenzen erheblich verzerrt. Unter der *Wechselstrompermeabilität* versteht man das Verhältnis der größten Induktion zur größten Feldstärke $\dfrac{\mathfrak{B}_{\text{max}}}{\mathfrak{H}_{\text{max}}}$.

b) Meßverfahren.

α) *Gleichstrommagnetisierung.* Für die Bestimmung der Feldstärke und der Magnetisierung oder Induktion dienen in der Hauptsache induktive oder elektrodynamische Verfahren; bei den induktiven Verfahren sind zwei Abarten, die ballistischen und die Meßgeneratorverfahren zu unterscheiden.

Bei den *ballistischen Verfahren* wird das Zeitintegral einer EMK als Spannungsstoß mit einem ballistischen Galvanometer ermittelt, in der einfachsten Form derart, daß eine Spule von bekannter Windungsfläche so in das zu messende Feld gebracht wird, daß ihre Windungsfläche senkrecht auf der Feldrichtung steht. Beim Herausschnellen der Spule oder bei plötzlichen Feldänderungen entsteht ein Stromstoß, der der Feldstärke bzw. deren Änderung verhältnisgleich gesetzt werden kann. Über die Eichung des ballistischen Galvanometers vgl. KOHLRAUSCH, S. 592 f.

Bei der *ballistischen Ringmessung* besteht die Probe aus einem geschlossenen Ring, dessen Breite klein im Verhältnis zu seinem Durchmesser ist. Der Ring ist mit zwei übereinanderliegenden Spulen bewickelt, von denen die eine zur Magnetisierung dient, während die andere für die Messung der Induktion benutzt wird. Die Feldstärke kann aus den Amperewindungen der Magnetisierungsspule berechnet werden, da entmagnetisierende, freie Pole nicht vorhanden sind. Das Verfahren besitzt den Vorzug großer Genauigkeit, die unbequeme Herstellung der Spulen beschränkt jedoch seine Anwendung auf Sonderfälle, wie z. B. die Bestimmung der Magnetisierung in sehr kleinen Feldern (Anfangspermeabilität).

---

[1] STEINMETZ, CH.: ETZ Bd. 12 (1891) S. 62.

Grundsätzlich wenig verschieden von der Ringmessung ist die Messung an *Ellipsoiden* bzw. an *Kegelstäben* in offenen Spulen. Die scheinbare Feldstärke wird aus den Spulenabmessungen berechnet und nach dem Achsenverhältnis des Ellipsoides durch Scherung in die wahre Feldstärke übergeführt. Die Messung der Induktion erfolgt wiederum mit Hilfe einer zweiten Spule. Abb. 30 zeigt ein einfaches Gerät dieser Art. Das Ellipsoid E wird durch eine Fassung Z genau mittig in der Magnetisierungsspule M gehalten. Die Induktions

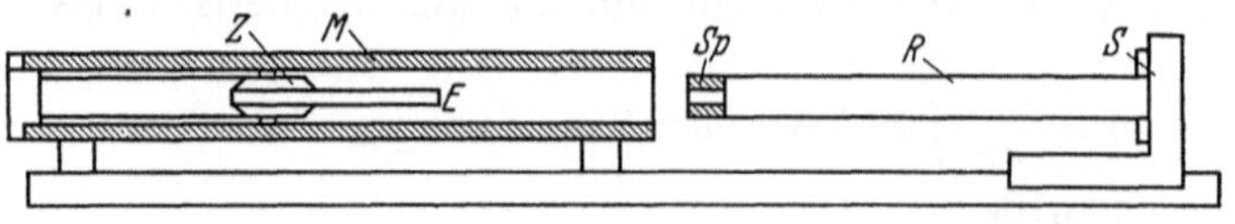

Abb. 30. Magnetisierungsmessung in offener Spule. (Nach Kohlrausch.)

tionsspule Sp ist am Ende eines Rohres befestigt und kann mit Hilfe eines Schlittens S von der Probe abgezogen werden. Die Ellipsoidmessung gestattet hohe Genauigkeit; für die laufende Betriebsüberwachung ist die Probenherstellung meist zu umständlich.

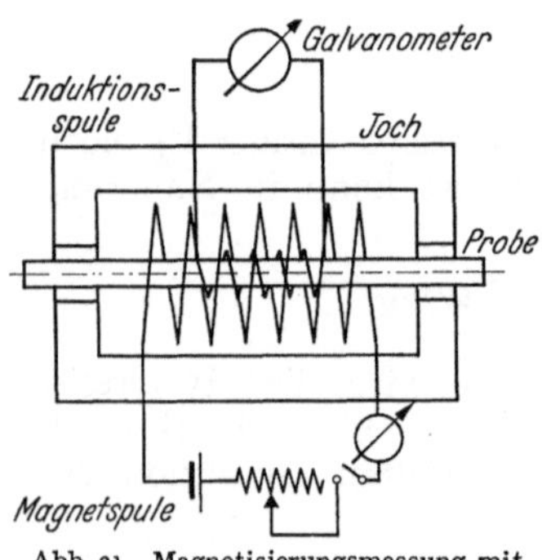

Abb. 31. Magnetisierungsmessung mit
Schlußjoch. (Nach Werkstoff-
Handbuch.)

Bei den *Jochapparaten* wird der Einfluß der freien Magnetpole dadurch beseitigt, daß die Stabenden durch ein Joch von möglichst kleinem magnetischem Widerstand kurzgeschlossen werden. Ein einfaches Gerät dieser Art ist in Abb. 31 wiedergegeben. Die Messung der Magnetisierung erfolgt mit Hilfe von Induktionsspule und ballistischem Galvanometer. Auch bei guten Jochen sind Störungen des Flusses an den Einspannenden unvermeidlich. Sie haben zur Folge, daß bei größeren Anforderungen an die Genauigkeit eine Scherung notwendig wird, die durch Eichung mit Stäben von bekannter Magnetisierung ermittelt werden muß. Die Jochapparate sind bei geeigneter Ausbildung der Einspannköpfe für beliebige Stabformen geeignet. Bei technischen Messungen kann meist auf die Scherung verzichtet werden.

Bei dem *Joch-Isthmus-Apparat* von Gumlich (Abb. 32) ist der Luftspalt eines starken Elektromagneten durch Einsätze aus weichem Eisen ausgefüllt.

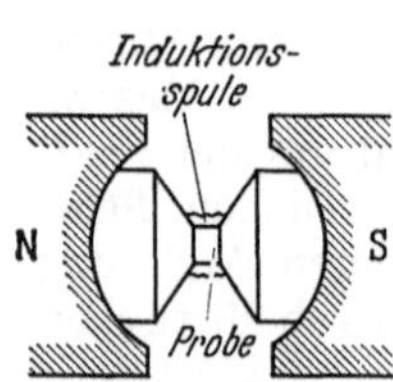

Abb. 32. Joch-Isthmus-
Verfahren von Gumlich.
(Nach Werkstoff-
Handbuch.)

Der Probestab wird durch eine Bohrung der Einsätze hindurchgesteckt und bildet so einen Isthmus. Die Induktionsspule ist in der Mitte zwischen den Einsätzen angebracht. Bei der Messung wird die Probe zusammen mit den Einsätzen und der Induktionsspule um 180° gedreht. Mit dem Joch-Isthmus-Apparat können Induktionen bis zu 30000 Gauß erreicht werden, das Gerät ist nur zur Bestimmung der Sättigung geeignet.

Bei dem *Spannungsmesserjoch* von H. Neumann[1] wird die Probe ebenfalls in ein Schlußjoch zwischen passend geformte Polstücke eingebaut. Abb. 33 zeigt die Einspannung längerer, Abb. 34 die Einspannung kürzerer Proben. Die Induktion wird mit Hilfe einer Spule B gemessen. Die Bestimmung der wahren Feldstärke erfolgt mit einem *magnetischen Spannungsmesser H*, der durch eine Vorrichtung von der Probe abgehoben werden kann. Durch die Messung der Feldstärke wird der Einfluß des von der Probenform abhängigen magnetischen Widerstandes im Jochkreis nahezu ausgeschaltet. Das Gerät ermöglicht die

---

[1] Neumann, H.: Z. techn. Phys. Bd. 15 (1934) S. 473—477.

Messung aller technisch vorkommenden Probenformen mit einer Genauigkeit von etwa 1 bis 2%.

Bei der zweiten Gruppe der induktiven Verfahren, den *Meßgeneratorverfahren*, wird die in einem umlaufenden Leiter dauernd induzierte Gleich- oder Wechselspannung als Maß für die Feldstärke oder Induktion benutzt. Die Anzeigeinstrumente können für technische Zwecke unmittelbar in Gauß geeicht werden, die Messung erfordert dann keine Umrechnung.

Abb. 35 zeigt den *Doppeljoch-Magnetstahlprüfer* von F. STÄBLEIN, R. STEINITZ und J. PFAFFENBERGER[1]. Die Magnetisierungsspulen sind auf den vier Armen eines E - förmigen Doppeljoches mit großen Luftspalten untergebracht. Bei symmetrischer Anordnung geht durch den Mittelsteg kein Magnetfluß, eine dort angebrachte Drehspule bleibt in Ruhe. Bringt man in einen der beiden

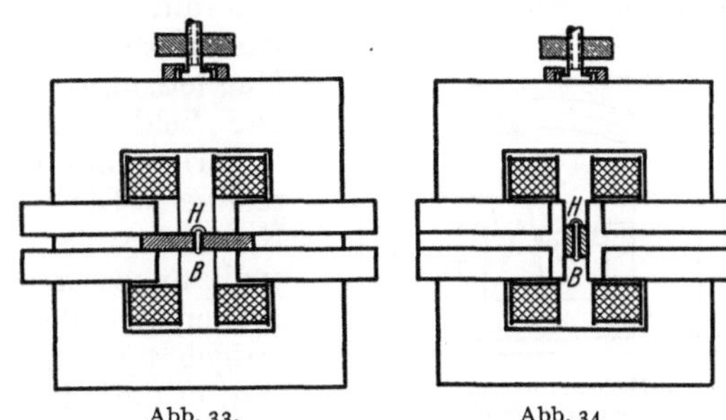

Abb. 33. Abb. 34

Abb. 33 und 34. Spannungsmesserjoch von NEUMANN; Einspannung längerer und kürzerer Probe. (Nach H. NEUMANN.)

äußeren Luftspalte eine Probe, so wird im Mittelsteg ein Fluß erzeugt, der der Magnetisierung in der Probe verhältnisgleich ist, und durch einen entsprechenden Ausschlag der Drehspule gemessen wird. Das Feld wird mit Hilfe eines Spannungsmessers bestimmt, der durch einen Synchronmotor mit gleichbleibender Geschwindigkeit über der Probe gedreht wird. Die in dem Spannungsmesser

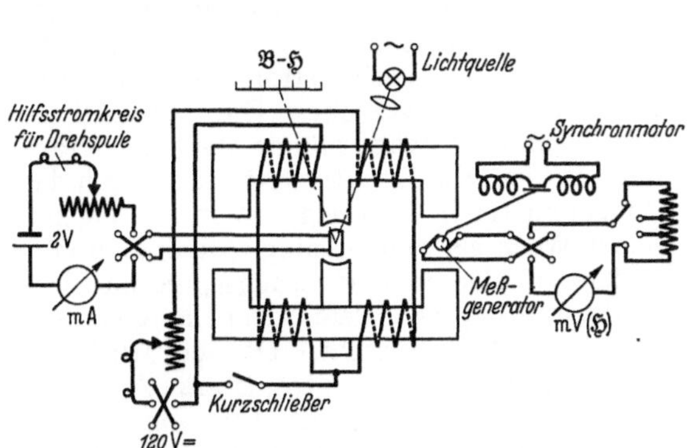

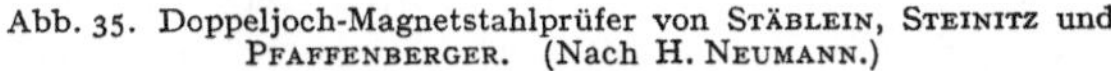

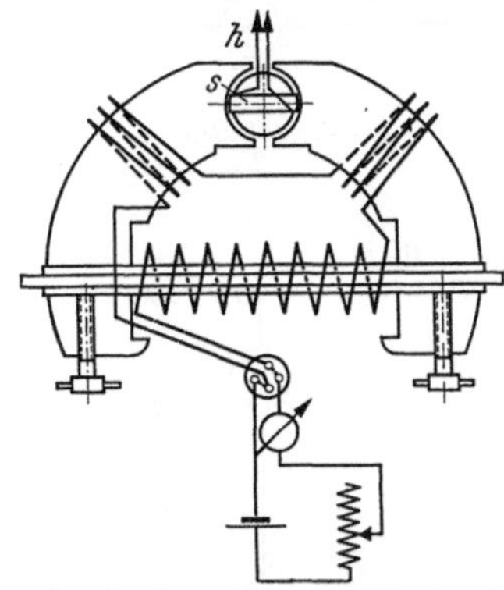

Abb. 35. Doppeljoch-Magnetstahlprüfer von STÄBLEIN, STEINITZ und PFAFFENBERGER. (Nach H. NEUMANN.)

Abb. 36. Magnetisierungsapparat nach Koepsel u. Kath. (Nach Werkstoff-Handbuch.)

induzierte EMK ist dann der Feldstärke verhältnisgleich. Das Gerät erlaubt die Prüfung gerader Magnete von 2 bis 11 cm Länge und 2 bis 20 cm² Querschnitt, deren Endflächen planparallel angeschliffen sein müssen. Die Messung erfordert nur geringen Zeitaufwand, da die Werte für ℌ und $4\pi J$ unmittelbar abgelesen werden können. Die Genauigkeit entspricht technischen Anforderungen.

Von den *elektrodynamischen Geräten* sei zunächst der Magnetisierungsapparat von *Koepsel u. Kath* genannt (Abb. 36). Die Probenenden sind ebenso wie bei den schon beschriebenen Jochapparaten magnetisch kurzgeschlossen. Als Maß für die Induktion dient der Fluß im Joch, der durch eine Drehspule *s*

---

[1] STEINITZ, R.: Diss. T. H. Berlin 1935. — NITSCHE, G. u. J. PFAFFENBERGER: VDE-Fachber. Bd. 9 (1937) S. 185—188. — NITSCHE, G.: AEG-Mitt. Bd. 11 (1937) S. 384—386.

in einem Luftspalt h gemessen wird. Die Drehspule wird mit einem Hilfsstrom beschickt, der so abgestimmt wird, daß der Ausschlag unmittelbar die Induktion in der Probe angibt. Bei größeren Anforderungen an die Genauigkeit darf die Scherung nicht vernachlässigt werden, sie wird mit Hilfe geeichter Proben ermittelt.

Sehr ähnlich ist das *Magnetprüfgerät von Hartmann u. Braun* aufgebaut (Abb. 37). Die Probe von 100 mm Länge wird mit ihren plangeschliffenen

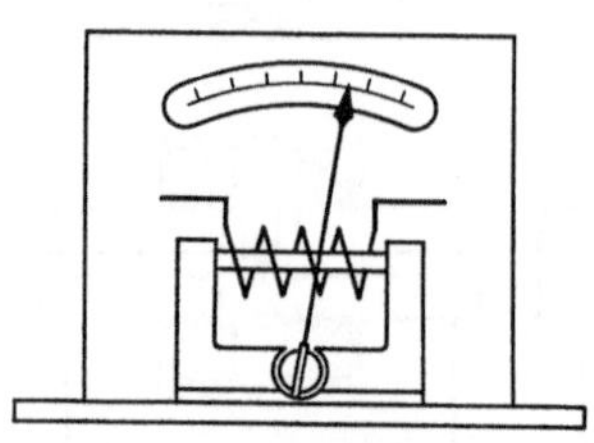

Abb. 37. Magnetprüfgerät von Hartmann und Braun.
(Nach Werkstoff-Handbuch.)

Enden zwischen die Jochbacken eingespannt. Zur Magnetisierung dienen Spulen auf den Jocharmen. Die Feldstärke wird unter Berücksichtigung der Scherung aus der Magnetisierungsstromstärke berechnet. Die Induktion wird ebenso wie bei dem Koepsel-Apparat durch eine Drehspule im Jochspalt angezeigt. Zur Bestimmung der wahren Remanenz ist über der Probe eine kleine Magnetnadel aufgehängt. Diese dreht sich in dem Augenblick um, in dem die wahre Feldstärke durch Null geht[1].

In der Praxis sind eine Reihe von Verfahren in Anwendung, die lediglich eine oder mehrere der magnetisch wichtigen Werkstoffgrößen bestimmen, ohne dazu den gesamten Verlauf der Magnetisierungskurve festzustellen.

β) *Wechselstrommagnetisierung.* Die Grundlagen der magnetischen Messungen bei Wechselstromerregung gehen aus Abb. 38 hervor. Die Probe, als Ring mit Magnetisierungswicklung gezeichnet, liegt in einer Brücke mit zwei festen

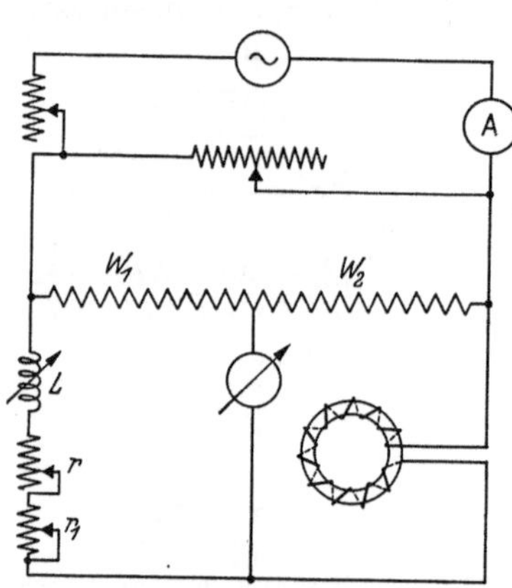

Abb. 38. Grundplan der magnetischen Messung bei Wechselstromerregung.

Zweigen W_1, W_2 und einem Zweig aus veränderlicher Selbstinduktion L und zwei veränderlichen Widerständen r und r_1. Die Brücke wird mit Wechselstrom von konstanter Kreisfrequenz beschickt. Die Stromstärke kann durch Vorwiderstände beliebig verändert werden, ihr Effektivwert wird durch das Amperemeter A angezeigt. Vor der eigentlichen Wechselstrommessung wird der Kupferwiderstand der Magnetisierungsspule mit dem Widerstand r_1 bei Gleichstrom kompensiert, wobei r auf Null steht. Danach wird mit Wechselstrom von der Stromstärke I magnetisiert und die Brücke mit Hilfe von r und L abgeglichen. Der Wechselstromwiderstand der Probe bei der benutzten Frequenz ω folgt dann zu:

$$R = \sqrt{r^2 + (\omega L)^2}\,.$$

Für den Verlustwinkel, der die Phasenverschiebung zwischen Strom und Spannung an der Magnetisierungsspule kennzeichnet, gilt

$$\operatorname{tg} \varepsilon = \frac{r}{\omega L}\,.$$

Für die Beziehung zwischen Induktion und Felderregung kann man wie bei Gleichstrommagnetisierung schreiben:

$$\mathfrak{B} = \mathfrak{m} \cdot \mathfrak{H}\,,$$

worin

$$\mathfrak{m} = m\,e^{-i\varepsilon} = m \cdot \cos\varepsilon - i m \sin\varepsilon$$

---

[1] Oertel, W.: Stahl u. Eisen Bd. 49 (1929) S. 1449—1454.

jetzt die *komplexe Permeabilität* bedeutet. Für den reellen Anteil, die wirksame Permeabilität, gilt dann:

$$m \cdot \cos \varepsilon = \frac{L}{F},$$

F ist eine Apparatekonstante[1]. Für die Feldstärke in der Spule gilt ebenso wie bei der Gleichstrommagnetisierung:

$$\mathfrak{H} = 0{,}4\pi \frac{N}{l} I.$$

Man erhält so bei Verändern der Stromstärke von Null bis zur Sättigung die Permeabilitätskurve

$$m \cdot \cos \varepsilon = f(\mathfrak{H})$$

und aus dieser schließlich die gesuchte Induktionsschleife.

Für die praktische Messung mit der Wechselstrombrücke ergibt sich die Schwierigkeit, daß die Flußkurve und damit die von ihr induzierte Spannung nicht sinusförmig verläuft, wie der vorstehende Ansatz voraussetzt. In der Brücke muß daher ein Resonanz-Nullinstrument verwandt werden, das unabhängig von der Art der Magnetisierung eine sichere Aussiebung der Oberwellen ermöglicht. Die Messung ist zeitraubend und erfordert umständliche Umrechnungen.

Von W. THAL[2] wurde ein neues Eisenmeßgerät, das *Ferrometer* entwickelt, das die vektoriellen Eigenschaften gesteuerter Gleichrichter ausnutzt und eine genaue und zugleich einfache Messung gestattet. Die Grundschaltung ist in Abb. 39 wiedergegeben. Die an einer Sekundärspule gemessene Spannung ist bei bekanntem Querschnitt und bekannter Windungszahl ein Maß für die Induktion in der Probe. Sie wird über den gesteuerten Gleich

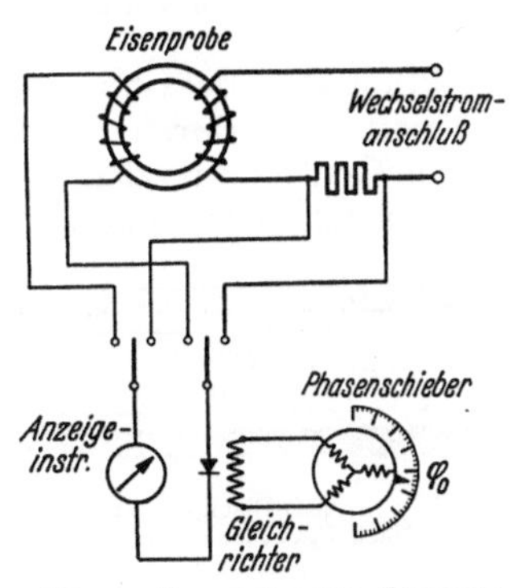

Abb. 39. Ferrometer von Siemens u. Halske-Thal. (Nach W. THAL.)

richter als arithmetischer Mittelwert gemessen. Man erhält so die richtige Induktion unabhängig von der Gestalt der Spannungskurve, wenn der Gleichrichter in gleiche Phase mit der Spannung eingestellt ist. Diese Einstellung wird mit Hilfe eines Phasenschiebers bewirkt; sie ist richtig, wenn das Spannungsmeßinstrument den höchsten Ausschlag gibt. Das Millivoltmeter wird sodann bei gleicher Phaseneinstellung auf den Spannungsabfall an einem Widerstand im Primärkreis umgeschaltet. Es mißt dann die mit der sekundären Spannung in Phase befindliche Wirkkomponente des Magnetisierungsstromes. Bei einer Veränderung der Gleichrichterphase um 90° wird die Blindkomponente gemessen, die zur Berechnung der Permeabilität benutzt wird. Eine Drehung auf Null liefert auf der Skale des Phasenschiebers den Verlustwinkel φ zwischen Magnetisierungsstrom und induzierter Spannung. Durch Wiederholung der Messung an genügend vielen Punkten der Magnetisierungsschleife wird diese vollständig abgeleitet. Das Produkt aus Wirkstrom und Sekundärspannung gibt die Verluste in der Eisenprobe an.

Bei den neueren Ausführungen des Ferrometers werden Strom- und Flußverlauf gleichzeitig durch zwei Meßkreise der oben beschriebenen Art abgetastet und den beiden Meßwerken M_1 und M_2 eines Koordinatenschreibers zugeführt. Das Gerät, dessen Aufbau aus Abb. 40 hervorgeht, zeichnet dann unmittelbar die Hysteresiskurve auf.

---

[1] JORDAN, H.: Elektr. Nachr.-Techn. Bd. 1 (1924) S. 7.
[2] THAL, W.: Z. techn. Phys. Bd. 15 (1934) S. 469—472.

Das *AEG-Gerät* für die Prüfung von Blechen[1] gehört zu der Gruppe von Schaltungen mit elektrodynamischer Feldmessung. Die Probe besteht aus einem einzelnen Blechstreifen von etwa 50 g Gewicht, der in der Mitte einer Magnetisierungsspule aufgestellt ist (Abb. 41). Die Spule gestattet Erregungen bis zu 300 Gauß. Die Induktion wird durch übergeschobene Spulen gemessen. Für die Feldstärkenbestimmung dient eine kleine, leicht bewegliche Drehspule in unmittelbarer Nähe der Probenoberfläche. Diese Spule ist in Abb. 42 mit ihrem Gehäuse wieder gegeben.

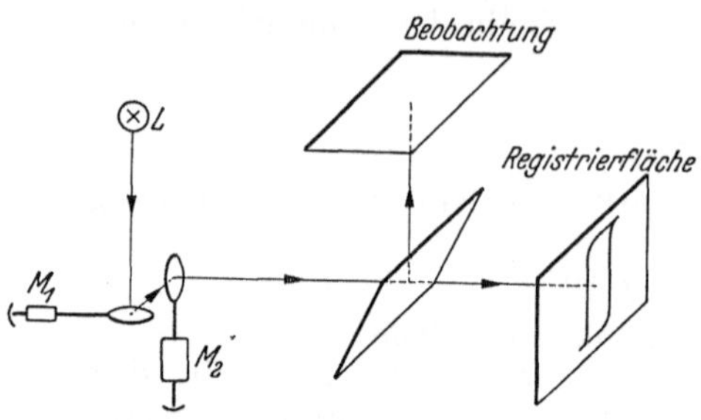

Abb. 40 Koordinatenschreiber von Siemens u. Halske. (Nach W. Thal.)

Bei Gleichstrommessungen wird das bewegliche System von einem konstanten Hilfsstrom durchflossen; der Ausschlag der Spule ist dann der Feldstärke verhältnisgleich. Die Induktion wird ballistisch gemessen, der von den Induktionsspulen umschlossene Luftspalt wird durch Gegenschalten zweier Spulen ausgeglichen.

Das Gerät kann auch für die Verlustmessung verwandt werden. Die Magnetisierungsspule wird dann mit Wechselstrom gespeist und das Meßsystem mit Hilfe der EMK einer der Induktionsspulen erregt. Das Gerät arbeitet dann ähnlich wie ein elektrodynamischer Leistungsmesser. Der Ausschlag der Drehspule ist dem Produkt aus Wirkkomponente und sekundärer Spannung und damit den Eisenverlusten verhältnisgleich. Die Induktion wird ähnlich wie bei dem Ferrometer mit Hilfe eines Gleichrichters bestimmt.

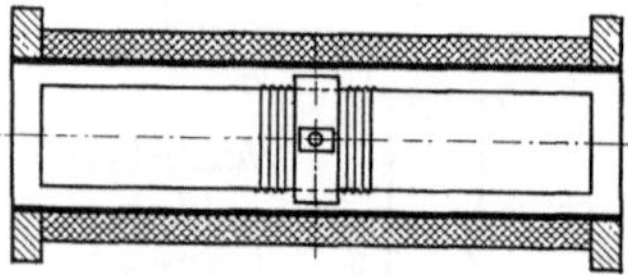

Abb. 41. AEG-Blechprüfgerät. (Nach P. C. Hermann.)

Die Verlustmessung mit Ferrometer oder AEG-Gerät bietet einerseits den Vorzug, daß nur verhältnismäßig kleine Proben benötigt werden. Diese Verfahren sind daher besonders geeignet für die Untersuchung von wertvollen Werkstoffen, die nur in geringen Mengen zur Verfügung stehen. Sie haben die Entwicklung der neuzeitlichen Werkstoffe mit hochwertigen magnetischen Eigenschaften sehr gefördert. Für die Verlustmessung an Transformatoren und Dynamoblechen sind die besprochenen Geräte weniger geeignet, weil die Verluste dieser Werkstoffe schon in der einzelnen Blechtafel starken Schwankungen unterliegen, und daher nur eine Messung der mittleren Verlustziffer größerer Werkstoffmengen Wert hat. Hierfür ist heute immer noch der durch Normblatt DIN 6400 vorgeschriebene Differential-Eisenprüfer unentbehrlich[2]. Es sei daher zum Schluß auch auf dieses ältere Gerät noch kurz eingegangen.

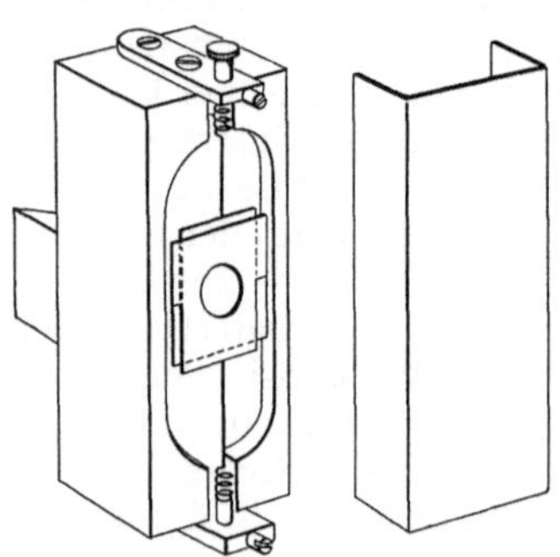

Abb. 42. AEG-Meßsystem des Blechprüfers. (Nach P. C. Hermann.)

Die Schaltung des Blechprüfgerätes für die Induktionsmessung ist in Abb. 43 wiedergegeben. Sie läuft im wesentlichen auf die eingangs dieses Abschnittes beschriebene Wechselstrombrücke hinaus. Die Probe P_x im Gewicht von 10 kg in Streifen von 3 · 50 cm ist zu vier möglichst gleichen Paketen gebündelt, die zu einem

---

[1] Hermann, P. C.: J. techn. Phys. Bd. 13 (1932) S. 541—549.
[2] Wever, F. u. H. Lange: Mitt. K.-Wilh.-Inst. Eisenforschg. Bd. 10 (1928) S. 343—362.

magnetischen Kreis zusammengebaut werden. Die Magnetisierung erfolgt mit Hilfe von 4 Spulen, die die ganze Länge der Probebündel dicht umschließen. Im Innern der Magnetisierungsspulen befinden sich vier Induktionsspulen S_x. Ein zweiter, genau gleicher Rahmen enthält eine geeichte Normalprobe P_n. Die Induktionsspulen beider Rahmen sind über Regelwiderstände r_n und r_x so an ein ballistisches Galvanometer gelegt, daß die in ihnen bei Magnetisierungsänderung entstehenden Stromstöße das Galvanometer in entgegengesetzter Richtung durchfließen. Die Widerstände werden so eingestellt, daß das Galvanometer beim Stromwenden mit Hilfe des Schlüssels in Ruhe bleibt. Die Widerstände r_n und r_x verhalten sich dann wie die Induktionen. Wird der Widerstand r_n zu Beginn des Versuches auf den bekannten Induktionswert der Normalprobe eingestellt, so gibt der Widerstand r_x unmittelbar die gesuchte Induktion der Probe an. Die Feldstärke ist der Magnetisierungsstromstärke I verhältnisgleich.

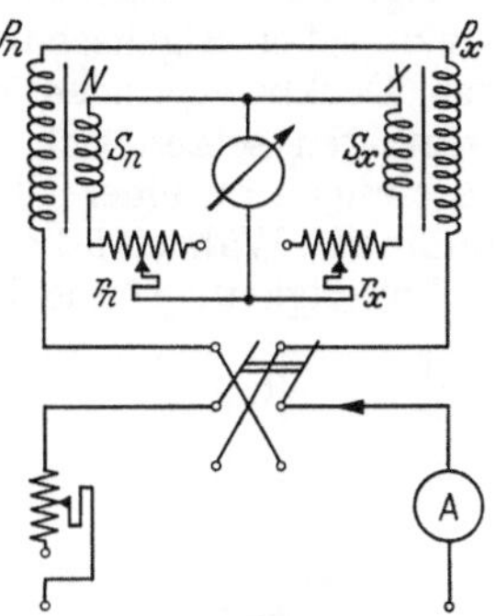

Abb. 43. Schaltung des Differential-Eisenprüfers für Induktionsmessungen. (Nach Werkstoff-Handbuch.)

Abb. 44 zeigt die Schaltung für die Verlustmessung. Die beiden Sekundärspulen S_n und S_x sind über Widerstände R_n und R_x an die Sekundärspulen eines Differential-Wattmeters gelegt, dessen Primärspulen im Stromkreis des Magnetisierungsstromes liegen. Die beiden in Abb. 44 nebeneinander gezeichneten Wattmeterhälften messen dann das Produkt aus Wirkstrom und Induktion, das dem Eisenverlust verhältnisgleich ist, d. h. bei Gleichheit der Verluste in Probe und Normal bleibt das Wattmeter in Ruhe. Die Regelwiderstände R_n und R_x dienen zum Abgleichen des Wattmeters, wird R_n auf den bekannten Verlustwert der Normalprobe eingestellt, so gibt R_x bei Kompensation des Wattmeters unmittelbar den Verlust der Probe an.

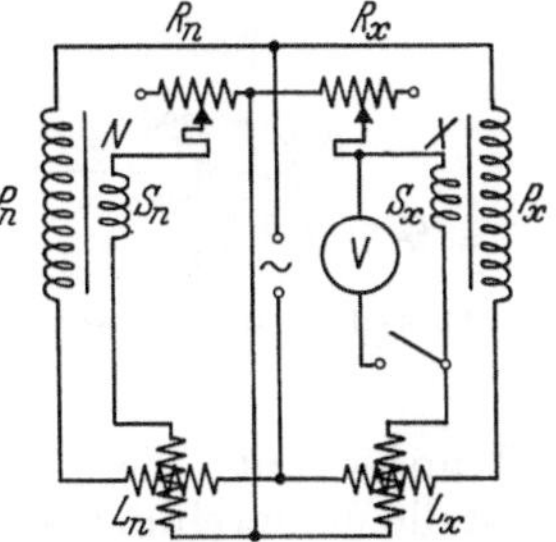

Abb. 44. Schaltung des Differential-Eisenprüfers für Verlustmessungen. (Nach Werkstoff-Handbuch.)

Durch die Verwendung zweier EPSTEIN-Rahmen in Differentialschaltung wird der Meßvorgang auf wenige einfache Handgriffe beschränkt. Die Differentialanordnung hat den weiteren Vorteil, daß eine große Anzahl von Fehlerquellen, wie z. B. ungenaue Einstellung der Wechselstromfrequenz oder der Meßspannung, nichtsinusförmige Spannung usw. in ihren Wirkungen weitgehend aufgehoben werden.

8. Strukturanalyse.

a) Grundbegriffe.

Die *äußere Gestalt* eines Kristalls wird durch die gegenseitige Lage der Kristallflächen bestimmt. Die Winkel zwischen den Kristallflächen besitzen stets gleiche Größe, wie auch die Kristallflächen selbst nach Größe und Gestalt mit den Wachstumsbedingungen wechseln mögen. Die Lage einer Kristallfläche wird durch das Verhältnis ihrer Abschnitte in einem zweckmäßig angenommenen Achsenkreuz beschrieben. Das *Gesetz* der *rationalen Indizes* sagt aus, daß die Achsenabschnitte der Flächen eines Kristalls in rationalen Verhältnissen zueinander stehen.

Die systematische *Einteilung der Kristalle* nach ihrer äußeren Gestalt ergibt *6 Kristallsysteme*, von denen jedes durch ein bestimmtes Achsenkreuz gekennzeichnet ist. Abb. 45 zeigt die Achsenkreuze der 6 Kristallsysteme.

Die Einteilung der Kristalle nach ihren physikalischen Eigenschaften erfordert über die 6 Kristallsysteme hinaus eine Unterscheidung in *32 Symmetrieklassen*. Ihr liegt die Beobachtung zugrunde, daß sich die Richtungen gleichwertiger physikalischer Eigenschaften symmetrisch über den Raum verteilen und daher durch Deckbewegungen ineinander übergeführt werden können. Diese Deckbewegungen setzen sich aus Drehungen um 2-, 3-, 4- und 6-zählige Achsen, Spiegelungen an einer Ebene und Umklappungen an einem Symmetriezentrum zusammen. Während die Einteilung der Kristalle in 6 Systeme wesentlich durch Zweckmäßigkeitsgründe bestimmt wird, kann streng logisch bewiesen werden,

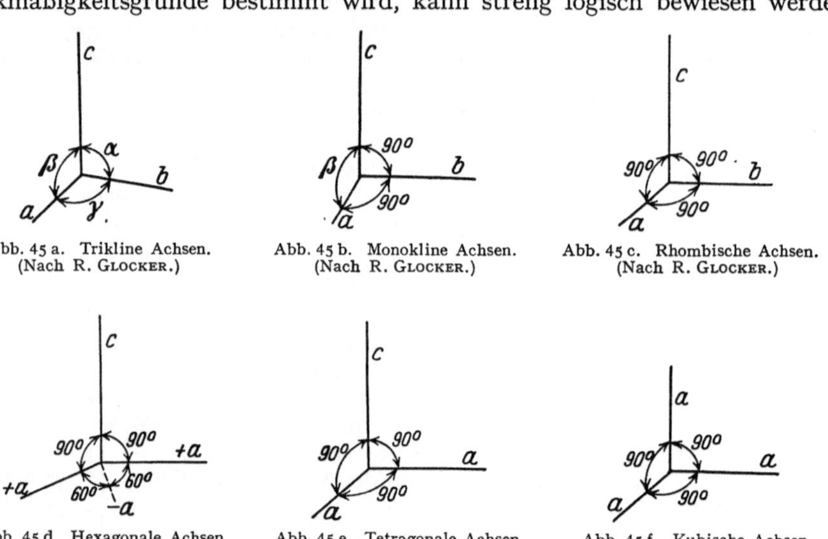

Abb. 45 a. Trikline Achsen. (Nach R. Glocker.)	Abb. 45 b. Monokline Achsen. (Nach R. Glocker.)	Abb. 45 c. Rhombische Achsen. (Nach R. Glocker.)
Abb. 45 d. Hexagonale Achsen. (Nach R. Glocker.)	Abb. 45 e. Tetragonale Achsen. (Nach R. Glocker.)	Abb. 45 f. Kubische Achsen. (Nach R. Glocker.)

daß andere als die 32 Kristallklassen mit den Symmetrieeigenschaften der Kristalle unvereinbar sind.

Das Gesetz der rationalen Indizes hat schon frühzeitig die Vorstellung angeregt, daß die Kristalle regelmäßig aus kleinsten Teilchen aufgebaut sein müßten. In gleicher Weise wurde später auch die Tatsache gedeutet, daß andere als 2-, 3-, 4- und 6-zählige Symmetrieachsen nicht vorkommen. Wenn aber die Kristalle als periodische Gebilde in Elementarkörper aufgeteilt werden können, müssen sie Parallelverschiebungen um ganze Vielfache der Gitterabstände, Translationen, als Deckbewegungen zulassen. Diese Translationen ergeben in Verbindung mit den oben beschriebenen Symmetrieachsen und -ebenen neue Symmetrieelemente, die Schraubenachsen und Gleitspiegelebenen (Abb. 46 u. 47). Ebenso wie früher bei der Aufstellung der 32 Kristallklassen entstand jetzt wieder die Frage, welche Verbindungen der Deckbewegungen einschließlich der Translation möglich sind, bzw. wie viele Kristallarten nach ihrer Symmetrie überhaupt unterschieden werden können. Diese Frage wurde im Jahre 1890 von Schönflies dahin beantwortet, daß insgesamt 230 und nur 230 verschiedene Verbindungen von Symmetrieelementen, *Raumgruppen* genannt, mit den Eigenschaften der Kristalle vereinbar sind.

Der *Gang einer Strukturanalyse* ist damit klar: man wird zunächst mit Hilfe morphologischer und physikalischer Messungen die makroskopischen Symmetrieelemente zu erkennen suchen und danach eine Zuordnung des Kristalls zu einer der 32 Symmetrieklassen vornehmen. Anschließend wird man mit Hilfe der Röntgenkammer prüfen, ob die vorhandenen Symmetrieachsen und -ebenen eine Translation enthalten oder nicht, und so die Zuordnung zu einer der 230 SCHÖNFLIESSchen Raumgruppen vollziehen. Damit ist der erste Schritt der Strukturanalyse getan und der Elementarkörper hinsichtlich seiner Symmetrieelemente und deren räumlicher Anordnung bekannt. Sodann wird man ebenfalls mit Hilfe der Röntgenkammer die Größe des Elementarkörpers und durch einen Vergleich mit der Dichte die Anzahl der in ihm unterzubringenden Atome bestimmen. Die Ermittlung der räumlichen Verteilung der Atome in der Elementarzelle schließt die Analyse ab.

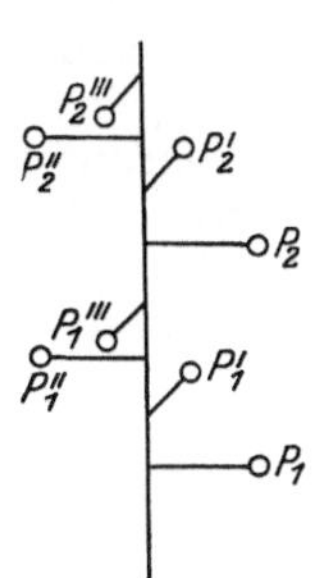

Abb. 46a. Rechts-Schraubenachse.
(Nach R. GLOCKER.)

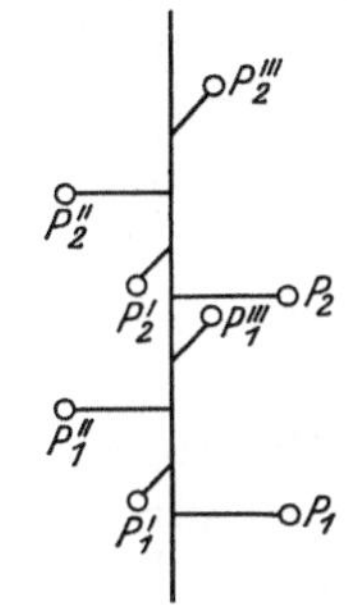

Abb. 46b. Links-Schraubenachse.
(Nach R. GLOCKER.)

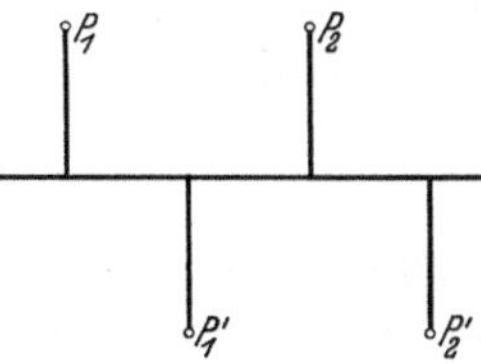

Abb. 47. Gleitspiegelebene.
(Nach R. GLOCKER.)

Die *experimentellen Verfahren der Strukturanalyse* gründen sich auf die Entdeckung von LAUE, FRIEDRICH und KNIPPING aus dem Jahre 1912, daß die Röntgenstrahlen von einem Kristall gebeugt werden. Bei der Einstrahlung von Röntgenlicht in einem Kristall wird jedes Atom Ausgangspunkt einer Kugelwelle. Die abgebeugten Strahlen summieren sich dabei wegen der regelmäßigen Anordnung der Beugungszentren so, als ob der Primärstrahl an den inneren Atomebenen des Kristalls, *Netzebenen*, gespiegelt

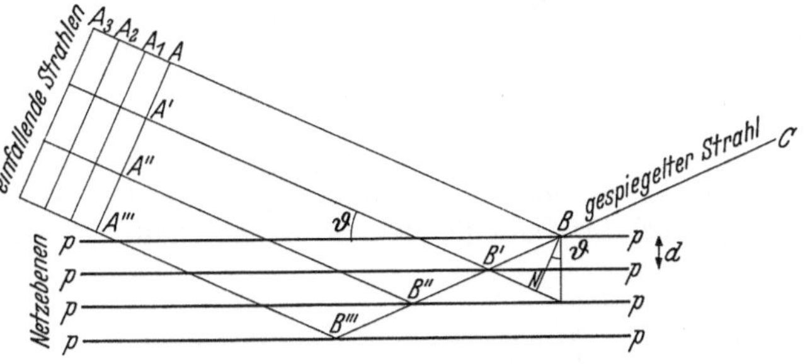

Abb. 48. BRAGGsches Gesetz.

würde. Dabei besteht gegenüber der Spiegelung von sichtbarem Licht an einer ebenen Fläche nur der Unterschied, daß die Spiegelung des Röntgenlichtes an sehr vielen, parallelen Gitterebenen erfolgt und sich daher die so erhaltenen Teilwellen nur dann zu einem Strahl von merklicher Intensität summieren können, wenn ihre Gangunterschiede ganze Vielfache einer Wellenlänge betragen. Nach W. H. BRAGG kann dieses Gesetz in der einfachen Form ausgesprochen werden, daß nur dann ein gespiegelter Strahl zustande kommt, wenn zwischen der Wellenlänge λ des Röntgenlichtes, dem Netzebenenabstand d der reflektierenden Atomebenen und dem Einfallswinkel ϑ die Beziehung

$$n \cdot \lambda = 2\,d \cdot \sin \vartheta$$

erfüllt ist; n ist eine ganze Zahl (BRAGGsches Gesetz) (Abb. 48). Für die Erzeugung von Röntgeninterferenzen an einem Kristall bestehen danach grundsätzlich drei verschiedene Möglichkeiten:

1. Man kann bei fest aufgestelltem Kristall (gegebenem ϑ) die Wellenlänge λ so verändern, daß ein reflektierter Strahl zustande kommt, LAUE-*Verfahren*.

2. Man kann bei gegebenem λ den Kristall über einen passenden Winkelbereich schwenken. Es wird dann bei derjenigen Stellung eine Spiegelung zustande kommen, in der die BRAGGsche Beziehung erfüllt ist, BRAGG- *und Drehkristallverfahren*.

3. Man kann bei gegebenem λ ein Kristallpulver bestrahlen, in dem sich alle möglichen Kristallagen, darunter auch die reflektierenden, vorfinden, DEBYE- *und* HULL-*Verfahren*.

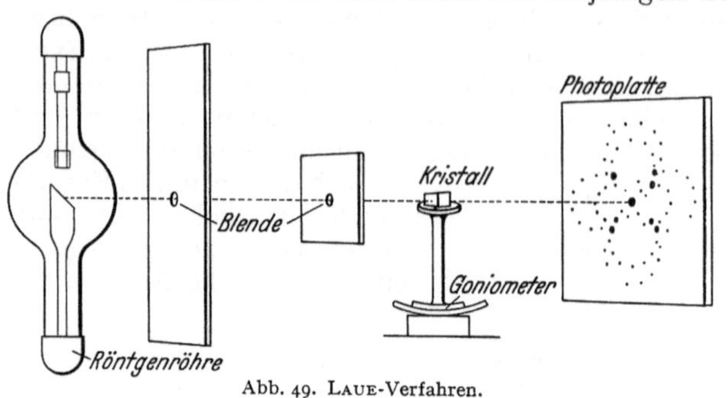

Abb. 49. LAUE-Verfahren.

b) Verfahren.

α) *Das* LAUE-*Verfahren*. Die von LAUE verwandte Versuchsanordnung ist in Abb. 49 schematisch dargestellt. Sie besteht im wesentlichen aus einem Blendensystem, das aus dem von der Röntgenröhre gelieferten Licht ein enges Bündel aussondert, einem Tisch für die Aufstellung des Kristalls sowie einem Halter für die photographische Platte. Die Symmetrieeigenschaften des Kristalls in der Durchstrahlungsrichtung können aus der LAUE-Aufnahme unmittelbar abgelesen werden. Die LAUE-Aufnahme vermag dagegen nichts über die Größe der Elementarzelle auszusagen.

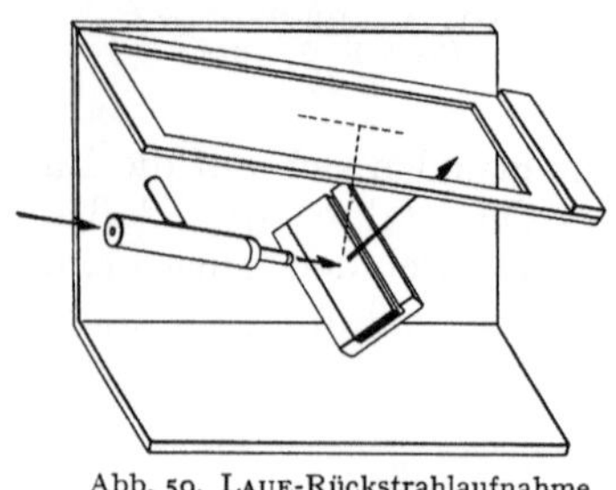
Abb. 50. LAUE-Rückstrahlaufnahme.
(Nach HALLA-MARK.)

Eine Anordnung für LAUE-Rückstrahlaufnahmen zeigt Abb. 50. Der Primärstrahl fällt durch ein Blendensystem unter 45° auf den Kristall. Die Aufnahmeplatte ist parallel zum einfallenden Strahl oberhalb des Kristalls angebracht.

Besondere Bedeutung hat die LAUE-Aufnahme für die Bestimmung der kristallographischen Orientierung von Metall-Einkristallen gewonnen.

β) *Das Drehkristallverfahren*. Das BRAGGsche Drehkristallverfahren ist schematisch in Abb. 51 dargestellt. Es benutzt im Gegensatz zum LAUE-Verfahren monochromatisches

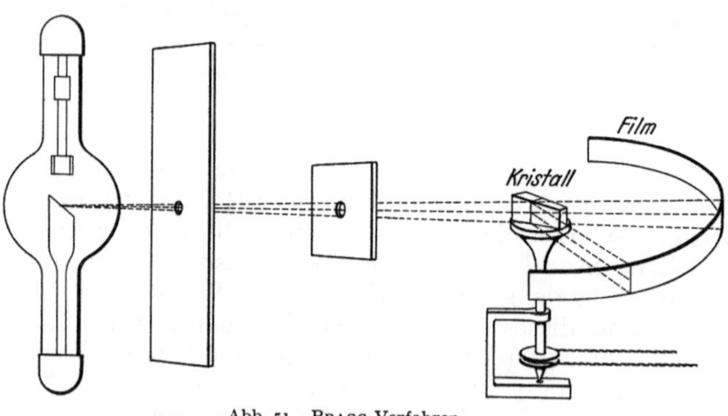

Abb. 51. BRAGG-Verfahren.

Licht und trägt der Reflexionsbedingung dadurch Rechnung, daß der Kristall während der Aufnahme gedreht wird. Das Verfahren liefert die Reflexionswinkel, aus denen bei bekannter Wellenlänge λ die Netzebenenabstände d berechnet werden können. Es gestattet dagegen nur mittelbare Schlüsse auf die Symmetrie.

Das Drehkristallverfahren ist neuerdings in verschiedenen Abarten von großer Bedeutung für die Strukturanalyse geworden. Dreht man einen Kristall um eine dicht mit Atomen besetzte Gitterrichtung als Achse und fängt die reflektierten Strahlen auf einem zylindrischen Film auf, dessen Achse parallel zur Drehachse und senkrecht zum einfallenden Strahl liegt, so ordnen sich die Reflexe nach dem Ausbreiten des Filmes auf parallelen Geraden, die nach M. POLANYI *Schichtlinien* genannt werden. Der Schichtlinienabstand steht in einfacher Beziehung zu den Abständen identischer Atome in der Drehrichtung; man kann

Abb. 52. Drehkristallapparat nach GLOCKER.

so mit der Schichtlinienaufnahme „Identitätsperioden" in einem Kristall und durch 3 Aufnahmen in verschiedenen, niedrig indizierten Richtungen unmittelbar die Größe der Elementarzelle bestimmen.

Eine von R. GLOCKER[1] angegebene Drehkristallkammer ist in Abb. 52 wiedergegeben. Sie besteht aus einem Blendenträger, einem kleinen zweikreisigen Goniometerkopf für die Aufstellung des Kristalls und einem Filmträger in Form einer Büchse, im Bilde links unten. Abb. 53 zeigt die von E. SAUTER[2] angegebene Kegelkammer, bei der der Film zu einem Kreiskegel gebogen wird. Die Kammer besteht ebenfalls in ihren Hauptteilen aus dem Blendenträger, links in Abb. 53, und der Kegelkasette, in deren Innerem der Film aufgespannt ist, und dem Kristallträger, der in der Abb. 53 durch die Filmkassette verdeckt wird. Mit der SAUTER-Kammer können auch die Schichtlinien in größerer Entfernung vom Filmäquator erhalten werden.

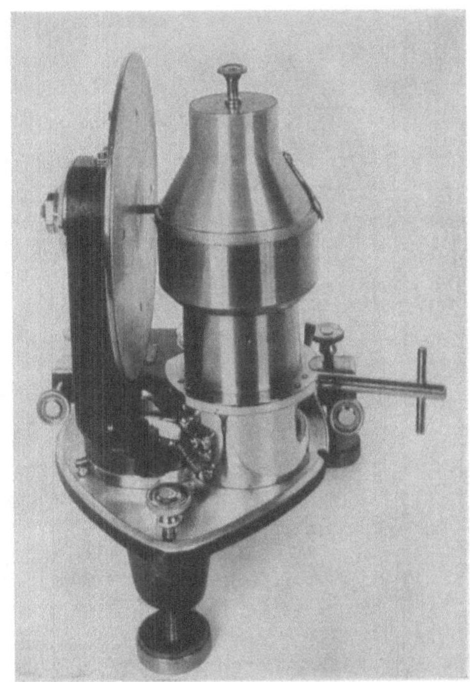

Abb. 53. Kegelkammer nach SAUTER.

Eine Fortentwicklung der Drehkristallkammer stellen die *Röntgengoniometer* dar. Dem Röntgengoniometer, dessen erste Ausführung nach K. WEISSENBERG und J. BÖHM[3] Abb. 54 zeigt, liegt der Gedanke zugrunde, durch eine gleichzeitige Bewegung von Kristall und Film auch noch diejenigen

---

[1] GLOCKER, R.: Materialprüfung mit Röntgenstrahlen, 2. Aufl., S. 187. Berlin 1936.
[2] SAUTER, E.: Z. Kristallogr. Bd. 93 (1936) S. 93.
[3] BÖHM, J.: Z. Phys. Bd. 39 (1926) S. 557.

35*

Interferenzen voneinander zu trennen, die auf der Drehkristallaufnahme zusammenfallen können. Das Goniometer ist nichts anderes als eine abgewandelte Drehkristallkammer. Die Drehachse A für die Kristallbewegung ist waagerecht

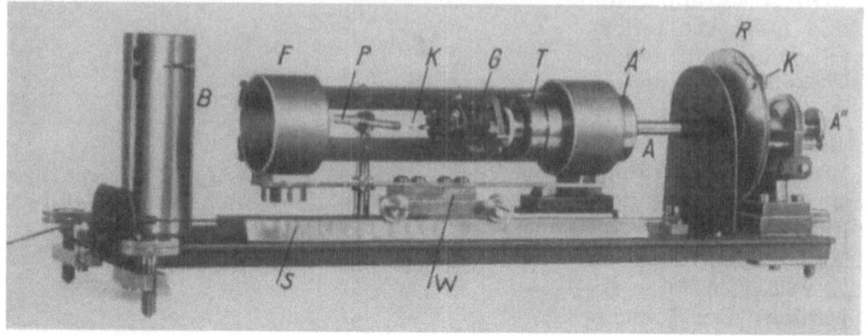

Abb. 54. Ansicht eines Röntgengoniometers nach Weissenberg-Böhm.

gelegt. Der Film wird über einen Träger F gespannt, der synchron mit der Kristalldrehung mittels eines Wagens W über einer Schiene S verschoben wird Der Primärstrahl wird durch eine Blende P begrenzt, der Zylinder B dient dazu,

Abb. 55. Seemann-Universalkammer als Schiebold-Sauter-Röntgengoniometer.

den Film bis auf eine einzelne Schichtlinie abzudecken. Für die Auswertung der Weissenberg-Aufnahme sind von W. A. Wooster und M. J. Buerger[1] Netze angegeben worden.

---

[1] Wooster, W. A. u. M. J. Buerger: Z. Kristallogr. Bd. 84 (1933) S. 327.

Das von E. SCHIEBOLD und E. SAUTER[1] angegebene Goniometer verwendet für die Aufnahme einen ebenen, kreisförmigen Film, der gleichzeitig mit dem Kristall gedreht wird. Die SCHIEBOLD-SAUTER-Aufnahme stellt in etwa eine in Polarkoordinaten transformierte WEISSENBERG-Aufnahme dar. In Abb. 55 ist das SCHIEBOLD-SAUTER-Goniometer im Schnitt und im Grundriß wiedergegeben. Der Röntgenstrahl fällt durch die Blende von rechts auf den Kristall, der oben auf der Achse befestigt ist. Der Film ist auf der linksstehenden Kreisscheibe aufgespannt; Kristall- und Filmdrehung sind durch einen Trieb miteinander gekoppelt.

γ) Das DEBYE-*Verfahren.* Das Kristallpulververfahren, dessen grundsätzliche Anordnung aus Abb. 56 hervorgeht, ersetzt das zeitliche Nacheinander

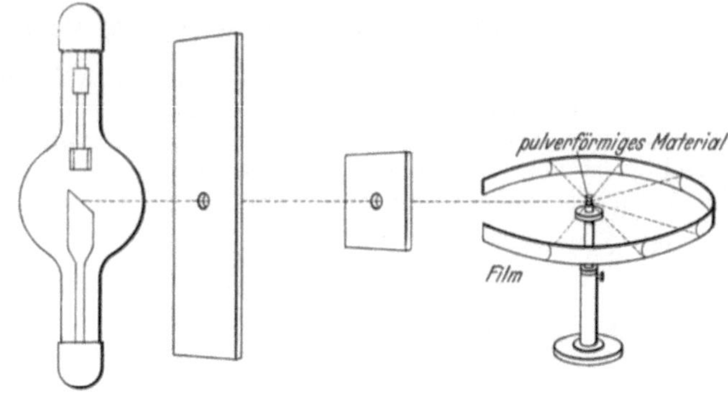

Abb. 56. DEBYE-Verfahren.

der reflektierenden Stellung eines Kristalls bei der Drehkristallaufnahme durch das räumliche Nebeneinander in einem Kristallpulver, dessen Teilchen vollkommen regellos angeordnet sind. Die DEBYE-Kammer besteht aus Blende,

Abb. 57. Hochtemperaturkammer nach SEEMANN.

Kristallhalter und einem meist zylindrischen Film, auf dem die kegelförmigen Interferenzen aufgefangen werden. Eine DEBYE-Kammer für hohe Temperaturen nach H. SEEMANN[2] ist in Abb. 57 wiedergegeben. Eine Abart des DEBYE-Verfahrens haben H. SEEMANN und H. BOHLIN[3] angegeben. Das DEBYE-Verfahren liefert mit einer einzigen Aufnahme die Gesamtheit aller überhaupt

---

[1] SCHIEBOLD, E.: Fortschr. Min. Bd. 11 (1927) S. 113. — SAUTER, E.: Z. phys. Chem. Abt. B Bd. 23 (1933) S. 370.

[2] SEEMANN-Laboratorium, Mitt. Nr. 38.

[3] SEEMANN, H.: Ann. Phys., Lpz. Bd. 59 (1919) S. 455. — BOHLIN, H.: Ann. Phys., Lpz. Bd. 61 (1920) S. 421.

reflektierenden Netzebenen, deren Abstände größer oder höchstens gleich der halben Wellenlänge sind. Es sagt dagegen nichts über die gegenseitige Lage dieser Netzebenen und über die Symmetrie aus. Diese muß vielmehr erst auf dem Wege über eine nicht immer eindeutige Auswertung ermittelt werden.

C. Runge[1] hat gezeigt, daß die aus einer Debye-Aufnahme ermittelten Beugungswinkel durch eine quadratische Form:

$$\sin^2 \vartheta = k_{11} h_1^2 + k_{22} h_2^2 + k_{33} h_3^2 + 2\,k_{23} h_2 h_3 + 2\,k_{31} h_3 h_1 + 2\,k_{12} h_1 h_2$$

wiedergegeben werden können; h_1, h_2, h_3 sind ganze Zahlen und die Millerschen Indizes der reflektierenden Netzebenen. Die Parameter k_{11} bis k_{12} sind nur im allgemeinsten Falle trikliner Symmetrie sämtlich untereinander und von Null verschieden. Für die höher symmetrischen Kristallsysteme vereinfachen sich die quadratischen Formen wie folgt:

monoklines System:

$$\sin^2 \vartheta = k_{11} h_1^2 + k_{22} h_1^2 + k_{33} h_3^2 + 2\,k_{23} h_1 h_3;$$

rhombisches System:

$$\sin^2 \vartheta = k_{11} h_1^2 + k_{22} h_2^2 + k_{33} h_3^3;$$

tetragonales System:

$$\sin^2 \vartheta = k_{11} (h_1^2 + h_2^2) + k_{33} h_3;$$

hexagonales System:

$$\sin^2 \vartheta = k_{11} (h_1^2 + h_2^2 + h_1 h_2) + k_{33} h_3^2;$$

rhomboedrisches System:

$$\sin^2 \vartheta = k_{11} (h_1^2 + h_2^2 + h_3^3) + 2\,k_{23} (h_2 h_3 + h_3 h_1 + h_1 h_2);$$

kubisches System:

$$\sin^2 \vartheta = k_{11} (h_1^2 + h_2^2 + h_3^3) .$$

Die Auswertung ist im einfachsten Falle kubischer Symmetrie sehr leicht zu übersehen. Für die zweiparametrigen Systeme haben A. W. Hull und W. P. Davey[2] eine graphische Auswertung angegeben. Von C. Runge[1] und von A. Johnsen und O. Toeplitz[3] wurden Rechenverfahren entwickelt. Eine Ergänzung zu dem Rungeschen Verfahren hat später F. Wever[4] angegeben. Diese Verfahren sind bisher nur in vereinzelten Fällen angewandt worden. Bei niedriger Symmetrie bietet die Auswertung der Debye-Aufnahme immer noch beträchtliche Schwierigkeiten.

c) Textur kaltverformter Metalle.

Neben der Anwendung in der Strukturanalyse selbst hat das Debye-Verfahren noch ein ausgedehntes Feld in der *Texturbestimmung kaltverformter Metalle* gefunden.

Die röntgenographische Untersuchung kaltbearbeiteter Metalle führte schon frühzeitig zu der Feststellung, daß sich bei der Verformung grundlegende strukturelle Veränderungen vollziehen, die als Übergang des ursprünglich vorhandenen quasi-isotropen Gefügeaufbaues in einen Zustand mehr oder weniger ausgeprägter statistischer Anisotropie gedeutet werden konnten, den man Textur genannt

---

[1] Runge, C.: Phys. Z. Bd. 18 (1917) S. 509.
[2] Hull, A. W. u. W. P. Davey: Phys. Rev. Bd. 17 (1921) S. 549.
[3] Johnsen, A. u. O. Toeplitz: Phys. Z. Bd. 19 (1918) S. 47.
[4] Wever, F.: Mitt. K.-Wilh.-Inst. Eisenforschg. Bd. 4 (1922) S. 67.

hat. In der DEBYE-Aufnahme tritt eine Textur dadurch in Erscheinung, daß sich die ursprüngliche gleichmäßige Schwärzung der Interferenzlinien zu kurzen Bogenstücken zusammenzieht.

Für die Beschreibung der Textur hat sich nach F. WEVER[1] eine Darstellung bewährt, die sich unmittelbar an die in der Kristallographie gebräuchliche Kennzeichnung von Kristallsymmetrien durch Polfiguren anschließt. Dabei wird jede Kristallfläche durch den Schnittpunkt ihres Lotes mit einer umbeschriebenen Kugel, durch ihren Flächenpol, wiedergegeben. Die stereographische Projektion der so erhaltenen Lagenkugel auf die Äquatorebene liefert dann die *Flächenpolfigur*, aus der alle Symmetrieeigenschaften unmittelbar abgelesen werden können.

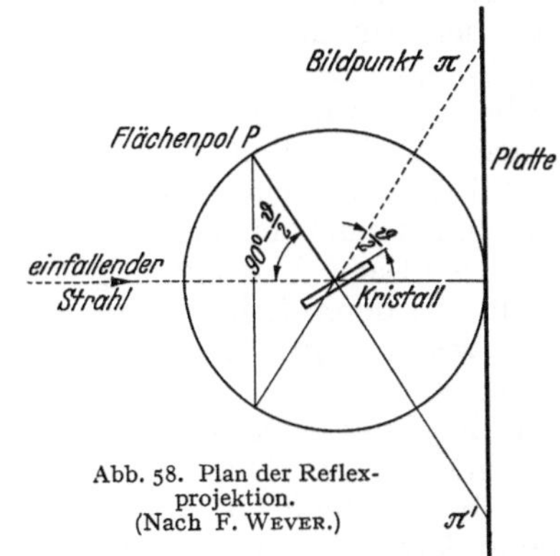

Abb. 58. Plan der Reflexprojektion.
(Nach F. WEVER.)

Bei der Übertragung dieses Verfahrens auf die Beschreibung von Texturen wird die Vorstellung der Kristallfläche durch die Netzebene des Kristallgitters ersetzt, und zur Erleichterung der Übersicht die Polfigur für jede Netzebenenart gesondert betrachtet. Diese Darstellung läßt sich ohne weiteres auch auf Kristallhaufwerke übertragen, indem man in sinngemäßer Anwendung einem quasi-isotropen Körper aus sehr vielen, vollkommen regellos angeordneten Kriställchen eine gleichmäßig dichte Belegung der Kugel mit Flächenpolen zuordnet. Eine Mittelstellung zwischen Einkristall und regellosem Vielkristall nehmen dann statistisch-anisotrope Körper ein, bei denen bestimmte kristallographische Richtungen mehr oder weniger genau parallel gestellt sind. Die Belegung der Polkugel zieht sich dann zu Flecken von kennzeichnender Gestalt zusammen, deren gegenseitige Anordnung die Anisotropie des untersuchten Werkstoffes erschöpfend und anschaulich kennzeichnet.

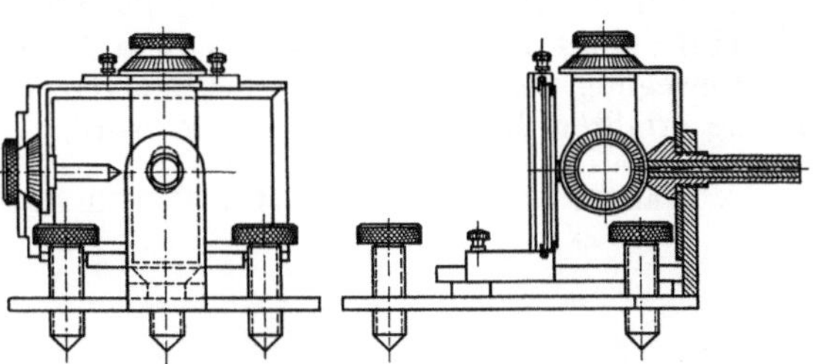

Abb. 59. Kammer für Texturbestimmungen von Wasser.
(Nach F. WEVER.)

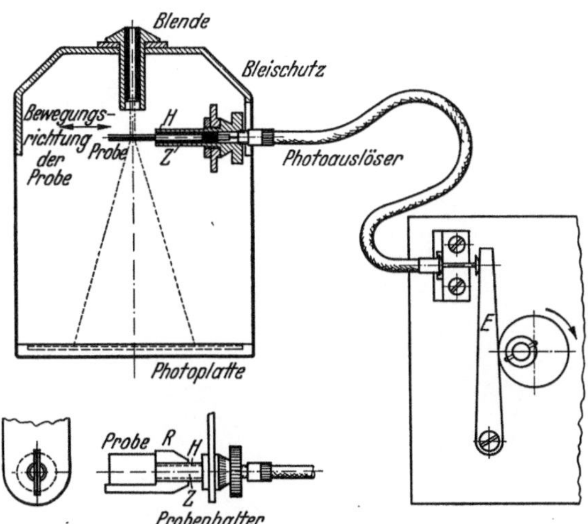

Abb. 60. Gerät für Texturbestimmungen von WEVER und SCHMID
(Nach F. WEVER und W. E. SCHMID.)

Diese Darstellung wird durch die unmittelbare Beziehung der Flächenpolfigur zur Röntgenaufnahme selbst noch besonders nahegelegt. Diese ist nichts

---

[1] WEVER, F.: Mitt. K.-Wilh.-Inst. Eisenforschg. Bd. 5 (1924) S. 69.

anderes als die „Reflexprojektion" eines Schnittes durch die Polkugel, wobei jedem Flächenpol P der Lagenkugel ein Bildpunkt Π auf der Aufnahmeplatte zugeordnet ist, der mit ihm in der gleichen Einfallsebene liegt und durch Reflexion unter dem Braggschen Glanzwinkel an der zugehörigen Netzebene entstanden ist (Abb. 58). Die Ableitung einer vollständigen Polfigur ist danach ohne weiteres gegeben: Einstrahlung mit monochromatischem Licht in verschiedenen Richtungen der Art, daß die abgebildeten Kugelschnitte ein ausreichend dichtes Netz über die Kugeloberfläche schließen, und Zusammentragung der so erhaltenen Aufnahmen nach einfachen Regeln der darstellenden Geometrie. Dabei wird eine wesentliche Verringerung der Zeichenarbeit durch Verwendung von Netzen erzielt, mit deren Hilfe die in den Aufnahmen aufgefundenen Schwärzungsflecke ohne weiteres in die stereographische Abbildung der Polkugel eingetragen werden können [1].

Eine einfache Kammer für Texturbestimmung mit kleinem, zweikreisigem Goniometer ist in Abb. 59 wiedergegeben. Abb. 60 zeigt eine verbesserte Anordnung, bei der die Probe während der Aufnahme parallel mit sich selbst verschoben werden kann. Das zur Aufnahme der Probe dienende Rähmchen R ist mit dem Zapfen Z in der Hülse H verschiebbar. Die Übertragung der Bewegung geschieht mit Hilfe eines Photoauslösers von dem Exzenterhebel eines Uhrwerkes aus. Die Bewegung der Probe bringt den Vorteil, daß die Anzahl der von der Aufnahme erfaßten Kristallite vergrößert wird.

---

[1] Wever, F. u. W. E. Schmid: Mitt. K.-Wilh.-Inst. Eisenforschg. Bd. 11 (1929) S. 109.

IX. Metallographische Prüfung.

Von **J. Schramm**, Stuttgart.

A. Einleitung.

1. Begriffsbestimmung.

Die Metallographie oder Metallkunde befaßt sich mit dem inneren Aufbau der metallischen Stoffe und den Zusammenhängen zwischen Aufbau und den Eigenschaften in physikalischer, chemischer, kristallographischer und technologischer Hinsicht[1].

2. Geschichtliche Entwicklung.

Die zunächst allein für die wissenschaftliche Untersuchung der metallischen Stoffe benutzte *chemische Analyse* gewährt keinen Einblick in den eigentlichen Aufbau der Legierungen. Solange keine anderen Hilfsmittel zur Verfügung standen, wußte man nicht, ob die Legierungen als ein Gemenge der reinen Metalle, als Mischkristalle oder als Verbindungen der Metalle angesehen werden sollten. Es bedeutete daher einen großen Fortschritt, als in der zweiten Hälfte des vorigen Jahrhunderts durch H. Sorby, A. Martens, E. Heyn, F. Osmond und W. C. Roberts-Austen erstmalig das *Mikroskop* zu metallographischen Untersuchungen herangezogen wurde. Man erkannte nunmehr mit einem Male die große Mannigfaltigkeit des Gefügeaufbaus der verschiedenen Metalle und Legierungen und es begann damit die Entwicklung der Metallkunde.

Das Mikroskop war zu dieser Zeit bereits ein gut durchgebildetes Gerät. Im grundsätzlichen Aufbau wurde bei seiner Anwendung in der Metallkunde nichts geändert. Im einzelnen wurde der Aufbau des Geräts den hier vorliegenden Zwecken angepaßt. Es sind so zahlreiche Sondergeräte entstanden, die sich als *Metallmikroskope* glänzend bewährt haben. Ohne diese wäre der sich auch heute noch stürmisch vollziehende Fortschritt auf metallographischem Gebiete undenkbar.

---

[1] Schrifttum: Heyn, E. u. O. Bauer: Metallographie, Bd. I, II. Leipzig: Walter de Gruyter & Co. 1936. — Goerens, P.: Einführung in die Metallographie, 6. Aufl. Halle: W. Knapp 1933. — Hanemann, H. u. A. Schrader: Atlas Metallographicus. Berlin: Gebrüder Borntränger 1933. — Tammann, G.: Lehrbuch der Metallkunde. Leipzig: L. Voß 1932. — Sauerwald, F.: Lehrbuch der Metallkunde. Berlin: Julius Springer 1929. — *Werkstoff-Handbuch Stahl u. Eisen.* Düsseldorf: Stahl u. Eisen 1937. — *Werkstoff-Handbuch Nichteisenmetalle.* Berlin: VDI-Verlag 1936/38. — Masing, G.: Handbuch der Metallphysik. Leipzig: Akademische Verlagsgesellschaft 1935. — Hansen, M.: Der Aufbau der Zweistofflegierungen. Berlin: Julius Springer 1936. — Sachs, G.: Praktische Metallkunde, 1934. — Oberhoffer †, P.-W. Eilender u. H. Esser: Das technische Eisen, 3. Aufl. Berlin: Julius Springer 1936. — Rapatz, F.: Die Edelstähle, 2. Aufl. Berlin: Julius Springer 1934. — Houdremont, E.: Sonderstahlkunde. Berlin: Julius Springer 1935. — Fuss, V.: Metallographie des Aluminiums und seiner Legierungen. Berlin: Julius Springer 1934. — Schimmel: Metallographie der technischen Kupferlegierungen. Berlin: Julius Springer 1930. Smithells u. Hessenbruch: Beimengungen und Verunreinigungen in Metallen. Berlin: Julius Springer 1931. — Guertler, W.: Metalltechnisches Taschenbuch. Leipzig: Johann Ambrosius Barth 1939. — Mitsche, R. u. M. Miessner: Angewandte Metallographie. Leipzig: Johann Ambrosius Barth 1939. — Burkhardt, A.: Technologie der Zinklegierungen. Berlin: Julius Springer 1937. — Beck, A.: Magnesium und seine Legierungen. Berlin: Julius Springer 1939.

Eine einwandfreie experimentelle Verfolgung des Erstarrungs- und Schmelz-vorganges sowie der Veränderungen des Gefügeaufbaus mit der Temperatur war erst mit der Erfindung des *Thermoelements* durch H. le Chatelier möglich. Man konnte nunmehr Temperaturen bis 1600° in einfacher Weise und mit großer Genauigkeit messen. An Stelle der bisher gebräuchlichen Begriffe wie Dunkelrot-glut, Rotglut, Weißglut usw. traten zahlenmäßige Temperaturangaben.

Um die genaue Lage der Schmelz- und Erstarrungspunkte bzw. -intervalle, der Gefügeumwandlungen usw. festzulegen, wurde die *thermische Analyse* ent-wickelt, die darauf beruht, daß alle diese Vorgänge mit Wärmetönungen ver-bunden sind, die sich in entsprechenden Störungen im stetigen Verlauf der Abkühlungs- oder Erhitzungskurven der betreffenden Legierungen äußern. Mit Hilfe des Thermoelements bot es keine Schwierigkeiten mehr, die zeitliche Änderung der Temperatur bei der Erwärmung oder Abkühlung zu verfolgen. Da wo die gewöhnliche thermische Analyse, wie dies insbesondere bei den Reak-tionen im festen Zustand häufig der Fall ist, nicht für den vorliegenden Zweck genügte, gelang es durch ein Differenzverfahren, die Empfindlichkeit des Unter-suchungsverfahrens um ein Vielfaches zu steigern. Im Laufe der Zeit sind neben der thermischen Analyse auch zahlreiche andere Verfahren zur Ermittlung von Gefügeumwandlungen herangezogen worden. Es seien hier nur die wichtigsten genannt wie die Messung der Länge, der Dichte, der elektrischen Leitfähigkeit und Thermokraft und der magnetischen Eigenschaften (Ferro-, Para- und Dia-Magnetismus), die Bestimmung des elektrischen Potentials und der Kristall-struktur.

Die Gesetze, die das Verhalten der Legierungen beherrschen, waren bereits vor 1900 durch B. Roozeboom niedergelegt. Man vermochte daher von vorn-herein die Ergebnisse der thermischen Analyse von bestimmten Legierungs-reihen in einwandfreier Form in *Zustandsschaubildern* zusammenzufassen. Diese Zustandsschaubilder dienen als Grundlage jeglicher Arbeit auf metallographi-schem Gebiet. G. Tammann und seiner Schule gehört das Verdienst, den Aufbau eines großen Teils der Zweistofflegierungen erforscht zu haben.

B. Verfahren und Einrichtungen zur Schliffherstellung.

1. Probeentnahme [1].

Bei den ersten Untersuchungen von metallischen Werkstoffen hat sich bald herausgestellt, daß diese, auch wenn sie durch Vergießen der gleichen Schmelze und nach gleichem Verfahren hergestellt waren, weder chemisch noch physi-kalisch einheitlich zu sein brauchen. Die Eigenschaften an verschiedenen Stellen einer Probe weichen oft ungewollt, oft aber auch gewollt, mehr oder weniger voneinander ab. So hat z. B. die Haut eines Gußstückes sehr oft eine andere chemische Zusammensetzung und andere physikalische Eigenschaften als der Kern. Oder es kann auch vorkommen, daß trotz gleicher chemischer Zusammen-setzung die einzelnen Stellen der Probe voneinander abweichende physikalische Eigenschaften aufweisen. Für die Untersuchung ist es also von größter Be-deutung, von welcher Stelle der Legierung die Probe entnommen wird. Die Form und Größe der zu entnehmenden Proben ist ebenfalls verschieden. Zur Erläuterung sollen im folgenden einige Beispiele besprochen werden, die zeigen, welch verschiedenartige Gesichtspunkte bei der Probenahme berücksichtigt werden müssen.

---

[1] Bauer, O. u. E. Deiss: Probenahme und Analyse von Eisen und Stahl. Berlin: Julius Springer 1922.

Bekanntlich wird ein kohlenstoffarmer Stahl (unter 0,25% C) dadurch kohlenstoffreicher und damit härter gemacht, daß er längere Zeit in einer Atmosphäre geglüht wird, die an ihn durch Vermittlung von Kohlenoxyd und Kohlenwasserstoffen Kohlenstoff abgibt: *Härtung im Einsatz.* Wie aus Abb. 1 hervorgeht, die das mikroskopische Bild der im Einsatz gehärteten Probe zeigt, verteilt

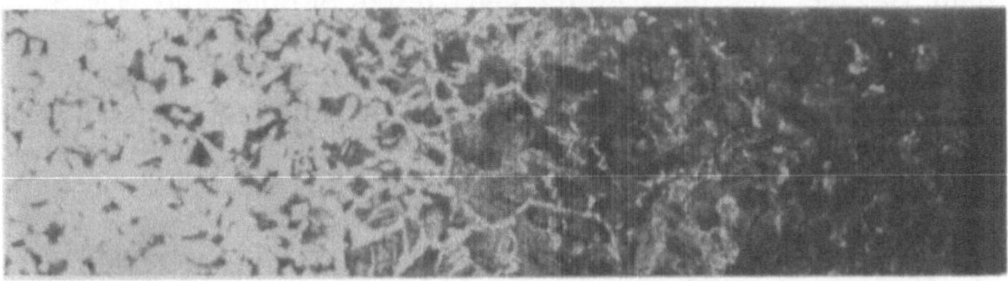

Abb. 1. Im Einsatz gehärteter Stahl.

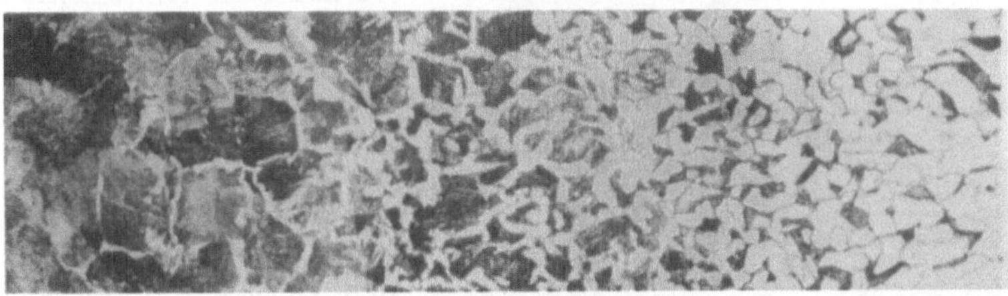

Abb. 2. Stahl mit Randentkohlung.

sich der an den Stahl abgegebene Kohlenstoff nicht gleichmäßig über den Querschnitt, sondern nimmt vom Rande ausgehend bis zu einer bestimmten Tiefe stetig ab, jedoch von hier ab noch weiter nach dem Innern zu befindet sich der unveränderte, ursprüngliche Gehalt an Kohlenstoff. Aus dieser Tatsache ersieht man bereits, daß es nicht genügt, wenn man von einer beliebigen Stelle des im Einsatz gehärteten Stahles ein kleines Stück als Probe abtrennt, vielmehr muß die Probe über den ganzen Querschnitt genommen werden. Das mikroskopische Bild von einer solchen Probe zeigt am Rande den höchsten Kohlenstoffgehalt mit 1,0%, bis zu einer bestimmten Tiefe nimmt er auf $\sim$ 0,3% C ab. Von dieser Stelle noch weiter nach dem Innern zu findet man den ursprünglichen Kohlenstoffgehalt.

Der umgekehrte Fall der im Einsatz gehärteten Probe ist der *Stahl mit Randentkohlung* (Abb. 2). Wird nämlich eine Probe längere Zeit an der Luft geglüht, so wird der Kohlenstoff allmählig oxydiert. Die Wirkung der Oxydation ist am Rande am stärksten und nimmt nach dem Innern zu ab,

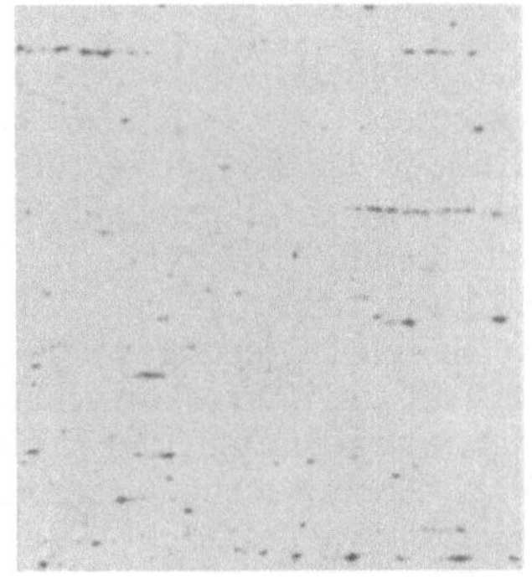

Abb. 3. Schlackenzeilen im Eisen.

bis man schließlich zu einer Schicht kommt, in der, genau wie bei der zementierten Probe, der unveränderte, ursprüngliche Kohlenstoffgehalt vorhanden ist.

Ein ebenso anschauliches Beispiel ist die Verteilung der *Schlacke* im technischen *Eisen.* Wird ein solches warm gewalzt, so streckt sich die Schlacke, wie Abb. 3 zeigt, in der Walzrichtung. Will man die Schlacke mikroskopisch nachweisen, so ist dies am bequemsten, wenn der Schnitt parallel zur Walzrichtung gelegt wird. Die Schlacke erscheint in Form dünner und langer, in der

Walzrichtung gestreckter Zeilen. Der Nachweis der Schlacke im Schnitt quer zur Walzrichtung ist wesentlich schwieriger. Kalt gewalztes Eisen läßt sich ebenfalls im Schnitt parallel zu der Walzrichtung an den in dieser Richtung gestreckten Körnern erkennen.

Müssen nicht irgendwelche Besonderheiten beachtet werden, wie es z. B. oben an dem Beispiel des im Einsatz gehärteten Stahles und der Schlackeneinschlüsse dargetan worden ist, so genügen für die mikroskopische Untersuchung Proben von 15 × 15 × 10 mm, für die thermische Analyse Stückchen mit 5 bis 20 g Gewicht. Für die Messung der elektrischen Leitfähigkeit müssen wiederum Proben von größerer Länge und kleinerem Querschnitt verwendet werden usw. Aus den angeführten Beispielen geht hervor, daß vor der Probeentnahme vollständige Klarheit herrschen muß, von welcher Stelle die Probe entnommen und nach welcher Methode sie untersucht werden soll. Allgemeine Regeln lassen sich kaum aufstellen, hier hilft allein die Erfahrung. Näheres wird noch bei den einzelnen Methoden gesagt werden.

Die Abtrennung der Probe von dem zu untersuchenden Stück ist sehr verschieden. Handelt es sich um dünnere Stangen, die sich auf der Drehbank bearbeiten lassen, so kann die Probe mit dem Stahl abgestochen werden. Läßt sich das Material aber wegen zu großer Abmessungen auf der Drehbank nicht mehr verarbeiten, so wird es durch die Kaltsäge in Stücke

Abb. 4. Schnellsägemaschine mit Wasserkühlung.

von geeigneter Größe zersägt. Abb. 4 zeigt eine Hochleistungsschnellsäge. Es sei besonders auf die Kühlwasserpumpe hingewiesen. Nicht nur aus technischen Gründen ist die Verwendung von Kühlwasser vorteilhaft, sondern solches muß auch vom metallographischen Standpunkt aus gefordert werden, wenn durch die auftretende Erwärmung in der Legierung Umwandlungen hervorgerufen werden. So kann sich z. B. der Martensit durch Erwärmung auf 100° umwandeln. Bei weicheren Legierungen kann durch das Einspannen die Probe verformt werden, was bei der mikroskopischen Untersuchung zu Irrtümern führen kann. Deshalb legt man zwischen die Probe und Einspannbacken am besten zwei Holzstücke. Man beachte ferner, daß für das Zersägen von weichen Legierungen (z. B. Aluminium) andere Sägeblätter verwendet werden, als für harte Legierungen (z. B. Stahl).

Die Abtrennung sehr weicher oder sehr harter Proben erfolgt auf andere Art als oben beschrieben worden ist. So kann man z. B. Blei sehr gut mit Laubsägen abtrennen, wobei noch einmal besonders hervorgehoben werden soll, daß man beim Einspannen zur Vermeidung von Verformungen außerordentlich vorsichtig sein muß und nötigenfalls die Probe zwischen Filzscheiben genommen wird. Sehr harte Proben (z. B. gehärtete Stähle) können auf verschiedene Art durchschnitten werden. Sehr schnell geht es, wenn die Probe mit einer dünnen Schmirgelscheibe von großer Umdrehungsgeschwindigkeit durchschliffen wird. Es muß dabei beachtet werden, ob eine Erwärmung der Probe statthaft ist oder nicht. Ferner kann man auch eine Kaltsäge verwenden, wenn die Stahlsäge durch ein Stück nichtgezähntes weiches Bandeisen ersetzt wird. Bringt man während des Arbeitens mit einem Pinsel Schmirgelstaub auf die Schnittstelle, so frißt dieser sich in das weiche Band ein, wird von diesem mitgenommen und führt so den Schnitt herbei. An Stelle des als Säge hin- und hergehenden Bandeisens können auch rotierende Scheiben aus weichem Eisen mit Schmirgelstaub verwendet werden. Es sind dann dies die gleichen Vorrichtungen, die bei der Trennung von Gesteinen und Mineralien Verwendung finden. Oft braucht man aber bei den harten Legierungen gar nicht regelmäßig begrenzte Stücke, es genügt, wenn man durch einen Schlag mit dem Hammer ein Stück von geeigneter Größe für die Untersuchung abtrennt.

Bevor die Probe weiterverarbeitet wird, versäume man nie, sie einer Untersuchung mit freiem Auge oder mit schwach vergrößernden Geräten, wie einfachen Lupen, binokularen Prismenlupen usw. (s. S. 607) zu unterwerfen. Man kann auf diese Weise Beobachtungen machen, die einem bei der mikroskopischen Untersuchung wegen der Kleinheit des Gesichtsfeldes leicht entgehen könnten oder wegen der räumlichen Ausdehnung der zu untersuchenden Stelle unmöglich wären. Risse, Poren und Bruchflächen kommen bei diesen Beobachtungen in erster Linie in Frage. So zeigt z. B. ein sprödes Material eine körnig-kristalline Bruchfläche und ein zähes Material eine sehnige Struktur. Die Güte eines Stahles kann oft am Aussehen der Bruchfläche der gehärteten Probe erkannt werden.

2. Schliff und Mikroskop.

Zur Untersuchung eines Werkstoffes werden nicht alle Methoden, die auf S. 553/554 genannt worden sind, gleichzeitig herangezogen. In der Regel genügen 2 bis 3 verschiedene Methoden, die in erster Linie von der Eigenart des zu untersuchenden Materials und der gestellten Aufgabe abhängen. Von allen Methoden verdient die mikroskopische Untersuchung an erster Stelle genannt zu werden. Obwohl sie bei unbekannten Stoffen meistens nicht allein angewendet wird, so bedient man sich ihrer neben fast allen anderen Untersuchungsverfahren. Die Bevorzugung beruht darauf, daß mit Hilfe des Mikroskops außerordentlich schnell und sicher Aussagen gemacht werden können. Allerdings ist zu einer meisterhaften Handhabung eine lange Zeit zum Einarbeiten und eine vielseitige, durch tägliches Arbeiten erworbene Erfahrung notwendig. Ist diese Erfahrung aber einmal vorhanden, so ist es außerordentlich leicht, sich in einem neuen, dem Prüfenden zunächst unbekannten Material zurecht zu finden. Denn in den für die einzelnen Legierungsgruppen jeweils charakteristischen

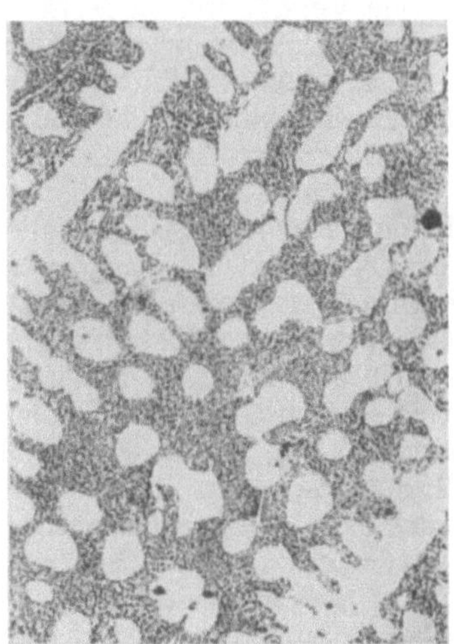

Abb. 5. Kupferoxydul (Cu$_2$O) in Kupfer.

Bildern treten für bestimmte Eigenschaften auch ganz bestimmte, unverkennbare Kennzeichen auf. So ist es z. B. bekannt, daß sehr grobes Korn in Legierungen niedrige Werte für die Kerbzähigkeit liefert. Beobachtet man deshalb gelegentlich ein solches Korn, so kann man sofort sagen, ganz gleich, ob es sich um eine Eisen- oder Kupferlegierung handelt, daß die Kerbzähigkeit schlecht ist. Ein anderes Beispiel für die Trefflichkeit der mikroskopischen Untersuchung ist Kupfer mit einem Gehalt an Sauerstoff. Dieser ist im festen Kupfer in Form von Cu$_2$O-Kristallen vorhanden (Abb. 5) und macht von einem bestimmten Gehalt ab das Werkstück vollkommen unbrauchbar. Wird eine solche sauerstoffhaltige Kupferprobe mikroskopisch untersucht, so ist das Cu_2O sehr gut als vom metallischen Kupfer sich scharf abhebende Kristallart zu erkennen. Aus dem prozentualen Anteil der Cu_2O-Kristallite des Gesichtsfeldes läßt sich sehr rasch und mit großer Genauigkeit der Sauerstoffgehalt des Kupfers abschätzen. Die obengenannten Untersuchungen sind unter normalen Verhältnissen in wenigen Minuten ausgeführt. Solche Beispiele könnten dutzendweise angeführt werden. Die zwei angeführten Beispiele genügen jedoch für die Eleganz und Sicherheit dieser Untersuchungsmethode.

Mit der mikroskopischen Untersuchung eng verwandt ist die makroskopische. Die beiden Untersuchungsarten unterscheiden sich lediglich durch die angewendeten Vergrößerungen und der damit verbundenen, etwas andersartigen Ausführung der Verfahren. Bei der makroskopischen Methode werden bis 40fache Vergrößerungen angewendet, bei der mikroskopischen solche darüber.

3. Schleifen.

Die Probe muß zur Gefügeuntersuchung eine ebene, spiegelblanke Fläche haben: es muß von der Probe ein *Schliff* hergestellt werden. Zu diesem Zweck haben sich fast in jedem Laboratorium besondere Arbeitsweisen herausgebildet, die im großen und ganzen kaum voneinander abweichen. Zuerst wird immer geschliffen und poliert und hierauf meistens geätzt. Wenn aber die Ergebnisse der mikroskopischen Untersuchungen trotzdem verschieden sind, so liegt dies nicht zuletzt daran, daß die vorbereitenden Arbeiten, also das Schleifen,. Polieren und Ätzen in dem einen Laboratorium mit einer großen Kunstfertigkeit ausgeführt, im anderen Laboratorium hingegen als lästige Nebenarbeit ohne das nötige Verständnis in recht mangelhafter Weise abgetan werden. Im Hinblick auf die Unentbehrlichkeit eines einwandfreien Schliffes, empfiehlt es sich bei Ungeübten und Erfahrenen, besonders wenn es sich um schwierig vorzubereitende Materialien handelt, den ganzen Gang der Schliffherstellung mit einem schwach vergrößernden Mikroskop (z. B. Martenssches Kugelmikroskop) zu verfolgen[1].

Die Probe soll vor Beginn des Schleifens wenigstens eine einigermaßen ebene Fläche haben. Es ist deshalb zweckmäßig, wenn die anzuschleifende Fläche auf der Drehbank oder mit Grob- und Schlichtfeile vorbereitet wird. Sollte sie zu hart sein, so kann eine ebene Fläche an der Schmirgelscheibe hergestellt werden. Das Schleifen selbst erfolgt entweder von Hand oder mit Schleifmaschinen. Jedes Verfahren hat gewisse Vorzüge, die nötigenfalls zu beachten sind. Das Schleifen von Hand erfordert eine längere Übung, hat aber den Vorzug, daß es auch bei empfindlichen Materialien, also bei sehr weichen oder brüchigen Proben noch gute Schliffe liefert, deren Anfertigung mit der Maschine unmöglich wäre. So sollten die weichen Kupfer- und Aluminiumlegierungen stets nur von Hand angeschliffen werden. Der Vorzug der Schleifmaschinen besteht darin, daß man eine große Menge von Schliffen sehr schnell, auch durch Ungeübte, anfertigen lassen kann[2]. Insbesondere dann haben sie große Vorzüge,

---

[1] Schleif- und Poliermaschinen, Schleif- und Poliermittel usw. liefern die Firmen: Jean Wirtz, Düsseldorf; P. F. Dujardin & Co., Düsseldorf; R. Winkel, Göttingen; R. Fueß, Berlin-Steglitz; Optische Werke C. Reichert, Wien; Chemische Fabrik Dr. Mayer, Pforzheim, E. Leitz, Wetzlar; R. Mertel, München.

[2] Schrifttum über Schleifen und Polieren: Hanemann, H. u. A. Schrader: Über die mikroskopische Untersuchung von Blei und Bleilegierungen. Z. Metallkde. Bd. 29 (1937) S. 37. — Lillpopp, E.: Einiges über Bleischliffe. Zeiss-Nachrichten 1934, H. 7. — Schröder, K.: Zur Technik der metallographischen Untersuchung sehr harter Metallegierungen. Z. Metallkde. Bd. 20 (1928) S. 31—33. — Schwarz, M. v.: Vorbereitung metallkundlicher Schliffe. Bl. Untersuch.- u. Forsch.-Instrum. Bd. 10 (1936) H. 2, S. 19. — Dowdell, R. L. u. M. J. Wahll: Metals & Alloys 1933, S. 181. — Firma *Carl Zeiss:* Druckschrift Mikro 499: Herstellung metallographischer Proben und Aufnahmen. — Roll, F.: Fehlquelle bei der

wenn es sich um leicht vorzubereitende und stets gleichbleibende Proben handelt. Oft ist es auch zweckmäßig, nur den ersten oder nur den letzten Teil des Schleifens mit Hilfe der Maschine auszuführen.

Das Schleifen erfolgt auf *Schmirgelpapieren* oder *Schmirgelleinen*. Je nach der Körnung des Schmirgelstaubes, mit dem das Schmirgelpapier oder das Schmirgelleinen bestrichen ist, werden sie bezeichnet. So sind z. B. die Papiere 3, 2, 1 G (grob), M (mittel), F (fein), 0, 2/0, 3/0, 4/0, 5/0, 6/0 usw. im Gebrauch. Das Schleifen beginnt auf dem gröbsten Papier, etwa auf 3 und die Probe wandert der Reihe nach zu immer feiner werdenden Körnungen. Auf jedem Papier wird solange geschliffen, bis die Kratzer der vorausgegangenen Bearbeitung verschwunden sind. Das läßt sich am bequemsten dadurch erreichen, daß man die Probe beim Schleifen so hält, daß die auf dem neuen Papier entstehenden Kratzer senkrecht zu den alten verlaufen. Ist die Probe auf einem Papier eine bestimmte Zeit geschliffen worden, so wird die Schlifffläche gegen das Licht gehalten, wobei die alten Kratzer, falls solche noch vorhanden sein sollten, in ihrer zu den neuen Kratzern senkrechten Lage leicht erkannt werden können. Während des Schleifens darf nicht zu stark auf die Probe gedrückt werden. Es könnten dadurch die

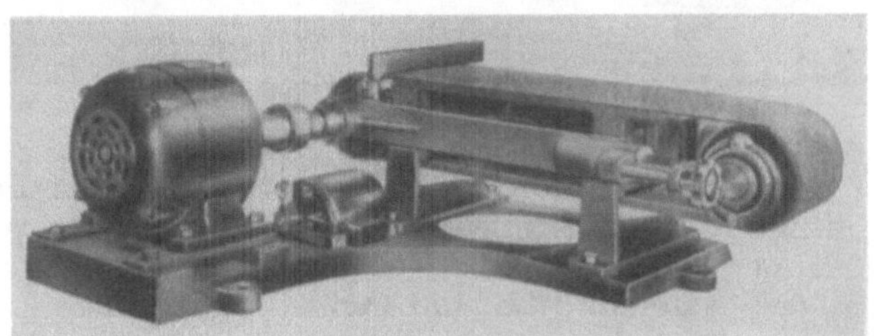

Abb. 6. Bandschleifmaschine.

spröden Bestandteile einer Legierung sehr leicht herausbrechen, bei weichen Materialien wiederum könnte die Probe in der Schleifebene verformt werden. Außerdem wäre es auch möglich, daß harte Schmirgelkörner in die weichere Probe eingedrückt und durch das Schleifen auf den nächsten Papieren wieder freigelegt werden, wodurch immer wieder grobe Kratzer auf dem Schliff entstehen würden. Um im Laufe des normalen Schleifganges eine Verschleppung der groben Schmirgelkörner auf die feineren Papiere zu vermeiden, muß der Schliff vor Übergang zum nächsten Papier unter fließendem Wasser mit einem Wattebausch sorgfältig abgewaschen und hiernach abgetrocknet werden. Besonders wenn Schliffhalter (vgl. unten) verwendet werden, muß das Abwaschen sorgfältig geschehen, denn in den Kanten und Ecken können allzu leicht Körner hängen bleiben.

Die *Vorrichtungen für die Anfertigung von Schliffen* von Hand sind denkbar einfach. Das Schmirgelpapier oder Korundleinen (Format etwa 220 × 340 mm) wird auf eine 5 bis 10 mm dicke Glasplatte gelegt, mit der einen Hand festgehalten und mit der anderen die Probe auf ihm geradlinig hin- und herbewegt. Das Papier kann zwecks besseren Haltes mit Klebwachs oder Fischleim auf die Platte aufgeklebt, außerdem mit dieser auf ein Schleifbrett oder einen Sockel aus Gußeisen gelegt werden. Beim Schleifen mit Maschinen werden Bandschleifmaschinen (Abb. 6) und sich drehende Scheiben aus Gußeisen, Aluminium, Bronze, Messing und Glas mit einem Durchmesser von 200 bis 300 mm angewendet. Bei der ersteren läuft ein gespanntes endloses Band aus Korund- oder Flintleinen (Körnungen 7 bis 4/0) über zwei Walzen, bei letzteren werden

Behandlung von Metallschliffen. Gießerei Bd. 23 (1936) S. 645—52. — DIERGARTEN, H. u. W. ERHARD: Reihenmäßige Herstellung von Schliffen für die mikroskopische Werkstoffprüfung. Z. Metallkde. Bd. 30, Berichtheft der Hauptversammlung 1938 der Deutschen Gesellschaft für Metallkunde. — PORTEVIN, A. u. P. BASTIEN: Réactifs d'attaque métallographique. Paris: Dunod 1937. — SCHRADER, A.: Ätzheft. Berlin: Gebrüder Bornträger 1939. BERGLUND-MEYER: Handbuch der metallographischen Schleif-, Polier- und Ätzverfahren. Berlin: Julius Springer 1939.

die Schmirgelpapier- oder Korundleinenscheiben durch Klebwachs, Fischleim oder eine besondere mechanische Vorrichtung auf den Scheiben festgemacht und durch die Drehung mitgenommen. Die Umdrehungszahl ist für harte Stoffe höher, für weiche niedriger. Eine einzige Schleifscheibe wird nur selten verwendet, meistens sind 2, 3, 4 und mehr Scheiben mit gemeinsamem Antrieb zu einer mehrspindeligen Anlage zusammengefaßt (Abb. 7). Für die Schleifmaschinen gibt es Schliffhalter, die gleichzeitig mehrere Schliffe auf einer Scheibe halten. Die Schleifanlage läuft also fast vollautomatisch.

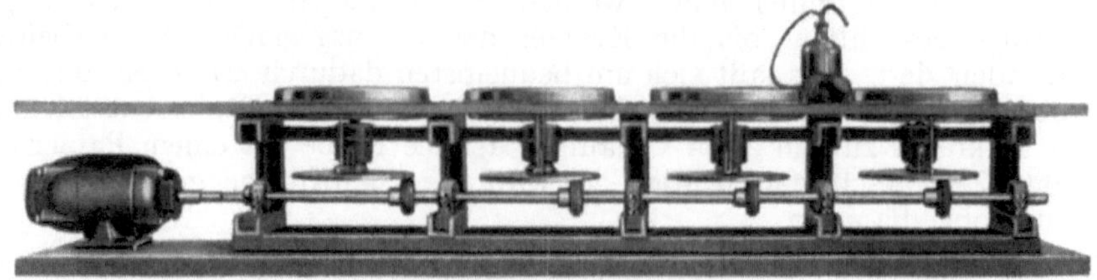

Abb. 7. Mehrspindelige Schleifmaschine.

Oft sind die Proben so klein oder von solcher Form, daß ohne besondere Hilfsmittel ebene Schliffflächen nicht angefertigt werden können. In diesen Fällen empfiehlt sich die Verwendung von *Schliffhaltern* oder *Einbettringen*. Bei den ersteren (Abb. 8a) werden die Proben (z. B. Bleche, Drähte usw.) zwischen zwei Backen, bei weichen oder spröden Materialien nötigenfalls mit Korkzwischenlagen, gefaßt, bei den letzteren (Abb. 8b) wird das Material (z. B. Drehspäne usw.) in einen Spezialkitt, Schellack, Siegellack, Gemisch von Bleiglätte und Glyzerin usw. eingebettet oder mit Woodmetall (Schmelzpunkt 60,5°; 50% Bi, 25% Pb, 12,5% Sn, 12,5% Cd), Schwefel usw. umgossen. Sind die Proben auf diese Weise zum Schleifen vorgerichtet, so verbleiben sie bis zum Ätzen im Schliffhalter oder Einbettring. Beim Ätzen jedoch können durch die metallische Berührung von Schliffhalter oder Woodmetall einerseits und Probe andererseits (Lokalelement) Schwierigkeiten auftreten, so daß die

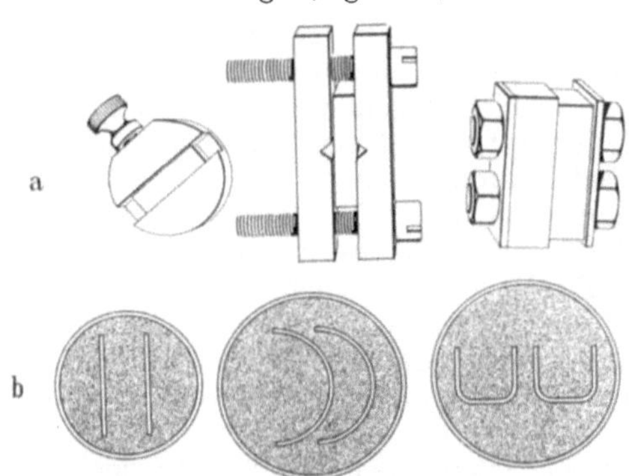

Abb. 8. Schliffhalter (a) und Einbettringe (b).

Proben meist freigelegt und erst dann geätzt werden. In neuerer Zeit werden durchsichtige Kunstharze verwendet, in die die Proben bei höherer Temperatur mit höherem Druck eingebettet werden. Die Proben, die sehr kleine Abmessungen haben können (z. B. 0,2 mm), bleiben in der Einbettmasse liegen und werden mit dieser geätzt. Ein mit Tinte beschriebener Zettel kann mit eingepreßt werden, so daß spätere Verwechslungen unmöglich sind.

Die *Vorrichtung sehr weicher Materialien,* wie Blei, Zinn usw. kann im Rahmen dieser Schrift nicht behandelt werden. Es sei nur erwähnt, daß z. B. bei Blei manchmal überhaupt nicht geschliffen, sondern die ebene Fläche durch Schnitt mit einem Rasiermesser, das im Support einer Hobelmaschine befestigt ist, oder mit einem Mikrotom erhalten wird. Ist das Umschmelzen der Probe statthaft, so kann bei niedrig schmelzenden Stoffen, wie Blei, Zinn, Zink, Wismut, Kadmium usw. eine ebene Fläche auch so erzielt werden, daß die geschmolzenen

Metalle auf ebene Spiegelglasplatten gegossen werden. Dasselbe Verfahren ist für Gold- und Silberlegierungen anwendbar, wenn statt Glas eine geschliffene Stahlplatte verwendet wird.

4. Vorpolieren.

Sollen sorgfältigere mikroskopische Arbeiten ausgeführt werden, so folgt nach einem Verfahren von LE CHATELIER auf das Schleifen das *Vorpolieren*. Das Schleifen wird mit dem Papier oo abgebrochen und hieran schließt sich eine Behandlung mit geschlämmtem Schmirgel ($^1/_2$, 1, 3, 5; 10 bis 20, 20 bis 90, 120 min geschlämmt) oder geschlämmtem Siliziumkarbid (Nr. F, FF, FFF) an. Wie beim Schleifen wandert der Schliff zu immer feiner werdender Körnung. Das Vorpolieren kann wieder von Hand auf einem auf eine Spiegelglasplatte gespannten Tuch oder auf einer waagerechten Filzscheibe mit geringer Umdrehungszahl (200 U/min) ausgeführt werden. Etwa 5 g Pulver werden mit dem Finger auf dem Tuch verrieben und dann mit einer reinen, klaren und durch Erkaltung dick gewordenen Seifenlösung befeuchtet. Bei Al- und Mg-Legierungen ist die Verwendung von Alkohol oder Spiritus empfehlenswert. Um eine Aufrauhung der Oberfläche zu vermeiden, muß sehr naß gearbeitet werden. Bei zu großen Härteunterschieden der Gefügebestandteile kann auf dem Schliff ein Relief entstehen, das Vorpolieren muß dann unterbleiben. In diesem Falle wird das Schleifen bis Papier 6/0 fortgesetzt, wobei ein Bestreichen des Papiers mit Paraffin, Petroleum oder Knochenöl insofern von Vorteil sein kann, als dadurch die Wirkung der Papiere etwas gemildert wird.

5. Polieren.

Unter allen Umständen muß vermieden werden, daß auf die Polierscheiben, wenn auch noch so feiner Schmirgelstaub geschleppt wird. Deshalb muß nach dem Schleifen oder Vorpolieren, falls letztere Arbeit ausgeführt worden ist, der Schliff ganz sorgfältig abgewaschen, ja sogar der Schmirgelstaub unter den Fingernägeln entfernt werden. Auf diese Weise bleibt die Schlifffläche von Rissen frei, die, durch das Ätzen verstärkt, bei der photographischen Aufnahme stören würden. Das Polieren erfolgt fast durchweg maschinell auf Polierscheiben, auf die ein weiches, nicht zu dickes Tuch feinster Qualität (z. B. Billardtuch) mittels konischen Ringes aufgespannt ist. Die Umdrehungszahl hängt von der Härte der Probe ab. Bei sehr harten Proben ist sie größer (z. B. Stahl 3000 U/min), bei sehr weichen kleiner (z. B. Blei 500 U/min). Die Schliffe werden mit der Hand oder mit Schliffhaltern an die sich drehende Scheibe gedrückt. Die Maschinen sind ein- oder zweispindelig mit senkrechten (Abb. 9) oder waagerechten Scheiben. In Ausnahmefällen, wenn der Schliff besonders schonend behandelt werden muß, wird von Hand poliert, wobei es sich manchmal empfiehlt, statt des Tuches eine weiche Seide oder Samt zu verwenden. Neben dem Poliertuch ist für den Erfolg des Polierens das Poliermittel von ausschlaggebender Bedeutung. Unter den Poliermitteln steht an erster Stelle die Tonerde, gelegentlich werden auch Sidol, Poliergrün (Chromoxyd), Polierrot (Eisenoxyd) und gebrannte Magnesia verwendet. Die Poliermittel sind in der Regel in Wasser aufgeschlämmt, nur wenn die Schliffe von Wasser angegriffen werden, muß in Alkohol oder Öl aufgeschlämmt werden.

Die Tonerde wird aus gebranntem Ammoniakalaun durch Vermahlen in einer Kugelmühle während eines ganzen Tages hergestellt. Das Mahlgut wird zuerst chemisch behandelt, hiernach in Wasser aufgeschlämmt und durch Absetzen in 4 Korngrößen getrennt. Die erste Korngröße wird weggeworfen, die anderen drei ergeben Tonerde 1, 2 und 3 (nach 3, 12 und 24 h). Zur Kenntlichmachung werden die Aufschlämmittel blau, weiß und violett gefärbt. Tonerde 1 eignet sich für sehr harte und harte Legierungen (Stähle), Tonerde 2 für harte und mittelharte Legierungen (Bronze, Messing) und Tonerde 3 für weiche Legierungen (Aluminium, Magnesium, Blei). Wird ein Stahl z. B. mit Tonerde 2 poliert, so dauert es selbstverständlich länger als mit Tonerde 1, dafür ist die Fläche auch für stärkste Vergrößerungen geeignet. Die Tonerde wird in Flaschen in dicker wäßriger Aufschlämmung (im Winter unter Zusatz von Glyzerin) geliefert, die vor dem Gebrauch reichlich mit Wasser verdünnt werden muß. Die nötige Verdünnung ist in einer auf die Flasche geklebten Gebrauchsanweisung vermerkt.

Das Poliermittel wird durch den Metall- oder Hartgummizerstäuber der Spritzvorrichtung (Abb. 9) in reichlicher Menge auf die Polierscheibe gespritzt. Zu trockenes Polieren würde die Schlifffläche rissig machen. Die Scheiben werden bei Stillstand mit einem Deckel verschlossen, damit auf sie aus der Luft keine Staubteilchen fliegen können und die Feuchtigkeit des Poliermittels nicht verdunstet. Sollte es aber trotzdem einmal auf dem Tuch eintrocknen, so muß das Tuch unter fließendem Wasser mit der Bürste gründlich gereinigt werden. Es ist selbstverständlich, daß bei gleichzeitiger Vorbereitung harter, mittelharter und weicher Schliffe für jede Tonerde eine besondere Polierscheibe verwendet werden muß. Nach dem Polieren wird der Schliff in Alkohol, Äther oder Ätzkali zwecks Entfettung mit dem Wattebausch abgerieben und dann mit Heißluft (Föhn) getrocknet.

Das Polieren sehr weicher Metalle (z. B. Blei) ist, genau wie das Schleifen, mit großen Schwierigkeiten verbunden. Im Rahmen dieser Arbeit sei lediglich auf das Schrifttum (s. S. 558/559) verwiesen.

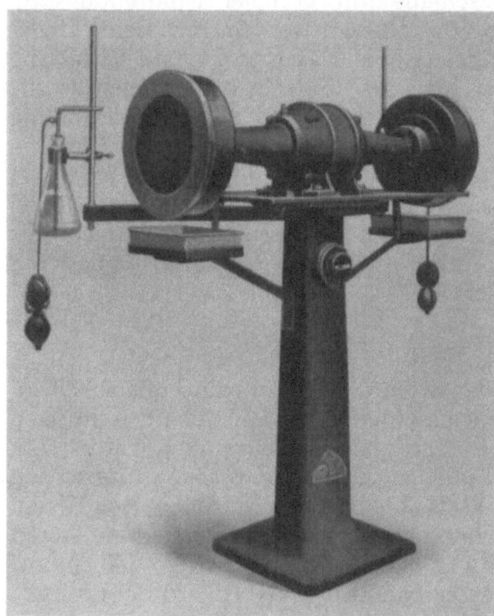

Abb. 9. Zweispindelige Poliermaschine mit elektrischem Antrieb. Spritzvorrichtung links sichtbar.

6. Ätzen.

In den seltensten Fällen ist der Schliff nach dem Polieren für die mikroskopische Untersuchung geeignet. Ohne Ätzung lassen sich nur nichtmetallische Einschlüsse, wie Schlacke, Oxyde, Sulfide, Phosphide, Temperkohle im Temperguß, Graphit im Gußeisen usw. durch ihre mehr oder weniger lebhaften Farben und fehlenden Metallglanz erkennen. Risse, Lunker, Gasblasen, Überwalzungen u. dgl. werden ebenfalls in ungeätztem Zustande beobachtet. Die Abb. 3, 5, 10 und 11 zeigen das Gefüge solcher ungeätzter Proben. In der Mehrzahl der Fälle jedoch wird das Gefüge durch „Ätzmittel" entwickelt, wobei die einzelnen Gefügebestandteile entweder gefärbt (Kristallfelderätzung oder disloziierte Reflexion, Abb. 12) oder aufgelöst und dadurch oberflächlich aufgerauht (Korngrenzenätzung, Abb. 13) werden. Diese Wirkungen können in einer Probe, wenn mehrere Kristallarten vorhanden sind, auch gleichzeitig auftreten, so daß eine Kristallart gefärbt, eine andere aufgerauht und eine dritte schließlich unverändert erscheinen kann. Die einzelnen Gefügebestandteile sind im Mikroskop infolge der Färbung, des durch die Aufrauhung verminderten Reflexionsvermögens oder der deutlich zu erkennenden Korngrenzen mit Sicherheit zu unterscheiden. Wird eine Kristallart durch die Ätzung gefärbt oder aufgerauht, so braucht der Ton der Färbung oder der Grad der Aufrauhung nicht bei allen Kristallen der gleichen Art derselbe zu sein. Als Beispiel sei die Ätzung von weichem Eisen auf Kornfelder und Korngrenzen besprochen. Die Körner erscheinen in Abb. 12 im Mikroskop von hellgelb bis dunkelbraun gefärbt.

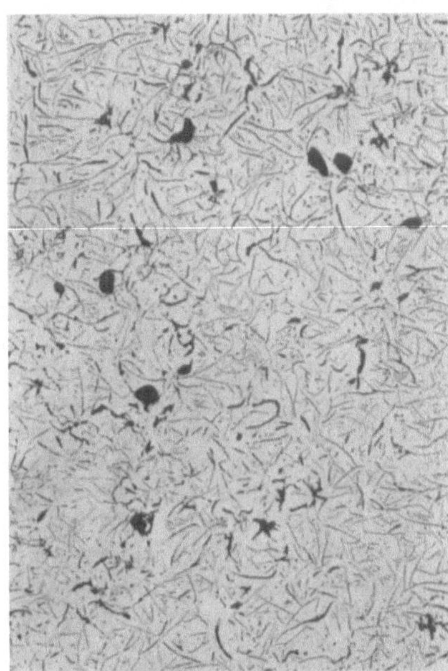

Abb. 10. Graphit in Gußeisen, Sandguß.

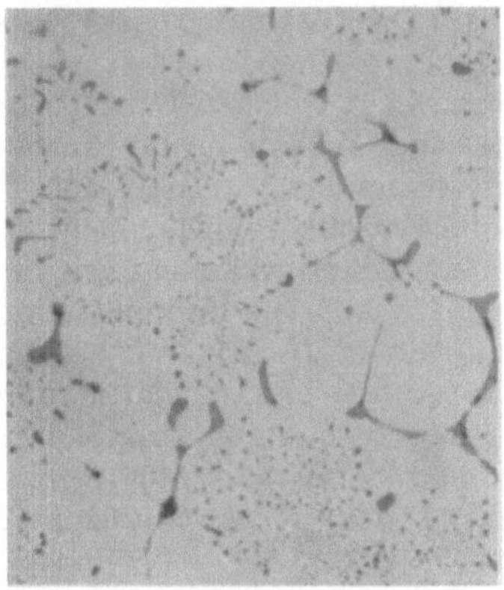

Abb. 11. Gefüge einer Legierung mit 94,7% Fe, 3% Mn und 2,3% S. Ungeätzt. V 100×.

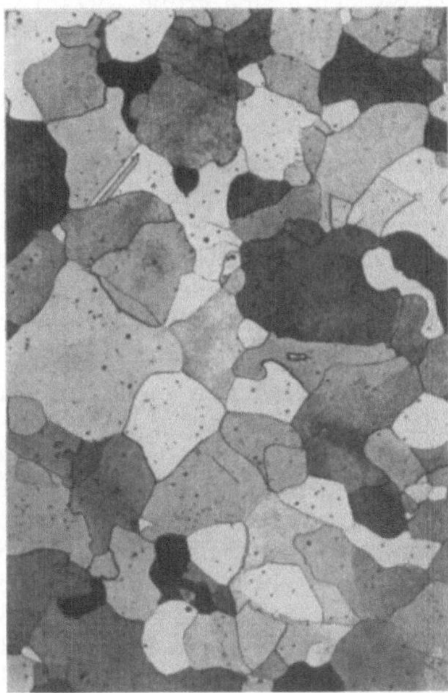

Abb. 12. Kristallfelderätzung an Elektrolyteisen (disloziierte Reflexion).

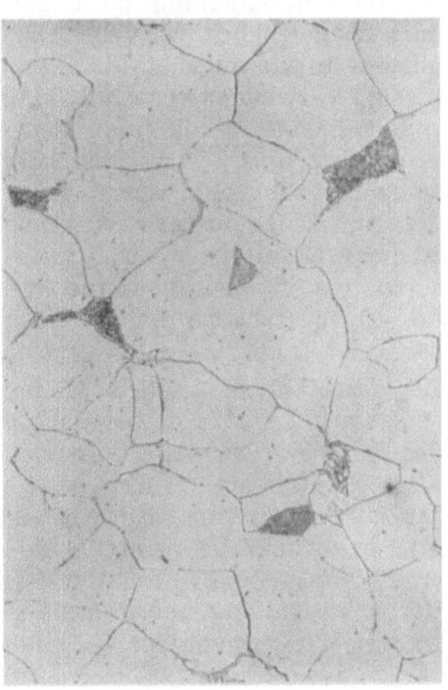

Abb. 13. Korngrenzenätzung an weichem Eisen mit 0,06% C.

Der von Korn zu Korn sich ändernde Farbton kommt daher, daß infolge der „regellosen" Lage der Körner das Ätzmittel auf die einzelnen Körner je nach

36*

ihrer kristallographischen Orientierung verschieden stark wirkt. In Abb. 13 erscheinen die Körner im Mikroskop gleichmäßig hell, jedoch treten die Korngrenzen sehr scharf hervor.

Bei reinen Metallen oder Legierungen mit einer Kristallart gelingt es immer, das Korngefüge herauszuätzen, aber nicht immer bei Legierungen mit 2 oder mehreren Kristallarten, da das Ätzmittel die eine Kristallart bereits weitgehend angeätzt haben kann (Lokalelement!), noch bevor die Korngrenzen der anderen Kristallart erscheinen. Über die Korngröße gibt in letzterem Falle das Bruchaussehen Aufschluß.

Das Ätzen erfolgt meistens durch *Tauchen* in kalte, warme oder heiße Ätzlösungen. Die Methoden des *Relief-* und *Ätzpolierens*, die eine starke Reliefwirkung hervorrufen, werden auch häufig angewendet; bei der ersten Methode wird auf einer weichen Unterlage (weicher Gummi, Pergament) mit wenig Tonerde und Wasser unter sanftem Druck poliert, bei der zweiten wird ein schwach wirkendes Ätzmittel dem Poliermittel zugefügt und der auf der Scheibe fertigpolierte Schliff wird von Hand mit dem chemisch wirksamen Poliermittel nachpoliert, oder es wird ein mit dem Ätzmittel getränkter Wattebausch auf der polierten Fläche hin- und herbewegt. Ist die Legierung schwer angreifbar, so kann auf *elektrolytischem* Wege geätzt werden. Die Probe hängt an einem Platindraht als Anode in die Ätzflüssigkeit (Stromdichte von 0,001 bis 0,01 A/cm²). Seltener wird die Ätzwirkung durch *Erhitzen* an der Luft (*Anlaufenlassen*, z. B. Stähle bei 280 bis 300°), im Stickstoffstrom (Austenit bei 1300°), Chlorwasserstoffstrom oder in geschmolzenen Salzen bei höheren Temperaturen hervorgerufen.

Die *Ätzdauer* ist sehr verschieden; von einigen wenigen Sekunden bis zu einigen Stunden.

Für die Untersuchung der Legierungen ist bis heute eine große Anzahl von Ätzmitteln angegeben worden. Im allgemeinen soll man mit möglichst wenig Ätzmitteln auskommen, dafür aber um so mehr mit deren Wirkungsweise vertraut sein. Verwendet werden Lösungen von Säuren, Basen und Salzen in Wasser, Methylalkohol, Äthylalkohol, Glyzerin, Propylalkohol, Isoamylalkohol, Essigsäureanhydrid usw. Je nachdem der Schliff makroskopisch oder mikroskopisch untersucht werden soll, werden grundsätzlich verschiedene Ätzmittel verwendet. Die Ätzmittel für erstere Untersuchung greifen stärker an, die für letztere schwächer. Damit ist aber nicht gesagt, daß bei der mikroskopischen Untersuchung stets schwach wirkende Ätzmittel verwendet werden müssen, denn eine Probe, die ihrer Natur nach schwer angreifbar ist (z. B. austenitische Chromnickelstähle), erfordert selbstverständlicherweise stärkere Ätzmittel.

Bei der makroskopischen Ätzung kommt es auf Feinheiten nicht an. Man will nur einen Überblick über die ganze Schliffffläche haben, wobei insbesondere Ungleichmäßigkeiten innerhalb der Legierungen gründlich beachtet werden müssen. Aus diesem Grunde genügt es häufig, wenn nach dem Schleifen auf Papier 2/0 geätzt wird. Für die makroskopische Ätzung des Eisens und Stahls sind die in Zahlentafel 1 unter 1 bis 9 angegebenen Ätzmittel im Gebrauch. Sie lassen die Ungleichmäßigkeiten innerhalb der Legierung sehr gut erkennen. So ist es z. B. bekannt, daß der Phosphor im Eisen ganz ungleichmäßig verteilt sein und wegen der Sprödigkeit der phosphorreichen Stellen schwere Materialfehler zur Folge haben kann. Die Fehler machen sich schon bemerkbar, wenn der Phosphor noch gar nicht als besondere Kristallart (Phosphid) auftritt, sondern noch in fester Lösung in den Eisenkörnern lediglich ungleichmäßig verteilt vorliegt. Zur Prüfung der *Verteilung des Phosphors* in einer Probe werden die Ätzmittel 1 bis 3 verwendet. Sie enthalten entweder nur Kupferammonchlorid

Zahlentafel 1. Ätzmittel für Eisen und Stahl[1].

Nr.	Bezeichnung	Zusammensetzung
	a) Ätzung für makroskopische Untersuchung.	
1	*Heyn*	10 g Kupferammoniumchlorid, 120 cm^3 Wasser.
2	*Oberhoffer* (abgeändertes Reagens von *Rosenhain*)	500 cm^3 Alkohol, 500 cm^3 Wasser, 50 cm^3 konz. HCl, 30 g Eisenchlorid, 1 g Kupferchlorid, 0,5 g Zinnchlorür.
3	*Le Chatelier*	100 cm^3 Wasser, 1000 cm^3 Alkohol, 15 bis 25 cm^3 konz. HCl, 10 g Kupferchlorid, 5 g Pikrinsäure.
4	*Wäßrige Salzsäure*	1000 cm^3 Wasser, 1000 cm^3 konz. HCl.
5	*Wäßrige Schwefelsäure*	1000 cm^3 Wasser, 50 cm^3 konz. Schwefelsäure.
6	*Heyn und Bauer* (Sulfid- und Phosphid-nachweis)	10 g Quecksilberchlorid, 20 cm^3 Salzsäure (1,12), 100 cm^3 Wasser. Mit Reagens getränktes Seidenläppchen wird auf Schlifffläche gedrückt.
7	*Baumann* (Sulfid- und Phosphid-nachweis)	Bromsilberpapier mit 5% Schwefelsäure getränkt, auf die Schlifffläche gedrückt und nach 1 bis 2 min in schwachem Bad ausfixiert.
8	*Royen und Ammermann* (Sulfid- und Phosphid-nachweis)	10 g Quecksilberchlorid, 20 cm^3 Salzsäure (1,12), 100 cm^3 Wasser. Ausfixiertes Bromsilberpapier mit Reagens getränkt wird auf Schlifffläche gedrückt.
9	*Fry* (Spannungen)	120 cm^3 konz. Salzsäure, 100 cm^3 Wasser, 90 g Kupferchlorid.
	b) Ätzung für mikroskopische Untersuchung.	
10	*Alkoholische Pikrinsäure*	100 cm^3 Äthylalkohol, 4 g Pikrinsäure (rasch). 100 cm^3 Isoamylalkohol, 4 g Pikrinsäure (langsam).
11	*Alkoholische Pikrinsäure mit HNO$_3$*	a) 100 cm^3 Äthylalkohol, 4 g Pikrinsäure, 5 Tropfen Salpetersäure; b) 100 cm^3 Äthylalkohol, 4 g Pikrinsäure, 50 Tropfen Salpetersäure.
12	*Alkoholische Salzsäure*	100 cm^3 abs. Alkohol, 1 bis 5 cm^3 konz. Salzsäure.
13	*Alkoholische Salpeter-säure*	a) 100 cm^3 abs. Alkohol, 1 bis 5 cm^3 konz. Salpeterräure (rasch); b) 100 cm^3 Isoamylalkohol, 1 bis 5 cm^3 konz. Salpetersäure (langsam).
14	*V2A-Beize*	50 cm^3 Salzsäure (1,19), 5 cm^3 Salpetersäure (1,4), 0,15 cm^3 VOGELS Sparbeize (Rhein. Kampferwerke, Düsseldorf-Oberkassel), 50 cm^3 Wasser.
15	Ätzmittel nach *Vilella*	50 cm^3 Königswasser, 50 cm^3 Glyzerin.
16	*Ammoniumpersulfat*	40 cm^3 Ammoniumpersulfat (15%), 40 cm^3 Salzsäure (50%) 20 cm^3 alkohol. konz. Orthonitrophenol.
17	*Natriumpikrat*	25 g Natriumhydroxyd, 2 g Pikrinsäure, 75 cm^3 Wasser.
18	*Ferricyanid*	a) 10 g Kaliumferricyanid, 10 g Kaliumhydroxyd, 100 cm^3 Wasser; b) 3 g Kaliumferricyanid, 10 g Kaliumhydroxyd, 100 cm^3 Wasser.
19	*Elektrolytisches Ätzmittel*	a) Ammoniumpersulfatlösung (10%); b) Ammoniumchloridlösung (10%).

oder Säuren mit Kupferammonchlorid. Die Wirkung der Lösungen beruht darauf, daß in den neutralen oder schwach sauren Lösungen Kupfer an den phosphorreichen Stellen niedergeschlagen wird, die dadurch aufgerauht und dunkel werden, während die phosphorarmen Stellen nicht angegriffen werden und demzufolge hell erscheinen. Bei den stark säurehaltigen Mitteln (Abb. 14) schlägt sich wohl auch Kupfer an den phosphorreichen Stellen nieder, schützt diese jedoch vor dem Angriff durch die starke Säure. Es erscheinen daher nach der Ätzung mit stark sauren Lösungen die phosphorreichen vom

---

[1] Werkstoffhandbuch Stahl u. Eisen, 2. Aufl., S. V 11 7—10. Düsseldorf: Stahl und Eisen.

Kupferniederschlag bedeckten Stellen nach Entfernung des Kupfers (Abwischen oder Auflösen in einer verdünnten Cyankalilösung) hell, während die phosphor-

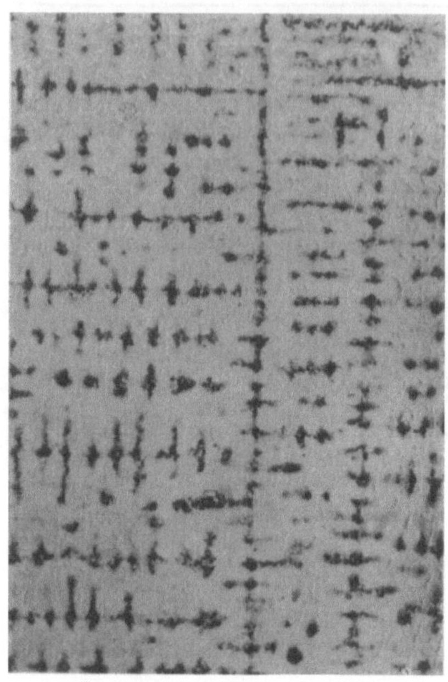

armen Stellen durch den Angriff der Säure dunkel werden. Die unter 4 und 5 angegebenen „Tiefätzungsmittel" greifen die seigerungsreichen, porösen und rissigen Stellen stark an und lassen somit Poren, Risse u. dgl. gut erkennen. Die Ätzmittel 6 bis 8 dienen zum *Nachweis des Schwefels* im Eisen. Dieser liegt entweder in Form von freiem, mehr oder weniger manganhaltigem Sulfid oder als in Schlacke gelöstem Sulfid vor. Kommt das Sulfid mit Säure in Berührung, so entwickelt sich Schwefelwasserstoff (H_2S), der aus den Ätzlösungen dunkel erscheinendes, auf dem Seidenläppchen oder Papier haftendes Sulfid (Quecksilbersulfid oder Silbersulfid) ausfällt. Ätzmittel 9 dient zum *Nachweis von Spannungen*, die durch Verformung über die Fließgrenze aufgetreten sind. Die Wirkung beruht darauf, daß an solchen Stellen durch ein halbstündiges Anlassen bei 200 bis 300° feinste Ausscheidungen auftreten und dadurch beim nachträglichen Ätzen ein besonders starker Angriff (Lokalelement) erfolgt (Abbildung 15).

Abb. 14. Ätzung auf Phosphor (Kristallsaigerung) mit dem Oberhofferschen Ätzmittel.

Für die mikroskopische Untersuchung des Eisens und Stahls dienen die Lösungen 10 bis 17. Die Ätzmittel 10a, 10b, 11a, 13a und 13b dienen zur ersten orientierenden Untersuchung des Mikrogefüges von allen technischen Eisen- und Stahlsorten, auch von vergüteten und gehärteten Stählen. So erkennt man z. B. mit ihnen sehr gut den Ferrit oder Zementit neben Perlit, da der Ferrit schwach angegriffen wird, während der Zementit unangegriffen bleibt (Abb. 99, 100 u. 101). Hat man schwer angreifbare legierte Stähle, so müssen schärfer wirkende Ätzmittel wie 11b, 12, 14, 15, 16 und 19 verwendet werden. Durch eine alkalische Natriumpikratlösung (Lösung 17) wird der Zementit braun gefärbt. Die Karbide und Wolframide in den Wolfram-, Chrom- und Schnellarbeitsstählen werden durch 18a angeätzt. Treten neben Zementit

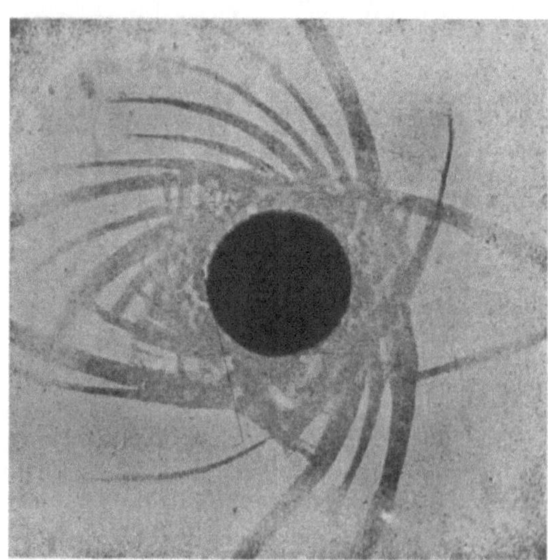

Abb. 15. Ätzung auf Spannungen nach Fry.

Nitride auf, so kommt 18b in Anwendung, wobei der Zementit schwarz, der Perlit braun gefärbt werden und die Nitride unangegriffen bleiben.

Die für Eisen angegebenen makroskopischen Ätzmittel lassen sich manchmal unverändert, manchmal in abgeänderter Form auch bei den Nichteisenmetallen und ihren Legierungen verwenden. Für die mikroskopische Untersuchung sind in Zahlentafel 2 einige Ätzmittel angeführt.

Zahlentafel 2. Ätzmittel für Nichteisenmetalle[1].

	Ätzmittel	Zusammensetzung
Aluminium	Alkalische Salzsäure	1 bis 10 cm³ Salzsäure, 100 cm³ abs. Alkohol.
	Flußsäure	Wäßrige Lösung (10 bis 20%).
	Natronlauge	Wäßrige Lösung.
Antimon	Salzsäure	
Blei	Salzsäure	Konz. Lösung und verdünnte Lösungen.
	Alkoholische Salpetersäure	100 cm³ Alkohol, 4 cm³ HNO₃ (1,14).
Hartblei	Salzsäure	Alkoholische Salzsäure und rauchende Salzsäure.
Einheitsmetall	Salzsäure	Alkoholische Lösung.
Letternmetall	Essigsäure-Perhydrol	—
	Salzsäure	Alkoholische Salzsäure und rauchende Salzsäure.
Gold	Brom-Salzsäure	—
Kadmium	Chromsäure	Wäßrige Lösung.
Kupfer, Messing, Bronze, Neusilber, Manganmessing	Ammoniak	Konz. Ammoniaklösung und einige Tropfen H₂O₂, Ätzpolieren mit Wattebausch und langsames Verdrängen des Ammoniaks durch Wasser.
	Eisenchlorid	Konz. neutrale wäßrige Lösung oder 5 g FeCl₃, 30 g HCl (1,19), 100 cm³ Wasser.
	Ammoniak-Kupferchlorid	10 g Kupferammoniumchlorid, 120 cm³ Wasser, 25 cm³ Ammoniak (0,91).
	Chromsäure	10 g krist. Chromsäure, 100 cm³ Wasser.
	Salpetersäure	1 Tropfen Säure über die schräggestellte Fläche ablaufen lassen und mit Wasser abwaschen.
	Persulfat	10 g Ammoniumpersulfat, 100 cm³ destilliertes Wasser.
Magnesium	Alkalische Fluß-Chromsäure	Wäßrige Lösung.
Nickel	Essigsäure mit Salzsäure oder Salpetersäure	80 cm³ Essigsäure, 20 cm³ Salzsäure oder 50 cm³ Salpetersäure, 25 cm³ Essigsäure, 25 cm³ Wasser.
Platin	Brom-Salzsäure	—
Silber	Salpetersäure	—
Zink[1]	Salzsäure	Wäßrige Lösungen.
	Kalilauge	
	Chromsäure	
Zinn	Salzsäure	Konz. Salzsäure.
	Salzsäure-Kaliumchlorat	
Wismut	Salzsäure	—

Man muß die angeführten Ätzlösungen häufig etwas abändern, um die günstigste Ätzwirkung zu erzielen.

---

[1] GEHLHOFF, G.: Lehrbuch der technischen Physik, Bd. 3, S. 161. — SCHRAMM, J.: Ein Ätzmittel für Zink und Zinklegierungen. Z. Metallkde. Bd. 28 (1936) S. 159—160.

C. Verfahren und Einrichtungen zur Gefügebeobachtung[1].

1. Optische Grundlagen.

Die optischen Systeme, die bei der Untersuchung der Proben sowohl in Form von Schliffen als auch Bruchstücken usw. verwendet werden, zeigen als Grundelemente Spiegel, Prismen, planparallele Platten und Linsen. Der Weg

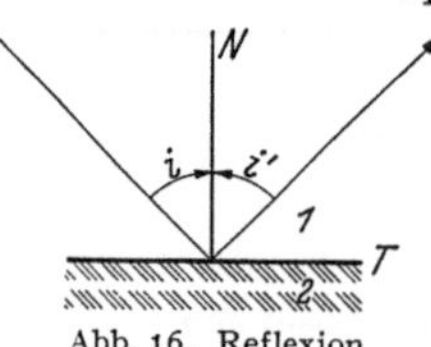
Abb. 16. Reflexion des Lichtstrahls.

eines Lichtstrahls, der vom zu untersuchenden Gegenstand in das Auge gelangt, wird durch die Gesetze des *Reflexion* (Spiegelung) und *Brechung* beherrscht. Ersteres Gesetz besagt, daß der Einfallswinkel i (Abb. 16) dem Zurückwerfungswinkel i' entgegengesetzt gleich ist: $i = -i'$. Für die Brechung (Abb. 17) gilt die Beziehung

$$n \sin i = n' \sin i'. \qquad (1)$$

Das Produkt aus Brechungszahl und Sinus des Winkels zwischen Lichtstrahl und zugehöriger Flächennormale ist konstant.

Ist bei der Brechung das eine Mittel Luft, wie es häufig vorkommt, so wird $n = 1$ (genauer 1,000294) und das Brechungsgesetz hat die einfache Form:

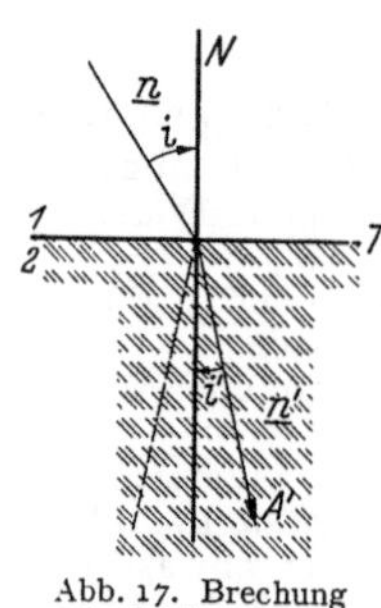
Abb. 17. Brechung des Lichtstrahls.

$n' = \sin i / \sin i'$. Wird i gleich Null, so muß i' auch gleich Null sein. Fällt der Lichtstrahl also senkrecht auf Mittel 2, so geht er ungebrochen aus dem einen Mittel in das andere. Wird der Winkel i immer größer, bis der Strahl schließlich in die Fläche T fällt, d. h. $i = 90°$ ist, so nimmt das Brechungsgesetz die Form $n/n' = \sin i'$ an, was nur dann möglich ist, wenn $n \leq n'$ ist, da $\sin i'$ stets kleiner als 1 sein muß. Da der Ausdruck n/n' für die Mittel 1 und 2 eine unabänderliche Konstante ist, bedeutet er den höchsten Wert, den ein gebrochener Strahl für $\sin i'$ erreichen kann. Wird $\sin i' \geq n/n'$, so kann der einfallende Strahl nicht aus dem Mittel 1 kommen, sondern A' entsteht durch Reflexion eines Strahles, der im Mittel 2 unter dem Einfallswinkel i',

dessen Sinus größer als n/n' ist, auf die Grenzfläche T fällt. Dieser Vorgang ist die *totale Reflexion*. Das bedeutet, daß alle Lichtstrahlen, die im Mittel 2 mit einem zwischen 90° und $\sin i = n/n'$ liegenden Winkel auf die Grenzfläche T

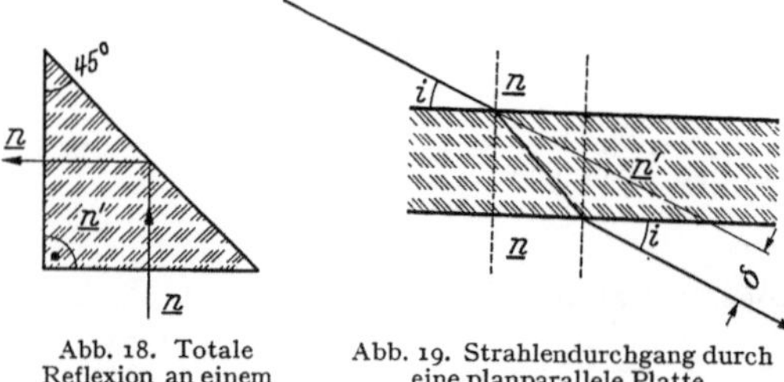
Abb. 18. Totale Reflexion an einem Prisma.

Abb. 19. Strahlendurchgang durch eine planparallele Platte.

auftreffen, gar nicht gebrochen, sondern total reflektiert werden. Von der totalen Reflexion wird bei den optischen Systemen häufig Gebrauch gemacht. Bei dem *Prisma* in Abb. 18, das sich in Luft befinden soll, ist z. B. $\sin 45° = 0{,}707 > n/n' = 1/n'$.

Geht ein Lichtstrahl aus der Luft durch eine *planparallele Platte* (Abb. 19), so wird er beim Eintritt in die Platte und beim Austritt gebrochen. Mit Hilfe der Brechungsformel läßt sich leicht beweisen, daß der eintretende Strahl mit dem austretenden parallel verläuft, nur mit einer von der Dicke der Platte und dem Einfallswinkel abhängigen seitlichen Verschiebung um den Betrag δ.

---

[1] *Handbuch der Physik*, Bd. 18: Geometrische Optik. Optische Konstante. Optische Instrumente. Berlin: Julius Springer 1927.

Die *Linsen* werden durch Kugelflächen begrenzt. Treffen auf sie Lichtstrahlen von einem Objekt, so vereinigen sich diese nach der Brechung zu einem reellen oder virtuellen Bild des Objektes, von denen das erstere durch einen Schirm aufgefangen werden kann. Die *Brennweite f'*, d. h. die Entfernung des Bildes des unendlich fernen Objektes errechnet sich für verschwindend dünne Linsen nach der Formel:

$$f' = -f = \frac{r_1 r_2}{(n-1)(r_2 - r_1)}, \tag{2}$$

wenn r_1 und r_2 die Krümmungshalbmesser (Vorzeichen beachten!) der Kugelflächen und n die Brechungszahl der Linse bedeuten. Die Beziehung zwischen Objekt in endlicher Entfernung und dessen Bild ergibt sich für die unendlich dünnen Linsen aus der Linsenformel

$$\frac{1}{s} - \frac{1}{s'} = -\frac{1}{f'}, \tag{3}$$

wenn s den Abstand des Objektes und s' den des Bildes von der Linse bedeuten. Für Linsen

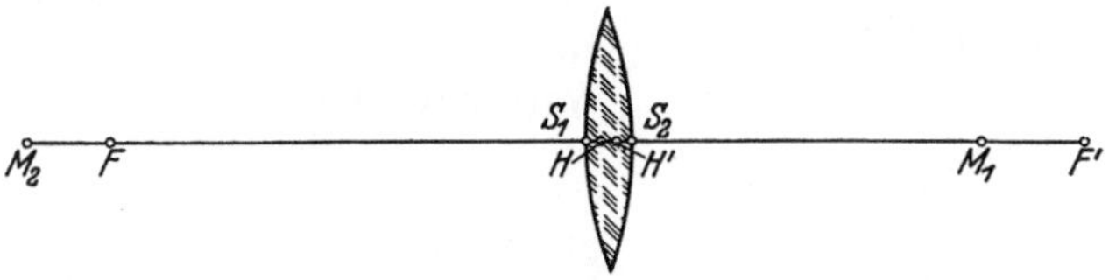

Abb. 20. Durchgerechnete Linse mit ihren Brenn- (F, F') und Hauptpunkten (H, H'). M_1 und M_2 Krümmungsmittelpunkte der Kugelflächen.

mit endlicher Dicke, wie sie praktisch immer vorkommen, ändern sich diese Ausdrücke ein wenig, indem in die Formel noch die Dicke der Linse, d, eingeht; jedoch ist die Abweichung zwischen den Werten der Linse mit der Dicke d und der „unendlich dünnen" Linse meistens sehr gering. Bei Linsen mit endlicher Dicke spielen außer den Brennpunkten die *Hauptpunkte* eine wichtige Rolle. Es sind diejenigen 2 Punkte der optischen Achse, die sich ineinander gleich groß und aufrecht abbilden. Von ihnen aus werden die Brennweiten f und f' gerechnet. Die Abb. 20 zeigt ein durchgerechnetes Beispiel, mit $r_1 = 20$ cm, $r_2 = -30$ cm, $n = 1,5$ und $d = 2$ cm. Die Brennpunkte sind mit F und F', die Hauptpunkte mit H und H' bezeichnet. Bei der unendlich dünnen Linse $(d = 0)$ fallen H und H' zusammen und die bildseitige Brennweite f' ergibt sich zu 24,0 cm, die von H' nach rechts aufgetragen wird. Im gleichen Abstand nach links wird die dingseitige Brennweite f aufgetragen. Wird d berücksichtigt, so erhält man für die bildseitige Brennweite f' 24,3 cm. Die *Hauptpunktschnittweiten* bildseitig und dingseitig, S_2H' und S_1H, betragen $-0,81$ cm und $0,54$ cm. Die Brennweiten werden von H' und H nach rechts und links aufgetragen. Die Brenn- und Hauptpunkte werden als *Grundpunkte* der Linse bezeichnet. Nur in den seltensten Fällen, bei ganz bescheidenen Anforderungen, wird man mit einer einzigen Linse auskommen. Um die Leistungsfähigkeit des optischen Gerätes zu steigern, müssen mehrere Linsen hintereinandergeschaltet werden. Ein solches System mit 2, 3 u. m. Linsen kann wiederum als eine Linse betrachtet werden, die ihre besonderen Brenn- und Hauptpunkte hat, die von den Grundpunkten der einzelnen Linsen und deren Abständen voneinander abhängen.

Die lineare Vergrößerung β ergibt sich aus der Formel

$$\beta = \frac{s'}{s} = \frac{f' - s'}{f'}. \tag{4}$$

2. Bildfehler.

Eine einfache Linse hat zahlreiche Bildfehler. Von diesen sind chromatische und sphärische Abweichung, Bildwölbung und Astigmatismus am wichtigsten.

Die *chromatische Abweichung* kommt von der Dispersion des Lichtes. Bekanntlich wird das weiße Licht, das ein Gemisch vieler farbiger Lichtsorten ist, beim Durchgang durch ein Prisma wegen der verschiedenen Brechungszahlen der einzelnen Lichtsorten in ein „Spektrum" zerlegt. Da man eine Linse sich als ein Prisma mit einem sich von Punkt zu Punkt kontinuierlich ändernden Brechungswinkel vorstellen kann, so wird nach Durchgang von weißem Licht von jeder Farbe ein Bild entstehen, und zwar wird z. B. bei einer Sammellinse, die einen Punkt der optischen Achse reell abbildet, die blaue Farbe der Linse am nächsten, die rote von ihr am weitesten liegen (Abb. 21a), bei einer Zerstreuungslinse ist es umgekehrt. Denn gehen von einem Gegenstand mehrere Farben

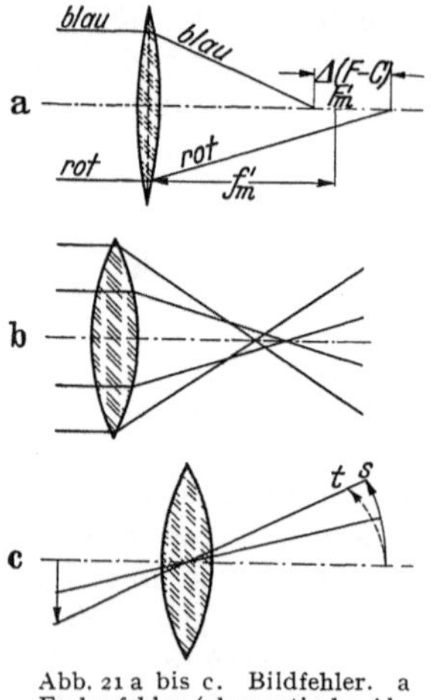

aus, z. B. weißes Licht als ein Gemisch aller sichtbaren Farben, so muß s', die Bildweite in der Linsenformel (3), für jede Farbe einen anderen Wert haben, da in der Formel s (Gegenstandsweite für alle Farben) gleich ist und f' nach Formel (2) für jede Farbe einen anderen Wert hat. Die vielen, in der Farbe ineinander übergehenden Bilder erscheinen als unscharfe Abbildung, was z. B. beim Photographieren recht störend sein kann. Stellt man auf der Mattscheibe z. B. für die gelbe Farbe (am empfindlichsten für die Beobachtungen mit Auge) scharf ein, so bedeutet das, daß das Bild für die blaue Farbe, also für das chemisch wirksame Licht, auf das es beim Photographieren ankommt, unscharf ist.

Abb. 21a bis c. Bildfehler. a Farbenfehler (chromatische Abweichung), b Öffnungsfehler (sphärische Aberration) und c Bildwölbung.

Man hat Mittel, um die farbigen Bilder, die durch die Zerstreuung des Lichtes hervorgerufen werden, zu vermeiden und ein einziges farbenreines Bild entstehen zu lassen. Die Farbenreinheit (Achromasie) wird im allgemeinen durch eine Folge mehrerer Linsen herbeigeführt. Die Achromatisierung beruht darauf, daß die verschiedenen Glasarten bei annähernd gleicher Brechungszahl (z. B. Crownglas und Flintglas mit $n = 1{,}5160$ und $1{,}6144$ für die Linie C des Spektrums) eine voneinander erheblich abweichende Zerstreuung (bei Crownglas ist die Differenz der Brechungszahlen auf die Linien F und C des Spektrums bezogen 0,0089, bei Flintglas 0,0171) haben können. Vereinigt man z. B. eine Linse aus Crownglas mit einer solchen aus Flintglas so, daß die Zerstreuung, die durch die erste Linse hervorgerufen wurde, durch die zweite

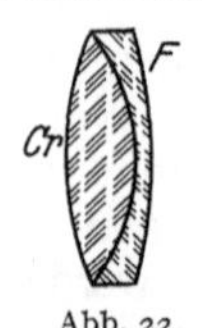

Abb. 22. Achromatisches Linsensystem.

wieder rückgängig gemacht wird, so bleibt zugunsten der Crownglaslinie stets eine Ablenkung übrig, die je nach der Linsenform zu einer Sammlung oder Zerstreuung der Strahlen führt (Abb. 22). Ein solches Linsensystem heißt achromatisch. Es ist aber nicht für alle Farben des Spektrums achromatisiert, sondern nur für die Farben, auf die es bei der Verwendung ankommt, also bei photographischen Objektiven für die Linien D (Mattscheibenbild) und G' (optisch wirksame Strahlen).

In der Linsenformel ist die Beziehung zwischen Gegenstand und seinem Bild für eine Linse mit der Brennweite f' gegeben. In dieser Form gilt die Gleichung nur für einen Gegenstand, der durch Nullstrahlen (Paraxialstrahlen) abgebildet wird, d. h. von einem äußerst dünnen Strahlenbündel, dessen Hauptstrahl mit der optischen Achse zusammenfällt. Die paraxiale Abbildung ist aber zu wenig leistungsfähig, denn wegen des äußerst engen Strahlenbündels wäre das Gesichtsfeld des Objekts zu klein und die Lichtstärke des Bildes zu gering. Um diese Mängel zu beseitigen, muß das abbildende Strahlenbündel eine endliche Öffnung haben. Bildet aber das Strahlenbündel mit der optischen Achse einen endlichen Winkel, wie es bei den Strahlen, die nach dem Rande der Linsen gehen, stets der Fall ist, so wird bei einer Sammellinse (Abb. 21b), wie sich zeichnerisch leicht zeigen läßt, das Bild der mehr nach dem Rande zu liegenden Strahlen näher zur Linse liegen, als das der paraxialen Strahlen. Je größer die Neigung des abbildenden Bündels gegen die Achse ist, z. B. bei Randstrahlen 15°, um so näher liegt das Bild, das durch die Randstrahlen entsteht, zur Linse. Den Fehler, der bei einer Linse wegen der verschiedenen Öffnungen der abbildenden Strahlenbündel auftritt, nennt man *sphärische Aberration* oder *Öffnungsfehler*. Es gibt wohl Flächen, die sphärisch aberrationsfrei abbilden, z. B. kartesische Ovale, bei den Mikroskopen werden aber nur Linsen, d. h. durch Kugelflächen begrenzte Flächenfolgen verwendet. Eine Linse hat auf der optischen Achse wohl auch einige Punkte (die aplanatischen Punkte der Linse), die aberrationsfrei abgebildet werden, d. h. die durch Strahlen aller Neigungen gegen die optische Achse erzeugten Bilder dieser Punkte entstehen an ein und derselben Stelle. Man kommt aber in Linsensystemen (z. B. Objektiven usw.) mit den aplanatischen Punkten allein nicht aus und muß sphärisch korrigieren. Die sphärische Korrektion wird so vorgenommen, daß man aus mehreren Linsen zusammengesetzte Anordnungen verwendet, genau wie bei der Achromatisierung (Abb. 22).

Bis jetzt sind die Abbildungsfehler von Objekten (Punkte) besprochen worden, die auf der optischen Achse liegen. Liegt der Gegenstand nicht auf der optischen Achse, wie es häufig der Fall ist (z. B. die äußeren Punkte des Gesichtsfeldes von Proben bei der mikroskopischen Untersuchung), so entstehen noch weitere Fehler, wie *Bildwölbung* und *Astigmatismus*. Die Bildwölbung kommt daher, daß eine senkrecht auf die optische Achse stehende Ebene, auch bei beseitigter chromatischer und sphärischer Abweichung, als gewölbte Fläche abgebildet wird (Abb. 21c). Der Astigmatismus entsteht dadurch, daß von einem Gegenstand, wiederum sphärische und chromatische Korrektion vorausgesetzt, nicht nur ein einziges, sondern sogar 2 Bilder entstehen (tangentiales und sagittales Bild). Von einer auf die optische Achse senkrechten Ebene entstehen also 2 gewölbte Schalen (Abb. 20c). Häufig wird gefordert, daß diese 2 Bilder zusammenfallen und dazu noch geebnet werden.

Ein außerhalb der optischen Achse liegender Gegenstand kann nun mit denselben Abbildungsfehlern behaftet sein, als der auf der optischen Achse liegende Gegenstand. So können Öffnungsfehler, die als *Koma* bezeichnet werden, und chromatische Abweichung vorkommen.

3. Die makroskopische Untersuchung. Übersichtsbilder.

Die Makrountersuchung[1] umfaßt den Bereich von der geringen Verkleinerung ($\sim 1/2$) bis zur schwachen Vergrößerung (höchstens bis 40fach). Zu den Einrichtungen für die Makrountersuchung, einschließlich Photographie gehören: Stativ, Kamera, Objektiv und Beleuchtungsvorrichtung. Im Gegensatz zum Mikroskop werden die Objektive (Zahlentafel 3) meistens ohne Okular verwendet.

a) Das Stativ. Die optischen Firmen haben zahlreiche Sonderstative entwickelt, die die verschiedensten Anordnungen der Kamera ermöglichen: horizontal, vertikal, schräg. An dem Stativ befindet sich meistens in beweglicher Verbindung der Objekttisch, auf welchem während der Untersuchung die Probe liegt. Um ein Verrutschen oder Wackeln während der Untersuchung zu vermeiden, wird sie in Plastilin eingebettet.

b) Die Kamera. Zu ihr gehören: Balgen, Kasetten, Mattscheibe, Milchglasscheibe, Blankscheibe und Objektivbrett mit meistens eingebautem photographischen Verschluß. Die Kameras werden für die verschiedensten Plattengrößen angefertigt: 9×12, 13×18, 18×24 cm usw. Unter den zahlreichen

---

[1] Geräte für Makro- und Mikrountersuchungen liefern die Firmen: Carl Zeiß, Jena; R. Winkel, G. m. b. H., Göttingen; Optische Werke C. Reichert, Wien; Emil Busch AG., Rathenow; Ernst Leitz, G. m. b. H., Wetzlar; R. Fueß, Berlin-Steglitz.

Kameras sei als Beispiel die in Abb. 23 wiedergegebene Vertikalkamera angeführt. Sie wird von einem seitlich angebrachten Halter getragen. Die Platte
mit Kasette wird oben, das Objektiv unten am Objektivbrett angebracht. Der
Gegenstand befindet sich auf dem Objekttisch, der gleichzeitig Fuß des Stativs ist. Die Scharfeinstellung erfolgt durch Verschiebung der Kamera am Halter, die gewünschte Vergrößerung ist durch das Objektiv und seinen Abstand vom Gegenstand bestimmt (vgl. unten). Die Stative für die Mikroskope sind in der Regel so gebaut, daß sie nach kleinen Umstellungen ohne weiteres für die makroskopische Untersuchung verwendet werden können. Bei der Behandlung der Metallmikroskope werden geeignete Beispiele besprochen (S. 594).

c) Objektive. Als Objektive werden bei etwa 4- bis 5facher Vergrößerung die gewöhnlichen, lichtstarken, hochkorrigierten anastigmatischen Photoobjektive (wie *Zeiß:* Tessar 1 : 4,5, $f = 25$ cm und 1 : 6,3, $f = 16,5$ cm für Vergrößerungen $^2/_3$ bis 4; *Leitz:* Photar 1 : 4,5, $f = 18,0$ und 15,0 cm; *Busch:* Glyptar 1 : 4,5, $f = 21$, Glaukar 1 : 6,8, $f = 19,0$, Leukar $f = 19,0$) verwendet. Als Aufnahmeobjektive müssen sie mit einer Irisblende versehen sein. Für noch stärkere Vergrößerungen dienen Objektive mit kürzeren Brennweiten, die in Zahlentafel 3 zusammengefaßt sind. Da an die Objektive in optischer Hinsicht hohe Anforderungen gestellt werden (sphärische und chromatische Abweichungen, Astigmatismus usw. müssen beseitigt sein), werden sie aus mehreren Linsen gebaut. So zeigt Abb. 24a und b Querschnitte zweier Objektive.

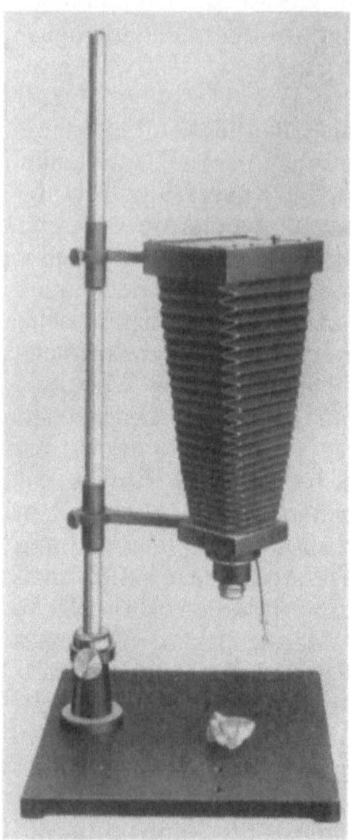

Abb. 23. Vertikalkamera
für Makroaufnahmen.

Der Zusammenhang zwischen Gegenstands- und Bildentfernung ist durch die Linsenformel (3)
(S. 569) gegeben, die Vergrößerung durch Formel (4) (S. 569). Zur Erläuterung
der Zusammenhänge soll das Neupolar $f = 100$ mm (Zahlentafel 3) durchgerechnet
werden. Zunächst muß vorausgeschickt werden, daß der Gegenstand nicht innerhalb der Brennweite liegen darf, d. h. sein Abstand vom Objektiv darf nicht weniger als 100 mm betragen, da man sonst kein reelles, sondern ein virtuelles, für die Photographie unbrauchbares Bild erhält. Liegt der abzubildende Gegenstand außerhalb der Brennweite, aber in unmittelbarer Nähe des Brennpunktes, so würde in sehr weiter Entfer-

Abb. 24 a und b. Ansicht und Schnitt von Photoobjektiven.
a Mikropolar von Reichert. b Mikrotar 1:6,3 und $f = 9$ cm von Zeiß.

nung von dem Objektiv wohl ein reelles, also auf der Platte auffangbares Bild
entstehen, das aber wegen seiner Lage außerhalb der Kamera zur Photographie
nicht verwendet werden kann. Da die Kameras einen Auszug von etwa 15 bis
100 cm haben, muß man also mit dem Gegenstand so weit vom Brennpunkt
weggehen, daß das Bild innerhalb dieses Bereiches entsteht. Es sei z. B. der

Zahlentafel 3.

Firma — Abbildungsmaßstab bezogen auf	Zeiß — Abstand von Objektivmitte bis Platte 50 cm	Reichert — „Mechan. Bildweite" Abstand d. Anschraubfläche des Objektivs von d. Bildebene 50 cm	Leitz — Balglänge 50 cm		Winkel-Zeiß — Abstand von Objektivmitte bis Platte 50 cm	Fueß — Kameralänge von 50 cm	Busch — Kameralänge von 50 cm	
Bezeichnung	Mikrotar		Summar				Glaukar	Glyptar
Rel. Öffnungsverhältnis	1:6,3		1:4,5				1:6,3	1:4,5
Brennweite	$f=120$ mm		$f=120$ mm				$f=135$ mm	$f=135$ mm
Abbildungsmaßstab	3,2		3—4				—	—
Bezeichnung	Mikrotar	Neupolar	Summar	Milar	Mikroluminar	815 e	Telar	Glyptar
Rel. Öffnungsverhältnis	1:6,3	1:6,3	1:4,5	1:4,5	1:5	1:4,5	1:8	1:4,5
Brennweite	$f=90$ mm	$f=100$ mm	$f=100$ mm	$f=100$ mm	$f=100$ mm	$f=105$ mm	$f=105$ mm	$f=105$ mm
Abbildungsmaßstab	4,5	3,8	4—5	4—5	4,6	3,7	3,7	3,7
Bezeichnung		Neupolar	Summar	Milar	Mikroluminar	815 d		Glyptar
Rel. Öffnungsverhältnis		1:4,5	1:4,5	1:4,5	1:4,6	1:3,5		1:3,5
Brennweite		$f=75$ mm	$f=80$ mm	$f=80$ mm	$f=70$ mm	$f=75$ mm		$f=75$ mm
Abbildungsmaßstab		5,8	5—6	5—6	7,1	5,7		5,7
Bezeichnung	Mikrotar		Summar	Milar		815 c		Glyptar
Rel. Öffnungsverhältnis	1:4,5		1:4,5	1:4,5		1:4,5		1:3,5
Brennweite	$f=60$ mm		$f=65$ mm	$f=65$ mm		$f=55$ mm		$f=55$ mm
Abbildungsmaßstab	7,3		7	7		8,1		8,1
Bezeichnung	Mikrotar	Neupolar		Milar	Mikroluminar			
Rel. Öffnungsverhältnis	1:4,5	1:4,5		1:4,5	1:4,5			
Brennweite	$f=45$ mm	$f=50$ mm		$f=50$ mm	$f=50$ mm			
Abbildungsmaßstab	10	9,1		9—10	9,8			
Bezeichnung			Mikrosummar	Milar	Mikroluminar	815 a		Glyptar
Rel. Öffnungsverhältnis			1:4,5	1:4,5	1:4,5	1:2,5		1:3,5
Brennweite			$f=42$ mm	$f=40$ mm	$f=36$ mm	$f=35$ mm		$f=35$ mm
Abbildungsmaßstab			11	12	13,3	13,3		13,3
Bezeichnung	Mikrotar	Neupolar	Mikrosummar	Milar	Mikroluminar			Glyptar
Rel. Öffnungsverhältnis	1:4,5	1:4,5	1:4,5	1:4,5	1:4,5			1:3,5
Brennweite	$f=30$ mm	$f=30$ mm	$f=35$ mm	$f=30$ mm	$f=26$ mm			$f=25$ mm
Abbildungsmaßstab	16	16	13	17	18			—
Bezeichnung	Mikrotar		Mikrosummar	Milar				
Rel. Öffnungsverhältnis	1:3,2		1:4,5	1:4,5				
Brennweite	$f=20$ mm		$f=24$ mm	$f=20$ mm				
Abbildungsmaßstab	24		20	25				
Bezeichnung	Mikrotar				Mikroluminar			
Rel. Öffnungsverhältnis	1:2,3				1:3,8			
Brennweite	$f=15$ mm				$f=16$ mm			
Abbildungsmaßstab	32				28,5			
Bezeichnung	Mikrotar				Mikroluminar			
Rel. Öffnungsverhältnis	1:1,6				1:3,8			
Brennweite	$f=10$ mm				$f=10$ mm			
Abbildungsmaßstab	49				50			

Gegenstand in einer Entfernung 150 mm vom Objektiv, in welcher Entfernung von dem Objektiv befindet sich das Bild (= Mattscheibe) und wie stark ist die Vergrößerung? Nach der Linsenformel gilt:

$$-\frac{1}{150} - \frac{1}{s'} = -\frac{1}{100},$$

woraus

$$s' = 300 \text{ mm}$$

und

$$\beta = \frac{100 - 300}{100} = -2.$$

Das Bild ist also 300 mm von dem Objektiv entfernt, ist auf 1:2 vergrößert und erscheint, da β ein negatives Vorzeichen hat, umgekehrt. Ein weiteres Beispiel ergibt sich z. B. aus der Frage: Ein Gegenstand soll in vierfacher Vergrößerung abgebildet werden; wo befinden sich Bild und Gegenstand? Durch Kombination der Linsenformel mit der Formel für die Vergrößerung erhält man:

$$s' = (f' - \beta f') = f' (1 + 4) = 5 f'.$$

Durch Einsetzen des Wertes für die Brennweite (100 mm) wird $s' = 500$ mm. Aus s' und f' errechnet sich für den Abstand des Gegenstandes -125 mm, er liegt also um $(125 - 100) = 25$ mm außerhalb des Brennpunktes. Wenn also in der Zahlentafel 3 für die Vergrößerung Zahlen angegeben worden sind, so muß man beachten, daß dadurch die Entfernungen des Gegenstandes und Bildes bereits festgelegt sind.

In Zahlentafel 4 sind 3 Vergrößerungstafeln, die den Werbeschriften optischer Firmen entnommen sind, wiedergegeben. Eine Nachrechnung mit der einfachen Linsenformel zeigt, daß die errechneten Werte gegenüber den Werten in den Zahlentafeln ein wenig, bei den Tessaren sogar stärker,

Zahlentafel 4.

Vergrößerungstafel für Mikroluminare.

Kameraauszug cm	Mikroluminar in mm						
	100	70	50	36	26	16	10
15	0,8	1,5	2,3	3	4,7	8	13
20	1,3	2,3	3,4	4,6	6,4	11	19,5
25	1,9	3	4,4	6,2	8,5	14	24,5
30	2,45	3,75	5,6	7,5	10,2	17	29,5
35	2,95	4,25	6,5	9	12	20	34,5
40	3,5	5,7	7,8	10	14	22,8	39,5
45	4,05	6	8,75	11,7	16	25,5	45
50	4,6	7,1	9,8	13,3	18	28,5	50

Verkleinerungstafel für Tessare.

Kameraauszug cm	Tessar in mm			
	13,5	15	16,5	18
11	0,28	0,25	0,20	0,18
15	0,50	0,53	0,79	0,44
20	0,96	0,87	0,48	0,72

Vergrößerungstafel für FueßObjektive.

Vergrößerung	Objektiv	Balgenlänge cm	Objektabstand cm .
0,5	815 e	16	31,5
1	$f = 10,5$ cm	21	21
2		31,5	16
3	815 d	30	10
4	$f = 7,5$ cm	37,5	9,4
5	815 c	33	6,6
6	$f = 5,5$ cm	38,5	6,5
7		28	4
8	815 b	31,5	3,9
9	$f = 3,5$ cm	35	4,4
10		38,5	4,3
15	815 a $f = 2,5$ cm	40	2,8

abweichen. Dies kommt davon, daß in ihnen die Kameraauszüge und nicht die Entfernung vom Objektiv angegeben sind und daß man es bei den Objektiven nicht mit „unendlich dünnen" Linsen, für die die einfache Formel gilt, zu tun hat. Es empfiehlt sich daher, die Kamera vor Gebrauch ein für allemal mit den verschiedenen Objektiven auf bestimmte Vergrößerungen zu eichen.

Aus der Gegenstands- und Bildentfernung von der Linse, wie sie annähernd aus der Linsenformel berechnet werden, kann über die Größe des Gesichtsfeldes noch nichts ausgesagt werden. Diese ist abhängig von der Bauart des Objektivs und ist z. B. bei einem „Weitwinkelobjektiv" natürlich viel größer als bei einem gewöhnlichen. Die Lichtstärke der Objektive, die bei den in Zahlentafel 3 angegebenen Beispielen meistens $f : 4,5$ beträgt, bei den längerbrennweitigen Objektiven darüber und bei den kürzerbrennweitigen darunter liegt, hat auf die Belichtungszeit einen großen Einfluß. Bei den lichtschwachen Objektiven muß länger, bei den lichtstarken kürzer belichtet werden.

d) Beleuchtungsvorrichtungen und Beleuchtungsarten. Die in der Metallographie zu untersuchenden Gegenstände lassen das Licht nicht durch. Sie werden deshalb im auffallenden und nicht wie die Gesteine, Mineralien u. dgl. im durchfallenden Licht untersucht.

Die Beleuchtung des Gegenstandes erfolgt durch Tageslicht, wenn die Brennweite des Objektivs genügend groß ist (über 100 mm), andernfalls mit künstlichem Licht. Beleuchtungsvorrichtungen für künstliches Licht sind in großer Anzahl vorhanden. An erster Stelle seien wegen ihrer besonderen Lichtstärke die elektrischen Bogenlampen für Gleich- und Wechselstrom genannt. Das Licht wird durch eine in dem Lampengehäuse eingebaute Sammellinse (Kollektorlinse) parallel gerichtet und fällt so (Abb. 25) auf den Gegenstand. Um eine Erwärmung zu vermeiden, wird nach der Kollektorlinse eine Kühlküvette, in die Wasser gefüllt ist, eingeschaltet. An Stelle der Bogenlampe können auch starke Glühbirnen treten. Oft will man den Gegenstand von allen Seiten beleuchten. Man wendet dann keine punktförmige Lichtquelle an, sondern einen Kranz von Glühbirnen (Ringbeleuchtungseinrichtung von Busch) oder Sofittenlampen, die über dem Gegenstand an der Kamera angesetzt werden.

In Abb. 25a treffen die Lichtstrahlen, nachdem sie durch die Linse K parallel gerichtet worden sind, so auf den Gegenstand, daß sie mit der optischen Achse einen Winkel bilden: *schiefe Beleuchtung*. Die Strahlen werden nach dem Auftreffen auf den Gegenstand gespiegelt, wobei ein Teil der Strahlen zerstreut wird, während der andere Teil durch das Objektiv geht. So beleuchtet werden vor allem Grobstrukturen (Bruchflächen, unregelmäßig geformte Körper). Einzelne Flächen reflektieren das Licht so, daß sie dem Beobachter hell erscheinen, während das reflektierte Licht von anderen Körnern gar nicht durch das Objektiv gelangt und die betreffenden Körner dunkel erscheinen.

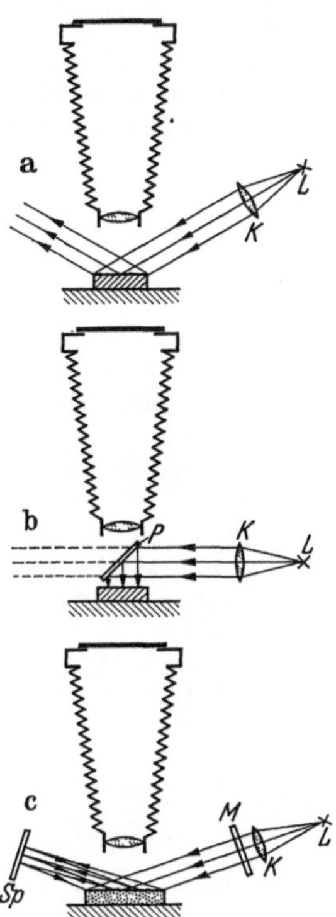

Abb. 25 a bis c. Beleuchtungsarten für makroskopische Aufnahmen.

In Abb. 25b werden die durch K gegangenen parallelen Lichtstrahlen durch eine spiegelnde und durchsichtige Glasplatte so reflektiert, daß sie parallel mit der optischen Achse auf den Gegenstand auftreffen: *senkrechte Beleuchtung*. Ein Teil des Lichtes geht allerdings ungenützt durch das durchsichtige Glas. Nach der Reflexion an dem Gegenstand tritt ein Teil der Strahlen durch das Objektiv, der andere wird an der Glasplatte nach L reflektiert. Diese Beleuchtung wird bei ebenen oder spiegelnden Flächen angewendet. Häufig werden auch die beiden Beleuchtungsarten kombiniert. So werden in Abb. 25c die vom Schliff in der Richtung nach Sp reflektierten Strahlen durch diesen Spiegel in schiefer Richtung wieder auf das Bild geworfen: *zweiseitig schiefe Beleuchtung*. In Abb. 25b könnte man die durch das Glas P nach links gegangenen Strahlen durch einen Spiegel schräg nach dem Gegenstand werfen und so eine Kombination von senkrecht auffallender mit schiefer Beleuchtung erzielen.

Bei Verkleinerungen oder bei ganz schwachen Vergrößerungen genügt ein gewöhnlicher Photoapparat. Es ist dann zweckmäßig, wenn man den Apparat so anordnet, daß die Linse sich senkrecht über dem Gegenstand befindet.

4. Vorbemerkung zur mikroskopischen Untersuchung [1].

Wenn die Entstehung des Bildes nach Durchgang des Lichts durch die Linse eine reine Frage der geometrischen Optik wäre, so könnte man jedwelche Vergrößerung mit einer genügend korrigierten Linse erzielen. Man müßte den Gegenstand entsprechend der Formel (3) auf S. 569 nur in einen bestimmten Abstand vom Brennpunkt bringen, um eine gewünschte Vergrößerung zu erreichen. In Wirklichkeit ist die Entstehung des Bildes ein Vorgang, der auf dem Gebiete der physikalischen Optik liegt und ziemlich verwickelt ist. Es spielen hier Beugungserscheinungen eine Rolle und das Bild einer bestimmten Einzelheit entsteht durch Zusammenwirken mehrerer Bilder (Interferenz) dieser Einzelheit. Die

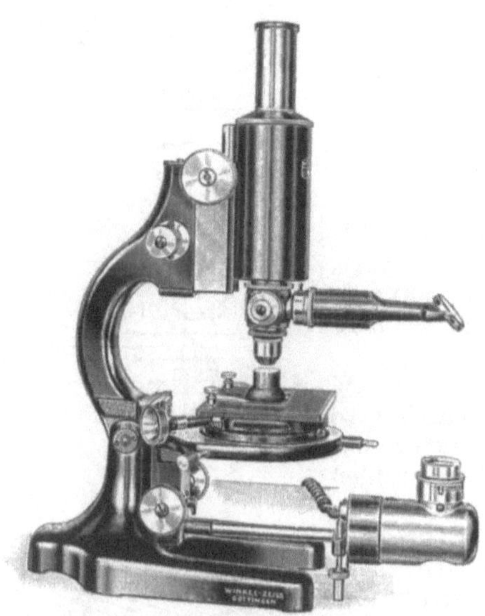

Abb. 26. Zusammengesetztes Mikroskop.

Vergrößerungen, die man mit den Lupen erzielen kann, sind nicht sehr groß und erreichen mit 30- bis 40fach ihre äußerste Grenze. Will man darüber hinausgehen, so muß man zusammengesetzte Linsensysteme, wie das Mikroskop, mit getrennten Linsenfolgen (Objektiv und Okular) verwenden. Es wird auf S. 586 gezeigt werden, daß jedes Objektiv eine von seiner Bauart abhängige kleinste Einzelheit eines Gegenstandes eben noch „aufzulösen" vermag, so daß bei der Vergrößerung hier die obere Grenze liegt.

5. Das zusammengesetzte Mikroskop und seine Bestandteile.

Das zusammengesetzte Mikroskop (Abb. 26) besteht aus den räumlich getrennten 2 Linsenfolgen Objektiv und Okular, dem Tubus, Grob- und Feintrieb, Objekttisch, Ständer (Stativ), Beleuchtungszubehör und Lichtquelle. Sollen bei der Untersuchung photographische Aufnahmen angefertigt werden, so gehört zu jedem Mikroskop noch eine Kamera.

Das Objektiv wird am unteren Ende des Tubus eingeschraubt oder in Schwalbenschwanzführung eingeschoben, das Okular wird am oberen Ende in den Tubus hineingesteckt. Um das lästige Wechseln des Objektivs zu umgehen, können besondere Vorrichtungen, wie dreifacher, vierfacher Revolver und Schlittenwechsler angebracht werden. Das große Triebrad (Grobtrieb) ist mit dem Ständer fest verbunden und durch Drehung hebt oder senkt sich der Tubus mit Objektiv und Okular. Die Feineinstellung wird durch die kleinere Mikrometerschraube (Knopf meistens in $1/_{1000}$ mm oder etwas größere Einheiten

---

[1] Gemeinverständliche Abhandlung: Einführung in die optischen Grundlagen der Mikroskopie und Mikrophotographie im auffallenden Licht. Druckschrift der Firma C. Zeiß, Jena. Angerer, E. v.: Wissenschaftl. Photographie. Leipzig: Akad. Verlagsgesellsch. 1931. — Stade, G. u. H. Staude: Mikrophotographie. Leipzig: Akad. Verlagsgesellsch. 1939. — David, L.: Ratgeber im Photographieren. Halle: W. Knapp 1928.

unterteilt) bewirkt. Als Objekttische werden die verschiedensten Ausführungen verwendet, von denen die einfachste der einfache viereckige mit dem Stativ festverbundene Tisch ist. Bequemer ist das Arbeiten mit Kreuzschlittentisch (Abb. 26), auf dem die Probe in zwei zueinander senkrecht stehenden Richtungen verschoben und bei drehbarem Tisch auch gedreht werden kann oder wenn der Objekttisch mit der Probe am Stativ mittels Zahn- und Triebbewegung gehoben und gesenkt werden kann (Abb. 26). Für besonders geformte Probestücke

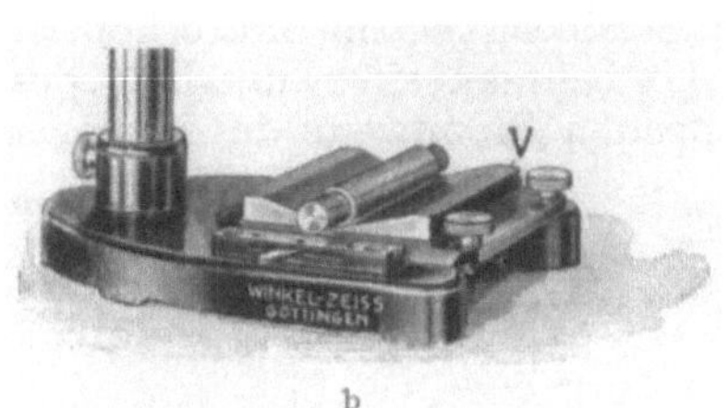

Abb. 27a und b. Kugel- und V-Tisch.

empfiehlt sich die Verwendung des Kugeltisches und des V-Tisches (Abb. 27a und b). Zur Untersuchung besonders sperriger oder schwerer Proben, die auf den gewöhnlichen Objekttischen keinen Platz finden, gibt es eigens für diesen Zweck angefertigte Stative, an denen das Mikroskop in jede beliebige Lage gebracht werden kann. Als Beleuchtungszubehör wird meistens der Vertikalilluminator (ausführlich S. 589), der das Licht auf die zu untersuchende Stelle fallen läßt, verwendet. Er wird zwischen Objektiv und Tubus eingeschaltet. Als Licht-quellen kommen elektrische Birnen und Bogenlicht und nur sehr selten Tageslicht in Betracht. Für die subjek-tive Beobachtung genügen die elektrischen Birnen mit geringer Helligkeit. Sollen aber Aufnahmen gemacht werden, so müssen stärkere Lichtquellen (Punktlichtlam-pen, Bogenlampen usw.) verwendet werden. Als Kameras können die bereits bei den Übersichtsaufnahmen behan-delten Geräte verwendet werden. Sie werden unter Ver-wendung besonderer Okulare auf den Mikroskoptubus auf-gesetzt.

Abb. 28. Schliffpresse.

An die soeben beschriebenen Mikroskope kann man bei guter Ausrüstung bereits hohe Anforderungen stellen. In den letzten Jahren wurden sie aber in bezug auf Bequemlichkeit und Leistungsfähigkeit noch weiter ver-bessert, so daß man zu einer großen Anzahl neuer, wohl teurer und umfangreicherer, aber hochleistungs-fähiger Geräte gekommen ist. Diese sind meistens nach dem Prinzip von LE CHATELIER als *,,umgekehrte oder gestürzte Mikroskope"* gebaut. Bei dieser An-ordnung befindet sich an höchster Stelle der Objekttisch, dann folgt nach unten das Objektiv usw. Solche Mikroskope werden später an einigen gebräuchlichen Ausführungen noch näher beschrieben werden. Es gibt natürlich auch leistungs-fähige Metallmikroskope, bei denen die optische Achse waagerecht (MARTENS-Mikroskop) angeordnet oder die ursprüngliche Bauweise beibehalten worden ist, jedoch werden die Geräte nach LE CHATELIER bei weitem vorgezogen. Die letztere Anordnung hat den Vorzug, daß die Schliffffläche der Probe bereits senkrecht zu der optischen Achse steht, wenn der Schliff auf den Objekttisch gelegt wird. Bei dem in Abb. 26 dargestellten Mikroskop mit vertikaler Achse und beim Martens-Mikroskop müssen die Schliffe auf einer ebenen Glasplatte mit einer Handpresse (Abb. 28) so in Plastilin eingebettet werden, daß die Schliff-fläche parallel zur Glasplatte, die als Unterlage verwendet wird, liegt. Wird die Glasplatte mit der ausgerichteten Probe auf den Objekttisch gelegt oder beim Martens-Mikroskop mit Blattfedern auf den Objekttisch gedrückt, erst dann ist die Schlifffläche zur optischen Achse senkrecht.

6. Strahlengang im Mikroskop. Grundpunkte.

Der Strahlengang im Mikroskop ist in Abb. 29 aufgezeichnet. Die Schliff-fläche AB befindet sich außerhalb des Brennpunktes F_1, aber noch innerhalb der doppelten Brennweite des immer sammelnden Objektivs (Ob). Es entsteht

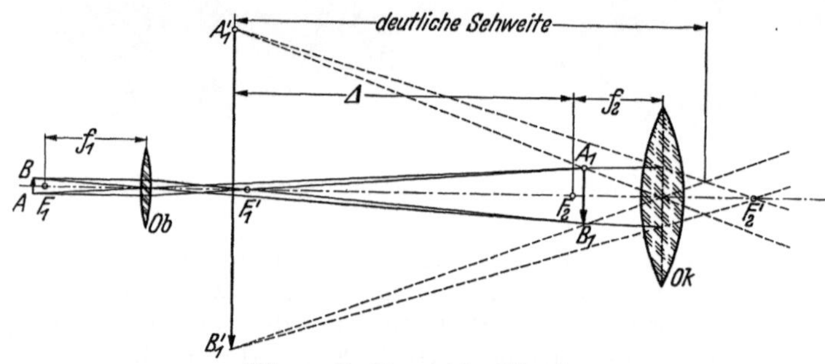

Abb. 29. Strahlengang im Mikroskop.

vom Objekt ein reelles, stark vergrößertes, umgekehrtes Bild in A_1B_1. Dieses Bild wird durch das Okular (Ok) wie durch eine Lupe betrachtet, d. h. es liegt innerhalb der einfachen Brennweite des Okulars in unmittelbarer Nähe des Brennpunktes. Durch die Betrachtung des Bildes durch das Okular entsteht vom reellen Bilde A_1B_1 ein virtuelles, stark vergrößertes Bild in $A_1'B_1'$.

Die Lage der Grundpunkte (Objektiv und Okular als unendlich dünne Linsen betrachtet) ist aus Abb. 30 zu erkennen. Faßt man das Okular und Objektiv als eine Linse auf, so ergibt sich für ihre Brennweite, wie es sich durch eine einfache Berechnung zeigen läßt,

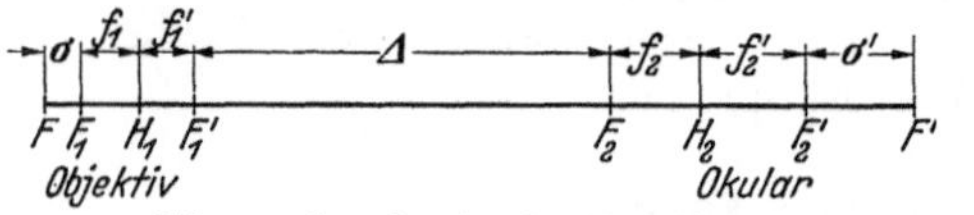

$$f' = -f_1' f_2'/\Delta , \qquad (6)$$

Abb. 30. Grundpunkte im Mikroskop.

wenn f_1' und f_2' die Brennweiten des Objektivs und des Okulars sind.

Die Größe Δ wird als „optische Tubuslänge" bezeichnet. Sie beträgt bei allen starken und mittelstarken Objektiven von deutschen Mikroskopen rund 180 mm, bei schwachen Objektiven etwas weniger. Bei englischen Mikroskopen und bei solchen, die nach dem Le Chatelier-Prinzip gebaut sind, ist $\Delta = \sim 250$ mm. Von der optischen Tubuslänge unterscheidet sich die „mechanische Tubuslänge" unter der die Länge des Rohres, in dem das Objektiv und Okular angebracht sind, zu verstehen ist.

Der Abstand des Objektivbrennpunktes F_1 vom Brennpunkt der Gesamtfolge F, also die Strecke $F_1 F$, ergibt sich zu

$$F_1 F = f_1 f_1'/\Delta . \qquad (7)$$

In dem Punkte F befindet sich der Gegenstand, wenn er dem rechtsichtigen Beobachter im Okular scharf erscheint. Zur Erläuterung dieser Formel diene folgendes Beispiel. Die Brennweiten seien: $-f_1 = f_1' = 20$ mm (Objektiv), und $-f_2 = f_2' = 50$ mm (Okular). Die Entfernung Δ, die „optische Tubuslänge",

betrage 180 mm. Aus der Formel (6) berechnet sich als Brennweite der Gesamtfolge, f', zu

$$f' = - \frac{20 \cdot 50}{180} = - 5{,}56 \text{ mm} ,$$

d. h. das Bild erscheint dem Beobachter umgekehrt. Für $F_1 F$ erhält man aus
der Formel (7)

$$F_1 F = - \frac{20 \cdot 20}{180} = - 2{,}22 \text{ mm} ,$$

der Brennpunkt der Gesamtfolge liegt also um 2,22 mm außerhalb des Objektivbrennpunktes. Für $F_2' F'$ erhält man nach derselben Formel

$$\sigma' = F_2' F' = - \frac{-50 \cdot 50}{180} = 13{,}89 \text{ mm} .$$

Die Größe Δ ist bei den Mikroskopen so gewählt, daß das Bild von F_1' durch das
Okular abgebildet in dem hinteren Brennpunkt der Gesamtfolge, F', erscheint.

7. Vergrößerung des Mikroskops. Vergrößerungstafeln und -schaubilder.

Bei den Angaben über die Vergrößerung eines Mikroskops muß man streng
unterscheiden zwischen der Vergrößerung bei Projektion auf die Mattscheibe,
wie es z. B. bei Mikroaufnahmen üblich ist, und der Vergrößerung bei subjektiver Beobachtung. Die Vergrößerung bei den Mikroaufnahmen läßt sich leicht
mit Hilfe eines *Objektmikrometers* ermitteln, indem man die Größe einer bestimmten Anzahl von Teilstrichen (gewöhnlich ist 1 Teilstrich $^1/_{100}$ mm) auf der
Mattscheibe mit dem Maßstab ausmißt und durch deren wahre Größe teilt.
Bei der subjektiven Beobachtung erhält man die Gesamtvergrößerung $\mathfrak{N}_M$
durch Multiplikation der Einzelvergrößerungen von Objektiv und Okular als
das Produkt $V_{Ob} \cdot \mathfrak{N}_{Ok}$. So z. B. liefert das Objektiv 60 : 1 und das Okular 7mal
für $\mathfrak{N}_M$ den Wert 420. Die Angabe der *Vergrößerung des Objektivs*, also 60 : 1
bezieht sich auf das durch das Objektiv im vorderen Brennpunkt des Okulars
entworfene Bild (also in Abb. 29 $A_1 B_1$) und ist nach der NEWTONschen Ver-
größerungsformel :

$$V_{Ob} = - \frac{\Delta}{f_1'} .$$

Die *Vergrößerung des Okulars*, also 7mal, ist eine sog. *Lupenvergrößerung*.
Die Voraussetzung für die Gültigkeit der Formel für die Gesamtvergrößerung
ist, daß die optische Tubuslänge eingehalten wird und daß das Auge des Beobachters auf die ,,deutliche Sehweite" 250 mm akkommodiert. Eine solche
Akkommodation läßt sich z. B. dadurch herbeiführen, daß man mit dem rechten
Auge durch die Lupe beobachtet, mit dem linken aber einen Gegenstand scharf
ansieht, der sich vom Auge in einer Entfernung von 250 mm befindet. Auf diese
Art und Weise kann die Vergrößerung einer Lupe gemessen werden, indem das
rechte Auge durch die Lupe einen im Brennpunkt aufrecht stehenden Maßstab
ansieht, während das linke Auge einen ähnlichen in der deutlichen Sehweite
von 250 mm aufrecht stehenden Maßstab ohne Lupe anvisiert. Da die beiden
Augen gleichzeitig nur auf eine Entfernung akkommodieren können, so stellt
sich das rechte Auge zwangsläufig auf eine Sehweite von 250 mm ein. Das
Verhältnis der Teilstriche an den Maßstäben, die als gleich lang erscheinen, ist
die Lupenvergrößerung. Sie ist deshalb der Quotient aus der scheinbaren
Größe (Winkel des Gegenstandes, unter dem er dem Auge erscheint) bei Beobachtung durch die Lupe mit der scheinbaren Größe bei Beobachtung ohne Lupe.
Die scheinbaren Größen mit und ohne Lupe sind auf der rechten Seite (Okular)

der Abb. 29 $\operatorname{tg} w = y/f_2'$ und $\operatorname{tg} w' = y/250$, wobei y die wahre Größe des Gegenstandes bedeutet. Die Lupenvergrößerung des Okulars ist also:

$$\mathfrak{N}_{Ok} = \frac{y}{f_2'} : \frac{y}{250} = \frac{250}{f_2'} \,.$$

Die *Gesamtvergrößerung des Mikroskops* beträgt nun

$$\mathfrak{N}_M = V_{Ob} \cdot \mathfrak{N}_{Ok} = -\frac{\varDelta}{f_1} \cdot \frac{250}{f_2} = -\frac{250}{f'} \,. \tag{8}$$

Vergleicht man diesen Ausdruck mit der für die Brennweite f' der Gesamtfolge erhaltenen Formel (6) auf S. 578, so kann man auch sagen: Die Gesamtvergrößerung des Mikroskops bei subjektiver Beobachtung ist gleich: Deutliche Sehweite (250 mm) geteilt durch die Brennweite f' der Gesamtfolge.

Schwieriger sind die Angaben über die Vergrößerungen, wenn die deutliche Sehweite größer oder kleiner ist als 250 mm, also bei kurz- oder übersichtigem Auge. Für die Berechnung solcher Fälle sind Formeln entwickelt worden, auf die nicht eingegangen werden soll. Es sei lediglich erwähnt, daß ein kurzsichtiges Auge, wenn es von anderen Augenfehlern, wie Astigmatismus usw. frei ist, bei schwachen Vergrößerungen den Gegenstand erheblich größer sieht, als ein rechtsichtiges Auge, bei übersichtigem Auge ist es umgekehrt. So erscheint z. B. einem kurzsichtigen Auge, dessen Fernpunkt bei 400 mm liegt, eine 4fache Lupenvergrößerung eines rechtsichtigen Auges 4,5fach, d. h. die absolute Vergrößerung ist in diesem Fall kleiner als die individuelle, bei übersichtigen Augen ist es umgekehrt.

Für die Bestimmung der *Lupenvergrößerung des Okulars* wurde bereits ein einfaches Verfahren beschrieben. Genau auf dieselbe Art läßt sich die Gesamtvergrößerung des Mikroskops bei subjektiver Beobachtung, $\mathfrak{N}_M$, bestimmen. Man faßt das Mikroskop als eine Lupe auf und betrachtet mit dem rechten Auge ein in der Brennweite der Gesamtfolge sich befindliches Objektivmikrometer, während mit dem linken Auge ein in der deutlichen Sehweite sich befindlicher Maßstab betrachtet wird. Der Quotient aus gleichlang erscheinenden Strecken mit freiem Auge und im Mikroskop ist die Gesamtvergrößerung des Mikroskops $\mathfrak{N}_M$.

Zahlentafel 5.

				Objektiv			Vergrößerung in Verbindung mit den Okularen					
Verwendung und Bauart	Bezeichnung	Brennweite mm	Num. Apertur	6×	8×	10×	12×	15×	16×	20×
Für Beobachtungen im *Hellfeld* und *Dunkelfeld*	Achromatische Trockensysteme	M 32	32	0,14	45	65	80	95	120	130	160
		M 23	23	0,20	65	85	110	130	160	170	220
		M 16	16	0,28	95	130	160	190	240	260	320
		M 11	11	0,40	130	180	220	260	330	350	440
		M 8	8	0,56	190	260	320	380	480	510	640
		HM 6,3	6,3	0,70	240	320	400	480	600	640	800
		M 5,5	5,5	0,80	270	360	450	540	670	720	900
Nur für Beobachtungen im *Hellfeld*	Fluorit Öl-immersion	JM 4	3,8	1,12	390	520	650	780	970	1040	1300
		JM 3,3	3,3	1,25	450	600	750	900	1100	1200	1500
	Apochr. Trockensystem bzw. Öl-immersion	AM 4	4	0,95	360	480	600	720	900	960	1200
		AJM 3	2,8	1,32	540	720	900	1080	1350	1440	1800

Die *Vergrößerung des Objektivs* V_{Ob} kann experimentell ebenfalls leicht ermittelt werden. Man stellt zunächst das Objektmikrometer scharf ein, entfernt hierauf das Okular, ohne daß an der sonstigen Einstellung des Mikroskops etwas geändert wird. Bringt man nun an die Stelle des Bildes vom Objektmikrometer eine Mattscheibe und mißt die Länge des Bildes, so ergibt sich V_{Ob} als Quotient der ausgemessenen Länge des Bildes durch seine wahre Länge. Ein anderes Verfahren bedient sich des Okularmikrometers. Das Okularmikrometer befindet sich im vorderen Brennpunkt des Okulars. Da das Bild des Objektivmikrometers ebenfalls im vorderen Brennpunkt des Okulars entsteht, so ergibt sich die Vergrößerung des Objektivs als Quotient gleich lang erscheinender Strecken des Bildes einerseits und des Okularmikrometers andererseits.

Für jedes Mikroskop kann man sich eine Vergrößerungstafel aufstellen, wenn die Einzelvergrößerungen von Objektiv und Okular bekannt und die Voraussetzungen der Formel (8) erfüllt sind. Zahlentafel 5 zeigt eine solche Vergrößerungstafel für das Metallmikroskop MM von Leitz. Die Eigenvergrößerung der Objektive ist in dieser Zahlentafel nicht angegeben, ist aber leicht zu errechnen, z. B. durch Division der Werte in Spalte 10 × durch 10.

Die Vergrößerungen für mikrophotographische Aufnahmen, die mit dem Objektmikrometer bestimmt werden, trägt man sich am besten für jedes Okular, wie es in Abb. 31 für das Leitz-Metallmikroskop „MM" gezeigt wird, in einem Schaubilde auf.

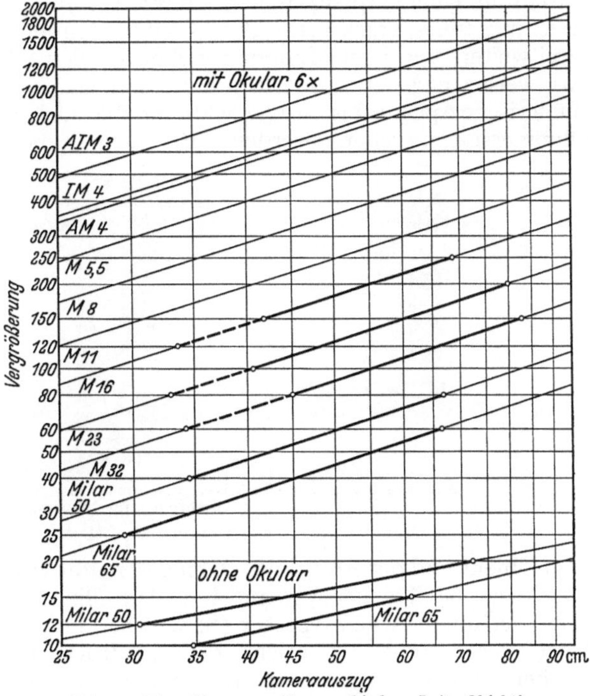

Abb. 31. Vergrößerungen für verschiedene Leitz-Objektive bei wechselndem Kameraauszug.

8. Objektive.

a) Achromate. Diese sind sphärisch und chromatisch für die mittleren Farben des Spektrums korrigiert, und zwar so, daß etwa die Bilder der Farben C (orange) und F (grün) zusammenfallen. Wird also mit einem gelbgrünen Lichtfilter beobachtet, so liefern sie scharfe Bilder. Würde man hingegen mit einem violetten Filter beobachten, so sind die Bilder, da für diese Farbe nicht korrigiert ist, unscharf. Aus diesem Grunde müssen photographische Aufnahmen bei Verwendung von Achromaten mit grünem Licht gemacht werden, was dadurch erreicht wird, daß man in den Strahlengang an geeigneter Stelle ein gelbgrünes Filter (gefärbtes Glas) einschaltet. Je dichter das Filter, um so mehr werden die anderen Farben gedämpft. Ein solches Filter dämpft vor allem die kurzwelligen Strahlen, die normalerweise am meisten auf die Platte wirken, soweit, daß sie nicht mehr stören.

Die Bauart dieser Objektive hängt von der Vergrößerung, für die sie verwendet werden sollen, also von der numerischen Apertur (S. 585), ab. Für die geringsten Vergrößerungen reicht eine numerische Apertur von etwa 0,10 aus. Ein solches Objektiv besteht aus zwei getrennten Linsen, die durch Verkittung je einer Linse aus gewöhnlichem Crown- und Flintglas hergestellt werden. Will man bei einem solchen Typus die Apertur vergrößern, so treten die Fehler in immer störenderem Maße hervor, so daß man gezwungen ist, den in Abb. 32 gezeigten neuen Typus a zu verwenden. Bei diesem erzeugt eine einfache Linse (Frontlinse, unten) in einem aplanatischen Punkt (S. 571) ein von der sphärischen Abweichung freies, stark vergrößertes Bild, während die auftretenden Fehler durch zwei weitere verkittete Linsen behoben werden. Die stärkeren Objektive dieser Art weisen nicht nur eine, sondern zwei einfache Linsen auf, und haben eine numerische Apertur bis $\sim$ 0,90, während die stärksten Objektive als sog. homogene Ölimmersionen gebaut werden. Bei den Immersionssystemen muß zwischen

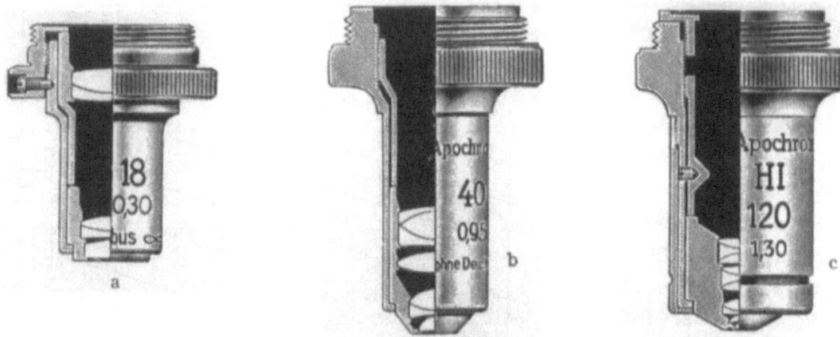

Abb. 32 a bis c. Zeiß-Objektive. a Achromat, b Apochromat als Trockensystem,
c Apochromat für Immersion.

dem Objekt und der Frontlinse Öl eingeschaltet werden, während die schwächeren Objektive sog. Trockensysteme sind. Die Ölimmersion hat zunächst eine Steigerung der numerischen Apertur (S. 585) zur Folge, außerdem kann eine stärkere Übervergrößerung, als welche der Ausdruck Δ/f'_2 bezeichnet wird, d. h. ein stärkeres Okular in Anwendung kommen, als bei einem Objektiv der gleichen Apertur, aber als Trockensystem gebaut. Daß man bei den Ölimmersionen stärkere Okulare anwenden darf, beruht darauf, daß die sphärischen Abweichungen geringer bleiben. Es ist also nur günstig, wenn Ölimmersion angewendet wird, aber nicht statthaft, zur Steigerung der Apertur ein Trockensystem mit Öl zu benutzen, denn das würde nur eine Bildverschlechterung herbeiführen, da die Objektive entweder als Trockensystem oder für Ölimmersion berechnet werden.

b) Fluoritsysteme (Halbapochromate, Semiapochromate). Um eine wirksame Verringerung der chromatischen Fehler herbeizuführen, werden besondere Glasarten und Flußspat (Fluorit: CaF_2) verwendet. Die Bauart dieser Objektive ist wie die der Achromate.

c) Apochromate. Während bei den Achromaten die Bilder zweier Farben des Spektrums gänzlich zusammenfallen, sind die Apochromate so korrigiert, daß die Bilder dreier Farben des Spektrums, d. h. praktisch alle Farben des Spektrums zusammenfallen. Ein Apochromat gibt also mit allen Lichtfiltern scharfe Bilder. Diese Objektive werden ebenfalls aus besonderen Glasarten und Flußspat hergestellt. Abb. 32 (Objektive b und c) zeigt Schnitte durch Apochromate als Trocken- und Immersionssystem.

9. Okulare.

Das vom Objektiv entworfene Bild wird durch das Okular wie durch eine Lupe betrachtet (Abb. 29). Das Bild befindet sich also im Brennpunkt der Lupe, eine einfache Lupe könnte demnach als Okular genügen. Das hätte aber — von einigen Fehlern abgesehen — zur Folge, daß das Okular zur Erreichung eines ausreichenden Gesichtsfeldes unbequem groß würde. Man verwendet deshalb als Okular eine Kombination von zwei Linsen, von denen die eine (Feldlinse oder Kollektiv) in der Nähe des Zwischenbildes $A_1 B_1$ liegt und im Brennpunkt des Okulars ein auffangbares, in Art und Größe etwas verändertes Zwischenbild $A'B'$ entwirft (Abb. 33). Von den verschiedenen Okularen werden verwendet:

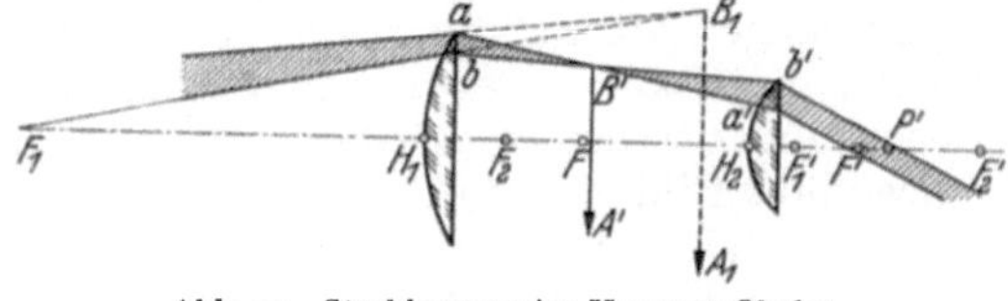

Abb. 33. Strahlengang im Huygens-Okular.

a) Das HUYGENSsche Okular. Die Grundpunkte und Schnitte dieses sind in Abb. 33 und 34 b zu ersehen. Die Punkte mit dem Index 1 beziehen sich auf die Feld-, mit dem Index 2 auf die Augenlinse und ohne Index auf das Gesamtsystem. Der Sonderfall, daß die Feld- und Augenlinsen von gleicher Stärke sind (RAMSDENsches Okular) kommt selten vor. Im vorderen Brennpunkt F liegt das reelle Zwischenbild. Die Herstellung des Okulars aus 2 Linsen gibt mehrere Möglichkeiten, die Bildfehler zu beheben.

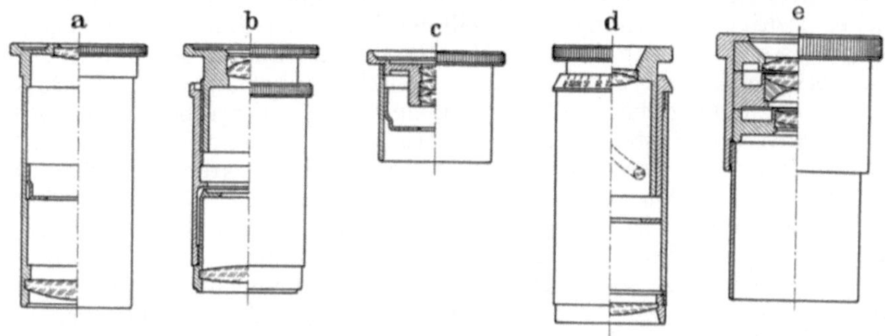

Abb. 34 a bis e. Verschiedene Okulare. a HUYGENS-Okular, b Kompensationsokular, c orthoskopisches Okular, d Projektionsokular und e Homal III.

Diese Möglichkeiten liegen in der verschiedenen Stärke der 2 Linsen, in der Anwendbarkeit zweier verschiedener Glasarten und auch in der Umbiegung der Linsen. Indes wird letzterer Weg kaum gegangen, da sowohl Feld- als auch Augenlinsen als plankonvexe Linsen ihre ebenen Seiten dem Auge zukehren. Diese Okulare werden in Verbindung mit dem Achromaten verwendet.

b) Kompensationsokulare (Abb. 34 b). Die Apochromate und starken Achromate liefern bei der Vergrößerung einen wichtigen Fehler: einen Farbenunterschied der Vergrößerung, es ist $\beta_F > \beta_C$, wenn F und C die Farben, für die das Objektiv korrigiert worden ist, bedeuten. Dieser Fehler des Gesichtsfeldes wird durch das Kompensationsokular behoben. Das Okular muß also die weniger brechbare Strahlen stärker vergrößern als die brechbareren. Das HUYGENSsche Okular ist in bezug auf die Hebung noch übriger Felder (Astigmatismus, Verzeichnung) günstig, deshalb wurde die äußere Form dieses Okulars beibehalten, nur die Feld- und Augenlinsen haben, wie aus Abb. 34b hervorgeht. andere Formen bekommen.

c) Orthoskopische Okulare. Bei den stärksten Okularen werden Feld- und Augenlinse, wie aus Abb. 34c hervorgeht, nicht scharf voneinander getrennt. Dieses Okular wird sowohl als Okular für Achromate (gehobener Farbenunterschied der Vergrößerung), als auch als Kompensationsokular für Apochromate hergestellt.

Die oben beschriebenen Okulare dienen zur subjektiven Beobachtung. Sollen mikrophotographische Aufnahmen gemacht werden, so müssen bei den stärkeren Vergrößerungen (etwa über 90 ×) ebenfalls zwei getrennte Linsenfolgen (Objektiv und Okular) verwendet werden. Die Okulare, die bei der subjektiven Beobachtung verwendet werden, sind für diesen Zweck unbrauchbar, da sie ein gewölbtes Bildfeld ergeben: d. h. ist das Bild in der Mitte des Gesichtsfeldes scharf eingestellt, so erscheint es nach dem Rande hin unscharf, ist es am Rande scharf eingestellt, so wird es nach der Mitte hin unscharf. Bei der Béobachtung mit dem Auge wird dieser Fehler dadurch ausgeglichen, daß man nach und nach auf die einzelnen Zonen einstellt, bei der photographischen Aufnahme würde es aber stark stören, deshalb wurden für diesen Zweck besondere Okulare geschaffen. Solche sind:

d) Projektionsokulare. Dies sind besonders berechnete Linsenfolgen und bestehen aus Feldlinse und Objektiv an Stelle der Augenlinse des gewöhnlichen Huygensschen Okulars (Abb. 34d). Der Abstand der Linsen ist veränderlich, wodurch erreicht wird, daß das Okular nicht auf unendliche, sondern auf eine endliche, positive Entfernung eingestellt wird und das Bild in endlicher Entfernung entsteht. Da sich mit dem Verschieben der Linsen der untere Brennpunkt verschiebt, ändert sich $\varDelta$, die optische Tubenlänge des Mikroskops (S. 578), was zur Folge hat, daß die Formeln über die Vergrößerung des Mikroskops [Formel (8), S. 580] nicht mehr stimmen. Deshalb ist es üblich, bei Mikroaufnahmen die Vergrößerung mit dem Objektmikrometer festzulegen. Diese Okulare sind von vornherein nur für ganz geringe Vergrößerungen berechnet. Das Bildfeld ist auch wie bei den gewöhnlichen Okularen nach der Dingseite gewölbt, aber so, daß es fast bis zum Rande scharf (geebnet) ist. Wird die Objektivlinse so eingestellt, daß das Bild im Unendlichen steht, so kann das Projektionsokular auch zur subjektiven Beobachtung verwendet werden. Es hat dann den Huygensschen und dem Kompensationsokular gegenüber den Vorteil, daß das Bild fast bis zum Rande geebnet ist. Dieser Gedanke liegt den *komplanatischen Okularen* zugrunde, die zur subjektiven Beobachtung verwendet werden, aber ein fast geebnetes Gesichtsfeld aufzeigen.

e) Homale (Abb. 34e). Es sind Linsenfolgen mit negativer Brennweite. Mit Hilfe passender Glaswahl ist Astigmatismus und Bildfeldwölbung so ausgeglichen, daß die Abweichungen des Objektivs ziemlich gehoben sind. Da die verschiedenen Objektive verschiedene, voneinander abweichende Bildfehler zeigen, müßte für jedes Objektiv ein besonderes Homal berechnet werden. Es reicht aber aus, wenn man mehrere Objektive zu einer Gruppe zusammenfaßt und für jede Gruppe nur ein Homal herstellt. Die Homale haben den Vergrößerungsunterschied der Kompensationsokulare, da sie in Verbindung mit den Apochromaten verwendet werden.

In Zahlentafel 6 sind die gebräuchlichsten Objektive und Okulare einiger Firmen zusammengefaßt. Geht aus der Bezeichnung der Objektive die Eigenvergrößerung nicht hervor, so wird diese vor den (kursiv gedruckten) Wert der numerischen Apertur gesetzt.

Zahlentafel 6.

Reichert: **Objektive.** *Achromate:* 8×, *0,15* (8fache Eigenvergrößerung, 0,15 num. Apertur); 15×, *0,25*; 30×, *0,40*; 30×, *0,65* (hom. Ölimmersion); 45×, *0,65*; 65×, *0,65*; 85×, *1,00* (hom. Ölimmersion); 140×, *1,25* (hom. Ölimmersion). *Fluoritobjektive:* 85×, *0,85*; 135×, *1,30* (hom. Ölimmersion). *Apochromate:* 65×, *0,90*; 85×, *0,96*; 150×, *1,33* (hom. Ölimmersion). *Epilumobjektive* (Achromate): 8×, *0,15*; 15×, *0,25*; 25×, *0,45*; 30×, *0,65* (hom. Ölimmersion); 45×, *0,65*; 65×, *0,65*; 85×, *0,85* (Wasserimmersion); 85×, *1,00* (hom. Ölimmersion); 140×, *1,00* (hom. Ölimmersion). *Objektive für polarisiertes Licht:* Achromate: 8×, *0,15*; 15×, *0,25*; 30×, *0,65* (hom. Ölimmersion); 45×, *0,65*; 85×, *0,75*; 85×, *1,00* (hom. Ölimmersion); 140×, *1,25* (hom. Ölimmersion); Epilumobjektive: 8×, *0,15*, 15× *0,25*; 25×, *0,40*; 30×, *0,65* (hom. Ölimmersion), 45×, *0,65*; 85×, *0,85* (Wasserimmersion); 85×, *1,00* (hom. Ölimmersion); 140×, *1,00* (hom. Ölimmersion). **Okulare.** *Huygens-Okulare:* 4×, 5×, 6×, 8×, 10×, 12×, 16×. *Kompensationsokulare:* 5×, 8×, 12×, 16×, 25×. *Planokulare:* 8×, 12×.

Busch: **Objektive.** *Achromate:* *0,16*/6 m (0,16 num. Apertur, 6fache Eigenvergrößerung); *0,25*/11 m; *0,30*/15 m; *0,42*/24 m; *0,50*/30 m; *0,85*/45 m; *0,85*/60 m; *1,30*/100 m (hom. Ölimmersion). *Dunkelfeldobjektive* (Achromate): *0,16*/6 S; *0,25*/11 S; *0,30*/15 S; *0,42*/24 S; *0,50*/30 S; *0,85*/45 S; *0,85*/60 S; *1,30*/100 S (hom. Ölimmersion). **Okulare.** *Huygens-Okulare:* 5×, 6×, 7,5×, 10×, 12×. *Orthoskopische Okulare* (ganz starke Vergrößerungen): 17×, 25×. *Ebnungsokulare* (Mikrophotographie): 5×, 7,5×, 10×, 20×. *Projektionsokulare:* 2×, 5×.

R. Fueß: **Objektive.** *Achromate:* k 6×/0,12 [kurzgefaßtes Objektiv für Illuminatorbenutzung mit 6facher Eigenvergrößerung (170 mm mech. Tubuslänge) und einer num. Apertur von 0,12]; k 10×/0,25; k 15×/0,32; k 21×/0,45; Ok 22×/0,65 (hom. Ölimmersion); k 32×/0,65; k 50×/0,90; Ok 62×/1,28 (hom. Ölimmersion); Ok 85×/1,30 (hom. Ölimmersion). **Okulare:** *Huygens-Okular:* 5×, 6×, 8×, 10×. *Projektionsokulare:* 6×. *Periplanokulare:* 6×, 8×, 10×.

Leitz: **Objektive.** *Achromate:* M 32, 8, *0,14* (32 mm Brennweite, 8fache Eigenvergrößerung, 0,14 n. Apertur); M 23, 11, *0,20*; M 16, 16, *0,28*; M 11, 22, *0,40*; M 8, 32, *0,56*; HM 6,3 (Hemiapochromat), 40, *0,70*; M 5,5, 45, *0,80*. *Fluoritsysteme:* JM 4, 65, *1,12* (hom. Ölimmersion), JM 3,3, 75, *1,25*. *Apochromate:* AM 4, 60, *0,95*, AJM 3, 90, *1,32* (hom. Ölimmersion). *Dunkelfeldobjektive:* PM 5,5/0,65 (45×, Brennweite 5,5 und num. Apertur 0,65); JP 4/1,0 (hom. Ölimmersion). **Okulare.** *Huygens-Okulare:* 6× bis 16×. *Periplanikulare* (für stärkere Achromate und für Apochromate): 8× bis 20×. *Projektionsokulare:* 6×, 8×.

Zeiß: **Objektive.** *Mikrotar 8, 0,1; Achromate:* 11, *0,17* (11fache Eigenvergrößerung, 0,17 num. Apertur); 18, *0,30*; 40, *0,65*; 60, *0,85* (hom. Ölimmersion), 90, *1,25* (hom. Ölimmersion). *Achromate Epi:* 2,7/5, —; 5,3/10, *0,14* (10fache Eigenvergrößerung, 0,14 num. Apertur); 9,7/18, *0,30*; 16/30, *0,40*; 21/40, *0,65*; 33/60, *0,60* (Fluorit); 33/60, *0,80* (hom. Ölimmersion); 50/90, *1,0* (hom. Ölimmersion). *Apochromate:* 15, *0,30*; 30, *0,65*; 60, *0,95*; 90, *1,30* (hom. Ölimmersion). *Dunkelfeldobjektive:* Achromate 60, *0,60* und 90, *1,0* (hom. Ölimmersion) und Apochromate 52, *0,65* und 90, *1,0* (hom. Ölimmersion). *Objektive für polarisiertes Licht:* Mikrotar 8, *0,1*; Achromate: 18, *0,30*; 40, *0,65*; 60, *0,85* (hom. Ölimmersion); 90, *1,25* (hom. Ölimmersion). **Okulare.** *Huygens-Okulare:* Hm 4×, Hm 7×, Hm 10×, Hm 15×. *Kompensationsokulare:* K 7×, K 10×, K 15×, K 20×. *Homale* VI, IV, III, II.

Zeiß-Winkel: **Objektive.** *Achromate:* 5 o. D. *0,15* (5fache Eigenvergrößerung „ohne Deckglas", num. Apertur 0,15); 14 o. D., *0,35*; 32 o. D., *0,60*; 56 o. D., *0,86*. *Fluoritsysteme:* 13,5 o. D., *0,38*; 20,5 o. D., *0,60*; 57 o. D., *0,90*. *Apochromate:* 6,6 o. D., *0,20*; 81 o. D., *1,30* (hom. Immersion). **Okulare.** *Huygens-Okulare:* 4×, 6×, 9×, 12×, 18×. *Kompensationsokulare:* 4×, 25×. *Komplanatische Okulare:* 4×, 18×. *Photookulare:* 4×, 6×, 9×, 12×, 18×.

10. Die numerische Apertur. Das Auflösungsvermögen.

Auf S. 576 wurde kurz erwähnt, daß der Vergrößerung einer Linsenfolge, selbst gute sphärische und chromatische Korrektion vorausgesetzt, Grenzen gesetzt sind. Das wird dadurch verursacht, daß die Entstehung des Bildes einen verwickelten physikalischen Vorgang darstellt. Bei den ersten Untersuchungen, die über diese Frage angestellt worden sind, hat man die grundsätzliche Bedeutung des Begriffes der *numerischen Apertur* erkannt. Man versteht darunter den Ausdruck

$$a = n \cdot \sin \sigma,$$

worin nach Abb. 35 n die Brechungszahl des Mittels zwischen Objekt und Frontlinse des Objektivs und σ die Hälfte des Öffnungswinkels bedeuten. Sollen möglichst kleine Einzelheiten des Objekts erkannt werden, so muß a groß werden. Normalerweise befindet sich zwischen Gegenstand und Frontlinse Luft, d. h. n ist gleich 1. An ihrer Stelle wird gelegentlich Monobromnaphthalin, Öl und Wasser verwendet, wodurch n gleich 1,66, 1,52 oder 1,33 wird. Man sieht also, daß a in keinem Fall, selbst wenn σ seinen größten Wert von 90° annimmt, über 1,66 gesteigert werden kann. Um den Einfluß der numerischen Apertur zu verstehen, sei die Theorie über die Entstehung des Bildes in kurzen Zügen angedeutet. Der Lichtstrahl 0, der durch das Objektiv auf den Gegenstand fällt, wird an den Struktureinzelheiten des Gegenstandes abgebeugt. Es werde als konkretes Beispiel das lamellare Gefüge von Legierungen (z. B. Perlit in Abb. 37a und b) betrachtet. Die Lamellen wirken genau wie ein Gitter. Der einfallende Strahl (Abb. 36a) liefert mehrere Ordnungen abgebeugter Strahlen (1, 1', 2, 2', 3, 3' usw.) die mit dem Hauptstrahl durch die Beziehung

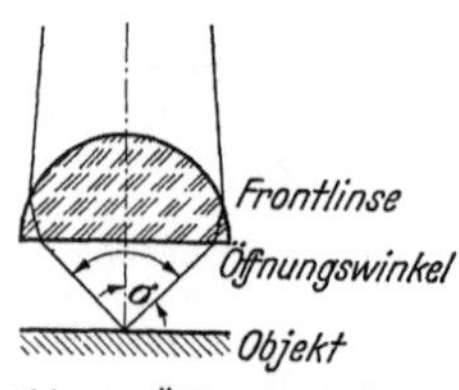

Abb. 35. Öffnungswinkel σ des Objektivs.

$$\sin w_1' = \frac{\lambda}{\gamma}\ (1.\ \text{Ordnung}); \qquad \sin w_2' = \frac{2\lambda}{\gamma}\ (2.\ \text{Ordnung}); \ \ldots\ldots \tag{9}$$

zusammenhängen, wenn w' den Winkel des abgebeugten Strahles mit dem Hauptstrahl 0, λ die Wellenlänge und γ den Abstand zweier benachbarter Lamellen bedeuten. Die abgebeugten Strahlen gelangen, wenn sie niedriger Ordnung sind, wieder in das Objektiv (in Abb. 36a Strahl 0, 1' und 1, in Abb. 36b 0, 1,1' und 2,2'), wenn sie höherer Ordnung sind, gelangen sie nicht wieder in das Objektiv und sind für die Bildung des Bildes verloren. Das Bild selbst entsteht durch Zusammenwirken der Strahlen aller Ordnungen, die vom Gegenstand in das Objektiv gelangen, und es wird dem Objekt um so ähnlicher, je mehr Ordnungen der abgebeugten Strahlen an seiner Entstehung beteiligt sind. Aus der oben angegebenen Formel erkennt man bereits: Sollen viel abgebeugte Strahlen in das Objekt gelangen, so muß $\sin w'$ möglichst klein werden. Das ist der Fall, wenn λ klein ist, also kurzwelliges

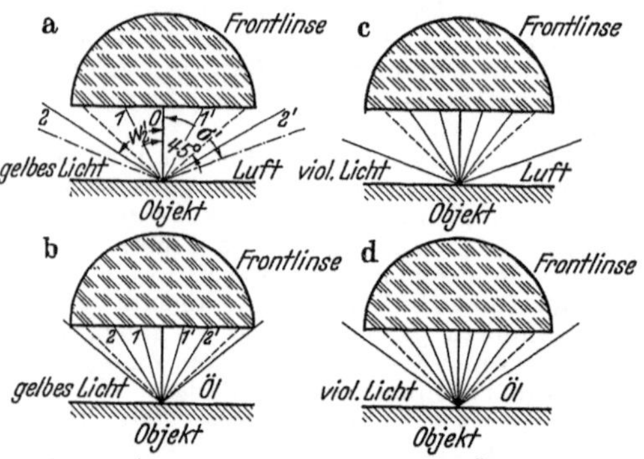

Abb. 36a bis d. Einfluß der Lichtart und Ölimmersion auf die numerische Apertur des Objektivs.

Licht verwendet (Abb. 36c und d) wird, und γ groß ist, also die Lamellen möglichst weit voneinander entfernt sind, d. i. je gröber das Gefüge ist. In derselben Weise wirkt ein zwischen Objekt und Frontlinse sich befindliches Mittel mit hoher Brechkraft (Abb. 36b und d). Durch schiefe Beleuchtung (Abb. 36a) erhält man einen größeren Öffnungswinkel σ', wie es die strichpunktierte Linie zeigt, und man kann σ' bis auf fast 90° ansteigen lassen, wodurch auch a größer wird.

Das *Auflösungsvermögen* eines Objektivs, d. i. der Abstand e zweier nebeneinander liegender Gefügebestandteile, die eben noch voneinander unterschieden werden können, ist bei senkrechter Beleuchtung

$$e \geq \frac{\lambda}{a}, \tag{10}$$

bei möglichst schiefer Beleuchtung

$$e \geq \frac{\lambda}{2\,a}\,. \tag{10}$$

Mit Verwendung sehr starker Objektive und Monobromnaphthalinimmersion ($a = 1{,}60$), Licht von der Wellenlänge 550 μμ und schiefer Beleuchtung erreicht e einen Wert $\frac{550}{3{,}2} = 172$ μμ. Zu kleineren Werten von λ gelangt man durch die Verwendung ultravioletten Lichts. Mit solchem Licht wird aber die subjektive Beobachtung unmöglich, es muß photographiert werden und es müssen Objektive aus Quarz oder Flußspat, die meistens nur für eine ganz bestimmte

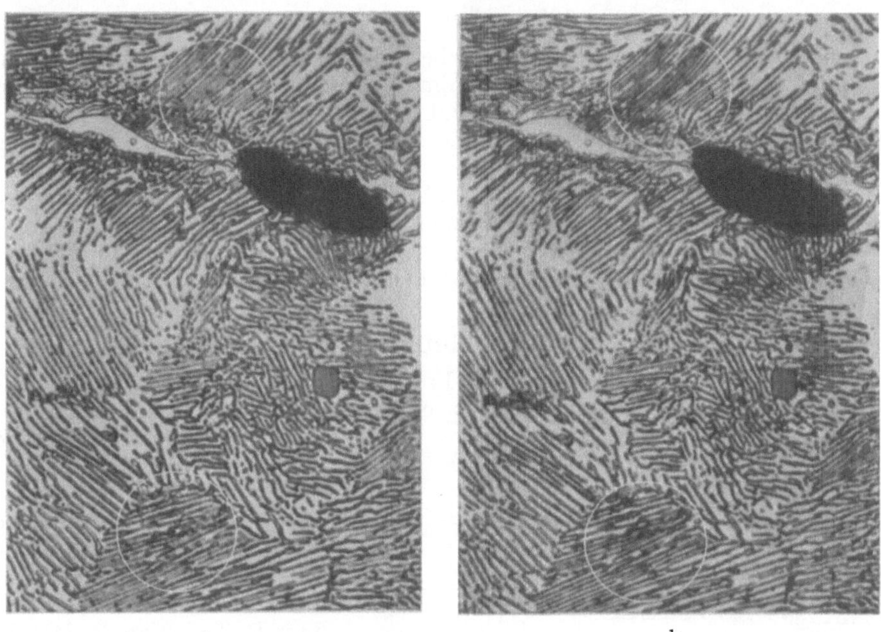

a   b

Abb. 37a und b. Einfluß der Wellenlänge des Lichts auf das Auflösungsvermögen. a Gelbgrünfilter ($\lambda = 0{,}55\ \mu$), b Blaufilter ($\lambda = 0{,}44\ \mu$).

Wellenlänge berechnet werden (Monochromate) und ebensolche Okulare verwendet werden. So gelangte man mit $\lambda = 2750$ Å und schiefer Beleuchtung zu einem Auflösungsvermögen von 106 μμ. Um mit den Apochromaten, die für alle Farben des sichtbaren Spektrums korrigiert sind, möglichst weitgehend aufzulösen, ist es vorteilhaft, mit blauem Lichte zu arbeiten. Da diese Objektive für die ultravioletten Strahlen nicht korrigiert sind, müssen bei photographischen Aufnahmen Lichtfilter eingeschaltet werden, die die ultravioletten Strahlen absorbieren. Solche Lichtfilter sind: 1000 cm³ dest. Wasser, 1 cm³ Schwefelsäure, 3 g Chininsulfat oder 1000 cm³ dest. Wasser, 5 ccm Schwefelsäure, 20 g Chininsulfat. Die Abb. 37a und 37b zeigen den Einfluß der Wellenlänge des Lichts. Insbesondere in den Kreisen ist der Unterschied in der Bildgüte auffallend.

11. Die nutzbare Vergrößerung.

Bei einem Objektiv von der Apertur a kann man höchstens Einzelheiten von der Größe $\lambda/2a$ erkennen. Diese kleinsten eben noch aufgelösten Einzelheiten werden mit dem Okular vergrößert, bis sie dem Auge unter einem bestimmten

Winkel, der zum deutlichen Erkennen notwendig ist, erscheinen. Dieser Winkel beträgt je nach Auge 2′ bis 4′. Eine Vergrößerung über diesen Wert hinaus hat keinen Zweck, es würden nur „leere Bilder" entstehen, in denen auch nicht mehr zu erkennen ist, als in denen mit geringerer, aber richtiger Vergrößerung. Unter Berücksichtigung eines Winkels von 2′ bis 4′, der zum Erkennen notwendig ist, läßt sich aus der Formel über das Auflösungsvermögen errechnen, wie weit man bei einem gegebenen Objektiv und bei einer gegebenen Wellenlänge des Lichts mit der Vergrößerung des Okulars gehen kann. Die Vergrößerung des Mikroskops liegt bei dem Licht 5500 Å zwischen dem 500- bis 1000fachen Wert der numerischen Apertur des Objektivs, also

$$500\,a < \mathfrak{N}_M < 1000\,a\,. \tag{11}$$

An Hand dieser Angabe läßt sich z. B. bestimmen, innerhalb welcher Grenzen ein Apochromat mit $a = 0{,}65$ (Apochromat 30 von Zeiß) verwendet werden kann und welche Okulare dabei benützt werden müssen. Es ergibt sich aus Formel (11): $325 < \mathfrak{N}_M < 650$. Da das Apochromat eine Eigenvergrößerung von 30 hat, so muß das Okular eine Vergrößerung von $325:30 = 11$ bis $650:30 = 22$fach haben. Es können also sämtliche Kompensationsokulare zwischen 11 und 22 angewendet werden, also K 10×, K 15× und K 20×. Will man demnach Vergrößerungen über 650, so müssen stärkere Objektive verwendet werden.

12. Die Beleuchtung des Objekts.

Bei durchsichtigen Proben (z. B. Gesteinen) wird so beleuchtet, daß das Licht nach dem Durchgang durch die zu untersuchende Probe in das Objektiv gelangt. Da die Metalle und Legierungen undurchsichtig sind, scheidet eine solche Beleuchtung aus, die Strahlen müssen deshalb von der Objektivseite her kommen und werden erst nach ihrer Reflexion an der Metallfläche für die Beleuchtung wirksam, weshalb die Beleuchtung als „Auflichtung" bezeichnet wird, im Gegensatz zur „Durchlichtung" bei Mineralien, Gesteinen usw.

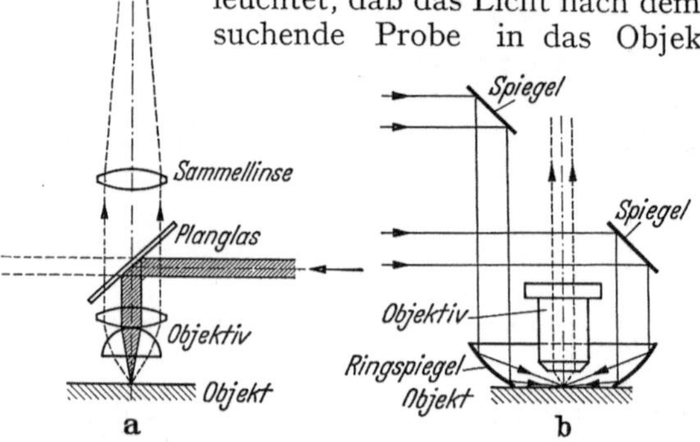

Abb. 38 a und b. Hell- und Dunkelfeldbeleuchtung.

Auf S. 575 wurden die verschiedenen Beleuchtungsarten für die makroskopische Untersuchung besprochen. Dieselben Beleuchtungsarten werden auch für das Mikroskop angewendet. Das Objekt wird also so beleuchtet, daß alle Strahlen, die an den zur optischen Achse senkrechten Ebenen der Probe spiegeln, entweder in das Objektiv gelangen (*Hellfeld* in Abb. 38a) oder nach der Reflexion am Objektiv vorbeigehen (*Dunkelfeld* in Abb. 38b). Man unterscheidet demnach zwei verschiedene Arten der Beleuchtung. Bei der ersteren Art gelangen die Lichtstrahlen durch das Objektiv selbst zur Probe *(Innenbeleuchtung)*, bei der zweiten Art außerhalb des Objektivs *(Außenbeleuchtung)*. Im wesentlichen verhalten sich die beiden Beleuchtungsarten wie Positiv und Negativ (Abb. 39 a und b). Besondere Vorteile der Dunkelfeldbeleuchtung sind: Fehlen von Reflexen, die bei Hellfeldbeleuchtung im Objektiv entstehen können, deshalb klarere Bilder; Erscheinen von farbigen Gegenständen in ihren charakteristischen Farben, da diese Beleuchtung dem Tageslicht am meisten gleicht (z. B. erscheint in Kupfer das Oxydul leuchtend rot, gegenüber blau bei Hellfeldbeleuchtung); aufgerauhte Oberflächen sind kontrastreicher als bei Hellfeld; Risse und Kratzer werden leichter erkannt, erhöhtes Auflösungsvermögen zufolge größeren Öffnungswinkels.

Bei der Hellfeldbeleuchtung in Abb. 39a handelt es sich grundsätzlich um dieselbe Vorrichtung, wie in Abb. 25b mit senkrecht auffallendem Licht. Das Licht geht zum größten Teil geradlinig durch das Planglas weiter und ist für die Beleuchtung verloren. Ein geringerer Teil wird am Planglas gespiegelt, geht durch das Objektiv, beleuchtet den Gegenstand, gelangt nach der Spiegelung wieder in das Objektiv und von hier in das Okular. Aber im Gegensatz zur Abb. 25b befindet sich das Planglas nicht zwischen Probe und Objektiv, sondern oberhalb beider. Diese Anordnung mußte deshalb gewählt werden, weil man mit der Frontlinse des Objektivs wegen den stärkeren Vergrößerungen so nahe an die Probe herangehen muß, daß man für den übrigbleibenden Raum geringer Abmessung keine genügend wirksame Anordnung anfertigen könnte. Die Beleuchtungseinrichtung, die als *Vertikalilluminator* (Abb. 40) bezeichnet wird, mußte also aus rein konstruktiven Gründen oberhalb der Probe und des Objektivs O angebracht werden. Das Licht tritt von der Lichtquelle L in den Ver-

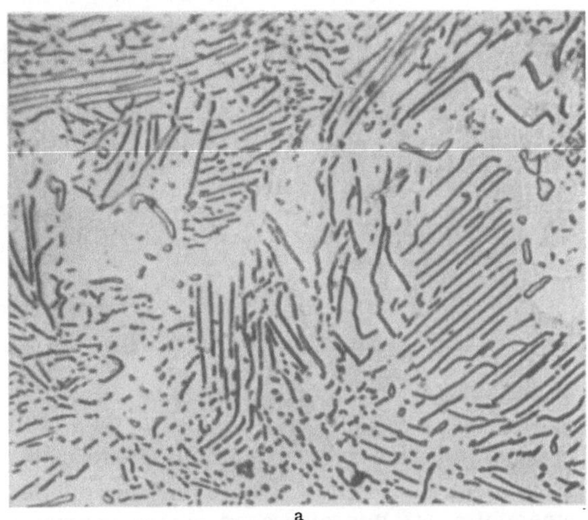

a

b

Abb. 39a und b. a Hellfeld, b Dunkelfeld. Magnesiumlegierung mit 9,5% Al, 0,5% Zn und 0,3% Mn, von 425° sehr langsam abgekühlt. V 600×.

tikalilluminator ein und nach Reflexion an dem mit 45° gegen die optische Achse stehenden „Planglasplättchen" S gelangt es durch das Objektiv zur Probe. Die Hellfeldbeleuchtung ermöglicht auch die Anwendung von schiefem Licht (Abb. 41), wobei das Licht so auf das Planglas (Abb. 41a) des Vertikalilluminators gelangt, daß es nach Durchgang durch das Objektiv schief zur optischen Achse auf den Gegenstand gelangt (steilschräge Innenbeleuchtung). Die schiefe Beleuchtung läßt Kanten, Löcher usw. wegen der Schattenwirkung besser erkennen, liefert aber weniger fein gezeichnete Bilder als die senkrechte Beleuchtung. Abb. 41b zeigt ebenfalls Hellfeldbeleuchtung mit schrägem Licht, wobei das Licht an einem totalreflektierenden Prisma um 90° umgelenkt wird. Da kein Licht verloren geht, wie beim Planglasplättchen, erscheint die Probe heller. Diesem Verfahren haftet als schwerer Nachteil an, daß Einzelheiten, die mit ihren Kanten parallel zur Prismenkante verlaufen, weniger aufgelöst werden, als bei Verwendung eines Planglasilluminators. Das ist darauf zurückzuführen, daß für die Abbildung nur die Strahlen wirksam werden, die in dem Teil des Tubus verlaufen,

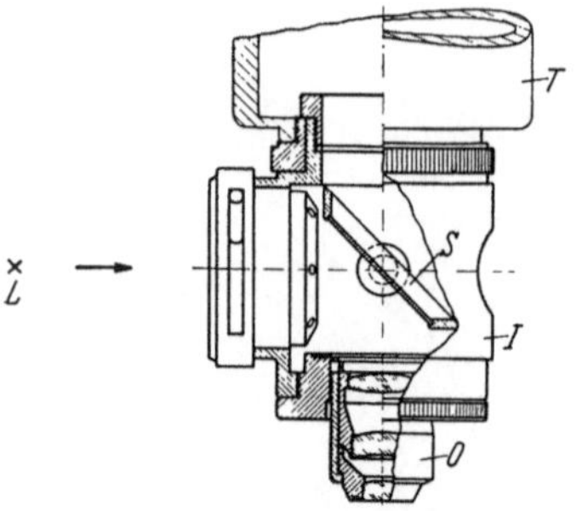

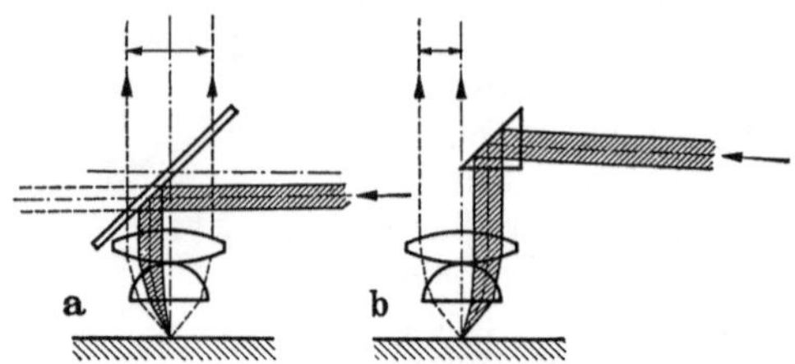

Abb. 40. Vertikalilluminator.

Abb. 41 a und b. Steilschräge Innenbeleuchtung a mit Planglasplättchen, b mit Prisma.

in dem sich das Prisma nicht befindet. An Stelle des totalreflektierenden Prismas können auch kleine Zungenformspiegel verwendet werden.

Bei der Dunkelfeldbeleuchtung wird ebenfalls ein Vertikalilluminator mit einem um 45° zur optischen Achse geneigten ebenen Spiegel, aber als Ringspiegel ausgebildet, verwendet. Oft befinden sich in einem gemeinsamen Vertikalilluminator Planglasplättchen, Prisma und Ringspiegel, so daß man beim Übergang vom Hellfeld zum Dunkelfeld im Vertikalilluminator lediglich den richtigen Spiegel einzuschalten hat (Busch: Univertor, Reichert: Universal-Opakilluminator, Zeiß: kombinierter Illuminator usw.). Die Strahlen gelangen nach Reflexion am Ringspiegel parallel gerichtet oder schwach konvergierend in den Ringkondensor, der sie nach 1 oder 2 Spiegelungen, je nach Bauart, auf die Schlifffläche wirft. Der *Kondensor für Dunkelfeld* wird in verschiedenen Ausführungen hergestellt. Entweder ist er *mit den Objektiven fest verbunden*, so daß das Objektiv sich in der Mitte des Kondensors befindet oder aber er ist in einer vom Objektiv *getrennten Ausführung* hergestellt. Objektive, die mit dem Dunkelfeldkondensor fest verbunden sind, werden von den Firmen Reichert (Epilumobjektive, Zahlentafel 6, Abb. 42) und Busch (S-Objektive, Zahlentafel 6) hergestellt. Diese Objektive sind sowohl für Hellfeld als auch für Dunkelfeldbeleuchtung anwendbar, so daß man beim Übergang von Hellfeld zu Dunkelfeld im Vertikalilluminator *b* lediglich den Ringspiegel *a* einzuschalten braucht. Bei den Dunkelfeldkondensoren, die vom Objektiv getrennt hergestellt

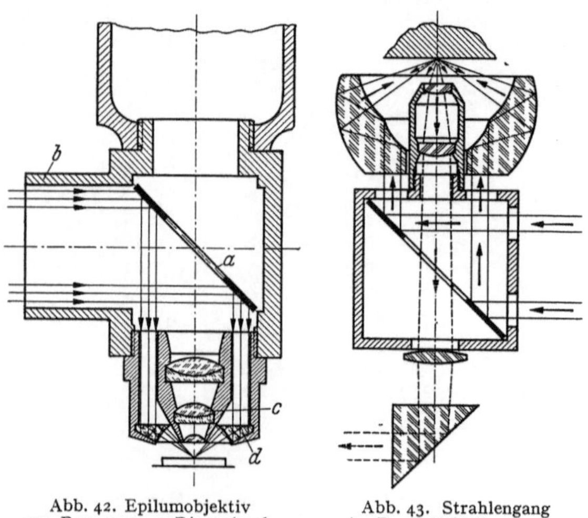

Abb. 42. Epilumobjektiv von Reichert. a Ringspiegel, b Beleuchtungsstutzen, c Objektiv, d Dunkelfeldkondensor.

Abb. 43. Strahlengang im Dunkelfeldilluminator von Leitz.

werden, verwendet man bei schwächeren Vergrößerungen (bis 40 × Eigenvergrößerung) die gewöhnlichen Objektive, für stärkere Vergrößerungen dienen Sonderobjektive, die wegen unvermeidlicher Reflexe für das Hellfeld nicht benützt werden sollten. Für jedes Objektiv benötigt man eigentlich einen besonderen Kondensor. Man behilft sich aber dadurch, daß man für mehrere Objektive einen gemeinsamen Kondensor (Zeiß: Hohlspiegelkondensor Nr. 1, 2 und 3; Leitz: Ringkondensor für schwache Objektive mit Höhenverstellung, Spiegelkondensor für starke Objektive, ab M 16, Abb. 43) mit Höhenverstellung, oder mit verschiedenen Zwischenstücken verwendet. Genau wie es bei der Hellfeldbeleuchtung möglich ist, mit schiefem Licht zu beleuchten, kann man auch beim Dunkelfeld von der allseitigen Beleuchtung abgehen und eine einseitige Beleuchtung verwenden. Es gibt für die einseitige Beleuchtung verschiedene Einrichtungen, von denen eine aus Abb. 44 zu ersehen ist. Eine andere ist die Azimutblende.

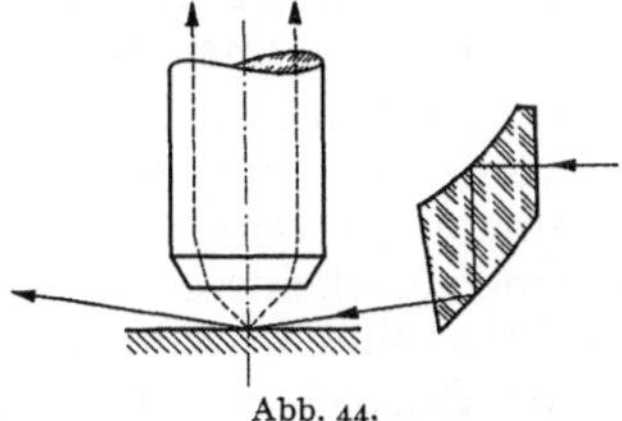

Abb. 44.
Einseitige Dunkelfeldbeleuchtung.

13. Polarisiertes Licht[1].

Die Strahlen, die von der Lichtquelle in das Mikroskop gelangen, stellen, wie das natürliche Licht, eine transversale Wellenbewegung dar, deren Schwingungsebene in sehr kurzer Zeit alle möglichen Lagen durchläuft. Im geradlinig polarisierten Licht, das neuerdings manchmal zu den Untersuchungen verwendet wird, erfolgen die Schwingungen nur in einer bestimmten Ebene. Trifft ein solcher Strahl auf eine geeignete Kristallfläche, so ändert diese den Polarisationszustand des reflektierten Lichts. Die Änderung des Polarisationszustandes des Lichts erfolgt nur durch bestimmte Kristallarten, so daß diese Tatsache zur Kennzeichnung dieser Kristallarten verwendet werden kann.

Zur Erzeugung des polarisierten Lichts dient der *Polarisator*, ein NICOLsches Prisma. Dieses besteht, wie Abb. 45 zeigt, aus zwei mit Kanadabalsam aufeinandergekitteten Kalkspatkristallen. Es wird in der Nähe der Aperturblende in den Strahlengang eingeschoben. Das in das Prisma eintretende gewöhnliche Licht (Abb. 45 a) wird in 2 Strahlen (ordentlichen und außerordentlichen) gespalten. Jeder Strahl ist polarisiert, und zwar stehen die Schwingungsebenen senkrecht aufeinander. Der ordentliche Strahl erleidet an der Kanadabalsamschicht totale Reflexion und wird nach der Seite abgelenkt, während der außerordentliche Strahl durch das zweite Prisma geht und aus diesem parallel zum eintretenden Strahl, nur etwas seitlich verschoben, austritt. Ein solcher paralleler Austritt ist natürlich nur bei bestimmter Lage der kristallographischen Hauptachse des Kalkspatkristalls, bei bestimmten Werten des Brechungswinkels usw. möglich. Inwieweit das polarisierte Licht bei der Reflexion an der Probe verändert worden ist, wird mit einem zweiten NICOLschen Prisma, dem *Analysator*,

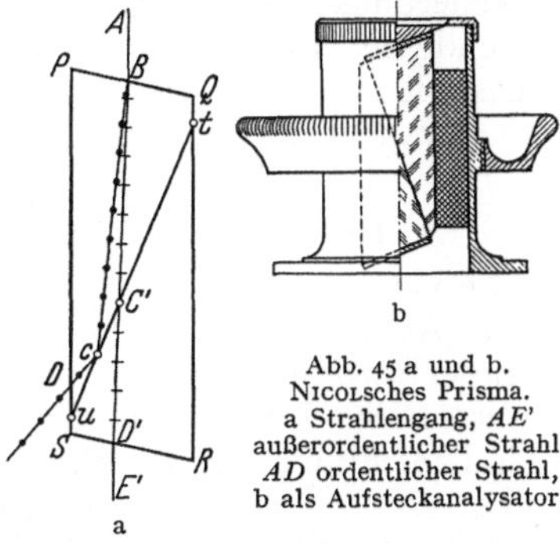

Abb. 45 a und b.
NICOLsches Prisma.
a Strahlengang, *AE'*
außerordentlicher Strahl,
AD ordentlicher Strahl,
b als Aufsteckanalysator.

---

[1] RINNE, F. u. M. BEREK: Optische Untersuchungen mit dem Polarisationsmikroskop. Leipzig: J. Jänecke 1934. — SCHWARZ, M. v.: Die Anwendung des Polarisationsmikroskopes bei der Untersuchung von Kupferlegierungen. Z. Metallkde. Bd. 24 (1932) 97/103. — SCHWARZ, M. v. u. H. DASCHNER: Beitrag zur Erkennung der Kristallsymmetrie durch Beobachtung der Polarisationsfarben zwischen gekreuzten Nikols. Z. Metallkde. Bd. 28 (1936) S. 343/346. — SCHAFMEISTER, P. u. E. MOLL: Die Verwendbarkeit polarisierten Lichtes bei der Gefügeuntersuchung von Stahl und Eisen. Arch. Eisenhüttenw. Bd. 10 (1936/37) S. 155/160.

bestimmt. Dieser befindet sich in dem Tubus, meistens hinter dem Vertikalilluminator. Stehen Polarisator und Analysator so zueinander, daß sie durch Parallelverschiebung zur Deckung gebracht werden können (Umlenkungen im Mikroskop müssen dabei mitgemacht werden!), so wird das Gesichtsfeld hell aufleuchten, wenn bei der Reflexion des Lichts an der Probe keine Veränderung des Lichts auftritt. Muß aber der Analysator um einen bestimmten Betrag um AB als Achse gedreht werden, bis das Gesichtsfeld seine maximale Helligkeit erreicht, so ist der Polarisationszustand durch Reflexion an der Probe verändert worden. Abb. 45b zeigt einen Schnitt durch einen Aufsteckanalysator.

Für die Untersuchungen im polarisierten Licht müssen besondere Objektive, die völlig spannungsfrei sind und den Polarisationszustand des Lichts nicht ändern dürfen, verwendet werden. So müssen z. B. die Apochromate und Fluoritsysteme ausscheiden, da sie den Polarisationszustand ändern würden. Geeignete Objektive sind in Zahlentafel 6 angeführt.

Als Beispiel für die Anwendung von polarisiertem Lichte sei Kupfer mit Oxydul- und Sulfürgehalt (Cu_2O und Cu_2S) angeführt. Betrachtet man eine solche Probe im Hellfeld mit gewöhnlichem Licht, so erscheint das Kupfer hellrot, die Oxydul- und Sulfüreinschlüsse blaugrau. Bei Betrachtung mit polarisiertem Licht lassen sich die Einschlüsse dadurch sehr gut unterscheiden, daß das Oxydul blutrot, das Sulfür blaugrau erscheint. Die einzelnen Mischkristallkörner in Silizium-Kupferlegierungen lassen sich in ihren verschiedenen Lagen durch die verschieden hellen und voneinander abweichenden Farben gut erkennen. Zur Untersuchung von Schlackeneinschlüssen und sonstigen Verunreinigungen kann das polarisierte Licht wertvolle Dienste leisten. Außerdem können innere Spannungen in den Legierungen nachgewiesen werden usw.

Neuerdings werden im Gegensatz zu den als Polarisatoren und Analysatoren verwendeten Nicols unter dem Namen „Herapathit-Filter" Polarisationsfilter hergestellt, die sich durch geringe Dicke und Billigkeit auszeichnen, jedoch noch daran kranken, daß sie einen Teil des roten Lichts durchlassen.

14. Strahlengang, Blenden und Lichtquellen.

Die von der Lichtquelle kommenden Strahlen schneiden sich in der *Aperturblende* (Abb. 46a), indem die Lichtquelle mittels einer Sammellinse (Kollektor) in dieser abgebildet wird. Zwischen Aperturblende und Objektiv kommt eine weitere Folge Linsen, die die divergierenden Strahlen nochmals sammelt und nach Umlenkung im Vertikalilluminator in der Nähe der hinteren Linsen des Objektivs zum Schnitt bringt, d. h. die Aperturblende dort abbildet. Von hier gelangen die Strahlen durch das Objektiv zur Probe und schließlich von der Probe durch das Objektiv und Okular in das Auge. Ist die Blende ganz geöffnet, so durchsetzen die beleuchtenden Strahlen die ganze Öffnung des Objektivs (Abb. 46b), die von der Vorderlinse des Objektivs die Probe in breitem Kegel beleuchten, was eine große Apertur des Objektivs, damit volles Auflösungsvermögen und größtmögliche Helligkeit gewährleistet. Wird die Aperturblende verkleinert (Abb. 46c), so wird der beleuchtende Strahlenkegel enger, was eine Verkleinerung der Apertur des Objektivs, damit geringeres Auflösungsvermögen und Helligkeit nach sich zieht. Wenn man trotzdem nicht mit der ganz geöffneten Aperturblende arbeitet, so hat das seinen Grund darin, daß von dem an den Objektivlinsen reflektierten Licht Schleier entstehen, die besonders bei Beleuchtung mit Planglasilluminator recht störend sein können. Man blendet also nur soweit ab, als zur Vermeidung der Lichtschleier notwendig ist, denn abgesehen von den obengenannten Nachteilen können bei zu kleiner Blende grobe Strukturen mit Doppelkonturen erscheinen.

Eine weitere wichtige Blende ist die *Leuchtfeldblende* oder *Gesichtsfeldblende.* Sie ist so in den Strahlengang eingebaut, daß sie vom Objektiv auf der Probe scharf abgebildet wird. Schließt man sie, so wird das beleuchtete Feld (das Leuchtfeld) auf der Probe kleiner, ohne daß jedoch die Helligkeit oder das Auflösungsvermögen abnimmt. Ihr Zweck ist, das Reflexlicht zu beseitigen und das Bild kontrastreicher zu machen.

Als *Lichtquelle* kommt bei Mikroskopen nur künstliches Licht, wie elektrische Glühbirnen, Punktlichtlampen und Bogenlampe in Betracht, die sich lediglich durch ihre Helligkeit unterscheiden. Da zur subjektiven Beobachtung mit gewöhnlicher Hellfeldbeleuchtung eine verhältnismäßig schwache Lichtquelle genügt, für andere Arbeiten (z. B. Photographieren) jedoch stärkere Lichtquellen notwendig sind, findet man häufig an einem Mikroskop schwache und starke Lichtquellen, also Glühbirne und Bogenlampe. Hat man am Mikroskop nur eine starke Lichtquelle, so kann deren Helligkeit durch Einschalten von Filtern

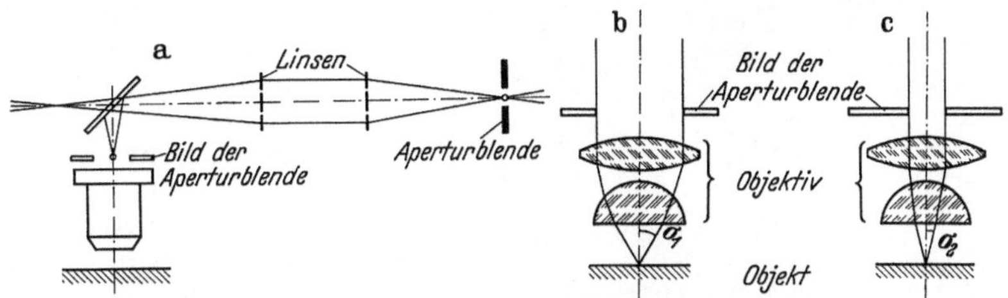

Abb. 46 a bis c. Aperturblende (a) mit großer (b) und kleiner (c) Öffnung.

(Rauchglas, Milchglas) herabgemindert werden. Bei den Lichtquellen ist es wichtig, daß die glühende Fläche möglichst klein ist, was am besten bei den Bogen- und Punktlichtlampen erfüllt ist.

Von den Glühbirnen seien genannt: die gewöhnlichen Nitralampen für eine Netzspannung von 110 oder 220 V (100, 250 W), Opal-Glühbirnen für Netzspannungen von 110 oder 220 V (40 W), Niedervolt-Glühbirnen mit 3, 5, 6, 8, 12 V (30, 50 und 100 W). Bei der Punktlichtlampe wird durch Gleich- oder Wechselstrom zwischen zwei Wolframelektroden ein Lichtbogen erzeugt, der diese so stark erhitzt, daß sie ein intensives Licht ausstrahlen. Bei der Bogenlampe steht eine Elektrode waagerecht, die andere senkrecht. Diese brennen langsam ab und müssen deshalb entweder von Hand nachgestellt werden oder aber geschieht dies durch elektrische oder Uhrwerksregulierung. Wird an Gleichstrom angeschlossen, so muß darauf geachtet werden, daß die waagerechte Kohle heller brennt. Die Lichtquellen werden in gut gelüfteten Metallgehäusen untergebracht, an denen sich an geeigneter Stelle meistens auch die Kollektorlinse zur Sammlung der Lichtstrahlen befindet.

15. Metallmikroskope.

In Abb. 25 wurde ein einfaches Mikroskop gezeigt. Mit einem solchen lassen sich ohne weiteres photographische Aufnahmen anfertigen, wenn man statt des Okulars für subjektive Beobachtung ein solches für photographische Aufnahmen anbringt und darüber eine Kamera setzt, wie in Abb. 47 gezeigt wird (z. B. Zeiß: Standard, Contax-Standard zur Verwendung der Contaxmodelle der Zeiß-Ikon sowohl für Film als auch für Platten, Miflex ohne oder mit Ansatz für die Kleinbildkamera Kolibri oder Contax; Busch: Citophot; Fueß: starre Aufsatzkamera für verschiedene Plattenformate). Verwendet man besondere Vertikalilluminatoren, so kann man bei diesen einfachen Mikroskopen auch mit Dunkelfeldbeleuchtung arbeiten. So zeigt z. B. Abb. 48 die Zeichnung des Universalopakilluminators für steilschräge Beleuchtung im Hellfeld mit Spiegelzunge. Will man mit senkrechter Beleuchtung arbeiten, so braucht

Abb. 47. Metallmikroskop mit aufgesetzter Balgenkamera.

man die Spiegelebene s lediglich in ihrer Richtung nach rechts unten zu verschieben und die Linse p im Gegenzeigersinn so zu verdrehen, daß das einfallende Strahlenbündel symmetrisch zur optischen Achse liegt. Bei Dunkelfeldbeleuchtung wird der Knopf K um 90° gedreht und es tritt die mit ihm fest verbundene, gestrichelt gezeichnete Scheibenblende in den Strahlengang. Durch geeignete Öffnung der Blenden gelangt das Licht nach Reflexion an s außerhalb des Linsensystems des Objektivs zum Gegenstand. Dieser Illuminator kann durch Polarisationseinrichtungen ergänzt werden, so daß man die Vorteile von polarisiertem Licht ebenfalls anwenden kann. Derartige Mikroskope, die alle fast die gleiche Bauart haben und auch fast gleich im Aussehen sind, werden von allen optischen Firmen hergestellt. Wichtiger als diese sind indessen die großen Metallmikroskope, die im Bau und Aussehen recht verschieden sind.

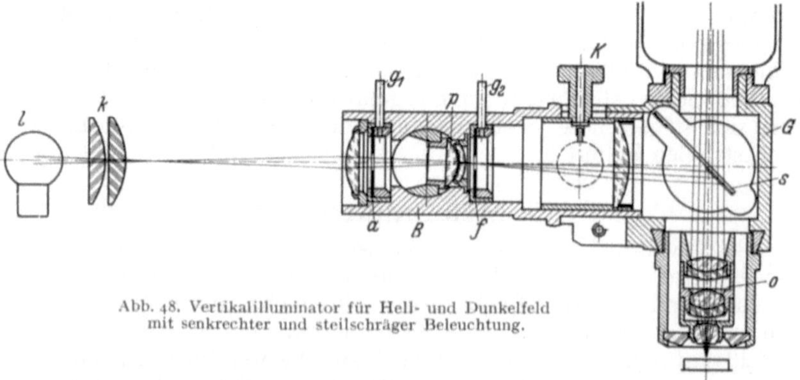

Abb. 48. Vertikalilluminator für Hell- und Dunkelfeld
mit senkrechter und steilschräger Beleuchtung.

Diese sind meistens nach dem Le Chatelier-Prinzip gebaut, d. h. als umgekehrtes Mikroskop. Von den im folgenden besprochenen Mikroskopen weichen von diesem Prinzip nur das Martens-Mikroskop mit waagerechter optischer Achse, das Orthophot III von Fueß mit nach unten zeigendem Objektiv ab.

16. Das Neophot von Zeiß.

Abb. 49 zeigt dieses Gerät, das sich für Vergrößerungen von 50- bis 2000fach im senkrechten und schrägen Hellfeld, im Dunkelfeld und im polarisierten Licht eignet. Mit diesem Gerät können Übersichtsaufnahmen mit senkrechter und schräger Beleuchtung und Makroaufnahmen mit photographischen Objektiven hergestellt werden. Stativ, Kamera und Beleuchtungseinrichtung ruhen auf einer *optischen Bank*, die in 4 Schwingungstöpfen erschütterungsfrei aufgehängt ist, so daß man sogar in stark schwingenden Räumen photographische Aufnahmen machen kann. Die Kamera wird normalerweise für Platten 13 × 18 cm und einem größten Balgauszug von 85 cm gebaut. Der drehbare Spiegel S gestattet Beobachtung des auf die Mattscheibe geworfenen Bildes auch im Sitzen vor dem Beobachtungstubus. Die eingestellte Kameralänge wird an einem festangebrachten Maßstab abgelesen. Wertvoll ist die Ferneinstellung während der Beobachtung des Bildes auf der Mattscheibe, die dadurch bewirkt

Abb. 49. Neophot von Zeiß.

wird, daß die auf beiden Seiten der optischen Bank in der Längsrichtung verlaufenden Wellen den Grob- und Feintrieb am Mikroskopkörper betätigen, so daß der Objekttisch durch Drehen der Stangen gehoben oder gesenkt werden kann. Auf der rechten Seite der Abbildung erkennt man die zweifache Beleuchtungseinrichtung: ganz rechts eine Bogenlampe mit Uhrwerksregulierung in einem Metallgehäuse und dann etwas nach links auf einem Reiter eine 40-Watt-Glühlampe für die subjektive Beobachtung, wiederum in einem kleinen zylindrischen Metallgehäuse (in der Abbildung durch die große Metallscheibe zum Teil verdeckt). Soll die Bogenlampe benützt werden (Photographie, Dunkelfeld, polarisiertes Licht), so wird die Glühlampe einfach zur Seite ausgeschwenkt. Zwischen den beiden Lampen befinden sich die Kollektorlinse zum Abbilden der Lichtquelle und eine wassergefüllte Porzellanküvette mit parallelen Glaswänden zur Absorption der Wärmestrahlen.

Das eigentliche Mikroskop ist aus Abb. 50, der Strahlengang bei subjektiver Beobachtung und Photographieren aus Abb. 51 zu ersehen. Das Stativ trägt zunächst den waagerechten Objekttisch T, Grob- und Feintrieb G und F, den Beobachtungstubus s, den Illuminator I mit Beleuchtungsansatz und Projektionstubus p. Der Objekttisch ist als drehbarer Kreuzschlittentisch mit Gradeinteilung ringsherum ausgebildet. Der Grobtrieb bewegt den Tisch, der Feintrieb nur Vertikalilluminator mit Objektiv. Der kombinierte Illuminator kann sowohl für Hellfeld- als auch Dunkelfeldbeleuchtung mit gewöhnlichem und polarisiertem Licht verwendet werden. Ist der Stift S am Illuminator herausgezogen, so ist das Planglas, ist er eingeschoben, so ist das Prisma eingeschaltet. Beim Übergang zum Dunkelfeld wird die Bogenlampe eingeschaltet und ein Blendenschieber D in den Strahlengang gebracht. Dieser läßt nur ein ringförmiges Strahlenbüschel auf das Planglas des Illuminators fallen, das von diesem auf den Dunkelfeldkondensor reflektiert wird. Als Kondensoren werden Hohlspiegel aus Metall auf den Illuminator aufgesetzt. Die Polarisationseinrichtung besteht aus dem ausschwenkbaren Polarisator P und dem aus- und einschiebbaren Analysator A, der unterhalb des Vertikalilluminators angebracht ist. Am Beleuchtungsansatz sei noch besonders auf die Leuchtfeldblende L (Irisblende) und Aperturblende a hingewiesen. Die letztere kann aus der optischen Achse herausgeschoben werden, was zu schiefer Beleuchtung führt. Dreht man sie in dieser exzentrischen Stellung, so macht der Lichtstrahl die Drehung im Objektiv mit und es ist so möglich, schiefe Beleuchtung von jeder Richtung her zu erreichen. Die optische Ausrüstung ist in Zahlentafel 6 angeführt.

Abb. 50. Mikroskopkörper des Neophot.

Bei Arbeiten mit geringeren Vergrößerungen wird der Vertikalilluminator entfernt. Bei Übersichtsaufnahmen wird ein Ansatzstück mit den Objektiven (Mikrotaren) an seine Stelle gesetzt. Hierbei kann nun nach Belieben senkrechtes oder schiefes Licht angewendet werden. Bei

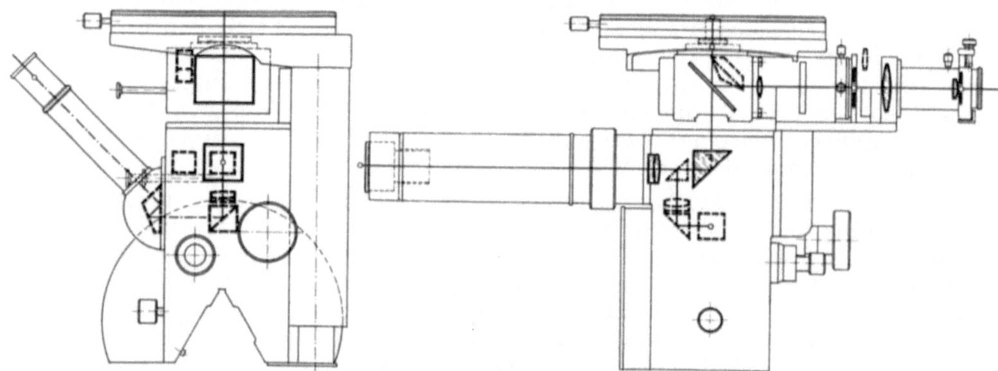

Abb. 51. Strahlengang im Neophot.

senkrecht auffallendem Licht wird ein Planglasilluminator zwischen dem Objektiv und Objekttisch angebracht. Bei schrägem Licht hilft man sich mit einem Spiegel, der das Licht schief auf die Probe wirft. Durch Herausziehen des Stiftes gelangt der Lichtstrahl nicht in den Beobachtungstubus, sondern er wird auf die Mattscheibe der Kamera geworfen, wobei ohne Okular gearbeitet wird. Bei Anfertigung von Makroaufnahmen wird am Objektivbrett der Kamera ein Photoobjektiv eingesetzt und nach den auf S. 575 geschilderten Methoden senkrechtes oder schiefes Licht angewendet.

17. Das Metalliput
und das kleine Metallmikroskop IX von Zeiß.

Diese Geräte dienen zur Reihenuntersuchung von Schliffen.

Bei dem *Metalliput* (Abb. 52) wird bei der Herstellung photographischer Aufnahmen der Beobachtungstubus T zur Seite nach rechts geschwenkt und die Balgenkamera K darübergezogen. Es kann Hell- und Dunkelfeldbeleuchtung, gewöhnliches und polarisiertes Licht verwendet werden. Als Objektive dienen teilweise die für das Neophot in Zahlentafel 6 genannten, und die Achromate *Epi*, als Okulare die Huygens- und normalen Photokulare. Das Gerät

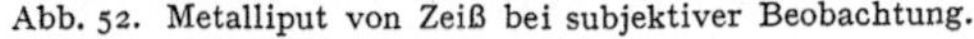

Abb. 52. Metalliput von Zeiß bei subjektiver Beobachtung.

Abb. 53. Kleines Metallmikroskop IX von Zeiß.

eignet sich für Makro- und Mikroaufnahmen bis 1000×. In vibrierenden Räumen wird es auf einen erschütterungsfreien Untersatz in Schwingungstöpfen gestellt.

Das *kleine Metallmikroskop IX* (Abb. 53) hat ein Aufnahmeformat von 24×36 mm und verwendet als Aufnahmekamera die Zeiß-Ikon-Contax. Das feinkörnige Negativmaterial erlaubt ohne weiteres weitgehende Vergrößerungen der Einzelbilder. Außer diesem Format kann auch eine Ansatzkamera mit Platten in 6,5×9 cm oder Rollfilm 6×6 cm verwendet werden. Man kann im Hell- und Dunkelfeld (Ringspiegeln!) arbeiten. Vergrößerungen bis 1000× sind möglich. Alle Epi-Objektive und Neophot-Hellfeldobjektive sind verwendbar. Als Okular kommen die Photookulare 7×, 6× und 9× in Frage. Für Übersichtsaufnahmen dienen die Mikrotare $f=6$ und $f=9$ cm.

18. Das Ultraphot von Zeiß.

Dieses Gerät ist für alle Zwecke der Mikroskopie geeignet. Es ermöglicht monokulare und binokulare Beobachtung, mikrophotographische Aufnahmen bis 9×12 cm, Untersuchung von Objekten bis 85 mm Dmr., mikrokinematographische Aufnahmen bei normalem und langsamem Bildwechsel, Zeichnen nach dem Projektionsbild, Makro- und Mikroprojektion. Es läßt sich als aufrechtes oder gestürztes Mikroskop aufbauen, es können alle Arten der Beleuchtung (auffallendes oder durchfallendes Licht, Hell- oder Dunkelfeld) und des Lichtes (gewöhnliches oder polarisiertes, kurz- oder langwelliges Licht) angewendet werden.

Abb. 54. Ultraphot von Zeiß als Metallmikroskop.

Abb. 54 zeigt seine Anwendung als gestürztes Mikroskop. Das Grundgestellt besteht aus einem Fußkasten und einer mit einer Haube verschlossenen runden Säule. An dieser befindet sich eine Stahlschiene zur Aufnahme der Mikroskopteile und der mikrophotographischen Einrichtungen. Im Inneren der Säule ist die Beleuchtungseinrichtung untergebracht. Der Objekttisch ist an dem mit Grobtrieb ausgerüsteten Tischhalter (Ti) befestigt. Die Probe kann auf dem Tisch in zwei zueinander senkrecht stehenden Richtungen verschoben werden. Der Tubus, der aus einem Prismenkasten (Pk) mit 90°-Prisma zum Umlenken der Lichtstrahlen in die horizontale Richtung und dem seitlich daran befestigten eigentlichen Tubus mit Einblickrohr (E) für die visuelle Beobachtung besteht, wird an dem Tubushalter (Tu) mit Grob- und Feinbewegung angebracht. Der Prismenkasten ist oben als Schlitten ausgebildet, der die Beleuchtungseinrichtung aufnimmt. Die Kamera (K) ist am Kamerahalter befestigt. Als optische Ausrüstung können die auf S. 585 genannten Objektive und Okulare von Zeiß oder Zeiß-Winkel verwendet werden.

19. Das große Metallmikroskop MeA von Reichert.

Das Mikroskop (Abb. 55) besteht aus dem eigentlichen Mikroskopkörper (Abb. 56), der Balgenkamera, Bogenlampe, ausschwenkbarer Niedervoltlampe und optischer Bank. Der Mikroskopkörper ist auf einen Sockel aufgesetzt. Wird mit langbrennweitigen Objektiven (Neupolaren) gearbeitet, um Übersichtsbilder anzufertigen, so muß der Vertikalilluminator mit Beobachtungstubus abgehoben werden. Die subjektive Beobachtung erfolgt durch den an der Vorderseite schräg nach oben herausragenden Okularstutzen, in den oben das Okular $Ok\ 1$ (Abb. 57) eingesetzt wird. Unten befindet sich ein Prisma p_2, das den senkrechten, von oben kommenden Lichtstrahl zum Okular umlenkt. Mit dem Sockel fest verbunden ist der Objekttisch (viereckiger Kreuzschlittentisch, runder drehbarer Kreuzschlittentisch). Sein Gewicht und das der darauf befindlichen Probe wird durch

Gegenfedern am Grobtrieb ausgeglichen. Am Sockel des Mikroskopkörpers befinden sich Grob- und Feineinstellung. Erstere hebt und senkt den Objekttisch,

Abb. 55. Großes Metallmikroskop MeA von Reichert.

letztere nur den Mikroskopkörper. Die Balgenkamera K_1 kann auf 100 cm Länge ausgezogen und ihre Stellung an der Zentimeterteilung der optischen Bank abgelesen werden. Wird der Beobachtungstubus herausgezogen, so gelangt der Lichtstrahl durch das Okular $Ok\,2$ in die Kamera. Als Lichtquelle ist eine meist mit automatischer Regulierung versehene Bogenlampe und für subjektive Beobachtung eine Niedervoltlampe vorgesehen. Zur Bogenlampe gehören noch die aplanatisch-achromatische Kollektorlinse K und Kühlküvette, zur Niedervoltlampe ein aplanatisch-achromatischer Hohlspiegel und ein aplanatisch-achromatischer Kollektor. An den Lampen befinden sich eine Reihe von Filtern F in Ausklappfassungen. Die ganzen Bestandteile des Mikroskops sind auf eine über 2 m lange optische Bank mit federnder Aufhängevorrichtung aufgebaut. Bei diesem Mikroskop können sämtliche Beleuchtungs- und Lichtarten angewendet werden. Hier-

Abb. 56. Mikroskopkörper des großen Metallmikroskopes MeA.

zu dient der „Universal-Opakilluminator". Die senkrechte Hellfeldbeleuchtung geschieht durch Einschalten des Planglasplättchens, die steilschräge

Hellfeldbeleuchtung mit dem Zungenspiegel (vgl. S. 590 und Abb. 48) und die Dunkelfeldbeleuchtung mit dem Ringspiegel des Vertikalilluminators.

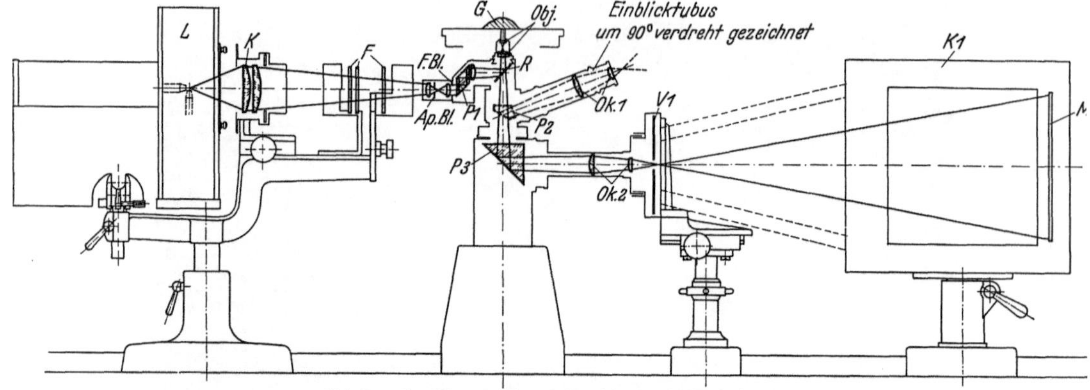

Abb. 57. Strahlengang im großen Metallmikroskop MeA.

Während bei Hellfeldbeleuchtung die gewöhnlichen Objektive Anwendung finden, müssen bei Dunkelfeldbeleuchtung die Epilumobjektive (Abb. 42 und 48) verwendet werden, die natürlich auch für Hellfeldbeleuchtung geeignet sind. Bei Arbeiten im polarisierten Lichte wird auf das Beleuchtungsrohr des Illuminators ein drehbarer Polarisator in Ausklappfassung aufgesetzt. Der Analysator wird in einem Schieber in den Okularteil des Mikroskops eingeführt. Die optische Ausrüstung ist in Zahlentafel 6 angegeben.

20. Das Mikroskop MeF von Reichert.

Man erkennt aus der Abb. 58 die Bestandteile: Sockel gleichzeitig als Kameragehäuse ausgebildet, das eigentliche Mikroskop, Objekttisch und Lampe und aus Abb. 59 den Strahlengang. Das Instrument ist äußerst raumsparend gebaut und erfordert deshalb nur einen kleinen Arbeitsplatz. Kein Teil des Instrumentes ist auf einem abstehenden labilen Träger angeordnet und deshalb kann es leicht in einem handlichen Schrank aufbewahrt und transportiert werden. Vertikalilluminator mit Objektiv und Beobachtungsstutzen können als Ganzes abgenommen werden, um mit langbrennweitigen Photoobjektiven zu

Abb. 58. Mikroskop MeF von Reichert.

arbeiten. An der Oberseite des Mikroskopkörpers befindet sich eine Schlittenführung, auf welcher der Vertikalilluminator oder die kürzerbrennweitigen Photoobjektive (Neupolar $f = 30$ und 50 mm) aufgeschoben werden. Bei subjektiver

Beobachtung ist der Okulartubus *Ok 1* mit Prisma *P 2* ganz eingeschoben, bei Photographie ganz herausgezogen. Die Grobeinstellung erfolgt für jedes Objektiv automatisch richtig nach einer Skala. Der auf den Objekttisch [viereckiger Kreuztisch 150 × 150, drehbarer Kreuztisch („Böhlertisch") 160 mm Dmr.] wirkende Grobtrieb besitzt Gewichtsausgleich, wodurch das Heben und Senken auch schwerer Objekte leicht erfolgt. Der Feintrieb (0,001 mm Einteilung) wirkt nur auf das Objektiv. Als Lampe, links seitwärts in einem kugelförmigen Gehäuse eines aufstrebenden Tragarmes, wird eine Glühbirne *L* von 6 V ver-

wendet. In dem Inneren des Gehäuses befinden sich noch zur besseren Ausnützung des Lichts ein Hohlspiegel und ein achromatisch-aplanatischer Kollektor *K* mit Schneckengang. Vor der Lampe sind die ausklappbaren Filterhalter angebracht. Die Kamera ist für das Plattenformat 9 × 12 cm gebaut. Die Mattscheibe *M* ist als Pult unmittelbar vor den Augen des Beobachters ausgebildet. Im Inneren des Sockels ist der Träger für die Aufnahmeokulare *Ok 2*. Das Auswechseln dieser Okulare geschieht durch Herausklappen ihres Trägers. Bei Aufnahmen mit Photoobjektiven allein, ohne Okulare, wird dieser Träger aus dem Sockel entfernt. Das Beobachtungsokular *Ok 1* und

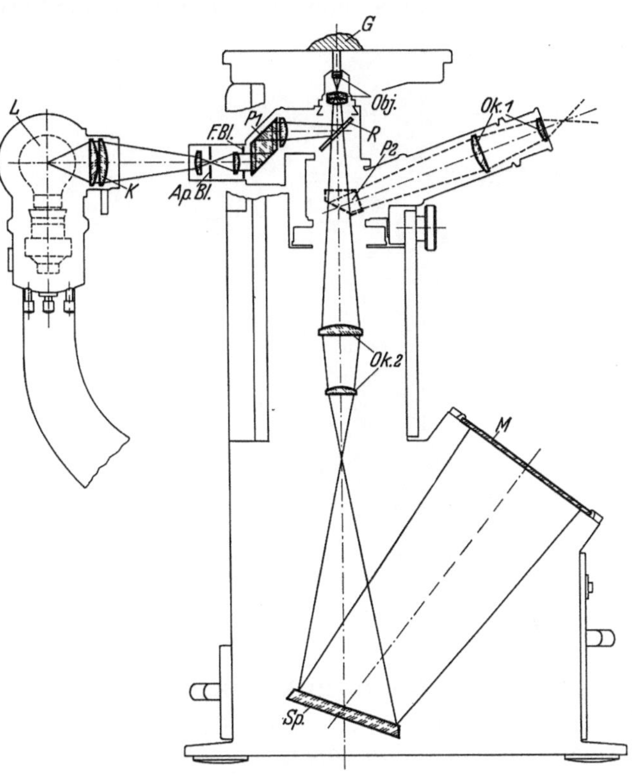

Abb. 59. Strahlengang im Mikroskop MeF.

Photookulare *Ok 2* sind so ausgeglichen, daß die Bilder im Auge und auf der Mattscheibe gleichzeitig scharf erscheinen. Um dabei der verschiedenen Sehschärfe der Beobachter Rechnung zu tragen, erfolgt die visuelle Einstellung im Okulartubus mittels eines Mikrometer-Planokulars mit verstellbarer, dem jeweiligen Beobachter angepaßter Augenlinse. Die Kamera ist als starre Kamera, ohne oder mit einem veränderbaren Balgenauszug gebaut. Durch letztere Bauart kann man jeden Vergrößerungsmaßstab erreichen. Das Mikroskop eignet sich für sämtliche Beleuchtungs- und Lichtarten. Die Vorrichtungen für diese sind die gleichen, wie die bereits bei dem auf S. 598—600 besprochenen Mikroskop MeA mit optischer Bank. Auch die optische Ausrüstung ist dieselbe.

21. Das Werkstoffmikroskop MeG (Melabor) von Reichert.

Es ist einfacher als die zwei bereits besprochenen Mikroskope dieser Firma und eignet sich zu fortlaufenden Untersuchungen der metallerzeugenden und -verarbeitenden Industrie. Das Stativ steht mit dem Sockel auf der mit 4 Gummi-

puffern versehenen Grundplatte. Am Sockel befinden sich Grob- und Feineinstellung, der Lampenträger, Phototubus und Objekttisch, auf dem Sockel der
Mikroskopteil mit Vertikalilluminator, Beleuchtungsansatz und Beobachtungstubus. Der Grobtrieb mit Gewichtsausgleich wirkt auf den Objekttisch, der
Feintrieb auf den Mikroskopteil. Als Lichtquelle dient eine Niedervoltbirne,
die sich in einem Lampengehäuse mit achromatisch-aplanatischem Kollektor
in Schneckenführung befindet. Es kann der Universal- oder der einfache Opakilluminator verwendet werden. Der Objekttisch ist viereckig oder rund. Das
Mikroskop wird mit oder ohne Kamera gebaut; bei Verwendung eines Zwischenstückes kann eine Klein-
kamera (Leica oder Con-
tax) aufgesetzt werden.

Es können sämt-
liche Beleuchtungs- und
Lichtarten verwendet
werden: senkrechtes
oder steilschräges Hell-
feld, allseitig oder ein-
seitig flachschräges
Dunkelfeld, gewöhn-
liches oder polarisiertes
Licht. Polarisator und
Analysator werden mit
Aufsteckfassungen auf
das Beleuchtungsrohr
bzw. über das Mikro-
skopokular gesteckt.
Die optische Ausrüstung
ist die gleiche wie bei
dem großen Metallmi-
kroskop MeA.

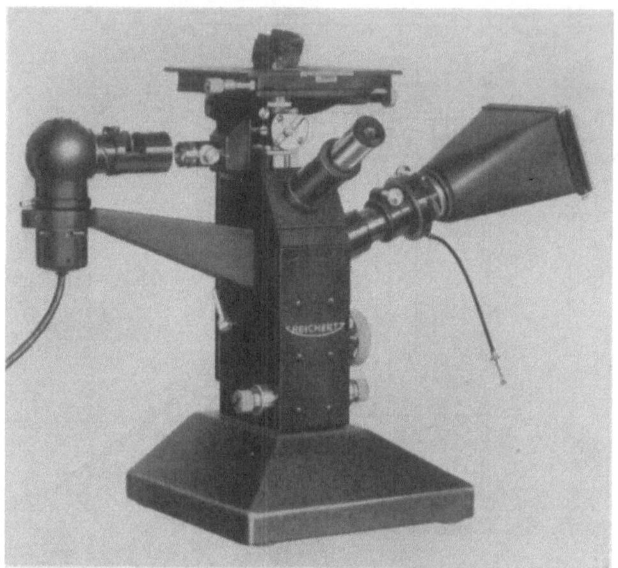

Abb. 60. Werkstoffmikroskop MeG (Melabor) von Reichert.

22. Das große Metallmikroskop MM von Leitz (neues Modell).

Die Abb. 61 und 62 zeigen die Gesamtanordnung auf optischer Bank und
den eigentlichen Mikroskopkörper. Die Dreikantschiene der optischen Bank
ist mit federnder, ausschaltbarer Aufhängevorrichtung versehen. Die Kamera
(18 × 18, 13 × 18 und 9 × 12 cm) hat einen Balgauszug von etwa 1 m; am Stirn-
brett befindet sich ein Zeit- und Momentverschluß. Mit Hilfe der Ferneinstellung
können von der Mattscheibenseite aus Grob- und Feintrieb des Mikroskops
betätigt werden. Rechts vom Mikroskopkörper befinden sich die Lichtquellen
(Niedervoltlampe und mit Uhrwerksregulierung versehene Bogenlampe). Farb-
und Mattscheibenfilter sind auf einem Revolver angeordnet. Am Mikroskopstativ befinden sich: der als Dreh- und Kreuztisch ausgebildete Objekttisch,
beiderseits Triebknöpfe für Grob- und Feineinstellung (h, i; Betätigung des
Objekttisches bzw. des Trägers des Objektivs), Beleuchtungs- und Beobachtungsstutzen (m und e, f) und Vertikalilluminator. Der Universalilluminator erlaubt
Arbeiten im Hell- und Dunkelfeld mit gewöhnlichem und polarisiertem Licht,
und zwar ohne Austausch von irgendwelchen Zubehörteilen des Stativs. Zur
Variation der Hellfeldbeleuchtung (Prisma a und Planglas b) kann eine Halb-
feldblende (p) in den Strahlengang eingeschoben werden. Diese ist auf einer
Segmentplatte angebracht, die gleichzeitig das Lichtzuführungsrohr für das
Dunkelfeld trägt. Der Vertikalilluminator ist mit einem Suchobjektiv (c)

ausgestattet, das mit einem Sehfeld von 9 mm Dmr. und einer Vergrößerung von 2× zum raschen Aufsuchen bestimmter Stellen der Probe dient. Zur Dunkel-

Abb. 61. Großes Metallmikroskop MM von Leitz (neues Modell).

Abb. 62. Mikroskopkörper des großen Metallmikroskops MM (neues Modell). *a* Prismenschieber für Hellfeld; *b* Planglasschieber für Hellfeld; *c* Suchobjektiv; *d* Analysator; *e* Monokulartubus; *f* Phototubus; *g* Binokulartubus; *h* Grobeinstellung für Objekttisch; *i* Mikrometerfeineinstellung; *k* Schaltung für Ferneinstellung; *l* herausnehmbare Umlenkprismen; *m* Lichteintrittsstutzen; *n* Schaltsegment für Hell- und Dunkelfeld mit Irisblende; *o* Zentralblendenrevolver; *p* Halbblende; *q* Polarisator; *r* Sehfeldblende; *s* Kondensorverstellung für Dunkelfeld.

feldbeleuchtung werden 2 Kondensoren (*s*, Ringkondensor mit Höhenverstellung für schwächere und Spiegelkondensor für stärkere Vergrößerung ab Objektiv M 16) verwendet, die beim Übergang zu den verschiedenen Belichtungsarten nicht ausgewechselt werden müssen. Die Polarisationseinrichtung besteht aus einem einschwenkbaren und drehbaren Polarisator q und einem unterhalb des Illuminators befindlichen anastigmatischen Tubusanalysator d. Für Vergrößerungen von $V = 10$ bis $80\times$ dient ein besonderer Illuminator. Die subjektive Beobachtung kann monokular oder binokular (g) erfolgen. Weitere Einzelheiten sind aus der Bildbeschriftung zu erkennen.

23. Das große Metallmikroskop MM von Leitz.

Der Mikroskopkörper, die Balgenkamera und Beleuchtungseinrichtung sind durch Reiter auf der Dreikantschiene der mit federnder Aufhängung ver-

Abb. 63. Mikroskopkörper des großen Metallmikroskops MM von Leitz (altes Modell).

sehenen optischen Bank verschiebbar angeordnet. Das Mikroskopstativ (Abb. 63) trägt den Objekttisch O (Kreuzschlittenbewegung), Grob- und Feineinstellung G und F (erstere bewegt nur den Objekttisch, letztere das Objektiv), den Okulartubus $Ok\,2$ und den Illuminator I mit Objektiv. Sollen Übersichtsbilder hergestellt werden (Abb. 64), so muß der Vertikalilluminator entfernt werden und an seiner Stelle wird auf Schlitten ein besonderer Illuminator P für Übersichtsbilder mit eingeschraubtem Photoobjektiv (Milare) gebracht. Das von der Probe kommende, senkrecht nach unten gehende Licht gelangt nach Umlenkung um 90° durch ein totalreflektierendes Prisma in den Okulartubus, wo es entweder ohne Richtungsänderung durch das Okular Ok 1 auf die Mattscheibe oder nach erneuter Umlenkung durch ein Prisma in den Beobachtungstubus und von hier durch das Okular Ok 2 in das Auge gelangt. Dieser Beobachtungstubus wird dadurch eingeschaltet, daß er bis zum Anschlag eingeschoben wird. Die Kameralänge (bis 100 cm) kann an einem Zentimetermaßstab abgelesen werden. Als Lichtquelle dient eine Bogenlampe mit Uhrwerksregulierung. Sämtliche Beleuchtungsarten können angewendet werden: für Hellfeldbeleuchtung dient ein auswechselbarer Opakilluminator mit Planglas und Prisma, für Dunkelfeldbeleuchtung ein besonderer Dunkelfeldilluminator. Der Dunkelfeldkondensor wird in eine Einrichtung am Objekttisch eingehängt. Der Polarisator wird auf einen Schlitten vor den Vertikalilluminator geschoben. Der Analysator befindet sich zwischen Vertikalilluminator und Umlenkungsprisma. Die optische Ausrüstung ist in Zahlentafel 6 angeführt.

Der gleiche Mikroskopkörper, wie bei dem großen Metallmikroskop MM wird bei dem *vereinfachten Metallmikroskop* MM verwendet. Bei diesem Gerät fehlt die optische Bank und statt der Bogenlampe wird die billigere Glühlampe verwendet. Noch einfacher ist die Bauart des *kleinen Metallmikroskops III*, das einen den zuerst besprochenen Mikroskopen ähnlichen Mikroskopkörper besitzt. Ein weiteres Mikroskop dieser Firma unter dem Namen *Epiphot* ist als normales Mikroskop mit nach unten zeigendem Objektiv gebaut.

Abb. 64. Makroaufnahme mit dem großen Metallmikroskop MM (altes Modell).

24. Das Metaphot von Busch.

Das Instrument (Abb. 65) ist in einem Block aufgebaut und hat dieselben Vorzüge, wie das oben beschriebene Mikroskop MeF von Reichert. Sein Raumbedarf ist gering (35 cm Dmr. als Standfläche und 50 cm Höhe). Der schwere gußeiserne Standfuß dient gleichzeitig als Kameragehäuse. Auf die Kamera ist das eigentliche Mikroskop mit Objekttisch aufgesetzt. Links seitlich befindet sich die Lichtquelle L. Der Vertikalilluminator I mit Objektiv wird abgenommen, wenn mit langbrennweitigen Objektiven gearbeitet wird. Der schräg nach oben gehende Okulartubus Ok 1 wird beim Photographieren bis zum Anschlag herausgezogen. Die Grobeinstellung G wirkt durch einen besonders kräftig ausgebildeten Zahntrieb auf den Objekttisch, dessen Gewicht durch eine Spiralfeder im Achsengehäuse des großen Einstellknopfes ausgeglichen ist. Der Objekttisch ist als runder zentrierbarer Drehtisch oder viereckiger Kreuztisch ausgebildet. Als Lichtquelle dient eine Niedervoltlampe. Am Lampengehäuse ist ein asphärischer Kondensor, Irisblende und Filterträger angebracht. Die Kamera ist für 9×12 Platten gebaut. Durch Zusatzeinrichtung lassen sich auch 13×18 Platten verwenden. Die Mattscheibe M befindet sich pultartig vor dem Beobachter. Das Aufnahmeokular wird mit der Augenlinse nach unten in den Schieber S mit Kompurverschluß und Auslöser eingesetzt und in den senkrecht nach unten fallenden Strahlengang eingeschoben. Werden starke anastigmatische Objektive verwendet, so muß bei der Aufnahme der Okularschieber S zur Vermeidung von Bildbeschneidung herausgezogen werden. Bei den Mikroaufnahmen werden oft gewisse Vergrößerungswerte mit runden Beträgen verlangt. Bei einer starren Kammer kann man aber nur bestimmte Werte bekommen. Um eine beliebige Vergrößerung erreichen zu können, kann ein beliebig ausziehbarer Balgen, wie es bei dem Mikroskop MeF von Reichert geschieht, verwendet werden. Eine andere Lösung ist das Variookular am Metaphot, das auf einen beliebigen Vergrößerungsfaktor (1,8 bis 2,8mal) eingestellt mit dem Aufnahmeokular zusammen verwendet wird. Das Mikroskop kann für sämtliche Beleuchtungs- und Lichtarten verwendet werden: Hell- und Dunkelfeld im gewöhnlichen und polarisierten Licht, senkrecht und einseitig schräg auffallendes Licht. Im Hellfeld wird mit dem Hellfeld-Vertikalilluminator, im Dunkelfeld mit dem Univertor (Universal-Vertikalilluminator) gearbeitet. Durch Griffknöpfe können Planplättchen und Prisma für Hellfeld und ein in der Mitte durchbohrter Spiegel für Dunkelfeld eingeschaltet werden. Die optische Ausrüstung ist aus Zahlentafel 6 zu ersehen.

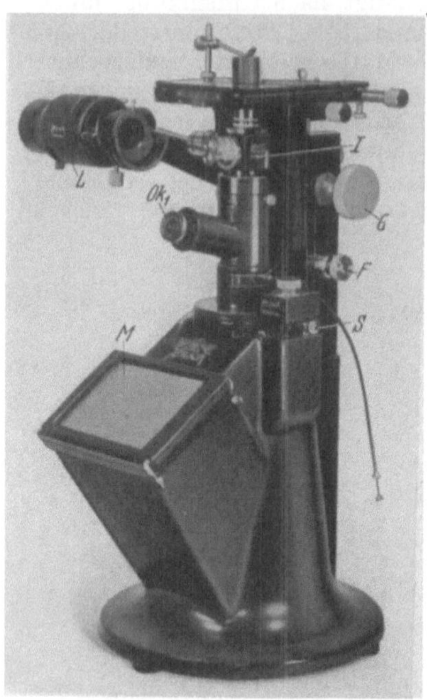

Abb. 65. Metaphot von Busch.

25. Das Ortophot III von Fueß.

Das Instrument (Abb. 66) vermeidet ebenfalls, wie die soeben besprochenen 2 Instrumente, die optische Bank. Hingegen ist es nicht als umgekehrtes Mikroskop gebaut und die Kamera ist vom eigentlichen Mikroskop getrennt

Abb. 66. Orthophot III von Fueß.

seitlich angebracht. Die einzelnen Bestandteile: Lichtquelle L, Mikroskopkörper mit Objekttisch und Kamera sind gut zu erkennen. Abb. 67 zeigt den Strahlen-

verlauf im Mikroskop. Die von der Lichtquelle ausgehenden Strahlen werden
zweimal um 90° in den Beleuchtungsstutzen umgelenkt, gelangen dann durch
den Vertikalilluminator I auf die Probe und von hier durch den schräg nach oben
stehenden Tubus Ok_1 für okulare Beobachtung in das Auge, wenn dieser ganz
hineingeschoben ist, oder, wenn er ganz herausgezogen ist, nach Umlenkung an
einem totalreflektierenden Prisma in die Kamera. Zur Grob- und Feineinstellung
befinden sich rechts zwei Triebknöpfe, die den Objekttisch (viereckiger Kreuzschlittentisch von 120 × 120 mm) heben und senken. Im Gegensatz zu andern
Mikroskopanordnungen steht der Tubus fest. Als Lichtquelle dient eine Nieder-
voltglühbirne oder eine Bogenlampe mit automatischer Regulierung. Die Mattscheibe M ist pultartig angeordnet und gestattet die Einstellung vom Sitzplatz

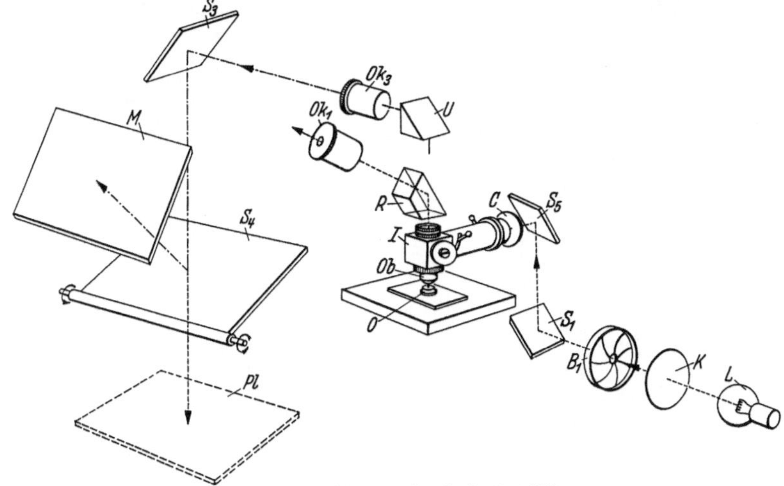

Abb. 67. Strahlengang im Orthophot III.

aus. Das Mikroskop läßt sich verwenden für senkrechtes und schräges Hellfeld
mit gewöhnlichem und polarisiertem Licht. Soll Dunkelfeld angewendet werden,
so wird ein hierfür geeigneter Illuminator (z. B. Univertor von Busch) verwendet.
Die optische Ausrüstung ist in Zahlentafel 6 zusammengestellt.

26. Sonstige optische Untersuchungsgeräte.

Bei vielen Arbeiten reicht das bloße Auge nicht aus, während andererseits die
Verwendung des Mikroskops wegen zu starker Vergrößerung, zu geringer
Ausdehnung des Gesichtsfeldes und nichträumlichen Sehens ungeeignet ist.
Es wurden hierfür besondere Geräte, wie Lupen, Prismenlupen und Stereo-
mikroskope ausgebildet, die aufrechte und seitenrichtige Bilder geben, großen
freien Objektabstand und ein ausgedehntes Sehfeld besitzen.

a) Lupen. Große, ebene, farbenreine und verzeichnungsfreie Bilder liefern
die aplanatischen Lupen nach STEINHEIL, welche Systeme von 3 verkitteten
Linsen darstellen. Die Vergrößerung beträgt von 6- bis 40fach, der Sehfeld-
durchmesser ungefähr 30 bis 5 mm.

b) Binokulare Prismenlupen und Stereomikroskope. Bei diesen Geräten
sieht man räumlich, es bleibt also die natürliche Plastik des beobachteten Gegenstandes erhalten. Risse, Bruchflächen, Hohlräume, Korrosionen, Saigerungen
usw. lassen sich so leicht untersuchen. Die Geräte sind für binokulare Beobachtung gebaut, was besondere Vorteile hat: Ausnutzung der Sehqualität beider
Augen, keine Ermüdung der Augen selbst bei langer Beobachtungsdauer. Nach

Vergrößerungsbereich, freiem Objektabstand und Größe des Sehfeldes unterscheidet man: binokulare Prismenlupen (3,5- bis 30fach) und Stereomikroskope (4- bis 200fach). Bei den Stereomikroskopen und bei den meisten Prismenlupen

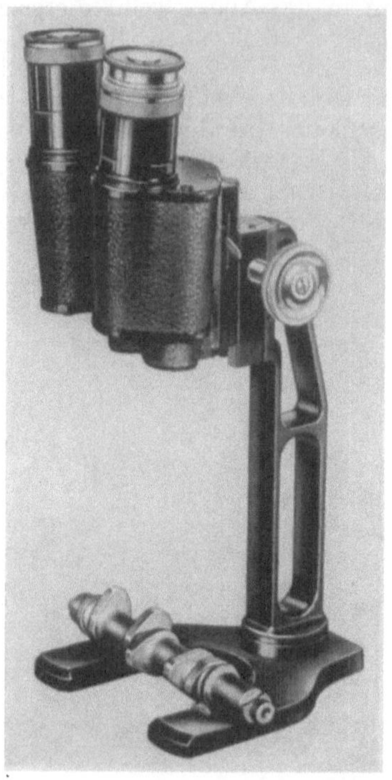

Abb. 68. Binokulare Prismenlupe von Leitz.

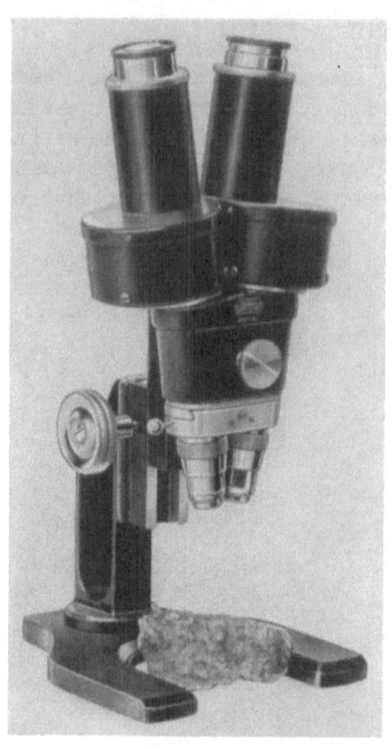

Abb. 70. Stereoskopisches Mikroskop von Leitz mit konvergentem Einblick.

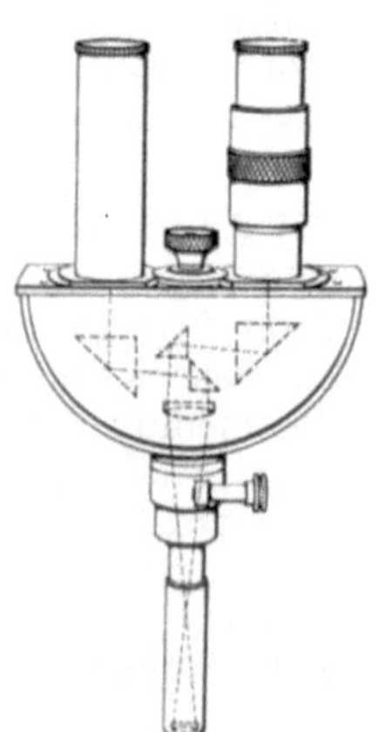

Abb. 69. Lupe mit Binokularaufsatz von Reichert.

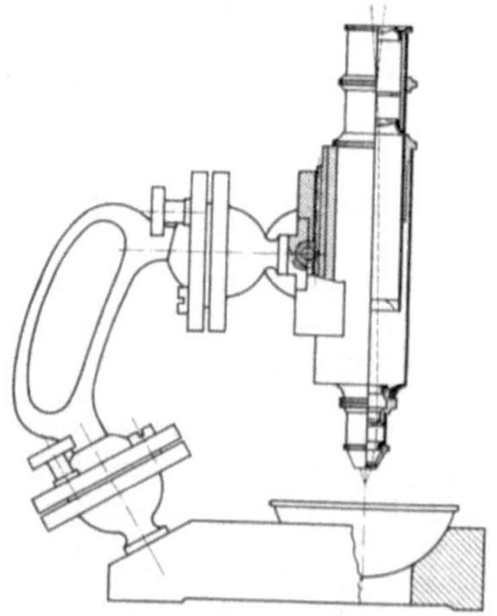

Abb. 71. Kugelmikroskop nach Martens.

werden Doppelobjektive verwendet, bei ersteren sind sie auswechselbar, bei letzteren fest eingebaut, so daß bei ersteren die verschiedenen Vergrößerungen durch Wechsel der Okular- und Objektivpaare, bei letzteren lediglich durch Wechsel der Okularpaare erzielt werden.

Abb. 68 zeigt eine Prismenlupe. Die Okularstutzen sind um die Objektivachsen drehbar und erlauben so auf den Augenabstand des jeweiligen Beobachters einzustellen. Um ungleiche Sehtüchtigkeit beider Augen auszugleichen, ist das linke Okular verschiebbar angeordnet. Die Scharfeinstellung erfolgt mittels Zahntriebbewegung. Abb. 69 zeigt ebenfalls eine Stereolupe, aber mit nur einem Objektiv. Der Strahlengang ist gut erkenntlich. Diese Lupe kann als stereoskopischer Aufsatz für jedes gewöhnliche, aufrechtstehende Mikroskop verwendet werden, so daß man infolge der binokularen Beobachtung eine außerordentliche Plastik des mikroskopischen Bildes erreicht. Durch Herausziehen einer Linse, Ausziehen des Ansatzrohres und Verwendung entsprechender Okulare können Vergrößerungen von $6\times$ bis $50\times$ erreicht werden, bei einem Gesichtsfeld von 23 bis 4 mm.

Der Bau der Stereomikroskope (Abb. 70) gleicht dem der Prismenlupe mit 2 Objektiven. Zur rascheren Arbeit ist manchmal das Mikroskop mit einem mehrfachen Objektivrevolver ausgestattet. Die optischen Achsen der beiden Mikroskoptuben schneiden sich in der Bildebene. Die Aufrichtung und seitenrichtige Wendung des Bildes erfolgt wiederum durch Prismen. Der Augenabstand und Sehtüchtigkeit des Beobachters werden wie bei den Prismenlupen eingestellt. Der Einblick ist entweder konvergent, wie in Abb. 70, oder parallel, wie bei der Stereolupe in Abb. 69. Der parallele Einblick gestattet Mikroskopieren ohne Akkommodation, schützt also die Augen vor Ermüdung.

c) Kugelmikroskop nach MARTENS[1] (Abb. 71). Es dient zur Voruntersuchung der Schliffe und zur Beobachtung des Ätzvorganges (S. 562) bei schwacher Vergrößerung und direkt auffallendem Licht. Kleine Objekte werden auf den Kugeltisch gelegt, und untersucht, bei größeren Objekten wird das Mikroskop auf diese selbst aufgesetzt. Der Tubus ist mittels zweier Kugelgelenke allseitig verstellbar.

In die Reihe der in diesem Abschnitt zu behandelnden Geräte gehören noch zahlreiche Sondergeräte. Eine ausführliche Behandlung ist nicht möglich, deshalb seien sie nur namentlich angeführt: Mikroskope zur Oberflächenprüfung, Werkstattmikroskope zur Untersuchung an Stücken beliebiger Form, Kanten, Hohlkehlen, BRINELL-Mikroskope, Meßmikroskope, Meßlupen usw.

D. Öfen und Einrichtungen
zur thermischen Behandlung.

1. Verwendungszweck und Ofenarten [2].

Bei metallkundlichen Arbeiten sind die Öfen unentbehrliche Geräte. In ihnen wird die Wärmebehandlung der Proben ausgeführt. Solche Wärmebehandlungen sind: *Glühen* (Tempern, Homogenisieren) und *Anlassen*. Beim Glühen (z. B. Beseitigung der WIDMANNSTÄTTENschen Struktur in Stahlformguß durch Glühen) wird die Probe eine gewisse Zeit auf höherer Temperatur gehalten. Diese Glühungen können unter Umständen nur wenige Minuten, manchmal aber auch mehrere Tage dauern, je nach Geschwindigkeit der sich in den Proben abspielenden Reaktionen. Je nach dem Arbeitszweck wird nun die

---

[1] Optische Werke C. Reichert, Wien.

[2] Ofenbauende Firmen: W. C. Heraeus, G. m. b. H., Platinschmelze, Hanau a. M.; Platinschmelze G. Siebert, Hanau a. M.; Deutsche Gold- und Silberscheideanstalt vormals Roessler, Frankfurt a. M.; Otto Junker, Lamersdorf (über Aachen); Brown, Boveri u. Cie, AG., Mannheim; Siemens-Schuckert AG., Berlin, Siemensstadt; Russ-Elektroofen, K.G., Köln. Schrifttum: MÜLLER, CARL: Erzeugung hoher Temperaturen. Handbuch der Physik. Berlin: Julius Springer 1926.

geglühte Probe von der hohen Temperatur sehr langsam abkühlen gelassen oder aber eine raschere oder äußerst rasche Abkühlung angestrebt. Das letztere Ziel wird erreicht, wenn die glühende Probe in kürzester Zeit mit kaltem Wasser oder einem Kältebad usw. in Berührung gebracht wird, wenn die Probe „*abgeschreckt*" wird. Um eine äußerst wirksame Abschreckung zu erreichen, gibt es für wissenschaftliche Untersuchungen besondere Abschreckgeräte. Als Abschreckmittel werden aber nicht nur Wasser oder Kältemischungen allein verwendet. Dazu dienen vor allem auch Öl-, Salz- und Bleibäder von bestimmten Temperaturen. An das Abschrecken schließt sich häufig noch eine weitere Wärmebehandlung, das Anlassen (z. B. Anlassen auf 400 bis 600° des im Wasser abgeschreckten Stahles) an, unter dem ein Glühen bei einer niedrigeren Temperatur verstanden wird. Öfters ist es aber auch notwendig, in den Öfen *Schmelzungen* auszuführen. Das kann z. B. dann notwendig werden, wenn in einer Probe das Gußgefüge durch Walzen u. dgl. zerstört worden ist, und die Kenntnis des Gußgefüges aus irgendeinem Grunde unentbehrlich ist. Die Öfen dienen dann noch vor allem zu den im nächsten Kapitel zu besprechenden physikalischen und chemischen Untersuchungen der Proben in Abhängigkeit von der Temperatur. Aus diesen kurzen Andeutungen ist es bereits ersichtlich, daß die Verwendungszwecke der Öfen äußerst mannigfaltig sind. Es sind so zahlreiche Ofentypen entstanden, von denen die wichtigsten besprochen werden sollen.

In erster Linie werden die verschiedenen elektrischen Öfen und in weit untergeordneterem Maße Gasöfen verwendet. Von den verschiedenen Vorteilen, die die elektrischen Öfen bieten, seien nur genannt: Leichte Übertragbarkeit der Energie, Zufuhr fast der gesamten Energie dem zu erhitzenden Stoff, deshalb geringe Belästigung durch Hitze, Abgase, Dämpfe usw., Reinlichkeit des Betriebes, verhältnismäßig geringer Raumbedarf, leichte und schnelle Aufheizung und Regelung, Gleichmäßigkeit in der Wärmeverteilung, Betriebssicherheit ohne besondere Wartung, Erreichung auch sehr hoher Temperaturen, z. B. 4000° usw. Wenn trotzdem heute gelegentlich Gasöfen verwendet werden, so ist das durch den etwas billigeren Betrieb und auch den in der Entwicklung erzielten Fortschritt auf dem Gebiet der Gasöfen, hauptsächlich der Brenner, bedingt. Insbesondere geeignet sind die Gasöfen für die Wärmebehandlung großer Stücke.

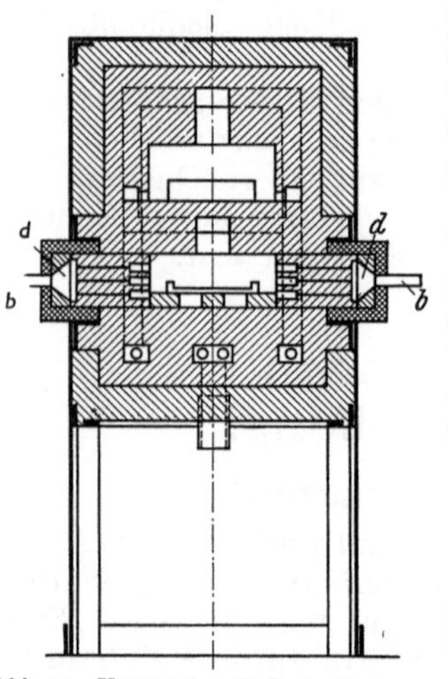
Abb. 72. Kruppscher Steinstrahlofen.

2. Kruppsche Steinstrahlöfen [1].

Die Öfen werden je nach ihrem Verwendungszweck in den verschiedensten Ausführungen wie Tiegelofen, Glühofen, Schmelzofen, Röhrenofen, Muffelofen usw. hergestellt. Das Wesentliche ist aus Abb. 72 zu ersehen. Das Gas-Luft-Gemisch strömt, nachdem es durch Wirbelbewegungen und Richtungsänderung in einem Rohr (in der Abbildung nicht mitgezeichnet) gründlich gemischt worden ist, durch *b* und *b* in die Verteilungs- und Druckausgleichskammer *d* und *d*. Diese Kammern sind von dem Ofeninnern durch zwei Strahlsteine getrennt, durch die nach dem Ofeninnern feine Kanäle (in der Zeichnung als je 3 Linien erkennbar) führen, die sich im letzten Drittel zu sog. Verbrennungspfeifen von zylindrischer Form erweitern. In den Pfeifen verbrennt das Gemisch, wobei

---

[1] Friedrich Krupp AG., Essen, Maschinenbau.

die Strahlsteine so stark erhitzt werden, daß das zu erwärmende Gut bis 1600°, in Sonderfällen bis 1800°, erreichen kann. Die Wärmeabgabe erfolgt lediglich durch Strahlung, da bei richtiger Verbrennung im Ofen keine Flamme sichtbar sein darf. Ein zweiter Ofenraum befindet sich im oberen Teil des Ofens, der z. B. für Vorerwärmung verwendet werden kann. Geheizt wird mit Gas aller Arten, wie Leuchtgas, Wassergas, Generatorgas, Hochofengas oder auch mit Rohöl, das mit Abwärme vergast wird.

3. Degussa-Hochtemperaturöfen.

Von diesen soll als Beispiel nur der als Tiegelofen gebaute Liliputofen besprochen werden. Es lassen sich Temperaturen bis 1850° im Tiegel erreichen und nach Schmelzung kann, wie es die Abb. 73 zeigt, durch Kippen des Tiegels mit dem Ofen vergossen werden. Gas und Luft treten von unten durch zwei Zuleitungen in den Brenner.

4. Elektrische Öfen.

Man kann 3 Arten von elektrischen Öfen unterscheiden: Widerstandsöfen, Lichtbogenöfen und Induktionsöfen. Von diesen kommen für metallkundliche Untersuchungen meistens nur *Widerstandsöfen* mit indirekter Heizung in Betracht. Bei diesen wird ein sog. Heizkörper durch den Strom erwärmt

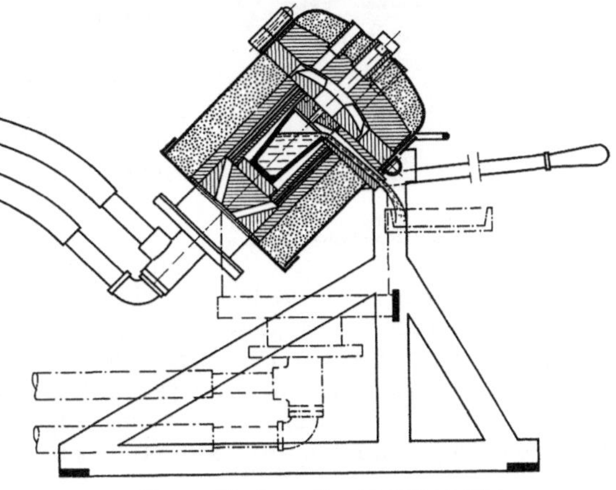

Abb. 73. Kippbarer Degussa-Liliput-Ofen.

und das zu erhitzende Gut wird in einen den Heizkörper umgebenden Raum gebracht. Die Erhitzung erfolgt durch Strahlung und Leitung des Heizkörpers. Die Formen der Widerstandsöfen sind außerordentlich zahlreich. Grundsätzlich bestehen sie aus einem äußeren Mantel aus einer keramischen Masse (z. B. Schamotte) oder Stahlblech, der die Stoffe zur Wärmeisolierung, den Heizkörper mit Widerstand und den Heizraum selbst umschließt. Die Stoffe für die Widerstände sind sehr mannigfaltig: metallisch, keramisch usw. Für Schmelzarbeiten haben neuerdings vielfach *Induktionsöfen* in das Laboratorium Eingang gefunden. Bei diesen wird nicht, wie bei den Widerstandsöfen, die Probe oder das Schmelzgut von außen, sondern von der durch Induktionswirkung selbst erzeugten Wärme erhitzt.

5. Rohröfen mit Draht- und Bandwicklung.

Die Öfen können wegen des hohen Widerstandes der Wicklung direkt an das Gleich- oder Wechselstromnetz angeschlossen werden. Da bei der Aufheizung zwecks Verkürzung der Aufheizzeit die Stromstärke höher gewählt werden kann und der Ofen auf die verschiedensten Temperaturen einstellbar sein muß, empfiehlt es sich, zwischen Netz und Ofen einen Regulierwiderstand einzuschalten.

Abb. 74 zeigt diesen Typus als liegenden Ofen, Abb. 75 gibt einen schematischen Schnitt durch ihn. In der Mitte des Ofens erkennt man den Heizkörper. Je nach Verwendungszweck und Temperatur besteht er aus den verschiedensten feuerfesten keramischen Massen, wie Porzellan (bis 1400°), Pythagorasmasse (bis 1700°) usw. Zweckmäßig ist, wenn der Heizkörper ein Gewinde trägt, in das der Widerstandsdraht gewickelt wird. Solche Gewinderohre werden mit verschiedener Steigung und Rohrdurchmesser hergestellt, so daß die Wicklung des Heizkörpers keine Schwierigkeiten macht. Wird als Wicklung ein Band verwendet, so müssen die Heizkörper glatt sein. Ist der Widerstandsdraht auf ein glattes Heizrohr gewickelt worden, so empfiehlt es sich, um im Betrieb ein Verschieben der Windungen gegeneinander zu vermeiden, die Windungszwischen-

Abb. 74. Röhrenofen mit Drahtwicklung auf einem Heizkörper aus keramischer Masse.

räume mit einer Paste aus feuerfestem Ton auszufüllen und diesen einzubrennen. Der Ofen soll möglichst ein langes Heizrohr mit nicht zu großem Durchmesser haben. Denn infolge erhöhter Wärmestrahlung der Stirnflächen fällt die Temperatur von der Rohrmitte nach den beiden Enden ab, und zwar um so mehr, je größer der Rohrdurchmesser und je kürzer das Rohr ist. Das Heizrohr mit der Widerstandswicklung ist nach außen hin sorgfältig isoliert. Als Isolationsmasse eignen sich Schamottekörnungen verschiedener Größe (2 bis 5 mm Dmr.), Magnesia usta usw. In der Nähe des Ofenmantels genügt als Isolationsmittel Schlackenwolle, während diese wegen ihres niedrigen Schmelzpunkts in unmittelbarer Nähe der Wicklung unbrauchbar ist. Die Stirnseiten werden mit Asbest- oder Schlackenwolle abgedichtet, um ein Herausrieseln der Schamotte usw. während des Betriebes zu vermeiden. Bei der Auswahl der Isolationsmasse muß man besonders darauf achten, daß sie keine Verunreinigungen enthalten, die mit der Widerstandslegierung reagieren und so deren Zerstörung herbeiführen könnten. Die besten Erfahrungen brachten in dieser Hinsicht die Schamottekörnungen.

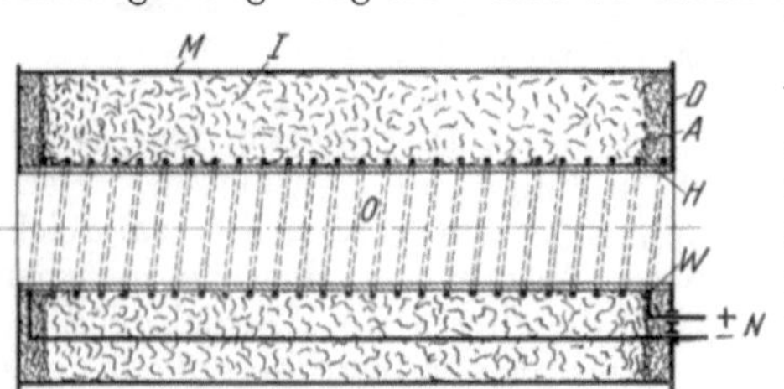

Abb. 75. Schematischer Schnitt durch einen Ofen mit Drahtwicklung. M und D Ofenmantel mit Deckel; A Asbestwolle; I Isolationsmasse; H und W Heizrohr mit Widerstandsdraht; N Anschluß an das elektrische Netz; O Ofenraum.

Als Widerstandswicklung[1] werden Drähte und Bänder mit möglichst hohem Schmelzpunkt, großer Festigkeit bei hohen Temperaturen und hoher Widerstandsfähigkeit gegen Oxydation verwendet. Solche Widerstandsmaterialien[2] sind:

Platindraht   und   Platinfolie (Schmelzpunkt 1773°) für Temperaturen bis 1300°. Platin verdampft bei sehr hoher Temperatur merklich und die Wicklung kann dadurch leicht zerstört werden. Genau so sind chemische Einflüsse zu beachten, die die Wicklung gefährden können, wie Berührung mit Kohlenoxydgas im glühenden Zustand und Legierungsbildung des glühenden Platins mit Verunreinigungen des Heizrohres (Fe, Mn, Si) infolge elektrolytischer Zersetzung oder mit Metalldämpfen, die durch poröse oder rissige Heizrohre hindurchgehen können (Zn, Pb). Elektrolytische Wirkungen können durch Verwendung von Wechselstrom vermieden werden. Als Wicklung werden häufig auch Platin-

---

[1] Vgl. Hessenbruch, W.: Hitzebeständige Legierungen. Berlin: Julius Springer 1939.

[2] Heizdrähte: Heraeus Vakuumschmelze AG., Hanau a. M.; G. Siebert, G. m. b. H., Hanau a. M.; Rheinmetall-Borsig, Düsseldorf; C. Kuhbier u. Sohn, Dahlerbrück i. W.; Vereinigte Deutsche Nickelwerke A.G., Schwerte i. W.; Edelstahlwerke J. C. Söding u. Halbach, Hagen i. W.; Vereinigte Deutsche Metallwerke, Zweigniederlassung Basse u. Selve, Altena (Westf.).

legierungen verwendet, man kann dann Temperaturen bis 1400° erreichen. Des Preises wegen verbieten sich oft Platin und Platinlegierungen, so daß man die billigeren Widerstandsmaterialien aus Chromnickel usw. verwenden muß.

Chromnickel (15 bis 20% Chrom, Rest Nickel) wird bis 1050 bis 1150° verwendet. Die Legierung hat einen hohen spezifischen Widerstand und hohe Hitzebeständigkeit. Die Legierungen werden mit verschiedenen Namen (vgl. Zahlentafel 7) bezeichnet wie: *Chronin 85*, *Chronin 100*, *Cekas II*, *Co*, *Coo*.

Eisen-Chrom-Nickel-Legierungen sind billiger als die soeben aufgezählten Chromnickellegierungen, können dafür aber höchstens bis 1050° verwendet werden. Zu diesen gehören: *Ferrochronin*, *Cekas*, *Cekas I*, *B*, *B 7 M*.

Aluminiumhaltige Legierungen, wie *P. 2. F.*, *Megapyr*, *Permatherm*.

In Zahlentafel 7 sind die wichtigsten Daten der Widerstandslegierungen zusammengefaßt. Die Faktoren, die die Lebensdauer der Wicklung beeinflussen, sind: Temperatur während des Betriebs, Oberflächenbelastung, Schalthäufigkeit, Ofenatmosphäre und Verunreinigungen in der Legierung. Man soll die Gebrauchstemperatur, besonders bei längerem Betrieb, nicht überschreiten, da bereits eine geringfügige Temperatursteigerung einen verhältnismäßig hohen Abfall in der Lebensdauer bringt. Zu hohe Oberflächenbelastung (z. B. 0,7 W/cm² bei 1100°) und zu häufiges Ein- und Ausschalten setzen die Lebensdauer ebenfalls stark herab. Von den Bestandteilen der Ofenatmosphäre ist besonders der Schwefel gefährlich. Da die Verunreinigungen eine große Rolle spielen, werden hochwertige Widerstandslegierungen nach einem besonderen Verfahren, dem Vakuumschmelzverfahren, hergestellt. In der Tafel sind die höchsten Temperaturen angegeben, bis zu welcher die Drähte verwendet werden dürfen, um eine annehmbare Lebensdauer zu erreichen. Sollen aus irgendwelchen Gründen höhere Temperaturen erreicht werden, so ist das auf Kosten der Lebensdauer möglich. So konnte z. B. mit Chronin eine Temperatur von 1330° in der Probe erreicht werden, allerdings hielt der Ofen eine zweite derartige Belastung nicht mehr aus.

Der Röhrenofen wird in den verschiedensten Bauarten hergestellt, von denen nur einige wenige angeführt werden sollen. In Abb. 74 wurde ein liegender Ofen gezeigt. In dieser Form wird er etwa zum Glühen von Stäben oder kleinen Stückchen verwendet. Sollen Legierungen umgeschmolzen oder erschmolzen werden, so muß ein aufrechtstehender Ofen verwendet werden. Zur Ausführung von Warmzerreiß- und Dauerstandsversuchen werden oft aufklappbare Öfen verwendet.

Will man sehr hohe Temperaturen erreichen, so verwendet man **Molybdän** oder **Wolfram**[1] als Widerstandsmaterial. Sie haben Platin gegenüber den Vorteil eines höheren Schmelzpunktes (2570 und 3390°), dagegen den schweren Nachteil, daß sie bereits bei verhältnismäßig niedrigen Temperaturen an der Luft oxydieren. Es muß also vermieden werden, daß die glühende Wicklung mit Sauerstoff in Berührung kommt, was entweder durch Vakuum oder durch Bespülen der Wicklung mit einem reduzierenden Gas (z. B. Wasserstoff aus Druckflaschen, Formiergas, Wassergas usw.) erreicht wird. Es lassen sich so mit Molybdän Temperaturen bis 1450°, vorübergehend auch 1500°, mit Wolfram sogar über 2000° erreichen.

Eine weitere Steigerung der Temperatur kann erreicht werden, wenn man von der Außenwicklung, wie sie in Abb. 75 angewendet worden ist, zur Innenwicklung übergeht. Man hat hierbei den Vorteil, daß der Temperaturabfall, der bei der Außenwicklung durch die Heizrohrwandung verursacht wird und mehr als 100° betragen kann, vermieden wird. Da bei den hohen Temperaturen die Hitzebeständigkeit der keramischen Masse eine sehr wichtige Rolle spielt

---

[1] FEHSE, W.: Elektrische Öfen mit Heizkörpern aus Wolfram. Braunschweig: F. Vieweg und Sohn 1928.

Zahlentafel 7. Heizwicklung bei elektrischen Öfen.

Marke	Zusammensetzung	Spezifischer Widerstand in Ω mm²/m bei 20° C	Temperatur-koeffizient des Widerstands zwischen 20° und 1000° C	Schmelzpunkt bei ° C	Verwendung[1] bis ° C (gemessen an der Drahtwicklung)
C[2]	54% Cu, 45% Ni, 1% Mn	0,49	0,00004	1276	600
Chronin 85[3] . .	Eisenfreie Ni-Cr-Legierung	0,85	0,00020	1420	1100
Chronin 100[3] .	Eisenfreie Ni-Cr-Legierung	1,00	0,00007	1400	1150
Cekas II[4] . . .	80% Ni, 20% Cr	1,08	0,00007	1385—1420	1050—1150
CrNi[2]	78% Ni, 20% Cr, 2% Mn	1,10	0,00009	1405	1150
Söding — 00/20[5]	80% Ni, 20% Cr	1,1	0,00011	1450	1150
Co[6]	76,5% Ni, 20% Cr, < 1,5% Fe, 2% Mn	1,10	0,00006	1380—1400	1100—1150
Coo[6]	77,5% Ni, 20% Cr, < 0,5% Fe, 1% Mn	1,10	0,00001	1380—1400	1200
CN 80[7]	80% Ni, 20% Cr	1,10	0,00010	1400	1050
CrNiFe I[2] . . .	70% Ni, 20% Cr, 8% Fe, 2% Mn	1,11	0,00011	1395	1150
Ferrochronin[3] .	Ni-Cr-Legierung mit 20% Fe	1,10	0,00010	1400	1050
Cekas[4]	60% Ni, 17% Cr, 23% Fe	1,12	0,00013	1370—1410	950—1050
CrNiFe II[2] . .	63% Ni, 15% Cr, 20% Fe, 2% Mn	1,12	0,0000146	1390	1050
Cekas I[4] . . .	20% Ni, 25% Cr, 55% Fe	0,97	0,00033	1375—1420	900—1000
CrNiFe III[2] . .	35% Ni, 20% Cr, 42,5% Fe, 1,75% Mn	1,00	0,00025	1405	1000
P 265[4]	25% Ni, 20% Cr, Rest Fe	1,05	0,00030	——	900—1000
Söding-A[5] . . .	65% Ni, 15% Cr, 20% Fe	1,1	0,00013	1420	950
Söding-100[5] . .	20% Ni, 25% Cr, 55% Fe	1,0	0,00035	1400	950
B[6]	61% Ni, 18,5% Cr, 16,5% Fe, 3% Mn	1,13	0,00009	1360—1380	1050
CNF 65[7] . . .	65% Ni, 15% Cr, 20% Fe	1,10	0,00011	1360	1000
CNE[7]	Eisenreiche Cr-Ni-Legierung	0,97	0,00044	1375—1420	1000
B 7 M[6]	60% Ni, 15% Cr, 16% Fe, 7% Mn	1,13	0,00007	1365—1380	1050
F[6]	35% Ni, 20% Cr, Rest Fe	1,06	0,00023	1400—1410	1000
CRA[7]	Nickelfreie Cr-Fe-Al-Legierung	1,1	0,000016	—	1100

[1] Die Angaben über Schmelzpunkt und Verwendungstemperatur werden von den einzelnen Firmen mit verschiedener Zuverlässigkeit gemacht. Die Werten sind so nicht streng vergleichbar. Vgl. auch HESSENBRUCH, W.: Hitzebeständige Legierungen. Berlin: Julius Springer 1939.

[2] Vereinigte Deutsche Metallwerke AG., Zweigniederlassung Basse u. Selve, Altena (Westfalen).   [3] Vereinigte Deutsche Nickelwerte AG., Schwerte i. W.

[4] C. Kuhbier: Dahlerbrück i. W.   [5] J. C. Söding u. Hallbach, Hagen i. W.

[6] W. C. Heraeus G. m. b. H., Hanau a. M.   [7] Rheinmetall-Borsig AG., Düsseldorf.

Zahlentafel 7. (Fortsetzung.)

Marke	Zusammensetzung	Spezifischer Widerstand in Ω mm²/m bei 20°C	Temperaturkoeffizient des Widerstands zwischen 20° und 1000° C	Schmelzpunkt bei °C	Verwendung bis °C (gemessen an der Drahtwicklung)
P. 2. F[1]	Eisenreiche Cr-Ni-Legierung	1,40	0,00007	1500—1510	1300
CAF[2]	Nickelfreie Cr-Fe-Al-Legierung mit 20% Cr, 5% Al, 3% Co	1,4	0,00007	—	1300
Megapyr[3] . . .	20% Cr, 3,5% Al, Rest Fe	1,17	$< 0,00001$	1500—1510	1300
Permatherm[4]. .	30% Cr, 5% Al, 64% Fe, 1% Th	1,40	0,000068	1500—1520	1350
Molybdän . . .		bei 2000° 0,61	—	~2500	2200
Wolfram[5] . . .		0,69	—	~3370	3000

und öfters fast bis zum Weichwerden des Heizrohres ·erhitzt werden muß,
bedeutet die Innenwicklung auch aus diesem Grunde einen großen Vorteil,
denn bei der Außenwicklung ist der Heizkörper stets heißer, als die zu erhitzende
Probe, während er bei der Innenwicklung kälter ist.

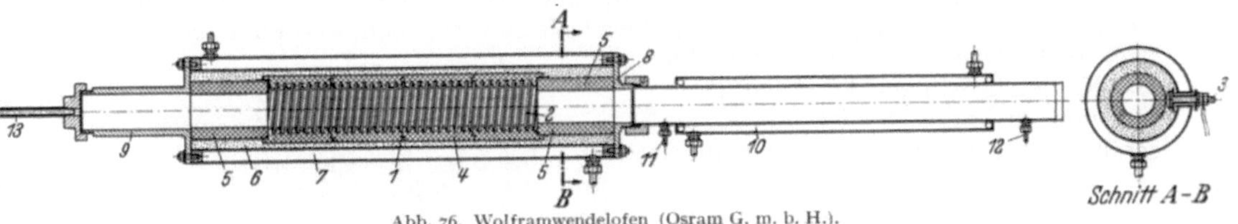

Abb. 76. Wolframwendelofen (Osram G. m. b. H.).

Abb. 76 zeigt den Schnitt eines Wolframwendelofens[6] mit Innenwicklung.
Der Heizdraht liegt als Wendel (2) in dem in das Heizrohr (4) gebrannte Gewinde (1) aus Koraffin. Als Wärmeschutz dient eingestampftes reines Aluminiumoxyd (6). Darüber liegt das doppelwandige wassergekühlte Ofengehäuse (7).
Es bedeuten ferner: 3 Stromzuführungsschraube, 5 Ringe zur Verlängerung des
Ofenkörpers, 8 und 9 Abschlußflanschen und 10 Kühler. Das zur Verhütung
notwendige Wasserstoffschutzgas wird dem Ofen durch zwei Stutzen (11 und 12)
zugeführt und durch einen Stutzen abgeführt (13). Der Ofen wird an das Netz
angeschlossen und erreicht 1850°.

6. Röhrenofen mit Silit als Widerstandsmaterial[7].

Es werden 2 verschiedene Typen verwendet. Bei einem Typus ist in ein
Silitrohr ein enger Schlitz eingeschnitten, der sich spiralartig von einem Ende
zum anderen windet. Der Heizkörper sieht etwa wie eine dicke Drahtfeder
mit starker Steigung der Windungen aus. Diese Silitspirale wird direkt an das
Netz angeschlossen. Temperaturen bis 1400° lassen sich bequem erreichen,
bei 1500° wird der Ofen allmählich zerstört. Bei dem anderen Typus werden
Silitstäbe verwendet, von denen mehrere (3 bis 4) um ein Rohr gelegt werden.

---

[1] Vgl. Fußnote 4, S. 614.   [2] Vgl. Fußnote 7, S. 614.   [3] Vgl. Fußnote 6, S. 614.
[4] G. Siebert, G. m. b. H., Hanau a. M.   [5] Osram G. m. b. H., Berlin.
[6] Hergestellt von Osram G. m. b. H., Berlin.
[7] Siemens-Planiawerk, Berlin-Lichtenberg.

Die Silitstäbe werden ebenfalls direkt an die Leitung angeschlossen und erhitzen durch Strahlung das Rohr, in dem sich die Probe befindet. Die erreichbaren Temperaturen sind die gleichen, wie bei der Silitspirale.

7. Röhrenofen mit Kohle als Widerstandsmaterial.

Die Kohle wird in loser und gepreßter Form verwendet, demnach ist ihr spezifischer Widerstand und die zum Betrieb erforderliche Spannung sehr verschieden. Die Kohle hat, genau wie das Molybdän und Wolfram, den schweren Nachteil, daß sie an der Luft verbrennt. Es muß aus diesem Grunde das Widerstandsmaterial des Ofens sehr oft erneuert werden, oder aber es muß durch Vakuum oder Schutzgas vor Verbrennung geschützt werden. Da die Kohle im Betriebe an der Luft verhältnismäßig rasch verbrennt und demzufolge der Widerstand sich dauernd ändert, ist die Regulierungsmöglichkeit bei weitem nicht so günstig, wie bei den Öfen mit Drahtwicklung. Der Vorteil der Öfen liegt vor allem darin, daß die Bauart des Ofens sehr einfach ist und trotzdem sehr bequem Temperaturen bis 3000° erreicht werden können.

8. Tammannscher Kohlerohr-Kurzschlußofen [1].

Abb. 77a und b zeigen Ansicht und Schnitt des Ofens. Der Heizwiderstand besteht aus einem oben und unten offenen Kohlerohr, das unten mit einem Kohlepfropfen zugestopft ist. Das Rohr wird oben und unten durch 2 Konusringe aus Messing, durch die der Strom zu- und abgeleitet wird, gehalten. Um eine zu starke Erhitzung dieser metallischen Teile zu vermeiden, werden die Stirnflächen des Ofens mit Wasser gekühlt. Das Kohlerohr ist nach dem Ofenmantel hin von mehreren Schichten wärmeschützender Stoffe umgeben: ganz innen

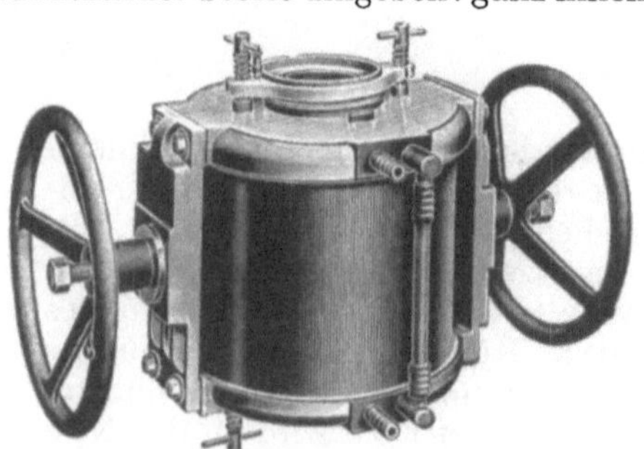

Abb. 77a. Ansicht eines Tammann-Ofens.

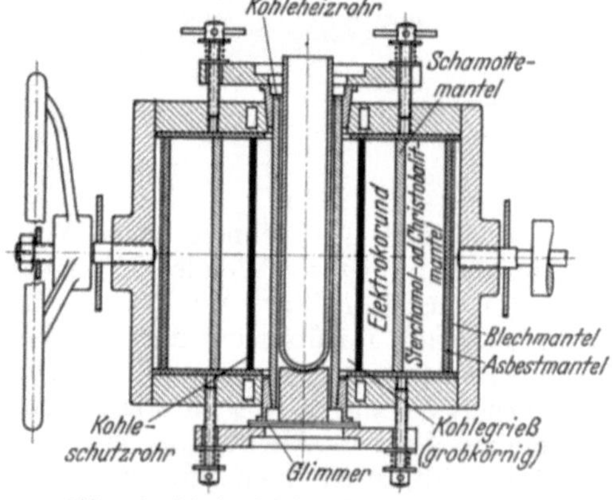

Abb. 77b. Schnitt durch einen Tammann-Ofen.

eine Schicht aus grobkörnigem Kohlegrieß, hierauf Elektrokorund- und schließlich Sterchamol- oder Christobalitschichten. Da das feste Kohlerohr besonders bei höheren Temperaturen einen sehr geringen Widerstand hat, müssen gemäß der Formel J^2R für die Joulesche Wärme sehr starke Ströme angewendet werden. Trotz sehr hoher Ströme (mehrere Hundert bis mehrere Tausend Ampère) kommt man mit der Spannung an den Rohrenden nicht über einige wenige Volt. Es müssen deshalb besondere Vorrichtungen vorhanden sein, die einen sehr hohen Strom niedriger Spannung liefern. Bei Wechselstrom wird die Netzspannung vermittels eines Reguliertransformators auf den für den Betrieb erforderlichen niedrigen Wert herabgesetzt, bei Gleichstrom wird ein Einankerumformer, der einen Wechselstrom niedriger Spannung liefert, verwendet. Der

---

[1] Elektro-Schaltwerk AG., Göttingen.

Ofen selbst ist in seiner Bauart sehr einfach, da aber umfangreiche Vorrichtungen für die Stromumwandlung verwendet werden müssen, wird die Anlage teuer. Der Unterschied der Öfen für Vakuumbetrieb gegenüber dem normalen ist nicht groß. Auf die obere Stirnseite ist eine Glocke aufgesetzt, an der sich ein Stutzen für die Vakuumleitung und ein Fenster zur Beobachtung der Schmelze befinden. Statt Vakuum kann auch Überdruck angewendet werden. Außerdem gibt es noch Sonderausführungen für Arbeiten in Schutzgas.

Außer dem TAMMAN-Ofen sind zahlreiche Kohlerohröfen im Gebrauch. Genannt sei z. B. der Kohlerohrofen von RUFF für Vakuum. Es gibt auch Öfen, bei denen in das Kohlerohr von dem einen bis zum andern Ende ein sich mehrfach um das Rohr windender Schlitz eingeschnitten ist. Solche Öfen sind z. B. die Kohlespiralöfen von DIERGARTEN (Vakuumofen zur Bestimmung von Gasen in Metallen) und ARSEM (Vakuumofen).

9. Kohlegrießöfen.

Verwendet man als Widerstandsmaterial feinen Kohlegrieß (Kryptol), so wird der Widerstand so stark erhöht, daß man unmittelbar an das Netz anschließen kann. Abb. 78 zeigt einen solchen Kohlegrießofen, den „Degussa-Zirkonofen". Der Kohlegrieß befindet sich um das Zirkonheizrohr, das auf einem Zirkonuntersatz (1) steht. Zur Erhöhung des Widerstandes des eingefüllten Kohlegrießes (8) ist ein Zirkonrohr (3) mit Zirkonring (2) eingesetzt. Die obere und untere Elektrode (4, 5) und Ofenmantel (6) sind wassergekühlt. Zwischen Ofenmantel und Zirkonrohr befindet sich die Isolationsmasse (7). Der Strom 150 oder 250 A fließt über die Anschlußklemmen (9) dem Ofen zu. Es können Temperaturen bis 2000° erreicht werden.

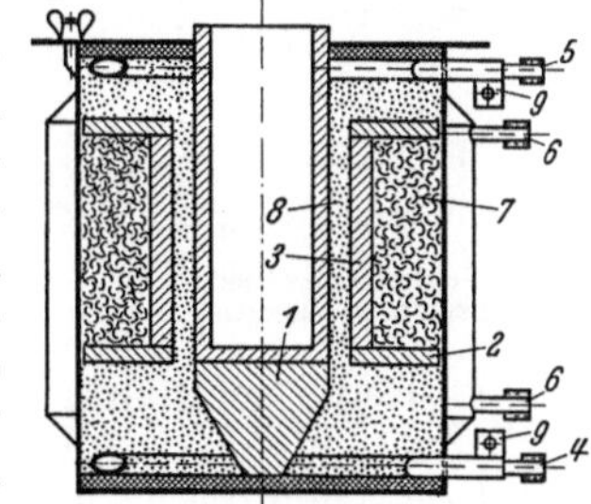

Abb. 78. Kohlegrießofen (Degussa).

10. Hochfrequenzöfen[1].

Während bei den bisher genannten Ofentypen die Wärme von außen, von einem Heizkörper durch Strahlung und Leitung auf die Probe übertragen worden ist, wird bei den Induktionsöfen die Wärme ausschließlich durch Ströme, die in der Probe induziert werden, erzeugt. Die höchste Temperatur hat das zu erhitzende Gut selbst, die es umgebenden Stoffe sind Wärmeisolatoren. Bei dem einen Typus der Induktionsöfen, bei dem Niederfrequenzofen, bildet das Metallbad einen geschlossenen Ring, der als die eine Seite eines mittels geschlossenen Eisenringes gekoppelten Wechselstromtransformators aufgefaßt werden kann (Abb. 79). Entsprechend der einen Windung fließt durch das Metallbad ein sehr starker Strom normaler oder niederer Frequenz (50 bis 55 Hz), der die Erhitzung bewirkt. Diese Art von Öfen wird bei metallkundlichen Arbeiten weniger angewendet. Der schwerste Nachteil ist der ringförmige Schmelzraum und die Notwendigkeit darin stets einen Rest von Metallschmelze, also einen Sumpf, zu belassen. Hingegen hat der eisenfreie Typus des Induktionsofens, der Hochfrequenzofen (bis 10 000 Hz) große Bedeutung erlangt. Bei diesem ist um einen tiegelförmigen Schmelzraum (Abb. 81) eine stromdurchflossene Spule gelegt.

Die Spule ist aus einem Kupferrohr mit rechteckigem Querschnitt verfertigt und wird zur Kühlung von Wasser durchflossen. Die einzelnen Windungen sind durch Asbest voneinander isoliert. Innerhalb der Spule befindet sich der Einsatz in einem Tiegel. Die Wärmeentwicklung im Einsatz wird durch starke FARADAY-sche Induktionsströme verursacht. Das in Form fester Stücke eingesetzte

---

[1] Siemens u. Halske AG., Berlin-Siemensstadt.

Material wird von allein heiß, schmilzt und mischt sich. Die Induktionsöfen haben eine sehr nützliche Eigenschaft, indem die Schmelze im Rhythmus des Stromes mitschwingt (Pinchwirkung), dadurch in innigster Weise gemischt und vor Überhitzung bewahrt wird. Es können alle Temperaturen bis 3400° erreicht werden. Zur Erzeugung des Hochfrequenzstromes werden Generatoren verwendet, die durch vom Netzstrom gespeiste Motore angetrieben werden. Abb. 82 zeigt das Schaltschema einer Ofenanlage. Der Motor M und der Wechselstromgenerator G befinden sich auf einer gemeinsamen Welle. Es wird ein Wechselstrom von 10000 Hz und 200/100 V geliefert. Die Ofenwicklung O und die Kondensatorbatterie C

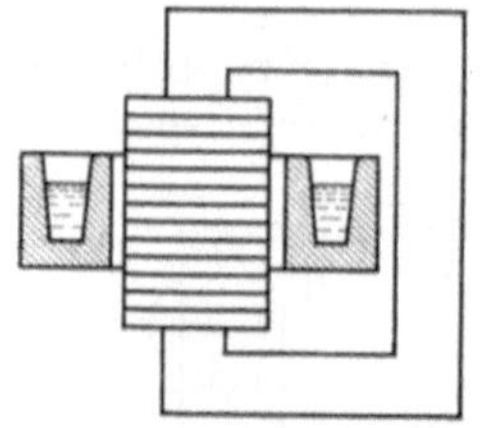

Abb. 79. Schema eines Niederfrequenz-Induktionsofens.

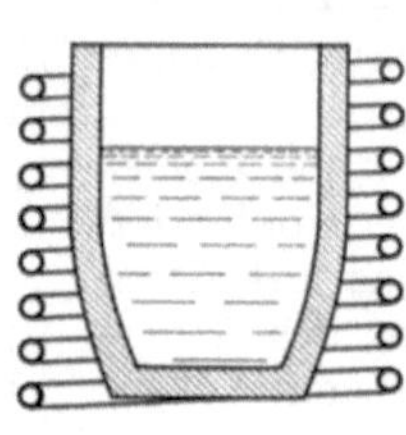

Abb. 80. Schema eines Hochfrequenzofens.

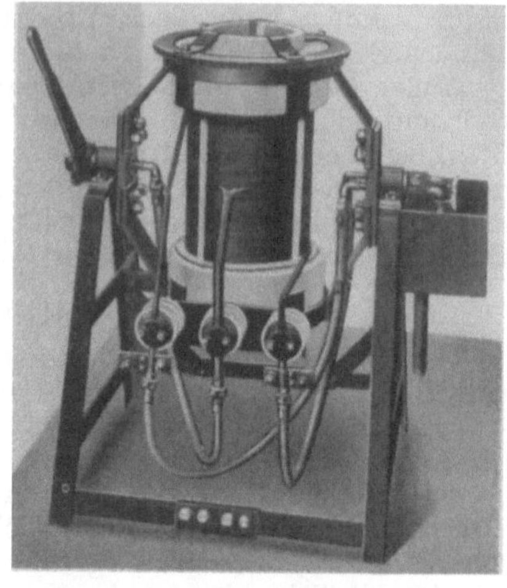

Abb. 81. Ansicht eines Hochfrequenzofens (Siemens u. Halske, Berlin.) (Ältere Bauart.)

sind in Reihe geschaltet, parallel dazu die Spule T, deren Selbstinduktion durch Zu- und Abschalten von Windungen stufenweise verändert werden kann. Damit der Ofen die nötige Energie aufnehmen kann, muß die Eigenschwingung des Systems auf die Frequenz des Maschinenstromes abgestimmt sein, was durch Zu- und Abschalten von Kapazität und Änderung der Tourenzahl

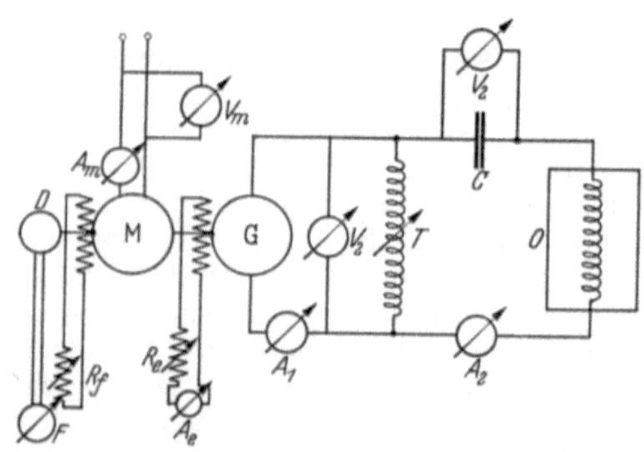

Abb. 82. Schaltschema einer Hochfrequenz-Ofenanlage für Versuchszwecke.

Abb. 83. Muffelofen für 1000°.

der Maschine erfolgt. Die Spannung am Kondensator ist bei Schmelzen von nichtmagnetischen Metallen 2500 bis 2600 V, bei Eisen und Stahl 1200 bis 2400 V.

11. Muffelöfen. (Abb. 83.)

Bei diesen hat man einen, dem auf S. 610 besprochenen Kruppschen Steinstrahlofen ähnlichen kammerförmigen Raum, in dem das zu erhitzende Gut liegt. Der Ofenraum wird durch eine geschlossene „Muffel" aus hochfeuerfestem, temperaturwechselbeständigem Material, z. B. Schamotte, gebildet. Die Öfen dienen zu Glühversuchen, z. B. beim Härten, Vergüten usw. Je nach der

Temperatur, die erreicht werden soll, verwendet man elektrische Widerstands-
heizung (Wicklungen aus Chromnickel, Megapyr, Wolfram und Silitstäbe) oder
Gasfeuerung. Der Ofen ist nach außen natürlich gut isoliert und der Heizraum
kann durch eine Tür verschlossen werden.

12. Kammeröfen. (Abb. 84.)

Sie unterscheiden sich von den Muffelöfen nur sehr wenig. Je nach Anzahl
der Kammern gibt es Einkammeröfen, Zweikammeröfen usw. Die Heizung
erfolgt direkt durch den Heizkörper, also je nach Verwendungszweck durch Heizspirale aus Chromnickeldraht, Silitstäbe usw.
Die Öfen werden für dieselben Zwecke, wie
die Muffelöfen, verwendet.

13. Salz-, Metall- und Ölbäder. Anlaßöfen [1].

Sollen Proben kürzere oder längere Zeit
bei bestimmten Temperaturen geglüht werden oder bei ganz bestimmten Temperaturen
abgeschreckt werden, so werden Bäder aus
geschmolzenen Salzen, Blei, Öl usw. verwendet. Die Bäder haben den Vorteil, daß
die Proben die gewünschte Temperatur in
kürzester Zeit annehmen und die Temperaturen sehr genau eingestellt werden können.
Das geschmolzene Salz schützt die Probe
vor Oxydation, so daß man auch ohne kompliziertere Vorrichtungen, wie Vakuumöfen

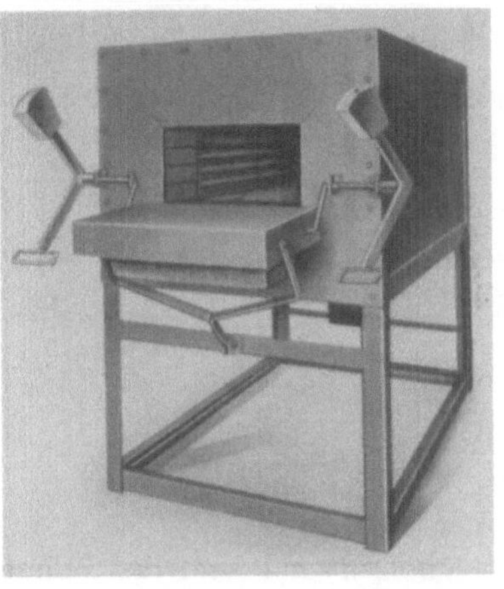

Abb. 84. Kammerofen.

oder Öfen mit neutralen Schutzgasen (Stickstoff, Wasserstoff usw.), zunderfreie,
blanke Proben erhalten kann. Wird die Probe vom Salz angegriffen, so kann sie
bei nicht zu großen Abmessungen in Glas (Supremaxglas bis 850°) oder Quarz
(über 800°) eingeschlossen und so in das Bad getaucht werden. Oft ist aber
gerade zwischen den Salzen und dem eingesetzten Gut eine Wechselwirkung
beabsichtigt. Es sei hierfür z. B. die Zementation von weichen Eisen in Cyanid-
bädern angeführt, bei der die Probe eine harte kohlenstoffreiche Randschicht erhält.
Die Salzbäder enthalten entweder reine Salze (z. B. KCl über 800°, $BaCl_2$ über
1000°) oder Salzgemische (z. B. 50% KNO_3 + 50% $NaNO_3$ für 150—400°, 73%
KCl + 27% LiCl für 400 bis 800° usw.). Bei den Nitratbädern ist einige Vorsicht
geboten, da sie bei Überschreitung der zulässigen Temperaturen mit den Proben
heftig reagieren (z. B. mit Zink im geschmolzenen Zustand, also über 420°)
können. Als Metallbad wird meist nur Blei verwendet, weil es mit vielen Metallen
z. B. Eisen usw. keine Legierungen bildet; ist aber Legierungsbildung möglich
(z. B. mit Zink), so verbietet sich die Anwendung eines Bleibades. Für sehr
hohe Temperaturen darf es ebenfalls nicht verwendet werden, weil es sich dabei
unter Bildung von Bleiglätte zu stark oxydiert. Ölbäder können höchstens bis
300° verwendet werden. Zur Aufnahme der Bäder werden dichte Tiegel, seltener
Wannen aus Quarz, Porzellan oder Metallen (z. B. Sonderstähle, Schmiedeisen,
Nickellegierungen usw.) verwendet. Die Tiegel werden elektrisch, durch Gas
oder Öl beheizt.
Sollen Proben angelassen werden, so sind nicht in allen Fällen Salzbäder
notwendig. Besonders für niedrigere Temperaturen (unterhalb 300°) gibt es
„Trockenschränke", die elektrisch geheizt werden und die Temperatur auf 1 bis 2°

---

[1] Durferrit G. m. b. H., Frankfurt a. M.

einhalten. Für die Aushärtung von Aluminiumlegierungen haben sich diese
Schränke (Abb. 85) gut bewährt. Für höhere Temperaturen (z. B. bis 700°)
sind Anlaßöfen mit oder ohne Luftumwälzung (Antrieb durch Elektromotor
oder Luftturbine) im Gebrauch, die eine annehmbare Temperaturgleichmäßigkeit
und Schnelligkeit im Anwärmen gewährleisten und deshalb ohne weiteres verwendbar sind, wenn es nicht auf größte Genauigkeit ankommt.

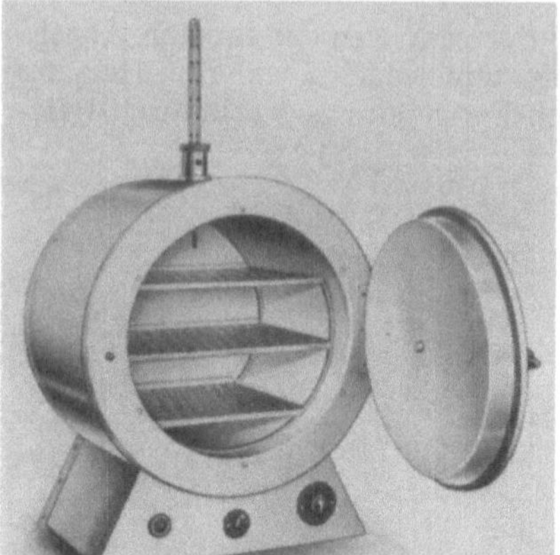

Abb. 85. Trockenschrank bis 250°.
Genauigkeit ±1°.

14. Tiegel, Heizrohre, Thermoelementschutzrohre und sonstige Geräte aus keramischer Masse [1].

Um Heizrohr und -wicklung des Ofens vor dem Angriff der erhitzten Probe oder Schmelze, ferner um die Probe selbst vor Einwirkungen von außen (z. B. bei Gasöfen vor den Feuergasen) zu schützen, werden *Tiegel* verwendet. Diese sind mit den Öfen entweder fest verbunden oder aber sie werden als besonderes Gefäß in den Heizraum eingesetzt. Die Tiegel haben verschiedene Formen, entweder ist es eine einseitig verschlossene Röhre (Abb. 77b), haben die in Abb. 80 ersichtliche oder auch eine andere Form. Wird

geschmolzen und sind die Schmelzen sehr verschiedenartig, so muß für jede
Schmelze ein neuer Tiegel verwendet werden. An den Tiegel werden zwei
wichtige Anforderungen gestellt: er darf mit dem zu erhitzenden Gut nicht
in Reaktion treten und er muß ohne übermäßige Formänderung die jeweilige
Arbeitstemperatur abhalten. Weitere Anforderungen, wie Wirtschaftlichkeit,
Porosität oder Dichtigkeit usw. müssen von Fall zu Fall beachtet werden.
Es ist z. B. bekannt, daß festes, insbesondere aber flüssiges Eisen mit Kohlenstoff heftig reagiert unter Auflösung von Kohlenstoff, genau so verhält sich Mangan oder Aluminium mit Stoffen, die Silizium abzugeben vermögen. Will man
also z. B. kohlenstofffreie Eisenlegierungen erschmelzen, oder ein Eisen bestimmten Kohlenstoffgehaltes umschmelzen, so darf kein Tiegel verwendet
werden, der Kohlenstoff enthält (z. B. Kohletiegel), will man siliziumfreies
Mangan oder Aluminium erschmelzen, so dürfen keine siliziumhaltigen Tiegel
(z. B. Quarz- und Porzellantiegel) verwendet werden.

Weitere bei metallkundlichen Arbeiten notwendige Artikel aus keramischer
Masse sind *Heizrohre, Wärmeschutzmassen, Thermoelementschutzröhrchen, Kapillarröhrchen* usw. Über Heizrohre, Wärmeschutzmassen wurde bereits auf
S. 612 das Notwendige gesagt. Die Thermoelementschutzröhrchen und Kapillarröhrchen sind für Temperaturmessungen (S. 630) notwendig. Bekanntlich wird
die Temperatur einer Probe dadurch gemessen, daß die Schweißstelle eines
Thermoelementes, die durch Zusammenschweißen der Enden von 2 dünnen
Drähten (0,1 bis 0,5 mm Dmr.) verschiedener Metalle oder Legierungen hergestellt wird, in das Innere der Probe gebracht wird. Würden die Thermoelemente
dabei ohne Schutz mit den Proben in Berührung kommen, so könnte das oft wegen

---

[1] Staatl. Porzellanmanufaktur, Berlin; Porzellanmanufaktur W. Haldenwanger, Berlin-Spandau;   Hermsdorf-Schomburg-Isolatoren-Gesellschaft,   Hermsdorf i. Thür.;   Europ.
Koppers P. B. Sillimanit G. m. b. H., Düsseldorf-Heerdt; Deutsche Gold- und Silberscheideanstalt, Frankfurt a. M.; Staatl. Porzellanmanufaktur, Meißen; Georg Goebel u.
Sohn, Epterode; Deutsche Ton- und Steinzeugwerke AG., Bad Freienwalde (Oder).

Reaktionen im festen oder flüssigen Zustand zu deren Zerstörung und bei Schmelzen außerdem zu unerwünschter Verunreinigung derselben führen. Aus diesem Grunde muß die Schweißstelle des Thermoelementes in ein dünnes einseitig zugeschmolzenes Röhrchen gesteckt und erst mit diesem in die Probe gebracht werden. Die Drähte dürfen außer der Schweißstelle keine metallische Berührung haben, weshalb über einen Draht „Kapillarröhrchen" (0,3 bis 0,7 mm Dmr.) gezogen werden.

Von den keramischen Massen seien folgende Stoffe genannt: Glas, Kieselsäure, Tonerdesilikate (Porzellan, Schamotte usw.), Siliziumkarbid, die Oxyde Al_2O_3, BeO, ZrO_2, MgO und ThO_2, Kohlenstoff (Graphit) usw. Manchmal können auch Tiegel aus Eisen verwendet werden, z. B. bei Blei- und Magnesiumlegierungen, da Eisen mit diesen sich nicht legiert. Außerdem kann Eisen, wie bereits auf S. 619 erwähnt worden ist, für Salzbäder u. dgl. gebraucht werden.

a) Von den verschiedenen **Glasarten** haben sich die Aluminiumborosilikatgläser gut bewährt. Jenaer Geräte und Duranglas können Temperaturen bis 750°, Supremaxglas[1] bis 850° aushalten, bei denen sogar längere Zeit (z. B. 30 min) gehalten werden kann, ohne daß die Geräte allzu weich werden und ihre Form verlieren.

b) Quarz[2] (SiO_2) kann im weichen Zustand wie Glas zu den verschiedensten Gebrauchsgegenständen verarbeitet werden. Als Glas ist er vollkommen dicht und hat außerdem die Eigenschaft, gegen schroffen Temperaturwechsel fast unempfindlich zu sein. Längere Erhitzung bei 1100 bis 1200° führt zur Entglasung, so daß die Geräte undicht werden. Quarztiegel kann man sich selbst herstellen, indem man feuchten Klebsand in entsprechende Formen stampft, an der Luft trocknet und schließlich bei 700 bis 800° brennt. Die Tiegel sind noch stark porös und leicht zerbrechlich und müssen deshalb vor Gebrauch dicht gesintert werden (z. B. einige Minuten im Tammannofen bei 1600 bis 1700°). Im Handel sind folgende Quarzsorten erhältlich: Quarzglas, Homosil, Rotosil. Die zwei ersten sind durchsichtig, die letztere undurchsichtig, dafür billiger. Für Tiegel genügt die letztere Sorte. Die Geräte werden bei $\sim$ 1500° weich, bei 1700° lassen sie sich bereits leicht biegen.

c) Die Tonerdesilikate kommen in den verschiedensten Zusammensetzungen vor. Sie haben entweder porösen oder dichten Scherben. Bei porösem Scherben wird zwecks Dichtung glasiert. Dieses Verfahren hat jedoch den Nachteil, daß die Glasur leicht schmilzt und dadurch die Dichtigkeit verlorengeht. Die Geräte sind gegen plötzliche Temperaturschwankungen sehr empfindlich. Aus diesem Grunde muß ziemlich gleichmäßig und vor allem nicht zu rasch erhitzt oder abgekühlt werden. Thermoelementschutzrohre müssen vorsichtig in heiße Schmelzen getaucht werden. Von den verschiedenen Marken sei zunächst Hartporzellan genannt, das unglasiert bis 1400°, glasiert bis 1100° und da es gasdicht ist, in evakuiertem Zustand bis 1300° bei 1 at Druck verwendet wird. Es ist eine der wichtigsten keramischen Massen. Hartporzellan enthält 73% SiO_2, 21,85% Al_2O_3, 0,83% CaO und 5,2% ($K_2O + Na_2O$). Mit weiterer Steigerung des Tonerdegehaltes nimmt die Feuerbeständigkeit zu. So haben die verschiedenen Firmen ihre für ganz bestimmte Zwecke verwendbaren Massen, wie MARQUARDTsche Masse, Pythagorasmasse usw. Einige dieser Massen sind mit ihren wichtigsten Eigenschaften in Zahlentafel 8 genannt. Unter den verschiedenen Massen sei an dieser Stelle die R-Masse von HALDENWANGER angeführt, die sich zur Herstellung von Heizkörpern mit eingeschnittenem Gewinde für die Bewicklung mit Widerstandsdraht ausgezeichnet bewährt hat. In diese Gruppe gehört auch die Schamotte, aus der z. B. Körnungen für Wärmeisolierung, poröse Tiegel usw. hergestellt werden.

---

[1] Jenaer Glaswerk, Schott u. Gen., Jena.
[2] Heraeus Quarzglas G. m. b. H., Hanau; Deutsche Quarzschmelze G. m. b. H., Berlin-Staaken.

Zahlen·

Material, chemische Zusammensetzung	Schmelzpunkt °C	Verwendbar bis °C	Erweich.beginn °C	Art des Scherbens	Gasdicht oder porös	Verhalten gegen Temperaturwechsel	Raumgewicht
Quarz: SiO_2	1725	1500	1500	schwach zellig	gasdicht bis 1500°	sehr gut	2,1
Hartporzellan: 22% Al_2O_3, 73% SiO_2; Na_2O, K_2O, CaO	1680	glasiert: 1200 unglasiert: 1300	1400	dicht	gasdicht bis 1400°	genügend	2,46
Schamotte R[1]		1600				genügend	
Schamotte M[1]		1600				gut	
Marquardtmasse[3]	1825	1700		porös	porös und gasdicht	fast gut bei schroffem Wechsel empfindlich)	
K-Masse[3]	etwa 1800	1700		dicht	gasdicht bis 1700°	gut	2,46
Pythagorasmasse[1]: 60% Al_2O_3, 40% SiO_2	etwa 1800	1700	etwa 1700	dicht	gasdicht bis 1750	fast gut	2,9
Masse 124 f/97[2]	1810	1750			nicht völlig gasdicht		
Masse 139 a/97[2]	1810	1700			gasdicht	gut	
Sillimantin „60"[1]: 70% Al_2O_3, 30% SiO_2	1825	1700			porös	sehr gut	
SKX[1]: 70% Al_2O_3, 30% SiO_2	1825	1700			porös	sehr gut	
SKX 60/90[1]: 70% Al_2O_3, 30% SiO_2	1825	1700			porös	sehr gut	
SKA 90 Extra[1]: 95% Al_2O_3, 5% SiO_2	1980	1900			porös	sehr gut	
Sillimanitmasse 10 a[4]: 60% Al_2O_3, 39% SiO_2		1700			gasdicht	sehr gut	
Sillimanitmasse 9 i „Mullit"[4]: 65% Al_2O_3, 34% SiO_2		1750			gasdicht	sehr gut	
Sillimanitmasse H[4]: 72% Al_2O_3, 27% SiO_2		1700			nicht gasdicht	sehr gut	
Sillimanitmasse HE[4]: 65% Al_2O_3, 34% SiO_2		1600			nicht gasdicht	sehr gut	

[1] W. Haldenwanger, Berlin (Spandau).　　[2] Staatl. Porzellanmanufaktur, Meißen.　　[3] Staatl.

tafel 8.

Ausdehnungs-koeffizient $\times 10^{-6}$	Wärmeleit-fähigkeit kcal/m h °C	Spezifische Wärme	Chemische Eigenschaften, Anwendungsgebiet, Sonstiges
(0—1000°) 0,54	1,08	(17—100°) 0,18	Von Luft, geschmolzenem Sn, Cd, Zn, S, kein Angriff. Mit C bei 1600—1800° Karbildildung. Oberhalb 1150° Entglasung. Gegen Säuren bis zu den höchstenTemperaturen widerstandsfähig; Ausnahme sind H_3PO_4 über 300° und HF; Al, Mg, Mn, greifen bei hohen Temperaturen an. Von basischen Flußmitteln angreifbar. Schmelztiegel, Röhren
(20—1000°) 3,8	(20°) 1,23	(20—400°) 0,221	Gegenüber den meisten sauren Schmelzen widerstandsfähig; Ausnahmen: H_3PO_4, HF und Bisulfat. Von stark alkalischen Schmelzen angegriffen. Von Metallen greifen Al, Mn, an. Pyrometer- und Verbrennungsrohre, Heizrohre und Schmelztiegel
			Gewinderohre für elektrische Öfen
			Grobkörniges Material zur Isolation elektrischer Öfen
(20—700°) 5,2		(20—400°) 0,229	Ähnlich dem Porzellan, jedoch gegen basische Stoffe etwas widerstandsfähiger. Schmelzen von Metallen und Legierungen
(20—700°) 4,9	(20°) 1,72	(20—400°) 0,264	Bedeutend widerstandsfähiger gegen chemische Angriffe als Porzellan. Basischer als Porzellan. Schmelzen von Metallen und Legierungen, Salzen und Glas
(20—1000°) 5,7	1,2	(20—400°) 0,218	Widerstandsfähiger gegen chemische Angriffe als Porzellan. Bis 1600° gegen die meisten sauren Schmelzen beständig. Schmelzen von Metallen, Legierungen und Salzen bis 1500°. Pyrometer und Verbrennungsrohre, elektrische Laboratoriumsöfen
			Schmelztiegel, Pyrometerschutzrohre, Muffeln
			Schmelztiegel, Pyrometerschutzrohre, Muffeln
			Pyrometerschutzrohre
			Heizrohre für elektrische Öfen, TAMMANN-Tiegel
			Heizrohre für elektrische Öfen, TAMMANN-Tiegel
			Kohlegrießofenrohre, TAMMANN-Tiegel
			Pyrometerschutzrohre, Heizrohre
			Pyrometerschutzrohre, Heizrohre, spez. biegefest
			Glührohre, Heizrohre
			Widerstandsträger (Wendelträger), Durchführungsrohre für Silitstäbe

Porzellanmanufaktur, Berlin. $^{\pm}$ Europ. Koppers P. B. Sillimanit G. m. b. H., Düsseldorf-Heerdt.

Zahlentafel 8.

Material, chemische Zusammensetzung	Schmelz-punkt °C	Verwendbar bis °C	Erweich.-beginn °C	Art des Scherbens	Gasdicht oder porös	Verhalten gegen Temperaturwechsel	Raum-gewicht
Alsint[1], Al_2O_3	2050	2000	1950		gasdicht	gut	3,6
Sintertonerde[2]: Al_2O_3	2050	über 1900	1750	dicht	gasdicht bis 1800°	gut	3,8
Kaolingebundener gesinterter Korund[2]: $Al_2O_3 + 5\% \ SiO_2$	unter 2000	etwa 1800	etwa 1700	porös	porös	gut	3,8
Sinterspinell[2]: $MgO \cdot Al_2O_3$	2135	über 2000	über 1750	dicht		ungünstig	3,5
Sinterberyllerde[2]: BeO	2550	über 2200	2150	dicht		sehr gut	3,0
Sinterzirkonerde[2]: ZrO_2	etwa 2700	2500	etwa 1900	schwach porös		ungünstig	5
Sinterzirkon[2]: $ZrSiO_4$	nicht konstant (Zer-setzung)	1750	etwa 1600	schwach porös		gut	4
Sintermagnesia[2] (MgO) geschmolzen.	etwa 2700	etwa 2200	etwa 2000	porös		ungünstig	3,0
Sintermagnesia[2] (MgO) calciniert	etwa 2700	etwa 2400	etwa 2000	dicht		ungünstig	3,5
Sinterthorerde[2]: ThO_2	etwa 3000	etwa 2700	1950	dicht		ungünstig	9,5 bis 9,86
Ceroxyd[2]: CeO_2	etwa 2600			dicht			
Graphit-Ton		1700	1700 bis 1800	porös und hart	wenn glasiert fast gasdicht	ausge-zeichnet	1,6
Kohle: C	praktisch unschmelz-bar	über 3000	erweicht nicht		porös	sehr gut	1,5

[1] W. Haldenwanger, Berlin (Spandau).　　　　[2] Deutsche Gold- und Silber-Scheideanstalt,

(Fortsetzung.)

Ausdehnungs-koeffizient $\times 10^{-6}$	Wärmeleit-fähigkeit kcal/m h °C	Spezifische Wärme	Chemische Eigenschaften, Anwendungsgebiet, Sonstiges
7,1		0,279 (2030°)	Pyrometerrohre, Schmelztiegel, Kapillarröhrchen. Gegen basische Flußmittel unbeständig, von basischen Dämpfen und Schlacken angegriffen. Angreifbar durch SiO_2 und HF. Mit C Karbidbildung bei 1800°. Von H nicht reduziert. Von Luft und Metallen nicht angegriffen
(20—800°) 4,6—8,0	hoch hoch	(20—400°) 0,24 (20—400°) 0,24	Widerstandsfähig gegen Alkalien und Metalle, Glas und Schlackenflüsse. Auch bei höchsten Temperaturen nicht angreifbar durch: Cl_2, C, CO, H_2, C_nH_{2n+2}; starke Mineralsäuren, auch HF und H_2SO_4 greifen kaum an. Sintertonerde verträgt sich nicht mit ZrO_2, $ZrSiO_4$ und BeO, wohl aber mit anderen Oxyden. Beide geeignet zum Schmelzen von hochschmelzenden Metallen und Legierungen
	gering	0,257 (900°)	Neutraler Charakter, bei hohen Temperaturen widerstandsfähig gegen reduzierende Agenzien, Salze, Schlacken, Alkalien und saure Flußmittel. Von Luft nicht oxydierbar
	überaus groß		Widerstandsfähig gegen alkalische Stoffe, reduzierende Einflüsse geschmolzener Metalle, Kohlenstoff, CO und H_2. Verträgt sich mit ZrO_2, bis etwa 1850° mit anderen oxydischen Werkstoffen nicht. Schmelzen von Metallen und Legierungen
	gering	0,107 (100°)	Widerstandsfähig gegen verschiedenste saure und basische Stoffe bei höchster Temperatur; vorzüglich geeignet zum Schmelzen von Metallen. Karbidbildung mit C bei hohen Temperaturen. Verträgt sich nicht mit Al_2O_3. Von geschmolzenen Fluoriden angegriffen; beständig gegen Luft und Metallschmelzen
etwa 8,0	gering		Widerstandsfähig gegen Säuren; basische Stoffe greifen bei hohen Temperaturen an. Gut geeignet für Metallschmelzen. Zerstörung durch Fe-Sulfide, Flußspat und Ätzalkali. Beständig gegen Luft, schwer reduzierbar. Verträgt sich nicht mit BeO, MgO
(20—700°) 13	hoch hoch	(20—400°) 0,264 0,35 (2780°)	Widerstandsfähig bei höchsten Temperaturen gegen basische Stoffe. Nicht beständig bei stark reduzierendem Einfluß des Kohlenstoffs bei hoher Temperatur. Verträgt sich nicht mit $ZrSiO_4$. Zum Schmelzen von Metallen geeignet. Von sauren Flußmitteln angegriffen, auch von feuerfestem Ton und Silikasteinen. Von Luft und Metallschmelzen nicht angegriffen
hoch	gering	0,06 (25°)	Widerstandsfähig auch bei extrem hohen Temperaturen besonders gegen basische Stoffe. Beständig gegen Reduktion durch schwer schmelzbare Metalle. Karbidbildung bei hohen Temperaturen. Verträgt sich gut mit allen Oxyden, am besten mit ZrO_2.
			Reduzierbar bei hohen Temperaturen, im Kontakt mit Al_2O_3 Schlackenbildung
	sehr gut		Von basischen Flußmitteln angegriffen. Bei C-armen Fe- und Ni-Schmelzen Aufkohlungsmöglichkeit. Bei Innenauskleidung wird Aufkohlung aufgehalten solange dieselbe intakt ist. Schmelzen aller Metalle außer Elektron
(20—1000°) 5,0	3,5—8	(20—1300°) 0,18—0,4	Widerstandsfähig gegen saure und basische Flußmittel soweit sie nicht oxydieren. Schädigt: Pt-, Fe-, Ni-, Co-, Pd-, Cr-, Si-Schmelzen. Beim Metallschmelzen geringe Oberflächenverunreinigung. Ab 1400° mit SiO_2-haltigem Material SiC. Silikatschmelzen, Sinterungsprozesse, Hartmetalle und Reduzieren von Oxyden. Oxydation an Luft ab 550°. Nicht reduzierbar. Kein Angriff von geschmolzenem Cu, Zn, Al, Au, Sb, Sn, Ag, Pb, Cd

Frankfurt a. M.

Handb. d. Werkstoffprüfung. II.

Zahlentafel 8.

Material, chemische Zusammensetzung	Schmelz-punkt ° C	Verwendbar bis ° C	Erweich.-beginn ° C	Art des Scherbens	Gasdicht oder porös	Verhalten gegen Temperaturwechsel	Raum-gewicht
Elektrographit: C	praktisch unschmelz-bar	über 3000	erweicht nicht			sehr gut	1,5 bis 1,7
Aluminiumsilikat: $Al_2O_3 \cdot 2\ SiO_2$	1860	1800	fast am Schmelz-punkt				
Hochtonerdehaltige Schamotte (Diaspor)	1835 bis 1915						
Feuerfester Ton	1500 bis 1750						2,6 bis 2,7
Siliziumkarbid: SiC	bei 2220 Zer-setzung		1400 bis 2000 (je nach Binde-mittel)				3,12
Chromit: $FeO \cdot Cr_2O_3$	2050						3,9 bis 4,0

d) Für Temperaturen über 1750° genügen die als feuerfest und hochfeuerfest bekannten Massen auf Grundlage der Aluminiumsilikate nicht mehr. Für diese Zwecke werden die **Oxyde** Al_2O_3, MgO, BeO, ZrO_2 und ThO_2 verwendet. In chemischer Hinsicht zeichnen sie sich dadurch aus, daß sie im Gegensatz zu den Tonerdesilikaten unreduzierbar sind. Nur Schlacken im Tiegel können unter Umständen gefährlich werden. Ihre Temperaturwechselbeständigkeit, Gas- und Vakuumdichtigkeit und hohe mechanische Festigkeit sind weitere vorteilhafte Eigenschaften. Es werden aus ihnen Tiegel, Heizröhren, Muffeln, Schiffchen, Thermoelementschutzröhren, Ein- und Mehrlochkapillaren usw. hergestellt. Die reine Tonerde (Al_2O_3) schmilzt bei 2050° und wird als Sintertonerde (Korund) bis 1950° verwendet, ist gegen Eisenmetalle usw. widerstandsfähig. Der kaolingebundene Sinterkorund ist gasdurchlässig und nur bis 1800° verwendbar. Der Sinterspinell ($MgO \cdot Al_2O_3$) schmilzt bei 2135° und verhält sich in chemischer Hinsicht noch neutraler als Sinterkorund. Sinterberyllerde (BeO) schmilzt über 2500°, als gasdichtes Gerät ist sie über 2200° verwendbar und zufolge ihrer guten Wärmeleitfähigkeit ist sie besonders temperaturwechselbeständig. Sinterzirkonerde (ZrO_2) schmilzt bei 2700°, ist als schwach poröses Gerät bis 2500° verwendbar. Kohlenstoff wirkt unter Bildung von Karbid auf den Scherben etwas ein, außerdem sind die Geräte verhältnismäßig temperaturwechselempfindlich. Geräte aus Sinterzirkon ($ZrSiO_4$) sind bis 1750° brauchbar. Sintermagnesia schmilzt bei 2800° und Geräte sind bis 2400° völlig dicht. Geräte aus geschmolzener Magnesia sind bis 2400° verwendbar, sind aber porös. Unter

(Fortsetzung.)

Ausdehnungs-koeffizient $\times 10^{-6}$	Wärmeleit-fähigkeit kcal/m h °C	Spezifische Wärme	Chemische Eigenschaften, Anwendungsgebiet, Sonstiges
(20—1000°) 3,5	bei 700° 0,3	(20—1300°) 0,3—0,4	Große Widerstandsfähigkeit. Durch Oxydationsmittel angreifbar: Luft ab 640°, H_2O-Dampf und CO_2 ab 900°. Beständig gegen Metalle, welche keine Karbide bilden. Für Schmelzen besser als Kohletiegel. Ab 1300° C Bildung von SiC mit SiO_2-haltigem Material. Verwendung wie bei Kohle. (Gegen Al_2O_3, BeO, MgO bis 1800—1900° beständig.) Kein Angriff durch Cl, Br, HCl
(25—900°) 4,8			Von basischen Flußmitteln langsam, von sauren nicht-angreifbar; Luft und Metallschmelzen ohne Einwirkung, Reduktion schwierig
			Leicht angreifbar von geschmolzenen Alkalien, Persulfaten, Borax, alkalischen Dämpfen und Schlacken. Schwer angegriffen von sauren Flußmitteln; nicht angegriffen von Luft, Reduktionsmitteln und Metallschmelzen
5,9			Von Alkalien leicht angreifbar. Beständig gegen saure Flußmittel, Luft und Reduktion. Für Metallschmelzen über 1300° nicht zu empfehlen
(100—900°) 4,7		0,185 (900°)	Von Alkali oder Alkalisulfatschmelzen zersetzt, von anderen Basen angegriffen, auch $Na_2O \cdot SiO_2$. Reagiert mit CuO, CaO, MgO, FeO, NiO, MnO, CdO von 800—1370°. Saure Flußmittel und Reduktion ohne Einwirkung. Luft oder O_2 oxydieren über 1300°. Verhalten gegen Metallschmelzen wie Kohlenstoff
9,02			Schwer angreifbar von basischen Flußmitteln; zersetzt oder angegriffen von Bisulfat-, Alkalihydroxyd- und CaO-Schmelzen bei hoher Temperatur. Schwer angreifbar von sauren Flußmitteln (außer geschmolzenem SiO_2). Gegen Luft und Metallschmelzen beständig. Reduzierbar durch C bei hohen Temperaturen

stark reduzierendem Einfluß (z. B. Kohlenstoff) wird Magnesia reduziert und verdampft.

e) Für die höchsten Temperaturen wird **Kohlenstoff**[1] zur Herstellung der Geräte verwendet, da er die höchsten Temperaturen aushält ohne zu erweichen oder zu schmelzen. Ein schwerer Nachteil ist, daß er mit dem Sauerstoff leicht reagiert und vor allem seine starke Reaktionsfähigkeit mit Eisen, Mangan usw. Die Geräte enthalten etwas Ton als Bindemittel und werden unter hohem Druck gepreßt. Als Rohstoffe werden Graphit und gemahlener Koks verwendet.

Weitere Einzelheiten aus Zahlentafel 8, S. 622.

15. Flüssigkeitsthermometer.

Ihre Anwendungsmöglichkeiten sind in der Metallkunde beschränkt, da sie nur unterhalb 600 oder 750° (Sonderglas oder Quarzglas mit Quecksilberfüllung und Stickstoff über dem Quecksilberfaden zur Vermeidung von Quecksilberdampf) verwendet werden können. Bei ihrem Gebrauch ist darauf zu achten, daß man bei jedem Thermometer eine Korrektur für den herausragenden Faden anbringen muß. Denn die Temperaturangaben auf der Skala wären nur dann richtig, wenn der herausragende Faden auch die Temperatur der Flüssigkeitskugel haben würde, was praktisch wohl kaum zutrifft. Für Temperaturen

[1] C. Conradty, Nürnberg; Siemens-Planierwerke, Berlin-Lichtenberg.

unterhalb o° werden Thermometer mit Alkohol-, Äther- und Pentanfüllung
(— 100°, — 117°, — 200°) verwendet. Nachteilig ist, daß sie eine große Masse,
daher eine große Wärmekapazität und geringe Einstellgeschwindigkeit haben
und daß die Ablesungen an Ort und Stelle vorgenommen werden müssen, was
bei den elektrischen und optischen Temperaturmeßgeräten wegfällt.

Neuerdings wurde das niedrigschmelzende Gallium (Smp. 30°) als Füll-
mittel für Quarzthermometer vorgeschlagen (bis 1000° C)[1].

16. Thermoelemente[2].

Werden zwei dünne Drähte aus verschiedenen Metallen oder Legierungen an
einem Ende zusammengeschweißt, die Schweißstelle erhitzt (z. B. mit einem
Bunsenbrenner), so fließt, wenn die beiden anderen Enden an ein Millivoltmeter
hohen inneren Widerstandes angeschlossen werden, ein elektrischer Strom,

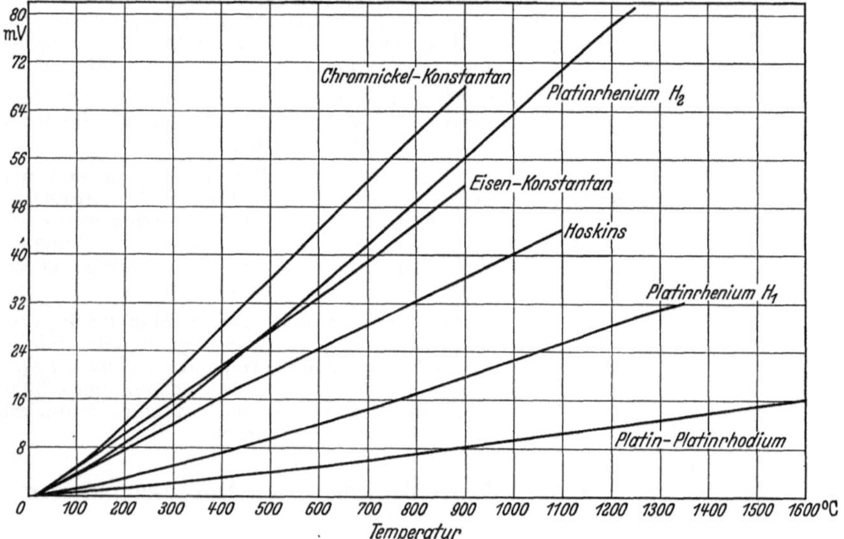

Abb. 86. Thermokraft verschiedener Thermoelemente. Gemessen bei 20° an der Kaltlötstelle.

dessen Spannung am Millivoltmeter abgelesen werden kann. Die Stromquelle
ist ein „Thermoelement", das für die Messung hoher Temperaturen in weitestem
Maße angewendet wird. Es ist nämlich die elektromotorische Kraft des Thermoelementes der Temperaturdifferenz zwischen der erhitzten Stelle *(Heißlötstelle)*
und den gekühlten Enden proportional, was in Abb. 86 bei verschiedenen Kom-

---

[1] Vgl. van Arkel, A. E.: Reine Metalle. Berlin: Julius Springer 1939.

[2] W. C. Heraeus G. m. b. H., Hanau a. M.; G. Siebert, G. m. b. H., Hanau a. M.;
Siemens u. Halske AG., Berlin-Siemensstadt; Allgemeine Elektricitäts-Gesellschaft, Berlin:
Gebr. Ruhstrat AG., Göttingen. *Schrifttum:* Henning, F.: Temperaturmessung. Handbuch der Physik, Bd. IX. Berlin: Julius Springer 1926. — Ribaud, G.: Traité de Pyro-
metrie Optique. Editions de la Rev. Opt. 1931. — Schack, A.: Geräte und Verfahren zu
Temperaturmessungen. Mitt. Wärmestelle Ver. dtsch. Eisenhüttenleute Nr. 96 u. 97.
Düsseldorf: Verl. Stahleisen m. b. H. 1927. — *Regeln* für Meßverfahren bei Abnahme-
versuchen. Teil I. Regeln für Temperaturmessungen. Berlin: VDI-Verlag 1936. — Knob-
lauch, O. u. H. Hencky: Anleitung zu genauen technischen Temperaturmessungen. Mün-
chen u. Berlin: R. Oldenbourg 1926. Flüssigkeits- und elektrische Thermometer. —
Keinath, G.: Elektrische Temperaturgeräte. München u. Berlin: R. Oldenbourg 1932. —
Euler, H. u. K. Guthmann: Fehler bei der Temperaturmessung mit Thermoelementen.
Arch. Eisenhüttenwes. Bd. 9 (1935/36) S. 73—90. — Blaurock, F.: Beitrag zur optischen
Temperaturmessung von flüssigem Eisen und Stahl. Arch. Eisenhüttenwes. Bd. 8 (1934/35)
S. 517—532. — Naeser, G.: Über ein neues kombiniertes Farbpyrometer mit Vergleichs-
lampe. Mitt. K.-Wilh.-Inst. Eisenforsch., Düsseldorf, Bd. 18 (1936) S. 21—26.

binationen für den Fall gezeigt wird, daß die Temperatur der kalten Enden (*„Kaltlötstelle"*) 20° beträgt. So erhält man für die elektromotorische Kraft eines Elementes, dessen einer Schenkel aus Platin, der andere aus einer Legierung von Platin mit 10% Rhodium besteht, die in der Spalte 2 der Zahlentafel 9 zusammengestellten Werte. Oft aber werden die Thermospannungen auch für eine Temperatur von 0° für die Kaltlötstelle angegeben. Sie sind dann um 0,11 mV für das Pt-PtRh-Element höher, wie es aus der gleichen Tabelle Spalte 3 hervorgeht. Bei den Messungen der Thermokraft muß natürlich darauf geachtet werden, daß kein Kurzschluß entsteht, da sonst der Thermostrom nicht vollständig durch das zwischen den Schenkeln eingeschaltete Meßinstrument geht und dadurch die Ablesungen am Meßinstrument falsch sind. Ein solcher Kurzschluß kann entstehen, wenn sich metallische Teile der beiden Schenkel berühren.

Die Berührung wird dadurch vermieden, daß ein Schenkel mit sehr dünnen Röhrchen aus feuerfester Masse (z. B. Pythagorasmasse) umkleidet wird.

Viel verwendet werden die Edelmetallelemente, denn diese lassen sich auf sehr hohe Temperaturen erhitzen, ohne daß sie oxydieren und ihre Thermokraft im Gebrauch ändern, wobei natürlich vorausgesetzt wird, daß sich die Drähte nicht legieren, z. B. beim Reißen des Schutzrohres durch flüchtigen Metalldampf usw. An erster Stelle von diesen sei das von H. LE CHATELIER eingeführte Element aus Platin-Platinrhodium genannt, dessen Thermokraft in Zahlentafel 9 angegeben ist. Das Element eignet sich bis 1600°. Will man Temperaturen darüber messen, so verwendet man ein Element aus Iridium-Iridiumrhodium (60% Rh) von Heraeus, das sich bis 2000° eignet. Für Temperaturen unterhalb 1300° kann man die in Abb. 86 angeführten Edelmetallelemente Platinrhenium H_2 und H_1 (Siebert) oder das Pallaplatelement aus Platinrhodium und Palladiumgold (Heraeus) verwenden. Die letzteren zeichnen sich gegenüber dem Platin-Platinrhodiumelement durch die höhere Thermokraft und billigeren Preis aus. Des Preises wegen versucht man mit möglichst dünnen Drähten auszukommen (0,5 bis 0,1 mm), was aber auch noch den weiteren Vorteil hat, daß die beiden in die Proben ragenden Drähte sehr wenig Wärme ableiten können, ein Umstand, der bei Messungen mit geringen Probemengen zu beachten ist. Die unterste Grenze für die Drahtstärke ist durch die mechanische Festigkeit der Drähte bei den hohen Temperaturen gegeben. Eine Drahtstärke von 0,1 mm kann in dieser Hinsicht bereits Schwierigkeiten bereiten.

Für niedrigere Temperaturen werden Thermoelemente aus unedlen Metallen verwendet. Solche sind: Nickel-Chromnickel (HOSKINS) bis 1100°, Konstantan-Thermoelemente (Legierung mit 50% Cu, 50% Mn) mit Silber, Chromnickel, Kupfer oder Eisen bis etwa 650°.

Für die Temperaturmessung wird die in Abb. 87 dargestellte Meßanordnung verwendet, die aus dem Thermoelement selbst, aus einem Millivoltmeter mit hohem inneren Widerstand und einer Kühlflüssigkeit für die Kaltlötstelle besteht.

Zahlentafel 9.
EMK eines Pt-PtRh-Elementes.

Temperatur der erhitzten Lötstelle in ° C	EMK in mV bei einer Kaltlötstelle	
	von 20 ° C	von 0° C
0	— 0,11	0,00
20	0,00	0,11
100	0,54	0,65
200	1,33	1,44
300	2,22	2,33
400	3,15	3,26
500	4,12	4,23
600	5,13	5,24
700	6,16	6,27
800	7,24	7,35
900	8,36	8,47
1000	9,52	9,63
1100	10,69	10,80
1200	11,87	11,98
1300	13,06	13,17
1400	14,25	14,36
1500	15,45	15,46
1600	16,65	16,76

In die Kühlflüssigkeit (meistens Thermosflasche) ragen die beiden kalten Enden (Kaltlötstelle) des Elementes, in zwei voneinander isolierte, mit den Klemmen des Millivoltmeters verbundene (Quecksilber-)Kontakte. Außerdem gehören zum Element noch die Kapillaren aus feuerfester Masse, von denen der eine Schenkel umhüllt ist und das Thermoelementschutzrohr, in das die Heißlötstelle eingeschoben wird. Als Meßinstrumente werden Präzisionstischinstrumente[1] mit Drehspulmeßwerk verwendet. Das Instrument mit Bändchenaufhängung ist empfindlicher, als das mit Spitzenlagerung und muß vor der Messung mit Hilfe einer Dosenlibelle und Stellschrauben genau waagerecht aufgestellt werden, während das letztere durch eine geringe Schräglage wenig beeinflußt wird und

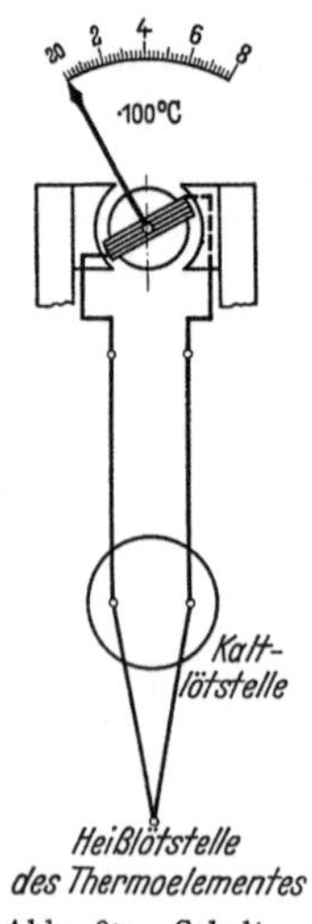

Abb. 87. Schaltschema eines Thermoelementes und Temperaturmessung.

für technische Zwecke ausreicht. Ein Instrument mit Spanndrahtaufhängung sucht die Vorteile der beiden Arten mit Bändchenaufhängung und Spitzenlagerung zu vereinigen. Der innere Widerstand des ersten Instrumentes beträgt etwa 1000 Ω, ist also im Vergleich zum Widerstand des Thermoelementes (z. B. für ein Platin-Platinrhodiumelement von je 100 cm Länge der Schenkel und 0,6 mm Dmr. 2,5 Ω) sehr hoch. Für Geräte, die rasch anzeigen sollen, werden Lichtzeiger verwendet. Die Skalen der Instrumente werden in der Regel doppelt geeicht: für Ablesungen in mV und in ° C für das der Eichung zugrunde gelegte Thermoelement. Zur Vermeidung von Parallaxefehlern ist unter dem Zeiger ein Spiegel angebracht. Für Transporte ist eine Arretierung vorgesehen. Das Instrument soll auf Stein- oder Holzkonsolen aufgestellt werden, starke Magnete und große Eisenmassen dürfen nicht in der Nähe sein. Vor vagabundierenden Strömen wird es durch Aufstellung auf einer Glasplatte geschützt.

Bei der Temperaturmessung müssen mehrere *Fehlerquellen* beachtet werden. Das Millivoltmeter zeigt nur dann richtig, wenn der Widerstand des Elementes im Vergleich zum inneren Widerstand des Millivoltmeters sehr klein ist. Man kann aber mit der Dicke der Drähte, bei kleinen Proben wegen zu starker Wärmeableitung und bei Edelmetallelementen auch des Preises wegen nicht zu hoch gehen, um dadurch eine Verminderung des Widerstandes des Elementes zu erreichen. Müssen deshalb aus irgendwelchen Gründen sehr dünne Drähte verwendet werden, so darf der Widerstand des Elementes nicht mehr vernachlässigt werden, der z. B. bei einem Platin-Platinrhodium-Element von je 1 m Schenkellänge und 0,1 mm Dmr. 46 Ω beträgt.

Eine weitere Fehlerquelle ist, daß der Zeiger des Millivoltmeters vor Anlegen der Thermospannung auf 0° oder 20° eingestellt wird. In Wirklichkeit weicht die Temperatur des Kühlwassers, wenn man nicht eigens Eis von 0° oder Wasser von 20° verwendet, um einen mehr oder weniger großen Betrag von dieser Solleichtemperatur ab. Diese Abweichung von 0° bzw. 20° muß als Korrektur zu den Ablesungen am Millivoltmeter hinzugeschlagen oder abgezogen werden, je nachdem die Kühlwassertemperatur oberhalb oder unterhalb der Solleichtemperatur liegt. Das soll z. B. an einem Platin-Platinrhodium-Element gezeigt werden, wenn das Millivoltmeter vor Anschluß des Thermoelementes auf eine Temperatur von 0° eingestellt war, und das Kühlwasser 24° C haben möge (befindet sich das Kühlwasser in einer Thermosflasche, so verändert sich seine Temperatur während mehrerer Stunden nicht). Die tatsächliche Temperatur beträgt an der Heißlötstelle T, die auf der Temperaturskala des Millivolt-

---

[1] Siemens u. Halske AG., Berlin-Siemensstadt; Hartmann u. Braun AG., Frankfurt a. M.; G. Siebert G. m. b. H., Hauau a. M.; Gebr. Ruhstrat AG., Göttingen.

meters abgelesene t und die der Kaltlötstelle (Kühlwasser) t'. Die tatsächliche Temperatur berechnet sich aus der Formel $T = t + \varrho\, t'$ [ist das Millivoltmeter auf 20° eingestellt gewesen, dann ist $T = t + \varrho\,(t' - 20°)$]. Der Faktor ϱ wird der Zahlentafel 10 entnommen.

Zahlentafel 10.

t	0	100	200	300	400	500	600	700	800	900	1000° und darüber
ϱ	1,00	0,89	0,76	0,65	0,59	0,56	0,54	0,52	0,51	0,50	0,49

Für ein anderes Thermoelement, bei dem natürlich ein Millivoltmeter mit einer für dieses Thermoelement gültigen Skala verwendet werden muß, behalten die Formeln $T = t + \varrho\, t'$ bzw. $T = t + \varrho\,(t' - 20)$ ihre Gültigkeit, nur der Faktor ϱ hat einen anderen Wert.

Fehlerhafte Temperaturmessungen können auch davon herrühren, daß das Thermoelement seinen Widerstand von Versuch zu Versuch ändert, und zwar deshalb, weil es mit der Heißlötstelle im heißen Ofen steckt und dadurch längs der Schenkel ein Temperaturgefälle auftritt, das von Versuch zu Versuch anders sein kann. Damit wechselt aber gleichzeitig der Widerstand des Thermoelementes etwas, was bei sehr kleinem Widerstand des Elementes (z. B. 2,5 Ω) gegenüber einem sehr großen Widerstand des Millivoltmeters (z. B. 1000 Ω) vernachlässigt werden kann, bei kleinerem inneren Widerstand des Millivoltmeters (z. B. 100 Ω bei Spitzenlagerung) und größerem Widerstand des Thermoelements wohl ins Gewicht fällt. Zu beachten ist ferner noch, daß die Schenkellänge während des Gebrauches infolge Bruch der Drähte, gelegentlicher, durch Reißen des Schutzrohres bedingter Berührung der Heißlötstelle mit der Probe usw. kürzer wird.

Schließlich sei auf einen immer wieder zu beobachtenden Fehler hingewiesen. Da die Heißlötstelle sich in dem Thermoelementschutzrohr befindet und dadurch verdeckt ist, kann es vorkommen, daß sie gar nicht in die zu messende Probe hineinreicht. Man überzeuge sich also stets, ob die Heißlötstelle bis zum Boden des Thermoelementschutzrohres reicht, erst dann wird sie mit dem Thermoelementschutzrohr gleichzeitig in die Probe hineinragen.

17. Eichung der Thermoelemente.

Führen die angedeuteten Fehlerquellen bei Verwendung eines Millivoltmeters zu unzulässigen Fehlern (z. B. 10 bis 20° Fehler) oder sollen wissenschaftliche Versuche mit großer Temperaturgenauigkeit gemacht werden, so muß die ganze Temperaturmeßanordnung geeicht werden.

Die Eichung eines Thermoelementes wird am besten wiederum am Beispiel des Platin-Platinrhodium-Elementes gezeigt, wenn das Millivoltmeter vor Anschluß des Thermoelementes auf 0° eingestellt worden ist. Das Thermoelement wird Meßanordnung in Abb. 87) in Schmelzen von Metallen oder Legierungen mit bekanntem Schmelzpunkt (vgl. Zahlentafel 11) getaucht. Läßt man nun die Schmelze abkühlen, so wird bei der Erstarrung die Temperatur konstant bleiben, genau, wie gefrierendes Wasser solange die Temperatur 0° hat, solange Wasser und Eis in Berührung sind. Beobachtet man also den Zeiger auf der Skala des Millivoltmeters, so wird er bei der Abkühlung der Schmelze langsam fallen, sobald aber die Erstarrung beginnt, stehen bleiben und erst dann wieder fallen, wenn der letzte Rest der Schmelze erstarrt ist. Es möge

Zahlentafel 11.

Metall	Sn	Cd	Zn	Sb	Ag	Au	Cu	Ni	Pd
Schmelzpunkt ° C	231,8	320,9	419,4	630,5	960,5	1063	1083	1451	1557

so z. B. das Temperaturgebiet zwischen Antimon und Kupfer geeicht werden. Die Kühlwassertemperatur betrage 26°. Es seien bei der Eichung auf der Temperaturskala für Sb 604, für Ag 945 und für Cu 1071 abgelesen worden. Zu diesen Werten wird jetzt die Korrektur für die Temperatur $t' = 26°$ geschlagen. Aus Zahlentafel 10 errechnet sich als Korrektur für Sb $0{,}53 \cdot 26 = 14$, für Ag $0{,}50 \cdot 26 = 13$ und für Cu $0{,}49 \cdot 26 = 13$. Trägt man nun, wie in Abb. 88 gezeigt wird, über die Summe von am Millivoltmeter abgelesener Temperatur und Kor-

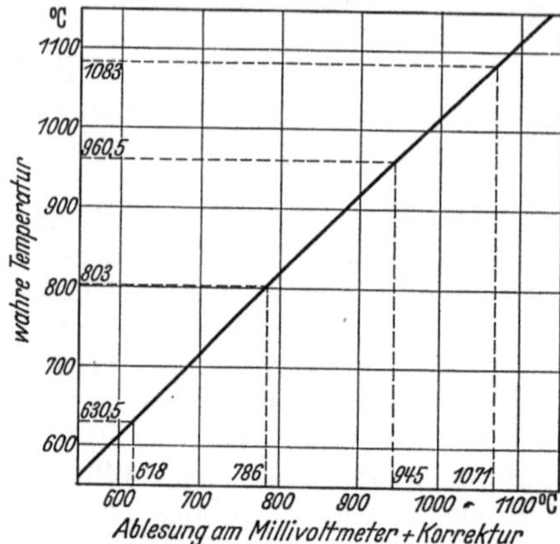

Abb. 88. Eichkurve für ein Platin-Platinrhodiumelement.

rektur (618, 958, 1084) als Abszisse die wahre Temperatur (630,5, 960,5, 1083) als Ordinate auf, so hat man die Eichkurve für das Gebiet von etwa 600 bis 1100°. Soll die Kurve noch genauer werden und auch für niedrigere Temperaturen gelten, so schaltet man zwischen Sb und Ag noch eine Legierung mit 72% Ag und 28% Cu ein, die bei 778° erstarrt und bestimmt noch die Erstarrungswerte für Au, Zn, Pb, Cd siedenden Wassers usw.

Soll nun bei einem Versuch aus der am Galvanometer abgelesenen Temperatur die wahre Temperatur gefunden werden, so wird der bei der Eichung eingeschlagene Weg umgekehrt gegangen. So sei z. B. bei einem Versuch 778 am Millivoltmeter und 15° Kühlwassertemperatur abgelesen worden, was nach Zahlentafel 10 als Abszisse $778 + 0{,}51 \cdot 15 = 778 + 8 = 786$ ergibt. Aus Abb. 88 liest man für diesen Wert als Abszisse auf der Ordinate als wahre Temperatur 803° ab. Bei der Verwendung von Eichsubstanzen muß man große Sorgfalt walten lassen. So dürfen nur reine Metalle gebraucht werden, da geringe Verunreinigungen die Schmelztemperatur erheblich verändern können, außerdem muß

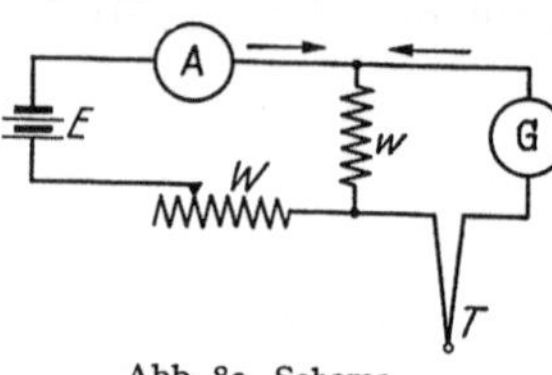

Abb. 89. Schema der Lindeck-Rothe-Schaltung.

bei Silber und Kupfer darauf geachtet werden, daß in reduzierender Atmosphäre (z. B. in Kohletiegeln) geschmolzen wird, um Aufnahme von Sauerstoff zu vermeiden, was z. B. bei Kupfer den Schmelzpunkt um 20° herabdrücken kann.

Eine weitere Eichmethode ist, daß man die zu eichende Meßanordnung mit einer bereits geeichten Meßanordnung vergleicht. Das kann z. B. so erfolgen, daß man die beiden Heißlötstellen (mit Schutzrohr) in je eine Bohrung des gleichen Eisenstückes steckt und damit in den Ofen schiebt. Erhitzt man nun langsam oder läßt langsam abkühlen und macht man gleichzeitig an den Millivoltmetern der beiden Meßanordnung Ablesungen, so läßt sich, indem man die wahren Temperaturen der Eichkurve der bereits geeichten Meßanordnung entnimmt, für die zu eichende Meßanordnung die Eichkurve aufzeichnen.

Trotz Eichung kann für manche Zwecke die geschilderte einfache Temperaturmeßmethode zu ungenau sein. Es muß dann die Lindeck-Rothe-Schaltung[1] (Schaltskizze in Abb. 89) verwendet werden. Der Thermospannung von T (die Kaltlötstelle ragt zweckmäßigerweise in Eis) wird eine gleich große Gegenspannung entgegengeschaltet, was durch Nullwerden des Stromes am Galvanometer G festgestellt wird. Die Thermokraft ist dann $w \cdot i$, wobei w einen unveränderlichen Widerstand von 0,1 oder 0,5 Ω und i den an A abgelesenen von

---

[1] Hartmann u. Braun, AG., Frankfurt a. M.

dem Akkumulator E herrührenden Strom in mA bedeuten. Die Eichung der Meßanordnung erfolgt in der gleichen Weise, wie oben bei der einfachen Schaltung, indem man Metalle mit bekannten Schmelzpunkten verwendet. Da die Kaltlötstelle 0° hat und während der Versuche stets auf 0° gehalten wird, braucht man keine Korrektur. Die Eichkurve zeigt also die wahre Temperatur als Ordinate über den Ablesungen am Milliamperemeter als Abszisse.

18. Widerstandsthermometer [1].

Sie beruhen auf der Tatsache, daß der elektrische Widerstand von Metallen mit steigender Temperatur zunimmt, z. B. bei Platin für je 10° Temperatursteigerung um 3,9%. Diese Widerstandsänderung ist in hohem Grade von der Reinheit der Metalle abhängig. Da sich Edelmetalle am leichtesten in der erforderlichen Reinheit darstellen lassen, werden diese verwendet. Sehr gut eignet sich Platin, weil die Widerstandszunahme mit steigender Temperatur fast linear verläuft. Mit Hilfe eines solchen Drahtes kann man Temperaturen bis 600° messen, darüber hinaus wird die Messung ungenau. Der dünne Platindraht ist als Widerstand auf eine Unterlage gewickelt, die eine Abmessung von 6 cm Länge und 4 bis 5 mm Dmr. hat. Der Widerstand wird an die Stelle gebracht, wo die Temperatur gemessen werden soll. Von ihm führen Leitungsdrähte zur Meßanordnung, die als WHEATSTONEsche Brücke gebaut und an deren Meßinstrument sogleich die Temperatur ablesbar ist.

19. Optische Pyrometer [2].

Bei diesen unterscheidet man Gesamtstrahlungs-, Teilstrahlungs- (Helligkeits-) und Farbpyrometer. Bei den ersten wird die Strahlung der erhitzten Probe gemessen oder die Helligkeit der Probe mit der einer bekannten Lichtquelle verglichen, wodurch es nach den Gesetzen für die Strahlung erhitzter Körper die Temperatur der Probe zu bestimmen gelingt. Nach diesen Gesetzen nimmt die Strahlung (Helligkeit) mit zunehmender Temperatur zu. Die Farbpyrometer beruhen auf der Tatsache, daß die Wellenlänge eines Strahlers mit steigender Temperatur kürzer wird, d. h. daß die Farbe sich von rot nach blau ändert. Gelingt es dem Beobachter, den Farbton der erhitzten Probe festzustellen, so kann daraus die Temperatur der Probe gefunden werden.

Als Beispiel für das Gesamtstrahlungspyrometer soll das *Ardometer* (bis 2000°, Abb. 90a) besprochen werden. Mit diesem wird die erhitzte Probe so anvisiert, daß das Okular e, die Lötstelle c des Thermoelementes und die Mitte des Objektivs a (aus Quarz!) auf einer Geraden liegen. Die durch das Objektiv a auf die Lötstelle c des Thermoelementes fallenden Strahlen erzeugen einen Thermostrom, der den Zeiger eines Millivoltmeters ausschlagen läßt.

Bei den Teilstrahlungspyrometern werden die Helligkeiten verglichen · in der Weise, daß man durch das Meßgerät die Helligkeit der zu messenden Probe und die Helligkeit des Vergleichskörpers beobachtet und dabei entweder durch Schwächung der von der Probe herrührenden Strahlung auf die unveränderliche Helligkeit des Vergleichskörpers, oder umgekehrt die Helligkeit des Vergleichskörpers auf die der Strahlung von der Probe einstellt. Als Vergleichskörper wird ein glühender Draht verwendet. Auf dem ersten Vergleich beruht das *Kreuzfadenpyrometer* (bis 1800°, Abb. 90b), auf dem letzten das *Glühfadenpyrometer* (bis 1800°, Abb. 90c). Die Schwächung der Strahlung beim

---

[1] W. C. Heraeus G. m. b. H., Hanau a. M.; G. Siebert G. m. b. H., Frankfurt a. M.; Siemens u. Halske AG., Berlin-Siemensstadt.
[2] Siemens u. Halske AG., Berlin-Siemensstadt.

Kreuzfadenpyrometer geschieht durch einen Graukeil. Beim Glühfadenpyrometer wird die Helligkeit des Glühfadens durch Änderung des Lampenstromes auf die der erhitzten Probe abgestimmt. Beim *Wannerpyrometer* beleuchtet die anvisierte Probe und eine Vergleichslampe je die Hälfte des Gesichtsfeldes. Durch die Drehung eines Nikols wird die von der Probe herrührende Strahlung

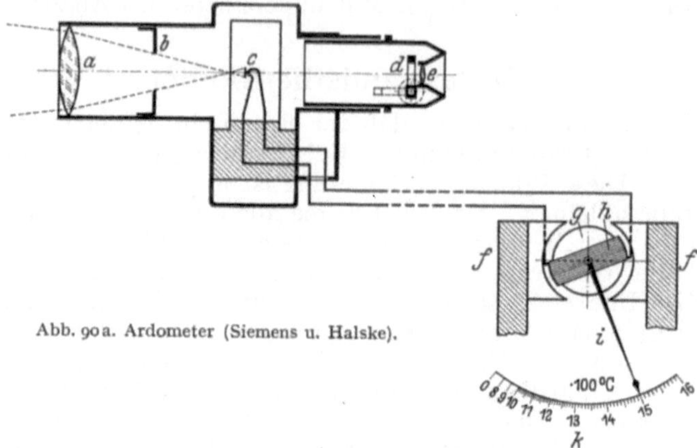

Abb. 90a. Ardometer (Siemens u. Halske).

solange geschwächt, bis die Helligkeiten beider Hälften des Gesichtsfeldes übereinstimmen.

Bei der Messung mit optischen Pyrometern tritt eine große Fehlermöglichkeit dadurch auf, daß sie auf „schwarze" Strahler geeicht sind. Bei den gewöhnlich zu messenden Proben handelt es sich jedoch meist um nichtschwarze Strahler, so daß das Verhältnis Strahlung des zu messenden Körpers zu der Strahlung

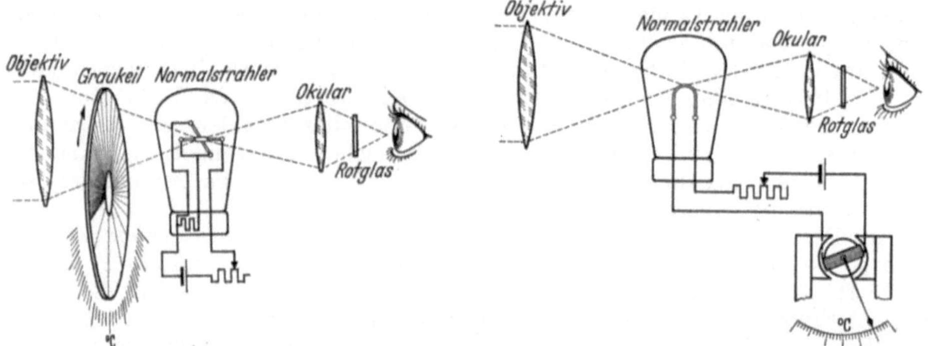

Abb. 90b. Kreuzfadenpyrometer (Siemens u. Halske).   Abb. 90c. Glühfadenpyrometer (Siemens u. Halske).

des schwarzen Körpers von gleicher Temperatur (Emissionsvermögen oder Schwärzegrad) bekannt sein muß. Lediglich Hohlräume (Öfen, Muffeln usw.), bei denen kein zu großer Unterschied zwischen Wandung und Probe herrscht, können bei Messung durch ein kleines Loch als schwarze Körper angesprochen werden.

20. Temperaturregler[1].

Manchmal müssen Proben während längerer Zeit auf einer bestimmten Temperatur gehalten werden, die nur um einige wenige Grade über- oder unterschritten werden darf. Die Schwankungen der Netzspannung sind aber so

---

[1] Siemens u. Halske AG., Berlin-Siemensstadt; W. C. Heraeus G. m. b. H., Frankfurt a. M.; G. Siebert G. m. b. H., Frankfurt a. M.; Gebr. Ruhstrat AG., Göttingen.

groß, daß es unmöglich wäre, die Glühtemperatur innerhalb der vorgeschriebenen Grenzen aufrechtzuerhalten. Diesen Mangel beseitigen die Temperaturregler, die den Zweck haben, die zu glühende Probe oder den Ofen auf der vorgeschriebenen Temperatur zu halten, indem sie den Ofenstrom automatisch aus- oder einschalten, je nachdem die zu regelnde Temperatur über- oder unterschritten ist. Die Reglung beruht auf mehreren Eigenschaften: wie Ausdehnung von Metallstäben in der Hitze (Kontaktthermometer), Widerstandszunahme der Heizwicklung des Ofens mit steigender Temperatur (widerstandsabhängiger Temperaturregler), Unterbrechung des Heizstromes für eine ganz bestimmte Zeit, nachdem dem Ofen eine ganz bestimmte Energie zugeführt worden ist (Energieregler) und schließlich automatische Ein- oder Ausschaltung des Stromes durch einen am Temperaturmeßgerät auf die gewünschte Temperatur eingestellten Taster, wenn der Zeiger des Millivoltmeters die der Tasterstellung entsprechende Temperatur über- oder unterschreitet (thermoelektrische Temperaturregler). Die Regelgenauigkeit ist recht groß, so kann z. B. der widerstandsabhängige Regler eine Spannungsschwankung von 10% im Netz ausgleichen.

E. Verfahren und Einrichtungen zur Ermittlung von Zustandsänderungen.

1. Thermische Analyse.

a) Zustandsänderungen und Wärmetönungen. Gelangt ein Metall oder eine Legierung aus dem dampfförmigen über den flüssigen in den festen Zustand und kühlt schließlich bis auf Raumtemperatur ab, so kommen eine Reihe von Umwandlungen vor. Betrachtet man z. B. Zink von 1000°, so liegt es bei dieser Temperatur bei einem Druck von 1 at im Dampfzustand vor. Bei Abkühlung bleibt dieser Zustand bis 920° erhalten, wo der Dampf zur Flüssigkeit kondensiert. Bei weiterer Abkühlung erstarrt diese Flüssigkeit (Schmelze) schließlich bei 419° zu festem Zink, womit die Reihe der Zustandsänderungen für Zink abgeschlossen ist. Bei manchen Metallen jedoch treten Umwandlungen auch in festem Zustande auf. So weist z. B. das feste Eisen Umwandlungen bei 1401, 906 und 769° auf, die seine Eigenschaften in nachhaltigster Weise beeinflussen. Das Kennzeichnende dieser Zustandsänderungen ist, daß sie bei unveränderlichen Temperaturen stattfinden. Bei Legierungen, seien es Zwei-, Drei- oder Mehrstofflegierungen, verlaufen die Zustandsänderungen meistens in einem Temperaturintervall. So schmilzt eine Eisenkohlenstofflegierung mit 1% C (Stahl) nach Abb. 92 von 1240 bis 1460°. Nur bei ausgezeichneten Bedingungen des Gleichgewichtes (z. B. 1140° bei Eisenkohlenstofflegierungen mit 1,7 bis 6,67% C) können auch in Legierungen Zustandsänderungen bei konstanter Temperatur verlaufen. Die Zustandsänderungen sind mit Abgabe oder Aufnahme von Wärme, mit *Wärmetönungen*, verknüpft. So z. B. wird Zink bei der Abkühlung von 1000° zuerst bei 920° die Kondensationswärme (= Verdampfungswärme) und schließlich bei 419° die Erstarrungswärme (= Schmelzwärme) an die Umgebung (an den Ofen) abgeben. Genau so wird der soeben genannte Eisen-Kohlenstoff-Stahl mit 1% C im Temperaturintervall von 1240 bis 1460° bei der Erwärmung die Schmelzwärme aufnehmen. Untersucht man deshalb den Wärmeinhalt der Probe in Abhängigkeit von der Temperatur, so kann man den Übergang aus einem Zustandsfeld in das andere durch Wärmetönungen, d. h. durch Aufnahme oder Abgabe erhöhter Wärmemengen gegenüber dem normalen Maß erkennen. Experimentell wird dabei so verfahren, daß man die Probe von hoher Temperatur mit einer bestimmten, gleichmäßigen Geschwindigkeit abkühlen läßt, oder sie, ebenfalls mit gleichmäßiger Geschwindigkeit, auf eine höhere Temperatur erwärmt und dabei gleichzeitig ihre Temperatur mißt. Bei bestimmten Temperaturen oder in bestimmten Temperaturgebieten werden sich Verzögerungen im Fallen oder Steigen der Temperatur bemerkbar machen: es werden Wärmetönungen auftreten. Untersucht man nun in einem Zweistoffsystem eine genügende Anzahl von Legierungen verschiedener Zusammensetzung in dieser Weise, so lassen sich eine Menge Wärmetönungen finden, die anzeigen, daß die Legierungen Zustandsänderungen erleiden. Durch Verbinden der Punkte, die zur gleichen Zustandsänderung gehören, gelangt man zum *Zustandsbild*.

b) Aufnahme von Abkühlungs- und Erhitzungskurven. Die einfachste experimentelle Anordnung ist aus Abb. 87, in der die Temperaturmessung mit Thermoelement gezeigt wurde, zu ersehen. Es soll daran zuerst die Aufnahme von Abkühlungskurven erklärt werden. Im Ofen befinde sich die zu untersuchende Probe, in deren Mitte die Lötstelle des Thermoelementes ragt. Hat sie bei der Erhitzung die erforderliche Temperatur erreicht, so wird entweder der Ofenstrom ganz ausgeschaltet und der Ofen samt Probe der Abkühlung überlassen, oder aber der Ofenstrom wird nur bis zu einem bestimmten Betrag vermindert, so daß der Ofen mit einer beliebigen kleineren Geschwindigkeit bis zu der dem Ofenstrom entsprechenden Temperatur abgekühlt werden kann. Werden bei dieser Abkühlung die jeweilige Temperatur und die Zeit aufgenommen, so erhält man durch zeichnerische Darstellung des Zusammenhangs zwischen Temperatur und Zeit die Abkühlungskurve. Die Zeit wird fortlaufend, etwa alle 10 Sekunden, z. B. 0^{00}, 0^{10}, 0^{20}..., 1^{00}, 1^{10}... usw., abgelesen und daneben die gleichzeitig am Millivoltmeter abgelesenen Temperaturen vermerkt oder umgekehrt bei einem jeweiligen Temperaturabfall von 10 zu 10° (z. B. 1000, 990, 980 ... 900, 890, 880° ... usw.) fortlaufend die Zeit aufgeschrieben. Macht die Probe keinerlei Umwandlung durch, wie es z. B. bei der Abkühlung einer

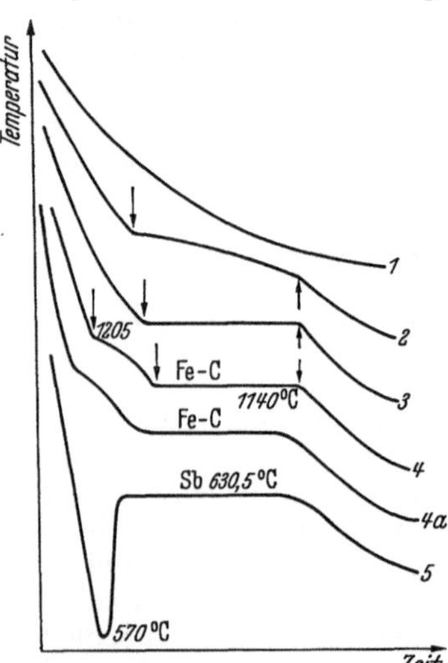

Abb. 91. Verschiedene Formen von Zeit-Temperaturkurven (Abkühlung). *1* Ohne Wärmetönung, *2* Erstarrung in einem Temperaturintervall, *3* Erstarrung bei konstanter Temperatur, *4* schematische Abkühlungskurve einer Eisen-Kohlenstofflegierung mit 4% C, *4a* wirkliche Kurve einer solchen Legierung, *5* Erstarrungskurve von Antimon.

Kupferprobe von 1000° der Fall ist, so wird bei der Abkühlung über das normale Maß keinerlei Wärme frei, die Abkühlungskurve hat die in Abb. 91 gezeichnete Form *1* ohne jeglichen Knick in ihrem Verlauf. Betrachten wir den aus Abb. 92 bereits mehrfach erwähnten Stahl mit 1% C, so macht er, wenn er vollkommen flüssig ist (z. B. auf 1600° erhitzt ist), bei der Abkühlung auf 1000° eine wichtige Änderung, nämlich die Erstarrung zwischen 1460 und 1240° durch, es wird also in diesem Temperaturintervall die Erstarrungswärme frei und die Abkühlungskurve hat die aus Abb. 91 ersichtliche Form *2*. Verläuft die Umwandlung bei einer konstanten Temperatur, was z. B. auf alle Umwandlungen der Einstoffsysteme zutrifft, so hat die Abkühlungskurve die in Abb. 91 gezeigte Form *3*, d. h. die Umwandlung läßt sich auf der Kurve durch einen mit der Abszisse parallel verlaufenden Teil erkennen. Diese 3 Grundtypen der Abkühlungskurven lassen sich in jeder beliebigen Form kombinieren. So zeigt z. B. die Kurve *4* die schematische Abkühlungskurve einer Eisenkohlenstofflegierung (Abb. 92) mit 4% C zwischen 1500 und 800°. Zuerst kühlt die Schmelze bis 1205° ab. Hier wird die erste Richtungsänderung als ein Knick auf der Erstarrungskurve bemerkt, was dem Beginn der Erstarrung entspricht. Die Erstarrung hält bis 1145° an, wo unter Abgabe bedeutender Wärmemengen der gesamte, bis zu dieser Temperatur noch verbliebene Rest der Schmelze erstarrt. Im Laufe der weiteren Abkühlung bis 800° macht die Probe, wie es an der Abkühlungskurve erkannt werden kann, keine weitere Zustandsänderungen durch.

Die Erhitzungskurven werden mit derselben Versuchsanordnung, wie die Abkühlungskurven, aufgenommen. Von Wichtigkeit ist hierbei die richtige Erhitzungsgeschwindigkeit herauszufinden. Die Erhitzungskurven werden seltener verwendet als die Abkühlungskurven, da sie gegenüber diesen mehrere Fehlermöglichkeiten aufweisen.

Die Gewichtsmengen, die bei der thermischen Analyse zur Untersuchung verwendet werden, sind sehr verschieden. In der Regel genügt eine Menge von 40 bis 50 g bei Schwermetallen und dem entsprechend weniger bei Leichtmetallen. Handelt es sich um kleine Wärmetönungen, so kann die Menge bis zu einigen 100 g betragen. Unter bestimmten Voraussetzungen kann es notwendig sein, daß man sich mit nur wenigen Grammen (z. B. 5 g) begnügt. In einem solchen Falle muß für die Aufnahme von Abkühlungs- oder Erhitzungskurven ein Platin-Platinrhodium-Thermoelement mit einer Drahtstärke von 0,1 mm verwendet werden, um eine allzu starke Wärmeableitung durch dicke Drähte zu vermeiden. Die Verwendung von Unedelmetallelementen mit 0,1 mm Dmr. ist bei ganz niedrigen Temperaturen möglich, bei höheren Temperaturen sind sie zu vermeiden, weil solche Drähte sehr rasch oxydieren und dadurch ihren Widerstand ändern oder sogar reißen. Die dünnen Drähte aus Platin und Platinrhodium können wegen ihres kleinen Widerstandes gegen mechanische Beanspruchungen sehr leicht reißen, weshalb Erschütterungen oder Auswechseln während des Versuches sorgfältig vermieden werden müssen. Als Schutz gegen Kurzschluß der Drähte werden Doppellochkapillare angewendet.

c) **Fehlerquellen.** In der Abb. 91 wurden die Abkühlungskurven 1, 2, 3, 4 in der idealisierten Form gezeigt. In Wirklichkeit gibt es zahlreiche Abweichungen von diesen Formen, die zu fehlerhaften Deutungen führen können. Die wichtigste und fast immer vorkommende Abweichung ist, daß die *Richtungsänderungen* auf den Kurven nicht scharf, mit einem Knick, sondern stets etwas *verschwommen* einsetzen, wie es z. B. für die Eisenkohlenstofflegierung mit 4% C in Kurve *4b* gegenüber deren idealisierter Form in Kurve *4a* zu erkennen ist. Die Abweichung von der idealen Form kommt daher, daß die Probe nicht an allen Stellen, also am Rande und im Innersten die gleiche Temperatur hat und daß die Thermoelementschutzrohre bei der Abkühlung um einen geringen Betrag kälter als die Proben sind. Die Abweichungen von der Temperatur, die durch das Millivoltmeter angezeigt wird, sind wohl nicht groß, trotzdem genügen sie, die Form der Abkühlungskurve so ungünstig zu beeinflussen. Aus diesem Grunde ergibt sich die dringende Forderung, bei Aufnahme von Abkühlungskurven darauf zu achten, daß der Ofenraum, in dem sich die Probe befindet, nach außen hin möglichst gut isoliert ist, um möglichst kleine Temperaturunterschiede an der Probe und zwischen Probe und Thermoelementschutzrohr zu erzielen. Auch die Form der zu untersuchenden Probe ist für eine gleichmäßige Temperaturverteilung von Einfluß. So ist es z. B. viel schwieriger, eine im Verhältnis zu ihrer Dicke sehr lange Probe überall auf der gleichen Temperatur zu halten, als eine Probe von annähernd kugeliger Form. Die kugelige Form läßt sich für die Untersuchung nur selten verwirklichen, es genügt aber, wenn man Stücke verwendet, die etwa dieselbe Länge wie Dicke haben. Daß die Lötstelle des Thermoelementes in der Mitte der Probe sitzen muß, sei nur nebenbei erwähnt, denn sehr oft kommen Fehler dadurch vor, daß das Thermoelement nur 1 bis 2 mm tief, ja manchmal sogar überhaupt nicht in der Probe sitzt.

Die Temperaturunterschiede an der Probe können besonders bei Erhitzungskurven groß werden, aus diesem Grunde werden diese auch seltener angewendet.
Oft können auch *Unterkühlungen* zu beachtlichen Abweichungen von der idealen
Form der Abkühlungskurve führen, wie es in Abb. 91 an einer Abkühlungskurve
für Antimon durch Kurve 5 gezeigt wird. Man erkennt an der Kurve, daß die
Antimonschmelze bis 570°, also um 61° unter ihre Erstarrungstemperatur
abgekühlt war und erst dann die Erstarrung eingesetzt hat. Die dabei freiwerdende Erstarrungswärme ist so groß, daß sie die Legierung wiederum auf
631° erhitzt. Hier nun, bei der richtigen Erstarrungstemperatur, der „Gleichgewichtstemperatur", erstarrt die Schmelze vollends und erst nach beendeter

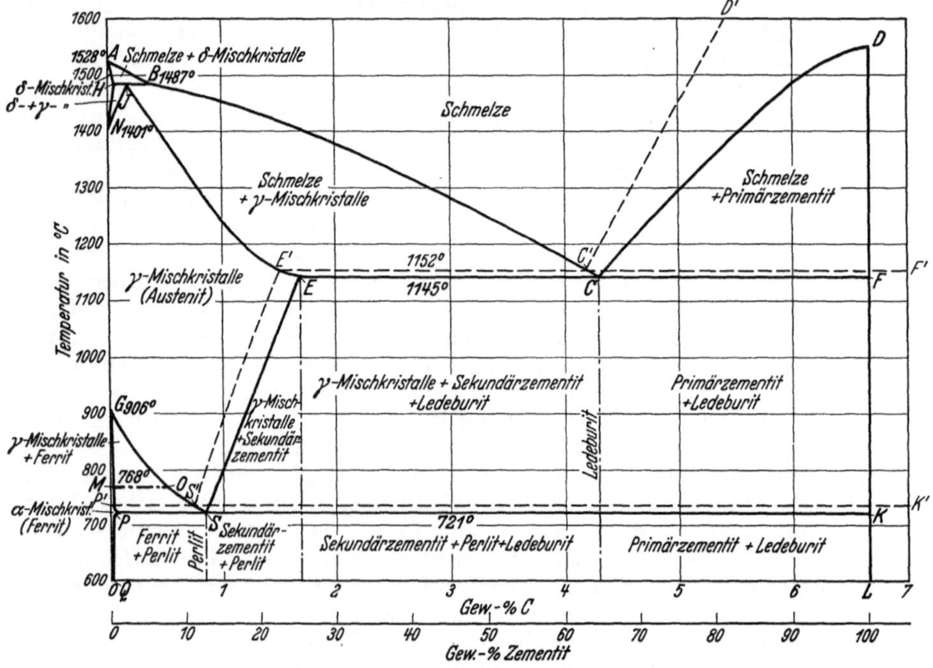

Abb. 92. Zustandsschaubild Eisen-Kohlenstoff.

Erstarrung sinkt die Temperatur wieder. Bei dem Antimon reicht die Erstarrungswärme aus, um die unterkühlte Probe auf Gleichgewichtstemperatur zu
erhitzen, ganz gleich, ob die Unterkühlung groß oder klein war. Bei vielen
Legierungen jedoch ist die bei der Zustandsänderung freiwerdende Wärme so
klein, daß sie nicht ausreicht, um die Probe auf Gleichgewichtstemperatur zu
erhitzen. Man findet dann eine Temperatur unterhalb der Gleichgewichtstemperatur, worauf man bei Aufstellung von Zustandsbildern genau achten muß,
denn für diese können nur Gleichgewichtstemperaturen verwendet werden.
Eine ähnliche Erscheinung kommt auch bei der Erhitzung von Legierungen vor,
wo die Umwandlung erst bei einer bedeutend oberhalb der Gleichgewichtstemperatur liegenden Temperatur einsetzen kann. So liegt z. B. die Gleichgewichtstemperatur der Horizontalen *PSK* in Abb. 92 bei 721°. Durch Aufnahme
von Abkühlungskurven an einer Legierung mit 0,4% C kann sie z. B. bei 713°,
durch Aufnahme einer Erhitzungskurve bei 740° gefunden werden, obwohl man
streng genommen bei beiden Kurven für die Umwandlung 721° finden müßte.
Diese durch den Versuch gefundene Abweichung der Umwandlungstemperaturen
wird als *Hysterese* bezeichnet. Die Hysterese kann dadurch klein gehalten

werden, daß man sehr kleine Abkühlungs- und Erhitzungsgeschwindigkeiten anwendet.

Für viele Untersuchungen und technische Anwendungen sind vollkommen homogene Werkstoffe notwendig, d. h. es wird verlangt, daß deren mechanisch isolierbare gleichartige Bestandteile dieselben chemischen und physikalischen Eigenschaften haben: sie müssen sich im *Gleichgewicht* befinden. Was das bedeutet, soll am Beispiel eines Preßmessings mit 59% Cu, 41% Zn erklärt werden. Dieses besteht bei Raumtemperatur aus einem Gemenge zweier Bestandteile: α- und β-Mischkristalle. Die Legierung befindet sich im Gleichgewicht, wenn jeder α-Mischkristall, ganz gleichgültig an welcher Stelle der Legierung er sich befinden möge und wie groß er auch immer sein mag, dieselben chemischen (gleiche chemische Zusammensetzung usw.) und physikalischen (gleiche Dichte, elektrische Leitfähigkeit usw.) Eigenschaften hat und wenn dasselbe auch auf jeden β-Mischkristall zutrifft, wobei die Eigenschaften zwischen den α-Mischkristallen einerseits und den β-Mischkristallen andererseits wohl verschieden sind. So enthalten die α-Mischkristalle im Gleichgewicht 61% Cu, die β-Mischkristalle 54% Cu (Abb. 96).

Das Gleichgewicht stellt sich oft erst nach besonderer Wärmebehandlung, wie langes, manchmal tagelang dauerndes Glühen bei bestimmten Temperaturen, ein. Die mangelnde Einstellung des Gleichgewichtes ist eine der wichtigsten Fehlerquellen. Als Beispiel soll eine Eisenkohlenstofflegierung mit 1,5% C (Abb. 92) besprochen werden. Eine solche besteht bei 1150° aus einer Phase, aus dem festen γ-Mischkristall. Diese Legierung ist im Gleichgewicht, wenn jedes Korn in der Legierung an jeder Stelle, also sowohl an seinem Rande, als auch in seinem Inneren, dieselbe chemische Zusammensetzung von 1,5% C hat. Diese Forderung ist nicht selbstverständlich, denn es kann z. B. bei sehr rascher Abkühlung sehr leicht vorkommen, daß die Körner in ihrer Mitte nur 1,3, an ihren Rändern dafür aber 1,7% C enthalten, wobei der Kohlenstoffgehalt vom Inneren jedes Kornes nach dem Rande zu kontinuierlich zunimmt, so daß man in jedem Korn Stellen mit 1,4 ... 1,5 ... 1,6 ... 1,7% C hat. Hat man Körner von annähernd Kugelform, so würden die Stellen gleicher chemischer Zusammensetzung konzentrische Schalen bilden. Diese Erscheinung in Legierungen wird als *Kristallsaigerung* bezeichnet. Betrachtet man wiederum die Legierung mit 1,5% C, die von 1500 auf 1300° abgekühlt worden ist, so besteht sie bei dieser Temperatur nach Abb. 92 aus 2 Phasen, aus einer Schmelze und aus der festen γ-Kristallart. Die miteinander im Gleichgewicht befindlichen 2 Phasen werden dadurch gefunden, daß in dem Zweiphasenfeld γ-Mischkristall und Schmelze bei der Temperatur von 1300° eine zur Abszisse Parallele gezogen wird. Die Schnittpunkte mit den 2 nächsten Gleichgewichtslinien, also mit *BC* und *JE*, ergeben die chemische Zusammensetzung der Phasen, die miteinander im Gleichgewicht sind, also einen γ-Mischkristall mit 0,75 und eine Schmelze mit 2,8% C. Genau wie im Falle vorher, kann es jetzt vorkommen, daß jedes Korn der γ-Mischkristalle eine ungleichmäßige chemische Zusammensetzung hat, also z. B. im Inneren einen Kohlenstoffgehalt von 0,5%, der nach dem Rande zu kontinuierlich auf 0,75% zunimmt und im Durchschnitt für jedes Korn z. B. 0,6% betragen möge. Solange ein Kohlenstoffgehalt von 0,7% nicht gleichmäßig über jedes Mischkristallkorn verteilt ist, herrscht kein Gleichgewicht. Was für den festen γ-Mischkristall und Schmelze nebeneinander gilt, gilt auch für beliebige 2 andere Phasen nebeneinander. Also z. B. für die gleiche Legierung mit 1,5% Kohlenstoffgehalt bei 900°, wo ein Gemenge von γ-Mischkristallen mit 1,2% Kohlenstoffgehalt und Zementit (Fe_3C von 6,7% C) miteinander im Gleichgewicht sind. Gleichgewicht besteht in der Legierung erst dann, wenn in den beiden Kristallarten (γ und Fe_3C) der Kohlenstoffgehalt gleichmäßig verteilt ist, im γ-Mischkristall 1,2%

und im Fe_3C 6,7% beträgt. Die Ursache für das Auftreten eines unvollständigen Gleichgewichtszustandes ist, daß sich in den Legierungen verschiedene Vorgänge, wie Diffusion, Umsetzungen usw. abspielen, die mit einer gewissen Geschwindigkeit verlaufen. Ist die Abkühlung- oder Erhitzungsgeschwindigkeit größer als die Geschwindigkeit des sich abspielenden Vorganges, so verläuft der sich abspielende Vorgang unvollständig und die Abweichung vom Gleichgewicht ist mehr oder weniger groß. Der Gleichgewichtszustand wird erreicht entweder durch sehr langsames Abkühlen oder Erhitzen, oder, wie schon erwähnt, durch langes Glühen bei der in Frage kommenden Temperatur.

Im Vorausgehenden sind die Fehlerquellen etwas ausführlich behandelt worden. Diese treten nicht nur bei der thermischen Analyse auf, sondern sie können bei jeder der im folgenden noch zu beschreibenden Untersuchungsmethoden vorkommen und die Ergebnisse mehr oder weniger trüben.

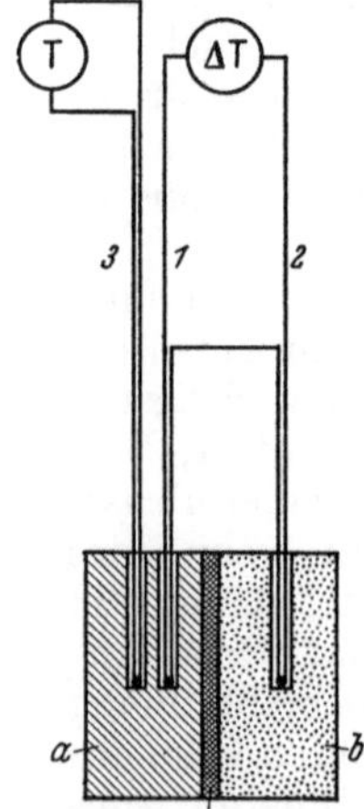

Abb. 93.
Versuchsanordnung zur Aufnahme von Temperatur-Temperaturdifferenz-kurven mit Vergleichsprobe.

d) Selbstaufzeichnende Geräte. Lindeck-Rothe-Gerät. Temperaturdifferenzkurven. Für die Aufnahme von Zeit-Temperaturkurven (Abkühlungs- und Erhitzungskurven) gibt es selbstaufzeichnende Geräte. Ein solches ist das Gerät von Kurnakow[1]. Bei diesem trägt die Drehspule des Millivoltmeters für die Temperaturmessung einen Spiegel. Auf diesen fällt von einer festen Lichtquelle durch einen feinen Spalt ein Strahlenbündel, das vom Spiegel auf eine, mit höchstempfindlichem photographischem Papier bespannte, mit konstanter Geschwindigkeit sich drehende Trommel geworfen und darauf als Punkt abgebildet wird. Durch die Bewegung des Spiegels am Millivoltmeter und die Drehung der Trommel erhält man die Temperatur-Zeitkurve in der üblichen Form.

Bei den üblichen Millivoltmetern für Temperaturablesungen hat der einem Grad entsprechende Skalenteil eine Länge von einigen wenigen Zehntelmillimetern (0,1 bis 0,4 mm). Es kann aber vorkommen, daß sehr geringe Temperaturintervalle genau untersucht werden müssen, da die Probe gerade in diesem Intervall mehrere Zustandsänderungen durchmacht, und die Abkühlungskurve demzufolge mehrere Knicke zeigt, die bei der Ablesung auf dem normalen Millivoltmeter mit seiner für solche Zwecke zu geringen Genauigkeit gar nicht zu fassen wären, oder aber es können schwache Wärmetönungen vorkommen, die übersehen werden könnten, wenn man in üblicher Weise, etwa von 10 zu 10°, abliest. Für solche Zwecke ist es empfehlenswert, die Abkühlungskurve mit der Lindeck-Rothe-Schaltung (Abb. 89) aufzunehmen und dabei an Stelle des Zeigergalvanometers G ein sehr empfindliches Spiegelgalvanometer einzuschalten[2]. Zweckmäßigerweise wird die Thermospannung mit einer unveränderlichen Gegenspannung kompensiert, die etwa dem Mittelwert der Thermospannung in dem zu untersuchenden Temperaturintervall entspricht. Ohne etwas an der Gegenspannung zu ändern, wird die von dem Spiegelgalvanometer angezeigte Thermospannung in Abhängigkeit von der Zeit aufgenommen. Auf diese Weise erhält man eine Zeit-Temperaturkurve, nur mit mehrfacher (z. B. 100facher) Temperaturempfindlichkeit gegenüber der normalen Abkühlungskurve. Um in solchen Zeit-Temperaturkurven die richtigen Temperaturen eintragen zu können, muß während der Abkühlung 3- bis 4mal an einem normalen Millivoltmeter die Temperatur abgelesen werden, die zu den gleichzeitig durch das Spiegelgalvanometer erhaltenen Werten geschrieben werden.

---

[1] Askania-Werke AG., Berlin-Friedenau.
[2] Schramm, J.: Metallwirtsch. Bd. 14 (1935) S. 995, 1047.

Die Aufnahme von Temperatur-Temperaturdifferenzkurven wird besonders viel bei Untersuchungen im festen Zustande, wenn kleine Wärmetönungen auftreten, angewendet. Das Prinzip der Methode zeigt Abb. 93. Man erkennt darin 2 Proben, von denen die eine (*a*) zur Untersuchung, die andere (*b*) zum Vergleich dient. Als Vergleichskörper wird zweckmäßigerweise ein Material

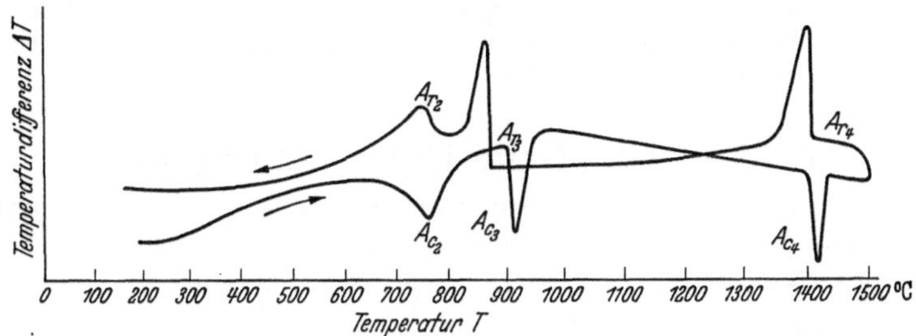

Abb. 94. Temperatur-Temperaturdifferenzkurve von Eisen. Aufgenommen mit dem SALADIN-LE CHATELIER-Doppelgalvanometer.

verwendet, das keine Umwandlung erfährt, zumindest nicht in dem zu untersuchendem Temperaturgebiet. Die Proben sind durch ein Glimmerblättchen (*c*) voneinander isoliert. In jede ragt je ein Thermoelement (*1, 2*), die außerhalb des Ofens über ein sehr empfindliches Galvanometer gegeneinander geschaltet sind. Das dritte Thermoelement (*3*) dient zur Temperaturmessung der zu untersuchenden Probe. Sind beide Proben auf eine bestimmte Temperatur erhitzt und läßt man sie abkühlen, so schlägt das Galvanometer G, das ΔT anzeigt, nur dann nicht aus, wenn beide Proben die gleiche Temperatur haben. Das ist aber nur dann der Fall, wenn beide Proben vollkommen gleich sind, also dieselben Abmessungen, spezifische Wärme, Wärmeleitfähigkeit usw. haben und wenn der Ofen von beiden Proben stets die gleiche Wärmemenge ableitet. Sobald eine dieser Bedingungen nicht erfüllt ist, schlägt das Galvanometer aus. Es sei nun angenommen, daß beide Proben im festen Zustande keine Umwandlung haben. Wird an diesen Proben die Temperatur (Ablesung am Millivoltmeter) — Temperaturdifferenz (Ablesung am Galvanometer G) — Kurve aufgenommen, so wird die Kurve ohne plötzliche Richtungsänderung in einem von der Abkühlungsgeschwindigkeit usw. abhängigen Abstand von der Nullinie verlaufen, wie es z. B. aus der Abb. 94 für eine Probe aus Elektrolyteisen im Temperaturintervall 700 bis 100° zu ersehen ist. Tritt aber in der Probe eine Wärmetönung auf, so wird bei der Abkühlung Wärme frei und die Temperaturdifferenz der beiden Proben wächst, solange die Wärmeabgabe andauert. Auf der Kurve wird also eine plötzliche Richtungsänderung bemerkbar, wie es bei Ar₄, Ar₃ und Ar₂ zu erkennen ist. Bei der Erhitzung der gleichen Proben wird bei den Umwandlungen Wärme aufgenommen, was sich wiederum durch plötzliche, diesmal in

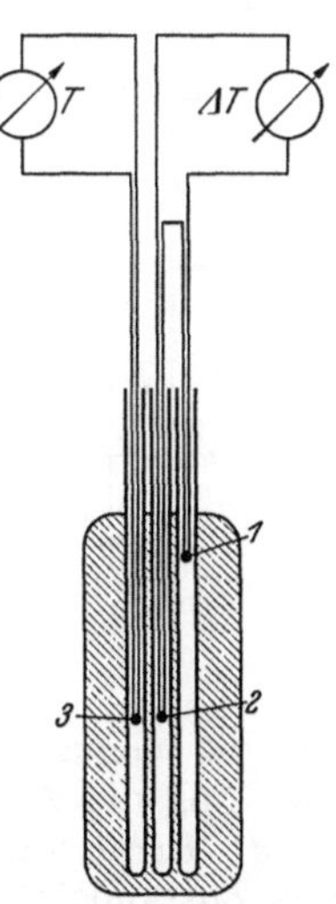

Abb. 95. Versuchsanordnung zur Aufnahme von Temperatur-Temperaturdifferenzkurven ohne Vergleichsprobe.

entgegengesetztem Sinne verlaufende Richtungsänderung auf der Erhitzungskurve bemerkbar macht (Ac₂, Ac₃ und Ac₄). Für die Aufnahme solcher Kurven gibt es eine Reihe selbstregistrierender Geräte[1] wie das SALADIN-Gerät mit dem

---

[1] Hochempfindliche Spiegelgalvanometer u. dgl.: Siemens u. Halske AG., Berlin-Siemensstadt; Hartmann u. Braun AG., Frankfurt a. M.; Gebr. Ruhstrat AG., Göttingen.

Saladin-Le Chatelier-Doppelgalvanometer, das von Baikow abgeänderte Kurnakow-Gerät, mit dem gleichzeitig die Zeit Temperatur und Temperatur-Temperaturdifferenzkurven aufgenommen werden können.

Oft ist es möglich Temperatur-Temperaturdifferenzkurven ohne Vergleichsprobe aufzunehmen. Die Versuchsanordnung[1] zeigt Abb. 95. Man muß dabei achten, daß die Heißlötstellen der gegeneinandergeschalteten Thermoelemente sich an solchen Stellen befinden, die während der Abkühlung oder Erhitzung geringe Temperaturunterschiede haben.

2. Mikroskopische Untersuchungen.

Auf die Bevorzugung dieser Untersuchungsmethode wurde bereits auf S. 557 hingewiesen. Die Verfahren der Schliffherstellung und Ätzung und die Geräte

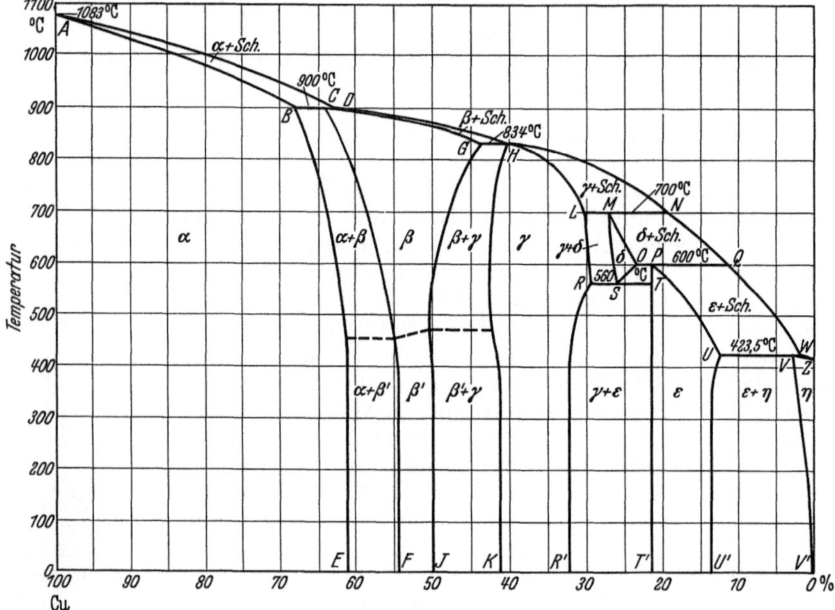

Abb. 96. Zustandsschaubild Kupfer-Zink.

für die Gefügeuntersuchung wurden ebenfalls ausführlich behandelt, so daß hier nur die Anwendungsmöglichkeiten zu besprechen sind.

a) Ermittlung von Zustandsfeldern. Die Gleichgewichtslinien unterteilen das Zustandsbild der Zweistoffsysteme in mehrere Felder mit je einer oder je 2 Kristallarten. Untersucht man daher mit dem Mikroskop alle möglichen sehr langsam auf Raumtemperatur abgekühlten Legierungen in einem Zweistoffsystem, z. B. von Prozent zu Prozent, wobei angenommen werden soll, daß die Legierungen sich im Gleichgewicht befinden mögen und daß es gelungen ist, durch gute Ätzungen jede Kristallart erkennbar zu machen, so kann man die große Anzahl der Legierungen des Zweistoffsystems in Gruppen von je einer und je zwei Kristallarten zusammenfassen. So wird man bei dem in Abb. 96 aufgezeichneten Zweistoffsystem Cu—Zn von der Cu-Seite ausgehend zuerst nur α-Mischkristalle finden. Sobald man bei einem Zinkgehalt von 39% angelangt ist, beginnt ein Gemenge von α- und β'-Mischkristallen aufzutreten, in dem der

---

[1] Schramm, J.: Z. Metallkde. Bd. 30 (1938) S. 10.

Anteil von β' dauernd zunimmt, bis der Zinkgehalt 46% beträgt, wo nur noch β' vorhanden ist. Mit weiter wachsendem Zinkgehalt treten bis 50% Zn nur β', von 50 bis 58% Zn ein Gemenge von β' und γ, von 58 bis 68 nur γ, von 68 bis 78 ein Gemenge von γ und ε, von 78 bis 87% nur ε, von 87 bis 99% ein Gemenge von ε und η und schließlich über 99% Zn nur η-Mischkristalle auf. Es werden also bei Raumtemperatur Gruppen von α-, β'-, γ-, ε- und η-Mischkristallen und Gruppen der Gemenge von $\alpha + \beta'$, $\beta' + \gamma$, $\gamma + \varepsilon$ und $\varepsilon + \eta$ gefunden. Die einzelnen Kristalle werden an ihrem Aussehen unter dem Mikroskop, an der Ätzwirkung und ihren sonstigen Eigenschaften als besondere Phasen erkannt. Werden nun dieselben Legierungen bei höherer Temperatur genau so untersucht, also z. B.

bei 100°, bei 200°, 300° usw., so wird man ebenfalls die oben genannten Gruppen von α, β' ... usw., $\alpha + \beta'$ ... usw. finden. Wenn man nun in der Ebene zwischen 0 und 100% Zn als Abszisse und der Temperatur als Ordinate die einzelnen Gruppen durch Linien voneinander trennt, so erhält man die Gleichgewichtslinien (z. B. *EB*, *FC* usw.), die die Zustandsfelder voneinander abgrenzen.

b) Abschreckung der Legierungen. Die Schwierigkeit bei diesen Untersuchungen liegt darin, daß es bis heute noch keine Geräte gibt, die ein Mikroskopieren bei höherer Temperatur in einfacher Weise ermöglichen würden. Die Entwicklung auf diesem Gebiet ist heute im vollen Fluß. Einen Ausweg hat man aber darin, daß man die Legierungen von den höheren Temperaturen abschreckt und sie dann bei Raumtemperatur untersucht. Sehr oft ändert sich während der Abschreckung das mikroskopische Bild überhaupt nicht, denn die Abkühlungsdauer der erhitzten Probe auf die Temperatur des Ab-

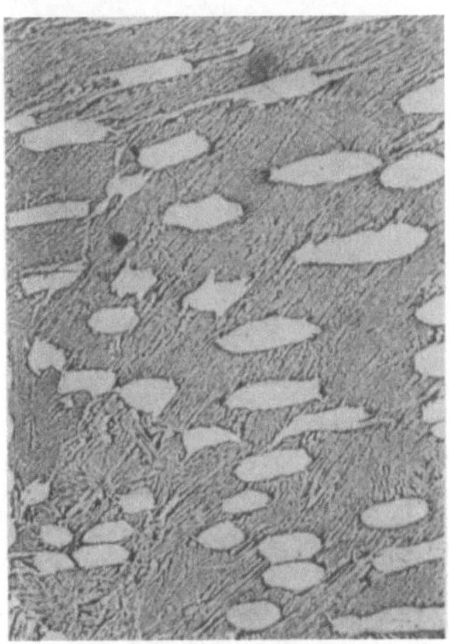

Abb. 97. Kupferzinklegierung mit 63,5% Cu von 895° abgeschreckt.

schreckmittels ist so klein, daß während der Abschreckung keinerlei Veränderungen in der Probe auftreten können und bei Raumtemperatur ist schließlich die Reaktionsgeschwindigkeit, mit der die Probe dem Gleichgewicht zustrebt, praktisch Null geworden. Ändert sich aber das mikroskopische Bild während der Abschreckung, so daß also die Abschreckungsgeschwindigkeit zu klein war, um Reaktionen innerhalb der Legierung zu unterdrücken, so ist man sehr oft in der Lage, aus dem Aussehen des neuen Bildes auf das Bild bei der Abschrecktemperatur zu schließen. Das soll in Abb. 97 gezeigt werden, die das Bild einer Legierung mit 63,5% Cu und 36,5% Zn nach mehrstündigem Glühen von 895° in Wasser abgeschreckt zeigt[1]. Man erkennt darin große helle α-Kristalle in einer grauen Grundmasse, die sich bei stärkerer Vergrößerung als ein inniges Gemenge von $(\alpha + \beta)$-Mischkristallen zu erkennen gibt. Bei hoher Temperatur aber bestand die Grundmasse nicht aus einem Gemenge von α- und β-Mischkristallen, sondern nur aus einem einheitlichen β-Mischkristall, in dem die großen α-Kristalle lagen. Dieser Schluß kann aus der Erfahrung an solchen Legierungen gezogen werden, nach der die kleinen α-Mischkristalle in der Grundmasse deshalb nicht auftreten könnten, weil sie bei dieser hohen Temperatur in ganz kurzer Zeit (z. B. in 10 min, oder noch weniger) von den großen α-Kristallen *„eingeformt"*, d. h. an die großen α-Kristalle angelagert sein würden.

---

[1] SCHRAMM, J.: Metallwirtsch. Bd. 14 (1930) S. 995, 1047.

c) Primäre Kristalle. Eutektikum. Eutektoid. Peritektikum. Peritektoid.

Auch aus der Größe, Form und der gegenseitigen Anordnung zweier Kristallarten zueinander lassen sich weitgehende Schlüsse ziehen. Das soll z. B. an Eisenkohlenstofflegierungen in den Abb. 98a, b und c mit 3,9; 4,2 und 4,7% C gezeigt werden. In Abb. 98a sieht man große dunkle γ-Mischkristalle in einer Grundmasse eines innigen Gemenges von kleinen γ-Mischkristallen (dunkel) und

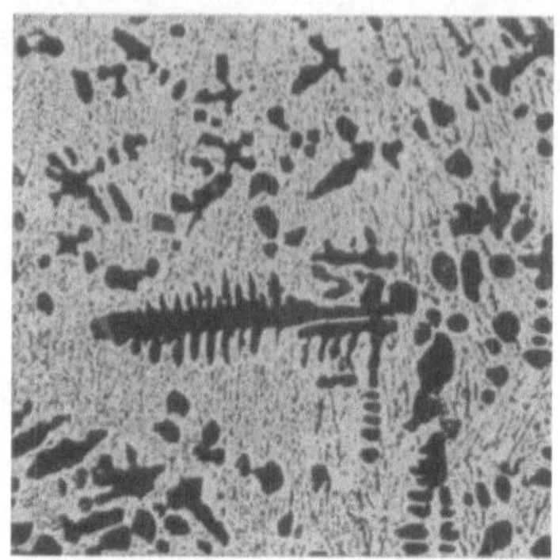

Abb. 98a. Primäre γ-Kristalle in Ledeburit.

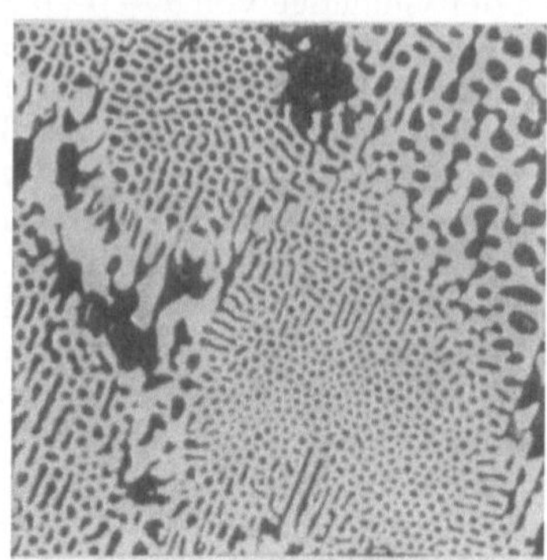

Abb. 98b. Reiner Ledeburit.

Zementit (hell), in Abb. 98c große helle Zementitkristalle in der gleichen Grundmasse eines innigen Gemenges von γ und Zementit und schließlich in Abb. 98b nur ein inniges Gemenge von γ und Zementit. Vergleicht man mit diesen 3 Abbildungen das Zustandsbild des Systems Fe—Fe$_3$C in Abb. 92, so sind die großen

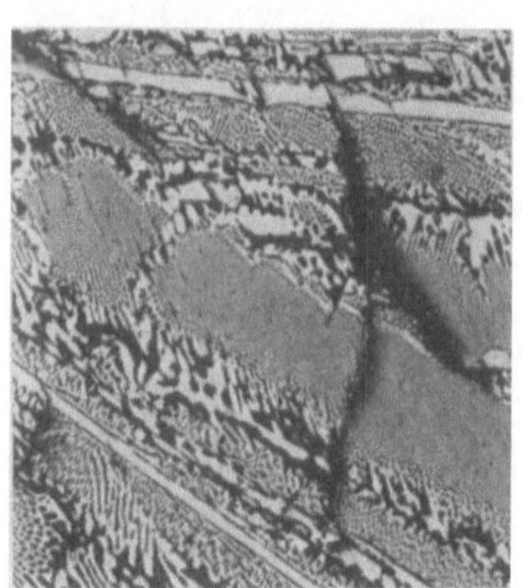

Abb. 98c. Primäre Zementkristalle
in Ledeburit.

Mischkristalle *(primäre Kristalle)* dadurch entstanden, daß sie sich von 1190 bis 1145° allein ausgeschieden haben, bis schließlich bei 1145 der noch nicht erstarrte Anteil der Schmelze, der durch die Ausscheidung von γ eine Zusammensetzung von 4,2% C erreicht hat, als ein inniges Gemenge von γ und Zementit erstarrte. In ähnlicher Weise ist das Bild der Legierung mit 4,7% C in Abb. 98c zu erklären. Der Unterschied gegenüber der Legierung mit 3,9% C besteht darin, daß sich von 1240 bis 1145° primär die großen hellen Zementitkristalle abgeschieden haben und bei 1145° wiederum das innige Gemenge von γ und Zementit erstarrt ist. In Abb. 98b mit 4,2% C ist kein primärer Kristall, sondern nur ein inniges Gemenge vorhanden.

Infolge der ausgezeichneten Zusammensetzung mit 4,2% C erstarrt diese Legierung nicht in einem Temperaturintervall, wie die 2 Legierungen mit 3,9 und 4,7% C, sondern bei der konstanten Temperatur von 1145° und im Bilde sind deshalb keine primären Kristalle, sondern nur ein inniges Gemenge zu erkennen. Dieses Gemenge heißt *Eutektikum* und wird im Sonderfall der Eisenkohlenstofflegierungen mit *Ledeburit* bezeichnet. In Abb. 98a sind also primäre γ-Mischkristalle in Ledeburit, in Abb. 98c primäre Zementitkristalle in Ledeburit und in Abb. 98b reiner Ledeburit zu sehen. Die 3 verschiedenartigen Gefügebilder sind durch Entmischung einer homogenen Lösung von Kohlenstoff in flüssigem Eisen entstanden. Es ist aber auch möglich, daß sich eine *feste Lösung (Mischkristall)* entmischt. In diesem Fall erhält man auch primär abgeschiedene Kristalle, erkenntlich an ihrer Größe, in einer Grundmasse eines feinen Gemenges zweier Kristalle. Das kann wiederum im System Eisen-

Abb. 99. Ferritkristalle in Perlit. Stahl mit 0,45% C langsam abgekühlt. V 600×.

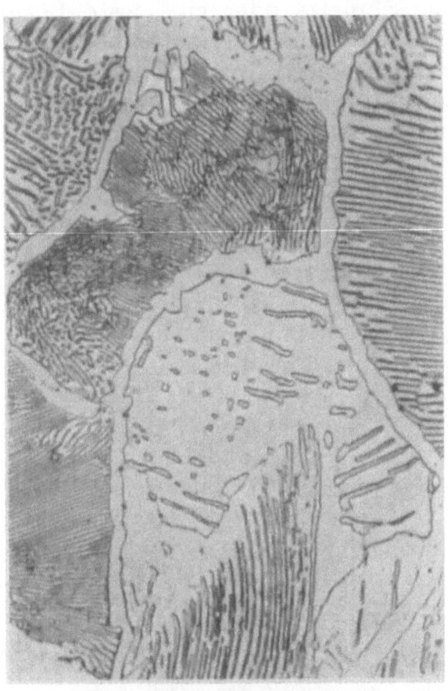

Abb. 100. Sekundärer Zementit (Korngrenzenzementit) in Perlit. V 1200×.

Kohlenstoff gezeigt werden. Ein γ-Mischkristall mit 0,45% C von 900° abgekühlt (Abb. 92), wird zwischen 820 und 721° große α-Kristalle (Ferrit) ausscheiden und der Rest des γ-Mischkristalls, der bei 721° 0,9% C erreicht hat, zerfällt in ein feines, inniges Gemenge von $\alpha + Fe_3C$ (Abb. 99). Ein Mischkristall mit 1,1% scheidet zwischen 780 und 721° große Zementitkristalle ab und der Rest von γ mit 0,9% zerfällt wieder bei 721° zu dem feinen Gemenge von α und Fe_3C (Abb. 100). Eine Legierung mit 0,9% C scheidet bei der Abkühlung von 900 bis 721° keinen Kristall „primär" ab, sondern zerfällt bei 721° in das innige Gemenge von α und Fe_3C (Abb. 101). Ein solches Gemenge, das aus dem Zerfall eines Mischkristalls in 2 andere Kristalle entsteht, heißt *Eutektoid*, und heißt im Sonderfall der Eisenkohlenstofflegierungen *Perlit*. Man kann eine solche Reaktion, gleich ob eine Schmelze oder ein Mischkristall

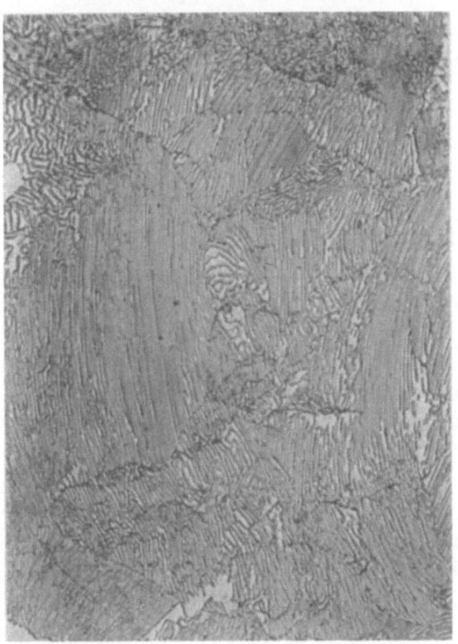

Abb. 101. Reiner Perlit. 0,9% C. Langsam abgekühlt. V 600×.

zerfällt durch die Formel $A \rightarrow B + C$ darstellen, worin A die zerfallende Lösung, B und C die entstehenden Kristallarten bedeuten.

Außer der oben besprochenen Reaktion, des Zerfalls einer Schmelze oder festen Lösung in 2 Kristallarten gibt es noch eine weitere Möglichkeit, durch die eine Schmelze oder eine feste Lösung sich umwandeln kann. Diese besteht darin, daß eine bereits vorhandene Kristallart mit der Schmelze oder festen Lösung reagiert, unter Bildung einer neuen Kristallart. Die Reaktionsgleichung kann durch $A + B \to C$ dargestellt werden, worin A die vor der Reaktion vorhandene feste Kristallart, mit der die Schmelze oder die feste Lösung B in Reaktion tritt, und C die entstehende neue Phase bedeuten. Je nach dem Verhältnis von A (unmittelbar vor dem Reaktionsbeginn vorhandene Kristallart) zu B (Schmelze oder feste Lösung) wird bei dieser Reaktion entweder A oder B

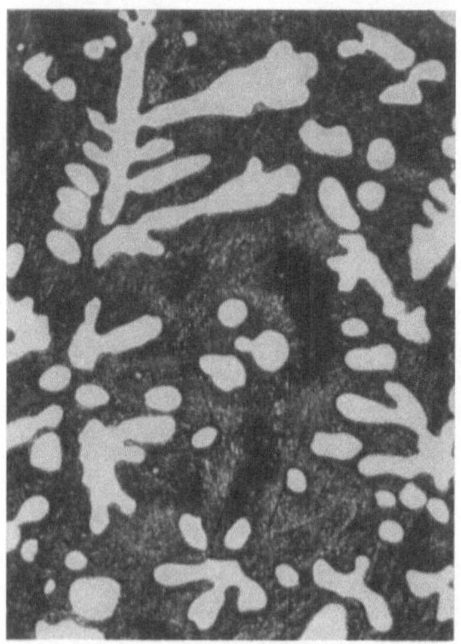

Abb. 102. Kupferzinklegierung mit 5% Cu. Langsam erstarrt.

verzehrt und es bleiben daher B und C oder A und C nach der Reaktion übrig. Nur im Ausnahmefall verschwinden A und B durch die Reaktion gleichzeitig, so daß nur C allein übrigbleibt. Eine solche Reaktion heißt *Peritektikum*, wenn sich an der Reaktion eine Schmelze beteiligt, und *Peritektoid*, wenn sich nur feste Phasen an ihr beteiligen. Abb. 102 zeigt das charakteristische Bild eines Peritektikums von einer Legierung mit 5% Cu und 95% Zn. Nach Abb. 96 erstarrt diese Legierung folgendermaßen: Zwischen 500° und 423,5° scheiden sich primäre ε-Kristalle ab. Bei 423,5 tritt die Reaktion $\varepsilon(u)$ + Schmelze $(w) \to \eta(v)$ auf, wobei die Schmelze restlos verbraucht wird und der Rest der ε-Kristalle, der von der Reaktion übriggeblieben ist, als große (helle) primäre ε-Kristalle, die neu entstandene η-Kristallart als dunkle zusammenhängende Grundmasse zu erkennen ist.

d) Fehlerquellen. Die Fehlermöglichkeiten sind auch bei dieser Untersuchungsmethode zahlreich. Zuerst muß wiederum das unvollständige Gleichgewicht genannt werden. So kann es z. B. vorkommen, daß bei der Untersuchung in Zweistoffsystemen 3 feste Phasen nebeneinander gesehen werden. Nach der „*Phasenregel*" beträgt die Höchstzahl der in Zweistoffsystemen im Gleichgewicht nebeneinander vorkommenden Kristallarten höchstens 3 und das nur bei den Temperaturen von Horizontalen im Zustandsbild. In einem Zweistoffsystem gibt es aber nicht viel Horizontalen, so daß es bei Beobachtung von 3 Phasen nebeneinander sehr unwahrscheinlich ist, daß man von der Temperatur der Horizontalen abgeschreckt hat. Vielmehr ist anzunehmen, daß es sich um ein unvollständiges Gleichgewicht handelt, oder daß für die Herstellung der Legierung nicht ganz reine Stoffe verwendet wurden, so daß es sich schließlich gar nicht mehr um ein Zweistoffsystem, sondern um ein Dreistoff- oder Vierstoffsystem handelt, da unter Umständen bereits ganz geringe Mengen eines dritten Stoffes (z. B. 0,1 bis 0,2%) genügen, um das Auftreten einer dritten Phase in erheblicher Menge zu verursachen.

Tritt Kristallsaigerung auf, was nach S. 639 einen unvollständigen Gleichgewichtszustand bedeutet, so kann das unter dem Mikroskop erkannt werden. Um eine solche Kristallsaigerung handelt es sich z. B. bei der in Abb. 14 gezeigten Ätzung auf „Phosphor", bei der die phosphorreichen Stellen von den phosphorarmen durch die verschiedenartige Dunklung des Schliffes unterschieden werden können. Man erkennt in dieser Abbildung keine scharf voneinander abgegrenzten Kristallite mit verschiedener Ätzung, sondern in der Färbung allmählich ineinander übergehende Stellen, das charakteristische Kennzeichen der Kristallsaigerung unter dem Mikroskop. Für die Abschreckversuche werden in der Regel kleine Stückchen genommen, um eine mögliche rasche Abkühlung zu erreichen. Werden diese Stücke von hoher Temperatur abgeschreckt, so müssen sie vor der Abschreckung längere Zeit (manchmal mehrere Stunden oder tagelang) bei der hohen Temperatur geglüht werden, damit das für die Abschreckung erforderliche Gleichgewicht sich einstellt. Bei dieser Glühung kann sich bei manchen Legierungen infolge bevorzugter Oxydation eines Stoffes (z. B. des Kohlenstoffes in Stahl) oder aber Verdampfung eines Stoffes (z. B. des Zinks in Messing) die Zusammensetzung der Randschicht oder aber bei längerer Einwirkung auch das Innere der Probe vollkommen verändern. Die Veränderung der Zusammensetzung kann vermieden werden, wenn man die Probe vor dem Zutritt des Sauerstoffes schützt (z. B. in Bädern) und die Legierungen, die leicht flüchtige Stoffe enthalten, in verschlossenen Gefäßen (z. B. aus Supremaxglas oder Quarz) glüht. Eine störende Erscheinung ist manchmal die „*Einformung*". Durch diese werden bei hohen Temperaturen, manchmal bereits in einigen Minuten, die kleinen Kristalle an die großen Kristalle der gleichen Art angelagert, so daß dadurch das ursprüngliche Gefüge vollkommen verändert werden kann.

Eine weitere Störung des Gefügebildes tritt dadurch auf, daß in Legierungen *Unterkühlungen* auftreten, durch die die Reihenfolge der Ausscheidungen stark beeinflußt werden kann. Unter solchen Umständen ist es z. B. möglich, daß man in einem Bild zwei primäre Kristallarten im Eutektikum vorfindet, was nach der Erstarrung, wie man sie aus dem Zustandsschaubild ableiten kann, eine Unmöglichkeit darstellt. Durch bestimmte Methode (z. B. *Impfung*) läßt sich diese Störung vermeiden.

3. Elektrochemische Untersuchung[1].

a) Das elektrolytische Potential der reinen Metalle und Legierungen. Taucht man einen Metallstab als Elektrode in eine Lösung, die Ionen dieser Elektrode enthält, so werden entweder positiv geladene Atome des Stabes als Kationen in Lösung gehen oder aber es werden Kationen aus der Lösung am Metallstab niedergeschlagen. Dieser Vorgang verursacht an der Trennungsfläche Lösung-Elektrode die Ausbildung einer elektrisch geladenen Doppelschicht. Gehen Atome des Metalls in Lösung, so liegt die negative Seite der Doppelschicht an der Elektrode, werden Kationen am Stabe niedergeschlagen, so befindet sich die negative Schicht in der Lösung. Die Ausbildung der Doppelschicht führt zu einer Potentialdifferenz zwischen Elektrode und Lösung, deren Größe von der Art der Elektrode und der Lösung (Elektrolyt) abhängt. Enthält der Elektrolyt die Ionenkonzentration von 1 Grammäquivalent, und stellt die Elektrode ein reines Metall (z. B. Zn oder Cu) dar, so heißt die Potentialdifferenz das elektrolytische Potential des betreffenden Metalls.

Ändert sich die Zusammensetzung und Temperatur des Elektrolytes oder der Elektrode durch Legierungsbildung, so ändert sich auch das Potential. Aus der letzteren Feststellung folgt, daß es möglich ist, durch Potentialmessungen Legierungen zu untersuchen, und die Potentialmessungen somit als eine metallkundliche Methode anzuwenden.

Oben ist bereits festgestellt worden, daß ein Metall entweder Kationen in Lösung sendet oder daß solche am Metallstab niedergeschlagen werden, wenn es in einen gleichartigen Elektrolyt getaucht wird. Wie verhält sich nun eine

---

[1] KREMANN, R.: Elektrochemische Metallkunde. Berlin: Gebrüder Bornträger 1921.

Legierungselektrode, die in eine Lösung taucht, die Ionen nur eines oder beider
Metalle der Elektrode enthält? Zu diesem Zweck muß zunächst besprochen
werden, wie sich eine Elektrode aus reinem Metall verhält, wenn sie in einen
Elektrolyt mit einem fremden Kation, z. B. ein Zinkstab in eine Lösung von
Bleiazetat, eintaucht. Der Vorgang beim Eintauchen des Zinkstabes besteht
in einer einfachen chemischen Umsetzung. Es wird aus der Bleiazetatlösung
metallisches Blei an dem Zinkstab als Schwamm ausgeschieden und dafür geht
Zink in äquivalenter Menge in Lösung. Dieser Vorgang findet solange statt, bis
sich das „Gleichgewicht" eingestellt hat, bis der Zinkstab in bezug auf die gelösten
Zinkionen dasselbe Potential besitzt, wie der abgeschiedene Bleischwamm in
bezug auf die noch gelösten Bleiionen. Taucht man umgekehrt einen Bleistab in
eine reine Zinkazetatlösung, so wird solange Zink metallisch abgeschieden, bis
das „Gleichgewicht" sich wieder eingestellt hat, d. h. bis der Bleistab und das

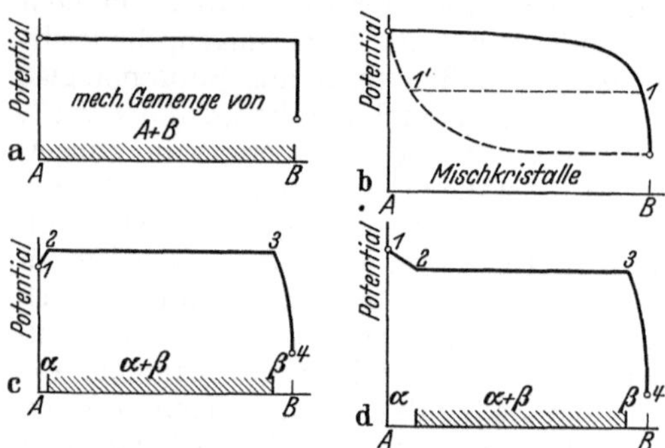

abgeschiedene metallische Zink in
bezug auf ihre in Lösung befindlichen Ionen das gleiche Potential
haben. Bei dem Eintauchen des
Zinkstabes in die Bleiazetatlösung
wird man große Mengen von aus-
geschiedenem Bleischwamm feststellen können, während es im umgekehrten Falle, bei Eintauchen
des Bleistabes in die Zinkazetatlösung nicht zu einer Ausfällung
sichtbarer Mengen von Zink kommt.
Das hat seinen Grund darin, daß
das Gleichgewicht sehr stark nach
einer Seite verschoben ist, so daß
in der Gleichgewichtslösung neben

Abb. 103 a bis d. Potentiale von Legierungen. *A* ist unedler
(negativer als *B*). a Gemenge zweier Metalle, b Mischkristalle,
c und d Gemenge zweier Mischkristalle.

großen Mengen von Zinkionen nur sehr geringe Mengen von Bleiionen auftreten.
Taucht man nun eine Legierung von Blei und Zink, die ein Gemenge von Blei- und
Zinkkristallen darstellt, in eine Zink- oder Bleiazetatlösung oder in ein Gemisch
beider Lösungen, so werden metallisches Zink oder Bleischwamm ausgefällt und
dafür Blei- oder Zinkionen in Lösung gehen, bis die Lösung sich wiederum mit
der Elektrode im Gleichgewicht befindet. Dabei ist es ganz gleichgültig, ob die
Legierungselektrode viel oder wenig von Zink oder Blei enthält, es stellt sich
immer wieder dasselbe Potential ein, wenn die Lösung von vornherein nur gleichviel Atome enthielt, also z. B. $^1/_{10}$ Mol gelöstes Zink oder $^1/_{10}$ Mol gelöstes Blei
oder $^1/_{20}$ Mol gelöstes Zink $+ ^1/_{20}$ Mol gelöstes Blei usw. Für das Potential der
Legierungselektrode ist das Potential des *unedleren* Bestandteiles der Legierung,
also das Potential des Zinks maßgebend, denn es wurde gezeigt, daß sich bei
Einstellung des Gleichgewichtes in der Lösung fast nur Zinkionen befinden,
also wird die Legierungselektrode das fast unveränderte Potential des Zinks
aufweisen. Man kann also sagen, daß in einer Legierung, die aus einem Gemisch
zweier Metalle besteht, sich das Potential der unedleren Komponente einstellt
und erst bei der reinen, edleren Komponente des Potential der edleren Komponente auftritt, wie es in Abb. 103a gezeigt wird.

Bilden 2 Stoffe eine ununterbrochene Reihe von Mischkristallen (z. B. Gold-
Silber), so durchläuft das Potential je nach Zusammensetzung der Legierung,
alle Werte zwischen dem Potential der unedleren Komponente (Ag) und dem
der edleren Komponente (Au). Genau so ist es mit dem Gleichgewichtselektrolyt,
der auch nicht mehr ein unveränderliches Verhältnis der 2 verschiedenen Ionen
zueinander aufweist, wie es bei einem Gemenge zweier Kristallarten der Fall

war, sondern das Verhältnis der Ionen in der Lösung ist abhängig von der Zusammensetzung der Legierung. Der Zusammenhang zwischen der miteinander im Gleichgewicht befindlichen Legierung und Lösung ist in Abb. 103b schematisch dargestellt, worin z. B. die Legierung 1 und Lösung 1′ miteinander im Gleichgewicht sind. Zu beachten ist bei den Kurven besonders, daß sie nach einer Seite stark abfallen.

Enthält die Legierung ein Gemenge zweier Mischkristalle, z. B. α und β (in Abb. 103c, d), so wird das Potential der Legierung konstant sein (zwischen 2 und 3), solange in der Legierung zwei Kristallarten vorhanden sind, ganz gleich ob viel oder wenig von einer Kristallart auftritt. Sobald aber eine Kristallart allein auftritt, so ändert sich das Potential allmählich zu den Potentialen der reinen Stoffe A und B (zwischen 1 und 2, 3 und 4).

b) Messung des Potentials. Die Messung des Potentials einer Elektrode geschieht in der Weise, daß man die Elektrode mit unbekanntem Potential mit einer Elektrode von bekanntem Potential zu einem galvanischen Element vereinigt und dann die EMK dieses Elementes mißt.

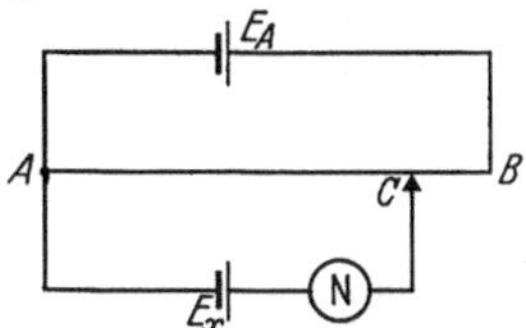

Abb. 104. Schaltskizze für Potentialmessung nach der POGGENDORFschen Kompensationsmethode.

Das Potential der zu messenden Elektrode läßt sich aus dem bekannten Zusammenhang, daß die EMK die Summe beider Einzelpotentiale darstellt, berechnen. Als bekannte Potentiale werden mehrere Elektroden, die als Normalelektroden bezeichnet werden, verwendet. Solche Elektroden sind: Die *absolute Elektrode* mit tropfendem Quecksilber in verdünnter Schwefelsäure $\varepsilon_a = 0$ V, die *Wasserstoffelektrode* mit platiniertem Platin umspült von Wasserstoff von 1 at in $2\,n$ Schwefelsäurelösung von 18° $\varepsilon_a = +0{,}274$ V, die *Kalomelelektrode* $\varepsilon_a = 0{,}56$ V, *Chinhydronelektrode* usw. Die Kalomelelektrode läßt sich sehr leicht herstellen, sie soll deshalb im folgenden beschrieben werden. In ein Pulverglas wird Quecksilber gegossen, so daß es den Boden gut bedeckt. Darüber wird eine Paste gebracht, die durch Zerreiben von Kalomel (Hg_2Cl_2) mit einigen Tropfen Quecksilber und einer $1\,n$ KCl-Lösung hergestellt wird. Das Gefäß wird nun mit einer $1\,n$ KCl-Lösung aufgefüllt, mit einem trockenen Glasstab umgerührt und mit einem Stopfen, der 2 Bohrungen hat, zugestopft. Die Normalelektrode wird mittels eines elektrolytischen „*Stromschlüssels*" mit der zu messenden Elektrode, die in die Lösung ihrer Ionen hineinragt, zu einem galvanischen Element verbunden. Der Stromschlüssel ist ein dünnes gebogenes Glasrohr mit 2 Schenkeln, das mit einem Elektrolyt gefüllt mit einem Schenkel in die Lösung der zu messenden Elektrode, mit dem anderen Schenkel durch das eine Loch des Stopfens der Kalomelelektrode in die darin befindliche Lösung getaucht wird. Damit aus dem Stromschlüssel keine Lösung in die Elektrolyte der Normalelektrode oder der zu messenden Elektrode fließt, werden die in die Lösungen tauchenden Enden des Stromschlüssels mit einem schwer durchlässigen Pfropfen, z. B. aus Papierbrei, verstopft. Die Pole des so aus der zu messenden Legierungselektrode und der Normalelektrode entstehenden Elements sind der Metallstab und das auf dem Boden der Normalelektrode sich befindliche Quecksilber. Bei metallischer Verbindung der Pole fließt ein der Spannung dieses Elementes entsprechender Strom.

Die EMK des so entstandenen galvanischen Elementes aus Normalelektrode und Legierungselektrode wird nach der POGGENDORFschen Kompensationsmethode gemessen. Die Schaltskizze dieser Methode ist aus Abb. 104 zu ersehen, in der E_A die bekannte Spannung eines Bleiakkumulators, E_x die zu messende EMK des galvanischen Elementes, AB einen Meßdraht, meistens einen Widerstandskasten (1000 Ω mit einer Einstellungsmöglichkeit von 1 zu 1 Ω) und N ein Nullinstrument (meistens Kapillarelektrometer) bedeuten. Ist N

auf Null eingestellt, so ist $E_x = E_A \dfrac{A\,C}{A\,B}$. Bei der Messung ist darauf zu achten, daß der Stromkreis des zu messenden Elementes möglichst kurze Zeiten, also möglichst nur während der Ablesungen an N geschlossen ist. Soll Stromarbeit während der Messung überhaupt vermieden werden, so wird die EMK des Elementes durch ein Quadrantenelektrometer gemessen.

   c) Fehlerquellen. Die Fehlerquellen dieser Methode zur Untersuchung von Legierungen, sind gegenüber den anderen Methoden sehr zahlreich. Die wichtigste Fehlerquelle ist wohl darin zu erblicken, daß in den Legierungen bei den Temperaturen, wo die Potentiale hauptsächlich gemessen werden, bis 100° C, die Beweglichkeit der Atome so gering ist, daß man nur in seltenen Fällen Gleichgewichte hat. Denn wird eine Legierung in ihre Lösung getaucht, so findet immer eine mehr oder weniger große Veränderung der in die Lösung eintauchenden Oberfläche statt, die durch Diffusion von Atomen aus dem Inneren der Legierung bei niedriger Temperatur nicht mehr ausgeglichen werden kann. Nur in den Legierungen mit niedrigem Schmelzpunkt, z. B. Amalgamen ist die Diffusionsgeschwindigkeit groß genug, um das Gleichgewicht in genügend kurzer Zeit zu erreichen. Es bleibt somit nur die Möglichkeit bei höherer Temperatur zu messen. Dort lassen sich aber keine wäßrigen Elektrolyte mehr verwenden, sondern nur geschmolzene Salze, z. B. Chloride, wodurch die experimentellen Schwierigkeiten sehr beachtlich werden können. Da die Einstellung des Potentials einen Vorgang der Elektrodenoberfläche mit der diese berührenden Lösung bedeutet, so kann es auch vorkommen, daß, wenn an dieser Oberfläche die zweite Kristallart der Legierung (z. B. infolge Saigerung in das Innere) fehlt, die Elektrode sich gar nicht wie eine Legierungselektrode, sondern wie die eines reinen Metalls verhält. Da man von vornherein die Zusammensetzung der Lösung, mit der die Legierungselektrode sich im Gleichgewicht befindet, nicht kennt, verwendet man als Elektrolyt am besten ein reines Salz der unedleren Komponente der Legierung. Taucht in diese Lösung nun die Legierungselektrode, so wird sich die Oberfläche der Elektrode wohl dadurch ein wenig verändern, daß geringe Mengen der edleren Komponente in Lösung gehen. Die Änderung der Oberfläche ist aber bei weitem nicht so groß, wie wenn man umgekehrt ein Salz der edleren Komponente als Elektrolyt benutzt hätte.

X. Grundsätzliches
über die chemische Untersuchung
der Metalle und ihrer Legierungen.

Von **R. Fricke**, Stuttgart.

1. Allgemeines.

Die Kenntnis der chemischen Zusammensetzung eines metallischen Werkstoffes gilt allgemein als Voraussetzung jeder Werkstoffprüfung. Die Genauigkeit, mit der der Gehalt an den verschiedenen Bestandteilen bekannt sein muß, wechselt von Fall zu Fall sehr stark. Die durch die moderne analytische Chemie gegebene Möglichkeit, für frühere Begriffe geradezu unglaublich geringe Beimengungen bzw. Verunreinigungen nachzuweisen und sogar zu bestimmen, hat schnell Anwendung auf technische Probleme gefunden, wobei sich unerwartet hohe Beeinflussungen gerade der Eigenschaften von Metallen durch minimalste Verunreinigungen herausstellten. Man denke nur an die starke Erhöhung der Verformbarkeit und Korrosionsfestigkeit unedler Metalle oder an die erhebliche Verbesserung der Leitfähigkeit der Metalle bei Erreichung allerhöchster Reinheitsgrade. Auch sonst zeigen extrem reine Metalle, wie z. B. Aluminium, oft überraschende neue Eigenschaften.

Alle diese Beobachtungen weisen darauf hin, daß es in Zukunft nicht mehr genügen wird, die chemische Zusammensetzung der Metalle und Legierungen mit den früher üblichen Genauigkeitsansprüchen zu untersuchen. Die analytische Untersuchung mit *extremen* Genauigkeiten wird, vereint mit andersartigen chemischen und mit physikalischen Prüfungen und vereint mit einer entsprechenden Lenkung der Darstellung der Metalle und Legierungen ganz sicher noch technisch sehr wichtige neue Gebiete der Metallkunde eröffnen. Doch wird daneben die normale „klassische" Analyse stets ihre Bedeutung behalten.

Die Methoden, welche im einzelnen Fall anzuwenden sind, hängen aber nicht allein von den Genauigkeitsansprüchen der analytischen Untersuchung ab. Eine sehr wesentliche Rolle bei der Auswahl der Verfahren spielt auch die Menge des für den Verbrauch bei der Untersuchung zur Verfügung stehenden Materials, weiter die Art des Materials. Vor allem aber hängt die Wahl der Methoden ausschlaggebend ab von den Hilfsmitteln, welche dem betreffenden Laboratorium zur Verfügung stehen. So ist z. B. für die Spurensuche und auch für die quantitative Bestimmung sehr kleiner Mengen die moderne Spektralanalyse nach W. Gerlach ein hervorragendes und in mancher Beziehung unübertroffenes Mittel[1]. Die Anschaffung einer kompletten spektralanalytischen Apparatur ist aber sehr kostspielig. Zudem liefert die Spektralanalyse zuverlässige Resultate nur in der Hand eines sehr gut eingearbeiteten und sorgfältigen Experimentators. Es ist deshalb wichtig zu wissen, daß Spurensuche und quantitative Bestimmung sehr kleiner Mengen auch mit modernen organischen Spezialreagenzien möglich ist. Wenn diese auch großenteils teuer sind,

---

[1] Gerlach, W.: Vgl. hierzu den Artikel über Spektralanalyse von W. Seith.

so sind ihre Anschaffungskosten inklusive der erforderlichen Apparaturen doch nur ein kleiner Bruchteil der Kosten für eine komplette Spektralapparatur. Zuverlässige Resultate haben aber auch hier einen gut eingearbeiteten Experimentator zur Voraussetzung, der zudem analytisch über genügende Erfahrung und ganz allgemein über gute chemische Kenntnisse verfügen muß. Sind diese Voraussetzungen erfüllt, so lassen die Ergebnisse nichts zu wünschen übrig und sind zudem für den Fall quantitativer Untersuchungen, wenn es sich nicht gerade um immer wiederkehrende Serienbestimmungen handelt, wesentlich schneller zu erhalten, als auf spektralanalytischem Wege, weil hier Spektralaufnahmen an großen Serien von Testmischungen Voraussetzung sind.

Die Verwendung moderner Arbeitsverfahren und Spezialreagenzien bringt außerdem weitgehend die Möglichkeit mit sich, mit nur sehr kleinen Substanzmengen auszukommen, also mikroanalytisch zu arbeiten. Die Mikroanalyse hat aber nicht nur den Vorteil sehr geringen Materialverbrauches, sondern oft auch den des schnelleren Arbeitens trotz gleicher Genauigkeitsansprüche.

Andererseits ist wieder die Zuverlässigkeit und Bequemlichkeit mikroanalytischer Methoden von Fall zu Fall sehr unterschiedlich. Dies ist der Grund dafür, daß ein mikroanalytisch arbeitendes Laboratorium, wenn es nicht gerade sehr eng umrissenen Spezialzwecken dient, stets auch über die Hilfsmittel zur „normalen Analyse" verfügen muß, ebenso wie auch die Spektralanalyse ohne die Basis der „normalen Analyse" undenkbar ist.

Diese „normale Analyse" besitzt aber heutzutage so außerordentlich viele Möglichkeiten, daß nur ein Chemiker mit guter analytischer und allgemeiner Ausbildung noch imstande ist, das für die verschiedenen Zwecke besonders Geeignete herauszufinden.

Bevor wir hier auf einige allgemeine Gesichtspunkte zu den verschiedenen heute gegebenen prinzipiellen Möglichkeiten der chemischen Analyse eingehen, sei die wesentliche Frage der Einrichtung eines analytischen Untersuchungslaboratoriums besprochen.

2. Anlage eines chemischen Untersuchungslaboratoriums in einem Ingenieurbetrieb.

Wenn irgendein mit Metallen arbeitender oder metallische Gegenstände prüfender Betrieb sich ein chemisches Untersuchungslaboratorium einrichten will, so geschieht die Grundanlage zweckmäßig so, daß die verschiedensten Arten der chemischen Analyse dort im Prinzip durchführbar sind, wenn auch zunächst nur ganz bestimmte Untersuchungsarten ins Auge gefaßt und infolgedessen nur die hierfür erforderlichen Apparate und Geräte beschafft werden. Denn es läßt sich nie voraussehen, wie weit an das Laboratorium z. B. durch das Aufkommen anderer Werkstoffe, durch unvorhergesehene Sonderaufgaben, durch das Bekanntwerden schneller und zuverlässiger arbeitender Methoden usw. neue Anforderungen gestellt werden. Die Erstellung eines nur für ganz bestimmte Zwecke verwendbaren Laboratoriums wird zudem in vielen Fällen nicht viel billiger sein, als die Erstellung eines Laboratoriums, für das alle erforderlichen Ergänzungsmöglichkeiten ohne weiteres gegeben sind, während die Umstellung eines ausgesprochenen Speziallaboratoriums auf weitere Verwendungszwecke oft Schwierigkeiten und erhebliche Kosten mit sich bringt.

Eine umsichtige und zweckentsprechende Planung der gesamten Laboratoriumslage ist deshalb sehr zu empfehlen.

In Abb. 1 ist der Plan eines kleineren Laboratoriums wiedergegeben, welches z. B. für 1 Chemiker mit 2 Laboranten gedacht ist. Zu dem Plan ist im einzelnen folgendes zu sagen:

Als Bodenbelag des Laboratoriums sind Linoleum oder Holzstein zu empfehlen, ferner alle anderen nicht fußkalten und chemisch nicht zu leicht angreif-
baren Fußbodenbeläge, die ohne Ritzen und Spalten verlegbar sind. Der Bodenbelag soll aber im Interesse der Entfernbarkeit von verspritzten Chemikalien,
Quecksilber usw. auch glatt sein und wird aus dem gleichen Grunde überall da,
wo er an Wänden, Pfeilern usw. endet, durch entsprechende Unterlagen etwas
hochgezogen.

Als Arbeitstische wählt man zweckmäßig stabile 75 bis 80 cm tiefe Stein-
tische aus unglasierten, dicht gebrannten Plättchen[1], welche mit säurefestem
Kitt verfugt sind. Die am Rand des Tisches befindlichen Plättchen tragen nach
dem Rand hin zweckmäßig einen erhöhten Wulst, um ein Ablaufen von auf
dem Tisch verschütteten Flüssigkeiten zum Boden zu verhindern. Die Plättchen

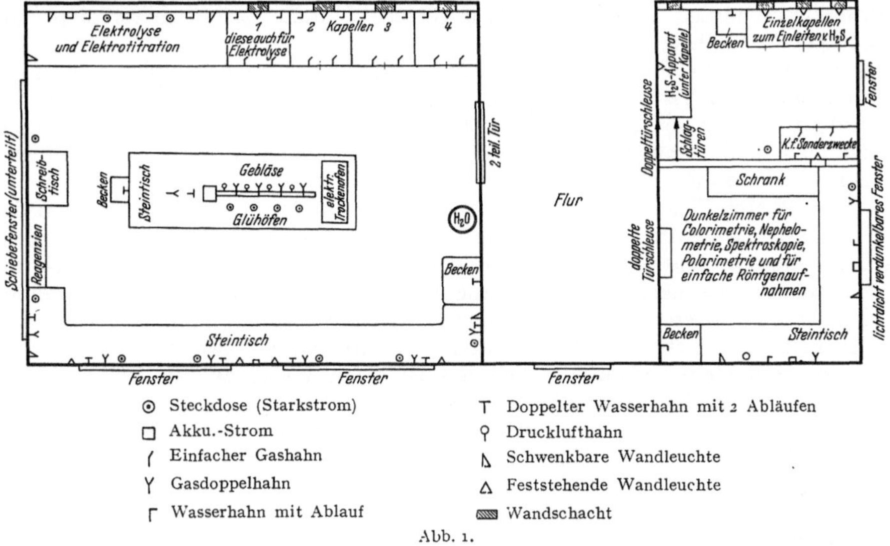

⊙ Steckdose (Starkstrom)   T Doppelter Wasserhahn mit 2 Abläufen
□ Akku.-Strom   ⊊ Drucklufthahn
∫ Einfacher Gashahn   ⋏ Schwenkbare Wandleuchte
Y Gasdoppelhahn   △ Feststehende Wandleuchte
⌐ Wasserhahn mit Ablauf   ▨ Wandschacht

Abb. 1.

ruhen auf einer Zementunterlage entweder in einem in die Wand eingelassenen
Eisenrahmen oder auf als Pfeiler hochgestellten Zementplatten. Unter den
Steintischen befinden sich Schränke mit Schiebetüren. Die Gas- und Wasser-
installation, beim Mitteltisch auch die elektrische Installation liegen unter den
Steintischen hinter den Schränken. Diese müssen deshalb so eingebaut sein,
daß man sie bei Arbeiten an der Installation unter den Tischen hervorziehen
kann.

Wegen der starken Korrosion von Metallen durch die Laboratoriumsluft
verwendet man für die Rollschienen und Rollen der Schiebetüren am besten
Kunststoff, ebenso auch für die Beschläge der Schlösser, Griffe usw.

Die Installation wird von unten durch gelochte Tischplatten über den Tisch
geführt. Nur bei den Wandtischen kommt die Stromzuführung zu den Steckdosen von der Wand her.

Für die Gas- und Wasserarmaturen usw. ist Verchromung nicht zu empfehlen,
da diese sich in den Säuredämpfen des Laboratoriums noch schlechter hält

---

[1] Lieferfirma für farbige und weiße Plättchen: z. B. Müller u. Osterritter AG., Stutt-
gart-S, Olgastr. 15. Vollständige Laboratoriumseinrichtungen mit Tischen jeder Art (auch
Holztischen) erstellen z. B. die Firmen Franz Hugershoff, Leipzig, Janke u. Kunkel, Köln,
Ströhlein, Düsseldorf u. a.

als Vernicklung. Am besten sind einfache Messingarmaturen, welche mit einem soliden Anstrich von Aluminium„bronze" versehen werden.

Über den Wandtischen ziehen sich an den Wänden (soweit nicht Fenster vorgesehen sind) übereinander drei Glaskonsolen für Reagenzien hin, welche auf der Figur nicht mit eingezeichnet sind. Außerdem ist für Spezialreagenzien im Plan links noch ein Sondergestell vorgesehen.

Die Beleuchtung der Tische geschieht durch schwenkbare Wandarme oder Ziehlampen. Um auch bei künstlicher Beleuchtung Farbumschläge usw. richtig beobachten zu können, ist die Verwendung von sog. Tageslichtlampen dringend zu empfehlen.

Für die Becken kommt nur Steinzeug in Frage, welches auch für die Abflußrohre besser ist als Blei. Über den beiden Becken (rechts und am Mitteltisch) sind in der Figur nicht mitgezeichnete schräge Ablaufbretter für gespülte Glasgeräte zweckmäßig. Auf den Ablaufbrettern befinden sich Holzzapfen zum Aufstülpen der Glasgefäße.

Der Mitteltisch dient Sonderzwecken. Er trägt rechts einen selbsttätig regulierenden elektrischen Trockenofen für eine Temperatur von etwa 120° C. Besonders günstig ist hier ein kastenförmiger Ofen von etwa 90 cm Länge, 30 cm Tiefe und 60 cm Höhe (äußere Maße), der in seinem unteren Teil in zwei Reihen übereinander Einzelfächer im Aufriß von 10 $\times$ 10 bzw. 25 $\times$ 25 cm und in seinem oberen Teil ein Fach von 80 cm Länge und 15 cm Höhe trägt, in das auch lange Glasgeräte, wie Büretten und Pipetten zum Trocknen eingelegt werden können. Die Tiefe der nach den Ofenwandungen hin und durch die Türen gut wärmeisolierten Fächer braucht nur etwa 20 cm zu sein. Die einzelnen Fächer kommunizieren mit etwas durchlöcherten Böden. Eine Unterteilungsmöglichkeit der Fächer durch einlegbare Lochböden ist zweckmäßig[1].

Links vom elektrischen Trockenofen ist nach vorne zu ein Platz für die elektrischen Glühöfen, vor allem Tiegelöfen[2], nach hinten zu ein Platz für Gebläse bzw. für stärkere Erhitzungen mit Gas vorgesehen. Die dazu erforderliche Druckluft wird durch einen im Schrank unter dem Tisch stehenden, elektrisch angetriebenen kleineren Kompressor mit Windkessel erzeugt. Die Druckluft ist wie Gas, Strom und Wasser in der Mitte des Tisches von unten her hochgeführt.

Der linke Teil des Mitteltisches dient allgemeinen Zwecken, wie der Abstellung von zu reinigenden Glasgeräten usw.

Die hintere Wand des Laboratoriums trägt einen durchgehenden Steintisch, auf dem rechts vier etwa 1,20 bis 1,50 m hohe Kapellen (Abzüge) montiert sind.

Die Wandseite der Kapellen ist mit unglasierten weißen Plättchen belegt. Der Sog im Luftschacht der Kapellen wird am besten durch einen auf dem Dachboden des Hauses stehenden, elektrisch angetriebenen Ventilator erzeugt, der auf alle 4 Kapellen gemeinsam wirkt. Die Schachtlöcher zur Kapelle hin sind dann durch Schieber aus Steinzeug verschließbar, um den Ventilator nicht unnütz durch gerade unbenutzte Kapellen zu belasten. Der Ventilator kann vom Flur vor dem Laboratorium aus an- und abgeschaltet werden. Während er läuft, leuchtet eine Signallampe. Wegen der Möglichkeit eventueller Betriebsstörungen sind 2 Ventilatoren (für je 2 Kapellen) günstiger.

Nur wenn die Kamine der Kapellenlüftung genügend hoch über das Dach des Hauses herausgeführt sind und wenn durch benachbarte hohe Häuser usw.

---

[1] Solche Öfen werden nach Angabe schön konstruiert von der Firma Gebr. Ruhstrat, Göttingen.

[2] Tiegelöfen mit Platindrahtwicklung und selbsttätiger Regulierung liefern in hervorragender Ausführung die Firma W. C. Heraeus, Hanau a. M.; G. Siebert, Hanau a. M. u. a.

keine ungünstigen Windverhältnisse verursacht werden können, kann eine Entlüftung durch eine im Kamin befindliche lang brennende Gasflamme (sog. „Lockflamme") empfohlen werden. Diese Lockflamme brennt hinter einer am oberen Ende der Kapelle gelegenen schmalen Öffnung des Kamines gegen die Kapelle hin. Der Hauptsog erfolgt durch eine weitere, unten in der Kapelle gelegene Öffnung des Kamines, welche durch einen Steinzeugschieber je nach Bedarf verschieden groß gestellt werden kann.

Aber auch im Falle der Ventilatorenlüftung ist außer der etwa in der Mitte der Kapellenhöhe vorhandenen Kaminöffnung für die Hauptentlüftung stets noch eine weitere, wenn auch kleinere Öffnung des Kamines in das obere Ende der Kapelle hinein vorzusehen, weil sich sonst die abzusaugenden Dämpfe und Gase leicht im oberen Teil des Abzuges stauen und durch minimalste Undichtigkeiten in den Arbeitssaal dringen.

Die Gas- und Wasserinstallationen der Kapellen werden so ausgeführt, daß alle Hähne außerhalb der Kapelle, am besten unterhalb der Tischplatte liegen, damit die Hähne durch Säuredämpfe usw. nicht angegriffen werden. Vielfach leitet man die Enden der Gaszuführung durch Öffnungen der vorderen Tischplatte in den Abzug, während die Wasseraus- und abflüsse an der Hinterwand angebracht werden. Doch kann man auch die Enden der Wasserzuflüsse durch die vordere Tischplatte in die Kapelle führen und nur Abflußtrichter an die Hinterwand des Abzuges verlegen.

Steckdosen in den Kapellen zu montieren ist unzweckmäßig. Eventuelle Stromzuführung stets von außen her!

Die Kapellen werden vorn mit senkrecht verschiebbaren verglasten Schiebetüren versehen, die unter Verschalungen an Drahtseilen hängen, welche über eine Schnurrolle geführt und am anderen Ende mit Gegengewichten versehen sind.

Zweckmäßig wird eine solche Schiebetür auch zwischen wenigstens 2 von den 4 Kapellen vorgesehen, damit man für besondere Zwecke durch Hochschieben dieser Zwischentür aus 2 Einzelkapellen eine größere gewinnen kann. Ebenso wird die linke Wand der am meisten links gelegenen Kapelle zweckmäßig mit einer Schiebetür versehen, damit hier unter Umständen eine Verbindung zum offenen Tisch hin geschaffen werden kann.

Die beiden zuletzt genannten Schiebetüren brauchen nicht wie die anderen in jede Lage verschiebbar zu sein. Es genügt hier Feststellbarkeit in einigen ausgesuchten Stellungen.

Die Beleuchtung der Kapellen geschieht am besten durch über den verglasten Dächern der Kapellen angebrachte Wandarme.

Links von den Kapellen befindet sich ein geräumiger Platz für quantitative Analysen durch Elektrolyse und elektrometrische Titration. Sollte der vorgesehene Platz hierfür einmal nicht ausreichen, so kann der linke Teil des Mitteltisches dann mit verwandt werden.

Der Elektrolysetisch trägt außer den sonst üblichen Anschlüssen noch solche für Schwachstrom. Ist im Haus eine stationäre Akkumulatorenbatterie, so empfiehlt sich eine Stromversorgung von dort aus. Es genügt eine Spannung von 4 V, welche von mehreren Abnahmetafeln auf dem Elektrolysetisch entnommen und durch Widerstände auf die gewünschte Spannung reduziert wird. Andernfalls kann eine Akkumulatorenbatterie auch unter dem Elektrolysetisch stationiert werden. Auch die Verwendung von Akkumulatoren in Tragkästen auf dem Tisch kommt in Frage.

Die Türe des Laboratoriums besteht am besten aus zwei nach beiden Seiten beweglichen Schlagtürflügeln von je etwa 80 cm Breite. Von diesen ist der hintere Flügel (Abb. 1) normalerweise festgestellt, während der vordere mit dem Fuß bedienbar ist (Schutzblech!), weil die Tür oft von Personen passiert werden muß, welche Glasgeräte, gefüllte Flaschen usw. in der Hand tragen. Heizkörper können unter dem linken Fenster angebracht werden, eventuell auch unter dem großen Steintisch, der dann aber nahe der Wand eine eingelassene Siebplatte tragen muß, durch welche die warme Luft hochsteigen kann. Außerdem fallen dort die Unterschiebschränke weg. Man kann hier erheblich Platz gewinnen durch Anbringen der Heizkörper in einiger Höhe über den Steintischen an der Wand.

Außer dem beschriebenen Raum gehören zu einem vollständigen Laboratorium noch: Ein Raum für das Arbeiten mit Schwefelwasserstoff und anderen giftigen Gasen, ein Dunkelraum für Kolorimetrie, Nephelometrie, Polarimetrie usw., ein Wägezimmer und eine Bücherei. Die ersten beiden dieser Räume sind in Abb. 1 schematisch mit wiedergegeben.

Der Schwefelwasserstoffraum ist des besseren Geruchabschlusses wegen mit einer schleusenartigen Doppeltür versehen. Auch diese Türen sind als gut schließende Schlagtüren ausgebildet. Die Türen haben an den Außenseiten der Schleuse lange vertikal verlaufende Griffe zum bequemen Aufziehen der Türen, an den Innenseiten der Schleuse dagegen unten Schutzbleche, die für ein Aufstoßen der Türe mit dem Fuß gedacht sind.

Im Schwefelwasserstoffraum befinden sich, auf Steintischen montiert, folgende Kapellen: Eine größere Kapelle für die Aufstellung des Schwefelwasserstoffentwicklungsapparates, drei kleine nebeneinander liegende Kapellen für die Reaktionen mit H_2S und eine weitere große Kapelle für das Arbeiten mit anderen Gasen wie Cl_2, SO_2 usw. oder für Arbeiten mit größeren Mengen HNO_3 usw.

In die kleinen Kapellen führt eine gasdicht durch die Kapellenwand gelegte Glasleitung den Schwefelwasserstoff vom Entwicklungsapparat. In jeder Kapelle ist von dem Glasrohr ein T-Stück abgezweigt, welches über eine mit Wasser beschickte Sicherheitswaschflasche in einem mit Schlauchansatz versehenen Glashahn endigt.

Die Kapellen im Schwefelwasserstoffraum müssen ganz besonders gut ziehen. Bei Ventilatorentlüftung ist dringend zu empfehlen, dem Schwefelwasserstoffraum einen eigenen Ventilator zuzuordnen.

Im übrigen gilt für Entlüftung, Bau, Installation und Beleuchtung der Kapellen des Schwefelwasserstoffraumes das oben bezüglich der anderen Kapellen Gesagte. Auch der Fußboden des Schwefelwasserstoffraumes ist so zu gestalten wie oben zum Laboratorium selbst auseinandergesetzt.

Bezüglich des Fußbodens gilt das gleiche für das in Abb. 1 ebenfalls mitgezeichnete *Dunkelzimmer*. Auch hier ist eine Doppeltürschleuse vorgesehen. Doch sind hier Schlagtüren unzweckmäßig. Man verwendet normale, lichtdicht schließende (Dichtungsrahmen!) Türen mit Klinken. Die innere Türe muß vom Zimmer her verriegelt werden können. Die übrige Einrichtung des Zimmers ergibt sich ohne weiteres aus der Zeichnung.

Das Wägezimmer muß ebenfalls möglichst nahe beim Laboratorium (etwa direkt neben dem Dunkelzimmer) liegen. Seine Anlage muß gut durchüberlegt sein. Das Zimmer ist deshalb schematisch in Abb. 2 wiedergegeben. Hier ist zunächst erforderlich, daß jede Waage eine besondere Konsole erhält. Die Konsole besteht aus Stein (Marmor, Kunstmarmor oder Plättchentisch) und ist stabil in die Wand eingelassen. Der Erschütterungsfreiheit wegen kommt nur eine kräftige Grundmauer als Träger in Frage. Fenster, vor allem aber Heizkörper und Türen dürfen wegen der durch sie verursachten Temperaturschwankungen nicht zu nahe an den Waagen liegen. In Abb. 2 ist das entsprechend berücksichtigt.

Ganz besondere Vorsicht ist bei der Aufstellung der Mikrowaage geboten, deren Vorhandensein die Voraussetzung für die Anwendung quantitativer und halbquantitativer Mikroanalysen ist. Die Konsole für diese Mikrowaage ist im Wägezimmer in einem besonderen kleineren Raum mit verglasten Wänden, entfernt von Fenster und Heizung untergebracht.

Die Beleuchtung der Waagen geschieht am einfachsten durch über den Waagen angebrachte Wandarme. Die Glühbirne soll sich dann aber wenigstens 15 cm über dem Wagengehäuse befinden. Bei modernen Wagen mit Projektionsablesung genügt die Pendellampe in der Mitte des Raumes[1].

Bei der Mikrowaage befindet sich die Beleuchtung am besten über dem verglasten Dach des Sonderraumes.

Sehr günstig ist es, wenn das Fenster nach Norden liegt. Andernfalls ist für die heiße Jahreszeit ein außen mit Aluminiumbronze gestrichener Klappladen oder etwas ähnliches außen vor dem Fenster zweckmäßig, damit das Sonnenlicht gut abgehalten wird. Der Fußboden des Wägezimmers kann aus Holz bestehen (z. B. guter Stabfußboden).

Die Bücherei, auf deren Beschreibung hier verzichtet werden kann, liegt der Zeitersparnis halber am besten auch nahe beim Laboratorium.

Eine Anlage zur Selbstherstellung von destilliertem Wasser ist leicht zu erstellen und wird zweckmäßig getrennt von den Laboratoriumsräumen gleich mit vorgesehen. Es genügt eine kupferne Destillierblase mit innen verzinnter Haube und ebenso verzinntem Kühler. Auch gibt es eine sehr schöne, kontinuierlich arbeitende Apparatur der Firma für Gasbadeöfen nach Junkers. Hat das Haus noch Dampfheizung, so kann deren Dampf, in geeigneter Weise entnommen, direkt in einer Kühlerschlange kondensiert werden usw. Für die Aufbewahrung des destillierten Wassers empfehlen sich am meisten Tröge aus Steinzeug mit ungefettetem Abflußhahn.

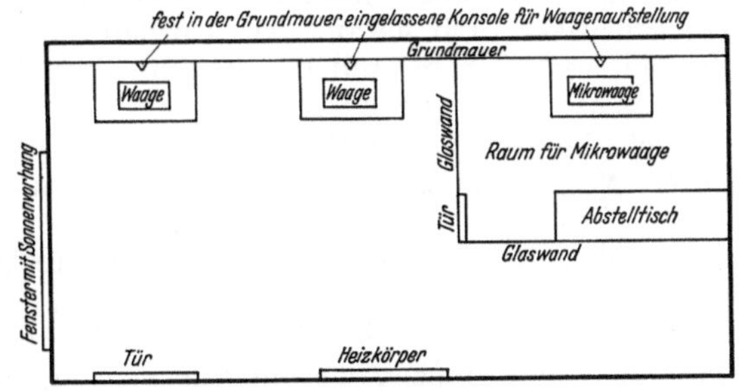

Abb. 2.

Über die notwendigen Geräte und Apparate zur Analyse hier Einzelangaben zu machen, würde viel zu weit führen. Zudem richtet sich das, was hier angeschafft werden muß, ganz nach den zur Verwendung gelangenden Methoden. Die Auswahl muß daher dem betreffenden Chemiker überlassen bleiben.

3. Prinzipielle Möglichkeiten der chemischen Analyse.

Im folgenden sei einiges zu den Möglichkeiten gesagt, welche das so ungeheuer vielseitige und reichhaltige Gebiet der analytischen Chemie heutzutage dem Praktiker bietet. Ganz absehen wollen wir dabei nur von dem Spezialgebiet der Spektralanalyse, da diese im Rahmen dieses Handbuches eine Sonder-

---

[1] Eine hervorragende Analysenwaage mit Luftdämpfung und Projektionsablesung liefert die Firma Kaiser u. Sievers, Hamburg 22, Gluckstr. 22. Hier werden nur die ganzen und Zehntelgramme aufgelegt, die anderen Bruchgramme bis herab zu $^1/_{10}$ mg liest man auf der Projektionsskala ab.

Gute analytische Waagen aller Art bauen weiter die Firmen Kuhlmann, Hamburg, Bunge, Hamburg, Sartorius, Göttingen.

behandlung erfährt (W. Seith). Da es weiter im Rahmen dieses kurzen Kapitels unmöglich ist, sich irgendwo auf analytische Einzelheiten einzulassen, sollen nach Besprechung einiger allgemeinster Gesichtspunkte in der Hauptsache Literaturhinweise gegeben werden, insbesondere auch auf die Literatur der mikrochemischen Arbeitsmethoden, da diese stets eine Material-, vielfach auch eine Zeitersparnis bedeuten.

Besonders aufmerksam gemacht sei zunächst auf die Fehlerquellen bei der Entnahme der Proben für die Analyse. Dieser Gesichtspunkt ist so selbstverständlich, daß er wohl gerade deshalb bei „gewöhnlichen Analysen" manchmal nicht genügend beachtet wird. Bei der Probeentnahme aller festen Stoffe durch Abschneiden, Ausbohren, Abspalten, Abschaben, Abschleifen usw. ist stets damit zu rechnen, daß mehr oder weniger große, mit genügend empfindlichen Methoden stets nachweisbare Mengen der Bestandteile des Entnahmegerätes mit in die Analysenprobe hineingelangen. Durch Behandeln der Oberfläche der entnommenen Probe mit geeigneten Lösungsmitteln läßt sich zwar in manchen Fällen diese Beimengung unter die Nachweisgrenze herunterdrücken, in anderen Fällen aber muß man die betreffende Beimengung in der Analyse mit berücksichtigen. Ob sie aus dem Entnahmegerät stammt, läßt sich leicht entscheiden, wenn für eine andere Probe ein Entnahmegerät von anderer chemischer Zusammensetzung verwandt wird.

Auch die üblichen Zerkleinerungsgeräte des Analysenmaterials wie Stahlmörser, Achatreibschalen usw. verunreinigen die Analysensubstanz stets irgendwie[1].

Bezüglich der Probenahmen geben die technisch-analytischen Werke (vgl. unten) vielfach genaue Vorschriften.

Ein Eingehen auf Einzelheiten, z. B. in der Form der Angabe bestimmter Empfindlichkeitsgrenzen der qualitativen Analyse würde an dieser Stelle viel zu weit führen, weil diese Zahlen sehr stark von Art und Menge der Begleitstoffe in der betreffenden Lösung abhängen. Zwar ermöglicht die Kunst des Chemikers stets irgendwie eine Abtrennung der Begleitstoffe und damit auch eine Anreicherung des nachzuweisenden Stoffes. Doch kann die Trennarbeit unter Umständen eine sehr mühevolle und langwierige sein. Man wird sie also nur da anwenden, wo sie notwendig ist. Andererseits gelingt es in vielen Fällen, störende Beimengungen durch Zugabe bestimmter anderer Stoffe für eine bestimmte Nachweisreaktion weniger schädlich oder sogar unschädlich zu machen (zu „maskieren"). Diese Tatsache kann auch benutzt werden, um z. B. einen Stoff neben einem anderen nachzuweisen, der ohne „Maskierungsstoff" mit demselben Reagens nachgewiesen werden kann.

Betrachtet man nur die Verhältnisse bei reinen Stoffen oder bei Gegenwart nichtstörender Verbindungen, so unterscheidet man eine „Erfassungsgrenze" und eine „Verdünnungsgrenze".

Unter der ersteren versteht man die kleinste mit der betreffenden Methode überhaupt noch nachweisbare Absolutmenge. Diese bewegt sich für gute moderne Nachweise je nach Stoff und Reaktionsart zwischen ganzen bis tauselnstel γ ($1\ \gamma = 1$ millionstel Gramm). Unter der „Verdünnungsgrenze" versteht man die geringste Lösungskonzentration, in welcher der betreffende Nachweis noch gerade möglich ist. Die Kenntnis beider Grenzen ist wichtig für die Abschätzung der Genauigkeit der betreffenden Prüfung.

Besonders große Fortschritte in der Empfindlichkeit chemischer Fällungs- und Färbungsreaktionen sind durch die Einführung organischer Spezialreagenzien

---

[1] H. v. Wartenberg, Br. Strzelczyk u. G. Borris: Die chemische Fabrik Bd. 1 (1928) S. 617.

erfolgt (R. BERG, HELLMUT FISCHER u. a.). Diese Fortschritte erstrecken sich auch auf die quantitative Analyse, indem dort bequeme und genaue Bestimmungsmethoden für sehr kleine Substanzmengen geschaffen wurden, die in vielen Fällen ohne vorhergehende Trennung neben außerordentlich großen Mengen anderer Stoffe durchgeführt werden können. So läßt sich z. B. durch kolorimetrische Bestimmung unter Anwendung von Chinaldinsäure 1 Teil Eisen neben 2000 Teilen Kupfer noch in einer Verdünnung von 1 : 1 000 000 quantitativ bestimmen (Erfassungsgrenze des Eisens hier 1,72 γ, ohne Gegenwart von Kupfer 0,172 γ). Durch Titration mit ,,Dithizon" (Diphenylthiocarbazon) lassen sich noch 6 γ Silber neben 100 000 γ Quecksilber oder 10 γ Silber neben 100 000 γ Blei genügend genau bestimmen usw.

Die moderne Entwicklung der analytischen Chemie der Fällungs- und Färbungsreaktionen hat außerordentliche Steigerungen der Bequemlichkeit, Empfindlichkeit und Exaktheit der Analysen mit sich gebracht. Bei Hinzunahme geeigneter Anreicherungsmethoden sind der ,,Empfindlichkeit" der Nachweise schließlich kaum noch Grenzen gesetzt. Man kommt zum Begriff der ,,Allgegenwart der Elemente" (J. u. W. NODDACK).

Andererseits ist die Zahl der zur Verfügung stehenden analytischen Verfahren heute eine so große geworden, daß die Auswahl der geeignetsten, d. h. genauesten und bequemsten Methoden nur von einem erfahrenen analytischen Chemiker unter Zuhilfenahme der außerordentlich umfangreichen analytischen Literatur getroffen werden kann.

Nachfolgend geben wir nun im großen einen Überblick über heutige Möglichkeiten der analytischen Chemie unter gleichzeitiger Aufführung und kurzer Charakterisierung der einschlägigen Literatur.

a) Qualitative Analyse.

Hier sind zunächst wesentlich die Möglichkeiten der sog. *Trockenanalyse* (,,Lötrohranalyse"), wie sie traditionsgemäß vor allem an den deutschen Bergakademien gepflegt, als wesentliche Grundlage und Ergänzung des ,,nassen Ganges" der qualitativen Analyse aber auch an den meisten anderen chemischen Hochschulinstituten gründlich gelehrt wird.

Das klassische Buch für dieses Gebiet ist C. F. PLATTNER-KOLBECK, ,,Probierkunst mit dem Lötrohr". Sehr sachgemäß und für viele Zwecke ausreichend sind diese Methoden auch beschrieben bei W. BILTZ, ,,Ausführung qualitativer Analysen".

Für die Methoden der ,,nassen" qualitativen Analyse ist die klassische Anleitung immer noch die von F. P. TREADWELL, überarbeitet und herausgegeben von W. D. TREADWELL[1]. Weitere wertvolle Hinweise finden sich bei A. CLASSEN, ,,Ausgewählte Methoden der analytischen Chemie"[2], wenn auch in theoretischer Hinsicht vieles in diesem Buche veraltet ist. Dafür finden sich theoretische Gesichtspunkte in ausgezeichneter Weise dargestellt bei W. BÖTTGER, ,,Qualitative Analyse und ihre wissenschaftliche Begründung".

Ein Sammelwerk sehr großen Umfanges für analytische Verfahren ist das von A. RÜDISÜLE, ,,Nachweis, Bestimmung und Trennung der chemischen Elemente"[3]. Das Werk legt aber mehr Wert auf Vollständigkeit der Berichterstattung als auf kritische Sichtung.

---

[1] Sehr praktisch und gut durchdacht sind auch die Tabellen zur qualitativen Analyse von W. D. TREADWELL.

[2] 2 Bände. Braunschweig: F. Vieweg u. Sohn.

[3] Bisher 8 Bände. Bern: Akadem. Buchhandlung von Max Drechsel.

Wertvolle Dienste für den Nachweis seltenerer Elemente leisten auch die weiter unten zur quantitativen Analyse zitierten, sorgfältig kritisch zusammengestellten Werke von R. B. Moore (Th, Ce, Mo, W, V, U, Ti, Zr), R. J. Meyer und O. Hauser (Lanthaniden, Y, Sc, Ti, Zr, Th, Nb, Ta), A. Wogrinz (Ag, Au, Pt-Metalle) und A. Ledebur (Eisenerze).

Neue Möglichkeiten der qualitativen anorganischen Analyse scheinen sich durch G. M. Schwabs „Anorganische Chromatographie" zu eröffnen. Diese ist sowohl in Zeitschriftenaufsätzen behandelt[1], als auch soll sie in dem in nächster Zeit erscheinenden Bd. 3 der weiter unten angegebenen, von W. Böttger, Leipzig, herausgegebenen „Physikalischen Methoden der analytischen Chemie" eingehend geschildert werden.

Bezüglich der *Mikromethoden* sei zunächst hingewiesen auf die heute schon als klassisch zu bezeichnenden Bücher von Friedrich Emich, „Lehrbuch der Mikrochemie" und „Mikrochemisches Praktikum", sowie auf das Werk von Behrens-Kley über mikrochemische Analyse.

Eine sehr wertvolle Fundgrube für mikrochemische Spezialreaktionen ist das heute für den Mikrochemiker vollkommen unentbehrliche Werk von F. Feigl, „Qualitative Analyse mit Hilfe von Tüpfelreaktionen". Hier sind viele Halbmikro- und sichere Mikronachweise, zum Teil von „spektraler" Empfindlichkeit geschildert.

Eine gut ausgesuchte mit Mikrophotographien der betreffenden Niederschläge versehene Auswahl von wertvollen qualitativen Mikronachweisen, zumeist mit anorganischen Reagenzien, findet sich bei G. Kramer „Mikroanalytischer Nachweis anorganischer Ionen". Wesentlich reichhaltiger ist das schöne Werk von W. Geilmann „Bilder zur qualitativen Mikroanalyse anorganischer Stoffe".

Wertvolle spezifische, großenteils mikroanalytisch auswertbare Reaktionen mit organischen Spezialreagenzien finden sich weiter bei R. Berg „Das Ortho-Oxychinolin" und bei Hellmut Fischer „Dithizonverfahren in der chemischen Analyse"[2].

Ein gerade herausgekommenes Universalwerk für die qualitative anorganische Mikro- und Makroanalyse sind die von C. J. van Nieuwenburg, Delft, W. Böttger, Leipzig, F. Feigl, Wien, A. S. Komarovsky, Odessa, und N. Strafford, Manchester, bearbeiteten „Tabellen der Reagenzien für anorganische Analyse". Hier ist alles in der Zeit von 1910 bis 1937 neu Hinzugekommene berücksichtigt.

Besonders hingewiesen sei auch auf die neue Methode der Spurensuche mit dem „*Polarographen*" nach J. Heyrovský. Eine Beschreibung des Verfahrens von diesem Autor selbst findet sich in Bd. 2 der von W. Böttger herausgegebenen „Physikalischen Methoden der analytischen Chemie". Noch ausführlicher ist das Werk von H. Hohn „Chemische Analyse mit dem Polarographen".

Weiter sei noch erwähnt, daß sich in Bd. 1 der oben erwähnten von W. Böttger herausgegebenen Monographiensammlung außer einer Beschreibung der chemischen Spektralanalyse von G. Scheibe auch eine Darstellung der chemischen Analyse mit Röntgenstrahlen aus der Feder von H. Mark befindet. Diese Art der Untersuchung wird heute dadurch erleichtert, daß sich sehr preiswerte und einfach zu bedienende Röntgenanlagen für chemische Zwecke im

---

[1] Schwab, G. M. u. K. Jockers: Z. angew. Chem. Bd. 50 (1937) S. 546 u. G. M. Schwab u. G. Dattler: l. c., S. 691.

[2] Fischer, Hellmut: Z. angew. Chem. Bd. 50 (1937) S. 919.

Handel befinden[1]. Die Verwendung für bestimmte qualitative Zwecke ist relativ leicht zu erlernen, die Verwendung für quantitative Zwecke erfordert intensive Spezialeinarbeitung.

Ähnliches gilt für die im gleichen Buch von R. EHRENBERG beschriebenen, aus dem Rahmen eines normalen chemischen Laboratoriums herausfallenden radiometrischen Methoden.

Nur genannt werden kann hier die oft sehr wertvolle Möglichkeit der Lumineszenzanalyse im filtrierten ultravioletten Licht[2] und die Fluoreszenzmikroskopie[3].

b) Quantitative Analyse.

Die Methoden der quantitativen Analyse sind heute schon von einer nur für den engeren Fachmann noch wirklich übersehbaren Mannigfaltigkeit. Die wesentlichsten prinzipiellen Möglichkeiten der quantitativen Analytik lassen sich (unter Fortlassung der Spektroanalyse) in folgende Gebiete unterteilen:

a) Gewichtsanalyse mit den Untergruppen der klassischen Gewichtsanalyse einschließlich der Gewichtsanalyse mit organischen Spezialreagenzien, der Elektroanalyse und der Mikroanalyse.

b) Maßanalyse mit den Untergruppen der Alkali- und Azidimetrie, der Oxydimetrie (im weitesten Sinne), der Fällungstitrationen und der elektrometrischen Maßanalyse (Potentiometrie und Konduktometrie).

c) Kolorimetrie und Nephelometrie.

d) Gasanalyse.

e) Polarographie und andere „physikalische" Analysenverfahren.

Von den unter b bis e gehörigen Analysenmethoden sind viele mikroanalytisch verwendbar.

Nach den Literaturhinweisen für diese Gebiete bringen wir am Schluß in aller Kürze noch etwas zur Messung der Wasserstoffionenkonzentration (f) und zur „technischen" Analyse (g).

a) Das klassische Buch für die Ausführung von *Gewichtsanalysen* ist für die älteren Methoden immer noch der zweite Band („Quantitative Analyse") des oben schon zitierten Werkes von F. P. TREADWELL und W. D. TREADWELL. Auch das ebenfalls oben schon zitierte Werk von A. CLASSEN enthält trotz seines Alters immer noch viel Wertvolles.

Besonders sorgfältig durchgearbeitete und dargestellte Analysengänge, insbesondere auch für Metalle, Legierungen, Erze usw. finden sich bei H. BILTZ und W. BILTZ, „Ausführung quantitativer Analysen".

Die zum Teil außerordentlich wertvollen organischen Spezialreagenzien für die quantitative Analyse werden mit großer Vollständigkeit und genauen Arbeitsvorschriften gebracht bei W. PRODINGER „Organische Fällungsmittel in der quantitativen Analyse". Sehr wichtig ist hier auch das oben schon zitierte Spezialwerk von R. BERG über das O-Oxychinolin. Bezüglich der Bestimmung seltenerer technisch interessierender Elemente verweisen wir hier auf die oben schon erwähnten Werke von R. B. MOORE, „Die chemische Analyse seltener technischer Metalle", R. J. MEYER und O. HAUSER, „Die Analyse der seltenen Erden und der Erdsäuren" und A. LEDEBUR, „Leitfaden für Eisenhüttenlaboratorien"[4], sowie auf das elementar geschriebene Büchlein von F. MICHEL, „Edelmetallprobierkunde" (Cu, Zn, Cd, Sn, Pb, Al, Fe, Ni, Co, Au, Ag, Pt, Pd, Zr).

---

[1] Zum Beispiel die Kleinanlage von Siemens u. Halske, Berlin, oder von C. H. F. Müller Hamburg.

[2] DANCKWORTT, P. W.: Lumineszenzanalyse im filtrierten ultravioletten Licht. Akadem. Verlagsges. Leipzig.

[3] HAITINGER, M.: Fluoreszenzmikroskopie. Leipzig: Akad. Verlagsges.

[4] Bearbeitet von H. KINDER u. A. STADELER. Braunschweig: F. Vieweg u. Sohn.

Die drei oben zuerst genannten Werke bringen alle auch schon recht viel über die *Elektroanalyse* (Elektrogewichtsanalyse). Genauer informiert hier über die theoretischen Grundlagen und die vielgestaltigen Anwendungsmöglichkeiten das klassische Werk von A. Classen und H. Danneel, ,,Quantitative Analyse durch Elektrolyse". Erwähnt sei hier weiter das zwar etwas veraltete, aber sehr gediegene Buch von W. D. Treadwell, ,,Elektroanalytische Methoden". Auch in Erich Müllers ,,Elektrochemischem Praktikum" findet sich manches für die Elektroanalyse Wertvolle. Das Modernste auf diesem Gebiet ist der ausgezeichnete Beitrag von W. Böttger in Bd. 1 der von dem gleichen Autor herausgegebenen Monographienwerke: ,,Physikalische Methoden der analytischen Chemie".

Soll *mikrochemische Gewichtsanalyse* betrieben werden, so ist die erste Voraussetzung die Erlernung ganz prinzipieller Grundlagen bezüglich der Mikrowägungen. Diese werden wohl am besten vermittelt durch das klassische Werk von F. Pregl, ,,Die quantitative organische Mikroanalyse". Speziell für anorganische Mikrogewichtsanalyse sind dann unentbehrlich die bereits oben zitierten Werke von Behrens-Kley und von Emich. In dem oben angegebenen Werk von Prodinger sind auch die vielen mikrogewichtsanalytischen Verwendungen organischer Spezialreagenzien eingehend berücksichtigt.

b) Die wegen der Schnelligkeit und Bequemlichkeit der Ausführung in der Technik besonders geschätzten *maßanalytischen Methoden* finden sich in vielen der oben angegebenen Werke mit behandelt, vor allem auch bei Treadwell und H. u. W. Biltz. Ein umfangreiches, auf einer großen Spezialerfahrung beruhendes modernes Werk über Maßanalyse ist das von J. M. Kolthoff und H. Menzel, ,,Die Maßanalyse". Hier werden sowohl die theoretischen Grundlagen als auch die praktischen Anwendungen in sehr eingehender Weise gebracht. Auch die elektrometrischen Titrationsverfahren sind hier schon mitberücksichtigt.

Letzteres gilt auch für die beiden in ausgezeichneter Weise zusammengestellten Göschenbändchen von G. Jander und K. F. Jahr, ,,Maßanalyse".

Eine sehr wertvolle Neuerscheinung auf dem Gebiet der Maßanalyse ist das in der Sammlung ,,Die chemische Analyse" von W. Böttger herausgekommene Werk von E. Brennecke, K. Fajans, N. H. Furman, R. Lang und H. Stamm. Hier ist von ersten Fachleuten eine Auswahl von bislang in der Literatur verstreuten Arbeiten bezüglich neuer oxydimetrischer usw. maßanalytischer Methoden und anderer Fortschritte auf dem Gebiete der Maßanalyse zusammengefaßt und dadurch für den allgemeinen praktischen Gebrauch zugänglich gemacht worden.

Maßanalysen unter Verwendung moderner organischer Spezialreagenzien sind geschildert in den oben schon zitierten Monographien von Prodinger, Berg und Hellmut Fischer, und zwar auch für *Mikrobestimmungen* allerhöchster Ansprüche.

Als sehr umfangreiches, in erster Linie für den Pharmazeuten gedachtes, aber auch für den Chemiker sehr aufschlußreiches Werk sei genannt H. Beckurts, ,,Die Methoden der Maßanalyse".

Für die *potentiometrische Maßanalyse* ist das klassische Buch das von Erich Müller, ,,Elektrometrische Maßanalyse", welches sowohl die theoretischen Grundlagen als auch die praktischen Einzelheiten und viele Bestimmungen bringt. Doch ist die außerordentlich vielfältige Potentiometrie heute in den meisten modernen Büchern über Maßanalyse mit berücksichtigt, so zum Beispiel auch bei Jander und Jahr (,,Maßanalyse").

Die *konduktometrische Maßanalyse* ist in ihrer praktischsten Form eingehend geschildert bei G. Jander und O. Pfundt, ,,Die visuelle Leitfähigkeitstitration", ferner auch in dem oben schon zitierten, von W. Böttger, J. Heyrovský,

G. JANDER und O. PFUNDT und K. SANDERA verfaßten Bd. 2 der von W. BÖTT-
GER herausgegebenen „Physikalischen Methoden der analytischen Chemie". Ein
diesbezügliches Buch von J. M. KOLTHOFF, „Konduktometrische Titration",
aus dem Jahre 1923 ist veraltet. Doch erfährt die konduktometrische Maßanalyse
auch eine gewisse Behandlung in dem oben zitierten Werk von JANDER und
JAHR über Maßanalyse.

Sowohl die Potentiometrie als auch die Konduktometrie haben mikroanalytische Anwendungen gefunden.

c) *Kolorimetrische und nephelometrische Methoden* finden in vielen analytischen Werken, vor allem auch solchen vornehmlich technischer Richtung
(vgl. unten) Berücksichtigung, da sie für manche Zwecke, wie z. B. die Bestimmung von Ti, Mikrobestimmung von Phosphorsäure u. a. bequem und zuverlässig
sind. Spezialwerke über Kolorimetrie sind die von G. KRÜSS und H. KRÜSS,
„Kolorimetrie und quantitative Spektralanalyse", J. LIFSCHITZ, „Spektro-
skopie und Kolorimetrie" und H. FREUND, „Leitfaden der kolorimetrischen
Methoden". Die Kolorimetrie findet gerade auch für mikroanalytische Zwecke
häufig Verwendung. Die Nephelometrie wird prinzipiell besprochen in dem
unten genannten Buch von P. WULF.

d) Bezüglich der auch bei F. P. TREADWELL (vgl. oben) weitgehend mit-
berücksichtigten *Gasanalyse* nennen wir hier als Spezialwerk: O. BRUNCK
„CLEMENS WINKLERS Lehrbuch der technischen Gasanalyse".

Das modernste Werk auf diesem Gebiet, welches speziell technische Belange
und auch Mikromethoden berücksichtigt, ist das von FRITZ BAYER, „Gasanalyse,
neuere Methoden der Arbeitspraxis".

e) Die quantitative *polarographische Analyse* ist eingehend geschildert in
den beiden oben zur qualitativen Analyse schon zitierten Monographien von
J. HEYROVSKÝ und H. HOHN.

Sehr viele „physikalische" Analysenverfahren sind in ihren theoretischen
und praktischen Grundlagen anschaulich geschildert in dem Buch von P. WULF,
„Anwendung physikalischer Analysenverfahren in der Chemie". Eine Zusammenstellung einfacher, großenteils „physikalischer" Untersuchungsmethoden
bringen die beiden interessanten Monographien von R. W. WINKLER, „Ausgewählte Untersuchungsverfahren für das chemische Laboratorium"[1].

f) In diesem Rahmen seien hier auch die Methoden zur Bestimmung der
Wasserstoffionenkonzentration von Lösungen erwähnt. Abgesehen von der
Beschreibung dieser Methoden in den meisten physikalisch-chemischen Prak-
tikumsbüchern findet sich eine eingehende Schilderung der theoretischen und
praktischen Gesichtspunkte z. B. bei J. M. KOLTHOFF u. O. SCHMITT „Die
kolorimetrische und potentiometrische p_H-Bestimmung".

Zu empfehlen ist hier auch das elementar aufgebaute, aber doch eingehende
Buch von E. MISLOWITZER, „Die Bestimmung der Wasserstoffionenkonzentration von Flüssigkeiten".

g) Unter den bisher genannten Werken befinden sich eine ganze Reihe,
welche speziell oder in erster Linie für *technische Analysen* gedacht sind. Es
sind das z. B. die oben zitierten Bücher von R. B. MOORE, A. WOGRINZ, A. LEDE-
BUR und F. MICHEL. Als wertvolle Hilfsmittel für technische Laboratorien
seien hier weitere genannt:

„Ausgewählte Methoden für Schiedsanalysen und kontradiktorisches Arbeiten
bei der Untersuchung von Erzen, Metallen und sonstigen Hüttenprodukten",
Mitteilungen des Chemikerfachausschusses der Gesellschaft deutscher Metall-
hütten- und Bergleute e. V., O. NIEZOLDI, „Ausgewählte chemische Unter-

---

[1] Bd. 1 (1931) unter obigem Titel, Bd. 2 (1936) auch unter obigem Titel, aber mit
dem Zusatz „Neue Folge (2. Teil)". Stuttgart: Ferdinand Enke.

suchungsmethoden für die Stahl- und Eisenindustrie". Beide Bücher enthalten sehr viel Wertvolles. Während aber das für die speziellen Zwecke der Eisenindustrie gedachte zweite Buch so elementar geschrieben ist, daß es auch für den normalen Laboranten von Nutzen sein kann, umfaßt das zuerst genannte Werk einen viel weiteren Rahmen. Es ist ein unentbehrliches Hilfsmittel für jeden Chemiker, der mit Schiedsanalysen auf dem Metall- und Hüttengebiet zu tun hat.

h) Zum Schluß sei noch einmal auf das bereits oben zur qualitativen Analyse erwähnte große Sammelwerk für die gesamte analytische Chemie von Rüdisüle hingewiesen, welches ein Referierorgan der gesamten analytischen Chemie ist. Einen guten Überblick über in USA. viel gebrauchte Methoden der angewandten anorganisch-analytischen Chemie liefert ein ausgezeichnetes Buch von Hillebrand und Lundell[1].

Selbstverständlich ist außerdem für jedes analytische Laboratorium der laufende Bezug der wichtigsten analytischen Fachzeitschriften von großem Wert. Es handelt sich hier in erster Linie um folgende:

> Zeitschrift für analytische Chemie,
> Zeitschrift für angewandte Chemie,
> Die Chemische Fabrik und
> Zeitschrift für anorganische Chemie.

Wenn viel mikrochemisch gearbeitet wird, ist weiter der Bezug der „Mikrochemie" dringend zu empfehlen.

---

[1] Hillebrand u. Lundell: Applied inorganic Analysis. New York: Wiley and London: Chapman.

XI. Spektralanalyse.

Von **W. Seith**, Münster i. Westf.

A. Einleitung.

1. Allgemeines.

Die chemische Zusammensetzung eines metallischen Werkstoffes bildet die erste Grundlage seiner Beurteilung. Alle anderen Eigenschaften werden gewohnheitsgemäß mit seiner Zusammensetzung in Zusammenhang gebracht. So verstehen wir unter Stahl, Messing, Bronze Legierungen bestimmter Metallkombinationen. Auch die mannigfachen Legierungen der Leichtmetalle Aluminium und Magnesium sind nach ihrer qualitativen und quantitativen Zusammensetzung abgegrenzt und mit bestimmten Bezeichnungen versehen. Bei der Herstellung einer Legierung für einen bestimmten Zweck sucht man zunächst die gewünschte Zusammensetzung zu erhalten, die die übrigen Eigenschaften oder wenigstens die Möglichkeit, diese durch entsprechende Nachbehandlung zu erreichen, mit sich bringt. Die chemische Analyse stellt somit die wichtigste Untersuchungsform der metallischen Werkstoffe dar, und es ist nicht zu verwundern, daß man bestrebt ist, zur Analyse der Metalle alle modernen Hilfsmittel heranzuziehen, welche eine Vereinfachung des Analysenganges und eine Steigerung der Empfindlichkeit ermöglichen. Eine solche Methode ist die Emissionsspektralanalyse, die sich aus mehreren Gründen gerade ganz besonders zur Metallanalyse eignet.

Die Spektralanalyse erlaubt die Bestimmung fast aller bekannten Metalle, während die Bestimmung von nichtmetallischen Elementen nur in einigen besonderen Fällen möglich ist[1]. Der Ausfall der Möglichkeit der Bestimmung der Gase in Metallen, der Halogene und der radioaktiven Schwermetalle für die Spektralanalyse ist für den Metallforscher jedoch tragbar. In manchen Fällen ist es wünschenswert, die Nichtmetalle Kohlenstoff, Phosphor und Schwefel zu erfassen. Es ist dies unter gewissen Voraussetzungen ebenfalls möglich, nach Methoden, die zum Teil noch in der Entwicklung sind[2, 3]. Wesentlich ist, daß es nur wenige und minder wichtige Elemente sind, die Schwierigkeiten bereiten, während die überwiegende Mehrzahl den normalen spektralanalytischen Methoden zugänglich ist. Dies gilt zunächst für die qualitative Bestimmung. Die Möglichkeiten der quantitativen Spektralanalyse sind noch längst nicht ausgeschöpft. Gut ausgearbeitet sind die Methoden zur Analyse der Eisen- und Aluminiumlegierungen, ferner von Blei, Kupfer, Zinn und Platinmetallen. Hat man Aluminium als Grundmetall, so lassen sich darin Magnesium, Silizium, Kupfer, Mangan, Nickel und Zink quantitativ bestimmen. Auch Titan und Eisen können erfaßt werden, doch besitzt man hierfür auch rein chemische Schnellmethoden. In Legierungen, die Eisen und Blei als Grundmetall haben, lassen sich fast alle technisch wichtigen Bestandteile bestimmen. Ähnlich liegen die Verhältnisse bei den Legierungen auf Kupfer-, Zinn-, Platinbasis.

---

[1] Seith, W.: Z. Metallkde. Bd. 29 (1937) S. 252.

[2] Rollwagen, W. u. K. Ruthardt: Metallwirtsch. Bd. 15 (1936) S. 187.

[3] Pfeilsticker: Vortrag in Jena am 29. 9. 1938.

In den letzten Jahren sind eine Reihe von zusammenfassenden Anleitungen[1] und Berichten[2] über die spektralanalytischen Methoden verfaßt worden[3]. Die Spektralanalyse ist als eine Methode der chemischen Analyse anzusehen, bei welcher die Trennung der Elemente jedoch nicht tatsächlich ausgeführt wird. Es werden lediglich die von den Elementen unter bestimmten Bedingungen ausgehenden Lichtarten in optischen Apparaten getrennt und zum Nachweis verwandt.

Eine jede Atomart kann, wenn ihr bestimmte Energiemengen zugeführt werden, diese in Form von Lichtstrahlen wieder aussenden. Dieses Licht besteht dann aus einzelnen Lichtkomponenten verschiedener Wellenlängen. Die Wellenlängen, die auftreten können, sind durch den Aufbau des betreffenden Atoms und *nur* durch diesen bedingt. Sie sind unabhängig davon, ob das Atom mit gleichartigen zu einem Element oder mit anderen zu einer chemischen Verbindung vereinigt ist. Hierin erkennt man schon einen wesentlichen Vorteil der Spektralanalyse gegenüber der chemischen Analyse. Während dort die Stoffe tatsächlich von ihren Begleitern durch chemische Operationen getrennt werden müssen, ist es hier nur nötig, das ausgestrahlte Licht nach Wellenlängen zu trennen und diese zu identifizieren. Dieses geschieht in einem Spektralapparat. Durch photographische Aufnahme oder durch direkte Beobachtung wird das entstehende Spektrum festgehalten und ausgewertet. Bei der Ausführung einer Spektralanalyse unterscheiden wir zweckmäßigerweise 1. die Anregung des Lichts, 2. die optische Zerlegung und Aufnahme, 3. die Auswertung der Spektren. Die für den Spektralanalytiker wichtigen Erscheinungen der Lichtanregung finden wir in den unter Fußnote 1 genannten Schriften.

Die für unsere Betrachtungen ausschlaggebende Tatsache ist, daß jedes angeregte Atom Lichtstrahlen aussendet, die zur Identifizierung dieses Elementes dienen können. Die Analyse des Lichts geschieht im Spektralapparat durch räumliche Trennung der Lichtarten der verschiedenen Wellenlängen.

2. Spektralapparat.

Die Wirkungsweise des Spektralapparates geht aus Abb. 1 hervor.

Das zu untersuchende Licht fällt zunächst auf einen Spalt (S). Dieser liegt in der Brennebene einer Linse K, des Kollimators. Im Prisma (P) wird

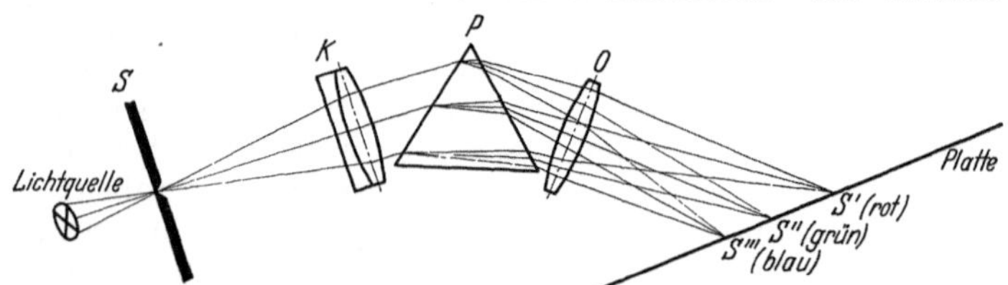

Abb. 1. Strahlengang im Spektralapparat.

das Licht abgelenkt und zerlegt, so daß jeder Wellenlänge eine bestimmte Richtung zukommt. Eine zweite Linse (O), die Kameralinse, sammelt nun die

[1] Gerlach, W. u. E. Schweitzer; Wa. Gerlach u. We. Gerlach; W. Gerlach u. E. Riedl: Die chemische Emissionsspektralanalyse, Bd. I, II u. III. Leipzig: L. Voß 1930, 1933, 1936. — Scheibe, G.: Chemische Spektralanalyse. Physikalische Methoden in der analytischen Chemie, Teil 1. Leipzig: Akademische Verlagsgesellschaft 1933. — Seith, W. u. K. Ruthardt: Chemische Spektralanalyse. Berlin: Julius Springer 1938.

[2] Findeisen, O.: Z. Metallkde. Bd. 25 (1933) S. 6. — Waibel, F.: Z. Metallkde. Bd. 25 (1933) S. 6. — Pfeiffer, A. u. G. Limmer: Arch. techn. Messen. Bd. 3 (1934) T 6—T 7. — Kroll, W.: Metall u. Erz Bd. 31 (1934) S. 201. — Moritz, H.: Z. VDI Bd. 78 (1934) S. 1453 bis 1456. — Breckpot, R.: Congr. Chim. ind. Bruxelles, Bd. 15 II (1935) S. 988. — Seith, W. Z. Metallkde. Bd. 29 (1937) S. 252. — Balz, G.: Metallwirtschaft Bd. 17 (1938) S. 1226.

[3] Seit kurzer Zeit erscheint auch ein eigenes Forschungsarchiv „Spectrochimica Acta", in dem unter anderem laufend über die gesamte Literatur berichtet wird. (Verlag Julius Springer, Berlin.)

aus der ganzen Prismenfläche austretenden Strahlen wieder und entwirft in den entsprechenden Brennebenen stigmatische Bilder des Spaltes (S', S'', S'''), die je nach der Wellenlänge des Lichts, mit dem wir den Spalt beleuchten, an einer bestimmten Stelle der Platte als *Spektrallinien* erscheinen. Wir werden also so viele Bilder des Spalts erhalten, als das eingestrahlte Licht Lichtarten bestimmter Wellenlängen enthält. Da die Brennweite der Kameralinse von der Wellenlänge abhängt, muß die Platte schräg vor der Kameralinse stehen.

Die Gesamtheit aller Linien in ihrer für das aufgenommene Element typischen Anordnung nennt man das *Spektrum*. Da das Spektrum, das wir beobachten, aus einzelnen Spaltbildern besteht, so ist die Breite der Linien von der Öffnung des Spaltes abhängig. Beim Arbeiten im sichtbaren Gebiet kann man auf die photographische Aufnahme verzichten. Man bringt dann an die Stelle der Kamera ein Fernrohr, das auf unendlich eingestellt ist, und kann hierdurch die Linien direkt beobachten. Durch Schwenken des Fernrohres kann man jede Linie mit einem Fadenkreuz im Okular zur Deckung bringen und mit Hilfe einer Teilung die Wellenlänge einer bestimmten Linie direkt ablesen.

Die Brauchbarkeit eines Spektralapparates für die Analyse hängt davon ab, inwieweit die Linien, die von verschiedenen Elementen herrühren, auf der Platte oder im Fernrohr voneinander getrennt erscheinen und so nebeneinander identifiziert werden können. Da es nun Elemente gibt, die wie die Eisen- und Platinmetalle außerordentlich linienreiche Spektren aufweisen, so muß man an das Auflösungsvermögen der Spektralapparate unter Umständen große Anforderungen stellen. Das Auflösungsvermögen hängt außer von den geometrischen Abmessungen des Prismas von der Breite des Spaltes und der Güte der optischen Abbildung ab.

Die im Handel befindlichen Spektralapparate sind ihrer Konstruktion nach zur Bearbeitung aller praktisch vorkommenden Probleme geeignet. Als ein Maß für die Dispersion eines Apparates gibt man die in Ångströmeinheiten[1] gemessene Differenz der Wellenlängen von 2 Linien an, die auf der photographischen Platte 1 mm voneinander entfernt liegen. Die Dispersion ist bei Prismenapparaten von der Wellenlänge abhängig. Sie ist im langwelligen Spektralgebiet am schwächsten und wächst stetig an mit kleiner werdenden Wellenlänge. Die nebenstehende Zahlentafel 1 gibt Beispiele für einige Spektralapparate.

In den Spalten steht jeweils auf der linken Seite die Wellenlänge des Bereiches in Å[1] und rechts die dieser entsprechende Dispersion in Å/mm. Je kleiner also diese Zahl ist, desto größer ist die Dispersion und desto besser ist bei gleicher

Zahlentafel 1. Dispersion verschiedener Spektrographen.

Zeiß 13 × 18 Quarz		Zeiß Qu 24		Fueß 105 b Glas		Fueß 110 d Quarz	
λ	Å/mm	λ	Å/mm	λ	Å/mm	λ	Å/mm
3970	50	3970	33	4600	24	4000	35
3250	26	3250	19	4300	18,5	3000	15
2800	17	2800	12	4000	13,5	2600	9
2600	12	2600	9	3850	11,5	2200	5
2350	9	2350	7	—		—	
2130	6,5	2130	5	—		—	

optischer Güte das Auflösungsvermögen des Spektralapparates. Man kann Spektralapparate von noch weit größerer Dispersion unter Verwendung von optischen Strichgittern konstruieren. Diese werden jedoch nur selten zur praktischen chemischen Spektralanalyse gebraucht und dienen meist nur wissenschaftlichen Untersuchungen[2]. Die Spektralapparate des Handels werden meist

---

[1] 1 Å $= 10^{-8}$ cm.

[2] CROOKS, W. S.: Trans. ASST 1933, S. 708. — GREENWOOD, H. W.: Light Metals 1938, S. 317.

fertig justiert geliefert, so daß von einer Beschreibung der nicht einfachen Justierung eines Spektralapparates hier abgesehen werden kann.

Die Wahl des Spektrographen hängt von dem Verwendungszweck ab. Für die praktische chemische Spektralanalyse von Metallen scheiden im allgemeinen die sog. kleinen Typen aus. Zur Analyse nicht zu linienreicher Elemente wie Al, Mg, Cu, Pb, Zn u. a. m. genügen mittlere Dispersionen. Zur Analyse von Eisen- und Platinmetallen verwendet man mit Vorteil die leistungsfähigsten

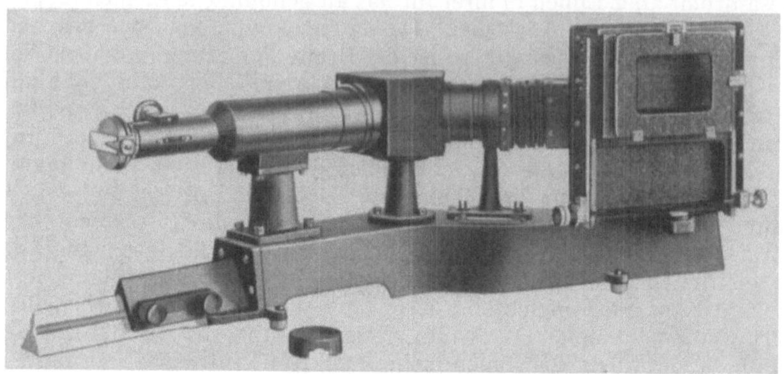

Abb. 2. Quarzspektrograph mittlerer Dispersion (Fueß).

Typen. Im allgemeinen haben die Glasspektrographen im sichtbaren Spektralgebiet eine wesentlich größere Dispersion als die Quarzspektrographen, doch ist ihr Anwendungsgebiet beschränkt, da die empfindlichsten Linien der meisten

Abb. 3. Quarzspektrograph großer Dispersion (Zeiß).

Elemente im ultravioletten Gebiet liegen. Im sichtbaren Gebiet lassen sich die folgenden Elemente mit Erfolg bestimmen: die Alkalien und Erdalkalien, ferner Thallium, Indium, Aluminium, Blei, Chrom, Mangan, Eisen, Kobalt, Wolfram, Gallium, Scandium, Cer und Titan. Für die quantitative Analyse zieht man jedoch fast allgemein Quarzspektrographen vor. Ein Quarzspektrograph mittlerer und ein Quarzspektrograph großer Dispersion sind in den Abb. 2 und 3 wiedergegeben.

3. Anregung.

a) Die älteste Anregungsmethode besteht darin, daß man Salze in der Bunsenflamme erhitzt. Sie hat jedoch für die Zwecke der Metalluntersuchung keine praktische Bedeutung. Eine Verbesserung dieser Methode ist der sog.

Lundegårdh-Brenner[1, 2], eine Azetylen-Sauerstoffflamme, in welche eine Lösung, in der sich der zu untersuchende Stoff befindet, zerstäubt eingeblasen wird. Die Analysensubstanz muß deshalb zuerst in Lösung gebracht werden, was bei der Metallanalyse einen oft nicht tragbaren Zeitverlust darstellt[2].

b) Viel angewendet wird die Anregung im elektrischen Lichtbogen. Man kann einen Lichtbogen niedriger Spannung (70 bis 110 V) zwischen zwei Stäben eines Metalls übergehen lassen. Dieses Verfahren hat jedoch große Nachteile. Die Stäbe erhitzen sich sehr stark und schmelzen unter Umständen ab. Ferner werden in den Weg des Lichtbogens glühende Teilchen aus den Elektroden getragen, die „weißes" Licht ausstrahlen und das Linienspektrum durch einen kontinuierlichen Untergrund stören. Zur Analyse von Metallen, die selbst als Elektroden benutzt werden, hat der dauernd brennende Bogen *(Dauerbogen)* nur beschränkte Anwendungsmöglichkeiten. In erster Linie kommt er bei hochschmelzenden Metallen zur Verwendung, vor allem beim Eisen und dessen Legierungen, wo eine starke Erhitzung nicht störend wirkt.

In manchen Fällen, die eine Verwendung von Metallelektroden ausschließen, verwendet man Kohleelektroden, welche natürlich frei von störenden Verunreinigungen sein müssen[3]. Das Ende der unteren Kohle wird ausgebohrt und mit dem Pulver des Metalls oder Minerals, das untersucht werden soll, gefüllt, oder man läßt einen Tropfen einer Lösung der Analysenprobe auf der ebenen Oberfläche der Kohle eintrocknen[4]. Beim Betrieb des Bogens muß durch eine Blende dafür gesorgt werden, daß das Licht der glühenden Enden der Elektroden nicht in den Spektralapparat fällt, da es ein kontinuierliches Spektrum erzeugt.

Abb. 4. Abreißbogenstativ.

Manchen Nachteilen des Bogens geht man dadurch aus dem Wege, daß man ihn nicht dauernd brennen läßt, sondern ihn periodisch zündet und zum Erlöschen bringt. Eine solche Einrichtung nennt man *Abreißbogen*. Es werden dabei die Elektroden durch eine mechanische Einrichtung gegeneinander bewegt, daß sie sich abwechselnd berühren und wieder voneinander entfernen. Dabei geht

---

[1] Lundegårdh: Die quantitative Spektralanalyse der Elemente. Jena: G. Fischer 1929.
[2] Thanheiser u. Heyes: Mitt. K.-Wilh.-Inst. Eisenforschg. Bd. 19 (1937) S. 113. —
[3] Gatterer, A.: Z. VDI Bd. 80 (1936) S. 129. — Gerlach, W.: Metallwirtsch. Bd. 16 (1937) S. 1086. — Heine, G.: Z. angew. Chem. Bd. 45 (1932) S. 612. — Moritz, H.: Zbl. Mineral. Geol. Paläont. Abt. A, 1935, S. 284. — Russanow, A. K.: Z. anorg. allg. Chem. Bd. 219 (1934) S. 332.
[4] Scheibe, G. u. Rivas: Z. angew. Chem. Bd. 49 (1936) S. 443.

ein Bogen über. Man begrenzt die Bogenlänge dadurch, daß man ihn durch Einschalten eines Nebenschlusses bei einer bestimmten Entfernung der Elektroden zum Erlöschen bringt. Der Nebenschluß wird durch eine Wippe oder einen Kollektor betätigt, der mit dem Antrieb des Abreißbogenstativs gekoppelt ist. Der Mechanismus eines Abreißbogenstativs geht aus Abb. 4 hervor. Zur Erzeugung der periodischen Bewegung wird ein Exzenter benutzt. Neuerdings hat W. Gerlach gezeigt, daß es von Vorteil ist, wenn die Elektroden sich mit möglichst gleichbleibender Geschwindigkeit voneinander entfernen. Dies wird dadurch erreicht, daß man an Stelle des Exzenters eine herzförmige Scheibe verwendet.

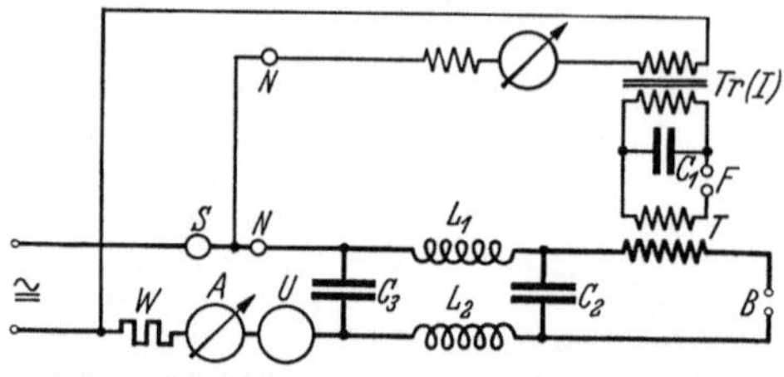

Abb. 5. Schaltbild des selbstzündenden periodischen Bogens nach Pfeilsticker.

Die Spektren der Abreißbögen zeigen sich gegenüber denen der Dauerbögen durch außerordentliche Klarheit aus, da der störende kontinuierliche Untergrund fast vollständig fehlt.

Eine weitere Konstruktion eines periodisch übergehenden Bogens stammt von Pfeilsticker[1]. Hier bleiben die Elektroden auf ihrem normalen Abstand stehen und eine Gleichspannung wird mit Hilfe einer rotierenden Kontaktscheibe periodisch angelegt. Um den Bogen zum Zünden zu bringen, wird die Gleichspannung durch eine hochfrequente Hochspannung überlagert. Das Schaltschema (Abb. 5) läßt die Wirkungsweise erkennen. Der Hochfrequenzkreis ist durch Drosselspulen gegen das Gleichstromnetz abgesperrt. Die Vorteile dieser Anordnung (DRP.a.) sind folgende: 1. Wegfall der mechanischen Zündung und damit der mechanischen Einrichtung, 2. konstanter Elektrodenabstand, wobei ein normales Funkenstativ benutzt werden kann, 3. Analyse von Leichtmetal-

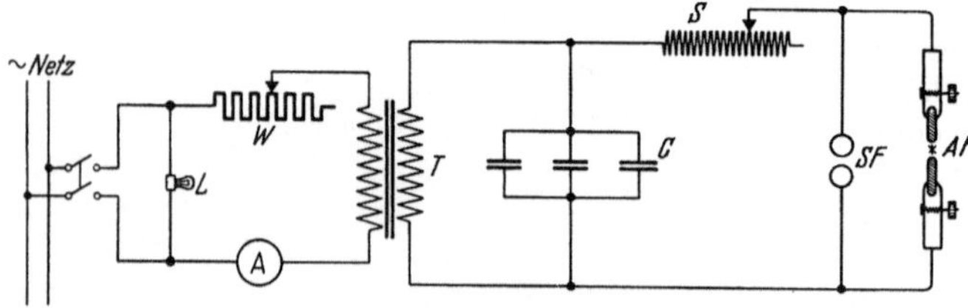

Abb. 6. Schaltbild des Funkenerzeugers.

len, unabhängig von der Oxydation der Oberfläche, 4. Möglichkeit der Verwendung von Wechselstrom (50 Per.) als Anregungsstrom.

c) Die am meisten verwendete Anregungsart ist der elektrische Funke, der beim Entladen eines Kondensators zwischen Elektroden aus dem zu untersuchenden Material übergeht. Die elektrische Schaltung Abb. 6 ist die folgende: Eine Kapazität C läßt sich über eine variable Selbstinduktion S und die Analysenfunkenstrecke AF entladen. Eine Sicherheitsfunkenstrecke SF aus zwei Messingkugeln in 4 mm Abstand verhütet das Auftreten zu hoher Spannungen. Der Kondensator wird durch einen Transformator T aufgeladen, der mit einem Widerstand und einem Amperemeter in Reihe geschaltet ist. Mit Vorteil bringt man eine Warnlampe L an, die anzeigt, wann der Strom eingeschaltet und damit das Berühren des Sekundärkreises, insbesondere der Elektroden, gefährlich ist. Die Spannung des Sekundärkreises beträgt gewöhnlich 9000 bis 15000 V, die Kapazität 3000 bis 12000 cm und die Selbstinduktion $2-8 \cdot 10^5$ cm. Um einen möglichst gut definierten Funkenübergang zu erhalten, wurden Funkenerzeuger konstruiert, die eine gesteuerte Entladung ermöglichen und sich daher besonders für die quantitative Analyse eignen.

---

[1] Pfeilsticker: Z. Elektrochem. Bd. 43 (1937) S. 719.

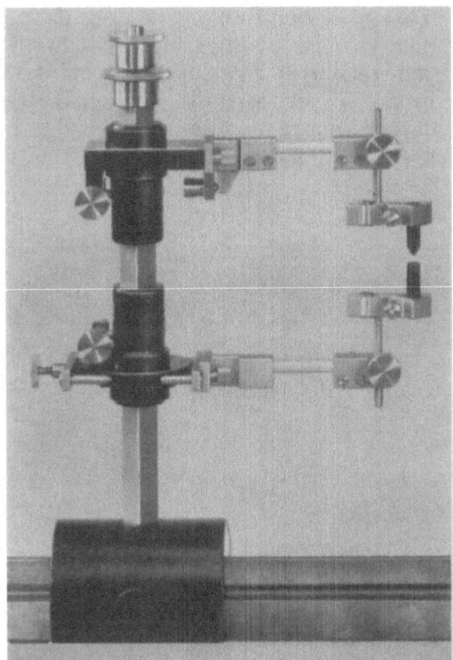

Abb. 7. Funkenstativ (Zeiß).

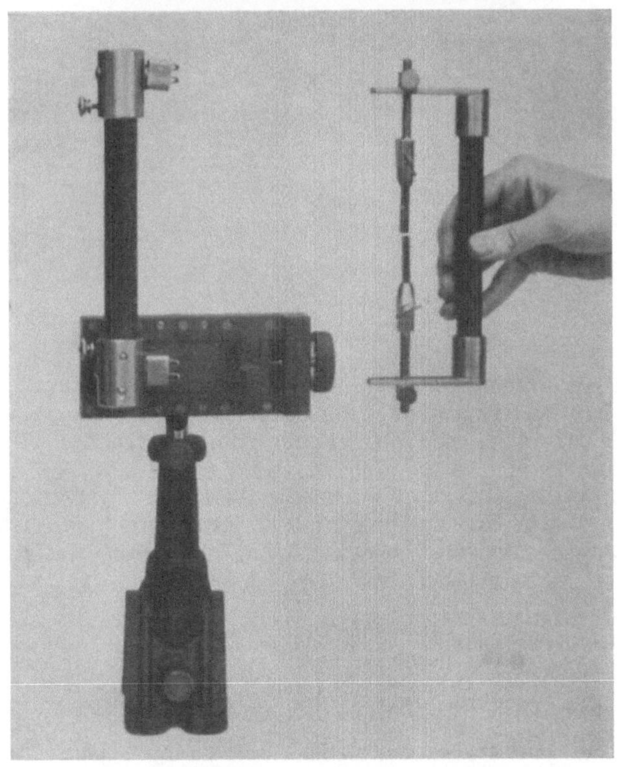

Abb. 8. Austauschbare Elektrodenhalter (HEIDHAUSEN).

Eine solche Apparatur ist z. B. der Funkenerzeuger nach Feussner[1]. Seine Schaltung unterscheidet sich von der oben gezeigten dadurch, daß ein synchron laufender, rotierender Unterbrecher bewirkt, daß nur bei der Maximalspannung des Transformators der Funke an der Analysenfunkenstrecke übergehen kann. Eine zweite Möglichkeit, um definierte Bedingungen für den Funkenübergang zu erreichen, besteht in der Anwendung einer Resonanzschaltung nach Scheibe und Neuhäuser[2].

Abb. 9. Meßprojektor (Scheibe, Fueß).

Als eine weitere Anregungsart kommt der Hochfrequenzfunke nach Gerlach[3] in Frage. Er wird hauptsächlich zur Untersuchung medizinischer Präparate benutzt. In der Metallanalyse wird er nur zum Zünden des Pfeilsticker-Bogens verwendet.

d) In einzelnen Fällen kommt auch eine Anregung im Geissler-Rohr in Frage. So gelang es W. Rollwagen und K. Ruthardt[4], in Platin geringe, jedoch sehr schädliche Mengen von Schwefel nachzuweisen, was nach den bisherigen Methoden nicht möglich war.

[1] Feussner: Z. techn. Phys. Bd. 13 (1932) S. 573.

[2] Scheibe, G. u. Neuhäuser: Z. anal. Chem. Bd. 41 (1929) S. 1218. — Arch. Eisenhüttenw. Bd. 8 (1934/35) S. 533.

[3] Gerlach, W. u. Schweitzer: Z. anorg. Chemie Bd. 195 (1931) S. 255. — Gerlach, W. u. Ruthardt: Z. anorg. Chem. Bd. 209 (1932) S. 337. — Ruthardt, K.: Metallwirtsch. Bd. 13 (1934) S. 869.

[4] Rollwagen, W. u. K. Ruthardt: Metallwirtsch. Bd. 15 (1936) S. 187.

e) Ein Teil der Anregungsapparatur, der noch besonders besprochen werden muß, ist das Stativ, das die Elektroden trägt. Das mechanische Abreißbogenstativ ist bereits besprochen. Zum Betreiben von Funken benutzt man sog. Funkenstative, die sich wegen der hohen angelegten Spannung durch eine gute Isolation aller der Teile auszeichnen müssen, die man zum Einjustieren und Nachregulieren des Funkens während des Betriebes anfassen muß. Die Möglichkeit, die Elektroden nach allen Richtungen durch Handgriffe bewegen zu können, ist ein Haupterfordernis für eine bequeme Ausführung der Spektralanalyse (Abb. 7). Zur Aufnahme müssen die Elektroden stets in die gleiche Lage in bezug auf den Spektrographen bzw. die optische Abbildungseinrichtung gebracht werden. Dieses kann beim Funken, der sich im Betrieb befindet, entweder mit Hilfe der Abbildungseinrichtung selbst geschehen, oder es werden dazu am Funkenstativ Vorrichtungen angebracht, um mit Hilfe eines kleinen Lämpchens das Schattenbild der Elektroden auf eine bestimmte Marke zu entwerfen, welche die richtige Einstellung verbürgt.

Zur Ausführung von Serienaufnahmen hat G. HEIDHAUSEN[1] Stative angegeben, die abnehmbare und austauschbare Klammern besitzen, in welche die Elektroden mit Hilfe einer Lehre eingespannt werden (Abb. 8). Nach dem Einsetzen der Klammern in das Stativ befinden sich die Elektroden stets in der richtigen Lage.

Die Aufstellung des Funkenstativs kann im einfachsten Fall so vorgenommen werden, daß der Funke in der optischen Achse ungefähr 6 bis 10 cm vor dem Spalt übergeht. Für *qualitative* Analysen bildet man häufig den Funken oder Bogen mit Hilfe einer Linse auf dem Spalt ab. Bei der quantitativen Analyse dagegen entwirft man zur Erzielung gleichmäßiger Linien ein Bild des Funkens weit hinter dem Spalt, etwa zwischen Kollimator und Prisma. Da viele Metalldämpfe gesundheitsschädlich sind (Hg, Pb, Zn, Cd, Tl, Mn!!) empfiehlt es sich, das Stativ unter einen kleinen Abzug zu stellen oder eine Absaugvorrichtung anzubringen.

Zur Auswertung der Platten sind noch weitere Apparate erforderlich. Will man zunächst einen Überblick über eine Platte gewinnen, so legt man sie auf

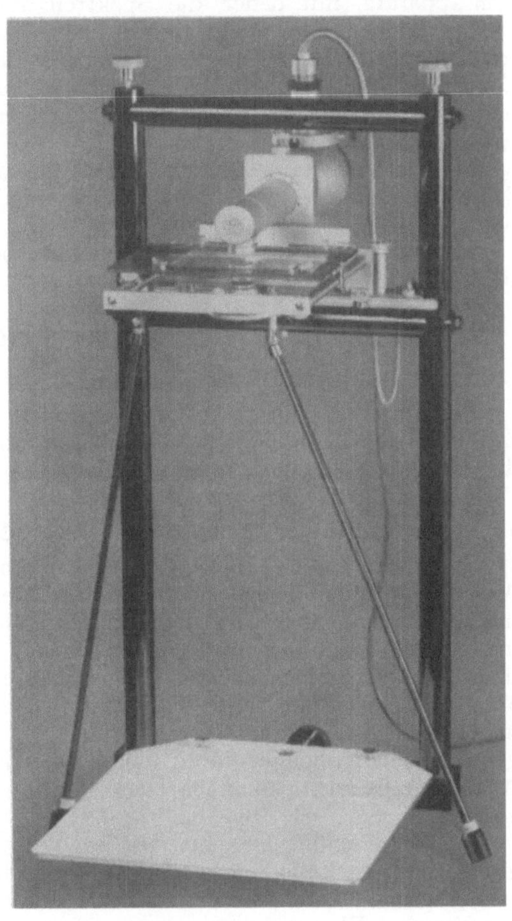

Abb. 10. Spektrenprojektor (Zeiß).

---

[1] HEIDHAUSEN, G.: Metallwirtsch. Bd. 16 (1937) S. 37 u. Mitt. Forsch.-Anst. Gutehoffn., Nürnberg Bd. 4 (1935) S. 59.

ein kleines *Pult*, dessen Deckel aus einer Milch- oder Mattglasscheibe besteht, welche von unten beleuchtet wird. Eine gute bis zum Rande ohne Verzerrung zeichnende *Lupe* von 6- bis 10facher Vergrößerung dient zum Betrachten bestimmter Liniengruppen, in denen man sich besondere Linien mit einem spitzen *Stahlstichel* auf der Schicht markieren kann. Ausschnitte aus den Spektren betrachtet man mit Vorteil mit einem sog. *Spektrenprojektor*. Dies sind Projektionsapparate, mit denen die Spektren auf eine weiße Tischplatte geworfen werden können. Die Spektralplatte liegt dabei auf einem Schlitten, der so verschiebbar ist, daß jede Stelle der Platte in den Lichtweg gebracht werden kann. Die Projektoren (Abb. 9, 10) erlauben es, auch zu mehreren Beobachtern unter denkbar günstigen Beleuchtungsbedingungen Spektren ohne Anstrengung der Augen auszuwerten.

Für die quantitative Analyse benötigt man noch ein *Spektrallinienphotometer*, das wie die andern Spezialapparate mit dem betreffenden Verfahren beschrieben wird.

Über die praktische Einrichtung eines Spektrallabors siehe G. Heidhausens Bericht[1].

B. Die Verfahren der qualitativen und quantitativen Analyse.

Die Spektralanalyse wird mit Vorteil in 3 Gebiete eingeteilt: A. die qualitative, B. die halbquantitative, C. die quantitative Analyse. Die Abgrenzung der Gebiete ist jedoch keine scharfe.

1. Die qualitative Analyse.

Es wurde früher betont, daß jede Atomart eine mehr oder weniger große Anzahl von Linien liefert, die für sie charakteristisch sind. Diejenigen von ihnen, die bei abnehmender Konzentration des Elementes zuletzt verschwinden, nennt man „Restlinien" oder auch „letzte Linien". Es sind dies meist die sog. Grundlinien, d. h. diejenigen, die mit dem geringsten Energieaufwand angeregt werden können. In manchen Fällen liegen diese Grundlinien jedoch für die Bestimmung ungünstig. Man hat daher neuerdings den Begriff der *„Analysenlinien"* eingeführt und bezeichnet damit einfach diejenigen Linien, die für die praktische Analyse in Betracht kommen. Diese sind in einer Reihe von Werken zusammengestellt[2].

Bei der Ausführung einer qualitativen Analyse wird man nun nicht eine große Zahl von Linien eines bestimmten Elementes aufzusuchen haben, sondern es genügt, die Anwesenheit einer oder einiger der empfindlichsten Linien des betreffenden Elementes, um dessen Vorhandensein *eindeutig* festzulegen. Man wird dabei so vorgehen, daß man zunächst die als die empfindlichste angegebene Linie aufsucht und bei ihrem Vorhandensein zur Kontrolle noch weitere Linien feststellt. Dies ist von Wichtigkeit, wenn das gesuchte Element nur in geringer Menge vorhanden ist, die aufzusuchenden Linien also schwach sind.

Die Auswertung der Spektren kann auf zwei Arten vorgenommen werden, entweder legt man die Originalplatte auf eine Mattscheibe, die von unten beleuchtet wird und betrachtet sie mit einer guten Lupe, oder man projiziert das Spektrum mit einem Spektrenprojektor auf einen weißen Schirm. In beiden Fällen legt man auf die Platte eine Wellenlängenskala so auf, daß eine bestimmte

---

[1] Heidhausen, G.: Mitt. Forsch.-Anst. Gutehoffn., Nürnberg Bd. 4 (1935) S. 59.

[2] Kayser, H.: Tabelle der Hauptlinien der Linienspektren aller Elemente, Berlin 1939. — Gatterer A., J. Junkes: Atlas der Restlinien von 30 chemischen Elementen. Rom: Specola Vaticana 1937. — Gerlach u. Riedl: Emissionsspektralanalyse III, Leipzig 1936.

Linie eines bekannten Elementes, das unter Umständen mit aufgenommen
werden muß, an der richtigen Stelle liegt. Daraufhin kann eine erste Orientierung
vorgenommen werden. Kommt es darauf an, die Wellenlänge einer Linie möglichst exakt zu bestimmen, um z. B. eine Verwechslung mit einer eng benachbarten auszuschließen, so muß man die Lage der Linie zu den nächsten bekannten
Nachbarn ausmessen und ihre Wellenlänge interpolieren. Hierzu kann auf der
Projektion ein genauer Maßstab, auf der Originalplatte ein Komparator oder
Meßmikroskop dienen. Mit Vorteil vergleicht man das Spektrum mit einem
gleichzeitig aufgenommenen Eisenspektrum, dessen Linienreichtum nur kleine
Interpolationsstrecken notwendig macht. Mit Hilfe einer Keil- oder Stufenblende, mit denen man verschiedene Stellen des Spektrographenspaltes abdecken
kann, kann man die beiden Spektren, ohne die Platte verschieben zu müssen,

Abb. 11. Ausschnitt aus dem Eisenspektrum, wie man es zur Wellenlängeninterpolation benutzt (SCHEIBE).

so nacheinander aufnehmen, daß sie, sich eben berührend, übereinander liegen.
Bei der Projektion des Spektrums kann man ein Eisenspektrum auf Papier,
das in der gleichen Vergrößerung aufgenommen ist, direkt an das zu untersuchende anlegen. Ein solches Eisenspektrum (Abb. 11), in dem viele Linien
bezeichnet und dessen übrige Linien in einer Tabelle zusammengestellt sind,
wurde von SCHEIBE und Mitarbeitern herausgegeben[1].

Bei immer wiederkehrenden Analysen der gleichen Art zeichnet man sich am
besten auf Papier Schablonen (Spektrallehren), in die die Lage der Hauptlinien
der Grundsubstanz und die Analysenlinien der zu erwartenden Zusätze eingetragen sind. Durch Anlegen dieser Lehren an das Projektionsbild der Ana-
lysenplatte kann man sich leicht und schnell von dem Vorhandensein der Zusätze überzeugen. Ist eine Lehre noch nicht vorhanden und soll die Anwesenheit eines bestimmten Elementes untersucht werden, dann geht man so vor,
wie oben beim Eisen beschrieben, und koppelt die Aufnahme der Probe mit der
Stufenblende mit der des reinen Zusatzelementes. Das reine *Vergleichselement*
muß dabei sehr viel kürzer belichtet werden, damit auch in diesem Falle nur
die Analysenlinien herauskommen. Liegen diese Linien in der direkten Verlängerung mit den verdächtigen Linien auf der Aufnahme der Probe, so kann

---

[1] Zu beziehen durch Firma Fueß, Berlin-Steglitz. — HAMMERSCHMID, H., C. F. LINSTRÖM
u. G. SCHEIBE: Mitt. Forsch.-Anst. Gutehoffn., Nürnberg Bd. 3 (1935) S. 223.

mit der Anwesenheit des betreffenden Elementes gerechnet werden, wenn eine Aufnahme der reinen Grundkomponente mit derselben oder unter Umständen noch längeren Belichtungszeit an der betreffenden Stelle keine Linie zeigt.

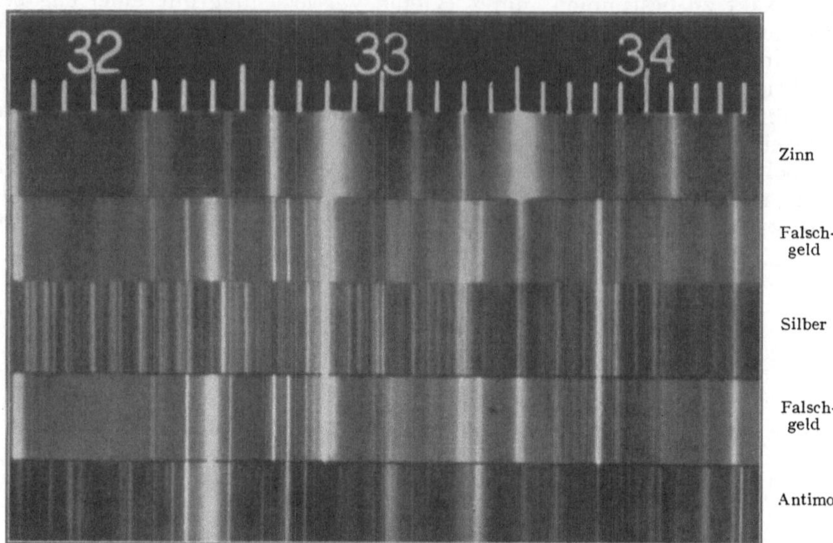

Abb. 12. Analyse von Falschgeld (Zeiß).

Hat man keine Probe der reinen *Zusatzkomponente* zur Hand, so kann man an ihrer Stelle je eine Probe des Grundmetalls verwenden, von dem man bestimmt weiß, daß sie die betreffende Komponente enthält bzw. nicht enthält. Ein Beispiel zeigt Abb. 12.

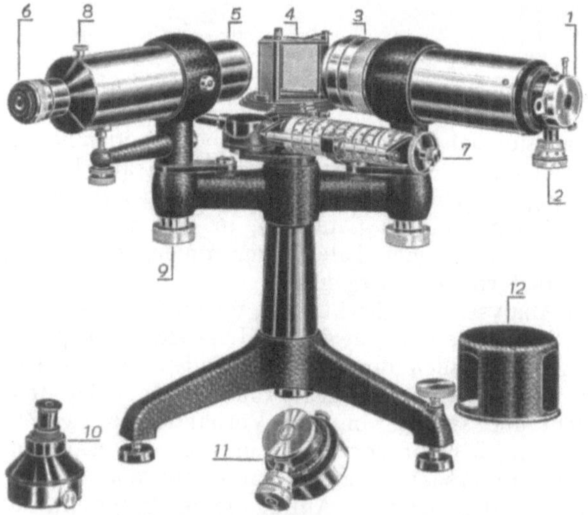

Abb. 13. Stahlspektroskop für Untersuchungen im sichtbaren Spektralgebiet.

Alle diese Analysenverfahren nehmen ihren Weg über die photographische Platte. Dies hat den Nachteil, daß zwischen der Aufnahme und der fertigen Auswertung die Zeit des Entwickelns, Fixierens, Wässerns und Trocknens der Platte liegt. Dies fällt nicht sehr ins Gewicht, wenn eine große Reihe von Analysen hintereinander gemacht werden, wohl aber, wenn es sich nur um einige wenige handelt. Zwar hat das photographische Verfahren weitere Vorteile, denn die Aufnahme und die Auswertung können örtlich und zeitlich voneinander getrennt werden, und die Platte liegt jederzeit als Dokument vor. Trotzdem gibt es Fälle, in denen man vorzieht, mit einem Spektralapparat für das sichtbare Gebiet mit direkter visueller Beobachtung zu arbeiten.

Zahlentafel 2. Spektrallinien zum Nachweis von Legierungsbestandteilen im Stahl bei Anwendung des Lichtbogens (SCHLIESSMANN).

Element	Nachweisbar niedrigster Prozentgehalt	Wellenlänge in Å.-E.	Engbenachbarte Spektrallinien anderer Elemente
Al	0,01	Al 3961,5 (10 R)	Co 3961,5 (4) ab 2% Co Mo 3961,0 (3) ab 5% Mo
	0,10	Al 3944,0 (10 R)	—
Co	0,20	Co 3995,3 (8 R)	—
W	0,05	W 4008,8 (10)	Ti 4008,9 (7)
Nb	0,10	Nb 4101,0 (10) Nb 4059,0 (10)	Fe 4100,7 (2)
Cr	0,01	Cr 4254,3 (10 R)	—
V	0,01	V 4379,2 (10 R)	—
Mo	0,01	Mo 4411,7 (10)	Cr 4411,3 (3)
	0,10	Mo 4277,2 (10)	V 4276,9 (6) ab 1% V
Ti	0,01	Ti 4533,2 (10 R)	Co 4534,0 (6) ab 10% Co
	0,10	Ti 4981,7 (9)	
Ni	1,00	Ni 4714,4 (10)	Fe 4714,4 (1)
	2,00	Ni 5081,1 (9) Ni 5080,5 (8)	Fe 5079,7 (3)
Mn	0,01	Mn 4033,1 (8 R)	—
	0,01	Mn 4783,4 (10)	
Cu	0,10	Cu 5218,2 (10)	Fe 5217,4 (4)

Im sichtbaren Spektralgebiet ist es mit dem sog. Stahlspektroskop (Abb. 13) möglich, zwei Spektren von zwei verschiedenen Lichtquellen gleichzeitig übereinander im Gesichtsfeld zu erzeugen. Es ist zu diesem Zwecke die Hälfte des Spaltes von einem Prisma bedeckt, welches das Licht der Vergleichslichtquelle in den Spektralapparat führt. Benutzt man den Funken oder Bogen zwischen einem Stahl und zwischen reinen Eisenelektroden als Lichtquellen, so lassen sich die Legierungsbestandteile des Stahles leicht erkennen, da sie nur in dem einen Spektrum vorkommen, während die Eisenlinien des einen Spektrums in der direkten Verlängerung der Eisenlinie des anderen Spektrums liegen. Nach Einstellen eines Fadenkreuzes auf die Linie kann deren Wellenlänge an der Trommel direkt abgelesen werden. Auf diese Weise können die obengenannten Elemente bestimmt werden (Zahlentafel 2). Da dieses Verfahren außerordentlich rasch arbeitet, und es möglich ist, auch größere Werkstücke, wie Stangen usw. direkt anzufunken, wird es in manchen Betrieben zur Sortierung von Stählen verwendet und hat sich zur Auslese von Altmaterial als sehr geeignet erwiesen.

Anschließend werden einige Bilder mit den wichtigsten Analysenlinien wiedergegeben, die zur Stahlanalyse von O. SCHLIESSMANN[1] im sichtbaren Gebiet benutzt werden (Abb. 14 bis 24), die bei dem Linienreichtum des Eisenspektrums ein Auffinden sehr erleichtern. Abb. 31 bis 36 und 37 zeigen einige Spektren von Eisen- und Aluminium-Legierungen in Ultraviolett.

Wenn auch in manchen Fällen die Verunreinigungen und Zusätze sehr in die Augen springende Linien und Spektren erzeugen, bedarf doch die Beurteilung linienreicher Spektren besonderer Sorgfalt, wenn man sich nicht unangenehmen Fehlschlägen aussetzen will. Es tritt nämlich häufig der Fall ein, daß Linien, die als Nachweislinien eines Elementes benutzt werden, mit Linien eines ebenfalls vorhandenen Elementes zusammenfallen oder so nahe benachbart sind, daß eine Trennung mit dem Spektrographen nicht mehr möglich ist. Man bezeichnet solche Fälle als Koinzidenzen.

---

[1] SCHLIESSMANN, O.: Arch. Eisenhüttenw. Bd. 8 (1934/35) S. 159.

Ein Beispiel: Eisen soll auf Nickel geprüft werden. Zum Nachweis stehen
eine Reihe von 'Linien zur Verfügung: 3619,4; 3524,5; 3515,1; 3493,0 usw.
Zunächst ist zur Linie Ni 3619,4 zu sagen, daß sie mit der Eisenlinie 3618,8

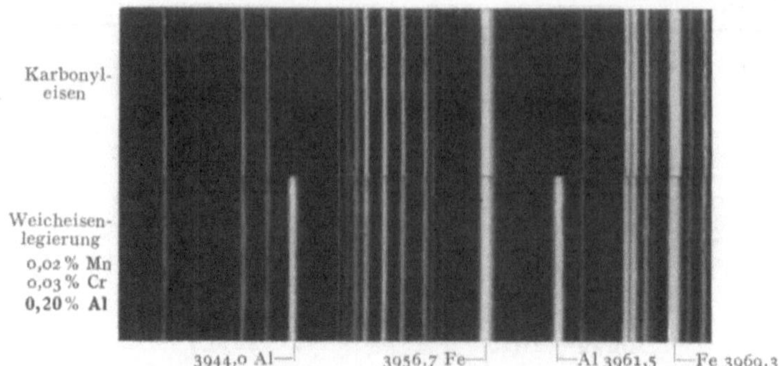

Abb. 14. Spektroskopischer Nachweis von Aluminium in legiertem Stahl.

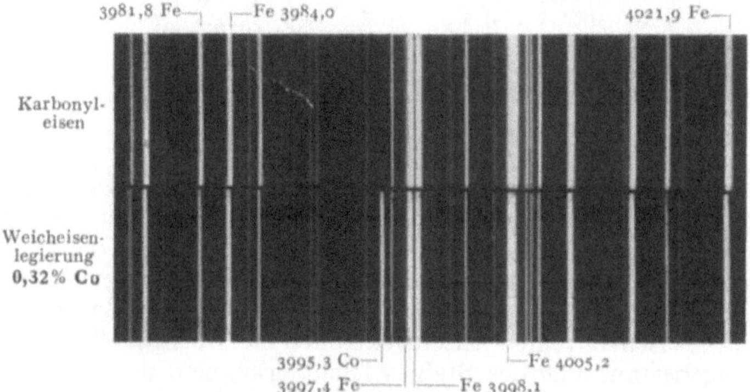

Abb. 15. Spektroskopischer Nachweis von Kobalt in legiertem Stahl.

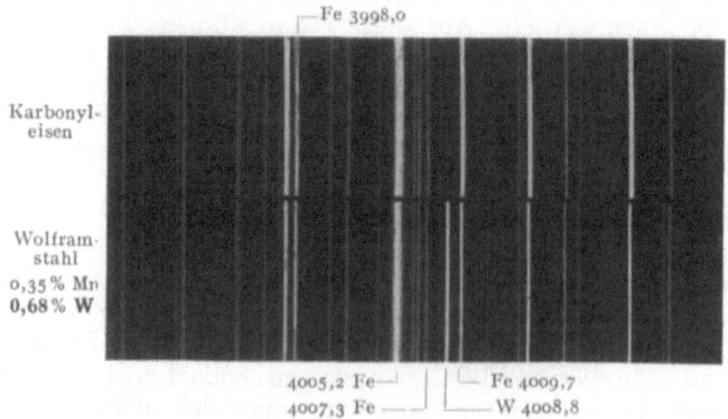

Abb. 16. Spektroskopischer Nachweis von Wolfram in legiertem Stahl.

Abb. 14 bis 24. Linien zur visuellen Stahlanalyse (Schliessmann).

nahe zusammenfällt, wobei letztere eine mittelstarke Linie ist. Ni 3619,4 kann
also nicht zum Nachweis kleiner Nickelmengen in Eisen dienen. Die zweite
Nickellinie ist Ni 3524,5; auch diese liegt nahe bei Eisenlinien, nämlich bei

Fe 3521,3 und Fe 3526,2, die jedoch beide schwächer sind als die benachbarte Eisenlinie 3558,5. Tritt nun in der Gegend von 3524 eine Linie auf, die

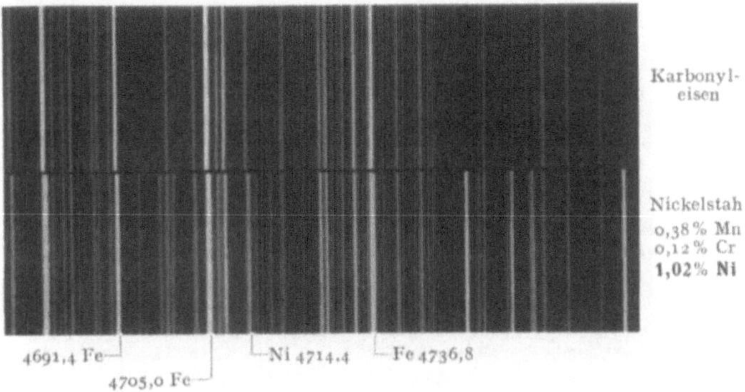

Abb. 17. Spektroskopischer Nachweis von Nickel in legiertem Stahl.

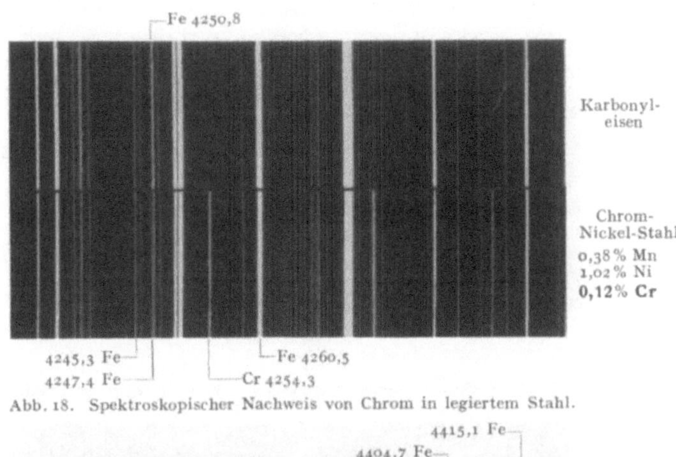

Abb. 18. Spektroskopischer Nachweis von Chrom in legiertem Stahl.

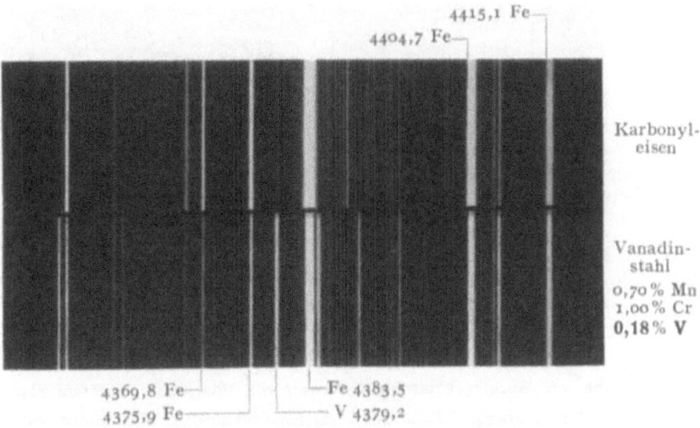

Abb. 19. Spektroskopischer Nachweis von Vanadin in legiertem Stahl.

Abb. 14 bis 24. Linien zur visuellen Stahlanalyse (SCHLIESSMANN).

stärker ist als Fe 3558,5, so müssen die dort liegenden Eisenlinien durch die Nickellinie 3524,5 verstärkt sein und der Nickelnachweis muß als positiv

angesehen werden. Enthält die Probe außer Eisen z. B. auch noch Kobalt, so
wird der Nachweis noch komplizierter, denn es liegt an dieser Stelle auch eine
Kobaltlinie 3523,4. Diese ist wenig schwächer als Kobalt 3409,2. Nur wenn

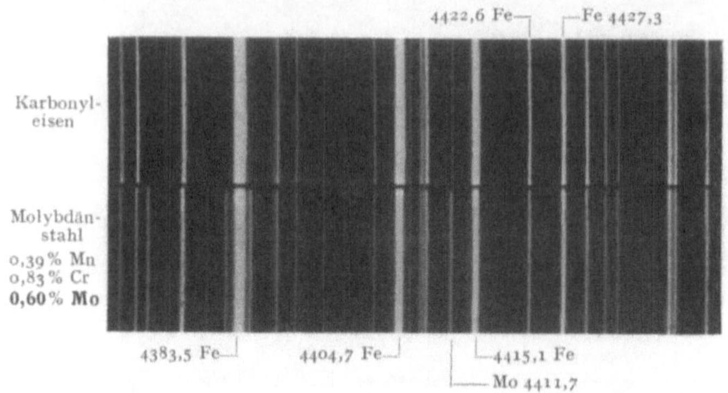

Abb. 20. Spektroskopischer Nachweis von Molybdän in legiertem Stahl.

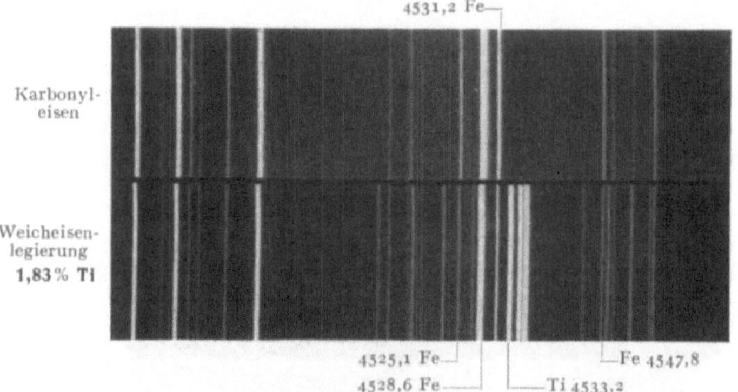

Abb. 21. Spektroskopischer Nachweis von Titan in legiertem Stahl.

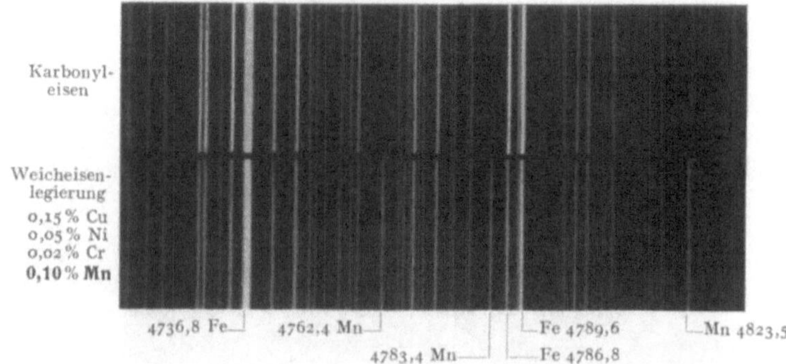

Abb. 22. Spektroskopischer Nachweis von Mangan in legiertem Stahl.

Abb. 14 bis 24. Linien zur visuellen Stahlanalyse (Schliessmann).

diese Kobaltlinie nicht vorhanden ist, ist der beschriebene Nickelnachweis
sicher. Im anderen Falle kommt nur eine Nickellinie in Frage, die durch Kobalt
nicht gestört wird. Dies trifft für Ni 3050,8 und 3002,5 zu. Allerdings ist dort
wieder wie oben Vorsicht wegen schwacher Eisenlinien am Platze.

Es ist zu beachten, daß besonders im Funken neben den Linien der Analysensubstanz auch solche angeregt werden, die von den Gasen der Luft herrühren und die deshalb *Luftlinien* genannt werden. Auch diese sind in Tabellen zu finden. Die stärksten sind: 3933,6; 3995,1; 4069,9; 4072,3; 4075,9; 4414,9; 4447,0; 4630,5; 5679,5; 5941,6. Diese Linien können natürlich auch Koinzidenzen

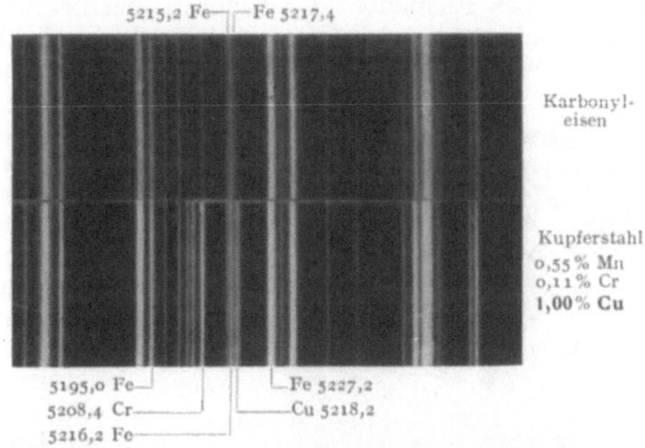

Abb. 23. Spektroskopischer Nachweis von Kupfer in legiertem Stahl.

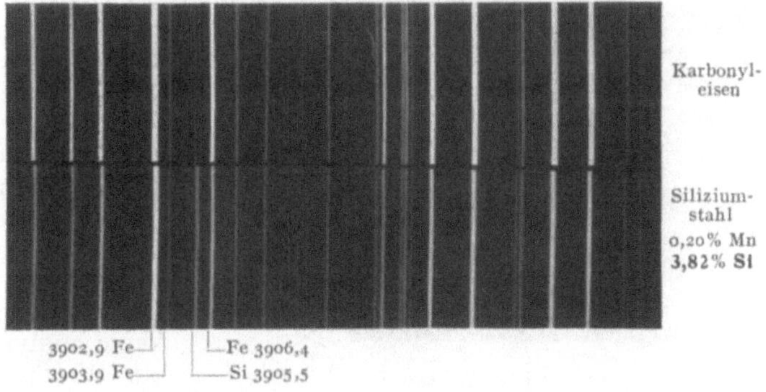

Abb. 24. Spektroskopischer Nachweis von Silizium in legiertem Stahl.

Abb. 14 bis 24. Linien zur visuellen Stahlanalyse (SCHLIESSMANN).

herbeiführen, so fällt die stärkste Bleilinie 4057,8 mit einer allerdings schwachen Luftlinie gleicher Wellenlänge zusammen. Eine der stärksten Kobaltlinien, 3995,3, koinzidiert mit Luft 3995,1. Auch beim Siliziumnachweis mit der Linie Si 2516,1 ist wegen der darunterliegenden Luftlinie 2514,5 Vorsicht geboten[1].

Ferner kann es vorkommen, daß eine Nachweislinie innerhalb einer Bande liegt. So fällt die Thalliumlinie 3775,7 bei Anwesenheit von Kohle in die Cyanbanden[2]. Die Banden bestehen aus einzelnen nahe beieinander liegenden Linien. Die Tl-Linie fällt nun gerade in die Lücke zweier solcher Linien und füllt diese aus. Mit dem Auge ist dies nur schwer zu erkennen. Man photometriert deshalb das Spektrum am besten mit einem registrierenden Photometer aus und wird aus dem Fehlen der sonst regelmäßig wiederkehrenden Lücke auf die Anwesenheit von Tl schließen.

[1] GERLACH, W.: Arch. Eisenhüttenw. Bd. 7 (1933) S. 353.
[2] GERLACH, W.: Metallwirtsch. Bd. 16 (1937) S. 1092.

2. Die quantitative Analyse.

a) In den Fällen, in denen die Nachweisempfindlichkeit eines Elementes bekannt ist, können aus einer qualitativen Analyse auch sofort quantitative Aussagen gemacht werden, dahingehend, daß das Element in einer Menge vorhanden sein muß, welche größer ist als die Konzentration, die dieser Nachweisgrenze entspricht. Da, gleiche Aufnahmebedingungen vorausgesetzt, für eine Reihe von Linien eines Elementes die Mindestkonzentration ihres Auftretens festgelegt werden kann, ist man in der Lage, nach der Zahl der auftretenden Linien eines Zusatzelementes in einem bestimmten Grundelement die Konzentration in gewissen Grenzen festzulegen[1]. Diese halbquantitative Analyse eignet sich für viele Fälle in der Praxis, wo es bei der Analyse von Werkstoffen nicht auf eine exakte Angabe der Konzentration ankommt, sondern lediglich darauf, ein Überschreiten einer maximal zulässigen Konzentration auszuschließen. Allgemein gültige Tabellen können für diese Art Analyse nur schwer gegeben werden, da die Aufnahmebedingungen von großem Einfluß sind. Man geht deshalb in der Praxis von Proben bekannter, abgestufter Zusammensetzung aus und nimmt diese unter stets gleichen Bedingungen auf. Stehen keine analysierten Proben zur Verfügung, so vergleicht man Proben, welche die geforderten technologischen Eigenschaften aufweisen mit solchen, die wegen Anwesenheit der Verunreinigungen zu verwerfen sind, und verzichtet ganz auf eine Angabe der Konzentration.

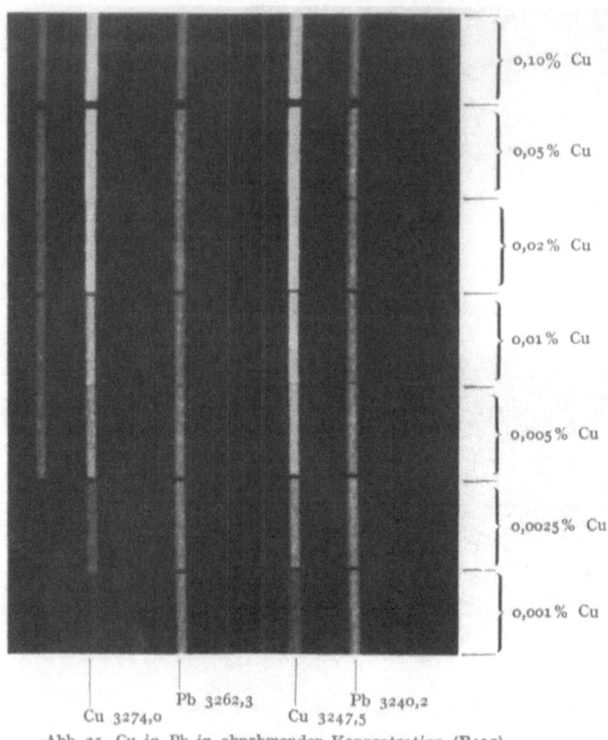

Abb. 25. Cu in Pb in abnehmender Konzentration (Balz).

b) Bei höheren Gehalten, bei denen die Nachweislinien der Zusatzelemente schon größere Intensitäten haben, geht man anders vor. Man richtet sich eine Reihe von Legierungen verschiedener, bekannter Konzentrationen als Leitproben her, deren Gehalte an dem zu prüfenden Element in solchen Abstufungen vorliegen, daß sie der gewünschten und erreichbaren Genauigkeit entsprechen. Diese Leitproben werden mit den zu analysierenden Proben zusammen unter streng gleichen Bedingungen aufgenommen. Auf der Platte werden dann, am besten unter Benutzung eines Spektrenprojektors die Linien des Zusatzelementes in den Leit- und Analysenproben verglichen und die gesuchte Konzentration danach abgeschätzt. Die Schwärzung der Linien der Grundsubstanz muß natürlich in den zum Vergleich kommenden Spektren gleich sein. Abb. 25 bis 26

---

[1] Kirchner, H.: Z. angew. Chem. Bd. 50 (1937) S. 608.

zeigt Kopien von einer Reihe von Leitlegierungen zur Untersuchung von Blei[1]. Die Abb. 27 zeigt ein Beispiel einer Analyse von Blei auf Kupfer und Silber. Schöne Aufnahmen zur qualitativen und halbquantitativen Analyse des Stahles auf seine wichtigsten Legierungsbestandteile finden sich in einer Arbeit von HOLZMÜLLER[2].

c) Die bis jetzt beschriebenen Verfahren haben den Nachteil, daß sie davon abhängig sind, daß stets die gleichen Versuchsbedingungen eingehalten werden. Diese Bedingung erstreckt sich nicht nur auf die elektrische Anregung, sondern auch auf die Belichtungszeit, die Plattensorte und den Entwicklungsgang. Die

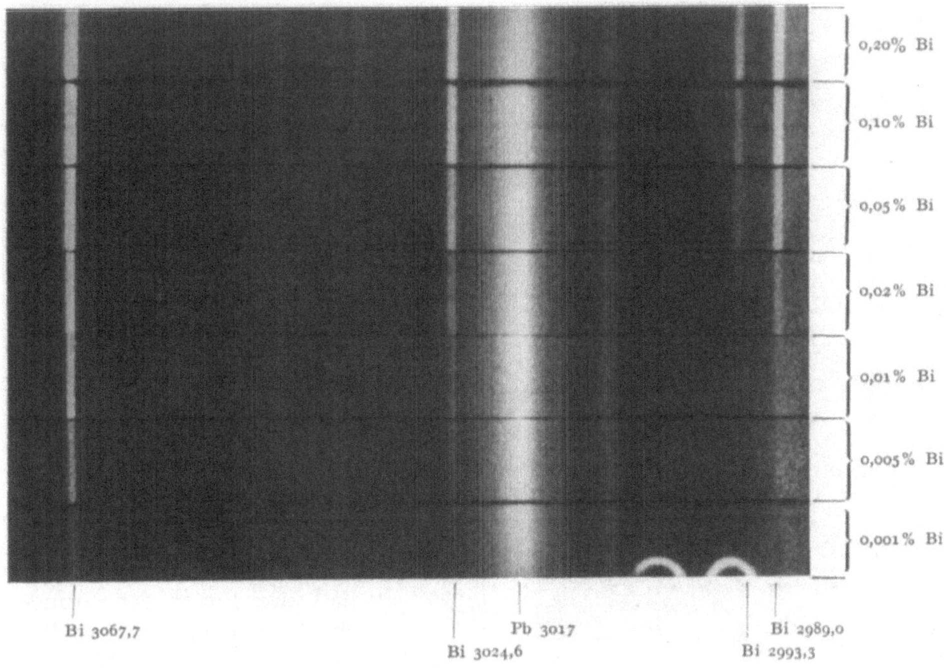

Abb. 26. Bi in Pb in abnehmender Konzentration (BALZ).

Methode der homologen Linienpaare von W. GERLACH und E. SCHWEITZER[3] schließt den Einfluß der drei letzten Faktoren dadurch aus, daß zum Vergleich stets zwei Linien in einem Spektrum verglichen werden, die gleiche Schwärzung haben. Gleichstarke Linien werden unabhängig von Belichtung, Plattensorte und Entwicklung stets gleich erscheinen, wenn sie gleichen Lichtmengen entsprechen. Besonders bei der Aufnahme mit einem kondensierten Funken haben die elektrischen Entladebedingungen oft bei scheinbar nur geringen Veränderungen einen großen Einfluß auf das Intensitätsverhältnis zweier Linien. Es beruht dies darauf, daß ein Element mehrere Arten von Linien aussenden kann, nämlich solche, die vom ungeladenen Atom und solche, die von seinen ein-, zwei- und mehrwertigen Ionen herrühren. Die Linien des Atoms oder des ein-, zwei- oder dreiwertigen Ions werden z. B. beim Al mit Al, Al^+, Al^{++} und Al^{+++} oder Al I, Al II, Al III und Al IV bezeichnet. Im allgemeinen treten bei jeder Aufnahme

---

[1] Siehe G. BALZ: Z. angew. Chem. Bd. 51 (1938) S. 365.
[2] HOLZMÜLLER, W.: Z. anal. Chem. Bd. 115 (1938/39) S. 81.
[3] GERLACH, W.: Z. anorg. Chem. Bd. 142 (1925) S. 383.

Atom- und Ionenlinien gemeinsam auf. Doch überwiegen erstere bei der Bogenentladung, und bei der Funkenentladung treten letztere stärker hervor. Man nennt deshalb häufig die Atomlinien auch Bogenlinien und Ionenlinien auch Funkenlinien. Zwischen dem Aussehen eines Bogen- und eines Funkenspektrums besteht deshalb kein prinzipieller, sondern nur ein gradueller Unterschied. Auch die mit einem Funkenerzeuger hervorgerufene Entladung kann je nach der Größe der eingeschalteten Selbstinduktion und Kapazität bogenähnlicher oder funkenähnlicher sein. Eine Vergrößerung der Selbstinduktion macht das Spektrum bogenähnlicher und umgekehrt, eine Vergrößerung der Kapazität macht es funkenähnlicher und umgekehrt. Da noch eine Reihe anderer Faktoren für den Charakter des Spektrums verantwortlich sind, ist es schwer, die Entladungsbedingungen oder besser gesagt, den Emissionscharakter durch Angabe der elektrischen Daten allein eindeutig festzulegen. Es ist das Verdienst von W. Gerlach, eine einfache und zuverlässige Methode zur Prüfung der Entladungsbedingungen eingeführt zu haben, bei der diese Prüfung in dem aufgenommenen Spektrum selbst vorgenommen wird. Gerlach legt die Entladungsbedingungen dadurch fest, daß Kapazität und Selbstinduktion so gewählt werden, daß zwei Linien der Grundsubstanz, und zwar eine Bogen- und eine Funkenlinie gleich intensiv erscheinen. Man nennt ein solches Linienpaar nach Gerlach das *Fixierungspaar*. Man stellt sich

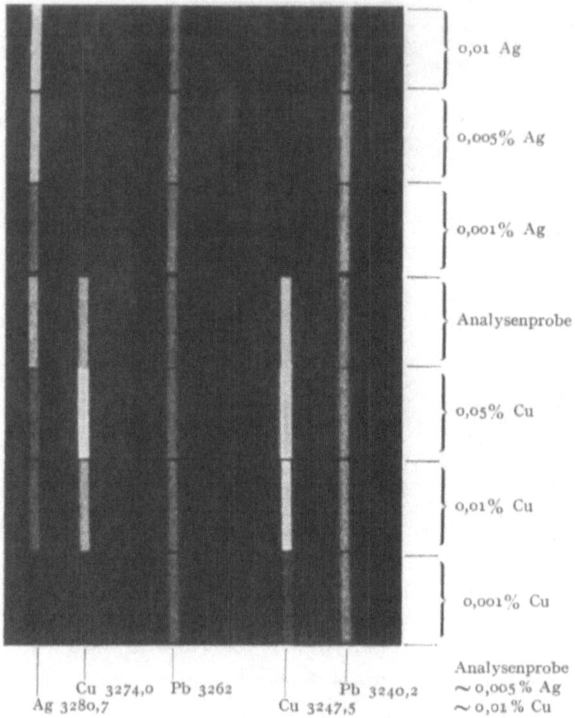

Abb. 27. Cu und Ag in Pb. Analysenprobe und Testlegierungen (Balz).

nun eine Reihe von Testlegierungen abgestufter Konzentrationen eines Zusatzes B in einem Grundmetall A her und nimmt diese auf. Alle Spektren werden zunächst auf Gleichheit des Fixierungspaares geprüft, dann sucht man sich aus den Spektren solche aus, in denen je eine Linie von A und eine von B gleich stark erscheinen. Dies ist z. B. in Abb. 25 bei einer Legierung von 0,0025% Kupfer in Blei für die Linien Cu 3247,5 und Pb 3240,2 der Fall. Ein solches Paar nennt Gerlach ein *homologes Linienpaar*. Stets, wenn dieses homologe Paar auftritt, wissen wir, daß das betreffende Spektrum von einer Legierung dieser bestimmten Konzentrationen von B in A herrührt. Dies gibt uns einen Fixpunkt der Konzentrationsbestimmungen. Für weitere Konzentrationen wird man weitere Linienpaare finden und sich so eine Analysentabelle aufstellen können. Die beschriebene Arbeitsweise verbürgt die Reproduzierbarkeit dieser Methode. Da man zu ihrer Ausführung der Testlegierung selbst nicht bedarf, bezeichnet man sie auch als die *absolute Methode der homologen Linienpaare.*

Zahlentafel 3. Tabellen homologer Linienpaare von GERLACH und SCHWEITZER.

a) Blei in Zinn.

Fixierungspaar: Sn^+ 3352 = Sn 3331

Pb	Sn	Atom-% Pb
2663	2661	10
2802	2851	3
4058	3801	2
2614	2594	1,3
2823	2765	1,3
2873	2765	0,6
2802	2765	0,1
4058	3656	0,06
2614	2637	0,02

b) Wismut in Zinn.

Fixierungspaar: Sn^+ 3352 = Sn 3331

Bi	Sn	Gew.-% Bi
3068	3009	10
2697	2765	7
2938	3142	3
2628	2637	0,5—0,7[2]
2938	2765	0,7
3068	3142	0,2[2]
2898	2896	0,1[1]
3068	3219	0,05[1]
3019	3219	0,04
3068	3224	0,007

c) Kadmium in Zinn.

Fixierungspaar: Sn^+ 3352 = Sn 3331.

Cd	Sn	Gew.-% Cd
3404	3331	10
3404	3656	2
3404	3142	1,5
3404	3219	0,5[2]
3466 / 3468	3656	0,3
3611 / 3615	3656	0,2
2288	2286	0,1[1]
3466 / 3468	3219	0,15
3404	3224	0,1[2]
3466 / 3468	3224	0,05[2]
2265	2282	0,007[1]

d) Zinn in Blei.

Fixierungspaar: Pb^+ 2562 = Pb 2657.

Sn	Pb	Gew.-% Sn
2572	2629	10
2422	2412	5
2572	2657	0,6
2422	2389	0,6
2707	2629	0,4
2355	2389	0,2
2707	2657	0,04

[1] Linienpaar aus Tabelle von D. M. SMITH. — [2] Linienpaar auch bei D. M. SMITH angegeben. — SMITH, D. M.: Metallurgical Analysis by the Spectrograph, London 1933.

Beim Aufsuchen solcher Linienpaare und beim Aufstellen von Analysentabellen muß man nun beachten, daß die benutzten Linien im Spektrogramm nicht zu weit auseinanderliegen, damit man sie gleichzeitig mit der Lupe betrachten kann. Auch ist die photographische Platte nicht an allen Stellen genau gleich empfindlich, so daß es von Vorteil ist, nicht zu weit auseinanderliegende Linien zu vergleichen. Als Fixierungspaar wählt man möglichst „variante" Linien, d. h. solche, die schon bei einer geringen Veränderung der Entladungsbedingungen ein anderes Intensitätsverhältnis zeigen. Als „homologe" Paare dagegen sucht man sich solche, die auch bei einer starken Veränderung der Entladungsbedingungen die Gleichheit der Intensität nicht verlieren.

In den Zahlentafeln 3 bis 10 sind einige bewährte Beispiele von Analysen mit Hilfe homologer Linienpaare zusammengestellt.

Zahlentafel 4. Tabellen homologer Linienpaare von SCHEIBE und NEUHÄUSER.

[Z. angew. Chem. Bd. 41 (1928) S. 1218.]

a) Silizium in Eisen.

Si	Fe	Gew.-% Si
2528,5	2521,7	3,7
2881,7	2880,7	1,2
2881,7	2926,6	0,8—0,88
2524,1	2523,6	0,5

b) Mangan in Eisen.

Mn	Fe	Gew.-% Mn
2933,0	2923,8	0,9
2939,3	2923,8	0,95
2949,4	2944,4	1,4

Zahlentafel 5. Tabellen homologer Linienpaare von K. Ruthardt[1].

Chrom in Eisen.

Fe⁺ 2926,6 = Fe 2929,0.

Cr	Fe	Gleichheit bei Gew.-% Cr
4254,3	4260,5	2
4254,3	4250,8	2
3578,7	3558,5	1,4
4289,7	4294,1	1
4289,7	4282,4	0,4
4289,7	4299,2	0,9
4274,8	4282,4	0,09
4254,3	4210,4	0,07
3593,5	3594,6	0,07
4254,3	4247,4	0,065
3578,7	3572,0	0,06
3578,7	3573,8	0,05

Nickel in Eisen.

Fe⁺ 2926,6 = Fe 2929,0.

Ni	Fe	Gleichheit bei Gew.-% Ni
3524,5	3526,1	etwa 2,8
3515,1	3521,3	,,　2
3515,1	3513,8	,,　1,7
3414,8	3407,5	,,　1,7
3524,5	3521,3	,,　1,2
3054,3	3055,3	,,　0,9
3446,3	3445,1	,,　0,75
3433,6	3422,7	,,　0,5
3472,6	3471,3	,,　0,45
3414,8	3413,1	,,　0,45
3510,3	3506,5	,,　0,35
3414,8	3404,4	,,　0,3
3050,8	3055,3	,,　0,3
3510,3	3508,5	,,　0,2

Mangan in Eisen.

Fe⁺ 2926,6 = Fe 2929,0

Mn	Fe	Gleichheit bei Gew.-% Mn	Mn	Fe	Gleichheit bei Gew.-% Mn
2605,7	2613,8	etwa 2,5	2949,2	2944,4	,,　0,6
2949,2	2947,2	,,　1,8	2576,1	2577,9	,,　0,55
2933,1	2936,9	,,　1,7	2939,3	2941,3	,,　0,45
2939,3	2936,9	,,　1,1	2576,1	2574,4	,,　0,4
2939,3	2944,4	,,　0,9	2593,7	2592,8	,,　0,25
2593,7	2591,6	,,　0,8	2933,1	2920,7	,,　0,2
2933,1	2941,3	,,　0,75			

d) In vielen Fällen macht sich bei der Methode der homologen Linienpaare störend bemerkbar, daß man bei linienarmen Elementen nicht genügend Paare findet, um die Konzentration so eng, wie man es wünscht, eingrenzen zu können. Man hilft sich dann mit der sog. Substitutionsmethode. Dabei wird das Spektrum der Probe mit dem eines ausreichend linienreichen Elementes gekoppelt. Diese Koppelung kann durch Zulegieren des Hilfselementes erfolgen, oder auch dadurch, daß man dieses lediglich zusammen mit der Probe auf der photographischen Platte aufnimmt. Den ersten Fall verwirklicht Smith[2]. Zur Untersuchung von Aluminium, das auf seine Verunreinigungen geprüft werden soll, wird diesem 1% Nickel zugesetzt, indem man abgewogene Mengen zusammenschmilzt. Um sicher zu sein, daß sich beim Zusammenschmelzen die Zusammensetzung nicht geändert hat, vergleicht man im Spektrum die Linien Ni 2375,4 und Al 2370,2, die intensitätsgleich sein müssen. Solche Linien nennt man *Koppelungspaar*. Die große Anzahl von Nickellinien erlaubt nun, eine ausreichende Zahl von Fixpunkten durch homologe Linienpaare festzulegen. Es wurden Tabellen für die Bestimmung von Kupfer, Eisen, Mangan, Silizium und Titan aufgestellt[3].

Auf ähnliche Weise wurde die Analyse von Kupfer auf Sb, As, Bi, Fe, Pb, Ni und Si, ferner von Blei auf Ag, Cd, Sb ausgeführt. Als Hilfsmetall diente in diesem Falle Zinn.

[1] Aus Seith-Ruthardt: Chemische Spektralanalyse. Berlin 1938.
[2] Smith, D. M.: J. Inst. of Met., Bd. 56 (1935) S. 119.
[3] Ausführliche Zahlentafeln bei D. M. Smith: Metallurgical Analysis by the Spectrograph.

Zahlentafel 6. Tabellen homologer Linienpaare von A. Günther.
[Z. anorg. Chem. Bd. 200 (1931) S. 409.] Fixierungspaar Pb + 2562 = Pb 2657.

a) Zink in Blei.

Zn	Pb	Gew.-% Zn
2558	2628	1,9
3075	3119	0,4[1]
2502	2389	0,3
3036	2980	0,25[2]
3282	3220	0,25[2]
3036	2926	0,12[1]
4678	5043	0,11
3303	3220	0,08
3345	3220	0,035[2]
3303	3262	0,015
3303	2657	0,0075[1]
3345	3262	0,0075
3345	2657	0,005[2]

b) Gold in Blei.

Au	Pb	Atom-% Au
3123	3240	1
2353	2254	0,9
2428	2412	0,81[1]
2428	2429	0,31[1]
2748	2657	0,25
3123	3119	0,16[1]
2676	3240	0,10[2]
2676	3262	0,04[1]
2676	2657	0,018[1]
2676	2927	0,0033

c) Thallium in Blei.

Tl	Pb	Atom-% Tl
2666	2657	11[1]
2709	2698	9,5[2]
3776	3740	5[2]
2826	2657	4,4[2]
2380	2389	2,5
3230	3240	1,8[1]
3776	4020	0,8[1]
3776	4168	0,3[1]
3230	2657	0,15
3519	3220	0,065[1]
2918	2927	0,045
3519	3262	0,02[1]
2768	2657	0,01[2]

d) Wismut in Blei.

Bi	Pb	Atom-% Bi
4122	4168	12[2]
3793	3786	11[1]
2401	2400	8[2]
2731	2657	5
3025	3221	1,5[2]
3025	3240	0,45[2]
2231	2254	0,35
3068	3221	0,07[2]
2938	2927	0,008
3068	3119	0,006
2989	2980	0,005
3068	2657	0,002

Mehrere Linien identisch mit einer früheren Tabelle von Gerlach und Schweitzer.

Zahlentafel 7. Tabellen homologer Linienpaare von W. Seith und E. Hofer.
[Z. Elektrochem. Bd. 40 (1934) S. 313.]
Nickel in Blei.

Ni	Pb	Atom-% Ni	Ni	Pb	Atom-% Ni
3233	3240	1,0[1]	3525	3221	0,17[1]
3233	3262	0,8[1]	3102	3240	0,10[2]
3493	3221	0,5[2]	3102	3262	0,08[2]
3370	3240	0,3[1]	3415	3240	0,07[2]
3102	3221	0,23[2]	3225	3240	0,07[1]
3370	3262	0,2[1]	3415	3262	0,06[2]
3415	3221	0,17[2]	3525	3262	0,06[1]

Es wurde ein Golddraht als Gegenelektrode verwandt.

e) Bei der zweiten Art der Substitutionsmethode, die von W. Gerlach stammt, wird die Hilfssubstanz nun nicht zulegiert, sondern es wird nur ihr Spektrum zusammen mit dem Spektrum der Probe aufgenommen, und zwar so, daß die Intensitäten der Linien der Grundsubstanz der Analysenprobe und die

---

[1] Linienpaar aus Tabelle von D. M. Smith.
[2] Linienpaar auch bei D. M. Smith vorhanden.

Zahlentafel 8. Tabellen homologer Linienpaare von W. Schuhknecht.
(Diss. Leipzig 1934.)

a) Kupfer in Blei.
Pb$^+$ 2562 = Pb 2657.

b) Blei in Kupfer.
Pb$^+$ 2562 = Pb 2657.

Cu	Pb	Gew.-% Cu	Pb	Cu	Gew.-% Pb
2618	2657	1,0	2204	2196	2
5106	5202	1,0	4058	4063,4 / 4062,8	1,3
5218	5202	0,7	3640	3602	1,3
3274	3221	0,012	4058	4023	0,8
3248	3221	0,009	2204	2182	0,8
3274	3240	0,005	2204	2201	0,4
3248	3240	0,003	3684	3602	0,4
3248	2657	0,001			

Zahlentafel 9. Tabellen homologer Linienpaare von R. Breckpot und G. Sempels.
[Bull. Soc. Chim. Belg. Bd. 46 (1937) S. 619.]

a) Wismut in Blei. Oxyde auf Kohle.
Bogen: 1 A, 25 V.

b) Verschiedene Metalle in Kobalt, Oxyde
auf Kohle im Bogen: 55 V, 1 A.

Bi	Pb	Gew.-% Bi	Fe	Co	Gew.-%
3068	3221	0,031	2788,11	2796,24	1
3068	3240	0,013	2788,11	2758,67	0,3
3068	3262	0,01	2788,11	2786,94	0,1
3068	3119	0,003	2966,90	2936,55	0,03
3068	3230	0,0011	Ni	Co	%
3068	2927	0,0003	2995,48	2995,15	1
			3003,62	3005,77	0,3
			2981,80	2982,26	0,3
			3002,49	3022,36	0,1
			2981,8	2999,5	0,03
			3002,49	2999,5	0,03
			3002,49	2979,05	0,01

Zahlentafel 10. Tabellen homologer Linienpaare von D. M. Smith.
(Metallurgical Analysis by the Spectrograph Brit. Non-Ferrous Met. Res. Associat. London
1935.)
Bestimmung verschiedener Metalle in Zinn.

Funken, Fixierungspaar: Sn 3331 = Sn$^+$ 3352.

Kohlebogen: 1,5 A, untere Kohle negativ.

Sb	Sn	Gew.-% Sb	Sb	Sn	Gew.-% Sb
2598,1	2594,4	3,0	2877,9	2761,8	3,0
3232,5	3218,7	3,0	2528,5	2523,9	2,5
2769,9	2761,8	2,2	2528,5	2531,1	1,5
2670,7	2637,0	1,5	2598,1	2558,1	0,5
2877,9	2761,8	1,5	2311,5	2282,2	0,4
2528,5	2523,9	0,5	2311,5	2368,2	0,1
3232,5	3223,6	0,5	2598,1	2368,2	0,1
2528,5	2455,9	0,4	2311,5	2333	0,04
2311,5	2357,9	0,1			
2528,5	2433,5	0,05			

Cu	Sn	Gew.-% Cu	Cu	Sn	Gew.-% Cu
2192,3	2282,2	0,2	3274,0	3141,8	0,2
3274,0	3141,8	0,1	3247,5	3141,8	0,01
3247,5	3141,8	0,02—3	3274,0	3218,7	0,01
3274,0	3218,7	0,01	3247,5	3218,7	0,005
3247,5	3218,7	0,005	3274,0	3223,6	0,005
3247,0	3223,6	0,001	3247,5	3223,6	0,001

der Hilfssubstanz in einem bestimmten Verhältnis stehen. Dieses wird dadurch festgelegt, daß eine bestimmte Linie des Grundmetalls und eine der Hilfssubstanz intensitätsgleich sein müssen (Koppelungspaar).

f) BRECKPOT[1] hat Verfahren zur Bestimmung von 30 Metallen in Kupfer ausgearbeitet. Da das Grundmetall nur verhältnismäßig wenige Linien hat, die zum Vergleich in Betracht kommen, stellt sich BRECKPOT mit Hilfe eines vor dem Spalt rotierenden Stufensektors stets mehrere Spektren her, die eine konstant abgestufte Belichtung haben und kann nun mehrere Schwärzungsstufen zum Vergleich heranziehen.

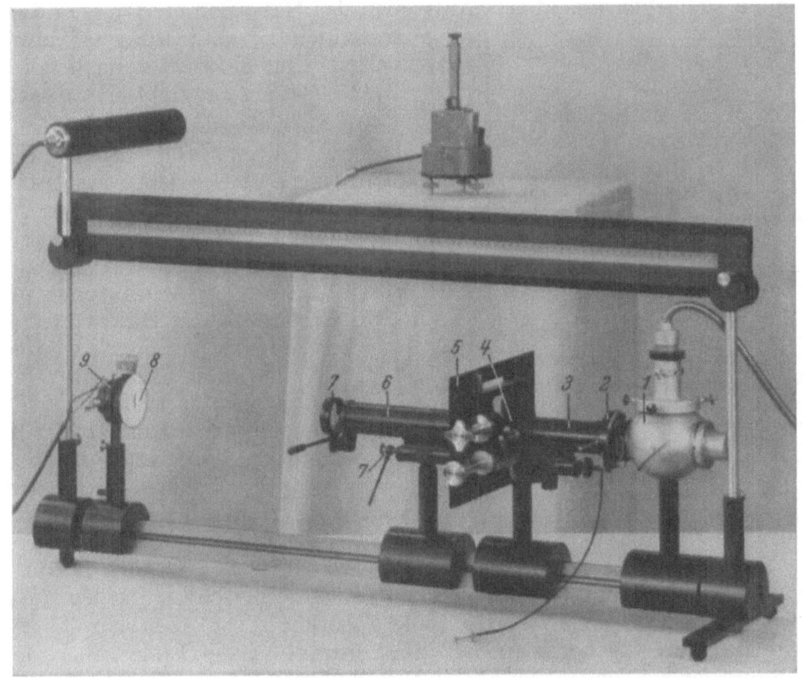

Abb. 28. Spektrallinienphotometer (Zeiß).

g) SCHEIBE und NEUHÄUSER[2] haben ein viel angewandtes Verfahren ausgearbeitet, bei dem vor dem Spektrographenspalt während der Aufnahme eine Scheibe rotiert, die einen Ausschnitt hat, der so geformt ist, daß die Belichtungszeit längs des Spaltes nach einer logarithmischen Funktion zunimmt. Damit wird die Länge der Spektrallinie auf der Platte proportional dem Logarithmus der Intensität. Die Differenz der Längen zweier Linien ist proportional dem Logarithmus ihres Intensitätsverhältnisses oder, was dasselbe ist, proportional der Differenz ihrer Schwärzungen. Es werden nun empirische Beziehungen zwischen der Differenz oder in manchen Fällen auch dem Verhältnis der Längen der Linien einerseits und der Konzentration andererseits graphisch aufgezeichnet und zur Analyse benutzt. Dabei ist allerdings nötig, einen mittleren günstigen Bereich der Linienlängen einzuhalten. Im zweiten Falle, wenn die

---

[1] BRECKPOT, R.: Ann. Chim., Bruxelles B Bd. 53 (1933) S. 219; Bd. 54 (1934) S. 99; Bd. 55 (1935) S. 16, 266; Bd. 56 (1936) S. 384. — Bull. Soc. chim. Belge Bd. 48 (1937) S. 619.

[2] SCHEIBE, G. u. NEUHÄUSER: Z. angew. Chem. Bd. 41 (1928) S. 1218.

Verhältnisse verglichen werden, muß die Belichtungszeit so gewählt werden, daß die Länge der Linie der Grundsubstanz stets die gleiche ist[1].

h) Ein weiteres Verfahren besteht darin, daß man die Linien, die man vergleichen will, mit einem Photometer ausmißt. Hierzu verwendet man die sog. Spektrallinienphotometer. Es sind dies Instrumente, die es erlauben, mit Hilfe einer Photozelle oder eines Thermoelementes die Schwärzung einer Spektrallinie zu messen. Ein solches Instrument zeigt Abb. 28[2]. Es soll hier genügen, darauf hinzuweisen, daß, sofern Linearität zwischen der Lichtintensität und dem Galvanometerausschlag besteht, der Logarithmus des Galvanometerausschlages als Maß für die Schwärzung der Linien verwendet werden kann. In manchen Betrieben macht das Aufstellen des Galvanometers wegen der auftretenden Erschütterungen Schwierigkeiten. Eine erschütterungssichere Aufstellungsart beschreibt Heidhausen[3].

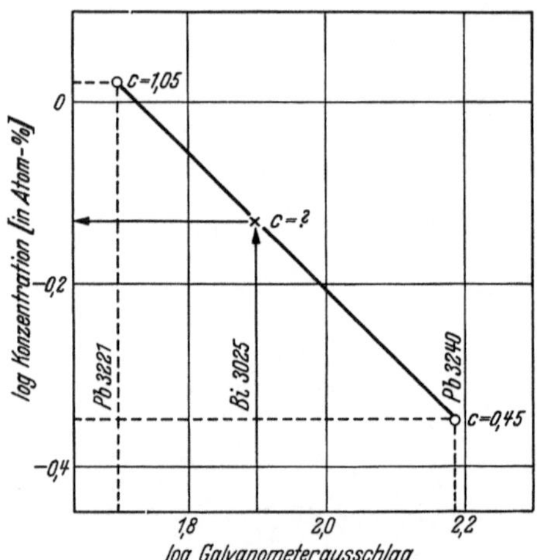

Abb. 29. Beispiel zum Dreilinienverfahren von Scheibe und Schnettler. Bi in Pb.

i) Es soll zunächst das sog. Dreilinienverfahren von Scheibe und Schnettler beschrieben werden[4]. Dieses Verfahren schließt sich eng an die Methode der homologen Linienpaare von Gerlach und Schweitzer an. Zur Ausführung des Verfahrens müssen zwei Fixpunkte mit Hilfe von homologen Linienpaaren festgelegt werden. Es sei z. B. bei der Konzentration von $x_1\%$ des Stoffes B in A die Linie b des Zusatzelementes intensitätsgleich mit der Linie a_1 der Grundsubstanz. Bei einer zweiten höheren Konzentration von $x_2\%$ B in A sei die Linie b des Zusatzelementes intensitätsgleich mit der Linie a_2 der Grundsubstanz.

Haben wir nun eine Legierung von B in A, deren Gehalt zwischen $x_1\%$ und $x_2\%$ liegt, so wird im Spektrum die Linie b stärker als a_1, aber schwächer als a_2 sein. Es wird nun angenommen, daß die Schwärzung der Linie linear mit dem Logarithmus der Konzentration ansteigt, so daß man die gesuchte Konzentration zwischen den Fixpunkten graphisch interpolieren kann. Zu diesem Zweck werden alle drei Linien photometriert und die Logarithmen der Galvanometerausschläge in eine graphische Darstellung als Ordinate so eingetragen, daß sie über die entsprechenden Konzentrationen, die in logarithmischem Maß auf der Abszisse aufgetragen sind, zu liegen kommen. Auf der Verbindungslinie der beiden Fixpunkte wird der Punkt, der der Schwärzung von b entspricht, aufgesucht. Die zu diesem Punkt gehörige Konzentration ist dann die gesuchte. In Abb. 29 ist eine Analyse von Bi in Pb dargestellt.

Das Verfahren eignet sich besonders für linienreiche Elemente, da dann die nötige Anzahl von Linien der verschiedensten Schwärzungsgrade zum Vergleich zur Verfügung steht. Bei den nicht so linienreichen Elementen kommt man schon beim Aufsuchen homologer Paare häufig in Verlegenheit, wenn das Grund-

[1] Scheibe, G.: Z. angew. Chem. Bd. 42 (1929) S. 1017.
[2] Über die Handhabung der Messung und Ableitung der Berechnung siehe z. B. Seith und Ruthardt: Chemische Spektralanalyse.
[3] Heidhausen, G.: Mitt. Forsch.-Anst. Gutehoffn., Bd. 5 (1937) S. 27.
[4] Scheibe, G. u. Schnettler: Arch. Eisenhüttenw. Bd. 4 (1931) S. 579. — Z. angew. Chem. Bd. 44 (1931) S. 145.

element keine Linien in der Nähe derer des Zusatzelementes aufweist, die sich zum Vergleich eignen. Diese Schwierigkeiten erhöhen sich beim Aufsuchen von Linien für das Dreilinienverfahren noch mehr.

k) SCHEIBE und SCHÖNTAG[1] haben noch ein weiteres Verfahren ausgearbeitet, bei dem nur zwei Linien benötigt werden, das sog. *Zweilinienverfahren*. Es wird dabei während der Aufnahme die eine Hälfte des Spektrographenspaltes mit einem Graufilter bedeckt, welches das Licht um einen bestimmten Bruchteil schwächt. Man erhält dadurch zwei Spektren übereinander, wobei alle Linien mit zwei Intensitäten auftreten, die im linearen Teil der Schwärzungskurve der Platte eine bestimmte, konstante Schwärzungsdifferenz aufweisen. Es werden nun folgende Fixpunkte bestimmt: Ein homologes Linienpaar a und b wie bei der Methode von GERLACH und SCHWEITZER, dann wird die Konzentration solange herabgesetzt, bis die Linie b im ungeschwächten Spektrum gleich der Linie a im geschwächten Spektrum ist. Im ersten Falle gilt: Schwärzung von a gleich der Schwärzung von b bei $x_1\%$, im zweiten Falle: Schwärzung von $a - \log k =$ der Schwärzung von b bei $x_2\%$. k ist dann der Schwächungsfaktor des Graufilters. Die weitere Auswertung erfolgt in der gleichen Weise wie beim Dreilinienverfahren. Die Vorteile des Zwei- und Dreilinienverfahrens sind: 1. Unabhängigkeit von dem Vorhandensein von Testlegierungen, wenn die Bedingungen einmal festgelegt sind, 2. Unabhängigkeit von der Steilheit ihrer Schwärzungskurve, die von der Plattensorte, Belichtungszeit und Entwicklungsart abhängt. Zur Auswertung des Zweilinienverfahrens gibt G. LIMMER[2] eine Methode an, bei der man Eichkurven erhält, welche vom Kontrastfaktor der Platte unabhängig sind.

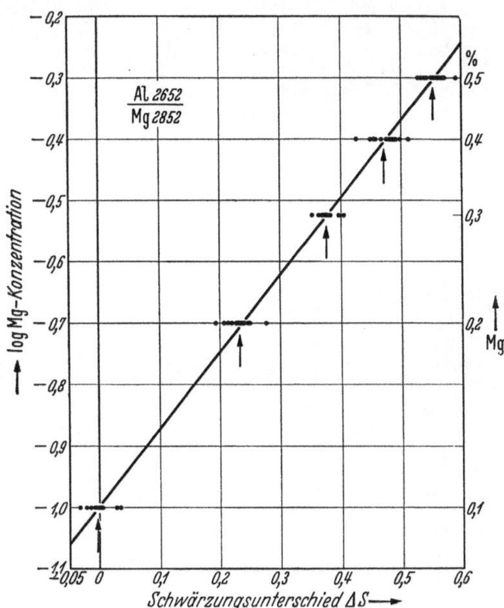

Abb. 30. Eichkurve bei direktem Schwärzungsvergleich.

l) Bei dem Verfahren des *direkten Schwärzungsvergleiches* geht man so vor, daß man eine Reihe von Legierungen bekannter Konzentrationen unter genau denselben Bedingungen auf einer Platte aufnimmt. Es werden nun zwei Linien herausgesucht, welche sich in ihrer Schwärzung nicht zu sehr unterscheiden, von denen wieder eine der Grundsubstanz und die andere dem Zusatz angehört. Für jede Legierung wird die Schwärzungsdifferenz dieser Linien gemessen, indem man den Logarithmus des Quotienten der Galvanometerausschläge bildet, und diese Werte gegen die Logarithmen der Konzentrationen in ein Diagramm einzeichnet (Abb. 30). Die Punkte lassen sich meist durch eine gerade Linie verbinden, die im folgenden als Eichkurve benutzt wird. Für Legierungen unbekannter Konzentration wird ebenfalls die Schwärzungsdifferenz der Analysenlinien bestimmt und der dazugehörige Wert der Konzentration aus der Zeichnung entnommen. Man verläßt sich dabei darauf, daß bei gleicher Einstellung des Funkenerzeugers, gleicher Elektrodenform und Elektrodenabstand der Entladungscharakter ausreichend konstant ist. Es ist wieder

---

[1] SCHEIBE, G. u. A. SCHÖNTAG: Arch. Eisenhüttenw. Bd. 8 (1934/35) S. 533.
[2] LIMMER, G.: Z. wiss. Photogr. Bd. 37 (1938) S. 41.

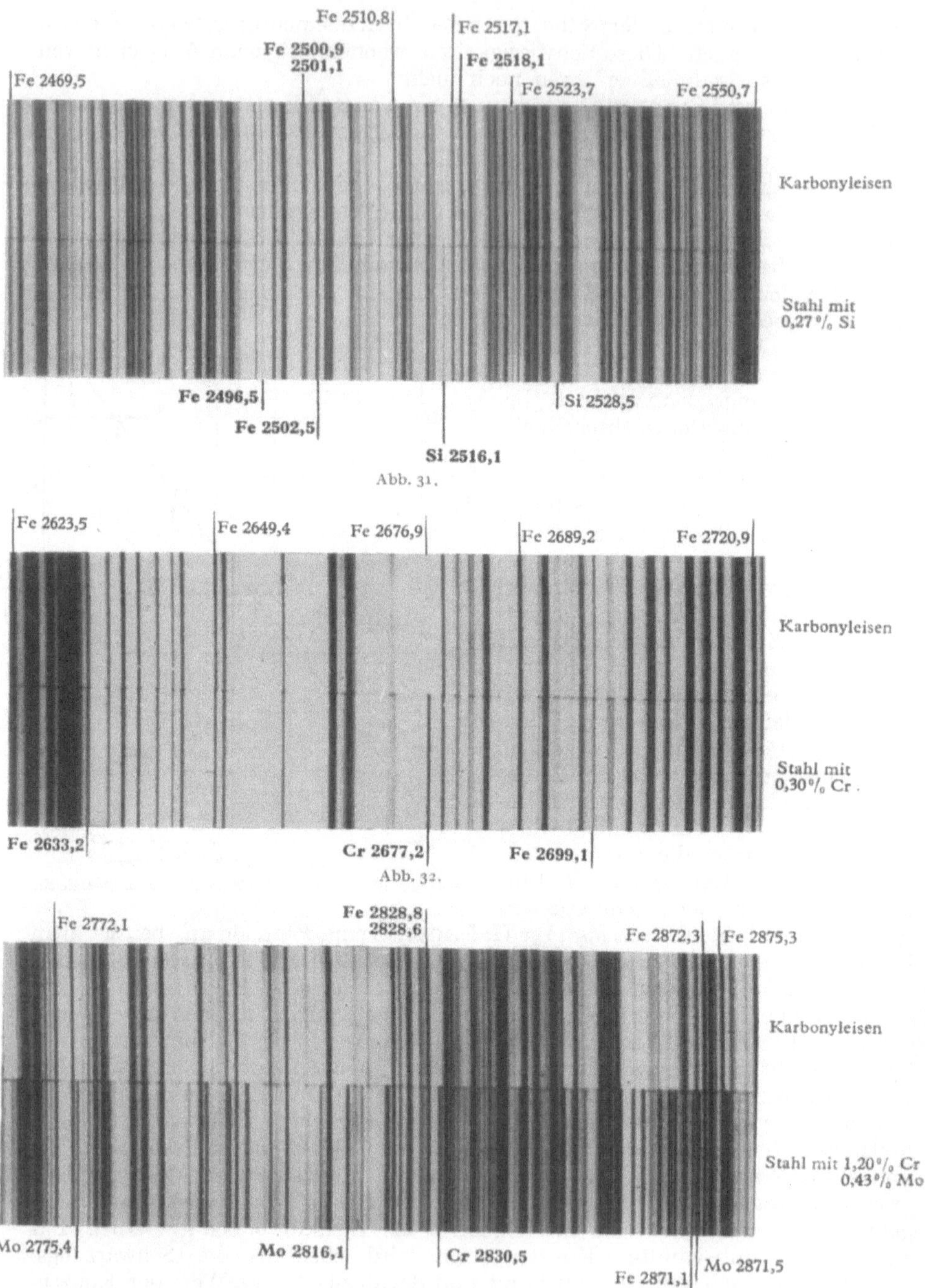

Abb. 31 bis 36. Analysenlinien der Zusatzelemente in legierten Stählen (Schliessmann und Zänker).

darauf zu achten, daß die Linien invariant sind. Bei diesem Verfahren liegt nur ein Punkt fest, nämlich derjenige, bei dem die Linien ein homologes Paar nach Gerlach und Schweitzer bilden. Die Steigung der Eichkurve hängt von

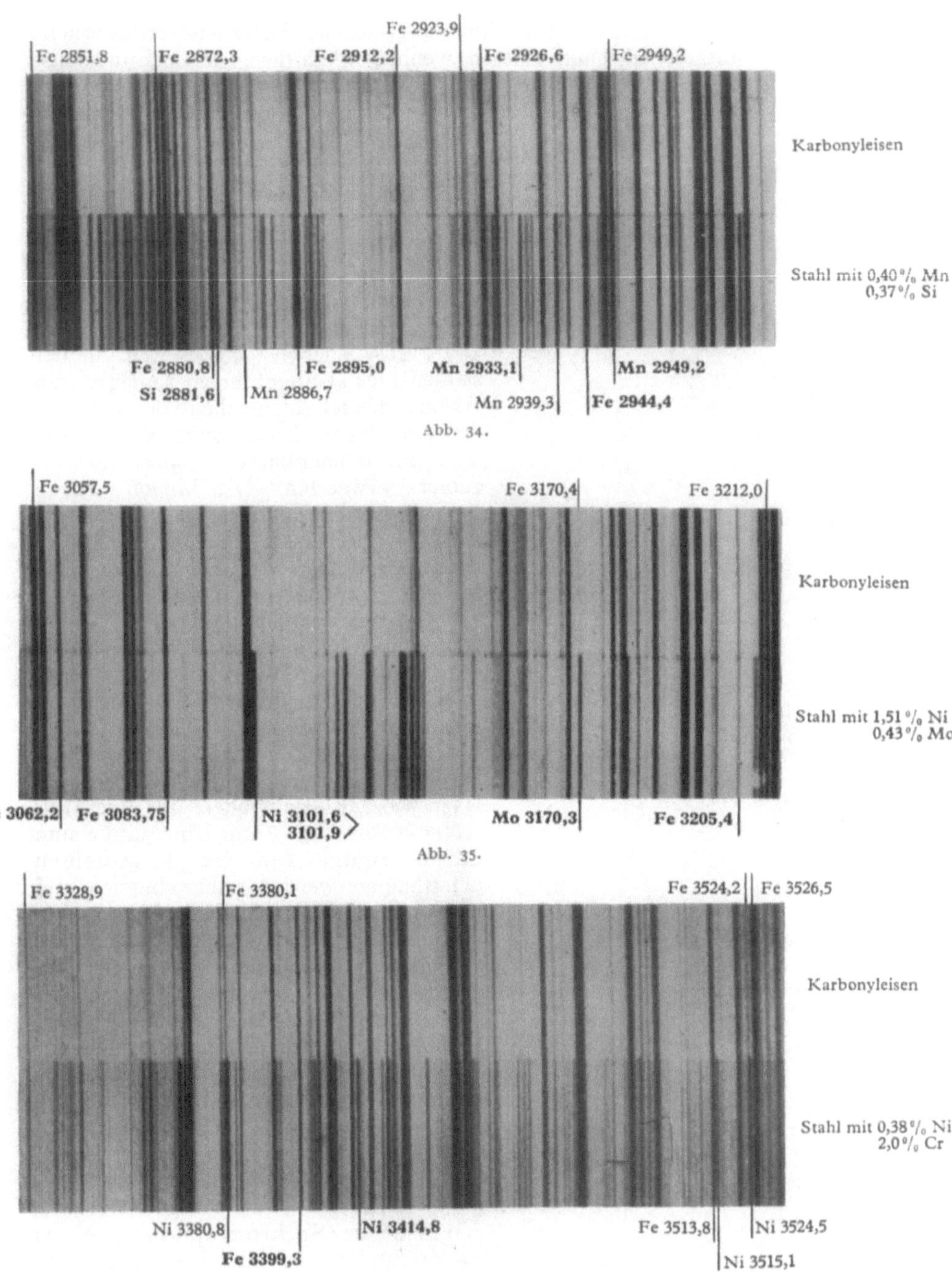

Abb. 34.

Abb. 35.

Abb. 36.

Abb. 31 bis 36. Analysenlinien der Zusatzelemente in legierten Stählen (SCHLIESSMANN und ZÄNKER.)

der Steigung der Schwärzungskurven der photographischen Platte, dem sog. Kontrastfaktor ab, und dieser ist vom Entwicklungsprozeß abhängig. Man wird deshalb stets auf der Platte mindestens eine Testlegierung mit aufnehmen

und dazu alle Handhabungen streng konstant halten. Hierzu ist erforderlich:
1. Verwendung stets der gleichen Platten, wenn möglich der gleichen Emulsionsnummer, 2. Einhaltung der gleichen Belichtungszeit, 3. Entwickeln mit stets
frischem Entwickler gleicher Konzentration und Temperatur, während der gleichen Zeit, 4. Fixieren, Wässern und Trocknen sind stets in der gleichen Weise vorzunehmen.

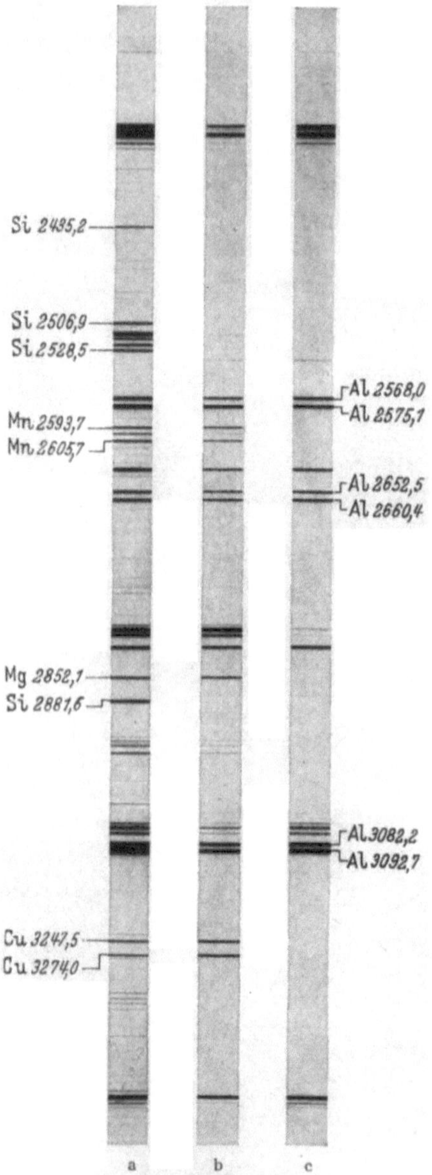

Es wird im allgemeinen nicht allzuschwer sein, sich für die Durchführung von quantitativen Analysen im Ultraviolett auf der Platte geeignete Linienpaare auszusuchen. Neben den in der Zahlentafel 11 angeführten Linienpaaren lassen sich auch solche, die in den Tabellen der homologen Linienpaare verzeichnet sind, im benachbarten Konzentrationsgebiet verwenden. Die Linien sind in Fe-Spektren oft nicht leicht aufzufinden, deshalb sind einige in Abb. 31 bis 36 wiedergegeben. Weitere Bilder finden sich in einer Arbeit von W. Holzmüller[1].

m) Den Schwierigkeiten, die beim Herstellen brauchbarer Testelektroden entstehen können, wie z. B. Abbrand einer Komponente, Seigerung, inhomogene Ausscheidung, kann man in manchen Fällen durch Anwendung der Methode von Scheibe und Rivas[2] aus dem Wege gehen. Dazu werden Elektroden aus spektralreiner Kohle von 5 mm Dmr. und 8 mm Länge benutzt. Auf ihre plangedrehten Oberflächen werden nach einem 1 min langen Vorfunken mit einer Mikropipette je 0,01 cm³ einer Lösung der Probe aufgebracht. Nachdem der Tropfen eingetrocknet ist, erfolgt Aufnahme bei einem genau eingestellten Elektrodenabstand von 2 mm. Der Vergleich der Aufnahmen mit solchen von Testlösungen kann wie bei anderen Methoden erfolgen.

n) Es sollen noch einige Bemerkungen über das Photometrieren gemacht werden. In üblicher Weise öffnet man bei Aufnahmen, die quantitativ ausgewertet werden sollen, den Spektrographenspalt etwas weiter als bei qualitativen Analysen, nämlich 0,03 bis 0,05 mm. Dies hat zur Folge, daß die Linien flächenhaft erscheinen und ihre Schwärzung über dem mittleren Teil ihrer Breite konstant ist. Der Spalt der Photozelle darf nun nicht breiter geöffnet werden, als dieser

Abb. 37 a bis c. Die wichtigsten Begleitmetalle des Aluminiums. a Silumin; b Duralumin; c Reinalumin.

---

[1] Holzmüller, W.: Z. anal. Chem. Bd. 115 (1938) S. 81.
[2] Scheibe, G. u. Rivas: Z. angew. Chem. Bd. 49 (1936) S. 443.

Zahlentafel 11. Einige Linienpaare zur quantitativen Analyse im U.V.-Gebiet.

Grundmetall	Zusatz	λ_1	λ_2	Konzentrations-bereich	Anregung
Eisen	Kohlenstoff . .	2298,2	2297,0	—	Funken
	Silizium . . .	2496,5	2516,1	0,2 — 1,0	,,
		2518,1	2516,1	0,6 — 1,8	,,
		2501,1	2516,1	0,6 — 1,8	,,
		2502,5	2516,1	0,9 — 2,9	,,
		2895,0	2881,6	0,2 — 1,8	,,
		2880,8	2881,6	0,4 — 1,8	,,
		2926,6	2881,6	0,6 — 1,8	,,
		2912,2	2881,6	0,2 — 1,8	,,
		2872,3	2881,6	0,4 — 1,8	,,
	Mangan . . .	3062,2	2933,1	0,2 — 1,6	,,
		2944,4	2949,2	0,2 — 2,2	,,
	Nickel	3399,3	3414,8	0,2 — 1,2	,,
		3083,75	3101,6/9	0,8 — 5,0	,,
	Chrom	2699,1	2677,2	0,18— 0,7	,,
		2633,2	2677,2	0,18— 0,9	,,
		2828,6/8	2830,5	0,7 — 3,6	,,
	Molybdän. . .	2828,6/8	2816,1	0,18— 0,6	,,
		3205,4	3170,3	0,15— 1,1	,,
	Aluminium . .	3075,7	3092,7	—	,,
Aluminium . .	Silizium . . .	3050,1	2881,6	0,02— 0,5	,,
		2652,5	2516,1		Bogen
	Magnesium . .	2816,2	2790,8	—	Funken
		2660,4	2779,8	3 —13	,,
		2652,5	2852,1	0,02— 3	,,
	Mangan . . .	3050,1	2949,2	—	,,
	Titan	3050,1	3361,2	—	,,
		3050,1	3349,0	—	,,
	Kupfer	2660,4	3247,5	0,01— 2	,,
	Silber	2652,5	3280,7	0,2 — 5	—
	Zink	2652,5	3345,0	0,3 — 2,	Funken
				0,02— 2	Bogen
Magnesium . .	Aluminium . .	2915,5	3082,2	—	Stufenfilter
Zink	Aluminium . .	3072,1	3082,2	<2,3%<	Funken
	Kupfer	3075,9	3274,0	<0,22%<	,,
	Magnesium . .	2800,8	2795,5	<0,025%<	,,
Antimon . . .	Arsen	2293,5	2349,8	0,02—0,3	,,
Kupfer	Beryllium. . .	2618,4	2651	—	Funken, Stufenfilter

mittlere konstante Teil der Linie auf dem Schirm der Photozelle erscheint. Es
entspricht dies in der Regel dem dritten Teil der scheinbaren Linienbreite. Die
gemessene Schwärzung der Linie muß in dem Bereich liegen, in dem die
Schwärzungskurve einen linearen Verlauf hat. Kennt man diese nicht, so hält
man sich an die Regel, daß der Galvanometerausschlag auf der Linie $1/3$ bis
$1/100$ des Wertes betragen soll, den eine schleierfreie Stelle der Platte ergibt.

o) In manchen Fällen kann man die quantitative Analyse im sichtbaren
Gebiet ausführen, was eine wesentliche Zeitersparnis darstellt. O. SCHLIESS-
MANN[1] stellt z. B. Tabellen auf, mit denen man durch okularen Vergleich von
Linien im Stahlspektroskop eine halbquantitative Analyse des Stahles auf
Al, Co, W, Cr, V, Mo, Ti, Ni, Mn und Cu ausführen kann. Zur Photometrierung

---

[1] SCHLIESSMANN, O.: Arch. Eisenhüttenw. Bd. 8 (1934/35) S. 159.

im sichtbaren Spektrum haben Scheibe und Limmer[1] ein Spektralphotometer konstruiert (Abb. 38). Es ist ein Glasspektroskop, dessen Fernrohr als Photometer ausgebildet ist. Man erblickt darin zwei Spektren der beobachteten Substanz übereinander. Man kann nun zunächst durch seitliches Verschieben

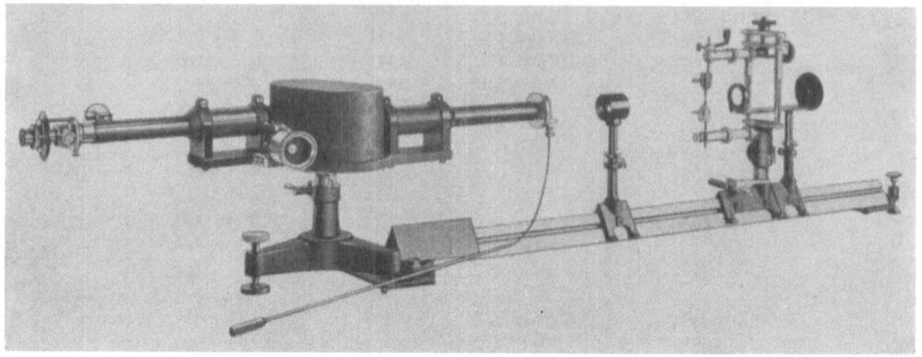

Abb. 38. Spektralapparat mit visuellem Photometer (Scheibe, Fueß).

die Linien, die man vergleichen will, untereinander bringen. Da die beiden Spektren aus senkrecht zueinander polarisiertem Licht bestehen, kann man sie durch Drehen eines Nikols so in ihrer Intensität verschieben, daß die beiden zu vergleichenden Linien gleich intensiv erscheinen. Die Funktion zwischen Konzentration und Stellung des Nikols dient zur Analyse. Die von Scheibe und Limmer zur Analyse verwendeten Linien sind in der Zahlentafel 12 zusammengestellt.

Ein weiteres Verfahren, das die photographische Platte vermeidet, wurde von G. Thanheiser und Heyes[2] angegeben. Das Licht wird mit dem Stahlspektroskop zerlegt und die Intensität der Analysenlinie direkt photoelektrisch gemessen. Das Verfahren ist bisher für die Bestimmung von Chrom, Mangan und Kupfer in Eisen ausgearbeitet.

Zahlentafel 12.
Linien für die Eichkurven.

Zusatz-Element	Linie in Å	Eisenlinie in Å
V	4379,24	4404,754
V	6090,25	6065,490
Cr	5345,80	5324,188
Cr	5206,039	5227,191
Mn	4823,523	4859,750
Mo	6030,66	6065,490
		Bleilinie
Cd	5085,823	5201,47

C. Fehlermöglichkeiten bei der Spektralanalyse.

In den Laboratorien, welche serienmäßig Spektralanalysen ausführen, hält man am besten stets eine einmal ausgearbeitete Arbeitsvorschrift möglichst streng ein, wodurch Fehler am ehesten ausgeschaltet werden. Trotzdem soll man sich bei der Beurteilung einer Methode alle Fehlermöglichkeiten vor Augen führen. Die Kenntnis der möglichen Fehler stellt die beste Grundlage für das richtige Ausführen der Analysen dar.

Die Fehlermöglichkeiten lassen sich in mehrere Gruppen zusammenfassen, und zwar am besten nach den einzelnen Handhabungen, bei denen sie auftreten.

[1] Scheibe, G. u. G. Limmer: Metallwirtsch. Bd. 9 (1932) S. 107. — Arch. Eisenhüttenw. Bd. 2 (1932) S. 35.
[2] Thanheiser, G. u. Heyes: Mitt. K.-Wilh.-Inst. Eisenforschg. Bd. 19 (1937) S. 113.

Es sind dies: 1. die Probenahme, 2. die Lichtanregung, 3. die Lichtleitung, 4. die photographische Aufnahme, 5. die Photometrierung und Auswertung. Es ist hier ein Beispiel einer quantitativen Analyse nach der üblichen Methode gewählt, eine Übertragung des Gesagten auf eine andere Methode ist jedoch leicht möglich.

1. Probenahme. Bei der Probeentnahme ist zu bedenken, daß von der Elektrode, die wir verwenden, nur ein minimaler Bruchteil an einer bestimmten, eng begrenzten Stelle verbraucht wird. Bei Proben, bei denen man nicht sicher ist, ob die Zusammensetzung überall streng die gleiche ist, wird man am besten mehrere Elektroden entnehmen oder mehrere Stellen anfunken. Bei Gußproben wähle man die Proben möglichst aus der Mitte von Blöcken, die frei von Seigerungen sind. Bei der Überwachung der Gießerei lasse man sich von jeder Charge einen Probeguß in eine besondere Kokille gießen, in der sie rasch in einer

Form erstarrt, die schon an die Elektrodenform angeglichen ist, so daß kein weiterer Zeitverlust entsteht[1] (Abb. 39). Man beachte bei der Form, daß der „verlorene Kopf" ausreichende Größe hat und die Elektroden aus dem einwandfreien Teil des Gusses entnommen werden. Auch die Form der Elektroden ist nicht gleichgültig. Man halte sie ebenfalls genau konstant.

2. Lichtanregung. Über die elektrische Anregung wurde schon ausführlich berichtet. Es ist ihr große Aufmerksamkeit zuzuwenden. Außer der Einstellung der elektrischen Anlage ist noch die Form der Elektroden selbst von großem Einfluß auf die Anregungsart. Zu-

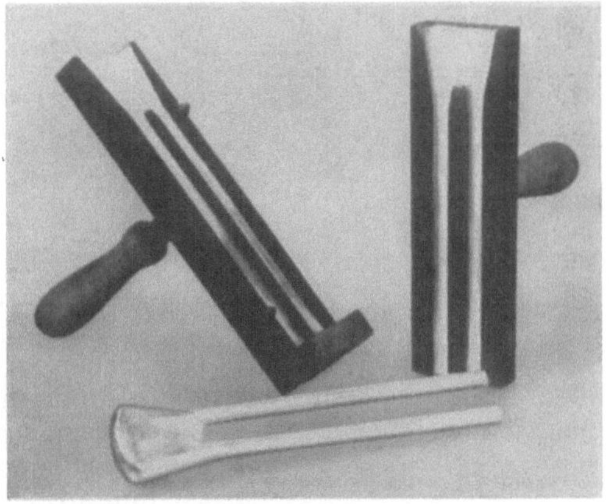

Abb. 39. Kokille zum Gießen von Elektroden (v. ZEERLEDER).

nächst ist ihr Abstand mit einer Lehre stets auf Konstanz zu kontrollieren. Der übliche Abstand liegt zwischen 2 und 4 mm. Große Abstände führen leicht zu unregelmäßigem Funkenübergang. Früher verwendete man meist meißelförmige Elektroden, da der auf ihrer Fläche hin- und herlaufende Funke stets in der optischen Achse bleibt. Da ihre Herstellung jedoch zeitraubend ist, kommt ihre Verwendung in der Praxis häufig nicht in Frage. Man bevorzugt dort Formen, die sich auf der Drehbank herstellen lassen, wie Rundstäbe mit abgerundeten Kuppen oder kegelstumpfförmigen oder abgesetzten Enden. Ihr Durchmesser beträgt 3 bis 6 mm; er soll nicht zu klein sein, damit die Wärme gut abgeleitet wird. Andererseits soll die Endfläche nicht zu groß sein, damit sie vom Funken gleichmäßig durchgearbeitet und abgebaut wird. Scharfe Ecken und Kanten soll man stets vermeiden.

Manche Schwierigkeiten verursachen die sog. Abfunkeffekte. Es sind dies die Veränderungen, die der Funkenübergang besonders in der ersten Zeit nach dem Einschalten erleidet, und die sich auf die Lichtaussendung auswirken. Wenn eine Elektrode aus einem einheitlichen Metall, z. B. Zink[2] angefunkt wird, erwärmt sie sich, und schon diese Erwärmung genügt, um den Entladungscharakter etwas zu ändern. Die relativen Intensitäten der einzelnen Linien zueinander

---

[1] Die Abbildung verdanke ich der Freundlichkeit von Herrn Prof. VON ZEERLEDER, Neuhausen (Schweiz).

[2] GERLACH: Metallwirtsch. Bd. 16 (1937) S. 1068.

werden etwas verschoben. Ebenso ist das natürlich bei den Linien zweier Elemente einer Legierung der Fall, was eine Analyse empfindlich beeinflussen kann.

Ferner ist bei heterogenen Legierungen beobachtet, daß im Anfang der Abbau der einzelnen Phasen nicht gleichmäßig erfolgt[1]. Besonders die ersten Überschläge bevorzugen bestimmte Stellen des Gefüges. Nach längerem Funken stellt sich jedoch fast stets ein Gleichgewicht ein, wenn die Elektrode gleichmäßig durchgearbeitet ist, wie es z. B. Abb. 40 zeigt[2].

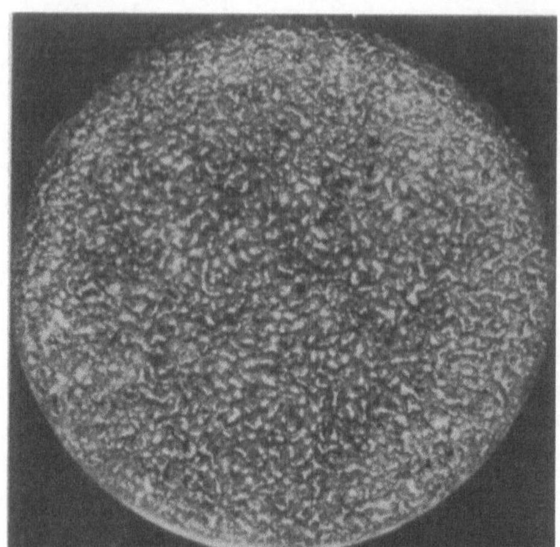

Abb. 40. Oberfläche einer gleichmäßig durchgefunkten Elektrode (KAISER).

Noch ein weiterer Effekt, der auf der starken Erhitzung der Elektrodenoberfläche beruht, gehört hierher. Es ist die fraktionierte Destillation, der besonders dann Beachtung zu schenken ist, wenn die Probe Metalle von sehr verschiedenem Dampfdruck enthält.

Außer der fraktionierten Destillation kann in bestimmten Fällen eine fraktionierte Oxydation auftreten[3]. Diese bedingt ebenfalls einen ungleichmäßigen Werkstoffabbau oder eine ungleichmäßige Bedeckung der Elektrodenoberfläche mit Oxyd. Auch diese Effekte können nach einigen Minuten zu einem Gleichgewicht führen, wie man sich leicht überzeugen kann, wenn man von den gleichen Proben mehrere Aufnahmen unmittelbar hintereinander ausführt und ausphotometriert (Abb. 41). SCHLIESSMANN und ZÄNKER[4] haben die Effekte an Eisenlegierungen verfolgt. Sie treten hauptsächlich bei der Siliziumbestimmung und in geringerem Maße bei Mangan auf. Bei Nickel, Chrom und Molybdän sind sie sehr gering. Ihre Ergebnisse an Eisen-Siliziumlegierungen decken sich mit den Erfahrungen von SCHEIBE und SCHÖNTAG[5]. Ein weiteres Bild (Abb. 42) zeigt die Veränderung der Intensität der Magnesiumlinien in Silumin während des Abfunkens[6]. Will man demnach reproduzierbare Analysenwerte erhalten, dann muß man die Proben vor der Aufnahme solange abfunken, bis der Gleichgewichtszustand erreicht ist. Die Abfunkzeit ist außer vom Material noch von der Größe der angefunkten Fläche abhängig, die man aus diesem Grunde

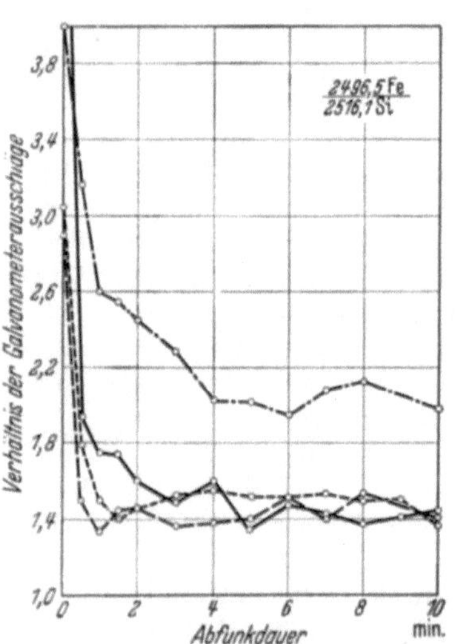

Abb. 41. Abfunkeffekt an Eisen-Silizium-Legierungen (SCHLIESSMANN und ZÄNKER).

[1] WINTER: Z. Metallkde. Bd. 29 (1937) S. 341. — SEITH u. BEERWALD: Z. Elektrochem. Bd. 43 (1937) S. 342.
[2] KAISER, H.: Metallwirtsch. Bd. 16 (1937) S. 1097.
[3] SCHEIBE u. SCHÖNTAG: Arch. Eisenhüttenw. Bd. 8 (1934/35) S. 533.
[4] SCHLIESSMANN u. ZÄNKER: Krupp-Mitt. Bd. 5 (1937) S. 67. — Arch. Eisenhüttenw. Bd. 10 (1936/37) S. 345.
[5] SCHEIBE u. SCHÖNTAG: Arch. Eisenhüttenw. Bd. 8 (1935) S. 536.
[6] WINTER: Z. Metallkde. Bd. 29 (1937) S. 348.

nicht zu groß wählt. In manchen Fällen läßt sich der Abfunkeffekt durch Tempern und Abschrecken der Legierungen herabsetzen, sofern diese sich auf diese Weise homogenisieren lassen[1].

Setzt man einer Legierung aus zwei Bestandteilen A und B einen dritten zu, so kann dadurch unter Umständen das Intensitätsverhältnis der Linien von A und B beeinflußt werden. Beispiele dafür sind: Si in Stahl oder Hartguß[2], Mg in Al bei Anwesenheit von Si[3], Mg in Al bei Anwesenheit von Zn, As in Pb bei Anwesenheit von Sb[4], Sn in Pb bei Anwesenheit von Sb und Sb in Pb bei Anwesenheit von Sn[5].

3. Der Lichtweg. Auf dem Wege des Lichts in den Spektrographen können bei sorgfältiger Aufstellung der Apparatur kaum nennenswerte Fehler auftreten, die das Intensitätsverhältnis der Linien, also die quantitative Analyse, beeinflussen können. Beim Funken soll, wie Feussner[6] hervorhebt, Licht aller Teile desselben ungehindert in den Spektralapparat gelangen, da die Intensität der Linien aus verschiedenen Teilen des Funkens sehr verschieden sein kann[7] und nur beim Erfassen des ganzen Funkens ein reproduzierbarer Durchschnittswert erhalten wird. Da diese Schwankungen jedoch hauptsächlich in der Nähe der Elektrodenoberfläche auftreten, so kann man unter Umständen auch den umgekehrten Weg gehen, indem man nur einen schmalen Streifen aus der Mitte des Funkens benutzt.

Für das spätere Photometrieren ist es wichtig, daß der Spalt gleichmäßig ausgeleuchtet ist. Man erreicht dies am besten dadurch, daß man mit Hilfe einer Linse das Bild des Funkens im Kollimator entwirft.

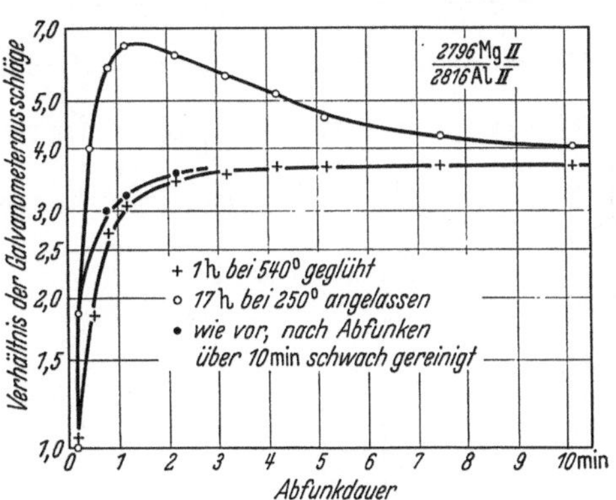

Abb. 42. Abfunkeffekt an Aluminium-Magnesium-Legierungen (Winter).

4. Die photographische Platte. So vollkommen uns die photographische Platte in der Photographie zur Wiedergabe von Bildeindrücken erscheint, hat sie doch empfindliche Mängel, wenn es sich darum handelt, Lichtintensitäten durch Messung zu vergleichen. A. Schöntag[8] untersuchte die Platten auf ihre Eignung zur quantitativen Spektralanalyse. Die auftretenden Schwankungen bedingen im Analysenresultat einer quantitativen Analyse ungefähr $\pm 3\%$ mittleren Fehler. Nach H. Kaiser[9] beträgt dieser mittlere Fehler etwas weniger, nämlich $\pm 0{,}83\%$. Da er sehr stark davon abhängt, ob die Platte gleichmäßig vom Entwickler bespült wird, empfiehlt es sich stets, die Platten in einer geräumigen Schale mit reichlich Entwicklerflüssigkeit unter gleichmäßiger Bewegung zu baden und die Randpartien, die den Schwankungen infolge ungleicher Bespülung und durch den Randschleier am stärksten unterworfen sind, nicht zur

---

[1] Seith u. Beerwald: Z. Elektrochem. Bd. 43 (1937) S. 342. — Scheibe u. Schöntag: Metallwirtsch. Bd. 15 (1936) S. 139.

[2] Scheibe u. Schöntag: Arch. Eisenhüttenw. Bd. 8 (1935) S. 537.

[3] Winter: Z. Metallkde. Bd. 29 (1937) S. 341.

[4] Balz: Z. Metallkde. Bd. 30 (1938) S. 207 u. 210.

[5] Breckpot: Ann. Soc. Sci. Bruxelles Bd. 57 (1937) S. 295.

[6] Feussner, O.: Arch. Eisenhüttenw. Bd. 6 (1933) S. 555.

[7] Beerwald, A. u. W. Seith: Z. Elektrochem. Bd. 44 (1938) S. 814.

[8] Schöntag, A.: Diss. München 1936.

[9] Kaiser, H.: Z. techn. Phys. Bd. 17 (1936) S. 227.

Auswertung heranzuziehen. Daß bei der quantitativen Analyse das Gebiet linearer Schwärzung der photographischen Platte nicht überschritten werden darf, wurde schon erwähnt. Es muß ferner beachtet werden, daß die Empfindlichkeit der photographischen Platte, d. h. die Steilheit der Schwärzungskurve nicht für alle Wellenlängen gleich groß ist. Dies ist, wie Abb. 43 zeigt, nur für das Gebiet von 2500 bis 3200 Å der Fall. Außerhalb dieses Gebietes wird man nur Linien vergleichen dürfen, die nahe beieinander liegen und auch stets annähernd die gleiche Absolutschwärzung aufweisen.

5. Photometrieren. Wenn die, zu dem benutzten Photometer gehörenden Meßvorschriften genau befolgt werden, können beim Photometrieren kaum Fehler unterlaufen. Es ist nur zu beachten, daß die Spannung der Lichtquelle konstant bleibt und daß diese vor der Messung schon so lange (15 bis 30 min) in Betrieb ist, daß sie mit konstanter Helligkeit brennt. Die Fehler, die beim weiteren Auswerten der Resultate unterlaufen können, sind lediglich Irrtümer und Rechenfehler, die man zwar nie ganz ausschließen, aber dadurch, daß man stets ein bestimmtes System der Rechnung, Zeichnung und Kontrolle einhält, weitgehend einschränken kann. Enthält eine Legierung mehr als zwei Bestandteile, so ist zu berücksichtigen, daß die Analysentabelle stets die Konzentration des Zusatzes in dem Grundmetall so angibt, als wären nur die beiden vorhanden.

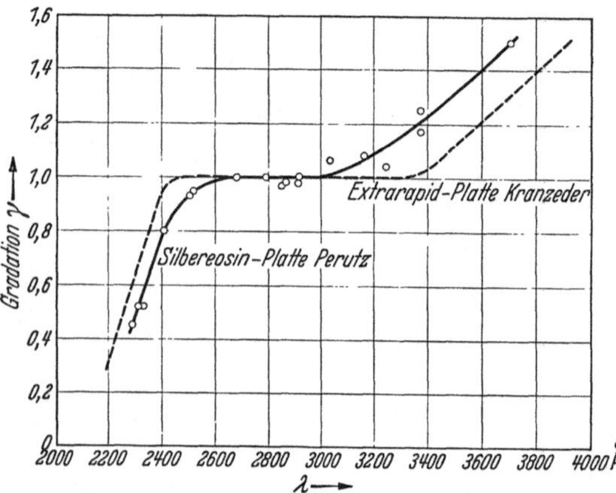

Abb. 43. Gradation der Photoplatte in verschiedenen Spektralgebieten.

6. Zusammenfassendes über Fehlermöglichkeiten. Bei den auftretenden Fehlern muß man zwei Arten unterscheiden, erstens solche, die daher rühren, daß irgend etwas „falsch" gemacht wurde. Genaue Kenntnisse des Verfahrens, Erfahrung und Übung werden sie nach Möglichkeit ausschließen. Anders ist es mit der zweiten Art, die auf zufälligen Schwankungen aller möglicher Bedingungen beruhen und die natürliche Streuung der Meßergebnisse darstellen. Diese sind durch die Methode, die Apparatur, das Material und unsere eigene Beobachtungsfähigkeit gegeben. Sie sind nicht zu vermeiden, dafür aber in ihrer Größe abschätzbar, wenn man eine größere Anzahl gleichartiger Messungen ausführt, so daß die Gesetze der Statistik angewendet werden können. Während Schöntag[1] eine Untersuchung einer Reihe von Fehlermöglichkeiten anstellte, gibt H. Kaiser[2] einen Überblick über die statistisch erfaßbaren Fehler. Bei einem sehr günstig gelegenen und sorgfältig ausgeführten Beispiel, dem eine sehr große Zahl von Aufnahmen zugrunde lag, wurde folgendes Ergebnis erzielt. Der mittlere Fehler der Ausmessung macht nur ± 0,2% aus. Die Ungleichmäßigkeit der Platte ± 0,83, des Funkens ± 0,73 und der Probe ± 1,28%. Hieraus ergibt sich ein mittlerer Fehler der einzelnen Analyse zu ± 1,70%. Dieses Ergebnis ist überaus günstig und wird nicht in allen Fällen erreichbar sein, doch wird man in vielen Fällen mit ± 3 bis 5% rechnen dürfen. Es sei

---

[1] Schöntag, A.: Diss. München (1936).
[2] Kaiser, H.: Z. techn. Phys. Bd. 17 1936 S. 227.

daran erinnert, daß der mittlere Fehler aus einer größeren Reihe von Einzelmessungen nach:

$$m^2 = \frac{\Sigma\,\Delta_i^2}{n-1}$$

berechnet wird, wo m der mittlere Fehler, n die Anzahl der Messungen und Δ die einzelne Abweichung des Resultates vom Mittelwert ist. Wenn man die Genauigkeit der Spektralanalyse angeben will, so ist es am empfehlenswertesten, den mittleren Fehler zu nennen. Man weiß dann definitionsgemäß, daß $^2/_3$ der· Einzelmessungen kleinere und $^1/_3$ größere Abweichungen vom Mittelwert, der dem wahren Wert am nächsten kommt, haben werden. Die „größte" Abweichung, die in einer Reihe auftritt, kann dagegen als solche nicht zur Charakterisierung der Methode herangezogen werden. Will man sich dennoch eine Größe

vorstellen, die mit großer Wahrscheinlichkeit nicht überschritten wird, dann kann man sich vor Augen führen, daß Fehler, die das $2^1/_2$fache des mittleren Fehlers überschreiten, etwa eine Wahrscheinlichkeit von einer auf hundert Analysen haben. In diesem Verhältnis 1 zu 2,5 stehen auch häufig die Angaben über den „mittleren" und den „größten" Fehler.

Häufig wird die Genauigkeit der Spektralanalyse mit der chemischen Analyse verglichen. Hier kann zunächst die Streuung der Werte mehrerer Analysen, die nach der einen oder anderen Methode ausgeführt sind, bestimmt werden. Es lassen sich dann die beiden Methoden durch Vergleich der mittleren Fehler beurteilen. Die andere Frage, welche Methode dem „wahren" Wert der Zusammensetzung am nächsten kommt, ist

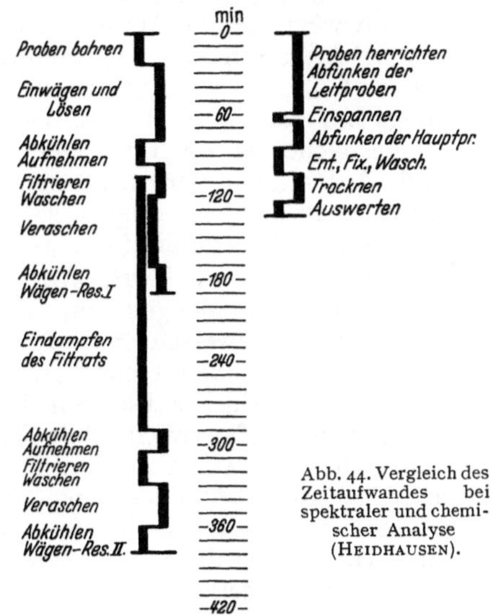

Abb. 44. Vergleich des Zeitaufwandes bei spektraler und chemischer Analyse (Heidhausen).

dahin zu beantworten, daß eine Spektralanalyse überhaupt nur möglich ist, wenn schon Proben bekannten Gehaltes vorliegen. Diese Leitproben müssen entweder chemisch analysiert oder nach genauer Einwaage zusammengeschmolzen sein. Die Spektralanalyse kann demnach niemals genauer sein als die Leitproben. Es ist jedoch zu bedenken, daß die Herstellung und Analyse der Leitproben eine einmalige Arbeit darstellt, die wesentlich exakter sein kann als eine serienmäßig ausgeführte Betriebsanalyse.

Einen eingehenden Vergleich der Anwendung der chemischen Analyse und der Spektralanalyse im Betrieb an Siliziumbestimmungen im Grauguß gibt G. Heidhausen[1], bei der vor allem die Zeitersparnis deutlich vor Augen geführt wird. In Abb. 44 ist ein Diagramm dargestellt, das den Zeitaufwand bei beiden Verfahren veranschaulicht. Sicherlich liegen noch weitere, eingehende Untersuchungen solcher Art vor, die jedoch nicht veröffentlicht sind. Auch die Frage der Wirtschaftlichkeit spielt eine große Rolle. Sie wird im wesentlichen von der Zahl der Analysen abhängen. Nach Lay und Keil[2] werden mit einer Apparatur in einem Jahr 12 000 Proben von Aluminiumlegierungen auf jeweils mehrere Bestandteile analysiert, was wohl ungefähr 40 000 Einzelergebnissen entspricht.

[1] Heidhausen, G.: Metallwirtsch. Bd. 16 (1937) S. 37.
[2] Lay u. Keil: Aluminium (1937) S. 749.

D. Spezielle Verfahren.
1. Steigerung der Empfindlichkeit.

a) Der spektralanalytische Nachweis ist außerordentlich empfindlich. Es lassen sich z. B. im Kupfer eine Reihe von Elementen wie Blei und Silber bis zu einer Verdünnung von $10^{-4}\%$ nachweisen, Magnesium sogar bis $10^{-5}\%$[1]. In ungünstigen Fällen kann die Nachweisempfindlichkeit bis etwa 10^{-2} sinken. Bei hohem Reinheitsgrad, oder wenn die gesuchte Verunreinigung nicht besonders gut nachzuweisen ist, besteht oft das Verlangen, die Nachweisempfindlichkeit noch zu erhöhen.

Wenn es sich dabei um den Nachweis flüchtiger Elemente in einem wenig flüchtigen Grundstoff handelt, dann kann man sich dadurch helfen, daß man einen Bogen hoher Stromstärke zwischen den Elektroden übergehen läßt. Bei 10 bis 15 A wird sich das Material so stark erhitzen, daß in der Oberfläche fraktionierte Destillation eintritt, wodurch eine erhebliche Menge des flüchtigen Stoffes in den Lichtbogen gerät und so nachgewiesen werden kann. Dies gilt allerdings nur für die erste Zeit des Bogenüberganges, dann werden die Elektrodenoberflächen an der flüchtigen Verunreinigung verarmen, so daß diese bei weiteren Aufnahmen gar nicht mehr hervortritt. Bringt man kleine Metallproben in einen Kohlelichtbogen, so findet nach BRECKPOT[2] fraktionierte Destillation hauptsächlich dann statt, wenn sich die Probe auf der Anode befindet.

b) ROLLWAGEN und RUTHARDT[3] stellen fest, daß Phosphor, der im Platin schon in minimalen Mengen sehr schädliche Wirkung ausübt, im Funken nur bis etwa 1% nachweisbar ist. Im Dauerbogen bei 12 A und 110 V ist die Nachweisempfindlichkeit 0,005%, im Abreißbogen größer. Der Schwefel, der ebenfalls ein schädliches Element bei der Platinverarbeitung darstellt, wenn er Gehalte von 0,05% erreicht, läßt sich nur in großen Konzentrationen erkennen. Es wurde deshalb ein GEISSLER-Rohr aus Quarz gefertigt mit 2 Schliffen, durch welche die Elektroden eingeführt wurden. Die untere Elektrode war zur Aufnahme der Substanz als Näpfchen ausgebildet. Bei einem Druck von 10^{-2} bis 10^{-3} mm Hg werden die Schwefelatome angeregt. Die Nachweisgrenze liegt bei etwa 0,01% Schwefel. Bei 0,035% war die Linie S 4163 noch gut zu sehen und S 4815 war eben angedeutet. Eine weitere Methode, die den Nachweis einiger Nichtmetalle erlaubt, ist von PFEILSTICKER[4] ausgearbeitet.

c) Neben der Steigerung der Nachweisempfindlichkeit durch geeignete Wahl der Anregung kann man in manchen Fällen der Spektralanalyse eine chemische Anreicherung vorausgehen lassen. Hierfür kommen verschiedene Verfahren in Betracht. BRECKPOT[5] beschreibt ein solches für den Nachweis von Spuren von Wismut, Arsen, Antimon, Zinn und Blei in Kupfer, wobei ein quantitativer Nachweis von 10^{-5} bis $10^{-6}\%$ möglich wurde. Das Verfahren beruht darauf, daß der gelösten Probe etwas reines Eisensalz zugesetzt und mit Ammoniak ausgefällt wird. Der Niederschlag enthält die Verunreinigungen, die erfahrungsgemäß bei der Fällung des Eisenhydroxyds mitgerissen werden. Sie sind nun schon stark angereichert. Leider ist Eisen als Grundsubstanz nicht so geeignet wie Kupfer, da sein Spektrum linienreicher und die Nachweisempfindlichkeit der gesuchten Elemente darin geringer ist, so daß man in einer weiteren Operation das Eisen wieder entfernt. Es ist zu erwähnen, daß die Methode nur anwendbar ist, wenn das Kupfer nur Spuren von Verunreinigung enthält, da größere Mengen nicht

[1] BRECKPOT: Ann. chim., Bruxelles Bd. 55 (1935) S. 173.
[2] BRECKPOT: Ann. chim., Bruxelles Bd. 53 (1933) S. 219.
[3] ROLLWAGEN u. RUTHARDT: Metallwirtsch. Bd. 15 (1936) S. 187.
[4] PFEILSTICKER: Vortrag in Jena am 29. 9. 1938.
[5] BRECKPOT: Ann. chim., Bruxelles Bd. 55 (1935) S. 173.

quantitativ mitgerissen werden. Ferner muß man sich sehr in acht nehmen, daß man nicht mit den Reagenzien Verunreinigungen einschleppt.

d) Eine weitere Anreicherungsmethode ist die Elektrolyse. Bei edlen Metallen ist dieses Verfahren besonders einfach, da sich diese aus Lösungen auf unedleren von selbst ohne Stromzuführung von außen abscheiden lassen. Wenn man beispielsweise einen emaillierten Kupferdraht, der nur an der Spitze etwas blank gemacht ist, in eine Lösung eines Quecksilbersalzes eintaucht, so scheidet sich Quecksilber auf der Oberfläche ab, das sich bequem nachweisen läßt, wenn man die Spitze anfunkt. Die Methode der elektrolytischen Anreicherung ist von SCHLEICHER und seinen Mitarbeitern[1] zu einem Analysengang ausgearbeitet worden, bei dem die elektrolytische Anreicherung und die Empfindlichkeit des GERLACHschen Abreißbogens zu einer außerordentlich leistungsfähigen Methode vereinigt wurden.

Der Trennungsgang ist nach SCHLEICHER der folgende: Ein Tropfen ($0,1$ cm^3) einer 2 n-salzsauren Lösung der Probe wird auf einen Pt-Tiegeldeckel gebracht, der auf einem Stativ befestigt ist. In den Tropfen taucht eine Kupferdraht-kathode, die im Stativ schon in der für die nachherige Aufnahme richtigen Stellung befestigt ist. Es wird nun 30 min mit 2 V und 40 mA elektrolysiert, wobei zur Unterdrückung der Chlorentwicklung einige Kristalle Hydrazin-Hydrochlorid zugesetzt werden. Auf dem Kupferdraht scheiden sich ab: Hg, Pb, Bi, Cu, As, Sb, Sn, Re, Se, Te, Au und Pt. Ferner Ag und Cd, jedoch diese beiden nicht quantitativ. Nun wird der Pt-Deckel entfernt und statt dessen ein zweiter Kupferdraht in die Zange des Abreißbogenstativs eingespannt und eine Aufnahme gemacht, in der die abgeschiedenen Metalle nachgewiesen werden sollen.

Daraufhin wird die Lösung, die jetzt ammoniakalisch gemacht wird, nochmals mit einem zweiten Kupferdraht auf die gleiche Weise mit 4 V 80 mA 30 min lang elektrolysiert. Man erhält nun auf dem Draht: Ag, Cd, Tl, Ga, In, Ge, Zn, Ni, Mo, V, U, Fe, Cr, Al und Mn.

Außer den genannten 27 Metallen können in einer weiteren Elektrolyse die Alkalien und Erdalkalien abgeschieden werden. Es wird zu diesem Zweck die Kupferdrahtelektrode elektrolytisch verquickt, in dem etwa $0,5$ mg Hg auf ihr abgeschieden werden. Dieses Quecksilber dient als Kathode für die Elektrolyse, die mit $5,5$ V und 60 mA durchgeführt wird und 20 bis 30 min dauert. Bei der Elektrolyse werden Silber oder Hydrazin als Depolarisatoren verwendet. Die Metalle der Alkalien und Erdalkalien werden als Amalgame abgeschieden. (Bei der Aufnahme Vorsicht wegen der Hg-Dämpfe!)

e) Weiter kann es, wie z. B. beim Zink und Kadmium vorkommen, daß die empfindlichsten Nachweislinien in ein Gebiet des kurzwelligen U.V. fallen, in dem die photographische Platte infolge der Absorption der Strahlen in der Gelatine nicht mehr empfindlich ist. Man kann die Platte durch Einreiben mit einer Spur Öl sensibilisieren, das man vor dem Entwickeln durch Baden in Alkohol wieder entfernen muß.

2. Technische Beispiele.

Ein wesentlicher Vorteil der Spektralanalyse liegt in der Möglichkeit einer Lokalanalyse. Man kann den Funken oder Bogen an einer bestimmten Stelle eines zu untersuchenden Werkstückes übergehen lassen und so diese begrenzte Stelle analysieren. Hieraus ergeben sich mannigfache praktische Möglichkeiten,

---

[1] SCHLEICHER: Z. anal. Chem. Bd. 101 (1935) S. 241; Bd. 108 (1937) S. 241. — Z. anal. Chem. Bd. 39 (1933) S. 2. — Siehe auch E. BAYLE u. L. AMY: C. R. Acad. Sci., Paris Bd. 185 (1927) S. 268. — Bull. Soc. chim. Fr. (4) Bd. 43 (1928) S. 604.

die noch verhältnismäßig wenig ausgenutzt werden. Das Verfahren soll an einigen praktischen Beispielen erläutert werden.

a) Ramb[1] beschreibt, daß Zinkbleche, die zur Untersuchung gebracht wurden, Fehler auf der Oberfläche zeigten, die sich als schmale, schwarze Streifen bemerkbar machten. Es wurden nun die Blechstücke zerschnitten und gegen solche Streifen als Gegenelektrode eingespannt, die einwandfrei erschienen. Das fehlerhafte Blech lag dabei horizontal, während die Gegenelektrode senkrecht dazu gestellt war. Während des Anfunkens wurden die Streifen durch den Funkenweg gezogen. Das Spektrogramm läßt deutlich erkennen, daß es sich bei den schwarzen Streifen um Anhäufungen von Eisen handelt.

b) Es soll die Zusammensetzung des Lotes bestimmt werden, mit welchem zwei Bleche miteinander verlötet sind. Zu diesem Zwecke werden die Bleche zerschnitten und so gebogen, daß man zwei Lötstellen als Elektroden gegeneinander anfunken kann. Zwei Beispiele, eines von Messing, das mit Weichlot gelötet ist, und ein anderes von Nickel mit Hartlot sind bei Seith-Ruthardt „Chemische Spektralanalyse" ausgeführt. In den Spektrogrammen läßt sich die Zusammensetzung der Lote erkennen.

c) Die Analyse eines plattierten Bleches[2] aus einer Aluminiumlegierung soll in der Weise vorgenommen werden, daß die Zusammensetzung der Plattierungsschicht und des Grundmetalls festgestellt wird. Der Funke greift in der ersten Zeit des Überganges, wenn er nicht zu energiereich ist, nur die Oberfläche an und gibt ein Spektrum, aus dem sich die Zusammensetzung der Plattierung entnehmen läßt. Nach mehrmaligem Anfunken derselben Stelle oder nach mechanischer Entfernung der Plattierungsschicht läßt sich das Grundmetall untersuchen. Es ist auf diese Weise möglich, eine eventuelle Diffusion der Bestandteile aus dem Grundmaterial durch die Plattierungsschicht festzustellen. Dieses ist besonders wichtig bei Duraluminblechen, die eine Schutzschicht aus korrosionsfestem Material tragen. Bei einer Warmbehandlung kann das Kupfer durch die Plattierung nach außen diffundieren und die Eigenschaften der Oberfläche sehr zu ihrem Nachteil verändern.

Noch deutlicher gelingt der Nachweis, wenn man mit dem Pfeilstickerbogen arbeitet und durch einen geeigneten Transport der Probe dafür sorgt, daß jeder Bogenübergang eine frische Stelle trifft (Abb. 45[3]).

d) Bei den zahlreichen Untersuchungen von W. Seith und Mitarbeitern über die Diffusion von Metallen in festem Zustand war die Spektralanalyse ein unentbehrliches Hilfsmittel. Es ist für die mathematische Auswertung solcher Versuche von Wichtigkeit, daß die Analyse in einer möglichst dünnen Schicht ausgeführt wird.

e) Ein weiteres hierher gehöriges Beispiel ist der sog. Korngrenzeneffekt. Macht man zwei Aufnahmen einer heterogenen Legierung, wobei man das eine Mal eine Bruchfläche, das andere Mal eine Schnittfläche anfunkt, so bekommt man unter Umständen verschieden aussehende Spektren, nämlich dann, wenn sich eine Komponente an den Korngrenzen anreichert[4].

f) Es muß noch hervorgehoben werden, daß die Spektralanalyse auch als Methode der „zerstörungsfreien Materialuntersuchung"[5] angewendet werden kann. Es lassen sich Werkstücke analysieren, die nachher wieder in Gebrauch genommen werden sollen. Bei einer geschickten Nachbearbeitung wird man es dem Stück unter Umständen gar nicht ansehen, daß es spektralanalytisch untersucht wurde.

---

[1] Ramb, R.: Metallwirtsch. Bd. 16 (1937) S. 1102.
[2] Lay, E. u. A. Keil: Aluminium, Berl. 1937, S. 749.
[3] Beerwald, A. u. W. Seith: Z. Elektrochem. Bd. 44 (1938) S. 814.
[4] Gerlach u. Schweitzer: Z. anorg. Chem. Bd. 173 (1928) S. 104.
[5] Siehe Bd. I, Abschn. IX.

g) Die Spektralanalyse eignet sich ferner zur Untersuchung extrem kleiner Stücke. Ein eindrucksvolles Beispiel dieser Art stammt von GERLACH[1]. Es handelte sich darum, festzustellen, aus was für Material 2 Metallsplitterchen waren, die aus dem Auge eines Menschen entfernt waren. Es sollte nämlich entschieden werden, ob diese von einer Kriegsverletzung herrühren. Die Splitter waren so klein, daß der eine eben noch mit bloßem Auge, der andere nur mit

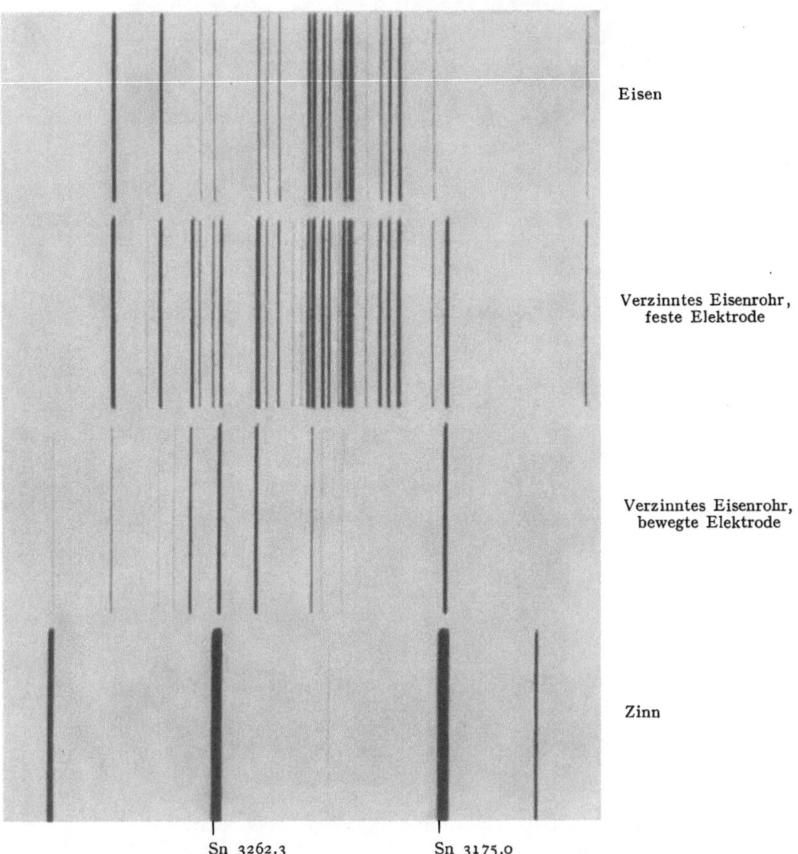

Abb. 45. Analyse einer Oberflächenschicht mit bewegter Elektrode.

der Lupe zu sehen war. Zur Spektralanalyse wurden die Splitter mit spektralreiner Vaseline auf eine spektralreine Kohle aufgeklebt und im Bogen aufgenommen. Das Spektrum ergab, daß die Splitter aus Blei bestanden, welches Sb, Fe und Cu enthielt.

h) Einen ähnlichen Fall stellt die Untersuchung einer Lagerschale dar[2]. Diese war mit einer Kupfer-Bleilegierung ausgegossen. Sie hatte narbige Risse auf der Oberfläche, und es hatten sich kleine Metallsplitterchen eingefressen, deren Länge zwischen 0,1 und 1 mm betrug. Diese Flitter wurden mit einem Beinstichel aus dem Lagermetall gelöst und einzeln wie im vorigen Beispiel untersucht. Es stellte sich heraus, daß ein Teil der Splitter aus Aluminium, ein anderer aus Eisen bestand. Das Eisen enthielt etwas Mangan, das Aluminium

---

[1] GERLACH, W.: Metallwirtsch. Bd. 16 (1937) S. 1087.
[2] GERLACH: Z. Metallkde. Bd. 30 (1938) S. 88.

etwas Silizium. Damit war erwiesen, daß es sich um fremde Bestandteile handelte, die irgendwie in das Lager gekommen waren.

i) Aus einer Reihe von Untersuchungen von G. Balz[1] stammen die drei folgenden Beispiele. Das erste (Abb. 46) zeigt ein Spektrogramm von Zündkerzenelektroden, die aus einem Motor stammen, dessen Betriebsstoff Bleitetraethyl zu-

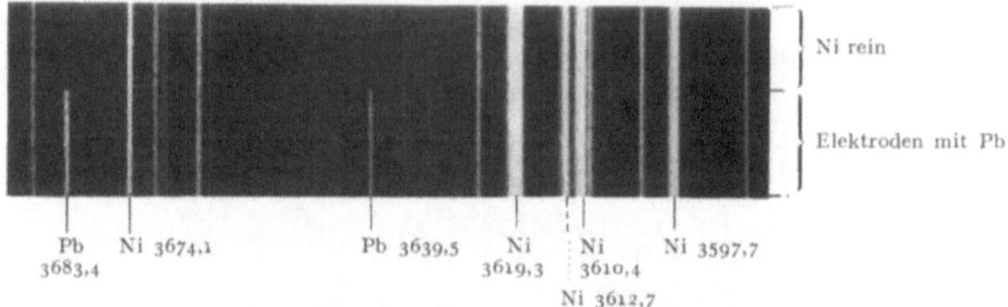

Abb. 46. Zündkerzenelektrode mit Pb aus Antiklopfmittel (Balz).

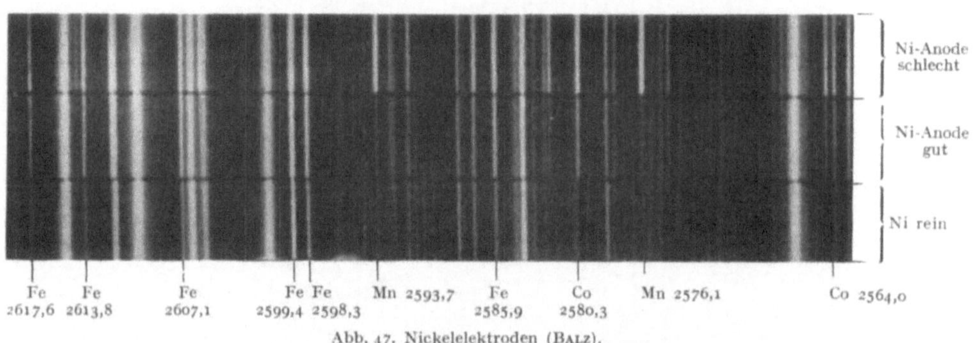

Abb. 47. Nickelelektroden (Balz).

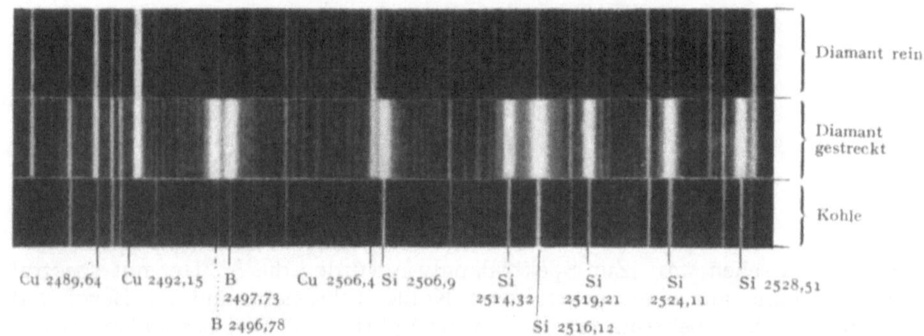

Abb. 48. Gestrecktes Schleifpulver (Balz).

gesetzt war. Die geringen Bleimengen, die sich dabei auf den Elektroden absetzten, sind im Spektrogramm deutlich nachweisbar.

Nickelelektroden in Elektrolysetrögen erwiesen sich zum Teil als ungeeignet. Während eine chemische Vollanalyse sehr zeitraubend gewesen wäre, ließ das Spektrogramm ohne weiteres einen hohen Mangangehalt bei den ungeeigneten Elektroden erkennen (Abb. 47).

[1] Balz G.: Metallwirtsch. Bd. 17 (1938) S. 1226.

An Abb. 48 ist ein Ausschnitt aus dem Spektrogramm eines Diamant-
pulvers, wie es zum Schleifen benützt wird, zusammen mit einem reinen Diamantpulver, auf Cu-Hilfselektrode, und spektralreiner Kohle abgebildet. In dem
Schleifmittel treten die Elemente Bor und Silizium deutlich hervor, woraus
man schließen kann, daß dieses Diamantpulver durch andere Schleifmittel
gestreckt wurde.

k) Während die vorher angeführten Beispiele der Lokalanalyse mit der
normalen spektralanalytischen Ausrüstung ausgeführt waren, hat J. J. MARTIN[1]
im SCHEIBEschen Institut eine spezielle Apparatur konstruiert, die es erlaubt,
kleinste Flächen (10^{-3} bis 10^{-4} cm²) fortlaufend anzufunken und so z. B. Metall-
schliffe spektralanalytisch abzutasten. Das wesentliche Kennzeichen der Methode

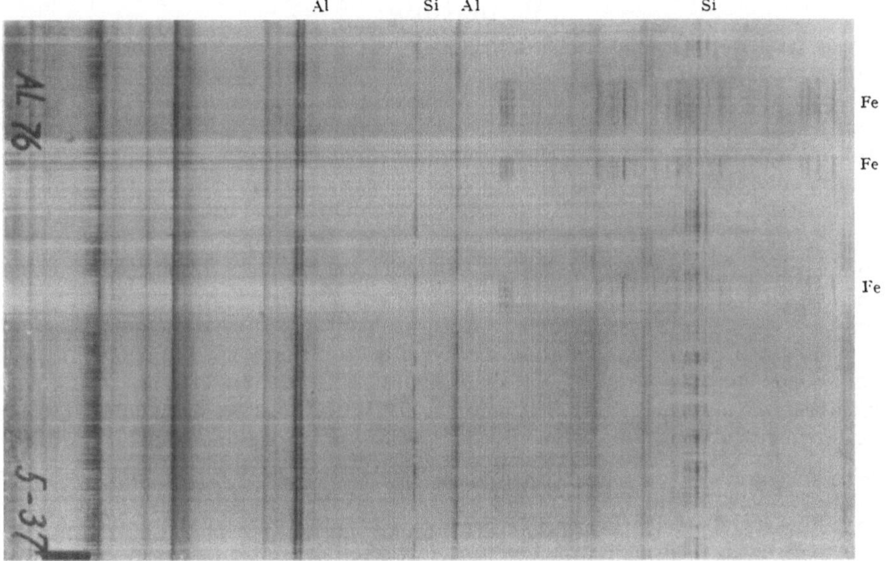

Abb. 49. Fahrspektrogramm (SCHEIBE und MARTIN).

ist, daß dieser feine Funke an der Stelle steht, an der sonst der Spalt des Spektro-
graphen sich befindet. Das Spektrum besteht in diesem Falle aus Bildern des
Funkens. Dieser wird von einem eigens konstruierten Funkenerzeuger gespeist,
der eine tonfrequente Folge streng polarisierter, aperiodischer Überschläge
liefert. Als eine Elektrode dient der zu untersuchende Metallschliff, der als
Plan- oder Zylinderschliff ausgebildet ist. Die Gegenelektrode ist in einem
Quarzrohr untergebracht, das eine kapillare Öffnung von nur 0,01 bis 0,02 mm
Weite hat, wodurch der Funke die gewünschte Begrenzung erfährt. Platten-
kassette und Metallschliff sind in ihrer Bewegung gekoppelt. Die Entladung
kann ständig in einer inerten Gasatmosphäre gehalten werden. Funke und
Schliff lassen sich während der Aufnahmen durch zwei Mikroskope beobachten.
Abb. 49 zeigt ein Fahrspektrogramm einer Aluminiumlegierung.

Die Zusammensetzung wird durch das Fahrspektrogramm genau wiedergegeben. Seigerungen und Ausscheidungen in den Korngrenzen kann man
feststellen und analysieren.

---

[1] MARTIN, J. J.: Diss. München 1937.

XII. Festigkeitstheoretische Untersuchungen.

Von **W. Kuntze**, Berlin-Dahlem.

Einleitung.

Unter festigkeitstheoretischen Untersuchungen versteht man gemeinhin die mathematische Behandlung von zusammengesetzten Beanspruchungsfällen unter Einführung der mittels der elementaren Werkstoffprüfung erhaltenen Festigkeitszahlen. Das Schwergewicht der Theorie liegt hierbei in der Erfassung der Kräfte, die auf das Materialteilchen einwirken, wobei dessen Verhalten als eindeutig angenommen wird. Man reduziert gewissermaßen den zusammengesetzten Fall auf den als bekannt vorausgesetzten elementaren Fall.

Dies ist für das elastische Verhalten zulässig. Was aber das plastische Verhalten anbelangt, so ist man mehr und mehr zu der Erkenntnis gelangt, daß das Materialteilchen kein eindeutiges, nur von den auf dasselbe einwirkenden Kräften abhängiges Verhalten zeigt, sondern vom gleichzeitigen Verhalten der vielleicht unter anderen Bedingungen stehenden Nachbarteilchen — und auch entfernt liegender Teilchen — abhängt. Hierbei ist nicht etwa an eine Wirkung von Fernkräften zu denken, es handelt sich vielmehr um einen zonenweisen Verformungsmechanismus.

Die bisher gültige Grundlage der Festigkeitslehre, daß ein beliebig abgegrenztes Körperstück, bei welchem man sich in den Schnittflächen die Kräfte ergänzt denkt, als selbständiger Körper zu betrachten sei, fällt hiermit. Sie fällt deshalb, weil neue Erkenntnisse zur Festigkeitslehre hinzutreten, für welche die bisherige Grundlage nicht ausreicht. Zur Lehre von den äußeren Kräften tritt eine Lehre von den inneren Auswirkungen der Kräfte auf den Stoff, die es ausschließt, den Werkstoff etwa nur mit Festigkeitskonstanten zu kennzeichnen[1].

In der Festigkeitslehre hat man es als zweckmäßig erachtet, in einem beanspruchten Körper die Kräfte in beliebigen Schnittebenen zu untersuchen. Der Kräftezustand in einer solchen Ebene wird durch die senkrecht zur Ebene wirkende *Normalspannung* und die in der Ebene wirkende *Schubspannung* gekennzeichnet. Es mag dahingestellt bleiben, ob man bei der Einführung

---

[1] Nachfolgender Beitrag soll sich vornehmlich in dieser Richtung mit der Festigkeit befassen, also die stoffliche Seite gegenüber der äußeren mathematischen in den Vordergrund rücken, weil die elastizitätstheoretische und mathematische Seite des Problems in anderen Werken zur Genüge behandelt worden ist. Die ,,werkstoff-mechanische" Behandlung der Festigkeitsfrage, die es sich also zur Aufgabe macht, die Eigengesetzlichkeiten der Werkstoffe zu ergründen, hat sich aus den Bedürfnissen der Praxis heraus entwickelt. Sie befaßt sich zunächst mit den auf Grund elastizitätstheoretischer Anschauungen allein nicht ergründbaren Vorgängen, die in den Bauwerken und Maschinen, häufig mit Nachteilen verbunden, in Erscheinung treten. Sie bildet im Hinblick auf das verfolgte praktische Ziel, ein in sich abgeschlossenes Ganzes. Aus dieser Auffassung heraus ist die Gliederung und Behandlung des vorliegenden Beitrages, aber auch seine Beschränkung zu verstehen. Es wird das Gebiet der stofflichen Festigkeit nur insoweit behandelt, als es die Zusammenfassung derjenigen theoretischen Unterlagen erfordert, die für die Entwicklung der Werkstoffprüfung zu einer Gebrauchswertprüfung erforderlich erscheinen.

dieser Betrachtungsweise schon an den analogen Mechanismus der Festigkeitsüberwindung des Stoffes gedacht hat, oder ob man nur vom praktischen Bedürfnis ausging, bestimmte Querschnitte eines Körpers auf Beanspruchung und Tragfähigkeit zu untersuchen. Die physikalische Tatsache, daß die Überwindung der Festigkeit im großen und ganzen ebenfalls in Ebenen stattfindet, und zwar entweder durch Schub (Gleitung) längs einer Ebene oder durch Trennung infolge normal zur Ebene gerichteten Kräften, bedeutet jedenfalls eine Anpassung der Spannungsberechnung an den Vorgang der Festigkeitsüberwindung. Der Normalspannung entspricht eine *Trennfestigkeit* (Kohäsion), der Schubspannung eine *Schub-* oder *Gleitfestigkeit*.

Beide sind Grundeigenschaften des Stoffes. Sie können nicht kurzerhand als Materialkonstanten gewertet werden, sondern sind veränderlich und abhängig von den Beanspruchungszuständen. Daher ist nicht nur der Mechanismus dieser Grundeigenschaften an sich zu untersuchen, sondern auch dessen Bedingtsein von veränderlichen Beanspruchungszuständen. Erst auf diesem Wege gelangt man zu den theoretischen Erkenntnissen, die uns in die Lage versetzen, jedes mechanische Verhalten zu erklären.

A. Stoffliche Grundeigenschaften.

Mechanismus der Trenn- und Gleitfestigkeit.

Die eigentliche Festigkeit des Werkstoffes ist sein Kohäsionswiderstand. Mit Hilfe der Gleitfähigkeit ist der Werkstoff imstande, die Überwindung der Kohäsion mit weit geringeren Kräften zu umgehen. Die Fähigkeit zu einem energiearmen Gleiten ist in der Aneinanderreihung möglichst *isotrop gestalteter* und *unter sich gleicher Gefügevolumen* begründet. Ein Werkstoff mit kugelig geformten Gefügebestandteilen ist gleitfähiger als ein solcher mit nadeligem Gefüge. Der Werkstoffachmann bedient sich dieser Eigenart bei der Gütebeeinflussung der Metalle durch Wärmebehandlung.

Im gleichen Sinne spricht sich DEHLINGER[1] über die Festigkeitseigenschaften der Gittersysteme aus: Der Gleitwiderstand ist hiernach um so geringer, je größer die Koordinationszahl des Gitters ist, d. h. je mehr *gleich weit entfernte* Atome in einem Gitter vorhanden sind. Die Gleitfähigkeit und der Gleitwiderstand sind mithin abhängig von der Geometrie der Bausteine[2, 3]. Die Beziehungen der Eigenschaften zu der chemischen Zusammensetzung hat mit Rücksicht auf diese Feststellung meist nur eine statistische Bedeutung, es sei denn, daß man die Chemie als Raumproblem auffaßt (Raumchemie[4]).

---

[1] DEHLINGER, U.: Ergebn. exakt. Naturw. Bd. 10 (1931) S. 325. — Handbuch der Metallphysik Bd. I, 1, S. 80. Leipzig 1935.

[2] KUNTZE, W.: Mitt. dtsch. Mat.-Prüf.-Anst., Sonderh. 32 (1937) S. 85—88.

[3] Diese Art technischer Betrachtungen über den geometrischen „*Gleichbau*" der Gefügeteile steht nicht im grundsätzlichen Widerspruch zu den physikalischen Anschauungen von SMEKAL [Z. Kristallogr. Bd. 89 (1934) S. 386—399], nach welcher die Festigkeit eines Idealgitters durch Störungen (Lockerstellen) im Gitterbau herabgesetzt wird. Während nach SMEKAL das Gittersystem als gegeben angenommen und der zusätzliche Einfluß von Baufehlern untersucht wird, handelt es sich im obigen Sinne darum, welches Gittersystem als Folge der geometrischen Bauart als das widerstandsfähigste anzusehen ist, unbeschadet der zusätzlichen Beeinflussungen durch Baufehler. Allerdings dürfte die Erklärung der Herabsetzung der atomaren Festigkeit eines Idealgitters auf die viel geringere technische Festigkeit durch die Lockerstellentheorie nur beim Trennwiderstand zutreffen. Für die Herabsetzung des Gleitwiderstandes ist nach SCHMID und BOAS (Kristallplastizität, Berlin 1935) eine befriedigende Erklärung noch nicht gefunden worden. Die obige Deutung hierfür auf Grund des geometrischen Gleichbaues wird gewählt, weil sie „technische" Vorteile mit sich bringt.

[4] BILTZ, W.: Raumchemie der festen Stoffe. Leipzig 1934.

Die Verformungsfähigkeit ist zwar eine technisch begehrenswerte Eigenschaft, jedoch wird für die praktische Verwendung meist auch ein gleichzeitiger höherer Widerstand gegenüber der Verformung verlangt, damit der Werkstoff nicht nur gleitfähig, sondern auch genügend fest ist. Schon der Begriff des Vielkristalls bedeutet wegen der Aneinanderreihung verschieden orientierter Kristallite eine Erschwerung der Gleitung. Einen höheren Widerstand erlangt man auch durch eine bewußte Störung des Gleichbaues des Gefüges entweder beim Vergüten oder durch Einbauen von Fremdkörpern, also beim Legieren.

Mit der Störung der Regelmäßigkeit des Gefügeaufbaues wird zwar die „Festigkeit" größer, aber das bedeutet noch nicht, daß auch die *Kohäsion* größer wird. Unter Festigkeit im Sinne der Werkstoffprüfung versteht man ja meist den *Verformungswiderstand*. Werkstoffe mit mittlerer Festigkeit und gleichzeitiger genügender Verformungsfähigkeit finden die breiteste Anwendungsmöglichkeit in der Technik. Eine Kontrolle ihrer mechanischen Eigenschaften pflegt man nach den Regeln der Werkstoffprüfung durch Ermittlung des Verformungswiderstandes (Streckgrenze, Zugfestigkeit) und der Bruchdehnung zu erlangen. Eine große Bruchdehnung ist nicht immer eine Garantie dafür, daß auch die Kohäsion günstig ist, wie manche Bronzen zeigen, die trotz erheblichen Reckvermögens eine Häufung von inneren Rissen zeigen. Das Fehlen einer unmittelbaren Ermittlung der Kohäsionseigenschaften bei dieser Kontrolle ist mithin ein Mangel. Der Einbau von Fremdstoffen beeinflußt nicht nur den Gleitwiderstand, sondern auch den Kohäsionswiderstand. Dieser Einfluß kann auch nachteilig ausfallen. Teils kann dies an einer unmittelbaren Verringerung der atomaren Kohäsion des neuentstandenen Systems liegen, teils aber auch daran, daß infolge zunehmender Heterogenität des Gefüges der innere Spannungszustand so unregelmäßig wird, daß eine stärkere örtliche Beanspruchung auf Kohäsion eintritt (höhere innere Spannungsspitzen).

Man darf sich beim Vielkristall, bei welchem das Gefüge ohnehin im obigen Sinne gestört ist, die Wirkungen der Kohäsion nicht einfach so vorstellen, daß immer die plastische Verformung zuerst erschöpft sein müsse, ehe eine Überwindung der Kohäsion möglich wird, und daß infolgedessen ein Werkstoff mit großer Bruchdehnung unter allen Umständen kein nachteiliges Verhalten zeigen könne. Ursachen und Wirkungen laufen vielmehr umgekehrt. Die Verformungsfähigkeit ist dann erschöpft, nachdem die Kohäsion überwunden ist. Ein Körper kann sich nur so lange verformen, bis er reißt. Das Maßgebende für die Verformungsfähigkeit eines Werkstoffes ist mithin nicht das Maß der zufälligen Bruchdehnung am Zerreißstab, die sich unter anderen äußeren Spannungszuständen ja ändern kann, sondern sein Kohäsionswiderstand. Es gibt äußere Spannungszustände, bei denen die Verformung künstlich behindert wird und der Kohäsionswiderstand dann ohne Verformung erreicht wird. Das führt dann zum spröden Bruch sonst verformungsfähiger Werkstoffe.

Die Wirkung der Kohäsion ist aber noch einschneidender, als man anzunehmen pflegt. Jeder vielkristalline Werkstoff erleidet, wie schon erwähnt, bei einer Anspannung eine Behinderung des Fließens in den Kristallgleitflächen durch die verschiedene Orientierung benachbarter Kristalle. Dadurch entsteht eine Behinderung der Querzusammenziehung, die eine Beanspruchung auf Kohäsion mit sich bringt. Versuche besonderer Art führten nun zu der Erkenntnis, daß bei den vielkristallinen Werkstoffen eine Verformung erst dann eingeleitet wird, nachdem fein verteilte innere Risse, die bei der Belastung entstehen, den Fließvorgang auslösen (vgl. S. 724). (Beim Einkristall ist dies nicht der Fall, da bei diesem ja keine Behinderung durch angrenzende, anders orientierte Körner vorhanden ist.) Die ersten Risse werden durch fortschreitende Plastizierung wieder geschlossen, wobei auch wieder eine atomare Bindung durch spannungsthermischen Anbau von Atomen eintreten kann[1]. Mit wachsenden Beanspruchungen treten neue Risse und neue Plastizierungen derselben ein (vgl. S. 712). Gleichzeitig rufen die Verformungen eine Erhöhung des Gleitwiderstandes infolge Gleitblockierungen hervor. Dadurch, daß gleichzeitig erfolgte Risse jeweils mit Hilfe fortschreitender Plastizierung wieder geschlossen und ausgeheilt werden, tritt auch eine gleichzeitige *Kohäsionsverfestigung* ein, indem der Werkstoff bis zu den jeweils ertragenen Lasten in dieser Beanspruchungsrichtung rißunempfindlich wird.

Eine künstliche Ausheilung, etwa durch hinzugefügte Wärme, verringert den Gleitwiderstand durch Rückgängigmachung der Gleitblockierungen und kann gleichzeitig den Kohäsionswiderstand erhöhen, indem eine Schließung der Risse auf spannungsthermischem Wege erfolgt. Das Ausheilen von Kohäsionsrissen (Reißerholung) wirkt mithin verfestigend, wohingegen eine Gleiterholung entfestigend wirkt. Die Möglichkeit der Ausheilung von Rissen durch *Kohäsionserholung* oder *Reißerholung* wird neben der bekannten *Gleiterholung* noch nicht genügend beachtet. Beide laufen indessen meist in ihrer Wirkung in entgegengesetzter Richtung, und eine einseitige Beachtung der Gleiterholung kann bei Unkenntnis der Einwirkungen von Wärmebehandlungen auf die Kohäsionseigenschaften mechanisch ungünstige Werkstoffphasen hervorrufen, ohne daß der Behandelnde dies merkt.

Das nebenherlaufende mikroskopische Reißen und Gleiten ist aber nicht allein durch den fortschreitenden Ablauf der Verformung bedingt, sondern es können bei Mehrstoffsystemen auch ungünstige und günstige Wirkungen verschiedener Stoffteile gleichzeitig auftreten, indem die hohe Plastizität eingebetteter Gefügeteile des einen Stoffes nicht die Brüche von benachbarten Teilchen des anderen Stoffes aufhalten können. Dann treten schließlich sichtbare Risse neben hoher Plastizität auf (Bronzen).

Die einzelnen Phasen der Kohäsions- und Gleitwirkungen sind infolge ihrer gegenseitigen Koppelung beim Vielkristall im einzelnen mechanisch nicht erfaßbar. Die getrennte Untersuchung beider Vorgänge am Einkristall ist indessen weit vorgeschritten (SACHS, SCHMID, SMEKAL u. a.), und die Kenntnis der Vorgänge am Einkristall muß für die Urteilsbildung bei den vorliegenden Überlegungen vorausgesetzt werden. Für die praktische Bewertung ist bei den vielkristallinen Werkstoffen das summarische Endergebnis maßgebend, welches die Koppelung von Kohäsions- und Gleitvorgängen bei irgendeiner Beanspruchung hervorruft. Daher ist es erforderlich, eine zweckmäßige Gliederung der Beanspruchungen und ein planmäßiges Studium der Einwirkungen auf den Mechanismus der Kohäsions- und Gleitüberwindung vorzunehmen. Es gibt Beanspruchungsfälle, bei denen die Überwindung des Kohäsionswiderstandes im Vordergrund steht, wenn nämlich nur Normalspannungen und keine Schubspannungen auftreten können und dadurch die Verformung unterbunden wird. Andere Fälle wiederum erwecken den Anschein, als ob nur die Plastizität eine Rolle spiele. Es ist die Aufgabe der nachfolgenden Kapitel, die Beanspruchungen planmäßig zu untersuchen und schließlich die Fälle hervorzukehren, bei welchen einerseits die Kohäsion und andererseits die Plastizität im Vordergrund des Wirkens stehen. Man ist auf diesem Wege in der Lage, die summarische Wirkung jeder Grundeigenschaft für sich am Werkstoff zu studieren und so zu einer grundsätzlichen Beurteilung seiner Eigenschaften zu gelangen. Bei der gebräuchlichen Werkstoffprüfung wurde bisher fast nur der Gleitwiderstand berücksichtigt und die Auswirkung der Kohäsion lediglich als störende Nebenerscheinung gewertet.

---

[1] BENNEWITZ, K.: Phys. Z. Bd. 25 (1924) S. 428. — SMEKAL, A.: Z. Phys. Bd. 103 (1936) S. 495—525. — Festigkeitseigenschaften spröder Körper. Ergebn. exakt. Naturw. Bd. 15 (1936) S. 106—188.

Die Erkenntnis, daß die Festigkeit eines beliebig gestalteten Körpers nicht aus der Festigkeit des genormten Prüfstabes zu errechnen sei, führte zu dem Begriff „*Gestaltfestigkeit*[1]". Man wollte hiermit zum Ausdruck bringen, daß für jeden anders als der Prüfstab gestalteten Körper die jeweilige Gestaltsfestigkeit durch Versuch gesondert zu ermitteln sei. Die Gestaltsfestigkeit ist keine physikalische Grundeigenschaft des Werkstoffes. Sie ist ebenfalls nur ein Ausdruck für die Wirkung der durch die Gestalt bedingten Spannungszustände auf Kohäsions- und Gleitwiderstand.

B. Festigkeit in Abhängigkeit von den äußeren Beanspruchungen.

1. Spannungssteigerung und zeitlicher Ablauf.

Ruhende Belastung.

Die Proportionalitätsgrenze des Vielkristalls kann nach den vorausgegangenen Erörterungen nur durch eine Kohäsionsüberwindung ausgelöst werden. Im weiteren Verlauf der Verformung vermag dann die Plastizität wieder Lücken zu schließen, wobei nicht nur an ein mechanisches Zuquetschen zu denken ist, sondern auch an eine völlige metallische Bindung der Rißwände durch spannungsthermische Wirkungen[2]. Bei fortschreitender überelastischer Beanspruchung wiederholen sich diese Vorgänge bis nahezu eine Gleichrichtung der Kristallite erreicht ist und die Gleitungen infolge Blockierungen mehr und mehr behindert werden. Die Reißerholung läßt von nun an nach und die Rißbildungen überwiegen. Damit tritt eine *Kohäsionszerrüttung* ein, während vordem eine Verfestigung der Kohäsion auftrat. Dieser Verlauf wird in Abb. 1 gezeigt, in welcher die Kurve der *Trennfestigkeit* über der Kurve des effektiven Gleitwiderstandes in Abhängigkeit vom Reckgrad eingezeichnet ist[3]. Die Trennfestigkeit wurde hierbei nach entsprechendem jeweiligen Vorrecken des Materials mittels nachträglicher Einkerbung

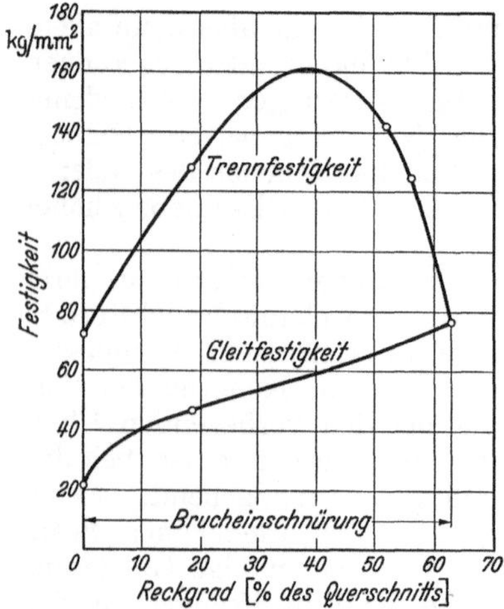

Abb. 1. Abhängigkeit der Trennfestigkeit und Gleitfestigkeit vom Reckgrad beim Zugversuch mit Flußstahl.

ermittelt[4]. Sie ist mithin ein technischer Zugfestigkeitswert, welcher bei Behinderung der plastischen Verformung erreicht wird. Im Verlaufe der gleichmäßigen Dehnung steigt die Trennfestigkeit an und im Gebiete der Einschnürung

---

[1] Kuntze, W.: Arch. Eisenhüttenw. Bd. 2 (1928/29) S. 116. — Mitt. dtsch. Mat.-Prüf.-Anst., Sonderh. 14 (1930) S. 7—16. — Arch. Eisenhüttenw. Bd. 10 (1936/37) S. 307—311. Mitt. dtsch. Mat.-Prüf.-Anst., Sonderh. 32 (1937) S. 13—77. — Thum, A. u. W. Bautz: Stahl u. Eisen Bd. 55 (1935) S. 1025—1029.

[2] Bennewitz, K.: Phys. Z. Bd. 25 (1924) S. 428. — Smekal, A.: Z. Phys. Bd. 103 (1936) S. 495—525. — Festigkeitseigenschaften spröder Körper. Ergebn. exakt. Naturw. Bd. 15 (1936) S. 106—188.

[3] Kuntze, W.: Z. Metallkde Bd. 22 (1930) S. 14—22. — Mitt. dtsch. Mat.-Prüf.-Anst., Sonderh. 14 (1930) S. 61.

[4] Kuntze, W.: Kohäsionsfestigkeit. Berlin 1932. — Mitt. dtsch. Mat.-Prüf.-Anst., Sonderh. 20 (1932).

nimmt sie wieder ab. Die Abnahme ist auf die soeben beschriebene Kohäsionszerrüttung infolge nicht ausgeheilter Risse zurückzuführen, während die Zunahme bedeutet, daß die schon bei geringen Lasten aufgetretenen Risse infolge
der weiteren Verformung wieder zugeschweißt und ausgeheilt wurden. Dieser
Vorgang entspricht einer Kohäsionsverfestigung. Nur auf dem Wege einer
Beseitigung der inneren Rißgefahr kann eine *Kohäsionsverfestigung* erklärt
werden.

Wir können bei der gleichmäßigen Dehnung des Zerreißstabes als von einer
,,Verfestigungsverformung'' sprechen, während die Einschnürung als ,,Zerrüttungsverformung'' zu bezeichnen ist. Je mehr sich ein Werkstoff der Zerrüttung widersetzt, je größer ist sein Einschnürungsvermögen. Hierin liegt
dessen Bedeutung. Zur Verfestigung geben alle Kristallite Anlaß, daher ist die
Verfestigungsdehnung gleichmäßig über die ganze Stablänge verteilt. Von der
Zerrüttung wird voranlaufend die schwächste Stelle betroffen, daher ist die
Zerrüttungsdehnung (Einschnürung) örtlich begrenzter Natur.

Aber auch die Eigenschaft der Höchstlast (Zugfestigkeit) ist auf diese physikalischen Ursachen zurückzuführen[1]. Im gewöhnlichen Zerreißdiagramm (Lastdehnung) ist die Erfüllung der Höchstlastbedingung daran gebunden, daß die
Last

$$\sigma \cdot 1 = s \cdot f$$

ein Maximum durchläuft (f = jeweiliger Querschnitt, s = jeweilige wahre Spannung, σ = Spannung, bezogen auf Ausgangsquerschnitt = 1). Daraus folgt

$$\frac{ds}{s} = -\frac{df}{f},$$

d. h. die Höchstlast ist dann erreicht, wenn die auf die jeweilige Spannung s
bezogene Spannungszunahme (ds/s) gleich der auf den jeweiligen Querschnitt f
bezogenen Querschnittsabnahme $\left(-\frac{df}{f}\right)$ ist. Diese mathematische Schreibweise
enthält aber zugleich die physikalische Deutung des Problems: Vor Erreichen
des Lastenmaximums ist die Spannungszunahme größer als die Querschnittsabnahme, das geschieht infolge der Verfestigung des Werkstoffes; nach Überschreiten des Maximums nimmt die Querschnittsabnahme überhand, das geschieht als Folge der nunmehr überwiegenden Zerrüttung des Werkstoffes.

Aus der Darstellung in Abb. 1 geht hervor, daß der Werkstoff nicht etwa
eine einzige zahlenmäßig bestimmbare Kohäsionskonstante besitzt, sondern
daß man hier analog dem Mechanismus der Gleitung von einem *Mechanismus
der Kohäsionswiderstände* sprechen muß, ganz abgesehen davon, daß die jeweilige
Trennfestigkeit eine summarische (technische) Größe ist, deren zahlenmäßiger
Zusammenhang mit der die mikroskopischen Risse bedingenden atomaren
Kohäsion nicht bekannt ist.

Ferner läßt sich aus Abb. 1 entnehmen, daß die Verformungsfähigkeit dann
beendet ist, wenn die Kurve des Verformungswiderstandes die Kurve der Trennfestigkeit schneidet. Diese Bedingung findet sich auch in den folgenden Betrachtungen über die Schlag- und Wechselfestigkeit.

Schlagbeanspruchung.

Ist die Belastungsgeschwindigkeit so groß, daß man ihre Auswirkung als
,,Schlag'' bezeichnen kann, so wird der Gleitwiderstand erheblich gehoben. Die
Kurve des Gleitwiderstandes geht nach Abb. 2 aus der Lage *a* bei ruhender

---

[1] KUNTZE, W.: Kohäsionsfestigkeit. Berlin 1932. — Mitt. dtsch. Mat.-Prüf.-Anst.,
Sonderh. 20 (1932).

Belastung in die Lage b oder c über[1]. Diese Hebung hat nichts mit der Verfestigung im vorher beschriebenen Sinne zu tun. Sie ist so zu verstehen, daß plastische Verformungen zu ihrer freien Ausbildung eine gewisse Zeit brauchen und bei Erzwingung der Verformung in kurzer Zeit sich der Verformungswiderstand erhöht. Je nachdem, ob die Kurve der Trennfestigkeit von der Kurve b oder c

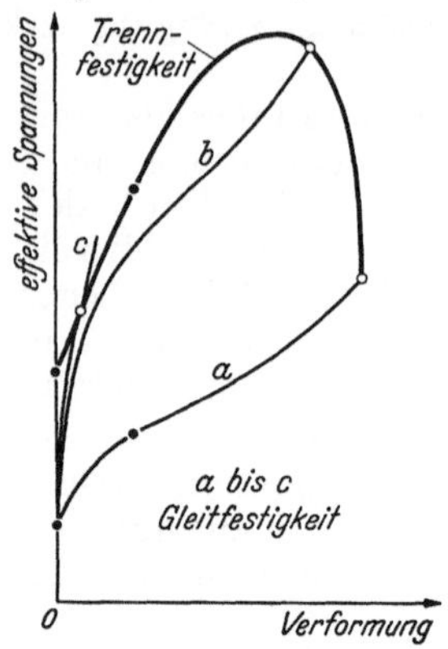

Abb. 2. Mechanismus der Abhängigkeit des Verformungswiderstandes und des Verformungsgrades von der Belastungsgeschwindigkeit beim Schlagzugversuch. *a* ruhende Belastung; *b* Schlag mit zähem Bruch; *c* Schlag mit sprödem Bruch.

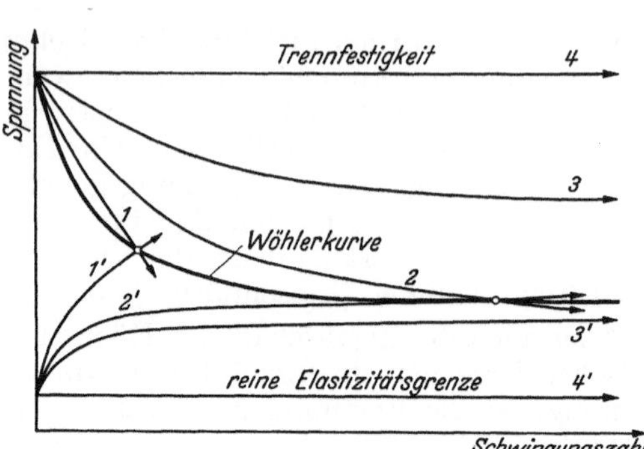

Abb. 3. Entstehung des Schwingungsbruches aus Gleitverfestigung und Kohäsionszerrüttung in Abhängigkeit von der Schwingungszahl. *1, 2, 3, 4* Kohäsionszerrüttungskurven, *1', 2', 3', 4'* Gleitverfestigungskurven.

erreicht wird, tritt eine verhältnismäßig große bzw. sehr kleine Verformung ein. Da die Kurven b und c nahe aneinander liegen und keinen großen Geschwindigkeitsunterschieden entsprechen, wird mit Hilfe dieses Mechanismus erklärlich,

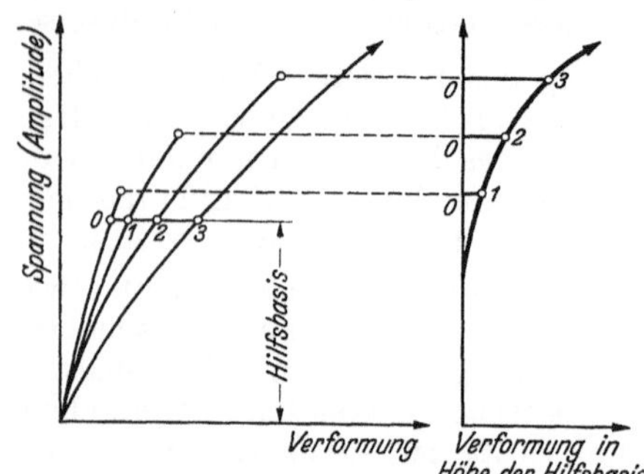

Abb. 4. Schema der maßstäblichen Darstellung des Bauschinger-Effektes nach Wechselbeanspruchungen mit verschieden hoher Amplitude.

warum der *zähe Bruch* meist sehr plötzlich in den *spröden* übergeht (Beispiel: Hoch- und Tieflage der Kerbzähigkeit des Stahles). Bei Nichteisenmetallen und gewissen Stahlsorten (Tiegelgußstahl) ist die Überhöhung der Trennfestigkeitskurve in Abb. 2 über die Kurve a weniger stark ausgeprägt als bei Flußstahl, so daß die Kurven b und c keinen so ausgeprägten Wirkungsunterschied aufweisen können[2].

Wechselbeanspruchung.

Bei schnell ihre Richtung umkehrenden plastischen Verformungen (Schwingungen) fehlt mehr oder weniger die mechanische und thermische Möglichkeit zum Ausheilen von inneren Brüchen, wie sie an Hand fortschreitender ruhender Belastung beschrieben wurde. Im Laufe zunehmender Lastwechselzahlen nimmt mithin nach Abb. 3 die Trennfestigkeit je nach Höhe der Beanspruchung ab (Kurven 1, 2, 3), wohingegen der Gleitwiderstand zunimmt (Kurven 1', 2', 3'). Beide Vorgänge treten um so wirkungsvoller auf, je größer die Schwingungsamplitude gewählt wird. Aus den Schnittpunkten von *Gleitverfestigungskurven*

---

[1] Kuntze, W.: Arch. Eisenhüttenw. Bd. 2 (1928/29) S. 583—590. — Mitt. dtsch. Mat.-Prüf.-Anst., Sonderh. 14 (1930) S. 27—35. — Metallwirtsch. Bd. 8 (1929) S. 992—998 u. 1011—1017. — Mitt. dtsch. Mat.-Prüf.-Anst., Sonderh. 14 (1930) S. 44—58.
[2] Kuntze, W.: Z. Metallkde. Bd. 22 (1930) S. 264—268.

und *Trennzerrüttungskurven* entsteht die Kurve des Schwingungsbruches (WÖHLER-*Kurve*[1]).

Der etwa parallel der Abszisse auslaufende Ast der WÖHLER-Kurve gibt die Höhe der Wechselfestigkeit an, welche besagt, daß dieselbe bei einer praktisch ausreichenden Zahl von Schwingungen ertragen wird. Unterhalb der Wechselfestigkeit spielen sich jedoch auch noch durch Versuche zu erfassende Vorgänge ab. Bekannt ist, daß nach Wechselbeanspruchungen über die Elastizitätsgrenze hinaus der BAUSCHINGER-*Effekt* auftritt, welcher in einer Abweichung der elastischen Verformungen vom HOOKschen Gesetz besteht[2]. Solche Abweichungen, die in Höhe einer Hilfsbasis nach Belastungen mit verschiedenen Amplituden entstehen, lassen sich nach Abb. 4 bei langsamen Wechseln zahlenmäßig ermitteln. Verfolgt man nun auf diese Weise den BAUSCHINGER-Effekt

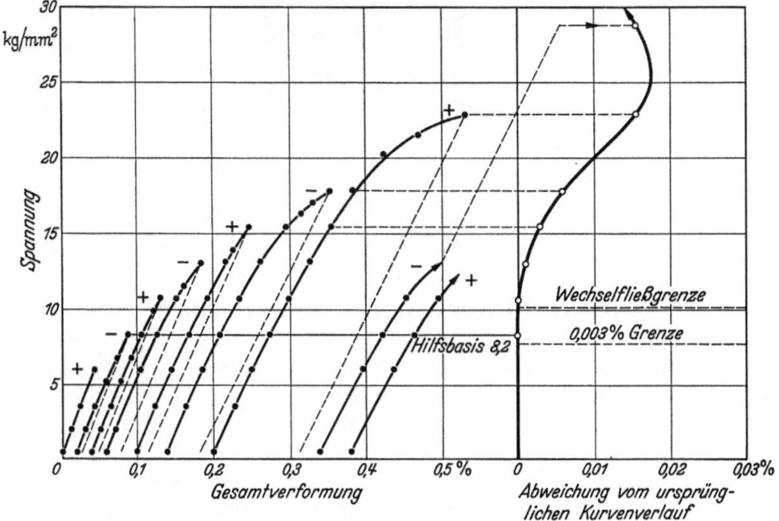

Abb. 5. Maßstäbliche Darstellung des BAUSCHINGER-Effektes von gezogenem und angelassenem Kupfer nach Wechselbeanspruchungen mit verschieden hoher Amplitude (+ Zug, — Druck).

bei zunehmender Amplitude, so ergibt sich der an einem Beispiel für Kupfer in Abb. 5 angegebene Verlauf[3]. Dieser besagt, daß von einer bestimmten Stelle an, die mit *Wechselfließgrenze* bezeichnet sei, als Folge innerer Kohäsionsrisse der BAUSCHINGER-Effekt zunimmt, ein Maximum überschreitet und bei noch größeren Schwingungsamplituden infolge plastischer Verfestigung und Ausheilung der Risse wieder abnimmt. Der am Maximum ermittelte BAUSCHINGER-Effekt wurde bei Stählen wesentlich größer gefunden als bei Nichteisenmetallen. Ein Vergleich der Wechselfließgrenze, 0,003%-Grenze und der Wechselfestigkeit verschiedener Werkstoffe in Abb. 6 zeigt, daß letztere nicht nur infolge der Verfestigungsfähigkeit mehr oder weniger hoch über den Grenzen des Fließbeginns liegen kann, sondern auch erheblich darunter. Vermutlich nehmen im letzteren Falle die zuerst entstandenen Risse nicht an einer späteren Erholung teil, so daß die Zerrüttung schon bei geringen Lasten überwiegt.

---

[1] KUNTZE, W.: Kohäsionsfestigkeit. S. 43—45. Berlin 1932. — Mitt. dtsch. Mat.-Prüf.-Anst., Sonderh. 20 (1932) S. 43—45. — Metallwirtsch. Bd. 10 (1931) S. 895—897.
[2] KUNTZE, W.: Z. VDI Bd. 72 (1928) S. 1488—1492. — Mitt. dtsch. Mat.-Prüf.-Anst., Sonderh. 14 (1930) S. 17—22.
[3] KUNTZE, W. u. G. SACHS: Metallwirtsch. Bd. 9 (1930) S. 85—89. — Mitt. dtsch. Mat.-Prüf.-Anst., Sonderh. 14 (1930) S. 77—82.

Aus dem Mechanismus der Schlag- und Schwingungsbeanspruchung entlehnen wir, daß bei Steigerung der Wirkung eine Verformung unterbunden werden kann, wenn entweder der Verformungswiderstand bis zum Trennwiderstand gehoben wird (Schlag) oder der Trennwiderstand durch Zerrüttung infolge einer Häufung rückgängiger Verformungen bis zum Verformungswiderstand herabgesenkt wird (Schwingungen). Die Auswirkung der ruhenden Beanspruchung ist dadurch gekennzeichnet, daß zuerst die Kohäsionsverfestigung größer ist als die Gleitverfestigung und erst eine nachfolgende Kohäsionsentfestigung den Bruch ermöglicht.

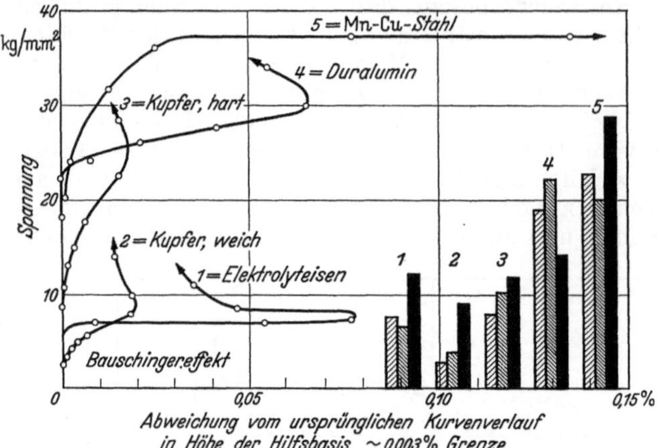

Abb. 6. Bauschinger-Effekt gemäß Abb. 4 für verschiedene Werkstoffe. Vergleich der daraus ermittelten Wechselfließgrenze mit der Elastizitätsgrenze (0,003%) und der Wechselfestigkeit.

▨ 0,003%-Grenze,   ▨ Wechselfließgrenze,   ■ Wechselfestigkeit.

2. Räumlicher Spannungszustand.

Der Spannungszustand in einem beliebigen Punkt eines Körpers ist durch die Angabe der Normalspannungen und Schubspannungen in 3 beliebigen durch den Punkt verlaufenden Ebenen des Raumes bestimmt. Stehen die 3 Ebenen zueinander senkrecht, so gibt es einen Sonderfall einer bestimmten Lage dieser drei Ebenen im Raum, in welchem der Spannungszustand nur durch die 3 zugehörigen Normalspannungen festgelegt ist, die alsdann als „*Hauptspannungen*" bezeichnet werden. Die Schubspannungen sind in diesem Sonderfalle = 0. Die drei Hauptspannungen seien in der Reihenfolge ihrer arithmetischen Größe (unter Berücksichtigung des Vorzeichens) mit s_1, s_2, s_3 bezeichnet, wobei in der üblichen Weise Druck negativ und Zug positiv zählt. Diese Bezeichnungsweise ist mit Rücksicht auf das stoffliche Verhalten sehr wichtig, weil, wie wir später sehen werden, die *mittlere Hauptspannung* s_2 nur verhältnismäßig wenig oder gar keinen Einfluß auf die Festigkeit ausübt, und man sich mit Rücksicht auf obige Regel genau überlegen muß, welche von den 3 Hauptspannungen als mittlere zählt.

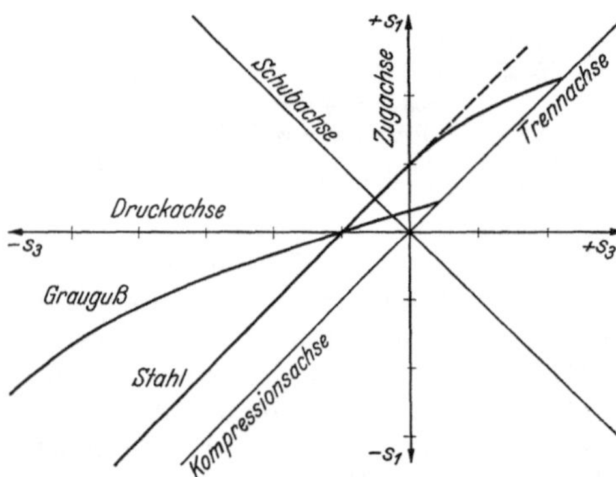

Abb. 7. Verlauf des Widerstandes (Fließgrenze oder Festigkeit) von Stahl und Grauguß als Vielfaches der Spannung —s_3=1 im Achsenkreuz der größten und kleinsten Hauptspannung.

Die Festigkeitswerte, wie sie sich aus Versuchen (Roš, Eichinger, Kármán, Böker u. a.) ergeben haben[1], können nach Abb. 7 in ein Achsenkreuz der größten und kleinsten Hauptspannung ($s_1 \perp s_3$) eingetragen werden. Dann

---

[1] Roš, M. u. A. Eichinger: Diskuss.-Ber. Nr. 34, Eidgen. Mat.-Prüf.-Anst., Zürich 1929.

ergeben sich für einen zähen Werkstoff (Stahl) und einen brüchigen (Grauguß) die eingezeichneten Linienzüge. Sie stellen den werkstofflichen Widerstand als Verhältniswerte dar, d. h. man braucht nur einen Vergleichswert s_v, z. B. die auf der Zugachse liegende Zugfestigkeit zu kennen, um auch die Werte bei den übrigen Spannungszuständen entnehmen zu können. Ferner können die Linienzüge unter Berücksichtigung der nachfolgenden Erklärungen sowohl für den Widerstand beim Fließbeginn als auch beim Bruch Geltung besitzen.

Für beide als Beispiele eingezeichnete Werkstoffe verlaufen sie in der 45°-Richtung, solange die Werkstoffe bei dem jeweiligen Spannungszustand und für den gesuchten Grenzwert sich plastisch verhalten (so die Bruchfestigkeit von Grauguß im allseitigen Druckgebiet und die Fließgrenze und Bruchgrenze von Stahl bis ins allseitige Zuggebiet hinein). Im letzteren verläuft die Fließgrenze von Stahl noch unter 45° (gestrichelte Linie), während die Bruchfestigkeit schon in dem nach unten abgezweigten Teil des Linienzuges liegt (unveröffentlichte Versuche des Verfassers).

Soweit für Stahl die Linie unter 45° und gerade verläuft, entspricht sie der *Hypothese von der konstanten Schubfestigkeit* (COULOMB 1776, TRESCA 1868, GUEST 1900, MOHR 1882, LUDWIK[1]):

$$\frac{s_1 - s_3}{2} = \tau_v \, .$$

Der konstante Wert τ_v kann aus einem beliebigen Versuch, z. B. dem Zugversuch, als Vergleichsspannung ermittelt werden.

Der unter einem anderen Winkel als 45° verlaufende Linienzug des Stahles im Zugquadrant und der annähernd geradlinige, aber von 45° abweichende Linienzug des Graugusses in allen Quadranten ergeben eine veränderliche Schubfestigkeit, die sich mit einer *Hüllkurve* bzw. -geraden nach MOHR[2] darstellen läßt. Die Abnahme der Schubfestigkeit ist hierbei auf eine Kohäsionsüberwindung, die mit den Zugspannungen zunimmt, zurückzuführen.

Die *mittlere Hauptspannung* hat keinen Einfluß, sobald der Linienzug von 45° abweicht (sprödes Verhalten). Verläuft der Festigkeitsverlauf aber unter 45° (plastisches Verhalten), so hat die mittlere Hauptspannung einen bis zu 15% betragenden Einfluß. Dies führt auf die *Hypothese von der konstanten Gestaltsänderungsenergie* (BELTRAMI 1885, HUBER 1904, MISES 1913, HENCKY 1925[3] von der allgemeinen Form:

$$(s_1 - s_2)^2 + (s_2 - s_3)^2 + (s_1 - s_3)^2 = 2\,s_v^2 \, .$$

Hierin ist als Vergleichsspannung s_v die am linearen Zugversuch zu ermittelnde Streckgrenze einzusetzen. Im vorliegenden Achsenkreuz läßt sich die Gestaltsänderungsenergie-Hypothese gemäß Abb. 8 als ein Bündel gerader unter 45° geneigter Linien darstellen, in welchem jede Gerade einem konstanten Verhältnis s_2/s_1 oder s_2/s_3 der mittleren Hauptspannung zu einer der übrigen Hauptspannungen entspricht[4]. Die in Abb. 8 eingetragenen Versuchswerte sind den Untersuchungen von Roš und EICHINGER entnommen[5]. In dieser Darstellung empfiehlt sich eine Bezeichnung, wie sie LODE[6] verwertet hat, indem eine Hilfsgröße

$$\eta = 2\,\frac{s_2 - s_3}{s_1 - s_3} - 1$$

---

[1] LUDWIK, P.: Elemente der technologischen Mechanik. Berlin 1909.

[2] MOHR, A.: Z. VDI Bd. 34 (1900) S. 1524, 1530 u. 1572—1577.

[3] Vgl. F. SCHLEICHER: Z. angew. Math. Mech. Bd. 6 (1926) S. 199—216. — LODE, W.: VDI-Forsch.-H. Nr. 103, 1928. — Z. Phys. Bd. 36 (1926) S. 913—939. — FROMM, H.: Grenzen des elastischen Verhaltens beanspruchter Stoffe. Leipzig 1931.

[4] KUNTZE, W.: Stahlbau Bd. 10 (1937) S. 177—181.

[5] Roš, M. u. A. EICHINGER: Diskuss.-Ber. Nr. 34, Eidgen. Mat.-Prüf.-Anst., Zürich 1929.

[6] LODE, W.: VDI-Forsch.-H. Nr. 103, 1928.

gesetzt wird. Ist nun $\eta = \pm 1$, also $s_2 = s_1$ bzw. $= s_3$, dann erreicht nach Abb. 9 der zweitgrößte Spannungskreis $s_2 - s_3$ bzw. $s_1 - s_2$ und damit die Schubspannung $\tau_{2,3}$ bzw. $\tau_{1,2}$ ihr größtmöglichstes Maß, und die zur Überwindung des Fließwiderstandes aufzubringenden Hauptspannungen sind am geringsten. Bei $\eta = 0$, d. h. $s_2 = \dfrac{s_1 + s_3}{2}$ erreicht umgekehrt die aus dem zweitgrößten Spannungskreis entnommene Schubspannung ihren kleinsten Wert und die zur Überwindung des Fließwiderstandes aufzubringende Hauptspannung muß ihren größten Wert erhalten. Letztere errechnet sich mit der Bedingung $\eta = 0$ um 15% größer als mit der Bedingung $\eta = \pm 1$. In Abb. 8 sind die η-Zahlen an die einzelnen Versuchspunkte angeschrieben worden.

Ein Einfluß der *mittleren Hauptspannung* ist vom elastizitäts-theoretischen Standpunkt aus nicht möglich, da die größte Schubspannung in der Ebene der beiden äußersten Hauptspannungen s_1 und s_3 liegt und von der senkrecht zur Schubrichtung wirkenden mittleren Hauptspannung s_2 unabhängig ist. Ein Einfluß der mittleren Hauptspannung ist bei den spröde brechenden Werkstoffen daher auch nicht vorhanden. Bei der Überwindung des Fließwiderstandes ist jedoch der Einfluß der mittleren Hauptspannung auf den Schubwiderstand in der Ebene $s_1 - s_3$ physikalisch damit zu erklären, daß der plastische Widerstand eines Teilchens vom Verhalten der Nachbarteilchen mit abhängt, und dieses wegen seiner anderen Gleitorientierung von der mittleren Hauptspannung unmittelbar beeinflußt wird.

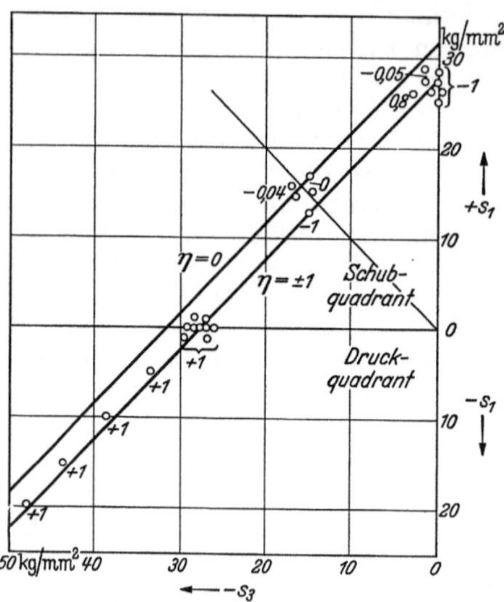

Abb. 8. Darstellung der Gestaltänderungsenergiehypothese im Achsenkreuz der größten und kleinsten Hauptspannung mit Versuchswerten von Roš und Eichinger für geglühten Stahlguß. (Hilfsgröße $\eta = 2\,\dfrac{s_2 - s_3}{s_1 - s_3} - 1$; für $\eta = 0$ ist $s_2 = \dfrac{s_1 + s_3}{2}$, für $\eta = +1$ ist $s_2 = s_1$, für $\eta = -1$ ist $s_2 = s_3$.)

Eine weitere Frage ist die, auf welche Kennziffern der Werkstoffprüfung die angegebenen Gesetzmäßigkeiten anwendbar sind. Bei den spröde brechenden Werkstoffen beziehen sich die zugrunde gelegten Versuche auf den Bruch, eine Fließgrenze ist hier meistens nicht zu berücksichtigen. Bei den plastischen Werkstoffen sind die Gesetzmäßigkeiten mit Hilfe der Fließgrenze ermittelt worden, jedoch läßt sich nach den Versuchen von Roš und Eichinger mit einiger Sicherheit feststellen, daß auch die Höchstlast sich der in Abb. 8 dargestellten Bedingung fügt. Erschwerend für diese Feststellungen wiegt der Umstand, daß im Druckquadranten ein Lastenmaximum nicht ohne weiteres ermittelbar ist, da hier im Gegensatz zur Zugbeanspruchung die Last bis zum Bruch steigt. Ein Fließbeginn ist wiederum im Zugquadrant schwer unter einheitlichem Gesichtspunkt festzulegen, da ein allseitiger Zugspannungszustand nur mit Hilfe eingekerbter Stäbe zu verwirklichen ist.

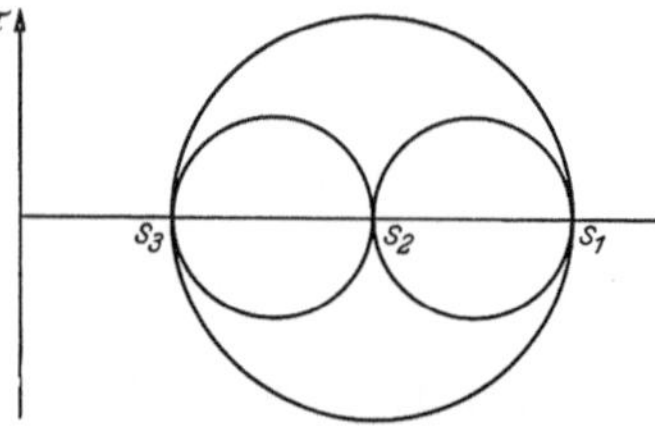

Abb. 9. Darstellung der drei Spannungskreise für den Fall, daß der zweitgrößte Spannungskreis mit $s_2 = \dfrac{s_1 + s_3}{2}$ den kleinstmöglichen Wert annimmt.

Abb. 10 gibt auf Grund einer Auswertung von Versuchen von Roš und
EICHINGER, KÁRMÁN, BÖKER[1] eine Zusammenstellung des Festigkeitsverhaltens

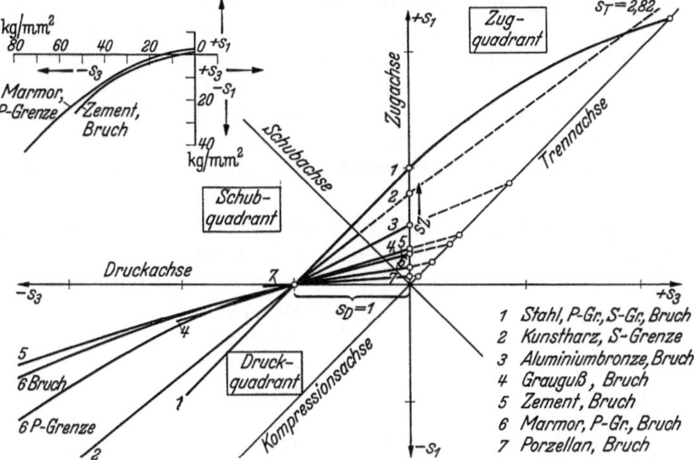

Abb. 10. Verlauf des Widerstandes (Fließgrenze oder Festigkeit) verschiedenartiger Werkstoffe im Achsenkreuz der größten und kleinsten Hauptspannung (ausgewertet nach Versuchen von Roš, EICHINGER, KÁRMÁN, BÖKER).

verschiedenartiger Werkstoffe[2]. Die Kurven der spröde brechenden Stoffe verlaufen im Gebiete allseitigen Druckes ebenso wie die plastischen in diagonaler Richtung. Sie sind unter allseitigem Druck knetbar. Im Schubquadrant ist der Verlauf der Festigkeitskurve dadurch gekennzeichnet, daß die Zugfestigkeit geringer als die Druckfestigkeit ist. Der Quotient s_Z/s_D wurde nach Abb. 11 als abhängig von der POISSONschen Verhältniszahl der elastischen Querdehnung zur Längsdehnung gefunden. Diese Beziehung läßt sich in die Formel

$$s_1 - s_3 \cdot \frac{\mu - 0{,}2}{0{,}3} = s_v$$

einkleiden, in welcher s_v wieder die Vergleichsspannung bedeutet, die aus dem linearen Zugversuch gewonnen wird.

Diese Beziehung gilt entsprechend Abb. 11 nur für $\mu = 0{,}2$ bis $\mu = 0{,}5$ und führt, wenn μ den der Plastizität entsprechenden Wert 0,5 annimmt, auf das Gesetz konstanter Schubfestigkeit. Man muß hierbei immer berücksichtigen, daß es der Willkür des Werkstoffes unterliegt, ob er sich plastisch oder spröde verhält, und daß die Anwendung der genannten Gesetzmäßigkeiten die Kenntnis des entsprechenden Verhaltens voraussetzt. Hierin liegt auch die scheinbare Willkür begründet, ob man

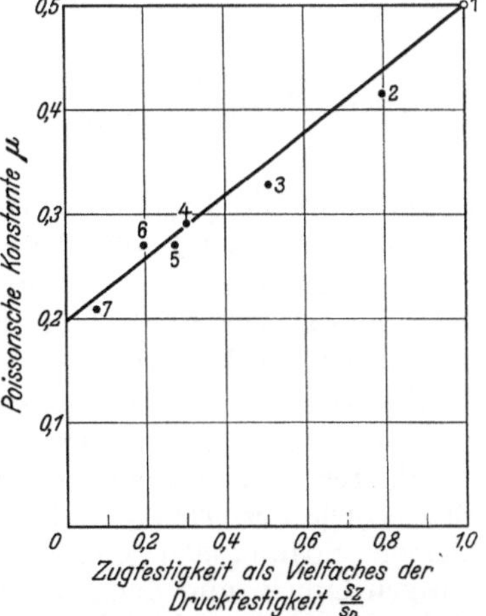

Abb. 11. Beziehung zwischen POISSONscher Verhältniszahl μ und dem Verhältnis zwischen Zug- und Druckwiderstand (= Gesetz veränderlicher Schubfestigkeit) bei verschiedenen Werkstoffen (ausgewertet nach Versuchen von Roš, EICHINGER, KÁRMÁN und BÖKER). 1 Stahl, P-Grenze, S-Grenze, Bruch; 2 Kunstharz, S-Grenze; 3 Aluminiumbronze, Bruch; 4 Grauguß, Bruch; 5 Zement, Bruch; 6 Marmor, P-Grenze, Bruch; 7 Porzellan, Bruch.

für die POISSONsche Verhältniszahl den elastischen Wert oder plastischen Grenzwert 0,5 einsetzt. Es gibt außer dem praktischen Versuch noch keine

---

[1] Roš, M. u. A. EICHINGER: Diskuss.-Ber. Nr. 28, Eidgen. Mat.-Prüf.-Anst., Zürich 1928.
[2] KUNTZE, W.: Stahlbau Bd. 10 (1937) S. 177—181.

theoretische Möglichkeit, die Grenze des Überganges vom plastischen zum spröden Verhalten vorauszusagen.

Aus obiger Beziehung geht hervor, daß die Festigkeit der spröden Stoffe durch eine Spannungsdifferenz bedingt ist, und mithin von der Überwindung einer Schubfestigkeit abhängig ist, die um so geringer wird, je relativ größer die dritte Hauptspannung ist. Physikalisch ist die Abhängigkeit der Zugfestigkeit von μ so zu verstehen, daß mit Zunahme der Heterogenität des Gefüges die elastische und plastische Gleitung (in der Querrichtung) behindert und zugleich die Festigkeit infolge hoher mikroskopischer Spannungsspitzen herabgesetzt wird.

Die *Dauerwechselfestigkeit* verläuft im Schaubild der räumlichen Spannungen (Abb. 12) ähnlich der Festigkeit bei ruhender Belastung, solange die dritte Hauptspannung als Druck wirkt[1]. Sobald sie aber in Zug übergeht, nimmt die Wechselfestigkeit erheblich ab[2]. Durch das Fehlen der Verformungsfähigkeit bei räumlichen Zugspannungen wird der Einfluß der Verfestigung ausgeschaltet und die Zerrüttung kann schon beim ersten Überschreiten der Elastizitätsgrenze einsetzen. Die Kurve ist aus Kerbdauerversuchen von R. FAULHABER, H. BUCHHOLTZ und E. H. SCHULZ[3] ermittelt worden. Da bei gekerbten Prüfstäben die mehrdimensionale Beanspruchung stets von einer ungleichmäßigen Spannungsverteilung begleitet wird, muß dieselbe bestimmt und die Ergebnisse von Kerbwechselversuchen auf den Zustand der gleichmäßigen Spannungsverteilung durch Extrapolation zurückgeführt werden[2].

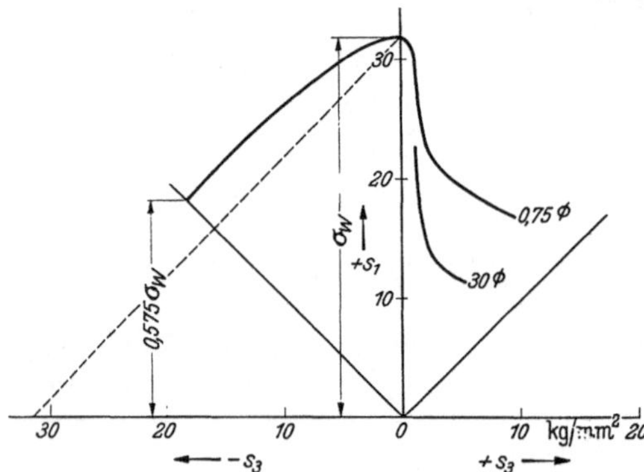

Abb. 12. Verlauf der Biegewechselfestigkeit von Baustahl St 52 im Achsenkreuz der größten und kleinsten Hauptspannung.

Über den Einfluß der räumlichen Spannungen auf die *Schlagfestigkeit* fehlt noch die experimentelle Unterlage, weil bei der normalen Kerbschlagprobe die nicht bekannte Verteilung und der Einfluß der Druckzone den Einblick stören.

Bei Betrachtung der plastischen Verformung im räumlichen Spannungszustand muß man unterscheiden zwischen der, einer jeweiligen Belastung zugeordneten Verformung und dem gesamten Verformungsvermögen bis zum Bruch. Die *Verformung* ist bei reinem Schub am leichtesten, hier lassen sich mit kleinen Spannungen große Verformungen erreichen, wohingegen im mehrseitigen Druck- und Zuggebiet mit großen Lasten nur geringe Schubspannungen und daher auch geringe Verformungen erzielt werden. Im allseitig gleichen Zug- oder Druckzustand treten, unabhängig von der Höhe der Belastung, keine plastischen Verformungen auf.

Der Grad des gesamten *Verformungsvermögens* ist stets bedingt durch die Größe der unmittelbar oder mittelbar auftretenden *Zugkräfte* im Vergleich zur Größe des *Kohäsionswiderstandes* des Werkstoffes. Da bei allseitigem Zug die

---

[1] Ausgewertet nach Versuchen von LUDWIK, P.: Kongreß int. Verb. Materialprüf. Zürich Bd. 1 (1932) S. 190—206.

[2] KUNTZE, W.: Stahlbau Bd. 10 (1937) S. 177—181. — Arch. Eisenhüttenw. Bd. 10 (1936/37) S. 369—373. — Ber. Werkstoffaussch. Nr. 367. — Mitt. dtsch. Mat.-Prüf.-Anst., Sonderh. 32 (1937) S. 79—83.

[3] FAULHABER, R., H. BUCHHOLTZ u. E. H. SCHULZ: Stahl u. Eisen Bd. 53 (1933) S. 1106—1108; Ber. Werkstoffaussch. Nr. 235.

Kräfte groß und die Verformungen gering sind, so wird bei Überwindung des Kohäsionswiderstandes auch das Verformungsvermögen gering sein. Beim allseitig gleichen Zugspannungszustand tritt dann vollständiger verformungsloser Bruch ein. Beim reinen Schub werden große Verformungen bei geringen Kräften erzielt, es wird also hier der Kohäsionswiderstand erst nach großen Verformungen überwunden werden. Im allseitig gleichen Druckspannungszustand treten wie beim gleichartigen Zugspannungszustand keine Schubspannungen, aber auch keine Zugspannungen auf; ein Körper erleidet in diesem Spannungszustand weder plastische Verformungen noch einen mechanischen Bruch.

Sind aber die Druckkräfte in den drei Raumrichtungen nicht gleich groß, so sind plastische Verformungen möglich. Es treten dann neben der primären Zusammendrückung senkrecht hierzu gerichtete sekundäre Reckungen auf, welche bei Überwindung des Kohäsionswiderstandes die Ursache des Bruches werden. In diesem Falle sind die Vorgänge nicht so leicht zu übersehen wie bei den Zug- und Schubspannungszuständen. Beim gewöhnlichen einachsigen Stauchversuch z. B. wird der Kohäsionswiderstand in tangentialer Richtung in der tonnenförmig ausbauchenden Mantelfläche überwunden. Das Gesamtverformungsvermögen hängt daher im erheblichen Maße vom örtlichen Spannungszustand in der Mantelfläche ab. Hier tritt eine größte Hauptspannung als Zug und eine kleinste Hauptspannung als Druck auf, deren Differenz unter Berücksichtigung des Kohäsionswiderstandes das gesamte Verformungsvermögen bedingt. Tritt nun außer der Stauchkraft noch ein hydrostatischer Manteldruck hinzu, so wird die Spannungsdifferenz zwischen größter und kleinster Hauptspannung noch größer, wodurch die Verformung in der Mantelfläche begünstigt und damit das Gesamtverformungsvermögen größer wird.

Wenn mithin bei Zunahme des Seitendruckes die Verformung zunimmt — wie dies Roš und EICHINGER[1] und später SIEBEL und MAYER[2] an Hand praktischer Versuche festgestellt haben — so läßt sich doch nicht grundsätzlich aussprechen, daß, je vollständiger der räumliche Druckspannungszustand wird, die Verformungen zunehmen. Im Grenzfall allseitig gleichen Druckes sahen wir ja, daß überhaupt keine Verformungen möglich sind. Das Verformungsvermögen wird stets bedingt durch die sekundären Zugspannungen, welche wiederum von der Gestalt abhängen, die der plastisch verformte Körper erreicht. Aus diesem Grunde verhält sich Gußeisen im Stauchversuch günstiger als im Verwindungsversuch. Zahlentafel 1 zeigt hingegen, daß die beim Bruch erreichte lineare Dehnung von hartgezogenem Kupfer bei der Verwindung am größten ist.

Zahlentafel 1. **Lineare Bruchdehnungen von hartgezogenem Kupfer.**

Verwindung eines zylindrischen Stabes, größte Dehnung auf der Mantelfläche . .	370%
Zugversuch, lineare Dehnung in der Einschnürung	194%
Stauchung eines Zylinders mit Widerlagern gleichen Durchmessers, Dehnung in der Mantelfläche	70%

Da die mittlere Hauptspannung bei plastischen Werkstoffen nur einen Einfluß bis zu 15% auf den Fließwiderstand ausübt und bei brüchigen Werkstoffen ganz ohne Einfluß bleibt (vgl. S. 718), so folgt hieraus, daß beim ebenen Zugspannungszustand, bei welchem ja eine der Zugspannungen mittlere Hauptspannung ist, das Verformungsvermögen beim Bruch nicht wesentlich eingeschränkt werden kann. Diese Überlegung findet sich auch bei gekerbten oder gelochten Flachstäben bestätigt, die ein starkes Einschnürvermögen in Richtung

---

[1] Roš, M. u. A. EICHINGER: Diskuss.-Ber. Nr. 34, Eidgen. Mat.-Prüf.-Anst., Zürich 1929.
[2] SIEBEL, E. u. A. MAYER: Z. VDI Bd. 77 (1933) S. 1345.

der Blechdicke aufweisen und bei welchen der Verformungswiderstand stets unterhalb einer Erhöhung von 15% verbleibt. Im Gegensatz hierzu stehen die Ergebnisse bei Zug- und Druckversuchen an Rohren mit Innendruck nach Siebel und Mayer[1]. Hier wurde das Verformungsvermögen stark herabgesetzt, und zwar um so mehr, je mehr sich die erste und zweite Hauptspannung ihrer Gleichheit näherten. Man kann sich diesen Widerspruch damit erklären, daß bei Rohren die eingespannten und zugleich verdickten Teile einen ungleichmäßigen Spannungszustand erzeugen und die Verformung der Rohre stark behindern. Die Fließschichten haben ja das Bestreben, sich möglichst durch den ganzen Körper fortzupflanzen, und wenn sie daran gehindert werden, so steigt der Fließwiderstand möglichenfalls bis zum Kohäsionswiderstand, welcher im unverformten Zustand geringer ist als im verformten Zustand.

Da ein technisch erzeugter mehrachsiger Spannungszustand fast immer mit einem unvermeidlichen, ungleichmäßigen Spannungszustand verknüpft ist, so ist hinsichtlich der Verformungsfähigkeit zu unterscheiden, inwieweit diese durch den räumlichen und den ungleichmäßigen Spannungszustand bedingt ist.

3. Spannungsverteilung.

Wenn die auf einen Querschnitt ausgeübten Spannungen von Ort zu Ort einen anderen Größenwert annehmen, so spricht man von einer durch das Spannungsfeld gekennzeichneten ungleichmäßigen Spannungsverteilung. Außer auf die Größe der Spannungen kann eine Ungleichmäßigkeit eines Spannungsfeldes sich auch darauf beziehen, daß von Ort zu Ort der mehrdimensionale Spannungszustand sich ändert. Beide Ungleichmäßigkeiten laufen bei Spannungsfeldern, die durch die Körpergestaltung erzeugt werden, fast immer nebeneinander her. Sie müssen aber getrennt voneinander untersucht werden, um einen Einblick in das Wesen der Festigkeit bei ungleichmäßiger Beanspruchung zu bekommen. Man hat sich allerdings bisher nur auf den Fall beschränkt, daß die Spannungen sich von Ort zu Ort lediglich durch ihre Größe unterscheiden.

Für die Festigkeitsfrage ist es wichtig, zu wissen, ob nur die Spitzenspannung eines Feldes für die Tragfähigkeit maßgebend ist oder ob auch das übrige, weniger hohe Spannungsfeld eine Einwirkung hat. Meist war die Ansicht verbreitet, daß nur die meistbeanspruchte Stelle für die Tragfähigkeit maßgebend sei (Maximalproblem, örtliches Problem), doch hat sich herausgestellt, daß summarische Wirkungen auftreten *(Widerstandsmittel)*.

Bei weichem Stahl mit ausgeprägter Streckgrenze paßt sich bei einer ungleichmäßigen Verteilung der Spannungen der an jeder Stelle ertragene Widerstand des Materials dem Spannungsfeld an, so daß die höher beanspruchten Querschnittsteile dem Fließen größeren örtlichen Widerstand entgegenstellen als die weniger beanspruchten[2]. Ferner zeigte sich, daß der Spitzenwiderstand um so höher ist, je massiger die weniger beanspruchten Querschnittsteile sind[3]. Die Höhe der Gesamtbeanspruchung kann unter diesen Bedingungen durch eine Gesetzmäßigkeit bestimmt werden, welche besagt: „Fließen tritt in einem ungleichmäßig beanspruchten Querschnitt dann ein, wenn in der Kraftfeldhalbierenden die der Streckgrenze des Materials entsprechende Spannung erreicht ist." Diese Bedingung bezieht mithin die Querschnittsgestalt ein und gilt unter der Voraussetzung, daß ein linearer Spannungszustand wirkt.

---

[1] Siebel, E. u. A. Mayer: Z. VDI Bd. 77 (1933) S. 1345.
[2] Eiselin, O.: Bauingenieur Bd. 5 (1924) S. 247—252 u. 281—283.
[3] Thum, A.: Forsch.-Arb. Ing.-Wes. Bd. 3 (1932) S. 261—270.

Die mathematische Formulierung ergibt sich nach Abb. 13 an einem Beispiel für die Biegung des Rundstabes folgendermaßen[1]:

$$\int_0^{x_M} \sigma \cdot b \cdot dx = \tfrac{1}{2} \int_0^{a} \sigma \cdot b \cdot dx.$$

Die physikalische Erklärung dieses Gesetzes ist darin zu suchen, daß ungeachtet der unterschiedlichen Anspannungen in den einzelnen Querschnitts-teilen, die Fließlinien als Folge ihres eigenartigen Umklapp-Mechanismus gleichmäßig den ganzen Querschnitt durchdringen[2], daß also nicht örtliche Spannungen, sondern eine Gesamtenergie für das Fließen haftbar zu machen ist, welche durch obiges Gesetz bedingt ist. Der Fließweg (Umklappweg) ist dann unter dieser Voraussetzung für alle Querschnittsteile gleich. Mithin müssen mit Rücksicht auf die ungleichmäßige Spannungsver-teilung Teile gleicher Arbeitslei-tung verschieden breite Quer-

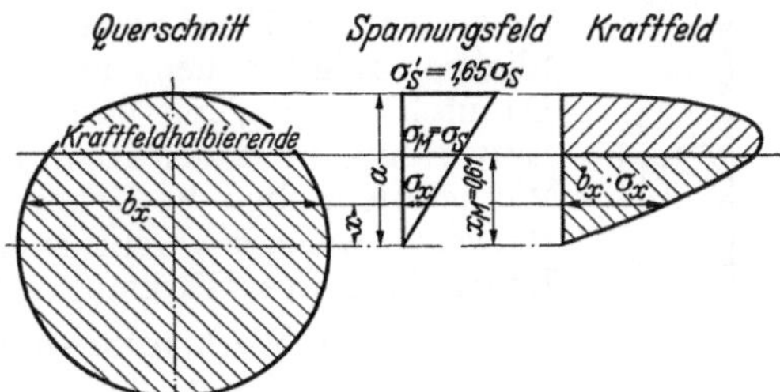

Abb. 13. Ermittlung des Widerstandsmittels σ_M und der Spitzenspannung σ_S bei der Biegung des Rundstabes aus der

Bedingung $\int_0^{x_M} \sigma \cdot b \cdot dx = \dfrac{1}{2} \int_0^{a} \sigma \cdot b \cdot dx$.

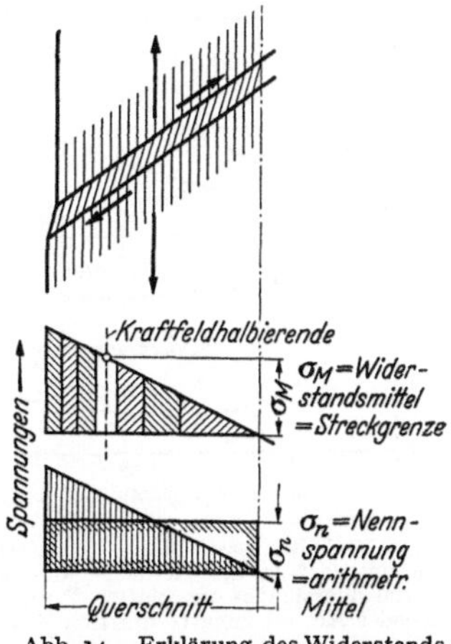

schnittsteile umfassen (in Abb. 14 schraffiert gezeichnet). In der Kraftfeld-(Energiefeld-) Halbierenden muß dann eine Spannung in Höhe der Streckgrenze des Materials wirken, wenn der ganze Querschnitt ins Fließen geraten soll und wenn in jedem der eingezeichneten Teilchen eine gleich große Energie verbraucht werden soll, wel-che der Energie im gleichmäßig beanspruchten Prüfstab bei Überwindung der Fließgrenze ent-spricht. Örtlich begrenzte Fließschichten, die sich etwa nur auf den höchstbeanspruchten Querschnitts-teil beschränken, sind ohne zusätzliche Annahmen geometrisch nicht vorstellbar[2]. Obige Bedingung gilt aber praktisch schon dann, wenn die Fließ-schichten weit genug in weniger beanspruchte Kör-perzonen hineinreichen und, wie bei dem in Abb. 14 angeführten Biegestab (durch die Druckzone), ab-gestoppt werden.

Ist σ_s die Streckgrenze bei gleichmäßiger line-arer Beanspruchung, so ergibt sich unter Anwen-dung der Bezeichnungen in Abb. 14 für die Fließ-grenze bei ungleichmäßiger Spannungsverteilung:

$$\sigma_{Sn} = \frac{\sigma_S \cdot \sigma_n}{\sigma_M}.$$

Abb. 14. Erklärung des Widerstands-mittels als Kraftfeldhalbierende.

Diese mathematisch bequem erfaßbare Gesetzmäßigkeit, welche auf dem Gebiete der statischen Berechnung von ungleichmäßig gestalteten Profilen eine wesentliche Vereinfachung mit sich bringt[3], wird in ihrer idealen Gültigkeit

---

[1] KUNTZE, W.: Stahlbau Bd. 6 (1933) S. 49—52. — Mitt. dtsch. Mat.-Prüf.-Anst., Sonderh. 24 (1934) S. 37—44.

[2] KUNTZE, W.: Z. Metallkde. Bd. 26 (1934) S. 106—113. — Stahlbau Bd. 8 (1935) S. 9—14. — Mitt. dtsch. Mat.-Prüf.-Anst., Sonderh. 26 (1935) S. 133—148. — Maschinenelemente-Tagung Aachen, S. 8—16. Berlin 1936. — Mitt. dtsch. Mat.-Prüf.-Anst. Sonderh. 32 (1937) S. 63—71.

[3] FRITSCHE, J.: Stahlbau Bd. 9 (1936) S. 65—68, 89—96, 137—138. — Grundlagen der Plastizitätstheorie. Int. Ver. Brücken- u. Hochbau, 2. Kongreß 1936. — KLÖPPEL, K.: Stahlbau Bd. 9 (1936) S. 97—111.

durch zwei Faktoren beeinträchtigt. Einmal, daß die Fließschichten nicht den ganzen Querschnitt durchdringen, sondern bei großen Werkstücken durch elastische Verformungen aufgenommen werden[1]. Mit diesem Fall, welcher nur beim ersten Fließen eintreten kann, wenn die Verformungen noch gering sind, beschäftigt sich eine mathematische Erweiterung der Betrachtungen über das Widerstandsmittel von FRITSCHE[2]. Eine andere Beeinträchtigung kann dadurch eintreten, daß unter dem Einfluß der Spannungsspitze örtliche Risse entstehen, die teilweise zu einem örtlichen Fließen Anlaß geben, aber nicht vollständig ausheilbar sind. Dadurch wird die mittlere Streckgrenze verringert. Einer starken Einwirkung in dieser Richtung unterliegen vielfach hochlegierte Werkstoffe hoher Festigkeit. Diese Einflüsse erfordern einen Beiwert[3], welcher versuchsmäßig ermittelt werden muß und zur Beurteilung des Werkstoffes beiträgt.

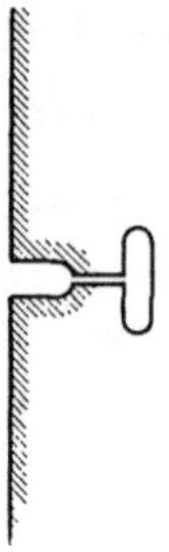

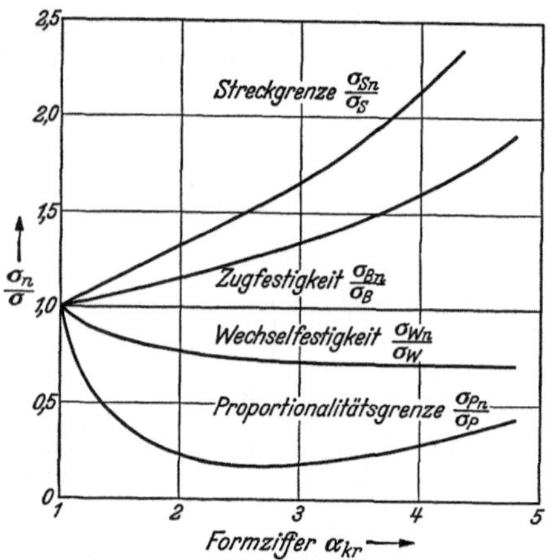

Abb. 15.
Reißhemmung
nach SMEKAL.

Gegossene Werkstoffe sind mit inneren Inhomogenitäten und Hohlstellen behaftet, die eine Reißhemmung[4] nach Abb. 15 hervorrufen, falls der Riß auf eine Hohlstelle stößt, die durch ihre Lage die Kerbwirkung abschwächt. Daher erleiden gegossene Werkstoffe keine wesentliche Verminderung ihrer Festigkeit bei makroskopisch ungleichmäßiger Spannungsverteilung. Die Unempfindlichkeit gegossener Werkstoffe läßt sich auch mit der Tatsache erklären, daß Kerbwirkungen sich nicht summieren [5]. Wenn also eine innere Kerbwirkung schon vorhanden ist, so rufen zusätzliche äußere Kerben keine weitere Festigkeitsminderung mehr hervor; z. B. bewirkt die Walzhaut bei Brückenbaustählen schon eine so weitgehende Erniedrigung der Dauerwechselfestigkeit, daß zusätzliche Nietlöcher die spezifische Dauerwechselfestigkeit nicht weiter herabsetzen [3].

Auch bei Werkstoffen, bei denen die Streckgrenze dem Gesetz vom Widerstandsmittelwert gehorcht, wird die Proportionalitätsgrenze unter dem Einfluß der Spannungsspitze stark herabgesetzt. In Abb. 16 sind verschiedene Kennziffern, bezogen auf ihren entsprechenden Wert am glatten Prüfstab, in Abhängigkeit von der Formziffer (Spitzenspannung als Vielfaches der Nennspannung) eingetragen[6]. Die starke Abnahme der (mittleren) Proportionalitätsgrenze ist in Übereinstimmung mit dem früher Gesagten auf die allerersten Risse zurück zuführen, die das Fließen einleiten. Das sind aber ausheilbare Risse, so daß die nachfolgende Streckgrenze, die im vorliegenden Falle durch den zu-

Abb. 16. Verhalten verschiedener Kennziffern von Weicheisen, ausgedrückt als Vielfaches des entsprechenden Materialwiderstandes am glatten Prüfstab, bei zunehmender Kerbwirkung (Formziffer des Rundstabes $\alpha_{Kr} = \sigma_{max}/\sigma_n$).

---

[1] KUNTZE, W.: Z. Metallkde. Bd. 26 (1934) S. 106—113.
[2] FRITSCHE, J.: Stahlbau Bd. 11 (1938) S. 121 u. 132.
[3] KLÖPPEL, K.: Stahlbau Bd. 9 (1936) S. 97—111.
[4] SMEKAL, A.: Z. Phys. Bd. 103 (1936) S. 495—525.
[5] KUNTZE, W.: Arch. Eisenhüttenw. Bd. 10 (1936/37) S. 308.
[6] KUNTZE, W.: Maschinenelemente-Tagung Aachen, S. 8—16. Berlin 1936. — Mitt. dtsch. Mat.-Prüf.-Anst. Sonderh. 32 (1937) S. 63—71.

nehmenden räumlichen Spannungszustand der Einkerbung gehoben wird, nicht beeinträchtigt wird. EISELIN fand indessen bei seinen schon erwähnten Versuchen am gelochten Prüfstab die mittlere Proportionalitätsgrenze nur wenig herabgemindert. Dies liegt, wie nachfolgend erklärt wird, am Grade der Meßempfindlichkeit. Die Erkennung einer erniedrigten P-Grenze setzt eine sehr hohe Meßempfindlichkeit voraus, die es erlaubt, die P-Grenze früher zu erkennen als bei normaler Meßempfindlichkeit ($1 \cdot 10^{-5}$ cm). Im Falle der Abb. 16 betrug die Meßempfindlichkeit $3 \cdot 10^{-7}$ cm. Bei normaler Meßempfindlichkeit wird die P-Grenze zu spät und in einem immerhin schon soweit fortgeschrittenen Fließstadium erkannt, in welchem an eine Ausheilung der ersten Risse schon gedacht werden kann. Sich widersprechende Versuchsergebnisse können mithin auf die Meßempfindlichkeit zurückgeführt werden.

Ein weiterer Einwand, welcher der Gültigkeit des Widerstandsmittels bei plastischen Werkstoffen entgegengehalten wird, ist die Tatsache, daß bei den Werkstoffen, die keine ausgeprägte (obere und untere) Streckgrenze aufweisen (z. B. Kupfer und Aluminium), die Geltung des Widerstandsmittels nicht nachgewiesen werden konnte. Es sind dies Werkstoffe, deren Kristalle nach Abb. 17 eine überragende Verfestigungsfähigkeit zeigen[1]. Wegen dieser starken Verfestigung folgen die Fließschichten mit so geringen Verformungsquanten aufeinander,

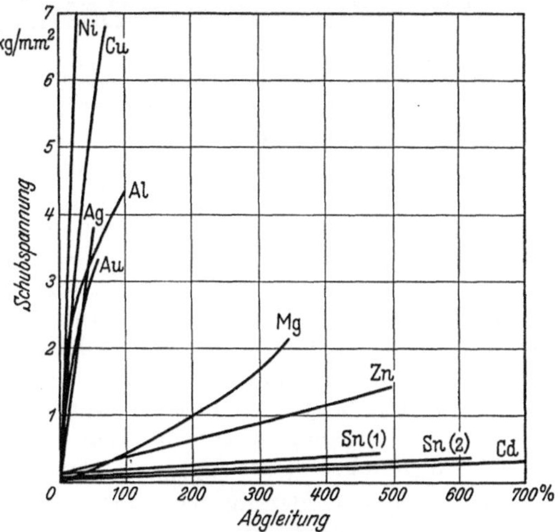

Abb. 17. Verfestigungskurven von Metallkristallen nach E. SCHMID und W. BOAS.

daß sie sich nicht so deutlich ausprägen können. Ein unmittelbarer experimenteller Nachweis der Gültigkeit des Mittelwertes läßt sich alsdann nicht führen.

Der Theorie des Widerstandsmittelwertes steht die Theorie des plastischen Abbaues der Spannungsspitze gegenüber. Man erklärt hierbei den nicht verringerten mittleren Widerstand bei einem ungleichmäßigen Spannungsfeld damit, daß die Spannungsspitze im Laufe der Verformung verschwindet. Ein Spannungsabbau wäre so denkbar, daß durch die dem Spannungsfeld angepaßten plastischen Verformungen sich nach Entlasten ein entgegengesetzt gerichteter Spannungszustand einstellt, welcher durch die Elastizität der angrenzenden, nicht in Mitleidenschaft gezogenen Teile ausgelöst wird. Diese aufgezwungene innere Reaktion und das durch die Gestalt oder von außen wirkende primäre Spannungsfeld heben sich dann in ihrer Wirkung auf. Eine solche Erklärung müßte sich dann auch auf ein unterschiedliches räumliches Spannungsfeld beziehen und den Einfluß der mehrdimensionalen Festigkeit aufheben. Versuche zeigen aber, daß die Erhöhung des Widerstandes bei allseitig gekerbten Zugstäben sehr stark in Erscheinung tritt[2]. Neuerdings wurde von GLOCKER[3] auf röntgenographischem Wege nachgewiesen, daß es einen plastischen Spannungsabbau nicht gibt. BOLLENRATH und SCHIEDT[4] wiesen indessen auf röntgenographischem Wege

---

[1] SCHMID, E. u. W. BOAS: Kristallplastizität. Berlin 1935, S. 131.
[2] KUNTZE, W.: Arch. Eisenhüttenw. Bd. 2 (1928/29) S. 109—117. — Mitt. dtsch. Mat.-Prüf.-Anst., Sonderh. 14 (1930) S. 7—16.
[3] GLOCKER, R.: Hauptverslg. VDI 1938, Fachsitzung „Innere Mechanik".
[4] BOLLENRATH, F. u. E. SCHIEDT: Z. VDI Bd. 82 (1938) S. 1094—1098.

nach, daß bei der Biegung die Fließspannungen nicht über die Fließgrenze beim Zugversuch ansteigen. Da aber das Erscheinen sichtbarer Fließlinien erst bei einer Steigerung des Biegemomentes über dasjenige hinaus gefunden wurde, bei welchem die Fließgrenze an der Außenfaser zuerst erreicht wurde, so liegt es nahe, an eine, das eigentliche Fließen einleitende Kohäsionsüberschreitung zu denken. Trotz der Feststellungen von Bollenrath und Schiedt bleibt also der Effekt erhalten, daß Fließdeformationen bei unterschiedlicher Spannungsverteilung mit einer Erhöhung der angreifenden Kräfte verbunden ist.

C. Sprödigkeit und Zähigkeit; Prüfgrundsätze.

Gewohnheitsmäßig unterscheidet man spröde und zähe Werkstoffe und spricht von einem spröden Werkstoff, wenn derselbe bei gebrauchsüblichen Beanspruchungen, z. B. Biegen oder beim Fallen unter spröden Brucherscheinungen zerspringt. Zwar rechtfertigen einerseits die Herstellungsunterschiede (Gießen, Kneten) diese gegensätzliche Bezeichnungsweise, andererseits aber sahen wir aus den vorigen Kapiteln, daß man jedem Werkstoff ein sprödes oder plastisches Verhalten durch entsprechende Beanspruchungszustände aufzwingen kann. Nach Abb. 7, 8 und 10 ist der plastische Zustand durch die 45°-Richtung und der spröde Zustand durch eine von 45° abweichende Richtung der Festigkeitskurve bestimmt. Es läßt sich mithin aus Abb. 7 und vor allem aus Abb. 10 entnehmen, daß ein als spröde bezeichneter Werkstoff sich im allseitigen Druckgebiet plastisch verhält, und ein plastischer Werkstoff im allseitigen Zuggebiet in den spröden Zustand übergeht.

Die Sprödigkeit wird hiernach nicht allein durch eine mit einer Erhöhung des Verformungswiderstandes verbundenen Verformungsbehinderung hervorgerufen; denn sonst könnten die Werkstoffe im allseitigen Druckgebiet kein plastisches Verhalten zeigen. Als zweite Bedingung muß eine Zugbeanspruchung (Einfluß von $+s_1$) hinzukommen, mit deren Hilfe die Trennfestigkeit der Werkstoffe überwunden wird.

Eine *Verformungsbehinderung* wird erzeugt 1. durch Abnahme der Schubspannungen (mehrdimensionaler Spannungszustand), 2. durch schlagartige Beanspruchungen (Zeitmangel zur Ausbildung der Verformung), 3. durch rückgängige Verformungen bei Wechselbeanspruchungen, 4. an der Spannungsspitze eines ungleichmäßigen Spannungsfeldes infolge Mitbeteiligung entfernt liegender massiger Querschnittsteile an der Überwindung des Fließwiderstandes.

Während die Plastizität eindeutig durch die 45°-Richtung in Abb. 8 bestimmt ist (Zugfestigkeit = Druckfestigkeit), können die als spröde bezeichneten Werkstoffe veränderliche Richtungen der Festigkeitskurve annehmen, d. h. die Zugfestigkeit kann beliebige Bruchteile der Druckfestigkeit ausmachen. Wird als Folge des Gefügezustandes die elastische Volumenveränderung bei Belastungen auf Kosten der Gestaltsveränderung vergrößert (bei geringer Poissonscher Verhältniszahl μ), so ist die Zugfestigkeit relativ gering. Umgekehrt ist die Zugfestigkeit relativ groß, wenn die elastische Volumenänderung zugunsten der Gestaltsänderung gering bleibt (bei großem μ, gute elastische Gleitfähigkeit). Der spröde Vorgang ist mithin kein eindeutiger und ist von der Gefügebeschaffenheit abhängig. Die Heterogenität des Gefüges erzeugt mithin eine mehr oder weniger große *innere Verformungsbehinderung*, die bei Werkstoffen mit geringer Kohäsion sehr wirkungsvoll wird.

Die Tatsache, daß der Werkstoff Stahl mit $\mu = 0{,}28$ unter gewöhnlichen Umständen nicht spröde reißt, sondern unter Inanspruchnahme der plastischen

Verhältniszahl $\mu = 0,5$ sich plastisch verformt, zeigt, daß der Werkstoff Stahl eine hohe Kohäsion besitzt. Der Stahl wird bei Unterbindung seiner Plastizität sich erst im allseitigen räumlichen Zugspannungszustand (Zugquadrant) mehr oder weniger spröde verhalten und entsprechend seiner Zahl $\mu = 0,28$ in der Darstellung nach Abb. 7 einen flacheren Verlauf seiner Festigkeitskurve annehmen (vgl. S. 719).

Zusammenfassend ist also für das zähe oder spröde Verhalten maßgebend: 1. der Grad der äußeren oder inneren Verformungsbehinderung, 2. die primären oder sekundären Zugspannungen, 3. der Kohäsionswiderstand.

Zum Begriff der *Sprödigkeit* und *Zähigkeit* gehört nicht allein das entsprechende Bruchaussehen, sondern man verbindet mit beiden Begriffen auch die *Höhe der ertragenen Spannungen*. Die Sprödigkeit macht sich besonders nachteilig bemerkbar, wenn der Werkstoff wenig fest ist. Die Unterschiede in der Festigkeit verschiedener Werkstoffe können nach der soeben an Hand von Abb. 10 beschriebenen Untersuchung relativer Art sein, d. h. die Zugfestigkeit beträgt nur einen bestimmten Bruchteil der Druckfestigkeit. Diese Abhängigkeit ist, wie schon hervorgehoben wurde, bei Werkstoffen mit geringer Kohäsion durch das Korngefüge und die Verhältniszahl μ bestimmt. Die Festigkeitsunterschiede können aber auch absoluter Natur sein; dann sind sie durch den atomaren Aufbau bedingt[1]. Nur die relativ geringere Zugfestigkeit ist ein Kennzeichen der Sprödigkeit, wohingegen die absolute Festigkeit sowohl bei plastischen als auch bei spröden Werkstoffen groß oder klein sein kann. Im Gegensatz zu den spröden Werkstoffen unterscheiden sich daher die zähen untereinander wegen der Eindeutigkeit des Plastizitätsmechanismus nur durch ihre absolute Festigkeit, während sich die spröden durch absolute und relative Zugfestigkeit unterscheiden.

Im Sinne einer Festigkeitsabnahme erfährt die Zähigkeit bei plastischen Werkstoffen eine Einschränkung, wenn *Spannungsspitzen* im räumlichen Zugspannungszustand oder der räumliche Zugspannungszustand an sich die Festigkeit stark herabmindern. Für die Beurteilung ist hier das „Wieviel" von Bedeutung.

Die *prüfmäßige Erfassung* dieser Frage ist ein dringendes Bedürfnis der Materialprüfung geworden. Sie läuft auf einen gekerbten Rundstab hinaus, welcher unter Zugbeanspruchung einen dreidimensionalen Spannungszustand verbunden mit einer ungleichmäßigen Spannungsverteilung, erzeugt. Die ermittelte Festigkeit ist in Vergleich zu setzen zur Festigkeit, die man bei gleicher dreidimensionaler Beanspruchung unter der Voraussetzung rein plastischen Verhaltens erzielten würde (vgl. Abb. 7 und 10)[2]. Letztere ist gemäß der 45°-Linie in Abb. 7 oder 10 bekannt. Der Unterschied beider Werte ergibt die Herabminderung der Festigkeit infolge zusätzlicher Trennungen, welche durch die Spannungsspitze hervorgerufen werden. Die Entwicklung dieses Prüfvorganges setzt voraus, daß man sowohl die Verteilung als auch den dreidimensionalen Spannungszustand der verwendeten Probe zahlenmäßig kennt. Es führt zu keinem brauchbaren Ergebnis, wenn, wie bisher, kurzerhand die bei beliebiger Einkerbung erzielte Festigkeit ermittelt und als „Kerbfestigkeit" bezeichnet wird.

Das soeben beschriebene Verfahren zeigt Eigenschaften der Werkstoffe an, die mit der herkömmlichen Werkstoffprüfung nicht erfaßt werden. Beispielsweise ergibt sich, daß kalt gerecktes Material infolge Kohäsionsverfestigung

<hr>

[1] DEHLINGER, U.: Ergebn. exakt. Naturw. Bd. 10 (1931) S. 325. — Handbuch der Metallphysik, Bd. I, 1, S. 80. Leipzig 1935.
[2] KUNTZE, W.: Arch. Eisenhüttenw. Bd. 12 (1938/39) S. 329—334. — Wissensch. Abh. dtsch. Mat.-Prüf.-Anst. I. Folge, H. 2 (1939) S. 11—18.

gegenüber Spannungsspitzen eine erhebliche Unempfindlichkeit zeigt[1], die dann von praktischem Nutzen sein kann, wenn auf die durch Verringerung des

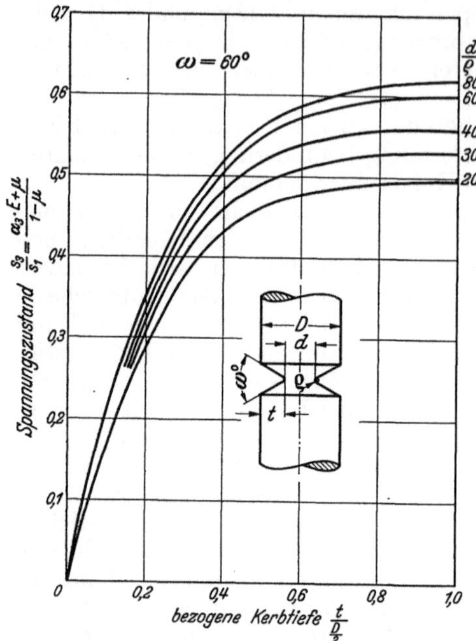

Abb. 18. Werte des mittleren räumlichen Spannungsverhältnisses s_3/s_1, bei gekerbten Rundstäben in Abhängigkeit von der Kerbabrundung (d/ϱ) und der Kerbtiefe $\left(\frac{t}{D/2}\right)$, ermittelt durch Messungen der elastischen Querdehnungszahl α_3 im Kerbquerschnitt, der elastischen Längsdehnungszahl α und der Poissonschen Verhältniszahl μ.

Verformungsvermögens verminderte Schlagarbeit keine Rücksicht genommen zu werden braucht.

In anderen Fällen ist das Verformungsvermögen eines gekerbten Prüfstabes für die Aufklärung von Schadensfällen von Bedeutung; denn das Verformungsvermögen des Kerbstabes steht nicht immer im Einklang mit dem Verformungsvermögen des glatten Prüfstabes.

Der *mittlere räumliche Spannungszustand*, den ein solcher Prüfstab in seinem Kernquerschnitt aufweist, ausgedrückt durch die Hauptspannungen s_1 und s_3, bei $s_2 = s_3$ und unter der Voraussetzung, daß das Spannungsverhältnis s_3/s_1 der meßbaren spezifischen Querdehnung $\alpha_3 = \varepsilon_3/s_1$ entspreche, ergibt sich zu

$$\frac{s_3}{s_1} = \frac{\alpha_3 E + \mu}{1 - \mu} .$$

Abb. 18 zeigt das Spannungsverhältnis s_3/s_1 für einen mit einem Winkel von 60° eingekerbten Rundstab bei veränderlichen Werten von d/ϱ und $\frac{t}{D/2}$ (wenn ϱ als der Abrundungshalbmesser im Kerbgrund, d der Kerndurchmesser, D der Gesamtdurchmesser und $t = \frac{D - d}{2}$ die Kerbtiefe bezeichnet wird)[2].

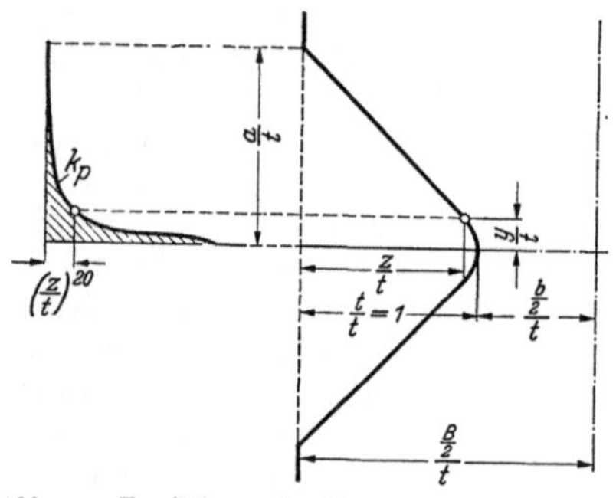

Abb. 19. Ermittlung der Profilwirkungsfläche k_p eines gegebenen Kerbprofils.

Für die *Ermittlung der Spannungsspitzen* sind statistische Zusammenstellungen im Gebrauch[3]. Eine Entwicklung, welche den Ergebnissen der Preussschen Spannungsmessungen[4] angepaßt ist, erlaubt es, bei symmetrischen Einkerbungen mit Hilfe der „Kerbprofilzahl" sowohl die Spannungsspitze als auch die Verteilungskurve zu ermitteln[5]. Die Überlegung, daß die Kerbe um so schärfer ist, je geringeren relativen Flächeninhalt sie besitzt und daß die geometrischen Abmessungen in der Nähe des Kerbgrundes

---

[1] Kuntze, W.: Kohäsionsfestigkeit. Berlin 1932. — Mitt. dtsch. Mat.-Prüf.-Anst., Sonderh. 20 (1932).

[2] Kuntze, W.: Arch. Eisenhüttenw. Bd. 10 (1936/37) S. 369—373. — Ber. Werkstoffaussch. Nr. 367. — Mitt. dtsch. Mat.-Prüf.-Anst., Sonderh. 32 (1937) S. 79—83.

[3] Lehr, E.: Spannungsverteilung in Konstruktionselementen. Berlin 1934. — Thum, A.: Z. VDI Bd. 79 (1935) S. 1303—1306.

[4] Preuss, E.: Mitt. Forsch.-Arb. Ingenieurw. 1913, S. 47—62.

[5] Kuntze, W.: Stahlbau Bd. 9 (1936) S. 121—124. — Mitt. dtsch. Mat.-Prüf.-Anst., Sonderh. 28 (1936) S. 105—112.

stärker wirken als entferntere, führte zur Entwicklung der „*Profilwirkungs-fläche*", welche sich nach Abb. 19 ermittelt zu

$$k_p = \int_{y/t\, =\, 0}^{y/t\, =\, a/t} (z/t)^{20}\, d\,(y/t).$$

Ist $k_p = 0$, so ist die Kerbwirkung am stärksten, ist $k_p = 0{,}5$, so hört die Kerb-wirkung praktisch auf. Der Kerbtiefe wird, ebenfalls in Anpassung an die PREUSSSchen Versuche, die Beziehung

$$K = \frac{2\,t}{b} \cdot k_p$$

gerecht. Die „*Kerbprofilzahl*" K faßt die Wirkung eines gesamten Spannungs-feldes je einer einzigen Zahl zusammen. Sie konnte in Beziehung zur Deh-nungsverteilungskurve gebracht werden[1].

Man hat es in der Hand, mit zunehmender Kerbtiefe die dritte Haupt-spannung zu vermehren und zugleich die Verteilung annähernd gleichmäßig zu gestalten oder durch Verringerung der Kerbtiefe und Verschärfung der Abrundung die umgekehrte Wirkung, also Verringerung der dritten Haupt-spannung und Erhöhung der Spannungsspitze zu erzielen. Beide Formen sind aber nach den vorstehenden Erörterungen dem Prüfzweck nicht gut angepaßt. Den Zweck der Prüfung erfüllt am besten eine Kerbform mit großen Quer-spannungen (etwa $s_3 = 0{,}5\, s_1$) und hoher Spannungsspitze. Eine solche Form ist nach bisherigen Erfahrungen auch den Verhältnissen der Schwingungs-prüfung und Schlagprüfung angepaßt, doch sind diese Untersuchungen noch in der Entwicklung begriffen, weshalb bestimmte Prüfvorschläge an dieser Stelle vermieden werden sollen.

Da Sprödigkeit und Zähigkeit zugleich an ein und demselben Werkstoff auftreten kann, so ist die Kennzeichnung der Bedingungen für den Übergang von einem Zustand in den anderen für die Beurteilung des Werkstoffes von Bedeutung. Auch diese Frage ist erst in prüfmäßiger Ausgestaltung begriffen.

---

[1] Vgl. Fußnote 5, S. 728.

Namenverzeichnis.

Sachverzeichnis.